CAMBRIDGE LIBRARY COLLECTION

Books of enduring scholarly value

Mathematics

From its pre-historic roots in simple counting to the algorithms powering modern desktop computers, from the genius of Archimedes to the genius of Einstein, advances in mathematical understanding and numerical techniques have been directly responsible for creating the modern world as we know it. This series will provide a library of the most influential publications and writers on mathematics in its broadest sense. As such, it will show not only the deep roots from which modern science and technology have grown, but also the astonishing breadth of application of mathematical techniques in the humanities and social sciences, and in everyday life.

Werke

The genius of Carl Friedrich Gauss (1777–1855) and the novelty of his work (published in Latin, German, and occasionally French) in areas as diverse as number theory, probability and astronomy were already widely acknowledged during his lifetime. But it took another three generations of mathematicians to reveal the true extent of his output as they studied Gauss' extensive unpublished papers and his voluminous correspondence. This posthumous twelve-volume collection of Gauss' complete works, published between 1863 and 1933, marks the culmination of their efforts and provides a fascinating account of one of the great scientific minds of the nineteenth century. At the suggestion of Felix Klein, Gauss' twentieth-century successors planned a scientific biography consisting of essays covering the various areas in which he worked. Volume 10, Part II, (dated 1922–33) contains seven contributions, individually paginated and originally sold separately, relating to pure mathematics, probability and mechanics.

Cambridge University Press has long been a pioneer in the reissuing of out-of-print titles from its own backlist, producing digital reprints of books that are still sought after by scholars and students but could not be reprinted economically using traditional technology. The Cambridge Library Collection extends this activity to a wider range of books which are still of importance to researchers and professionals, either for the source material they contain, or as landmarks in the history of their academic discipline.

Drawing from the world-renowned collections in the Cambridge University Library, and guided by the advice of experts in each subject area, Cambridge University Press is using state-of-the-art scanning machines in its own Printing House to capture the content of each book selected for inclusion. The files are processed to give a consistently clear, crisp image, and the books finished to the high quality standard for which the Press is recognised around the world. The latest print-on-demand technology ensures that the books will remain available indefinitely, and that orders for single or multiple copies can quickly be supplied.

The Cambridge Library Collection will bring back to life books of enduring scholarly value (including out-of-copyright works originally issued by other publishers) across a wide range of disciplines in the humanities and social sciences and in science and technology.

Werke

VOLUME 10
PART 2

CARL FRIEDRICH GAUSS

CAMBRIDGE
UNIVERSITY PRESS

CAMBRIDGE UNIVERSITY PRESS

Cambridge, New York, Melbourne, Madrid, Cape Town,
Singapore, São Paolo, Delhi, Tokyo, Mexico City

Published in the United States of America by Cambridge University Press, New York

www.cambridge.org
Information on this title: www.cambridge.org/9781108032339

© in this compilation Cambridge University Press 2011

This edition first published 1922-33
This digitally printed version 2011

ISBN 978-1-108-03233-9 Paperback

CARL FRIEDRICH GAUSS WERKE

BAND X 2.

CARL FRIEDRICH GAUSS

WERKE

ZEHNTEN BANDES ZWEITE ABTEILUNG.

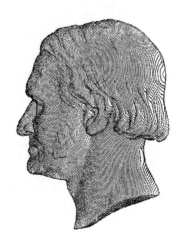

HERAUSGEGEBEN

VON DER

GESELLSCHAFT DER WISSENSCHAFTEN

ZU

GÖTTINGEN.

IN KOMMISSION BEI JULIUS SPRINGER IN BERLIN.

1922—1933.

ÜBER
GAUSS' ZAHLENTHEORETISCHE ARBEITEN

VON

PAUL BACHMANN

Durchgesehener Abdruck aus Heft I der *Materialien für eine wissenschaftliche Biographie von Gauss*
gesammelt von F. KLEIN und M. BRENDEL.
Nachrichten der K. Gesellschaft der Wissenschaften zu Göttingen. Mathem.-physik. Klasse. 1911.
Vorgelegt in der Sitzung vom 29. Juli 1911.

Einleitung.

Wer eine Darstellung alles dessen unternimmt, was die mathematischen Wissenschaften Gauss verdanken, muss füglich seine zahlentheoretischen Arbeiten an erster Stelle in Betracht ziehen. Nicht so sehr aus dem Grunde, weil die Disquisitiones arithmeticae, sein grösstes und zwar nicht dem Erscheinen, aber der Entstehung nach erstes Werk, der Zahlentheorie gewidmet sind, als vielmehr deswegen, weil in der Tat in dem Kranze von Gauss' epochemachenden wissenschaftlichen Leistungen seine Entdeckungen im Gebiete der Zahlentheorie die grossartigsten und in ihrer Wirkung auf die weitere Entwicklung der Mathematik die bedeutendsten gewesen sind; von jenem monumentalen Jugendwerke an datieren wir erst in strengerem Sinne die Wissenschaft der höheren Arithmetik.

Im Folgenden wollen wir versuchen, eine zwar möglichst knappe, aber doch das Wesentliche erschöpfende systematische Skizze dieser zahlentheoretischen Gaussschen Ergebnisse zu zeichnen, indem wir zunächst von den hauptsächlichsten Teilen der D. A.*) eine Analyse geben, und dann zeigen, wie die hier begründeten Theorien in den späteren Arbeiten von Gauss sich entwickelt und neue Früchte gezeitigt haben. Zugleich werden wir bemüht sein, dem Interesse an der Entstehungsgeschichte dieser Arbeiten oder einzelner Lehrsätze an der Hand der eigenen Gaussschen Aufzeichnungen darüber, soweit möglich, Rechnung zu tragen.

---

*) Zur Abkürzung steht im Folgenden:

D. A. für *Disquisitiones arithmeticae*, A. R. für *Analysis Residuorum*, T. für *Tagebuch* von Gauss, W. für Gauss' Werke.

I. Die Disquisitiones arithmeticae.

a. Die Entstehung der D. A. Die Analysis Residuorum.

1.

Die D. A. erschienen im Sommer des Jahres 1801. In der Vorrede zu seinem Werke setzt Gauss den Beginn seiner Beschäftigung mit dessen Gegenstande in den Anfang des Jahres 1795. Dies ist nun freilich nicht ganz genau zu nehmen. Schon vorher hat Gauss sich viel mit rechnerischen Versuchen beschäftigt, die hauptsächlich auf die Teilbarkeit der ganzen Zahlen, insbesondere auf die Eigenschaften der Primzahlen, auf die Reste, welche die Potenzen anderer Zahlen durch solche geteilt lassen, u. dgl. m. gerichtet gewesen sind. Gauss selbst erwähnt in einem an Encke gerichteten Briefe (W. II, S. 444), dass er bereits (im Jahre 1792 oder 1793) als 15jähriger, als er sich die Lambertschen Supplemente zu den Logarithmentafeln verschafft habe, mit einer der verzwicktesten Aufgaben der Zahlentheorie, der Frequenz der Primzahlen, rechnerisch sich beschäftigt habe. Bald hernach schon hat Gauss diesem Briefe zufolge die Tafel solcher Frequenz, welche W. II, S. 435 abgedruckt ist, begonnen, während ihre vollständige Berechnung erst späterer Zeit angehört. Auch entstammt jener Zeit wohl schon die Tafel des quadratischen Charakters der Primzahlen (W. II, S. 399), jedenfalls aber die Tafel zur Verwandlung gemeiner Brüche in Dezimalbrüche (W. II, S. 411), die beide nur zum Teil den artt. 99 resp. 316 der D. A. angefügt sind. Von der letzteren sagt Gauss a. a. O. quam integram sive etiam ulterius continuatam occasione data publici juris faciemus. Sie besteht aus zwei Teilen, deren zweiter in der Handschrift des Nachlasses den Vermerk trägt: explicitus October 11. 1795. Ob nun dieser zweite Teil die geplante weitere Fortsetzung ausmache oder nicht, jedenfalls gehört diese Tabelle dem genannten Jahre an; im ersteren Falle aber dürfte man schliessen, dass der bezügliche Teil der D. A. schon vor jenem Tage verfasst sein müsse. Dieser Ansicht zu Hilfe käme eine andere Tabelle mit dem Titel: »I. Ausschliessung gewisser Zahlen beim Aufsuchen der Faktoren«, welche in einem Hefte des Nachlasses mit der Aufschrift »Neue Beiträge zu den mathematischen Tafeln besonders zur Erleichterung der Zahlenrechnungen« und mit dem Datum März 1795 vorhanden ist. Sie bezieht sich auf die Methode der artt. 319—322 des sechsten Abschnitts der D. A., deren Inhalt hiernach, soweit er nicht die Theorie der quadratischen Formen voraussetzt, als von GAUSS schon im Jahre 1795 gefunden angenommen werden darf. Die »Hülfstafel bei Auflösung der unbestimmten Gleichung $A = fx^2 + gy^2$ vermittelst der Ausschliessungsmethode« (W. II, S. 509), bei welcher schon der sechste Abschnitt der D. A. erwähnt wird, auf den sie sich bezieht, gehört erst späterer Zeit an.

2.

Zahlentabellen, wie die zuvor genannten, dienten damals wie später GAUSS als numerisches Beobachtungsmaterial, um auf induktivem Wege arithmetische Gesetzmässigkeiten daraus zu erkennen, wie er denn in einem Briefe an den Hofrat ZIMMERMANN vom 12. März 1797*) sie als »vielleicht nützlich« bezeichnet, »in diesem Felde noch neue Erfindungen zu machen«. So geschah es denn auch, wie GAUSS in der Vorrede der D. A. erzählt, dass zufällig bei einer anderen Arbeit im Anfange d. J. 1795 ein ausgezeichneter arithmetischer Satz (er meint den Satz des art. 108 vom quadratischen Charakter von — 1) ihm aufstiess, der ihn nun reizte, seine tieferen Gründe und seinen Beweis aus denselben zu finden, und hieraus entsprangen dann schnell GAUSS' hierher gehörige theoretische Forschungen und Ergebnisse. Noch in demselben Jahre (1795) und zwar im Monat März (W. I, S. 476, Anm. zu art. 131) entdeckte GAUSS durch Induktion das berühmte theorema fundamentale von den quadratischen Resten. Im Herbst d. J. siedelte er nach Göttingen über und fand hier schon am 8. April 1796 (Nr. 2 T.) seinen ersten Beweis des Fundamentaltheorems. Ohne Zweifel hat GAUSS nun in Göttingen die bis dahin ihm fehlende Bekanntschaft (s. W. I, S. 6) mit den Arbeiten seiner Vorgänger EULER, LAGRANGE, LEGENDRE schnell sich verschafft, von der seine Zitate in den D. A. Zeugnis geben. Nach seiner Aussage in der Vorrede zu den D. A. aber hatte er den grössten Teil ihrer ersten vier Abschnitte vorher schon »absolviert«. Hiernach und auf Grund der Daten, welche GAUSS in seinem *Tagebuch* für die auf jene Abschnitte bezüglichen Entdeckungen angegeben hat und die fast sämtlich in

---

*) Dieser Brief ist abgedruckt W. X1, S. 19—21.

das Jahr 1796 fallen, wie der schon erwähnte Beweis des Fundamentaltheorems, mit dem er den Höhepunkt dieser Teile der D. A. erreichte, darf man annehmen, dass er den Inhalt der ersten vier Abschnitte schon 1796 besass. Ob er sie aber damals bereits niedergeschrieben hatte?

In seinem Nachlasse befindet sich ein Manuskript mit dem Titel *Analysis Residuorum*, das als eine frühere Niederschrift der letzten Abschnitte der D. A. zu betrachten ist. Sie besteht aus drei Kapiteln, dem 6., 7. und 8. Das letztere kann nicht vor dem September 1797 entstanden sein, da nach den Angaben des Gaussschen *Tagebuchs* die Auffindung seiner Sätze oder Beweise zum grössten Teil über 1796 hinaus bis zum 9. September 1797 reicht. In art. 367 desselben (W. II, S. 235) aber heisst es von der kubischen Gleichung für die drei $\frac{\nu-1}{3}$-gliedrigen Perioden aus ν^{ten} Einheitswurzeln: quam in Cap. VI a priori determinandam docuimus. Diese Gleichung ist (Nr. 39 T.) am 1. Oktober 1796 auf induktivem Wege von Gauss ermittelt, aber erst am 20. Juli 1797 (Nr. 67 T.) wirklich hergeleitet worden. Da nun das 6. Kapitel der A. R. genau mit einem unvollendeten Versuche, dies zu leisten, abbricht, jene Gleichung selbst noch nicht darin auftritt, darf man vermuten, dass dies Kapitel vor dem letztbezeichneten Datum verfasst sei. Was es sonst von der Kreisteilung enthält, geht nicht über das Jahr 1796 hinaus. Das 7. Kapitel ferner, das bei einer nicht auf den Text bezüglichen Randzeichnung das Datum »1796 Januar« trägt, enthält im Wesentlichen genau dasselbe, was den sechsten Abschnitt der D. A. bis zu der Stelle ausmacht, wo die Theorie der quadratischen Formen zur Anwendung kommt, und man möchte also nach dem, was über die darauf bezüglichen Tabellen gesagt ist, annehmen, dass es spätestens schon 1796 niedergeschrieben sei. Für das 6. Kapitel würde dann dasselbe gelten. Müsste man aber die Notiz Nr. 68 T. auf die in der Annotatio des art. 251 (W. II, S. 209) bemerkte Schwierigkeit beziehen, die dann erst am 21. Juli 1797 behoben worden wäre, so könnte das 6. Kapitel nicht vor diesem Tage verfasst sein. Dasselbe würde gelten, wenn man die Worte Error Lagrangii, welche in der Handschrift dem 7. Kapitel vorangestellt sind, auf Lagranges von Gauss (W. II, S. 249) getadelte Meinung beziehen müsste. Jedenfalls aber wird es richtig sein, wenn man die Niederschrift der A. R. auf 1796 bis 1797 datiert.

Die Niederschrift der vier ersten Abschnitte der D. A. wird vor jener und in der Hauptsache vor 1797 geschehen sein, doch kann die endgiltige Fassung der D. A. ihnen frühestens in diesem Jahre gegeben sein, da sich in Gauss' *Tagebuche* bis in letzteres hinein noch Angaben über gelungene Beweise für Sätze der vier ersten Abschnitte finden. In der Tat spricht Gauss in seinem Briefe an den Hofrat Zimmermann vom 12. März 1797*) von seinem Werke noch erst wie von einem Entwurfe, und seine Briefe an denselben vom 20. November und 24. Dezember 1797 zeigen, dass er erst in dieser Zeit beschäftigt ist, die ersten Bogen seines Werks für den Druck fertig zu stellen**) Der fünfte Abschnitt kann nicht wohl vor dem 22. Juni 1796 (nach Nr. 15 T.) begonnen sein, hatte aber im Sommer 1798 schon eine dritte Darstellung erhalten (Brief von Gauss an Bolyai vom 29. Nov. 1798***)). Seine vierte Bearbeitung stammt diesem Briefe und den Notizen in Gauss' *Tagebuch* zufolge bestimmt aus dem Winter 1798/9. Gauss schreibt u. a., dass es ihm bei jeder folgenden Bearbeitung geglückt sei, die Sache auf eine solche Art auszuführen, dass es seine bei der vorhergehenden gehegten kühnsten Hoffnungen überstieg, und er werde das in ein paar Tagen zum vierten Male vollendet haben, was er im ganzen vorigen Sommer zum dritten Male ausarbeitete. Diesmal war es offenbar die Theorie der ternären quadratischen Formen, welche solches Gelingen herbeiführte und deren Studium er in jenen Tagen begann (s. Nr. 95 und 96 T) Die vierte Bearbeitung des fünften Abschnitts wird in der Hauptsache dessen endgiltige Fassung gewesen sein, wenngleich Gauss einen sehr wesentlichen Punkt der genannten Theorie erst im Februar 1800 erledigte (Nr. 103 T.). Es heisst weiter in dem erwähnten Briefe: »der sechste [Abschnitt] ist von keinem grossen Umfange; der siebente (der die Theorie der Polygone enthält) etwas grösser aber im Wesentlichen schon fertig und nur der letzte wird mich noch eine beträchtliche Zeit beschäftigen, da er die schwersten Materien enthält«. Dieser Teil ist bei Veröffentlichung der D. A.

---

*) Siehe W. X 1, S. 19.

**) Auszüge aus den beiden letzteren Briefen sind abgedruckt in der Schrift: *Karl Friedrich Gauss. Zwölf Kapitel aus seinem Leben* von L. Hänselmann. Leipzig 1878, S. 34—37. Die in dem Briefe vom 22. November (siehe a. a. O. S. 35) erwähnten Stellen accedere possunt S. 5 und eine andere S. 7 stehen. W. I, S. 11 Zeile 9 v. u. resp. S. 13 Zeile 7—8.

***) *Briefwechsel zwischen C. F. Gauss und W. Bolyai*, herausgegeben von F. Schmidt und P. Stäckel. Leipzig 1899, S. 11.

wegen zu grossen Umfangs des Werkes — jedenfalls auch, weil GAUSS seinen Inhalt noch nicht ausgereift genug fand — unterdrückt worden.

Das Fragment, welches unter dem Titel Sectio octava in W. II, S. 510 veröffentlicht ist, wird als eine zur Fortsetzung der D. A. unternommene Neubearbeitung der A. R. anzusehen und erst nach Vollendung der D. A. zu setzen sein, da die Artikelnummern unmittelbar an die der D. A. sich anschliessen. Nachdem GAUSS auch diese einstweilen bei Seite gelegt, nahm er erst 1808 in dem andern Fragmente (W. II, S. 243) seine Absicht wieder auf, jedoch hat er deren Ausführung über seinen andern gleichzeitigen Untersuchungen auch bald wieder fallen lassen.

b. Inhalt der Abschnitte I—IV der D. A.

3.

Wenden wir uns nun zum Inhalte der D. A. selbst. Ihre vier ersten Abschnitte geben die Elemente der heutigen Zahlentheorie, genauer desjenigen Teils derselben, den man multiplikative Zahlentheorie nennt, weil er wesentlich auf die Darstellbarkeit der Zahlen als Produkten von einfachsten Faktoren, den Primzahlen, gegründet und auf die Teilung der Zahlen durch einander, die Eigenschaften der Reste, welche dabei verbleiben, u. dgl. mehr gerichtet ist. Hier fand GAUSS Vieles und Wichtiges von dem, was er selbständig erforscht hatte, schon von älteren Mathematikern, wie FERMAT, EULER, LAGRANGE und LEGENDRE, teils nur bemerkt, teils aber auch bewiesen. Er aber hat es Alles methodisch und in wissenschaftlichem Zusammenhange uns neu entwickelt und dargestellt.

Gleich die Einführung des Begriffes der Kongruenz, mit welcher der erste Abschnitt beginnt, eines Begriffs, der zwar auch sonst schon stillschweigend verwendet, aber bis dahin noch nicht formuliert und methodisch verwertet worden war, gilt eine Tat: zwei Zahlen a, b heissen einander kongruent nach einem Modul m, in Zeichen:

$$a \equiv b \ (\text{mod. } m),$$

wenn sie gleichen Rest lassen bei der Teilung durch m. Und äusserst glücklich gewählt ist das Zeichen für solches Verhalten, weil es die weitgreifende Analogie, die sich alsbald zwischen Kongruenzen und Gleichungen herausstellt, zur lichten Anschauung bringt. So steht der Forderung, eine algebraische Gleichung n^{ten} Grades

$$ax^n + a_1 x^{n-1} + \cdots + a_n = 0$$

aufzulösen, falls die Koeffizienten ganzzahlig gedacht werden, die Aufgabe zur Seite, die Wurzeln der Kongruenz

$$ax^n + a_1 x^{n-1} + \cdots + a_n \equiv 0 \pmod{m}$$

d. h. die inkongruenten ganzzahligen Werte von x zu finden, die ihr genügen. Der zweite Abschnitt gibt neben Fundamentalsätzen über Teilbarkeit der Zahlen die Lösung jener Aufgabe für die Kongruenzen ersten Grades, welche im Grunde mit der schon von EULER und LAGRANGE nach verschiedenen Methoden behandelten Auflösung der unbestimmten Gleichung

$$ax + by = c$$

übereinkommt. Während GAUSS die analoge Aufgabe für mehrere lineare Kongruenzen mit mehr als einer Unbekannten nur flüchtig behandelt, zieht er aus der Auffindung einer Zahl, welche nach mehreren gegebenen Moduln gegebene Reste lässt, eine neue Bestimmung des bereits von EULER[*]) ermittelten Ausdrucks der Funktion $\varphi(m)$, welche die Anzahl der zu m primen Zahlen, welche $\lessgtr m$, bezeichnet. Der Abschnitt schliesst mit dem nicht wesentlich von dem LAGRANGESCHEN[**]) verschiedenen Beweise der Tatsache, dass eine Kongruenz in Bezug auf einen Primzahlmodul nicht mehr Wurzeln haben kann, als ihr Grad beträgt.

Etwas unvermittelt schiebt sich im art. 42 jener fundamentale GAUSSSCHE Satz ein, dass, wenn eine ganze Funktion von x mit ganzzahligen Koeffizienten in ein Produkt zweier ganzer Funktionen mit rationalen Koeffizienten zerlegbar ist, diese Koeffizienten ebenfalls ganzzahlig sein müssen, ein Satz, welcher die Grundlage für die besonders von KRONECKER ausgebildete Arithmetik der ganzen Funktionen bildet und auch in andern Disziplinen, u. a. für einen der wichtigsten Sätze über Ideale eines algebraischen Zahlenkörpers, sich grundlegend gezeigt hat. In GAUSS' *Tagebuch* (Nr. 69) wird die Auffindung dieses Satzes

---

[*]) Novi Comm. Acad. Petrop. 8 (1760/61) 1763, S. 74, Opera Omnia, Ser. I, vol. 2, S. 531.
[**]) Mémoires de l'Acad. Berlin (1768) 1770 24, S. 192, Oeuvres II, S. 667.

verhältnismässig spät, erst auf den 23. Juli 1797 datiert; vermutlich den Studien zur Theorie der höheren Kongruenzen, welche der achte Abschnitt behandelt, entsprungen, ist er hier eingefügt.

4.

Der Fortgang von den Kongruenzen ersten zu denjenigen höheren Grades führt von selbst zur Theorie der Potenzreste d. i. zur Untersuchung der Reste, welche die Potenzen der verschiedenen Zahlen lassen, wenn sie durch einen gegebenen Modul geteilt werden, sowie der Bedingungen, unter denen eine gegebene Zahl ein solcher Rest einer Potenz von vorgeschriebenem Grade sein kann, u. a. mehr. Besonders interessiert hierbei der Fall, wo der Modul eine ungerade Primzahl p ist; GAUSS behandelt daher im dritten Abschnitte diesen vorzugsweise   Für jede durch p nicht teilbare Zahl a gibt es eine kleinste Potenz a^d, welche den Rest 1 lässt; dieser Exponent d, zu welchem »a (mod. p) gehört«, ist stets ein Teiler von $p-1$, und aus diesem Umstande folgt sogleich der berühmte, schon von FERMAT*) ausgesprochene Satz, dass a^{p-1} stets kongruent 1 ist (mod. p). Der Beweis dieser Sätze durch die Methode der Exhaustion, wie GAUSS ihn gibt, war durch eine im wesentlichen gleiche Betrachtung schon von EULER**) erhalten, und schon früher***) hatte dieser den FERMATschen Satz mittels des binomischen Satzes begründet. GAUSS fügte dem einen neuen Beweis mit Hilfe des polynomischen Satzes hinzu.

Wesentlich neu aber war die Bestimmung der Anzahl aller inkongruenten Zahlen, die zu einem gegebenen Teiler d von $p-1$ als Exponenten gehören, aus welcher dann sofort die Tatsache der Existenz einer primitiven Wurzel (mod. p), d. i. einer Zahl g, welche zum Exponenten $p-1$ gehört, hervorging, eine Tatsache, welche nur irrtümlicherweise vordem EULER schon festgestellt zu haben gemeint hatte†). Die Potenzen

$$1, g, g^2, \ldots, g^{p-2}$$

*) FERMATII Opera mathem., Tolosae 1679, S. 163, Oeuvres II, S. 209.

**) Novi Comment. Acad. Petropol. 7 (1758/59) 1761, S. 49, Opera Omnia, Ser. I, vol. 2, S. 493.

***) Comment. Acad. Petropol. 8 (1736) 1741, S. 141, Opera Omnia, Ser. I, vol. 2, S. 33 und Novi Comment. Acad. Petropol. 1 (1747/8) 1750, S. 20, Opera Omnia, Ser. I, vol. 2, S. 62.

†) Novi Comment. Acad. Petropol. 18 (1773) 1774, S. 85.

einer solchen Wurzel haben die Eigenschaft, dass jede durch p nicht teilbare Zahl einer einzigen von ihnen (mod. p) kongruent ist. Dabei bestimmen die geraden Potenzen dieser Reihe die quadratischen Reste (mod. p), d. i. die Zahlen, welche (mod. p) einer Quadratzahl kongruent sein können. Aus dieser Bemerkung schloss EULER*) — dem eben Gesagten zufolge aber ohne genügende Grundlage — sein bekanntes Kriterium für den quadratischen Charakter einer Zahl a, nach welchem

$$a^{\frac{p-1}{2}} \equiv \pm 1 \ (\text{mod. } p)$$

ist, jenachdem a ein quadratischer Rest (mod. p) ist oder nicht, und konnte ferner den Satz feststellen, dass für eine Primzahl $p = 4n+1$ stets ganze durch p nicht teilbare Zahlen x, y gefunden werden können, für welche $x^2 + y^2$ durch p teilbar wird**).

Auf festerem und breiterem Grunde baute GAUSS diese Sätze auf. Dem schon Gesagten gemäss gibt es in der obigen Reihe der Potenzen von g eine solche Potenz g^α, dass $a \equiv g^\alpha$ (mod. p); der Exponent α heisst nach GAUSS der Index von a. Aus den Gesetzen, welche diese Indizes befolgen, lässt sich leicht ein Kriterium ableiten, nach welchem die allgemeine binomische Kongruenz

$$x^n \equiv a \ (\text{mod. } p)$$

auflösbar ist: versteht man unter δ den grössten gemeinsamen Teiler von n und $p-1$, so muss

$$a^{\frac{p-1}{\delta}} \equiv 1 \ (\text{mod. } p)$$

sein. Für $n = 2$ ergibt sich so von selbst das EULERsche Kriterium. Gehört ferner eine Zahl a zum Exponenten d, so bilden die allein einander inkongruenten Potenzen $1, a, a^2, \ldots, a^{d-1}$ derselben die sogenannte Periode der Zahl a (mod. p) und ihr Produkt ist $\equiv -(-1)^d$. Wird für a eine primitive

---

*) Opuscula analytica I (1783), S. 242, 268, vergl. aber Novi Comment. Acad. Petropol. 1 (1747/8) 1750, S. 20 und 7 (1758/9) 1761, S. 49, Opera Omnia, Ser. I, vol. 2, S. 62 und 493, wo in den Theorematis 11 der ersten und 19 der zweiten Abhandlung das EULERsche Kriterium ohne Zuhilfenahme einer primitiven Wurzel vollkommen streng begründet wird.

**) Novi Comment. Acad. Petropol. 5 (1754/56) 1760, S. 3, Opera Omnia, Ser. I, vol. 2, S. 328.

Wurzel g gewählt, so findet sich hieraus sogleich der bereits von WARING*)
mitgeteilte und WILSON zugeschriebene Satz, nach welchem das Produkt aller
zu p primen Reste, nämlich

$$1 \cdot 2 \cdot 3 \ldots (p-1) \equiv -1 \ (\text{mod. } p)$$

ist. Diesen Satz bewies (unter Annahme der Existenz einer primitiven Wurzel)
auf dem zuletzt angegebenen Wege vor GAUSS schon EULER**) und aus wesentlich anderen Prinzipien LAGRANGE***) GAUSS aber gab noch einen neuen Beweis
des Satzes, der, auf die sogenannten bezüglich p assoziierten Zahlen gegründet,
den Vorzug hat, dass er sich auf den allgemeineren Fall eines zusammengesetzten Moduls übertragen lässt. Der von GAUSS nur ausgesprochene, hier
geltende verallgemeinerte WILSONsche Satz wurde später auf dem angedeuteten
Wege von BRENNECKE†), dann von SCHERING††) bewiesen.

5.

Einige andere Sätze übergehend wenden wir uns nun zur Theorie der
quadratischen Reste, welcher der vierte Abschnitt gewidmet ist.

Die Frage nach den quadratischen Resten eines Moduls m ist identisch
mit der Frage nach der Auflösbarkeit der binomischen Kongruenz zweiten
Grades

$$x^2 \equiv a \ (\text{mod. } m).$$

Sie bietet aber eine zwiefache Seite dar, jenachdem man den Modul m
oder den Rest a als gegeben betrachtet. In der erstern Annahme verursacht
die Beantwortung der Frage keine erhebliche Schwierigkeit. Es ist leicht,
sie auf den Fall zurückzuführen, wo der Modul eine Primzahlpotenz ist, und,
da sie für den Modul 2^n einfach erledigt und für den Modul p^n, wo p eine
ungerade Primzahl bedeutet, aus dem Falle des einfachen Moduls p entschieden
werden kann, so handelt es sich schliesslich nur noch um die Kongruenz

---

*) *Meditationes algebraicae*, Cantabrigae 1770, S. 218.
**) Opuscula analytica I (Petropoli 1783), S. 329.
***) Nouv. Mémoires de l'Acad. Berlin (1771) 1773, 2, S. 125, Oeuvres III, S. 425.
  †) CRELLES Journal für Mathematik 19 (1839), S. 319.
 ††) Acta Mathematica 1 (1883), S. 153.

$x^2 \equiv a$ (mod. p), wo a als durch p nicht teilbar gedacht werden darf. Je-nachdem sie möglich ist oder nicht, heisst a nach Euler*) quadratischer Rest oder Nichtrest (residuum oder nonresiduum) von p, nach Gauss in Zeichen aRp oder aNp. Nach Legendre**) bezeichnet man dieses verschiedene Ver-halten, indem man dem Symbole $\left(\dfrac{a}{p}\right)$ entsprechend den Wert $+1$ oder -1 beilegt. Es gibt der inkongruenten Zahlen a beider Arten gleichviel.

Bei weitem schwieriger aber erwies sich die Beantwortung der Frage in der zweiten der erwähnten Annahmen, der Frage: von welchen ungeraden Primzahlen p eine gegebene Zahl a quadratischer Rest bezw. quadratischer Nichtrest sei. Schon vor Gauss hatte Euler***) die Antwort auf diese Frage für die Werte $a = -1$ und 3, Lagrange†) für $a = 2, 5, 7$ gefunden, und Gauss selbst begründet zunächst seinerseits die so erhaltenen Sätze. Der be-rühmte Eulersche Satz, der nach Gauss' oben erwähnter Aussage der Aus-gangspunkt seiner tieferen arithmetischen Forschungen geworden ist, der Satz, dass -1 quadratischer Rest von jeder Primzahl von der Form $4n+1$, Nicht-rest von jeder Primzahl von der Form $4n+3$ ist, was sich einfach ausspricht in der Gleichung

$$\left(\frac{-1}{p}\right) = (-1)^{\frac{p-1}{2}},$$

folgt unmittelbar aus dem Eulerschen Kriterium oder lässt sich mittels asso-ziierter Zahlen oder auch auf Grund des Wilsonschen Satzes erhärten. Für den ebenso schönen Satz, dass 2 quadratischer Rest von jeder Primzahl von einer der Formen $8n+1$, $8n+7$, Nichtrest von jeder Primzahl von einer der beiden Formen $8n+3$, $8n+5$, dass also in Legendrescher Bezeichnung

$$\left(\frac{2}{p}\right) = (-1)^{\frac{p^2-1}{8}}$$

ist, gab Gauss an dieser Stelle seiner D. A. zwei zum Teil von einander ab-weichende einfache Begründungen. Nun aber zeigte sich, dass für den qua-

---

*) Siehe Novi Comment. Acad. Petropol. 5 (1754/55) 1760, S. 13, Opera Omnia, Ser. I, vol. 2, S. 338.

**) Théorie des Nombres, 3me éd. (1830) I, S. 197.

***) Opuscula Analytica I (1783), S. 135; Novi Comment. Acad. Petrop. 8 (1760/61) 1763, S. 105, Opera Omnia, Ser. I, vol. 2, S. 556.

†) Nouv. Mém. de l'Acad. Berlin (1775) 1777, S. 351, 352, Oeuvres III, S. 791.

dratischen Charakter einer ungeraden Primzahl q bezüglich einer andern solchen
Primzahl p kein ähnlicher direkter Ausspruch angebbar, jener vielmehr nur
umgekehrt durch den quadratischen Charakter von p in Bezug auf q bestimmbar
ist. Das hier geltende eigentümliche Gesetz, das GAUSS durch Induktion
fand, war so auch vorher schon von LEGENDRE ermittelt worden*), dem jedoch noch nicht gelang, es streng zu beweisen. Durch KRONECKER**) aber ist
zuerst bemerkt worden, dass EULER***) als Entdecker des Gesetzes gelten darf,
da er es in einer mit der von GAUSS gegebenen wesentlich identischen Formulierung schon vor LEGENDRE ausgesprochen hat. Diese GAUSSsche Fassung
besagt:

Wenn p eine Primzahl von der Form $4n+1$, so ist $+p$, wenn es eine
Primzahl von der Form $4n+3$ ist, so ist $-p$ Rest oder Nichtrest von jeder
Primzahl, welche positiv gedacht Rest resp. Nichtrest von p ist.

Mit Recht hat GAUSS diesen Satz das theorema fundamentale der quadratischen Reste genannt, da es nicht nur in ihrer Theorie den eigentlichen
Kern ausmacht, sondern auch für weitere Teile der höheren Arithmetik grundlegende Bedeutung hat. Kaum aber hat er schon voraussehen können, wie
gross dessen Bedeutung für die ganze Entwicklung der Zahlentheorie werden,
wie schon seine eigenen weiteren Beweise des Satzes, von denen wir zu
sprechen haben werden, sodann die ungefähr 40 andern Beweise, welche wir
späteren Forschern zu danken haben, mit immer neuen Gesichtspunkten auch
neue Richtungen der Forschung herbeiführen, wie endlich das Bedürfnis, den
analogen Satz für Potenzreste höheren Grades zu erledigen, dem schon GAUSS
selbst, später besonders KUMMER†) und in unserer Zeit HILBERT††) erfolgreich
ihre Bemühungen gewidmet, ganz neue Welten mathematischer Ideen uns eröffnen und gewinnen lassen würde!

---

*) Histoire de l'Acad. des Sciences, Paris 1785, S. 465.
**) Berliner Monatsberichte 1875, S. 267.
***) Opuscula Analytica I (1783), S. 64.
†) Vergl. *Über die allgemeinen Reziprozitätsgesetze u. s. w.* Abhandl. der Berliner Akademie 1859.
††) Math. Annalen (1899) 51, S. 1—127.

6.

Den ersten strengen Beweis des Gesetzes gab also GAUSS. Er beruht auf
der Methode der allgemeinen Induktion und ist dadurch charakterisiert, dass
er, ohne aus dem eigentlichsten Gebiete der Theorie der quadratischen Reste
herauszutreten, allein mit dem Begriffe eines solchen operiert. Aber er ist
recht umständlich, da er acht verschiedene Fälle einzeln zu erledigen nötigt.
Mit Verwendung des LEGENDRESCHEN Symbols gelang es später DIRICHLET ihn
sehr zu vereinfachen und die acht Fälle auf nur zwei verschiedene zusammen-
zuziehen. Wenn GAUSS einmal*) gegen eine Äusserung von WARING einwendet,
dass Beweise mehr ex notionibus quam ex notationibus geschöpft werden
müssten, eine Maxime, welcher die neuere Mathematik weithin Rechnung getragen hat, so hat er zwar mit seinem ersten Beweise des Fundamentaltheorems dies Ziel aufs beste erreicht, gleichwohl zeigt die so übersichtliche
DIRICHLETsche Darstellung**), wie auch eine geeignete notatio von nicht zu
unterschätzender Bedeutung sein kann. Spricht sich dies doch deutlich in
der Fassung aus, welche zuerst LEGENDRE dem Gesetze in der Gleichung

$$\left(\frac{p}{q}\right)\cdot\left(\frac{q}{p}\right) = (-1)^{\frac{p-1}{2}\cdot\frac{q-1}{2}}$$

gab, derzufolge wir es jetzt das Reziprozitätsgesetz der quadratischen Reste
nennen und in welcher seine grosse Eleganz erst voll zur Erscheinung kommt.
Bei beiden Darstellungen aber war es ein Fall, der eine ganz besondere
Schwierigkeit verursachte: die für den Beweis erforderliche Tatsache, dass
jede Primzahl $p > 5$ und von der Form $4n+1$ positiv oder negativ genommen
Nichtrest einer kleineren Primzahl sei; diese Tatsache ist für den Fall $p \equiv 5$
(mod. 8) sehr einfach nachzuweisen, dagegen ist es nicht so für den andern
Fall $p \equiv 1$ (mod. 8). Nach GAUSS' eigener Aussage hat er ein volles Jahr
mit dieser Schwierigkeit gerungen (W. II, S. 4: per integrum annum me torsit
operamque enixissimam effugit), bis es ihm endlich gelang, durch eine einfache und doch tiefe Betrachtung, welche KRONECKER mit Recht eine Kraft-

---

*) *Disq. Arithm.* art. 76, W. I, S. 60.
**) CRELLES Journal für Mathematik 47 (1853), S. 139; Werke II, S 121.

probe des GAUSSschen Genius genannt hat, ihrer am 8. April 1796 (Nr. 2 T.) mächtig zu werden.

Nachdem so GAUSS das für zwei Primzahlen p, q geltende Gesetz bewiesen, hat er ihm im art. 133 bereits auch diejenige Allgemeinheit gegeben (am 29. April 1796, Nr. 4 T.), welche mittels des von JACOBI*) verallgemeinerten LEGENDREschen Symbols sich ausspricht in der Gleichung

$$\left(\frac{P}{Q}\right)\cdot\left(\frac{Q}{P}\right) = (-1)^{\frac{P-1}{2}\cdot\frac{Q-1}{2} + \frac{\delta-1}{2}\cdot\frac{\varepsilon-1}{2}},$$

worin P, Q zwei teilerfremde ungerade Zahlen und δ, ε den Vorzeichen von P, Q resp. entsprechend gleich ± 1 sind; wie er denn auch die sogenannten Ergänzungssätze d. i. die obigen Sätze für -1 und 2, die nun aus dem Fundamentaltheoreme aufs neue bewiesen werden konnten (art. 145, nach Nr. 56 T. am 4. Febr. 1797), auf den Fall ausgedehnt hat, dass p eine zusammengesetzte positive ungerade Zahl ist. So ward es dann auch möglich, den quadratischen Charakter einer beliebigen Zahl in Bezug auf einen beliebigen zu ihr teilerfremden ungeraden Modul zu bestimmen, sowie die Linearformen der sogenannten Teiler und Nichtteiler von $x^2 - a$ d. i. der Primzahlen, von denen die Zahl a quadratischer Rest bezw. Nichtrest ist, aufzustellen.

c) Binäre quadratische Formen.

7.

Das bisher Dargestellte ist in der Hauptsache von GAUSS bereits gefunden, bevor er Kenntnis von der schon vor ihm vorhandenen Literatur gewann. Das Studium der Arbeiten von LAGRANGE und LEGENDRE machte ihn aber mit einem Gebiete der Zahlentheorie bekannt, das seinem Interesse bis dahin fremd gewesen zu sein scheint, mit der Theorie der quadratischen Formen. Anfänge dieser Theorie als Probleme der additiven Zahlentheorie, wie die Frage nach der Zerfällbarkeit einer Zahl n in die Summe zweier Quadratzahlen oder in die Summe einer Quadratzahl und einer mehrfachen andern Quadratzahl, d. i. nach den Auflösungen der Diophantischen Gleichung

---

***) Berliner Monatsberichte 1837, S. 127; Werke VI, S. 254.

$$n = x^2 + my^2$$

und Ähnliches fand sich schon bei FERMAT*), besonders aber bei EULER**), welcher auch bereits die eng damit verbundene allgemeine Gleichung zweiten Grades mit zwei Unbekannten durch ganze oder rationale Werte der letzteren zu lösen unternommen hatte***). Hieran anknüpfend hatten LAGRANGE†) und LEGENDRE††) die allgemeinere Frage nach der Darstellung einer Zahl durch einen Ausdruck von der Gestalt

$$ax^2 + bxy + cy^2$$

behandelt und bereits eine Fülle von schönen und wichtigen Ergebnissen gewonnen, als GAUSS vom 22. Juni 1796 an (s. Nr. 15 T.) diesen Fragen nahe trat.

Im Vergleich zu seinen Arbeiten lassen diejenigen seiner Vorgänger, so tief sie auch schon eindrangen, sich ähnlich kennzeichnen, wie es GAUSS†††) von DIOPHANTS arithmetischen Arbeiten aussagt: dass sie mehr dexteritatem quandam scitamque tractationem quam principia profundiora gewiesen und, nimis specialia, nur selten ad conclusiones generaliores geführt hätten. Das Gold zum Ringe zu zwingen war ihnen noch nicht gelungen. Erst GAUSS entwickelte im fünften Abschnitte seiner D. A. die Theorie der quadratischen Formen methodisch von sicherer Grundlage aus und führte sie zu bis dahin ungeahnten Höhen und Gesichtspunkten. Schon die konsequente Verwendung der Bezeichnung »quadratische Form« (forma secundi gradus) für die ganze homogene Funktion zweiten Grades mit zwei oder mehr Unbestimmten rührt von GAUSS her; LAGRANGE wie LEGENDRE nennen jene Ausdrücke expressions oder formules und sprechen nur beiläufig von den Teilern eines Ausdrucks $x^2 \pm my^2$ als einer forme linéaire oder quadratique; ähnlich auch EULER. Übrigens nimmt GAUSS abweichend von LEGENDRE die quadratische Form in

---

*) Oeuvres II, S. 403 (Brief an KENELM DIGBY).

**) Comm. Acad. Petrop. 14 (1744/6) 1751, S. 151; Opera Omnia, Ser. I, vol. 2, S. 194; Novi Comm. Acad. Petrop. 18 (1773) 1774, S. 218.

***) Comm. Acad. Petrop. 6 (1732/33) 1738, S. 175, Opera Omnia, Ser. I, vol. 2, S. 6, Novi Comm. Acad. Petrop. 9 (1762/63) 1764, S. 3, Opera Omnia, Ser. I, vol. 2, S. 576 und 18 (1773) 1774, S. 185.

†) Mém. de l'Acad. Berlin (1767) 1769, 23, S. 165 u. (1768) 1770, 24, S. 181, Oeuvres II, S. 375 u. S. 655; *Additions aux Élémens d'Algèbre d'Euler*, 1774, § II, VII, VIII, Oeuvres VII, S. 45, 118, 157.

††) Mém. de l'Acad. Paris (1785) 1788, S. 465.

†††) *Disqu. Arithm.*, praefatio, W. I, S. 6.

X₂.   3

der Gestalt

$$f(x, y) = ax^2 + 2bxy + cy^2,$$

die er, wo es auf die Unbestimmten nicht ankommt, kurz mit $f = (a, b, c)$ bezeichnet, also mit geradem mittleren Koeffizienten. Das beruht auf dem Umstande, dass GAUSS seine Theorie auf formal algebraischer Grundlage erbaut, wo er dann durch solche Beschränkung das Auftreten gebrochener Zahlen verhütet, es macht aber andererseits mancherlei Unterscheidungen, wie diejenige der Formen in eigentlich und uneigentlich primitive u. a. notwendig, wodurch die Theorie wieder beschwert wird und manche ihrer Ergebnisse an Einfachheit verlieren. Als es später gelang, aus der algebraischen Schale der Theorie ihren eigentlich arithmetischen Kern herauszuschälen, indem man sie als Theorie des quadratischen Zahlenkörpers erfasste und so von dem ursprünglich additiv-zahlentheoretischen Probleme der Darstellung einer Zahl durch eine quadratische Form wieder zur multiplikativen Zahlentheorie zurückkehrte, der LEGENDRE mit dem Begriffe des quadratischen Teilers näher verbunden geblieben war als GAUSS, musste man jene Beschränkung wieder aufgeben*)

8.

GAUSS errichtet nun das Gebäude seiner Theorie auf zwei algebraischen Grundeigenschaften der quadratischen Formen.

Die eine von ihnen ist die Identität

$$f(x, y) \cdot f(x', y') = [(ax + by)x' + (bx + cy)y']^2 - D(xy' - x'y)^2,$$

worin D, die Verknüpfung der Koeffizienten

$$D = b^2 - ac,$$

als eine die ganze Theorie beherrschende Zahl von GAUSS als Determinante der Form benannt worden ist; je nach ihrem Vorzeichen zerfallen die Formen in zwei Gattungen, welche vielfach ein sehr verschiedenes Verhalten zeigen.

---

*) Das Verhältnis der Untersuchungen von GAUSS und LEGENDRE, die sich in vielen Punkten berühren, wird in dem weiter unten folgenden Aufsatze von P. STÄCKEL »GAUSS als Geometer« zusammenfassend dargestellt; es ist darum in diesem Aufsatze auf die Arbeiten LEGENDRES zur Zahlentheorie nicht ausführlicher eingegangen worden.

Aus der obigen Identität ergibt sich sogleich die zur eigentlichen Darstellung von n durch (a, b, c) d. i. zur Darstellung mittels teilerfremder Werte x, y notwendige Bedingung, dass D quadratischer Rest von n sei, sowie die Er kenntnis, dass zwischen den vorhandenen eigentlichen Darstellungen und den Wurzeln der Kongruenz

$$z^2 \equiv D \ (\text{mod.}\ n)$$

ein enger Zusammenhang besteht, dem gemäss jede solche Darstellung als zu einer bestimmten der Kongruenzwurzeln »gehörig« bezeichnet werden darf.

Die zweite Grundeigenschaft ist die Transformation einer quadratischen Form

$$a x^2 + 2 b x y + c y^2$$

mittels einer linearen ganzzahligen Substitution

$$x = \alpha x' + \beta y', \quad y = \gamma x' + \delta y'$$

in eine andere Form

$$a' x'^2 + 2 b' x' y' + c' y'^2,$$

deren Determinante

$$D' = D \ (\alpha \delta - \beta \gamma)^2$$

ist und welche unter der ersteren enthalten, insbesondere, wenn der Substitutionsmodul $\alpha \delta - \beta \gamma = \pm 1$ ist, ihr äquivalent genannt wird. Die zuerst von GAUSS getroffene Unterscheidung solcher Äquivalenz in eine eigentliche und uneigentliche je nach dem Vorzeichen von ± 1 verleiht der ferneren Entwicklung erhebliche Klarheit und Einfachheit.

Das Problem der Darstellung einer Zahl n durch eine gegebene Form f wird nunmehr zurückgeführt auf die Frage, ob diese Form mit gewissen andern Formen F mit gleicher Determinante, von denen je eine der Wurzel entspricht, zu der die Darstellung gehörig gedacht wird, äquivalent sei. Die neue Frage aber entscheidet sich durch eine zwiefache Untersuchung. Die eine von ihnen lehrt, dass eine gegebene Form durch eine Kette von sogenannten benachbarten Formen, deren jede mit der vorhergehenden eigentlich äquivalent ist, in eine ihr eigentlich äquivalente Form übergeführt werden kann, deren Koeffizienten durch gewisse Ungleichheiten beschränkt sind und welche reduziert genannt wird, womit sich dann zugleich auch eine Transformation der gegebenen Form in die reduzierte ergiebt. Diesen Umstand und dass die Anzahl der reduzierten Formen nur endlich ist, fand Gauss schon als von Lagrange*) nachgewiesen vor. Durch die andere Untersuchung wird festgestellt, ob zwei solche reduzierte Formen selbst einander äquivalent sind oder nicht, und im erstern Falle eine Transformation der einen in die andere gegeben. Hierdurch ermöglicht sich nicht nur die Entscheidung jener Frage für jede der gedachten Formen F, sondern auch im Falle der Äquivalenz eine Transformation der gegebenen Form in jede ihr äquivalente unter diesen.

Die Bestimmung der reduzierten Formen ist aber eine ganz verschiedene, jenachdem die Determinante D eine positive (nicht quadratische) oder negative Zahl ist. Während im letztern Falle die zweite Untersuchung sehr einfach ist, bereitet sie im erstern grössere Schwierigkeit. In ihm zerfallen die reduzierten Formen in eine endliche Anzahl von Perioden benachbarter Formen, welche also einander äquivalent sind; dass aber Formen verschiedener Perioden es nicht sind, erfordert einen umständlicheren Beweis, der, wenn man auf sein Wesen sieht, auf die Entwicklung der sogenannten »Wurzeln« einer reduzierten Form in einen Kettenbruch begründet ist, wie später Dirichlet**) sehr schön und einfach klargelegt hat. Wenn nun auf dem angedeuteten Wege eine Transformation der Form f in eine der Formen F ermittelt ist, so lassen sie sich sämtlich aufstellen, sobald man alle Auflösungen der von Euler***) als Pellschen bezeichneten Gleichung

$$t^2 - Du^2 = 1$$

anzugeben weiss. Diesen Teil der Aufgabe, der für eine negative Determinante sich unmittelbar erledigt, löste für den Fall einer positiven Determinante schon Lagrange†), der auch zuerst die Existenz einer Auflösung nachwies, auf Grund der Kettenbruchentwicklung für die Quadratwurzel aus D. Die für den

---

    *) Nouv. Mém. de l'Acad. Berlin (1773) 1775, S. 265; Oeuvres III, S. 695.

    **) Vergl. *Vorlesungen über Zahlentheorie*, herausg. von Dedekind, 4. Aufl. 1894 § 79—82.

    ***) Comment. Acad. Petrop. 6 (1732/3) 1738, S. 175, Opera omnia, Ser. I, vol. 2, S. 6; Novi comment. Acad. Petrop. 11 (1765) 1767, S. 28; *Vollständige Anleitung zur Algebra* (1770), II. Teil, II. Abschnitt, Kap. 7; Opuscula analytica I (1783), S. 310.

    †) Miscell. Taur. 4 (1766/9), S. 19; Oeuvres I, S. 669; Mém. de l'Acad. Berlin (1767) 1769, 23, S. 165, Oeuvres II, S. 375; *Additions aux Elémens d'Algèbre par L. Euler*, § II, VIII, Oeuvres VII, S. 45, 157.

gleichen Zweck von GAUSS gegebene Analyse, von der er sagt, sie sei *ex principiis omnino diversis petita*, und welche durch Verbindung der Transformation einer reduzierten Form in die erste in ihrer Periode ihr gleiche mit der identischen Transformation zum Ziele gelangt, kommt gleichwohl, da die Äquivalenz der aufeinanderfolgenden reduzierten Formen mit der Äquivalenz ihrer Wurzeln identisch, die letztere aber mit jener Kettenbruchentwicklung aufs engste verbunden ist, im Wesen mit der von LAGRANGE überein.

So haben wir die Ergebnisse der von GAUSS in streng logischer Verkettung und mit grösster Vollständigkeit unter Berücksichtigung aller Nebenumstande, wie der Formen mit quadratischer oder der Null gleicher Determinante usw., entwickelten Elemente der Theorie in der Hauptsache geschildert. Als deren Abschluss können wir die Verteilung aller Formen mit einer gegebenen Determinante auf eine endliche Anzahl von Klassen unter einander äquivalenter Formen, die übrigens schon LAGRANGE*) zugehört, betrachten. Aus der allgemeinen Theorie aber fliessen nun als aus ihrer eigentlich wissenschaftlichen Quelle die schon von FERMAT**) erkannten Sätze von der Darstellbarkeit einer Primzahl von der Form $4n+1$, von einer der Formen $8n+1$ oder $8n+3$, und von der Form $6n+1$ bezw. in den Formen x^2+y^2, x^2+2y^2, x^2+3y^2, von denen der erste durch EULER***), der zweite durch LAGRANGE†), der dritte wieder durch EULER††) zuerst bewiesen worden war. Den ersten derselben hat GAUSS an einer späteren Stelle der D. A. (art. 265) noch einmal aus tieferen Prinzipien wieder hergeleitet.

9.

Nunmehr aber beginnt das üppig fruchtbare Neuland, um welches GAUSS' eigenste Forschung die Lehre von den quadratischen Formen bereichert hat. Zur Einteilung der Formen mit gegebener Determinante D in Klassen tritt

---

*) Nouv. Mém. de l'Acad. Berlin (1773) 1775, S. 265; Oeuvres III, S. 695.

**) Oeuvres II, S. 403 ff.

***) Novi Comment. Acad. Petrop. 1 (1747/8) 1750, S. 20; 4 (1752/3) 1758, S. 3; 5 (1754/5) 1760, S. 3 Opera O^mnia, Ser. I, vol. 2, S. 62; 295; 328.

†) Nouv. Mém. de l'Acad. Berlin (1775) 1777, S. 323, Oeuvres III, S. 759. Vgl. auch EULER, Novi Comment. Acad. Petrop. 6 (1756/7) 1761, S. 185, Opera Omnia, Ser. I, vol. 2, S. 459.

††) Novi Comment. Acad. Petrop. 8 (1760/1) 1763, S. 105, Opera Omnia, Ser. I, vol. 2, S. 556.

hinzu die weitere Einteilung dieser Klassen in Ordnungen, je nach dem grössten gemeinsamen Teiler m der Koeffizienten a, $2b$, c ihrer Formen (a, b, c), der für alle Formen einer Klasse derselbe ist. Hervorzuheben sind hier die eigentlich — und eventuell die uneigentlich — primitive Ordnung, für welche $m = 1$ resp. $m = 2$ ist. Die Klassen einer primitiven Ordnung zerfallen nun wieder in mehrere Geschlechter. Für alle zu $2D$ teilerfremden Zahlen n nämlich, welche durch eine primitive Form darstellbar sind, sind ihre quadratischen Charaktere bezüglich der einzelnen Primfaktoren der Determinante und in besonderen Fällen auch bezüglich der Moduln 4 oder 8 die gleichen. Diese Einzelcharaktere, deren Anzahl λ heisse, bilden zusammen den Gesamtcharakter der Form und auch der Klasse, der sie angehört, und alle Klassen, deren Gesamtcharakter derselbe ist, bilden ein Geschlecht. Die Anzahl aller denkbaren Gesamtcharaktere ist $\chi = 2^{\lambda}$, und es entsteht die Frage, ob für jeden von ihnen ein entsprechendes Geschlecht wirklich vorhanden ist.

Zu ihrer Beantwortung dient eine eigentümliche Rechnung, deren Elemente nicht Zahlen, sondern Formenklassen sind. Sie gründet sich auf die sogenannte Zusammensetzung quadratischer Formen, für welche die oben (S. 18) eingeführte Gausssche Grundformel das einfachste Beispiel ist: eine Form

$$AX^2 + 2BXY + CY^2$$

heisst aus den beiden andern:

$$ax^2 + 2bxy + cy^2, \quad a'x'^2 + 2b'x'y' + c'y'^2$$

zusammengesetzt, wenn sie durch eine bilineare Substitution, deren Koeffizienten gewisse Bedingungen erfüllen, in ihr Produkt übergeht. Aus der von Gauss wieder im Gewande algebraischer Beziehungen gehaltenen ausführlichen allgemeinen Theorie solcher Zusammensetzung entnehmen wir hier nur die wesentlichsten Folgesätze. Ist F eine aus den Formen f, f' und F_1 eine aus den Formen f_1, f_1' zusammengesetzte Form, so gehören F, F_1 derselben Klasse an, wenn sowohl von f, f_1 als auch von f', f_1' je dasselbe gilt. Somit darf die Klasse von F aus den Klassen von f, f' zusammengesetzt heissen.

Gauss fasst diese Zusammensetzung zweier Klassen C, C' als eine additive Verknüpfung $C + C'$ derselben; zweckmässiger ist es, sie als eine Multiplikation zu fassen und die zusammengesetzte Klasse als Produkt der beiden andern durch $C.C'$ zu bezeichnen. Auf Grund dieser Definition liefert nun die Gesamtheit der primitiven Formenklassen — abgesehen etwa von den Potenzen einer primitiven Wurzel (mod. p), auf deren Analogie GAUSS selbst (art. 306, VI) hingewiesen hat — das erste Beispiel eines Begriffes, der bald nach GAUSS in der gesamten Mathematik weitreichende Herrschaft eingenommen hat, des Begriffs der Gruppe, speziell der ABELschen Gruppe. Die Zusammensetzung der Formenklassen ist kommutativ und assoziativ; nennt man die Form $x^2 - Dy^2$ die Hauptform, die Klasse, der sie angehört, die Hauptklasse, das Geschlecht, welches die letztere enthält, das Hauptgeschlecht, so spielt die Hauptklasse bei der Zusammensetzung die Rolle der Einheit, indem jede Klasse bei der Zusammensetzung mit ihr ungeändert bleibt; zwei entgegengesetzte Klassen, nämlich solche, in denen entgegengesetzte Formen (a, b, c), $(a, -b, c)$ auftreten, sind einander reziprok d. h. sie setzen sich zur Hauptklasse zusammen.

Aus diesen von GAUSS hergeleiteten Sätzen folgt nun nach einem allgemeinen für ABELsche Gruppen von KRONECKER[*] bewiesenen Satze, was speziell für die Gruppe der Formenklassen vorher schon SCHERING[**] gezeigt hat, dass alle Klassen eindeutig aus einer kleinsten Anzahl fundamentaler Klassen zusammensetzbar sind. Soweit ist aber GAUSS noch nicht gelangt, wenigstens enthalten seine Aufzeichnungen nichts, was sich darauf bezieht; er hat nur noch an einer späteren Stelle der D. A. (in artt. 305 u. 306) sowie in einem nachgelassenen, aus dem Jahre 1801 (s. W. II, S. 268) stammenden Fragmente (W. II, S. 266) für diejenige Untergruppe, welche aus den Klassen des Hauptgeschlechtes besteht, solche Darstellung ihrer Klassen mittels fundamentaler begonnen. Lassen sie sich sämtlich durch den Zyklus C, C^2, C^3, ..., C^k der verschiedenen Potenzen einer einzigen darstellen, so nennt er die Determinante D regulär, andernfalls irregulär, und bezeichnet, wenn dann jener Zyklus der grösste der vorhandenen ist, den Quotienten $\frac{g}{k}$, in welchem g die Anzahl aller Klassen des Hauptgeschlechts bedeutet, als den Exponenten der Irregularität; der art. 306, VIII. (W. I, S. 374) enthält hierüber noch mancherlei Aussagen,

---

[*] Berliner Monatsberichte 1870, S. 881, Werke I, S. 271.

[**] *Die Fundamental-Classen der zusammensetzbaren arithmetischen Formen*, Göttinger Abhandlungen 14 (1869), Werke I, S. 135.

u. a. dass die Determinante stets regulär ist, wenn g keinen quadratischen Teiler hat, dass in der wachsenden Reihe der negativen Determinanten die Menge der irregulären stets zuzunehmen scheint, usw.

10.

Zu den früheren Betrachtungen zurückkehrend begegnen wir der Frage nach dem Verhältnis der Anzahl der Klassen in irgend einer Ordnung O zur Anzahl der eigentlich primitiven Klassen. Es findet sich gleich der Anzahl der letzteren Formen, welche mit einer besonderen Form jener Ordnung zusammengesetzt diese Form reproduzieren. Heisst diese (A, B, C), so sind das diejenigen eigentlich primitiven Formen, durch welche A^2 darstellbar ist. GAUSS hat ihre Anzahl berechnet für negative Determinanten, für positive aber nur zwischen ihr und der Fundamentalauflösung der PELLschen Gleichung einen Zusammenhang erkannt, den erst nach ihm DIRICHLET klargelegt und bestimmt hat*).

Ferner heben wir den Satz hervor, dass in jedem Geschlechte derselben Ordnung gleichviel Klassen befindlich sind, beschränken fortan die Betrachtung auf die eigentlich primitive Ordnung und müssen nun besonders der sogenannten Anzepsklassen gedenken, die dadurch charakterisiert sind, dass sie durch Duplikation d. i. durch Zusammensetzung mit sich selbst die Hauptklasse hervorbringen. Von grösster Wichtigkeit ist die GAUSSsche Bestimmung ihrer Anzahl a, welche gleich der halben Anzahl aller angebbaren Gesamtcharaktere: $a = \frac{1}{2}\chi$ gefunden wird. Andererseits ist die Anzahl aller eigentlich primitiven Klassen $h = g \cdot \gamma$, wo γ die Anzahl ihrer Geschlechter, während sich zeigen lässt, dass auch $h = a \cdot \delta$ gesetzt werden kann, wenn δ die Anzahl derjenigen unter jenen Klassen bedeutet, welche durch Duplikation entstehen können. Da alle diese aber zum Hauptgeschlechte gehören müssen, sodass $\delta \leqq g$ sein muss, so ergibt sich $\gamma \leqq a$ d. h. der Satz, dass die Anzahl der Geschlechter höchstens halb so gross, wie die aller angebbaren Gesamtcharaktere, dass also für die Hälfte der letztern gewiss kein entsprechendes Geschlecht vorhanden ist.

Nur beiläufig und doch als ein Glanzpunkt in der Reihe dieser Betrach-

---

*) *Recherches sur diverses applications de l'Analyse infinitésimale à la théorie des nombres* § 8, CRELLES Journal für Mathematik 21, 1840, S. 10, Werke I, S. 470.

tungen knüpft sich an das letztere Ergebnis, indem es auf den Fall angewandt wird, wo die Determinante eine positive oder negative Primzahl bezw. das Produkt von zwei solchen ist, der zweite, am 27. Juni 1796 (Nr. 16 T.) gefundene Gausssche Beweis des Reziprozitätsgesetzes und seiner beiden Ergänzungssätze an, ein Beweis, der, in seiner Grundlage scheinbar so gänzlich fremd der Frage, auf welche er zielt, eben wegen der Verbindung ganz verschiedener Gedankenreihen, die er knüpft, als der tiefste all' seiner Beweise des Gesetzes bezeichnet werden darf.

d. Ternäre quadratische Formen. Der VI. Abschnitt der D. A.

11.

Noch tiefer dringend aber ist das von Gauss erkannte Mittel, um die durch den zuvor angeführten Satz nur beschränkte Anzahl γ der Geschlechter genau zu bestimmen. Es ist die Theorie der ternären quadratischen Formen

$$f = ax^2 + a'x'^2 + a''x''^2 + 2bx'x'' + 2b'x''x + 2b''xx',$$

für welche der Ausdruck

$$\Delta = ab^2 + a'b'^2 + a''b''^2 - aa'a'' - 2bb'b''$$

die Determinante der Form genannt wird. An sich zwar lag der verallgemeinernde Fortschritt von den binären quadratischen Formen zu den quadratischen Formen mit mehreren Unbestimmten oder auch zu Formen höheren Grades nahe genug. Immerhin hat Gauss mit dem am 14. Februar 1799 (Nr. 96 T.) begonnenen erfolgreichen Beschreiten dieser Richtung der weiteren Forschung ein schier unermessliches Feld gewiesen, auf welchem dann später die Bemühungen von Eisenstein[*], von H. St. Smith[**] und Minkowski[***] u. A. den reichsten Ertrag geliefert haben. Für seinen Zweck bedurfte Gauss nur der ersten Elemente der Theorie. Diese laufen, obwohl sie mannigfaltigere

---

[*] Crelles Journal für Mathematik 35 (1847), S. 117, Gesammelte Abhandlungen, S. 177; Berliner Monatsberichte 1852, S. 356.

[**] London Transactions 157 (1867), S. 255, Papers I, S. 455. Mém. Sav. Étrang. Paris (2) 29 (1887) Nr. 1, S. 55, Papers II, S. 677.

[***] Mém. Sav. Étrang. Paris (2) 29 (1887) Nr. 2, S. 159, 164.

Verhältnisse und neue Probleme darbieten, denjenigen der binären Formen ganz parallel.

Zur Seite einer Form f ist stets eine zweite F, ihre Adjungierte, zu betrachten, deren Koeffizienten durch diejenigen der Form f bestimmt sind, deren Determinante gleich Δ^2, und deren eigene Adjungierte im wesentlichen wieder mit f selbst identisch ist. Auch hier ist dann jede Form einer reduzierten äquivalent, in welcher ebenso wie in der dazu Adjungierten die Koeffizienten durch gewisse Ungleichheiten beschränkt sind; die Anzahl der reduzierten Formen ist endlich. Neben Zahlen sind aber durch ternäre Formen auch binäre Formen darstellbar, und zwar entspricht einer Darstellung der binären Form $\varphi = (p, q, r)$ durch eine ternäre Form f eine Darstellung ihrer Determinante D durch deren Adjungierte F und umgekehrt; die letztern Darstellungen lassen sich also auf die erstern zurückführen. Diese aber gehören wieder zu gewissen Kongruenzwurzelpaaren g, h (mod. D), nämlich zu einer Lösung der Kongruenzen

$$g^2 \equiv \Delta p, \quad gh \equiv -\Delta q, \quad h^2 \equiv \Delta r \pmod{D}$$

oder, wie GAUSS kurz sagt, zur Wurzel $\sqrt{\Delta(p, -q, r)}$ (mod. D), und die Aufgabe, sie sämtlich zu finden, läuft auf die andere hinaus, die ganzzahligen Transformationen der gegebenen Form f in gewisse andere, jenen Lösungen verbundene Formen mit derselben Determinante und in sich selbst zu ermitteln.

Die Lösung der letztern Aufgabe jedoch wurde von GAUSS nicht mehr allgemein gegeben. In den D. A. findet sie sich nur noch für die Form

$$ax^2 + a'x'^2 + a''x''^2$$

mit positiven a, a', a'', und in einer kurzen, in einem am 22. November 1799 begonnenen Notizhefte (Scheda Ac, S. 22) des Nachlasses enthaltenen Notiz (W. II, p. 311) für die Form $x^2 + x'^2 - x''^2$. Für Formen, durch welche nur positive Zahlen darstellbar sind, hat in der Folge ein Schüler von GAUSS, L. A. SEEBER, ausgehend von kristallographischen Fragestellungen, diese Aufgabe wieder aufgenommen*). Seine Arbeit von 1831 bedeutete aber auch darin

---

*) Siehe SEEBERs Arbeiten: *Versuch einer Erklärung des innern Baues der festen Körper*, GILBERTs Annalen der Physik 76, 1824, S. 229 und S. 349; *Untersuchung über die Eigenschaften der positiven ternären quadratischen Formen*, Freiburg im Breisgau 1831. In der ersten Arbeit wird für eine Teilung des

einen Fortschritt über GAUSS' Darstellung der Theorie, dass es ihm gelungen ist, die Bedingungen für reduzierte Formen so zu fassen, dass in jeder Klasse nur eine von diesen vorhanden ist, sodass die schwierige Frage nach der Äquivalenz reduzierter Formen ganz wegfällt. GAUSS sah sich durch seine Anzeige von SEEBERS Arbeit (Gött. gel. Anz. vom 9. Juli 1831, W. II, S. 188) veranlasst, sich aufs Neue mit den ternären quadratischen Formen zu befassen, und gab zunächst den Beweis der von SEEBER nur induktiv gemachten Bemerkung, dass für die reduzierten Formen stets $aa'a'' < 2\Delta$ sei.

GAUSS ist aber bei dieser Gelegenheit auch auf die geometrische Deutung der Theorie der quadratischen Formen, sowohl der binären wie der ternären, eingegangen, indem er ihren Zusammenhang mit den sogenannten Zahlengittern in der Ebene und im Raume, den geometrischen Sinn der eigentlichen wie der uneigentlichen Äquivalenz sowie der zuvor angeführten SEEBERschen Ungleichheit klarlegte und im Anschluss an SEEBER den Wert der Theorie der ternären Formen als eines Hilfsmittels für die Kristallographie hervorhob; in einem kurzen, aus dem Juli 1831 (W. II, S. 311) stammenden Fragmente (W. II, S. 305) hat GAUSS seine bezüglichen Andeutungen durch eine Reihe raumgeometrischer Sätze weiter ausgeführt und für die letztgenannte Disziplin verwertet. Übrigens war ihm die Vorstellung der ebenen Zahlengitter, wenigstens solcher von besonderer Art, lange vor jener späten Veröffentlichung schon vertraut. Schon die doppelte Periodizität der lemniskatischen, allgemeiner der elliptischen Funktionen, deren Untersuchung ihn bereits zu der Zeit der D. A. beschäftigte, konnte sie ihm nahe legen. Als ihm dann, mit unter dem Einflusse dieser Untersuchungen, der Gedanke kam, der Theorie der biquadratischen Reste die komplexen ganzen Zahlen $a + bi$ zu Grunde zu legen, boten sich ihm die quadratischen, bei den kubischen Resten auch die parallelogrammatischen Zahlengitter dar, von denen er sowohl

---

ganzen Raumes »in kleine Parallelepipede, die sowohl einander selbst, als den parallelepipedischen Molekulen gleich sind«, das Quadrat des Abstands zweier Eckpunkte durch eine positive ternäre Form dargestellt (a. a. O. S. 353) und so eine geometrische Deutung dieser Formen gegeben. In dem Vorwort zu der Schrift von 1831 heisst es dann (S. II) in bezug auf die Aufgabe, die Kriterien für die Äquivalenz aufzustellen: »Ein Versuch, die Art, auf welche die festen Körper aus den kleinsten Teilen der Materie gebildet sind, aus den Gesetzen der Mechanik zu erklären, führte mich zur Auflösung dieser Aufgabe« und weiter (S. VIII) »Mithin ist die Theorie der positiven ternären quadratischen Formen wenigstens ein nützliches oder sogar notwendiges Hilfsmittel der Kristallographie«.

in seinen Abhandlungen W. II, S. 65 u. 93, wie in den nachgelassenen Schrift-
stücken W. II, S. 313—374 und VIII, S. 18 verschiedentlich Gebrauch gemacht hat; desgleichen auch bei dem geometrischen Hilfssatze W. II, S. 271,
277, auf welchen er seine Bestimmung der Klassenanzahl quadratischer
Formen stützt. In der Theorie der letztern aber, wie die D. A. sie enthalten,
tritt die gedachte geometrische Vorstellung nirgends zu Tage, so wenig wie
die damit verwandte Zerlegbarkeit der Formen in irrationale Linearfaktoren,
zu der namentlich die Lehre von der Komposition der Formen den besten
Anlass bot*); erst DIRICHLET**) hat von der letzteren ausgiebigeren Gebrauch
gemacht und in neuerer Zeit hat F. KLEIN***) gezeigt, wie schön die Zahlengitter zur Veranschaulichung der Kompositionslehre benutzt werden können.
Welche ganz neuen arithmetischen Probleme aber aus der Gittervorstellung entspringen, hat dann MINKOWSKI in seiner *Geometrie der Zahlen* (Leipzig, 1896)
und in den bezüglichen späteren Arbeiten in weitem Umfange entwickelt.

12.

In den D. A. leistet die Theorie der ternären quadratischen Formen aber
den ebenso wichtigen Dienst, durch ihre Anwendung auf die Darstellung einer
binären Form durch die besondere ternäre Form $x^2 - 2x'x''$ erkennen zu lassen,
dass jede Klasse des Hauptgeschlechts binärer Formen durch Duplikation
entsteht, mithin $\delta = g$, also auch $\gamma = \alpha = \frac{1}{2}\chi$ und somit für die eine Hälfte
aller Gesamtcharaktere stets ein dem betreffenden Charakter entsprechendes
Geschlecht vorhanden ist. Das Reziprozitätsgesetz gestattet auch, diese Hälfte
der Gesamtcharaktere näher zu bestimmen; sie umfasst diejenigen, für welche

---

*) Es möge hier noch darauf hingewiesen werden, dass EULER (*Vollständige Anleitung zur Algebra* II,
1770, 2. Abschnitt, 11. und 12. Kapitel, Opera omnia, Ser. I, vol. 1, S. 414 ff.) und LAGRANGE (siehe dessen
Additions aux Élémens d'Algèbre d'Euler, 1774, § IX, Oeuvres VII, S. 164) die irrationalen Linearfaktoren
einer binären quadratischen Form herangezogen haben, um Fälle zu finden, unter denen eine solche Form
ein Quadrat oder sonst irgend eine Potenz darstellt. LAGRANGE hat a. a. O. auch die Zusammensetzung
binärer quadratischer Formen, wie überhaupt solcher Formen, die sich in Linearfaktoren zerlegen lassen,
mit sich selbst bewerkstelligt, indem er von dieser Zerlegung ausgeht und die Linearfaktoren dann in abgeänderter Reihenfolge mit einander multipliziert.

**) CRELLEs Journal f. Mathem. 19 (1839), S. 324 und 24 (1842) S. 291, Werke I, S. 411 und S. 533.

***) Göttinger Nachrichten 1893, S. 106, ausführlicher in den Autographierten Vorlesungsheften: *Aus-
gewählte Kapitel der Zahlentheorie* (1895/6) II 1897, S. 118.

$\left(\dfrac{D}{n}\right) = 1$ ist, wenn n eine durch eine Form des entsprechenden Geschlechts darstellbare, zu $2D$ teilerfremde Zahl bedeutet.

Gauss hat sich nicht getäuscht, wenn er (art. 287 Schluss) meinte, diese so einfach lautenden und doch so tief wurzelnden Sätze zu den allerschönsten der ganzen Arithmetik rechnen zu dürfen.

Nachdem Gauss diesen hochbedeutsamen Punkt festgestellt hatte, führte ihn die Theorie der ternären Formen auch zu andern schönen Ergebnissen. Er bestimmte die Anzahl eigentlicher Darstellungen sowohl einer Zahl wie einer binären Form als Summe dreier Quadrate. Während für die Zahlen von den Formen $8\varkappa$, $8\varkappa + 4$, $8\varkappa + 7$ keine solche möglich ist, lässt jede andere Zahl n eine Anzahl von Darstellungen zu, welche bemerkenswerter Weise von der Anzahl der Klassen im Hauptgeschlechte derjenigen binären Formen abhängt, deren Determinante $-n$ ist. So lieferte schon Gauss ein ausgezeichnetes Beispiel viel allgemeinerer Ergebnisse, zu denen nach ihm namentlich H. St. Smith und Minkowski gelangt sind und bei denen der von Eisenstein[*] neu eingeführte Begriff des Masses von Formen oder Darstellungen als bestimmend in den Vordergrund tritt.

In Ea 5 des Nachlasses (W. X 1, S. 80) findet sich ein Satz und Bruchstücke zu seinem Beweise, der als Vorläufer zu dem berühmten Satze der D. A. art. 291 betrachtet werden kann. Aus der Darstellung als Summe dreier Quadratzahlen folgerte Gauss dann leicht auch den zuvor noch unbewiesenen Fermatschen Satz, dass jede Zahl als Summe dreier Dreieckszahlen darstellbar sei. Das EYPHKA, mit welchem Gauss in Nr. 18 T. unter dem 10. Juli 1796 seinen auf diesen Satz bezüglichen Fund hervorhebt, lässt auf den Wert schliessen, den er ihm beigemessen hat, und gestattet die Folgerung, dass, was er gefunden, neu für ihn war. Wenn es die induktive Tatsache des Fermatschen Ausspruchs war, so musste er ihm damals also noch unbekannt sein. Ein direkter, von der Theorie der ternären quadratischen Formen unabhängiger Beweis ist es gewiss nicht gewesen, ihn würde Gauss sicherlich in seinen D. A. mitgeteilt haben. Andererseits zeigt zwar Nr. 17 T. vom 3. Juli 1796, dass er damals wenigstens schon mit der besonderen ternären Form $x^2 + x'^2 + x''^2$ sich befasst und für diese gefunden, was später, als er

---

[*] Crelles Journal f. Mathematik 35 (1847), S. 120; 41 (1850), S. 151.

die Theorie der ternären quadratischen Formen regelrecht durchführte, in art. 280 allgemein von ihm festgestellt worden ist. Da er aber für die Sätze der artt. 288, 289 über die Darstellung von Zahlen durch jene Form erst viel später (April 1798, Nr. 84 T.) den sicheren Boden fand (das betreffende Resultat ist zu art. 288 erforderlich), bleibt die Annahme eines Induktionsschlusses wahrscheinlich, es müsste denn GAUSS insbesondere der Darstellbarkeit der Zahlen $8n+3$ irgendwie schon gewiss geworden sein und aus ihr den FERMATschen Satz wie in den D. A. gefolgert haben. Vielleicht findet letztere Meinung eine Stütze in der Bemerkung: »Cap. 5. In demonstratione nostra de connexione discerptionum in $_\square{}^\square{}_\square$ et formarum [Linearformen?] ad formas ubi $a = 8n+3$ respiciendum«, welche nebst mehreren anderen unter der Überschrift: »Inserenda in opere meo de Residuis« (wohl einer frühen oder erst beabsichtigten Niederschrift seiner D. A.) bei GAUSS' Auszügen aus den Miscell. Taurin. vol. I—IV zu finden ist. Übrigens liest man auch schon in GAUSS' durchschossenem Exemplar von LEISTE, *Arithmetik und Algebra* zu S. 68 (W. X 1, S. 78) den Satz »Jede Zahl besteht aus drei Trigonalzahlen« und im Anschluss daran die Angabe, dass jede Zahl von den Formen $8n+1$, $8n+3$, $8n+5$ als Summe von drei, jede Zahl von der Form $8n+7$ als Summe von vier Quadraten darstellbar sei, mit Angabe zugleich von deren Parität oder Imparität.

Ferner gewährte die allgemeine Theorie der ternären Formen die Herleitung der Bedingungen für die Auflösbarkeit der Gleichung

$$ax^2 + a'x'^2 + a''x''^2 = 0,$$

die ebenfalls in LEISTE zu S. 111 (W. X 1, S. 86) ausgesprochen sind*, sowie eine Methode zur Auflösung der allgemeinen Gleichung zweiten Grades mit zwei Unbestimmten in rationalen Werten der letztern, während ihre ganzzahlige Auflösung schon an früherer Stelle der D. A. (art. 216 sqq.) mittels Zurückführung auf die Darstellung einer ganzen Zahl durch eine binäre Form geleistet worden war. Die Aufgabe, die allgemeine Gleichung

$$ax^2 + a'x'^2 + a''x''^2 + 2b x'x'' + 2b'x''x + 2b''xx' = 0$$

---

*) Diese Bedingungen waren schon früher von LEGENDRE angegeben worden, siehe dessen *Recherches d'Analyse indèterminée*, 3. article, Histoire de l'Académie de Paris (1785) 1788, Mémoires, S. 507.

in ganzen Zahlen zu lösen, findet sich kurz skizziert auch in einem im Juli 1800 begonnenen Notizbüchlein des Nachlasses (Scheda Ae, S. 4, 5, abgedruckt W. X1, S. 88) behandelt und auf dieselben Prinzipien zurückgeführt, welche Gauss für die Auflösung der genannten einfacheren Gleichung benutzt hat. Es ist dabei bemerkenswert, dass er die Bedingungen für ihre Auflösbarkeit, die aus den für jene einfachere Gleichung geltenden ableitbar und zuerst von H. St. Smith*) bekannt gemacht worden sind, a. a. O. in völliger Übereinstimmung mit dem Letztern ausgedrückt hat.

Noch sei bemerkt, dass aus einer kurzen Notiz des Nachlasses (Ed 3, abgedruckt W. X1, S. 92) hervorgeht, dass Gauss auch schon quadratische Formen von der Art, die man Hermitesche nennt, betrachtet hat (siehe a. a. O. S. 94). Dort gibt er die Transformation einer Form

$$axx' + bx'y + b'xy' + cyy'$$

mit reellen a, c und konjugiert komplexen b, b', für welche er $\Delta = bb' - ac$ als Determinante benennt, mittels der Substitution

$$x = -u, \quad y = t + mu$$
$$x' = -u', \quad y' = t' + m'u',$$

wobei die akzentuierten Grössen die konjugiert imaginären zu den nicht akzentuierten sind. Eine andere Notiz über »duplicierte quadratische Formen«, in welcher auch schon die kubische Form

$$x^3 + ny^3 + n^2z^3 - 3nxyz$$

auftritt (im Handbuche 18, Bd, vom Oktober 1805, S. 151) deutet durch den dort auftretenden Ausdruck

$$a + b\sqrt{-3}.x + c\sqrt{-7}.y + d\sqrt{21}.xy$$

auf eine Beschäftigung mit den biquadratischen Formen hin, welche Normen komplexer, aus zwei Quadratwurzeln gebildeter Zahlen sind. Dies bestätigt eine Notiz in einem der Gaussschen Handexemplare der D. A., nach welcher jede Primzahl von der Form $8n + 1$ als Norm der komplexen Zahl

*) Proceed. of the R. Soc. London 13, S. 110, Papers I, S. 410.

$$\alpha + \beta \sqrt{-1} + \gamma \sqrt{-2} + \delta \sqrt{-1}\sqrt{-2}$$

in der Gestalt

$$p = (\alpha^2 + \beta^2 - 2\gamma^2 - 2\delta^2)^2 + 8(\alpha\gamma + \beta\delta)^2$$

darstellbar sei.

Der sechste Abschnitt der D. A. enthält nur einige Anwendungen des Vorhergehenden teils zur Zerlegung eines Bruchs $\frac{m}{n}$ in sogenannte Partial-brüche, deren Nenner die in n enthaltenen Primzahlpotenzen sind, teils zu seiner Entwicklung in einen periodischen Dezimalbruch und zur Bestimmung der Grösse von dessen Periode aus den Exponenten, zu welchen die Zahl 10 bezüglich jener Potenzen als Moduln gehört; ferner Methoden zur Unterscheidung der Primzahlen von den zusammengesetzten Zahlen und im Zusammenhange damit zur Lösung der Kongruenz $x^2 \equiv A$ (mod. M), der Gleichung $mx^2 + ny^2 = A$ u. s. w., was alles mehr praktisches als theoretisches Interesse erweckt.

e. Kreisteilung*).

13.

Der Fortgang zum siebenten Abschnitte der D. A. führt uns nun zu Ergebnissen, welche wohl unter GAUSS' arithmetischen Entdeckungen das vielseitigste Interesse darbieten. Eigentlich nur eine ganz einfache Anwendung eines elementaren arithmetischen Satzes, sind sie gleichwohl zur Quelle der schönsten zahlentheoretischen Erkenntnisse geworden, ja schliesslich zur Grundlage der stolzesten Gebilde, welche die neuere Zahlentheorie in ihrer Lehre von den Zahlenkörpern und deren Idealen geschaffen hat. Andererseits aber hat eben jene Anwendung die engste Verbindung herbeigeführt zwischen der höheren Arithmetik auf der einen, und der Theorie der algebraischen Gleichungen auf der anderen Seite, und wieder durch die Natur der in Frage kommenden Gleichungen jene Wissenschaft auch als Ursprung tiefliegender Wahrheiten der Geometrie erwiesen, eines Gebietes, das an sich gänzlich ihr

---

*) Vergl. die einschlägigen Abschnitte der weiter unten folgenden Aufsätze »Über GAUSS' algebraische Arbeiten« von K. HENSEL und »GAUSS als Geometer« von P. STÄCKEL.

abseits zu liegen schien. Hatte die Lösung der Aufgabe, die Kreisperipherie in eine Anzahl gleicher Teile zu teilen, völlig auf dem Standpunkte beharrt, den sie vor 2000 Jahren schon erreicht und auf dem sie scheinbar sich erschöpft hatte, so lehrte jene arithmetische Anwendung neben den schon bekannten noch mancherlei Teiler kennen, für welche die Aufgabe ebenfalls mit Zirkel und Lineal ausführbar ist, insbesondere die Konstruktion des regelmässigen Siebzehnecks. Wie ein neuer glänzender Stern am Firmamente musste diese Entdeckung Aufsehen erregen, und GAUSS selbst schätzte sie gebührend hoch ein, indem er damit sein *Tagebuch* begann und von seinem am 30. März 1796 (Nr. 1 T.) gefundenen Forschungsresultate in Nr. 66 des Intelligenzblatts der allgemeinen Litteraturzeitung vom 1. Juni 1796 (W. X 1, S. 3) unter dem Datum des 18. April schon vor der Veröffentlichung seiner erst teilweise fertigen Theorie Kenntnis gab.

Wie GAUSS zu seiner Theorie geführt sein mag? Kaum wohl von Seiten der Geometrie, der sein Interesse, will man SARTORIUS v. WALTERSHAUSEN glauben*), in seiner Jugend weniger zugewendet war, wahrscheinlicher durch algebraische Studien, welchen er ohne Zweifel neben seinen arithmetischen schon frühzeitig obgelegen hat und aus denen dann seine Doktorarbeit (1799, W. III, S. 1) hervorgegangen ist. Welche Gleichung höheren Grades konnte ihm näher liegen, als die Gleichung $x^p = 1$, deren Wurzeln dann das Problem der Kreisteilung von selber in den Gesichtskreis zogen! Wie bedeutsam erscheint dabei, dass GAUSS diese einfachere Gleichung jenen andern, durch welche die trigonometrischen Funktionen von $\frac{2\pi}{p}$ selbst bestimmt werden, vorzog, obwohl ihre Wurzeln zu den imaginären Grössen zählen, deren Bürgerrecht in der Wissenschaft damals noch so umstritten war, dass er sie in seiner Doktorarbeit geflissentlich vermied.

Bedenkt man aber, dass in Kap. 6 der A. R. die Theorie der Gleichung $x^p = 1$ erst derjenigen der Kongruenz $x^p \equiv 1$ nachfolgt und dass die Methode zur Auflösung dieser Kongruenz das genaue Vorbild für die Auflösung der Kreisteilungsgleichung ist, so darf man wohl auf den rein arithmetischen Ursprung von GAUSS' Beschäftigung mit der letzteren schliessen. Ist doch das Prinzip seiner Methode von dieser Art. Die Wurzeln jener Gleichung oder

---

*) *Gauss zum Gedächtniss*, Leipzig 1856, S. 80, 81.

genauer der Gleichung

$$X = \frac{x^p-1}{x-1} = 0,$$

die, wenn wir

$$r = \cos\frac{2\pi}{p} + \sqrt{-1}\,\sin\frac{2\pi}{p}$$

setzen, durch die Potenzen r, r^2, r^3, $\ldots$, r^{p-1} dargestellt sind, zeigen, wenn p als eine ungerade Primzahl vorausgesetzt wird, auf Grund des arithmetischen Satzes, dass die Potenzen 1, g, g^2, $\ldots g^{p-2}$ einer primitiven Wurzel g (mod. p) den Resten $1, 2, 3, \ldots, p-1$, von der Ordnung abgesehen, kongruent sind, das eigentümliche Verhalten, dass bei der zyklischen Anordnung r, r^g, r^{g^2}, $\ldots$, $r^{g^{p-2}}$ jede die gleiche rationale Funktion (nämlich die g^{te} Potenz) der vorhergehenden ist. Mit dieser Einsicht war der schöpferische Gedanke gewonnen, aus welchem die ganze GAUSSsche Theorie der Kreisteilungsgleichung entsprang.

Die Verallgemeinerung der GAUSSschen Betrachtung, welche wir ABEL verdanken*), liess später die algebraische Auflösbarkeit aller Gleichungen erkennen, deren Wurzeln analoge Eigenschaft zeigen, und eröffnete den Weg zu den bahnbrechenden Ergebnissen von GALOIS und KRONECKER über die algebraische Auflösung der Gleichungen, deren wir uns jetzt erfreuen. Übrigens war sich GAUSS selbst schon zur Zeit der D. A. bewusst, dass seine Methode zur Auflösung der Kreisteilungsgleichung viel weiter reiche. Im art. 335 weist er in dieser Hinsicht auf die Funktionen hin, die aus dem Integrale

$$\int \frac{dx}{\sqrt{1-x^4}}$$

entspringen und für die Lemniskate gleiche Bedeutung haben, wie die trigonometrischen für den Kreis, und er hat nach den Angaben seines Tagebuchs schon am 19. März 1797 (Nr. 60 T.) die Gleichung untersucht, die zur Teilung der Lemniskate dient, und am 21. desselben Monats (Nr. 62 T.) die Tatsache festgestellt, dass die Fünfteilung auch für diese Kurve geometrisch mittels Zirkel und Lineal ausführbar ist.

---

*) Siehe CRELLES Journal für Mathematik 4 (1829), S. 131, Oeuvres, nouvelle édition I, S. 478.

14.

GAUSS' Methode beruht nun einerseits auf der Irreduzibilität der Gleichung $X = 0$, für welche er in art. 341 der D. A. den ersten der vielen Beweise gab, die man jetzt dafür kennt; nach Nr. 40 des *Tagebuchs* war er aber erst am 9. Oktober 1796 im Besitze dieses Beweises und hat dann (Nr. 136 T.) am 12. Juni 1808 auch für die Irreduzibilität der Gleichung, welche die primitiven p^{ten} Wurzeln der Einheit bestimmt, falls p eine zusammengesetzte Zahl ist, einen Beweis gehabt. Diese Gleichung selbst sowie einige Grundgedanken des Beweises finden sich in dem im Oktober 1805 begonnenen und über 1808 hinaus fortgeführten Handbuche (18, Bd) des GAUSSschen Nachlasses (siehe W. X1, S. 116); man darf mithin wohl der betreffenden Notiz auch jenes Datum des Tagebuchs beilegen.

Der andere Grundpfeiler seiner Theorie ist die Einteilung der Wurzeln in sogenannte Perioden. Ist $p - 1 = e.f$, so erhält man e Perioden von f Gliedern:

$$\eta_i = r^{g^i} + r^{g^{i+e}} + r^{g^{i+2e}} + \cdots + r^{g^{i+(f-1)e}}$$
$$(i = 0, 1, 2, \ldots, e-1).$$

Sie sind die Wurzeln einer Gleichung $X_e = 0$ vom e^{ten} Grade, deren Koeffizienten rationale ganze Zahlen sind, und welcher dieselbe charakteristische Grundeigenschaft zukommt, wie der Gleichung $X = 0$, nämlich dass in der zyklischen Anordnung $\eta_0, \eta_1, \eta_2, \ldots, \eta_{e-1}$ ihrer Wurzeln jede die gleiche rationale Funktion von der vorhergehenden ist. Diese Gleichung gestattet somit eine entsprechende Behandlung. Zerlegt man die f-gliedrigen Perioden, indem man $e = e'.f'$ setzt, jede in e' Perioden von f' Gliedern, so sind die e' Perioden

$$\eta_i' = r^{g^i} + r^{g^{i+ee'}} + \cdots + r^{g^{i+(f'-1)ee'}},$$
$$(i = 0, 1, 2, \ldots, e'-1)$$

welche die Periode η_0 zusammensetzen, die Wurzeln einer Gleichung $X_{e'}' = 0$ vom Grade e', deren Koeffizienten rational (genauer: linear) durch die f-gliedrigen Perioden ausdrückbar und somit nach Auflösung der Gleichung $X_e = 0$ bekannt sind. Auch diese Gleichung ist von demselben Charakter, wie die

5*

vorigen, und kann daher ebenso behandelt werden, u. s. w. Hiernach kommt, wenn irgendwie

$$p - 1 = ee'e'' \ldots e^{(\nu-1)}$$

gesetzt wird, die Auflösung der Kreisteilungsgleichung darauf zurück, der Reihe nach die Hilfsgleichungen

$$X_e = 0, \ X'_{e'} = 0, \ldots, \ X^{(\nu-1)}_{e^{(\nu-1)}} = 0$$

von den Graden $e, e', \ldots, e^{(\nu-1)}$ aufzulösen. Man erhält die Hilfsgleichungen kleinsten Grades, wenn man $p - 1$ als Produkt von Primzahlpotenzen:

$$p - 1 = a^\alpha b^\beta \ldots c^\gamma$$

darstellt, und hat dann α Gleichungen vom Grade a, β Gleichungen vom Grade $b, \ldots, \gamma$ Gleichungen vom Grade c zu lösen. Nur in dem Falle $p = 2^{2^k} + 1$ sind alle Hilfsgleichungen quadratisch, die Kreisperipherie also mittels Zirkel und Lineal in p gleiche Teile zerlegbar; in jedem andern Falle tritt mindestens eine Hilfsgleichung höheren Grades auf, und mit gesperrtem Druck ist in art. 365 von GAUSS bemerkt worden, dass sie dann auf keine Weise zu vermeiden oder zu erniedrigen ist (omni rigore demonstrare possumus, has aequationes elevatas nullo modo nec evitari nec ad inferiores reduci posse). Dieser Passus ist offenbar dem Werke noch in letzter Stunde während des Drucks eingefügt worden, da (nach Nr. 116 T.) GAUSS erst am 6. April 1801 zu solcher Gewissheit gelangte, die D. A. aber im Sommer dieses Jahres erschienen, und er zeigt, wie tiefe Blicke GAUSS schon in die algebraische Auflösung der Gleichungen getan haben muss. Der Beweis selbst ist aber weder in den Schriften noch im Nachlasse von GAUSS vorhanden. Das Siebzehneck gehört zu den erstbezeichneten Fällen, ist also mit Zirkel und Lineal konstruierbar; es ist in Übereinstimmung mit der GAUSSschen Theorie zuerst von PAUCKER, dann von ERCHINGER rein geometrisch konstruiert worden*).

---

*) MAGNUS GEORG v. PAUCKER, *Geometrische Verzeichnung des regelmässigen 17-Ecks und 257-Ecks in den Kreis*, Jahresverhandlungen der Kurländischen Gesellschaft für Litteratur und Kunst 2, 1822, S. 160 —219; *Die ebene Geometrie der geraden Linie und des Kreises* I, Königsberg 1823, S. 187. Die Abhandlung von JOHANNES ERCHINGER, über die GAUSS 1825 in den Göttingischen gelehrten Anzeigen berichtet hat

15.

GAUSS hat aber ferner jede der Hilfsgleichungen auf eine reine Gleichung zurückzuführen gelehrt, indem er sich dazu der Resolvente von LAGRANGE bediente. Die Verwendung der Resolvente ist in GAUSS' *Tagebuch* (Nr. 65, 66 T.) auf den 17. Juli 1797 datiert, denn die dort angegebene deductio secunda ist nichts anderes, als die in art. 360 der D. A. gelehrte Methode, wie aus dem Passus: »quae theoriam secundam aequationum purarum in art. 360 D. A. inchoatam magis illustrant« (W. II, S. 263, Ende von Nr. 18) deutlich hervorgeht, während mit der Notiz Nr. 55 T. vom 19. Januar 1797 die erste Methode der sukzessiven Hilfsgleichungen gemeint sein dürfte.

Übrigens tritt der Gedanke an das Mittel der Resolvente schon früher (am 17. Sept. 1796, Nr. 37 T.) anscheinend selbständig bei GAUSS auf, wie er denn auch andere, elementarere Stücke der Lehre von den Gleichungen, wie die NEWTONSCHEN Formeln (Nr. 6 T. 23. Mai 1796; Nr. 28 T. 21. Aug. 1796) die nebst ihrer Umkehrung sich in LEISTE, *Arithm. u. Algebra* zu S. 6 u. 7 notiert finden (siehe W. X1, S. 127), und Anderes für die Entwicklung seiner Kreisteilungstheorie sich erst selbst zurechtgelegt zu haben scheint. Setzt man nun, unter R eine primitive e^{te} Einheitswurzel verstehend,

$$[r, R^i] = r + R^i r^g + R^{2i} r^{g^2} + \cdots + R^{(p-2)i} r^{g^{p-2}},$$
$$(i = 1, 2, \ldots, e-1)$$

wofür auch

$$[r, R^i] = \eta_0 + R^i \eta_1 + R^{2i} \eta_2 + \cdots + R^{(e-1)i} \eta_{e-1}$$
$$(i = 1, 2, \ldots, e-1)$$

geschrieben werden kann, so findet sich

$$[r, R^i]^e = T_i,$$

(siehe W. II, S. 186), ist wie es scheint überhaupt nicht gedruckt worden. Diese Vermutung stützt sich auf eine Bemerkung, die der Tübinger Professor der Rechte HEINRICH SCHRADER in einem an GAUSS gerichteten Briefe vom 1. September 1825 macht. Der Brief handelt eingehend von ERCHINGERS Lebensschicksalen und von seinem in Rede stehenden Aufsatz, von dem gesagt wird: »dass er ohne neue Ausarbeitung der äussern Form nach kaum druckreif sein mögte«. Als älteste Konstruktion des regelmässigen Siebzehnecks dürfte die aus dem Jahre 1802 stammende und W. X1, S. 120 zum ersten Male veröffentlichte des Tübinger Professors der Mathematik CHRISTOPH FRIEDRICH v. PFLEIDERER anzusehen sein.

wo T_i gleichzeitig mit der Wurzel R als bekannt betrachtet werden kann. Durch Auflösung dieser $e-1$ reinen Gleichungen e^{ten} Grades und mit Zuhilfenahme der Gleichung $[r, 1] = -1$ findet sich dann sogleich

$$\eta_0 = \tfrac{1}{e}(-1 + \sqrt[e]{T_1} + \sqrt[e]{T_2} + \cdots + \sqrt[e]{T_{e-1}}),$$

d. i. die Auflösung der Gleichung $X_e = 0$, und ähnlicherweise werden die übrigen Hilfsgleichungen gelöst. Die allzugrosse Vieldeutigkeit dieser Formel beschränkt man auf das zutreffende Mass, wenn man beachtet, dass allgemein auch der Ausdruck

$$[r, R^i].[r, R]^{e-i} = T^{(i)}$$

eine bekannte Grösse ist, sodass die vorige Formel auch in die Gestalt

$$\eta_0 = \tfrac{1}{e}\Big(-1 + \sqrt[e]{T_1} + \tfrac{T^{(2)}}{T_1}\cdot(\sqrt[e]{T_1})^2 + \cdots + \tfrac{T^{(e-1)}}{T_1}\cdot(\sqrt[e]{T_1})^{e-1}\Big)$$

gesetzt werden kann, aus welcher dann die übrigen Perioden $\eta_1, \eta_2, \ldots, \eta_{e-1}$ hervorgehen, wenn der einen noch auftretenden Wurzel ihre sämtlichen Werte beigelegt werden. Nur irrtümlicherweise konnte, wie GAUSS bemerkt hat (W. II, S. 249), LAGRANGE*) die erstere Formel als die vorzüglichere bezeichnen. Der hierbei auftretende Zweifel, ob $T_1 = [r, R]$ auch nicht Null sei, kann, wie schon GAUSS bemerkt, aber nicht weiter bewiesen hat, behoben werden. Auch gab schon GAUSS (W. II, S. 252) in einer Abhandlung, welche aus dem Jahre 1808 stammt (W. II, S. 265, Bemerkungen), den später von JACOBI u. A. hergeleiteten Summen-Ausdruck für den Quotienten

$$\frac{[r, R^i].[r, R^k]}{[r, R^{i+k}]},$$

insbesondere auch die Formel

$$[r, R^i].[r, R^{-i}] = (-1)^i.p$$

und zeigte (W. II, S. 250), dass zur Bestimmung von $\sqrt[e]{T_1}$ bei Hinzunahme der e^{ten} Einheitswurzeln, d. h. neben der Teilung der ganzen Peripherie in e gleiche Teile, die Teilung eines gegebenen Winkels in ebensoviel gleiche Teile

---

*) *Traité de la résolution des équations numériques,* 2. éd, 1808, Note XIV, art. 41, Oeuvres VIII, S. 367.

nebst der Ausziehung der Quadratwurzel aus einer bekannten Grösse genügt.
Insonderheit erfordert die Auflösung der Kreisteilungsgleichung $X = 0$ selbst,
d. h. die Teilung des Kreises in p gleiche Teile, nur die Teilung des Kreises
und die eines dann gegebenen Winkels in $p-1$ gleiche Teile nebst der Ausziehung der Quadratwurzel aus einer bekannten Grösse, nämlich aus p.

Die Wurzeln von $X = 0$, welche einer der f-gliedrigen Perioden η_i angehören, sind Wurzeln einer anderen Gleichung vom Grade f, deren Koeffizienten linear durch die Perioden η_i ausdrückbar sind. Daher zerfällt, wenn
die letzteren bekannt geworden sind, der Ausdruck X in e Faktoren f^{ten}
Grades mit rational bekannten Koeffizienten. Als Gleichung für die zwei
$\frac{p-1}{2}$-gliedrigen Perioden fand GAUSS die folgende:

$$x^2 + x + \tfrac{1}{2}\left(1 - (-1)^{\frac{p-1}{2}} p\right) = 0$$

und die zugehörige Zerlegung

$$4X = Y^2 - (-1)^{\frac{p-1}{2}} p Z^2,$$

wo Y, Z ganze ganzzahlige Funktionen von x sind. Auf jener Gleichung
beruhen die beiden Beweise des Reziprozitätsgesetzes, welche die A. R. (W. II,
S. 234) enthält; den GAUSSschen Tagebuchnotizen zufolge (s. Nr. 30 T.) muss
sie ihm also schon vor dem 2. September 1796 bekannt gewesen sein. Der
Herleitung dieser Gleichung entnahm er aber auch (D. A. art. 356) einen
neuen Beweis für den quadratischen Charakter $\left(\frac{-1}{p}\right)$ und ward hier schon auf
die sogenannten GAUSSschen Summen geführt, die uns noch nachher beschäf-
tigen werden. Desgleichen fand er am 1. Oktober 1796 zunächst durch Induktion (Nr. 39 T.) die Gleichung für die drei $\frac{p-1}{3}$-gliedrigen Perioden*)
versah sie (Nr. 67 T.) dann am 20. Juli 1797 mit dem Beweise, welchen
art. 358 der D. A. enthält und in dessen Verlaufe nebenbei die Zerlegung

---

*) Diese Gleichung, auf deren Aufsuchung schon anderweitige Notizen, wie die in LEISTE, *Arithm.
u. Algebra* zu S. 8 und in HELLWIG, *Anfangsgründe der Mathematik* (siehe W. X 1, S. 111) deuten, wird
in einer in LAMBERTS *Tabellen* bei S. 223 befindlichen Aufzeichnung von GAUSS unter der Form

$$z^3 - 3pz - p(9a - p - 1) = 0$$

gegeben, wobei

$$4p = 3N^2 + (9a - p - 1)^2$$

$4p = x^2 + 27y^2$ für die Primzahlen von der Form $p = 6n + 1$ gefunden wird; nach Nr. 135 des *Tagebuchs* hat er diesen Beweis am 10. Mai 1808 auf wesentlich einfachere Grundsätze zurückgeführt, ohne jedoch letztere näher zu bezeichnen. Ebensowenig findet sich in seinen Schriften die Zerlegung von X in vier den Wurzeln der $\frac{p-1}{4}$-gliedrigen Perioden entsprechende Faktoren, die er (nach Nr. 128 T.) im Jahre 1806 noch ausgeführt hat. Nur die Hilfsmittel zur Bildung der dazu erforderlichen Hilfsgleichung vierten Grades liegen in den Betrachtungen der artt. 15—20 der ersten Abhandlung über die biquadratischen Reste bereit, mit denen sie, wie GAUSS selbst in art. 22 dort angemerkt hat, aufs engste verbunden ist.

Aus den in dieser Skizze angegebenen Daten ist ersichtlich, dass zur Zeit, als GAUSS seine Entdeckung bezüglich des Siebzehnecks bekannt gab, also im Juni 1796, ihm, wie er selbst dabei ausgesagt hat, zu einer vollständigen, logisch festgefügten Theorie der Kreisteilung doch noch eine ganze Reihe wesentlicher Sätze fehlte. Kaum wird man daher fehl gehen, wenn man jene Entdeckung als einen glücklichen Wurf, weniger als Ergebnis denn als Quelle der allgemeinen Methode betrachtet. In der Tat schreibt GAUSS am 6. Januar 1819 an GERLING (siehe W. X 1, S. 125), dass ihm schon in seinem ersten Semester alles, was sich auf die Verteilung der Wurzeln in zwei Perioden bezieht, bekannt gewesen sei, aber erst am frühen Morgen des 29. März 1796 sei es ihm geglückt, den Zusammenhang der Wurzeln unter einander, d. i. das arithmetische Prinzip ihrer zyklischen Anordnung zu erkennen; und nun führte ihn bei der Siebzehnteilung die wiederholte Zweiteilung der Perioden nicht nur zum glücklichen Ziele, sondern auch zur Erkenntnis der allgemeinen Methode, deren Erfolg er sicher genug übersah, um ungeachtet der noch vorhandenen Lücken die oben erwähnte Anzeige wagen zu können.

II. Gauss' arithmetische Abhandlungen und Nachlass.

a. Die Analysis Residuorum.

16.

An die D. A. fügen wir nun naturgemäss die Betrachtungen der A. R., deren weitere Ausführung GAUSS als Fortsetzung der D. A. geplant hatte. Im ersten Teile der A. R. (W. II, S. 199—211) wird die Lösung der binomischen Kongruenz $x^n \equiv 1$ in Bezug auf einen Primzahlmodul p gelehrt. Man darf n als Teiler von $p-1$ und als eine Primzahlpotenz voraussetzen; ist $\varphi(n) = a^\alpha b^\beta \ldots$, so kommt die Auflösung der Kongruenz auf α Kongruenzen vom Grade a, β Kongruenzen vom Grade $b, \ldots$ zurück. Dies zeigt sich für eine Primzahl n in ganz entsprechender Weise wie bei der Gleichung $x^n = 1$. Sei r primitive Wurzel von

$$x^n \equiv 1 \;(\text{mod. } p),$$

ρ primitive Wurzel von

$$x^{\varphi(n)} \equiv 1 \;(\text{mod. } n)$$

und $\varphi(n) = e.f$, und bildet man die Perioden

$$\eta_i = r^\rho + r^{\rho e + i} + r^{\rho 2 e + i} + \cdots + r^{\rho(f-1)e+i},$$
$$(i = 0, 1, 2, \ldots, e-1)$$

so ist

$$\eta_i \eta_k \equiv C + m_0 \eta_0 + \cdots + m_{e-1} \eta_{e-1} \;(\text{mod. } p),$$

wo C und die m ganze Zahlen bedeuten. Setzt man ferner $e = e'f'$ und zerlegt η_i in kleinere Perioden

$$\eta_i = \eta'_{0i} + \eta'_{1i} + \cdots + \eta'_{e'-1,i},$$

so ist die Summe

$$\eta'_{0h} \cdot \eta'_{0k} + \eta'_{1h} \cdot \eta'_{1k} + \cdots + \eta'_{e'-1,h} \cdot \eta'_{e'-1,k}$$

eine lineare Funktion von den η_i. Daher kann man, wenn die letzteren bekannt sind, die Potenzsummen

$$\eta_{0}^{'m} + \eta_{1}^{'m} + \cdots \eta_{e-1, i}^{'m}$$

bilden und mittels ihrer eine Kongruenz, deren Wurzeln die kleineren Perioden sind. Die Fortsetzung dieses Verfahrens führt das obgenannte Ergebnis herbei. Dabei ist zu beachten, dass aus einer Periode η_0 die übrigen mittels linearer Kongruenzen von der Gestalt

$$\eta_0^h \equiv C_h + m_0^{(h)}\eta_0 + m_1^{(h)}\eta_1 + \cdots + m_{e-1}^{(h)}\eta_{e-1}$$
$$(h = 0, 1, 2, \ldots, e-1)$$

bestimmt werden können, vorausgesetzt, dass die Determinante dieser Kongruenzen nicht durch p teilbar ist. Die hier bleibende Lücke hat GAUSS, wenn seine Tagebuchnotiz vom 21. Juli 1797 (Nr. 68 T.) hierauf zu beziehen ist, zu ergänzen gewusst, indem er die Theorie der Kongruenzen zu Hilfe zog, die in Bezug auf einen Primzahlpotenzmodul gedacht werden; in welcher Weise aber, das tritt nicht zu Tage.

Von der besonderen Kongruenz $x^n \equiv 1$ wendet sich GAUSS (W. II, S. 212 —242) allgemein zur Betrachtung der Kongruenzen höheren Grades

$$F(x) \equiv 0 \ (\text{mod. } p).$$

Da die Aufgabe, eine Wurzel einer solchen zu finden, nur ein spezieller Fall der allgemeinen ist, die Funktion $F(x)$ (mod. p) in ihre einfachsten Faktoren zu zerlegen, so sieht man sich zu Untersuchungen geführt, welche denjenigen der Theorie der rationalen ganzen Zahlen völlig analog sind, indem die ganzen Funktionen $F(x)$ an Stelle der letzteren treten. In solcher Analogie ist später die Theorie systematisch von DEDEKIND*) entwickelt worden, nachdem schon früher SCHÖNEMANN**) sie auf anderen Grundlagen aufgebaut hatte.

GAUSS' Darstellung derselben nimmt mehr DEDEKINDS Weg und liefert bereits die grösste Anzahl der allgemeinen Sätze, zu denen Dieser gelangt ist. Nach Definition der Teilbarkeit einer Funktion $F(x)$ (mod. p) treten die Primfunktionen als Grundelemente hervor, in die jede andere Funktion eindeutig zerlegbar ist; für relative Primfunktionen $A(x)$, $B(x)$ lassen sich andere Funk-

---

*) CRELLES Journal für Mathematik 54 (1857), S. 1.
**) CRELLES Journal für Mathematik 31 (1846), S. 269; 32 (1846), S. 93.

tionen $C(x)$, $D(x)$ finden derart, dass

$$A(x) \cdot C(x) + B(x) \cdot D(x) \equiv 1 \pmod{p}$$

(s. die Notiz vom 19. Aug. 1796, Nr. 27 T.). Die Anzahl der inkongruenten Funktionen m^{ten} Grades (mod. p) ist p^m. Die Anzahl (m) der inkongruenten Primfunktionen m^{ten} Grades hat GAUSS (am 26. Aug. 1797, Nr. 75 T.) sehr einfach auf analytischem Wege mittels einer sie erzeugenden Funktion bestimmt, nachdem er sie früher auf zwei andern Wegen, deren einer in der Handschrift der A. R. mitgeteilt ist, umständlicher erhalten hatte, und hat so die Formel gefunden

$$p^m = \Sigma\, d \cdot (d),$$

in welcher die Summe auf alle Teiler d von m sich erstreckt und aus deren Umkehrung (m) sich ergibt, eine Formel, welche, wenn m als Primzahl gedacht wird, einen neuen Beweis des FERMATschen Satzes herbeiführt.

17.

Die Beantwortung der Frage nun nach den Teilern einer Funktion (mod. p), das Grundproblem der Lehre von den Kongruenzen, welche in Bezug auf einen Doppelmodul oder — in KRONECKERscher Ausdrucksweise — in Bezug auf ein Modulsystem zweiter Stufe gedacht werden, gründet sich bei GAUSS auf eine Reihe von Hilfssätzen. Einerseits lehrt er für eine Gleichung $P(x) = 0$ die andere Gleichung $P_p(x) = 0$ bilden, welche zu Wurzeln die p^{ten} Potenzen von den Wurzeln der ersteren hat, und den (am 18. Aug. 1796, Nr. 26 T.) von ihm gefundenen Satz, dass $P_p(x) \equiv P(x) \pmod{p}$ sei, wenn p eine Primzahl. Andererseits zeigt er, dass es für jede von x verschiedene Funktion $P(x)$ einen kleinsten Exponenten ν gibt, für welchen $x^\nu - 1 \pmod{p}$ durch $P(x)$ teilbar ist; und ν ist ein Teiler von $p^m - 1$, falls $P(x)$ Primfunktion vom Grade m. Jede solche teilt also (mod. p) die Funktion $x^{p^m - 1} - 1$; z. B. teilt jede von x verschiedene Primfunktion ersten Grades den Ausdruck $x^{p-1} - 1$, womit aufs Neue wieder der FERMATsche Satz bewiesen ist.

Aus diesen Ergebnissen folgt auf der einen Seite, dass $x^{p^m - 1} - 1 \pmod{p}$ dem Produkte aller inkongruenten von x verschiedenen Primfunktionen kongruent ist, deren Grade Teiler von m sind; auf der andern kann $x^\nu - 1$ nur solche primitive d. h. in keinem ähnlichen Ausdrucke geringeren Grades aufgehende Primteiler (mod. p) haben, deren Grad m den Exponenten bezeichnet, zu welchem p (mod. ν) gehört, derart, dass $p^m \equiv 1$ (mod. ν) (Nr. 30 T.). Auf solcher Grundlage kann nun für jede Funktion $x^\nu - 1$ nicht nur die Anzahl ihrer Primteiler eines bestimmten Grades ermittelt (art. 360, W. II, S. 230), sondern auch eine Methode gegeben werden, ihre (primitiven) Primteiler selbst zu finden. Dazu dient der am 30./31. August 1797 (Nr. 76, 77 T.) von GAUSS erzielte Satz, dass jede ganze symmetrische Funktion der Grössen

$$x,\ x^p,\ x^{p^2},\ \ldots,\ x^{p^{m-1}}$$

in Bezug auf den Doppelmodul p, $P(x)$, wenn $P(x)$ eine Primfunktion m^{ten} Grades bezeichnet, einer ganzen Zahl und die Koeffizienten von $P(x)$ den elementaren symmetrischen Funktionen jener Potenzen kongruent sind; andererseits die Einteilung der Potenzen x^α, x^β, $\ldots$, wo α, β, $\ldots$ die zu ν teilerfremden Zahlen $< \nu$ bezeichnen, in Perioden, ähnlich den Perioden der Kreisteilungsgleichung, welche durch Kongruenzen bestimmt werden, die (mod. p) auflösbar sind, solange die Perioden noch aus solchen von der Gestalt

$$x^k + x^{kp} + x^{kp^2} + \cdots + x^{kp^{m-1}}$$

zusammengesetzt sind.

Schon viel früher hatte GAUSS den Zusammenhang dieser Untersuchungen mit dem Fundamentaltheoreme erkannt (13. Aug. 1796, Nr. 23 T.); in der Tat führte ihn am 2. September 1796 (Nr. 30 T.) die Anwendung seiner Methoden auf den Fall, wo ν eine ungerade Primzahl ist, zu zwei neuen Beweisen jenes Gesetzes, deren zweiter gewissermassen den umgekehrten Gang nimmt wie der erste. Zweifelsohne vor dem letztangegebenen Tag datiert eine Notiz in GAUSS' Nachlass (Ea 5, abgedruckt W. X 1, S. 114), in welcher er bezüglich der Gleichung, deren Wurzeln die e Perioden von f Gliedern p^{ter} Einheitswurzeln sind, unter der Überschrift »der goldene Lehrsatz« den Satz unterstreicht: »diese Gleichung ist möglich für jeden Primmodulus $= \sqrt[f]{1}$ (Mod. p)« d. h. welcher zum Exponenten f (mod. p) gehört, ein Satz, der als ein Theorema generale demonstrandum schon im LEISTE bei Seite 108 (W. X 1, S. 115) aufgezeichnet ist. Die Quelle, aus der die genannten zwei Beweise des Reziprozitätsgesetzes fliessen, ist nur ein Spezialfall dieses allgemeinen Satzes, und so erklärt es sich, dass GAUSS in seinem *Tagebuche* am 27. Juni 1796 (Nr. 16 T.) den Ausdruck Theorema aureum auch für das Fundamentaltheorem verwendet.

Die A. R. schliesst mit einigen Sätzen ab, mit denen GAUSS begonnen hat, die Theorie der Zerlegung der Funktionen auf den Fall auszudehnen, wo der Modul eine Primzahlpotenz oder allgemeiner eine beliebig zusammengesetzte Zahl ist (Nr. 77, 78 T. Ende August 1797), und diese Fälle auf den einfacheren eines Primzahlmoduls zurückzuführen (9. Sept. 1797, Nr. 79 T.). Hierin scheint er die Hilfsmittel gefunden zu haben, gewisse Schwierigkeiten, die jener einfachere Fall noch bot, zu beheben (s. art. 251, W. II, S. 209; art. 363 Ende, W. II, S. 232).

b. Die späteren Beweise des Fundamentaltheorems (1808—1818).

18.

Nach den D. A. veröffentlichte GAUSS zunächst die drei Abhandlungen: *Theorematis arithmetici demonstratio nova* (Comm. Gotting. 16, 1808, vorgelegt 15. Januar); *Summatio quarundam serierum singularium* (Comm. Gotting. rec. 1, 1811, vorgelegt am 24. Aug. 1808); *Theorematis fundamentalis in doctrina de residuis quadraticis demonstrationes et ampliationes novae* (ebendas. 4, 1818, vorgelegt am 10. Febr. 1817). Sie enthalten vier neue Beweise des Fundamentaltheorems. Die zweite von ihnen ist, wie die *Disquisitionum circa aequationes puras ulterior evolutio*, deren Fortsetzung sie ursprünglich zu bilden bestimmt war (s. W. II, S. 265, Bemerkungen), unmittelbar aus der Kreisteilung hervorgegangen. Dort finden sich im art. 356 der D. A. bereits die sogenannten GAUSSschen Summen, denen man zusammenfassend die Gestalt

$$W_q = \sum_{i=0}^{n-1} r^{q i^2}$$

geben kann, wo

$$r = \cos\frac{2\pi}{n} + \sqrt{-1}\,\sin\frac{2\pi}{n}$$

gesetzt ist, und deren Wert für den Fall einer ungeraden Primzahl *n*, bis auf das Vorzeichen einer Quadratwurzel genau, dort angegeben ist. Auch

ohne dieses letztere zu bestimmen, erkannte GAUSS hier schon Mitte Mai 1801
(Nr. 118 T.) einen neuen Weg zum Beweise des Reziprozitätsgesetzes. Aber
die Bestimmung des Vorzeichens selbst gestaltete sich zu einer ebenso reiz-
vollen wie schwierigen Aufgabe, die zu bewältigen vier Jahre erforderlich
waren. An mehreren Stellen (W. II, S. 16, 156; Nr. 123 T.), mit besonderer
Lebhaftigkeit aber in einem Briefe an OLBERS vom September 1805 (W. X 1,
S. 25) hat GAUSS die Mühen geschildert, die ihm aus jener Aufgabe erwuchsen,
bis ihm endlich — wie der Blitz einschlägt und ohne dass er sagen könne,
wodurch — der befreiende Gedanke kam (30. August 1805, Nr. 123 T.). Die
Lösung beruht einerseits auf der Umformung der Summe W_q in ein Produkt, andererseits auf den Eigenschaften der beiden eigentümlich gebauten
Reihen

$$f(x, m) = \sum_{i=0}^{\infty} (-1)^i . (m, i), \quad F(x, m) = \sum_{i=0}^{\infty} x^{\frac{i}{2}} . (m, i),$$

wo

$$(m, i) = \frac{(1-x^m)(1-x^{m-1})\ldots(1-x^{m-i+1})}{(1-x)(1-x^2)\ldots(1-x^i)},$$

und deren jede geeignet ist, jene Umformung zu leisten. Aus ihren Eigenschaften entspringt u. a. die für die additive Zahlentheorie bedeutsame Formel

$$\prod_{i=1}^{\infty} \frac{1-x^{2i}}{1-x^{2i-1}} = 1 + \sum_{i=1}^{\infty} x^{\frac{i(i-1)}{2}},$$

sowie für den Fall eines ungeraden n die Gleichung

$$W_q = (r^q - r^{-q})(r^{2q} - r^{-2q})\ldots(r^{(n-2)q} - r^{-(n-2)q})$$

und hieraus für ein ungerades n

$$W_1 = +\sqrt{(-1)^{\frac{n-1}{2}} . n},$$

während $W_1 = +(1 + i)\sqrt{n}$ oder gleich Null ist, jenachdem $n \equiv 0$ oder $n \equiv 2$
(mod. 4). Ferner folgt, wenn n eine ungerade Primzahl ist, allgemein

$$W_q = \left(\frac{q}{n}\right)\sqrt{(-1)^{\frac{n-1}{2}} n}.$$

Ist aber $n = abc\ldots$ ein Produkt verschiedener ungerader Primzahlen, so besteht die Beziehung

$$W_1 = \prod_{a,b,c,\ldots} \left(1 + r^{\frac{n^2}{a^2}} + r^{4\frac{n^2}{a^2}} + \cdots + r^{(a-1)^2\frac{n^2}{a^2}}\right),$$

aus welcher folgender Satz hervorgeht: Die Anzahl der $a, b, c, \ldots$, von denen bezw. $\frac{n}{a}, \frac{n}{b}, \frac{n}{c}, \ldots$ Nichtreste sind, ist gerade oder ungerade, je nachdem die Anzahl ν der Zahlen $a, b, c, \ldots$ welche die Form $4\mu + 3$ haben, kongruent $0,1$ oder $2,3$ (mod. 4) ist. Wird n als Produkt von nur zwei solchen Primzahlen gedacht, so folgt hieraus das Reziprozitätsgesetz. Ähnliche Betrachtungen ergeben auch die beiden Ergänzungssätze.

Im Anfang seiner Abhandlung bezeichnet GAUSS die Summen W_q als eine reiche Quelle für Untersuchungen, deren Darstellung er für eine andere Stelle verheisst. Ob GAUSS hier Beziehungen dieser Summen zu den θ-Reihen gemeint habe, die nach aufgefundenen Stellen des Nachlasses[*] ihm nicht unbekannt geblieben sind, stehe dahin. Wahrscheinlicher ist hier die mit art. 19 beginnende, aber schnell abbrechende Fortsetzung der *Disquisitionum circa aequationes puras ulterior evolutio* (W. II, S. 263—65) gemeint, möglicherweise aber auch der zweite der beiden Beweise des Fundamentaltheorems, welche die dritte der oben genannten Abhandlungen enthält. Auch er entstammt der Kreisteilung, ist aber von GAUSS in einer Form dargestellt, die ihn der Theorie der höheren Kongruenzen näher bringt. Bedeutet g eine primitive Wurzel für die ungerade Primzahl p und ξ den Ausdruck

$$x - x^g + x^{g^2} - \cdots - x^{g^{p-2}},$$

so lässt sich zeigen, dass $\xi^2 - (-1)^{\frac{p-1}{2}} \cdot p$, also auch, wenn q eine andere ungerade Primzahl bedeutet,

$$\xi^{q-1} - (-1)^{\frac{p-1}{2} \cdot \frac{q-1}{2}} \cdot p^{\frac{q-1}{2}}$$

durch $\frac{1-x^p}{1-x}$ teilbar ist, desgleichen

---

[*] Siehe insbesondere W. III, S. 433 ff. und die Nachträge zur Analysis in W. X 1, S. 145 ff.; vergl. auch den weiter unten folgenden Aufsatz »Über GAUSS' Arbeiten zur Funktionentheorie« von L. SCHLESINGER.

$$x^q - x^{qg} + x^{qg^2} - \cdots - x^{qg^{p-2}} - \left(\frac{q}{p}\right) \cdot \xi.$$

Durch Verbindung dieser Umstände mit der Kongruenz

$$x^q - x^{qg} + x^{qg^2} - \cdots - x^{qg^{p-2}} \equiv \xi^q \;(\text{mod. } q)$$

wird man einfach zum Reziprozitätsgesetze geführt.

19.

Auf wesentlich anderer, ganz elementarer Grundlage beruhen die beiden andern Beweise des Reziprozitätsgesetzes. Wie Gauss (W. II, S. 50, 161) aussagt, sind sie den Bemühungen zu danken, die er aufwandte, um den analogen Sätzen der Lehre von den kubischen und biquadratischen Resten beizukommen. Ein-mutlich führte ihn die hierbei sich darbietende Einteilung der Reste nach einem gegebenen Modul in Drittel resp. Viertel ihrer Gesamtanzahl zur Verteilung der absolut kleinsten Reste (mod. p) in die beiden Hälften, welche positiv und welche negativ sind, und die Verbindung mit dem Eulerschen Kriterium zu dem wichtigen Satze, der als Gausssches Lemma benannt wird und wie folgt lautet: Ist (q, p) die Anzahl der Zahlen

$$q, \; 2q, \; 3q, \; \ldots, \frac{p-1}{2}q,$$

deren absolut kleinste Reste (mod. p) negativ sind, so ist

$$q^{\frac{p-1}{2}} \equiv (-1)^{(q,p)} \;(\text{mod. } p).$$

Die Ermittlung der von Gauss mit dem Namen »Dezident« belegten Zahl (q, p) geschieht nun bei dem ersten der erwähnten Beweise (in der Abhandlung vom Januar 1808) mit Hilfe der an dieser Stelle von Gauss eingeführten Funktion $[x]$, welche die grösste ganze Zahl bezeichnet, die nicht grösser als x ist, eine Funktion, die seitdem in Arbeiten von Kronecker und jüngeren Mathematikern zu den mannigfaltigsten Untersuchungen Anlass gegeben hat. Gauss' Betrachtung beruht im wesentlichen auf der Bestimmung des »Dezidenten« durch die Beziehung

$$(q, p) = \sum_i \left[\frac{2iq}{p}\right] - 2 \cdot \sum_i \left[\frac{iq}{p}\right],$$

wo $i = 1, 2, \ldots, \frac{p-1}{2}$, sowie auf der durch die Gleichung

$$\sum_{i=1}^{n} [ix] + \sum_{k=1}^{[nx]} \left[\frac{k}{x}\right] = n \cdot [nx]$$

ausgedrückten Eigenschaft der gedachten Funktion. Mit ihrer Hilfe lässt sich nachweisen, dass jeder der Ausdrücke

$$L = (q, p) + \sum_{i=1}^{\frac{p-1}{2}} \left[\frac{iq}{p}\right], \quad M = (p, q) + \sum_{k=1}^{\frac{q-1}{2}} \left[\frac{kp}{q}\right]$$

einer geraden Zahl gleich, und dass

$$L + M = (q, p) + (p, q) + \frac{(p-1)(q-1)}{4}$$

ist, woraus sich dann das Reziprozitätsgesetz sogleich ergibt.

Auf dasselbe Gaussche Lemma begründet, findet der zweite jener Beweise (in der Abhandlung vom Jahre 1818) die Beziehung zwischen den beiden Dezidenten (p, q), (q, p), welche das Gesetz bedingt, durch eine Verteilung der Zahlen $\gamma = 1, 2, 3, \ldots, \frac{pq-1}{2}$ in acht Gruppen je nach den Vorzeichen von $\Re\left(\frac{\gamma}{p}\right)$, $\Re\left(\frac{\gamma}{q}\right)$, wo $\Re(x)$ das Kroneckersche Zeichen für den Unterschied zwischen x und der nächstgelegenen ganzen Zahl bedeutet, und durch die Beziehungen, welche zwischen den Anzahlen der in diesen einzelnen Gruppen vorhandenen Zahlen bestehen und aus denen sich erschliessen lässt, dass von den drei Zahlen (p, q), (q, p), $\frac{(p-1)(q-1)}{4}$ entweder nur eine oder alle drei gerade sind.

An diese Beweise schliesst sich endlich ein einfacher Algorithmus, durch welchen der quadratische Charakter einer Zahl bezüglich einer andern bestimmt werden kann. Er beruht auf dem Euklidischen Algorithmus und auf der Gleichung

$$\varphi(a, b) + \varphi(b, a) = a' \cdot b',$$

in welcher $a' = \left[\frac{a}{2}\right]$, $b' = \left[\frac{b}{2}\right]$ und

$$\varphi(a, b) = \sum_{i=1}^{a'} \left[\frac{ib}{a}\right]$$

ist.

X 2.   7

20.

Werfen wir noch einen Blick auf die Chronologie der acht Gaussschen Beweise für das Fundamentaltheorem. Datieren wir sie nach der Zeit ihrer Veröffentlichung, und zählen sie, wie es Gauss in seinen Publikationen tut, dementsprechend, so ist

Beweis I (D. A. art. 135 sqq, W. I, S. 104)   vom Jahre 1801

   „ II (ebendas. art. 262, W. I, S. 292)   „   „   1801

   „ III (Comm. Gotting. 16, W. II, S. 1)   „   „   1808

   „ IV (Comm. Gott. rec. 1, W. II, S. 9)   „   „   1811

   „ V u. VI (Comm. Gott. rec. 4, W. II, S. 47) „   „   1818

   „ VII u. VIII (Nachlass, W. II, S. 234)   „   „   1863.

Von diesen Beweisen ist I der zeitlich erste und am 8. April 1796 (Nr. 2 T.) von Gauss gefunden; Beweis II ist der zweite, am 27. Juni 1796 (Nr. 16 T.) gefunden, die Beweise VII und VIII, die im Grunde nur einen vollen Beweis bilden, sind spätestens am 2. September 1796 (Nr. 30 T.) von Gauss erhalten und in seinem Nachlass als dritter und vierter (W. II, S. 234) ausdrücklich bezeichnet. Der Beweis IV ist schon Mitte Mai 1801 (Nr. 118 T.) von Gauss gefunden und dort als fünfter gezählt worden. Die übrigen Beweise entstammen, wie bemerkt, nach seiner eigenen Aussage seinen Bemühungen um die kubischen und biquadratischen Reste, die erst 1805 einsetzten; sicherlich ist die in Nr. 134 T. auf den 6. Mai 1807 datierte »demonstratio principiis omnino elementaribus innixa« der Beweis III. Ein Anfang desselben, insbesondere die oben angegebene Formel für den Dezidenten (q, p) findet sich schon im Handbuche (18, Bd) vom Oktober 1805 des Gaussschen Nachlasses S. 164 (abgedruckt W. X1, S. 26) vor der Notiz über den Beweis der Irreduzibilität der allgemeinen Kreisteilungsgleichung, also vor dem 12. Juni 1808.

In einem andern im September 1813 begonnenen Handbuche (21, Bg) steht S. 6—8 ein Aufsatz mit dem Titel »*Dritter Beweis des Fundamentaltheorems bei den quadratischen Resten in einer neuen Einkleidung*« und mit dem Datum Novb. 12, jedenfalls 1813 (abgedruckt W. X1, S. 33), der mit den Worten endigt: »Bei dieser Einkleidung des Beweises ist der wahre Nerf desselben mehr in die Augen fallend als bei derjenigen, in welcher er in den Göttingischen Commentationen Bd. XVI erscheint«. Da dieser Aufsatz im Prinzip mit dem Beweise V identisch und, nur in der Entwicklung desselben von ihm abweichend, eine blosse Modifikation desselben ist, so ist ersichtlich auch Beweis V erst durch eine vereinfachende Neubearbeitung aus Beweis III hervorgegangen, also später als dieser. Da aber (W. II, S. 50) die Beweise V und VI als die vor neun Jahren versprochenen, nämlich (W. II, S. 43) als die bei Veröffentlichung von Beweis IV (24. August 1808) schon vorhandenen Beweise bezeichnet werden, so muss Beweis V zwischen dem 6. Mai 1807 und dem 24. August 1808 entstanden sein. Im *Tagebuch* geschieht seiner keine Erwähnung, ebensowenig des Beweises VI, dessen Datierung am unsichersten bleibt.

Beim Beweise III (W. II, S. 4) und in der Anzeige desselben (W. II, S. 153) erwähnt GAUSS drei Beweise, die er nach dem Beweise I gefunden und welche »sehr tiefliegende und ihrem Inhalte nach ganz heterogene Untersuchungen voraussetzen«; einer davon sei der Beweis II. Von den beiden übrigen ist unter dem einen zweifelsohne der Beweis IV gemeint; der andere kann Beweis V nicht sein, der, wie gesagt, später als Beweis III ist, und auf welchen die erwähnte Charakterisierung nicht passt. Es bleibt also nur die Wahl zwischen dem Doppelbeweise der A. R. (der demonstratio tertia und quarta, welche eigentlich erst zusammen eine einzige »demonstratio completa« ausmachen) und dem — ihm übrigens nahestehenden — Beweise VI, und man möchte sich KRONECKER entgegen für den erstern entscheiden, da es wunderbar scheinen muss, dass GAUSS diesen mit Stillschweigen übergangen haben sollte. Jenachdem man nun sein Zitat auf den Beweis VI bezieht oder nicht, würde dieser Beweis vor Beweis III d. i. vor den 6. Mai 1807 oder, wie Beweis V, zwischen diesen Zeitpunkt und den 24. August 1808 zu datieren sein; ob dann vor den Beweis V oder nach denselben, muss dahingestellt bleiben.

Der deutschen Darstellung des Beweises V geht in dem Handbuche (21, Bg) vom September 1813 auf S. 4, 5 auch eine (im wesentlichen mit der lateinischen übereinstimmende) deutsche Darstellung des Beweises VI vorauf (abgedruckt W. X1, S. 28), die als fünfter Beweis gezählt wird, umgekehrt wie in den Commentationen, wo er dem Beweise V folgt und als Demonstratio sexta bezeichnet wird. Da die lateinischen Fassungen dieser Beweise in den Comm. Gott. rec. 4 von GAUSS erst 1817 der Öffentlichkeit übergeben

sind, möchte man annehmen, dass die deutschen Darstellungen die ursprüngliche Fassung der schon 1808 vorhanden gewesenen Beweise wiedergeben.
Der Algorithmus zur Bestimmung des quadratischen Charakters einer Zahl B
in bezug auf eine andere A, mit welchem die dritte Abhandlung schliesst,
kann hinwiederum nicht wohl vor dem August 1808 gefunden sein, da er in
dem Handbuche vom Oktober 1805 erst S. 213 nach astronomischen Beobachtungen von jenem Datum aufgeführt wird.

c. Kubische und biquadratische Reste. Komplexe ganze Zahlen.

21.

Wie gesagt, sind die letzten Beweise des Reziprozitätsgesetzes zumeist
durch die Untersuchungen hervorgerufen, welche Gauss über kubische und
biquadratische Reste unternahm, Untersuchungen, zu denen überzugehen für
ihn nahe lag, nachdem er die Theorie der quadratischen Reste erledigt hatte.
Er sagt darüber in einem Briefe an Dirichlet vom 30. Mai 1828 (W. II, S. 516),
was folgt: »Die ganze Untersuchung, deren Stoff ich schon seit 23 Jahren vollständig besitze, die Beweise der Haupttheoreme aber (zu welchen das in der
ersten Commentation noch nicht zu rechnen ist) seit etwa 14 Jahren« usw. —
Fällt hiernach der Beginn seiner bezüglichen Forschungen spätestens in das
Jahr 1805, so wird dieses Jahr von Gauss auch früher schon, wo seine Erinnerung sicher zuverlässig war, zu wiederholten Malen (s. W. II, S. 50 und 161,
Comm. prima, W. II, S. 67 und S. 165 in der Anzeige derselben, *Comm. secunda*
W. II, S. 102) bestimmt als deren Anfang angegeben. Dem braucht die Tagebuchnotiz Nr. 130 vom 15. Februar 1807: »theoria residuorum cubicorum et
biquadraticorum incepta« nicht zu widersprechen, da man in ihr den Anfang
einer planmässig geordneten Entwicklung oder Darstellung seiner Ergebnisse
erblicken darf, welche nach den Nummern 132, 133 T. und nach Gauss' am
30. April 1807 an Sophie Germain gerichteten Briefe (abgedruckt W. X1,
S. 70) schon eine gewisse Höhe erreicht hatten. Diese Ergebnisse finden sich
dann schliesslich in zwei Abhandlungen, der *Theoria residuorum biquadraticorum*,
Comm. I u. II. (Comm. Gotting. rec. 6, 1828, vorgelegt am 5. April 1828
und 7, 1832, vorgelegt am 15. April 1831), welche Gauss als näher verwandt
mit derjenigen der quadratischen Reste einer Darstellung der kubischen vor-

zog, wenn auch leider nur zu einem Teile veröffentlicht. Sie müssen zunächst
in raschem Fortschritte gelungen sein, wie die Notizen Nr. 131—133 T. vom
17., 22., 24. Februar bezeugen, die ohne Zweifel die Auffindung der wesentlichsten Sätze der *Comm. prima* bedeuten. Dies sind in der Hauptsache die
folgenden.

Beschränkt man sich auf den Fall der Primzahlen $p = 4n + 1$, welcher
einzig Schwierigkeiten verursacht, so zerfallen die modulo p inkongruenten
Zahlen z, welche sich bisher nur in zwei Klassen, quadratische Reste und
Nichtreste, unterschieden, jenachdem $z^{\frac{p-1}{2}} \equiv +1$ oder -1 (mod. p) war, in
der Theorie der biquadratischen Reste in vier Klassen A, B, C, D von je
$\frac{p-1}{4}$ Zahlen, die bezüglich den Kongruenzen

$$z^{\frac{p-1}{4}} \equiv 1, f, f^2, f^3 \text{ (mod. } p)$$

genügen, in denen $f^2 \equiv -1$ (mod. p); die Klassen A, C zusammen sind die
quadratischen Reste, B, D zusammen die quadratischen Nichtreste.

Die *Comm. prima* lehrt nun, in welche dieser Klassen die Zahlen -1
und 2 gehören. Die erstere gehört zu A oder C, jenachdem $p \equiv 1$ oder 5
(mod. 8). Die Zahl 2 ist quadratischer Nichtrest bezüglich der Moduln $p \equiv 5$
(mod. 8). Ist aber $p \equiv 1$ (mod. 8), so liess die Induktion GAUSS einen Zusammenhang der Frage mit der Zerlegung $p = \alpha^2 + 2\beta^2$ erkennen, wonach 2
zu A oder C gehört, jenachdem $\alpha \equiv \pm 1$ oder ± 3 (mod 8) ist, ein Satz, der
unschwer zu begründen war.

Hierdurch fand sich nun GAUSS zu der Untersuchung geführt, ob ein
ähnlicher Zusammenhang auch mit der für jede Primzahl $p = 4n + 1$ möglichen Zerlegung $p = a^2 + b^2$ stattfinde. Das ist in der Tat der Fall, aber er
liegt tiefer. Die gedachte Zerlegung ist zunächst eng mit den Zahlen $m_k^{(h)}$ verbunden, welche bei der Bildung der biquadratischen Gleichung für die vier
$\frac{p-1}{4}$-gliedrigen Perioden p^{ter} Einheitswurzeln auftreten und die Anzahl der
Lösungen t, u der Kongruenz

$$1 + g^{4t+h} \equiv g^{4u+k} \text{ (mod. } p)$$

bezeichnen, wo g eine primitive Wurzel (mod. p) ist. Die Beziehungen zwischen
ihnen, sowie die Werte von a, b bei der durch sie gelieferten Zerlegung

$p = a^2 + b^2$ ergeben den Satz, dass 2 beziehungsweise zu A, B, C, D gehört, jenachdem

$$\frac{b}{2} \equiv 0, 1, 2, 3 \pmod{4}.$$

Übrigens hängt das Vorzeichen von b und somit die Zugehörigkeit von 2 zu einer der Klassen B, D von der Wahl der Zahl f unter den beiden Wurzeln der Kongruenz $f^2 \equiv -1$, d. i. von der Wahl der primitiven Wurzel g ab, und es besteht zwischen a, b und f die Kongruenz $b \equiv af \pmod{p}$, eine Tatsache, die Gauss (Nr. 133 T.) am 24. Februar 1807 gefunden zu haben scheint, und welche verstattet, den biquadratischen Charakter der Zahl 2 auch durch die Kongruenz

$$b'^{\frac{a'b'}{2}} \equiv a'^{\frac{a'b'}{2}} \cdot 2^{\frac{p-1}{4}} \pmod{p},$$

wo a', b' in der Formel $p = a'^2 + b'^2$ positiv, a' ungerade gedacht sind, auszusprechen (W. II, S. 96). Nebenbei finden sich a, b mittels der Entwicklung von

$$(x^4 + 1)^{\frac{p-1}{4}} \pmod{p}$$

als die absolut kleinsten Reste modulo p, welche den Kongruenzen

$$2a \equiv \frac{r}{s}, \quad 2b \equiv \pm r^2 \pmod{p}$$

mit

$$s = 1 \cdot 2 \cdot 3 \ldots \frac{p-1}{4}, \quad r = \frac{p+3}{4} \cdot \frac{p+7}{4} \ldots \frac{p-1}{2}$$

genügen. Ihnen zufolge ist $a \equiv 1 \pmod{4}$ und hierdurch seinem Vorzeichen nach bestimmt, während über dasjenige von b sich ohne weiteres nicht entscheiden lässt (s. unten S. 69). Ähnliche Sätze hat Gauss noch mehrere gegeben in einer Notiz des Nachlasses, die W. X 1, S. 39 abgedruckt ist.

22.

Bei den Versuchen, auch für andere Zahlen den biquadratischen Charakter zu ermitteln, sah sich Gauss zwar durch Induktion zu mancherlei Einzelresultaten geführt, beim Beweise derselben wie in der Erkenntnis allgemeinerer Sätze aber durch Schwierigkeiten gehemmt, die er in keiner Weise mit

den Mitteln der rationalen Zahlentheorie zu überwinden vermochte. Da kam
ihm eine erlösende Eingebung, die zugleich die Grundlage des wichtigsten
Gebietes der ganzen neueren Zahlentheorie, der Arithmetik der Zahlenkörper,
geworden ist: »mox vero comperimus, principia Arithmeticae hactenus usitata ad
theoriam generalem neutiquam sufficere, quin potius hanc necessario postulare,
ut campus Arithmeticae sublimioris infinities quasi promoveatur« (W. II, S. 67).
Er erfand die Theorie der komplexen ganzen Zahlen.

Über die Berechtigung komplexer Grössen hatte GAUSS schon zur Zeit
der D. A. sich eigene Gedanken gebildet, die er im art. 91 derselben gelegentlich zu entwickeln in Aussicht stellt — ein im Jahre 1831 in der Anzeige der *Comm. secunda* (W. II, S. 174—178) eingelöstes Versprechen — und
die Lehre von der Kreisteilung, mehr noch seine Untersuchungen über die
lemniskatischen Funktionen hatten sie ihm immer zwingender aufgedrängt;
vielleicht, dass in der Notiz Nr. 95 T. vom Oktober 1798 unter dem novus
in analysi campus die Theorie der Funktionen einer komplexen Variabeln
verstanden werden muss.

So lag es ihm nahe, auch komplexe ganze Zahlen in Betracht zu
ziehen. Man geht aber wohl nicht fehl, wenn man für den Gedanken, sie
zur Grundlage der kubischen und biquadratischen Reste zu machen, die
Quelle in der Beziehung erblickt, welche zwischen dem biquadratischen Charakter der Zahl 2 und der Darstellung $p = a^2 + b^2$, ebenso zwischen ihrem kubischen Charakter und der Darstellung $4p = a^2 + 27b^2$ (Nr. 133 T.) d. h. den
Darstellungen von p als Norm komplexer ganzer Zahlen von GAUSS erkannt
worden war. Die Verwendung dieser komplexen Faktoren von p tritt grundlegend auch in den handschriftlichen Fragmenten über kubische und biquadratische Reste zu Tage, welche W. VIII, S. 5—14 abgedruckt und von FRICKE
erläutert sind und etwa aus derselben Zeit stammen, wie die Tagebuchnotizen Nr. 130—133, d. h. aus dem Februar 1807.

In diese Zeit fallen dann auch GAUSS' Versuche, zu neuen Beweisen
des quadratischen Fundamentaltheorems zu gelangen, in der Hoffnung, dass
diese auch auf das höhere Gebiet ausdehnbar sein möchten, eine Hoffnung,
die ihn nicht trog, denn sie führten ihn zum GAUSSschen Lemma, dessen Erweiterung auf das Gebiet der komplexen Zahlen $a + bi$ die Grundlage seiner
bezüglichen Beweisführungen bildet.

Neben induktiven Studien beschäftigten nun GAUSS mannigfache Versuche, den sogenannten Dezidenten einer Zahl für einen gegebenen Modul zu berechnen bezw. das gesamte Restsystem eines Moduls in geeignete Viertel einzuteilen und dgl. mehr, wie die von SCHERING erläuterten und in die Zeit nach 1811 datierten Fragmente (W. II, S. 313—85) und andere, ihnen zeitlich wohl voraufgehende handschriftliche Notizen des Nachlasses (in Ec 3, abgedruckt W. X1, S. 56, und im Handbuch 18, Bd, vom Oktober 1805, S. 248—256) beweisen. Wohl gelegentlich solcher Versuche wurde GAUSS auch zu dem Satze geführt, der W. X1, S. 51 aus seinem Nachlass abgedruckt ist, und der eng mit einem andern von M. A. STERN*) mitgeteilten GAUSSschen Satze zusammenhängt.

Es muss Wunder nehmen, dass GAUSS nirgends in seinem *Tagebuche* der Einführung der komplexen Zahlen, dieses von ihm selbst für so wichtig erkannten Fortschrittes der Arithmetik, Erwähnung tut. Man könnte geneigt sein, die Nummern 144, 145 T. vom 23. Oktober 1813 dahin zu deuten; doch könnte damit unmöglich der erste Gebrauch komplexer Zahlen gemeint sein, der, wie bemerkt, viel früher datiert, vielmehr nur etwa ihre systematische Grundlegung für die allgemeine Theorie der biquadratischen Reste, wie die *Comm. secunda* sie enthält. Wahrscheinlicher aber dünkt uns, dass GAUSS jetzt aus dieser Theorie die Hilfsmittel gewonnen hat, um die (von dem Satze über den biquadratischen Charakter der Zahl 2 verschiedenen) Haupttheoreme zu beweisen, von denen er im oben erwähnten Briefe an DIRICHLET schreibt, dass er ihre Beweise gerade etwa in dieser Zeit gefunden habe. Nach seiner Anzeige der *Comm. secunda* vom 23. April 1831 (siehe W. II, S. 173) waren ihm freilich diese Beweise schon »seit 20 Jahren« bekannt, doch ist diese Angabe wohl nur als eine abgerundete zu betrachten. Vielleicht sind die Nummern 144, 145 des *Tagebuchs* aber auch so zu verstehen, dass GAUSS in der Kreisteilung, wenn nicht gar, wie EISENSTEIN**), in der Lemniskatenteilung die Hilfsmittel zu jenen Beweisen gefunden hat; für das letztere könnte die anschliessende letzte Tagebuchnotiz Nr. 146, die einzige, in welcher von den komplexen Zahlen $a + bi$ die Rede ist, einigen Anhalt bieten.

---

*) Göttinger Nachrichten 1869, S. 330. Die STERNsche Notiz wird weiter unten als Anhang zu dem vorliegenden Aufsatze abgedruckt.

**) CRELLES Journal für Mathematik 30 (1840), S. 185.

23.

GAUSS hat die Darlegung der Beweise für die biquadratischen Haupt-theoreme einer dritten Abhandlung vorbehalten, die aber niemals geschrieben worden ist. Die zweite gibt nur den Wortlaut des allgemeinen quadratischen (W. II, S. 130), sowie auch des allgemeinen biquadratischen Reziprozitäts-gesetzes (W. II, S. 138), das zwischen zwei (primären) komplexen Primzahlen besteht, und beweist den sogenannten Ergänzungssatz, durch welchen der bi-quadratische Charakter der Zahl $1+i$ und ihrer sogenannten Assoziierten bestimmt wird. Vorauf geht eine, der Arithmetik rationaler Zahlen völlig parallellaufende, nur entsprechend reichere Arithmetik der komplexen Zahlen $a+bi$, gegründet auf das EUKLIDische Verfahren zur Bestimmung des grössten gemeinsamen Teilers von zwei solchen Zahlen; hieraus folgt die eindeutige Zerlegbarkeit jeder komplexen Zahl in sogenannte primäre Primfaktoren, deren es ausser der Zahl $1+i$ zwei Arten gibt, nämlich die reellen Primzahlen $q \equiv 3$ (mod. 4) und die konjugiert komplexen Faktoren der reellen Primzahlen $p \equiv 1$ (mod. 4).

Aus dem verallgemeinerten FERMATschen Lehrsatze, nach welchem, wenn π eine komplexe Primzahl und n ihre Norm bedeutet, jede durch π nicht teilbare komplexe Zahl $\varkappa$ der Kongruenz

$$\varkappa^{n-1} \equiv 1 \ (\text{mod. } \pi)$$

genügt, entspringt eine Einteilung aller Reste von π in vier Klassen von gleichviel Zahlen, jenachdem

$$\varkappa^{\frac{n-1}{4}} \equiv 1,\ i,\ -1,\ -i \ (\text{mod. } \pi)$$

ist, und die Frage, welcher dieser Klassen eine gegebene Zahl zugehört, ist die Frage nach ihrem biquadratischen Charakter. Verteilt man aber alle Reste in vier Gruppen C, C', C'', C''' derart, dass aus den Zahlen r der Gruppe C die der übrigen durch Multiplikation beziehungsweise mit $i, -1, -i$ entstehen, ist ferner $\varkappa$ eine durch π nicht teilbare komplexe Zahl und bezeichnet man bezw. mit c, c', c'', c''' die Anzahlen derjenigen Reste der Produkte $\varkappa r$, die den Gruppen C, C', C'', C''' angehören, so besteht die Kongruenz

$$x^{\frac{n-1}{4}} \equiv i^{c'+2c''+3c'''} \pmod{\pi},$$

die ersichtlich das Analogon des GAUSSschen Lemma ist. Im Verein mit den Eigenschaften des schon in den Comm. Gotting. rec. 4 (W. II, S. 61) auftretenden Ausdrucks $\varphi(a, b)$ genügt sie zur Herleitung des biquadratischen Charakters von $1+i$.

GAUSS hat, wie bemerkt, einen Beweis des biquadratischen Fundamentaltheorems nicht veröffentlicht. Umso interessanter ist es, dass in seinem Nachlasse (in Ec 3, abgedruckt W. X 1, S. 65) auf vier Oktavseiten geschrieben die flüchtige Skizze eines vollständigen Beweises gefunden worden ist, welcher, auf die Kreisteilung gegründet, dem Beweise VI des quadratischen Reziprozitätsgesetzes entspricht. Es scheint diese Skizze einer späteren Zeit zu entstammen, vielleicht hervorgerufen durch EISENSTEINS bezügliche Arbeiten*), dessen Symbol $\left[\frac{x}{m}\right]$ hier auch von GAUSS zur Bezeichnung des biquadratischen Charakters von x bezüglich m für den Fall einer komplexen Primzahl m verwandt wird, während er für den allgemeineren Fall einer zusammengesetzten Zahl m das Symbol $\left(\frac{x}{m}\right)$ benutzt. Sicherlich wohl enthält sie das, was nach einer von EISENSTEIN an RIEMANN getanen und von diesem an SCHERING weitergegebenen Aussage**) GAUSS an EISENSTEIN brieflich mitgeteilt hat. Das Gesetz wird hier in etwas anderer Fassung als in der *Comm. secunda* dahin ausgesprochen, dass, wenn $m = a+bi$, $M = A+Bi$ zwei ungerade komplexe Zahlen ohne gemeinsamen Teiler und a, A ungerade sind,

$$\left(\frac{m}{M}\right) = i^{\frac{1}{4}bB} \cdot \left(\frac{M}{m}\right)$$

sei. An einer andern Stelle des Nachlasses (in Ec 2) sind noch verschiedene abweichende Formulierungen des Gesetzes vorhanden, deren eine hier mitgeteilt werden möge. Bezeichnen $m = a+bi$, $m' = a'+b'i$ zwei verschiedene ungerade komplexe Primzahlen, wobei a, a' ungerade, und setzt man

$$m'^{\frac{1}{4}(a^2+b^2-1)} \equiv i^{\mu} \pmod{m}, \quad m^{\frac{1}{4}(a'^2+b'^2-1)} \equiv i^{\mu'} \pmod{m'},$$

so ist

$$\mu - \mu' - \tfrac{1}{2}\big((a'-1)b+(a-1)b'+bb'\big) \equiv 0 \pmod{4}.$$

---

*) CRELLES Journal für Mathematik 28, 1844, S. 53 und 223.

**) Siehe SCHERING, Göttinger Nachrichten 1879, S. 384.

Eine im wesentlichen gleiche Formulierung steht auch in dem im September 1813 begonnenen Handbuche 21, Bg, S. 24 (abgedruckt W. X1, S. 55), d. h. hinter den dort ebenfalls niedergeschriebenen Beweisen V und VI des quadratischen Reziprozitätsgesetzes (W. X1, S. 33 und 28), sie ist also vermutlich auch jüngeren Datums als 12. November 1813, was sich mit Gauss' Angaben in dem erwähnten Briefe an Dirichlet wohl verträgt.

24.

Von dem, was Gauss in der Theorie der kubischen Reste, die er von Anfang an zugleich mit derjenigen der biquadratischen durchdachte, erarbeitet hat, geben uns nur die zuvor erwähnten Fragmente (W. VIII, S. 5—14) einige Kunde. Von ihnen finden sich die auf S. 5—8 abgedruckten in einem mit der Überschrift *Uraniae sacrum* versehenen, im November 1802 begonnenen Hefte (Al) des Nachlasses unmittelbar auf astronomische und magnetische Rechnungen folgend, die bis 1805 ausgedehnte Beobachtungen benutzen; sie werden also vermutlich nicht sehr viel später aufgezeichnet sein. Teils hat Gauss in ihnen den kubischen Charakter einer Zahl (mod. p) in Zusammenhang gebracht mit der Darstellbarkeit von p durch gewisse binäre quadratische Formen, teils ihn mit Hilfe der Kreisteilung festzustellen gelehrt. So wird neben einem ähnlichen Satze über biquadratische Reste folgende Aussage von ihm gegeben (W. VIII, S. 7): Seien $p \equiv 1$, $q \equiv \pm 1$ (mod. 3) zwei verschiedene Primzahlen und es werde entsprechend den doppelten Vorzeichen

$$(a + 3b\sqrt{-3})^{\frac{q \mp 1}{3}} \equiv A \pm B\sqrt{-3} \pmod{q}$$

gesetzt; je nach den drei möglichen Fällen

$$B \equiv 0, \quad B \equiv A, \quad B \equiv -A \pmod{q}$$

ist dann

$$q^{\frac{p-1}{3}} \equiv 1, \quad -\frac{1}{2} - \frac{1}{2} \cdot \frac{a}{3b}, \quad -\frac{1}{2} + \frac{1}{2} \cdot \frac{a}{3b} \pmod{p}.$$

In dieser Aussage liegt unmittelbar, wenn man sich p in seine komplexen Faktoren zerlegt denkt, das kubische Fundamentaltheorem für den Fall

8*

$q \equiv -1 \pmod 3$. Gauss' im Nachlassteile Ec 1 befindlicher, W. VIII, S. 9 abgedruckter Beweis desselben aber, der später gefunden sein wird als die vorerwähnten Untersuchungen, entspringt aus dem gleichen Ideenkreise, wie sein Beweis VI des quadratischen und der erwähnte Beweis des biquadratischen Gesetzes, nämlich aus den Eigenschaften des Ausdrucks

$$r + \rho r^g + \rho^2 r^{g^2} + \cdots + \rho^{p-2} r^{g^{p-2}},$$

wo g eine primitive Wurzel (mod. p) und ρ eine kubische Einheitswurzel bedeutet. Da nach den Frickeschen Erläuterungen (W. VIII, S. 11) aus jener Aussage auch für den Fall $q \equiv +1 \pmod 3$ das kubische Reziprozitätsgesetz, wie es später von Jacobi*) und Eisenstein**) bewiesen wurde, sich erschliessen lässt, ist mittelbar durch die Gausssche Methode dieses Gesetz schon vordem in seiner ganzen Allgemeinheit festgestellt worden.

Ein weiteres Fragment (abgedruckt W. VIII, S. 15) zeigt Gauss bemüht, die Methode seiner Beweise III und V durch geeignete Einteilung des gesamten Restsystems eines Moduls in Drittel, wobei die Gittervorstellung benutzt wird, auf kubische Reste auszudehnen. Dass ein auf die Zahl Drei und einen Modul $p = 3n + 1$ bezüglicher Beweis ihm in ähnlicher Weise geglückt sein muss, zeigt die vom 6. Januar 1809 datierte Tagebuchnotiz (Nr. 138 T.), aus der wohl zu schliessen ist, dass das letztgenannte Fragment vor diesem Datum verfasst worden ist. Andererseits kann es nicht vor dem August 1808 geschrieben sein, da es in Gauss' Handbuch 18, Bd, vom Oktober 1805 erst S. 205—213 auf astronomische Beobachtungen aus diesem Monate folgt.

25.

Aus etwa derselben Zeit d. h. also aus dem letzten Drittel des Jahres 1808 (s. W. II, S. 398) stammen andere handschriftliche Aufzeichnungen, welche allgemeiner die Theorie der aus einer dritten Einheitswurzel ρ gebildeten komplexen ganzen Zahlen zum Gegenstande haben (W. II, S. 387—398).

Ist $a + b\rho + c\rho^2$, wo ρ eine dritte Einheitswurzel bedeutet, eine komplexe Zahl mit rationalen a, b, c, so lässt sich eine nächstgelegene ganze komplexe

---

*) Crelles Journal für Mathematik 2 (1827), S. 66, Werke VI, S. 233.
**) Crelles Journal für Mathematik 27, S. 289; 28, S. 28 (1844).

Zahl so bestimmen, dass der »Determinant« (d. i. die Norm) der Differenz kleiner als 1 wird. Infolge hiervon ist der EUKLIDische Algorithmus anwendbar und folglich herrscht auch im Gebiete dieser komplexen ganzen Zahlen eindeutige Zerlegbarkeit. Hiermit hatte GAUSS die Grundlage gewonnen, um das »letzte FERMATsche Theorem« für den dritten Grad, nämlich die Unlösbarkeit der kubischen Gleichung

$$x^3 + y^3 + z^3 = 0$$

nicht nur in rationalen, sondern allgemeiner in komplexen ganzen Zahlen der gedachten Art zu beweisen. Dieselben Identitäten benutzend, deren auch LEGENDRE und die späteren Forscher sich bedient haben, zeigt GAUSS zunächst, dass, wenn jene kubische Gleichung bestehen soll, eine der drei Zahlen x, y, z durch $1 - \rho$ teilbar sein muss, und leitet dann (auf zwiefachem Wege) aus einer vorausgesetzten Lösung in teilerfremden Zahlen eine zweite (und dritte) von gleicher Beschaffenheit her. Bei der auf dem zweiten Wege erhaltenen neuen Lösung ist die durch $1 - \rho$ teilbare Zahl nicht mehr ebenso oft durch $1 - \rho$ teilbar wie früher, wodurch der Beweis erbracht ist. Hier tritt auch schon der später von KUMMER*) begründete Satz auf, dass eine komplexe ganze Zahl $f(\rho)$, deren analytischer Modul gleich 1 ist, $\pm \rho^n$ sein muss.

Was endlich die Fragmente W. VIII, S. 21 anbelangt, so finden sich die beiden ersten von ihnen in GAUSS' Handbuch 18, Bd vom Oktober 1805, S. 201—204, also nach den schon bei dem Fragmente W. VIII, S. 15 erwähnten Beobachtungen vom August 1808, aber vor diesem Fragmente selbst und sind demnach zwischen denselben Daten verfasst wie dieses. Die im zweiten derselben behandelte kubische Form

$$x^3 + ny^3 + n^2 z^3 - 3nxyz$$

tritt schon auf S. 151 jenes Handbuchs auf d. i. vor dem Beweise für die Irreduzibilität der allgemeinen Kreisteilungsgleichung, den man auf den 12. Juni 1808 datieren darf, und findet sich auch an andern Stellen des Nachlasses, so z. B. auf einer leider undatierten Rechnung für die Sternwarte in Göttingen in Ec 1, woher auch das dritte der Fragmente (W. VIII, S. 23)

---

*) *De numeris complexis, qui radicibus unitatis et numeris integris realibus constant*, Vratislaviae typis universitatis, 1844; vergl. CRELLES Journal für Mathematik 35 (1847), S. 362.

entnommen ist. Alle diese Notizen stammen wohl ziemlich aus der gleichen Zeit. Die gedachten Fragmente lassen nun ersehen, dass GAUSS auch die aus einer beliebigen Kubikwurzel $r = \sqrt[3]{n}$ für ein ganzzahliges n gebildeten komplexen ganzen Zahlen in den Bereich seiner Untersuchungen gezogen hat. Ist $a + b\nu + c\nu^2$ eine solche, so ist ihre Norm

$$N = a^3 + nb^3 + n^2c^3 - 3nabc$$

und n ist kubischer Rest in Bezug auf jeden Teiler von N. Durch die Substitution

$$x = ax' + ncy' + nbz'$$
$$y = bx' + ay' + ncz'$$
$$z = cx' + by' + az'$$

geht die Form $x^3 + ny^3 + n^2z^3 - 3nxyz$ über in

$$N.(x'^3 + ny'^3 + n^2z'^3 - 3nx'y'z'),$$

ein Satz, welcher die Reproduktion dieser Form durch Zusammensetzung mit sich selbst ausspricht und eine Grundlage bildet für die Auflösung der Gleichung

$$x^3 + ny^3 + n^2z^3 - 3nxyz = 1,$$

mit der sich GAUSS (Nr. 137 T.) vom 23. Dezember 1808 an ebenfalls beschäftigt hat.

d. Transzendente Zahlen. Asymptotische Gesetze und mittlere Werte. Bestimmung der Klassenanzahl.

26.

Um vollständig zu sein, muss noch erwähnt werden, dass GAUSS auch der Frage nach der arithmetischen Beschaffenheit der Zahl π nahe getreten ist und einen eigenen Beweis für die Irrationalität der Tangenten rationaler Bögen gegeben hat (W. VIII, S. 27) nebst kritischen Bemerkungen über die voraufgegangenen bezüglichen Arbeiten von LAMBERT und LEGENDRE*). Desgleichen

---

*) Die kritischen Bemerkungen, von denen im Text die Rede ist, werden von R. FRICKE in seiner

sind hier die umfangreichen Rechnungen und Tabellen (W. II, S. 477—495) zur Zyklotechnie zu nennen, die GAUSS ausgeführt hat und welche den Zweck verfolgen, die Bögen, deren Kotangenten gegebene rationale Zahlen sind, genau zu berechnen. Auf Grund der Formel

für

$$\text{arc cotg}\,\frac{y}{a} = \text{arc cotg}\,\frac{y+x}{a} + \text{arc cotg}\,\frac{y+z}{a}$$

$$y^2 + a^2 = xz$$

lassen sich die Bögen für kleine Kotangenten aus denen für grosse bestimmen, für welche die bekannten Reihen stärker konvergieren. So hat GAUSS u. a. (s. W. II, S. 501) für $\frac{\pi}{4}$ die beiden Ausdrücke

$$\frac{\pi}{4} = 12\,(18) + 8\,(57) - 5\,(239)$$
$$= 12\,(38) + 20\,(57) + 7\,(239) + 24\,(268)$$

gegeben, in denen $(18) = \text{arc cotg}\,18$ usw. ist, und die wesentlich schneller zum Ziele führen als frühere, von MACHIN, EULER, VEGA u. A. gegebene ähnliche Formeln.

Veröffentlicht hat GAUSS weitere zahlentheoretische Arbeiten nicht, obwohl er zweifelsohne noch Manches gewusst hat, dessen Kenntnis für uns wertvoll gewesen sein würde. Wir haben nun aber, auf die Zeit der D. A. zurückgehend, in Anknüpfung an die artt. 301 und 302 derselben noch von einem andern Gebiete zu handeln, dessen Aufschliessung wir gewohnt sind, DIRICHLET

Bemerkung W. VIII, S. 29 erwähnt, sind aber nicht abgedruckt. Sie stehen auf mehreren Kleinoktavblättern und sind augenscheinlich früher geschrieben als der auf einem Grossquartblatte stehende, W. VIII, S. 27, 28 abgedruckte »Beweis« (beides in Ee, Kapsel 45). Von diesem »Beweis« findet sich übrigens auch noch eine von fremder Hand herrührende Abschrift, die am Schluss die Angabe enthält »GAUSS 1850 August 20«. Die kritischen Bemerkungen beziehen sich auf die von LEGENDRE in seinen *Élémens de Géométrie* (S. 295 in der 7. Ausgabe von 1808) erwähnte Abhandlung von LAMBERT »in den Mem. de l'Ac. de Berlin 1761«. Gemeint ist offenbar die Abhandlung *Mémoire sur quelques propriétés remarquables des quantités transcendantes circulaires et logarithmiques*, lu en 1767, Histoire de l'Académie, Berlin (1761) 1768, S. 265. GAUSS sagt in bezug auf den dort von LAMBERT gegebenen Beweis für die Irrationalität von π: »Dieser Beweis ist auf eine ziemlich schwerfällige und verworrene Art dargestellt, und man könnte sagen, dass die Denkschrift nicht sowohl einen klar entwickelten Beweis enthalte, als vielmehr nur das Material zu dem Beweise. Folgende Erläuterungen können dazu dienen, das Verständnis zu erleichtern«. In bezug auf diese Abhandlung LAMBERTs vergl. man den Aufsatz von A. PRINGSHEIM »*Über die ersten Beweise der Irrationalität von e und π*«, Münchener Sitzungsberichte 28, 1898, S. 325, wo auch EULER als Vorgänger von LAMBERT zu seinem Rechte kommt.

zuzusprechen, wenn wir von seinen »analytischen Methoden der Zahlentheorie«
reden. Den selbständigen Leistungen dieses Forschers geschieht kein Abbruch,
wenn man auch nach dem Zeugnis des handschriftlichen Nachlasses von GAUSS
anerkennen muss, dass vor DIRICHLET schon GAUSS auch in diesem Gebiete
Pfadfinder gewesen ist.

Es handelt sich zunächst um asymptotische Gesetze der Zahlentheorie*).
Hier hatte GAUSS, wie erwähnt, mit der Abzählung der Primzahlen frühzeitig
begonnen, sie nach 1811 von Zeit zu Zeit fortgesetzt und später durch GOLD-
SCHMIDT bis zum Umfange der Tafel W. II, S. 435 weiterführen lassen; auch
hatte er bald schon den Integrallogarithmus als geeigneten asymptotischen
Ausdruck für die Menge der Primzahlen unter einer gegebenen Grenze erkannt. In der Tat finden sich in GAUSS' Exemplar der *logarithmischen Tafeln*
von SCHULZE Aufzeichnungen vom Mai 1796 (vergl. Nr 9 T. vom 31. Mai
1796), nach denen die Menge der Primzahlen unterhalb a asymptotisch durch
$\frac{a}{\log a}$, die Menge der Zahlen, welche aus zwei Primfaktoren zusammengesetzt
sind, durch $\log \log a \cdot \frac{a}{\log a}$ und »wahrscheinlich« die Menge derjenigen, welche
aus drei Primfaktoren bestehen, durch $\frac{1}{2} (\log \log a)^2 \cdot \frac{a}{\log a}$ usw. in infinitum
ausgedrückt werde. Ferner gibt GAUSS an derselben Stelle für die Menge der
Zahlen unterhalb a ohne gleiche Faktoren den asymptotischen Ausdruck

$$\frac{a}{\sum_n \frac{1}{n^2}},$$

allgemeiner für die Menge derjenigen, welche höchstens $\varkappa = 2, 3, \ldots$ gleiche
Faktoren haben, den Ausdruck

$$\frac{a}{\sum_n \frac{1}{n^{\varkappa+1}}}.$$

Desgleichen findet er für die Summe der reziproken Primzahlen unterhalb x
die Gleichung

$$\sum \frac{1}{p} = \log \log x + V,$$

---

*) Zum Folgenden vergl. W. X 1, S. 11 ff., wo die im Text besprochenen Nachlassstücke abgedruckt
sind; in den Bemerkungen S. 16 ff. findet man auch Hinweise auf die neuere Literatur.

wo V wahrscheinlich eine der Zahl 1,266 nahe Konstante sei und für das entsprechende Produkt

$$\Pi \frac{1}{1-\frac{1}{p}}$$

den Ausdruck $a \cdot \log x$, wo a eine der Zahl 1,874 nahe Konstante. Noch findet sich der Ausspruch: numerus factorum usque ad n

$$(\log \log n + 1)\, n.$$

In Gauss' Exemplar der Lambertschen *Tabellen* wird für die Anzahl aller nur aus den Faktoren 2, 3, 5, 7 bestehenden Zahlen unterhalb n der (nicht korrekte) asymptotische Ausdruck gegeben:

$$\frac{\frac{1}{6}(\log n)^4}{\log 2 \cdot \log 3 \cdot \log 4 \cdot \log 5}.$$

Desgleichen steht in einem im November 1799 begonnenen Hefte des Nachlasses (Ac) S. 19 der Satz, dass die Summe

$$\sum_1^n \frac{\varphi(n)}{n^2},$$

wo $\varphi(n)$ die Eulersche Funktion, quam proxime durch $\frac{6}{\pi^2} \log n + \mathrm{const.}$ ausgedrückt werde, während die Konstante etwa 0,697413 sei; und in einem andern im Juli 1800 begonnenen Hefte (Ae) wird S. 39 für die Anzahl $\psi(M)$ der Teiler einer Zahl M die asymptotische Formel

$$\sum \psi(M) = M(\log M + 0,15443) + ?$$

gegeben. Die Notizen Nr. 14 und 31 des Gaussschen *Tagebuchs* vom 20. Juni und 6. September 1796 sprechen ferner zwei asymptotische Gesetze aus, für die zuerst Dirichlet einen Beweis bekannt gemacht hat, und welche mit Benutzung des Eulerschen Zeichens $\smallint n$ für die Summe der Teiler einer Zahl n sowie der Eulerschen Funktion $\varphi(n)$ in den Formeln

$$\frac{\smallint 1 + \smallint 2 + \cdots + \smallint n}{\frac{n(n+1)}{2}} = \frac{\pi^2}{6}$$

d. i.

$$\frac{\smallint 1 + \smallint 2 + \cdots + \smallint n}{n} = \frac{\pi^2}{12} \cdot n$$

X2.

beziehungsweise

$$2 \cdot \frac{\varphi(2) + \varphi(3) + \cdots + \varphi(n)}{n^2} = \frac{6}{\pi^2}$$

ihren Ausdruck finden. Die letztere Formel hat GAUSS auch auf einem aus, den letzten Augusttagen des Jahres 1796 stammenden *Exercitationes mathematicae* betitelten Blättchen (abgedruckt W. X 1, S. 138, siehe besonders S. 140) aufgezeichnet.

Bei dem gänzlichen Fehlen jeder Andeutung einer für die Auffindung dieser Formeln dienenden Methode hat es fast den Anschein, als ob alle diese Ergebnisse nur induktiv gefunden seien, so schwer es andererseits zu denken ist, dass derartig verborgen liegende Beziehungen ohne den Anhalt bestimmter theoretischer Gesichtspunkte erkannt sein sollten.

27.

Neben diesen nur handschriftlich vorhandenen Sätzen stehen die in den genannten Artikeln der D. A. angeführten asymptotischen Bestimmungen des dort definierten »Mittelwerts« für die Anzahl der Geschlechter eigentlich primitiver binärer quadratischer Formen als Funktion ihrer Determinante $\pm D$:

$$\frac{4}{\pi^2} \cdot \log D + \frac{8}{\pi^2} C + \frac{48}{\pi^4} \cdot \sum \frac{\log n}{n^2} - \frac{2 \log 2}{3 \pi^2},$$

wo C die EULER-MASCHERONISCHE Konstante bedeutet, und des Mittelwerts für die Anzahl ihrer Klassen bei negativer Determinante $-D$:

$$\frac{2\pi}{7 \cdot \sum \frac{1}{n^3}} \cdot \sqrt{D} - \frac{2}{\pi^2}.$$

Obwohl auch hier jede Andeutung der angewandten Methode fehlt, wird doch ausdrücklich von GAUSS ausgesprochen (art. 304), dass er durch eine theoretische Untersuchung, deren Grundsätze er bei anderer Gelegenheit mitteilen wolle, zu diesen Formeln gelangt sei, und ein schriftlicher Vermerk (W. I, S. 476, Anmerkung zum art. 302) in seinem Handexemplare der D. A. setzt die Entstehung derselben auf den Anfang des Jahres 1799. In der Tat findet man in GAUSS' im November 1799 begonnenen Heftchen (Ac) S. 19 (abgedruckt W. X 1, S. 15) die erstere Anzahl, freilich erst in der unbestimmteren Form

$$a \log D + \beta,$$

und an anderer Stelle (Eb) schon etwas bestimmter und mit dem Zusatz: »Multitudo generum per disquisitionem theoreticam inventa est« durch

$$\frac{8}{\pi^2} \log D + \text{const.} *)$$

ausgesprochen. Der für die zweite Anzahl angegebene Ausdruck, abgesehen von der Konstanten $\frac{-2}{\pi^2}$, welche GAUSS auch an späterer Stelle (W. II, S. 284) unterdrückt hat, tritt bereits in GAUSS' im November 1798 begonnenem Heft (Ab) S. 8 auf, ohne Angabe seiner Bedeutung. Die entsprechende Untersuchung für Formen mit positiver Determinante, deren Resultat schon in art. 304 D. A. richtig vermutet wird, erledigte sich nach dem Additamentum ad. art. 306 X (W. I, S. 466) und der Anmerkung zu demselben (ebendas. S. 476) erst am Ende des Jahres 1800. In dieser Zwischenzeit muss GAUSS die analytischen Betrachtungen ausgebildet haben, die er in zwei Abhandlungen aus den Jahren 1834, 1837 niedergelegt hat und die (W. II, S. 269) mit ausführlichen Erläuterungen DEDEKINDS abgedruckt sind, Betrachtungen, welche ihn schon vor DIRICHLET zur Bestimmung des wahren Wertes der Klassenanzahl geführt haben.

Sie gründen sich auf denselben geometrischen Hilfssatz wie bei DIRICHLET. Denkt man sich im rechtwinkligen Gitter ganzzahliger Punkte, wie es bei den komplexen ganzen Zahlen $a + bi$ auftritt, eine geschlossene Kurve vom Inhalte V und nennt M die Anzahl der Gitterpunkte (oder Quadrate $\varkappa^2$), welche in ihr Inneres fallen, so ist, wenn die Kurve gleichmässig nach allen Richtungen unendlich erweitert wird, $\lim \frac{M}{V} = 1$, oder anders ausgedrückt: bleibt V konstant, nehmen aber die Quadrate unendlich ab, so ist

$$\lim_{\varkappa = 0} \frac{M \varkappa^2}{V} = 1.$$

Da die Anzahl der Punkte innerhalb der Kurve

$$a x^2 + 2 b x y + c y^2 = A$$

bei negativer Determinante $-D$ die Anzahl $F(A)$ der Darstellungen aller Zahlen $1, 2, 3, \ldots, A$ mittels der Form (a, b, c) ist, so ergibt sich dem Hilfs-

---

*) Im Nachlasse steht in diesen Formeln N statt D, sicher aber in gleicher Bedeutung.

satze zufolge für die mittlere Anzahl der Darstellungen einer Zahl A durch dieselbe Form die Gleichung

$$\lim_{A=\infty} \frac{F(A)}{A} = \frac{\pi}{\sqrt{D}}.$$

Da sie nur von der Determinante D abhängt, so erschliesst man für die mittlere Anzahl der Darstellungen einer Zahl A durch das gesamte Formensystem mit der Determinante $-D$ den Wert

$$h \cdot \frac{\pi}{\sqrt{D}},$$

in welchem h die Klassenzahl dieses Systems bedeutet.

Stimmen soweit die Methoden beider Forscher mit einander überein, so unterscheiden sie sich in der Herleitung eines zweiten Grenzwertes für dieselbe mittlere Anzahl d. i. in deren Zurückführung auf die Summe

$$\sum_{n=1}^{\infty} \left(\frac{D}{n}\right)\frac{1}{n},$$

bezüglich welcher auch die erhaltenen GAUSsschen Notizen nicht genügenden Aufschluss geben. An einem besonders glücklichen Tage aber, dem 30. November 1800 (Nr. 114 T.), gelang es GAUSS, die Klassenanzahl für Formen mit negativer Determinante unter dreifacher Gestalt zu bestimmen: einmal mittels der gedachten Summe, ein zweites Mal unter der Gestalt eines unendlichen Produktes, ein drittes Mal mittels trigonometrischer Funktionen (s. W. II, S. 285, wo auch für die Klassenanzahl bei positiver Determinante entsprechende Ausdrücke gegeben sind), und er fand endlich noch am 3. Dezember desselben Jahres (Nr. 115 T.) für Formen mit negativer Determinante $-D$ jenen einfachen, nur aus der Menge der Zahlen unterhalb D, welche Teiler bezw. Nichtteiler der Form x^2+D sind, gebildeten Ausdruck (s. ihn W. II, S. 286, [VII] für den Fall, wo D eine Primzahl von der Form $4n+1$ ist), den für diesen einfachsten Fall einer Primzahldeterminante $-p$ zuerst JACOBI*) bekannt gemacht hat.

Mit Hilfe dieses Ausdrucks konnte GAUSS eine Reihe von Sätzen über die

---

*) CRELLEs Journal für Mathematik 9 (1832), S. 189, Werke VI, S. 420.

Verteilung der quadratischen Reste (mod. p) auf die Achtel bezw. Zwölftel des Intervalls 1 bis p aufstellen (W. II, S. 288—291, 301—303), sowie endlich auch, was gelegentlich der *Comm. prima* über biquadratische Reste noch als eine Lücke angedeutet worden, für den Fall $p \equiv 5$ (mod. 8) die, für den andern Fall $p \equiv 1$ (mod. 8) bis auf den heutigen Tag noch ungelöste Frage entscheiden (W. II, S. 287), mit welchem Vorzeichen behaftet die Basis b der Zerlegung $p = a^2 + b^2$ im Schlusstheoreme jener Abhandlung erhalten werde. Diese Verknüpfung einander scheinbar sehr entlegener Gegenstände und Gedanken, hat GAUSS selbst als eine sehr verschlungene und interessante bezeichnet (Brief an DIRICHLET vom 30. Mai 1828, W. II, S. 516).

So sehen wir, wohin wir uns auch wenden, GAUSS' Forschung schon in jedes der verschiedenen Gebiete, welche die heutige Wissenschaft der höheren Arithmetik umfasst, tief und bahnbrechend eindringen; keins, das nicht — die additive Zahlentheorie etwa ausgenommen — auf GAUSS' Arbeiten als seine Grundlage oder den Keim seiner Entwicklung zu weisen hätte. Denn auch die Idealtheorie der algebraischen Zahlenkörper weist uns auf die von GAUSS erkannte Notwendigkeit der Zahlen $a + bi$ zurück und ist nur ihr Analogon auf höherer Stufe.

SCHLUSSBEMERKUNG.

Die meisten textlichen Änderungen und neu hinzugekommenen Fussnoten, die der vorstehende Abdruck meines Aufsatzes gegenüber der ursprünglichen, 1911 erschienenen Fassung aufweist, sind aus Mitteilungen der Herren F. KLEIN, L. SCHLESINGER und P. STÄCKEL hervorgegangen. Herrn SCHLESINGER ist auch die übersichtliche Gliederung zu verdanken, die der Aufsatz erhalten hat.

BACHMANN.

ANHANG.

ÜBER EINEN SATZ VON GAUSS.

Von M. A. Stern.

Nachrichten von der Königlichen Gesellschaft der Wissenschaften
und der G. A.-Universität zu Göttingen, 1869, S. 330—334.

Unter den wissenschaftlichen Papieren meines verstorbenen Freundes Dr. M. Reiss, deren Durchsicht ich im Auftrage seiner Familie unternommen habe, findet sich ein aus 32 Quartseiten bestehendes Heft, welches ohne Zweifel gänzlich von Gauss geschrieben ist. Es besteht fast nur aus Formeln und Rechnungen, selten sind einzelne Worte eingestreut. Die Entstehung dieses Heftes ist leicht zu erklären. Reiss hat nemlich von Ostern 1823 bis Ostern 1825 hier in Göttingen studirt und bei Gauss Privatissima gehört. Das erwähnte Heft enthält die Entwickelungen, welche Gauss während des mündlichen Vortrages niederschrieb. Es ergiebt sich dies deutlich aus einem andern von Reiss geschriebenen und unter seinen Papieren befindlichen Hefte, welches die Aufschrift hat: *Ausarbeitung des in dem Vortrage des Herrn Hofrath Gauss Enthaltenen, angefangen den 8. Nov. 1824.* Dieses Reisssche Heft nebst einigen dazu gehörenden losen Blättern enthält, wie die Übereinstimmung der Formeln zeigt, die Ausarbeitung dessen, was auf den ersten 10 Seiten des von Gauss geschriebenen Heftes vorkommt und z. B. den Beweis des Harriotschen Lehrsatzes, welchen Gauss später in dem Crelleschen Journal f. d. Mathematik [3, 1828, S. 1, Werke III, S. 65] bekannt gemacht hat. Mehr habe ich nicht aufgefunden. An einer Stelle des Reissschen Heftes wird eine von Gauss im Sommer 1824 ersonnene Methode erwähnt. Man kann hieraus in Verbindung mit dem oben erwähnten Datum schliessen, dass das von Gauss geschriebene Heft im Laufe des Wintersemesters 1824—1825 entstanden ist.

Nur an einer Stelle dieses Heftes findet sich eine grössere Zahl zusammenhängender Worte und diese enthalten einen Satz aus der höheren Arithmetik. Die Worte lauten:

a ganze (pos. oder neg.) Zahl von der Form $4k+1$
n beliebige ganze positive Zahl ungerade
a und n sollen keinen gemeinschaftlichen Theiler haben
f alle ungeraden Zahlen $1, 3, 5, 7, \ldots, n-2$
q ganzer Theil des Quotienten $\frac{af}{n}$.

Unter allen q finden sich ebensoviele von der Form $4k+2$ wie von der Form $4k+3$.

Hierauf folgen Formeln, welche offenbar in keiner Beziehung zu diesen Worten stehen. Dann aber kommen Andeutungen eines Beweises des in diesen Worten enthaltenen Satzes, welche man leicht ergänzen kann. Ich lasse hier diesen Beweis folgen, indem ich bemerke, dass ich das von mir hinzugefügte in Klammern eingeschlossen habe; alles Übrige steht in dem Hefte.

[Es bezeichne]

f die Zahlen $1, 3, 5, 7, 9, \ldots, n-2$
g die Zahlen $2, 4, 6, 8, 10, \ldots, n-1$
h die Zahlen $1, 2, 3, 4, \ldots, \frac{1}{2}(n-1)$
i die Zahlen $\frac{1}{2}(n+1), \frac{1}{2}(n+3), \ldots, n-1,$

f^0 die Zahlen $\frac{af}{n}$, deren ganzer Theil von der Form $4k$

f' die Zahlen $\frac{af}{n}$, deren ganzer Theil von der Form $4k+1$

$[f''$ die Zahlen $\frac{af}{n}$, deren ganzer Theil von der Form $4k+2$

f''' die Zahlen $\frac{af}{n}$, deren ganzer Theil von der Form $4k+3]$

g^0 die Zahlen $\frac{ag}{n}$, deren ganzer Theil von der Form $4k,$

[ebenso bezeichne g', g'', g''' die Zahlen $\frac{ag}{n}$, deren ganzer Theil bezüglich von der Form $4k+1$, $4k+2$, $4k+3$ ist und h^0, h', h'', h''' die Zahlen $\frac{ah}{n}$, deren ganzer Theil bezüglich von der Form $4k$, $4k+1$, $4k+2$, $4k+3$ ist, ferner i^0, i', i'', i''' die Zahlen $\frac{ai}{n}$, deren ganzer Theil bezüglich von der Form $4k$, $4k+1$, $4k+2$, $4k+3$ ist. Sei F^0, F', F'', F''' bezüglich die Anzahl der f^0, f', f'', f''', dieselbe

Bedeutung sollen G^0, G', G'', G''' in Beziehung auf g, H^0, H', H'', H''' in Beziehung auf h, I^0, I', I'', I''' in Beziehung auf i haben.   Dann ist:]

$$F^0 + G^0 = H^0 + I^0$$
$$F' + G' = H' + I'$$
$$F'' + G'' = H'' + I''$$
$$F''' + G''' = H''' + I'''.$$

Jedes $2h^0$ ist entweder ein g^0 oder g'

Jedes $2h'$ ist entweder ein g'' oder g'''

Jedes $2h''$ ist entweder ein g^0 oder g'

Jedes $2h'''$ ist entweder ein g'' oder g''',

also [die] $2h^0$ vereinigt mit den $2h''$ [giebt] g^0 oder g'

[die] $2h'$ vereinigt mit den $2h'''$ [giebt] g'' oder g'''.

[Hieraus folgt]

$$H^0 + H'' = G^0 + G'$$
$$H' + H''' = G'' + G'''$$

[und da $F''' + G''' = H''' + I'''$]

$$G''' = H''' + I''' - F'''$$
$$= H' + H''' - G''$$

also

$$I''' - F''' = H' - G''$$

oder

$$I''' - H' = F''' - G''.$$

[Nun liegt] ai^0 zwischen $4kn$ und $4kn+n$ [, also] $a(n-i^0)$ zwischen $an-(4kn+n)$
und $an-4kn$.

[Ist] $a = 4\lambda+1$ [, so liegt] $a(n-i^0)$ zwischen $4(\lambda-k)n$ und $4(\lambda-k)n+n$
[, d. h. es giebt so viel Zahlen i^0 als h^0.   Ebenso findet man, dass es soviel
Zahlen i' als h''', soviel Zahlen i'' als h'' und soviel Zahlen i''' als h' giebt.
Also:]

$$I^0 = H^0$$
$$I' = H'''$$
$$I'' = H''$$
$$I''' = H'.$$

[Aus der letzten Gleichung folgt]

$$F''' = G''.$$

[Aus denselben Betrachtungen findet man aber auch]

$$F^0 = G^0$$
$$F' = G'''$$
$$F'' = G''$$
$$F''' = G',$$

[also]

$$F'' = F''',$$

[was zu beweisen war, und]

$$G' = G''[*)].$$

Ich bemerke noch schliesslich, dass ich diesen Satz auf ähnliche Weise in dem CRELLEschen Journal für d. Mathematik Bd. 59 [, 1861, S. 146] bewiesen habe.

BEMERKUNGEN ZU DER VORSTEHENDEN NOTE.

I. Der von STERN mitgeteilte GAUSSsche Satz steht in nächster Beziehung zu dem Werke X 1, S 51 aus GAUSS' Nachlass abgedruckten Satze, der, soweit er sich auf ein ungerades n bezieht, leicht aus ihm ableitbar ist. Mit Beibehaltung der in der vorstehenden Note angewandten Bezeichnung und indem

$$af = qn + r,\ 0 \lessgtr r < n;\quad q' = \left[\frac{q}{4}\right]$$

gesetzt wird, entsprechen den Werten

$$f = f^0, f', f'', f'''$$

die Werte

$$\left[\frac{af}{4n} + \frac{1}{2}\right] = q',\, q',\, q'+1,\, q'+1$$

$$\left[\frac{af}{4n}\right] = q',\, q',\, q',\, q'$$

$$\left[\frac{af}{4n} + \frac{1}{2}\right] - \left[\frac{af}{4n}\right] = 0,\, 0,\, 1,\, 1.$$

Daher ist

$$\Sigma_f\left(\left[\frac{af}{4n} + \frac{1}{2}\right] - \left[\frac{af}{4n}\right]\right) = F'' + F'''.$$

Ebenso findet sich

$$\Sigma_h\left(\left[\frac{ah}{4n} + \frac{1}{2}\right] - \left[\frac{ah}{4n} + \frac{1}{4}\right]\right) = H''.$$

[*) In dem Manuskripte steht] $F' = F'''$, $G' = G'''$.

Nach der vorstehenden Note ist aber

$$F'' + G'' = H'' + I'',$$

andererseits

$$G'' = F''', \ H'' = I'',$$

also

$$F'' + F''' = 2H'',$$

wie in dem Satze Werke X1, S. 51 ausgesagt wird. Da $F'' = F'''$ ist, so folgt noch

$$F'' = F''' = H''.$$

BACHMANN.

II. Angaben über Leben und Schriften von MICHEL REISS (geb. 1805 zu Frankfurt a. M., gest. eben-daselbst 1869) findet man in der *Allgemeinen Deutschen Biographie* XXVIII (1889), S. 143 und in POGGEN-DORFFS *Biograph.-Literar. Handwörterbuch* III (1898), S. 1104. Die in der Einleitung zu der vorstehenden Note erwähnten Hefte hat der Sohn von M. A. STERN, Professor ALFRED STERN (Zürich) nach dem Tode seines Vaters (1894) der Königl. Gesellschaft der Wissenschaften zu Göttingen geschenkt.

SCHLESINGER.

ÜBER GAUSS' ARBEITEN

ZUR

FUNKTIONENTHEORIE

VON

LUDWIG SCHLESINGER

Neubearbeitung des Aufsatzes aus Heft III der *Materialien für eine wissenschaftliche Biographie von Gauss* gesammelt von F. KLEIN und M. BRENDEL.
Nachrichten der K. Gesellschaft der Wissenschaften zu Göttingen. Mathematisch-physikalische Klasse. 1912.
Vorgelegt in der Sitzung vom 20. Juli 1912.

I. Einleitendes und Übersicht über das benutzte Material.

Wollte man versuchen, allein an der Hand der von GAUSS selbst durch den Druck veröffentlichten Abhandlungen sich ein Bild zu entwerfen von den Einsichten, die er sich auf dem Gebiete der Funktionentheorie[1]) erworben hat, so würde dieses Bild ein nach mehreren Seiten hin unvollständiges sein. Hat doch GAUSS vielleicht sparsamer als irgend ein anderer Forscher seinen Zeitgenossen aus dem Schatze seiner Kenntnisse gespendet und überdies in seinen Veröffentlichungen grösseren Wert auf eine vollendete Darstellung gelegt als auf die Wiedergabe des Gedankenganges, der ihn zu seinen Resultaten geführt hat. Dazu kommt noch die ihm eigentümliche Scheu, mit Anschauungen und Methoden vor die Öffentlichkeit zu treten, die gar zu umstürzlerisch erscheinen könnten, und das daraus entspringende Bestreben, sich in seinen Publikationen den Gewohnheiten seiner Zeitgenossen anzupassen. So schreibt er z. B. über seine Arbeiten zu den Grundlagen der Geometrie am 27. Januar 1829 an BESSEL[2]) »Inzwischen werde ich wohl noch lange nicht dazu kommen, meine **sehr ausgedehnten** Untersuchungen darüber zur öffentlichen Bekanntmachung auszuarbeiten, und vielleicht wird dies auch bei meinen Lebzeiten nie geschehen, da ich das Geschrei der Böotier scheue, wenn ich meine Ansicht ganz aussprechen wollte.«

---

1) Wir bezeichnen mit diesem zu GAUSS' Zeiten weniger gebräuchlichen Terminus dasjenige wohlumgrenzte Gebiet der reinen Analysis, das man in neuerer Zeit mit diesem Namen belegt.

2) *Briefwechsel Gauss-Bessel*, S. 490.

Wir müssen darum neben den in Betracht kommenden von GAUSS zum Druck beförderten Arbeiten als mit diesen gleichberechtigte Quellen heranziehen:

1. Den Nachlass an handschriftlichen Aufzeichnungen wissenschaftlichen Inhalts, der zur Zeit im Gaussarchiv der Göttinger Universitätsbibliothek aufbewahrt wird und über dessen für uns in Betracht kommende Teile sogleich berichtet werden soll[3]).

2. Den Briefwechsel, den GAUSS mit zahlreichen Persönlichkeiten geführt hat. — Bisher sind gesammelt im Druck erschienen die Briefwechsel mit BESSEL, WOLFGANG BOLYAI, LEJEUNE DIRICHLET, GERLING, ALEXANDER VON HUMBOLDT, NICOLAI, OLBERS und SCHUMACHER[4]). Zahlreiche Briefe und Briefstellen sind in den verschiedenen Bänden der GAUSSschen Werke abgedruckt, insbesondere enthält der Band XII (S. 228—324) Nachträge zu den gedruckten Briefwechseln.

3. Nachrichten über mündliche Mitteilungen von GAUSS, soweit sie uns in mehr oder minder authentischer Form überliefert sind.

Der handschriftliche Nachlass ist schon von dem ersten Herausgeber der GAUSSschen Werke, E. J. SCHERING, in einem gewissen Masse verwertet worden. Insbesondere hat SCHERING im Bande III der Werke eine Reihe von Abhand-

---

3) Vergl. die Bemerkungen über den Nachlass und die zur Zeit im Gaussarchiv angewandte Bezeichnungsweise der einzelnen Stücke, Werke X1, S. 576.

4) 1. *Briefwechsel zwischen Gauss und Bessel* [herausg. von A. AUWERS], Leipzig 1880 (von 1804, Dez. 21 bis 1844, Aug. 15);

2. *Briefwechsel zwischen C. F. Gauss und W. Bolyai*, herausg. von F. SCHMIDT und P. STÄCKEL, Leipzig 1899 (von 1797, Sept. 29 bis 1853, Febr. 6);

3. *Briefwechsel zwischen C. F. Gauss und Chr. L. Gerling*, herausg. von CLEMENS SCHAEFER, Berlin 1927 (von 1810, Juni 26 bis 1859, Juni 30).

4. *Briefwechsel zwischen C. F. Gauss und P. G. Lejeune Dirichlet*, DIRICHLETs Werke II, Berlin 1897, S. 373—387 (von 1826, Mai 28 bis 1853, Februar 20).

5. *Briefe zwischen A. v. Humboldt und Gauss*, herausg. von K. BRUHNS, Leipzig 1877 (von 1807, Juli 14 bis 1854, Dez. 4);

6. *Briefe von C. F. Gauss an B. Nicolai*, herausg. von W. VALENTINER, Karlsruhe 1877 (von 1819, Aug. 11 bis 1845, Juni);

7. *Wilhelm Olbers, sein Leben und seine Werke*, herausg. von C. SCHILLING, II. Band, *Briefwechsel zwischen Olbers und Gauss*, 1. Abt., Berlin 1900, 2. Abt., ebenda 1909 (von 1802, Jan. 18 bis 1839, Mai 30);

8. *Briefwechsel zwischen C. F. Gauss und H. C. Schumacher*, herausg. von C. A. F. PETERS, Altona I (1860), II (1860), III (1861), IV (1862), V (1863), VI (1865) (von 1808, April 2 bis 1850, Nov. 4).

lungen zusammengestellt, die den Nachlassteilen entnommen sind, die sich auf funktionentheoretische Gegenstände beziehen[5]). Ein Teil dieser Abhandlungen ist eine im wesentlichen unveränderte Wiedergabe der GAUSSschen Handschriften; SCHERING hat aber oft die von ihm abgedruckten Aufzeichnungen, ohne Rücksicht auf die Zeit ihrer Entstehung, nach Gegenständen geordnet, wohl weil es ihm unmöglich war, viele dieser Aufzeichnungen auch nur annähernd zu datieren. Über die Herkunft der einzelnen Stücke geben die Werke III, S. 491—496 abgedruckten Bemerkungen SCHERINGS einige Hinweise. Die Abhandlung *Fortsetzung der Untersuchungen über das arithmetisch-geometrische Mittel* (Werke III, S. 375—402) kann als ein von SCHERINGS Hand aufgeführtes Bauwerk bezeichnet werden, in das einzelne von GAUSS herrührende Steine eingefügt sind. Sie kann demnach als Material für die Wiederherstellung des GAUSSschen Gedankenganges nicht eigentlich benutzt werden.

Eine Nachlese des funktionentheoretischen Nachlasses hat FRICKE (1900) im VIII. Bande der Werke gegeben[6]). FRICKE war schon in der Lage, das von STÄCKEL 1898 bei GAUSS' Nachkommen aufgefundene *Tagebuch* (oder Notizenjournal) zu benutzen, in das GAUSS von 1796 bis 1814 kurze Notizen in lateinischer Sprache über die Gegenstände seiner wissenschaftlichen Beschäftigung, zumeist mit genauer Datierung einzutragen pflegte. Dieses *Tagebuch* wurde 1901 von FELIX KLEIN in der *Festschrift zur Feier des hundertfünfzigjährigen Bestehens der Königlichen Gesellschaft der Wissenschaften zu Göttingen*[7]) herausgegeben und

---

5) 1. *Determinatio seriei nostrae,* S. 207—229; 2. *De origine proprietatibusque generalibus numerorum arithmetico-geometricorum,* und *De functionibus transcendentibus quae ex differentiatione mediorum arithmetico-geometricorum oriuntur,* S. 361—374; 3. *Elegantiores integralis* $\int \frac{dx}{\sqrt{(1-x^4)}}$ *proprietates,* S. 404—412; 4. *De curva lemniscata,* S. 413—432; 5. *Zur Theorie der neuen Transzendenten* I—V, S. 433—480; 6. *Pentagramma mirificum,* S. 481—490. Wie SCHERING (Werke III, S. 492) berichtet, war die Herausgabe des auf die Theorie der elliptischen Funktionen bezüglichen Nachlasses von der Gesellschaft der Wissenschaften RIEMANN übertragen worden, der (vergl. HATTENDORF, *Die elliptischen Funktionen in dem Nachlasse von Gauss,* Hannover 1869) sich auch schon mit dem Studium der Handschriften beschäftigt hatte, als er durch Krankheit und die dadurch bedingte Abwesenheit von Göttingen genötigt war, diese Arbeiten zurückzustellen. — Nach seinem Tode (1866, Juli) übernahm SCHERING die Handschriften; der Band III der Werke, der damals bis auf den die elliptischen Funktionen behandelnden Teil bereits gedruckt war (daraus erklärt sich die Jahreszahl 1866 auf dem Titelblatt), wurde dann im November 1868 abgeschlossen (vergl. die Angaben in E. SCHERINGS Mathem. Werken, II, 1906, S. 463).

6) Werke VIII, S. 65—67; 69—75; 76—79; 80—83; 84—85; 93—94; 96; 98; 99—105; 106—111.

7) *Beiträge zur Gelehrtengeschichte Göttingens,* Berlin 1901, S. 1; abgedruckt Mathem. Annalen 57, 1903, S. 1. — Eine neue Ausgabe mit ausführlichen Erläuterungen und einem Faksimile der Handschrift befindet sich Werke X 1, S. 483—574.

mit Anmerkungen versehen, in denen auch eine Reihe anderer Aufzeichnungen von Gauss zum ersten Male veröffentlicht worden ist. In diesen Anmerkungen hat Klein auch zuerst auf die Wichtigkeit der Notizen hingewiesen, die Gauss auf die Durchschussblätter eines ihm gehörigen Buches eingetragen hat, das wir kurz mit dem Namen seines Verfassers als den *Leiste* bezeichnen. Es ist nämlich ein Exemplar von Chr. Leistes 1790 in Wolfenbüttel erschienenem Werkchen: *Die Arithmetik und Algebra*, das Gauss sich angeschafft, das er hat binden und mit Schreibpapier durchschiessen lassen[8]). Auf den Durchschussblättern stehen zunächst einige zerstreute Notizen, die sich auf den Text des Buches beziehen, eine davon ist Werke X1, S. 78 abgedruckt; diese Notizen stammen sicher noch aus der Braunschweiger Zeit vor dem Abgange an die Universität Göttingen (11. Oktober 1795). Dann hat Gauss auf den ersten Durchschussblättern ein Verzeichnis der Schriften Eulers (nach der Fussschen Liste von 1783) eingetragen, wohl in seinem ersten Göttinger Studiensemester, und weiterhin hat ihm der *Leiste* geradezu als das erste einer langen Reihe von Notizbüchern gedient, auf deren Blättern er während seiner fast sechzigjährigen wissenschaftlichen Tätigkeit den in ihm emporkeimenden Gedanken die erste literarische Form gegeben hat. Auf den Durchschussblättern des *Leiste* spiegeln sich auf diese Weise gewissermassen die einzelnen Entwicklungsstufen des jugendlichen Gauss; wir sehen den Schüler des Braunschweiger Carolinums, der den *Leiste* studiert und sich Notizen zum Texte macht, dann den Göttinger Studenten, der Euler zu seinem Lehrmeister macht, »dessen Studium doch stets die beste durch nichts anderes zu ersetzende Schule für die verschiedenen mathematischen Gebiete bleiben wird«[9]), endlich den zum frei schaffenden

---

8) Neben seinem Namen hat Gauss auf das Schutzblatt des Buches eingeschrieben:

$$\begin{array}{r} \text{Const. liber ipse} \quad 8 \\ \text{ligatura} \quad \underline{4} \\ 12 \end{array}$$

Dadurch wird bestätigt, dass wirklich alle handschriftlichen Eintragungen, die das Buch enthält, von Gauss herrühren. — In Bezug auf den *Leiste* schrieb F. Klein nach dem Empfang des Manuskripts der ersten Bearbeitung dieses Aufsatzes an den Verfasser aus Hahnenklee am 12. Januar 1912 das folgende: »Ich habe jetzt ... Ihren Essai etwas genauer durchgesehen und will Ihnen vor allen Dingen aussprechen, dass mir der Essai nach Anlage und Ausführung ganz besonderes Vergnügen macht. Ich selbst habe diese Dinge nie im Zusammenhange durchgearbeitet, sondern nur so viel, als mir 1901, wo ich das *Tagebuch* als Gelegenheitsschrift herausgeben wollte, gerade in die Hände fiel. Die Einsicht, dass im *Leiste* ganz besonders wichtige Dinge stehen, kam mir als volle Überraschung erst während der Korrektur.«

9) Aus einem Briefe von Gauss an P. H. v. Fuss vom 16. September 1849.

Mathematiker gewordenen Gauss, der alsbald nicht nur in der Zahlentheorie und Algebra, sondern auch in der Analysis auf selbstgebahnten Wegen vorwärts dringt. Die grosse Bedeutung, die neben dem *Tagebuch* dem *Leiste* für die Erforschung von Gauss' wissenschaftlicher Entwicklung in den ersten Jahren seiner Laufbahn zukommt, liegt danach auf der Hand. Schering hat weder das *Tagebuch* noch den *Leiste* gekannt, daraus erklärt sich die oben bemerkte Unmöglichkeit für ihn, viele der von ihm bearbeiteten Handschriften zu datieren. Man kann wohl sagen, dass durch die Auffindung dieser beiden wichtigen Dokumente die Gaussforschung neu belebt worden ist, indem es erst an ihrer Hand möglich wurde, Einsicht zu gewinnen in den Entwicklungsgang gerade der funktionentheoretischen Arbeiten von Gauss. — Ermöglichen doch die Eintragungen des *Tagebuch*s nicht nur die Datierung der in verschiedenen Heften und Handbüchern sowie auf Zetteln befindlichen Aufzeichnungen, sondern geben auch Kunde von Resultaten, von denen in dem übrigen handschriftlichen Nachlass keine Spur vorhanden ist.

Die Vergleichung hat ergeben, dass eine Anzahl von in fortlaufender Folge eingetragenen Leistenotizen fast lückenlos mit Aufzeichnungen des *Tagebuch*s aus den Jahren 1796—1798 korrespondiert; Gauss hat also in diesen für seine Entwicklung so wichtigen Jahren, den *Leiste* regelmässig zu wissenschaftlichen Aufzeichnungen benutzt. Neben diesen Aufzeichnungen, die wir als reguläre bezeichnen, finden sich aber solche, die an früher frei gebliebenen Stellen, an den andersartigen Schriftzügen und anderer Tinte meist deutlich erkennbar, später eingetragen worden sind. Für die Datierung dieser irregulären Leistenotizen bietet also die Reihenfolge der Blätter, auf denen sie aufgezeichnet sind, keinen Anhaltspunkt. — Die von Klein in den Anmerkungen zur ersten Ausgabe des *Tagebuch*s wiedergegebenen Leistenotizen gehören zu den regulären, ein Teil der irregulären wurde 1912 im II. Hefte der *Materialien*[10]) veröffentlicht. Dieses Heft brachte auch noch einige andere, auf die Theorie der Modulfunktion bezügliche Aufzeichnungen aus dem als Scheda Ac bezeichneten Notizheftchen (begonnen November 1799), die mit Tagebuchnotizen der Jahre 1799—1800 korrespondieren und aus denen einige

---

10) *Materialien für eine wissenschaftliche Biographie von Gauss*, gesammelt von F. Klein und M. Brendel, II, C. F. Gauss, *Fragmente zur Theorie des arithmetisch-geometrischen Mittels aus den Jahren 1797—1799*, herausgegeben und erläutert von L. Schlesinger.

Formeln schon in KLEINS Anmerkungen zum *Tagebuch* angeführt worden waren. Es folgte im III. Heft der *Materialien* (ebenfalls 1912), das die erste Bearbeitung des vorliegenden Aufsatzes enthielt, noch eine Reihe weiterer Nachlassstücke. Alle diese Stücke liegen nunmehr mit noch zahlreichen andern bis dahin unveröffentlichten Aufzeichnungen des Nachlasses planmässig geordnet und erläutert in dem 1917 erschienenen Bande X, 1 der Werke vor[11]), einige kleinere Stücke sind den Erläuterungen zum *Tagebuch* eingefügt worden (Werke X, 1, S. 485 ff.). Eine kleine Nachlese bringt der Abschnitt Varia, Werke XII (1929)[12]).

---

11) Werke X, 1, Abschnitt Analysis, S. 138—449.

12) Wir geben hier eine Aufzählung der Nachlassteile, die für GAUSS' funktionentheoretische Arbeiten hauptsächlich in Betracht kommen; die den einzelnen Stücken vorgesetzten Zeichen sind die Signaturen, unter denen die Stücke im Gaussarchiv zu finden sind.

1. Das *Tagebuch* (Notizenjournal).
2. Die Schedae.
   Aa: Schedae Nr. I. Jul. 1798.
   Ab: Exercitationes atque Schedae analyticae, 1798 Nov.
   Ac: Varia, Novbr. 1799. Imprimis de Integrali $\int \frac{d\varphi}{\sqrt{(1 + \mu\mu \sin \varphi^2)}}$.
   Ae: Varia, Jul. 1800.
   Af: Mémoires de Mathématiques, Bronsuic 1801.
   An: Cereri, Palladi, Junoni sacrum, Febr. 1805.
3. LEISTE »Die Arithmetik und Algebra«, durchschossenes Exemplar mit handschriftlichen Aufzeichnungen von GAUSS. (Im folgenden kurz mit *Leiste* zitiert).
4. Die Handbücher:
   15 (Ba). Opuscula varii Argumenti. Volumen Primum. Brunovici 1800.
   16 (Bb). Den astronomischen Wissenschaften gewidmet. November 1801.
   17 (Bc). Astronomische Untersuchungen und Rechnungen vornehmlich über die Ceres Ferdinandea. 1802.
   18 (Bd). Mathematische Brouillons. Oktober 1805.
   19 (Be). Kleine Aufsätze aus verschiedenen Teilen der Mathematik. Angefangen im Mai 1809.
5. Zwei Kapseln mit Zetteln, und auf einzelne Blätter geschriebenen grösseren Entwürfen, die in einzelne Umschläge geordnet sind. (Die folgenden Überschriften sind nicht von GAUSS.)
   Fa. Reihen im allgemeinen.
   Fb. LAGRANGEsche Reihe.
   Fc. Reihe $1 + \frac{\alpha \cdot \beta}{1 \cdot \gamma} x +$ etc.
   Fd. Tafeln der Π-Funktion.
   Ff. Arithm.-geom. Mittel, ältere Untersuchungen.
   Fg. Modulfunktion.
   Fh. Lemniskatische Funktionen.
   Fi. Allgemeine elliptische Funktionen und Integrale.
   Fm. Varia analytica.

Obwohl nun dieses reichhaltige Material im Ganzen einen befriedigenden Einblick in den Entwicklungsgang von GAUSS' funktionentheoretischem Schaffen gewährt, bleiben doch im einzelnen noch manche Lücken, die durch Vermutungen ausgefüllt werden müssen, wie ja auch sonst, der Natur der Sache nach, der subjektiven Auffassung ein gewisser Raum verstattet werden muss.

In mannigfacher Weise wird der Bericht, den wir über GAUSS' Tätigkeit gerade in den entscheidenden Jahren zu erstatten haben werden, durch die anderen Abhandlungen dieses Bandes X, 2, sowie durch die des Bandes XI, 2 ergänzt; besonders stehen die funktionentheoretischen Untersuchungen von GAUSS in inniger Wechselbeziehung zu seinen Arbeiten über Zahlentheorie, Geometrie und Astronomie.

Es möge noch hervorgehoben werden, dass wir es hier ausschliesslich mit GAUSS zu tun haben; nicht um eine Entwicklungsgeschichte der Analysis im XIX. Jahrhundert handelt es sich, sondern einzig und allein um eine Geschichte der Entwicklung von GAUSS' Gedanken. Dem Einfluss, den die von GAUSS nicht veröffentlichten Untersuchungen mittelbar oder unmittelbar auf die Weiterentwicklung der Funktionentheorie ausgeübt haben, werden wir von Fall zu Fall nachzugehen bestrebt sein; hier möge nur noch betont werden, dass es nicht beabsichtigt ist, aus dem von GAUSS bei seinen Lebzeiten zurückgehaltenen Material Prioritätsansprüche zu Gunsten von GAUSS gegenüber solchen Mathematikern zu konstruieren, die Resultate, die GAUSS für sich schon früher entwickelt, aber nicht bekannt gemacht hatte, später oder gleichzeitig durchaus unabhängig und von diesen Untersuchungen von GAUSS unbeeinflusst gefunden haben. Die Feststellung, dass ein Mathematiker eine Entdeckung gemacht hat, die auch dem Geiste des princeps mathematicorum entsprungen war, soll den Ruhm des zweiten Entdeckers nicht schmälern, sondern ihn erhöhen!

II. Traditionen über die erste Jugendzeit bis zum Abgang auf die Universität Oktober 1795.

GAUSS' Mutter, die als eine feinsinnige Frau von festem und heiterem Charakter geschildert wird, ist 1817 als 74jährige Witwe zu ihrem Sohne nach Göttingen gezogen, wo sie noch 22 Jahre bei ihm auf der Sternwarte gewohnt hat. Ihren Erzählungen verdankt man Nachrichten über die geistige Entwicklung von GAUSS in den ersten Jahren seiner Kindheit[13]).

Schon kaum dreijährig habe er den Vater bei der Lohnauszahlung am Samstag Abend auf einen Rechenfehler aufmerksam gemacht, das Lesen habe er sich selbst ohne Unterricht angeeignet. Aus seinem siebenten Lebensjahr erzählt GAUSS selbst, er habe in der Schule eine langwierige Rechenaufgabe in wenigen Augenblicken gelöst, indem er auf das Gesetz der arithmetischen Reihe aufmerksam wurde, und während seine Kameraden sich eben anschickten, durch mühsames Addieren die Lösung zu finden, habe er seine nur eine einzige Zahl enthaltende Tafel mit dem übermütigen Ausruf im Braunschweiger Dialekt: »Dar licht se« auf das Katheder geworfen. Der Eindruck, den diese Leistung auf den Schulmeister BÜTTNER hervorgerufen hat, bewirkte, dass dieser für den ungewöhnlichen Schüler aus Hamburg ein Rechenbuch kommen liess, REMERS *Arithmetica*, das sich mit der Eintragung: »JOHANN FRIEDRICH CARL GAUSS, Braunschweig, 16. December Anno 1785« noch in der Gaussbibliothek befindet und ebenso wie das Exemplar von HEMELINGS *Arithmetischem kleinen Rechenbuch* Spuren starker Benutzung und zwischen dem Text einige von GAUSS' kindlicher Hand ausgeführte elementare Rechnungen zeigt. — Von grosser Bedeutung war für GAUSS der Einfluss, den ein nur wenige Jahre älterer Hilfslehrer an der BÜTTNERschen Schule JOHANN MARTIN CHRISTIAN BARTELS (geb. 1769) auf ihnen ausübte. — BARTELS, der später Professor der Mathematik an den Universitäten Kasan und Dorpat war, hat GAUSS nicht nur in die alten Sprachen eingeführt, sondern ihn auch mit dem binomischen Lehrsatz und der Lehre von den unendlichen Reihen bekannt gemacht, und seinem Einfluss ist es wohl zu danken, dass GAUSS 1788 in das Gymnasium Katharineum eintreten durfte. BARTELS führte, nachdem er selbst das Collegium Carolinum (aus dem die jetzige Technische Hochschule hervorgegangen ist) bezogen hatte, GAUSS zu dem Professor der Mathematik an dieser Anstalt, AUGUST WILHELM ZIMMERMANN, der eine warme Zuneigung zu dem begabten Knaben fasste. Als 14 jähriger Primaner wurde GAUSS 1791 zum ersten Male beim herzoglichen Hofe vorgestellt, wo er seine Rechenkünste zeigen durfte; von da ab hat er unter dem besondern Schutze des Herzogs CARL WILHELM

---

13) Vergl. für die im folgenden wiedergegebenen Einzelheiten: SARTORIUS V. WALTERSHAUSEN, *Gauss zum Gedächtnis*, Leipzig 1856, S. 12 ff.; L. HÄNSELMANN, *Carl Friedrich Gauss*, Leipzig 1878, S. 16 ff.

FERDINAND gestanden, der sein lebelang in grosszügiger Weise für GAUSS ge-
sorgt hat. Bei Gelegenheit der ersten Vorstellung bei Hofe erhielt GAUSS
von dem Geheimrat FERONCE VON ROTHENKREUZ einige mathematische Lehrbücher und Tafelwerke zum Geschenk, darunter die bekannten Tafeln von
SCHULZE [14]), die GAUSS auch später noch viel benutzt hat und in die er seinen
Namen mit der Jahreszahl 1791 eingetragen hat. So ist es nicht verwunderlich, dass ihm das Jahr 1791 in dauernder Erinnerung geblieben ist.

In einem April 1816 datierten Briefe an SCHUMACHER [15]) schreibt GAUSS:
»Haben Sie denn wirklich vergessen, dass das arithmetisch-geometrische Mittel,
mit welchem Hr. DEGEN sich beschäftigt, ganz dasselbe ist, womit ich mich
seit 1791 beschäftigt habe, und jetzt einen ziemlichen Quartband darüber
schreiben könnte?« Hiernach hat also GAUSS im Jahre 1791 begonnen, sich
mit dem agM. zu beschäftigen [16]).

Fast in allen Fällen, wo GAUSS im reiferen Alter in Briefen oder sonst
wo eine weit zurückliegende Zeitangabe für ein auf sein Leben oder seine
wissenschaftliche Entwicklung bezügliches Ereignis macht, lässt sich nachweisen,
dass er sich dabei nicht auf sein, übrigens hervorragend treues Gedächtnis
verlassen hat, sondern in irgend einer Aufzeichnung einen untrüglichen Anhaltspunkt besass. Man wird also annehmen können, dass der zu SCHUMACHER
getanen Äusserung auch etwas dokumentarisches zugrunde lag, und es liegt
nahe hier an den *Schulze* zu denken, zumal GAUSS auf unbedruckten Blättern
dieses Buches eine Reihe von Ergebnissen eingetragen hat, die sich auf die
Bestimmung mittlerer Werte der Zahlentheorie beziehen (vergl. Werke X, 1,
S. 11) und, wie sich auch später noch einmal zeigen wird, diesen an sich so
verschiedenartigen Mittelbildungen, wenigstens in der frühen Zeit, ein gemein-
sames Interesse als Ausgangspunkt gedient hat. — GAUSS dürfte in jener
Jünglingszeit, als seine Vorliebe für mathematische Gegenstände, Zahlenver-
hältnisse und ihre Anwendungen anfing festere Formen anzunehmen, überhaupt
auf die Bedeutung der Mittelbildung aufmerksam geworden sein. — Er mag
nun etwa für zwei Zahlen, z. B. zwei Näherungswerte einer zwischen ihnen
liegenden Grösse, zuerst das arithmetische Mittel gebildet, dann mit Hilfe

---

14) JOHANN CARL SCHULZE, *Neue und erweiterte Sammlung logarithmischer ... Tafeln* I, II, Berlin 1778.
15) Werke X, 1, S. 247; wir kommen auf diesen Brief noch zurück.
16) Die Abkürzung agM. für arithmetisch-geometrisches Mittel wird auch im folgenden stets angewandt.

des *Schulze*, seiner ersten Logarithmentafel, das arithmetische Mittel der Logarithmen dieser Zahlen ausgerechnet und den zugehörigen Numerus, also das geometrische Mittel, aufgesucht haben. Er bemerkt dann, dass die Differenz der beiden Mittel kleiner ist, als die der ursprünglichen Zahlen und wiederholt darum das Verfahren. — Vielleicht hat er sich auch schon eine Vorstellung von dem Grenzwert zu bilden gewusst, dem die Folgen dieser Mittel sich sehr rasch annähern. — Dass GAUSS in jenen Jahren die Mittelbildung im Zusammenhang mit Aufgaben der Fehlerausgleichung zum Gegenstande seiner Überlegungen gemacht hat, geht schon daraus hervor, dass er nicht lange nachher zu dem Prinzip der Methode der kleinsten Quadrate vorgedrungen sein muss, dessen er sich nach seinen Angaben seit 1794[17]) bedient hat.

Die eben entwickelten Vermutungen über den Weg, der GAUSS zum agM. geführt haben mag, könnten überflüssig erscheinen, weil ja LAGRANGE schon 1784—85[18]) den Algorithmus des agM. aufgestellt hat. — LAGRANGE geht dort von der LANDENSCHEN Transformation

$$y' = \frac{y\sqrt{(1 \pm p^2 y^2)(1 \pm q^2 y^2)}}{1 \pm q^2 y^2}$$

aus, durch die sich

$$\frac{dy}{\sqrt{(1 \pm p^2 y^2)(1 \pm q^2 y^2)}} \quad \text{in} \quad \frac{dy'}{\sqrt{(1 \pm p'^2 y'^2)(1 \pm q'^2 y'^2)}}$$

verwandelt, wo

$$p' = p + \sqrt{p^2 - q^2}, \qquad q' = p - \sqrt{p^2 - q^2}$$

ist; für

$$p + q = m, \quad p - q = n, \quad p' + q' = m', \quad p' - q' = n'$$

hat man also

$$m' = m + n, \quad n' = 2\sqrt{mn}.$$

---

17) So in Briefen an OLBERS vom 30. Juni 1806 und an SCHUMACHER vom 3. Dezember 1831, Werke VIII, S. 138, 139, 141. Diesen aus weit auseinanderliegenden Zeiten stammenden übereinstimmenden Zeugnissen gegenüber muss die Angabe in der *Theoria Motus* (1809, Werke VII, S. 253), die das Jahr 1795 als dasjenige nennt, von dem ab GAUSS sich jenes Prinzips bedient haben will, als irrtümlich angesehen werden; vergl. auch Werke X, 1, S. 373, 380 und XII, S. 64 ff.

18) Siehe LAGRANGE, *Sur une nouvelle méthode de calcul intégral pour les différentielles affectées d'un radical sous lequel la variable ne passe pas le quatrième degré*, Mémoires de Turin 2, 1784—85, S. 237, Oeuvres II, 1868, S. 251, siehe insbesondere S. 264.

Er bemerkt dann (a. a. O. S. 271), dass bei wiederholter Anwendung dieser Transformation, die sich ergebenden Folgen $p, p', p'', \ldots$ und $q, q', q'', \ldots$ von einander weg divergieren (sont divergentes l'une par rapport à l'autre), sodass man also, indem man sie nach rückwärts hin fortsetzt, zwei Folgen $\ldots ''p, 'p, p$ und $\ldots ''q, 'q, q$ erhält, die gegeneinander konvergieren. Es ist dann

$$p = 'p + \sqrt{'p^2 - 'q^2}, \quad q = 'p - \sqrt{'p^2 - 'q^2} \text{ usw.,}$$

also

$$'p = \frac{p+q}{2}, \quad 'q = \sqrt{pq}; \quad ''p = \frac{'p + 'q}{2}, \quad ''q = \sqrt{'p'q}; \text{ usw.,}$$

sodass die korrespondierenden Glieder stets das arithmetische bezw. geometrische Mittel der vorhergehenden sind. Wenn nun $p > q$, so hat man offenbar $'p < p$, $'q > q$, $'q < 'p$, weil

$$'p - 'q = \frac{p+q}{2} - \sqrt{pq} = \tfrac{1}{2}(\sqrt{p} - \sqrt{q})^2;$$

die Reihe $p, 'p, ''p, \ldots$ ist also eine abnehmende, die Reihe $q, 'q, ''q, \ldots$ dagegen eine zunehmende, und der Unterschied der korrespondierenden Glieder nimmt ins Unendliche ab. Setzt man dann wieder

$$y = \frac{'y \sqrt{(1 \pm 'p^2'y^2)(1 \pm 'q^2'y^2)}}{1 \pm 'q^2'y^2} \text{ usw.}$$

so ist

$$\frac{dy}{\sqrt{(1 \pm p^2 y^2)(1 \pm q^2 y^2)}} = \frac{d'y}{\sqrt{(1 \pm 'p^2'y^2)(1 \pm 'q^2'y^2)}} = \text{ usw.,}$$

Dieser Algorithmus wird zur näherungsweisen Berechnung des Integrals

$$\int \frac{M \, dy}{\sqrt{(1 \pm p^2 y^2)(1 \pm q^2 y^2)}},$$

wo M eine beliebige rationale Funktion von y^2 bedeutet, und (S. 283) insbesondere auf das bei der Rektifikation der Ellipse und Hyperbel auftretende Integral

$$\int \frac{(1 - e^2 x^2) \, dx}{\sqrt{(1 - x^2)(1 - e^2 x^2)}}$$

angewandt. Man nennt den gemeinsamen Grenzwert, dem die Folgen $p, 'p, ''p, \ldots$ und $q, 'q, ''q, \ldots$ zustreben, nach GAUSS, das agM. zwischen p und q und bezeichnet es mit $M(p, q)$.

Wenn es schon an sich sehr unwahrscheinlich ist dass der 14 jährige Gymnasiast LAGRANGE gelesen haben sollte, so besitzen wir noch eine ausdrückliche Erklärung von GAUSS, der in der Anzeige der Abhandlung *Determinatio attractionis etc.* (1818, Werke III, S. 360) sagt, dass er die auf das agM. bezüglichen Resultate, die er in jener Abhandlung zum ersten Male von sich aus veröffentlicht, »so wie er sie schon vor vielen Jahren unabhängig von ähnlichen Untersuchungen LAGRANGES und LEGENDRES gefunden hat, in ihrer ursprünglichen Form darstellen zu müssen geglaubt hat, ... teils weil jene Form ihm wesentliche Vorzüge zu haben schien, teils weil sie gerade so den Anfang einer viel ausgedehnteren Theorie ausmachen, wo seine Arbeit eine ganz verschiedene Richtung von der der genannten Geometer genommen hat«. Freilich konnte der wissbegierige Knabe bei seiner mehr spielerischen Beschäftigung mit dem agM. nicht ahnen, dass er sich mit diesem Problem eine schier unerschöpfliche Quelle reichster und tiefster Erkenntnisse erbohrt hatte, aus der noch der reife Mann bis ins hohe Alter immer wieder schöpfen konnte, aber es scheint doch, als ob ihn ein unbewusstes Gefühl für die eigenartige Bedeutung des agM. veranlasst hätte, den Gegenstand nicht wieder aus dem Auge zu lassen. Allerdings besitzen wir hierfür aus den nächsten Jahren keine Zeugnisse, wir wissen nur, dass GAUSS, als er 1792 vom Gymnasium abgegangen war, einer bestehenden Verordnung gemäss, ehe er die Universität beziehen durfte, erst noch den dreijährigen Kurs des Collegium Carolinum absolvieren musste und dass er sich am 18. Februar 1792 in die Matrikel dieses Instituts eingeschrieben hat. Wie der bereits erwähnte Professor ZIMMERMANN im Jahre 1796 bezeugt[19]), hat GAUSS sich auf dem Carolinum »mit ebenso glücklichem Erfolge der Philosophie und der klassischen Literatur als der höheren Mathematik gewidmet.« Erst für das Jahr 1794 berichtet SCHERING (Werke III, S. 493) »nach Mitteilungen über eine mündliche Äusserung von GAUSS«, dass dieser 1794 »die Beziehungen zwischen dem agM. und den Potenzreihen, in denen die Exponenten mit den Quadratzahlen fortschreiten, gekannt zu haben scheint«.

Potenzreihen, deren Exponenten eine arithmetische Progression zweiter Ordnung bilden, treten in JACOB BERNOULLIS *Ars coniectandi* (Basel, 1713), einem Werke, das GAUSS seit 1793 besessen hat, bei einem Problem der Wahrscheinlichkeitsrechnung (a. a. O., S. 51—56) auf. Im Jahre 1794 hat GAUSS die

---

19) Siehe Werke X, 1, S. 3.

Principia NEWTONS erworben[20]). Wahrscheinlich hat er aus diesem Werke die Methode der Entwicklung von Funktionen in Potenzreihen kennen gelernt, die er auch späterhin immer mit grosser Vorliebe und mit besonderem Geschick gehandhabt und als heuristisches Hilfsmittel bei analytischen Untersuchungen angewandt hat. — Es ist also sehr wohl möglich, dass er sich damals auch mit Potenzreihen versucht hat, deren Exponenten eine arithmetische Progression zweiter Ordnung bilden, und dass ihm ihr Zusammenhang mit dem agM. aufgefallen war[21]).

In der historischen Entwicklung sind Reihen, deren Exponenten mit den Quadratzahlen fortschreiten bezw. arithmetische Progressionen zweiter Ordnung bilden, schon im XVII. Jahrhundert aufgetreten, nämlich bei der Lösung des gedachten Problems der Wahrscheinlichkeitsrechnung in Aufsätzen von JACOB BERNOULLI und LEIBNIZ[22]). EULER hat sich mit der in Rede stehenden Art von Reihen von 1741 an zu wiederholten Malen beschäftigt[23]). In dem Briefwechsel, den JACOBI mit P. H. v. FUSS über die Herausgabe der Werke EULERS geführt hat[24]), spricht sich JACOBI über die genannten Abhandlungen EULERS wie folgt aus[25]):

---

20) Es war die Ausgabe Amsterdam 1714; das in der Gaussbibliothek befindliche Buch trägt die Inschrift:

C. F. Gauss. 1794
D. E.

In einem Briefe an SCHUMACHER vom 12. Mai 1843 (*Briefwechsel Gauss-Schumacher* IV, S. 145) schreibt GAUSS: »Mir ist dabei wieder in Erinnerung gekommen, dass ich vor ½ Jahrhundert, als ich zuerst NEWTONS *Principia* las, mehreres unbefriedigend fand . . .«.

21) Vergl. für diesen Zusammenhang unsern Abriss der Theorie des agM., Nr. 3, Werke X, 1, S. 255.

22) Acta eruditorum 1690, S. 219—223 bezw. 358—360.

23) Siehe EULER, *Observationes analyticae variae de combinationibus*, Comment. Acad. Petrop. 13 (1741—43) 1751, S. 64—93; *Découverte d'une loi tout extraordinaire des nombres par rapport à la somme de leur diviseurs*, Bibliothèque impartiale 3 (1751), S. 10—31, wieder abgedruckt Opera postuma 1, 1862, S. 76—84; *Observatio de summis divisorum*, Novi comment. Acad. Petrop. 5 (1754—55) 1760, S. 59—74. Brieflich hat EULER Entwicklungen dieser Art schon im Januar 1741 an DANIEL BERNOULLI mitgeteilt, siehe den Brief D. BERNOULLIS an EULER in P. H. v. FUSS, *Correspondance* II, S. 467, 468, ferner EULERS Briefwechsel mit GOLDBACH an der Wende der Jahre 1743—44, *Correspondance* I, S. 265, 267, 270, sowie den Brief von NIKOLAUS BERNOULLI an EULER vom 24. Oktober 1742, *Correspondance* II, S. 698. Auch hat DANIEL BERNOULLI in einem Brief an EULER vom 14. April 1742 die Frage aufgeworfen: »wenn a ein echter Bruch ist, die Summe der Reihe $a + a^4 + a^9 + a^{16} +$ etc. zu bestimmen«, *Correspondance* II, S. 493.

24) Herausgegeben von STÄCKEL und AHRENS, Bibliotheca Mathem. (3), 8, 1908, S. 233—306, auch separat erschienen, Leipzig 1908.

25) Siehe S. 59, 60 der Separatausgabe.

»Sie ist nämlich der erste Fall gewesen, in welchem Reihen aufgetreten sind, deren Exponenten eine arithmetische Reihe zweiter Ordnung bilden, und auf diese Reihen ist durch mich die Theorie der elliptischen Transzendenten gegründet worden. Die EULERsche Formel [siehe weiter unter Gl. (4)] ist ein spezieller Fall einer Formel, welche wohl das wichtigste und fruchtbarste ist, was ich in reiner Mathematik erfunden habe:

$$(1-q)(1-q^2)(1-q^3)\ldots(z-z^{-1})(1-qz^2)(1-q^2z^2)(1-q^3z^2)\ldots$$

$$(1) \quad (1-qz^{-2})(1-q^2z^{-2})(1-q^3z^{-2})\cdots = (z-z^{-1})-q(z^3-z^{-3})+q^3(z^5-z^{-5})$$
$$-q^6(z^7-z^{-7})+q^{10}(z^9-z^{-9})\cdots,$$

wo die Exponenten von q [d. h.] 1, 3, 6, 10 etc. die dreieckigen Zahlen sind. Setzt man für z eine imaginäre Kubikwurzel der Einheit, so erhält man die EULERsche Formel. Hierdurch habe ich sie mit der Trisektion der elliptischen Integrale in Verbindung gebracht. Differenziert man nach z und setzt dann $z = 1$, so erhält man auch für den Kubus des EULERschen Produktes die schöne Entwicklung

$$(2) \quad [(1-q)(1-q^2)(1-q^3)\ldots]^3 = 1-3q+5q^3-7q^6+9q^{10}-11q^{15}+ \text{etc.}«$$

Die Formel (1)[26]) geht, wie JACOBI in den *Fundamenta*[27]) zeigt, durch eine einfache Transformation (man hat $-qz^2$ für z, dann q für q^2 zu setzen und mit z zu multiplizieren) aus der Formel

$$(3) \quad (1+qz)(1+q^3z)(1+q^5z)\ldots\left(1+\frac{q}{z}\right)\left(1+\frac{q^3}{z}\right)\left(1+\frac{q^5}{z}\right)\cdots$$
$$= \frac{1+q\left(z+\frac{1}{z}\right)+q^4\left(z^2+\frac{1}{z^2}\right)+q^9\left(z^3+\frac{1}{z^3}\right)+\cdots}{(1-q^2)(1-q^4)(1-q^6)(1-q^8)\ldots}$$

hervor, die, wie wir sehen werden, von GAUSS 1800 aufgestellt worden ist[28]). Die von JACOBI erwähnte EULERsche Formel lautet (in den JACOBIschen Zeichen)

$$(4) \quad (1-q)(1-q^2)(1-q^3)\cdots = 1-q-q^2+q^5+q^7-q^{12}-q^{15}+\cdots$$
$$= \sum_{\nu=-\infty}^{+\infty}(-1)^\nu q^{\frac{3\nu^2+\nu}{2}},$$

---

26) Die übrigens a. a. O. von JACOBI fehlerhaft wiedergegeben ist, indem auf der linken Seite statt z^2 und z^{-2} überall z und z^{-1} gesetzt ist.

27) *Fundamenta nova theoriae functionum ellipticarum* (JACOBIs Werke I, S. 234).

28) Siehe Werke III, S. 434, letzte Gleichung, Werke X, 1, S. 204, art. [12], ferner aus späterer Zeit Werke III, S. 440, 464.

sie steht bei EULER ohne Beweis am Schlusse der ersten der oben (Fussnote [23])) genannten Abhandlungen [29]).

Dass GAUSS 1794 schon irgend etwas von den EULERschen Entwicklungen gekannt haben sollte, ist völlig ausgeschlossen; sagt er doch im Vorwort zu den *Disquisitiones arithm.* (Werke I, S. 6) in Bezug auf seine arithmetischen Untersuchungen: »als ich zu Anfang des Jahres 1795 mein Interesse dieser Art von Untersuchungen zuwandte, war ich über alles, was von neueren Forschern [30]) auf diesem Gebiete gearbeitet worden war, völlig unwissend und von allen Hilfsmitteln abgeschnitten, die mir eine Kenntnis hiervon hätten vermitteln können.« Die Angabe von SARTORIUS [31]), GAUSS habe schon auf dem Carolinum EULER und LAGRANGE gelesen, steht mit dieser Erklärung von GAUSS in Widerspruch. Die mathematischen Bestände der Bibliotheken von Braunschweig und Wolfenbüttel beschränkten sich zu jener Zeit auf einige landläufige Kompendien, und erworben hat GAUSS die analytischen Hauptwerke EULERS (*Introductio, Institutiones calculi differentialis* und *integralis*), nach seiner Mitteilung an WOLFGANG BOLYAI [32]), erst 1798.

Im übrigen wird man sich vor Augen halten müssen, dass zu jener Zeit GAUSS' mathematisches Interesse vorwiegend der Zahlentheorie zugewandt war [33]); zu den analytischen Versuchen des jugendlichen GAUSS dürfte die Freude am numerischen Rechnen eine der wesentlichsten Anregungen gegeben haben. — Diese Freude hat GAUSS sich auch späterhin immer bewahrt und sein ganzes Leben hindurch viel und gern numerisch gerechnet. Er hat nicht nur bei den geodätischen und astronomischen Arbeiten der späteren Jahre sich in Bezug auf Genauigkeit der Rechnung nicht genug tun können, sondern

---

29) Vergl. *Briefwechsel Jacobi-Fuss*, Separatausgabe, JACOBI an FUSS, S. 23, FUSS an JACOBI, S. 42; *Fundamenta*, JACOBIS Werke I, S. 237 Gl. (6). Bei GAUSS findet sich die Formel (4) z. B. Werke III, S. 448, Gl. 23; die letzte von JACOBI angegebene Formel (2) steht bei GAUSS, Werke III, S. 440, Zeile 5 v. u. Übrigens hängen diese Identitäten, wie JACOBI, *Fundamenta*, JACOBIS Werke I, S. 237 bemerkt, aufs engste mit den von GAUSS in der *Summatio quarundam serierum singularium* (1808, Werke II, S. 9 ff.) gegebenen Formeln zusammen, vergl. hierzu die Abhandlung JACOBIS, CRELLES Journal 32, JACOBIS Werke VI, S. 302. Weitere historische Notizen über das Auftreten der Formel (4) bei EULER findet man in der letztgenannten JACOBIschen Abhandlung und in dem Aufsatze von P. STÄCKEL, Bibliotheca mathem. (III) 11, 220 ff.

30) Als solche waren vorher genannt FERMAT, EULER, LAGRANGE, LEGENDRE.

31) A. a. O. [13]), S. 15.

32) *Briefwechsel Gauss-Bolyai*, S. 15, Brief vom 30. Dez. 1798.

33) Vergl. BACHMANN, Abhandlung 1 dieses Bandes, S. 4.

sich, wie wir sehen werden, des numerischen Kalkuls einerseits zur Verifikation von Resultaten bedient, die er auf analytischem Wege erhalten hatte, andererseits aber auch dazu, um durch numerische Induktion neue Wahrheiten zu entdecken. Beides hat er mit den grossen Analysten des XVIII. Jahrhunderts, namentlich mit EULER, gemein. Bei den Nachfolgern von GAUSS verkümmert dieses Verfahren immer mehr und mehr.

III. Die historische Jugendperiode: 1796 bis zur Doktorpromotion am 16. Juli 1799.

a) Die ersten Studiensemester in Göttingen.

Wie wir gesehen haben, besitzen wir über den Stand von GAUSS' analytischen Studien vor dem Abgang an die Universität keine weiteren Anhaltspunkte als seine Angabe des Jahres 1791 für das agM., ferner für 1794 die mündliche Überlieferung über den Zusammenhang zwischen agM. und den Potenzreihen, deren Exponenten die Quadratzahlen sind, und die Tatsache der Erwerbung der *Prinzipien* NEWTONS. Dass diese in Braunschweig das einzige klassische Werk waren, das GAUSS zur Verfügung stand, ist sehr wahrscheinlich; umso grösser mag seine Begierde nach literarischen Hilfsmitteln gewesen sein, und da Göttingen diese in höherem Mass zu bieten vermochte, als die braunschweigische Landesuniversität Helmstedt, entschied sich GAUSS für die hannöversche Hochschule. Am 21. August 1795 erging eine Herzogliche Verfügung, dass dem nach Göttingen abgehenden Studiosus GAUSS während seines Studiums daselbst eine Unterstützung von 158 Talern jährlich und ein Freitisch in Göttingen zugestanden sei; am 11. Oktober 1795 reiste GAUSS nach Göttingen ab und wird daselbst am 15. Oktober als »matheseos cult.« immatrikuliert. — Im ersten Semester schwankt GAUSS noch, ob er sich den alten Sprachen oder der Mathematik und Astronomie widmen solle. Mathematik lehrte damals ABRAHAM GOTTHELF KAESTNER (1719—1800), »der erste Mathematiker unter den Dichtern und der erste Dichter unter den Mathematikern«, wie GAUSS einst scherzhaft von ihm sagte, Astronomie vertrat CARL FELIX SEYFFER (1762—1824), mit dem GAUSS später in freundschaftlichem Verkehr gestanden hat, Physik, G. CHRISTIAN LICHTENBERG (1744—1799), klassische Philologie, CHR. GOTTLOB HEYNE (1729—1812) und Geschichte, ARNOLD HEEREN (1760—1842).

Über seine ersten Eindrücke in Göttingen berichtet GAUSS wenige Tage nach seiner Ankunft in einem Briefe an seinen Braunschweiger Lehrer und Gönner ZIMMERMANN [34]) vom 19. Oktober mit den folgenden Worten:

»Die Aufnahme, die ich zum Teil hier gefunden habe, könnte mich unruhig machen, wenn ich nicht darauf vorbereitet gewesen wäre. Von HEYNE glaube ich gut aufgenommen zu sein; es scheint, als wenn er sich für mich interessiert. Wegen des philologischen Seminarium habe ich bisher noch nicht mit ihm sprechen können. In KAESTNER glaubte ich anfangs einen stumpfen Greis zu finden, von dem ich mir keine tätige Unterstützung versprechen könnte. Allein schon jetzt sehe ich, dass ich mich geirrt habe, und dass er ein sehr vortrefflicher Mann ist. In Prof. HEEREN habe ich einen ungemein liebenswürdigen und gefälligen Mann kennen gelernt. Prof. SEYFFER ist nach Schwaben verreist; auch der Hofr. LICHTENBERG hält sich nicht in Göttingen auf.

Ich habe die Bibliothek besehen und ich verspreche mir davon einen nicht geringen Beitrag zu meiner glücklichen Existenz in Göttingen. Ich habe schon mehrere Bände von den Comment[ariis] Acad[emiae Scientiarum] Petrop[olitanae] im Hause und eine noch grössere Anzahl habe ich durchblättert. Ich kann nicht leugnen, dass es mir sehr unangenehm ist zu finden, dass ich den grössten Teil meiner schönen Entdeckungen in der unbestimmten Analytik nur zum zweiten Male gemacht habe. Was mich tröstet ist dieses. Alle Entdeckungen EULERS, die ich bis jetzt gefunden habe, habe ich auch gemacht, und noch einige mehr. Ich habe einen allgemeinern und wie ich glaube natürlichern Gesichtspunkt getroffen; ich sehe noch ein unermessliches Feld vor mir und EULER hat seine Entdeckungen in einem Zeitraume von vielen Jahren nach manchen vorher gegangenen tentaminibus gemacht.

Den Freitisch habe ich seit einigen Tagen gehabt: das Essen ist leidlich . . . . . .«

Der ganz unter KAESTNERS Einfluss stehende Betrieb der mathematischen Vorlesungen wird auf GAUSS' Entschluss, zwischen der Philologie und der Mathematik zu entscheiden, kaum eingewirkt haben, vielmehr soll [35]) die Ent-

---

34) Mit noch zwei spätern Briefen an denselben Empfänger veröffentlicht in der Braunschweiger G. N. C. Monatsschrift, 1921, IX.

35) Siehe SARTORIUS v. WALTERSHAUSEN, a. a. O. [13]), S. 16.

scheidung erst am 30. März 1796 in Braunschweig gefallen sein, an dem Tage, wo GAUSS seine erste bedeutsame mathematische Entdeckung gemacht hat, indem er als Folge einer allgemeinen Theorie der Kreisteilung erkannt hat, dass der Kreisumfang mit Zirkel und Lineal in 17 gleiche Teile zerlegt werden kann. Mit diesem Tage und mit dieser Entdeckung beginnt GAUSS auch sein wissenschaftliches *Tagebuch*[36]) und damit das erste Blatt zur Geschichte seiner eigenen wissenschaftlichen Entwicklung. Auf Veranlassung ZIMMERMANNS veröffentlichte GAUSS seine Entdeckung im Intelligenzblatt der allgemeinen Literaturzeitung (Werke X, 1, S. 3) und machte nach seiner Rückkehr nach Göttingen (die nach dem *Tagebuch* zwischen dem 12. und 29. April 1796 erfolgte) auch KAESTNER davon Mitteilung; wie wenig Verständnis er aber bei diesem fand, zeigt der folgende Brief an ZIMMERMANN vom 26. Mai 1796:

»Ich müsste mich sehr irren (und das scheint mir doch bei einem so freien offnen Manne schwer) wenn die Kälte, mit der der H. H[ofrath] K[AESTNER] meine Entdeckung aufnahm, aus irgend einer persönlichen Rücksicht auf mich, und nicht vielmehr aus einer gewissen Abneigung gegen alles Neue, die man auch bei der grössten Hochachtung an ihm nicht verkennen kann, herrührte. Seinem nachherigen Benehmen nach scheinen auch die Umstände, in denen er damals war, Anteil daran gehabt zu haben. Als ich einige Zeit nachher wieder bei ihm war, fing er selbst von dem Satze an, behauptete aber ganz positiv, dass die Natur der Gleichungen die Unmöglichkeit der Sache beweise. Ich stellte ihm wieder (wie das erste Mal) vor, dass die Gleichung nicht wie er glaubte vom 17ten sondern, weil man eine Wurzel sogleich von selbst kenne, nur vom 16ten Grade sei, und dass diese sich auf eine vom 8ten, diese auf eine vom 4ten, 2ten [reduzieren] u. also auflösen lasse. Das schien ihn dieses Mal zu frappieren und so nahm er sogleich einen andern Ton an und sagte, wenn es auch richtig wäre, so würde es doch gar keinen Nutzen haben, da man die Vielecke weit leichter nach den Tafeln konstruieren könne, und endlich wandte er es so, dass er behauptete, der Grund von der ganzen Sache sei schon in seinen *Anfangsgründen*[37]) und er habe es nur nicht der Mühe wert gehalten, es zu entwickeln. Das scheint mir doch inkonsequent. Da ich

---

36) Werke X, 1, S. 488; ebenda S. 125, in einem Briefe an GERLING vom 6. Jan. 1819, gibt GAUSS selbst einen Bericht über das Geschichtliche seiner Entdeckung.

37) A. G. KAESTNER, *Anfangsgründe der Analysis endlicher Grössen*. Göttingen, Vandenhok 1794.

das erste zugab und in dem andern nicht widersprach, so erhielt ich endlich die Erlaubnis, es ihm schriftlich vorzulegen.

Die Sache selbst verhält sich so. Aus meinem Verfahren kann man zwar mit vieler Mühe eine Auflösung der Gleichung herleiten, allein diese Auflösung directe und wie er jetzt behaupten wollte, ist zuverlässig unmöglich. Das wird er auch aus dem Aufsatze, den ich ihm vorlegte, einigermassen gesehen haben. Ausser einigen unbedeutenden Erinnerungen, die das Wesentliche der Sache nicht betreffen, fiel dann sein Urteil so aus, »dass sie praktischen Nutzen keinen haben würde, dass sie aber, zumal, wenn ich die Sache noch allgemeiner behandeln könne, eine ganz artige Kuriosität sei und vielleicht eine hellere Einsicht in diesen Teil der Mathematik verschaffen werde«, welches Urteil ich ganz beherzige. Er setzte noch hinzu, dass es doch nicht ganz neu sei, da er schon gelehrt habe, dass es auf die Auflösung der oft-erwähnten Gleichung ankäme, welchen Glauben ich ihm gern gönnen will.

Ich muss noch etwas über den Fortgang meiner eigentlich analytischen Untersuchungen sagen. Ich habe in den Mémoires von Paris 1785 eine vortreffliche Abhandlung von LE GENDRE gefunden, wo ein Beweis von dem Lehrsatze, den ich so lange vollständig zu beweisen umsonst gesucht hatte, vorkommt, aber, wo gerade das angenommen wird (je ne suppose que ce que ... sagt L. G.), was allein mir seit beinahe einem Jahre noch fehlte und was ich nunmehr gefunden habe. Auch habe ich von LA GRANGES Zusätzen zu EULERS Algebra (worauf Sie mich schon aufmerksam machten, die ich hier aber nicht habe bekommen können und die auch H. H. KAESTNER nicht kannte) jetzt durch Herrn H. KAESTNERS Güte eine deutsche Übersetzung in Händen, die in diesem Jahre erst herausgekommen ist und einen Hrn. Hofrat KAUSLER in Württemberg zum Verfasser hat. Dieses an sich vortreffliche Buch enthält indes wenig, was mit meinen Entdeckungen in Kollision käme, den oft er-wähnten Lehrsatz hat LA GRANGE nicht einmal recht gekannt, vielweniger bewiesen und LE GENDRES Abhandlung ist angeführt, aber ihr Verdienst ganz schief beurteilt. Es wäre mir sehr daran gelegen, das Jahr zu wissen, wo das französische Original herausgekommen ist. Der Übersetzer hat auch einige Zusätze gemacht, die aber von geringem Gehalte sind. Ich glaube es also jetzt wagen zu können, wenn ein Buchhändler sich findet, an die Ausarbeitung zu gehen. . . . .«

Der Lehrsatz, von dem im letzten Absatz dieses Briefes die Rede war, ist das Reziprozitätsgesetz der quadratischen Reste, dessen strenger Beweis GAUSS am 8. April in Braunschweig geglückt ist, wie die zweite Eintragung in das *Tagebuch* (Werke X, 1, S. 489, vergl. BACHMANN, Abh. 1 dieses Bandes S. 5) bezeugt. Wir sehen diesen merkwürdigen Studenten nicht nur von Entdeckung zu Entdeckung fortschreiten, sondern auch eifrig bemüht, sich mit der Literatur seiner Wissenschaft bekannt zu machen, und wir finden vom Frühjahr 1796 ab zahlreiche Spuren seiner Beschäftigung mit den Schriften nicht nur von EULER und LAGRANGE, sondern auch mit denen der BERNOULLIS, STIRLINGS und VANDERMONDES. Das Verzeichnis EULERscher Schriften auf den ersten Durchschussblättern des *Leiste* wurde schon erwähnt, im Nachlass finden sich aus dieser Zeit stammende Auszüge aus den Schriften der Akademien von Paris, Berlin, St. Petersburg, Turin, auf Buchdeckeln, in Notizheften und auf Zetteln stehen Lesefrüchte, besonders aus EULER und LAGRANGE. — Ein Bild von GAUSS aus diesen Studentenjahren ist uns in Briefen und Aufzeichnungen des siebenbürgischen Mathematikers WOLFGANG BOLYAI VON BOLYA (1775—1856) erhalten, der von Oktober 1796 bis Juni 1799 in Göttingen studiert, und der GAUSS im Hause des Professors SEYFFER kennen gelernt hat. In einer 1840 verfassten Selbstbiographie[38]) berichtet BOLYAI:

»Wir [nämlich er und ein Landsmann, BARON KEMÉNY] gingen nach Göttingen, wo .... ich mit dem damals dort studierenden GAUSS bekannt wurde, mit dem ich noch heute in Freundschaft bin .... Er war sehr bescheiden und zeigte wenig; nicht drei Tage wie mit PLATO, Jahre lang konnte man mit ihm zusammen sein, ohne seine Grösse zu erkennen. Schade, dass ich dieses titellose, schweigsame Buch nicht aufzumachen und zu lesen verstand! .... Uns verband die sich äusserlich nicht zeigende Leidenschaft für Mathematik und unsere sittliche Übereinstimmung«. Und in einem nach GAUSS' Tode an den Biographen von GAUSS, den Göttinger Professor SARTORIUS VON WALTERSHAUSEN gerichteten Briefe BOLYAIS[39]) heisst es: »Von Jena ging ich nach Göttingen, wo ich den sehr gütigen Professor SEYFFER besuchend GAUSS zuerst sah; ich .. sprach dreist .. über die Seichtigkeit der Behandlung der Gründe der Mathematik in Hinsicht der Multiplikation, Division, Potenz, geraden

---

38) Original magyarisch, vergl. *Briefwechsel Gauss-Bolyai*, S. 178.
39) A. a. O., S. 152.

Linie, Ebene, Gleichheit in verschiedener Hinsicht u. dgl. Nach diesem begegneten wir uns auf dem Walle, jeder war allein, gesellten uns, gingen zu einander und bald schwuren wir unter der Fahne der Wahrheit Brüderschaft. Hierauf ruhte er von seiner anhaltenden stillen Arbeit meistens bei mir aus; sprach nie im Voraus, selbst bei fertigem schweigend.« An seinen Sohn Johann⁴⁰) schreibt BOLYAI um 1825: ».. Ich kann Dir es schriftlich zeigen, dass er [GAUSS] sich über die Parallelen den Kopf zerbrochen hat. .. Meine Ideen haben ihm sehr gut gefallen, obwohl sie ihn bei weitem nicht befriedigten, und er machte mich darauf aufmerksam, eine wie wichtige Materie die Sache der Parallelen sei. In den Elementen der Arithmetik und Geometrie war GAUSS damals (obwohl sonst viele Turmstockwerke über mich hinausragend) weniger stark als ich, blos durch mich selbst, aber ihm waren die höheren Rechnungen nur noch ein Spiel, wo ich noch nicht einmal ein Ahnung davon hatte« ... Dass GAUSS in diesen »höheren Rechnungen« auch schon zu selbständigen Forschungen vorgedrungen war, wenn auch zu jener Zeit die Zahlentheorie noch vorwiegend seine Gedankenwelt beherrscht haben dürfte, zeigt das *Tagebuch* und andere Aufzeichnungen, die GAUSS aufbewahrt hat.

Die Aufzeichnung 7. des *Tagebuchs* vom 24. Mai 1796, die erste, die sich auf einen ausgesprochen analytischen Gegenstand bezieht (Umwandlung einer unendlichen Reihe in einen Kettenbruch) steht einerseits, wie die Aufzeichnung 58. zeigt⁴¹), mit den Potenzreihen im Zusammenhang, deren Exponenten eine arithmetische Progression zweiter Ordnung bilden, andererseits knüpft sie, wie eine Eintragung in LAMBERTS *Tafeln* (abgedruckt Werke X, 1, S. 491) erkennen lässt, unmittelbar an EULERS Abhandlung *de seriebus divergentibus*⁴²) an. Dass es sich hier nicht um ein nur vorübergehendes Interesse handelt,

---

40) Original magyarisch, vergl. STÄCKEL, *Die beiden Bolyai* I, 1913, S. 90. Dieses Werk orientiert auch am besten über die Beziehungen von GAUSS zu BOLYAI Vater und Sohn. Siehe auch STÄCKELS Abhandl. 4 in diesem Bande, Abschnitt I, S. 6—46.

41) Die Notiz 58. vom 16. Febr. 1797 knüpft ausdrücklich an die Notiz 7. an; sie gibt die Umwandlung der Reihe

$$1 - a + a^3 - a^6 + a^{10} - \cdots$$

in einen Kettenbruch und schliesst mit den Worten: »wodurch leicht alle Reihen, deren Exponenten eine Reihe zweiter Ordnung bilden, transformiert werden«. Es ist die älteste uns erhaltene Aufzeichnung, in der diese Art von Reihen auftritt.

42) Novi Comm. Acad. Petropol. 5 (1754/5), 1760, S. 205.

geht daraus hervor, dass GAUSS auf einen besondern Fall der hier vorkommenden, von EULER betrachteten Reihe $1 + \sum\limits_{k=0}^{\infty} (-1)^{k+1} m\,(m+n) \ldots (m+kn) x^{k+1}$ Ende des Jahres 1797 in einer ausführlichen Untersuchung (siehe Werke X, 1, S. 382) zurückgekommen ist, während er die Umformung der allgemeinen EULERschen Reihe in einen Kettenbruch in dem Art. 14 der Abhandlung *circa seriem* von 1812 (Werke III, S. 138, Gl. (36)) als Beispiel angibt.

In den Tagebuchnotizen 9., 13., 14., 31. (31. Mai bis 6. September 1796) behandelt GAUSS sogenannte mittlere Werte der Zahlentheorie; in einer aus viel späterer Zeit (Ende 1799) stammenden Aufzeichnung in der Scheda Ac (abgedruckt Werke X, 1, S. 14—16) wird neben solchen zahlentheoretischen Mittelbildungen ein Grenzwert betrachtet, der als eine Art von harmonisch-arithmetischem Mittel bezeichnet werden kann, und auf den in der Handschrift unmittelbar die Notiz (Werke X, 1, S. 551 oben) über das harmonisch-geometrische Mittel folgt, das sich auf das agM. zurückführen lässt. Es zeigt dies, dass für GAUSS, wenigstens zu jener Zeit, alle diese Mittelbildungen aus einem gemeinsamen Interesse herauswuchsen, andererseits zeigen diese Untersuchungen das erwachende Bestreben, asymptotische Werte zu betrachten, das, wie wir sehen werden, noch weiterhin andauert.

Aus dem August 1796 stammt ferner das *Exercitationes Mathematicae* überschriebene Blättchen (Werke X, 1, S. 138, vergl. auch *Tagebuch* 28., ebenda, S. 500), das durch die Vielseitigkeit seines Inhalts ein Bild von der Vielseitigkeit der Interessen des jungen GAUSS gibt. Wenn GAUSS im Art. 3 bei einer Verallgemeinerung der LEIBNIZschen Reihe $1 - 1 + 1 - \cdots$ die »metaphysische Schlussweise« DANIEL BERNOULLIS unbefriedigend findet und sie durch eine mathematische ersetzt, so sehen wir, dass er auch in der Analysis schon den kritischen Geist walten lässt, den er in der Zahlentheorie beim Reziprozitätsgesetz, in der Algebra beim Beweise der Wurzelexistenz, in der Geometrie beim Parallelenaxiom zur Geltung bringt. Wenn er in den Artikeln 5, 6 für die Integrale

$$\int\limits_0^x \frac{dx}{\sqrt{1-x^3}}, \quad \int\limits_0^x \frac{dx}{\sqrt{1-x^4}},$$

als den nächsten Fällen nach dem arc sin, die obere Grenze als Funktion des Integrals in Reihen entwickelt, so zeigt das, dass er auch in der Integral-

rechnung auf der Suche nach neuen Aufgaben mit der unbewussten Sicherheit
des Genius die Goldader zu finden weiss. Freilich arbeitet er hier, wie auch
in den Tagebuchnotizen 32. und 33. vom 9. und 14. September (Werke X, 1,
S. 502), noch mit den ganz formalen Methoden der Reihenentwicklung und
Inversion, die er sich wohl noch in Braunschweig aus NEWTONS *Prinzipien* angeeignet und später durch das Studium von STIRLINGS *Methodus Differentialis*
befestigt hat[43]). Dieselben Methoden, gewissermassen ein formales Rechnen
mit Potenzreihen, liegen den Tagebuchnotizen 29. (Sinus und Kosinus höherer
Ordnung) und 45. (Umwandlung von $\sum_{n=1}^{\infty} \frac{(-1)^{n-1}}{n^{\omega}}$ in eine Potenzreihe von ω) zu
Grunde, die andererseits wiederum auf das Studium EULERSCHER Schriften hin-
weisen, und auch die Tagebuchnotiz 49., in der ein Beweis der LAGRANGE-
schen Umkehrungsformel angekündigt wird, gehört in diesen Gedankenkreis.
Der Satz von LAGRANGE hat auf GAUSS eine ganze besondere Anziehung ausgeübt, wohl weil er ihm ein brauchbares Werkzeug für das Rechnen mit
Reihen lieferte. GAUSS ist noch wiederholt auf diesen Satz zurückgekommen,
so im *Tagebuch* Nr. 86 vom Mai 1798, in Aufzeichnungen bei S. 5, 10—12
und 19 des *Leiste*, und in den Werke VIII, S. 76—83 aus dem Nachlass
abgedruckten Notizen. — Die ältere dieser Notizen (S. 76—79) ist dadurch
besonders bemerkenswert, dass sie bestimmt war, die erste grössere Veröffentlichung von GAUSS zu werden. KAESTNER hat sie etwa im April 1797 an
HINDENBURG, den Herausgeber des Archivs der reinen und angewandten Mathematik, zur Publikation gesandt, aber die Arbeit des unbekannten Anfängers
blieb liegen und ist erst 1899 im Bande VIII der Werke an die Öffentlichkeit gelangt (vergl. Werke X, 1, S. 429, 443, 444, 509). — Die spätere Notiz
(S. 80—83) stammt aus dem Handbuch 19, Be, S. 273—276 und trägt das Datum
13. Mai 1847, ist aber wie die älteren Versuche und wie die an HINDENBURG
gesandte Schrift rein formal; zu einer Konvergenzuntersuchung findet sich kein
Ansatz. Dagegen zeigen die Zitate in dem zur Veröffentlichung bestimmten
Aufsatze (Werke VIII, S. 76) vollständige Beherrschung der einschlägigen
Literatur, namentlich wird die Abhandlung von LAGRANGE aus dem 24. Bande

---

43) In bezug auf die bei Art. 8 der *Exercitationes* auftretende Figur (sich überschlagendes Fünfeck, sog. Drudenfuss) bemerken wir, dass dieselbe, wie GAUSS 1825 in einem Briefe an OLBERS andeutet
(Werke VIII, S. 398), bei MEISTER vorkommt; vergl. Werke XII, S. 53, 54.

der Berliner Memoiren von 1768—1770 angeführt. — Man kann daraus schliessen, dass GAUSS zu jener Zeit auch die im 25. Bande dieser Memoiren enthaltene Arbeit von LAGRANGE *Sur le Problème de Képler* studiert haben wird, die ja eine der bedeutsamsten Anwendungen des Umkehrungssatzes enthält. Die Spuren der Beschäftigung mit dieser Arbeit lassen sich in späteren Untersuchungen von GAUSS deutlich nachweisen. — LAGRANGE entwickelt die exzentrische und die wahre Anomalie, sowie den Radiusvektor nach Sinus und Kosinus der Vielfachen der mittleren Anomalie, und drückt die Koeffizienten dieser Entwicklung durch Reihen aus, die nach Potenzen der Exzentrizität fortschreiten. GAUSS hat sich etwa 1805 mit dem asymptotischen Verhalten dieser Koeffizienten eingehend beschäftigt (Werke X, 1, S. 420 ff., vergl. auch die Bemerkungen S. 444), wohl im Verfolg von Untersuchungen über asymptotische Gesetze der Zahlentheorie, wie sie die bereits genannten Tagebuchnotizen aus der Zeit vom 31. Mai bis 6. September 1796 anzeigen. — Bekanntlich wird das infinitäre Verhalten der Koeffizienten in den Entwicklungen der exzentrischen Anomalie und des Radiusvektors durch die BESSELsche Funktion $J_n(ne)$ und ihre Derivierten für grosse Werte von n dargestellt; die Notiz 82. des *Tagebuchs* (Werke X, 1, S. 385, 388) zeigt, dass GAUSS im Oktober 1797 mit dem asymptotischen Verhalten der Wurzeln der Gleichung $J_1(x) = 0$ beschäftigt war. — Eine weitere asymptotische Wertbestimmung enthält die Tagebuchnotiz 83. vom April 1798 (Werke X, 1, S. 525), bei der die Bedeutung der dort auftretenden Funktion $l(1 + x)$, aus dem von GAUSS angegebenen asymptotischen Ausdruck ihrer $i$ten Iterierten für grosse Werte von i nicht vollständig bestimmt werden konnte. Auch bei diesen Untersuchungen hat GAUSS noch mit formal angesetzten Reihen operiert, durch die er Funktionalgleichungen zu befriedigen suchte; es ist anzunehmen, dass er seine zahlentheoretischen Grenzausdrücke auch durch ähnliche Methoden heuristischer Art ermittelt haben wird. —

Es ist jetzt noch eine weitere Anregung zu besprechen, die GAUSS aus Arbeiten von LAGRANGE geschöpft hat. Wenn a, b die grossen Achsen der Bahnen zweier Planeten bedeuten, so treten in der Entwicklung der Störungsfunktion Ausdrücke von der Form auf:

$$(a^2 + b^2 - 2ab \cos \theta)^{-n}, \quad n = \tfrac{1}{2}, \tfrac{3}{2}, \tfrac{5}{2} \cdots,$$

die ihrerseits wieder nach den Kosinus der Vielfachen von θ zu entwickeln sind. Die Koeffizienten dieser Entwicklungen können selbst wieder nach Potenzen von $b/a = t$ entwickelt werden, wenn $b < a$ ist, es sind die sogenannten Funktionen der grossen Achsen oder Koeffizienten von LAPLACE. — Diese Art von Entwicklungen findet sich in Arbeiten von EULER und LAGRANGE[44]); der letztere zerlegt

$$(1 - 2t \cos \theta + t^2) = (1 - t e^{i\theta})(1 - t e^{-i\theta})$$

und entwickelt dann die beiden Binome. Dieses Verfahren reproduziert GAUSS im Art. 6 der Abhandlung *circa seriem* (1812, Werke III, S. 128), was aus dem Grunde schon hier hervorgehoben werden muss, weil GAUSS die Gewohnheit hat, in spätern Arbeiten ältere Methoden und Resultate, oft auch ohne direkten Zusammenhang mit dem daselbst behandelten Gegenstande, wiederzugeben und auf diese Weise gleichsam für sich festzulegen. Nun sind die Koeffizienten der Entwicklung von $(1 - 2t \cos \theta + t^2)^{-n}$ nach den Kosinus der Vielfachen von θ als Funktionen von t^2 durch die sogenannte GAUSSsche Reihe $F(\alpha, \beta, \gamma, x)$ darstellbar und lassen sich insbesondere für $n = \frac{1}{2}$ durch Integrale darstellen, die, wie wohl zuerst D'ALEMBERT (1754) hervorgehoben hat, sich »durch die Rektifikation der Kegelschnitte integrieren lassen«, endlich liefert für ein beliebiges n die Transformation, die GAUSS a. a. O. (Werke III, S. 129) unter »tertio fit« angibt und die darin besteht, dass die nach Potenzen von $t^2 = b^2/a^2$ fortschreitenden Reihen in solche nach Potenzen von $4ab/(a+b)^2$ umgeformt werden, direkt den Algorithmus des agM. — Wir erkennen also in dieser Entwicklung der Störungstheorie gewissermassen ein Sammelbecken für die wesentlichsten analytischen Probleme, die GAUSS sein ganzes Leben hindurch begleitet haben, nämlich

1. die Reihe $F(\alpha, \beta, \gamma, x)$,
2. die elliptischen Funktionen und Integrale,
3. das agM.

Gestützt wird diese Auffassung durch den Umstand, dass gerade die gedachte

---

44) L. EULER, *Pièce qui a remporté le prix etc. en 1748* (Paris 1749) und *Inst. calc. integralis* I (1768) § 279, Opera, ser. I, vol. 11, S. 165; LAGRANGE, Misc. Taurin. 1762/65, Oeuvres I, S. 620, Recueil des pièces qui ont remporté les prix etc. t. 9 1766, Oeuvres I, S. 88; vergl. die Bemerkung Werke X, 1, S. 531.

Entwicklung bezw. Transformation im Falle $n = \frac{1}{2}$ die Reihe für $4/\pi$ liefert, die GAUSS in der Nr. 87 des *Tagebuchs* (Juni 1798) und in seinem Exemplar von SCHULZES *Tafeln* aufgezeichnet hat (vergl. die bereits genannte Bemerkung Werke X, 1, S. 531, 532), ferner ist der Zusammenhang, der in diesem Falle zwischen den Koeffizienten und den elliptischen Integralen besteht, in der aus dem Jahre 1800 stammenden nachgelassenen Abhandlung über das agM. (Werke III, S. 370, 371) ausführlich behandelt und auf die Bedeutung für die physische Astronomie und die Theorie der Planetenstörungen ausdrücklich hingewiesen. — Auch in dem oben erwähnten Briefe an SCHUMACHER (Werke X, 1, S. 247) wird gerade dieser Teil der Abhandlung von 1800 besonders hervorgehoben. —

Nachdem wir so den Einflüssen nachgegangen sind, die die Lektüre der Schriften von EULER und LAGRANGE auf die Ideenentwicklung von GAUSS ausgeübt haben dürfte, wenden wir uns jetzt der Aufgabe zu, diese Ideenentwicklung selbst in den Göttinger Studentenjahren zu schildern.

Zu Anfang des Jahres 1797 beginnt GAUSS sich systematisch mit der Theorie der elliptischen, d. h. zunächst der lemniskatischen Funktionen zu beschäftigen. Dieser Gegenstand hat ihn in Verbindung mit der Untersuchung der allgemeineren Transzendenten, die aus der GAUSSschen Reihe

$$F(a, \beta, \gamma, x) = 1 + \frac{a \cdot \beta}{1 \cdot \gamma} x + \frac{a(a+1)\beta(\beta+1)}{1 \cdot 2 \cdot \gamma(\gamma+1)} x^2 + \cdots$$

entspringen, viele Jahrzehnte hindurch, wenn auch mit Unterbrechungen gefesselt. Obwohl GAUSS über diese seine Untersuchungen nur verhältnismässig wenig veröffentlicht hat, haben dieselben doch für die Entwicklung seiner funktionentheoretischen Gedanken eine so ausschlaggebende Rolle gespielt, dass wir diese Arbeiten mit besonderer Sorgfalt verfolgen müssen.

Ein flüchtiger Blick wird auf den Stand zu werfen sein, in dem sich die Theorie der elliptischen Integrale befand, als GAUSS ihr seine Bemühungen zuwandte.

Alle Mathematiker vor EULER, die sich mit Integralen von der Art beschäftigt haben, die wir heute elliptische nennen, sind von der Aufgabe der Rektifikation einer krummen Linie ausgegangen. Elastische Kurve und Lemniskate werden durch das Integral

$$\int \frac{dx}{\sqrt{1-x^4}}$$

rektifiziert, Ellipse und Hyperbel durch das Integral

$$\int \frac{(1-k^2x^2)\,dx}{\sqrt{(1-x^2)(1-k^2x^2)}}$$

Das Integral erster Gattung wurde also anfangs nur im lemniskatischen Falle betrachtet, während im allgemeinen Falle das Integral zweiter Gattung im Vordergrunde des Interesses stand. Erst EULER brachte in seinen auf das Additionstheorem bezüglichen Untersuchungen das allgemeine Integral erster Gattung zur Geltung, wobei zu beachten ist, dass diese Arbeiten EULERS ihren Ausgang von den noch ganz im geometrischen Bannkreise stehenden Arbeiten FAGNANOS genommen haben, demgemäss mit der Betrachtung des lemniskatischen Integrals beginnen und sich erst nach und nach von diesem geometrischen Ausgangspunkt befreien.

Die LANDENsche Transformation war zwar von LAGRANGE in der bereits oben (Fussnote [18])) zitierten Abhandlung auch auf das Integral erster Gattung angewandt worden, aber im Grunde genommen schien nur die einfache Form, in der sich bei EULER das Additionstheorem der Integrale erster Gattung dargeboten hatte, diese Integrale als ein geeignetes Objekt für die weitere Untersuchung zu bezeichnen.

GAUSS hatte, wie wir bemerkt haben, in den Artikeln 4, 5 der *Exercitationes* (Werke X, 1, S. 140, 141) von vornherein (1796) in gewissen speziellen Integralen erster Gattung die Quelle für eine Verallgemeinerung der trigonometrischen Funktionen gesucht; er hat aber damit parallel und durchaus unabhängig davon das agM. in Verbindung mit den Reihen, deren Exponenten die Quadratzahlen sind, in den Kreis seiner Betrachtungen gezogen, und wir werden sehen, wie bei ihm diese beiden Fäden anfangs unabhängig neben einander herlaufen, bis sie sich — erst verhältnismässig spät, nämlich 1799 — mit einander vereinigen.

Es möge gleich vorweg ausgesprochen werden, was die im folgenden zu schildernde Analyse des handschriftlichen Nachlasses ergibt.

GAUSS behandelt in den Jahren 1797—1798 das lemniskatische Integral erster Gattung, in dem er die erste und am nächsten liegende Weiterführung des trigonometrischen Integrals erkennt, und führt die Theorie der daraus

entspringenden Funktionen zu einem hohen Grade der Entwicklung; daneben
arbeitet er auch an dem agM. weiter.   Der so einfache Zusammenhang zwischen dem agM. und dem allgemeinen elliptischen Integrale erster Gattung
bleibt ihm lange Zeit verborgen, er entdeckt ihn erst Ende des Jahres 1799
auf einem merkwürdigen Umwege, gewissermassen durch die Beobachtung der
numerischen Übereinstimmung zweier Grössen bis auf die elfte Dezimalstelle.
Von da ab laufen jene beiden Fäden in der Theorie der allgemeinen elliptischen Funktionen zusammen, in der sie sich gleichsam zu einer höheren Einheit verbinden.   Wir werden der besseren Übersicht wegen diese beiden Fäden,
so lange sie von einander gesondert verlaufen, auch gesondert verfolgen, und
zwar wollen wir zuerst die Theorie der lemniskatischen Funktionen, dann jene
des agM. betrachten.

b) Die lemniskatischen Funktionen in den Jahren 1796—1799.

In der Tagebuchnotiz 33. vom September 1796 schreibt GAUSS die Ent-
wicklung der Umkehrungsfunktion des Integrals $z = \int\limits_0^x \dfrac{dx}{\sqrt{1-x^n}}$ nach Potenzen
von z in der Form

$$z - \frac{1 \cdot z^n}{2(n+1)} A + \frac{(n-1)z^n}{4(2n+1)} B - \frac{(n^2-n-1)z^n}{2(n+1)(3n+1)} C + \cdots,$$

eine Schreibweise, die auf STIRLING hinweist, der sie auf Seite 3 seines Buches
Methodus Differentialis [45]) auf NEWTON zurückführt und wie folgt erklärt: »Die
Anfangsglieder einer Reihe bezeichne ich durch die Anfangsbuchstaben des
Alphabets A, B, C, D etc., A ist das erste, B das zweite, C das dritte und
so fort.« Wenn nun GAUSS in der Tagebuchnotiz 32. (Werke X, 1, S. 502)
und im Art. 5 der *Exercitationes* (ebenda, S. 140) die Umkehrungsfunktion des
Falles $n = 3$, und im Art. 4 der *Exercitationes* (ebenda, S. 141) die des Falles
$n = 4$ besonders hinschreibt, so wird man das nur als Hervorheben der nach
$n = 2$ einfachsten Fälle anzusehen haben.   Erst in der Tagebuchnotiz 51.

---

45) *Methodus differentialis sive tractatus de summatione et interpolatione serierum infinitarum* auctore
IACOBO STIRLING R. S. S. Londini MDCCXXX. Hier ist zu bemerken, dass für STIRLING als orthodoxen
Newtonianer Methodus Differentialis soviel heisst wie Differenzenrechnung, für Differentialrechnung sagt er
Methodus Fluxionum, z. B. heisst es auf S. 36 des angeführten Werks: »Der Summation der Reihen in
der Differentialmethode entspricht die Quadratur der Kurven in der Fluxionsmethode«.

vom 8. Januar 1797 (»Die von $\int \frac{dx}{\sqrt{1-x^4}}$ abhängende lemniskatische Kurve habe ich zu untersuchen angefangen«) erscheint der Fall $n = 4$ als Gegenstand, der einer besondern Behandlung würdig ist, und wir werden durch die Tagebuchnotiz 50. vom 7. Januar 1797 auf EULER als die Quelle hingewiesen, der die Anregung zu dieser besondern Behandlung entstammt. Die beiden dort auftretenden lemniskatischen Integrale mit der trigonometrischen Transformation finden sich nämlich u. a. im Kapitel VIII des ersten Bandes der *Inst. calc. integralis*, und dass GAUSS zu jener Zeit mit diesem Werke beschäftigt war, zeigen die Tagebuchnotizen 52., 53., 54., 59., die direkt an EULER anknüpfen (vergl. die Bemerkungen Werke X, 1, S. 509 ff.). Auch in den Leistenotizen, die Werke X, 1, S. 145 ff. abgedruckt sind, und die aus derselben Zeit stammen, finden wir besonders in den Artikeln 1, 3, 4 Anknüpfung an EULER u. z. an dessen Abhandlung *De miris proprietatibus curvae elasticae*[46]). Im Art. 2 wird die Reihenentwicklung für das Integral $\int \frac{dx}{\sqrt{1-x^4}}$ und die für seine Umkehrung rekapituliert, aber die in den Artikeln 1, 3 und 8 enthaltenen numerischen Werte für die kompletten Integrale

$$A = \int\limits_0^1 \frac{dx}{\sqrt{1-x^4}}, \quad B = \int\limits_0^1 \frac{x^2\,dx}{\sqrt{1-x^4}}$$

erfordern eine besonders aufmerksame Betrachtung. — Dass der im Art. 1 angegebene Wert $A = 1{,}311031$ von EULER herrührt (a. a. O., S. 104) wird zwar nicht hier, wohl aber in einer aus dem Jahre 1798 stammenden Aufzeichnung der Scheda Aa (Werke III, S. 413) ausdrücklich bemerkt; der ebenfalls im Art. 1 angegebene STIRLINGsche Wert, bei dem GAUSS ausdrücklich auf die *Methodus Differentialis* Bezug nimmt (der Wert wird daselbst S. 58 aus einer Reihenentwicklung berechnet), zeigt, dass EULERS Wert zu gross ist. Da nach EULER (a. a. O., S. 106) $AB = \frac{1}{4}\pi$ ist, erscheint der im Art. 3 gegebene EULERsche Wert von B entsprechend zu klein; STIRLING hat (a. a. O., S. 57) auch den Wert von B auf 17 Dezimalstellen. In der Scheda Aa (Werke III, S. 413), also 1798, verifiziert GAUSS den STIRLINGschen Wert von A »mit Anwendung der Formel arc sin lemn $\frac{7}{23} + 2$ arc sin lemn $\frac{1}{2}$«, also mit Hilfe des

---

46) 1782—86, EULERI Opera ser. I, vol. 21, S. 91, vergl. auch Werke X, 1, S. 149.

Additionstheorems, und in der Abhandlung *circa seriem* (1812, Werke III, S. 150) gibt er einen noch genaueren Wert, den er »durch eine auf einen besonderen Kunstgriff gegründete Rechnung« gefunden hat. Welche grosse Bedeutung gerade der Wert von B oder, mit der von GAUSS später ange-wandten Bezeichnung $\frac{1}{2}\varpi = \int\limits_0^1 \frac{dx}{\sqrt{1-x^4}}$, der Wert $2B = \frac{\pi}{\varpi}$ für die Entwicklung des GAUSSschen Gedankenganges gehabt hat, werden wir weiter unten ausführ-lich zu zeigen haben. Hier bemerken wir nur noch, dass im Art. 8 (Werke X, 1, S. 149) die A, B, bezw. lineare Kombinationen dieser Werte, als die beiden ersten Entwicklungskoeffizienten von $(1 + \sin^2\varphi)^{-\frac{1}{2}}$ nach den Kosinus der Vielfachen von φ auftreten, eine Entwicklung, die sich auch im *Calculus integralis* von EULER findet (Opera ser. I, vol. 11, S. 98). GAUSS benutzt dort die erhaltenen Reihen auch zur numerischen Verifikation der Gleichung $\frac{2A}{\pi} = \frac{1}{2B}$; eine geschicktere Ausführung derselben Rechnung findet sich auf der Rückseite des Titelblattes des *Leiste* (Werke X, 1, S. 169, Art. 5, vergl. die Bemerkung S. 171). Als wesentliches Moment erscheint in diesen Aufzeichnungen die Anwendung des EULERschen Additionstheorems für das Integral erster Gattung, das dann im Art. 4 (Werke X, 1, S. 147) zu den Additions- und Multipli-kationsformeln für die Umkehrungsfunktion ausgestaltet wird, ferner aber der Übergang von den bloss formalen Methoden des Rechnens mit Reihen zu numerischen Bestimmungen, die als eine Art Zwischenstufe für den Fortschritt zu wirklich quantitativen Methoden (Konvergenzuntersuchungen, Restabschät-zungen) angesehen werden können.

GAUSS hat sich wohl darum dazu entschlossen, das lemniskatische Inte-gral zum Gegenstande eingehender Untersuchungen zu machen, weil er in ihm auf Grund seines Ursprungs aus der Rektifikation der Lemniskate die genuine Analogie des trigonometrischen Integrals zu finden hoffte; dass das Integral, das den Bogen der Ellipse darstellt, keine Analogie mit dem den Kreisbogen liefernden trigonometrischen Integrale darbietet, musste ihm schon aus der Form des Additionstheorems für die Integrale erster Gattung deutlich werden. Aus dem Additionstheorem erschliesst er nun des weitern, dass die Umkehr-funktion des lemniskatischen Integrals eine eindeutige und periodische Funk-tion ist.

An Aufzeichnungen kommen hier vorerst in Betracht:

1. die Leistenotizen Werke X, 1, S. 152—164,
2. die Werke III, S. 404—406, Artikel 1—4 abgedruckten Fragmente, die GAUSS auf lose Blätter (Fh) etwa zu Anfang des Jahres 1798 aufgezeichnet haben dürfte.

GAUSS setzt:

$$x = \sin \operatorname{lemn}\left(\int_0^x \frac{dx}{\sqrt{1-x^4}}\right), \quad \tfrac{1}{2}\varpi = \int_0^1 \frac{dx}{\sqrt{1-x^4}},$$

$$x = \cos \operatorname{lemn}\left(\tfrac{1}{2}\varpi - \int_0^x \frac{dx}{\sqrt{1-x^4}}\right)^{47})$$

und stellt die Additions- und (ganzzahligen) Multiplikationsformeln zusammen. Von den letzteren scheint GAUSS alsbald zur Teilungsgleichung übergegangen zu sein, denn am 19. März 1797 trägt er bereits in sein *Tagebuch* die Notiz 60. ein: »Weshalb man bei der Teilung der Lemniskate in n Teile auf eine Gleichung vom Grade n^2 geführt wird«. Aus dieser Fassung geht auch unzweifelhaft hervor, dass GAUSS zu jener Zeit (März 1797) schon die zweite (imaginäre) Periode entdeckt hatte, da die doppelte Periodizität, und nur diese, den Grund dafür erkennen lässt, »weshalb« die Teilungsgleichung vom Grade n^2 ist[48]). Damit war ihm aber nicht nur der Zugang zu den tiefsten

---

47) In der Handschrift bezeichnet GAUSS den Wert des Integrals von 0 bis 1 mit $\tfrac{1}{2}\pi$ und die Umkehrungsfunktion mit

$$x = \operatorname{sn}\int \frac{dx}{\sqrt{(1-x^4)}} = \operatorname{cs}\left(\tfrac{1}{2}\pi - \int \frac{dx}{\sqrt{(1-x^4)}}\right).$$

In bezug auf die Bezeichnungen ist noch folgendes zu bemerken. An manchen Stellen (namentlich nach 1798 in der Scheda Aa) hat GAUSS für den sinus und cosinus lemniscaticus eigene Zeichen; 1797 im *Leiste* schreibt er anfangs dafür einfach sin, cos oder auch nur s, c; aber auch die im Texte angewandten (von SCHERING benutzten) Abkürzungen finden sich im *Leiste* (z. B. bei S. 92, 93). Die Bezeichnung ϖ für die halbe Periode gebraucht GAUSS von 1798 an ganz konsequent. Der benutzte Buchstabe ist eine ältere, den Druckwerken des XVIII. Jhs. eigentümliche Form des π, die sich z. B. auch in der *Introductio* von EULER findet; GAUSS will also daran erinnern, dass ϖ für die Lemniskate die analoge Rolle spielt, wie π für den Kreis. In den Aufzeichnungen im *Leiste* (Werke X, 1, S. 152—159) wird der vierte Teil der lemniskatischen Periode mit Π oder geradezu mit π und in der Tagebuchnotiz 63. mit π' (d. h. also das π der Lemniskate!) bezeichnet.

48) In seiner Gedächtnisrede auf JACOBI (JACOBIs Werke I, S. 9) bemerkt DIRICHLET: »So hatte man ... gefunden, dass der Grad der mit Hilfe des EULERschen Satzes gebildeten Gleichung, von deren

Ergebnissen der Theorie der lemniskatischen Funktionen frei gemacht, sondern er fand sich auch genötigt, seine Funktionen für komplexe Werte der Variabeln zu untersuchen.

Damit hängt wohl die Notiz zusammen, die GAUSS auf der letzten Seite des *Tagebuchs* eingetragen hat (Werke X, 1, S. 515 bei Nr. 60 des *Tagebuchs*): »Imaginäre Grössen: Es wird ein allgemeines Kriterium verlangt, nach dem man komplexe Funktionen von mehreren Variabeln von nichtkomplexen unterscheiden kann«, und bei der das mit Bleistift geschriebene Datum: »1797, Apr. 15.«, obwohl etwas verwischt, noch deutlich erkennbar ist. — Dass GAUSS die Bezeichnung »komplexe Grössen« erst verhältnismässig spät, öffentlich nicht vor 1831, ständig benutzt, könnte es ja zweifelhaft erscheinen lassen, ob das, was er hier unter komplexen, bezw. nichtkomplexen Funktionen versteht, sich mit dem deckt, was wir nach dem heutigen Sprachgebrauch uns darunter vorstellen; dabei muss allerdings bemerkt werden, dass in einer Aufzeichnung (Werke X, 1, S. 472, siehe auch ebenda, S. 443), die aus dem Jahre 1805 stammen dürfte, der Ausdruck »Zug komplexer Werte« benutzt wird. Aber wie immer es auch sei, so werden wir in dem Grad der Teilungsgleichung das entscheidende Moment dafür zu erblicken haben, das GAUSS veranlasst hat, die lemniskatischen Funktionen für Werte des Arguments von der Gestalt $u + iv$ untersuchen, und zwar gleichgültig, ob wir annehmen, dass er die doppelte Periodizität sofort in der uns heute geläufigen Form von Aggregaten der beiden Perioden 2ϖ und $2i\varpi$ mit reellen ganzzahligen Koeffizienten $a \cdot 2\varpi + b \cdot 2i\varpi$, oder vielleicht zunächst in der Form von komplexen ganzzahligen Vielfachen der einen Periode, also $(a + ib)2\varpi$ aufgefasst hat. Die im *Leiste* aufgezeichnete Tabelle, Werke X, 1, S. 154, Art. 5, gibt beiden Auffassungen Raum [49]; man könnte sogar die zweite Auffassung, die sich den arithmetischen Gedankengängen von GAUSS anpasst, für die wahrscheinlichere

---

Lösung die Teilung des elliptischen Integrals abhängt, nicht wie in der analogen Frage der Kreisteilung der Anzahl der Teile, sondern dem Quadrate dieser Anzahl gleich ist. Die Bedeutung der reellen Wurzeln, deren Anzahl mit jener übereinstimmt, war leicht ersichtlich, wogegen die zahlreichen imaginären ganz unerklärlich erscheinen mussten. Aber dass hier ein Geheimnis verborgen liege, darüber hatte man vor ABEL und JACOBI kein Bewusstsein, und ihnen war es vorbehalten, sich zuerst über diese und ähnliche Erscheinungen zu wundern.« Vergl. auch a. a. O., S. 11.

[49] Sie gibt in der Ebene der komplexen Variabeln das quadratische **Punktgitter**, dessen Bedeutung für die Theorie der biquadratischen Reste BACHMANN, Abh. 1 dieses Bandes, S. 27, erörtert.

halten, schon weil sich ihr das Auftreten der komplexen Multiplikation in ungezwungenster Weise an die Seite stellen lässt (vergl. auch weiter unten Abschn. IVb)).

Mit den unmittelbar folgenden Tagebuchnotizen 61., 62., 63. vom März 1797 korrespondieren die Aufzeichnungen im *Leiste*, die Werke X, 1, S. 153 —163 abgedruckt sind (vergl. die zugehörigen Bemerkungen, S. 164—166), die wir also mit Sicherheit für die hier in Rede stehende Zeit in Anspruch nehmen können[50]). GAUSS bestimmt auf Grund der aus dem Additionstheorem folgenden Formeln die Nullstellen und Unendlichkeitsstellen der Funktionen sin lemn und cos lemn und leitet daraus die Darstellung dieser Funktionen in der Form von Quotienten doppelt unendlicher Produkte her; auch für die Konvergenzuntersuchung dieser Produkte findet sich ein Ansatz[50a]). Die gedachten Funktionen erscheinen also als Quotienten von ganzen transzendenten Funktionen, die GAUSS anfangs mit M, N, μ, ν später mit P, Q, p, q bezeichnet. Es werden nun diese ganzen Funktionen in gewöhnliche Potenzreihen der Variabeln x entwickelt, und GAUSS hebt (Werke III, S. 406) hervor, dass diese Potenzreihen »schneller konvergieren als jede gegebene Konvergenz«, während für die formal schon 1796 aufgestellte Potenzreihenentwicklung des sin lemn jetzt festgestellt wird, dass sie divergiert, wenn die Variable grösser ist als

---

50) Die Notiz 61. besagt, dass die Reihen

$$S_k = \Sigma \left(\frac{m^4 - 6m^2n^2 + n^4}{(m^2 + n^2)^4} \right)^k, \qquad (k = 1, 2, 3 \ldots)$$

wo die m, n alle Paare ganzer positiver Zahlen, mit Ausnahme von $m = n = 0$, durchlaufen, von den Potenzen der lemniskatischen Periode $\frac{1}{2}\varpi$ abhängen (vergl. für den Beweis die Bemerkung Werke X, 1, S. 516). GAUSS hat also hier im lemniskatischen Falle die Klasse von Reihen betrachtet, die in allgemeinster Form von G. EISENSTEIN (CRELLES Journal 35, 1847, S. 153, Mathem. Abhandl. 1847, S. 213) untersucht worden sind.

50a) So stehen im *Leiste* (Werke X, 1, S. 154, 155) die Formeln

$$\left(1 - \frac{x^4}{\Pi^4}\right)\left(1 - \frac{x^4}{16\Pi^4}\right)\left(1 - \frac{x^4}{81\Pi^4}\right)\cdots, \quad \Sigma \frac{1}{\rho^4} = 2\left(\frac{1}{1} + \frac{1}{16} + \frac{1}{81} + \text{etc.}\right).$$

Und in der Scheda Aa (1798) heisst es (Werke III, S. 415): »Lässt man die Werte von sin φ, die sin lemn φ = 0 machen, nach bekannten Regeln ein unendliches Produkt erzeugen, ebenso die Werte von sin φ, die sin lemn φ = ∞ machen, setzt das erstere gleich $P\varphi$, das zweite gleich $Q\varphi$, so wird es gestattet sein zu setzen:

$$\text{sin lemn } \varphi = \frac{P\varphi}{Q\varphi},$$

was wir strenge beweisen können.«

$\frac{\varpi}{\sqrt{2}}$ [51]) und die für cos lemn, wenn die Variable grösser ist als ϖ. Wie KÖNIGS-BERGER[52]) bemerkt hat, sind die Zähler und Nenner M, N genau die für den lemniskatischen Fall spezialisierten Al-Funktionen von WEIERSTRASS.

Bemerkenswert ist, dass GAUSS im *Leiste* (Werke X, 1, S. 153) neben dem lemniskatischen Integral auch das Integral

$$\int \frac{dx}{\sqrt{1-x^3}}$$

betrachtet, offenbar weil es ihm lehrreich erschien, die bei den verschiedenen Integralen auftretenden Realitätsverhältnisse miteinander zu vergleichen. Es findet sich ebenda auch eine Darstellung der Umkehrfunktion dieses Integrals als Quotient von doppelt unendlichen Produkten mit einem Ansatz zur Untersuchung ihrer Konvergenz.

GAUSS stellt nun (*Leiste* S. 66—71, Werke X, 1, S. 156—158, Artikel 7, 8) Formeln auf für die Multiplikation der Variabeln in den ganzen transzendenten Funktionen M, N (den spätern P, Q) mit 2, 4 und mit der komplexen ganzen Zahl $(1 + \sqrt{-1})$, die fast vollständig mit denen übereinstimmen, die sich auf S. 63 des Handbuchs 16, Bb, (begonnen 1801) finden und (in abgeänderter Reihenfolge) Werke III, S. 410, 411 abgedruckt sind. Es sind dies zum Teil die Ausführungen der in der Tagebuchnotiz 63. (vom 29. März 1797, Werke X, 1, S. 517) unter 1) bis 3) angegebenen Resultate. In bezug auf die unter 4) und 5) ausgesprochenen Resultate, wonach für die Nennerfunktion N des sinus lemniscaticus die Gleichung $\log N(\varpi) = 1{,}570796 = \frac{1}{2}\pi$ durch numerische Induktion gefunden wurde, ist die entsprechende Rechnung Werke X, 1, S. 158, Art. 9 zu vergleichen. GAUSS sagt von dieser Gleichung in der Tagebuchnotiz, sie sei »höchst bemerkenswert und ihr Beweis verspräche eine gewichtigste Förderung der Analysis«. Wie wir sehen werden, gelingt ihm der Beweis erst im Juli 1798 als Folge der Darstellung von Zähler und Nenner des sin lemn in der Form von einfach unendlichen Produkten.

Bei S. 78 des *Leiste* (Werke X, 1, S. 167, Art. 2) stellt GAUSS Differentialrelationen zwischen den Funktionen P, Q (den früheren M, N) auf;

---

51) »Oder«, sagt GAUSS gleich darauf schärfer, »wenn $\varphi^4 > \frac{\varpi^4}{4}$ gesetzt wird«; φ ist a. a. O. die unabhängige Variable.

52) L. KÖNIGSBERGER, *Zur Geschichte der Theorie der elliptischen Transzendenten*, 1879, S. 95.

mit derselben Bezeichnung P, Q ist bei Seite 26 des *Leiste* (Werke X, 1, S. 167, Art. 1) ein Ausdruck für $P(nx)$ für positiv ganzzahliges n durch P, Q notiert. Wir haben hier einen interessanten Beleg dafür, dass GAUSS manchmal auf früher leer gelassenen Stellen seiner Notizhefte spätere Eintragungen gemacht hat. Überhaupt sind die Werke X, 1, S. 167—170 unter IV. zusammengestellten Leistenotizen den irregulären zuzuzählen.

Auf die Siebenteilung der Lemniskate bezieht sich die Leistenotiz Werke X, 1, S. 160, Art. 1, auf die Fünfteilung (vergl. *Tagebuch* 62. vom 21. März 1797) beziehen sich Leistenotizen, die Werke X, 1, S. 160, Art. 2 und S. 161, 162, Artikel 4, 5 abgedruckt sind.

Das *Tagebuch* führt nunmehr in den Juli des Jahres 1798, nämlich zu den Notizen 91 a., 91 b., 92. — Die in 91 a. angegebene Reihe findet sich auch in der Leistenotiz Werke X, 1, S. 169, Art. 5, wo sie zur Berechnung von $\frac{\varpi}{\pi}$ auf 15 Dezimalstellen benutzt wird. In 91 b. tritt ein wesentlich neuer Gedanke auf (vergl. Werke X, 1, S. 168, Art. 4), nämlich die Entwicklung von sin lemn a in eine Reihe, die nach den Sinus der ungeraden Vielfachen von a fortschreitet, und eine Entwicklung des arc sin lemn sin φ nach den Sinus der geraden Vielfachen des Winkels φ mit in Graden ausgedrückten Zahlenkoeffizienten. Dieser Gedanke bildet die Vorbereitung zu den bedeutungsvollen Entdeckungen, die die Tagebuchnotiz 92. anzeigt, wo GAUSS sagt, er habe »von der Lemniskate alle Erwartungen übertreffende Feinheiten gefunden, und zwar durch Methoden, die uns ein wahrhaft neues Feld eröffnen«. Wir finden diese Resultate in der gleichfalls im Juli 1798 begonnenen Scheda Aa, dem ersten der von GAUSS als Schedae bezeichneten Notizheftchen[53]). Diese beginnt mit einer augenscheinlich das früher Gefundene zusammenfassenden Redaktion der Untersuchungen über lemniskatische Funktionen, die aber bald (Seite 4) abbricht. Die folgenden Einträge (S. 6—8 der Scheda) zeigen wieder ganz den Charakter vorläufiger Notizen und geben die in der Tagebuchauf-

---

53) Aus dieser sind Werke III abgedruckt der Aufsatz *De curva lemniscata* S. 413 ff., u. z. Artikel 1, 2, 3 (S. 3—4 der Scheda), [4] (S. 6 der Scheda), [6] (Zeile 2—6, S. 7 der Scheda, Zeile 7, 8, Seite 8 der Scheda), [7] (bis Ende der S. 417, S. 14, 15 der Scheda, die beiden ersten Gleichungen auf S. 418, S. 21 und 22 der Scheda), [8] (die erste Gleichung S. 27, die vier folgenden und Zeile 2—4 v. u. S. 28 der Scheda). Die Angabe SCHERINGS (Werke III, S. 494), dass dieser Art. [8] aus der Scheda Ac stammt, beruht auf einem Versehen.

zeichnung 92. bezeichneten Entdeckungen wieder, was in den Bemerkungen zu dieser Aufzeichnung (Werke X, 1, S. 535—536) im einzelnen belegt ist. Hier geben wir nur eine Übersicht über die erzielten Fortschritte. Es werden für die Zähler und Nenner der Funktionen sinus und cosinus lemniscaticus an der Stelle der früher benutzten M, N, m, n die den JACOBIschen Thetafunktionen entsprechenden Funktionen P, Q, p, q eingeführt, die sich von jenen durch Exponentialfaktoren unterscheiden; z. B. ist (vergl. Werke X, 1, S. 168, Art. 3 und S. 170, Art. 6)

$$P(x) = M(x) . e^{-\frac{1}{2}\frac{x^2}{\varpi^2}\pi}$$

Sie erscheinen in der schon im *Tagebuch* 91b. eingeführten Variabeln $\sin \varphi$ vermöge der Kenntnis der Null- und Unendlichkeitsstellen von sin lemn als einfach unendliche Produkte, und diese Darstellung liefert sofort den Beweis für die im *Tagebuch* 63. am 29. März 1797 angezeigte Gleichung $N(\varpi) = e^{\frac{1}{2}\pi}$ (vergl. oben). Ferner ergeben sich die Koeffizienten der Entwicklung von sin lemn φ nach den Sinus der ungeraden Vielfachen von φ in allgemeiner Form:

$$(1) \qquad \sin \text{lemn } \varphi = \frac{\pi}{\varpi} \frac{4}{e^{\frac{1}{2}\pi} + e^{-\frac{1}{2}\pi}} \sin \varphi - \frac{\pi}{\varpi} \frac{4}{e^{\frac{3}{2}\pi} + e^{-\frac{3}{2}\pi}} \sin 3\varphi + \cdots,$$

während sie im *Tagebuch* 91b. nur numerisch gegeben waren.

Um nun den letzten Schritt zu vollziehen, der in der Darstellung von Zähler und Nenner selbst in der Form von trigonometrischen Reihen besteht, stellt GAUSS zunächst sehr mühsame und scharfe numerische Rechnungen für $\frac{\pi}{\varpi}, e^{\pi}, e^{-\pi}, e^{\frac{1}{2}\pi}, e^{-\frac{1}{2}\pi}$ an, die zum Teil Werke III, S. 431 Zeile 7 v. u. bis S. 432 abgedruckt sind[54]), und verfährt dann in folgender Weise weiter:

Es werden für diese Zähler und Nenner $P\varphi, Q\varphi, p\varphi, q\varphi$ die Logarithmen genommen, die sich aus der Darstellung der Funktionen selbst in Form von

---

54) GAUSS hat bei diesen Rechnungen Methoden der additiven Zahlentheorie zur Anwendung gebracht, namentlich die Darstellung einer Zahl durch die Summe von zwei Quadraten, um ihren Primzahlcharakter zu entscheiden. Solche Rechnungen finden sich vielfach auch schon in *Leiste*, so S. 48: »discerpendi 283009 in bina quadrata $4225 + 528^2$, Also Primzahl«, ferner S. 96, 103 usw. — Die Werke III, S. 426—431 abgedruckten, auf wesentlich feineren Methoden beruhenden Rechnungen für dieselben Grössen entstammen einer späteren Zeit, da darin die *Disqu. Arithm.* zitiert werden (allerdings ohne Angabe der Artikelnummer, so dass es möglich wäre, dass das genannte Werk damals noch nicht ganz fertig gedruckt war), wahrscheinlich dem Jahre 1800 im Zusammenhang mit der Tagebuchnotiz 112.; vergl. weiter unten Abschn. V c).

einfach unendlichen Produkten mit Benutzung der Formel[55])

$$\log (1 + \mu \cos \varphi) = 2 \sum_{n=1}^{\infty} (-1)^{n+1} \left\{ \frac{\mu}{1 + \sqrt{1 - \mu^2}} \right\}^n \frac{\cos n\varphi}{n}$$

direkt als Reihen ergeben, die nach den Kosinus der geraden Vielfachen von φ fortschreiten. Die Koeffizienten dieser Reihen werden dann (Scheda Aa, S. 21, 22, Werke III, S. 418 oben) numerisch angegeben. Nun knüpft GAUSS (Scheda Aa, S. 23) an die auch im *Leiste* S. 78 (Werke X, 1, S. 167, Art. 2) aufgezeichneten Differentialbeziehungen der $P\varphi$ usw. an und findet die Darstellung von $P\varphi$ selbst in Form einer Reihe, die nach Sinus der Vielfachen von φ fortschreitet, zunächst mit numerischen Koeffizienten[56]). Es tritt dann — offenbar als Ergebnis einer numerischen Induktion — auf S. 27 der Scheda Aa die Formel

$$(2) \qquad \sin \operatorname{lemn} \varphi = \sqrt{\frac{4}{\frac{\pi}{2}} \cdot \frac{\sin \varphi - e^{-2\pi} \sin 3\varphi + e^{-6\pi} \sin 5\varphi - \cdots}{1 + 2e^{-\pi} \cos 2\varphi + 2e^{-4\pi} \cos 4\varphi + \cdots}}$$

auf, der sich dann auf S. 28. eben jene trigonometrischen Reihen für P, Q anschliessen:

$$(3) \qquad \left\{ \begin{aligned} P\varphi &= 2^{\frac{3}{4}} \sqrt{\frac{\pi}{\varpi}} \left\{ \frac{\sin \varphi}{e^{\frac{\pi}{4}}} - \frac{\sin 3\varphi}{e^{\frac{9\pi}{4}}} + \frac{\sin 5\varphi}{e^{\frac{25\pi}{4}}} - \cdots \right\} \\ Q\varphi &= \frac{1}{2^{\frac{1}{4}}} \sqrt{\frac{\pi}{\varpi}} \left\{ 1 + \frac{2\cos 2\varphi}{e^{\pi}} + \frac{2\cos 4\varphi}{e^{4\pi}} + \cdots \right\}^{57)} \end{aligned} \right.$$

und die daraus folgenden:

$$(4) \qquad \left\{ \begin{aligned} 1 - 2e^{-\pi} + 2e^{-4\pi} - 2e^{-9\pi} + \cdots &= \sqrt{\frac{\varpi}{\pi}} \\ e^{-\frac{\pi}{4}} + e^{-\frac{9\pi}{4}} + e^{-\frac{25\pi}{4}} + \cdots &= \frac{1}{2} \sqrt{\frac{\varpi}{\pi}}. \end{aligned} \right.$$

---

55) Scheda Aa, S. 14, Werke III, S. 417; vergl. EULER, *calc. integralis* I, § 295, Opera, ser. I, vol. 11, S. 179.

56) Die betreffende Stelle der Scheda Aa fehlt in Werke III, sie ist Werke X, 1, S. 537 wiedergegeben.

57) Die Gleichungen (1) bis (3) sind hier getreu nach der Handschrift abgedruckt; GAUSS denkt φ auf beiden Seiten im Gradmass gegeben. Will man, wie SCHERING beim Abdruck in Werke III getan hat, auf Bogenmass reduzieren, so muss man linker Hand, d. h. für die Lemniskate, $180^0 = \varpi$ und rechter Hand, d. h. für den Kreis, $180^0 = \pi$ nehmen. Wenn also $\varphi^0/180^0 = \psi$ gesetzt wird, so erhält man in der Tat, wie Werke III gedruckt ist, links $\psi\varpi$, rechts $\psi\pi$.

Wir sehen hier zunächst in (3) die Grösse $\frac{\pi}{\varpi}$ auftreten, die GAUSS (vergl. oben S. 32) so vielfach numerisch berechnet hat. Ferner könnte die Darstellung (4) von $\sqrt{\frac{\varpi}{\pi}}$ durch Potenzreihen von $e^{-\pi}$ bezw. $e^{-\frac{1}{4}\pi}$, deren Exponenten eine arithmetische Progression zweiter Ordnung bilden (die Quadratzahlen sind), eine erste Ahnung des Zusammenhanges suggeriert haben, der zwischen der Grösse $\frac{\varpi}{\pi}$ und dem agM. besteht.

Man geht wohl nicht fehl, wenn man die zuletzt geschilderten Entdeckungen, die die Theorie der lemniskatischen Funktionen zur höchsten Stufe der Entwicklung bringen, mit der Tagebuchnotiz 95. vom Oktober 1798 in Verbindung setzt, der ersten die GAUSS nach dem Abgang von der Universität (siehe weiter unten d)) wieder in Braunschweig geschrieben hat, wo es heisst: »Ein neues Feld der Analysis hat sich uns eröffnet, nämlich die Untersuchung der Funktionen etc.« Das was sich unausgesprochen hinter dem etc. verbirgt, wäre eben das Bewusstsein, dass die bei den lemniskatischen Funktionen angewandten Methoden und die mit ihrer Hilfe zur Erscheinung gebrachten Eigenschaften, nicht nur etwas durchaus neuartiges darstellen, wie man es bei den elementaren Transzendenten nicht kennt, sondern dass die Tragweite dieser Methoden auch nicht auf die so spezielle lemniskatische Funktion beschränkt sein könne, dass diese vielmehr nur das erste Glied einer ausgedehnten Klasse von neuartigen Funktionen bildet, die ein neues Feld der Analysis ausmachen, und zu denen sich GAUSS den Zugang erschlossen hat. In der Überzeugung, sich ein solches Gebiet erobert zu haben, dürfte ihn der vermutete Zusammenhang zwischen der lemniskatischen Funktion und dem agM. bestärkt haben, wie daraus hervorgeht, dass die Tagebuchnotiz 98. vom 30. Mai 1799, die diesen Zusammenhang zunächst auf Grund einer numerischen Induktion ausspricht, mit den zuversichtlichen Worten endet: »wenn dies bewiesen sein wird, so ist damit s i c h e r ein neues Feld der Analysis erschlossen«. Ehe wir nun dazu übergehen, die Entwicklung der Theorie des agM. bis zu diesem Zeitpunkte zu schildern, mögen noch einige allgemeine Bemerkungen über das bereits Dargelegte angefügt werden.

Auf die Entwicklung des GAUSSschen Gedankenganges wirft eine Bemerkung einiges Licht, die GAUSS 1828 in einem vom 30. März datierten

Briefe an BESSEL macht. Er schreibt[58]): »Zur Ausarbeitung der seit vielen Jahren (1798) angestellten Untersuchungen über die transzendenten Funktionen werde ich vorerst wohl noch nicht kommen können, da erst noch mit manchen andern Dingen aufgeräumt werden muss. Herr ABEL ist mir, wie ich sehe, jetzt zuvorgekommen und überhebt mich in Beziehung auf etwa ein Drittel dieser Sachen der Mühe, zumal, da er alle Entwicklungen mit Eleganz und Konzision gemacht hat. Er hat gerade denselben Weg genommen, welchen ich 1798 einschlug, daher die grosse Übereinstimmung der Resultate nicht zu verwundern ist. ... Jeder Missdeutung zuvorzukommen bemerke ich jedoch, dass ich mich nicht erinnere, von diesen Sachen irgend jemand etwas mitgeteilt zu haben[59])«.

In der Tat ist GAUSS ebenso wie ABEL zunächst vom Additionstheorem ausgegangen, hat mit Hilfe desselben die Periodizität bewiesen, dann die Nullstellen und Unendlichkeitsstellen der Funktionen sin lemn und cos lemn bestimmt und aus diesen »nach bekannten Regeln« (vergl. Fussnote[50ª]) die Darstellungen der Zähler und Nenner in der Form von unendlichen Produkten gewonnen.

Mit der Entwicklung der Zähler und Nenner in trigonometrische Reihen, wie überhaupt mit der Einführung dieser als selbständiger Transzendenten, ist GAUSS allerdings schon 1798 erheblich über ABELS *Recherches* hinausgegangen, — wenigstens im lemniskatischen Falle. — Diese Einschränkung muss gemacht werden, da keinerlei Anhaltspunkt dafür vorliegt, dass GAUSS schon 1798 die allgemeinen elliptischen Funktionen behandelt hat, und man wird die Bemerkung von GAUSS über seine und ABELS Methoden so aufzufassen haben, dass die 1798 für den Fall der lemniskatischen Funktionen zur Anwendung gebrachten Methoden gemeint seien, die sich ja dann nachträglich auch im allgemeinen Falle bewährt haben.

c) Die Theorie des agM. bis zum 30. Mai 1799.

Zwischen den auf die lemniskatischen Funktionen und andere Gegenstände bezüglichen Aufzeichnungen finden sich im *Leiste* bei den Seiten 25, 26, 37,

---

58) *Gauss-Bessel Briefwechsel*, S. 477, vergl. auch den Werke III, S. 495 zitierten Brief von GAUSS an CRELLE.

59) Auf den Einfluss, den GAUSS (unmittelbar und mittelbar) auf ABEL ausgeübt hat, wird unten im Abschn. IX a) näher einzugehen sein.

48, 49, 56, 83, 88 Notizen über das agM., die Werke X, 1, S. 177—180 abgedruckt sind. Diese Notizen sind irreguläre und stammen allem Anschein nach aus der zweiten Hälfte des Jahres 1799, werden aber vielleicht zum Teil als Niederschlag aus älteren Aufzeichnungen anzusehen sein, die nicht mehr erhalten sind. — Der älteste auf das agM. bezügliche Zettel (Ff) ist Werke X, 1, S. 172, 173 abgedruckt und trägt in lateinischer Sprache die Überschrift »Über das, wenn man so sagen darf, arithmetisch-geometrische Mittel«. Er enthält zunächst die Reihe

$$\mathrm{Tm}\,(1+x) = 1+z = 1+\frac{1}{2}x - \frac{1}{16}xx + \frac{1}{32}x^3 - \frac{21}{1024}x^4 + \frac{31}{2048}x^5$$
$$- \frac{195}{16384}x^6 + \frac{305}{32768}x^7 + \cdots,$$

wo $\mathrm{Tm}\,(1+x)$ das agM. (Terminus medius) zwischen 1 und $1+x$ bedeutet, und die Umkehrung derselben:

$$1+x = 1+2z+\frac{1}{2}zz - \frac{1}{4}z^3 + \frac{3}{16}z^4 - \frac{5}{32}z^5 + \frac{23}{256}z^6 - \frac{5}{128}z^7 + \cdots.$$

Es wird dann (vergl. die Bemerkungen Werke X, 1, S. 257—260) eine eindeutige Funktion ε^{*u*} eingeführt, die zu einer Uniformisierung der Beziehung $1+z = \mathrm{Tm}\,(1+x)$ in der Form

$$1+x = \varepsilon^{*u*}, \quad 1+z = \varepsilon^{*\frac{u}{2}*}$$

dienen sollte. Über die Mängel, mit denen dieser Ansatz behaftet ist, vergleiche man die erwähnten Bemerkungen; hier genügt es festzustellen, dass Gauss eine Uniformisierung der durch das agM. gesetzten Beziehung schon zu einer Zeit ins Auge gefasst hatte, als er noch mit den primitiven Methoden des formalen Operierens mit Potenzreihen arbeitete, bei denen er Inversion, Einsetzen von einer Reihe in eine andere u. dgl. durch das Berechnen einiger erster Glieder zu erledigen suchte. Hält man sich vor Augen, dass diese Methoden in der Theorie der lemniskatischen Funktion schon zu Anfang des Jahres 1797 durch die numerisch induktive, mehr quantitative Methode im Sinne Eulers abgelöst worden sind, so wird man veranlasst, den Ursprung dieses Zettels auf eine sehr frühe Zeit zu setzen. Eine obere Zeitgrenze ergibt sich daraus, dass auf der letzten Seite der Scheda Aa mit tändelnder Schrift »Medium Arith. G.« und ebenda auch »Hermannstadt« steht; nun hat Gauss am 31. Oktober 1798 einen Brief von Wolfgang Bolyai empfangen

(*Briefwechsel*, S. 8, 9), in dem dieser von seiner siebenbürgischen Heimat schreibt, und damit stimmt die Tatsache, dass GAUSS die nächste Scheda (Ab) im November 1798 begonnen hat. Er hat sich also Ende Oktober 1798 mit dem agM. beschäftigt, und unser Zettel ist sicher vor dieser Zeit geschrieben.

Die aus dem Anfang des Jahres 1799 stammenden, auf das agM. bezüglichen Aufzeichnungen in der Scheda Ab (Werke X, 1, S. 174—176) stehen allerdings methodisch auch nicht viel höher, sie enthalten aber immerhin schon einiges Numerische, worunter besonders die auf das agM. zwischen 1 und $\sqrt{2}$ Bezug habenden Zahlen hervorzuheben wären; so steht z. B. Werke X, 1, S. 174 unten die Zahl 0,19814, die gleich $M(1, \sqrt{2}) - 1$ ist. — Was in den erwähnten Leistenotizen aus ältern Aufzeichnungen entnommen, und was erst in der zweiten Hälfte des Jahres 1799 gefunden worden ist, lässt sich nur vermuten, jedenfalls zeigt der Inhalt dieser Notizen, dass sie erst nach der Tagebuchaufzeichnung 98. vom 30. Mai 1799 geschrieben sein können. Diese Aufzeichnung lautet wie folgt: »Dass das agM. zwischen 1 und $\sqrt{2}$ gleich $\frac{\pi}{\varpi}$ ist, haben wir bis zur elften Dezimalziffer bestätigt; wenn dies bewiesen sein wird, so ist damit sicher ein wahrhaft neues Feld der Analysis erschlossen«.

Eine Aufzeichnung, wo diese numerische Vergleichung angegeben ist, hat sich nicht vorgefunden. In bezug auf die Berechnung der Grösse $\frac{\pi}{\varpi}$ haben wir gesehen, dass GAUSS nach den verschiedenartigsten Methoden ihren Wert mit immer wachsender Genauigkeit bestimmt hat; zuletzt hat er noch mit Hilfe der Reihen (4) die Grösse $\sqrt{\frac{\varpi}{\pi}}$ auf 26 Dezimalstellen berechnet und, indem er diese Zahl ins Quadrat erhebt, $\frac{\varpi}{\pi}$ selbst bestimmt (siehe genaueres über diese Rechnung Werke X, 1, S. 538). In bezug auf die Berechnung von $M(1, \sqrt{2})$ haben wir aus der damaligen Zeit nur die oben erwähnte Aufzeichnung in der Scheda Ab, aber in der nachgelassenen Abhandlung über das agM. von 1800 (Werke III, S 364) wird dieser Wert auf 19 Dezimalstellen angegeben, und es ist mit Sicherheit anzunehmen, dass GAUSS diese sehr einfache Rechnung schon 1799 ausgeführt haben wird.

Welche Bedeutung GAUSS der Bemerkung vom 30. Mai beigelegt hat, geht unter anderem daraus hervor, dass er dieselbe an JOHANN FRIEDRICH PFAFF in Helmstedt brieflich mitgeteilt hat. Der Brief selbst ist — wie alle Briefe von GAUSS an PFAFF, mit Ausnahme eines einzigen (Werke X, 1, S. 250) —

nicht aufzufinden, aber aus der im Gaussarchiv vorhandenen Antwort von
PFAFF vom 24. November 1799 (Werke X, 1, S. 232, 233) geht mit Sicherheit
hervor, dass GAUSS, als er PFAFF diese Mitteilung machte, noch nicht im Besitz eines analytischen Beweises war. Ja man kann aus der Bemerkung, die
PFAFF in jenem Briefe macht (a. a. O., S. 232): »so leicht das arithmetisch-
harmonische Mittel zu finden und zu beweisen ist[60]), so wenig scheint bei
der ersten Ansicht klar zu sein, wie das agM. zu bestimmen sei« schliessen,
dass GAUSS damals überhaupt noch keine Beziehung zwischen dem agM. und
irgendwelcher »klassischen Grösse«, also auch nicht dem Ellipsenquadranten,
gekannt hat, da er sonst PFAFF sicher davon Mitteilung gemacht hätte, wenn
auch vielleicht in der Form eines »pli cacheté«, wie in dem folgenden Briefe
in bezug auf das elementare Mittel, das zu dem Grenzwert $\sqrt{a^2 - b^2}/\text{arc} \cos \frac{b}{a}$
führt (siehe PFAFFS Antwortschreiben, Werke X, 1, S. 234). — Hiernach wird
man also annehmen dürfen, dass GAUSS, als er durch die Beobachtung vom
30. Mai 1799 veranlasst wurde, sich erneut mit dem agM. zu beschäftigen,
über den elementaren Algorithmus und das, was in den Aufzeichnungen
Werke X, 1, S. 172—173 enthalten ist, hinausgehend nur noch die Beziehung
zu den Potenzreihen, deren Exponenten eine arithmetische Progression zweiter
Ordnung bilden, gekannt haben dürfte, und dass er erst im Sommer oder
Spätherbst 1799 zu weiteren Erkenntnissen fortgeschritten ist.

d) Grundlagen der Analysis. Komplexe Grössen.

GAUSS' freundschaftliche Beziehungen zu PFAFF begannen im Oktober 1798.
Mit dem Schluss des Sommersemesters 1798 hatte GAUSS sein akademisches
Triennium beendet und war, wie er an BOLYAI schreibt[61]), am Dienstag, den
25. September nach Braunschweig zurückgekehrt. Damit hörte auch die ihm
vom Herzog CARL WILHELM FERDINAND gewährte Studienunterstützung auf und
GAUSS wollte sich durch Unterricht etwas zu verdienen suchen; über darauf
hinzielende Versuche berichtet er am 30. September und am 29. November
an BOLYAI, sie führten nicht zum Ziel und er »lebt jetzt grossen Teils auf

---

60) Für dieses ist, wenn a, b die Ausgangszahlen sind $a_1 = \frac{1}{2}(a + b)$, $b_1 = 2ab/(a + b)$ usw., also
$a_1 b_1 = ab$ und folglich, wenn man mit A den Grenzwert bezeichnet, $A^2 = ab$.   SCHLESINGER.

61) *Briefwechsel Gauss-Bolyai*, S. 5; die Briefe von GAUSS an den 1798 noch in Göttingen zurück-
gebliebenen Freund, sind biographisch ausserordentlich interessant und wertvoll.

Kredit«. Wie Sartorius v. Waltershausen berichtet, hat sich Gauss noch ein Jahr vor seinem Tode (1854) wie folgt geäussert: »Ich habe in frühern Zeiten wohl daran gedacht, Unterricht in der Mathematik geben zu müssen und ich hatte mir zu diesem Ende ein Papier ausgearbeitet, das ich noch vor einigen Jahren gesehen habe, das aber vielleicht nicht mehr existiert. Ich hatte darin meine Gedanken über die Metaphysik der Mathematik niedergelegt...« Dieses Papier hat sich im Nachlass gefunden und ist Werke XII, S. 57 ff. abgedruckt, wir kommen nachher auf seinen Inhalt zurück. — Da es mit Unterricht in Braunschweig nichts wurde, konzentrierte Gauss seine Tätigkeit auf die Fertigstellung der *Disquisitiones arithmeticae* und ging im Oktober 1798 nach Helmstedt, um die dortige Bibliothek zu benutzen. »In Helmstedt bin ich gewesen« — schreibt er an Bolyai — »und habe sowohl bei Pfaff als bei dem Aufseher der Bibliothek eine ʿsehr gute Aufnahme gefunden. Pfaff hat meinen Erwartungen entsprochen. Er zeigt das untrügliche Kennzeichen des Genies, eine Materie nicht eher zu verlassen, als bis er sie womöglich ergrübelt hat.« Bald nach seiner Rückkehr in die Heimat gelang es, vom Herzog eine Fortsetzung der Unterstützung zu erlangen, er berichtet am 30. Dezember an Bolyai: »In meiner Lage sind seit meinem letzten Briefe einige günstige Veränderungen vorgegangen; .. der Herzog ... hat erklärt, dass ich die Summe, die ich in Göttingen genossen hatte, auch künftig behalten solle (welche sich auf 158 Taler beläuft jährlich ....). Er wünscht ferner, dass ich Dr. der Philosophie werde, ich werde es aber solange aufschieben, bis mein Werk fertig ist, wo ich es hoffentlich ohne Kosten und ohne die gewöhnliche Harlequinerie werde werden können.« Da sich aber der Druck der *Disqu.* zu lange hinzog, so entschloss er sich »eine andere Pièce von einigen Bogen abdrucken zu lassen, die er nach Helmstedt schicken werde, um .. die Dr.-Würde zu erwerben« (an Bolyai, am 22. April 1799). Es war der Beweis der Wurzelexistenz für eine algebraische Gleichung, den er nach Angabe des *Tagebuchs* (Nr. 80) im Oktober 1797 gefunden hatte. Im Mai sandte er diese Arbeit an Pfaff, zwei Briefe von diesem vom 30. Mai und 8. Juli 1799 (Werke X, 1, S. 99—105) zeigen, mit welchem Interesse und warmem Verständnis Pfaff dieses Erstlingswerk aufgenommen hat. Unter dem 26. Juni richtet Gauss an den Dekan, den Professor der Philosophie

G. E. Schulze, sein lateinisches Promotionsgesuch[62]) aus dem wir einige charakteristische Stellen hierhersetzen:

. . . . »Obwohl ich schon von frühester Kindheit an von leidenschaftlicher Liebe zu den Wissenschaften, insbesondere zu den mathematischen, beseelt war und keine Gelegenheit vorübergehen liess, wo ich mein heisses Bestreben befriedigen konnte — so weit wenigstens wie ich, von fast allen Hülfsmitteln entblösst, dies zu tun vermochte: — so wäre dennoch wegen meiner Familienverhältnisse nur geringe Hoffnung gewesen, das Ziel meiner Sehnsucht so, wie ich wünschte, erreichen und mich ganz den Wissenschaften hingeben zu können, wenn ich nicht durch ein glückliches Geschick unserm gnädigsten Herzoge bekannt geworden wäre. Nicht nur ermuntert durch seine Huld und seinen Zuspruch, den Versuch zu machen, mich den Wissenschaften zu widmen, sondern auch durch seine Freigebigkeit auf das gnädigste unterstützt, habe ich zunächst auf den trefflichen Anstalten unserer Stadt meine allgemeine Bildung gewonnen; dann aber habe ich, nachdem ich jene Schulen durchlaufen, die Akademie zu Göttingen aufgesucht. Dass ich diese der des Vaterlandes vorzog, hatte hauptsächlich seinen Grund in dem Rufe der öffentlichen Bibliothek und der Fülle der literarischen Hülfsmittel, ohne die, wie sattsam bekannt ist, Niemand auch nur Mässiges in den mathematischen Fächern zu leisten imstande ist. Dort brachte ich mein Triennium zu, meine ganze Zeit der Mathematik widmend, und hernach, in dem nun abgelaufenen Jahre, kehrte ich hierher nach Hause zurück.

Durch so zahlreiche und bedeutende Wohltaten verpflichtet unserem besten Fürsten, dessen Gnade mir bis auf diesen Tag niemals gefehlt hat, würde ich es für ein Unrecht halten, wollte ich seinen Willen nicht als einen Befehl und meine heiligste Pflicht ansehen. Deshalb habe ich, als er vor einiger Zeit mir zu verstehen gab, es schiene ihm angemessen, dass ich die Würde eines Doktors der Philosophie mir erwürbe, mich sofort angeschickt diesem Wunsche nachzukommen; und da vor Allem erfordert wird, dass ein Kandidat durch irgend eine Leistung seine Würdigkeit nachweist, so habe ich über ein analytisches Thema von keineswegs geringer Bedeutung einen Aufsatz abgefasst

---

62) Dieses ist im Original und in deutscher Übersetzung abgedruckt in der Nr. 15. des Braunschweigischen Magazins vom 16. Juli 1899 in einem Aufsatze von Dr. Paul Zimmermann, der überhaupt alle Akten betreffend das Promotionsverfahren wiedergibt.

und schon vor einem Monate an den hochberühmten Herrn PFAFF abgesandt, der ihn Ihnen vorlegen wird. Jetzt bitte ich daher Sie, ehrwürdigste Herren, dass Sie nach Prüfung jener Abhandlung mir gemäss dem Rechte Ihrer Fakultät die höchsten Ehren in der Philosophie übertragen.«

Schon am 28. Juni erstattete PFAFF sein Gutachten, in dem es heisst: »Ich kann von dieser Abhandlung nicht anders als sehr vorteilhaft urteilen, da sie von des Verfassers vorzüglichen Fähigkeiten und gründlichen Einsichten einen überzeugenden Beweis enthält, so dass nach deren demnächst zu erwartenden Abdrucke der Kandidat unter diejenigen zu rechnen sein wird, deren Promotion unserer Fakultät zur Ehre gereicht.« Am 16. Juli erfolgte die Promotion in absentia, noch ehe der Druck der Dissertation völlig abgeschlossen war.

Die beiden Ereignisse, der Abschluss der Dissertation und die Beobachtung vom 30. Mai, stempeln den Mai 1799 zum Endpunkt der ersten Jugendperiode, und wir haben nunmehr noch die in diese Periode fallenden anderweitigen Untersuchungen von GAUSS zu besprechen, soweit sie dem hier zu schildernden Gebiet der Funktionentheorie angehören. Es sind dies einmal die Beiträge zur Grundlagenforschung oder, wie GAUSS es nennt, »Metaphysik der Mathematik«, das andere Mal eben die Inauguraldissertation selbst.

GAUSS' Interesse an den Grundlagen der Geometrie und Analysis geht bis in die früheste Jugendzeit zurück, namentlich hat er sich nach seinen eigenen Angaben (vergl. STÄCKEL, Abh. 4 dieses Bandes, Nr. 3, S. 17, 18) mit den auf das EUKLIDsche Parallelenaxiom bezüglichen Fragen schon im Jahre 1792 beschäftigt, in welchem Jahre er auch den BAERMANNschen *Euklid*[63]) sein eigen nennen konnte. Aus der Göttinger Studentenzeit wissen wir, dass er mit WOLFGANG BOLYAI viel über Grundlagen diskutiert hat, soll er doch, nach dem Bericht von SARTORIUS v. WALTERSHAUSEN (a. a. O. Fussnote [13]), S. 17) gesagt haben, BOLYAI sei »der einzige gewesen, der in seine metaphysischen Ansichten über Mathematik einzugehen verstanden habe.« Wenn BOLYAI (vergl. oben S. 23) sagt, GAUSS sei damals in den Elementen der Arithmetik und Geometrie weniger stark gewesen als er selbst, und wenn er später (am 27. Dezember 1808) schreibt »schön wäre es, dass Du oben an den Spitzen der stolzen Türme arbeitest, ich grübele an ihren Gründen«, so wird man

---

63) G. F. BAERMANN, *Elementorum Euclidis libri XV*, Leipzig 1769.

diesen Äusserungen einen gewissen Wahrheitsgehalt in bezug auf die mathe-
matischen Neigungen der beiden Freunde nicht absprechen können. Während
BOLYAI die Grundlagenforschung an sich, um ihrer philosophischen Bedeutung
willen interessierte, dürfte GAUSS von Anfang an mehr an konkreten Problemen
Gefallen gefunden, und in der Grundlagenforschung nur die solide Fundierung
für seine und anderer mathematische Spekulationen gesehen und gesucht haben.
Die Tatsache, dass ihm diese Fundierung für die Zahlentheorie am wenigsten
Schwierigkeiten bereitete, wird ihn mit dazu bestimmt haben, seine Bemühungen
zunächst dieser Disziplin zuzuwenden, und auch sein oft zitierter Ausspruch,
die Zahlentheorie sei die Königin der Mathematik, so wie diese selbst die
Königin unter den Wissenschaften, dürfte zum Teil aus solchen Erwägungen
hervorgegangen sein. Wenn er in der oben erwähnten Aufzeichnung (Werke
XII, S. 57) bei den arithmetischen Beziehungen von Grössen unterscheidet,
»ob der Begriff des Unendlichen vorausgesetzt werden muss oder nicht« und
sagt »der erste Fall gehöre in die höhere, der letztere in die gemeine oder
niedere Mathematik«, so hat er dabei sicher die Zahlentheorie in die zweite
Kategorie gezählt und für die höhere Mathematik die Schwierigkeit, die mit
dem Begriff des Unendlichen einhergeht, darin gesehen, dass dieser Begriff stets
nur im Sinne des Rigor antiquus, der bei den Alten, namentlich bei EUKLID
und ARCHIMEDES, gewohnten Strenge, d. h. also gemäss der Exhaustionsmethode,
zur Geltung gebracht werden darf.

In diesem Sinne wird es auch zu verstehen sein, dass er bei dem Begriff
der reellen Zahl oder Grösse (die beiden Ausdrücke kommen abwechselnd bei
ihm vor) keine weiteren Schwierigkeiten empfunden haben dürfte, wie z. B.
daraus hervorgeht, dass er im Art. 16 der Dissertation mit einer gewissen
schlichten Selbstverständlichkeit sagt: »wir nehmen, um alle Strecken durch
Zahlen ausdrücken zu können, eine willkürliche Strecke als Einheit an«[64]),
und dass er in einer sogleich näher zu besprechenden Handschrift (Werke
X, 1, S. 391) eine veränderliche reelle Grösse »durch alle Zwischengrössen
hindurch stetig abnehmen« oder zunehmen lässt. Er stand eben in bezug auf
den Begriff der reellen, insbesondere der irrationalen Zahl ganz auf dem Stand-

---

[64] Vergl. die Anfangsworte von NEWTONS *Arithmetica universalis*, Cantabrigiae 1707, »Unter einer
abstrakten Zahl verstehen wir das Verhältnis einer beliebigen Grösse zu einer andern von derselben Art, die
als Einheit genommen wird«.

punkt seiner Zeitgenossen und hat darin volle Befriedigung gefunden. Dagegen scheint er in der Ausgestaltung der Begriffe, die mit einer unendlichen Menge von reellen Zahlen einhergehen, schon sehr frühzeitig seine eigenen Wege eingeschlagen zu haben. — Während die Werke XII, S. 57 abgedruckte Handschrift dem Aufbau der elementaren Arithmetik gewidmet ist, scheint es, dass wir in der Werke X, 1, S. 390 abgedruckten eine Art Fortsetzung der ersteren in das Gebiet der »höheren Mathematik« vor uns haben. Die deutsche Redaktion lässt darauf schliessen, dass Gauss auch diese für etwaige Unterrichtszwecke entworfen haben mag, ihr Aufbau ist durchaus elementar und geht vorsichtig vom einfacheren zum schwierigeren. In dieser Handschrift betrachtet er »Reihen« von reellen Grössen, d. h. in der uns geläufigen Terminologie, Folgen, also abzählbare Mengen, die in einer bestimmten Anordnung vorliegen, und bemerkt, dass die Betrachtung »des Inbegriffs einer jeden Anzahl solcher Grössen«, also, wie wir sagen würden, beliebiger linearer Punktmengen, »wenig Nutzen haben würde«. Übrigens sind die von Gauss angestellten Betrachtungen ohne weiteres auch auf beliebige lineare Punktmengen anwendbar.

Eine solche »Reihe« kann nach oben bezw. unten hin beschränkt sein und besitzt dann eine kleinste obere bezw. grösste untere Grenze oder, wie wir lieber sagen wollen, Schranke, deren Existenz Gauss durch einen Stetigkeitsschluss beweist. Durch Weglassen von Gliedern der Reihe kann die obere Schranke nicht vergrössert, die untere nicht verkleinert werden; unterdrückt man also sukzessive immer mehr Glieder der Reihe, so bilden die oberen Schranken eine nicht zunehmende, die unteren eine nicht abnehmende Reihe, und zwar ist, wenn Beschränktheit nach beiden Seiten vorliegt, jedes Glied der Reihe der obern Schranken nicht kleiner als irgendein Glied der Reihe der unteren. — Die erste Reihe besitzt daher eine untere Schranke L, die zweite eine obere Schranke M, und es ist stets $L \geqq M$. — Gauss nennt L die letzte obere, M die letzte untere Grenze, es sind offenbar die von Paul du Bois Reymond sogenannten Unbestimmtheitsgrenzen:

$$L = \lim \sup, \quad M = \lim \inf.$$

Wenn für eine beiderseits beschränkte Reihe $L = M$ gilt, so hat die Reihe eine absolute Grenze, d. h. sie strebt nach einem bestimmten endlichen Grenzwert, einem Limes. — Es ist bei dieser Darstellung, die zur Zeit ihrer Publikation (1912 im Heft III der *Materialien*), trotzdem sie schon über hundert Jahre alt war, durchaus neuartig erschien, besonders bemerkenswert, dass lim sup und lim inf nur auf Grund der Anordnung, also ohne Abstandsbegriff eingeführt werden. Der Begriff des Häufungspunktes, mit dem z. B. BOLZANO operiert, kommt bei GAUSS überhaupt nicht vor, und GAUSS scheint hierauf besonderen Wert gelegt zu haben. Sagt er doch in einem aus späterer Zeit (1825) stammenden Fragment (Werke X, 1, S. 396), das sich allerdings vorwiegend auf komplexe Grössen bezieht, »es sei ganz vorzüglich wichtig, die Theorie des Gegensatzes« — d. h. der Unterscheidung zwischen den verschiedenen Elementen — »zur Klarheit zu bringen ohne Grösse«, was soviel besagen will, wie ohne Abstandsbegriff.

Den Begriff der obern Schranke benutzt GAUSS auch schon im Art. 6 der Dissertation als etwas ihm durchaus vertrautes; auch ist er mit seiner scharfen Erfassung des Limesbegriffs ohne weiteres in der Lage, die Fragen der Konvergenz und Divergenz unendlicher Reihen (Summen) zu behandeln. In der Tat finden wir im Art. 6 der Dissertation, in der Fussnote zum Absatz 3, eine Erörterung über Konvergenz und Divergenz von Potenzreihen, auf die GAUSS selbst bei Gelegenheit (1850, Werke X, 1, S. 435) hinweist, und in dem Nachlassstück über die Summe der divergenten Reihe $1 - 1 + 2 - 6 + \cdots$ (Werke X, 1, S. 382—384) wird von einer Potenzreihe gesagt, sie konvergiere für $\omega < 1$, während die Konvergenz für $\omega = 1$ zwar benutzt, aber nicht ausdrücklich bewiesen wird. In eben diesem Nachlassstück zeigt GAUSS auch, dass er dem Begriff der Summe gewisser divergenter Reihen einen präzisen Sinn beizulegen weiss, und dass er mit der durch divergente Potenzreihen, die linearen Differentialgleichungen genügen, vermittelten asymptotischen Annäherung vertraut war, wobei an den Einfluss der Arbeiten von LAPLACE (1785) zu denken sein wird. — Dass er die asymptotische Darstellung der BESSELschen Funktion $J_1(x)$ für grosse Werte des Arguments gekannt hat, zeigt die Tagebuchnotiz 82. vom 16. Oktober 1797, die (vergl. oben S. 26) einen asymptotischen Ausdruck für die Nullstellen der gedachten Funktion gibt. Näheres hierüber, sowie über die Untersuchung des asymptotischen Verhaltens entfernter Glieder der Entwicklung der Mittelpunktsgleichung findet man in den Bemerkungen Werke X, 1, S. 385—389 und S. 438—447 (vergl. auch unten Abschn. V e)).

Unter allen die Grundlagen betreffenden Fragen erscheint sowohl in ihrer Bedeutung für GAUSS' innere Entwicklung, als auch in bezug auf ihre allgemeine Tragweite, die Lehre von den komplexen Zahlen als die wichtigste. — Die Zweckmässigkeit, ja die Unentbehrlichkeit der damals noch sogenannten imaginären Zahlen stand für GAUSS wohl schon fest, seit er die Theorie der Kreisteilung entwickelt hatte, was nach einer Äusserung von 1819 (Werke X, 1, S. 125) bis in sein erstes Göttinger Studiensemester zurückreicht. — Auch die älteste Stelle, der Art. 91 der *Disquisitiones arithm.*, wo GAUSS eine allgemeine Theorie der imaginären Grössen in Aussicht stellt, stammt (vergl. BACHMANN, Abh. 1 dieses Bandes, Nr. 2.) aus dem Jahre 1796; er sagt daselbst aus Anlass der imaginären Indizes für Zahlen der Form $8n+3$, $8n+7$, dass er sich deren Erörterung für eine andere Gelegenheit vorbehält, wo er »vielleicht ausführlich auch die Theorie der imaginären Grössen zu behandeln unternehmen würde, die nach seinem Urteil bisher von niemand auf klare Begriffe zurückgeführt worden sei«. Und dieses Desiderium einer ausreichenden Rechtfertigung für die Zulässigkeit der imaginären Grössen als »gleichberechtigter Bürger im Reiche der Zahlen« hat GAUSS immer wieder betont, auch hat der Mangel einer solchen Rechtfertigung ihn veranlasst, noch in der Dissertation nicht nur den Gebrauch jener Grössen zu vermeiden, sondern auch mit skeptisch kritischen Bemerkungen gegen ihren rein formalen Gebrauch nicht zurückzuhalten. — Für seine Einstellung zu den komplexen Grössen dürfte aber die Entdeckung der doppelten Periodizität der lemniskatischen Funktionen von ausschlaggebendem Einfluss gewesen sein (Mai 1797, vergl. oben S. 33 ff.), die ihm die Bedeutung der komplexen Grössen in zwiefacher Hinsicht enthüllt hat, nämlich als Zahlen in der Arithmetik und als Variable in der Analysis[65]).

Die Erscheinung, dass der sinus lemniscaticus seinen Wert nicht verändert, wenn das Argument um $(m+n\sqrt{-1})2\varpi$ vermehrt wird, wo m, n reelle ganze Zahlen bedeuten, dass also für diese Funktion die komplexen ganzen Zahlen $m+n\sqrt{-1}$ dieselbe Rolle spielen, wie für den gewöhnlichen Sinus die

---

[65] Vergl. BACHMANN, Abh. 1 dieses Bandes, S. 55.

reellen, muss auf GAUSS einen tiefen Eindruck gemacht haben, zumal auch bei den Problemen der Multiplikation und der Teilung sich das analoge Entsprechen zur Geltung bringen liess. Wir werden also JACOBI beistimmen müssen, wenn er [66]) über die von GAUSS bewirkte Einführung der komplexen ganzen Zahlen in die Theorie der biquadratischen Reste sich wie folgt ausspricht:

»Aber wie einfach jetzt auch eine solche Einführung der komplexen Zahlen als Moduln erscheinen mag, so gehört sie nichtsdestoweniger zu den tiefsten Gedanken der Wissenschaft; ja ich glaube nicht, dass zu einem so verborgenen Gedanken die Arithmetik allein geführt hat, sondern, dass er aus dem Studium der elliptischen Transzendenten geschöpft ist, und zwar der besonderen Gattung derselben, welche die Rektifikation vom Bogen der Lemniscata gibt. In der Theorie der Vervielfachung und Teilung von Bogen der Lemniscata spielen nämlich die komplexen Zahlen von der Form $a + b\sqrt{-1}$ genau die Rolle gewöhnlicher Zahlen. Wie man durch rationale Ausdrücke die trigonometrischen Funktionen des n-fachen Kreisbogens darstellt, so kann man vermittelst rationaler Formeln den Bogen der Lemniscata mit einer komplexen Zahl $a + b\sqrt{-1}$ multiplizieren; wie man den Kreisbogen durch Auflösung einer Gleichung vom n-ten Grade in n Teile teilt, so teilt man den Bogen der Lemniscata in $a + b\sqrt{-1}$ Teile durch Auflösung einer Gleichung vom Grade $aa + bb$. . . . So wird man bei Untersuchung jener besonderen Gattung elliptischer Integrale, wenn man nur einigermassen in ihre Natur eindringt, mit Notwendigkeit darauf hingedrängt, die Zahlen $a + b\sqrt{-1}$ als Divisoren einzuführen. Mögen nun auch jene Untersuchungen der Integralrechnung viel komplizierter und schwieriger erscheinen, als jener einfache Gedanke der Zahlenlehre, so ist es doch nicht immer das Einfache, welches sich zuerst darbietet. GAUSS versichert in den *Disquisitiones arithmeticae* (Sect. VII, Werke 1, S. 413), die Methode seiner Kreisteilung auf die Teilung der ganzen Lemniscata anwenden zu können, und verspricht hierüber ein amplum opus zu einer Zeit, in welcher er sich sicher noch nicht, seinen eigenen späteren Angaben zufolge, mit den biquadratischen Resten beschäftigt hatte. Auch ist es nicht unwahrscheinlich, dass er die Fundamentaltheoreme über biquadratische Reste aus dieser Quelle geschöpft hat.«

---

[66]) C. G. J. JACOBI, CRELLES Journal 19, JACOBIS Werke VI, S. 275 ff.

Noch unmittelbarer ergab sich, wie wir gesehen haben, aus der Erkenntnis der doppelten Periodizität der lemniskatischen Funktionen die Notwendigkeit, das Gebiet einer veränderlichen Grösse dadurch zu erweitern, dass dieser Grösse beliebige komplexe Werte beigelegt werden.

Schon EULER hatte zwar die Einführung der komplexen Variabeln in formaler Weise vollzogen, indem er einerseits den Zusammenhang zwischen den Kreisfunktionen und der Exponentialfunktion begründet, andererseits die Logarithmen negativer und imaginärer Zahlen untersucht hat[67]. Für GAUSS handelte es sich aber darum, durch Eingehen auf die »wahre Metaphysik der imaginären Grössen« ihre reale Existenz und damit die Berechtigung, sich ihrer in der Analysis zu bedienen, definitiv zu begründen. Vor der Öffentlichkeit geschieht dies erst im Jahre 1831[68], weil — wie GAUSS sich dort ausdrückt — »es bisher an einer Veranlassung gefehlt hat«, er fügt aber gleich hinzu, dass »aufmerksame Leser die Spuren davon in der 1799 erschienenen Schrift über die Gleichungen und in der Preisschrift über die Umbildung der Flächen leicht wiederfinden werden.«

Die erstere Schrift fällt, wie wir wissen, ihrer Entstehungszeit nach in das Jahr 1797, wir werden also für dieses Jahr einerseits die Entdeckung der Darstellung komplexer Grössen durch die Punkte einer Ebene, andererseits, als erste Anwendung dieser Darstellung, den geometrischen Beweis der Wurzelexistenz anzusetzen haben.

Was zunächst den ersten Punkt betrifft, so heisst es in der *Anzeige* (Werke II, S. 175): »Die Realität der negativen Zahlen ist hinreichend gerechtfertigt, da sie in unzähligen Fällen ein adäquates Substrat findet, ... allein die den reellen Grössen gegenübergestellten imaginären .... sind noch immer weniger eingebürgert als nur geduldet. .... Der Verfasser hat diesen hochwichtigen Teil der Mathematik seit vielen Jahren aus einem verschiedenen Gesichtspunkte betrachtet, wobei den imaginären Grössen ebensogut ein Gegenstand unterlegt werden kann, wie den negativen.« Und in der Abhandlung selbst liest man, nachdem im Art. 30 die komplexen ganzen Zahlen einge-

---

67) Über EULERS Untersuchungen zur Theorie der Funktionen einer komplexen Variabeln berichtet STÄCKEL, Bibliotheca Mathem. (III) 1, 1900, S. 113 ff.

68) *Theoria residuorum biquadraticorum, Commentatio secunda*, Artikel 30—38, Werke II, S. 102—110 und *Anzeige* dieser Abh. ebenda S. 169 ff.; vergl. besonders S. 175 ff.

führt worden sind[69]), im Art. 38: »In den Grenzen dieser Untersuchung wird es angemessen sein, anzugeben, wie man das Gebiet der komplexen Grössen der Anschauung unterwerfen kann. So wie man eine jede reelle Grösse durch eine von einem Anfangspunkte einer beiderseits unendlichen Geraden aus genommene Strecke, die durch eine beliebige Einheitsstrecke gemessen wird, oder auch durch deren andern Endpunkt darstellen kann, so dass die Punkte auf der einen Seite vom Anfangspunkte aus die positiven, die auf der andern Seite, die negativen Grössen repräsentieren, so kann jede komplexe Grösse $x+yi$ durch den Punkt einer unendlichen Ebene dargestellt werden, dessen Abszisse $= x$, dessen Ordinate (zu einer Seite der Abszissenlinie positiv, zur andern negativ genommen) $= y$ ist. Dies festgesetzt, kann man sagen, dass eine beliebige komplexe Grösse die Ungleichheit zwischen der Lage des Punktes, auf den sie sich bezieht, und der des Anfangspunktes misst, wenn man als positive Einheit $+1$ eine beliebige bestimmte Abweichung nach einer beliebigen bestimmten Richtung bezeichnet, als negative Einheit -1 die gleiche Abweichung nach der entgegengesetzten Richtung und als imaginäre Einheiten $+i, -i$ die gleich grossen Abweichungen nach zwei seitlich senkrechten Richtungen. So wird die Metaphysik der Grössen, die wir imaginär nennen, vortrefflich illustriert. Sind m, m' zwei komplexe Grössen, M, M' die Punkte, deren relative Lage zum Anfangspunkte (0) sie ausdrücken, so wird $m-m'$ nichts anderes sein, als die relative Lage von M zu M', während mm' die Lage eines Punktes N relativ zu (0) darstellt, die durch die Lage von M relativ zu (0) ebenso bestimmt wird, wie die Lage von M' durch die Lage des Punktes, dem $+1$ entspricht, so dass man nicht unangemessen sagen kann, dass die Lagen der Punkte, die den komplexen Grössen $mm', m, m', 1$ entsprechen, eine Proportion bilden. Eine eingehendere Behandlung dieser Sache behalten wir uns für eine andere Gelegenheit vor.« Hält man hierzu noch die Stelle der *Anzeige* (Werke II, S. 177), wo gesagt wird, dass die bisher unbestimmt gebliebenen »imaginären Einheiten« $+i, -i$ in dem angegebenen Sinne mittlere Proportionalgrössen zwischen $+1$ und -1 sind, also dem Zeichen $\sqrt{-1}$ entsprechen, so kann man sagen, dass GAUSS in diesen wenigen Zeilen in knapper, aber alles wesentliche erschöpfender Weise die Darstellung der komplexen Grössen als Vektoren in der Ebene und die Gesetze des Rechnens

---

69) Vergl. übrigens auch das aus 1811 stammende Nachlassstück, Werke II, S. 313.

mit solchen Vektoren gegeben hat. Dabei legt GAUSS, wie aus den weiteren Ausführungen der *Anzeige* und besonders scharf aus der, aus dem Jahre 1825[70]) stammenden, nachgelassenen Notiz (Werke X, 1, S. 396, 397) hervorgeht, den Hauptnachdruck auf den Umstand, dass, während bei den reellen Zahlen das zu ihrer Versinnlichung dienende Substrat aus Dingen besteht, wo jedes, wie die Punkte einer Linie »nur zu zweien ein Verhältnis der Ungleichheit hat«, bei den komplexen Zahlen Dinge in Betracht kommen, die, wie die Punkte einer Fläche, »zu dreien in einem Wechselverhältnis stehen, und wo es zwischen den Verhältnissen ein Verhältnis gibt«. Und nun folgt die bereits oben angeführte Stelle von der Wichtigkeit, »die Theorie des Gegensatzes zur Klarheit zu bringen ohne Grösse« also, wie wir sagen würden, ohne Metrik, nur durch die ein bezw. zweidimensionale Anordnung, ein Prinzip, dem die oben geschilderte Einführung des Grenzbegriffs durchaus angepasst erscheint. — Es ist auch keine Spur dafür vorhanden, dass GAUSS jemals für den Grenzbegriff im komplexen Gebiete die uns seit CAUCHY so geläufige Definition mit Hilfe des Abstandes (absoluten Betrages) benutzt haben würde, vielmehr hat er eben die Existenz des Grenzwerts einer komplexen Zahlenfolge einfach in der Existenz der Grenzwerte für die Folgen der beiden Koordinaten gesehen.

Erst nach der Erörterung dieser abstrakten Relationen folgt in der *Anzeige* (Werke II, S. 176, 177) die anschauliche »Darstellung im Raume«, wo dann »kein Grund vorhanden ist, die Symbole der Gegenstände anders als quadratisch anzuordnen« und man auch ganz »nach Gefallen« den sich auf $+i$ beziehenden Punkt »rechts oder links« von der die Punkte $+1$ und -1 verbindenden Linie nehmen kann[71]).

Bekanntlich haben unabhängig von GAUSS und voneinander auch J. R. ARGAND (1806) und C. WESSEL (1799) die geometrische Versinnlichung der komplexen Grössen gefunden; neuerdings gründet man die Berechtigung, komplexe Grössen als Substrate für die formalen Rechenoperationen zu betrachten, auf die von W. R. HAMILTON[72]) und JOHANN BOLYAI[73]) herrührende Auffassung

---

70) Vergl. den aus etwa derselben Zeit stammenden Brief an HANSEN, Werke XII, S. 6—9.

71) Auf die Erörterung über die Unterscheidung zwischen rechts und links, die in der *Anzeige* folgt, und die damit zusammenhängende Auseinandersetzung mit KANT kommen wir an späterer Stelle (Abschnitt VIII, c)) zurück.

72) R. W. HAMILTON, Transactions of the Royal Irish Academy 17 (Dublin 1837), S. 293 und *Lectures on Quaternions* (ibid. 1853) Vorrede.

73) JOHANN BOLYAI, *Responsio ad quaestionem .... ab Incl. Soc. Jablonowskiana Lipsiae anno*

dieser Grössen als Paare von reellen bezw. Quadrupel von positiven Grössen. JOHANN BOLYAI hat in seiner Abhandlung auch eine Kritik der von GAUSS entwickelten Auffassung gegeben, aus der wir nur eine Stelle wiedergeben wollen, da die andern Einwände sich als gegenstandslos erweisen [74]. BOLYAI sagt in bezug auf die Darstellung der *Anzeige*: »Die vorliegende Auseinandersetzung stützt sich .... auf die Betrachtung des Raumes, die man in der Arithmetik vermeiden soll« (STÄCKEL, a. a. O., S. 233). Natürlich hat GAUSS von diesem Einwand BOLYAIS niemals Kenntnis erhalten, umso bemerkenswerter ist es, dass er in verschiedenen Äusserungen aus späterer Zeit ähnliche Bedenken angedeutet und eine rein abstrakte, von allem Räumlichen unabhängige Rechtfertigung der komplexen Grössen erstrebt hat. So sagt er in dem erwähnten Brief an HANSEN (Werke XII, S. 8): »Der wahre Sinn des $\sqrt{-1}$ steht mir dabei mit grosser Lebendigkeit vor der Seele, aber es wird sehr schwer sein, ihn in Worte zu fassen, die immer nur ein vages, in der Luft schwebendes Bild geben können ...«, ferner in dem Brief an DROBISCH [75] (Werke X, 1, S. 106): »Nur ist die Darstellung der imaginären Grössen in den Relationen der Punkte in plano nicht sowohl ihr Wesen selbst, welches höher und allgemeiner aufgefasst werden muss, als vielmehr das uns Menschen reinste, oder vielleicht einzig ganz reine Beispiel ihrer Anwendung«, endlich heisst es in der Jubiläumsschrift (1849, Werke III, S. 79) mit Beziehung auf den Beweis der Wurzelexistenz: »Im Grunde gehört aber der eigentliche Inhalt der ganzen Argumentation einem höheren, von Räumlichem unabhängigen Gebiet

---

1837 motam, zum ersten Male herausgegeben von P. STÄCKEL, Mathem.-Naturw. Berichte aus Ungarn 16 (1899), S. 281, deutsch in STÄCKEL, *Die beiden Bolyai* II, 1913, S. 221.

74) Der zweite Einwand BOLYAIS (STÄCKEL a. a. O., S. 233): »Man begreift nicht, wie man zu dem Schlusse gelangt, dass $+i$ (wie auch $-i$) die mittlere Proportionale zwischen $+1$ und -1 ist, umsomehr als vorher die Proportion nicht allgemein erklärt worden ist und auch Rhomben statt der Quadrate genommen werden können« zeigt, dass JOHANN BOLYAI bei seiner Kritik nur die *Anzeige*, nicht die Abhandlung selbst vor Augen hatte, da ja, wie wir gesehen haben, in der letzteren die allgemeine Definition der Proportion tatsächlich gegeben ist, während in der *Anzeige* nur der Übergang von ± 1 zu $\pm i$ erörtert wird. Dass die quadratische Anordnung nur eine Möglichkeit verkörpert, von der abzugehn »kein Grund vorhanden ist« wird in der *Anzeige* ausdrücklich betont. — Trotzdem hat STÄCKEL (a. a. O. I, S. 133) und ebenso FRAENKEL, *Zahlbegriff und Algebra bei Gauss, Materialien* VIII, 1920, S. 42, diesen Einwand BOLYAIS für berechtigt erklärt.

75) Der Mathematiker und Philosoph M. W. DROBISCH (1802—1896) war übrigens derjenige, der die von JOHANN BOLYAI bearbeitete Preisaufgabe gestellt hatte, in deren Thema auf GAUSS' Versinnlichung der imaginären Grössen ausdrücklich hingewiesen wird. Näheres bei STÄCKEL, a. a. O. I, S. 125 ff.

der allgemeinen abstrakten Grössenlehre an, dessen Gegenstand die nach der Stetigkeit zusammenhängenden Grössenkombinationen sind, einem Gebiete, welches zur Zeit noch wenig angebauet ist, und in welchem man sich auch nicht bewegen kann ohne eine von räumlichen Bildern entlehnte Sprache«, vergl. auch Werke X, 1, S. 408, wo auf diese Stelle der Jubiläumsschrift hingedeutet wird. Namentlich aus der letztzitierten Stelle geht hervor, dass GAUSS in den »Grössenkombinationen«, d. h. wohl in der Betrachtung von Systemen reeller Grössen, 'das Substrat der allgemeinen abstrakten Grössenlehre gesehen hat; in dieser Richtung liegen die aus dem Nachlass veröffentlichten Untersuchungen über drei- und viergliedrige komplexe Grössen (Werke VIII, S. 353—362, vergl. STÄCKEL, Abh. 4 dieses Bandes, Nr. 20), ferner haben wir in dem Nachlassstück (Werke X, 1, S. 408) in den Bezeichnungen »Stelle, Zug, Schicht« für eine einzelne komplexe Grösse, bezw. für ein- und zweidimensionale »nach der Stetigkeit zusammenhängende« Reihen solcher Grössen ein Spezimen dafür, wie sich GAUSS die im »Felde der abstrakten komplexen Grössen« zu verwendende Sprache gedacht hat.

Die schon in der *Anzeige* ausgesprochene Absicht, »den Gegenstand vollständiger zu bearbeiten, wo dann auch die Frage, warum die Relationen zwischen Dingen, die eine Mannigfaltigkeit von mehr als zwei Dimensionen darbieten, nicht noch andere, in der allgemeinen Arithmetik zulässige Arten von Grössen liefern können, ihre Beantwortung finden wird« hat GAUSS leider nicht ausgeführt.

e) Die Inauguraldissertation.

In der Inauguraldissertation[76]) nimmt GAUSS in bezug auf die komplexen oder, wie er sie daselbst noch bezeichnet, imaginären Grössen den Standpunkt ein, dass er erklärt, ihre Zulässigkeit sei bis jetzt noch nicht in ausreichender Weise nachgewiesen worden, und er wolle deshalb von ihrem Gebrauche absehen, indem er sich jedoch »die Rechtfertigung ihrer Einführung sowie eine eingehende Erörterung dieser ganzen Sache für eine andere Gelegenheit vorbehält« (Werke III, S. 6, Fussnote). Die Dissertation selbst zerfällt in zwei

---

76) *Demonstratio nova theorematis omnem functionem algebraicam rationalem integram unius variabilis in factores reales primi vel secundi gradus resolvi posse*, Helmstedt, Fleckeisen 1799, Werke III, S. 1 ff., deutsch in OSTWALDs Klassikern Nr. 14.

Teile, einen kritischen, in dem GAUSS die Beweise, die D'ALEMBERT, EULER,
DE FONCENEX und LAGRANGE für die Wurzelexistenz gegeben haben, bespricht,
und einen zweiten, in dem er seinen eigenen Beweis entwickelt. — Aus dem
ersten, »einer unerschöpflichen Fundgrube mathematischer Ideen«[77]), wollen
wir nur einige für unseren Gegenstand bedeutungsvolle Momente hervorheben.
— In der Kritik des D'ALEMBERTSchen Beweises (Art. 6) enthält die Fussnote
zum dritten Einwand (Werke III, S. 10) die schon erwähnten Bemerkungen
über Konvergenz und Divergenz von Potenzreihen. Es gebe Potenzreihen, die
stets divergieren, wie klein auch der Wert der Variabeln genommen werde,
z. B. die hypergeometrischen, das sind solche, in denen der Koeffizient des
n-ten Gliedes das Produkt der n ersten Glieder einer arithmetischen Reihe
ist, aber unter den stets divergenten Potenzreihen gebe es solche, die zuerst sehr stark, dann immer schwächer und schwächer konvergieren (d. h. dass
die Glieder immer kleiner werden) und schliesslich immer mehr divergieren (d. h.
dass die Glieder wachsen), die aber trotzdem die Summe (was darunter zu
verstehen ist, wird nicht weiter erklärt) mit grosser Genauigkeit liefern, wenn
nicht zu viele Glieder genommen werden. Es sei erwünscht, klar und präzis
zu zeigen, warum dies stattfindet und wie man den Fehler abschätzen könne.
— GAUSS hat sich also damals für divergente Reihen von asymptotischem
Charakter interessiert, wie wir bereits oben bemerkt haben. — Besonders
wichtig ist aber der vierte Einwand, der besagt, dass eine veränderliche Grösse
X, die eine (kleinste) obere Schranke besitzt, diese nicht zu erreichen braucht,
obgleich sie ihr beliebig nahe kommen kann. GAUSS bemerkt zwar, dass in
dem Falle, wo X eine ganze rationale Funktion bedeutet, dies nicht eintritt,
und fügt hinzu, dass der wahre Nerv des D'ALEMBERTSchen Beweises von allen
Einwürfen unberührt bleibe, so dass man auf ihn, mit grösserer Sorgfalt als
bei D'ALEMBERT, nicht nur einen strengen Beweis des algebraischen Satzes
aufbauen, sondern aus ihm auch alles ablesen könnte, was sich in bezug auf
transzendente Gleichungen wünschen lässt. In der Tat deutet GAUSS im Art. 24
eine solche Ausführung des D'ALEMBERTSchen Beweises in geometrischer Form
an, und CLAUSEN hat später (Astronomische Nachrichten 17, 1840, Spalte 325 ff.)
eine analytische Einkleidung desselben Prinzips gegeben. Freilich unterliegt
CLAUSENS Beweis, wie GAUSS in einem Briefe an SCHUMACHER (Werke X, 1,

---

77) FROBENIUS, Gedächtnisrede auf L. Kronecker, Abhandlungen der Berliner Akademie 1893, S. 10.

S. 108) betont, dem vierten Einwand, und der Beweis, dass dieser sich für eine ganze rationale Funktion beheben lässt, kann, wie Gauss daselbst sagt, »im Geiste des Rigor antiquus nicht ohne einige Umständlichkeit geschehen«.

Ebenso wie beim Beweise von d'Alembert ist Gauss' Kritik auch bei den Beweisen von Euler und de Foncenex nicht nur negativ, sondern auch aufbauend. Den Grundgedanken des ersten Beweises von Euler (Art. 7, 8 der Dissertation) und des von de Foncenex (Art. 10, 11) hat Gauss in seinem zweiten Beweise (1815, Werke III, S. 31) in exakter Weise durchgeführt, und in bezug auf den zweiten Eulerschen Beweis (Art. 9), der von der Annahme ausgeht, dass jede algebraische Gleichung durch »arithmetische Operationen und Wurzelausziehungen« gelöst werden kann, sagt er, es möchte vielleicht nicht allzuschwierig sein, die Unmöglichkeit einer solchen Lösung schon für den fünften Grad in aller Strenge nachzuweisen. Ähnlich spricht er sich, unter Bezugnahme auf diese Stelle der Dissertation, im Art. 359 der *Disqu. arithm.* (Werke I, S. 449) aus, während er noch in der Tagebuchnotiz 37. vom September 1796. über einen Versuch berichtet, der zur Lösung einer allgemeinen Gleichung beliebigen Grades durch Wurzelzeichen mit Hilfe der Lagrangeschen Resolvente führen sollte (siehe Werke X, 1, S. 503, 504 und die darauf bezügliche Anmerkung von Loewy).

In bezug auf den vierten Einwand gegen d'Alembert möge noch hervorgehoben werden, dass die darin betonte Notwendigkeit, zu unterscheiden, ob eine veränderliche Grösse ihrer oberen Schranke nur beliebig nahe kommt oder ob sie diese wirklich erreicht, in Gauss' eigener wissenschaftlicher Produktion eine merkwürdige Rolle spielt. In seinem dritten Beweise für die Wurzelexistenz (1816, Werke III, S. 57), auf den wir noch ausführlich zurückzukommen haben, hat er zu Beginn des Art. 2 gegen diesen Einwand verstossen, und ebenso hat er in der Abhandlung über die im verkehrten Verhältnis des Quadrats der Entfernung wirkenden Kräfte (1840, Werke V, S. 197) in den Artikeln 30, 31 aus dem Vorhandensein einer unteren Schranke für ein gewisses Integral ohne weiteres gefolgert, dass dieses Integral einen kleinsten Wert wirklich annimmt (vergl. Bolza, Abhandl. 5 dieses Bandes, S. 77, 78). Auch lobt er in dem Briefe an Drobisch (1834, Werke X, 1, S. 106) neben seinem eigenen dritten Wurzelexistenzbeweise den von Cauchy in der *Analyse algébrique* (1821, S. 329) gegebenen, obwohl dieser genau wie die Beweise von

8*

D'ALEMBERT und CLAUSEN dem vierten Einwand unterliegt (vergl. die Bemerkung zu dem Briefe an DROBISCH, Werke X, 1, S. 110), und auch in der Einleitung zur Jubiläumsschrift[78]) erwähnt er diesen CAUCHYSCHEN Beweis neben seinen drei eigenen.

Der zweite Teil der Dissertation (Artikel 13—24) wird durch die geflissentliche Umgehung des Gebrauchs komplexer Grössen etwas weniger durchsichtig als die Jubiläumsschrift, in der GAUSS bei seinem fünfzigjährigen Doktorjubiläum (1849) eine neue Darstellung seines alten Beweises von 1799 mit Benutzung komplexer Grössen gab, da, wie er sagt, »gegenwärtig .. der Begriff der komplexen Grössen jedermann geläufig« sei. — Setzt man in

$$X = x^n + A x^{n-1} + \cdots + M$$

$x = t + iu$, $t = r \cos \varphi$, $u = r \sin \varphi$, so wird $X = T + iU$, und GAUSS deutet nun (Art. 16) die r, φ als Polarkoordinaten in einer Ebene. — Dies sind offenbar die »Spuren« der geometrischen Deutung komplexer Grössen, die »der aufmerksame Leser« in der Dissertation »wiederfindet«[79]). GAUSS sagt nun (Art. 15), dass die Existenz eines reellen Faktors ersten oder zweiten Grades von X bewiesen sei, wenn man zeigt, dass sich r, φ so bestimmen lassen, dass die Gleichungen $T = 0$, $U = 0$ gleichzeitig erfüllt sind, und er erschliesst aus dem Verlaufe der durch diese Gleichungen gegebenen algebraischen Kurven für grosse Werte von r, dass Schnittpunkte dieser Kurven vorhanden sein müssen. Der Art. 18 zeigt auch deutlich, dass dieser in seiner Einfachheit so bewundernswerte Gedanke, GAUSS' Interesse an dem asymptotischen Verhalten von Funktionen seine Entstehung verdankt. In der Tat ist $\lim_{r \to \infty} X . x^{-n} = 1$, d. h. es wird X für grosse Werte von r durch x^n asymptotisch dargestellt, so dass, wie es im Art. 18 heisst, die Kurven $T = 0$, $U = 0$ die in je $2n$ Strahlen zerfallenden Kurven $\cos n\varphi = 0$ bezw. $\sin n\varphi = 0$ zu Asymptoten haben. Dem-

---

78) *Beiträge zur Theorie der algebraischen Gleichungen* 1849, Werke III, S. 71 ff.

79) Vergl. oben S. 53. Wie P. STÄCKEL, a. a. O. [67]), S. 124 hervorhebt, hat D'ALEMBERT in seiner Arbeit *Recherches sur le calcul intégral*, Histoire de l'Académie 1746 (Berlin, 1748), S. 182—200, derselben, die GAUSS in den Artikeln 5 und 6 seiner Dissertation (Werke III, S. 7) kritisch bespricht, die Gleichungen $T = 0$, $U = 0$ als Kurven in der (t, u)-Ebene aufgefasst, die durch die rechtwinkeligen Koordinaten ihrer Schnittpunkte diejenigen Werte t, u bestimmen, für die $t + u \sqrt{-1}$ eine Wurzel der Gleichung $X = 0$ darstellt. Vergl. ausser der von STÄCKEL zitierten Stelle (Histoire, S. 191, Remarque I-ère) besonders auch a. a. O., S. 188. Immerhin ist es noch ein bedeutsamer Schritt, von dieser Deutung der Wurzeln $t + ui$ bis zu der Darstellung einer beliebigen komplexen Grösse $t + ui$ durch die Punkte einer Ebene.

gemäss besitzen die Kurven $T = 0$, $U = 0$ je $2n$ sich ins Unendliche erstreckende Zweige, die auf einem Kreise mit sehr grossem Radius je $2n$ asymptotisch äquidistante Punkte ausschneiden, so zwar, dass beim Durchlaufen der Kreisperipherie in einem bestimmten Sinne immer abwechselnd ein Schnittpunkt von $T = 0$ und einer von $U = 0$ getroffen wird. In den Artikeln 19 und 20 wird dies für einen Kreis, ausserhalb dessen sicher kein Schnittpunkt der Kurven $T = 0$, $U = 0$ liegt, noch direkt gezeigt, und im einzelnen verfolgt, wie beim Durchlaufen der Peripherie die Vorzeichen der T, U aufeinander folgen. Daraus ergibt sich anschaulich unmittelbar, dass die beiden Kurven $T = 0$, $U = 0$ sich innerhalb dieses Kreises notwendig schneiden müssen, ja man kann, wie es im Art. 23 heisst, ebenso zeigen, dass es im allgemeinen n Schnittpunkte geben wird. — In eben diesem Artikel sagt GAUSS auch, dass es durchaus nicht unmöglich sei, den von ihm auf geometrische Prinzipien begründeten Beweis in rein analytischer Form zu geben, er glaube aber, dass der wahre Nerv des Beweises bei der geometrischen Einkleidung viel klarer vor Augen treten würde, als es sich bei einem analytischen Beweise erwarten liesse. Eine solche analytische Fassung (Arithmetisierung) des GAUSSschen Beweises hat OSTROWSKI gegeben[79a].

Man kann dieser Schlussweise auch die folgende Wendung geben: Es mögen die Koeffizienten von X reelle Grössen sein, wie GAUSS in der Dissertation stets voraussetzt, was ja übrigens keine erhebliche Beschränkung darstellt; nehmen wir dann auf der Kreisperipherie mit grossem Radius etwa den Punkt zum Ausgangspunkt, in dem der Kreis von der positiven reellen Achse geschnitten wird, so ist dort $U = 0$, also X reell positiv. — Gehen wir auf dem Kreise z. B. in der Richtung weiter, in der U positiv wird, so wird in dem nun folgenden Punkte, wo $T = 0$ ist, X positiv imaginär, und wenn man immer in demselben Sinne weiter geht, in dem nächsten Punkte, wo wieder $U = 0$ ist, negativ reell, in dem nächsten Punkte, wo $T = 0$ ist, negativ imaginär und in dem darauf folgenden Punkte, wo $U = 0$ ist, wieder reell positiv; das Argument von X, das heisst also arctg U/T, hat sich demnach um 2π vermehrt. Wenn wir nun die ganze Kreisperipherie einmal durchlaufen, so spielt sich das eben Geschilderte genau n-mal ab, so dass arg X

den Zuwachs $2n\pi$ erfahren wird[80]), denselben Zuwachs also, den auch das Argument $n\varphi$ von x^n erfährt, wie es ja sein muss, weil $\arg(1 + A/x + \cdots)$ doch ungeändert bleibt. Bei einmaligem Durchlaufen des grossen Kreises erfährt folglich $\log X$ die Änderung $2n\pi i$, und nach den uns geläufigen funktionentheoretischen Prinzipien folgt hieraus ohne weiteres, dass innerhalb des Kreises genau n nach ihrer Vielfachheit gezählte Nullstellen von X liegen müssen. — Dass GAUSS im Jahre 1799 nicht im Besitz dieser Prinzipien war, ist sicher, wir werden im Laufe unserer Darstellung sehen, wie weit sich dieselben später bei ihm entwickelt haben.

IV. Die Jahre 1799 und 1800. AgM. Scheda Ac. Allgemeine elliptische Funktionen.

a) Allgemeines. Das agM. nach dem 30. Mai 1799.

»Da ich vor der Hand wohl nicht in die Ketten eines Amts treten werde und in Braunschweig zu meinen Arbeiten zu wenig Hilfsmittel hatte, so fasste ich den Entschluss, mich eine Zeit lang hierher nach Helmstedt zu begeben, wo ich wohl bis zu Ostern bleiben werde«, so schreibt GAUSS an seinen Freund BOLYAI aus Helmstedt am 16. Dezember 1799 und fährt dann fort: »Ich wohne hier bei dem Professor PFAFF, den ich eben so sehr als einen trefflichen Geometer, wie als guten Menschen und meinen warmen Freund verehre; ein Mann von einem arglosen kindlichen Charakter, ohne alle die Leidenschaften, die den Menschen so sehr entehren und bei Gelehrten so gewöhnlich sind. — Da ich noch nicht einmal acht Tage hier bin, so kann ich noch nicht entscheiden, wie ich übrigens hier zufrieden sein werde; der Ort selbst ist affreux, die Gegenden umher werden gerühmt, Bequemlichkeiten des Lebens muss man manche entbehren, der Ton unter den Studenten im Ganzen soll ziemlich roh sein, unter den Professoren, die ich habe kennen lernen, sind artige Männer«[81]). Dass GAUSS ohne die »Ketten eines Amts« gerade in der für die wissenschaftliche Arbeit fruchtbarsten Lebensperiode, bis zur Vollendung des dreissigsten Jahres, sich ganz seinen Untersuchungen hingeben konnte, verdankte er dem feinen Verständnis, das Herzog CARL WILHELM FERDINAND

80) Vergl. A. FRAENKEL, Jahresbericht der D. M.-V. 31, 1922, S. 234 ff.
81) *Briefwechsel Gauss-Bolyai*, S. 36.

für seine geistige Grösse bekundete. GAUSS selbst hat dem väterlichen Freunde in seiner Widmung der *Disqu. arithm.* (Werke I, S. 3, 4) seine Dankbarkeit bezeugt, aber auch von der Nachwelt gebührt dem unglücklichen Fürsten[82]) ein Zoll dankbarer Anerkennung dafür, dass er dem grossen Sohne Braunschweigs die freie, von keiner Sorge um des Lebens Notdurft behinderte Entfaltung seiner Geistesgaben ermöglicht hat.

Über die Beschäftigung von GAUSS in den Sommermonaten des Jahres 1799 besitzen wir keinerlei Aufzeichnungen, erst der September bringt eine Tagebuchnotiz (99.), die von bedeutenden Fortschritten in den Prinzipien der Geometrie berichtet (vergl. STÄCKEL, Abh. 4 dieses Bandes S. 23), und im November meldet die Tagebuchnotiz 100. noch aus Braunschweig, dass er »über das arithmetisch-geometrische Mittel vieles neue entdeckt« habe. Es ist wohl anzunehmen, dass diese Notiz nur besagen will, dass GAUSS vor der Abreise nach Helmstedt (siehe oben) die in den vorhergehenden Monaten gemachten Entdeckungen zusammengefasst und in die eben damals begonnene Scheda Ac einzutragen begonnen hat. Die Leisteaufzeichnungen (Werke X, 1, S. 177—180) dürften wohl etwas früher, noch während der eigentlichen Arbeit geschrieben sein, denn es sind ziemlich zusammenhanglose Formeln, ohne jeden Text.

Der ausschlaggebende Gedanke, der GAUSS durch die Beobachtung des 30. Mai 1799 suggeriert worden ist, war, statt des agM. selbst, seinen reziproken Wert zu betrachten, denn der reziproke Wert von $M(1, \sqrt{2})$ wird, abgesehen von dem Faktor $1/\pi$, durch die lemniskatische Periode ϖ gegeben. In der 1800 begonnenen Abhandlung über das agM. (Werke III, S. 366, 367)[83]) kündigt GAUSS diesen Gedanken mit den eine innere Bewegung verratenden Worten an: »Da ihre Koeffizienten [nämlich die der Reihe für $M(1, 1+x)$, siehe oben S. 42] aber kein durchsichtiges Gesetz erkennen lassen, gehen wir über diese Reihe hinweg und schlagen einen andern Weg ein, der zu einem glücklicheren Erfolge führen wird.«

---

82) Er starb am 10. November 1806 auf der Flucht vor dem Feinde an den Folgen einer Verwundung, die er als Führer der preussischen Armee in der unglücklichen Schlacht von Auerstädt erlitten hatte.

83) Diese Abhandlung sowie alles aus dem Nachlass, was auf das agM. und die allgemeine Theorie der elliptischen Funktionen Bezug hat, hat HARALD GEPPERT in Nr. 225 von OSTWALDS Klassikern übersetzt und durch verbindenden Text mit ergänzenden Einschaltungen zu einem trefflich lesbaren Ganzen gestaltet.

In den Leistenotizen finden wir die Reihe, die den reziproken Wert von $M(1, p)$ darstellt und nach Potenzen von $\nu = \sqrt{1-p^2}$ fortschreitet (Werke X, 1, S. 177, vergl. auch die Bemerkungen, ebenda S. 261—266),

$$(1) \qquad \frac{1}{M(1,p)} = 1 + \left(\frac{1}{2}\right)^2 \nu^2 + \left(\frac{1.3}{2.4}\right)^2 \nu^4 + \cdots,$$

und gleich daneben die Entwicklung für den Quadranten

$$(2) \qquad q = \int_0^1 \frac{(1-\nu^2 x^2)\,dx}{\sqrt{1-x^2 . 1 - \nu^2 x^2}} = \frac{\pi}{2}\left(1 - \left(\frac{1}{2}\right)^2 \frac{\nu^2}{1} - \left(\frac{1.3}{2.4}\right)^2 \frac{\nu^4}{3} - \cdots\right)$$

der Ellipse mit den Halbachsen $1, p$, für $p < 1$. Durch Reihenvergleichung ergeben sich dann die Beziehungen

$$(3) \qquad q = \frac{\pi}{2}\,\frac{1}{M(1, \sqrt{1-\nu^2})} + \nu\,\frac{dq}{d\nu}\;[84]),$$

$$(4) \qquad -\frac{2}{\pi}\,\frac{dq}{d\nu} = \frac{\nu}{M(1, \sqrt{1-\nu^2})} + (\nu^2 - 1)\,\frac{d}{d\nu}\,\frac{1}{M(1, \sqrt{1-\nu^2})},$$

die historisch insofern von besonderem Interesse sind, als sie Beispiele für die »Relationen zwischen verwandten Funktionen« darstellen, für die durch die angegebenen Potenzreihen gelieferten speziellen Fälle der Reihe $F(\alpha, \beta, \gamma, x)$.

Die Reihenentwicklungen für q und $\frac{dq}{d\nu}$ dürfte Gauss der Eulerschen Abhandlung *Animadversiones in rectificationem ellipsis* (Opuscula varii argumenti II, 1750, S. 121 ff.; Opera, ser. I, vol. 20, S. 21) entnommen haben, wo diese Entwicklungen in derselben Form auftreten wie in den Leistenotizen.

---

[84] Auf einem Blatte (Ff) finden sich die folgenden Formeln:

$$\mathrm{»}E = 1 - \frac{1}{2\,[2]}\,xx - \frac{1}{2}.\frac{1}{4}.\frac{1}{2}.\frac{3}{4}\,x^4 - \frac{1.1.3.3.5}{2.2.4.4.6.6}\,x^6 \cdots$$

$$F = 1 + \frac{1}{2.2}\,xx + \frac{1}{2}.\frac{1}{2}.\frac{3}{4}.\frac{3}{4}\,x^4 + \frac{1.1.3.3.5.5}{2.2.4.4.6.6}\,x^6 \cdots\mathrm{«}$$

Es wird dann durch Differentiation von F und Reihenvergleichung die Formel

$$(1 - xx)\left(F + \frac{x\,\partial F}{\partial x}\right) = E$$

abgeleitet, die mit der Formel (3) unseres Textes gleichwertig ist. Auch steht auf derselben Seite dieses Blattes die Formel

$$F(x) = \frac{1}{M(1+x,\ 1-x)}.$$

Im höchsten Grade überraschend wirkt es aber, wenn nun Gauss völlig unvermittelt durch die Gleichung

$$(5) \qquad \frac{v}{M(1, \sqrt{1-v^2})} = (2z^{\frac{1}{2}} + 2z^{\frac{9}{2}} + \cdots)^2$$

den Zusammenhang zwischen dem agM. und den Reihen herstellt, deren Exponenten die Quadratzahlen sind.

Wie er die Beziehung solcher Reihen zum agM., insbesondere wie er jene Gleichung (5) gefunden haben mag, lässt sich nur vermuten. Es ist anzunehmen, dass Gauss bemerkt hat, dass die Quadrate der Reihen[85]

$$(*) \qquad \begin{cases} p(x) = 1 + 2x + 2x^4 + 2x^9 + \cdots, \\ q(x) = 1 - 2x + 2x^4 - 2x^9 + \cdots, \\ r(x) = 2x^{\frac{1}{4}} + 2x^{\frac{9}{4}} + 2x^{\frac{25}{4}} + \cdots, \end{cases}$$

den Gesetzen des agM. gehorchen, wenn man x durch x^2, x^4, x^8, ... ersetzt (vergl. weiter unten die Gln. (28), (29)), und dass er daraufhin die Gleichung (5) und die analogen einfach angesetzt hat, indem er sich die Grösse $z = \sqrt{x}$ direkt durch jene Gleichung (5) definiert denkt. Für die letztere Annahme sprechen die von Gauss a. a. O. aufgezeichneten Gleichungen

$$(6) \qquad \begin{cases} v + \frac{1}{4}v^3 + \frac{9}{64}v^5 + \cdots = 4z + 8z^5 + \cdots \\ v = 4z - 16z^3 + 56z^5 - \cdots, \end{cases}$$

denen sich noch die Darstellung des Ellipsenquadranten q

$$(7) \qquad \frac{2}{\pi}q = 1 - 4z^2 + 20z^4 + 663z^6 + \cdots$$

zugesellt[86].

Für die Herleitung aller dieser Formeln, insbesondere der Gleichungen (6), (7), kommt die ausserordentliche Gewandtheit in Betracht, die sich Gauss

---

85) Von den drei Reihen p, q, r kommt in diesen Leistenotizen nur die letzte r explizite vor; p erscheint nur in den Differentiationsformeln (8), (9) Werke X, 1, S. 177, aber gerade das zeigt, dass die drei Reihen Gauss durchaus geläufig waren, und dass wir es in den in Rede stehenden Notizen mit flüchtigen, bei der Arbeit gemachten Aufzeichnungen zu tun haben.

86) Alle diese Formeln enthalten zahlreiche Schreibfehler, die wohl daher rühren, dass Gauss, wie auch sonst häufig, gewisse Gleichungen einfach aus dem Gedächtnis hingeschrieben haben dürfte.

Wir bemerken noch, dass die drei Reihen p, q, r, wie sie in den Gleichungen (*) definiert sind, in der Variablen $z = x^{\frac{1}{2}}$ geschrieben in der Scheda Af (1801) auftreten, siehe Werke X, 1, S. 210, Art. 3.

schon frühzeitig in dem Operieren mit Reihen, deren Inversion (durch die LAGRANGEsche Formel, vergl. oben) und Transformation angeeignet hat. Dass er aber die Bedeutung der Grösse z gleich erkannt hat, indem er mit ihrer Hilfe in der Gleichung (7) den Ellipsenquadranten als Funktion des Moduls v uniformisiert, ist der vorahnenden Kraft des mathematischen Genius zuzuschreiben, dessen geheimnisvolles Wirken wohl nirgends in so überraschender Weise zu verspüren ist, wie eben in diesen Jugendarbeiten von GAUSS.

Als der wesentlichste Fortschritt, der in den geschilderten Leisteaufzeichnungen enthalten ist, dürfte GAUSS der Zusammenhang erschienen sein, der das agM. mit einer »klassischen Grösse«, nämlich dem Ellipsenquadranten, verknüpft. Den Beweis für die Beobachtung des 30. Mai kann er nunmehr den Formeln entnehmen, die in der Scheda Ac auf S. 7 zwischen geometrischen Entwicklungen[87] aufgezeichnet sind. Dort finden wir nämlich in sorgfältiger Schrift und von Strichen umrahmt die Reihen (abgedruckt Werke X, 1, S. 184)

$$(\alpha) \quad \frac{\varpi}{\pi} = \left(1 + \left(\frac{1}{2}\right)^2 \frac{1}{2} + \left(\frac{1}{2} \cdot \frac{3}{4}\right)^2 \cdot \frac{1}{4} + \left(\frac{1}{2} \cdot \frac{3}{4} \cdot \frac{5}{6}\right)^2 \frac{1}{8} + \cdots\right) \sqrt{\frac{1}{2}}$$

$$(\beta) \quad = \left(1 + \frac{1.2.3}{2.4.4} \cdot \frac{1}{9} + \frac{1.2.3.5.6.7}{2.4.4.6.8.8} \cdot \frac{1}{81} + \frac{1.2.3.5.6.7.9.10.11}{2.4.4.6.8.8.10.12.12} \cdot \frac{1}{729} \cdots\right) \sqrt{\frac{2}{3}}$$

$$(\gamma) \quad = \left(1 + \frac{1}{4} \cdot \frac{3}{4} \cdot \frac{1}{9} + \frac{1}{4} \cdot \frac{3}{4} \cdot \frac{5}{8} \cdot \frac{7}{8} \cdot \frac{1}{81} + \frac{1.3.5.7.9.11}{4.4.8.8.12.12} \cdot \frac{1}{729} \cdots\right) \sqrt{\frac{2}{3}}.$$

Die Reihe (α) gibt, wenn man sie mit der Entwicklung (1) für $\frac{1}{M(1,\,p)}$ vergleicht, unmittelbar den Beweis der Gleichung des 30. Mai, und das war offenbar der Grund, weshalb GAUSS diese ihm schon seit 1797—98 bekannten Entwicklungen hier noch einmal mit besonderer Sorgfalt eingetragen hat[88].

---

87) Diese Scheda hat auf dem Titelblatt die Aufschrift »Varia Novbr. 1799«. Dann folgt »Imprimis de integrali $\int \frac{d\varphi}{\sqrt{1 + \mu\mu \sin\varphi^2}}$«, was aber, wie auch Schrift und Tinte zeigt, nicht gleichzeitig mit der Aufschrift selbst, also offenbar später angebracht worden ist. Die Seiten 1—8 enthalten »Grundlehre oder Analysis des Raumes« (räumliche Koordinaten und sphärische Trigonometrie).

88) Die Reihe (α) findet sich auch (mit der älteren Bezeichnung II statt $\frac{1}{2}\varpi$ für die lemniskatische Periode) auf der Rückseite des Titelblatts von *Leiste* (siehe Werke X, 1, S. 169, Art. 5). Ebenda ist auch die Reihe (β) angedeutet und mit ihrer Hilfe der Wert von II auf 15 Dezimalstellen berechnet. Dieselbe Reihe (β) ist auch im *Tagebuch* (Notiz 91 a) mit der Datierung Juli [1798] aufgezeichnet. Die Reihe (α) tritt auch bei S. 54 des *Leiste* (Werke X, 1, S. 149) als absolutes Glied der Entwicklung von $(1 + \sin^2\varphi)^{-\frac{1}{2}}$ nach den Kosinus der Vielfachen von φ auf.

Von diesem Beweise führt nun der folgende Gedankengang weiter. Durch die Tatsache, dass die Reihe (α) das absolute Glied der Entwicklung von $(1 + \sin^2 \varphi)^{-\frac{1}{2}}$ darstellt, wird GAUSS auf die ihm aus der theoretischen Astronomie bekannte Entwicklung von Ausdrücken der Form $(1 + z \cos^2 \varphi)^{-\frac{1}{2}}$ geführt (vergl. oben S. 26, 27), und wir finden auf S. 9 der Scheda (Werke X, 1, S. 185) die Entwicklung von $(1 - z \cos \varphi)^{-\frac{1}{2}}$ mit der Darstellung der Koeffizienten in der Form von unendlichen Reihen, die GAUSS direkt aus EULERS *Calculus integralis* I, § 279, Probl. 33 (Opera, ser. I, vol. 11, S. 165) entnehmen konnte, mit der daraus folgenden Feststellung, dass das absolute Glied der Entwicklung von $(4 + 4z + z^2 \cos^2 \varphi)^{-\frac{1}{2}}$ durch den reziproken Wert von $M(1, 1 + z)$ gegeben wird. — Um diesen Zusammenhang vertiefen zu können, fragt GAUSS zunächst wieder nach dem asymptotischen Verhalten von $M(1, x)$ für grosse Werte von x. Wahrscheinlich hat er dieses Verhalten mit Hilfe des Ellipsenquadranten erforscht, für den in der EULERSchen Abhandlung *Animadversiones etc.* (siehe oben S. 64) die Gleichung

$$q = 1 + (\log 2 - \tfrac{1}{4})p^2 - \tfrac{1}{2}p^2 \log p + (p^4)$$

(Opuscula varii arg. II, § LIX, S. 163) gegeben wird, wo (p^4) Glieder mit der vierten und höheren Potenzen von p andeutet[89]), die in Verbindung mit der obigen Gleichung (3) sofort

$$(8) \qquad \lim_{p \to 0} M(1, p) \log \frac{4}{p} = \frac{1}{2}\pi$$

oder das gleichwertige

---

[89]) Bestätigt wird die Darstellung des Textes durch die Tatsache, dass GAUSS in seinem 1812 erworbenen Exemplar der Opuscula auf dem hintern Schutzblatte folgendes bemerkt hat:

»Formula art. LIX, p. 163 concinnius ita exhibetur:

$$1 + \log\frac{4}{p}\left\{\frac{1}{2}p^2 + \frac{1.1.3}{2.2.4}p^4 + \cdots\right\} = \cfrac{1}{\cfrac{1}{M(1,\sqrt{1-p^2})} + \left(\cfrac{1}{M(1,\sqrt{1-p^2})} - \cfrac{2q}{\pi}\right)\log\frac{1}{x}},$$

ubi x determinatur per aequationem

$$2x^{\frac{1}{2}} + 2x^{\frac{9}{2}} + 2x^{\frac{25}{2}} + \cdots = \sqrt{\frac{p}{M(1,\sqrt{1-p^2})}}\,«$$

Wir haben nur der kürzern Schreibweise zuliebe für die von GAUSS hingeschriebenen Reihenentwicklungen die Ausdrücke durch das agM. und den Ellipsenquadranten q gesetzt, wie sie in den obigen Gleichungen (1) bis (4) angegeben sind.

$$(8\,\mathrm{a}) \qquad \lim_{x \to \infty} \frac{1}{x} M(1,x) \log 4x = \frac{1}{2}\pi,$$

liefert (vergl. die Bemerkungen Werke X, 1, S. 268—270). Diese Formel kommt zwar in der Scheda Ac nicht explizite vor, sie liegt aber den in dieser von S. 10 ab (Werke X, 1, S. 186) aufgezeichneten Formeln zu Grunde. Wenn man nämlich durch die Gleichung (siehe (6), S. 65)

$$\nu = 4z - 16z^3 + 56z^5 + \cdots$$

die uniformisierende Variable z einführt, so folgt für $\nu = \frac{1}{x}$ aus (8 a)

$$(9) \qquad \lim_{x \to \infty} \frac{1}{x} M(1,x) \log \frac{1}{z} = \frac{1}{2}\pi$$

was zu dem Ansatz (Werke X, 1, S. 186, Gl. (7))

$$(10) \qquad M(1,x) = \frac{\frac{\pi}{2}\left(x - \dfrac{\alpha}{x} - \dfrac{\beta}{x^3} - \cdots\right)}{\log \dfrac{1}{z}}$$

hinleitet, von dem es in der schon in Helmstedt am 14. Dezember 1799 geschriebenen Tagebuchnotiz 101. heisst: »Dass das agM. als der Quotient zweier transzendenter Funktionen darstellbar sei, hatten wir bereits früher gefunden«. Wenn diese Tagebuchnotiz nun fortfährt: »nunmehr haben wir entdeckt, dass die eine dieser Funktionen [nämlich der Zähler] auf Integralgrössen zurückgeführt werden kann«, so ist damit der Inhalt der S. 11 der Scheda (Werke X, 1, S. 187, Art. 4) gemeint. Gauss bezeichnet daselbst den reziproken Wert des Zählers in (10) mit Q, entwickelt diese Grösse nach fallenden Potenzen von x und erkennt in ihr den von φ unabhängigen Teil von $(x^2 - \cos^2 \varphi)^{-\frac{1}{2}}$, den er nunmehr mit dem Werte des Integrals

$$(11) \qquad \frac{2}{\pi} \int_0^1 \frac{dr}{\sqrt{1 - r^2} \cdot x^2 - r^2}$$

identifiziert [90]).

Nun erweist sich aber die für Q gefundene Reihenentwicklung als mit der für $\dfrac{\nu}{M(1, \sqrt{1 - \nu^2})}$ übereinstimmend, so dass sich also

---

90) Man vergl. hierzu die Darstellung in der Abhandlung von 1800, abgedruckt Werke III, S. 370—371, die aus etwas späterer Zeit stammt. Die Berechnung der Koeffizienten α, β, ... des Zählers in (10) siehe bei GEPPERT, a. a. O. [83]), S. 108.

(12) $$\frac{\nu}{Q} = M(1, \sqrt{1-\nu^2}), \quad \nu = \frac{1}{x},$$

und folglich

(13) $$\frac{1}{M(1, \sqrt{1-\nu^2})} = \frac{2}{\pi} \cdot \int_0^1 \frac{dr}{\sqrt{(1-r^2)(1-\nu^2 r^2)}}$$

ergibt (Werke X, 1, S. 187, Gl. (20)), ein Resultat, das Gauss später (1818, *Determinatio attractionis*, Art. 16, Werke III, S. 331) in viel direkterer Weise bewiesen hat. — Dieser Zusammenhang des agM. mit dem vollständigen elliptischen Integral erster Gattung spielt in den weiteren Untersuchungen von Gauss eine sehr bedeutsame Rolle; ob sich aber die Tagebuchnotiz 102. vom 23. Dezember 1799: »das agM. ist selbst eine Integralgrösse« auf diese Feststellung bezieht, ist darum zweifelhaft, weil ihr Wortlaut fast genau mit der Bemerkung in der Abhandlung von 1800 (Werke III, S. 370) übereinstimmt, wo es heisst: »auf diese Weise sind also unsere agMittel auf Integralgrössen zurückgeführt«, und diese Bemerkung an die lineare Differentialgleichung zweiter Ordnung

(14) $$x(x^2-1)y'' + (3x^2-1)y' + xy = 0$$

anknüpft, der die reziproken Werte von $M(1, x)$ und $M(1, \sqrt{1-x^2})$ Genüge leisten. — Diese Differentialgleichung wird in den Werke X, 1, S. 181—183 abgedruckten Zetteln aufgestellt, die (vergl. die Bemerkungen Werke X, 1, S. 273, 274) sicher in diesen Tagen der Jahreswende 1799 zu 1800 geschrieben sind.

Die Gleichung (10) ergibt in Verbindung mit (12) die wichtige Beziehung (Werke X, 1, S. 190, Art. 7)

(15) $$\log z = -\tfrac{1}{2}\pi \frac{M(1, \sqrt{1-\nu^2})}{M(1, \nu)},$$

die die uniformisierende Variable z unmittelbar durch die agM. darstellt, während diese Variable in den Leistenotizen (siehe oben Gl. (5)) gewissermassen nur implizite definiert war. — Die Gleichung (15) in Verbindung mit den an derselben Stelle aufgezeichneten Gleichungen

(16) $$\begin{cases} \dfrac{\nu}{M(1, \sqrt{1-\nu^2})} = 2(2z + 2z^9 + \cdots)(1 + 2z^4 + 2z^{16} + \cdots), \\[2ex] \dfrac{1}{M(1, \sqrt{1-\nu^2})} = (2z + 2z^9 + \cdots)^2 + (1 + 2z^4 + 2z^{16} + \cdots)^2 \end{cases}$$

führen zu einem gewissen Abschluss der Theorie des agM.[90a]). — Wann Gauss diese Aufzeichnungen, die bis zur Seite 15 der Scheda Ac gehen (Werke X, 1, S. 190—193), gemacht hat, lässt sich nicht ganz genau feststellen. Da sich aber auf S. 22 der Scheda die Werke II, S. 311 abgedruckte Aufzeichnung über ternäre Formen findet[91]), und Gauss auf diesen Gegenstand bezügliche Untersuchungen in der Tagebuchnotiz 103. vom 13. Februar 1800 erwähnt, so kann man wohl annehmen, dass er die durch die Gleichungen (15), (16) bezeichneten Entdeckungen vor dem 13. Februar 1800 gemacht hat, und dass dann eine Pause in den Arbeiten über elliptische Funktionen eingetreten ist.

Offenbar ist Gauss erst durch die Entdeckung des Zusammenhanges zwischen dem agM. und dem vollständigen elliptischen Integral erster Gattung auf die Bedeutung des Integrals erster Gattung für die allgemeine Theorie der elliptischen Funktionen aufmerksam geworden. Vorher war er wohl der Ansicht, dass das Anaolgon der Kreisfunktionen nur bei denjenigen Integralen zu suchen sei, die ähnlich wie das Kreisbogenintegral die Rektifikation gewisser Kurven liefern, also wie das Integral $\int \frac{dx}{\sqrt{1-x^4}}$ die der Lemniskate, das allgemeine Integral zweiter Gattung die der Ellipse. Aber die weiteren Entwicklungen aus der Theorie des agM. lieferten ihm noch weit mehr als diese blosse Anregung zur Beschäftigung mit dem Integral erster Gattung.

Die Einsicht, dass die 1798 für die lemniskatische Periode gefundenen Reihen (4) des Abschn. III (S. 39) sich aus den jetzt für das allgemeine agM. gefundenen Reihen (16) für $v = \sqrt{\frac{1}{2}}$ ergeben, enthüllte ihm die Bedeutung des auf den linken Seiten von (16) auftretenden Ausdrucks $\frac{\pi}{M(1,\sqrt{1-v^2})}$ als der einen Periode (um in der uns geläufigen Terminologie zu sprechen) des allgemeinen elliptischen Integrals erster Gattung.

Grosse Schwierigkeiten mögen ihm aber die Realitätsverhältnisse bereitet haben. Schon für die Wahl des Moduls bot das lemniskatische Integral keinen rechten Anhaltspunkt, weil für dieses der Modul bald gleich $\sqrt{-1}$, also imaginär, bald gleich $\sqrt{\frac{1}{2}}$, also reell und kleiner als Eins erscheint· Wir sehen in der Tat, wie Gauss zwischen den verschiedenen Normalformen

---

90a) Zufolge der Beziehung $2p(x^2) r(x^2) = r(x)^2$ (vergl. den folgenden Abschnitt IVb) stimmt die erste der Gleichungen (16) mit (5) überein.

91) Vergl. Bachmann, Abh. 1 dieses Bandes, S. 26.

$$\int \frac{du}{\sqrt{1+\mu \cos u}}, \qquad \int \frac{du}{\sqrt{1+\mu^2 \sin^2 u}}, \qquad \int \frac{dx}{\sqrt{(1-\alpha x^2)(1-\beta x^2)}},$$

(Scheda Ac, S. 26	(Scheda Ac, Titel	(*Tagebuch* Nr. 105 und
Werke X, 1, S. 194)	Werke X, 1, S. 184)	Werke VIII, S. 96)

lange Zeit hin- und herschwankt. Wie mühevoll mag ihm erst die Erkenntnis dessen geworden sein, dass der Quotient der beiden Perioden eines elliptischen Integrals erster Gattung keine reelle Grösse sein kann!

Einen Einblick in diese Zeit des Langens und Bangens gewährt die folgende Aufzeichnung, die sich auf einem Zettel ohne Datum findet, die aber offenbar an den Anfang des Jahres 1800 zu setzen ist[92]:

»Der Radikalfehler, woran meine bisherigen Bestrebungen, den Geist der elliptischen Funktion zu verkörpern, gescheitert sind, scheint der zu sein, dass ich dem Integral

$$\int \frac{d\varphi}{\sqrt{(1-e^2 \sin^2 \varphi)}}$$

die Bedeutung als Ausdruck eines endlichen Teils der Kugelfläche habe unterlegen wollen, während es wahrscheinlich nur einen unendlich schmalen Kugelsektor ausdrücken soll.«

Was GAUSS hier als »wahrscheinlich« bezeichnet, wäre also, dass jenes Integral (für e reell und kleiner als Eins) zwei reelle Perioden mit inkommensurablem Verhältnis besitzt[93]); aber wie ein Blitz leuchtet dieser Irrtum in die Gedankenwerkstatt von GAUSS hinein: wir sehen, dass er die komplexe Variable auf der Kugel interpretiert und den dem Periodenparallelogramm entsprechenden Fundamentalbereich entwirft, wir sehen, dass er aus der Existenz zweier reeller Perioden auf das Vorhandensein einer unendlich kleinen Periode schliesst. Und alles das im Jahre 1800!

Um Ostern 1800 ist GAUSS seiner ursprünglichen Absicht gemäss nach Braunschweig zurückgekehrt; Ostersonntag fiel auf den 13. April und die Tagebuchnotiz 104 vom 27. April ist die erste, die wieder in Braunschweig geschrieben ist. Bald darauf hat er nun auch alle Schwierigkeiten überwunden, und wir sehen ihn vom 6. Mai ab wieder von Entdeckung zu Entdeckung

---

92) Am 6. Mai 1800 hat GAUSS nämlich schon völlige Klarheit erreicht, vergl. *Tagebuch* 105 und weiter unten.

93) Bekanntlich hat auch ABEL eine zeitlang mit diesem Paradoxon gekämpft; vergl. GUNDELFINGER, Sitzungsberichte der Berl. Akad. 1898, S. 344.

schreiten, mit denen er in den wenigen Wochen bis gegen Mitte Juni 1800 den gewaltigen Bau seiner Theorie der elliptischen und der Modulfunktionen errichtet.

b) Die allgemeine Theorie der elliptischen Funktionen.

Über keine andere Periode von GAUSS' wissenschaftlicher Laufbahn gibt das *Tagebuch* in so lückenloser Vollständigkeit Auskunft, wie über diese so ertragreichen Frühlingswochen des Jahres 1800. Leider sind die zugehörigen Aufzeichnungen nicht in derselben Vollständigkeit erhalten, so dass wir für einige der im *Tagebuch* angezeigten Entdeckungen genötigt sein werden, aus späterer Zeit herrührende Ausarbeitungen heranzuziehen.

Wenn es *Tagebuch* 105. vom 6. Mai 1800 heisst: »Die Theorie der transzendenten Grössen

$$\int \frac{dx}{\sqrt{(1-\alpha x^2)(1-\beta x^2)}}$$

haben wir zur vollsten Allgemeinheit durchgeführt«, so wird man hierunter wohl die Aufstellung des allgemeinen Wertes zu verstehen haben, dessen eine solche Transzendente für einen bestimmten Wert von x fähig ist, etwa in dem Sinne, wie der allgemeine Wert von $u = \int \frac{dx}{\sqrt{1-x^2}}$ durch $u + 2g\pi$, der von $u = \int \frac{dx}{\sqrt{1-x^4}}$ durch $u + 2(g+hi)\varpi$ für ganzzahlige g, h gegeben wird. Gerade der Übergang von der für das lemniskatische Integral geltenden Form $u + 2(g+hi)\varpi$ zu der Form $u + 2g\varpi + 2hi\varpi'$ als dem allgemeinen Werte von

$$(17) \qquad u = \int \frac{dx}{\sqrt{(1-x^2)(1+\mu^2 x^2)}},$$

(dies ist die Normalform, die GAUSS seinen hier zu besprechenden Untersuchungen zugrunde legt), mit

$$(18) \qquad \frac{\pi}{M(1, \sqrt{1+\mu^2})} = \varpi, \qquad \frac{\pi}{\mu M\left(1, \sqrt{1+\frac{1}{\mu^2}}\right)} = \varpi',$$

stellt wohl die grösste Schwierigkeit dar, die GAUSS bei den ihm zur Verfügung stehenden Hilfsmitteln zu überwinden hatte und wir wollen gleich hier hervorheben, dass ihm eine ihn völlig befriedigende Einsicht in die Verhältnisse des Wertevorrats des Integrals einer **mehrdeutigen** Funktion einer komplexen Veränderlichen auch späterhin nicht vergönnt gewesen ist, und dass wohl gerade dies einer der Gründe gewesen sein dürfte, die ihn von einer Veröffentlichung seiner Ergebnisse abgehalten haben.

Für das lemniskatische Integral hatte er die Untersuchung in der Weise geführt, dass er die Periodizität der Umkehrungsfunktion mit Hilfe des Additionstheorems bewies. Ähnlich verfährt er in einer Werke VIII, S. 93, 94 abgedruckten Notiz[94]) für die reelle Periode des Integrals $\int \frac{dx}{\sqrt{1+x^3}}$. In der Scheda Ac beginnen die Aufzeichnungen, die mit der Tagebuchnotiz 105. und den darauf folgenden korrespondieren (siehe Werke X, 1, S. 194), mit dem »Problem«, die durch die Differentialgleichung

$$d\varphi = \frac{du}{\sqrt{1 + \mu \cos u}}$$

definierte Funktion φ von u und u von φ durch Reihen von der Form

$$\varphi = u + \sum_{k=1}^{\infty} A_k \sin ku,$$

$$u = \varphi + \sum_{k=1}^{\infty} B_k \sin k\varphi$$

darzustellen. Man könnte angesichts dieses nicht weiter ausgeführten Ansatzes an die Möglichkeit denken, dass GAUSS zur Bestimmung des Wertevorrats des allgemeinen elliptischen Integrals erster Gattung einen ähnlichen Weg eingeschlagen hat, wie JACOBI in seiner Abhandlung über die vierfachperiodischen Funktionen von 1834[95]), es liegen aber keine sonstigen, diese Vermutung bestätigenden Aufzeichnungen vor. Für das lemniskatische Integral $u = \int \frac{dx}{\sqrt{1-x^4}}$ gibt GAUSS ja im *Tagebuch* 91a. und im *Leiste* (Werke X, 1, S. 149) die Entwicklung

$$u = \frac{\varpi}{\pi} \varphi + \left(\frac{\varpi}{\pi} - \frac{2}{\varpi} \right) \sin 2\varphi + \cdots,$$

---

94) Diese Notiz steht auf einem einzelnen Zettel, der sich in dem Päckchen mit Rechnungen befindet, auf die sich die Tagebuchnotiz 112. vom 12. Juni 1800 bezieht, und die Werke III, S. 426—431 abgedruckt sind. Der Zettel, der auch in Schrift und Tinte sich diesen Rechnungen anschliesst, wird also aus der hier in Rede stehenden Zeit stammen.

95) JACOBIS Werke II, S. 23; vergl. L. SCHLESINGER, *Über Jacobis Auffassung des realen Integrals als einer mehrdeutigen Funktion*, Bibliotheca Mathematica (3) XI, 1911, S. 138—152.

wo $x = \sin \varphi$; dadurch wird in Evidenz gesetzt, dass $u + 2g\varpi$ für ganzzahliges g zum Wertevorrat von u gehört, aber eine analoge Entwicklung, die $u + 2hi\varpi$ ergäbe, findet sich nicht, und erst dies würde dem JACOBISCHEN Gedanken entsprechen[96]). GAUSS dürfte wohl im allgemeinen Falle, ähnlich wie in den oben genannten besondern, mit dem Additionstheorem operiert haben, was auch durch die Stelle der Scheda Ac (Werke X, 1, S. 196, Art. 4) bestätigt wird, wo für das elliptische Integral (17) das Additionstheorem aufgestellt und zur Untersuchung des Verhaltens der Umkehrfunktion in bezug auf die eine Periode ϖ benutzt wird. — Auch die oben erwähnte Bemerkung über den von ABEL eingeschlagenen Weg (Brief an BESSEL vom 30. März 1828) spricht für diese Auffassung, denn ABEL hat in den *Recherches*[97]), wie übrigens auch JACOBI in den *Fundamenta*[98]), die doppelte Periodizität mit Hilfe des Additionstheorems bewiesen.

Auf die wirkliche Herstellung der Umkehrungsfunktion für das Integral (17) bezieht sich die Tagebuchnotiz 106., wo es in direkter Anknüpfung an die Notiz 105. heisst: »Am 22. Mai in Braunschweig gelang es, einen hochbedeutsamen Zuwachs dieser Theorie zu entdecken, wodurch auch alle früheren Ergebnisse[99]), ebenso wie die Theorie der arithmetisch-geometrischen Mittel aufs schönste verknüpft und grenzenlos bereichert werden«. — Die fast überschwängliche Ausdrucksweise dieser Aufzeichnung lässt auf den tiefen Eindruck schliessen, den die neu gewonnenen Einsichten auf GAUSS ausgeübt haben. Das »wahrhaft neue Feld der Analysis«, das er in den Tagebuchnotizen 92., 95., 98. angekündigt hatte, war nun erschlossen und es übertraf alle gehegten Erwartungen.

Wir finden einen Teil dieser Untersuchungen in der Scheda Ac von S. 26

---

96) Die auf die Umkehrung des Integrals

$$\int \frac{dx}{\sqrt{(1-x^2)(1-\mu x^2)}}$$

bezügliche Notiz Werke VIII, S. 96, die der Herausgeber FRICKE (daselbst S. 97) mit unserer Tagebuchnotiz 105. in Verbindung setzt, steht auf dem Deckel eines Buches (*Maupertuisiana*, Hamburg 1753), das GAUSS, nach seinem eigenhändigen Eintrag, 1808 erworben hat, und kommt schon darum hier nicht in Betracht, weil die Periodizität der Umkehrfunktion darin überhaupt nicht erwähnt wird.

97) ABEL, Oeuvres ed. SYLOW-LIE, I, S. 271.

98) JACOBIS Werke I, S. 85, § 19.

99) Das bezieht sich offenbar auf die Theorie der lemniskatischen Funktionen! SCHLESINGER.

an (Werke X, 1, S. 194 ff.). Um allen Schwierigkeiten, die mit der direkten Betrachtung des Integrals (17) verbunden sind, aus dem Wege zu gehen, setzt Gauss mit den durch die Gleichungen (18) definierten Grössen ϖ, ϖ', die sich für $\mu = 1$ auf das lemniskatische $\varpi = \dfrac{\pi}{M(1,\sqrt{2})}$ reduzieren, den Ausdruck an

$$(19) \qquad \text{Sl } \psi\varpi = \frac{\pi}{\mu\varpi}\left(\frac{4\sin\psi\pi}{e^{\frac{1}{2}\frac{\varpi'}{\varpi}\pi}+e^{-\frac{1}{2}\frac{\varpi'}{\varpi}\pi}} - \frac{4\sin 3\psi\pi}{e^{\frac{3}{2}\frac{\varpi'}{\varpi}\pi}+e^{-\frac{3}{2}\frac{\varpi'}{\varpi}\pi}} + \text{etc.}\right),$$

der ganz nach der Analogie der für den Sinus lemniscaticus gefundenen Reihe (1) Abschnitt III (S. 38) gebildet ist, und den Gauss in der nachher zu besprechenden Tagebuchnotiz 108. den Sinus lemniscaticus in allgemeinster Fassung (universalissime acceptus) nennt[100]. Er setzt dann für

$$\varphi = \psi\varpi, \quad \mu = \text{tg } v,$$

$$(20) \qquad\qquad \text{Sl } \psi\varpi = \text{Sl } \varphi = \frac{T\varphi}{W\varphi},$$

$$(21) \quad \begin{cases} T\varphi = \sqrt{\dfrac{\pi}{\varpi}}\sqrt[4]{\dfrac{1}{\mu^2(1+\mu^2)}}\left\{\dfrac{2\sin\psi\pi}{e^{\frac{1}{4}\frac{\varpi'}{\varpi}\pi}} - \dfrac{2\sin 3\psi\pi}{e^{\frac{9}{4}\frac{\varpi'}{\varpi}\pi}} + \text{etc.}\right\} \\[3mm] W\varphi = \sqrt{\dfrac{\pi}{\varpi}}\sqrt[4]{\dfrac{1}{1+\mu^2}}\left\{1 + \dfrac{2\cos 2\psi\pi}{e^{\frac{\varpi'}{\varpi}\pi}} + \dfrac{2\cos 4\psi\pi}{e^{4\frac{\varpi'}{\varpi}\pi}} + \text{etc.}\right\}, \end{cases}$$

$$\sqrt[4]{\frac{1}{1+\mu^2}}\sqrt{\frac{\pi}{\varpi}} = \sqrt{M(1,\cos v)},$$

wo auch die Funktionen $T\varphi$, $W\varphi$ nach der Analogie der für Zähler und Nenner P, Q des Sinus lemniscaticus geltenden Reihenentwicklungen (3) Abschnitt III (S. 39) gebildet sind[101].

Mit der Einführung der Funktionen $T\varphi$, $W\varphi$ und der beiden weiteren $T\left(\dfrac{\varpi}{2} - \varphi\right)$, $W\left(\dfrac{\varpi}{2} - \varphi\right)$ hat Gauss die für die Theorie der elliptischen Funktionen genuinen Elemente geschaffen, dieselben, die Jacobi 1828 von sich aus neu entdeckt und als Thetafunktionen bezeichnet hat. In späteren Aufzeichnungen (1825, Werke III, S. 465) benutzt Gauss neue Bezeichnungen,

---

100) Gauss benutzt auch z. B. Werke X, 1, S. 200 (S. 39 der Scheda) das Zeichen sl für diese allgemeine Funktion. Wir schreiben im Anschluss hieran, statt des von Gauss gewählten $S\psi\varpi$, auch in der Gleichung (19) Sl $\psi\varpi$.

101) Eine Verifikation des gleichzeitigen Bestehens der Gleichungen (19), (20), (21) gibt Geppert, a. a. O. [83], § 38, S. 157.

die sich von denen, die in den gebräuchlichen Darstellungen der JACOBISchen Theorie angewandt werden[102]), nur unwesentlich unterscheiden. GAUSS setzt:

$$x = e^{-\pi \frac{\varpi'}{\varpi}}, \quad y = e^{2\pi i \psi} = e^{2\frac{\pi}{\varpi} i \varphi},$$

$$P(x, y) = 1 + x(y + y^{-1}) + x^4(y^2 + y^{-2}) + x^9(y^3 + y^{-3}) + \text{etc.}$$

$$Q(x, y) = 1 - x(y + y^{-1}) + x^4(y^2 + y^{-2}) - x^9(y^3 + y^{-3}) + \text{etc.} = P(x, -y)$$

$$R(x, y) = x^{\frac{1}{4}}\left(y^{\frac{1}{2}} + y^{-\frac{1}{2}}\right) + x^{\frac{9}{4}}\left(y^{\frac{3}{2}} + y^{-\frac{3}{2}}\right) + x^{\frac{25}{4}}\left(y^{\frac{5}{2}} + y^{-\frac{5}{2}}\right) + \text{etc.}$$

und zu diesen drei, in ψ geraden Funktionen tritt 1827 (Werke III, S. 472) noch als vierte die ungerade Funktion

$$S(x, y) = x^{\frac{1}{4}}\left(y^{\frac{1}{2}} - y^{-\frac{1}{2}}\right) - x^{\frac{9}{4}}\left(y^{\frac{3}{2}} - y^{-\frac{3}{2}}\right) + \text{etc.} = -iR(x, -y)$$

hinzu. Ferner setzt er (Werke III, S. 465, 474)

$$P(x, 1) = p(x), \quad Q(x, 1) = q(x), \quad R(x, 1) = r(x)$$

(siehe oben Gln. (∗) S. 65) und nennt diese Reihen in einer Aufzeichnung in seinem Handexemplar der *Disquis. arithm.* (Werke III, S. 386) die »summatorischen Funktionen«. In den jetzt üblichen Bezeichnungen (GAUSS' x entspricht dem JACOBISchen q) ist

$$P(x, y) = \vartheta_{00}(\psi | x), \quad Q(x, y) = \vartheta_{01}(\psi | x), \quad R(x, y) = \vartheta_{10}(\psi | x), \quad S(x, y) = i\vartheta_{11}(\psi | x).$$

Wir werden uns von nun ab stets der Thetafunktionen $\vartheta_{gh}(\psi | x)$ bedienen, jedoch der kürzern Schreibweise wegen für ihre Nullwerte die GAUSSschen Zeichen p, q, r, also

$$\vartheta_{00}(0 | x) = p(x), \quad \vartheta_{01}(0 | x) = q(x), \quad \vartheta_{10}(0 | x) = r(x)$$

setzen. Es ist dann

$$(22) \quad \begin{cases} W\varphi = \sqrt{M(1, \cos v)}\, \vartheta_{00}(\psi | x), \\[4pt] T\varphi = \dfrac{1}{\sqrt{\mu}}\sqrt{M(1, \cos v)}\, \vartheta_{11}(\psi | x), \\[4pt] \mathrm{Sl}\ \varphi = \dfrac{1}{\sqrt{\mu}}\dfrac{\vartheta_{11}(\psi | x)}{\vartheta_{00}(\psi | x)}. \\[4pt] T(\tfrac{1}{2}\varpi - \varphi) = \dfrac{1}{\sqrt{\mu}}\sqrt{M(1, \cos v)}\, \vartheta_{10}(\psi | x), \\[4pt] W(\tfrac{1}{2}\varpi - \varphi) = \sqrt{M(1, \cos v)}\, \vartheta_{01}(\psi | x), \end{cases}$$

---

102) Vergl. z. B. H. WEBER, *Elliptische Funktionen und algebraische Zahlen*, Braunschweig 1891.

Gauss macht nun den Ansatz (Werke X, 1, S. 195, Art. 3)

$$(22\,\mathrm{a}) \quad \begin{cases} \vartheta_{11}(\psi|x)^2 = A\vartheta_{00}(2\,\psi|x^2) + B\vartheta_{10}(2\,\psi|x^2), \\ \vartheta_{00}(\psi|x)^2 = C\vartheta_{00}(2\,\psi|x^2) + D\vartheta_{10}(2\,\psi|x^2). \end{cases}$$

Er hat also erkannt, dass die Quadrate der $\vartheta_{gh}(\psi|x)$ und die $\vartheta_{gh}(2\psi|x^2)$ einem gemeinsamen Funktionstypus angehören — man bezeichnet diesen gegenwärtig als Thetafunktionen zweiter Ordnung —, und dass zwischen je drei zusammengehörigen dieser Funktionen eine homogene lineare Relation mit von ψ unabhängigen Koeffizienten besteht. Er bringt also hier, für den Fall der zweiten Ordnung, das Prinzip zur Anwendung, das man gewöhnlich auf Hermite zurückführt[103]. — Die Koeffizienten A, B, C, D bestimmt Gauss — wohl indem er für ψ spezielle Werte einsetzt — in ihrer Abhängigkeit von $\mu = \operatorname{tg} v$. Den Zusammenhang, der zwischen dieser Grösse und den Thetanullwerten p, q, r besteht, gibt er in der Formel (Werke X, 1, S. 194, Gl. (3))

$$(23) \qquad\qquad T(90°) = \sqrt{\cos v},$$

die, da hier $90°$ (Gauss denkt sozusagen lemniskatisch!) im Bogenmass gleich $\frac{1}{2}\varpi$ zu nehmen ist, mit

$$\frac{1}{\sqrt{\operatorname{tg} v}}\,\sqrt{M(1,\cos v)}\,r(x) = \sqrt{\cos v},$$

oder ins Quadrat erhoben mit

$$(23\,\mathrm{a}) \qquad\qquad \frac{\sin v}{M(1,\cos v)} = r(x)^2$$

übereinstimmt, also, wenn man beachtet, dass unser

$$x = e^{-\pi\frac{\varpi'}{\varpi}} = e^{-\pi\frac{M(1,\cos v)}{M(1,\sin v)}}$$

mit dem im *Leiste* benutzten z (siehe den Abschnitt IVa, S. 65) durch $z = x^{\frac{1}{2}}$ verbunden ist, nichts anderes ist, als die Leistegleichung (5). Wir wollen bei der Wiedergabe der Gaussschen Formeln gleich die von ψ unabhängigen Faktoren durch die p, q, r ausdrücken und schreiben zunächst die

---

103) Siehe Hermites Brief an Jacobi vom August 1844, Jacobis Werke II, S. 96, Hermite Oeuvres I, S. 24, 25. Noch deutlicher tritt dieses Prinzip in einer im Handbuch 16, Bb, aufgezeichneten, aus 1808 stammenden Abhandlung auf (Werke X, 1, S. 287, besonders Art. 5, 11, 12), vergl. auch die Abhandlung aus Handbuch 18, Bd, die Werke III, S. 416 abgedruckt ist und aus 1809 stammt, besonders S. 457. Dass die letztere Rechnung auf das Hermitesche Prinzip gegründet ist, hat P. Günther in seinem Habilitationsvortrag (Göttinger Nachrichten 1894, S. 102) hervorgehoben.

beiden Gleichungen (Werke X, 1, S. 196, (14), (15))

$$(24) \qquad 2p(x^2)\vartheta_{00}(2\psi|x^2) = \vartheta_{00}(\psi|x)^2 + \vartheta_{01}(\psi|x)^2,$$

$$(25) \qquad 2p(x^2)\vartheta_{10}(2\psi|x^2) = \vartheta_{10}(\psi|x)^2 - \vartheta_{11}(\psi|x)^2$$

hin, die Gauss aus den (22a) entsprechenden ableitet, indem er die durch das gedachte Hermitesche Prinzip gewonnenen Ausdrücke der ϑ_{10}^2, ϑ_{01}^2 durch die ϑ_{00}^2, ϑ_{11}^2 (a. a. O. Gln. (16))

$$(26) \qquad \begin{cases} p(x)^2\,\vartheta_{10}(\psi|x)^2 = r^2\vartheta_{00}(\psi|x)^2 - q^2\vartheta_{11}(\psi|x)^2, \\ p(x)^2\,\vartheta_{01}(\psi|x)^2 = q^2\vartheta_{00}(\psi|x)^2 + r^2\vartheta_{11}(\psi|x)^2 \end{cases}$$

heranzieht. — In gleicher Weise ergibt sich die Gleichung (a. a. O. Gl. (17))

$$(27) \qquad 2\,\vartheta_{01}(\psi|x)\,\vartheta_{11}(\psi|x) = r(\sqrt{x})\,\vartheta_{11}(\psi|\sqrt{x}),$$

die zu der sogenannten Gaussschen Transformation gehört, während die Gleichungen (24), (25) die Landensche Transformation darstellen, auf die wir alsbald ausführlich zurückzukommen haben. Hier geben wir noch die übrigen zu diesen Transformationen gehörigen Gleichungen an, die zwar an dieser Stelle bei Gauss fehlen, aber in ganz analoger Weise abgeleitet werden können[104]:

$$(25\,a) \qquad q(x^2)\vartheta_{01}(2\psi|x^2) = \vartheta_{00}(\psi|x)\,\vartheta_{01}(\psi|x)$$

$$(27\,a) \qquad \vartheta_{00}(\psi|x)^2 + \vartheta_{10}(\psi|x)^2 = p(\sqrt{x})\,\vartheta_{00}(\psi|\sqrt{x})$$

$$(27\,b) \qquad 2\,\vartheta_{00}(\psi|x)\,\vartheta_{10}(\psi|x) = r(\sqrt{x})\,\vartheta_{10}(\psi|\sqrt{x}).$$

Diese Formeln liefern nun zunächst den in der Tagebuchnotiz 105. angezeigten Zusammenhang mit der Theorie des agM. Indem man nämlich $\psi = 0$ setzt, erhält man aus (24), (25), (25a), (27a) die (bei Gauss in einer aus 1825 stammenden Abhandlung *Hundert Theoreme etc.* Werke III, S. 466 aufgezeichneten) Formeln:

$$(28) \qquad \begin{cases} 2p(x^2)^2 = p(x)^2 + q(x)^2, \\ 2p(x^2)r(x^2) = r(x)^2, \\ q(x^2)^2 = p(x)\,q(x), \\ p(x^2)^2 + r(x^2)^2 = p(x)^2, \\ p(x^2)^2 - r(x^2)^2 = q(x)^2. \end{cases}$$

---

104) Siehe bei Gauss, Werke III, S. 471, 472, bei Weber a. a. O. [102]), § 18, 27.

Setzen wir also

$$(29) \quad \begin{cases} a = p(x)^2, \quad b = q(x)^2, \quad c = r(x)^2, \\ a_1 = p(x^2)^2, \quad b_1 = q(x^2)^2, \quad c_1 = r(x^2)^2, \end{cases}$$

so bestehen (vergl. S. 65) zwischen diesen Grössen die Relationen des agM:

$$(28\,\mathrm{a}) \quad \begin{cases} c^2 = a^2 - b^2, \quad c_1^2 = a_1^2 - b_1^2, \\ a_1 = \tfrac{1}{2}(a+b), \quad b_1 = \sqrt{ab}, \\ a = a_1 + c_1, \quad b = a_1 - c_1. \end{cases}$$

Wir erhalten daher, wenn wir x der Reihe nach zur 4., 8., ... Potenz erheben und das agM. bilden[105]

$$(30) \quad M(a, b) = M(p(x)^2, q(x)^2) = \lim_{n \to \infty} p(x^{2^n})^2 = 1,$$

wo wir die bisher stillschweigend gemachte Voraussetzung, dass x dem absoluten Betrage nach kleiner ist als 1, ausgenutzt haben.

In der Tat lag der angedeuteten Aufstellung des obigen Formelsystems die Grösse x zugrunde, die nur der Beschränkung zu unterwerfen ist, dass ihr absoluter Betrag kleiner als 1 sei, damit die Konvergenz der Reihen $\vartheta_{gh}(\psi|x)$ gesichert erscheint. — Bei Gauss tritt dadurch, dass er von einer Grösse $\mu = \mathrm{tg}\, v$ ausgeht, noch eine Schwierigkeit hinzu, auf die wir jetzt, ehe wir weiter gehn, hinweisen wollen. — Gauss bildet mit dem gegebenen tg v zunächst die agM. $M(1, \cos v)$ und $M(1, \sin v)$ und dann weiter die durch die Gleichungen (18) gegebenen Grössen

$$(18\,\mathrm{a}) \quad \varpi = \frac{\pi \cos v}{M(1, \cos v)}, \quad \varpi' = \frac{\pi \cos v}{M(1, \sin v)}.$$

Solange diese positiv sind, ist das mit denselben gebildete x positiv und kleiner als 1, also die Konvergenz der Reihen $\vartheta_{gh}(\psi|x)$ gesichert. Die oben skizzierte Theorie des agM. liefert dann neben der Gleichung (23a) noch die Gleichungen

$$(23\,\mathrm{b}) \quad 1 = M(1, \cos v)p(x)^2, \quad \cos v = M(1, \cos v)q(x)^2,$$

die in Verbindung mit (23a) auch die Bestimmung

$$(23\,\mathrm{c}) \quad \mu = \mathrm{tg}\, v = \frac{r(x)^2}{q(x)^2}$$

---

[105] Siehe bei Gauss, Werke III, S. 467.

ergeben[106]). Für ein beliebiges reelles oder komplexes μ entsteht hier zunächst die Aufgabe, zu beweisen, dass der reelle Teil von $M(1, \cos v)/M(1, \sin v)$ stets wesentlich positiv ist, vorausgesetzt, dass unter den unendlich vielen Werten der agM. jeweils zwei »zusammengehörige« zur Bildung dieses Quotienten benutzt werden. Wie GAUSS diese Frage bewältigt hat, werden wir nachher auseinandersetzen; vorerst wollen wir, um von der hierdurch bezeichneten Schwierigkeit unbelastet, den durch die Tagebuchnotiz 106. gewiesenen Weg weiter verfolgen zu können, die Funktion Sl φ in der Weise definiert denken, dass wir gemäss den Gleichungen (23a)—(23c), die ja überhaupt den Übergang von den bei GAUSS auftretenden Ausdrücken der Koeffizienten in den Gleichungen (24)—(27), zu den von uns benutzten vermitteln, den bei Sl auftretenden Faktor $1/\sqrt{\mu}$ (siehe die Gl. (22)) durch $q(x)/r(x)$ ersetzen und den in $\varphi = \psi\varpi$ auftretenden Faktor ϖ vorerst unbestimmt lassen. — Wir gehen also von der Definition

$$(31) \qquad \text{Sl } \psi\varpi = \frac{q(x)}{r(x)} \frac{\vartheta_{11}(\psi|x)}{\vartheta_{00}(\psi|x)}$$

aus und lesen nunmehr in der Tagebuchnotiz 108. von Ende Mai den ersten Satz: »Es ist gelungen Zähler und Nenner des Sinus lemniscaticus (in allgemeinster Fassung) auf Integralgrössen zu reduzieren«. — Die Bedeutung dieses Satzes kann nichts anderes sein, als die Verifikation, dass Sl tatsächlich einer Differentialgleichung von der Form

$$(32) \qquad \frac{du}{d\varphi} = \sqrt{1 + \mu^2 \sin^2 u}$$

Genüge leistet, wenn man

$$(31\,a) \qquad \sin u = \text{Sl } \psi\varpi$$

setzt. — In der Scheda Ac findet sich eine solche Verifikation nicht, auch in keiner aus derselben Zeit stammenden anderen Aufzeichnung, wohl aber hat sie GAUSS in einer 1825 verfassten Notiz des Handbuchs 16, Bb, durchgeführt (Werke X, 1, S. 308—310), und diese Rechnung ordnet sich schon darum ganz ungezwungen hier ein, weil sie auch wesentlich auf dem Prinzip beruht, das der Herleitung der Formeln (24) bis (27) zugrunde liegt. Es ist

---

106) Die Gleichungen (16) oben S. 69 lauten, wenn wir $v = \sin v$ nehmen,
$$\sin v = M(1, \cos v) \cdot 2p(x^2)\, r(x^2), \quad 1 = M(1, \cos v)\,(p(x^2)^2 + r(x^2)^2),$$
was aber gemäss den Formeln (28) mit den Gleichungen (23 a, b) übereinstimmt.

nämlich der bei der Differentiation von Sl auftretende Zähler $\vartheta'_{11}\vartheta_{00} - \vartheta'_{00}\vartheta_{11}$ (wo der Akzent die Differentiation nach ψ bedeutet und, wie auch im folgenden, bei den ϑ_{gh} die Argumente ψ, x unterdrückt werden) eine Thetafunktion zweiter Ordnung, die sich von dem Produkt $\vartheta_{10}\vartheta_{01}$ nur durch einen von ψ unabhängigen Faktor unterscheidet. Über die Bestimmung dieses Faktors wird nachher noch einiges zu bemerken sein; es ergibt sich[107])

$$(33) \qquad \vartheta'_{11}\vartheta_{00} - \vartheta'_{00}\vartheta_{11} = \pi p(x)^2 \vartheta_{10}\vartheta_{01}.$$

Erhebt man diese Gleichung ins Quadrat und drückt die rechter Hand auftretenden Quadrate der ϑ_{10}, ϑ_{01} mittels der von GAUSS in der Scheda Ac aufgezeichneten Gleichungen (26) aus, so findet man die in der Notiz von 1825 (Werke X, 1, S. 310) von GAUSS auf etwas andere Weise[108]) hergeleitete Gleichung:

$$(34) \qquad (\vartheta'_{11}\vartheta_{00} - \vartheta'_{00}\vartheta_{11})^2 = \pi^2 (r^2\vartheta_{00}^2 - q^2\vartheta_{11}^2)(q^2\vartheta_{00}^2 + r^2\vartheta_{11}^2).$$

Nun differenziert GAUSS die Gleichung (31 a) und erhält mit Rücksicht auf

$$\cos u = \frac{1}{r\vartheta_{00}}(r^2\vartheta_{00}^2 - q^2\vartheta_{11}^2)^{\frac{1}{2}}$$

die Differentialgleichung

$$(35) \qquad \frac{du}{d\varphi} = \frac{\pi q^2}{\varpi}\sqrt{1 + \frac{r^4}{q^4}\sin^2 u}\ ^{109}).$$

---

107) Siehe WEBER, a. a. O. [102]), § 20, Gl. (7).

108) GAUSS betrachtet a. a. O. (vergl. GEPPERT, a. a. O. [83]), § 24, S. 95) anstelle des Ausdrucks (33) die die zweiten Derivierten ϑ''_{gh} nach ψ enthaltenden Ausdrücke

$$\vartheta'^2_{gh} - \vartheta_{gh}\vartheta''_{gh}$$

für $g, h = 0, 0$ und $1, 1$. Diese sind ebenfalls Thetafunktionen zweiter Ordnung und lassen sich linear durch die Quadrate der ϑ_{00}, ϑ_{11} darstellen (vergl. WEBER, a. a. O. [102]), § 20). Dass sich dieser Vorgang von dem des Textes nicht wesentlich unterscheidet, erhellt daraus, dass die ϑ_{gh} die partielle Differentialgleichung

$$\frac{\partial^2\vartheta}{\partial\psi^2} + 4\pi^2 x\frac{\partial\vartheta}{\partial x} = 0$$

befriedigen (WEBER, a. a. O., § 17, (4)). Ein Unterschied ergibt sich nur bei der Bestimmung der von ψ unabhängigen Faktoren, und dies dürfte auch der Grund sein, weshalb GAUSS an dieser Stelle nicht direkt mit (33) operiert hat.

109) GAUSS hat nur (Werke X, 1, S. 310) statt des Faktors $q(x)/r(x)$, den wir in (31) geschrieben haben (vergl. GEPPERT a. a. O. [83]), S. 146), den Faktor

$$\sqrt{\frac{p(x^2)^2 - r(x^2)^2}{2p(x^2)\,r(x^2)}},$$

der aber vermöge der Gleichungen (28) mit dem unsern übereinstimmt; vergl. auch die Fussnote 106).

Setzt man hierin

$$(36) \qquad \bar{\omega} = \pi q^2, \qquad \frac{r^4}{q^4} = \mu^2$$

so erhält (35) die Form (32), und damit ist das Ziel erreicht.

Wir wenden uns nun vorerst zu der Frage, nach der Bestimmung der von ψ unabhängigen Faktoren, die in den durch das HERMITESCHE Prinzip gegebenen Ansätzen auftreten. — Diese Bestimmung wird sehr wesentlich erleichtert, wenn man die Darstellung der ϑ_{gh} und ihrer Nullwerte p, q, r in der Form unendlicher Produkte heranzieht. Hierauf bezügliche Rechnungen finden wir in der Scheda Ac von Seite 40 an (Werke X 1, S. 201 ff., Art. 9—14); sie gipfeln in der berühmten Identität zwischen den Darstellungen der Thetafunktion als unendliche Reihe und als unendliches Produkt, die wir oben (Abschnitt II, Gl. (3), S. 16) aus den *Fundamenta* JACOBIS reproduziert haben, und die sich bei GAUSS hier im Art. 12 (a. a. O., S. 204) findet. — GAUSS ist später noch wiederholt auf den Zusammenhang zwischen Produkt- und Reihendarstellung der ϑ_{gh} zurückgekommen, namentlich hat er jene Identität wiederholt abgeleitet[110]. Wahrscheinlich hat er sie auch 1800 schon in ähnlicher Weise bewiesen, wie später in den *Hundert Theoremen*, nämlich durch Grenzübergang aus einer Identität zwischen einer endlichen Summe und einem endlichen Produkt (Werke III, S. 462, das »erste Theorem«), also ebenso wie später CAUCHY. — In der Scheda folgt dann (Werke X, 1, S. 205, Art. 13) die Aufstellung der Nullstellen für die Funktionen ϑ_{11} und ϑ_{00}, sowie (a. a. O., S. 206, Art. 14) ihre Produktdarstellung in der definitiven Form.

Man wird diese Entwicklungen mit dem zweiten Satze der Tagebuchnotiz 108. in Verbindung zu setzen haben: »auch die aus genuinen Prinzipien geschöpfte Entwicklung aller nur denkbaren lemniskatischen Funktionen in unendliche Reihen; eine überaus schöne Erfindung, die wohl keiner der vorhergehenden nachsteht«. In der Tat ist GAUSS auf Grund jener Identität imstande, die aus der Kenntnis der Nullstellen einer beliebigen Thetafunktion sich ergebende Produktentwicklung in eine Reihenentwicklung umzuwandeln. Wie elegant sich mit Hilfe der Produktdarstellung die Faktorenbestimmung in den Gln. (24)—(27) gestaltet, zeigt die 1827 ins Handbuch 16, Bb, eingetragene Rechnung (Werke III, S. 470).

---

110) Siehe Werke X, 1, S. 287, besonders Art. 4, S. 292, 293, ferner *Hundert Theoreme*, Werke III, S. 461, besonders Art. 4, S. 464, das »vierte Theorem«.

Dagegen erfordert die Bestimmung des Faktors in der Gl. (33) darüber hinausgehend noch die Kenntnis von Differentialrelationen zwischen den ϑ_{gh} und ihren Nullwerten. Bei der Gleichung (33) braucht man die Relation

$$(37) \qquad \vartheta'_{11}(0\,|\,x) = \pi\, p(x)\, q(x)\, r(x),$$

während GAUSS (Werke X, 1, S. 310, vergl. GEPPERT a. a. O. [83]), S. 112) die mit (37) wesentlich äquivalente Gleichung

$$(38) \qquad 4\,x\left(p\,\frac{dr}{dx} - r\,\frac{dp}{dx}\right) = p\,r\,q^{4}$$

benutzt, in bezug auf die er an jener Stelle nur sagt: »wovon jedoch der Beweis tiefer liegt«[111]). Dieser Beweis findet sich in einer ganz im Jahre 1801 geschriebenen Scheda (Af), und zwar mit Hilfe der Theorie des agM. (Werke X, 1, S. 209, siehe besonders das »Theorema« auf S. 212), was darum besonders bemerkenswert ist, weil dadurch die Berechtigung, den Inhalt der aus späterer Zeit stammenden Aufzeichnung des Handbuchs 16, Bb (Werke X, 1, S. 308 bis 310) hier in Betracht ziehen zu dürfen, gestützt wird.

Soweit hat also GAUSS denselben Weg eingeschlagen, den auch JACOBI in seinen Vorlesungen[112]) gewählt hat, um den Schwierigkeiten auszuweichen, die die für eine direkte Untersuchung des elliptischen Integrals notwendige Integration im komplexen Gebiete darbietet, d. h. er ging von den Thetafunktionen aus. Aber GAUSS verfährt im Jahre 1800 sozusagen moderner als JACOBI 1835, indem GAUSS das elegante, nach HERMITE benannte Verfahren benutzt, während JACOBI die Transformationsformeln zweiten Grades der Thetafunktionen in etwas umständlicher Weise mit Hilfe der Darstellungen einer Zahl als Summe von vier Quadraten herleitet[113]).

Zum Abschluss dieses Teils unseres Berichts haben wir noch den letzten Satz der Tagebuchnotiz 108. zu besprechen, der wie folgt lautet: »Ferner haben wir in diesen Tagen die Prinzipien entdeckt, nach denen man die arithmetisch-geometrische Folge so interpolieren kann, dass man die in der

---

111) Siehe die Herleitung der Relation (37) bei JACOBI, JACOBIs Werke I, S. 515—517, Art. 4; in bezug auf beide Gln. (37), (38) vergl. WEBER, a. a. O. [102]), § 20.

112) 1835/36 ausgearbeitet von ROSENHAIN, und 1839/40 ausgearbeitet von BORCHARDT, vergl. die letztere in JACOBIs Werken I, S. 497 ff.

113) Diese von JACOBI angewandte Methode findet sich bei GAUSS ebenfalls, aber erst später, in dem Handbuch 19, Be (begonnen Mai 1809), S. 147, siehe Werke III, S. 384.

gegebenen Folge zu einem beliebigen rationalen Index gehörigen Glieder durch algebraische Gleichungen zu bestimmen imstande ist.«

So wie der Übergang von einem Gliede a_n, b_n des Algorithmus (28a) des agM. zum nächstfolgenden a_{n+1}, b_{n+1} dem Übergang von x^{2^n} zu $x^{2^{n+1}}$, also der Multiplikation der Periode ϖ' mit 2 entspricht, so wird, bei der Interpolation von Gliedern mit einem beliebigen rationalen Index, eine Periode durch eine ganze Zahl zu teilen sein. GAUSS hat also die Gleichungen für die Teilung der Perioden entdeckt. Auch hierüber enthält die Scheda Ac keinerlei Aufzeichnung; GAUSS scheint diese Scheda überhaupt gegen Ende Mai 1800 abgeschlossen zu haben[114]. Im selben Jahre hat er dann ein Handbuch (15, Ba) begonnen, das mit der Werke III, S. 361—374 abgedruckten Abhandlung über das agM. eröffnet wird; auf diese Abhandlung kommen wir weiter unten zurück. Zwischen dem Abschluss der Scheda Ac und dem Beginn dieses Handbuchs hat GAUSS wohl anderweitige Notizen gemacht, die aber zum grössten Teil verloren zu sein scheinen. Wir waren bemüht, die durch diesen Verlust entstandene Lücke durch Bezugnahme auf spätere Aufzeichnungen auszufüllen. Ein ähnliches Verfahren werden wir auch in den folgenden Erörterungen, die sich auf die Tagebuchaufzeichnungen 109.—111. beziehen, zu befolgen genötigt sein.

V. Die nachgelassene Abhandlung über das agM.
Ausbau zur Theorie der Modulfunktion.

a) Einleitendes.

Dass GAUSS in der Tagebuchnotiz 108. von der »Entwicklung aller nur denkbaren lemniskatischen Funktionen« spricht, zeigt, dass er sich bewusst war, durch seine Untersuchungen zwei verschiedene Probleme der Lösung zu-

---

114) Der Vollständigkeit wegen erwähnen wir noch, dass die letzten Seiten der Scheda Ac eine Aufzeichnung mit der Überschrift »Motus solidi a nullis viribus sollicitati« (Bewegung eines von keinerlei Kräften angetriebenen Körpers) enthalten, in der das Problem bis zu dem dabei auftretenden elliptischen Integral geführt wird. Die Scheda schliesst mit den Worten (Werke X, 1, S. 206); »Die lemniskatischen Funktionen haben wir am 8. Januar 1797 zu betrachten begonnen«. Das bezieht sich auf die Tagebuchnotiz 51. (siehe oben S. 30, 31), in der von dem speziellen lemniskatischen Integral die Rede ist; hier meint GAUSS aber offenbar die ganze Theorie der allgemeinen elliptischen Funktionen, die durch die jener speziellen eröffnet worden ist.

geführt zu haben. Erstens hat er, ausgehend von einer Grösse x, die absolut genommen kleiner ist als Eins, die Funktion

$$\text{Sl } \varphi = \frac{q(x)}{r(x)} \cdot \frac{\vartheta_{11}(\psi|x)}{\vartheta_{00}(\psi|x)}, \quad \psi = \frac{\varphi}{\pi q(x)^2},$$

hergestellt, die die Umkehrung des Integrals

$$(1) \qquad \varphi = \int_0^S \frac{dS}{\sqrt{(1-S^2)(1+\mu^2 S^2)}}$$

für $\mu = r(x)^2/q(x)^2$ liefert[115]); zweitens aber war für ein gegebenes μ^2 die Umkehrungsfunktion des Integrals (1) zu bestimmen. Wir haben im vorhergehenden Abschnitt unser Augenmerk ausschliesslich auf das erste Problem gerichtet und sind darum auch in der Form der Faktoren, die in den Formeln für die Transformation der Thetafunktionen auftreten, von GAUSS' Darstellung in der Scheda Ac abgewichen, was übrigens GAUSS selbst in seinen spätern Darstellungen (z. B. Werke III, S. 472, vom Jahre 1827) getan hat. Dabei haben wir aber schon auf die Frage hingewiesen, die zu lösen bleibt, wenn man das zweite Problem in Angriff nehmen will. Die Aufgabe, zu einem gegebenen Integral (1), d. h. zu einem gegebenen Werte von $\mu = \text{tg } v$, die Perioden ϖ, ϖ'[116]) anzugeben, führt zunächst auf die Bestimmung der beiden agM. $M(1, \cos v)$, $M(1, \sin v)$. Es handelt sich dabei wesentlich darum, zur Berechnung dieser Mittel auch für beliebige komplexe Werte von μ brauchbare Methoden anzugeben. Wir kommen darauf im Anschluss an den Bericht über die schon öfter erwähnte Abhandlung aus dem Jahre 1800[117]):

---

115) Neben der Funktion Sl bildet GAUSS in der Scheda Ac, Werke X, 1, S. 200 noch, wie für die spezielle lemniskatische Funktion $\mu = 1$ (vergl. oben S. 33),

$$\text{cl } \varphi = \text{Sl}(\tfrac{1}{2}\varpi - \varphi) = \frac{q}{r} \frac{\vartheta_{10}(\psi|x)}{\vartheta_{01}(\psi|x)}.$$

Nach der Analogie der JACOBIschen Funktionen

$$\text{sn } \varphi = \frac{p}{r} \frac{\vartheta_{11}(\chi|x)}{\vartheta_{01}(\chi|x)}, \quad \text{cn } \varphi = \frac{q}{r} \frac{\vartheta_{10}(\chi|x)}{\vartheta_{01}(\chi|x)}, \quad \text{dn } \varphi = \frac{q}{p} \frac{\vartheta_{00}(\chi|x)}{\vartheta_{01}(\chi|x)}, \quad \chi = \frac{\varphi}{\pi p(x)^2},$$

wollen wir setzen

$$\text{Cl } \varphi = (1 - \text{Sl}^2 \varphi)^{\frac{1}{2}} = \frac{p}{r} \frac{\vartheta_{10}(\psi|x)}{\vartheta_{00}(\psi|x)}, \quad \text{Dl } \varphi = (1 + \mu^2 \text{Sl}^2 \varphi)^{\frac{1}{2}} = \frac{p}{q} \frac{\vartheta_{01}(\psi|x)}{\vartheta_{00}(\psi|x)};$$

diese Funktionen finden sich tatsächlich bei GAUSS, Werke III, S. 473 in der Aufzeichnung von 1827, Art. 5.

116) In Wirklichkeit sind 2ϖ und $2i\varpi'$ die Perioden.

117) *De origine proprietatibusque generalibus numerorum arithmetico-geometricorum*, Handbuch 15, Ba,

Über den Ursprung und die allgemeinen Eigenschaften der arithmetisch-geometrischen Mittelzahlen weiter unten zurück.

Mit der blossen Herstellung der ϖ, ϖ' ist jedoch das in Rede stehende Problem noch nicht erledigt. Es handelt sich vielmehr, wie schon oben hervorgehoben wurde, noch um die Bildung der Thetafunktionen T und W, die erfordert, dass zur Sicherung der Konvergenz der in Betracht kommenden Reihen der reelle Teil von

$$(2) \qquad t = \frac{\varpi'}{\varpi} = \frac{M(1, \cos v)}{M(1, \sin v)} = -\frac{\log x}{\pi}$$

einen positiven Wert habe. Gauss war also in jenen ersten Junitagen des Jahres 1800 jedenfalls bestrebt, der hiermit bezeichneten Schwierigkeit Herr zu werden. Da die Frage wesentlich der Theorie des agM. angehört, wird er vor allem bemüht gewesen sein, diese Theorie weiter zu vertiefen, und zwar nach der bis dahin noch nicht erörterten Seite hin, dass durch die Willkürlichkeit des bei der Bildung der geometrischen Mittel auftretenden Vorzeichens eine Mehrdeutigkeit des Algorithmus bedingt wird. Setzt man

$$(3) \qquad \sin v = k, \quad \cos v = (1 - k^2)^{\frac{1}{2}} = k',$$

so wird die Frage präziser so zu stellen sein: gibt es für ein beliebig vorgeschriebenes k Determinationen der beiden agM. $M(1, k)$, $M(1, k')$, für die

---

abgedruckt Werke III, S. 361—374, deutsch bei GEPPERT, a. a. O. [88]), S. 27 ff. GAUSS schreibt an SCHUMACHER im April 1816 (Werke X, 1, S. 247): »Ich habe zwar ausser jenem [nämlich dem richtigen agM.] auch noch andere arithmetisch-geometrische Mittel betrachtet, die aber ganz elementarisch sind. Jenes ist das wahre, worüber Sie hier [nämlich in Göttingen, wo sich SCHUMACHER 1808/09 studienhalber aufgehalten hat] auch eine im Jahre 1800 von mir angefangene kleine Abhandlung gelesen haben, in einem blauen Oktavbande, Varia betitelt, worin noch von Ihrer Hand eine Restitutio in Integrum einiger durch einen Tintenfleck unkenntlich gewordener Stellen zu sehen ist.« Dieser »blaue Oktavband« ist das jetzt mit 15, Ba, bezeichnete Handbuch, die 1800 begonnene Abhandlung, die im Text genannte, in deren Handschrift die Spuren der von GAUSS erwähnten Tintenflecke noch deutlich zu erkennen sind. Im Artikel 7 dieser Abhandlung (Werke III, S. 368) wird der Artikel 162 der *Disquisitiones arithmeticae* (erschienen 1801) zitiert. Man braucht darum der von GAUSS gegebenen Datierung kein Misstrauen entgegenzubringen; denn, wie GAUSS an BOLYAI schreibt (siehe *Briefwechsel Gauss-Bolyai*, S. 35), hat er am 16. Dezember 1799 in Helmstedt die Korrektur des 18. Bogens der *Disqu. arithm.* erhalten, der Artikel 162 (S. 176 der Originalausgabe) war also 1800 längst gedruckt. Ein Fragment einer deutschen Redaktion der Abhandlung über das agM. findet sich im Nachlass (Ff), es enthält einen Teil des Art. 2 (Werke III, S. 362, von Zeile 16 an), dann einige Beispiele (nämlich $a = 1$, $b = 0{,}2$, wie im Art. 3, aber mit weniger Dezimalstellen, und $a = 5$, $b = 2$), ferner Art. 4 und endlich flüchtig angedeutet den Art. 9 des zweiten Teils, abschliessend mit der Formel S. 373 unten: $dM(x, y) =$ etc.

der reelle Teil von

$$(2\,\mathrm{a}) \qquad\qquad t = \frac{M(1,\,k')}{M(1,\,k)}$$

positiv ausfällt, und wie lassen sich diese »zusammengehörigen« Determinationen charakterisieren? Dass GAUSS in der Tat diesen Weg eingeschlagen hat, zeigt die Tagebuchnotiz 109., vom 3. Juni 1800 datiert, also in unmittelbarstem Anschluss an die in 108. geschilderten Ergebnisse geschrieben[118]), die so lautet: »Zwischen zwei gegebenen Zahlen gibt es sowohl für das arithmetisch-geometrische als für das harmonisch-geometrische Mittel[119]) unendlich viele Bestimmungen; dass wir deren gegenseitigen Zusammenhang in vollkommener Weise durchschauen konnten, hat uns ein Glücksgefühl bereitet.«

GAUSS will also damit sagen, dass er die unendlich vielen Werte von t anzugeben imstande ist, die zu einem und demselben Wertepaar k, k' gehören, d. h. in der uns geläufigen Ausdrucksweise, dass er für die Modulfunktion k' als Funktion von t, wie sie durch die Gleichungen (3), (2 a) definiert wird, die Fundamentaleigenschaft, nämlich ihren Automorphismus entdeckt habe. Er wird demnach die Tatsache, dass für ein willkürliches μ oder k' der reelle Teil von t positiv ausfällt, wenn man die Determinationen der agM. geeignet wählt, mit Hilfe der Theorie der Modulfunktion bewiesen haben. Und daraus kann man wieder rückwärts auf die Tragweite der Notiz 109. schliessen. GAUSS muss in jenen Tagen erkannt haben, dass die inverse Funktion der Modul-

---

118) Man vergleiche auch im Faksimile des *Tagebuchs*, Werke X, 1, die Gleichheit der Schriftzüge in den Notizen 108. und 109.

119) Das harmonische Mittel zwischen zwei Zahlen a, b ist die durch die Gleichung $a_1 = \dfrac{2\,ab}{a+b}$ definierte Grösse. Demnach wäre der Algorithmus des harmonisch-geometrischen Mittels durch die Gleichungen

$$\frac{1}{a_{n+1}} = \frac{1}{2}\left(\frac{1}{a_n} + \frac{1}{b_n}\right), \quad \frac{1}{b_{n+1}} = \sqrt{\frac{1}{a_n}\cdot\frac{1}{b_n}} \qquad (n = 0, 1, 2, \ldots;\ a_0 = a,\ b_0 = b)$$

definiert. Es ist also

$$\lim_n \frac{1}{a_n} = \lim_n \frac{1}{b_n} = M\left(\frac{1}{a},\,\frac{1}{b}\right)$$

und folglich

$$\lim_n a_n = \lim_n b_n = \frac{ab}{M(a,\,b)},$$

wodurch das harmonisch-geometrische Mittel auf das agM. zurückgeführt ist (vergl. TH. LOHNSTEIN, Zeitschrift für Math. u. Physik 30, 1888, S. 316). In bezug auf dieses Mittel vergl. die Notiz aus Scheda Ac, Werke X, 1, S. 551.

funktion nur Werte mit positivem Realteil annimmt, er muss sich also alle wesentlichen Eigenschaften dieser Funktion entwickelt haben. Dass es sich am 3. Juni um eine grosse Entdeckung handelt, geht schon aus der Wendung »hat uns ein Glücksgefühl bereitet« hervor; Gauss gebraucht diese oder eine ähnliche Wendung nur sehr selten, sonst im *Tagebuch* nur bei zahlentheoretischen Notizen (siehe die Nrn. 30, 73, 114, 141) und man wird darum vermuten können, dass er damals gleich auch den Zusammenhang mit der Transformationstheorie der binären quadratischen Formen durchschaut hat[120]). Wenn natürlich auch die Möglichkeit, ja sogar die Wahrscheinlichkeit vorliegt, dass die in diesen Tagen des Jahres 1800 gefundenen Resultate später ergänzt und vertieft worden sind, so dürfen wir doch die Prinzipien alles dessen, was uns von Gauss über die Theorie der Modulfunktion erhalten ist, für die hier in Rede stehende Zeit in Anspruch nehmen. Wir wollen also diese Entwicklungen — auf die Gefahr hin, einzelne erst nach 1800 gefundene Details schon hier einzuordnen — im Zusammenhange besprechen, zumal, wie schon am Schluss des Abschnitts IV bemerkt worden ist, Aufzeichnungen aus der Zeit der Tagebuchnotiz selbst fehlen.

Wir wenden uns nun zur Besprechung der mit der Tagebuchnotiz 109. im Zusammenhang stehenden Aufzeichnungen und beginnen, ihres elementaren Ausgangspunktes wegen, mit der nachgelassenen Abhandlung vom Jahre 1800.

b) Die nachgelassene Abhandlung zur Theorie des agM.

Die schier unübersehbare Fülle von neuen Resultaten und Gesichtspunkten, die die Jahre 1799 und 1800 bei Gauss gezeitigt haben, mögen in ihm den Entschluss gereift haben, einiges aus dem Schatze der erlangten Einsichten für die Veröffentlichung zu redigieren. In der Tat macht die Abhandlung, über die hier zu berichten ist, in den Artikeln 1—9 einen völlig druckreifen Eindruck. Dass Gauss gerade mit dem elementaren Algorithmus des agM. beginnt, ist durchaus verständlich; dass er später diese Abhandlung abgebrochen und nicht veröffentlicht hat, werden wir nachher zu erklären versuchen.

---

120) In einem Brief an GERLING vom 6. Januar 1819 (Werke X, 1, S. 122) schreibt GAUSS: »für mich wenigstens sind und bleiben die Untersuchungen der höheren Arithmetik bei weitem das Allerschönste der Mathematik, und der Genuss, den ich auch an den schönsten astronomischen Untersuchungen finde, ist gar Nichts, verglichen mit dem, welchen die höhere Arithmetik gewährt«.

Im ersten Teil wird zunächst das agM. zwischen zwei reellen positiven Grössen $a \geqq b$ durch die Doppelfolge positiver Zahlen

(4)
$$\begin{cases} a,\, a_1,\, a_2,\, \ldots \\ b,\, b_1,\, b_2,\, \ldots \end{cases}$$

definiert, wo die Zahlen der ersten Folge die arithmetischen, die der zweiten die geometrischen Mittel des vorhergehenden Zahlenpaares sind; die Existenz des gemeinsamen Grenzwerts

$$\lim_n a_n = \lim_n b_n = M(a,\, b)$$

wird streng nachgewiesen. Es folgt die Herleitung der Reihenentwicklungen für $M(1+k,\, 1)$, $M(1+k,\, 1-k)$ und endlich die Reihe:

(5)
$$\frac{1}{M(1+k,\, 1-k)} = \frac{1}{M(1,\, \sqrt{1-k^2})} = 1 + \left(\tfrac{1}{2}\right)^2 k^2 + \left(\frac{1.3}{2.4}\right)^2 k^4 + \cdots,$$

die uns aus älteren Aufzeichnungen bereits bekannt sind. — Im Art. 8 wird mit Hilfe der letzteren Reihenentwicklung die lineare Differentialgleichung zweiter Ordnung (14) Abschn. IV (S. 69) hergeleitet, der die Ausdrücke

(6)
$$\frac{1}{M(1,\, \sqrt{1-k^2})}, \quad \frac{1}{M(1,\, k)}$$

Genüge leisten[121]), und auch gezeigt, dass

(7)
$$\int_0^\pi \frac{du}{(1 - k^2 \cos^2 u)^{\frac{1}{2}}} = \frac{\pi}{M(1,\, \sqrt{1-k^2})}$$

ist[122]). Hieraus folgt nun, dass das konstante Glied der Entwicklung von $\sqrt{\beta - \gamma \cos^2 u}$ nach Kosinus der Vielfachen von u durch den reziproken Wert des agM. zwischen $\sqrt{\beta - \gamma}$ und $\sqrt{\beta}$ gegeben wird. In der Scheda Ac hatte Gauss diesen Zusammenhang direkt bewiesen (Werke X, 1, S. 185, 187) und daraus durch Integration zwischen den Grenzen 0 und π die Gleichung (7) erschlossen. (vergl. oben S. 67—69). Dass Gauss auf die Betrachtung der Entwicklungs-koeffizienten von Ausdrücken der Form $\sqrt{\beta - \gamma \cos^2 \varphi}$ durch Fragen der Störungs-theorie geführt worden ist, wurde schon (oben S. 26, 27) hervorgehoben (vergl.

---

121) Vergl. hierzu die beiden Zettel, die Werke X, 1, S. 180, III, abgedruckt sind.

122) Eine ganz direkte und sehr elegante Herleitung der Gleichung (7) gibt Gauss in der *Determinatio attractionis* (1818, Werke III, S. 352, 353), wo er das agM. als Hilfsmittel für die Berechnung eines vollständigen elliptischen Integrals erster Gattung einführt.

den Schlusssatz des Art. 8, Werke III, S. 371 und auch einen Brief an OLBERS vom 3. Sept. 1805[123])).

Für uns besonders interessant ist der Ausspruch von GAUSS (a. a. O. Werke III, S. 371): »Im übrigen bemerken wir, dass wir im Folgenden einen viel allgemeineren Beweis dieser Lehrsätze geben werden, der aus viel ursprünglicheren Prinzipien geschöpft ist; ferner werden wir alsbald lehren, wie man auch die übrigen Koeffizienten $Q, R, S, \ldots$ [der Entwicklung von $(1 - k^2 \cos^2 u)^{-\frac{1}{2}}$ nach Kosinus der Vielfachen von u] durch ebenso einfache Methoden finden kann [wie den ersten durch das agM«]. Diese Andeutung kann sich nämlich nur auf die Verallgemeinerung der hier für die Reihe (5) entwickelten Resultate auf Reihen allgemeineren Charakters beziehen.

GAUSS scheint also damals, wo er eben das Gebiet der Theorie der elliptischen Funktionen erobert hatte, die Verallgemeinerung seiner Untersuchungen auf die Funktionen in Angriff genommen zu haben, die der jetzt sogenannten GAUSSschen Differentialgleichung genügen. Man wird dabei auch an einen Einfluss von J. FR. PFAFF zu denken haben, der in seinen *Disquisitiones analyticae* (Helmstedt 1797) in dem Kapitel »Nova disquisitio de integratione aequationis differentio differentialis

$$x^2(a + bx^n)\, ddy + x(c + ex^n)\, dy\, dx + (f + gx^n)\, y\, dx\, dx = X\, dx\, dx«$$

diese auf EULER zurückgehende Differentialgleichung behandelt, und dessen Hausgenosse GAUSS vom Dezember 1799 bis Ostern 1800 in Helmstedt gewesen ist (vergl. oben S. 62).

---

123) *Briefwechsel Gauss-Olbers* I, S. 269; es heisst daselbst: »Ich werde beiher meine angefangenen Arbeiten über die Störung der Planeten fortsetzen, sowohl was zur allgemeinen Theorie als zur Anwendung auf die Asteroïden gehört. In jener ist es von besonderer Wichtigkeit, die Koeffizienten, die aus

$$(a^2 + a'^2 - 2\, a a' \cos \varphi)^{-\frac{1}{2}} = A^0 + 2 A' \cos \varphi + 2 A'' \cos 2 \varphi + 2 A''' \cos 3 \varphi + \text{etc.}$$

entspringen, leicht angeben zu können.« Diesem Briefe an OLBERS legte GAUSS einen Brief an BESSEL bei, den OLBERS an den Adressaten befördern sollte, in dem (Werke X, 1, S. 238) auch von dieser Entwicklung die Rede ist. GAUSS schreibt daselbst: »Nun bin ich im Besitz von besonderen, zum Teil auf ganz heterogen scheinenden Untersuchungen gegründeten Kunstgriffen, jene Koeffizienten [nämlich A^0, A', A'', ...] zu bestimmen.« Es wird also hier auf die von GAUSS zu jener Zeit noch geheim gehaltene Methode des agM. angespielt. Aus noch früherer Zeit wie diese beiden Briefe (wahrscheinlich Oktober 1802) dürfte eine Aufzeichnung herrühren, die sich in dem Handbuche 17, Bc, betitelt »Astronomische Untersuchungen und Rechnungen vornehmlich über die Ceres Ferdinandea (1802)« auf S. 24 in eine astronomische Untersuchung verflochten vorfindet und Werke VII, S. 384 abgedruckt ist. Vergl. hierzu die Ausführungen von M. BRENDEL, Werke XI, 2, Abh. 3, S. 216—221.

In der Tat enthält die Einleitung zu der Abhandlung über die Reihe $F(\alpha, \beta, \gamma, x)$[124]) die Bestimmung der Koeffizienten der Entwicklung

$$(a^2 + b^2 - 2ab \cos \varphi)^{-n} = A + 2A' \cos \varphi + 2A'' \cos 2\varphi + \text{etc.},$$

und auch die Methode, nach der Gauss 1800 die Differentialgleichung für die Reihe (5) ableitet, ist dieselbe wie die, deren er sich in der *Determinatio seriei nostrae per aequationem differentialem secundi ordinis*[125]) zur Herleitung der Differentialgleichung für die allgemeine Reihe $F(\alpha, \beta, \gamma, x)$ bedient. Man darf wohl auch annehmen, dass Gauss die Redaktion der Abhandlung von 1800 darum abgebrochen hat, weil er seinen Redaktionsplan änderte und statt von dem Algorithmus des agM. von der allgemeinen Reihe $F(\alpha, \beta, \gamma, x)$ ausgehen wollte, wie er es in der Tat 1812 getan hat.

Der zweite Teil der Abhandlung von 1800 enthält nur zwei Artikel; im ersten werden für das Differential $dM(a, b)$ gut konvergierende Reihen angegeben, die, wie im folgenden Artikel an Beispielen gezeigt wird, auch für die numerische Rechnung geeignet sind. — Dies ist darum von Wichtigkeit, weil ja die Derivierte des agM. bei der Bestimmung des Ellipsenquadranten eine Rolle spielt, was schon in den Leistenotizen (Werke X, 1, S. 178, vergl. oben Abschnitt IV, Gln. (3), (4)) gezeigt ist[126]). Besonders die Reihe

$$\frac{1}{2} + \frac{1}{4} \frac{a - a_1}{a_1} + \frac{1}{8} \frac{a - a_1}{a_1} \cdot \frac{a_1 - a_2}{a_2} + \cdots,$$

wo die $a, a_1, a_2, \ldots$ die Elemente der ersten Folge (4), also die arithmetischen Mittel bedeuten, konvergiert sehr stark; sie findet sich auch in der Werke X, 1, S. 207, VI, abgedruckten Notiz der Scheda Ae aus dem Juli 1800 mit einigen weiteren Ausführungen und wird uns später noch in der Korrespondenz von Gauss mit Schumacher (1816) begegnen.

Was nun die Frage der Bestimmung von $t = \frac{\varpi'}{\varpi}$ für einen gegebenen Wert von μ anlangt, so sehen wir, dass für $k = \sin v$ die beiden partikularen Lösungen (6) der von Gauss aufgestellten linearen Differentialgleichung gerade die zur Herstellung des Quotienten (2a) erforderlichen Elemente liefern. Die Entwicklung (5) von $\dfrac{1}{M(1, \sqrt{1 - k^2})}$ nach positiven ganzen Potenzen von k^2 war

---

124) 1812, Werke III, S. 123 ff., vergl. Art. 6, S. 128.

125) Nachlass, Werke III, S. 207 ff.

126) Vergl. auch am Schluss der *Determinatio attractionis*, Werke III, S. 354, Zeile 5, und am Schluss der *Anzeige* ebenda, S. 360 die Formel für die Peripherie der Ellipse.

GAUSS geläufig, die Darstellung von $\frac{1}{M(1,k)}$ in der Umgebung von $k = 0$ ergibt sich entweder aus der Differentialgleichung (14) Abschn. IV (oben S. 69) oder direkt aus der Formel

$$M(x, 1) = \frac{C(x - \alpha x^{-1} - \beta x^{-3} - \gamma x^{-5} - \cdots)}{\log(4x - ax^{-1} - bx^{-3} - cx^{-5} - \cdots)}$$

der Scheda Ac (Werke X, 1, S. 186, vergl. oben Gl. (10) Abschn. IV) als

$$(8) \qquad \frac{1}{M(1,k)} = \frac{1}{\pi} \frac{1}{M(1, \sqrt{1-k^2})} \left(\log \frac{16}{k^2} - \frac{k^2}{2} + \delta_1 k^4 + \cdots \right).$$

Diese Darstellung konvergiert ebenso wie die Reihe (5) selbst für $|k^2| < 1$. — Nun kommt in der Scheda Ac (Werke X, 1, S. 198) die Transformation

$$(9) \qquad \sin \psi = \operatorname{tg}^2 \tfrac{1}{2} v$$

vor, deren Bedeutung darin besteht, dass sie für $\sin \psi = k_1$,

$$(9\,\mathrm{a}) \qquad k_1 = \frac{1-k'}{1+k'}, \quad k' = \sqrt{1-k^2}$$

ergibt, also auf den Algorithmus des agM. hinauskommt, indem, wenn man $a = 1$, $b = k'$, $c = \sqrt{1 - k'^2} = k$ nimmt, und hieraus nach dem Algorithmus des agM.

$$a_1 = \frac{1+k'}{2}, \quad b_1 = \sqrt{k'}, \quad c_1 = \sqrt{a_1^2 - b_1^2} = \frac{1-k'}{2}$$

bildet,

$$\frac{b_1}{a_1} = k_1' = \sqrt{1-k_1^2}, \quad \frac{c_1}{a_1} = k_1$$

ist. Schreibt man nun für die reziproken Werte der $M(1, k_1')$, $M(1, k_1)$ die den Entwicklungen (5) und (8) analogen Entwicklungen nach Potenzen von $k_1^2 = \nu_1$ hin, so konvergieren diese für $|\nu_1| < 1$, also vermöge der Relation (9a) für alle komplexen Werte von $k^2 = \nu$. Wegen $M(a, c) = 2 M(a_1, c_1)$ ist aber

$$t_1 = \frac{M(1, \cos \psi)}{M(1, \sin \psi)} = 2 \frac{M(1, \cos v)}{M(1, \sin v)} = 2t,$$

also mit t_1 auch t für alle Werte von k^2 definiert. — Dass GAUSS diese Anwendung der Transformation (9) im Auge hatte, zeigt der Art. 5 (Werke X, 1, S. 197—198) der Scheda Ac-Aufzeichnung, der sonst gegenüber dem Art. 7 der Aufzeichnung IV (Werke X, 1, S. 190) nichts wesentlich Neues enthält. — Durch wiederholte Anwendung der Transformation (9) kann man für die agM. immer besser konvergierende Entwicklungen erzielen, ein Umstand, den z. B. auch WEIERSTRASS[127]) ausgenutzt hat.

c) Theorie der Modulfunktion.

Wir müssen in diesem Abschnitt den streng historischen Standpunkt, den innezuhalten wir bisher bemüht waren, etwas lockern und uns auf eine Exposition des Inhaltes der hier in Betracht kommenden, zum Teil sicher aus sehr viel späterer Zeit stammenden, Aufzeichnungen beschränken. Aber auch diese Aufgabe ist insofern erschwert, als die gedachten Aufzeichnungen nicht erkennen lassen, von welcher Seite her GAUSS den Zugang zu den darin enthaltenen Resultaten genommen hat. Nur soviel scheint festzustehen, dass er den in der Tagebuchnotiz 109. genannten »gegenseitigen Zusammenhang zwischen den unendlich vielen Bestimmungen des agM.« nicht auf elementarem Wege, d. h. nicht von dem Algorithmus des agM. ausgehend gefunden[128]), sondern dass er sich dabei der Eigenschaften des Funktionen p, q, r bedient hat.

Die in Betracht kommenden Aufzeichnungen sind die folgenden:

1) Das aus der Scheda Ae, Juli 1800, stammende Stück VI, Werke X, 1, S. 207, 208.

2) Die Notiz aus Scheda Af, 1801, Abschnitt VII, Werke X, 1, S. 209 bis 212.

3) Der Abschnitt IX, Werke X, 1, S. 217—231, insbesondere der auf den Seiten 218—226 wiedergegebene Inhalt zweier, wohl um 1825 geschriebener Zettel.

4) Die Stelle Werke III, S. 386, Zeile 5—1 v. u., die GAUSS auf der letzten Einbandseite seines Handexemplars der *Disquisitiones arithmeticae* eingetragen hat.

5) Die Notiz [3] Werke VIII, S. 99—102, die in dem Handbuch 25, Bf, S. 25 aufgezeichnet ist und wohl aus dem Jahre 1815 stammen dürfte.

6) Eine Aufzeichnung in der Scheda An (teilweise veröffentlicht Werke VIII, S. 103), die wir weiter unten im Texte wiedergeben, und die wohl auf 1805 anzusetzen ist.

---

127) Sitzungsberichte der Berliner Akademie 1883, WEIERSTRASS' Werke III, S. 257 ff. Vergleiche H. WEBER a. a. O. 102), S. 144.

128) Ein solcher elementarer Weg ist übrigens bis heute noch nicht entdeckt.

7) Die Werke III, S. 470—480 abgedruckte Abhandlung aus Handbuch 16, Bb, S. 137—145, die GAUSS aus dem August 1827 datiert; namentlich der Art. [12], Werke III, S. 477, 478 (S. 142, 143 des Handbuchs)[129].

Mit der Tagebuchnotiz 109. im unmittelbaren Zusammenhange steht die Aufzeichnung Art. 3 von 3), wo es heisst (Werke X, 1, S. 219): »Die agMittel gestalten sich anders, wenn man für ein b, b_1, b_2, ... den negativen Wert wählt; doch sind alle Resultate in folgender Form begriffen:

$$(10) \qquad \frac{1}{(\mu)} = \frac{1}{\mu} + \frac{4ik}{\lambda}.«$$

Der Wortlaut dieser Aussage, wie auch das derselben hinzugefügte »Beispiel für einen imaginären Wert des agM.« legt es nahe anzunehmen, dass GAUSS den Fall vor Augen hatte, wo μ bezw. λ die positiven Werte der agM. für die positiven Zahlen $a > b$, bezw. a und $c = (a^2 - b^2)^{\frac{1}{2}}$ bedeuten, während (μ) so zustande kommt, dass für eines der geometrischen Mittel der negative Wert genommen wird. Jedenfalls stellt, wie wir sehen werden, das durch (10) gegebene (μ) nicht den allgemeinsten Wert des agM. zwischen a, b dar. Über die Art und Weise, wie GAUSS die Formel (10) hergeleitet haben mag, sind wir auf Vermutungen angewiesen. Es liegt ja nahe, dass die Bedeutung von $\frac{1}{\mu}$ und $\frac{i}{\lambda}$ als Perioden der elliptischen Funktion Sl φ ihn dazu geführt hat, anzunehmen, dass $\frac{1}{(\mu)}$ linear homogen mit ganzzahligen Koeffizienten durch $\frac{1}{\mu}$ und $\frac{i}{\lambda}$ darstellbar sein müsste. Der handschriftliche Nachlass bietet allerdings keinen Anhaltspunkt hierfür. SCHERING deutet (Werke III, S. 377, 378) einen Weg an, wie man mit Hilfe von Kontinuitätsbetrachtungen zu dieser Formel gelangen könnte. Nach dem Inhalt der beiden Zettel 3) ist es aber wahrscheinlicher, dass GAUSS die in Rede stehende Formel als besondern Fall des allgemeinen, in der Tagebuchnotiz 109. angezeigten Zusammenhangs zwischen den unendlich vielen Bestimmungen des agM., und dass er diesen Zusammenhang mit Hilfe der Theorie der Reihen p, q, r gefunden hat. Das letztere wird zur Gewissheit, wenn man bedenkt, dass sich bei GAUSS an keiner Stelle auch nur der Versuch findet, für beliebige komplexe Werte der a, b den Algorithmus des agM. direkt zu untersuchen; vielmehr geht er immer,

---

129) Wir zitieren diese Stücke im Folgenden mit der ihnen in der obigen Übersicht beigelegten Nummer.

wenn nicht die Voraussetzung positiver a, b gemacht wird, von dem Ansatz aus:

(11) $$a = hp(x)^2, \quad b = hq(x)^2, \quad c = (a^2 - b^2)^{\frac{1}{2}} = hr(x)^2,$$

wo man sich x als gegebenen Wert vom absoluten Betrage kleiner als Eins zu denken hat (so z. B. auch in der Aufzeichnung 2) Werke X, 1, S. 210 und ebenso in 3) Werke X, 1, S. 218). Die Aufzeichnung 3) enthält (Werke X, 1, S. 222—226) für die Reihen p, q, r eine vollständige Theorie der linearen Transformation und den Zusammenhang dieser Theorie mit der Lehre von den quadratischen Formen, also mit den zahlentheoretischen Untersuchungen von GAUSS. Er gibt daselbst für diese drei Reihen, die er als Funktionen von $t = -\frac{\log x}{\pi}$ in der Form schreibt

(12) $$\begin{cases} p(t) = 1 + 2e^{-\pi t} + 2e^{-4\pi t} + 2e^{-9\pi t} + \cdots, \\ q(t) = 1 - 2e^{-\pi t} + 2e^{-4\pi t} - 2e^{-9\pi t} + \cdots, \\ r(t) = 2e^{-\frac{1}{4}\pi t} + 2e^{-\frac{9}{4}\pi t} + 2e^{-\frac{25}{4}\pi t} + \cdots, \end{cases}$$

das Verhalten bei ganzzahliger linearer Transformation von t,

(13) $$t' = \frac{\alpha t - \beta i}{\delta + \gamma t i}, \quad \alpha\delta - \beta\gamma = 1,$$

in den sechs verschiedenen Fällen modulo 2, und es lässt sich auf Grund dieser Formeln ein sehr plausibel erscheinender Gedankengang herstellen, der sich in allen Einzelheiten den von GAUSS aufgezeichneten Formeln anpasst und eine durchaus einheitliche und in sich geschlossene Theorie des agM. und der Modulfunktion liefert, die zum mindesten in ihren wesentlichen Zügen der Ideenentwicklung von GAUSS entsprechen dürfte.

Wir gehen wie GAUSS in den Aufzeichnungen 2) und 3) von dem Ansatz (11) aus, den wir aber in der Form

(11 a) $$a = hp(t)^2, \quad b = hq(t)^2, \quad c = hr(t)^2$$

schreiben wollen, wo also jetzt t eine gegebene Grösse mit positivem Realteil bedeutet, und knüpfen nunmehr unmittelbar an die im Abschnitt IV b) (oben S. 75 ff.) skizzierten Entwicklungen an, nur schreiben wir auch die von zwei Veränderlichen abhängenden ϑ_{gh} statt mit den Argumenten ϕ, x jetzt mit den Argumenten ϕ, t[130]). Dann folgt aus den Gln. (29), (30) Abschnitt IV (S. 79)

---

130) Das schliesst sich an die in den neueren Darstellungen übliche Schreibweise (vergl. z. B. WEBER

$$(14) \quad \begin{cases} a_n = h p(2^n t)^2, \quad b_n = h q(2^n t)^2, \quad c_n = h r(2^n t)^2, \quad (n = 1, 2, \ldots) \\ h = M(a, b), \end{cases}$$

wodurch ein eindeutig bestimmter Wert des agM. zwischen a und b fixiert ist. — Nun finden wir im Art. 6 der Aufzeichnung 3) die Formel für die lineare Transformation der Funktion $\vartheta_{00}(\psi|t)$, deren Beweis GAUSS im Art. 1 der Notiz aus dem Handbuch 16, Bb (Werke X, 1, S. 287 ff., aus dem Jahre 1808) gegeben hat:

$$(15) \qquad \vartheta_{00}\left(\frac{\psi}{ti}\,\Big|\,\frac{1}{t}\right) = e^{\frac{\pi\psi^2}{t}}\, t^{\frac{1}{2}}\, \vartheta_{00}(\psi|t),$$

wo[131]) $t^{\frac{1}{2}}$ so zu wählen ist, dass sein reeller Teil positiv ausfällt. Aus dieser Formel und den sofort daraus herzuleitenden für ϑ_{01}, ϑ_{10} ergeben sich für $\psi = 0$ die Formeln

$$(16) \qquad p\left(\frac{1}{t}\right) = t^{\frac{1}{2}} p(t), \quad q\left(\frac{1}{t}\right) = t^{\frac{1}{2}} r(t), \quad r\left(\frac{1}{t}\right) = t^{\frac{1}{2}} q(t),$$

die GAUSS mit den aus den Reihenentwicklungen (12) unmittelbar folgenden

$$(17) \qquad p(t+i) = q(t), \quad q(t+i) = p(t), \quad r(t+i) = e^{\frac{\pi i}{4}} r(t)$$

im Art. 6 von 3) (Werke X, 1, S. 223) aufgezeichnet hat[131a]). Aus den Gleichungen (16) folgt mit Rücksicht auf $M\!\left(p\left(\frac{1}{t}\right)^2, q\left(\frac{1}{t}\right)^2\right) = 1$ (siehe oben Gl. (30), Abschn. IV, S. 79) die Formel

$$(18) \qquad \frac{1}{t} = M(p(t)^2, r(t)^2) = \frac{M(a, c)}{M(a, b)},$$

wodurch auch eine ganz bestimmte Determination von $M(a, c)$ festgelegt ist, von der wir sagen, dass sie mit dem oben bestimmten $M(a, b)$ zusammen-

---

a. a. O. [102]), S. 48) an, nur schreibt man mit JACOBI q (was dem GAUSSschen x entspricht) als $e^{\pi\tau i}$, also statt unseres t, $\tau = ti$; diese Abweichung können wir aber nicht vermeiden, da wir sonst nicht nur die GAUSS-schen Formeln, sondern auch die weiter unten wiederzugebenden Figuren abändern müssten. Es ist auch aus dem Grunde zweckmässiger, t statt x als die Variable zu betrachten, weil die Funktionen von t eindeutig abhängen, während die Abhängigkeit von x die mehrdeutige Potenz $x^{\frac{1}{4}}$ hat.

131) Vergl. z. B. WEBER a. a. O. [102]), S. 77, Gln. (11).

131a) GAUSS schreibt a. a. O. diese Formeln direkt für $p(t)$ hin, für die beiden andern Reihen nur in der Form, dass er sich q, r durch die Gleichungen

$$q(t) = 2\,p(4t) - p(t), \quad r(t) = \tfrac{1}{2} p(\tfrac{1}{4} t) - \tfrac{1}{2} p(\tfrac{1}{4} t + i)$$

definiert denkt. Übrigens finden sich dieselben Formeln auch in der weiter unten wiederzugebenden Aufzeichnung aus der Scheda An, die schon aus dem Jahre 1805 stammt.

gehört. — Die Folgerung (18) aus den Gln. (16) bezw. aus der Gl. (15) hat
GAUSS in der oben genannten Notiz aus Handbuch 16, Bb, gezogen und mit
den Worten (Werke X, 1, S. 289) »das agM. zwischen $p(x)^2$ und $r(x)^2$ ist $\dfrac{\pi}{\log\frac{1}{x}}$«

aufgezeichnet. Sie bildet eine wesentliche Ergänzung der auf die Reihen
p, q, r bezüglichen Formeln (28), (29), (30) Abschn. IV (oben S. 78, 79) und
liefert, wie wir jetzt zeigen wollen, eine ebensolche auch für die Formeln
(31) bis (36) desselben Abschnitts (oben S. 80 ff.). Wenn nämlich die durch
Gl. (31) Abschn. IV definierte Funktion

$$\mathrm{Sl}\,(\varphi) = \frac{q(t)}{r(t)}\,\frac{\vartheta_{01}(\psi\,|\,t)}{\vartheta_{00}(\psi\,|\,t)}$$

die Differentialgleichung (vergl. (35) a. a. O.)

$$\frac{dS}{d\varphi} = \sqrt{(1 - S^2)(1 + \mu^2 S^2)}, \quad \mu^2 = \frac{r(t)^4}{q(t)^4},$$

befriedigt, so können wir für $\mu = \mathrm{tg}\,v$, wegen $p^4 - q^4 = r^4$, setzen:

(19) $k = \sin v = hr(t)^2, \quad k' = \cos v = hq(t)^2, \quad 1 = hp(t)^2,$

woraus sich unmittelbar $h = M(1, \cos v)$ ergibt. — Die Gleichung (18) liefert
dann

(20) $t = \dfrac{M(1, \cos v)}{M(1, \sin v)},$

und wenn wir nunmehr $\varpi' = t\varpi$ setzen, so wird

(21) $\varpi = \pi q(t)^2 = \dfrac{\pi \cos v}{M(1, \cos v)}, \quad \varpi' = \pi t q(t)^2 = \dfrac{\pi \sin v}{M(1, \sin v)}$ [132].

Die hier auftretenden Funktionen von t

$$\mu^2 = \frac{r^4}{q^4}, \quad k^2 = \frac{r^4}{p^4}, \quad k'^2 = \frac{q^4}{p^4}$$

stehen weiterhin im Mittelpunkt von GAUSS' Untersuchungen, insbesondere

---

[132] Ziehen wir noch die Gleichung (7) heran so finden wir

$$\int_0^\pi \frac{du}{\sqrt{1 - \sin^2 v \cos^2 u}} = \pi p(t)^2, \quad \int_0^\pi \frac{du}{\sqrt{1 - \cos^2 v \cos^2 u}} = \pi t p(t)^2,$$

welche Gleichungen GAUSS neben den aus (19) folgenden

$$q(t) = p(t)\sqrt{\cos v}, \quad r(t) = p(t)\sqrt{\sin v}$$

im Art. 9 der Notiz 3) (Werke X, 1, S. 226, unten, rechts vom Strich) aufgezeichnet hat.

die letzte k'^2, die wir als Modulfunktion im engeren Sinne zu bezeichnen gewohnt sind. —

Gauss sagt nun im Art. 6 (Werke X, 1, S. 222), dass man in $k' = q^2/p^2$ »statt t setzen könne

$$(22) \qquad\qquad t' = \frac{\mathfrak{p}t + 2\mathfrak{q}i}{2\mathfrak{s}it + \mathfrak{r}},$$

wo $\mathfrak{p}, \mathfrak{q}, \mathfrak{r}, \mathfrak{s}$ beliebige, der Bedingung $\mathfrak{p}\mathfrak{r} + 4\mathfrak{q}\mathfrak{s} = 1$ genügende ganze reelle Zahlen sind«, und untersucht weiterhin durch die Kettenbruchentwicklung von (22), die ja die Zusammensetzung dieser Substitution aus den Fundamentalsubstitutionen $t + 2i$, $\frac{1}{t}$ liefert, das Verhalten von $p(t)$ bei Anwendung von (22). — Allgemeiner war es für Gauss auf Grund seiner zahlentheoretischen Einsichten klar, dass sich aus den beiden Substitutionen $t + i$, $\frac{1}{t}$ die allgemeine Transformation (13) zusammensetzen lässt[133]), und so lag es nahe, mit Hilfe der Formeln (16), (17) das Verhalten der p, q, r bei den Transformationen (13) zu untersuchen, und zwar in den sechs Fällen modulo 2, von denen (22) denjenigen darstellt für den

$$(22\,\mathrm{a}) \qquad\qquad \begin{pmatrix} \alpha & \beta \\ \gamma & \delta \end{pmatrix} \equiv \begin{pmatrix} 1 & 0 \\ 0 & 1 \end{pmatrix} \pmod 2$$

ist; man bezeichnet die Gesamtheit dieser Substitutionen mit F. Klein als Hauptkongruenzgruppe zweiter Stufe. — Der Art. 7 (Werke X, 1, S. 224) gibt in einer Tabelle das Resultat dieser Untersuchung und stellt auch gleich den Zusammenhang zwischen den Transformationen (13) und der Äquivalenztheorie der binären quadratischen Formen mit der Determinante -1 heraus. Im folgenden Art. 8 geht Gauss dann direkt darauf aus, auf Grund der Reduktionstheorie dieser Formen die Funktionen $p(t)$, $q(t)$, $r(t)$ durch solche darzustellen, in denen t »die einfachste Form« hat. Man wird hiernach die Reduktionstheorie der quadratischen Formen geradezu als eine der Wurzeln bezeichnen müssen, aus denen bei Gauss die Theorie der Modulfunktion herauswächst.

Er bildet nämlich für $t = g + hi$ die quadratische Form

$$(23) \qquad\qquad \left(\frac{1}{g}, \frac{h}{g}, \frac{g^2 + h^2}{g} \right)$$

---

133) Die weiter unten zu besprechende Aufzeichnung 6) aus dem Jahre 1805 gibt die Kettenbruchentwicklung einer beliebigen Substitution (13), die diese Zusammensetzung direkt liefert.

mit der Wurzel ti und der Determinante -1, und zwar zuerst für den Fall, wo g, h rational sind, dann auch, wenn diese nicht rational sind, und bestimmt durch den bekannten Reduktionsalgorithmus (*Disqu. arithm.* Art. 171, Werke I, S. 146) die äquivalente reduzierte Form (a, b, c), deren Wurzel dann jenen »einfachsten« Wert $\frac{1+bi}{a}$ von t liefert. Bestimmt man dann »die Transformation von (23) in (a, b, c), so werden deren Elemente (ob sie gerade oder ungerade) entscheiden, welche Funktion von $\frac{1+bi}{a}$ mit der gegebenen von t so zusammenhängt, dass die letztere in $\varepsilon^H \sqrt{t \cdot t' \cdot t'' \ldots}$ multipliziert werden muss«. Dabei bedeuten ε eine achte Einheitswurzel $\sqrt{i}$, $t'i$, $t''i$, $\ldots$ die Wurzeln der »benachbarten« quadratischen Formen, die beim Reduktionsalgorithmus auftreten, und H eine durch eben diesen Algorithmus bestimmte ganze Zahl.

Die Herstellung des Zusammenhangs zwischen den verschiedenen Bestimmungen des agM. vollzieht sich nun ohne jede Schwierigkeit[134]). Die Gleichung

$$a : b : \sqrt{a^2 - b^2} = p(t)^2 : q(t)^2 : r(t)^2 = p(t')^2 : q(t')^2 : r(t')^2$$

besteht für ein mit t durch die Transformation (13) verknüpftes t' dann und nur dann, wenn

(24) $$\begin{pmatrix} \alpha & \beta \\ \gamma & \delta \end{pmatrix} \equiv \begin{pmatrix} 1 & 0 \\ 0 & 1 \end{pmatrix} \pmod{4}$$

ist, d. h. für die Hauptkongruenzgruppe vierter Stufe. Das ergibt sich ohne weiteres aus der Abhandlung des Handbuchs 16, Bb (1827), Werke III, S. 478; daselbst ist nämlich gezeigt, dass, wenn t' mit t durch eine Substitution (13) zusammenhängt, für die α, $\delta \equiv 1 \pmod 4$, β, γ gerade sind,

$$\frac{q(t')^2}{p(t')^2} = i^\gamma \frac{q(t)^2}{p(t)^2}$$

gilt. Also bleibt k' für $\gamma \equiv 0 \pmod 4$ ungeändert; soll auch k ungeändert bleiben, so muss auch $\beta \equiv 0 \pmod 4$ sein[135]). Dagegen ist $k'^2 = q(t)^4 / p(t)^4$, die Modulfunktion im engern Sinne, für die Substitutionen der Hauptkongruenzgruppe zweiter Stufe (22) invariant. — Für die Hauptkongruenzgruppe vierter Stufe (24) ergibt sich aus der Tabelle des Art. 7 (Werke X, 1, S. 224)

---

134) Wir benutzen im folgenden eine Betrachtung von L. v. Dávid, Mathem.-naturw. Berichte aus Ungarn 27, 1913, S. 164—171, Rendiconti di Palermo 35, 1913, S. 82—89.

135) Vergl. Geppert a. a. O. [83]), § 30, S. 124 ff.

$$p(t')^2 = (\gamma it + \delta)\, p(t)^2,$$
$$q(t')^2 = (\gamma it + \delta)\, q(t)^2,$$

also wenn

$$a = (\mu)\cdot p(t')^2, \quad b = (\mu)\cdot q(t')^2$$

gesetzt wird, durch Vergleichung mit

$$a = M(a,\, b)\, p(t)^2, \quad b = M(a,\, b)\, q(t)^2,$$

$$(\mu) = \frac{M(a,\, b)}{\gamma it + \delta},$$

d. h. mit Rücksicht auf die Gleichung (18)

$$(25) \qquad \frac{1}{(\mu)} = \frac{\delta}{M(a,\, b)} + \frac{\gamma i}{M(a,\, \sqrt{a^2 - b^2})}, \qquad \delta \equiv 1,\ \gamma \equiv 0 \pmod 4,$$

was den in der Tagebuchnotiz 109. angezeigten Zusammenhang zwischen den verschiedenen Bestimmungen des agM. darstellt. Wir bemerken, dass sich diese allgemeine Formel im Nachlasse von GAUSS nicht vorfindet, aber die Tagebuchnotiz 109. verbürgt, dass GAUSS sie 1800 entdeckt hat. Wenn $a > b$ reell positiv und $c > 0$ sind, so sind die positiven Werte $M(a, b,)$, $M(a, c)$ zusammengehörig, also $t = M(a, b)/M(a, c)$ positiv; entsteht nun, wie GAUSS im Art. 3 von 3) andeutet (vgl. oben S. 94), (μ) dadurch, dass etwa zuerst bei der Bildung von b_n der negative Wert der Quadratwurzel gewählt wird, während man von $k = n + 1$ ab für b_k wieder denjenigen Wert der Quadratwurzel nimmt, der dem entsprechenden a_k am nächsten liegt (so verfährt GAUSS in dem a. a. O. gegebenen Beispiel, Werke X, 1, S. 219), so ergibt die Tabelle des Art. 7, dass das entsprechende t' den Wert

$$t' = \frac{t}{1 + 2^{n+1} it}$$

besitzt (vergl. den Art. 12 der Aufzeichnung 7) Werke III, S. 478, wo der Fall $n = 0$ erörtert ist[136])), man hat also $\gamma = 2^{n+1}$, $\delta = 1$, d. h. dieser Fall ist in der Tat, wie GAUSS sagt, »in der Form (10) begriffen«. Notwendig und hinreichend für diese Form (10) ist, dass nicht nur $\mu = M(a, b)$ und $\lambda = M(a, c)$ in dem Sinne zusammengehören, dass $t = \mu/\lambda$ einen positiven reellen Teil hat, sondern dass dies auch für $t' = (\mu)/\lambda$ stattfindet; dann ist nämlich nach (25)

---

136) Vergl. auch GEPPERT, a. a. O. [83]), S. 139, 140.

$$t' = \frac{t}{\delta + \gamma it},$$

somit $\alpha = 1$, $\beta = 0$, also, da $\alpha\delta - \beta\gamma = 1$ sein muss, $\delta = 1$[137]).

Aus der Reduktion von t auf die »einfachste Form« und der linearen Transformation der summatorischen Funktionen p, q, r hat GAUSS (in der Aufzeichnung 4) Werke III, S. 386) die Aufgabe abgeleitet: »Sind nämlich die Formen (a, b, c), (A, B, C) äquivalent, so ist die Funktion f in Betracht zu ziehen, wo $f(t) \equiv f(u)$, sowohl wenn $\frac{t-u}{i}$ ganze Zahl, als wenn $t = \frac{1}{u}$«. Diese Funktion, die sich übrigens in keiner der Aufzeichnungen 1)—7) explizite angegeben findet, ist also nichts anderes als die absolute Invariante der Modulgruppe aller linearen Substitutionen (13). Sie wurde 1877 von DEDEKIND[138]) unter ausdrücklicher Bezugnahme auf die hier in Rede stehende Stelle des GAUSSschen Nachlasses als Valenz eingeführt und dann durch KLEIN in den Mittelpunkt seiner Theorie der Modulfunktion gerückt. Dass diese Funktion $f(t)$ jeden Wert einmal und nur einmal annimmt, wenn ti z. B. auf die Wurzeln mit positivem Koeffizienten von i der reduzierten Formen beschränkt wird, hat GAUSS so ausgesprochen: »Jeder Klasse entspricht dann ein bestimmter Wert von $f\left(\frac{1+bi}{a}\right)$«[139]).

Wie man sieht, ist damit das Fundamentaltheorem der Theorie der Modulfunktion gewonnen; GAUSS brauchte jetzt nur noch die Werte $\frac{1+bi}{a}$ in der Zahlenebene zu repräsentieren, um den Fundamentalbereich der Modulgruppe oder der Funktion $f(t)$ zu erhalten.

Diese geometrische Interpretation findet sich, wie es scheint, zum ersten Male in der Scheda An, einem Oktavheftchen betitelt »Cereri, Palladi, Junoni sacrum, Febr. 1805«, dem die Werke VIII, S. 103 auszugsweise abgedruckte Notiz 6) entstammt. Auf S. 6 dieser Scheda steht zunächt die Formel

$$\frac{[\alpha, \beta, \ldots, \nu]\theta + [\beta, \gamma, \ldots, \nu]i}{-i[\alpha, \beta, \ldots, \mu]\theta + [\beta, \gamma, \ldots, \mu]},$$

---

137) Siehe v. DÁVID, a. a. O., GEPPERT, Mathem. Annalen, 99, 1928, S. 166.

138) R. DEDEKIND, CRELLES Journal 83, 1877, S. 265; DEDEKINDs Werke, I, 1930, S. 174, besonders S. 193.

139) Werke III, S. 386. GAUSS schreibt daselbst $f\left(\frac{\sqrt{p}+bi}{a}\right)$, indem er nämlich quadratische Formen mit der Determinante $-p$ in Betracht zieht, während wir hier anschliessend an die Festsetzungen der Aufzeichnung 3) die Determinante -1 zu Grunde legen.

die für eine beliebige Substitution (13) der Modulgruppe die Kettenbruchentwicklung[140]), und damit die Zusammensetzung aus den beiden Fundamentalsubstitutionen $t+i$, $\frac{1}{t}$ liefert, mit der Ausführung von zwei Beispielen, dann
folgt auf S. 7 die berühmte Figur, die Werke VIII, a. a. O. wiedergegeben
ist. Wir wollen diese Figur aber hier in Verbindung mit einigen sie um-
rahmenden und einigen auf S. 8 der Scheda befindlichen Formeln, mit einer
durch eben diese Formeln gebotenen leichten Abänderung gegen die Zeichnung in Werke VIII reproduzieren[140a]), weil erst diese Formeln deutlich erkennen lassen, was GAUSS im Auge hatte, als er jene Figur hinzeichnete. Es
heisst Scheda An, S. 7:

$$\text{»[I]} \quad y < 2$$
$$\text{[II]} \quad y < 2xx + 2yy$$

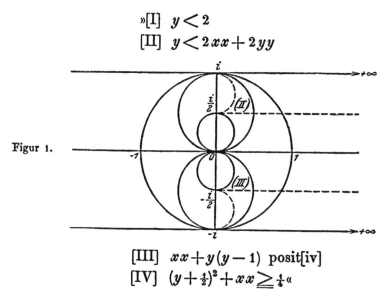

Figur 1.

$$\text{[III]} \quad xx + y(y-1) \text{ posit[iv]}$$
$$\text{[IV]} \quad (y + \tfrac{1}{2})^2 + xx \gtreqless \tfrac{1}{4} \text{«}$$

---

140) Die Bezeichnung [α, β, ..., ν] hat GAUSS im Art. 27 der *Disqu. arith.* (Werke I, S. 20) bei der
Auflösung der unbestimmten Gleichung $ax = by \pm 1$ eingeführt, die Kettenbruchentwicklung für eine
ganzzahlige lineare Substitution gibt er ausführlich in den Artikeln 188, 189 desselben Werkes (Werke I,
S. 171—175) aus Anlass der Reduktionstheorie der quadratischen Formen mit positiver Determinante.
Vergl. die Darstellung bei DIRICHLET-DEDEKIND, *Vorlesungen über Zahlentheorie* § 81, 3. Aufl. 1880,
S. 195.

140a) Werke VIII sind die kleineren Kreise, die durch den Nullpunkt gehen, nur halb so gross, also
um die Punkte $\pm \frac{i}{8}$ als Mittelpunkte mit dem Radius $\frac{1}{8}$ gezeichnet. Dass unsere Zeichnung der Absicht
von GAUSS entspricht, geht aus den Formeln, besonders der Ungleichung [II] hervor, vergl. weiter unten
im Text. — Wir haben der in der Handschrift nur skizzierten Figur die Beschriftung und die gestrichelt
gezeichneten Linien hinzugefügt, von den letzteren kommen die Geraden $y = \pm \frac{1}{2}$ in einer späteren Zeichnung von GAUSS (siehe die Figur 3) vor.

und Scheda An, S. 8: »Setzt man

$$1 + 2e^{-a\pi} + 2e^{-4a\pi} + \text{etc.} = (a),$$

so ist

1) $(a + 2ki) = (a)$

2) $(a + i) = 2(4a) - (a)$

3) $\left(\dfrac{1}{a}\right) = (a)\sqrt{a}$ «.

Zur Erläuterung dieser Aufzeichnungen bemerken wir folgendes.

Die Ungleichungen [III], [IV] stellen, wenn man $a = x + yi$ setzt, die Aussengebiete der beiden Kreise dar, die um die Punkte $\frac{i}{2}$ bezw. $-\frac{i}{2}$ der lateralen Achse mit dem Radius $\frac{1}{4}$ beschrieben sind. Die Ungleichung [I] bezieht sich offenbar auf eine etwas andere Anordnung der Figur, sie müsste lauten $-1 < y < 1$; die Ungleichung [II] gibt das Aussengebiet des Kreises, dessen Mittelpunkt im Punkte $\frac{i}{4}$ liegt und dessen Radius gleich $\frac{1}{4}$ ist. Die Formeln auf Seite 8 der Scheda geben das Verhalten der Funktion $(a) = p(a)$ (wo also a an Stelle des sonst angewandten t steht) einmal (Formel 1)) für die eine Fundamentalsubstitution $t + 2i$ der Hauptkongruenzgruppe zweiter Stufe, dann aber (Formeln 2), 3)) für die beiden Fundamentalsubstitutionen $t + i$, $\frac{1}{t}$ der Gruppe (13); diese letzteren Formeln stimmen also mit denen des Art. 6 der Notiz 3), d. h. mit den beiden ersten Gleichungen unserer Formelsysteme (16), (17) überein [141]. — Auf die funktionentheoretische Bedeutung der Figur 1 geht GAUSS hier nicht ein, wir müssen darum gleich die Aufzeichnung 7) mit heranziehen (Werke III, S. 477, Art. 12), in der das Funktionentheoretische vollständig gegeben ist. Wir finden daselbst einen Ausschnitt der Figur 1 (siehe die Figur 2), nämlich den Bereich, oder wie GAUSS

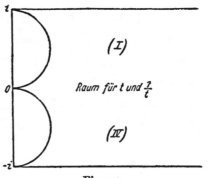

Figur 2.

sagt »Raum«, der arithmetisch dadurch charakterisiert ist, dass in ihm »der imaginäre Teil von t und $\frac{1}{t}$ zwischen $-i$ und $+i$ liegt«. In diesem Bereiche

---

141) In der Tat ist $2(4a) - (a) = q(a)$, vergl. die Fussnote [131a]).

F_2 ist nun — so heisst es weiter — »der reelle Teil von $q(t)^2/p(t)^2$«, also von k', »positiv«, was »geometrisch zu beweisen« sei. In der Tat zeigt die Betrachtung von k' auf der Begrenzung des Bereichs F_2 und auf der positiven reellen Achse der t-Ebene, dass der oberen Hälfte (I) von F_2 der erste, der unteren Hälfte (IV) von F_2 der vierte Quadrant der k'-Ebene gegenseitig eindeutig entspricht[142]. Dem zweiten und dritten Quadranten der k'-Ebene entsprechen dann, nach dem Symmetrieprinzip, die Spiegelbilder jener Bereichhälften (I), (IV) in bezug auf die begrenzenden Kreise, also die in der Figur 1 sichtbaren Kreisbogendreiecke (II), (III), so dass in dem Kreisbogensechseck mit den Ecken $+\infty$, i, $\tfrac{1}{2}i$, 0, $-\tfrac{1}{2}i$, $-i$ die Funktion k' jeden Wert einmal und nur einmal annimmt. GAUSS' Angabe (Werke III,

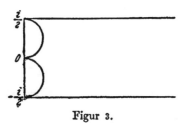

Figur 3.

S. 478), dass »die Gleichung $k' = q(t)^2/p(t)^2$ in dem« in der Figur 3 veranschaulichten »Raume, immer eine und nur eine Auflösung hat« ist demnach dahin einzuschränken, dass dies nur für die Werte von k' gilt, deren absoluter Betrag nicht grösser ist als 1[143]. Daraus, dass in dem Bereiche F_2 die Funktion k' alle Werte des ersten und vierten Quadranten einmal und nur einmal annimmt, folgt zunächst, wie GAUSS anmerkt, dass, wenn man aus

$$\mu\, p(\tfrac{1}{2}t)^2, \quad \mu\, q(\tfrac{1}{2}t)^2$$

das »einfachste agM.« bildet[144], dieses den Wert μ hat, vorausgesetzt, dass t in jenem Bereiche gelegen ist. Ferner ergibt sich daraus sofort, dass die Modulfunktion $k'^2 = q(t)^4/p(t)^4$ in F_2 jeden Wert nur einmal annimmt (natürlich mit den für die Begrenzung geltenden üblichen Festsetzungen), dass also F_2 den Fundamentalbereich der Modulfunktion oder der Hauptkongruenzgruppe zweiter Stufe darstellt[145].

---

142) Vergl. GEPPERT a. a. O. [83]), S. 135, 136, Math. Annalen 99, 1928, S. 167, 168.

143) Vergl. FRICKE, Werke VIII, S. 105.

144) D. h. dasjenige, wo bei den geometrischen Mitteln $\sqrt{a_{\nu-1} b_{\nu-1}}$ das Vorzeichen immer so gewählt wird, dass der reelle Teil von $\dfrac{\sqrt{a_{\nu-1} b_{\nu-1}}}{a_{\nu-1}}$ positiv ausfällt.

145) Die Art wie SCHERING Werke III, S. 477, 478 die Figuren 2 und 3 wiedergegeben hat, zeigt, dass er ihre Bedeutung nicht erkannt hatte. — Vor der Öffentlichkeit hat wohl zuerst KLEIN (Mathem. Annalen 21, S. 215 und KLEIN-FRICKE, *Vorlesungen über die Theorie der elliptischen Modulfunktionen* I,

Die Tatsache, dass weder in den Formeln, noch in der Figur 1 der Scheda An die Bedingung $x > 0$ hervortritt, lässt vermuten, dass GAUSS beim Entwerfen jener Figur rein zahlentheoretisch den geometrischen Ort der Werte $t = \frac{\pm 1 + bi}{a}$ für die reduzierte quadratische Form (a, b, c) (ohne Beschränkung auf den Wert mit positivem reellen Teil) aufgesucht und nicht etwa funktionentheoretisch gedacht hat. Dass er aber gleich hinterher die funktionentheoretische Bedeutung der Figur in Betracht zog, zeigen die Formeln auf S. 8 der Scheda. Der Umstand, dass GAUSS auch den Kreis $x^2 + y^2 = 1$ hingezeichnet hat, beweist, dass er nicht nur den Fundamentalbereich der Hauptkongruenzgruppe zweiter Stufe im Auge hatte, sondern auch den Fundamentalbereich der Modulgruppe (13) betrachtet hat. Dieser, d. h. der geometrische Ort der Punkte $t = \frac{1 + bi}{a}$ für die reduzierte Form (a, b, c) mit der Determinante -1, ist der Teil der rechten t-Halbebene, der ausserhalb des Einheitskreises und zwischen den Geraden $y = \pm \frac{1}{2}$ gelegen ist. Dass die oben definierte Funktion $f(t)$ in diesem Bereiche F jeden komplexen Wert einmal und nur einmal annehmen sollte, hatte GAUSS, wie wir gesehen haben, festgestellt; in der nachgaussischen Literatur tritt dieser Bereich wohl zuerst bei DEDEKIND (a. a. O. [138]), S. 180) als das Hauptfeld auf. Nach der Anlage der in der Handschrift nur skizzierten Figur 1 scheint es nicht ausgeschlossen, dass GAUSS auch die Einlagerung des Fundamentalbereichs F der Modulgruppe (13) in den der Hauptkongruenzgruppe zweiter Stufe F_2 ins Auge gefasst und damit die sechs Fälle der Substitutionen (13) modulo 2 geometrisch interpretiert hat.

Unzweifelhaft hat GAUSS (wie auch FRICKE, Werke VIII, S. 103, 104 hervorhebt) bei diesen Betrachtungen die Bedeutung der Spiegelung an Kreisen für die Zusammensetzung der Fundamentalsubstitutionen $t + i, \frac{1}{t}$ erkannt und bei der geometrischen Darstellung der durch die Substitutionen (13) gegebenen t'-Werte zur Anwendung gebracht[146]), auch gibt eine aus dem Nachlass stammende Zeichnung, die Werke VIII, S. 104 wiedergegeben ist, (darstellend ein Netz von Kreisbogendreiecken mit Orthogonalkreis) die Gewissheit, dass ihm

---

1890, S. 278, Fussnote) diese Bedeutung hervorgehoben. In korrekter Zeichnung sind jene Figuren durch FRICKE Werke VIII, S. 105 reproduziert worden.

146) Man vergl. auch die Nachlassnotizen Werke VIII, S. 354, 355, die von den Beziehungen zwischen lineargebrochenen Substitutionen und den Drehungen einer Kugel handeln.

bekannt war, wie das durch jenes Spiegelungsprinzip aus den Bereichen F bezw. F_2 gewonnene Netz die rechte t-Halbebene überdeckt und die laterale Achse zur natürlichen Grenze hat.

Das Werke VIII, S. 99—102, abgedruckte Fragment 5) stammt aus dem 1815/1816 benutzten Handbuche 25, Bf, es enthält die Auflösung der Gleichung

$$\frac{q(t)}{p(t)} = A,$$

indem $A^2 = k'$ gesetzt und dann ein Wert von t durch die Formel (18) bestimmt wird.   Die übrigen, sagt GAUSS, sind in der Formel (22) »enthalten«, was ja durchaus richtig ist, aber diese Formel gibt — wie FRICKE a. a. O. bemerkt — nicht nur diese Werte, sondern auch alle Lösungen der Gleichung

$$k'^2 = \frac{q(t)^4}{p(t)^4}.$$

Wahrscheinlich war GAUSS, abgesehen von der vielleicht erst 1805 gefundenen geometrischen Repräsentation des Fundamentalbereichs, im Juni 1800 bereits im Besitz der wesentlichsten dieser Eigenschaften der Modulfunktion.

d) Anwendungen. Zusammenfassung.

Aus der Tatsache, dass $k' = q(t)^2/p(t)^2$ in dem oben charakterisierten Bereiche der rechten t-Halbebene jeden komplexen Wert annimmt, folgt nunmehr ohne weiteres, dass der Ansatz (11), bezw. (11a) für jeden komplexen Wert von k', also für jedes komplexe Wertepaar a, b möglich ist, was eine in sich abgeschlossene Theorie des agM. in allgemeinster Fassung liefert. Eine dieser »transzendenten« Theorie entsprechende algebraische, d. h. von dem Algorithmus ausgehende Theorie hat GAUSS nicht aufgezeichnet[147]; er hat aber Wert darauf gelegt, für die Berechnung der zu einem gegebenen Wertepaar a, b oder einem gegebenen Werte k' gehörigen Grösse $x = e^{-\pi t}$ brauchbare Formeln zu geben. Es finden sich solche an verschiedenen Stellen des Nachlasses, zuerst wohl im Art. 2 der Aufzeichnung 2) (1801, Werke X, 1, S. 210), dann im Art. 2 der Aufzeichnung 3) (ebenda S. 218), im Art. 11 derselben Aufzeichnung (ebenda S. 227), ferner in der aus 1809 stammenden Notiz VIII

---

147) Eine solche hat L. v. DÁVID, CRELLEs Journal 159, 1928, S. 154 skizziert, vergl. auch GEPPERT, Math. Annalen 99, 1928, S. 162 und Jahresbericht der D.M.-V. 38, 1929, S. 73.

(ebenda S. 213) und in den *Hundert Theoremen*, Art. 6 (Werke III, S. 467, 468). Er verfährt dabei so, dass er die Transformation (9) oder, was dasselbe heisst, den Übergang von t zu $2t$ unendlich oft anwendet und dadurch für x die Darstellung erhält:

$$x = \lim_{n \to \infty} \left(\tfrac{1}{2} r \left(2^n t\right)\right)^{\frac{1}{2^{n-1}}} = \lim_{n \to \infty} \left(\frac{c_n}{4 a_n}\right)^{\frac{1}{2^{n-1}}} = \lim_{n \to \infty} \left(\tfrac{1}{4} k_n\right)^{\frac{1}{2^{n-1}}},$$

wo (vergl. die Gl. (9a) oben S. 92)

$$k_n = \frac{1 - k'_{n-1}}{1 + k'_{n-1}}, \quad k'_{n-1} = \sqrt{1 - k^2_{n-1}},$$

ist, oder in Gestalt eines unendlichen Produkts

$$x = \frac{a^2 - b^2}{16 a_1 a_2} \left(\frac{a_2}{a_3}\right)^{\frac{1}{2}} \left(\frac{a_3}{a_4}\right)^{\frac{1}{4}} \cdots.$$

»Da die Grössen a_1, a_2, a_3, ... sich äusserst schnell der Gleichheit nähern«, sagt GAUSS (Werke III, S. 469), »erhält man x mit grösster Bequemlichkeit«. Zieht man die Formel (8) Abschn. IV (oben S. 67),

$$\lim M(1, p) \log \frac{4}{p} = \frac{1}{2} \pi$$

oder eine der mit ihr äquivalenten[148]) heran, so kann man von dieser Darstellung von x wieder zu der Formel (18) oder

$$x = e^{-\pi \frac{M(a, b)}{M(a, c)}}$$

gelangen[149]).

Wenn wir uns nun der Anwendung der geschilderten Theorie auf die eigentliche Theorie der elliptischen Funktionen zuwenden, so können wir zunächst die Frage der Umkehrung eines Integrals erster Gattung (1) (oben S. 83) mit einem beliebig vorgeschriebenen μ^2 jetzt mit wenigen Worten erledigen. Aus der Gleichung (vergl. (3), oben S. 86): $\mu^2 = (1 - k'^2)/k'^2$ bestimmen wir den zu μ^2 gehörigen Wert von k'^2; dann gibt es im Fundamentalbereich F_2 ein und nur ein t, für das $q(t)^4/p(t)^4$ diesen Wert k'^2 annimmt, und wir kennen

---

148) Etwa die Gl. (10) der Aufzeichnung 2), Werke X, 1, S. 211, oder den »Schönen Lehrsatz« der Aufzeichnung 3) Art. 4, ebenda, S. 220, oder das »Theorema elegantissimum« Werke VIII, S. 98.

149) Vergl. Art. 2 der Aufzeichnung 2), Werke X, 1, S. 210, Notiz VIII, ebenda S. 213 und Art. 11 der Notiz 3), ebenda S. 227; siehe auch GEPPERT a. a. O. 83) § 25, S. 104.

14*

einerseits rechnerisch gut brauchbare Methoden, um diesen Wert t oder das entsprechende x zu bestimmen, und können andererseits auch alle t-Werte charakterisieren, die zu diesem k'^2 führen. Die mit einem dieser t gebildete Funktion Sl φ löst dann das in Rede stehende Umkehrproblem.

Von weiteren Anwendungen berichten zwei Tagebuchnotizen, die in unmittelbarem Anschluss an die bisher besprochenen niedergeschrieben sind und wie folgt lauten: 110. vom 5. Juni 1800, »Unsere Theorie haben wir auch unmittelbar auf die elliptischen Transzendenten angewandt« und 111. vom 10. Juni 1800, »Die Rektifikation der Ellipse wurde auf drei verschiedene Weisen erledigt«. Dazu ist zu bemerken, dass »elliptische Transzendente« bei GAUSS die Bedeutung von dem hat, was wir elliptische Integrale erster Gattung nennen; so spricht er in der oben (S. 71) wiedergegebenen Aufzeichnung in bezug auf das Integral $\int \frac{d\varphi}{\sqrt{1 - e^2 \sin^2 \varphi}}$ auch von der elliptischen Funktion. Das vollständige bezw. allgemeine Integral zweiter Gattung bezeichnet GAUSS stets als den Ellipsenquadranten bezw. als Rektifikation der Ellipse, so dass also die Notiz 111. auf das Integral zweiter Gattung mit variabler oberer Grenze zu deuten ist. In diesem Sinne finden wir die Ausführung der am 5. und 10. Juni notierten Untersuchungen in den Artikeln 10—14 der Notiz 3) Werke X, 1, S. 227—231, von denen die Artikel 13, 14 direkt »Zur Rektifikation der Ellipse« überschrieben sind.

GAUSS bedient sich hier der beiden Transformationen, deren Darstellung durch die Thetafunktionen in der Theorie des allgemeinen Sinus lemniscaticus der Scheda Ac (Artikel 1—3, Werke X, 1, S. 194—196) enthalten ist, und die wir schon oben bei der Wiedergabe der betreffenden Formeln (S. 78) als LANDENsche bezw. GAUSSsche Transformation bezeichnet haben. — Für die letztere wird sogar im Art. 8 der Scheda Ac-Aufzeichnung (Werke X, 1, S. 200) die Form angegeben, in der sie z. B. im Art. 16 der Abhandlung *Determinatio attractionis* von 1818 (Werke III, S. 352) auftritt, so dass es sehr wahrscheinlich ist, dass GAUSS diese Formel aus den Gleichungen für die Transformation der Thetafunktionen, wie wir sie im Art. 3 finden, abgeleitet hat. Wenn man nämlich unsere Gleichungen (27a), (27b) Abschnitt IV (oben S. 78) durcheinander dividiert und[150]

---

150) Vergl. die Fussnote [115]) und die daselbst zitierte Notiz Werke III, S. 473, Art. 5.

$$\frac{p\left(x^{\frac{1}{2}}\right)}{r\left(x^{\frac{1}{2}}\right)} \frac{\vartheta_{10}\left(\psi|x^{\frac{1}{2}}\right)}{\vartheta_{00}\left(\psi|x^{\frac{1}{2}}\right)} = \text{Cl}\,\varphi = \sin T, \quad \varphi = \pi\psi q\left(x^{\frac{1}{2}}\right)^2, \quad \text{tg}\,v = \frac{r\left(x^{\frac{1}{2}}\right)^2}{q\left(x^{\frac{1}{2}}\right)^2},$$

$$\frac{p(x)}{r(x)} \frac{\vartheta_{10}(\psi|x)}{\vartheta_{00}(\psi|x)} = \text{Cl}\,\varphi_1 = \sin T_1, \quad \varphi_1 = \pi\psi q(x)^2, \quad \text{tg}\,v_1 = \frac{r(x)^2}{q(x)^2}$$

setzt, so dass (vergl. (9), oben S. 92) $\sin v_1 = \text{tg}^2 \frac{1}{2}v$ wird[151]), so erhält man

$$\sin T = \frac{\sin T_1}{\dfrac{1 + \cos v}{2} + \dfrac{1 - \cos v}{2}\sin^2 T_1},$$

oder, indem man $\cos v = b/a$ setzt, die in der *Determinatio attractionis* (Werke III, S. 352) auftretende Form

$$(26) \qquad \sin T = \frac{2a\sin T_1}{a + b + (a - b)\sin^2 T_1},$$

für die dann (vergl. Werke X, 1, S. 280, aus Handbuch 16, Bb) die Gleichung

$$\frac{dT}{\sqrt{a^2\sin^2 T + b^2\cos^2 T}} = \frac{dT_1}{\sqrt{a_1^2\sin^2 T_1 + b_1^2\cos^2 T_1}}, \quad a_1 = \tfrac{1}{2}(a + b), \quad b_1 = (ab)^{\frac{1}{2}},$$

gilt. Dies gäbe ins Unendliche fortgesetzt schon die Methode zur Berechnung des Integrals

$$(27) \qquad \int \frac{dT}{\sqrt{a^2\sin^2 T + b^2\cos^2 T}} = \frac{\theta}{M(a, b)},$$

die wir im Art. 18 der *Determ. attr.* finden, die aber numerisch nicht zweckmässig ist. Deshalb nimmt GAUSS die LANDENSCHE Transformation (Gln. (24), (25), oben S. 78) zu Hilfe und setzt (Artikel 10, 12, Werke X, 1, S. 227—229)

$$\text{tg}\,2^{n-1}T_n = \frac{\vartheta_{11}(2^n\psi|x^{2^n})}{\vartheta_{00}(2^n\psi|x^{2^n})}, \quad \text{tg}\,2^n U_n = \frac{p(x^{2^{n+1}})}{q(x^{2^{n+1}})} \frac{\vartheta_{11}(2^{n+1}\psi|x^{2^{n+1}})}{\vartheta_{00}(2^{n+1}\psi|x^{2^{n+1}})},$$

$$\psi = \frac{\theta}{2\pi}, \quad x = e^{-\pi\frac{M(a, b)}{M(a, c)}}, \qquad (n = 0, 1, 2 \ldots)$$

wo dann $U_n = \frac{1}{2}(U_{n-1} + T_{n-1})$ ist. Die rekursive Berechnung der T_n, U_n führt auf trigonometrische Algorithmen, die für logarithmische Rechnung sehr praktikabel sind, und die für das Integral erster Gattung (27) direkt $\theta = \lim_n T_n =$

---

151) GAUSS bezeichnet Werke X, 1, S. 200 die dem x entsprechenden Grössen mit φ, v, die dem $x^{\frac{1}{2}}$ entsprechenden mit $'\varphi$, $'v$, womit er offenbar andeuten will, dass es sich beim Übergang von x zu $x^{\frac{1}{2}}$ um eine Fortsetzung nach der negativen Seite hin handelt. Auch schreibt er die Beziehung nicht, wie wir es im Text tun, für Cl, sondern für Sl, was natürlich ganz irrelevant ist.

$\lim_{n} U_n$ ergeben, während sie für das Integral zweiter Gattung

$$\int \sqrt{(a^2 \sin^2 T + b^2 \cos^2 T)}\, dT$$

eine unendliche Reihe liefern. — Für dieses letztere Integral wird im Art. 13 eine zweite Methode entwickelt, die auf der unendlich oftmaligen Wiederholung der Gaussschen Transformation (27) Abschn. IV (oben S. 78) beruht, die durch Einführung passender Parameter zu einem für die Rechnung bequemen Algorithmus gestaltet wird[152]).

Von der in der Tagebuchnotiz erwähnten dritten Methode für die Rektifikation hat sich im Nachlass nichts vorgefunden; vielleicht hat Gauss auch die Darstellung des Art. 13 als zwei Methoden gezählt, weil sie zwei äusserlich verschiedene Reihenentwicklungen neben einander gibt. — In bezug auf die Darstellung des Integrals erster Gattung wird die weiter unten folgende Besprechung des Nachlassstücks VIII (Werke X, 1, S. 213ff.), in bezug auf die des Integrals zweiter Gattung die *Determinatio attractionis*, Art. 16 (Werke III, S. 353) und die *Anzeige* dieser Abhandlung (Werke III, S. 359, 360) zu vergleichen sein. Was die Abfassungszeit der Art. 10—14 der Notiz 3) anlangt, die drei Zetteln des Nachlasses entnommen sind, so dürften sie (vergl. die Bemerkungen Werke X, 1, S. 283) aus dem zweiten Jahrzehnt des 19. Jahrhunderts stammen.

Gauss scheint dann längere Zeit hindurch die jetzt zu einem gewissen Abschluss gebrachte Theorie der elliptischen Funktionen nicht weiter verfolgt zu haben. Wir werden sehen, dass er seinen hier geschilderten Untersuchungen auch später keine wesentlich neuen Gedanken hinzugefügt hat, dass er namentlich immer an der Theorie des agM. und der Thetafunktionen haften blieb und eine direkte funktionentheoretische Untersuchung weder für das Integral erster Gattung noch für seine Umkehrungsfunktion angestellt hat. In bezug auf diese letztere Untersuchung hat er also den Arbeiten von Jacobi, Abel, Puiseux und Riemann, die dann weiter zur Theorie der Integrale allgemeiner algebraischer Funktionen und ihrer Umkehrung führten, nicht vorgegriffen. Dagegen hat Gauss die Theorie der elliptischen Funktionen sogleich auf eine breitere Basis gestellt, indem er seinen allgemeinen Sinus lemniscaticus und

---

152) Vergl. die Darstellung der Berechnungen für die Integrale erster und zweiter Gattung bei Geppert a. a. O. [83]), §§ 40, 41, S. 167—177.

die vier Thetafunktionen P, Q, R, S von vornherein als Funktionen der beiden unabhängigen Variablen $x = e^{-\pi t}$, $y = e^{2\psi\pi i}$ oder t und ψ betrachtet.
Dass ihn dabei die Abhängigkeit von x, also von t, ganz besonders interessiert
hat, kommt ja schon in der Reihenfolge zur Geltung, in der er die beiden
Variabeln schreibt[153]); in der Tat ist er gerade in bezug auf die Untersuchung
dieser Abhängigkeit nicht nur, wie schon M. NOETHER bemerkt hat[154]), ABEL
und JACOBI, sondern auch allen späteren Bearbeitern der Theorie der elliptischen Funktionen von CAUCHY-LIOUVILLE bis WEIERSTRASS dauernd überlegen
geblieben. Die ihm aus früher Jugendzeit geläufige Methode des Operierens
mit Reihen, besonders Potenzreihen, hat er verfeinert und in ihrer Kraft dadurch ausserordentlich gesteigert, dass er sie mit dem Studium der durch
solche Reihen vermittelten Abbildung, also mit den Hilfsmitteln der geometrischen Funktionentheorie verknüpfte, Hilfsmittel, deren er sich ja schon in
der Inauguraldissertation mit Erfolg zu bedienen wusste, und deren Anwendungen uns dann in jener Zettelaufzeichnung über das Integral erster Gattung
(oben S. 71) und in den Notizen der Scheda An (oben S. 102) begegnen. So
hat er es vermocht, um die Wende vom 18. zum 19. Jahrhundert Wege zu
beschreiten, denen die Mathematiker auch zur Zeit, als SCHERING im Bande III
der Werke Nachlassstücke veröffentlichte (1868), noch nicht zu folgen imstande
waren. Immerhin hat aber jene Veröffentlichung GAUSS auch die Priorität
der Publikation gesichert für die oben von uns skizzierte Theorie der Modulfunktion, namentlich bleibt z. B. die Tatsache bestehen, dass im Jahre 1868
auf S. 477 von Werke III der Fundamentalbereich der Modulfunktion zwar
undeutlich gezeichnet, aber arithmetisch durch die Bedingung, dass der imaginäre Teil von t und $1/t$ zwischen $+i$ und $-i$ gelegen sei, einwandfrei charakterisiert und in seiner vollen Bedeutung erfasst vorlag. Dass DEDEKIND
beim Aufbau seiner Theorie der Modulfunktion an die Bemerkung Werke III,
S. 368 angeknüpft hat, wurde schon oben bemerkt.

---

153) Dass eine solche Äusserlichkeit bei GAUSS auch stets die Folge besonderer Überlegung war,
wird z. B. durch eine Mitteilung bestätigt, die ENCKE in seiner Erwiderung auf die Antrittsrede KRO-
NECKERS in der Berliner Akademie (Monatsberichte 1861, KRONECKERS Werke V, 1930, S. 391) macht. Er
sagt: »Mein hochgeehrter Lehrer ... GAUSS ... pflegte in vertraulichem Gespräch häufig zu äussern, die
Mathematik sei weit mehr eine Wissenschaft für das Auge, als eine für das Ohr .... Eben deshalb war
GAUSS in der Wahl der Bezeichnungen, selbst bei der Auswahl der einzelnen Buchstaben, ungemein pein-
lich ...«

154) M. NOETHER, Mathem. Annalen 55, 1902, S. 370.

Es wurde bereits darauf hingewiesen (oben S. 90), dass GAUSS sehr bald über die Theorie der elliptischen Funktionen hinausgegangen ist, indem er die allgemeineren Transzendenten, die durch die GAUSSsche Differentialgleichung definiert werden, in den Kreis seiner Betrachtungen zog.

Während also bei ABEL und JACOBI die Theorie der elliptischen Integrale im Vordergrunde steht und demgemäss der weitere Fortschritt nach der Seite der Integrale der allgemeinen algebraischen Funktionen hin erfolgt, wird GAUSS durch seinen in der Theorie des agM. wurzelnden Gedankengang von der Theorie der elliptischen Funktionen nach der Seite der Theorie der linearen Differentialgleichungen zweiter Ordnung hin gelenkt und erscheint so als Bahnbrecher und Vorläufer für die funktionentheoretische Forschung der letzten Dezennien des neunzehnten Jahrhunderts, wie sie durch die Namen FUCHS, POINCARÉ und KLEIN charakterisiert wird.

Dass GAUSS nicht im Besitz von Methoden war, um Integrale von mehrdeutigen Funktionen im komplexen Gebiete zu untersuchen, hat RIEMANN sofort durchschaut, als er (vergl. oben S. 5, Fussnote [5])) sich mit dem Nachlass beschäftigt hatte. In der Tat sagt er in der Einleitung der 1857 erschienenen Abhandlung *Beiträge zur Theorie der durch die Gausssche Reihe darstellbaren Funktionen*[155]): »Die GAUSSsche Reihe $F(\alpha, \beta, \gamma, x)$, als Funktion ihres vierten Elements x betrachtet, stellt diese Funktion nur dar, so lange der Modul von x die Einheit nicht überschreitet. Um diese Funktion in ihrem ganzen Umfange, bei unbeschränkter Veränderlichkeit dieses ihres Arguments zu untersuchen, bieten die bisherigen Arbeiten über dieselbe zwei Wege dar. Man kann nämlich entweder von einer linearen Differentialgleichung, welcher sie genügt, ausgehn, oder von ihrem Ausdruck durch bestimmte Integrale. Jeder dieser Wege gewährt eigentümliche Vorteile; jedoch ist bisher in der reichhaltigen Abhandlung von KUMMER im 15. Bande des mathematischen Journals von CRELLE und auch in den noch unveröffentlichten Untersuchungen von GAUSS nur der erste betreten, wohl hauptsächlich deshalb, weil die Rechnung mit bestimmten Integralen zwischen komplexen Grenzen noch zu wenig ausgebildet war, oder doch nicht als einem grossen Leserkreise geläufig vorausgesetzt werden konnte.« — Diesen zweiten Weg zum Studium der gedachten

---

155) RIEMANNs Werke, 1892, Abhandlung IV, S. 67.

Funktion hat RIEMANN selbst beschritten in einer Vorlesung *Über Funktionen einer veränderlichen Grösse, insbesondere über hypergeometrische Reihen und verwandte Transzendenten*, die er im Wintersemester 1858/59 gehalten hat und von der einige Teile 1902 veröffentlicht worden sind[156]). In dieser Veröffentlichung ist für uns auch noch der letzte Artikel (a. a. O. S. 91) von Interesse, wo RIEMANN von den vollständigen elliptischen Integralen K, K' (in JACOBIscher Bezeichnung) ausgehend, eine Theorie der Modulfunktion k^2 als Funktion von K'/K skizziert. Er gibt am Schluss (a. a. O. S. 93) die Figur des Fundamentalbereichs, die, da ja K'/K mit dem GAUSSschen t übereinstimmt, genau die Form hat, wie bei GAUSS (siehe oben Figur 2). Da RIEMANN den GAUSSschen Nachlass gekannt hat, ist es wohl möglich, dass er diese Figur bei GAUSS kennen gelernt hat; jedenfalls ist es bemerkenswert, dass sie noch zehn Jahre vor ihrer Publikation in GAUSS' Werken, durch RIEMANN auf die Tafel eines Göttinger Hörsaals hingezeichnet worden ist. Es muss hier überhaupt die Tatsache festgestellt werden, dass der GAUSSsche Nachlass zur Theorie der elliptischen Funktionen verhältnismässig wenig Interesse gefunden hat. Man kann wohl sagen, dass es fast ausschliesslich infolge der durch drei Göttinger Professoren, SCHERING, FUCHS und KLEIN, gegebenen Anregungen dazu gekommen ist, dass Studien über diesen Nachlass angestellt worden sind, wobei noch in Betracht kommt, dass bis zum Tode SCHERINGS (1897) diese Studien nur auf den Band III der Werke, nicht aber auf die Handschriften selbst gegründet werden konnten[157]).

Inwieweit GAUSS seine Untersuchungen zum Ausgangspunkt allgemeiner funktionentheoretischer Betrachtungen genommen haben mag, lässt sich aus seinem Nachlass nur unvollkommen feststellen, und das wenige an nachgelassenen Notizen und Briefschaften, das uns einen Einblick gewährt in den

---

156) Siehe Nachträge zu RIEMANNs Werken, herausgegeben von M. NOETHER und W. WIRTINGER, 1902, III, S. 69 ff. Vergl. auch Vorwort, S. v, wo über das dieser Veröffentlichung zugrunde liegende Heft berichtet wird.

157) Siehe die Bibliographie der auf den Nachlass bezüglichen Publikationen bei GEPPERT a. a. O. 83), S. 190—194. Wir bemerken, dass die offenbar durch HERMITE veranlasste, sehr verdienstliche Abhandlung des P. PEPIN, *Introduction à la théorie des fonctions elliptiques d'après les œuvres posthumes de Gauss*, Memorie della Pont. Accad. dei Nuovi Lincei 9, 1893, S. 1—129, wohl auch mittelbar auf eine Anregung SCHERINGS zurückgeht, der 1877, als HERMITE zur Jahrhundertfeier von GAUSS' Geburtstag in Göttingen weilte, diesen auf die Schätze hingewiesen haben mag, die der in Werke III abgedruckte Nachlass birgt.

Umfang seiner funktionentheoretischen Kenntnisse, stammt aus späterer Zeit, so dass wir den Bericht über diesen Gegenstand auf die folgenden Abschnitte verschieben müssen.

e) Die letzten Tagebuchnotizen von 1800. Asymptotisches. Mittelpunktsgleichung. Klassenanzahl.

In das Jahr 1800 fallen noch einige auf analytische Gegenstände bezügliche Tagebuchnotizen, mit deren Besprechung wir diesen Abschnitt beschliessen. Die Aufzeichnung 112. vom 12. Juni berichtet von der »Erfindung eines ganz neuen numerisch-exponentiellen Kalkuls«, womit die Methoden gemeint sind, die in der Werke III, S. 426—431 [158]) abgedruckten *Sammlung von Rechnungen, vornehmlich solchen, bei denen von meinen Methoden, die Faktoren grosser Zahlen zu finden, und von den Wolframschen Logarithmentafeln Gebrauch gemacht ist* angewandt werden [159]). Die WOLFRAMSchen Logarithmentafeln geben die natürlichen Logarithmen ganzer Zahlen auf 48 Dezimalstellen und sind in der SCHULZESchen Tafelsammlung (vergl. oben S. 11, [14])) enthalten. Der neue Kalkul besteht nun darin, dass ein Vielfaches der zu berechnenden Exponentialgrösse, wie z. B. der bei den lemniskatischen Funktionen auftretenden $e^{-\pi}$, $e^{-\frac{1}{4}\pi}$, durch eine ganze Zahl approximiert, und diese dann nach den Methoden der *Disqu. arithm.* [160]) in Primfaktoren zerlegt wird; da nun die WOLFRAMSchen Tafeln die Logarithmen sehr genau geben, so handelt es sich dann nur noch um die Bestimmung von e^{δ}, wo δ eine sehr kleine, sehr genau bekannte Zahl ist.

Die Tagebuchnotiz 113. vom 25. Oktober 1800 berichtet über die »früher vergebens gesuchte Lösung eines Problems der Wahrscheinlichkeitsrechnung über Kettenbrüche«. GAUSS hat in einem Briefe vom 30. Januar 1812 (Werke X, 1, S. 371, 372) LAPLACE von diesem Problem Mitteilung gemacht, das er »vor zwölf Jahren behandelt, aber nicht in befriedigender Weise gelöst« habe. Es handelt sich dabei um die Bestimmung einer Funktion $P(n, x)$, die der

---

158) Das Werke III, S. 431 mit den Worten »ecce iam computum pro $e^{\frac{1}{2}\pi}$« beginnende, bis S. 432, stammt aus der Scheda Aa, ist also wesentlich älter und befolgt viel primitivere Methoden; vergl. oben S. 38 Fussnote [54]).

159) Diese Sammlung ist auf losen Blättern aufgezeichnet (Fh, 2).

160) Diese werden in der Handschrift noch ohne Artikelnummer zitiert; es handelt sich um den Art. 329, Werke I, S. 401; vergl. dazu MAENNCHEN, Abh. 6 dieses Bandes, Abschnitt VI, S. 27.

Funktionalgleichung[161])

$$P(n+1,\, x) = \sum_{\nu=1}^{\infty} \left\{ P\!\left(n, \tfrac{1}{\nu}\right) - P\!\left(n, \tfrac{1}{\nu+x}\right) \right\}$$

genügt, während $P(0,\, x) = x$, und $P(1,\, x)$ mit der inexplikablen Funktion $1 + \tfrac{1}{2} + \cdots + \tfrac{1}{x}$ zusammenhängt; in GAUSS späterer Bezeichnung (1812, *Disqu. circa seriem*, Werke III, S. 154) ist

$$P(1,\, x) = \Psi(x) - \Psi(0).$$

GAUSS sagt, »für grössere Werte von n scheine die Funktion sich nicht behandeln zu lassen, dagegen habe er durch sehr einfache Überlegungen gefunden, dass für n gleich Unendlich

$$P(n,\, x) = \frac{\log(1+x)}{\log 2}$$

sei«. Leider hat sich kein Fingerzeig dafür ergeben, wie GAUSS diesen asymptotischen Wert bestimmt haben mag. In dieser Hinsicht glücklicher sind wir in bezug auf ein anderes Problem asymptotischen Charakters, dessen Behandlung wohl auch in das Jahr 1800 fallen dürfte. GAUSS schreibt nämlich am 5. Februar 1850 an SCHUMACHER (Werke X, 1, S. 433): »Von meiner Methode, den Grad der Konvergenz der nach Kosinus und Sinus der Vielfachen eines Winkels fortschreitenden, eine beliebige periodische Funktion ausdrückenden Reihe zu bestimmen, habe ich noch eine numerische Rechnung, welche sich auf ein Beispiel der Mittelpunktsgleichung bezieht, aufgefunden, welches Blatt wohl 50 ± Jahre alt sein mag. Die Methode leistet aber viel mehr, als bloss einen genäherten Ausdruck für ein sehr weit vom Anfang entferntes Glied zu finden, sie ist auch geeignet, alle Glieder bis zum Anfang selbst hin numerisch zu berechnen, und zwar mit aller zu wünschenden Schärfe.« Dieses Blatt mit noch einigen andern, die sicher aus späterer Zeit (etwa 1805, vergl. die historischen Feststellungen Werke X, 1, S. 443) stammen, hat sich im Nachlass gefunden, ist Werke X, 1, S. 420—428 abgedruckt und ebenda S. 438—442 erklärt. GAUSS gibt daselbst für die Koeffizienten der Entwicklung der Mittelpunktsgleichung $v - M$ (wo v die wahre, M die mittlere Anomalie bedeutet) nach den Sinus der Vielfachen von M,

---

161) Vergl. die Bemerkungen zu der Tagebuchnotiz 113. Werke X, 1, S. 552—556.

$$v - M = \sum_{n=1}^{\infty} \frac{1}{n} C_n \sin n M,$$

den für grosse Werte von n geltenden asymptotischen Ausdruck

$$C_n = (\operatorname{tg} \tfrac{1}{2} \varphi \, e^{\cos \varphi})^n \Big(1 + \frac{4}{3} \frac{1.}{\sqrt{2 n \pi \cos^3 \varphi}}\Big),$$

wo $\sin \varphi$ die Exzentrizität ist. Dieser Ausdruck stimmt vollständig mit dem überein, den JACOBI 1849[162]), einen früher von CARLINI gegebenen verbessernd, aufgestellt hat, aber die Herleitung von GAUSS ist unvergleichlich kürzer als die JACOBIS, und bedient sich ganz elementarer Methoden. GAUSS erreicht sein Ziel wesentlich durch Anwendung der imaginären Transformation

$$E = i \log \operatorname{cotg} \tfrac{1}{2} \varphi + \varepsilon$$

auf die exzentrische Anomalie E; dabei ist es interessant festzustellen, dass diese Transformation, wenn man sie auf den Integralausdruck

$$C_n = \frac{1}{\pi} \int_{-\pi}^{+\pi} \frac{dv}{dM} \cdot e^{i n M} dM$$

jener Koeffizienten anwendet, sofort auf Integration im komplexen Gebiet führt[163]), dass GAUSS aber diesen Weg nicht eingeschlagen hat, obwohl ihm sicher die Methode bekannt war, die LAPLACE (1781—1786) zur Bestimmung solcher Integrale für grosse Werte der ganzen Zahl n angegeben hat. Er hat vielmehr mit einer Reihendarstellung der C_n operiert.

In gewissem Sinne gehören in diesen Gedankenkreis auch die Tagebuchnotizen 114., 115. vom 30. November und 3. Dezember 1800, die die Entdeckung von vier verschiedenen Methoden zur Bestimmung der Klassenanzahl binärer quadratischer Formen anzeigen. — GAUSS hat 1834 einen ersten Teil seiner Untersuchungen *Über den Zusammenhang der Klassenanzahl binärer quadratischer Formen mit dem Wert ihres Determinanten* der Gesellschaft der Wissenschaften vorlegen wollen; die Handschrift ist aus dem Nachlass Werke II, S. 268 ff. abgedruckt und von DEDEKIND ausführlich erläutert worden[164]). GAUSS beginnt den Art. 1 mit den Worten: »Schon 33 Jahre sind verflossen, seit

---

162) JACOBIS Werke VII, S. 188, 237.

163) Siehe Werke X, 1, S. 446.

164) Vergl. auch BACHMANN, Abhandlung 1 dieses Bandes, Artikel 27, S. 67.

wir die Prinzipien des wundersamen Zusammenhangs entdeckten, dem diese Abhandlung gewidmet ist«, womit die Beziehung zu unseren Tagebuchnotizen hergestellt erscheint[165]). Diese Prinzipien beruhen aber, wie GAUSS im Art. 2 hervorhebt, wesentlich auf dem geometrischen Satze, dass das Verhältnis der Anzahl der im Innern einer geschlossenen Kurve in der komplexen Zahlenebene gelegenen Gitterpunkte mit ganzzahligen Koordinaten zu der eingeschlossenen Fläche sich asymptotisch dem Wert 1 nähert, wenn die Kurve gleichmässig ins Unendliche erweitert wird, also auf einem asymptotischen Gesetz.

VI. Die Jahre 1801 bis 1810.

a) Bis zur Berufung nach Göttingen 1807. Allgemeines. Zahlentheoretische Anwendungen der elliptischen Funktionen.

Im Vergleich zu den sich auf erstaunlich kurze Zeiträume zusammendrängenden Resultaten, über die wir in den vorhergehenden Abschnitten zu berichten hatten, erscheint der Ertrag der analytischen Forschungen, die GAUSS in den folgenden Jahren angestellt hat, nicht allzu reichlich. Wir werden sehen, dass er namentlich zu Anwendungen seiner neuen Transzendenten auf Probleme der Zahlentheorie übergegangen ist; inwieweit freilich in diese Jahre noch Vorarbeiten für später veröffentlichte oder wenigstens aufgezeichnete Untersuchungen fallen, lässt sich nicht mit Sicherheit feststellen, zumal auch die Aufzeichnungen des *Tagebuchs* immer spärlicher werden und bald ganz versiegen. Der Grund hierfür geht auf ein Ereignis zurück, das auf GAUSS' wissenschaftliche und persönliche Entwicklung von ausschlaggebender Bedeutung wurde, nämlich auf die Entdeckung des ersten kleinen Planeten, der Ceres, in der Neujahrsnacht von 1800 auf 1801[165a]) durch JOSEF PIAZZI in Pa-

---

165) Vergl. auch die auf die Klassenanzahl bezügliche Stelle in dem Briefe an DIRICHLET vom 2. November 1838, Werke XII, S. 310.

165a) Es mag hier darauf hingewiesen werden, dass GAUSS die Wende des Jahrhunderts nicht für diese Nacht angesetzt zu haben scheint; er schreibt an BOLYAI am 16. Dezember 1799 (*Briefwechsel* S. 37) in bezug auf die bevorstehende Jahreswende: »der letzte Dezember, der wenigstens der letzte Tag sein wird, wo wir siebzehnhundert nennen, wenn gleich mikrologische Ausleger das Ende des Jahrhunderts noch ein Jahr weiter hinaussetzen ...«.

lermo[166]). Die Aufgabe der Wiederauffindung dieses Himmelskörpers interessierte GAUSS auf das lebhafteste, er entwickelte bald eigentümliche Methoden
für die Bahnbestimmung (siehe die Tagebuchnotizen 119., 121. vom September,
Oktober 1801), auf Grund deren kurz hintereinander v. ZACH und OLBERS die
Ceres wiederfanden. Dies trug mit einem Male GAUSS' Namen auch in weitere
Kreise; schon am 31. Januar 1802 wählte die Petersburger Akademie den
jungen Forscher zum Korrespondenten[166a]).

In dem mit der Notiz 121. (Oktober 1801) unterbrochenen *Tagebuch*
schreibt GAUSS (Notiz 122.): »In den folgenden Jahren 1802, 1803, 1804 haben
astronomische Beschäftigungen den grössten Teil meiner Musse in Anspruch
genommen, insbesondere die Rechnungen über die Theorie der neuen Planeten.
So kam es, dass in diesen Jahren der vorliegende Katalog vernachlässigt
wurde. — Die Tage, an denen es mir gegeben war, irgend etwas zur Förderung der reinen Mathematik beitragen zu können, sind meinem Gedächtnis
entschwunden.« — Neben diesen sind noch andere, mehr persönliche Verhältnisse der stillen Weiterarbeit an den analytischen Problemen hindernd entgegengetreten. Wir sind in der glücklichen Lage, darüber GAUSS' eigenen
Bericht wiedergeben zu können, in der Form von Briefauszügen an seinen
vertrauten Jugendfreund BOLYAI. »Ich lebe«, schreibt er am 3. Dezember 1802,
(*Briefwechsel* S. 45) »seitdem ich 1800 Ostern Helmstedt wieder verlassen habe,
bisher beständig in Braunschweig hauptsächlich für meine Göttinnen, die Wissenschaften. Bis im Sommer 1801 hat mich die Arbeit an meinem grossen Werke
beschäftigt, welches Michael 1801 herausgekommen ist. Es führt den Titel:
Disquisitiones arithmeticae, Lipsiae in Commissis apud G. FLEISCHER junior,
1801 ... Seitdem haben mich besonders die beiden neuen Planeten Ceres
und Pallas beschäftigt. .... Liesest Du v. ZACHs Monatliche Correspondenz,
so wirst Du schon daraus wissen (Maistück 1802), dass meine Arbeit über die
Ceres die Ursache einer ansehnlichen Verbesserung meiner äusseren Lage ist:
unser grossmütiger Fürst hat mich durch eine Pension von 400 Rthl. vor der

---

166) Näheres siehe bei BRENDEL, Werke XI, 2, Abhandlung 3, S. 150—155; vergl. auch die Bemerkungen BRENDELS zu den Tagebuchnotizen 119.—122., Werke X, 1, S. 561—563.

166a) Der Sekretär FUSS schlug GAUSS vor, als »vorteilhaft bekannt durch seine analytischen Arbeiten
und neuerdings durch seine Rechnungen über den neuen Planeten Ceres, denen man es verdankt, diesen
wieder aufgefunden zu haben«, siehe W. STIEDA, Jahrbücher für Kultur und Geschichte der Slaven, N.F.III,
1927, S. 79 ff. besonders S. 90.

Hand in eine unabhängige, sorgenfreie Lage gesetzt. Jedoch ist es noch sehr
ungewiss, ob ich diese Lage noch lange geniessen werde. Gerade jetzt stehe
ich in Unterhandlung wegen eines Rufes nach St. Petersburg als Direktor der
Kais. Sternwarte und ausserdem ist sogar eine Aussicht da, dass ich vielleicht
zwischen diesem Rufe und einem andern die Wahl haben könnte. . . . . Ich
stehe überhaupt mit Göttingen in weniger Verbindung, nur erst vor ein Paar
Wochen hat mich die Sozietät der Wissenschaften zu ihrem Korrespondenten
ernannt.« Mit der Andeutung über den andern Ruf, zwischen dem und Petersburg er die Wahl haben könnte, ist die Möglichkeit gemeint, die sich
für GAUSS eröffnete, an die neuzuerbauende Göttinger Sternwarte berufen zu
werden, wofür sich OLBERS — mit dem GAUSS seit Januar 1802 im Briefwechsel stand — bei dem Göttinger Professor HEEREN sehr lebhaft eingesetzt
hatte. — Weiter schreibt er an BOLYAI am 20. Juni 1803 (*Briefwechsel* S. 55):
»Die Vokation nach St. Petersburg hat mich nicht von hier weggezogen, unser
Herzog liess mich nicht fort und hat mir meine hiesige Lage noch ange-
nehmer gemacht. Ich habe sogar Hoffnung zu einer kleinen hiesigen Sternwarte — falls der leidige Krieg nicht von neuem unsere Projekte hemmt —
Astronomie und Reine Grössenlehre sind einmal die magnetischen Pole, nach
denen sich mein Geisteskompass immer wendet. . . . . Ich reise in diesen
Tagen nach Bremen zu einem Besuch bei Dr. OLBERS, dessen Freundschaft
ich, ohne ihn bisher persönlich zu kennen, durch Briefe kultiviert habe.« Und
am 28. Juni 1804 (*Briefwechsel* S. 61): »Seit meinem letzten Briefe an Dich
habe ich eine Menge neuer zum Teil äusserst interessanter Bekanntschaften gemacht. Einen Monat bin ich in Bremen und Lilienthal bei OLBERS, einem der
allerliebenswürdigsten Menschen, die ich kenne, und SCHRÖTER, und vier Monat
bin ich in Gotha gewesen. Auch hier hat sich der Kreis meiner Bekannt-
und Freundschaften sehr erweitert. Die schönste aber ist die eines herrlichen
Mädchens, ganz so, wie ich mir immer eine Gefährtin meines Lebens ge-
wünscht habe. . . . . . . Dass das Nationalinstitut in Paris und die königl.
Sozietät der Wissenschaften mir unlängst die Ehre erzeigt haben, mich unter
ihre auswärtigen Mitglieder aufzunehmen, weisst Du vielleicht aus öffentlichen
Nachrichten. Erhält mir die Vorsehung ihre mir bisher verliehenen Güter
und schenkt mir dazu noch das höchste häusliche Glück, so sehne ich mich
noch nicht aus diesem Erdenleben nach dem Himmel.« Am 25. November

1804 heisst es weiter (*Briefwechsel* S. 79): »Deinen Brief vom 16. September habe ich zwar schon in der Mitte Oktobers erhalten, indessen bin ich nicht ohne Entschuldigung, dass ich ihn erst in diesem Monat beantworte. Erstens wirst Du wahrscheinlich aus öffentlichen Nachrichten längst wissen, dass Anfang September d. J. in Lilienthal von HARDING, einem sehr lieben persönlichen Freunde von mir, ein dritter neuer Planet entdeckt ist, der den Namen Juno erhalten hat, und der mir umso überhäuftere Arbeit macht, da ich nicht nur, wie bei Ceres und Pallas alle Rechnungen darüber allein über mich nehme, sondern ihn auch selbst beobachte, so oft das Wetter es nur erlaubt, da ich jetzt sowohl mit Instrumenten versehen bin, als auch bereits hinlängliche praktische Fertigkeit im Observieren erworben habe. . . . . . Lege Dich doch auch etwas auf die praktische Astronomie; sie ist nach meinem Gefühle, nächst den Freuden des Herzens und der Beschauung der Wahrheit in der reinen Mathesis, der süsseste Genuss, den wir auf Erden haben können. Ein zweiter noch wichtigerer Grund aber, warum ich meine Antwort etwas verschob, war, weil ich sie nicht gern eher geben wollte, bis ich Dir etwas von mir erzählen könnte. Das kann ich jetzt, liebster BOLYAI. Seit drei Tagen ist der für diese Erde fast zu himmlische Engel meine Braut. Ich bin überschwenglich glücklich.« Dann schreibt er am 20. Mai 1808 schon aus Göttingen: »Meine Lage in Braunschweig hatte ich von jeher nur als eine interimistische betrachtet, die sich über kurz oder lang verändern müsste. Dass aber solche Katastrophen mich von da so bald wegtreiben würden, ahndete ich freilich nicht. Du kennst die unglückliche Geschichte des Herbstes 1806. Wenige Tage vorher noch im Genuss aller Segnungen des Friedens, sahen wir auf einmal unsere Fluren zum Schauplatz des Krieges werden, sahen wir unseren geliebten Fürsten tödtlich verwundet, kaum ein Paar Tage Ruhe in seinem Lande findend, den Verfolgungen der Feinde fliehend, um bald in fremder Erde eine Ruhestatt zu finden[167]). . . . . . Tausende verloren in diesem Wechsel der Dinge sogleich alles; mir persönlich wurden aber die Folgen nicht gleich sehr fühlbar. Auch geschahen mir von mehreren Orten her Anträge, die mich über die Besorgnisse wegsetzten. Ich nahm den Ruf nach Göttingen als Professor Astronomiae und erster Direktor der Sternwarte an (mein Kollege ist HARDING . . . .) und ich bin seit einem halben Jahre hier.

167) Vergl. oben S. 63, Fussnote [82]).

Ich hoffe hier ganz glücklich zu leben. Der König[167a]) hat Hoffnung gegeben, dass der Bau der neuen Sternwarte, der schon 1803 anfing, fortgesetzt werden soll, dann bleibt mir wenig zu wünschen übrig. Auch die äussern Verhältnisse sind ganz gut; ich bin mit 1000 Rt. angestellt, auf Nebenverdienst durch Kollegia kann ich freilich wenig rechnen, zumal jetzt, wo sozusagen ganz Europa zur Bettlerin geworden ist. In meinem Hause lebe ich sehr glücklich. Seit dem 9. Oktober 1805 bin ich verheiratet . . . ., seit 21. August 1806 Vater eines allerliebsten Jungen JOSEF und seit 29. Februar 1808 Vater eines Mädchens WILHELMINE . . . . . . Über die Planeten wirst Du vieles in einem grossen Werke von mir finden, das schon gedruckt wird: *Theoria motus corporum coelestium circa solem revolventium*«[168]). Und endlich am 2. September 1808: »Meine wissenschaftlichen Beschäftigungen gehen ihren Gang fort; der Druck meines astronomischen Werks, in welchem alles, was sich auf ihre Bewegung bezieht, vollständig abgehandelt wird, ist über die Hälfte vollendet. Meine fortgesetzten Untersuchungen aus der höheren Arithmetik denke ich vorerst grösstenteils als einzelne, in die Commentationes unsrer Sozietät einzurückende Abhandlungen auszuarbeiten, die vielleicht in Zukunft einmal zu einem zweiten Bande meiner *Disquis. Arithm.* gesammelt werden können; zwei davon sind bereits der Sozietät übergeben und eine schon abgedruckt im XVI. Bande der Göttingischen Commentationes. Von Personen, die jenes Werk mit Erfolg studiert hätten, kenne ich bis jetzt nur wenige; oben an steht die Demoiselle SOPHIE GERMAIN in Paris . . . ., LAGRANGE hat einen Paragraph in der neuen Auflage seines *Traité de la résolution numérique des équations* kommentiert, indess auf eine Art, der ich nicht in allen Stücken meinen Beifall geben kann. Ein vieljähriger Freund von mir, und mein erster Lehrer in der Mathematik, BARTELS, der . . . . . jetzt Professor der Mathematik in Kasan in Russland geworden ist, hat . . . jenes Werk auch fleissig studiert und ist in die meisten Materien eingedrungen. . . . . Merkwürdig ist es immer, dass alle diejenigen, die diese Wissenschaft ernstlich studieren, eine Art Leidenschaft dafür fassen. . . . . Wahrlich, es ist nicht das Wissen, sondern das Lernen, nicht das Besitzen, sondern das Erwerben, nicht das Da-Sein,

---

167a) JÉRÔME BONAPARTE, 1807—1813 König von Westfalen.

168) Im Druck heisst es statt *circa solem revolventium, in sectionibus conicis solem ambientium;* das Werk erschien 1809 bei FRIEDRICH PERTHES und I. H. BESSER in Hamburg; siehe Werke VII.

sondern das Hinkommen, was den grössten Genuss gewährt. Wenn ich eine Sache ganz ins Klare gebracht und erschöpft habe, so wende ich mich davon weg, um wieder ins Dunkle zu gehn; so sonderbar ist der nimmersatte Mensch, hat er ein Gebäude vollendet, so ist es nicht um nun ruhig darin zu wohnen, sondern um ein anderes anzufangen. So, stelle ich mir vor, muss einem Welteroberer zu Mute sein, der nachdem ein Königreich kaum bezwungen ist, schon wieder nach andern seine Arme ausstreckt«[168a]).

Von den in der letzten Briefstelle erwähnten beiden Abhandlungen interessiert uns hier besonders die zweite, die unter dem Titel *Summatio quarumdam serierum singularium* im August 1808 der Gesellschaft der Wissenschaften vorgelegt worden ist[169])· Nach der Tagebuchnotiz 118. von Mitte Mai 1801 hat GAUSS damals den den Kern der Untersuchung bildenden Satz vermutet, aber die Tagebuchnotiz 123. vom 30. August 1805 (die erste nach der dreijährigen Unterbrechung) besagt: »Der Beweis des wunderschönen, oben im Mai 1801 erwähnten Lehrsatzes, den wir während mehr als vier Jahren mit aller Anstrengung gesucht hatten, ist uns endlich gelungen«[170]). Es handelt sich dabei um die Bestimmung des Vorzeichens bei der Auswertung der sogenannten GAUSSschen Summen; GAUSS dürfte wohl von vornherein einen Zusammenhang zwischen dieser Vorzeichenbestimmung und der Bestimmung der achten Einheitswurzel (siehe Werke X, 1, S. 225, Art. 8 das $\varepsilon = \sqrt{i}$, vergl. oben S. 99), die bei der linearen Transformation der summatorischen Funktionen $p(t)$, $q(t)$, $r(t)$ auftritt, vermutet haben. Die vier Jahre hindurch fortgesetzten Bemühungen, die GAUSS der Bestimmung jenes Vorzeichens gewidmet hat, haben ihn sicherlich veranlasst, alle ihm zu Gebote stehenden Hilfsmittel heranzuziehen, und wenn man bedenkt, dass HERMITE[171]) die Bestimmung der achten Einheitswurzel bei der linearen Transformation gerade auf die GAUSSschen Summen zurückgeführt hat, so würde man es kaum begreifen können, dass GAUSS bei den hier in Rede stehenden Fragen seine Untersuchungen über die Funktionen

---

168a) Mit diesem Briefe gerät der Briefwechsel zwischen GAUSS und BOLYAI für viele Jahre ins Stocken. GAUSS nächster Brief datiert vom 6. März 1832 (siehe Werke VIII, S. 220), dann hat GAUSS nur noch zweimal, am 23. Oktober 1836 und am 20. April 1848 an den Jugendfreund geschrieben.

169) Erschienen 1811 im Bande I der Commentat. rec., Werke II, S. 9, *Anzeige* ebenda S. 155.

170) Vergl. den Brief an OLBERS vom 3. September 1805, Werke X, 1, S. 24. Siehe auch BACHMANN, Abh. 1 dieses Bandes, Art. 18, S. 45.

171) LIOUVILLEs Journal (2), t. 3, HERMITE Oeuvres I, S. 486.

p, q, r nicht herangezogen haben sollte, zumal die Identitäten zwischen Reihen und Produkten, wie sie in den Artikeln 8, 9 der Abhandlung *Summatio quarumdam serierum singularium* auftreten, direkt an die Methoden anknüpfen, mit denen in der Scheda Ac operiert wurde. Die Formel

$$1 + x + x^3 + x^6 + \text{etc.} = \frac{(1-x^2)(1-x^4)(1-x^6)\ldots}{(1-x)(1-x^3)(1-x^5)\ldots} \quad [172])$$

findet sich an mehreren Stellen des Nachlasses, früheren und späteren[173]), und die an dieselbe geknüpfte Bemerkung »diese Gleichheit zwischen zwei nicht auf der Hand liegenden Ausdrücken, auf deren Untersuchung wir bei anderer Gelegenheit zurückkommen werden, ist doch wohl sehr bemerkenswert« kann sich auf nichts anderes beziehen, als auf das von GAUSS projektierte Werk über die »transzendenten Funktionen«. Ferner haben wir, allerdings aus späterer Zeit[174]) herrührend, eine die elliptischen Funktionen betreffende Aufzeichnung von GAUSS, in der direkt auf die *Summatio quarumdam serierum* Bezug genommen wird. GAUSS hat also den Zusammenhang zwischen den Reihen, die in dieser Abhandlung auftreten, und den elliptischen Funktionen sicher gekannt.

In dem im November 1801 begonnenen Handbuche (16, Bb) finden sich Aufzeichnungen zur Theorie der lemniskatischen Funktionen, die Werke III, S. 405, Art. [4] und S. 409 beginnend Zeile 5 v. u. bis S. 412, untermischt mit späteren Aufzeichnungen aus anderen Handbüchern (17, Bc und 19, Be) abgedruckt sind. Man wird wohl die Entstehungszeit dieser Aufzeichnungen mit dem Beginn von GAUSS' Untersuchungen zur Theorie der höheren Potenzreste, also[175]) etwa auf 1805—1807, anzusetzen haben.

---

172) Werke II, S. 20; JACOBI hat diese Formel in Art. 66 der *Fundamenta* hergeleitet und zitiert daselbst die *Summatio quarumdam serierum*, vergl. oben S. 17, Fussnote [29]).

173) So Scheda Ac (Mai 1800) Werke X, 1, S. 201, Art. 9, Gleichung 3), Handbuch 16, Bb (1808), ebenda S. 292, Art. 3, Gl. (2); Ansätze schon in den *Exercitationes* Art. 9 (1796), ebenda S. 142, und in der Scheda Aa (1798), wo es heisst (vergl. Werke X, 1, S. 277): »Untersuchung der Faktoren der unendlichen Reihe

$$1 + x + x^3 + x^6 + x^{10} + x^{15} + \cdots = S.«$$

174) *Hundert Theoreme über die neuen Transzendenten*, Werke III, S. 461 ff. Diese Abhandlung stammt jedenfalls aus der Zeit nach 1818, weil darin (auf S. 467) die *Determinatio attractionis* zitiert wird, wahrscheinlich ist sie um 1825 geschrieben.

175) Siehe die Tagebuchnotizen 130.—133. nebst den zugehörigen Bemerkungen, Werke X, 1, S. 565, 566 und BACHMANN, Abh. 1 dieses Bandes, Art. 21, S. 52.

In der Tat enthalten diese Notizen nicht nur eine Rekapitulation der älteren (in *Leiste* und Scheda Aa befindlichen) Potenzreihenentwicklungen für den sin lemn und dessen Zähler und Nenner, sowie der Formeln für die ganzzahlige und die komplexe Multiplikation der Zähler und Nenner von sin lemn und cos lemn, sondern am Schluss noch eine bemerkenswerte zahlentheoretische Anwendung (diese stammt von S. 63 und 72 des Handbuchs 16), die als Vorarbeit anzusehen sein dürfte für die in der Tagebuchnotiz 146. vom 9. Juli 1814 enthaltene »durch Induktion gemachte Beobachtung, die einen eleganten Zusammenhang zwischen der Theorie der biquadratischen Reste und den lemniskatischen Funktionen herstellt«. Diese »Beobachtung« besagt, dass, wenn $a + bi$ eine komplexe Primzahl bedeutet, für die $a - 1 + bi$ durch $2 + 2i$ teilbar ist, die Anzahl der Lösungen der Kongruenz

$$x^2 + y^2 + x^2 y^2 \equiv 1 \pmod{a + bi},$$

$x = \infty$, $y = \pm i$, $x = \pm i$, $y = \infty$ eingeschlossen, gleich der Norm $(a-1)^2 + b^2$ von $a - 1 + bi$ sei. Nachdem DEDEKIND die Richtigkeit für alle $a + bi$, deren Norm unterhab 100 liegt, verifiziert, und FRICKE darauf hingewiesen hatte, dass $x^2 + y^2 + x^2 y^2 = 0$ die Relation sei, die zwischen sl φ und cl $\varphi = \mathrm{sl}\left(\frac{\varpi}{2} - \varphi\right)$ besteht, hat G. HERGLOTZ im Jahre 1921 [176]) einen Beweis der GAUSSschen Aussage mit Hilfe von lemniskatischen Funktionen gegeben.

Dass auch für die oben (S. 102) wiedergegebene Aufzeichnung zur Theorie der Modulfunktion aus der Scheda An, die ihrer Entstehungszeit nach hierher gehört, ein Zusammenhang mit zahlentheoretischen Überlegungen vorzuliegen scheint, haben wir bereits hervorgehoben.

Damit würden wohl die auf die Jahre 1801—1807 zu datierenden Untersuchungen über Gegenstände der Analysis, soweit sich im Nachlass Spuren von ihnen finden, erschöpft sein [177]); GAUSS hat eben in diesen Jahren den grössten Teil seiner Zeit astronomischen Arbeiten gewidmet.

Mit diesen astronomischen Arbeiten im Zusammenhang steht auch die *Theoria interpolationis methodo nova tractata*, die aus dem Nachlasse Werke III, S. 265—327 abgedruckt ist, und die wir hier darum erwähnen, weil eine erste Redaktion dieser Abhandlung, die das Handbuch 18, Bd eröffnet, im Oktober

---

[176]) Berichte der Sächsischen Akademie, math.-phys. Klasse 73, 1921, S. 271.

[177]) Auf die aus dem Anfang des Jahres 1806 stammende erste Aufzeichnung über die Reihe $F(\alpha, \beta, \gamma, x)$ kommen wir im Abschnitt VII. zurück.

1805 verfasst ist[178]). Dies wird auch durch die Tagebuchaufzeichnung 124.
vom November 1805, »Die Theorie der Interpolation haben wir weiter ausgebildet« bestätigt, ferner aber dadurch, dass im Art. 41 (Werke III, S. 325), wo
als Beispiel die Mittelpunktsgleichung der Juno behandelt wird, derselbe Wert
der Exzentrizität 0,254236 auftritt, wie im Art. 1 des auf die Konvergenz
der Entwicklungskoeffizienten der Mittelpunktsgleichung bezüglichen Stücks
(Werke X, 1, S. 421). Dieser Wert gehört zu den V. Elementen dieses kleinen
Planeten (siehe die Bemerkungen ebenda, S. 443), die im Mai 1805 veröffentlicht wurden (Werke VI, S. 462). Vielleicht besteht sogar ein tieferer Zusammenhang zwischen beiden Untersuchungen; GAUSS stellt nämlich in der
Theoria Interpolationis Untersuchungen über den »Rest« der Reihenentwicklungen an (siehe Art. 18 ff.), und man könnte dies als einen Versuch ansehen,
um Grenzen für den Fehler festzustellen, der bei der interpolatorischen Entwicklung einer periodischen Funktion entsteht.

b) **Das Jahr 1808. Beginn der Korrespondenz mit SCHUMACHER.**

Der Briefwechsel zwischen GAUSS und SCHUMACHER, der sich von 1808—
1850, also über einen Zeitraum von 42 Jahren erstreckt, wird durch einen
Brief SCHUMACHERS vom 2. April 1808 eingeleitet, in dem SCHUMACHER GAUSS
auffordert, die Aufgabe zu lösen, die der Spanier PEDRAYES gestellt hatte. Wir
wollen zunächst über diese Aufgabe und über ihren Autor einige Angaben
machen, natürlich nur soweit sie zum Verständnis des folgenden erforderlich
sind.

AUGUSTINUS PEDRAYES (1744—1817) war 1769—1791 Lehrer am Pagen-
kollegium (später adliges Seminar genannt) in Madrid; er veröffentlichte 1796
eine Aufgabe in der Form eines Programms[179]), die im wesentlichen folgendermassen lautet:

---

178) Vergl. auch die Angabe von SCHERING, Werke III, S. 328. Von der Handschrift ist in zwei
Briefen SCHUMACHERS an GAUSS die Rede; am 8. November 1808 schreibt er (*Briefwechsel* I, S. 9): »Sie
haben hier [d. h. in Altona] einen Kragen vergessen, auch hat meine Mutter noch Ihr Manuskript über
Interpolation« und am 8. Juni 1816 (ebenda, S. 128): »Ich habe in der Hoffnung, Sie würden dadurch Veranlassung finden, Ihre Theorie der Interpolation, die ich handschriftlich habe, bekannt zu machen, die Preisfrage unserer Gesellschaft für 1817 so abfassen lassen . . .«.

179) Erschienen in lateinischer und spanischer Sprache: Ex typographia Regia in Madrid; abgedruckt
lateinisch im 9. Hefte 1799 von HINDENBURGS Archiv der reinen und angewandten Mathematik, S. 85 ff. und
in deutscher Übersetzung von H. MURHARDT in den Göttinger Nachrichten von 1798.

»Problem: die Integralgleichung zu finden, die dem folgenden Differential entspricht:

$$\frac{ar^2\,dx}{\sqrt{(r-x)x}} + \frac{br^2\,dx}{\sqrt{(4r-x)x}} + \frac{cr^2\,du}{\sqrt{(r-u)u}} + \frac{er^2\,du}{\sqrt{(4r-u)u}} + \frac{fr\,dx\sqrt{4r^2-rx}}{\sqrt{(r-x)x}} + \frac{hr\,dx\sqrt{r^2-rx}}{\sqrt{(4r-x)x}}$$

$$+ \frac{kr\,du\sqrt{4r^2-ru}}{\sqrt{(r-u)u}} + \frac{gr\,du\sqrt{r^2-ru}}{\sqrt{(4r-u)u}} + \frac{lr\,dx\sqrt{4r-u}}{\sqrt{x}} + \frac{mr\,du\sqrt{4r-x}}{\sqrt{u}} + \frac{nr\,dx\sqrt{r-u}}{\sqrt{x}}$$

$$+ \frac{pr\,du\sqrt{r-x}}{\sqrt{u}} + \frac{qr\,dx\sqrt{(4r-u)(r-u)}}{\sqrt{rx}} + \frac{sr\,du\sqrt{(4r-x)(r-x)}}{\sqrt{ru}} + \frac{tru\,dx}{\sqrt{rx}} + \frac{zrx\,du}{\sqrt{ru}} = dY.\text{«}$$

Hierin bedeuten $r, a, b, c, \ldots, z$ Konstanten.

Dem Abdruck in HINDENBURGS Archiv sind Bemerkungen von WILHELM PFAFF (Professor der Mathematik in Dorpat, später in Erlangen) angeschlossen, die eine Lösung der PEDRAYESSCHEN Aufgabe von J. FR. PFAFF (dem uns bereits bekannten, GAUSS befreundeten Helmstedter Professor, WILHELMS Bruder) enthalten. Es heisst daselbst, dass »die Integration des 1., 2., 3., 4. Teiles von der Quadratur des Kreises, des 5., 6. von der Rektifikation der Ellipse, des 7., 8. von der Rektifikation der Hyperbel abhängt[180]); die übrigen Teile können angesehen werden als Differentiale von Flächen krummer Linien, deren Beschaffenheit sich nach dem Verhalten zwischen u und x richtet. Es kommt nun eigentlich — wie ich glaube — bei der Aufgabe darauf an, u und x durch einander oder durch eine dritte Grösse φ so zu bestimmen, dass, obgleich die eigentlichen Integrale transzendent sind, doch das gesamte Integral algebraisch werde. Dies wird nicht bei allen Werten $a, b, \ldots, z$ tunlich sein, daher müssen noch ferner die Werte dieser Konstanten bestimmt werden, bei welchen es angeht.« — Die Lösung von J. F. PFAFF bezieht sich auf $u = x$.

Der Pariser Akademie wurden eingereicht eine aus Berlin stammende Lösung, die aber als unzureichend erklärt wurde, und die Lösung von PEDRAYES selbst, in bezug auf die beschlossen wurde, das Urteil der Akademie nicht zu veröffentlichen. 1805 erschien dann die PEDRAYESSCHE Lösung unter dem Titel: »Opusculum primum. Solutio problematis propositi anno 1797 [sic!]: a subscriptorum societate literaria pervulgata.«

In seinem Briefe vom 2. April 1808 (Werke X, 1, S. 242) erwähnt SCHUMACHER sowohl die Auflösung von PFAFF als auch die eigene Auflösung des PEDRAYES. Auch GAUSS bezieht sich in seinem Antwortschreiben vom 17. Sept.

---

180) PEDRAYES hebt dies in seinen Erläuterungen zu dem Problem selbst hervor.

1808 (Werke X, 1, S. 243) auf die von PFAFF gegebene Lösung und fährt dann fort:

»Vielleicht wäre ich im Besitz von Wahrheiten, die zur Entscheidung dieser Sache dienen könnten . . . . Mit Kreisfunktionen und Logarithmischen wissen wir jetzt umzugehn, wie mit dem 1 mal 1, aber die herrliche Goldgrube, die das Innere der höheren Funktionen enthält, ist noch fast ganz Terra Incognita. Ich habe darüber ehemals sehr viel gearbeitet und werde dereinst ein eigenes grosses Werk darüber geben, wovon ich bereits in meinen *Disquisitiones arithm.* p. 593 [181]) einen Wink gegeben habe. Man gerät in Erstaunen über den überschwenglichen Reichtum an neuen höchst interessanten Wahrheiten und Relationen, die dergleichen Funktionen darbieten (wohin u. a. auch diejenigen gehören, mit denen die Rektifikation der Ellipse und Hyperbel zusammenhängt). Es könnte wohl sein, dass gerade aus diesen Untersuchungen die Beantwortung der PEDRAYES-Aufgabe sich entnehmen liesse, vorausgesetzt, dass sie eine Auflösung zulässt, die wirklich einen Wert hat: allein wenn ich auch klarer sähe, dass die ganze Aufgabe zu etwas führen könnte, als das bis jetzt der Fall ist, würde ich doch jetzt von dieser Untersuchung abstrahieren müssen, da ich mich erst dann in diese weitaussehende Materie wieder hinein werfen werde, wenn ich an die Ausarbeitung jenes grossen Werkes werde denken können. Dazu bin ich aber jetzt noch mit zu vielen andern, mir nicht minder interessanten Untersuchungen überhäuft.«

Es ist wohl anzunehmen, dass trotz der Schlusswendung, die GAUSS in dieser brieflichen Äusserung gebraucht, die Aufforderung SCHUMACHERS, die Lösung der PEDRAYESschen Aufgabe zu versuchen, den äussern Anstoss dazu gegeben hat, dass GAUSS 1808 die Beschäftigung mit den elliptischen Transzen-

---

181) Werke I, S. 412, 413; Art. 335. Es ist vielleicht angebracht, diese berühmte Stelle hier wörtlich wiederzugeben. Sie lautet:

»Im übrigen reichen die Prinzipien der Theorie der Kreisteilungsgleichungen, die wir im Begriffe sind darzulegen, sehr viel weiter, als hier entwickelt werden kann. Sie können nicht nur auf die Kreisfunktionen, sondern mit dem gleichen Erfolge auf viele andere transzendente Funktionen angewandt werden, z. B. auf solche, die von dem Integral

$$\int \frac{dx}{\sqrt{1-x^4}}$$

abhängen. . . . . Da wir aber über diese transzendenten Funktionen ein umfangreiches Werk vorbereiten, ... so schien es angebracht, hier nur die Kreisfunktionen allein zu betrachten.«

denten wieder aufnahm; jedenfalls bringen die Jahre 1808 und 1809 wieder eine Reihe wichtiger Beiträge zu der in Rede stehenden Theorie.

Im Handbuch 16, Bb, beginnt auf Seite 40 eine umfangreiche, in deutscher Sprache redigierte Abhandlung mit der Überschrift: *Zur Theorie der transzendenten Funktionen gehörig*; die Seiten 40—51 des Handbuchs sind Werke X, 1, S. 287—307 (Artikel 1—16), die Seiten 51—53 des Handbuchs, Werke III, S. 442—445 (Artikel 8, 9) abgedruckt[182]). Die Abfassungszeit dieser Abhandlung ist, wie auch SCHERING, Werke III, S. 494 bemerkt[183]), durch eine für JACOBI bestimmte Mitteilung von GAUSS an SCHUMACHER[184]) vom Juni 1827 auf 1808 festgelegt. Sie beginnt mit der Entwicklung der schon oben (S. 96, Gl. (15)) erwähnten Formel für die **lineare Transformation der von beiden Argumenten abhängigen Thetafunktion** $T = \sum\limits_{k=-\infty}^{+\infty} e^{-a(k+\omega)^2}$, oder, mit Benutzung unserer obigen Bezeichnung $\vartheta_{00}(\psi|x)$,

$$T = e^{-a\omega^2}\vartheta_{00}\left(\frac{a\omega}{\pi i}\,\Big|\,e^{-a}\right),$$

die GAUSS erhält, indem er diese Funktion T in eine nach Kosinus der Vielfachen von $2\pi\omega$ fortschreitende Reihe entwickelt und die Koeffizienten in der heute nach FOURIER benannten Weise durch Integration zwischen den Grenzen $\omega = 0$ bis $\omega = 1$ bestimmt. GAUSS bezeichnet im Art. [8] (Werke III, S. 442) die Theorie der linearen Transformation als »die schönen Lehrsätze der Reziprozität«, wohl weil es sich dabei um den Übergang von

$$x = e^{-\frac{m}{n}\pi},\; y = e^{\frac{\lambda}{n}\pi}$$

zu

$$x' = e^{-\frac{n}{m}\pi},\; y' = e^{\frac{\lambda}{m}\pi i}$$

<hr>

182) Werke III, S. 436—442 (Artikel 1—7) hat SCHERING nur einen Auszug der Seiten 40—51 des Handbuchs gegeben; es war darum nicht zu umgehen, den vollständigen Text dieser Seiten im Bande X, 1 der Werke abzudrucken; die Werke III, S. 442—445 abgedruckten Artikel 8, 9, geben den Text der Handschrift mit so unerheblichen Auslassungen, dass von einem Wiederabdruck abgesehen werden konnte.

183) Vergl. auch die Bemerkung Werke X, 1, S. 320—323.

184) Vgl. JACOBIs Werke I, S. 394, Brief an LEGENDRE, wo es heisst: M. GAUSS ayant appris de celui-ci [JACOBIs Arbeiten in den Astronomischen Nachrichten von 1827, JACOBIs Werke I, S. 29—48] m'a fait dire qu'il avait développé déjà en 1808 les cas de 3 sections, 5 sections, et de 7 sections, et trouvé en même temps les nouvelles échelles de modules qui s'y rapportent. Cette nouvelle, à ce qui me paraît, est bien intéressante.« Vergl. LEGENDRE ebenda S. 398, JACOBI ebenda S. 416, LEGENDRE ebenda S. 418, 428.

handelt. Die Artikel 2—14 (Werke X, 1, S. 290—306) beziehen sich auf die Umformungen der Produkte in Reihen, wobei die schon in der Scheda Ac aufgestellte fundamentale Identität aufs neue abgeleitet wird. Da GAUSS diese Umformungen in einer späteren Aufzeichnung (*Hundert Theoreme etc.*, Werke III, S. 461) ausführlich behandelt, gehen wir an dieser Stelle nicht näher darauf ein. Der Art. 15 (ebenda, S. 306) behandelt die Siebenteilung, der Art. 16 (ebenda, S. 307) die Dreiteilung der Perioden, was mit der oben (Fussnote [184]) wiedergegebenen Mitteilung, die GAUSS an JACOBI hatte gelangen lassen, übereinstimmt[185]. Die Fünfteilung hatte GAUSS, wie der Art. 14 (ebenda, S. 303—306) zeigt, 1808 zwar in Angriff genommen, aber, wie wir sehen werden, erst im folgenden Jahre ausgeführt.

c) Die Jahre 1809, 1810. Der bilineare Algorithmus. Persönliches.

Aus dem Juni 1809 haben wir zwei auf die Theorie der elliptischen Funktionen bezügliche Tagebuchnotizen: 139. vom 20. Juni, »Die zu den agMitteln gehörigen Reihen weiter entwickelt« und 140. vom 29. Juni, »Die Fünfteilung für die agMittel erledigt«.

Die Werke III, S. 446—460 abgedruckte Abhandlung stammt aus dem im Oktober 1805 begonnenen Handbuche 18, Bd, wo sie S. 221—233 unmittelbar nach einer astronomischen Rechnung aufgezeichnet ist, der die Bemerkung beigefügt ist: »geendiget d. 28. April 1809«. Da sie mit den Worten beginnt: »Die Theoreme in Beziehung auf diejenigen Reihen und unendlichen Produkte, welche zu der Theorie des arithmetisch-geometrischen Mittels gehören, ordnen wir so«, ist ihr Zusammenhang mit der Tagebuchnotiz 139. unverkennbar, ferner beweist die Behandlung der Fünfteilung der Perioden auf S. 456—460, dass die Schlusspartie dieser Abhandlung um die Zeit der Tagebuchaufzeichnung 140. entstanden ist. Dem Inhalte nach mit dieser Abhandlung verwandt ist die den Seiten 37—40 der Scheda An entnommene, Werke X, 1, S. 213—216 abgedruckte Aufzeichnung, die dadurch, dass sich auf S. 35 der Scheda An am Schluss einer astronomischen Rechnung die Be-

---

[185] Auf den Seiten 63, 72, 73 des Handbuchs sind die Formeln über lemniskatische Funktionen aufgezeichnet, die Werke III, S. 405, 406, 409—412 untermischt mit früheren Notizen wiedergegeben sind, und über die wir oben S. 123 berichtet haben.

merkung findet: »geendigt d. 2. Mai 1809« mit Sicherheit auf die Zeit der Tagebuchnotizen 139., 140. zu datieren ist.

Neben uns bereits bekannten Formeln zur Theorie des agM. und den Umformungen von Reihen in Produkte enthält die Aufzeichnung der Scheda An als neuartiges Element einen Algorithmus, der eine Erweiterung des agM. in dem Sinne darstellt, dass er sich in ähnlicher Weise auf die Thetafunktionen von zwei Veränderlichen aufbaut, wie das agM. auf die summatorischen Funktionen p, q, r. Dieser seiner Form nach bilineare Algorithmus ergibt sich folgendermassen: GAUSS setzt (Werke X, 1, S. 214, Gl. (5))[186]

$$(1) \qquad A = H\vartheta_{00}(\psi|x)^2, \quad B = H\vartheta_{01}(\psi|x)^2.$$

Ähnlich wie das agM. durch die Folge

$$\frac{b}{a} = \frac{q(x)^2}{p(x)^2}, \quad \frac{b_1}{a_1} = \frac{q(x^2)^2}{p(x^2)^2}, \quad \frac{b_2}{a_2} = \frac{q(x^4)^2}{p(x^4)^2}, \quad \cdots$$

mit $a_1 = \frac{1}{2}(a+b)$, $a_2 = \frac{1}{2}(a_1+b_1)$, $\ldots$ definiert ist, bildet GAUSS nun gemäss (1) die Folge

$$(2) \qquad \frac{B}{A} = \frac{\vartheta_{01}(\psi|x)^2}{\vartheta_{00}(\psi|x)^2}, \quad \frac{B_1}{A_1} = \frac{\vartheta_{01}(2\psi|x^2)^2}{\vartheta_{00}(2\psi|x^2)^2}, \quad \frac{B_2}{A_2} = \frac{\vartheta_{01}(4\psi|x^4)^2}{\vartheta_{00}(4\psi|x^4)^2}, \quad \cdots$$

und setzt zur Sicherung einer kräftigen Konvergenz wie beim agM.

$$(3) \qquad A_1 = \tfrac{1}{2}(A+B), \quad A_2 = \tfrac{1}{2}(A_1+B_1), \quad \ldots.$$

Mit den Formeln der LANDENSchen Transformation, wie sie in der Scheda Ac für die Thetareihen gegeben wurden (siehe unsere Formeln (24), (25), (25a) Abschnitt IV, S. 78), folgt nunmehr aus (2)

$$(4) \qquad \frac{B_1}{A_1} = \frac{AB}{\left(\frac{A+B}{2}\right)^2}\frac{a_1}{b_1}, \quad \frac{B_2}{A_2} = \frac{A_1 B_1}{\left(\frac{A_1+B_1}{2}\right)^2}\frac{a_2}{b_2}, \quad \cdots,$$

also mit Rücksicht auf die Festsetzung (3)

$$(5) \qquad B_1 = \frac{2AB}{A+B}\frac{a_1}{b_1}, \quad B_2 = \frac{2A_1 B_1}{A_1+B_1}\frac{a_2}{b_2}, \quad \cdots,$$

was in Verbindung mit (3) den von GAUSS a. a. O. S. 214, Gl. (3) angegebenen bilinearen Algorithmus darstellt. Ähnlich wie man aus dem Ansatz

$$a = \mu p(x)^2, \quad b = \mu q(x)^2$$

für das agM. bei willkürlich gegebenen a, b die zugehörigen Grössen μ, x

---

186) Wir schreiben die Formeln in den gewohnten Zeichen; bei GAUSS steht x^4 an Stelle unseres x und $y = e^{\pi i \psi}$ statt unseres ψ.

bestimmen kann, nämlich (vergl. oben S. 107)

$$\mu = M(a, b), \quad x = \frac{a^2-b^2}{16 a_1 a_2}\left(\frac{a_2}{a_3}\right)^{\frac{1}{2}}\left(\frac{a_3}{a_4}\right)^{\frac{1}{4}}\cdots = e^{-\pi\frac{M(a,\,b)}{M(a,\,c)}},$$

so zeigt GAUSS, dass man aus dem Ansatz (1) die Grössen H und ψ zu berechnen imstande ist. Die erstere Grösse ergibt sich unmittelbar[187]), wenn
man aus den gemäss (2) und (3) folgenden Ausdrücken

$$A_1 = H\sqrt{\frac{a_1}{\mu}}\,\vartheta_{00}(2\psi|x^2), \quad A_2 = H\sqrt{\frac{a_1}{\mu}\frac{a_2}{\mu}}\,\frac{\vartheta_{00}(4\psi|x^4)}{\vartheta_{00}(2\psi|x^2)}, \quad\cdots$$

das Produkt $A_1^{\frac{1}{2}}A_2^{\frac{1}{4}}\ldots$ bildet, in der Form (Werke X, 1, S. 214, (4))

$$(6) \qquad\qquad H = \mu\,\frac{A_1^{\frac{1}{2}}A_2^{\frac{1}{4}}\cdots}{a_1^{\frac{1}{2}}a_2^{\frac{1}{4}}\cdots}.$$

Um ferner ψ oder y zu erhalten, stellt GAUSS einen trigonometrischen, für das
logarithmische Rechnen sehr geeigneten Algorithmus auf (a. a. O. Art. 2),
nämlich

$$(7) \quad \begin{cases} \dfrac{b}{a} = \cos 2M, \quad \dfrac{b_1}{a_1} = \cos 2M_1, \quad \dfrac{b_2}{a_2} = \cos 2M_2, \quad\cdots \\[2mm] \sin\Phi\sqrt{\sin 2M} = \operatorname{tg}\Psi, \quad \sin 2\Psi_1 = \operatorname{tg}\Psi\sqrt{\sin 2M}, \\[2mm] \sin\Phi_1\sqrt{\sin 2M_1} = \operatorname{tg}\Psi_1, \quad \sin 2\Psi_2 = \operatorname{tg}\Psi_1\sqrt{\sin 2M_1} \\[2mm] \sin\Phi_2\sqrt{\sin 2M_2} = \operatorname{tg}\Psi_2, \\[2mm] \qquad\qquad\qquad \text{usw.} \end{cases}$$

der, wenn man (a. a. O. S. 215)

$$(8) \qquad\qquad \operatorname{tg}\Psi = \frac{\vartheta_{10}(\psi|x)}{\vartheta_{00}(\psi|x)}$$

setzt, darauf hinauskommt, dass

$$\sin\Phi = \frac{p(x)}{r(x)}\frac{\vartheta_{10}(\psi|x)}{\vartheta_{00}(\psi|x)} = \operatorname{Cl}\varphi, \quad \varphi = \pi\psi\,q(x)^2,$$

$$\sin\Phi_1 = \frac{p(x^2)}{r(x^2)}\frac{\vartheta_{10}(\psi|x^2)}{\vartheta_{00}(\psi|x^2)} = \operatorname{Cl}\varphi_1, \quad \varphi_1 = \pi\psi\,q(x^2)^2$$

ist, also (vergl. oben S. 109) auf die GAUSSsche Transformation

$$\sin\Phi = \frac{2a\sin\Phi_1}{a+b+(a-b)\sin^2\Phi_1}.$$

---

[187] Vergl. die Darstellung bei GEPPERT a. a. O. [83]), § 42, S. 177 ff.

Durch wiederholte Anwendung erhält man

$$\sin \Phi_n = \mathrm{Cl}\, \varphi_n, \quad \varphi_n = \pi \psi\, q(x^{2^n})^2,$$

so dass also

$$(9) \qquad\qquad \lim_{n \to \infty} \sin \Phi_n = \cos \psi \pi$$

wird, was GAUSS (a. a. O. S. 215, (7)) in der Form

$$y + \frac{1}{y} = 2 \sin \Phi_\infty$$

schreibt[188] Die Beziehung zwischen diesem Algorithmus und dem zur Bestimmung des Integrals erster Gattung dienenden (Werke X, 1, S. 227—229) liegt auf der Hand.

Wir sehen, dass GAUSS in seinen auf die elliptischen Transzendenten bezüglichen Arbeiten aus den Jahren 1808—1809 sich im wesentlichen in demselben Gedankenkreise bewegt, wie in der Zeit der gewaltigen Produktivität, in die uns das *Tagebuch* und die Scheda Ac einen Einblick gewährt haben. Es wird manches geglättet, vieles Neue kommt hinzu, aber es ist doch eine Tätigkeit, die mehr sammelnd und ordnend die vorhandenen Schätze in gangbare Münze umprägen, als in den Tiefen nach neuen Goldadern schürfen will. Vielleicht soll schon das Material für das grosse Werk über die transzendenten Funktionen bereit gestellt werden, nachdem in der *Theoria motus* (1809)

---

188) Der Algorithmus (3), (5) wird von SCHERING, Werke III, S. 389, wohl erwähnt, SCHERING hat auch erkannt, dass GAUSS diesen Algorithmus mit gutem Vorbedacht gerade so bildet, um eine gute Konvergenz zu erzielen (vergl. die Bemerkungen S. 389, Zeile 8, 7 v. u. und S. 390, Zeile 7, 8); trotzdem hat SCHERING an Stelle des GAUSSschen einen überhaupt nicht von GAUSS herrührenden Algorithmus von vier Grössen α, β, γ, δ in Werke III, S. 387 ff. Artikel 18—25 entwickelt, der früher stets als der GAUSSsche gegolten hat. Die Beziehungen zwischen dem GAUSSschen und dem SCHERINGschen Algorithmus sind ja sehr einfach, indem die SCHERINGschen α, β, γ, δ direkt den Quadraten der vier Thetafunktionen, $\vartheta_{00}(\psi|x)^2$, $\vartheta_{01}(\psi|x)^2$, $\vartheta_{10}(\psi|x)^2$, $-\vartheta_{11}(\psi|x)^2$, proportional sind, aber SCHERING erweckt durch seine Darstellung den Anschein, dass für GAUSS dieser Algorithmus das prius gewesen, und dass er mit Hilfe desselben zu den Thetafunktionen vorgedrungen sei. Aus den Angaben P. GÜNTHERs (Gött. Nachr. 1894, S. 94 u. 104) geht hervor, dass auch WEIERSTRASS sich durch die Darstellung SCHERINGS hatte irreführen lassen. Wir wissen jetzt, dass GAUSS schon 9 Jahre im Besitze der Thetafunktionen war, als er von den Transformationsformeln zweiter Ordnung dieser Funktionen ausgehend, wahrscheinlich nur zum Zwecke einer für numerische Rechnungen gut brauchbaren Entwicklang, den Algorithmus (3), (5) aufstellte.

Vergl. die von den Thetafunktionen ausgehende Darstellung des SCHERINGschen Algorithmus, die v. DÁVID 1903 gegeben hat, Mathem. Naturw. Berichte aus Ungarn XXV. 1907, S. 153 ff. Die historischen Angaben dieser Arbeit sind natürlich nach dem obigen zu berichtigen.

einige Früchte der astronomischen Arbeit der letzten Jahre der Öffentlichkeit übergeben worden sind.

Diese Vermutung wird durch den Umstand bestätigt, dass sich in dem Handbuch 18, Bd, schon auf S. 52 ff. (Werke X, 1, S. 326) und dann in unmittelbarem Anschluss an die erwähnte, Werke III, S. 446—460 abgedruckte Abhandlung auf den Seiten 234—235 (Werke X, 1, S. 332) Aufzeichnungen über die Reihe $F(\alpha, \beta, \gamma, x)$ finden, über die im folgenden Abschnitt berichtet wird.

In der zweiten Hälfte des Jahres 1809 und in dem ganzen folgenden Jahre haben GAUSS' Lebensschicksale hemmend auf seine wissenschaftliche Produktion gewirkt. Die Verhältnisse in dem ephemeren Königreich Westfalen mögen wenig erfreulich gewesen sein; der immer wieder versprochene Neubau der Sternwarte kommt nicht zur Ausführung, und in einem Briefe an OLBERS vom 4. Oktober 1809[189]) spricht GAUSS sogar die Befürchtung aus, dass mit Ende des Jahres 1809 die Auflösung der Sozietät der Wissenschaften bevorstehen könnte. Weitaus tiefer aber ging die Wirkung der Vorgänge in GAUSS engster Familie. Nach der Geburt eines Sohnes (10. September 1809) konnte die Frau sich nicht wieder erholen und starb am 11. Oktober 1809. »Gestern Abend«, schreibt er am 12. Oktober an OLBERS[190]), »um 8 Uhr habe ich ihr die Engelsaugen, in denen ich seit fünf Jahren einen Himmel fand, zugedrückt. Der Himmel gebe mir Kraft, diesen Schlag zu ertragen«. Am 14. Dezember 1809 schreibt er an SCHUMACHER[191]): »Mit dem Arbeiten will es noch nicht recht bei mir gehen. Ich habe angefangen die biquadratischen Reste wieder vorzunehmen, aber ich fühle mich noch immer zu wenig und zu selten aufgelegt« und am 13. Januar 1810 an HEYNE[192]): »Eine schon früher angefangene Abhandlung hoffe ich noch diesen Winter der Sozietät übergeben zu können, sobald teils meine nicht immer zu solchen Arbeiten aufgelegte Gemütsstimmung, teils die zwei Kollegien, die ich in diesem Winter lese, es erlauben«. Gemeint ist wohl die Abhandlung über $F(\alpha, \beta, \gamma, x)$, die aber erst zwei Jahre später und da nur in ihrem ersten Teile vorgelegt worden ist.

---

189) *Briefwechsel Olbers-Gauss* I, S. 441.

190) *Briefwechsel Olbers-Gauss* I, S. 442; vergl. auch »GAUSS' Totenklage um seine Frau« in H. MACK, *C. F. Gauss und die Seinen*, Braunschweig 1927, S. 16, 17.

191) *Briefwechsel Gauss-Schumacher* I, S. 17.

192) Den Sekretär der Gesellschaft der Wissenschaften; Brief im Archiv der G. d. W.

Noch am 10. Februar 1810 schreibt er an SCHUMACHER[193]): »Meine wissen-schaftlichen Beschäftigungen bedeuten in diesem Winter nicht viel. Meine beiden Kollegia .... zerstückeln meine Zeit und machen mich für einen Teil des Tages zum Arbeiten unlustig; es treibt mich dann immer, wenn ich ge-lesen habe, aus dem Haus ins Weite.« Am 1. März 1810 starb das kaum halbjährige Söhnchen, aber bald darauf verleiht ihm, wie er an OLBERS schreibt[194]), »eine sonderbare, fast romanhafte Concatenation von Umständen, in denen ich fast Fingerzeige einer höheren Hand wahrzunehmen geneigt sein möchte« neuen Lebensmut, und er geht am 4. August 1810 mit einer Freundin seiner verstorbenen Frau, der Tochter seines Göttinger Kollegen WALDECK, eine zweite Ehe ein. Sehr allmählich kehrt auch die Arbeitskraft und Ar-beitslust wieder; am 25. November 1810 legt er der Gesellschaft der Wissen-schaften die grosse Abhandlung über die Pallas vor[195]), und in dem Brief an BESSEL vom 21. Oktober 1810 (Werke X, 1, S. 360) gibt er eine Übersicht über seine Methode, den Integrallogarithmus zu behandeln.

VII. Die Jahre 1811, 1812. Gausssche Reihe. Funktionentheorie.

a) Korrespondenz mit F. W. BESSEL 1810—1812.

Unter den Männern, mit denen GAUSS Jahrzehnte hindurch in regel-mässigem Briefwechsel gestanden hat, war BESSEL derjenige, der seinen mathe-matischen Interessen zufolge GAUSS am meisten zu bieten und demgemäss auch von ihm am meisten zu empfangen vermochte. So sind uns namentlich die Briefe, die zwischen dem 26. August 1810 und dem 5. Mai 1812 zwischen beiden Männern gewechselt wurden, in hohem Grade wertvoll, da sich GAUSS in ihnen über Gegenstände der Analysis ausgesprochen hat, über die wir keine andere Äusserung von ihm besitzen.

Angeregt durch das Erscheinen von SOLDNERS Werk über den Integrallo-garithmus[196]) hatte sich BESSEL mit dieser schon von EULER und MASCHERONI untersuchten Funktion beschäftigt und berichtet über seine Resultate[197]) an

---

193) *Briefwechsel Gauss-Schumacher* I, S. 26.

194) Anfang April 1810, *Briefwechsel Olbers-Gauss* I, S. 448.

195) Werke VI, S. 1 und *Anzeige*, S. 61.

196) J. SOLDNER, *Théorie et tables d'une nouvelle fonction transcendante.* München 1809.

197) *Briefwechsel Gauss-Bessel*, S. 113—121, Brief vom 26. August 1810.

GAUSS, weil dieser einmal den Wunsch geäussert hatte, »die Funktion li x für sehr grosse x zu kennen, um die schöne Bemerkung des Zusammenhanges mit den Primzahlen daran prüfen zu können.«

GAUSS hatte sich, wie er 1849 an ENCKE schreibt (Werke II, S. 444), schon sehr früh (1792—1793) mit dem Problem der Frequenz der Primzahlen beschäftigt und »erkannte bald, dass unter allen Schwankungen diese Frequenz durchschnittlich nahe dem Logarithmus verkehrt proportional sei, so dass die Anzahl aller Primzahlen unter einer gewissen Grenze n nahe durch das Integral

$$(1) \qquad \int \frac{dn}{\log n}$$

ausgedrückt wird.« Nachdem BESSEL seine Mitteilungen am 19. Oktober fortgesetzt hatte, antwortet GAUSS mit dem bereits erwähnten Briefe vom 21. Oktober 1810. Eine ausführliche Kritik von BESSELS Auffassung des Integrallogarithmus gibt GAUSS erst in dem Briefe vom 5. Mai 1812 (Werke X1, S. 374—378).

Am 10. März 1811[198]) berichtet BESSEL abermals über eine mathematische Untersuchung, die sich auf die, wie er sich ausdrückt, »berüchtigten« KRAMP-schen Fakultäten bezieht. Auf diese Mitteilung erwidert GAUSS (6. April 1811, a. a. O. S. 143), dass er noch nicht Zeit gehabt habe, BESSELS Bemerkungen durchzugehn, und nachdem BESSEL (16. Oktober 1811, a. a. O. S. 150) noch geschrieben, dass er seine Untersuchungen über die Fakultäten ganz umgearbeitet habe und sie für interessant halte, folgen zwei Briefe von Gauss vom 21. November (Werke X, 1, S. 362) und vom 18. Dezember (ebenda, S. 365) in denen sich, veranlasst durch kritische Bemerkungen zu BESSELS Arbeiten über Fakultäten und Integrallogarithmus, äusserst wichtige Aussprüche von GAUSS finden.

»Ich arbeite nämlich jetzt«, schreibt GAUSS am 21. November, »an einer Abhandlung für unsere Sozietät, die in etwa sechs Wochen vollendet sein wird und die Reihe

$$(2) \qquad 1 + \frac{\alpha \cdot \beta}{1 \cdot \gamma} x + \frac{\alpha \cdot \alpha + 1 \cdot \beta \cdot \beta + 1}{\gamma \cdot \gamma + 1 \cdot 1 \cdot 2} x^2 + \frac{\alpha \cdot \alpha + 1 \cdot \alpha + 2 \cdot \beta \cdot \beta + 1 \cdot \beta + 2}{1 \cdot 2 \cdot 3 \cdot \gamma \cdot \gamma + 1 \cdot \gamma + 2} x^3 + \text{etc.}$$

betrifft, und auch die Funktionen, die mit KRAMPS Fakultäten zusammenhängen, berührt«.

---

198) *Briefwechsel Gauss-Bessel*, S. 138—143.

Da hiernach diese beiden Briefe gewissermassen aus dem geistigen Milieu heraus geschrieben sind, in dem die am 30. Januar 1812 der Sozietät vorgelegte Abhandlung *Allgemeine Untersuchungen über die Reihe* (2)[199]) redigiert worden ist, werden wir ihren Inhalt bei der Analyse dieser Abhandlung sorgfältig zu berücksichtigen haben. Ehe wir nun auf diese Analyse eingehen, berichten wir über die Vorgeschichte der *Disquisitiones*.

b) Die Reihe $F(\alpha, \beta, \gamma, x)$ bei EULER und GAUSS. Die Begriffe Reihe und Konvergenz.

Im II. Bande der *Institutiones calculi integralis*, Sectio I. Cap. VIII, Problema 123[200]) behandelt EULER die Differentialgleichung

$$(3) \qquad x^2(a+bx^n)\,d\,dy + x(c+ex^n)\,dy\,dx + (f+gx^n)y\,dx\,dx = 0,$$

indem er ihre Integration durch unendliche Reihen, die nach steigenden oder fallenden Potenzen von x fortschreiten, gibt. Die allgemeinere Differentialgleichung, die aus (3) hervorgeht, wenn auf der rechten Seite $X\,dx^2$ steht, bildet — wie schon oben angegeben wurde — den Gegenstand eines Abschnitts von J. FR. PFAFFS *Disquisitiones analyticae* (1797). Im XII. Bande der Nova Acta Petropolitana (erschienen 1801) befindet sich (S. 58—70) eine am 3. Sept. 1778 eingereichte Abhandlung EULERS, *Specimen transformationis singularis serierum*, wo es heisst: »Ich betrachte die Reihe:

$$(4) \qquad s = 1 + \frac{a \cdot b}{1 \cdot c}x + \Pi\,\frac{(a+1)(b+1)}{2(c+1)}x^2 + \Pi\,\frac{(a+2)(b+2)}{3(c+2)}x^3 + \cdots,$$

wo in üblicher Weise Π den Koeffizienten des vorhergehenden Gliedes bezeichnet«. Auf S. 60 wird gezeigt, dass diese Reihe s die Differentialgleichung

$$(5) \qquad 0 = x(1-x)\,d\,ds + (c-(a+b+1)x)\,ds\,dx - ab\,s\,dx\,dx$$

befriedigt. EULER macht dann die Substitution

$$(6) \qquad z = s(1-x)^{a+b-c}$$

und beweist den Satz, dass z einer analogen Differentialgleichung genügt, wo an Stelle von a, b, c die Grössen $c-a$, $c-b$, c getreten sind.

---

199) *Disquisitiones generales circa seriem infinitam etc.*, Comm. soc. reg. scient. Gotting. rec. vol. II, 1813, Werke III, S. 123—162; wir zitieren diese Abhandlung in dem ganzen darauf bezüglichen Abschnitt VII kurz als *Disquisitiones*.

200) LEONHARDI EULERI Opera, ser. I, vol. XII, 1913, S. 182.

Dass GAUSS seine allgemeinen Untersuchungen über die später mit $F(\alpha, \beta, \gamma, x)$ bezeichnete Reihe (2) an diese Abhandlung EULERS angeknüpft hat, geht daraus hervor, dass die ältesten Aufzeichnungen über diesen Gegenstand, die im Handbuch 18, Bd zerstreut zwischen astronomischen Rechnungen stehen und aus dem Jahre 1806 stammen (vergl. die Bemerkungen Werke X, 1, S. 330 zu dem Abdruck dieser Notizen, Abschnitt I, ebenda, S. 326—329), unmittelbare Beziehungen zu der EULERSchen Abhandlung zeigen. Wir finden nämlich im Art. 1 (a. a. O. S. 326) die in der *Theoria Motus*, Art. 90[201]) auftretenden Reihen und Kettenbrüche, für die, ebenso wie für die in den Artikeln 2, 3 vorkommenden, daran anschliessenden Entwicklungen, die EULERsche Abhandlung den allgemeinen Gesichtspunkt liefert. Das »Theorem« des Art. 4 (a. a. O. S. 329), das wir mit Benutzung der Bezeichnung $F(\alpha, \beta, \gamma, x)$ durch die Gleichung

$$(7) \qquad \frac{F(a, b, c, x)}{F(c-a, c-b, c, x)} = (1-x)^{-a-b+c}$$

wiedergeben können, ist direkt der oben erwähnte EULERsche Satz (§ 10 der zitierten Abhandlung), wobei GAUSS auch vollständig die Bezeichnung EULERS beibehalten hat. Der Übergang von diesem EULERschen »Theorem« zu der unmittelbar darauf folgenden »Verwandlung« erfordert die Kenntnis der Beziehung

$$(8) \quad F(\alpha, \beta+1, \gamma+1, x) = F(\alpha, \beta, \gamma, x) + \frac{\alpha(\gamma-\beta)}{\gamma(\gamma+1)} x F(\alpha+1, \beta+1, \gamma+2, x),$$

die zwar zuerst in der 1809 verfassten Notiz II (Werke X, 1, S. 332) desselben Handbuchs vorkommt (siehe die Gl. 3) des Art. 1, a. a. O., S. 332), die aber GAUSS hiernach schon 1806 gekannt haben muss. Mit dieser Relation (8), die sofort die Kettenbruchentwicklung für den Quotienten

$$(9) \qquad G(\alpha, \beta, \gamma, x) = \frac{F(\alpha, \beta+1, \gamma+1, x)}{F(\alpha, \beta, \gamma, x)}$$

liefert, besass GAUSS den Schlüssel zur gesamten formalen Theorie der Reihe $F(\alpha, \beta, \gamma, x)$. Wir bemerken noch, dass die Kettenbruchentwicklung durch Anwendung des LAMBERTschen Divisionsverfahrens[202]) erhalten wird, das, wie wir sehen werden, auch im allgemeinen Falle in den *Disquisitiones* (Werke III,

---

201) Werke VII, S. 116, vergl. auch S. 300, 301 und BRENDEL, Werke XI, 2, Abh. 3, S. 181.

202) J. H. LAMBERT, Histoire de l'Académie, Berlin 1768, Mémoires, S. 265.

X 2 Abh. 2.

S. 134) zur Geltung kommt. Dass GAUSS auf eine Konvergenzuntersuchung dieser Kettenbrüche nicht eingeht, hat seinen Grund wohl darin, dass LAMBERT für die von ihm betrachteten Fälle eine solche Untersuchung gibt. Jedenfalls hat GAUSS diese Kettenbrüche nicht nur formal, sondern auch quantitativ untersucht, indem es ihm ja auf ihre Brauchbarkeit für die numerische Rechnung ankam, wie z. B. bei den in dem Briefe an BESSEL vom 3. September 1805 (Werke X, 1, S. 237—242, besonders S. 241) auftretenden, die zur Berechnung der Koeffizienten in der Entwicklung von $(a^2 + a'^2 - 2aa' \cos \varphi)^{-\frac{1}{2}}$ nach den Kosinus der Vielfachen von φ dienen[203]). Etwa gleichzeitig mit dem Abschnitt I dürfte eine in der Scheda Am (S. 46, 47) enthaltene Aufzeichnung gemacht sein, die die Differentialgleichung in derselben Form wie bei EULER (oben Gl. (5), vergl. den Art. 2 der Notiz II, Werke X, 1, S. 332, 333) und die allgemeine Reihe mit den Buchstaben α, β, γ (vergl. den Art. 1 der Notiz II, a. a. O. S. 332) enthält.

Verschiedene Umstände mögen GAUSS zu der Beschäftigung mit dieser Reihe veranlasst haben. Wir haben schon oben darauf hingewiesen, wie die Wurzeln zu dieser Arbeit bis in die neunziger Jahre des XVIII. Jahrhunderts zurückreichen; zu jener Zeit mag sich GAUSS besonders dafür interessiert haben, dass die Reihenentwicklungen der vollständigen elliptischen Integrale erster und zweiter Gattung nach Potenzen des Moduls als spezielle Fälle dieser Reihe erscheinen. Die Bedeutung der Reihe $F(\alpha, \beta, \gamma, x)$ für die Astronomie tritt sowohl in den Entwicklungskoeffizienten des Ausdrucks[204])

$$(a^2 + b^2 - 2ab \cos \varphi)^{-n},$$

als auch in den Kettenbruchentwicklungen im Art. 90 der *Theoria motus*[205]) zu Tage. Den Einfluss von JOH. FRIEDR. PFAFF haben wir auch schon oben erwähnt. Dass die Korrespondenz mit BESSEL über die Fakultäten zur Be-

---

203) Man vergl. etwa die Stelle in diesem Briefe a. a. O.: »Sie können hier ohne Bedenken die roten [d. h. die in der Handschrift mit roter Tinte geschriebenen] Grössen ganz vernachlässigen, da sie kaum eine Einheit in der 7. Dezimale machen können.«

204) *Disquisitiones*, Art. 6, Werke III, S. 128, vergl. auch die Abhandlung über das agM. von 1800, Werke III, S. 370, 371, ferner GAUSS an BESSEL, 3. Sept. 1805, Werke X, 1, S. 237.

205) Siehe die Angaben von GAUSS, *Disquisitiones*, Art. 14, Werke III, S. 137, *Anzeige*, ebenda S. 200, ferner RIEMANN, Werke, 1892, S. 84: »Diese Anwendungen, namentlich astronomische, scheinen GAUSS zu seinen Untersuchungen .... veranlasst zu haben.« Vergl. auch BRENDEL, Werke XI, 2, Abh. 3, S. 232.

schleunigung der Ausarbeitung der *Disquisitiones* beigetragen hat, ist sehr wahrscheinlich, aber einen Einfluss auf den Inhalt hat diese Korrespondenz sicher nicht gehabt, da ja die formalen Grundlagen der Abhandlung, wie die Aufzeichnungen in dem Handbuch 18, Bd zeigen, schon 1806 festgelegt waren.

Wenn wir noch darauf hinweisen, dass die Definition, die GAUSS für die sogenannte inexplikable Funktion $\Pi x = 1 . 2 \ldots x$ gewählt hat, und die er in dem Briefe an BESSEL vom 21. November 1811 (Werke X, 1, S. 363) und in der Abhandlung selbst (Art. 18, Werke III, S. 144) gibt, nämlich

$$(10) \qquad \Pi(x) = \lim_{k=\infty} \Pi(k, x), \quad \Pi(k, x) = \frac{1 . 2 . 3 \ldots k}{(x+1)(x+2)(x+3) \ldots (x+k)} k^x,$$

auf EULER zurückgeht[205a]), so haben wir wohl die historischen Quellen der GAUSSschen Untersuchung sämtlich aufgezeigt.

Viel ausführlicher und inhaltreicher als die im Handbuch 18, Bd enthaltenen Aufzeichnungen ist ein aus dem Jahre 1809 stammender Entwurf (Werke X, 1, Abschnitt III, S. 338—353) mit dem Titel: *Einiges über die Reihe* $1 + \frac{\alpha . \beta}{1 . \gamma} x + \cdots$, der im Handbuch 19, Be aufgezeichnet ist[206]). Er gibt in den Artikeln 1, 2 (schon mit der Bezeichnung $F(\alpha, \beta, \gamma)$, aber ohne das vierte Element x) die Beziehung zwischen verwandten Reihen, und zwar immer in der besondern Form

$$(11) \qquad v = Au + Bu', \quad v' = Cu + Du',$$

wenn u, v verwandte Reihen sind, d. h. Reihen, in denen (siehe *Anzeige*, Werke

---

205a) EULER bedient sich (Brief an GOLDBACH vom 13. Oktober 1729 *Corresp. math. et phys.* S. 3, vergl. *Institutiones calculi differentialis* II, Cap. XVII, S. 834) zur Definition von $x!$ des unendlichen Produkts:

$$\frac{1^{1-x} . 2^x}{1+x} \cdot \frac{2^{1-x} . 3^x}{2+x} \cdot \frac{3^{1-x} . 4^x}{3+x} \cdots;$$

GAUSS weist (*Disquisitiones*, Art. 20, Werke III, S. 145, 146) selbst — allerdings ohne EULER zu nennen — auf die Identität seiner Definition von Πx mit der EULERschen hin: »Wir definieren die Funktion Πz durch den Wert des Produkts

$$\frac{1 . 2 . 3 \ldots k . k^z}{(z+1)(z+2)(z+3) \ldots (z+k)}$$

für $k = \infty$, oder, falls man das vorzieht, durch den Grenzwert des unendlichen Produkts

$$\frac{1}{1+z} \cdot \frac{2^{z+1}}{1^z(2+z)} \cdot \frac{3^{z+1}}{2^z(3+z)} \cdot \frac{4^{z+1}}{3^z(4+z)} \text{ etc.«}$$

206) Siehe das Historische in den Bemerkungen, Werke X, 1, S. 353, 354.

III, S. 199) »der Wert eines der drei ersten Elemente um eine Einheit verschieden, die Werte der drei übrigen hingegen gleich sind«, und u', v' die Derivierten nach x bedeuten. Am Schluss des Art. 2 steht die Bemerkung »das bisherige bekannt gemacht Comm. Rec. Soc. Gott. T. II«, d. i. also in den *Disquisitiones*. Im Art. 3 finden wir die Differentialgleichung für $F(\alpha, \beta, \gamma, x)$ und »für den Fall, wo $2\gamma = \alpha + \beta + 1$ ist, welcher eine besondere Aufmerksamkeit verdient«, für zwei linear unabhängige Lösungen P, Q den Wert der Determinante

$$(11\,a) \qquad QP' - Q'P = A(x - x^2)^{-\gamma},$$

wobei der Wert der Konstanten A ohne Beweis angegeben wird. Speziell für $\alpha = \beta = \frac{1}{2}$, $\gamma = 1$, was dem agM. entspricht, ist dieser Wert gleich $\frac{1}{\pi}$, was den »Schönen Lehrsatz« (vergl. Fussnote [148]) ergibt. Eine Bestimmung der Konstanten A für ganz beliebige α, β, γ findet sich im Art. 9 (a. a. O. S. 352) mit Hilfe der Π-Funktion, die im Art. 8 (a. a. O. S. 351) durch das EULERsche Integral

$$(12) \qquad \Pi z = \int\limits_0^\infty e^{-x} x^z \, dx$$

erklärt wird. — Im Art. 4 leitet GAUSS die EULERsche Gleichung (7) ab, »eine der merkwürdigsten Relationen«, wie er sagt. Es folgt die Entwicklung des Quotienten (9) in einen Kettenbruch und in den Artikeln 5, 6 der Beweis für die in dem Briefe an BESSEL vom 3. September 1805 (Werke X, 1, S. 237 —242) gegebenen Entwicklungen, wobei das agM. ins Spiel gebracht und auch ausdrücklich genannt wird.

Wir beschliessen diese der Vorgeschichte der *Disquisitiones* gewidmeten Darlegungen mit dem Hinweis auf die Bedeutung, in der GAUSS die Worte »Reihe« und »Konvergenz« in den *Disquisitiones* gebraucht.

Bei den ältern Analysten und ebenso auch noch bei GAUSS schwankt einmal die Bedeutung des Wortes Reihe (series) und im Zusammenhang damit auch die des Wortes Konvergenz. Series heisst ursprünglich das, was wir jetzt gewöhnlich »Folge« nennen; so spricht GAUSS z. B. *Disquisitiones*, Art. 16 (Werke III, S. 139) von der »Reihe M, M', M'', . . .« und $M + M' +$ $M'' + \cdots$ ist dann »die Summe der Reihe, deren Glieder M, M', M'', . . . sind« (a. a. O. S. 141, IV). In diesem Sinne heisst eine Reihe konvergent, wenn ihre Glieder nach dem Grenzwert Null hin abnehmen[207]); so sagt Gauss z. B. *Disquisitiones*, Art. 3 (Werke III, S. 126): ».... wird die Reihe sicher, wenn auch nicht gleich von Anfang an, so doch nach einem gewissen Intervall konvergent sein, und zu einer endlichen und völlig bestimmten Summe führen«. Es kann also eine »konvergente Reihe« auch eine »unendliche Summe« haben; so heisst es z. B. im Art. 15 (a. a. O. S. 139): »Wir werden zeigen, und zwar denen zu Gefallen, die die strengen Methoden der antiken Geometer begünstigen, in aller Strenge, dass ....

drittens, die Koeffizienten ins Unendliche abnehmen, sobald $\alpha+\beta+\gamma-1$ eine negative Grösse ist,

viertens, die Summe unserer Reihe für $x=1$, unbeschadet der Konvergenz im dritten Falle, unendlich ist, sobald $\alpha+\beta-\gamma$ eine positive Grösse oder Null ist.«

Im Gegensatz zu dieser Bedeutung der Worte series und convergentia benutzt Gauss z. B. gleich in der Überschrift das Wort series infinita in dem uns geläufigen Sinne einer »unendlichen Reihe«, und Art. 3 (Werke III, S. 126) heisst es: »Es leuchtet hiernach ein, dass solange unsere Funktion nur als Summe der Reihe definiert ist, die Untersuchung der Natur der Sache nach auf die Fälle beschränkt bleiben muss, wo die Reihe konvergiert, und demgemäss die Frage keinen Sinn hat, welches der Wert der Reihe sei, für einen Wert von x, der grösser ist als Eins«, wo also die Konvergenz ebenfalls in dem uns geläufigen Sinne zu verstehen ist. Ganz in demselben Sinne heisst es in der *Anzeige* (Werke III, S. 198): »Hier gilt eben die Reihe selbst als Ursprung der transzendenten Funktionen ... Die erstere Erzeugung macht, ihrer Natur nach, die Einschränkung auf die Fälle notwendig, wo die Reihe konvergiert, also wo das vierte Element x positiv oder negativ den Wert 1 nicht überschreitet«, und ebenso in dem Briefe an Bessel (Werke X, 1, S. 363) »Eine Reihe, die nicht immer konvergiert, wie meine obige, kann auch nur innerhalb der Schranken, wo sie konvergiert, als Definition gelten.«

Wenn so, wie gesagt, auch bei Gauss der Sprachgebrauch für series und und convergentia noch schwankt, so muss jedoch hervorgehoben werden, dass für Gauss über die Bedeutung einer unendlichen Reihe, sowie über die

---

[207]) In diesem Sinne auch bei der »Konvergenz der Entwicklung der Mittelpunktsgleichung« Werke X, 1, S. 420.

Sache, ob dieselbe einen endlichen oder unendlich grossen oder überhaupt keinen Grenzwert besitzt, keinerlei Zweifel oder Unklarheit vorhanden ist; seine Untersuchung ist tatsächlich — wie PRINGSHEIM [207a]) bemerkt — das erste Beispiel einer exakten Konvergenzuntersuchung im modernen Sinne.

Die Frage der Konvergenz behandelt GAUSS auch noch in zwei Handschriften, die sich im Nachlass (Fa) befinden und die dadurch besonders charakteristisch sind, dass die eine aus sehr früher, die andere aus sehr später Zeit stammt. Die eine, betitelt *Grundbegriffe der Lehre von den Reihen* wurde bereits oben im Abschnitt III d) (S. 49) besprochen, die andere ist ein in fünf verschiedenen Fassungen vorliegender Entwurf zu einer Abhandlung: (*Bestimmung der*) *Convergenz der Reihen, in welche die periodischen Functionen einer veränderlichen Grösse entwickelt werden*, und stammt, da darin die Götting. gelehrten Anzeigen von 1831 und die Jubiläumsschrift von 1849 zitiert werden, sicher aus später Zeit; wir kommen auf diesen Entwurf[208]) im Abschnitt X a) zurück.

c) Analyse der Disquisitiones von 1812.

Neben den eigentlichen Vorarbeiten zu den *Disquisitiones*, über die wir im Vorhergehenden berichtet haben, befindet sich im Nachlass[209]) noch eine in lateinischer Sprache verfasste Handschrift mit dem Titel:

Disquisitiones generales
circa functiones transcendentes a serie infinita

$$1 + \frac{\alpha.\beta}{1.\gamma}x + \frac{\alpha.\alpha+1.\beta.\beta+1}{1.2.\gamma.\gamma+1}xx + \frac{\alpha.\alpha+1.\alpha+2.\beta.\beta+1.\beta+2}{1.2.3.\gamma.\gamma+1.\gamma+2}x^3 + \text{etc.}$$

pendentes

auctore CAROLO FRIDERICO GAUSS
Societati regiae traditae Nov. 1811.

Dieses Manuskript hat weder die Bezeichnung »Pars prior« der 1812 gedruckten Abhandlung, noch die Einteilung in »Sectiones«. Es ist vielmehr wie folgt gegliedert:

Observationes generales, Art. 1—5.

Relationes inter functiones contiguas, Art. 6—10.

207a) Encyklopädie, Bd. I, 1, S. 79.

208) Werke X, 1, S. 400 und 407 sind zwei von den fünf Fassungen abgedruckt, vergl. die Bemerkungen ebenda, S. 437, 438, 445.

209) Vergl. auch die Bemerkung von SCHERING, Werke III, S. 230.

Fractiones continuae, Art. 11—13.

De summa seriei [darunter steht durchstrichen: de valore functionis] nostrae statuendo $x = 1$, Art. 14—27.

Determinatio seriei nostrae per aequationem differentialem secundi ordinis, Art. 28—42.

Quaedam theoremata specialia, Art. 43—47.

Die Artikel 28—47 dieses Manuskripts bilden die Werke III, S. 205 ff. abgedruckte nachgelassene Abhandlung; die Artikel 1—27 sind von GAUSS umgearbeitet und 1812 als Pars prior veröffentlicht worden. Es entsprechen die Artikel 1—5 der Handschrift der Introductio, die Artikel 6—10, der ersten, die Artikel 11—13, der zweiten, die Artikel 14—27, der dritten Sektion der Veröffentlichung. Namentlich ist die dritte Sektion dadurch erweitert worden, dass die Theorie der Funktionen Π und Ψ sehr viel ausführlicher dargestellt ist als in der Handschrift, entsprechend ist auch die Anzahl der Artikel von den vierzehn der Handschrift auf dreiundzwanzig vermehrt. Aber beiden Redaktionen gemein ist die Behandlung der Konvergenzbedingungen für $F(a, \beta, \gamma, 1)$, von der in den im Nachlass befindlichen Vorarbeiten keine Spur zu finden ist. GAUSS dürfte demnach diese Untersuchung erst im Jahre 1811 durchgeführt haben. Wenn er am 17. Oktober 1811 an OLBERS schreibt (Werke X, 1, S. 361): »Meine Pallasrechnungen haben nun seit sechs Wochen ganz ruhen müssen. Ich habe mich viel diese Zeit her mit den transzendenten Funktionen, worauf die Integration der Gleichung

$$(13) \qquad (a + \beta x + \gamma x^2)\frac{d^2 y}{dx^2} + (\delta + \varepsilon x)\frac{dy}{dx} + \zeta y = 0$$

führt, beschäftigt und sehr artige Sachen gefunden«, so ist es nicht ausgeschlossen, dass zu diesen »artigen Sachen« neben der weiteren Ausführung der Theorie der »inexplikabeln Funktionen« Π und Ψ auch jene Konvergenzuntersuchung gehört. Jedenfalls war GAUSS in der Zeit von Anfang September bis Mitte Oktober 1811 mit der Ausarbeitung der *Disquisitiones* voll in Anspruch genommen. Wie aus der Fassung des Titels in dem ursprünglichen Manuskript hervorgeht, hatte GAUSS die Absicht, seine Abhandlung schon im November 1811 der Sozietät der Wissenschaften vorzulegen. Er schreibt am 5. Mai 1812 an BESSEL (Werke X, 1, S. 374): »Meine Abhandlung über transzendente Funktionen habe ich, weil ihr Umfang zu gross wurde, teilen müssen, . . . Den zweiten Teil meiner Abhandlung hoffe ich auch bald vollenden zu können[210]«. Charakteristisch ist auch die Änderung, die GAUSS im Titel vorgenommen hat; es heisst in der gedruckten Arbeit statt »Untersuchungen über die von der Reihe . . . . abhängenden transzendenten Funktionen« einfach »Untersuchungen über die Reihe . . .«.

Man wird wohl annehmen dürfen, dass für die Teilung nicht nur der äusserliche Grund des allzugrossen Umfangs massgebend war, sondern dass sowohl die Verzögerung der Mitteilung an die Sozietät um zwei Monate, als auch der Entschluss, die Arbeit vorläufig gerade an der Stelle abzubrechen, wo die Differentialgleichung zweiter Ordnung auftreten sollte, durch innere, sachliche Ursachen bedingt waren. Diese Ursachen können wieder nichts anderes gewesen sein, als Schwierigkeiten funktionentheoretischer Natur. Wir werden diesen Punkt weiter unten noch eingehender zu erörtern haben, jetzt wenden wir uns zur Analyse der 1812 veröffentlichten Abhandlung, an die wir sogleich auch die der nachgelassenen Fortsetzung anknüpfen wollen. Mit Rücksicht auf die Erörterungen in dem vorhergehenden Abschnitt, werden wir bei dieser Analyse die Begriffe Reihe und Konvergenz stets im modernen Sinn gebrauchen.

Die Konvergenz der Reihe $F(\alpha, \beta, \gamma, x)$ für beliebige konstante α, β, γ untersucht GAUSS (Art. 3) für beliebige komplexe Werte von $x = a + b\sqrt{-1}$ durch Vergleichung mit der geometrischen Reihe und findet, dass die Reihe (sofern γ keine negative ganze Zahl ist) für $a^2 + b^2 < 1$ stets konvergent, für $a^2 + b^2 > 1$ stets divergent ist. Der Fall $a^2 + b^2 = 1$, speziell $a = 1$, $b = 0$ wird (im III. Abschnitt) besonders untersucht. Es folgt (Art. 4) die Formel für die Differentiation der Reihe nach x, dann (Art. 5) die Aufzählung von 23 speziellen Fällen, in denen die Reihe bekannte Funktionen darstellt, und (Art. 6) die Darstellung der Koeffizienten der Entwicklung von

$$(a^2 + b^2 - 2ab \cos \varphi)^{-n}$$

nach den Kosinus der Vielfachen von φ durch die Reihe F. Auf diese Darstellung bezieht sich (vergl. oben Abschnitt V b), S. 90) die Bemerkung der abgebrochenen Abhandlung über das agM. vom Jahre 1800, Werke III, S. 371, aus der wir schon oben (S. 91) den Schluss gezogen haben, dass

---

210) Vergl. auch die *Anzeige*, Werke III, S. 198 unten.

GAUSS jene Abhandlung darum abgebrochen hat, weil ihm[211]) der Ausgangspunkt zu speziell erschien, und dass wir in den *Disquisitiones* den
ersten Teil des geplanten grossen Werkes über die transzendenten
Funktionen vor uns haben, das auch die ganze Theorie der elliptischen Funktionen in sich begreifen sollte. Diese Auffassung wird
durch die folgenden Äusserungen von GAUSS bestätigt:

1. In der *Anzeige* der *Disquisitiones* (Werke III, S. 197) heisst es: »Professor GAUSS hat sich mit Untersuchungen über dergleichen höhere transzendente Funktionen schon seit vielen Jahren beschäftigt ... Einen verhältnismässig freilich nur sehr kleinen Teil derselben, der gleichsam als Einleitung
zu einer künftig zu liefernden Reihe von Abhandlungen angesehen werden
kann, hat er am 30. Januar unter der Aufschrift *Disquisitiones* etc. ... der
Königl. Gesellschaft der Wissenschaften übergeben«.

2. Die Briefstelle (GAUSS an SCHUMACHER, April 1816, Werke X, 1, S. 248):
»In dem zweiten Teile der Abhandlung *Disquisitiones generales circa seriem
infinitam* $1 + \frac{\alpha \cdot \beta}{1 \cdot \gamma} x$ etc. (welche ich vielleicht bald gebe) werde ich einen Teil
meiner Untersuchungen über die arithmetisch-geometrischen Mittel bekannt
zu machen anfangen«[212]).

Den Grund, weshalb GAUSS mit der Reihe $F(\alpha, \beta, \gamma, x)$ den Anfang macht,
gibt er in der *Anzeige* (Werke III, S. 199) selbst mit folgenden Worten an:
»Allein eben diese erste Erzeugungsart [der Funktion durch die Reihe] führt
schon zu einer Menge merkwürdiger Wahrheiten auf einem bequemen und
gleichsam mehr elementarischen Wege, und deswegen hat der Verf. damit
den Anfang gemacht«. Man kann sich hiernach den Plan, der GAUSS vorgeschwebt hat, einigermassen rekonstruieren. Die Theorie des agM. sollte gleichsam den Mittelpunkt bilden, indem sie einmal als spezieller Fall der an den
Anfang gestellten Theorie der Reihe $F(\alpha, \beta, \gamma, x)$ erscheint, während andererseits von dem agM., d. h. also von der Theorie der Modulfunktion aus, wieder
nach der Seite der doppeltperiodischen Funktionen hin generalisiert werden
sollte, deren Theorie sonach den Abschluss gebildet hätte.

---

211) Vielleicht nachdem er die 1801 erschienene Abhandlung EULERS aus Bd. XII der Nova Acta
Petrop. (siehe oben S. 136) kennen gelernt hatte.

212) Vergl. oben S. 139, 140 den Bericht über den Entwurf aus Handbuch 19, Be, wo übrigens in
dem Artikel 6 (Werke X, 1, S. 347) das agM. ausdrücklich genannt wird.

Der erste Abschnitt der Abhandlung (Artikel 7—11) gibt die linearen Beziehungen mit von x abhängenden Koeffizienten, die zwischen je drei Reihen

$$F(\alpha, \beta, \gamma, x); \quad F(\alpha+\lambda, \beta+\mu, \gamma+\nu, x); \quad F(\alpha+\lambda', \beta+\mu', \gamma+\nu', x)$$

bestehen, wenn $\lambda, \mu, \nu, \lambda', \mu', \nu'$ die Werte $0, +1, -1$ haben (Art. 11). Aus diesen Beziehungen zwischen »verwandten Funktionen« (vergl. besonders die Form (11) oben S. 139) ist der für die neuere Theorie der linearen Differentialgleichungen so bedeutungsvolle RIEMANNsche Klassenbegriff hervorgegangen.

Im zweiten Abschnitt (Artikel 12—14) werden die Kettenbruchentwicklungen für den Quotienten (9) mit Anwendung des auf LAMBERT zurückgehenden Divisionsverfahrens hergeleitet, ohne dass jedoch in eine Erörterung der Konvergenzfrage eingetreten wird. Hier werden die in der *Theoria motus*, Art. 90 gegebenen Formeln eingeordnet.

Der dritte Abschnitt bringt (Artikel 15—18) die Konvergenzuntersuchung von $F(\alpha, \beta, \gamma, 1)$, die auch durch Reihenvergleichung, nämlich mit der Reihe

$$1 + \frac{n-h-1}{n} + \frac{(n-h-1)(n-h)}{n(n+1)} + \cdots = \frac{n-1}{h},$$

(Werke III, S. 142) geführt wird. GAUSS beschränkt sich dabei auf reelle Werte der α, β, γ, seine Methode lässt aber eine unmittelbare Übertragung auf den Fall komplexer Werte zu[213]. Um den Wert von $F(\alpha, \beta, \gamma, 1)$ als Funktion der α, β, γ darstellen zu können, wird dann (Artikel 18—20) auf EULERsche Weise (vergl. oben) die Funktion $\Pi(z)$ eingeführt, wobei die exakte Konvergenzuntersuchung des Produkts (10) besonders erwähnt werden mag. Da $\Pi(z)$ für jedes reelle z bekannt ist, wenn man seine Werte für $0 < z < 1$ kennt (Art. 23), wird eine Tafel der letzteren Werte auf 20 Dezimalstellen für die Hundertteile des Intervalls $0 \ldots 1$ gegeben. Es folgt (Art. 24) die Darstellung von $F(\alpha, \beta, \gamma, 1)$ durch die Π-Funktion, (Artikel 25, 26) die beiden Funktionalgleichungen für $\Pi(z)$, (Art. 27) das sogenannte EULERsche Integral erster Gattung (die LEGENDREsche B-Funktion) mit Anwendung auf die Berechnung der lemniskatischen Periode[214], (Art. 28) das EULERsche Integral zweiter Gattung, (Art. 29) die semikonvergente Reihe für $\log \Pi(z)$[215], (Artikel

213) Siehe K. WEIERSTRASS, CRELLES Journal 51 (1856), S. 22 ff.
214) Vergl. die Aufzeichnung in der Scheda Aa (1798), abgedruckt Werke III, S. 413 und die Aufzeichnung auf dem Deckel des *Leiste*, Werke X, 1, S. 145.
215) In bezug auf diese Art von Reihen heisst es Werke III, S. 152: »Im übrigen kann man nicht

30, 31) die Einführung der Funktion

$$\Psi(z) = \frac{d \log \Pi(z)}{dz}$$

und Berechnung der EULER-MASCHERONISCHEN Konstanten $-\Psi(0)$ durch die semikonvergente Entwicklung, (Artikel 32, 33) einige Anwendungen der Funktion Ψ, (Artikel 34, 35) ihre Integraldarstellung, endlich (Artikel 36, 37) eine Konvergenzuntersuchung der für Π, $\Pi\Psi$ und Ψ gefundenen Integrale. In bezug auf diese bemerkt GAUSS (Werke III, S. 159): »Dieses Beispiel zeigt, welche Vorsicht erforderlich ist, wenn man es mit unendlichen Grössen zu tun hat; nach unserer Überzeugung dürfen solche bei mathematischen Untersuchungen nur in soweit zugelassen werden, als sie sich auf die Theorie der Grenzwerte reduzieren lassen.«

Überblicken wir diesen Inhalt der *Disquisitiones*, so drängen sich zwei Bemerkungen auf. Erstens vermissen wir die EULERsche Darstellung von $F(\alpha, \beta, \gamma, x)$ durch ein bestimmtes Integral für beliebige Werte der α, β, γ; zweitens muss uns, die wir GAUSS nicht nur nach seinen Publikationen, sondern nach seinen handschriftlichen Aufzeichnungen kennen, die ganze Art der Darstellung befremdlich erscheinen, die ganz im Stile des XVIII. Jahrhunderts gehalten ist und mit ängstlicher Scheu allem aus dem Wege geht, was eine prinzipielle Anwendung der komplexen Variabeln erfordern würde. In dem Briefe an BESSEL vom 18. Dezember 1811 (Werke X, 1, S. 366) lesen wir: »Zuvörderst würde ich jemand, der eine neue Funktion in die Analyse einführen will, um eine Erklärung bitten, ob er sie bloss auf reelle Grössen ... angewandt wissen will, und die imaginären Werte des Arguments gleichsam nur als ein Überbein ansieht, oder ob er meinem Grundsatz beitrete, dass man in dem Reiche der Grössen die imaginären $a+bi$ als gleiche Rechte mit den reellen geniessend ansehen müsse. Es ist hier nicht von praktischem Nutzen die Rede, sondern die Analyse ist mir eine selbständige Wissenschaft, die durch Zurücksetzung jener fingierten Grössen ausserordentlich an Schönheit und Ründung verlieren und alle Augenblick Wahrheiten, die sonst allgemein gelten, höchst lästige Beschränkungen beizufügen genötigt sein würde.« GAUSS ist also in den *Disquisitiones* diesem seinem eigenen Grundsatz nicht

---

leugnen, dass die Theorie dieser Art von divergenten Reihen bisher mit gewissen Schwierigkeiten einhergeht, über die wir vielleicht bei anderer Gelegenheit ausführlich handeln werden.«

»beigetreten«, ja wir werden wohl nicht fehlgehn, wenn wir die Teilung der Abhandlung gerade an dieser Stelle, mit dem Umstande in Verbindung bringen, dass, wie wir sogleich sehen werden, der erste Artikel der von GAUSS nicht mehr veröffentlichten Fortsetzung wenigstens andeutungsweise mit Wegen der Variabeln x im komplexen Gebiete operiert. Vielleicht wird sich eine Erklärung dieser beiden Tatsachen ermöglichen lassen, wenn wir versuchen, uns über den Umfang von GAUSS' funktionentheoretischen Kenntnissen zu orientieren. Wir nehmen zu dem Ende den Bericht über die Abhandlung, bezw. deren nachgelassene Fortsetzung jetzt wieder auf.

d) Die nachgelassene Fortsetzung der Disquisitiones. Funktionentheoretisches.

Am Schluss des Art. 3 der *Disquisitiones* heisst es: »Weiter unten, vom IV. Abschnitte ab, werden wir dagegen unsere Funktion einem höheren Prinzip unterordnen, das eine ganz allgemeine Anwendung ermöglicht«. Dieses Prinzip finden wir in dem ersten der von GAUSS nicht veröffentlichten Artikel (38, Werke III, S. 207), es ist die Differentialgleichung, die GAUSS als besonderen Fall der Relationen zwischen verwandten Funktionen in der Form von EULER (vergl oben Gl. (5), S. 136)

$$(5\,\text{a}) \qquad 0 = \alpha\beta P - (\gamma - (\alpha + \beta + 1)x)\frac{dP}{dx} - (x - xx)\frac{d^2 P}{dx^2}$$

ableitet. Diese sei — so sagt GAUSS — als die exaktere Definition seiner Funktion anzusehen, der jedoch noch die für $P = F(\alpha, \beta, \gamma, x)$ geltenden Anfangsbedingungen

$$P = 1, \quad \frac{dP}{dx} = \frac{\alpha\beta}{\gamma}, \quad \frac{d^2 P}{dx^2} = \frac{\alpha\beta(\alpha+1)(\beta+1)}{\gamma(\gamma+1)}$$

für $x = 0$ hinzuzufügen seien. »Auf diese Weise« — so fährt er fort — »wird für jeden Wert von x, zu dem man von $x = 0$ ausgehend durch kontinuierliche Stufen übergeht, so jedoch, dass man den Wert $x = 1$, für den $x - x^2 = 0$ wird, nicht berührt, P eine völlig bestimmte Grösse sein; aber offenbar kann man auf diese Weise zu reellen positiven Werten von x, die grösser sind als Eins, überhaupt nicht gelangen, es sei denn, dass man durch imaginäre Werte hindurchgeht, und da dies auf unendlich verschiedene Weise geschehen kann, ohne das Gebot der Kontinuität bei Seite zu lassen, so ist es möglich, dass demselben Werte von x mehrere, ja sogar unendlich viele Werte von P entsprechen, was ja auch für mehrere wohlbekannte Funktionen eintritt.« Fast mit denselben Worten spricht sich GAUSS in dem Briefe an BESSEL vom 21. Nov. 1811 (Werke X, 1, S. 363, 364) aus, und fügt dort als Beispiel für die »wohlbekannten Funktionen« noch den Logarithmus hinzu, dessen Definition er mit ACUNHA[216]) durch Inversion der Reihe für die Exponentialfunktion zu geben vorschlägt. Nach dieser prinzipiellen Bemerkung, auf die sich GAUSS vorbehält später ausführlich zurückzukommen, wird x wieder nicht grösser als Eins vorausgesetzt und P weiter als die Summe der Reihe $F(\alpha, \beta, \gamma, x)$ angesehen.

GAUSS bemerkt (Art. 39), dass die Differentialgleichung (5a) durch eine lineare Transformation von x mit der allgemeineren Differentialgleichung (13), wie sie oben S. 143 in dem Briefe an OLBERS auftritt, identifiziert werden kann. Die Transformation $x = 1 - y$ liefert ein von $F(\alpha, \beta, \gamma, x)$ linear unabhängiges Integral

$$F(\alpha, \beta, \alpha + \beta + 1 - \gamma, 1 - x),$$

die EULERsche Substitution $P = (1-x)^{\mu} P'$ (Art. 40) liefert für $\mu = \gamma - \alpha - \beta$

$$F(\gamma - \alpha, \gamma - \beta, \gamma, x) = (1-x)^{\alpha + \beta - \gamma} F(\alpha, \beta, \gamma, x),$$

die Substitution $P = x^{1-\gamma} P'$ (Art. 41) endlich das Integral

$$x^{1-\gamma} F(\alpha + 1 - \gamma, \beta + 1 - \gamma, 2 - \gamma, x),$$

und nun wird die lineare Relation zwischen

$$F(\alpha, \beta, \gamma, x), \quad x^{1-\gamma} F(\alpha + 1 - \gamma, \beta + 1 - \gamma, 2 - \gamma, x), \quad F(\alpha, \beta, \alpha + \beta + 1 - \gamma, 1 - x)$$

aufgestellt, und ihre Koeffizienten werden durch die Π-Funktion ausgedrückt (Artikel 42—44).

Die letztere Relation dient dazu, für Werte von x zwischen 0,5 und 1, wo die Konvergenz der Reihe $F(\alpha, \beta, \gamma, x)$ schwach ist, eine stärkere Konvergenz zu erzielen, jedoch versagt dieses »Remedium« für ganzzahlige Werte von γ, wo jene Relation illusorisch wird (Art. 44). Diese Fälle werden dann (Art. 45, 46) nach der Methode von D'ALEMBERT erledigt; es tritt der Loga-

---

216) Wahrscheinlich ist gemeint JOSÉ ANASTASIO CUNHA (1744—1787) von dem posthum zwei Schriften: *Principios mathematicos* (Lisbao 1790) und *Ensaio sobre os principios de mechanica* (London 1807) erschienen sind.

rithmus auf, und als Beispiel wird die Reihe $F(\frac{1}{2}, \frac{1}{2}, 1, 1-x)$ behandelt, die (was GAUSS a. a. O. nicht erwähnt) den reziproken Wert von $M(1, \sqrt{x})$ darstellt. Die Gleichung [90] Werke III, S. 217:

$$F\left(\frac{1}{2}, \frac{1}{2}, 1, 1-x\right) = -\frac{1}{\pi}\left\{\log\frac{1}{16}x \cdot F\left(\frac{1}{2}, \frac{1}{2}, 1, x\right) + \frac{1}{2}x + \frac{21}{64}xx + \frac{185}{768}x^3 + \cdots\right\}$$

ist ihrem Inhalte nach geradezu mit der Gleichung (7) Werke X, 1, S. 186, der Scheda Ac (vergl. oben (10) Abschn. IVa), S. 68) identisch und ergibt insbesondere für $x = 0$ die Gleichung

$$\lim_{p \to 0} M(1, p) \log\frac{4}{p} = \frac{\pi}{2}.$$

Es folgen (Art. 47) die Transformationen

$$x = \frac{y}{y-1}, \quad P = (1-y)^\mu P', \quad \mu = \alpha, \beta$$

und (Art. 49)

$$x = \frac{1}{y}, \quad P = y^\mu P', \quad \mu = \alpha, \beta,$$

die weitere lineare Relationen zwischen F-Reihen liefern, dann (Art. 51, 52) einige quadratische bezw. bilineare Relationen und endlich (Art. 53—55): »Einige spezielle Theoreme« für spezielle Werte der α, β, γ, die auf die »paradoxe« Gleichung (Werke III, S. 226)

$$F(2\alpha, 2\beta, \alpha+\beta+\tfrac{1}{2}, y) = F(2\alpha, 2\beta, \alpha+\beta+\tfrac{1}{2}, 1-y)^{[216a]}$$

[216a] GAUSS macht a. a. O. in der Reihe $w_1 = F(\alpha, \beta, \alpha+\beta+\frac{1}{2}, x)$ die Substitution $x = 4y(1-y)$; der Konvergenzbereich $|4y(1-y)| < 1$ besteht dann aus den beiden Schlingen der Lemniskate mit den Brennpunkten 0, 1 und dem Doppelpunkte $\frac{1}{2}$. In der $y = 0$ enthaltenden Schlinge stimmt w_1 mit der Reihe $w_2 = F(2\alpha, 2\beta, \alpha+\beta+\frac{1}{2}, y)$, in der $y = 1$ enthaltenden, mit der Reihe $w_3 = F(2\alpha, 2\beta, \alpha+\beta+\frac{1}{2}, 1-y)$ überein, die Reihe $w_1 = F(\alpha, \beta, \alpha+\beta+\frac{1}{2}, 4y-4y^2)$ stellt also in den beiden Schlingen zwei verschiedene analytische Funktionen von y dar (vergl. J. THOMAE, Göttinger Nachrichten, Math.-Phys. Klasse, 1904, S. 465). Ein analytischer Zusammenhang zwischen w_2 und w_3 stellt sich her, wenn man diese Ausdrücke als Funktionen von x betrachtet, d. h. (vergl. Werke III, S. 227) $y = \frac{1}{2} - \frac{1}{2}\sqrt{1-x}$, also $1-y = \frac{1}{2} + \frac{1}{2}\sqrt{1-x}$ setzt; ein Umlauf um $x = 1$ führt dann w_2, w_3 in einander über. Noch deutlicher wird dies, wenn man (siehe Werke III, S. 227, Art. 56) gemäss der Formel (87), Werke III, S. 213, w_1 durch die Gleichung

$$w_1 = A \cdot F(\alpha, \beta, \tfrac{1}{2}, 1-x) + B(1-x)^{\frac{1}{2}} F(\beta+\tfrac{1}{2}, \alpha+\tfrac{1}{2}, \tfrac{3}{2}, 1-x)$$

in der Umgebung von $x = 1$ darstellt, wo A, B durch die Π-Funktion ausdrückbare Konstanten bedeuten. Die in der gedachten Umgebung uniformisierende Substitution $x = 4y(1-y)$ lässt dann w_1 in die beiden getrennten, in der Umgebung von $y = \frac{1}{2}$ holomorphen analytischen Funktionen

$$w_2 = A \cdot F(\alpha, \beta, \tfrac{1}{2}, 4(y-\tfrac{1}{2})^2) + 2B(y-\tfrac{1}{2}) \cdot F(\beta+\tfrac{1}{2}, \alpha+\tfrac{1}{2}, \tfrac{3}{2}, 4(y-\tfrac{1}{2})^2)$$
$$w_3 = A \cdot F(\alpha, \beta, \tfrac{1}{2}, 4(y-\tfrac{1}{2})^2) - 2B(y-\tfrac{1}{2}) \cdot F(\beta+\tfrac{1}{2}, \alpha+\tfrac{1}{2}, \tfrac{3}{2}, 4(y-\tfrac{1}{2})^2)$$

zerfallen.

führen. Um diese zu erklären, bemerkt GAUSS: »Man muss bedenken, dass zwischen zwei verschiedenen Bedeutungen der Charakteristik F unterschieden werden muss, je nachdem diese nämlich entweder eine Funktion darstellt, deren Eigenart durch die Differentialgleichung (5a) ausgedrückt wird, oder aber nur die Summe der unendlichen Reihe. Die letztere gibt stets eine vollkommen bestimmte Grösse, solange das vierte Element zwischen — 1 und + 1 gelegen ist, ... die erstere Bedeutung dagegen stellt eine allgemeine Funktion dar, die sich stets nach dem Gesetze der Kontinuität ändert, wenn das vierte Element kontinuierlich geändert wird, gleichgültig ob ihm dabei reelle oder imaginäre Werte beigelegt werden, wenn man nur allemal die Werte 0 und 1 vermeidet. Hiernach ist klar, dass die Funktion in dem eben dargelegten Sinne für gleiche Werte des vierten Elements, indem man einen Übergang oder besser, einen Rückgang (reditus) durch imaginäre Werte vollzieht, verschiedene Werte annehmen kann, unter denen einer derjenige ist, den die Reihe F liefert.« Die paradoxe Gleichung ist also auf ähnliche Weise entstanden, »als wollte man aus arcsin $\frac{1}{2}$ = 30° und arcsin $\frac{1}{2}$ = 150° schliessen 30° = 150°«.

Wir sehen hieraus, dass GAUSS zu jener Zeit über die Unendlichvieldeutigkeit der Funktionen komplexer Variabeln, über ihre Wertänderung bei Umläufen (er prägt selbst das Wort reditus) um singuläre Punkte vollständige Klarheit hatte. Darüber hinaus hat er für die spezielle Differentialgleichung (5a) — wie A. Voss sich ausdrückt — die Grundlagen derjenigen Theorie der linearen Differentialgleichungen angedeutet, die allgemein durch die Arbeiten von L. FUCHS begründet, sich das direkte Studium der Lösungen mit Hilfe der Methoden der Funktionentheorie zur Aufgabe macht[217]).

Für GAUSS' damalige Kenntnisse in der Funktionentheorie kommt nun noch die berühmte Stelle in dem Briefe an BESSEL vom 18. Dezember 1811 (Werke X, 1, S. 366—368) in Betracht, wo von dem Integral $\int \varphi(x)\,dx$ für $x = a + bi$ die Rede ist. Um dieses Integral zu definieren, lässt er x durch unendlich kleine Inkremente von der Form $\alpha + \beta i$ von dem Werte, wo das Integral verschwindet, bis zu $x = a + bi$ übergehn und summiert dann über alle $\varphi(x)\,dx$. Der stetige Übergang von einem Werte von x zu einem

217) A. Voss, *Über das Wesen der Mathematik*, Leipzig 1908, S. 56. Dabei ist zu bemerken, dass der die nachgelassene Fortsetzung der *Disquisitiones* enthaltende Bd. III der Werke erst nach dem Erscheinen der ersten Arbeiten von FUCHS (1865—68) veröffentlicht worden ist (vergl. Fussnote 5)).

andern geschieht aber durch eine Linie in der Ebene, und ist mithin auf unendlich viele Arten möglich. Es gilt dann der »sehr schöne Lehrsatz, ...
dass das Integral $\int \varphi(x)\,dx$ nach zwei verschiedenen Übergängen immer einerlei
Wert erhalte, wenn innerhalb des zwischen beiden, die Übergänge repräsen-
tierenden Linien eingeschlossenen Flächenraumes nirgends $\varphi(x) = \infty$ wird«
wobei noch vorausgesetzt wird, »dass $\varphi(x)$ selbst eine einförmige Funktion von
x ist, oder wenigstens für deren Werte innerhalb jenes ganzen Flächenraumes
nur ein System von Werten, ohne Unterbrechung der Stetigkeit angenommen
wird«. Daraus ist auch klar, wie $\int \varphi(x)\,dx$ für einen Wert von x »mehrere
Werte haben kann, indem man nämlich beim Übergange dahin um einen solchen Punkt, wo $\varphi(x) = \infty$ wird, entweder gar nicht oder einmal oder mehrere-
male herumgehen kann.« Als Beispiel nimmt er wieder den $\log x = \int \frac{dx}{x}$ und
hält dagegen das mit dem Integrallogarithmus zusammenhängende Integral

$$\int \frac{e^x - 1}{x}\,dx,$$

bei dem der Integrand für keinen endlichen Wert unendlich wird, so dass
das Integral eine »einförmige« Funktion ist, die ja auch durch die immer
konvergierende Potenzreihe $x + \frac{1}{4} x^2 + \frac{1}{18} x^3 + \cdots$ gegeben wird. »Ich wollte«
— fährt er fort — »Herr SOLDNER hätte $\therefore$ ... statt seines li $x = \int \frac{dx}{\log x}$ lieber
jene gewählt, da eine einförmige Funktion immer ohne Vergleich als klassi-
scher und einfacher anzusehen ist, als eine vielförmige, zumal da $\log x$ selbst
schon eine vielförmige Funktion ist.«

GAUSS hat also auch die Mehrdeutigkeit eines Integrals einer eindeutigen Funktion, aufgefasst als Funktion der oberen Grenze, bei der Integration im komplexen Gebiete gekannt. Dagegen scheint er die Integration
einer mehrdeutigen Funktion im komplexen Gebiete, namentlich die Theorie
der Verzweigungspunkte nicht gekannt und auch für die Erscheinung, dass
ein Integral zwischen bestimmten Grenzen von der Form $\int_\alpha^\beta \varphi(z, x)\,dz$ eine unendlich vieldeutige Funktion des Parameters x sein kann, keine Erklärung
besessen zu haben. Diese Annahme würde es begreiflich erscheinen lassen,
dass er die Umkehrungsfunktion des elliptischen Integrals erster Gattung
nicht direkt studiert, ferner, dass er für die Perioden, also für das agM.
die Darstellung durch das vollständige elliptische Integral, und allgemeiner

für $F(\alpha, \beta, \gamma, x)$ die EULERsche Darstellung durch das Integral

$$\int_0^1 z^{\beta-1}(1-z)^{\gamma-\beta-1}(1-xz)^{-\alpha}dz$$

nicht benutzt hat, während er — wie oben erwähnt wurde — z. B. von dem sogenannten EULERschen Integrale zweiter Gattung (12), das eine eindeutige Funktion des Parameters ist, Gebrauch macht.

Aber noch ein anderes geht aus der Bemerkung des Art. 3 hervor! GAUSS braucht, um die durch $F(\alpha, \beta, \gamma, x)$ für $|x| < 1$ definierte Funktion fortzusetzen, »ein höheres Prinzip«, das ihm durch die Differentialgleichung geliefert wird. Vermöge dieser erfolgt dann die Fortsetzung nach dem Gesetze der Kontinuität. Aber er scheint nicht gewusst zu haben, dass ein solches höheres Prinzip überflüssig oder vielmehr von selbst wirksam ist, wenn es sich um eine Funktion einer komplexen Variabeln handelt, d. h. es scheint ihm damals das Prinzip der analytischen Fortsetzung gefehlt zu haben. Aus dem vielleicht unbestimmten, aber immerhin vorhandenen Bewusstsein, dass seine Einsichten in die Natur der Funktionen einer komplexen Veränderlichen noch Lücken aufweisen, liesse sich die Zurückhaltung erklären, die GAUSS der Öffentlichkeit gegenüber mit seinen analytischen Arbeiten stets bewahrt hat, und man muss auch sagen, dass es ihm geradezu unmöglich gewesen wäre, die Gesamtheit seiner Untersuchungen über die transzendenten Funktionen zu einem harmonischen Ganzen zu gestalten, wenn er wirklich, um es kurz zu bezeichnen, in der Theorie der Integrale nicht über den Standpunkt CAUCHYS hinausgekommen war.

P. GÜNTHER berichtet[217] über eine ihm von WEIERSTRASS mitgeteilte Äusserung WILHELM WEBERS, wonach GAUSS nicht eher an die Veröffentlichung seiner Untersuchungen über die transzendenten Funktionen gehen wollte, »als bis er die verschiedenen Methoden, die ihm den Eingang in ihre Theorie vermittelt hatten, mit einander vollkommen in Einklang gesetzt haben würde«. Das wäre ihm aber nur möglich gewesen, wenn er bis zu dem funktionentheoretischen Standpunkte RIEMANNS vorgedrungen wäre, und das scheint auch später nicht der Fall gewesen zu sein, wenigstens was die Theorie der Integrale mehrdeutiger Funktionen anlangt[218]. In bezug auf das

217) P. GÜNTHER, Göttinger Nachrichten 1894, S. 104.
218) Auf GAUSS' Auffassung des Integrals wird im Abschnitt X noch einmal zurückzukommen sein.

Prinzip der analytischen Fortsetzung hat GAUSS später alle Hilfsmittel bereit gestellt, die zur Formulierung dieses Prinzips erforderlich sind; wir kommen auch darauf weiter unten zurück.

e) Die Tagebuchnotizen des Jahres 1812. GAUSSsche Logarithmen.

In das seit der Notiz 140. vom 29. Juni 1809 nicht benutzte *Tagebuch* schreibt GAUSS am 29. Februar 1812: »Das vorstehende, in Folge von Schicksalsschlägen abermals unterbrochene Verzeichnis nehmen wir zu Beginn des Jahres 1812 wieder auf. Im Monat November 1811 gelang es, den rein analytischen Beweis des Fundamentalsatzes der Lehre von den Gleichungen zu vervollständigen; da aber nichts zu Papier gebracht worden war, entschwand ein wesentlicher Teil völlig dem Gedächtnis. Diesen, während einer recht langen Zeit vergebens gesuchten Teil, haben wir nunmehr glücklich wiedergefunden.«

Gemeint ist hier der zweite, am 7. Dezember 1815 der Gesellschaft der Wissenschaften vorgelegte Beweis für die Wurzelexistenz der algebraischen Gleichungen[219]), in bezug auf den GAUSS am 19. Februar 1826 an OLBERS schreibt[220]): »Ich habe in meinem wissenschaftlichen Leben öfter den Fall gehabt, dass ich durch äussere Umstände veranlasst, Beschäftigungen, die nicht glückten, bei Seite legte, und die allerdings später glückten, z. B. mein Beweis für das Haupttheorem der Lehre von den Gleichungen, der in dem 3. Bande unserer Comm. steht; aber ich habe nachher die zehnfache Anstrengung gehabt, nur erst wieder auf den Punkt zu kommen, auf dem ich schon früher mehr als einmal gewesen war.«

Die beiden folgenden Tagebucheintragungen vom 26. September und 15. Oktober 1812 beziehen sich auf die Attraktion der elliptischen Sphäroide und berichten von der Entdeckung einer durchaus neuen Theorie dieser Attraktion und von einer »alles übrige erledigenden neuen Methode von wunderbarer Einfachheit«. Die betreffende Abhandlung wurde der G. d. W. am 28. März 1813 vorgelegt[221]), aber schon am 5. November 1812 legt GAUSS

---

219) *Demonstratio nova altera etc.*, Comment. soc. reg. scient. Gott. rec. vol. III, 1816, Werke III, S. 31, *Anzeige* ebenda, S. 105.

220) *Briefwechsel Olbers-Gauss* II, S. 439.

221) *Theoria attractionis corporum sphaeroidicorum ellipticorum homogeneorum*, Comm. soc. reg. scient. Gotting. rec. vol. II, 1813, Werke V, S. 1, *Anzeige* ebenda, S. 279. Vergl. GALLE, Werke XI, 2, Abhandlung 1, S. 43.

einem Briefe an LAPLACE[222]) einen »Extrait« derselben bei[223]), mit der Bitte, ihn dem Institut de France mitzuteilen; »Sie werden mit Vergnügen sehen« — schreibt GAUSS — »dass mir zwei Seiten genügen, um die vollständige Lösung zu geben«. Die Besprechung der beiden genannten Abhandlungen bringt der folgende Abschnitt in der Reihenfolge ihrer Veröffentlichung, hier haben wir nur noch zu erwähnen, dass GAUSS im November 1812 seine *Tafeln zur bequemen Berechnung der Logarithmen der Summe oder Differenz zweier Grössen, welche selbst durch ihre Logarithmen gegeben sind* in ZACHS Monatlicher Korrespondenz (26, S. 498) veröffentlicht hat[224]). Wie GAUSS selbst hervorhebt, rührt die Idee, die diesen Tafeln zugrunde liegt, von Z. LEONELLI her, dessen 1802—3 in französischer Sprache[225]), 1806 in deutscher Übersetzung erschienene Schrift GAUSS 1808 ausführlich und kritisch besprochen hat[226]).

VIII. Die Jahre 1813 bis 1827.

a) Die 1813 bis 1816 veröffentlichten Abhandlungen.

Die Jahre 1813 bis 1816 bringen eine Reihe von Veröffentlichungen, die mit unserem Gegenstande in mehr oder minder naher Beziehung stehen. Zunächst ist die bereits genannte *Theoria attractionis*, die dem Jahre 1813 angehört, zu erwähnen, aus der besonders die im ersten Teile enthaltenen sechs Theoreme über Integrale für uns von Bedeutung sind. Sie geben die Reduktion des dreifachen Volumenintegrals auf ein Oberflächenintegral und die Auswertung des die scheinbare Grösse einer geschlossenen Fläche darstellenden Integrals

$$(*) \qquad \int \frac{ds \cos (M, Q)}{r^2},$$

wo ds das Flächenelement, r den Abstand desselben vom Aufpunkte, M die Richtung nach diesem hin, Q die Richtung der nach aussen weisenden Nor-

---

222) Werke X, 1, S. 378, 379, LAPLACES Antwort ebenda, S. 380, 381.

223) Abgedruckt Werke XII, S. 110—113; vergl. die Bemerkungen ebenda, S. 114, wo über die wechselvollen Schicksale dieser Handschrift berichtet wird, die sich zur Zeit in der Bibliothek der MITTAG-LEFFLER-Stiftung zu Djursholm befindet.

224) Die Einleitung ist abgedruckt Werke III, S. 244—246.

225) Z. LEONELLI, *Supplément logarithmique etc.*, Bordeaux, an XI.

226) Allgemeine Literaturzeitung, 1808, S. 353, Werke VIII, S. 121—127; näheres über diese sogenannten GAUSSschen Logarithmen findet man bei R. MEHMKE, Encyklopädie, Band I, 2, S. 998 ff.

malen bedeutet, und das Integral über die ganze geschlossene Fläche zu erstrecken ist. Das Integral erweist sich, je nachdem der Aufpunkt ausserhalb,
innerhalb oder auf der Fläche selbst gelegen ist, gleich 0, — 4π oder — 2π.
Die Bedeutung dieser Sätze für Potential- und Funktionentheorie ist bekannt,
es ist aber sehr wahrscheinlich[227]), dass GAUSS zu jener Zeit auch schon eine
Reihe von Folgerungen aus diesen Sätzen gezogen hat, die sich erst in der
Abhandlung *Allgemeine Lehrsätze über die im verkehrten Verhältnis des Quadrats
der Entfernung wirkenden Kräfte* von 1839 (Werke V, S. 195) finden, und zwar
nicht nur, wie dort, für das räumliche Potential, sondern auch für das ebene
oder logarithmische, dessen Zusammenhang mit der Theorie der Funktionen
einer komplexen Veränderlichen ihm 1813 sicher längst geläufig war. Finden
wir doch z. B. auf dem Titelblatt des 1802 begonnenen Handbuchs 17, Bc
die Aufzeichnung: »Das Integral von

$$\frac{\partial^2 P}{\partial x^2} + \frac{\partial^2 P}{\partial y^2} = 0$$

ist $P = f(x + yi) + f'(x - yi)$«[228]).

Im Jahre 1814 folgt die *Methodus nova integralium valores per approxima-
tionem inveniendi*[229]), die sich auf die sogenannte mechanische Quadratur von

Integralen der Form $\int_{-1}^{+1} y\,du$ bezieht, wenn y für $-1 \leqq u \leqq 1$ nach positiven

ganzen Potenzen von u entwickelbar ist. Während man früher (NEWTON,
COTES) die Approximation von y durch eine ganze rationale Funktion Y stets
in der Weise machte, dass man die Abszissenwerte, für die Y mit y übereinstimmen sollte, äquidistant wählte, zeigte GAUSS mit Zuhilfenahme der Kettenbruchentwicklungen aus den *Disquisitiones* von 1812, dass durch Wahl dieser
Abszissen an den $n + 1$ Stellen, für die die $n + 1$-te Kugelfunktion

$$P_{n+1}(u) = \text{const. } u^{n+1} F(-\tfrac{1}{2}n, -\tfrac{1}{2}(n+1), -(n+\tfrac{1}{2}), u^{-2})$$

verschwindet, derselbe Grad der Annäherung erreicht wird, wie bei der Anwendung der doppelten Anzahl äquidistanter Abszissen[230]). Eine Anwendung

227) Vergl. CL. SCHAEFER, Werke XI, 2, Abhandlung 2, S. 96—103.

228) Über das Auftreten dieses Zusammenhangs bei D'ALEMBERT und EULER vergl. z. B. P. STÄCKEL,
Bibliotheca mathem. (3) 2, 1900, S. 117.

229) Der G. d. W. vorgelegt am 16. September 1814, Comm. soc. reg. sc. Gott. rec. vol. III, 1816,
Werke III, S. 163, *Anzeige* ebenda, S. 202.

230) Vergl. den Bericht über die Abhandlung von GAUSS und über die an dieselbe anknüpfenden
Arbeiten von JACOBI, CHRISTOFFEL u. A. bei A. VOSS, Encyklopädie, Band II, 1, I, S. 121 ff.

auf die numerische Berechnung des Integrallogarithmus findet sich im letzten
Artikel der Abhandlung.

Die ausführliche Anzeige von J. Fr. Pfaffs *Methodus generalis*[231]) bezeichnet Gauss in einem Briefe an Bessel[232]) als »nicht sowohl einen Auszug
daraus, als vielmehr die Quintessenz der S a c h e, in einer durchaus verschiedenen Darstellung«.

Im Dezember 1815 wird (vergl. oben S. 154) die *Demonstratio nova altera*
des Fundamentalsatzes der Algebra, und bald darauf[233]) die für uns besonders
wichtige *Demonstratio tertia* der G. d. W. vorgelegt. In bezug auf die letztere
schreibt Gauss am 27. Januar 1816 an Bessel[234]), dass er diesen dritten Beweis
»erst vor kurzem gefunden« habe, und in einem späteren Briefe an denselben
Adressaten (14. Juni 1816)[235]) begleitet er die Zusendung der Separatabdrücke
der beiden Abhandlungen mit folgenden Worten: »In der ersten ist manches,
dem die Leser nicht ansehen werden, wie viel Nachdenken es mich gekostet
hat; dies ist nicht so bei der zweiten, die, nachdem die Hauptidee einmal geboren war, sogleich in einem Gusse entstand«.

Der Grundgedanke des zweiten Beweises besteht darin, dass man, ausgehend von einer Gleichung m-ten Grades mit reellen Koeffizienten

$$Y = x^m - L_1 x^{m-1} + \cdots \pm L_m = 0,$$

eine Gleichung vom Grade $\frac{1}{2}m(m-1)$ mit ebenfalls reellen Koeffizienten
$Y_1 = 0$ bilden kann, deren Wurzeln symmetrische Funktionen von je zweien
der Wurzeln von $Y = 0$ sind, so dass, wenn man eine Wurzel von $Y_1 = 0$
kennt, eine Wurzel von $Y = 0$ durch Auflösung einer quadratischen Gleichung gefunden werden kann. Wenn dann $m = 2^p.k$ ist, wo k eine ungerade Zahl bedeutet, so ist $\frac{1}{2}m(m-1) = 2^{p-1}.k'$, wo auch k' ungerade ist, so
dass man auf diese Weise fortfahrend nach genau p Schritten zu einer
Gleichung von ungeradem Grade mit reellen Koeffizienten gelangt, für die
die Existenz einer reellen Wurzel gesichert ist. Man kann also von dieser
Wurzel ausgehend, einen aus lauter Quadratwurzeln zusammengesetzten Aus-

231) Juli 1815, Werke III, S. 231.
232) *Briefwechsel Gauss-Bessel*, S. 213, vergl. auch an Olbers, *Briefwechsel Olbers-Gauss* I, S. 598.
233) Januar 1816, Werke III, S. 57, *Anzeige* ebenda, S. 107.
234) *Briefwechsel Gauss-Bessel*, S. 230, vergl. auch an Olbers, *Briefwechsel Olbers-Gauss* I, S. 616,
und die einleitenden Sätze der Abhandlung selbst.
235) *Briefwechsel Gauss-Bessel*, S. 240.

druck herstellen, der die ursprüngliche Gleichung $Y = 0$ befriedigt. — Dieser
Gedankengang findet sich in den Abhandlungen von EULER und DAVIET DE
FONCENEX, die GAUSS in den Artikeln 7, 8 bezw. 10, 11 der *Dissertation* kri-
tisch bespricht. Der »Hauptvorwurf« gegen diese Beweisversuche besteht
darin, dass — wie GAUSS in der *Anzeige* des zweiten Beweises (Werke III,
S. 105) sagt — »man die Sache so genommen hat, als sei bloss die Form der
Wurzeln zu bestimmen, deren Existenz man voraussetzte, ohne sie zu beweisen«.
Der Zweck des zweiten Beweises war nun — wie GAUSS an DROBISCH schreibt
(Werke X, 1, S. 107) — »hauptsächlich mit, nachzuweisen, was eigentlich diesen
durchaus illusorischen Beweisversuchen fehlt und wie es ergänzt werden müsse,
und dies konnte nicht ohne Ausführlichkeit geschehen«.

GAUSS entwickelt in dem Art. 2 der Abhandlung zunächst das Verfahren
zur Bestimmung des grössten gemeinsamen Teilers zweier ganzer Funktionen,
und dann in den Artikeln 3—5 das zur Darstellung der ganzen symmetrischen
Funktionen von m Unbestimmten $a_1, a_2, \ldots, a_m$ durch ihre elementaren symmetrischen Funktionen $\lambda_1, \lambda_2, \ldots, \lambda_m$, wobei er (Art. 4) das sogenannte lexikographische
Ordnungsprinzip für die Glieder eines Polynoms in beliebig vielen Veränder-
lichen einführt, und (Art. 5) den Nachweis liefert, dass die elementaren symmetrischen Funktionen von m Unbestimmten in dem Sinne algebraisch unabhängig sind, dass eine Identität von der Form

$$\sum_r C_r \lambda_1^{g_1} \lambda_2^{g_2} \ldots \lambda_m^{g_m} = 0$$

nur möglich ist, wenn alle $C_r = 0$ sind. Es folgt im Art. 6 der Begriff der
Determinante (wir sagen jetzt Diskriminante) P einer ganzen Funktion y mit
unbestimmten Koeffizienten, die für die Funktion Y mit bestimmten Koeffizienten eine bestimmte Zahl wird, und dann in den Artikeln 7—10 der Beweis des Satzes, dass das Verschwinden dieser Zahl notwendig und hinreichend
dafür ist, dass Y mit seiner Derivierten einen gemeinsamen Teiler habe, ohne
dass bei diesem Beweise von der Wurzelexistenz Gebrauch gemacht wird.
— Das ist die »tiefere Untersuchung in der Theorie der Elimination«, die,
wie GAUSS am Schluss des Art. 11 der *Dissertation* erklärt, angestellt werden
muss, »um die Methode von FONCENEX nach allen Richtungen hin vollständig
zu machen«. Nun bildet er (Art. 12) mit den beiden Unbestimmten x, u und
den m Unbestimmten $a_1, a_2, \ldots, a_m$ das Produkt von $\frac{1}{2}m(m-1)$ Faktoren

$$\zeta = \prod_{i<k} (u - (a_i + a_k)x + a_i a_k),$$

das als symmetrische Funktion der $a_1, \ldots, a_m$ als ganze Funktion

$$\zeta = f(u, x, \lambda_1, \ldots, \lambda_m)$$

der $\lambda_1, \ldots, \lambda_m$ geschrieben werden kann, und zeigt (Artikel 14, 15), dass, wenn die Diskriminante von Y nicht verschwindet, die Diskriminante der Funktion $\frac{1}{2}m(m-1)$-ten Grades $F(u, x) = f(u, x, L_1, \ldots, L_m)$ von u nicht identisch in x verschwinden kann. GAUSS stellt nun (Artikel 16—18) eine Identität auf, die wir in etwas vereinfachter Form [236] wiedergeben wollen. — Bedeutet X einen reellen Wert, für den die Diskriminante von $F(u, X)$ einen von Null verschiedenen Wert hat, und setzt man

$$u_{ik} = (a_i + a_k) X - a_i a_k,$$

also

$$f(u, X, \lambda_1, \ldots, \lambda_m) = \prod_{i<k} (u - u_{ik}), \qquad (i, k = 1, 2, \ldots, m)$$

so befriedigt u_{ik} eine Gleichung vom Grade $\frac{1}{2}m(m-1)$, deren Koeffizienten ganz sind in $X, \lambda_1, \ldots, \lambda_m$. Ist nun s_{ik} eine ganze und symmetrische Funktion von a_i und a_k mit in $\lambda_1, \ldots, \lambda_m$ rationalen Koeffizienten, so folgt aus dem Ansatz

$$(1) \qquad\qquad s_{ik} = \sum_r \alpha_r u_{ik}^r \qquad \begin{array}{l} (r = 0, 1, 2, \ldots, \frac{1}{2}m(m-1) - 1) \\ (i, k = 1, 2, \ldots, m; \; i < k) \end{array}$$

für die Koeffizienten nach der CRAMERschen Regel

$$\alpha_r = \frac{\Delta_r}{\Delta},$$

wo Δ die Determinante der u_{ik}^r, also Δ^2 nichts anderes ist, als die Diskriminante von $f(u, X, \lambda_1, \ldots, \lambda_m)$, und man erkennt leicht, dass diese α_r symmetrisch in den $a_1, \ldots, a_m$, also rational in den $\lambda_1, \ldots, \lambda_m$ sind. — Setzt man nun für

$$\upsilon = z^m - \lambda_1 z^{m-1} + \cdots \pm \lambda_m = (z - a_1)(z - a_2) \ldots (z - a_m)$$

die Zerlegung an

$$\upsilon = (z^2 + s_{m-1} z + s_m)(z^{m-2} + s_1 z^{m-3} + \cdots + s_{m-2}),$$
$$s_{m-1} = -(a_i + a_k), \quad s_m = a_i a_k,$$

236) Vergl. J. KÖNIG, *Einführung in die allgemeine Theorie der algebraischen Grössen*, 1903, S. 195 ff.

so sind die $s_1, \ldots, s_m$ offenbar symmetrisch in a_i und a_k, also in der Form (1) darstellbar; es sei

$$s_\nu = \varphi_\nu(u_{ik}) \qquad\qquad (\nu = 1, 2, \ldots, m).$$

Die entsprechende Darstellung für s_m und s_{m-1} ergibt sich sehr einfach; setzt man nämlich

$$\left(\frac{\partial \zeta}{\partial u}\right)_{\substack{u = u_{ik} \\ x = X}} = u', \quad \left(\frac{\partial \zeta}{\partial x}\right)_{\substack{u = u_{ik} \\ x = X}} = x',$$

und ist $u' \neq 0$, so folgt aus $x' = -(a_i + a_k) u'$,

(1 a) $$s_{m-1} = \frac{x'}{u'}, \quad s_m = -\left(u_{ik} + \frac{Xx'}{u'}\right),$$

und hieraus findet man die Darstellungen $\varphi_{m-1}(u_{ik})$, $\varphi_m(u_{ik})$, indem man durch Multiplikation mit den Konjugierten von u' das u_{ik} aus dem Nenner entfernt.

Hiernach ist nun die Differenz

$$G = \upsilon - (z^2 + \varphi_{m-1}(u) z + \varphi_m(u))(z^{m-2} + \varphi_1(u) z^{m-3} + \cdots + \varphi_{m-2}(u))$$

durch $u - u_{ik}$ und folglich durch $f(u, X, \lambda_1, \ldots, \lambda_m)$ teilbar, also gleich

$$H = f(u, X, \lambda_1, \ldots, \lambda_m) g(u, z),$$

wo $g(u, z)$ ganz in u und z mit in $X, \lambda_1, \ldots, \lambda_m$ rationalen Koeffizienten ist. Im wesentlichen ist nun $G = H$ die von GAUSS aufgestellte Identität. — Aus dieser wird dann im Art. 19 wie folgt weiter geschlossen. Wenn die Gleichung vom Grade $\frac{1}{2} m(m-1)$

$$f(u, X, L_1, L_2, \ldots, L_m) = F(u, X) = 0$$

die reelle oder komplexe Wurzel U besitzt, so gibt die Identität $G = H$ für $\lambda_1 = L_1, \lambda_2 = L_2, \ldots, \lambda_m = L_m, u = U$

$$Y = (z^2 + \varphi_{m-1}(U) z + \varphi_m(U))(z^{m-1} + \varphi_1(U) z^{m-2} + \cdots + \varphi_{m-2}(U)).$$

Setzt man in den Formeln (1 a) für u_{ik} die Lösung U und entsprechend für u', x' die Werte

$$\left(\frac{\partial F(u, x)}{\partial u}\right)_{\substack{u = U \\ x = X}} = U', \quad \left(\frac{\partial F(u, x)}{\partial x}\right)_{\substack{u = U \\ x = X}} = X',$$

so wird, da die Diskriminante von $F(u, X)$ nicht verschwindet, also $U' \neq 0$ ist,

$$\varphi_{m-1}(U) = \frac{X'}{U'}, \quad \varphi_m(U) = -\left(U + \frac{XX'}{U'}\right),$$

d. h. $Y = 0$ wird befriedigt durch die Wurzeln der quadratischen Gleichung

$$z^2 + \frac{X'}{U'}\, z - \left(U + \frac{XX'}{U'}\right) = 0$$

(Werke III, S. 55). Damit ist die Durchführbarkeit des FONCENEXschen Gedankens gesichert, d. h. die Zurückführung der Wurzelexistenz für eine beliebige Gleichung mit nicht verschwindender Diskriminante auf die für eine Gleichung ungeraden Grades geleistet. Auf eine nähere Erörterung der Tatsache, dass eine Gleichung ungeraden Grades mit reellen Koeffizienten eine reelle Wurzel besitzt, geht GAUSS nicht ein, dagegen kann man wohl sagen, dass diese GAUSSsche Abhandlung nicht nur in den Artikeln 2—5 die Grundlage für einen exakten Aufbau der formalen Algebra geliefert hat, sondern überhaupt »das erste und klassische Muster war für die folgerichtige Entwicklung der allgemeinen Theorie der algebraischen Grössen«²³⁶ᵃ).

In bezug auf den dritten Beweis *Theorematis de resolubilitate functionum algebraicarum integrarum in factores reales demonstratio tertia* sagt GAUSS in der *Anzeige* (Werke III, S. 107), dass er, nachdem der zweite Beweis »bereits abgedruckt war ..., bei fortgesetzter Beschäftigung mit demselben Gegenstande das Glück hatte, dasselbe Ziel auf einem ganz neuen Wege zu erreichen... Die beiden früheren Beweise unterschieden sich dadurch, dass der erste (1799) sehr kurz und einfach, aber zum Teil auf geometrische Betrachtungen gegründet war, der andere dagegen rein analytisch, aber viel komplizierter... Dagegen ist nun der gegenwärtige dritte, auf gänzlich verschiedenen Prinzipien beruhende Beweis ebenfalls rein analytisch, übertrifft aber selbst den ersten ... sehr an Einfachheit und Kürze.«

236a) J. KÖNIG a. a. O. ²³⁶), S. 194, vergl. S. 93. Eine Darstellung des zweiten Beweises findet man bei P. GORDAN, Mathem. Annalen 10 (1876), S. 572 und *Vorlesungen über Invariantentheorie* I (1885), § 12. Bei KRONECKER, *Festschrift*, 1882, § 13, und ihm folgend bei einer Reihe anderer Algebraiker, beginnend mit J. KÖNIG a. a. O. bis zu der neuesten Arbeit von K. DÖRGE, Sitzungsberichte Berlin, 1928, S. 87, geht der Darstellung des eigentlichen zweiten Beweises der Nachweis voraus, dass es stets einen Körper K' gibt, der den Körper K der Koeffizienten der Gleichung $Y = 0$ enthält, und in dem diese Gleichung eine Lösung besitzt. Dadurch ist das geleistet, was GAUSS bei seinen Vorgängern vermisst (vergl. die oben S. 158 zitierte Bemerkung der *Anzeige*), so dass nur noch zu zeigen bleibt, dass jene Lösung in Form einer komplexen Zahl dargestellt werden kann. Vergl. die besonders einfache Wiedergabe des DÖRGEschen Beweises bei O. PERRON, *Algebra* I, 1932, S. 246, 247. Eine Analyse des Begriffs der reellen Wurzel einer algebraischen Gleichung gibt KRONECKER, CRELLES Journal 101, 1888, S. 347 ff.

Die *Demonstratio tertia* beruht auf funktionentheoretischen Betrachtungen über die Integration einer Funktion einer komplexen Veränderlichen. Es werde für

$$X = x^m + A_1 x^{m-1} + \cdots + A_m,$$

wo die $A_1, \ldots, A_m$ reelle Grössen bedeuten ($A_m \neq 0$), $x = r e^{\varphi i}$ und $X = t + ui$ gesetzt. Ferner sei

$$F(x) = x \frac{X'}{X} = P + Qi, \quad X' = \frac{dX}{dx}.$$

Gauss betrachtet dann den Ausdruck

$$y = \frac{\partial P}{\partial r} = \frac{\partial}{\partial r} \left\{ \frac{r\left(t \frac{\partial t}{\partial r} + u \frac{\partial u}{\partial r}\right)}{t^2 + u^2} \right\} = \frac{1}{r} \frac{\partial Q}{\partial \varphi} = \frac{1}{r} \frac{\partial}{\partial \varphi} \left\{ \frac{r\left(t \frac{\partial u}{\partial r} - u \frac{\partial t}{\partial r}\right)}{t^2 + u^2} \right\}$$

und zeigt zunächst im Art. 1, dass für hinreichend grosse Werte von R, insbesondere für $R \geq \max \sqrt[\nu]{m |A_\nu| \sqrt{2}}$, die Ausdrücke

$$r\left(t \frac{\partial t}{\partial r} + u \frac{\partial u}{\partial r}\right) \text{ und } t^2 + u^2,$$

also auch P für $r = R$ wesentlich positiv sind, was ja übrigens aus dem asymptotischen Verhalten von X und $F(x)$

$$\lim_{x \to \infty} X \cdot x^{-m} = 1, \quad \lim_{x \to \infty} (P + Qi) = m$$

unmittelbar folgt. Nun sagt Gauss (*Anzeige*, Werke III, S. 109): wenn im Innern des Kreises mit dem Mittelpunkt 0 und dem Halbmesser R, also für $0 \leq r < R$, $0 \leq \varphi < 2\pi$ kein Wertesystem r, φ vorhanden wäre, für das gleichzeitig $t = 0$, $u = 0$ wird, »so folgt, dass $t^2 + u^2$ für jede Werte von r und φ zwischen den angegebenen Grenzen immer positiv, und folglich y immer endlich werden muss«[237]. Das will besagen, dass dann $t^2 + u^2$ oberhalb einer angebbaren positiven Schranke und folglich y unterhalb einer ebensolchen Schranke liegen muss. Die auf $t^2 + u^2$ bezügliche Behauptung bedarf aber noch eines besondern Beweises, indem nämlich im Sinne des vierten Einwandes gegen den Beweis von d'Alembert[238]) gezeigt werden muss, was Gauss daselbst ausspricht, dass nämlich eine ganze rationale Funktion ihre obere und untere Schranke in einem abgeschlossenen Bereiche wirklich annimmt.

---

237) Ebenso im Art. 2 der Abhandlung selbst, Werke III, S. 61.

238) In der *Dissertation*, Werke III, S. 10, ad 4, vergl. oben S. 58, 59. Ein Hinweis auf diese »Lücke« in der *Demonstr. tertia* findet sich bei A. Fraenkel, a. a. O. [74]), S. 13.

Setzt man das als richtig voraus, so verläuft der Beweis weiter wie folgt: Wenn y beschränkt wäre, so hätte das über die abgeschlossene Kreisscheibe C, $r \leq R$, erstreckte Doppelintegral

(2)
$$\iint_C y \, dr \, d\varphi$$

einen wohlbestimmten endlichen Wert Ω, zu dessen Ermittlung die Integration nach den beiden Veränderlichen r, φ in beliebiger Reihenfolge ausgeführt werden dürfte. Nun ergibt sich, wenn man erst nach φ integriert, durch Betrachtung des unbestimmten Integrals, dass für ein beliebiges r

(3)
$$\int_0^{2\pi} \frac{\partial P}{\partial r} \, d\varphi = 0,$$

also auch $\Omega = 0$ ist, dagegen erhält man, wenn man erst nach r und dann nach φ integriert

$$\Omega = \int_0^{2\pi} (P(R, \varphi) - P(0, \varphi)) \, d\varphi,$$

es wäre also

(4)
$$\frac{1}{2\pi} \int_0^{2\pi} P(R, \varphi) \, d\varphi = P(0, \varphi),$$

was, da $P(R, \varphi)$ wesentlich positiv, $P(0, \varphi)$ aber gleich 0 ist, einen Widerspruch involviert. Wir bemerken, dass die Gleichung (3) den sogenannten GAUSSschen Satz, die Gleichung (4) den sog. Mittelwertsatz der Potentialtheorie darstellt, angewandt auf den Kreis $r = R$ und die Potentialfunktion P[239]). Wenn wir im Sinne der oben (S. 156) bei der *Theoria attractionis* gemachten Bemerkung annehmen dürfen, dass diese Sätze, die ja unmittelbare Folgerungen aus dem Satze von der scheinbaren Grösse sind, GAUSS schon 1813 bekannt waren, so würde man wohl vermuten können, dass er eben durch diese Sätze auf die Betrachtung des Doppelintegrals (2) hingeleitet worden ist. Aber es bedarf noch der Erklärung, weshalb GAUSS gerade die Funktion $F(x)$ und nicht etwa[240]) die einfacher zu behandelnden $x^m X^{-1}$ oder X^{-1} seiner Betrachtung zugrunde legte. Diese Erklärung ergibt sich, wenn man unter

---

239) Vergl. M. BôCHER, Bulletin of the American Math. Soc. (2) 1, 1894, S. 205 ff.
240) Siehe BôCHER a. a. O. und American Journal of Mathem. 17, 1895, S. 260 ff.

21*

dem Doppelintegral (2) P durch die monogene Funktion $P + Qi = F(x)$ ersetzt, also $\iint \frac{\partial F(x)}{\partial r} dr \, d\varphi$ betrachtet und die Integration, wie es GAUSS im Art. 4 der Abhandlung tut, über das durch die Ungleichungen $k \leq r \leq l$, $\varkappa \leq \varphi \leq \lambda$ gegebene Gebiet G erstreckt. Da $\frac{\partial F}{\partial r} = -i \frac{1}{r} \frac{\partial F}{\partial \varphi}$ ist, hat man dann

$$\iint\limits_G \frac{\partial F}{\partial r} dr \, d\varphi + i \iint\limits_G \frac{1}{r} \frac{\partial F}{\partial \varphi} dr \, d\varphi = 0.$$

Liegt nun in G keine Nullstelle von X, so kann man in dem ersten Integral die Integration nach r, in dem zweiten die nach φ ausführen und erhält

$$(5) \qquad \int\limits_\varkappa^\lambda [F(l e^{\varphi i}) - F(k e^{\varphi i})] \, d\varphi + i \int\limits_k^l \frac{1}{r} [F(r e^{\lambda i}) - F(r e^{\varkappa i})] \, dr = 0.$$

Beachtet man, dass $dx = e^{\varphi i}(dr + ir \, d\varphi)$ ist, und setzt

$$x^{-1} F(x) = X^{-1} X' = \frac{d \log X}{dx} = L(x),$$

so lässt sich die linke Seite der Gleichung (5) in der Form

$$(6) \qquad \frac{1}{i} \left\{ \int\limits_\varkappa^\lambda L(k e^{\varphi i}) dx + \int\limits_\lambda^\varkappa L(l e^{\varphi i}) dx + \int\limits_k^l L(r e^{\varkappa i}) dx + \int\limits_l^k L(r e^{\lambda i}) dx \right\}$$

oder kürzer

$$\frac{1}{i} \int\limits_{\overline{G}} L(x) \, dx$$

schreiben, wo $\overline{G}$ die im positiven Sinne durchlaufene Begrenzung des Gebiets G andeuten soll. Dieser Ausdruck stellt die Änderung dar, die $\frac{1}{i} \log X$ erfährt, wenn x die Begrenzung von G im positiven Sinne durchläuft. Wie aus dem Briefe an BESSEL vom 18. Dezember 1811 (Werke X, 1, S. 365, vergl. oben S. 152) hervorgeht, wusste GAUSS, dass der Logarithmus bei positiver Umkreisung einer Nullstelle um $2\pi i$ wächst, dass also das Integral (6) den Wert $2p\pi$ haben muss, wenn im Gebiete G genau p Nullstellen von X liegen. Für $k = 0$, $l = R$, $\varkappa = 0$, $\lambda = 2\pi$, wo also G in die Kreisperipherie C übergeht, ist aber, da $L(x)$ asymptotisch gleich mx^{-1} ist,

$$\int\limits_C L(x) \, dx = 2m\pi i,$$

und somit m die Anzahl der einfach zu zählenden Nullstellen von X auf der

Kreisscheibe C. Dass dieser Gedankengang in der Tat dem von GAUSS befolgten entspricht, geht einmal daraus hervor, dass er in der Fussnote zum
Art. 2 (Werke III, S. 62) den Wert des Integrals (6) für den Fall des Kreises
C tatsächlich gleich $2m\pi$ angibt, andererseits aber auch aus einer Stelle des
Briefes an DROBISCH (Werke X, 1, S. 107), wo er von dem dritten Beweise
sagt: »Auch ist derselbe im höchsten Grade sinnlich zu machen, was ich aber
dort für ein hors d'oeuvre hätte halten müssen, wo ich alles in rein algebraischer Form darstellen wollte. Übrigens aber finde ich den CAUCHYSCHEN
Beweis[241]) in seiner Grundidee eben so elegant. . . . . . Aber am lehrreichsten
ist es wohl, beide Grundideen zu entwickeln, wo in der Tat die Betrachtung
der gleichsam geometrischen Bedeutung beider für den Verstand etwas recht
ergötzliches hat«. Diese »geometrische Bedeutung« des dritten Beweises dürfte
wohl im wesentlichen mit dem oben skizzierten Gedankengang übereinstimmen.
Übrigens gibt GAUSS einen direkten Hinweis auf die Integration im komplexen
Gebiete im Art. 4, wenn er den Widerspruch beschreibt, in den man ver-
strickt wird, wenn man ein Integral über eine unendlich werdende Funktion,
wie z. B. x^{-2}, nach den gewöhnlichen Regeln entwickeln will, und hinzufügt:
»was aber diese und ähnliche analytische Paradoxien bedeuten, das soll bei
einer anderen Gelegenheit ausführlich verfolgt werden«; freilich ist dieser Hinweis nur für denjenigen verständlich, der bereits weiss, dass man der Unend-
lichkeitsstelle durch geeignete Wahl des Integrationsweges in der komplexen
Ebene ausweichen kann.

Da die Änderung von $\frac{1}{i} \log X$ beim Durchlaufen der Kreisperipherie C
nichts anderes ist, als die Änderung von $\operatorname{arctg} \frac{u}{t}$ oder also die von $\arg X$, so
berührt sich der dritte Beweis mit der am Schluss des Abschnitts III (oben
S. 61, 62) angedeuteten Auffassung des Beweises der *Dissertation*. Auf einen
solchen Zusammenhang hat GAUSS selbst in einer Vorlesung *Über die Theorie
der imaginären Grössen* hingewiesen, die er von Neujahr bis Ostern 1840 gehalten hat, und von der eine Ausarbeitung sich im Gaussarchiv befindet[242]).

---

241) Gemeint ist der Beweis in der *Analyse algébrique*, 1821, S. 329, vergl. dazu die Bemerkung
Werke X, 1, S. 109, 110 und oben S. 59, 60.

242) Vergl. hierzu die in der Fussnote [80]) zitierte Arbeit von A. FRAENKEL. Darstellungen des dritten
Beweises findet man in der in der Fussnote [239]) genannten Arbeit von BÔCHER sowie in E. GOURSATS
Cours d'Analyse I, 1910, S. 240. Zur Geschichte der Integration durch imaginäres Gebiet und GAUSS'
Einfluss auf die Entwicklung dieser Theorie vergleiche man P. STÄCKELs Aufsätze, Bibliotheca Math. (3) 1,

b) Das agM. in der Korrespondenz mit SCHUMACHER (1816) und in der Determinatio attractionis.

Während die vorhin erwähnten Abhandlungen sozusagen spontan, kürzere oder längere Zeit nach ihrem Entstehen von GAUSS der Öffentlichkeit übergeben worden sind, bedurfte es stets eines gewissen äusseren Anstosses, damit GAUSS sich entschloss, mit einem Spezimen aus dem von ihm aufgespeicherten reichen Schatze der Theorie der transzendenten Funktionen hervorzutreten. Ein solcher liegt in dem von uns schon wiederholt angeführten Briefe vor, den SCHUMACHER am 5. April 1816 [243]) an GAUSS gerichtet hat. SCHUMACHER, der, nach einem nur wenige Jahre dauernden Aufenthalt in Mannheim, wieder nach Dänemark, und zwar nach Kopenhagen zurückgekehrt war, hat daselbst den dortigen Professor der Mathematik DEGEN· kennen gelernt. In dem gedachten Briefe schreibt nun SCHUMACHER, DEGEN habe ihm erzählt, dass er sich schon seit längerer Zeit mit einem agM. beschäftige, das, wie SCHUMACHER meinte, von dem GAUSSschen verschieden ist, wobei nämlich für $a < b$ gebildet wird $a' = \frac{1}{2}(a + b)$, $b' = \sqrt{ab}$, ... DEGEN wüsste nur, dass diese Reihe einen Limes habe, den man sehr bald findet. Er, SCHUMACHER, habe nun den Zusammenhang dieses Limes mit dem Ellipsenquadranten gefunden und zwar durch die Formel

$$(7) \qquad \frac{1}{2}\pi\left\{\frac{a'}{M\left(\frac{b}{a}\right)} - \frac{(a - a')\,\mathfrak{M}\left(\frac{b}{a}\right)}{M\left(\frac{b}{a}\right)}\right\} = \text{Quadrans Ellipseos}\left(\frac{b'}{a'}\right),$$

wo $\left(\frac{b'}{a'}\right)$ eine Ellipse bedeutet, deren Achsen 1 und $\frac{b'}{a'}$ sind, $M\left(\frac{b}{a}\right)$ das agM., und

$$(8) \qquad \mathfrak{M}\left(\frac{b}{a}\right) = \frac{a - a'}{2a'} + \frac{a - a'}{2a'}\cdot\frac{a' - a''}{2a''} + \frac{a - a'}{2a'}\cdot\frac{a' - a''}{2a''}\cdot\frac{a'' - a'''}{2a'''} + \cdots$$

gesetzt wurde. GAUSS antwortet (April 1816, Werke X, 1, S. 247, 248), das agM., mit dem DEGEN sich beschäftigt, sei dasselbe wie das, mit dem er sich »seit 1791 beschäftigt habe und jetzt einen ziemlichen Quartband darüber schreiben könne«; er erinnert SCHUMACHER daran, dass dieser 1808, als er sich

---

1900, S. 109; 2, 1901, S. 111, sowie Bemerkungen desselben zu seiner Ausgabe von CAUCHYs Abhandlung von 1825, OSTWALDS Klassiker Nr. 112, S. 67—72.

243) Werke X, 1, S. 247, 248.

studienhalber in Göttingen aufhielt, die 1800 begonnene Abhandlung über das agM. in dem Handbuch »Varia« (15, Ba, siehe Werke III, S. 361) gelesen habe. Er, GAUSS, werde in dem zweiten Teil der *Disquisitiones* von 1812, den er bald zu geben hoffe, »einen Teil seiner Untersuchungen über das agM. bekannt machen«.

Auffallend ist der gereizte Ton dieses GAUSSschen Briefes. SCHUMACHER hatte sich offenbar das, was er seinerzeit (1808) über die Media von GAUSS gelesen hatte, wohl eingeprägt, aber er wusste nicht mehr, dass er es gelesen hatte und hielt es für seine eigene Erfindung. Solche Fälle kommen bekanntlich nicht selten vor. Besonders frappant ist die vollständige Übereinstimmung der von SCHUMACHER gegebenen Formel (7) für den Ellipsenquadranten mit der im *Leiste* von GAUSS aufgezeichneten (Werke X, 1, S. 178, Gln. (14), (15)[244]). Da es wohl ausgeschlossen ist, dass GAUSS diese Formel erst nach dem Empfang des SCHUMACHERschen Briefes in den *Leiste* eingetragen hat, so wird man diese Übereinstimmung entweder dem »Zufall« zuschreiben oder annehmen müssen, dass SCHUMACHER die Formel etwa 1808 bei GAUSS gesehen und sie dann 1816 gleichsam aus dem »Unterbewusstsein« reproduziert hat. GAUSS hat sich augenscheinlich gerade über diese Formel geärgert, denn er betont, dass SCHUMACHER in dem Handbuche die Formel (Werke III, S. 373)

$$(9) \quad d\,\mathrm{Med.}\,(x, y) = \mathrm{Med.}\,(x, y) \times \begin{cases} \dfrac{dx}{x}\left(\dfrac{1}{2} + \dfrac{1}{4}\dfrac{x-x'}{x'} + \dfrac{1}{8}\dfrac{x-x'}{x'}\cdot\dfrac{x'-x''}{x''} + \text{etc.}\right) \\ \dfrac{dy}{y}\left(\dfrac{1}{2} - \dfrac{1}{4}\dfrac{x-x'}{x'} - \dfrac{1}{8}\dfrac{x-x'}{x'}\cdot\dfrac{x'-x''}{x''} + \text{etc.}\right) \end{cases},$$

in der die von SCHUMACHER mit $\mathfrak{M}\left(\dfrac{b}{a}\right)$ bezeichnete Reihe (8) auftritt, selbst »restituiert« habe (vergl. die Fussnote [117]).

Allerdings steht in diesem Handbuche explizite nichts vom Ellipsenquadranten, aber SCHUMACHER schreibt in seiner Antwort (vom 8. Juni 1816, *Briefwechsel Gauss-Schumacher* I, S. 127): »... wie Ihre elementaren Media, über die ich ein paar Zettel von Ihrer Hand inter κειμηλια bewahre ...«[245]); er hat also seinerzeit (1808) auch noch andere Handschriften von GAUSS als

---

244) Diese Gleichungen enthalten einige Schreibfehler; vergl. darum die berichtigten Formen in den Bemerkungen, ebenda S. 265.

245) In den im Gaussarchiv vorhandenen *Gaussiana* SCHUMACHERs finden sich Aufzeichnungen über diese »elementaren Media« teils von GAUSS', teils von SCHUMACHERs Hand, vergl. Werke X, 1, S. 234—237. Vergl. zu der ganzen Kontroverse die Bemerkungen Werke X, 1, S. 284—286 und S. 265.

das Handbuch eingesehen. Vielleicht hat auf diesen der Quadrans Ellipseos
gestanden, vielleicht waren es jene verlorenen Uraufzeichnungen (vergl. oben
S. 42), die den Leistenotizen über das agM. zugrunde lagen?

In diesem Antwortschreiben SCHUMACHERS sind auch die literarischen Angaben von Interesse (a. a. O. S. 127), die SCHUMACHER über die von ihm zu
Rate gezogenen Hilfsmittel macht. Er zitiert nämlich eine Abhandlung von
WOODHOUSE aus den Philosophical Transactions, 1804 II, in der eine Abhandlung von WALLACE exzerpiert sei, und wo die »bekannte Umformung von
$\int dx \left(\frac{1-eexx}{1-xx} \right)^{\frac{1}{2}}$ auf ähnliche Formen, wo e immer kleiner wird, ins Unendliche
fortgesetzt wird«. Es ist dies also die LANDENsche Transformation[246]). Ob
GAUSS diese Literatur schon früher gekannt, oder ob er sie erst aus diesem
Briefe SCHUMACHERS kennen gelernt hat, muss dahingestellt bleiben. Auf eine
andere Stelle dieses SCHUMACHERSchen Briefes, die sich auf DEGEN bezieht,
kommen wir weiter unten zurück.

Die von GAUSS ausgesprochene Absicht, den zweiten Teil der *Disquisitiones*
mit einem Teil seiner Untersuchungen über das agM. bald zu geben, kommt
wieder nicht zur Ausführung. Jedoch scheint er — nach längerer Pause —
bald darauf die Untersuchungen über lemniskatische Funktionen wieder aufgenommen zu haben, wenigstens stammen die Werke III, S. 421, Art. [14]
abgedruckten, dem Handbuche 19, Be (S. 104) entnommenen Aufzeichnungen
aus der Zeit nach dem 20. Februar 1817 (vergl. die Angabe von SCHERING,
Werke III, S. 494). Sie enthalten die Additionstheoreme der Thetafunktionen
im lemniskatischen Falle und das Additionstheorem für das Integral zweiter
Gattung $\int (\sin \text{lemn } X)^2 dX$. Bemerkenswert ist das erstmalige Auftreten der
Zeichen P, Q, R, S für die vier Thetafunktionen, hier natürlich nur im lemniskatischen Falle. Jedenfalls verdanken wir es aber dieser Korrespondenz mit
SCHUMACHER, dass GAUSS bei der nächsten Gelegenheit wenigstens die Grund-
züge seiner bis dahin streng geheim gehaltenen Theorie des agM. bekannt
macht, in der Abhandlung *Determinatio attractionis quam in punctum quodvis
positionis datae exerceret planeta, si eius massa per totam orbitam ratione temporis*

---

246) Die gedachte Abhandlung von WALLACE und eine bei WOODHOUSE ebenfalls exzerpierte von
IVORY befinden sich in den Bänden V. bezw. IV. der Transactions of the Royal Society of Edinburgh. Sie
enthalten in bezug auf die LANDENsche Transformation nichts, was wesentlich über LAGRANGES Abhandlung von 1784/85 (vergl. oben S. 12 ff.) hinausgeht.

quo singulae partes describuntur uniformiter esset dispertita[247]). Über die Wichtigkeit des in dieser Arbeit behandelten astronomischen Problems spricht sich
Gauss in einem Briefe an Olbers vom 11. Januar 1818 aus[248]), wo er auch
angibt, dass er sich »bisher« mit der Arbeit an dieser Abhandlung beschäftigt
habe.

Der auf das agM. bezügliche Teil dieser Abhandlung (Art. 16—19) bringt
zuvörderst den elementaren Algorithmus für zwei positive Zahlen m, n. Der
Beweis, dass $\mu = M(m, n)$ dem reziproken Wert des vollständigen elliptischen
Integrals erster Gattung

$$\int_0^{2\pi} \frac{dT}{2\pi \sqrt{m^2 \cos^2 T + n^2 \sin^2 T}}$$

gleich ist, wird durch Anwendung der uns bereits bekannten, sog. Gaussschen
Transformation (26) Abschnitt IV (oben S. 109, vergl. auch S. 131) geführt,
die das Differential

$$\frac{dT}{\sqrt{m^2 \cos^2 T + n^2 \sin^2 T}}$$

invariant lässt. Bildet man durch Wiederholung dieser Transformation die
Folge T', T'', T''', ..., so strebt diese einem Grenzwerte θ zu, und es ist

$$\frac{\theta}{\mu} = \int_0^T \frac{dT}{\sqrt{m^2 \cos^2 T + n^2 \sin^2 T}} \cdot$$

Auch für ein Integral zweiter Gattung mit **variabler** oberer Grenze gibt
Gauss eine Darstellung (Art. 18, vergl. oben S. 109, 110). In der *Anzeige* fügt
Gauss noch hinzu, dass der auf das vollständige Integral erster Gattung bezüg-
liche Satz sich auch so aussprechen lässt, dass in der Entwicklung

$$\frac{1}{\sqrt{\alpha + \beta \cos \psi}} = A + B \cos \psi + C \cos 2\psi + \text{etc.}$$

$\frac{1}{A}$ gleich $M(\sqrt{\alpha + \beta}, \sqrt{\alpha - \beta})$ ist, was direkt an den oben erwähnten Brief an
Schumacher (Werke X, 1, S. 247) erinnert. Das gleiche gilt von dem Satze,
den Gauss in der *Anzeige* als »ein zweites, eben so wichtiges Theorem« be-

---

247) Vorgelegt 17. Januar 1818, Comm. Soc. reg. sc. Gott. rec. vol. IV, Werke III, S. 331, *Anzeige*
ebenda, S. 357, deutsche Übersetzung bei Geppert, a. a. O. [83]).

248) *Briefwechsel Olbers-Gauss* I, S. 679, vergl. M. Brendel, Werke XI, 2, Abh. 3, S. 253, 254.

zeichnet, und wonach das vollständige Integral zweiter Gattung

$$\int_0^{2\pi} \frac{\cos 2T \, dT}{2\pi \sqrt{m^2 \cos^2 T + n^2 \sin^2 T}}$$

$$= -\frac{1}{\mu} \left[2 \frac{m'^2 - n'^2}{m^2 - n^2} + 4 \frac{m''^2 - n''^2}{m^2 - n^2} + 8 \frac{m'''^2 - n'''^2}{m^2 - n^2} + \cdots \right]$$

ist. In der *Anzeige* wird sogar noch besonders die Darstellung des Ellipsenumfangs durch die Reihe

$$\frac{2\pi}{\mu} \left(m'^2 - 2 \left(m''^2 - n''^2 \right) - 4 \left(m'''^2 - n'''^2 \right) - \cdots \right)$$

angegeben, die im wesentlichen auf SCHUMACHERS Formel (7) hinauskommt, gleichsam als wollte GAUSS hierdurch sein Eigentumsrecht an dieser Formel ausdrücklich betonen.

Den Ausspruch am Schluss der *Anzeige*, wonach GAUSS »diese Resultate, wie er sie schon vor vielen Jahren unabhängig von ähnlichen Untersuchungen von LAGRANGE und LEGENDRE gefunden hat, in ihrer ursprünglichen Form darstellen zu müssen geglaubt hat«, wird man, was die »ursprüngliche Form« anlangt, cum grano salis aufzufassen haben, denn wir wissen, dass GAUSS jedenfalls den Zusammenhang des agM. mit dem vollständigen Integral erster Gattung nicht auf dem in dieser Abhandlung angegebenen Wege gefunden hat.

c) Konforme Abbildung. Geometrisches.

In dem oben (S. 167) erwähnten Briefe vom 8. Juni 1816 fragt SCHUMACHER bei GAUSS an[249]), ob es wohl möglich wäre, die für Dänemark ihm aufgetragene Gradmessung[250]) durch Hannover fortzusetzen. GAUSS antwortet am 5. Juli[251]), er bezweifle nicht, dass dies, wenn auch nicht sogleich, so doch in Zukunft möglich sein werde, und dass er eine eigene Methode besitze, »um die gemessenen Dreiecke im Kalkul zu behandeln«. Aus dieser Korrespondenz nimmt GAUSS' Tätigkeit auf dem Gebiete der Geodäsie ihren Ursprung, eine Tätigkeit, die sich mit wechselnder Intensität über einen Zeit-

---

249) Vergl. GALLE, Werke XI, 2, Abh. 1, S. 32 ff., wo auch die betreffende Briefstelle wiedergegeben ist.

250) Vergl. über den auf SCHUMACHERS Initiative geschaffenen geodätischen Dienst in Dänemark N. E. NÖRLUND, *Notice historique etc.* in den Verhandlungen der 5. Tagung der baltischen geodätischen Kommission, Helsingfors, 1931, S. 6 ff.

251) Siehe die Briefstelle bei GALLE, a. a. O. S. 33 ff.

raum von mehr als dreissig Jahren erstreckt. Charakteristisch für die Art, wie sich bei GAUSS aus praktischen Anregungen mathematische Ideen von der grössten Tragweite entwickeln, ist die folgende Stelle in demselben Briefe von GAUSS an SCHUMACHER (Werke VIII, S. 370): »Mit LINDENAU habe ich auch über eine Preisfrage konferiert, die in der neuen Zeitschrift mit dem Preise von 100 Dukaten aufgegeben werden soll. Mir war eine interessante Aufgabe eingefallen, nemlich:

»Allgemein eine gegebene Fläche so auf einer andern (gegebenen) zu projizieren (abzubilden), dass das Bild dem Originale in den kleinsten Teilen ähnlich werde«[252].

Als Preisfrage der Kopenhagener Sozietät wurde diese Aufgabe 1820 veröffentlicht[253]. Nachdem sie 1822 wiederholt worden war, wendet sich GAUSS ihrer Bearbeitung zu[254]. Die Abhandlung mit dem Motto »Ab his via sternitur ad maiora« erscheint 1825[255], sie ist vom Dezember 1822 datiert und in deutscher Sprache verfasst[256]. Die Wurzeln des Gedankenganges, der GAUSS zu dieser Aufgabe geführt hat, lassen sich weit zurück verfolgen[257]. Dass jede funktionale Beziehung zwischen zwei komplexen Veränderlichen als eine Abbildung (GAUSS sagt oft Darstellung) der beiden Ebenen aufeinander aufgefasst werden kann, war, wie wir in den vorhergehenden Abschnitten gesehen haben, GAUSS von jeher geläufig. Auch die besondere Eigenschaft einer solchen Abbildung, in den kleinsten Teilen ähnlich zu sein, wird er wohl frühzeitig erkannt haben. Im Art. 8 der Preisarbeit (Werke IV, S. 200) setzt er, wenn die Beziehung $X + Yi = f(x+yi)$ gilt, $df(z)/dz = \varphi(z)$ und

$$\varphi(x+yi) = \xi + \eta i = \sigma e^{\gamma i}, \quad dX + idY = dS \cdot e^{Gi}, \quad dx + idy = ds \cdot e^{gi},$$

so dass also dS, ds die Linienelemente der beiden Ebenen sind, und folgert

$$dX = \xi dx - \eta dy, \quad dY = \eta dx + \xi dy,$$

---

252) Näheres über die Korrespondenz mit LINDENAU bei GALLE a. a. O. S. 41 und 50—53.

253) Siehe Brief SCHUMACHERS vom 20. Januar 1821, *Briefwechsel Gauss-Schumacher* I, S. 202.

254) GAUSS an SCHUMACHER, 25. November 1822, ebenda S. 293.

255) *Allgemeine Auflösung der Aufgabe, die Teile einer gegebenen Fläche auf einer andern gegebenen Fläche so abzubilden, dass die Abbildung dem Abgebildeten in den kleinsten Teilen ähnlich wird*, Astronomische Abhandlungen 3, Werke IV, S. 189.

256) Vergl. die Briefstellen GAUSS-SCHUMACHER, a. a. O. S. 296, 297, 299, 300, 303, 317, 328, 335, ferner Werke XII, S. 222, 223 und STÄCKEL, Abh. 4 dieses Bandes, S. 84 ff.

257) Vergl. GALLE a. a. O. S. 53 und STÄCKEL a. a. O.

also die sogenannten CAUCHY-RIEMANNschen partiellen Differentialgleichungen, ferner $dS = \sigma\, ds$, d. h. die Ähnlichkeit in den kleinsten Teilen, und $G = g + \gamma$, d. h. die Erhaltung der Winkel, u. z. mit Bewahrung des Drehungssinns. Nun enthält schon der Art. 10 der *Theoria attractionis* von 1813 (Werke V, S. 14) die Bemerkung, dass es für die Darstellung einer Fläche besser sei, statt einer Gleichung $W(x, y, z) = 0$ zwischen den rechtwinkligen Koordinaten »zwei neue Veränderliche p, q einzuführen, derart, dass x, y, z als Funktionen dieser Variabeln zu betrachten sind«. Interpretiert man dann p, q als rechtwinklige Koordinaten in einer Ebene, sind ferner x, y, z eindeutig in p, q und umgekehrt auch p, q durch x, y, z eindeutig bestimmt, so entspricht jedem Punkte der Fläche ein Punkt der Ebene oder eines Teiles der Ebene und umgekehrt, so dass die Ebene oder jener Teil derselben »gewissermassen ein Bild der Fläche darstellt«. Damit ist natürlich auch die Abbildung von zwei beliebigen Flächen aufeinander gegeben. Sind für die beiden Flächen die rechtwinkligen Koordinaten x, y, z bezw. X, Y, Z Funktionen der beiden Parameter t, u bezw. T, U, so wird nach Art. 3 der Preisarbeit eine Abbildung der ersten Fläche auf die zweite vollzogen sein, wenn man »T, U bestimmten Funktionen von t, u gleichsetzt. Insofern die Abbildung gewissen Bedingungen Genüge leisten soll, werden diese Funktionen nicht mehr willkürlich sein dürfen«. In einer Notiz auf Seite 70 des Handbuchs 16, Bb (Werke VIII, S. 37), die wohl gleichzeitig mit dem Briefe an SCHUMACHER, also um die Mitte des Jahres 1816 geschrieben sein dürfte, gibt GAUSS »die allgemeine Lösung der Aufgabe, eine krumme Fläche in den kleinsten Teilen ähnlich auf eine Ebene zu entwerfen«. In den Art. 4 und 5 der Preisarbeit, wird die Aufgabe der konformen[258]) Abbildung zweier Flächen aufeinander wie folgt gelöst: Die Quadrate der Linienelemente der beiden Flächen sind

$$\omega = e\,dt^2 + 2f\,dt\,du + g\,du^2, \quad \Omega = E\,dt^2 + 2F\,dt\,du + G\,du^2,$$

wo e, f, g bezw. E, F, G in bekannter Weise aus den partiellen Derivierten der Koordinaten nach den Parametern t, u zusammengesetzt sind[259]). Die Ähn-

---

258) Die Bezeichnung konform für in den kleinsten Teilen ähnlich führt GAUSS erst in den *Untersuchungen über Gegenstände der höheren Geodäsie* I, 1843/44 ein; siehe Werke IV, S. 262 und 348.

259) In der Preisarbeit kommen die Bezeichnungen E, F, G noch nicht vor, GAUSS schreibt dort immer die vollständigen Ausdrücke hin; wir gebrauchen der Kürze halber die später (1827) von GAUSS benutzten Zeichen.

lichkeit in den kleinsten Teilen erfordert:

(10) $$\frac{E}{e} = \frac{F}{f} = \frac{G}{g} = m^2,$$

wo m »eine endliche Funktion von t, u sein wird; es drückt dann m das Verhältnis aus, in welchem die Lineargrössen auf der ersten Fläche in ihrem
Abbild auf der zweiten vergrössert oder verkleinert werden. . . . In dem speziellen Falle, wo $m = 1$ ist, wird . . . die eine Fläche sich auf der andern
abwickeln lassen«.

GAUSS betrachtet dann im Art. 5 die Gleichung $\omega = 0$ der jetzt sogenannten Minimalkurven auf der ersten Fläche, d. h.

$$edt + \left(f \pm i(eg - f^2)^{\frac{1}{2}}\right)du = 0, \quad eg - f^2 > 0,$$

die integriert Lösungen von der Form $p \pm qi = $ const gibt, so dass

$$\omega = n(dp^2 + dq^2)$$

wird, wo p, q, n reelle Funktionen von t, u sind. Hat man analog für die
zweite Fläche $\Omega = N(dP^2 + dQ^2)$, so erfordert die Bedingung (10), dass entweder

$\quad\quad\quad\quad$ 1) $\quad P + Qi = $ const, wenn $p + qi = $ const,

oder $\quad\quad\quad\quad$ 2) $\quad P + Qi = $ const, wenn $p - qi = $ const,

d. h. aber, dass im ersten Falle $P + Qi$ »bloss Funktion von $p + qi$ und
ebenso $P - Qi$ Funktion von $p - qi$«, im andern Falle $P + Qi$ Funktion
von $p - qi$ und $P - Qi$ Funktion von $p + qi$ sein wird[260]). Die beiden Fälle
unterscheiden sich dadurch, dass (Art. 14, Werke IV, S. 211) »stets bei dem
einen die Teile der Darstellung ähnliche Lage haben wie im Dargestellten,
bei dem andern . . . dagegen verkehrt liegen.« Diese Unterscheidung bedingt
aber, dass »an jeder der beiden Flächen zwei Seiten unterschieden werden,
wovon die eine als die obere, die andere als die untere betrachtet wird. Da
dieses etwas willkürliches ist, so sind beide Auflösungen gar nicht wesentlich
verschieden. . . . Bei unserer Auflösung konnte diese Unterscheidung gar nicht
vorkommen, da die Flächen bloss durch die Koordinaten ihrer Punkte bestimmt waren«. Für den Fall zweier Ebenen (Art. 8) $z = 0$, $Z = 0$ gibt die

---

260) Zu dieser Definition der Funktion vergl. EULER, *Calculus Integralis* III, Calc. Var. § 96, Opera
omnia ser. I, vol. XIII, S. 412; über die konforme Abbildung bei GAUSS' Vorgängern LAMBERT, EULER
und LAGRANGE vergl. man STÄCKEL, Abh. 4 dieses Bandes, S. 92 ff.

Auflösung $X + Yi = f(x + yi)$ die ähnliche Lage (mit Erhaltung des Drehungssinns), wenn man die beiden Koordinatensysteme x, y, z und X, Y, Z ähnlich
liegend nimmt, und bei beiden Ebenen die Seite, nach der hin z bezw. Z
positiv werden, als die obere betrachtet, während dann bei der Auflösung
$X + Yi = f(x - yi)$ der Sinn sich umkehrt, so »dass dort rechts liegt, was
hier links ist«. Für zwei beliebige, durch die Gleichungen $\psi(x, y, z) = 0$,
$\Psi(x, y, z) = 0$ gegebene Flächen können die oberen Seiten auch etwa durch
$\psi > 0$, $\Psi > 0$ charakterisiert werden, und GAUSS zeigt dann, dass mit Beibehaltung der oben benutzten Bezeichnungen, für $P + Qi = f(p + qi)$ ähnliche
Lage stattfindet, wenn von den vier Determinanten

$$\Sigma \pm \frac{\partial \psi}{\partial x} \frac{\partial y}{\partial t} \frac{\partial z}{\partial u}, \quad \frac{\partial p}{\partial t} \frac{\partial q}{\partial u} - \frac{\partial p}{\partial u} \frac{\partial q}{\partial t}, \quad \Sigma \pm \frac{\partial \Psi}{\partial X} \frac{\partial Y}{\partial T} \frac{\partial Z}{\partial U}, \quad \frac{\partial P}{\partial T} \frac{\partial Q}{\partial U} - \frac{\partial P}{\partial U} \frac{\partial Q}{\partial T}$$

keine oder eine gerade Anzahl negativ ist, dagegen verkehrte Lage, wenn
dies für eine ungerade Anzahl eintritt. Nennt man, mit Beiseitelassung dieser
Unterscheidung, eine Funktion von $p + qi$ bezw. $P + Qi$ eine monogene Funktion des Orts auf der ersten bezw. zweiten Fläche, so kann man (vergl. Art. 6)
sagen, dass durch die konforme Abbildung der beiden Flächen aufeinander,
die Gesamtheit der monogenen Funktionen des Orts auf der einen Fläche in
die entsprechende Gesamtheit auf der andern übergeführt wird. — Dabei ist
noch zu bemerken, dass den Erörterungen von GAUSS die stillschweigende Annahme zugrunde liegt, dass es sich stets um reguläre Stücke analytischer
Flächen handelt.

Zusammenfassend kann man sagen, dass GAUSS die drei Typen der Abbildung zweier Flächen aufeinander scharf erfasst und charakterisiert hat. Die
allgemeinste ist dadurch definiert, dass man »T, U bestimmten Funktionen von
t, u gleichsetzt«, wobei[260a] »jedem Punkte der einen Fläche nach irgend einem
stetigen Gesetz ein Punkt der andern korrespondieren soll«; sie ist also das,
was wir heute als topologische Abbildung bezeichnen. Es ist kein Anhaltspunkt dafür vorhanden, dass GAUSS etwas über die Invarianten einer
solchen Abbildung gewusst hat, obwohl er (vergl. STÄCKEL, Abhandl. 4 dieses
Bandes, S. 49 ff.) viel über die »Geometria situs« nachgedacht und, wie wir
sehen werden, auch die Bedeutung der Zusammenhangsverhältnisse schlichter
ebener Bereiche für die Integralrechnung im komplexen Gebiet erkannt hatte.

260a) Siehe den Brief an HANSEN vom 11. Dezember 1825, Werke XII, S. 6.

Für den zweiten Typus der Abbildung, die konforme, hat er die allgemeine
Theorie aufgestellt und in der Gesamtheit der monogenen Funktionen des Orts
auf der Fläche die Invariante dieser Abbildung erkannt. Wie weit er in der
Behandlung spezieller Probleme der konformen Abbildung ebener Bereiche aufeinander vorgedrungen ist, werden wir im folgenden Abschnitt sehen, hier können
wir vorerst auf die Beispiele der Preisarbeit (Art. 9—13) verweisen, von deren
erneuter Durcharbeitung vielleicht noch Anregungen zu erwarten sind. Endlich — und das dürfte wohl GAUSS' bedeutendste geometrische Erkenntnis gewesen
sein — hat er die Abwicklung oder, wie wir heute lieber sagen, die isometrische Abbildung, nicht nur durch die Invarianz des Linienelements charakterisiert, und damit die Unterscheidung zwischen inneren (absoluten) und von der
Einlagerung in den umgebenden Raum abhängenden Eigenschaften einer Fläche
gegeben, sondern er hat auch schon um 1816 (Werke VIII, S. 372, 385 aus
Handbuch 16, Bb, S. 71 bezw. 83) in der Gesamtkrümmung eines Flächenstücks,
in dem Krümmungsmass der Fläche in einem regulären Punkte und in den geodätischen Linien, wozu etwas später (wohl um 1822) sich noch die Seitenkrümmung (geodätische Krümmung) einer Kurve auf der Fläche (Werke VIII, S. 386)
hinzugesellte, solche innere oder absolute Eigenschaften aufgestellt. Jedenfalls
war um 1822 der wesentliche Inhalt der 1827 veröffentlichten *Disquisitiones
generales circa superficies curvas* (Werke IV, S. 217) nicht nur entdeckt, sondern
auch zum Teil aufgezeichnet (Werke VIII, S. 374, datiert 13. Dezember 1822),
während aus dem Jahre 1825 eine ausführliche Redaktion in deutscher Sprache
(Werke VIII, S. 408—443) vorliegt.

Aber noch eine Reihe weiterer geometrischer Einsichten hat sich GAUSS
um die Zeit von 1816 eröffnet. Aus einem Briefe von F. L. WACHTER an
GAUSS vom 12. Dezember 1816[261]) geht hervor, dass GAUSS im Jahre 1816
einerseits im Besitze der nichteuklidischen (oder, wie er es nannte, transzendenten) Trigonometrie gewesen ist[262]) und andererseits mit der Vorstellung
eines »Raumes von beliebig vielen Dimensionen« vertraut war[263]). Auch geht

---

261) Veröffentlicht durch P. STÄCKEL, Mathem. Annalen 54, 1901, S. 61—69, Teile daraus, Werke
VIII, S. 175 und X, 1, S. 481, 482; vergl. zu dem im Text folgenden, STÄCKEL, Abh. 4 dieses Bandes, S. 28
—31 und die Bemerkung Werke, X, 1, S. 481.

262) Vergl. die aus späterer Zeit stammende Darstellung dieser Trigonometrie Werke VIII, S. 255 ff.
und die zugehörige Bemerkung von STÄCKEL, ebenda S. 257—265, ferner Werke X, 1, S. 451—456.

263) Vergl. hierzu die Auszüge aus einer Vorlesung von 1850/51 nach einer Ausarbeitung von

aus einer *Anzeige* (Werke IV, S. 364) vom 20. April 1816, sowie aus Briefen an OLBERS (vom 28. April 1817, Werke VIII, S. 177) und an GERLING (vom 11. April 1816, Werke VIII, S. 168 und vom 16. März 1819, ebenda S. 182) hervor, dass er damals zur Überzeugung von der Unbeweisbarkeit des Parallelenaxioms und der Widerspruchsfreiheit der nichteuklidischen Geometrie[264]) gelangt war.

Dass sich bei einem Denker wie GAUSS diese geometrischen Einsichten zu einer festbegründeten Auffassung von der Wesenheit des Raumes verdichtet haben, ist nicht zu verwundern. In dem Briefe an HANSEN vom 11. Dezember 1825 (Werke XII, S. 8) schreibt er: »Ich habe mich in diesem Herbst sehr viel mit der allgemeinen Betrachtung der krummen Flächen beschäftigt, welches in ein unabsehbares Feld führt. . . . Jene Untersuchungen greifen tief in vieles andere, ich möchte sogar sagen, in die Metaphysik der Raumlehre ein, und nur mit Mühe kann ich mich von solchen daraus entspringenden Folgen, wie z. B. die wahre Metaphysik der negativen und imaginären Grössen ist, losreissen. Der wahre Sinn des $\sqrt{-1}$ steht mir dabei mit grosser Lebendigkeit vor der Seele, aber es wird sehr schwer sein, ihn in Worte zu fassen. . .« Das »Eingreifen in die Metaphysik der Raumlehre« wird man dahin zu deuten haben, dass GAUSS erkannte, dass der Raum ein besonderer Fall einer Mannigfaltigkeit von drei Dimensionen ist, ebenso wie die Ebene ein besonderer Fall der Fläche. Natürlich war ihm klar, dass die Punkte einer Mannigfaltigkeit von drei Dimensionen ebenso durch drei Bestimmungsstücke (Koordinaten) t, u, v gegeben werden, wie die Punkte einer Fläche durch zwei Grössen t, u und die Punkte einer Linie durch eine t. Von hier aus gesehen würde dann die »wahre Metaphysik der negativen und imaginären Grössen« darin bestehen, dass man die Punkte einer Linie den Werten einer reellen Veränderlichen t, also den positiven und negativen Grössen, die Punkte einer Fläche den komplexen Grössen $t+ui$ zuordnen kann, und dass für diese ein- und zweidimensionalen Vektoren die gewöhnlichen Rechnungsregeln (insbesondere kommuta-

A. RITTER, Werke X, 1, S. 472 und ebenda, S. 467 einen Auszug aus RITTERs Inauguraldissertation, Göttingen 1853; siehe auch STÄCKEL, Abh. 4 dieses Bandes, S. 117, 118.

264) Darunter ist hier nur die BOLYAI-LOBATSCHEFSKIJsche, sog. hyperbolische Geometrie zu verstehen; ob GAUSS später auch die elliptisch-sphärische Geometrie gekannt hat, ist unsicher, ebenso wie die Entscheidung der Frage, ob er zu der Erkenntnis des Zusammenhangs zwischen der nichteuklidischen Geometrie der Ebene und der Geometrie auf einer Fläche von konstantem negativen Krümmungsmass vorgedrungen war; vergl. hierzu STÄCKEL, Abh. 4 dieses Bandes, S. 39, 40 und 108, 109.

tive Multiplikation) gelten, während (wie es in der *Anzeige* von 1831, Werke II, S. 178, heisst) »die Relationen zwischen Dingen, die eine Mannigfaltigkeit von mehr als zwei Dimensionen darbieten, nicht noch andere, in der allgemeinen Arithmetik zulässige Grössen liefern können«. Und der »wahre Sinn des $\sqrt{-1}$« dürfte darin zu erblicken sein, dass GAUSS irgendwie zu der Einsicht gelangt war, dass die zweidimensionalen Vektoren auch insofern eine singuläre Stellung einnehmen, als einmal die Möglichkeit der konformen Abbildung und andererseits auch die der Verbiegung oder isometrischen Abbildung im allgemeinen auf Mannigfaltigkeiten von mehr als zwei Dimensionen nicht übertragen werden kann[265]).

Wenn aus der eben besprochenen Briefstelle an HANSEN die Auffassung hervorleuchtet, dass der Raum eine dreifach ausgedehnte Zahlenmannigfaltigkeit sei, so können wir auch Äusserungen von GAUSS — allerdings aus etwas späterer Zeit — anführen, die sich auf die Natur dieser Mannigfaltigkeit beziehen. In zwei Briefen an BESSEL vom 27. Januar 1829 und 9. April 1830 (Werke VIII, S. 200, 201) heisst es: »Meine Überzeugung, dass wir die Geometrie nicht vollständig a priori begründen können, ist womöglich noch fester geworden« und »Nach meiner innigsten Überzeugung hat die Raumlehre in unserem Wissen eine ganz andere Stellung als die reine Grössenlehre . . .; wir müssen in Demut zugeben, dass, wenn die Zahl bloss unseres Geistes Produkt ist, der Raum auch ausser unserem Geiste eine Realität hat, der wir a priori ihre Gesetze nicht vollständig vorschreiben können.« Für diesen empirischen Charakter des Raumes bringt GAUSS im wesentlichen zwei Gründe vor.

Der erste findet sich in der bereits genannten *Anzeige* von 1831 (Werke II, S. 177), wo bei der geometrischen Repräsentation der komplexen Grössen gesagt wird, man könne »den sich auf $+i$ beziehenden Punkt nach Gefallen rechts oder links« von der $+1$ mit -1 verbindenden Geraden nehmen, und es dann in bezug auf den Unterschied zwischen rechts und links weiter heisst[265a]):
(1. Bemerkung) »Dieser Unterschied zwischen rechts und links ist, sobald man vorwärts und rückwärts in der Ebene und oben und

---

265) Siehe die neuere Literatur zu diesen beiden Fragen bei BERWALD, Encyklopädie, Band III, 3, S. 158 und 167.

265a) Vergl. zum folgenden auch die aus 1850 stammende Fussnote, Werke X, 1, S. 408, 409, in der auch auf die *Anzeige* von 1831 hingewiesen wird.

unten in Beziehung auf die beiden Seiten der Ebene einmal nach Gefallen festgesetzt hat, in sich völlig bestimmt, (2. Bemerkung) wenn wir gleich unsere Anschauung dieses Unterschiedes andern nur durch Nachweisung an wirklich vorhandenen materiellen Dingen mitteilen können.

Beide Bemerkungen hat schon KANT gemacht, aber man begreift nicht, wie dieser scharfsinnige Philosoph in der ersten einen Beweis für seine Meinung, dass der Raum nur Form unserer äusseren Anschauung sei, zu finden glauben konnte, da die zweite so klar das Gegenteil, und dass der Raum unabhängig von unserer Anschauungsart eine reelle Bedeutung haben muss, beweiset.«

Der zweite Grund findet sich in dem Briefe an WOLFGANG BOLYAI vom 6. März 1832 (Werke VIII, S. 224), wo sich GAUSS über die eben erhaltene *Appendix* von JOHANN BOLYAI[266]) ausspricht. JOHANN BOLYAI bezeichnet das System der vom Parallelenaxiom unabhängigen, absoluten Raumlehre, das noch eine unbestimmte positive Konstante i enthält, mit S und das System der EUKLIDischen Geometrie, in dem jene Konstante $i = \infty$ wird, mit Σ, und sagt am Schlusse seiner Schrift (a. a. O. S. 216): »Es bliebe endlich übrig, den Beweis dafür zu geben, dass es unmöglich ist, ohne irgend eine Annahme zu entscheiden, ob Σ oder irgend ein — und welches S stattfindet; dies mag jedoch einer geeigneteren Gelegenheit vorbehalten bleiben«. In bezug auf diesen Punkt schreibt nun GAUSS an WOLFGANG BOLYAI: »Gerade in der Unmöglichkeit, zwischen Σ und S a priori zu entscheiden, liegt der klarste Beweis, dass KANT Unrecht hatte zu behaupten, der Raum sei nur Form unserer Anschauung. Einen andern, ebenso starken Grund habe ich in einem kleinen Aufsatze angedeutet, der in den Göttingischen gelehrten Anzeigen 1831 steht«.

Beiden Äusserungen gemein ist die Bezugnahme auf KANT; während jedoch in der zweiten, an BOLYAI gerichteten, diese Bezugnahme rein polemisch ist[267]), beruft sich die erste auf KANT als den Urheber der beiden vorgebrachten Bemerkungen. In der Tat finden sich diese, im wesentlichen übereinstimmend

---

266) JOHANN BOLYAI, *Appendix scientiam spatii absolute veram exhibens,* erschien zuerst 1832; deutsch in P. STÄCKEL, *Die beiden Bolyai* II, 1913, S. 185 ff.

267) Auf diese, der Natur der Sache nach wesentlich dialektische Polemik gehen wir hier nicht ein, sondern verweisen auf die Ausführungen bei P. MANSION, *Gauss contre Kant sur la Géometrie Non Euclidienne,* Verhandlungen des III. Intern. Kongr. für Philosophie, Heidelberg 1908, S. 438—447; H. E. TIMERDING, *Kant und Gauss,* Kant-Studien 28, 1923, S. 16—40; A. GALLE, *Gauss und Kant,* Das Weltall 24, 1925, S. 194—200, 230. Im Text beschränken wir uns auf die spezifisch mathematischen Erörterungen.

mit GAUSS, in der Abhandlung *Von dem ersten Grunde des Unterschieds der Gegenden im Raume*, 1768[268]) und in der lateinischen Inauguraldissertation von 1770[269]), und zwar mit besonderer Betonung der Existenz von symmetrischen Körpern, wie z. B. rechte und linke Hand, deren Unterschiede sich in Eigenschaften kundgeben, die für einen Körper »nicht lediglich auf dem Verhältnis der Lage seiner Teile gegeneinander beruhen, sondern ... auf einer Beziehung gegen den allgemeinen Raum ..., doch so, dass [diese Beziehung] nicht unmittelbar kann wahrgenommen werden, aber wohl diejenigen Unterschiede der Körper, die einzig und allein auf diesem Grunde beruhen« (KANTS Werke V, S. 298). Diese Eigenschaften können deshalb »nur durch Gegenhaltung mit andern Körpern« aufgezeigt (ebenda, S. 301), nicht aber »diskursiv beschrieben, d. h. auf verstandesmässige Begriffe zurückgeführt werden« (KANTS Werke I, S. 321, 322). — Die von GAUSS hervorgehobene erste Tatsache (oben 1. Bemerkung), dass nach willkürlicher Festsetzung von vorwärts—rückwärts und oben—unten, der Gegensatz rechts—links völlig bestimmt sei, erscheint ihm offenbar als durch die Erfahrung gegeben. Bei KANT wird diese Tatsache (KANTS Werke I, S. 321) durch die damit völlig äquivalente Aussage ersetzt, dass der Raum drei Dimensionen habe; die dreifache Abmessung des Raumes, von der KANT, z. B. im § 9 der Abhandlung *Gedanken von der wahren Schätzung der lebendigen Kräfte etc.* (1747, KANTS Werke V, S. 25) sagt, dass der Grund hierfür noch unbekannt sei, war also für GAUSS eine Erfahrungstatsache, was auch noch dadurch bestätigt werden kann, dass es ja nur durch die die Erfahrung gegeben ist, ob wir die Lage eines Punktes im Raum durch drei Abmessungen oder durch mehr oder weniger zu bestimmen imstande sind. Dagegen wird, wenn dies erst einmal feststeht, die zweite Bemerkung ein beweisbarer Satz. Diese Bemerkung ist nämlich mit der gleichwertig, die GAUSS in dem Briefe an GERLING vom 23. Juni 1846 (Werke VIII, S. 248) dahin formuliert, dass drei von einem Punkte ausgehende, nicht in einer Ebene liegende Gerade (ein sogenanntes Dreibein) mit drei andern gleiche oder verkehrte Lage haben können, und dass man »diesen Unterschied ... nicht auf Begriffe bringen, sondern nur ... an wirklich vorhandenen räumlichen Dingen vorzeigen kann«[270]).

---

268) KANTS sämtliche Werke herausgeg. von ROSENKRANZ und SCHUBERT, V, 1839, S. 291 ff.

269) Ebenda, I, 1838, S. 301 ff.

270) Vergl. diese Äusserung mit den oben zitierten Worten KANTS.

Der Beweis kann durch ähnliche Überlegungen erbracht werden, wie die oben skizzierten in den Artikeln 8 und 14 der Preisarbeit über die ähnliche und verkehrte Lage bei der konformen Abbildung; man vergleiche etwa die Entwicklungen bei C. LANGE[270a]), die in sehr klarer Weise zeigen, dass sich zwar durch messbare Grössen feststellen lässt, ob zwei Dreibeine gleich oder entgegengesetzt orientiert sind, nicht aber, welche Orientierung für ein einzelnes Dreibein stattfindet, indem z. B. alle Formeln der analytischen Geometrie ungeändert bleiben, wenn man die Orientierung des Koordinatendreibeins umkehrt. Ohne Beziehung auf ein festes Raumsystem ist es also nicht möglich, zwei symmetrische Körper in dem Sinne von einander zu unterscheiden[271]), dass man Kennzeichen angibt, die dem einen zukommen, dem andern nicht; denn in allem, was messbar ist, stimmen zwei symmetrische Körper überein, und das, worin sie sich unterscheiden, entzieht sich jeder Grössenbestimmung und damit jeder mathematischen Ausdrucksweise.

Was nun den zweiten der beiden von GAUSS vorgebrachten Gründe für den empirischen Charakter des Raumes anlangt, der in der Briefstelle an BOLYAI ausgesprochen wird, so scheint GAUSS die daselbst hervorgehobene »Unmöglichkeit, a priori zwischen Σ und S zu unterscheiden«, als erwiesen angesehen zu haben, d. h. die Widerspruchsfreiheit des Systems S der absoluten Geometrie stand, wie bereits (S. 176) bemerkt wurde, für ihn fest. So schreibt er auch am 8. November 1824 an TAURINUS (Werke VIII, S. 187): »Alle meine Bemühungen einen Widerspruch, eine Inkonsequenz in dieser nichteuklidischen Geometrie zu finden, sind fruchtlos gewesen«. Wahrscheinlich hat er aber diese Widerspruchslosigkeit auch noch in ähnlicher Weise begründet, wie später RIEMANN, indem er nämlich nicht nur die Ebene, sondern auch den dreidimensionalen Raum des Systems S als eine Zahlenmannigfaltigkeit mit bestimmter Metrik auffasste. Neben diese abstrakte Frage der Unmöglichkeit, a priori zwischen Σ und S zu entscheiden, tritt für GAUSS aber noch die, festzustellen, welches die »wahre«, d. h. also die den physikalisch-astronomischen Messungen zugrunde liegende Geometrie ist. Hierüber heisst es in dem erwähnten Briefe an TAURINUS: »Wäre die nichteuklidische Geo-

---

270a) C. LANGE, *Beitrag zur analytischen Geometrie der geraden Linie im Raum*, Programm des Gymnasiums . . . . in Insterburg 1864, zitiert bei E. MÜLLER, Encyklopädie, Band III, 1, S. 620.

271) Vergl. die zitierten Aussprüche von KANT.

metrie die wahre und jene Konstante [das BOLYAISCHE i] in einigem Verhältnis zu solchen Grössen, die im Bereich unserer Messungen auf der Erde oder am Himmel liegen, so liesse sie sich a posteriori ausmitteln«; für GAUSS war also die Bestimmung der Metrik des »wahren«, d. h. physikalisch-astronomischen Raumes eine empirisch zu lösende Aufgabe.

Wir können hiernach die »Metaphysik des Räumlichen«, wie sie sich für GAUSS auf Grund seiner geometrisch-analytischen Einsichten darstellte, wie folgt charakterisieren: Unter den n-fach ausgedehnten Zahlenmannigfaltigkeiten — oder, wie es in der Jubiläumsschrift von 1849 heisst, »nach der Stetigkeit zusammenhängenden Grössenkombinationen« — ist auch der »wahre Raum« begriffen. Auf Grund der Erfahrung bestimmt sich einerseits der Wert von n, d. h. die Dimensionszahl, und andererseits die Metrik, d. h. der angenäherte Wert der Raumkonstanten, des BOLYAISCHEN i.

»Sollte ich in diesem Leben« — so schreibt GAUSS am 28. Juli 1823 mit Bezug auf die Preisschrift zur konformen Abbildung an OLBERS — »noch einmal in eine dem Arbeiten günstigere Lage kommen, so werde ich diese Abhandlung mit als Teil einer viel ausgedehnteren Untersuchung verarbeiten«[272]). Wir haben im vorstehenden versucht, einen Überblick über den Umfang dieser an das Problem der konformen Abbildung anschliessenden Untersuchungen zu gewinnen, die ja auch aufs engste mit GAUSS' Auffassung der komplexen Grössen zusammenhängen. — Die etwas bittere Stimmung, die in den Worten der angeführten Briefstelle durchklingt, hängt einerseits mit der Überlastung durch die praktischen Arbeiten im Gelände und am Rechentische zusammen, die mit der GAUSS 1820 übertragenen Gradmessung einhergingen, andererseits aber wohl auch mit »seinen kollegialischen Verhältnissen, mit dem, der ihm so nahe ist«, und »gerechten Sorgen für die Zukunft«, über die GAUSS' Schwiegermutter, Frau WALDECK, in einem Briefe an OLBERS vom 14. März 1821 in beweglichen Worten klagt[273]).

d) Die Hundert Theoreme.

Wir wollen hier noch die Besprechung der nachgelassenen Abhandlung *Hundert Theoreme über die neuen Transzendenten* anschliessen, die auf einzelnen

---

272) *Briefwechsel Olbers-Gauss* I, S. 252.
273) *Briefe zwischen A. v. Humboldt und Gauss,* 1877, S. 6, 7.

Blättern (Fi) aufgezeichnet ist, und für deren Entstehungszeit sich als untere Zeitgrenze 1818 angeben lässt, da darin (S. 467) die *Determinatio attractionis* zitiert wird; wahrscheinlich ist sie um 1825/26 verfasst. Sie enthält nichts wesentlich Neues, nur in eleganter und überaus klarer Darstellung Dinge, die uns schon aus der Scheda Ac und Scheda An bekannt sind.

Für die drei geraden Thetafunktionen werden, da sie »von grosser Wichtigkeit« sind, »besondere Funktionalzeichen« $P(x, y)$, $Q(x, y)$, $R(x, y)$ eingeführt (vergl. oben, S. 76), und in den drei ersten Theoremen Identitäten zwischen Reihen und Produkten hergeleitet. Es folgt (vergl. oben S. 82, Fussnote [110]) als viertes Theorem die Identität (3) Abschn. II (oben S. 16), die die Umformung der Reihe für $P(x, y)$ in ein unendliches Produkt liefert, und als fünftes die analoge Identität, die dasselbe für die Funktion $R(x, y)$ leistet. Für $y = 1$ ergeben sich die Reihen p, q, r; über die für diese aufgestellten Sätze (die Zählung der Theoreme hört hier auf) ist bereits oben Abschn. V c) berichtet worden.

Auf dieselbe Zeit wie die *Hundert Theoreme* würde die Notiz zu datieren sein, die Werke III, S. 384, abgedruckt ist und aus dem Handbuch 19, Be (begonnen November 1809), S. 147 stammt. Es finden sich nämlich (vergl. die Angabe von SCHERING a. a. O.) auf der vorhergehenden Seite (146) Formeln über die Reihen $P(x, y)$, $Q(x, y)$, $R(x, y)$, also mit denselben Bezeichnungen wie in den *Hundert Theoremen* aufgezeichnet. Da auf S. 136 des Handbuchs das Datum »1825, Dec. 4.« steht, ist die in Rede stehende Notiz sicher nach diesem Tage geschrieben. Sie enthält das Theorem: »das Produkt zweier Summen von vier Quadraten ist selbst eine Summe von vier Quadraten«, aus dem bekanntlich JACOBI in seinen Vorlesungen die wichtigsten Eigenschaften der Thetareihen abgeleitet hat[274].

In den Jahren 1825—1826 scheinen sich die Verhältnisse in Göttingen auch wieder mehr nach den berechtigten Wünschen von GAUSS gestaltet zu

---

274) Siehe JACOBIS Werke I, S. 503 ff. Ob GAUSS wirklich, wie SCHERING vermutet, mit Hilfe dieses Theorems die Darstellbarkeit von zwei beliebigen Zahlen m, n durch die Funktionen $p(x)^2$, $q(x)^2$ für

$$\log x = - \pi \frac{M(m, n)}{M(m, \sqrt{m^2 - n^2})}$$

nachgewiesen hat, entzieht sich unserer Kenntnis, jedenfalls wissen wir, dass er diese Darstellbarkeit auf andere Weise gefunden hat (siehe Abschn. V, c), d)).

haben. Die sich durch mehrere Jahre hinziehenden Verhandlungen über eine
Berufung nach Berlin wurden, weil einerseits die dort einzugehenden Ver-
pflichtungen allzu drückend erschienen, und andererseits die hannöversche Regierung auch bedeutendes Entgegenkommen zeigte, von GAUSS' Seite abgebrochen; »ich bin jetzt«, schreibt er am 21. März 1825 an PFAFF[275]), »Kon-
junkturen abgerechnet, die ausser aller Berechnung liegen, fürs Leben an
Göttingen geknüpft ... durch das Band aufrichtiger Dankbarkeit für sehr
liberales Benehmen unserer Regierung«. Und im Jahre 1826 fanden auch die
praktisch-geodätischen Arbeiten im Gelände ihren Abschluss, so dass in den
nächstfolgenden Jahren wieder mehr Zeit und Kraft auf die Ausführung theoretischer Untersuchungen verwendet werden konnte.

IX. Die Jahre 1827 bis 1843.

a) ABELS und JACOBIS Entdeckungen. Logarithmisches Potential.

Die Geschichte der Entdeckung der elliptischen Funktionen durch ABEL
und JACOBI ist so vielfach und mit Benutzung der sämtlichen zu Gebote
stehenden Quellen so ausführlich dargestellt worden, dass es sich erübrigt,
hier auch nur andeutungsweise auf dieselbe einzugehen. Auch der ausschlaggebende Einfluss, den die berühmte Stelle im Art. 335 der *Disquisitiones arithmeticae* sowohl auf ABEL als auf JACOBI ausgeübt hat, ist anerkannt; wir können
in bezug auf ABEL nur ein gewisses persönliches Moment den bisherigen Darstellungen[276]) hinzufügen, das, wie es scheint, noch nicht bemerkt worden ist.

Es ist nämlich bekannt, dass ABEL durch DEGEN veranlasst worden ist,
sich mit den elliptischen Funktionen zu beschäftigen[277]); ABEL war Juli—
September 1823 bei DEGEN in Kopenhagen und beginnt[278]) 1823 sich mit
Integralrechnung zu beschäftigen. Nun hat SCHUMACHER, wie er in dem oben
erwähnten Briefe an GAUSS vom 8. Juni 1816 schreibt[279]), DEGEN mitgeteilt,

275) *Sammlung von Briefen .. zwischen J. Fr. Pfaff und .. andern*, Leipzig 1853, S. 278, zitiert
bei SARTORIUS, a. a. O. [19]), S. 60.

276) Siehe SYLOW, *N. H. Abel, Mémorial etc.* 1902, S. 35, 36.

277) *Mémorial*, Brief von DEGEN an HANSTEEN, 21. Mai 1821, *Corresp.* S. 97.

278) Siehe SYLOW, a. a. O. S. 27.

279) *Briefwechsel Gauss-Schumacher* I, S. 127.

dass Gauss sich schon lange mit dem agM. beschäftigt, und es ist sehr wahrscheinlich, dass Degen von diesem Umstande Abel Mitteilung gemacht hat.
Es könnte also Gauss ausser durch seine Veröffentlichungen, noch durch Vermittlung von Schumacher und Degen gewissermassen persönlich einen Einfluss
auf Abel ausgeübt haben, wenn dieser Einfluss auch nur darin bestanden hat,
dass er Abel veranlasste, in Gauss' Schriften nach Stellen zu suchen, die sich
auf die Theorie der elliptischen Funktionen beziehen. Dass Abel jene Stelle
in den *Disquisitiones arithm.* gekannt hat, geht z. B. aus dem Briefe an Crelle
vom 4. Dezember 1826[280]) hervor; für seine Bekanntschaft mit der *Determinatio
attractionis* haben wir kein direktes Zeugnis. Dagegen hat Jacobi, und zwar
noch ehe er seine eigenen Forschungen auf dem Gebiete der elliptischen
Funktionen begonnen hatte, die *Determinatio attractionis* gründlich studiert,
wie aus den im 2. Bande von Crelles Journal (1827, S. 227—242) veröffentlichten Arbeiten: *Über die Hauptachsen der Flächen 2. Ordnung* (Jacobis Werke
III, S. 45, insbesondere S. 48) und *De singulari quadam duplicis integralis trans-
formatione* (ebenda S. 55, insbesondere S. 57), hervorgeht.

Von Gauss selbst besitzen wir eine Reihe von brieflichen Äusserungen
über Abel und Jacobi; die eine Briefstelle an Bessel haben wir schon oben
(S. 41) wiedergegeben. Wenn Gauss darin sagt, Abel »überhebt mich in
Beziehung auf etwa ein Drittel dieser Sachen der Mühe«, so wird man
dies so aufzufassen haben, dass es sich um den dritten Teil des Materials
handelt, das Gauss für das von ihm geplante grosse Werk über die transzendenten Funktionen bestimmt hatte (vergl. oben S. 145). Das eine Drittel
wäre die allgemeine Theorie der aus $F(\alpha, \beta, \gamma, x)$ entspringenden Funktionen,
das zweite die Theorie des agM. und der Modulfunktion, endlich das
dritte, in bezug auf das Abel Gauss zuvorgekommen ist, die Theorie der
elliptischen Funktionen im engeren Sinne. Wenn Gauss noch hinzufügt[281]):
»Zu meiner Verwunderung erstreckt sich dies [nämlich die Übereinstimmung
seiner Resultate mit denen von Abel] sogar auf die Form und zum Teil auf
die Wahl der Zeichen, so dass manche seiner Formeln wie eine reine Abschrift der meinigen erscheinen«, so wird man daran zu denken haben, dass Abel
die halben Perioden mit ω, $\tilde{\omega}$ bezeichnet, was in der Tat an Gauss' ϖ, ϖ' er-

---

280) *Mémorial, Corresp.* S. 52, 53.
281) Werke X, 1, S. 248.

innert, und dass infolge dessen die Produktentwicklungen der Zähler und Nenner bei ABEL fast ebenso aussehen wie bei GAUSS[282]).

Die beiden in den Astronomischen Nachrichten von 1827 im Auszug publizierten Briefe JACOBIS[283]) hat SCHUMACHER an GAUSS zur Begutachtung geschickt. GAUSS schickt sie am 4. bezw. 19. August 1827 zurück[284]) und am 6. August trägt er in das Handbuch 16, Bb (S. 137 ff.) die Werke III, S. 470 ff. abgedruckte Aufzeichnung ein, die (vergl. Werke III, S. 475, Art. [9]) am 29. August fortgesetzt wird[285]).

In dieser, wie wir wohl sagen können, unter dem unmittelbaren Eindruck der JACOBISchen Briefe niedergeschriebenen Aufzeichnung finden wir zunächst Formeln für die Transformation 2. und 3. Ordnung der vier Thetafunktionen. Wie in der aus demselben Handbuch stammenden Aufzeichnung Werke X, 1, S. 287 (die auf 1808 zu datieren ist und oben S. 128 bereits besprochen wurde) wird auch hier (Art. [4], Werke III, S. 472) die allgemeine Funktion

$$(\theta, \alpha) = \sum_{k=-\infty}^{+\infty} e^{-\theta(k+\alpha)^2} = e^{-\theta\alpha^2}\vartheta_{00}\left(\frac{\alpha\theta}{\pi i}\Big| e^{-\theta}\right)$$

eingeführt, und für sie eine Formel abgeleitet, die die Formeln für die Transformation zweiter Ordnung der Thetafunktionen zusammenfasst. Setzt man $\theta = t\pi$, also $e^{-\theta} = x$, $2\theta\alpha = \psi\pi i$, $2\theta\beta = \chi\pi i$, so schreibt sich diese Formel[285a])

$$\vartheta_{00}(\psi|x)\vartheta_{00}(\chi|x) = \vartheta_{00}(\psi+\chi|x^2)\vartheta_{00}(\psi-\chi|x^2) + \vartheta_{10}(\psi+\chi|x^2)\vartheta_{10}(\psi-\chi|x^2).$$

Der folgende Artikel [5] bringt dann einige Rechnungen, die anscheinend dar-

---

282) Frappant ist auch z. B. bei ABEL (ABELs Oeuvres I, S. 353) die Gleichung

$$\omega = 2\int \frac{dx}{\sqrt{1-x^4}},$$

die ganz so aussieht wie bei GAUSS. Offenbar rührt diese Übereinstimmung daher, dass GAUSS sowohl wie ABEL die halbe Periode mit π bezeichnen wollten und dabei die ältere Schreibweise ϖ dieses Buchstabens vor Augen hatten; vergl. oben Fussnote [47]).

283) JACOBIs Werke I, S. 29 ff.

284) *Briefwechsel Gauss-Schumacher* II, S. 109, 112.

285) Es tritt in dieser Aufzeichnung zu den Charakteristiken P, Q, R für die drei geraden Thetafunktionen noch die Charakteristik $S(x, y)$ für die ungerade Thetafunktion hinzu (Werke III, S. 472).

285a) Vergl. JACOBI, 1828, JACOBIs Werke I, S. 257, Gl. (18), (19).

auf hinzielen, von der der Form

$$\int \frac{du}{\sqrt{1 + \mu^2 \sin^2 u}}$$

des elliptischen Integrals entsprechenden Funktion

$$\mathrm{Sl}\,\varphi = \frac{q}{r}\,\frac{\vartheta_{11}(\psi|x)}{\vartheta_{00}(\psi|x)}$$

(vergl. oben S. 80) zu einer andern überzugehen, die der in den Jacobischen Briefen auftretenden Legendreschen Normalform

$$\int \frac{dv}{\sqrt{1 - k^2 \sin^2 v}}$$

entspricht (vergl. die Fussnote [115]) oben S. 85).

Es folgt noch (Art. [7]) die Transformation 7. Ordnung und, mit dem Datum des 29. August versehen, die Transformation 5. Ordnung mit der Modulargleichung. Bemerkenswert ist die Stelle Art. [10] (Werke III, S. 476), wo von der allgemeinen Transformation ungerader Ordnung die Rede ist; Gauss hat also wirklich, wie er an Schumacher schreibt[236]), das in dem zweiten Jacobischen Briefe »enthaltene Theorem ... ganz leicht aus [seinen] Untersuchungen über die Transzendenten abgeleitet«. Der auf die Theorie der Modulfunktion bezügliche Artikel [12] wurde schon oben (Abschn. Vc), S. 103, 104) besprochen.

Ein ganz neuer Gedanke tritt hier in überraschender Weise in den Artikeln [16], [17] auf. Diese beziehen sich auf die Laplacesche partielle Differentialgleichung

$$\frac{\partial^2 V}{\partial x^2} + \frac{\partial^2 V}{\partial y^2} = 0,$$

sodass die Vermutung gerechtfertigt erscheint, Gauss habe zu jener Zeit seine Einsicht in den Zusammenhang zwischen der Theorie der Funktionen komplexer Variabeln und der des logarithmischen Potentials zu vertiefen gesucht. Das in dem Artikel [16] ausgesprochene Theorem, dass eine harmonische Funktion, die auf der Begrenzung eines Gebietes den konstanten Wert A besitzt, auch im Innern überall gleich A ist, bildet die Grundlage für das Prinzip der analytischen Fortsetzung (vergl. Riemann, Inauguraldissertation, Art. 15, Werke, 2. Aufl., S. 28); der handschriftliche Nachlass gibt aber keinen Anhaltspunkt für die Entscheidung der Frage, ob Gauss bis zu diesem Prinzip

---

236) *Briefwechsel Gauss-Schumacher* II, S. 112, Brief vom 19. August 1827.

vorgedrungen ist. GAUSS beweist dieses Theorem mit Hilfe von Integralsätzen (ein Beweis, der bekanntlich Bedenken unterliegt) und überträgt es sogleich auf den Fall des räumlichen Potentials, sodass dieser und der folgende Artikel zugleich als Vorarbeiten für die 1840 veröffentlichte Abhandlung *Allgemeine Lehrsätze in Beziehung auf die im verkehrten Verhältnisse des Quadrats der Entfernung wirkenden Anziehungs- und Abstossungskräfte* (Werke V, S. 195) gelten können.

b) HARRIOTS Lehrsatz. Zwei algebraische Theoreme.

Der 1828 erschienene 3. Band von CRELLES Journal wird mit einem kleinen Aufsatz von GAUSS eröffnet: *Beweis eines algebraischen Lehrsatzes* (Werke III, S. 65), der einen einfachen Beweis für die DESCARTESsche Zeichenregel (auch HARRIOTscher Lehrsatz genannt) gibt[287] und diese Regel zugleich dahin verschärft, dass die Anzahl der positiven Wurzeln einer Gleichung mit reellen Koeffizienten ebenso gross oder um eine gerade Zahl kleiner ist, als die Anzahl der Zeichenwechsel in der Reihe der Koeffizienten. In einem Briefe an BESSEL vom 30. Mai 1828 (Werke X, 1, S. 248, 249) sagt GAUSS, er habe »diesen Beweis des HARRIOTschen Lehrsatzes ... seitdem er in Göttingen sei, sehr häufig mündlich vorgetragen«[288], und PFAFF berichtet in einem Briefe vom 20. Oktober 1824 (Werke X, 1, S. 249, 250), er habe »vor einigen Jahren« einen Beweis des gedachten Satzes als von GAUSS herrührend in der Nachschrift einer Vorlesung des Jenaer Professors v. MÜNCHOW gefunden; »ob dies in einem Zusammenhang mit dem Erscheinen eines Beweises von derselben Grundidee im letzten Hefte des 2. Bandes von CRELLES Zeitschrift ... steht«, fährt GAUSS in jenem Briefe an BESSEL fort[289], »muss ich auf sich beruhen lassen«. Dass die Beschäftigung mit diesem Satze für GAUSS nicht nur den Charakter einer Episode hatte, sondern dass ihn das Problem der Isolierung

287) Siehe DESCARTES, *Geometrie*, deutsch von L. SCHLESINGER, 1923, S. 73. Der GAUSSsche Beweis beruht auf der Abzählung der Änderungen, die die Anzahl der Zeichenwechsel in der Reihe der Koeffizienten eines Polynoms erfährt, wenn man dieses mit dem Faktor $x - a$ für $a > 0$ multipliziert.

288) Vergl. die Mitteilung von M. A. STERN über die Nachschrift eines um 1823 von GAUSS gehaltenen Privatissimums, die diesen Beweis enthält, Göttinger Nachrichten 1869, S. 330, abgedruckt Werke X, 2, Abhandl. 1, S. 70.

289) Gemeint ist der Aufsatz: J. A. GRUNERT, *Beweis des Harriotschen Satzes*, CRELLES Journal 2, 1828, S. 335—344.

der Wurzeln einer algebraischen Gleichung sehr interessiert hat, werden wir
weiter unten zu sehen Gelegenheit haben.

Im Herbst 1828 nahm Gauss an der damals in Berlin tagenden Natur-
forscherversammlung teil; bei dieser Gelegenheit lernte er Wilhelm Weber
kennen, der dann Herbst 1831 als Nachfolger von Johann Tobias Mayer als
Professor der Physik nach Göttingen kam. Befördert durch das freundschaftliche Zusammenleben mit Weber, das nur 1843—1849 eine Unterbrechung
erfuhr, tritt in den nächsten Jahren bei Gauss das Interesse für physikalische
Fragen in den Vordergrund, besonders wird der Erdmagnetismus ein Hauptgegenstand seiner theoretischen Untersuchungen und seiner praktischen Betätigung[290]).

In die Zwischenzeit fallen noch zwei bedeutsame Publikationen; 1829 die
Theoria figurae fluidorum etc. (Werke V, S. 29, *Anzeige* S. 287) und 1831 die
zweite Abhandlung über die biquadratischen Reste (Werke II, S. 93, *Anzeige*
S. 169). Aus der *Theoria figurae fluidorum*[291]) interessiert uns hier besonders
eine Reihe von Sätzen, die für die Lehre vom Potential in der Ebene von
Wichtigkeit sind, so z. B. die Umformung eines Doppelintegrals in ein Linienintegral, also der sog. Greensche Satz für die Ebene; aus der Abhandlung
über die biquadratischen Reste und der zugehörigen *Anzeige* haben wir bereits
oben in den Abschnitten III d) S. 53 ff. und VIII c) S. 177, 178 das für unsern
Gegenstand vorwiegend in Betracht kommende hervorgehoben. Das Jahr 1832
bringt dann als erste Frucht der Arbeit am Erdmagnetismus die *Intensitas vis
magneticae terrestris etc.* (Werke V, S. 79, *Anzeige* S. 293).

In den Göttingischen gelehrten Anzeigen vom 25. Februar 1833 erscheint
die Besprechung von Fouriers *Analyse des équations déterminées* (1831) (Werke
III, S. 119—121), die uns in den Gedankenkreis des Harriotschen Lehrsatzes
zurückversetzt. Gauss charakterisiert den Zweck von Fouriers Werk geradezu
dahin, für eine Gleichung »die Anzahl der reellen und imaginären Wurzeln
... auszumitteln, jede[292]) in feste Grenzen einzuschliessen und die stufenweise

290) Über die Anfänge von Gauss' Beschäftigung mit dem Erdmagnetismus siehe E. Schering,
C. F. Gauss und die Erforschung des Erdmagnetismus, Abhandl. der k. G. d. Wissensch. zu Göttingen,
1887, Mathem. Klasse, S. 1—79, Scherings Werke II, S. 253 ff.; siehe auch Cl. Schaefer, Werke XI, 2,
Abhandl. 2, S. 72 ff.
291) Vergl. hierfür Bolza, Abhandl. 5 dieses Bandes, S. 20—50.
292) Nicht, wie es in beiden Drucken heisst, »jene«.

zu beliebiger Schärfe zu führende Annäherung zu ihren Werten methodisch anzuordnen.« Als Grundlage hierfür erscheint der eine Generalisierung der DESCARTESschen Zeichenregel gebende, sogenannte FOURIERsche Lehrsatz[293]. Jedoch »hat FOURIER in das Wesen und in die Berechnung der imaginären Wurzeln sich gar nicht eingelassen, und es bleibt daher noch ein weites Feld zur Bearbeitung übrig« (Werke III, S. 121). Dass Gauss sich alsbald dieser Bearbeitung zugewandt hat, geht aus einem Briefe an SCHUMACHER vom 2. April 1833 hervor, wo er schreibt (Werke X, 1, S. 130): »Recht sehr danke ich Ihnen ... für die gütige Mitteilung des liniierten Papiers. Ich finde es sehr brauchbar ... auch zu Zeichnungen, die sich auf rein mathematische Sachen beziehen, wie z. B. in Rücksicht auf die imaginären Wurzeln der Gleichungen, und gerade mit Gegenständen der letzten Art habe ich mich in der letzten Zeit viel beschäftigt. .... Wollte ich jene Untersuchungen, die, wenn ich sie einmal entwickle, nur eine mässige Anzahl Bogen betragen dürfen, mit der Breite, wie FOURIERS Buch geschrieben ist, vortragen, so würde ich vielleicht ... mehrere grosse Quartbände gebrauchen.« Von diesen Untersuchungen sind uns leider nur wenige Fragmente erhalten; es sind dies namentlich zwei Theoreme, die GAUSS in einem, sonst nur astronomischen Arbeiten gewidmeten Handbuch (21, Bg) aufgezeichnet hat. Das erste (abgedruckt Werke III, S. 112 und VIII, S. 32) besagt: Sind $a_1, a_2, \ldots, a_n$ die Wurzeln der Gleichung $f(x) = 0$, $a_1', a_2', \ldots, a_{n-1}'$ die der derivierten $f'(x) = 0$, und denkt man sich in den $a_1, \ldots, a_n$ gleiche anziehende oder abstossende Massen, die im umgekehrten Verhältnis der Entfernung wirken, so findet in $a_1', \ldots, a_{n-1}'$ Gleichgewicht statt. Bekanntlich kann man diesen Satz auch so aussprechen[294], dass die Derivierte $f'(x)$ ausserhalb des kleinsten konvexen Polygons oder des kleinsten Intervalls, das alle Wurzeln der Gleichung $f(x) = 0$ in sich fasst, nicht verschwinden kann, und in dieser Form erscheint er als Verallgemeinerung des für reelle Wurzeln geltenden sogenannten ROLLEschen Satzes. Das zweite Theorem, das in dem Handbuch im unmittelbaren Anschluss an das erste aufgezeichnet ist (abgedruckt Werke X, 1, S. 128), leitet GAUSS mit den

---

293) Theorem (A) S. 27 der Originalausgabe, S. 23 der LOEWYschen Übersetzung, OSTWALDs Klassiker Nr. 127. Über einige Ungenauigkeiten in der GAUSSschen Anzeige vergl. die Bemerkungen II. von LOEWY, Werke X, 1, S. 133, 134.

294) Siehe z. B. OSGOOD, *Lehrbuch der Funktionentheorie* I, 1907, S. 176.

Worten ein: »Eine ganz neue Ansicht der Gleichungen beruhet auf Folgendem«.
Der Satz selbst besagt, dass die x-Ebene in n Gebiete zerfällt, von der Beschaffenheit, dass 1) ein jedes eine Wurzel der Gleichung $f(x) = 0$ enthält,
2) jeder »Scheidungslinie« eine Wurzel der derivierten Gleichung $f'(x) = 0$
angehört und 3), wenn $f(x) = T + Ui$ gesetzt wird, längs einer jeden Scheidungslinie $U = $ const ist. Die einleitenden Worte kehren fast unverändert
in einem Briefe an SCHUMACHER vom 20. Juni 1836 wieder, wo es heisst
(Werke X, 1, S. 131): »Bei Gelegenheit der Vorlesung, die ich halte, bin ich
veranlasst in diesen Tagen auf die Theorie der Gleichungen zurückzukommen,
der ich jetzt einen ganz neuen Gesichtspunkt abgewonnen habe«. Man wird
daraus schliessen dürfen, dass die Aufzeichnung im Handbuch 21, Bg im Juni
1836 gemacht ist[295]). Und vier Tage darauf, am 24. Juni 1836 (Werke X, 1,
S. 132) schreibt GAUSS an denselben Adressaten: »Ich habe in den letzten Tagen
meine Ideen über die Gleichungen weiter verfolgt. . . . Man würde um die
Verschiedenheit der Fälle wirklich anschaulich zu machen, eine grosse Menge
von Gleichungen in concreto durch Kurven versinnlichen müssen; jede Kurve
müsste durch Punkte gezeichnet werden und die Bestimmung eines einzigen
Punktes erfordert schon langwierige Rechnungen. Sie sehen es wohl der
Figur 4 bei meiner ersten Schrift von 1799[296]) nicht an, wie viel Arbeit die
richtige Zeichnung dieser Kurven erfordert hat, und doch ist dies vergleichs-
weise nur ein sehr einfacher Fall gegen viele, die hier betrachtet werden
müssten«. Ähnlich heisst es viele Jahre später in einem Briefe an MOEBIUS
vom 13. August 1849 (Werke X, 1, S. 109): »Ich möchte Ihrem Nachdenken
noch . . . empfehlen, . . . die verschiedene Gestaltung und Kreuzung der Linien
$T = 0$ und $U = 0$ in meiner Schrift von 1799 nach Massgabe der Ordnung
der betreffenden Funktion. Ich meine, die Enumeration aller verschiedenen
Fälle für die Konfiguration der unendlichen Äste. Anderes damit verwandtes
hat mich vielfach beschäftigt, und ich wollte erst zu meiner neulich in der
Sozietät gehaltenen Vorlesung[297]) die Darstellung der Hauptmomente dieser
Untersuchung als dritten Teil bestimmen.« Man kann hiernach, das was

---

295) FRICKE gibt Werke VIII, S. 32 ohne weitere Begründung für den ersten Satz 1846 an.

296) Werke III, auf der Tafel hinter S. 30; die Figur gibt den Verlauf der Kurven $T = 0$, $U = 0$
für $X = T + Ui = x^4 - 2x^3 + 3x + 10$, siehe die Fussnote auf S. 24, ebenda.

297) Gemeint ist die Jubiläumsschrift, siehe den folgenden Abschnitt; zur Theorie der Kurven $T = 0$,
$U = 0$ vergl. G. LORIA, *Spezielle algebraische und transzendente Kurven* I, 1910, S. 439—453.

GAUSS beabsichtigt hat, sich etwa in folgender Weise vorstellen. Die in dem zweiten Theorem auftretenden Scheidungslinien sind die Kurven $U = $ const, die durch die Wurzelpunkte $a_1', \ldots, a_{n-1}'$ hindurchgehen, und man hat also (vergl. die Bemerkung I, Werke X, 1, S. 133) für $f(x) = X$, in der X-Ebene durch die Punkte $f(a_k')$ zur reellen Achse parallele Halbstrahlen zu legen und die entsprechenden Kurven in der x-Ebene zu konstruieren. Diese begrenzen die im zweiten Theorem genannten n Gebiete, in deren jedem für jeden Wert von X eine und nur eine Wurzel der Gleichung $f(x) = X$ liegt. GAUSS vollzieht also durch diese Zerlegung der Ebene die Separation der n verschiedenen Zweige der n-wertigen Funktion x von X, ähnlich wie er für die Modulfunktion in jedem der die rechte t-Halbebene bedeckenden Kreisbogenvierecke einen eindeutig bestimmten Zweig der unendlich vielwertigen inversen Funktion lokalisiert hat. Sein Bestreben war nun offenbar darauf gerichtet, die »Konfiguration« jener $U = $ const-Kurven »nach Massgabe der Ordnung der Funktion $f(x)$« zu ergründen, und dadurch Einsicht zu gewinnen in die Art, wie die Lage der Wurzeln der Gleichung $f(x) = X$ sich mit X ändert[298]. Eine gewisse erste Orientierung hierfür liefert das erste Theorem, indem es lehrt, dass für j e d e n Wert von X, das die Wurzeln von $f(x) = X$ umspannende kleinste konvexe Polygon die f e s t e n Werte $a_1', \ldots, a_{n-1}'$ einschliessen muss.

Bemerkenswert ist, wie die hier durchgeführte geometrisch-funktionentheoretische Betrachtung gleichsam eine Brücke schlägt zwischen der der Theorie des logarithmischen Potentials angehörenden Formulierung des ersten Theorems und den ältesten einschlägigen Untersuchungen der Inauguraldissertation. Die nächste, nunmehr zu besprechende Untersuchung wird uns zeigen, wie tief GAUSS in den Zusammenhang zwischen logarithmischem Potential und der Lehre von der konformen Abbildung eingedrungen ist. —

---

298) In den beiden Beispielen Werke X, 1, S. 129 denkt er sich das absolute Glied g von $f(x)$ variabel. Wir bemerken, dass in diesen Beispielen die Bezeichnungen Mod. $f(x)$ und Arg. $f(x)$ für absoluten Betrag und Argument benutzt werden. Später, in einer aus dem Jahre 1840 stammenden Aufzeichnung (Werke VIII, S. 335 ff.), nennt GAUSS die konjugierte einer komplexen Grösse, die Adjunkte, eine Grösse vom absoluten Betrag Eins, eine zyklische Zahl, allgemein, wenn $a = re^{\varphi i}$, $r = $ Mod. a ist, $e^{\varphi i}$ den in a enthaltenen zyklischen Faktor und φ die Clise von a.

c) Konforme Abbildung der Ellipse. Pentagramma mirificum.

Das Handbuch 19, Be enthält auf den Seiten 172—177 und 222—226 die Lösung des Problems, eine Ellipse konform auf den Einheitskreis abzubilden. Die beiden getrennten Aufzeichnungen (abgedruckt Werke X, 1, S. 311—320, vergl. die Bemerkungen S. 323—325) sind zu verschiedenen Zeiten entstanden. Die erste stammt wohl aus dem Jahre 1834, da auf S. 184 des Handbuchs, bei der (Werke V, S. 609, Art. 7 abgedruckten) Notiz *Das Induktionsgesetz* die Angabe steht: »Gefunden 1835, Jan. 23. Morgens 7 Uhr, vor dem Aufstehen«; sie trägt die Überschrift: *Anziehung in der Ebene, umgekehrt dem Abstand proportional* und beginnt mit der Aufgabe, für eine gegebene geschlossene Kurve L alle diejenigen andern L' zu finden, so dass der zwischen L und L' gelegene Flächenring »keine Anziehung auf den inneren Raum bewirke«. Der Lösungsversuch ist durchstrichen, bemerkenswert ist jedoch, dass er die Lösung darauf zurückführen will, wenn x, y die Koordinaten der Punkte von L bedeuten, $T = x + yi$ »in Gestalt einer Funktion $T = f(t)$«, wo $t = e^{\varphi i}$ ist, darzustellen, d. h. also auf die Abbildung der Kurve L auf den Einheitskreis. — Diese letztere Aufgabe wird nun für den Fall in Angriff genommen, wo L eine Ellipse mit den Halbachsen a, b ist, und zwar nach der seit frühester Jugendzeit geübten Methode des formalen Reihenansatzes, indem

$$x + yi = T = t + At^3 + Bt^5 + \cdots,$$
$$x - yi = T' = t^{-1} + At^{-3} + Bt^{-5} + \cdots$$

gesetzt und versucht wird, die reellen Koeffizienten $A, B, \ldots$ so zu bestimmen, dass die Gleichung der Ellipse

$$\tfrac{1}{2}(a^2 - b^2)(T^2 + T'^2) = TT'(a^2 + b^2) - 2a^2b^2$$

befriedigt wird. Die Aufzeichnung bricht nach vergeblichen Versuchen, das Koeffizientengesetz zu finden ab, darunter ist später die Bemerkung gesetzt: »Gesetz gefunden 1839, Okt. 9. siehe unten Seite 222«. Die auf dieser Seite des Handbuchs beginnende zweite Aufzeichnung, die damit genau datiert ist, nimmt — wohl unter dem Einfluss der in jene Zeit fallenden Untersuchungen über die nach dem NEWTONschen Gesetze wirkenden Kräfte[299] — zum Aus-

---

[299] Siehe die Abhandlung *Allgemeine Lehrsätze usw.* vom 9. März 1840, Werke V, S. 194, *Anzeige* S. 305.

gangspunkt die Konstruktion der sogenannten GREENschen Funktion der Ellipse mit dem Mittelpunkt als Pol, indem nämlich (Art. 5, Werke X, 1, S. 315, 316) die Masse $2\pi A$ so auf die Peripherie der Ellipse verteilt wird, dass ihr Potential[300] in den Punkten der Ellipse dasselbe ist, wie das derselben Masse, wenn sie im Mittelpunkt der Ellipse konzentriert gedacht wird. Die Differenz dieser beiden Potentiale ist die GREENsche Funktion. GAUSS ergänzt diese Differenz durch Hinzufügen des »imaginären Teils« zum »vollständigen Potential«, d. h. zu der monogenen Funktion von $x + yi$, und erhält auf diese Weise direkt den Logarithmus der Funktion t, die die konforme Abbildung der Ellipsenscheibe auf die Scheibe des Einheitskreises bewirkt. Wenn die Halbachsen der Ellipse gleich $1 + \lambda$, $1 - \lambda$ genommen werden, setzt er

$$T = x + yi = u + \lambda u^{-1},$$

und findet (Art. 6, Gl. (17), S. 317) für t die Darstellung

$$t = \frac{\vartheta_{00}(v|\lambda^2)}{\vartheta_{01}(v|\lambda^2)},$$

wo wir $2\pi i v = \log(\lambda u^2)$ gesetzt haben. Für

$$k = \frac{r(\lambda^2)^2}{p(\lambda^2)^2}, \qquad \tau = \frac{t}{k}$$

ergibt sich dann (Art. 8, S. 319)

$$\frac{1}{p(\lambda^2)^2} \int_0^\tau \frac{d\tau}{\sqrt{(1 - \tau^2)(1 - k^2\tau^2)}} = \int_0^T \frac{dT}{\sqrt{4\lambda - T^2}} = i \log u,$$

so dass in der Bezeichnung von JACOBI (vergl. die Fussnote [115])

$$t = \sqrt{k} \, \sin \operatorname{am}(p(\lambda^2)^2 i \log u)$$

gefunden wird, was mit der von H. A. SCHWARZ im Jahre 1870[301] gegebenen Lösung des in Rede stehenden Problems übereinstimmt.

Die Art, wie GAUSS die GREENsche Funktion der Ellipse bestimmt, schliesst sich ganz an die in den *Allgemeinen Lehrsätzen*, Art. 29 ff. gegebene Formulierung des allgemeinen Randwertproblems an, namentlich an die des Ar-

---

300) Bemerkenswert ist hier das Auftreten der Bezeichnung Potential, eine Bezeichnung, die GAUSS für den dreidimensionalen Raum im Art. 3 der *Allgemeinen Lehrsätze*, Werke V, S. 200 einführt. Über das Historische hierzu vergl. SCHAEFER, Werke XI, 2, Abh. 2, S. 95, 96.

301) Siehe H. A. SCHWARZ, *Gesammelte Abhandlungen* II, S. 102.

tikels 36[302]), von der GAUSS ausdrücklich bemerkt, dass der in der *Intensitas*, Art. 2 (Werke V, S. 87) und auch an verschiedenen Stellen der *Allgemeinen Theorie des Erdmagnetismus* (1838, Werke V, S. 119 ff.) angeführte Lehrsatz als spezieller Fall des hier bewiesenen erscheint. Wenn man also hiernach annehmen darf (vergl. SCHAEFER, a. a. O., S. 102), dass diese Formulierung der Existentialsätze des Randwertproblems GAUSS schon seit 1831 bekannt war, so zeigt andererseits der zwischen den beiden Teilen der eben besprochenen Arbeit liegende Zeitraum von fünf Jahren, dass GAUSS den Zusammenhang, der zwischen dem Randwertproblem der Ebene und der Theorie der konformen Abbildung besteht, erst 1839 durchschaut hat.

Auf eine genaue Analyse der *Allgemeinen Lehrsätze* können wir hier nicht eingehen. Es möge nur noch hervorgehoben werden, dass GAUSS in den Artikeln 30, 31 dieser Arbeit (Werke V, S. 232, 233) den Beweis für die Lösbarkeit des Randwertproblems für das Innere eines beliebig gestalteten Körpers in der Weise zu geben versucht, dass er, ohne dabei seines vierten Einwandes gegen D'ALEMBERT (Werke III, S. 10, vergl. oben S. 58, 59) zu gedenken, die Existenz einer Massenverteilung auf der Oberfläche als evident ansieht, für die das über diese Oberfläche erstreckte Integral

$$\int (V - 2U) m \, ds$$

ein Minimum wird. Darin bedeutet V das Potential der Massenverteilung mit der positiven Oberflächendichtigkeit m und U eine gegebene endliche und stetige Funktion auf der Oberfläche. Wir erkennen hier die Schlussweise, die RIEMANN (1851) zur Grundlage für die Beweise seiner allgemeinen Existenztheoreme gemacht und (1857), unter Bezugnahme auf GAUSS, als DIRICHLETsches Prinzip bezeichnet hat, dieselbe, die auch LORD KELVIN (1847) bei der Lösung der sogenannten zweiten Randwertaufgabe angewandt hat. Die wechselvollen Schicksale dieser Schlussweise, von ihrer Kritik durch WEIERSTRASS bis zu ihrer Wiederbelebung durch HILBERT, sind bekannt.

---

302) Für den hier in Betracht kommenden Fall lautet diese Formulierung (Werke V, S. 240, 241) so: Anstatt einer beliebigen Massenverteilung D, die auf das Innere einer geschlossenen Fläche S beschränkt ist, lässt sich eine Massenverteilung E bloss auf der Fläche selbst substituieren mit dem Erfolge, dass die Wirkung von E der Wirkung von D gleich wird in allen Punkten des äusseren Raumes. Dazu ist nur erforderlich, dass das Potential von D mit dem von E auf der ganzen Fläche S übereinstimmt, und es wird dann die ganze Masse von E der Masse von D gleich sein.

Nur wenige Seiten hinter dem ersten Teile der Aufzeichnung über die Abbildung der Ellipse und aus derselben Zeit (1834) wie diese stammend, beginnt auf S. 181 des Handbuches 19, Be die Behandlung eines andern geometrischen Problems, dessen Lösung gleichfalls mit der Theorie der elliptischen Funktionen zusammenhängt, nämlich die des von GAUSS als Pentagramma mirificum bezeichneten sphärischen Fünfecks, dessen Diagonalen Quadranten sind. Die Untersuchung wird dann auf den Seiten 240—251 des Handbuchs fortgesetzt, auf S. 249 steht das Datum »1843 April 20.«; einige weitere hierher gehörige Aufzeichnungen finden sich auf einzelnen Zetteln. Abgedruckt sind diese Stücke Werke III, S. 481—490 und VIII, S. 106—111. Die erste Aufzeichnung von 1834 (Werke III, S. 481—484, Zeichnung und Art. 1, 2) erwähnt den Zusammenhang mit den elliptischen Funktionen ebensowenig, wie die erste Notiz über die Abbildung der Ellipse. Vielmehr wird es durch die Zeichnung auf S. 481 und auch durch die Formeln des Art. 1, S. 482, die sich direkt auf die bei der Figur des Pentagramma auftretenden rechtwinkligen sphärischen Dreiecke beziehen, wahrscheinlich gemacht, dass GAUSS an die Untersuchungen in J. NAPIERS *Mirifici Logarithmorum canonis descriptio* (Edinburgh 1614), lib. II, cap. IV [303]) angeknüpft hat; die Bezeichnung als Pentagramma mirificum wäre dann auch in Anlehnung an den Titel des genannten Werkes gewählt. Ähnlich wie für die Abbildung der Ellipse, erkennt GAUSS auch hier die Beziehung zu den elliptischen Funktionen erst mehrere Jahre später, nämlich in der Aufzeichnung S. 247—249 des Handbuches (Werke III, S. 488 —490, Art. 6—8), die mit den (im Abdruck weggelassenen) Worten beginnt: »Quintessenz aller Untersuchungen, mit zum Teil abgeänderten Bezeichnungen« [304]).

---

[303] Ausführlich besprochen von FRICKE, Werke VIII, S. 112, 113. GAUSS dürfte auch J. H. LAMBERTS *Beiträge zum Gebrauche der Mathematik* I, 1765, 2. Auflage 1792, gekannt haben, wo in der dritten Abhandlung: *Anmerkungen und Zusätze zur Trigonometrie*, § 13—31 das Pentagramma behandelt wird. Weitere Literatur siehe bei ZACHARIAS, Encyklopädie, Band III, 1, II, S. 1045.

[304] FRICKE vermutet, dass GAUSS die Beziehung zu den elliptischen Funktionen »auf Anregung von JACOBIS Abhandlung *Über die Anwendung der elliptischen Transzendenten auf ein bekanntes Problem der Elementargeometrie* (1828, JACOBIS Werke I, S. 277) erkannt hat«. Ein direkter Hinweis auf den Zusammenhang zwischen Pentagramma und dem Schliessungsproblem findet sich bei GAUSS nicht; sein Hinweis im Art. 8, Werke III, S. 490: »in der Bedeutung von JACOBI p. 31« bezieht sich auch nicht auf die genannte Abhandlung JACOBIS (die CRELLES Journal 3, S. 376 ff. steht), sondern auf dessen *Fundamenta nova* (1829), wo in der Tat auf Seite 31 (S. 82 des I. Bandes von JACOBIS Werken) die von GAUSS a. a. O. benutzten Zeichen $K, k, \Delta\varphi$ eingeführt werden. Die Vermutung FRICKES scheint hiernach wenig glaubhaft, zumal auch kein Anzeichen dafür spricht, dass GAUSS jene Abhandlung JACOBIS näher angesehen hat. Wir bemerken noch, dass GAUSS das Pentagramma 1842 als Preisaufgabe der philosophischen Fakultät gestellt hat, siehe Werke XII, S. 221.

25*

Diese Beziehung kann in folgender Weise dargestellt werden[305]). Wir nehmen auf der Kugel vom Halbmesser 1 ein Koordinatensystem p, q, für das das Linienelement die Form $2(p^2+q^2+1)^{-1}(dp^2+dq^2)^{\frac{1}{2}}$ erhält, und deuten

$$x = 2p(1-p^2-q^2)^{-1}, \quad y = 2q(1-p^2-q^2)^{-1}$$

als rechtwinklige Koordinaten in einer Ebene E. Sind dann p_k, q_k $(k = 1, 2, ..., 5)$ die Koordinaten der Eckpunkte des Pentagramms, x_k, y_k die entsprechenden Werte von x, y, so stellt sich die Bedingung, dass die fünf Diagonalen Quadranten sind, in der Form dar:

$$(1) \qquad x_k x_{k+2} + y_k y_{k+2} + 1 = 0,$$

wo die Indizes modulo 5 zu reduzieren sind[306]). Legen wir also in der Ebene E durch die 5 Punkte x_k, y_k einen Kegelschnitt C_1 und konstruieren dessen Polarfigur C_2 in bezug auf den imaginären Kreis $x^2+y^2 = -1$, so ist das von diesen fünf Punkten gebildete Fünfeck C_1 eingeschrieben und C_2 umgeschrieben, womit die Beziehung zwischen dem Pentagramma und einem PONCELETschen Schliessungsproblem für den Fall des Fünfecks in Evidenz gesetzt ist[307]). Die Kegelschnitte C_1, C_2 werden simultan auf ihre Hauptachsen transformiert; es seien die so transformierten Gleichungen

$$(2) \qquad \begin{aligned} G'u^2 + G''v^2 + G &= 0, \\ GG''u^2 + GG'v^2 + G'G'' &= 0, \end{aligned}$$

wo in Übereinstimmung mit GAUSS (Art. 5, Werke III, S. 487) $G < 0$, $G' > 0$, $G'' > 0$ sein möge. Führt man durch die Gleichungen

$$u = \sqrt{-\frac{G}{G'}}\cos\varphi, \quad v = \sqrt{-\frac{G}{G''}}\sin\varphi$$

die exzentrische Anomalie für C_1 ein (Art. 7, a. a. O. S. 489) und bezeichnet ihre Werte für die 5 Punkte (x_k, y_k) mit φ_k, so lauten die den Gleichungen (1) entsprechenden Relationen in den transformierten Koordinaten

$$(1\,a) \qquad GG''\cos\varphi_k \cos\varphi_{k+2} + GG'\sin\varphi_k \sin\varphi_{k+2} - G'G'' = 0$$
$$(k = 1, 2, ..., 5).$$

---

305) Vergl. L. SCHLESINGER, CRELLES Journal 124, 1901, S. 36 ff.; die geometrischen Artikel der GAUSSschen Aufzeichnungen Werke III, Art. 1—5 und VIII, Art. 9—11 sind von FRICKE, Werke VIII, S. 112—117 ausführlich erläutert worden.

306) Vergl. die Gln. (1) bei FRICKE, Werke VIII, S. 114.

307) Vergl. GUNDELFINGER, Vorlesungen aus der analyt. Geometrie, 1895, S. 423.

Durch Verbindung zweier dieser Gleichungen ergeben sich dann die von Gauss (Art. 7, a. a. O. S. 489) aufgestellten Relationen

$$(3) \qquad \frac{\sin\frac{1}{2}(\varphi_k + \varphi_{k-1})}{\cos\frac{1}{2}(\varphi_k - \varphi_{k-1})} = \frac{G}{G''}\sin\varphi_{k+2}, \quad \frac{\cos\frac{1}{2}(\varphi_k + \varphi_{k-1})}{\cos\frac{1}{2}(\varphi_k - \varphi_{k-1})} = \frac{G}{G'}\cos\varphi_{k+2},$$

die sofort an die Multiplikationsformeln der elliptischen Funktionen erinnern. Setzt man nun mit Gauss (Art. 8, a. a. O. S. 490)

$$k^2 = \frac{\frac{1}{G'^2} - \frac{1}{G''^2}}{\frac{1}{G'^2} - \frac{1}{G^2}}, \quad z = \int_0^\varphi \frac{d\varphi}{\sqrt{1 - k^2\sin^2\varphi}}$$

und mit den Jacobischen Bezeichnungen

$$\varphi = \operatorname{am} z, \quad \varphi_k = \operatorname{am} z_k,$$
$$\frac{G'^2}{G^2} = \cos^2\operatorname{am}\tau, \quad \frac{G'^2}{G''^2} = 1 - k^2\sin^2\operatorname{am}\tau = \Delta^2\operatorname{am}\tau,$$

so ergibt die Division der Gleichungen (3) durcheinander

$$\operatorname{tg}\tfrac{1}{2}(\operatorname{am} z_k + \operatorname{am} z_{k-1}) = \Delta\operatorname{am}\tau . \operatorname{tg}\operatorname{am} z_{k+2}.$$

Vergleicht man diese Gleichung, wie es Jacobi beim Schliessungsproblem tut[308]), mit der aus der Theorie der elliptischen Funktionen bekannten Formel

$$\operatorname{tg}\tfrac{1}{2}(\operatorname{am} z + \operatorname{am}(z + 2\tau)) = \Delta\operatorname{am}\tau . \operatorname{tg}\operatorname{am}(z + \tau),$$

so erhält man

$$\varphi_{k-1} = \operatorname{am}(z_k + 2\tau), \quad \varphi_{k+2} = \operatorname{am}(z_k + \tau),$$

also abgesehen von Vielfachen von 2π

$$\varphi_{2k+1} = \operatorname{am}(z_1 + k\tau).$$

Ist das Fünfeck ein konvexes, so dass beim Durchlaufen der Ecken in der Reihenfolge 1, 3, 5, 2, 4, 1 die exzentrische Anomalie um 4π zunimmt, so ist

$$\operatorname{am}(z_1 + 5\tau) = \operatorname{am} z_1 + 4\pi,$$

also $\tau = \tfrac{4}{5}K$, so dass sich in Übereinstimmung mit den Formeln von Gauss (Art. 8, a. a. O. S. 490)

$$\varphi_k = \operatorname{am}(z_k + (k-1)\tfrac{4}{5}K) \qquad (k = 1, 2, \ldots, 5)$$

ergibt.

---

308) Siehe die in der Fussnote [304]) genannte Abhandlung, Jacobis Werke I, S. 285.

Diese Aufzeichnungen von 1843 sind anscheinend die letzten, die GAUSS über elliptische Funktionen gemacht hat. Da er 1791 begonnen hat, sich mit der Theorie des agM. zu beschäftigen, so erstreckt sich seine Arbeit an der Theorie dieser Funktionen auf einen Zeitraum von mehr als fünfzig Jahren.

Entspringend aus den beiden Wurzeln des agM. (1791) und der Theorie der lemniskatischen Funktionen (1797), erwächst der Stamm der Theorie der elliptischen Funktionen in den grossen Entdeckungen von November 1799 bis Mitte des Jahres 1800 zu seiner vollen Höhe. Mit Hilfe der durch das agM. definierten Perioden wird der Sinus lemniscaticus zum Sinus lemniscaticus in allgemeiner Fassung ausgebaut, und mit der Einführung der vier Thetafunktionen, die als unendliche Reihen und Produkte dargestellt werden, gewinnt GAUSS das Instrument, das ihm, im Verein mit seiner Reduktionstheorie der quadratischen Formen, die Herrschaft über die elliptischen Funktionen und die Modulfunktion sichert.

An die Stelle des agM. tritt dann, wohl um 1801, jedenfalls vor 1806, die allgemeinere Betrachtung der durch die Reihe $F(\alpha, \beta, \gamma, x)$ definierten Funktionen, mit der GAUSS in die Theorie der homogenen linearen Differentialgleichungen zweiter Ordnung einlenkt und die Grundlagen für die funktionentheoretische Behandlung derselben schafft.

In welchem Masse er auch als Vorläufer für die Theorie der automorphen Funktionen angesehen werden muss, zeigt nicht nur seine Konstruktion des Fundamentalbereichs für die Modulfunktion, sondern auch seine Deutung der linearen Substitution

$$t' = \frac{(\alpha + \beta i)t - (\gamma + \delta i)}{(\gamma - \delta i)t + \alpha - \beta i}$$

als Drehung der Kugelfläche in sich selbst, die in zwei, Werke VIII, S. 354 —356 abgedruckten Aufzeichnungen erörtert wird, und das auf einen Fall transzendenter Dreiecksfunktionen, der sich nicht der Modulfunktion unterordnet, bezügliche Polygonnetz, das Werke VIII, S. 104, nach einer Zeichnung auf einem besonderen Blatte, wiedergegeben ist.

X. Zunehmendes Alter. Doktorjubiläum. Letzte Lebensjahre.

a) Jubiläumsschrift.

Plan einer Abhandlung über Reihenkonvergenz.

SARTORIUS berichtet[309]), GAUSS habe einmal gesagt, dass ihm in seiner Jugend die Gedanken in solcher Fülle ununterbrochen zugeströmt seien, dass er ihrer kaum hätte Herr werden, und nur einen Teil derselben hätte aufzeichnen können. Überblickt man aber seine Produktion auch in der späteren Zeit, also etwa von 1840 ab, so hat man den Eindruck, dass dieselbe Ideenfülle noch bis ins hohe Alter vorgehalten hat, und nur infolge der Abnahme der körperlichen Kräfte nicht mehr voll zur Gestaltung kommen konnte. Wir nennen unter den auch durch ihre Vielseitigkeit erstaunlichen Arbeiten dieser Zeit die *Dioptrischen Untersuchungen* (1840, Werke V, S. 243, *Anzeige* S. 305), die beiden Abhandlungen *über höhere Geodäsie* (I, 1843, Werke IV, S. 259, *Anzeige* S. 347; II, 1846, ebenda, S. 301, *Anzeige* S. 352) und die grosse, in das Jahr 1845 fallende Denkschrift über die Neuorganisation der Professoren-Witwenkasse (abgedruckt Werke IV, S. 119). Aus dem Jahre 1847 sind uns drei in das Gebiet der Analysis gehörende Aufzeichnungen erhalten, die sich auf den letzten Seiten des Handbuchs 19, Be finden, es sind dies

1) S. 273—276 des Handbuchs (abgedruckt Werke VIII, S. 80—83) »LAGRANGES Lehrsatz auf möglichst lichtvolle Art abgeleitet«, datiert vom 13. Mai 1847, vergl. oben S. 25.

2) S. 277 des Handbuchs (abgedruckt Werke X, 1, S. 398, 399) die Darstellung einiger diskontinuierlicher Funktionen durch trigonometrische Reihen,

3) S. 289—293 des Handbuchs (abgedruckt Werke X, 1, S. 355—359) einige Ansätze zur Theorie der Reihen $F(\alpha, \beta, \gamma, x)$, insbesondere derjenigen, die (vergl. Art. 6 der *Disquisitiones* von 1812) als Entwicklungskoeffizienten von $(1 + f^2 - 2f \cos \varphi)^{-\theta}$ nach den Kosinus der Vielfachen von φ auftreten. GAUSS verfolgt hier anscheinend den Zweck, das Verhalten dieser Koeffizienten für weit entfernte Glieder zu bestimmen, ähnlich wie er

---

309) A. a. O. Fussnote 13), S. 78.

es in früher Jugendzeit für die Entwicklungskoeffizienten der Mittelpunktsgleichung getan hat (siehe Abschn. V e), oben S. 115).

Mit dieser letztgenannten Aufzeichnung schliesst das im Mai 1809 begonnene
Handbuch 19, Be ab; GAUSS hat danach kein neues Handbuch mehr angefangen, sondern seine mathematischen Notizen und Entwürfe auf lose Blätter
geschrieben.

Das Jahr 1849 bringt am 16. Juli GAUSS' goldenes Doktorjubiläum[310],
das der Jubilar selbst dadurch feiert, dass er in der festlich geschmückten
Aula der Gesellschaft der Wissenschaften die Abhandlung *Beiträge zur Theorie
der Gleichungen* (Werke III, S. 71, *Anzeige* S. 113) vorlegte. Der erste Teil
dieser Arbeit bezweckt, den vor fünfzig Jahren gegebenen Beweis für die
Wurzelexistenz »mit erheblichen Zusätzen« und »in einer abgeänderten und
. . . eine vergrösserte Klarheit darbietenden Gestalt zu wiederholen«, während
der zweite Teil Methoden angibt, um für trinomische Gleichungen »nicht
bloss die reellen, sondern auch die imaginären Wurzeln . . . mit Leichtigkeit
zu bestimmen«.

Die »erheblichen Zusätze«, die der erste Teil der Jubiläumsschrift zu dem
Beweise der Inauguraldissertation bringt, bestehen darin, dass einmal die Koeffizienten der gegebenen ganzen Funktion n-ten Grades $X = T + Ui$ beliebig
komplex sein können, und dass ferner die Existenz der n Wurzeln auf einen
Schlag bewiesen wird, was (vergl. oben S. 61) ja schon im Art. 23 der *Dissertation* als möglich bezeichnet worden war. Die Abänderung und Vereinfachung der Beweisführung erzielt GAUSS (vergl. die Fussnote Werke III, S. 82)
dadurch, dass er durch Betrachtung der Ebenenteile, in denen T positiv ist,
zeigt, dass die Kurve $T = 0$ in den Kreis K, ausserhalb dessen sicher keine
Wurzel von $X = 0$ liegt, in n getrennten Zügen eintritt, von denen jeder
das Kreisinnere stetig durchsetzt und wieder verlässt. An der Eintritts- und
Austrittsstelle eines jeden Zuges hat U, entgegengesetzte Vorzeichen, so dass
auf jedem eine Nullstelle von U, d. h. also ein Punkt liegen muss, in dem T
und U gleichzeitig verschwinden. Im Art. 10 wird auch der Fall mehrfacher
Wurzeln erledigt. Die Betrachtung der Flächenräume, wo $T > 0$ ist, hat
GAUSS seiner neuen Darstellung zugrunde gelegt, weil ihm die Natur der Ge-

---

310) Die promovierende Universität Helmstedt war 1809 durch die westfälische Regierung JÉRÔMES
aufgehoben worden.

biete, in denen eine Potentialfunktion konstantes Vorzeichen bewahrt, vertraut geworden war. Er macht zwar in der Abhandlung selbst von dieser Eigenschaft der Funktion T keinen direkten Gebrauch; wenn er aber im Art. 8 sagt, es »würde nicht schwer sein zu beweisen, dass bei der besonderen Beschaffenheit der Funktion T« die Fläche, wo $T > 0$ ist, keine »nicht zu ihr gehörige Insel« einschliessen kann, so hat er dabei ohne Zweifel die Beschaffenheit von T, ein logarithmisches Potential zu sein, im Sinne.

Im zweiten Teile wird zunächst eine bis ins Einzelne gehende Vorschrift entwickelt, wie für eine trinomische Gleichung

$$x^{m+n} + fx^m + g = 0$$

mit reellen f, g die reellen Wurzeln mit Benutzung der GAUSSschen Logarithmen (vergl. oben Abschn. VII e), S. 155) berechnet werden können. GAUSS hebt dabei (Werke III, S. 86) hervor, dass er dieses Verfahren schon 1840 für den Fall quadratischer Gleichungen (Werke III, S. 255) und 1843 für die kubische Gleichung, die »bei der parabolischen Bewegung zur Bestimmung der wahren Anomalie dient« (Werke VI, S. 191—193) angegeben, und an der letztgenannten Stelle auf seine Anwendbarkeit bei beliebigen trinomischen Gleichungen hingewiesen habe[311]. Die Berechnung der komplexen Wurzeln kann für eine Gleichung der Form

$$x^{m+n} + fe^{\varphi i} x^m + g e^{\gamma i} = 0$$

von dem zweidimensionalen Gebiet auf das eindimensionale reduziert werden, indem man $x = r e^{\varrho i}$ setzt und $\lambda = g^n f^{-n-m}$ einführt, wodurch sich zur Bestimmung von ϱ die Gleichung

$$\lambda = (-1)^{m+n} \frac{\sin^m(m\varrho + \varphi - \gamma) \sin^n(n\varrho - \varphi)}{\sin^{m+n}((m+n)\varrho - \gamma)}$$

ergibt. Hat man hieraus ϱ gefunden, so bestimmt sich r z. B. aus der Gleichung

$$r^n = - \frac{f \sin(m\varrho + \varphi - \gamma)}{\sin((m+n)\varrho - \gamma)}.$$

Hätte GAUSS seine in dem Briefe an MOEBIUS vom 13. August 1849 (Werke X, 1, S. 109, siehe oben S. 190) ausgesprochene Absicht, in einem dritten Teile der Jubiläumsschrift die Konfiguration der Kurven $U =$ const, $T =$ const zu untersuchen, durchgeführt, so würde er wohl auch das für die trinomischen

---

311) Eine Erweiterung des GAUSSschen Verfahrens gibt GUNDELFINGER in den *Tafeln zur Berechnung der reellen Wurzeln sämtlicher Gleichungen etc.*, Leipzig 1897.

Gleichungen entwickelte Verfahren dem oben skizzierten allgemeinen Gedankengang eingeordnet haben.

SARTORIUS berichtet (a. a. O. [13]), S. 69), GAUSS habe nach dem Jubiläum öfter erklärt, er möchte sich in seinen Arbeiten nicht treiben lassen, seine Arbeitszeit sei im Vergleich zu früheren Jahren merklich kürzer geworden. Nach jener Zeit sei GAUSS hauptsächlich mit drei Gegenständen beschäftigt gewesen, mit der Theorie der Konvergenz der Reihen, mit einer zweiten Revision und Bilanz der Professoren-Witwenkasse und mit mechanischen Problemen über die Erdrotation, im Anschluss an den FOUCAULTschen Pendelversuch. Über diese letztgenannte Untersuchung vergleiche man das Werke XI, 1, S. 33—45 abgedruckte Briefmaterial. Für die geplante Abhandlung zur Konvergenz der Reihen sind im Nachlass (vergl. oben S. 142) fünf verschiedene Fassungen ihres Anfangs vorhanden, über die Werke X, 1, S. 437 berichtet ist, und von denen ebenda, S. 400—419 die beiden ersten Artikel des vierten Entwurfs und der fünfte unverkürzt wiedergegeben sind. Davon, was GAUSS beabsichtigt, geben diese Entwürfe nur ein sehr unvollkommenes Bild, etwas mehr erfahren wir aus einer Briefstelle an SCHUMACHER vom 5. Februar 1850 (Werke X, 1, S. 431). GAUSS schreibt, er sei nicht abgeneigt, eine ihm zuteil werdende Musse dazu zu verwenden, um seine Methode, »den Grad der Konvergenz der nach Kosinus und Sinus der Vielfachen eines Winkels fortschreitenden, eine beliebige periodische Funktion ausdrückenden Reihe zu bestimmen, ... in einer ihm selbst genügenden Gestalt auszuführen«, und nennt als hierhergehörig, die Untersuchung über die Mittelpunktsgleichung, über die oben (Abschn. V e), S. 115 ff.) berichtet worden ist. Aus diesem Hinweis geht schon hervor, was GAUSS hier unter Konvergenz versteht; der vierte Entwurf, betitelt *Konvergenz der Reihen, in welche die periodischen Funktionen einer veränderlichen Grösse entwickelt werden* gibt in seinem ersten Artikel, der die Überschrift trägt »Konvergenz der unendlichen Reihen im Allgemeinen«, ausdrücklich die folgende Definition: »Ich werde unter Konvergenz, einer unendlichen Reihe schlechthin beigelegt, nichts anderes verstehen, als die beim unendlichen Fortschreiten der Reihe eintretende unendliche Annäherung ihrer Glieder an die Null«[312]). Im Art. 1 des fünften Entwurfs (Werke X, 1, S. 407)

---

312) Vergl. demgegenüber den Gebrauch des Wortes Konvergenz in dem uns geläufigen Sinne in dem Briefe an SCHUMACHER vom 1. September 1850, Werke X, 1, S. 435.

heisst es dann: »Die Überschrift bezeichnet zwar den Hauptgegenstand dieser Denkschrift, der jedoch nur einen Teil ihres Inhalts ausmacht. Die Lösung der Aufgabe gehört recht eigentlich in das Gebiet der Lehre von den komplexen Grössen . . . .; allein die Wege in diesem Gebiet sind noch nicht überall gebahnt. . . . Es werden daher mit dem Hauptgegenstande einige Nebenuntersuchungen . . . verbunden werden müssen«. Die Artikel 2—5 geben dann für durch »Züge« begrenzte »Schichten« in der Ebene der komplexen Variablen die Grundlagen der Topologie, wobei unter Bezugnahme auf den Art. 5 der Jubiläumsschrift gesagt wird, dass diese geometrische Deutung »nur bezweckt, die Bewegung in dem . . . Felde der abstrakten komplexen Grössen zu erleichtern und eine Sprache für dieselbe zu vermitteln«. Eine Schicht kann durch einen oder auch durch mehrere geschlossene Züge begrenzt werden, und bestimmt allemal eine gewisse »Folgeordnung« in diesen Zügen, »ähnlich, als wenn die sämtlichen Uferlinien eines eine oder mehrere Inseln einschliessenden Sees in einem solchen Sinne durchlaufen werden, dass man . . . den See . . . entweder allemal rechts oder allemal links hat«. Im Art. 5 wird dann gezeigt, »dass eine Schicht Σ, die durch zwei oder mehrere geschlossene Züge begrenzt wird, sich in ebensoviele partielle Schichten zerlegen lässt, die jede nur von einem Zuge begrenzt werden«; wenn es sich dann um Anwendungen handelt, »in welchen zwei an sich gleiche, aber in entgegengesetzten Folgeordnungen vorkommende Züge wie einander destruierend betrachtet werden können, kann man die Totalität der Grenzzüge von Σ . . . gleich setzen . . . der Totalität der einfachen Grenzzüge sämtlicher aus der . . . Zerlegung hervorgehender Schichten«[313]). Welche Anwendungen GAUSS hier im Auge hatte, ist nicht schwer zu erraten, geht aber mit Sicherheit aus dem Inhalt der nachfolgenden Art. 6—8 hervor. Im Art. 6 gibt GAUSS die Definition eines Integrals $\int_{t_0}^{T} f(t)\,dt$ für eine zwischen t_0 und T eindeutige, endliche und stetige Funktion $f(t)$ als Grenzwert einer Summe und spricht sich dann (in den Artikeln 7, 8) über die Bedeutung eines solchen Integrals weiter wie folgt aus:

»Ist hingegen $f(t)$ eine vielwertige Funktion, so ist erforderlich, dass nach

---

313) Vergl. in bezug auf GAUSS' topologische Untersuchungen STÄCKEL, Abhandl. 4 dieses Bandes S. 49—56.

einem Prinzipe bestimmt sei, welcher aus den verschiedenen Werten der Funktion für jeden Wert von t zwischen den Grenzen t_0 und T gelten soll. Das Prinzip, dass die Werte der Funktion nach der Stetigkeit zusammenhängen sollen, wird, sobald $f(t)$ für einen der Werte t gegeben ist, zur Bestimmung des Zuges ausreichen, so lange man nicht auf einen Wert von t kommt, für welchen der betreffende Wert von $f(t)$ mit einem andern zusammenfällt (also zwei Züge sich kreuzen), in welchem Falle über das fernere Fortschreiten eine anderweitige Bestimmung getroffen werden muss. Übrigens verstehe ich das Fortschreiten nach der Stetigkeit nur so, dass unendlich kleinen Veränderungen von t unendlich kleine Änderungen von $f(t)$ entsprechen, und sehe einen Übergang von reellen Werten zu imaginären nicht als eine Unterbrechung der Stetigkeit an.«

Über den Fall, wo $f(t)$ als eindeutige Funktion in einem zwischen t_0 und T gelegenen Werte t' unendlich wird, heisst es weiter:

»Wenn, indem $f(t')$ unendlich wird, $\int_{t_0}^{t'-\omega} f(t)\,dt$ und $\int_{t'+\omega}^{T} f(t)\,dt$, bei unendlich abnehmendem ω, nicht beide endliche Grenzwerte haben, so bildet ... der Wert $t = t'$ eine unübersteigliche Scheidewand, so lange man (wie man bisher immer getan hat) sich dabei ausschliesslich auf reelle Werte von t beschränkt. Es findet sich hier also eine Lücke in der Integralrechnung. ... Die gründliche Abhülfe dieses Mangels ist nur dadurch zu gewinnen, dass man den imaginären Grössen völlig gleiche Rechte einräumt, also die Analysis gleichmässig über das ganze Gebiet der komplexen Grössen erstreckt. In diesem Gebiete kann man von einem Werte der veränderlichen Grösse t zu einem andern auf unendlich vielen verschiedenen Wegen nach der Stetigkeit gelangen, und so bei der Integration $\int f(t)\,dt$ solche Werte von t, für welche $f(t)$ unendlich gross wird, umgehen. Eine vollständige Abhandlung der aus diesem Gesichtspunkte aufgefassten Theorie des Integrierens würde einen viel grösseren Raum erfordern, als hier zulässig ist. Es werden jedoch einige für unsere Hauptuntersuchung notwendigen Sätze hier entwickelt werden müssen.«

Damit bricht die Handschrift ab.

GAUSS hatte also die Absicht, die in den Art. 2—5 entwickelte Topologie der schlichten ebenen Bereiche auf die Theorie der Integration im komplexen Gebiete anzuwenden, wobei jedoch die Beschränkung auf eindeutige

Funktionen, bezw. eindeutige Zweige mehrdeutiger Funktionen wesentlich erscheint.

Das, was GAUSS über die Integrale mehrdeutiger Funktionen sagt, bestätigt nämlich (vergl. oben S. 152ff.), dass er in das Wesen dieser Integrale nicht völlig eingedrungen ist. Denn dadurch, dass er nach dem Einrücken in einen Verzweigungspunkt »über das fernere Fortschreiten eine anderweitige Bestimmung« für erforderlich hält, beschränkt er sich auf die Betrachtung eines eindeutigen Zweiges der Integralfunktion, statt — wie es z. B. JACOBI 1835 [314]) getan hat —, gerade aus dem Fehlen einer solchen Bestimmung die Abhängigkeit des Integralwerts vom Integrationswege zu folgern.

In bezug auf den »Hauptgegenstand der Denkschrift« haben wir nur noch eine (als Art. 9, Werke X, 1, S. 416—419 abgedruckte) Aufzeichnung auf einem einzelnen Blatte, und die offenbar gleichfalls hierhergehörigen, oben (S. 199) unter 1)—3) genannten letzten Eintragungen in dem Handbuch 19, Be. Ein deutliches Bild von dem, was GAUSS beabsichtigt hat, lässt sich aber auch aus diesen Notizen nicht gewinnen. Weitere Aufzeichnungen aus dem Gebiete der Analysis sind uns nicht erhalten.

An kleineren Bemerkungen stammen aus 1850 noch die im Handbuch von RÜMCKER veröffentlichte geometrische Aufgabe (Werke IV, S. 407—412), die in Briefen an SCHUMACHER gegebene Lösung des Achtköniginnenproblems (Werke XII, S. 19—27) und der Brief an den Rechenkünstler DASE (ebenda, S. 44—47), aus 1852 die Lösung einer Aufgabe aus der Illustrierten Zeitung (ebenda, S. 10—11).

Wenn wir zusammenfassen, wie weit GAUSS in das Gebiet der allgemeinen Theorie der Funktionen komplexer Variabeln vorgedrungen war, so können wir sagen, dass er die Mehrdeutigkeit einer solchen Funktion durch ihre Wertänderung bei einem Umlauf (reditus) der Variabeln um einen singulären Punkt erklärt und die Integration in einem Gebiete, wo die Funktion eindeutig ist, beherrscht hat. Er hat ferner die Bedeutung der Topologie schlichter ebener Bereiche für die Theorie dieser Integrale gekannt, und den Zusammenhang entdeckt, der zwischen den Funktionen einer komplexen Variabeln, der konformen Abbildung und der Theorie des logarithmischen Potentials besteht.

---

314) Vergl. Bibliotheca Mathematica (III), 9, 1909, S. 211—226 (GUNDELFINGER): 11, 1911, S. 138—152 (SCHLESINGER).

In bezug auf die Einsicht in diese Zusammenhänge, sowie auch in bezug auf die Methoden der geometrischen Funktionentheorie, die GAUSS schon in ganz früher Zeit gekannt und mit Erfolg angewandt hat, ist er CAUCHY und dessen Schülern dauernd überlegen geblieben. Was er durch die für alle Gebiete der Grössenlehre geforderte und in seinen Untersuchungen zur Geltung gebrachte Strenge in den Grundlagen und in der Beweisführung — von ihm als Rigor antiquus bezeichnet — als Reformator der ganzen Mathematik geleistet hat, kommt sehr prägnant in der Adresse zum Ausdruck, die ihm die Berliner Akademie zum Doktorjubiläum gewidmet hat[315]. »In allen diesen Schriften«, heisst es daselbst, »gesellt sich zu dem hohen Werte des sachlichen Inhalts die vollendete Form der Darstellung, und eine solche Strenge der Beweisführung, dass Sie die Behandlung mathematischer Gegenstände, welche bei Ihren Vorgängern nicht selten in Mechanismus auszuarten schien, wieder auf die antike Strenge zurückgebracht haben, und dass in Ihren Werken nirgends Resultate auftreten, die nur mit gewissen Beschränkungen gelten, ohne dass diese mit Notwendigkeit aus der Betrachtungsweise hervorgehen, wodurch Sie die Resultate begründen«. Die Grenzen, die seinen Einsichten gesetzt waren, hat GAUSS selbst am schärfsten gesehen und am deutlichsten gefühlt; darum liess er in seinen Handbüchern Leistungen verborgen, zu deren Verständnis die nach ihm Gekommenen nur allmählich, oft erst nach Jahrzehnten herangereift sind.

b) Akademische Tätigkeit in den letzten Lebensjahren. RIEMANN.

Über die letzten Lebensjahre lesen wir bei SARTORIUS (a. a. O. [13]), S. 67): »Seine Vorlesungen über praktische Astronomie und über verschiedene Teile der Mathematik, namentlich über die Methode der kleinsten Quadrate, schienen ihm im vorgerückten Alter mehr Freude als in seinen früheren Lebensjahren zu machen, und wenn er auch anfangs über diese ihm aufgebürdete Last beim Beginn eines jeden neuen Semesters klagte, so war er doch bald mit grosser Lebendigkeit und merkwürdiger geistiger Energie mitten in der Sache; auch hat ein grösserer Kreis von Zuhörern, als der, den er früher um sich zu sehen

---

315) Bericht über die Verhandlungen der Kgl. Preuss. Akad. d. W. zu Berlin 1849, S. 207—209. Die Urschrift befindet sich im Gaussarchiv, sie ist von sämtlichen Mitgliedern unterzeichnet, darunter von den Mathematikern JACOBI, LEJEUNE DIRICHLET und STEINER.

gewohnt war, vielleicht anregend auf ihn gewirkt.« R. DEDEKIND gibt in dem
Aufsatze *Gauss in seiner Vorlesung über die Methode der kleinsten Quadrate*[316])
eine anschauliche Schilderung von GAUSS und dem Milieu, in dem diese Vorlesung stattfand, dieselbe übrigens, aus der Werke X, 1, S. 473—481 ein Auszug nach einer von AUGUST RITTER herrührenden Ausarbeitung wiedergegeben
ist. DEDEKIND schreibt:

»..... Zu Ostern 1850 kam ich nach Göttingen; ... auf meinen Wegen
nach oder von der Sternwarte ... begegnete ich zuweilen GAUSS, und erfreute
mich des Anblicks seiner stattlichen, Ehrfurcht gebietenden Erscheinung, und
sehr oft sah ich ihn in grösster Nähe auf seinem festen Platze im Literarischen
Museum, das er regelmässig besuchte, um Zeitungen zu lesen.

Zu Anfang des folgenden Wintersemesters hielt ich mich für reif, seine
Vorlesung über die Methode der kleinsten Quadrate zu hören, und so betrat
ich, mit dem Testierbuch ausgerüstet und nicht ohne Herzklopfen, zum ersten
Male sein Wohnzimmer, wo ich ihn an seinem Schreibtisch sitzend fand.
Meine Meldung schien ihn wenig zu erfreuen, ich hatte auch wohl gehört,
dass er sich ungern entschloss Vorlesungen zu halten; nachdem er seinen
Namen in das Buch eingetragen hatte, sagte er nach kurzem Schweigen: Sie
wissen vielleicht, dass es immer sehr zweifelhaft ist, ob meine Vorlesungen
zustande kommen; wo wohnen Sie? bei dem Barbier VOGEL? Nun, das trifft
sich ja glücklich, denn der ist auch mein Barbier, durch ihn werde ich Sie
benachrichtigen.

Einige Tage darauf trat dann VOGEL, eine stadtbekannte Persönlichkeit,
ganz erfüllt von der Wichtigkeit seiner Mission, bei mir ein, um zu bestellen,
dass sich noch mehr Zuhörer gemeldet hätten, und dass Herr Geh. Hofrat
GAUSS die Vorlesung halten werde.

Wir waren neun Studenten, von denen ich A. RITTER (später Professor
der Mechanik in Hannover) und MORITZ CANTOR (später Professor in Heidelberg) nach und nach näher kennen lernte; ... Das Auditorium war durch
ein Vorzimmer von GAUSS' Arbeitszimmer getrennt und ziemlich klein. Wir
sassen an einem Tisch, dessen Längsseiten für je drei, aber nicht für vier
Personen bequemen Platz boten. Der Tür gegenüber, am obern Ende sass

316) Festschrift, Göttingen 1901, S. 45—59, DEDEKINDS Werke II, S. 293—306.

GAUSS in mässiger Entfernung vom Tische, und wenn wir vollzählig waren, so mussten zwei von uns, die zuletzt kamen, ganz in seine Nähe rücken und ihr Heft auf den Schoss nehmen. GAUSS trug ein leichtes schwarzes Käppchen, einen ziemlich langen braunen Gehrock, graue Beinkleider; er sass meist in bequemer Haltung, etwas gebeugt vor sich niedersehend, mit über dem Leib gefalteten Händen. Er sprach ganz frei, sehr deutlich, einfach und schlicht; wenn er aber einen neuen Gesichtspunkt hervorheben wollte, wobei er ein besonders charakteristisches Wort gebrauchte, so erhob er wohl plötzlich den Kopf, wandte sich zu seinem Nachbarn und blickte ihn während der nachdrücklichen Rede ernst mit seinen schönen, durchdringenden blauen Augen an. Das war unvergesslich. Seine Sprache war fast ganz dialektfrei, nur bisweilen kamen Anklänge an unsere stadtbraunschweigische Mundart; beim Zählen z. B., wobei er auch den Gebrauch der Finger nicht verschmähte, sagte er nicht eins, zwei, drei, sondern eine, zweie, dreie usf., wie man es noch jetzt bei uns auf dem Markte hören kann. Ging er von einer prinzipiellen Erörterung zur Entwicklung mathematischer Formeln über, so erhob er sich, und in stattlicher, ganz aufrechter Haltung schrieb er an einer neben ihm stehenden Tafel mit der ihm eigenen schönen Handschrift, wobei es ihm immer durch Sparsamkeit und zweckmässige Anordnung gelang, mit dem ziemlich kleinen Raume auszukommen. Für die Zahlenbeispiele, auf deren sorgfältige Durchführung er besonderen Wert legte, brachte er die erforderlichen Data auf kleinen Zetteln mit[317]. . . . Ich kann nur sagen, dass wir diesem ausgezeichneten Vortrage, in welchem auch einige Beispiele aus der Theorie der bestimmten Integrale behandelt wurden, mit immer steigendem Interesse gefolgt sind. Aber es schien uns auch, als ob GAUSS selbst, der vorher wenig Neigung gezeigt hatte, die Vorlesung zu halten, im Laufe derselben doch einige Freude an seiner Lehrtätigkeit empfand. So kam es am 13. März 1851 zum Schluss; GAUSS erhob sich, wir alle mit ihm, und er entliess uns mit den freundlichen Abschiedsworten: Es bleibt mir nur noch übrig, Ihnen zu danken für die grosse Regelmässigkeit und Aufmerksamkeit, mit der Sie meinem doch wohl recht trocken zu nennenden Vortrage gefolgt sind. . . . .«

---

[317] Es folgt nun eine Inhaltsübersicht über die wöchentlich dreistündige Vorlesung; vergl. A. GALLE Werke XI, 2, Abh. 1, S. 6—7.

Aber auch über eine andere, nicht minder bedeutungsvolle Seite von GAUSS akademischer Tätigkeit aus diesen Jahren hat uns DEDEKIND unterrichtet, nämlich über GAUSS' Teilnahme an der Promotion und Habilitation BERNHARD RIEMANNS[318]). RIEMANNS Dissertation *Grundlagen für eine allgemeine Theorie der Funktionen einer veränderlichen komplexen Grösse*, die im November 1851 der Göttinger philosophischen Fakultät eingereicht worden war, fand, wie DEDE-KIND berichtet, eine sehr anerkennende Beurteilung durch GAUSS, der RIEMANN bei seinem Besuch mitteilte, dass er seit Jahren eine Schrift vorbereite, die denselben Gegenstand behandele, sich aber freilich nicht darauf beschränke. Unzweifelhaft hatte GAUSS dabei die im vorhergehenden Abschnitt besprochene Abhandlung über die Konvergenz der Reihen im Sinn, und für das lebhafte Interesse, das GAUSS der Erstlingsschrift seines genialen Zuhörers entgegen brachte, zeugt ein Blättchen des Nachlasses (Fm, Varia analytica), wo unter der Überschrift *Taylors Lehrsatz nach Cauchys Behandlung* der CAUCHYSCHE Integralsatz für den Fall eines Kreises abgeleitet wird, und auf dessen letzter Seite der RIEMANNSche Integralsatz für das logarithmische Potential in der Form:

$$ -2\pi u_0 = \int \left(u \frac{\partial \log r}{\partial p} - \log r \frac{\partial u}{\partial p} \right) ds $$

steht. Die vollständige Übereinstimmung mit RIEMANNS Bezeichnungen (Inauguraldissertation, Art. 10, RIEMANNS Werke, 2. Aufl., S. 20) bezeugt, dass GAUSS diese Formel sich aus RIEMANNS Inauguraldissertation notiert hat.

Anfangs Dezember 1853 reichte RIEMANN, der inzwischen im mathematisch-physikalischen Seminar Assistent WILHELM WEBERS geworden war, seine Habilitationsschrift *Über die Darstellbarkeit einer Funktion durch eine trigonometrische Reihe* der Fakultät ein. Von den für die Probevorlesung vor der Fakultät vorgeschlagenen drei Thematen wählte GAUSS, gegen das übliche Herkommen, nicht das erste, sondern das dritte *Über dic Hypothesen, welche der Geometrie zu Grunde liegen*, »weil er begierig war zu hören, wie ein so schwieriger Gegenstand von einem so jungen Manne behandelt werden würde«. »Nachdem ich«, schreibt RIEMANN am 26. Juni 1854 an seinen Bruder, »etwa vierzehn Tage nach Ostern mit einer andern Arbeit, die ich nicht gut vermeiden konnte, fertig geworden war, ging ich nun eifrig an die Ausarbeitung meiner Probe-

---

318) Siehe RIEMANNS Werke, 2. Aufl. 1892, S. 539 ff. insbesondere S. 545, 548, 549.

vorlesung und wurde um Pfingsten damit fertig. Ich erreichte es indess nur mit vieler Mühe, dass ich mein Kolloquium gleich machen konnte. .... Gauss' Gesundheitszustand ist nämlich in der letzten Zeit so schlimm geworden, dass man noch in diesem Jahre seinen Tod fürchtet, und er sich zu schwach fühlte, mich zu examinieren. ... Ich hatte mich schon in das Unvermeidliche gefügt, da entschloss er sich plötzlich auf mein wiederholtes Bitten, um die Sache vom Halse los zu werden, am Freitag nach Pfingsten Mittag, das Kolloquium auf den andern Tag um halb Elf anzusetzen und so war ich am Sonnabend um Eins glücklich damit fertig.« Die Probevorlesung übertraf Gauss' Erwartungen und setzte ihn in das grösste Erstaunen; auf dem Heimwege aus der Fakultätssitzung sprach er sich zu Wilhelm Weber mit der höchsten Anerkennung und mit einer bei ihm seltenen Erregung über die Tiefe der von Riemann vorgetragenen Gedanken aus.

Man darf es wohl als einen besonders harmonischen Ausklang dieses reichen Lebens bezeichnen, dass es Gauss noch vergönnt war, die ersten Schöpfungen des Mannes durch seinen Beifall zu krönen, der wie kein zweiter berufen war, in der Funktionentheorie und in der Geometrie das, was Gauss begonnen und erstrebt hatte, weiter zu fördern, durch seine tiefen und originalen Gedanken zu befruchten und damit zum Ausgangspunkte aller weiteren Entwicklung auf diesen Gebieten zu machen.

Sachregister.

Namenregister.

Berichtigungen zu der Abh. 2 (Gauss' Werke Bd. X, 2).

Seite 10, Zeile 21 lies ihn statt ihnen.

» 13, Zeile 2 v. u. fehlt Komma vor dass.

» 14, Zeile 13 v. u. fehlt Komma vor und.

» 25, Zeile 13 lies ganz statt ganze.

» 31, Zeile 16 lies vollständigen statt kompletten.

» 38, Zeile 3 der Fussnote 54, lies im statt in.

» 40, Zeile 13 fehlt Komma vor was.

» 40, Zeile 16 ist Komma vor nicht zu streichen.

» 46, Zeile 1 fehlt Komma vor aus.

» 57, Zeile 1 lies deren statt dessen.

» 60, Zeile 22 ist Komma vor GAUSS zu streichen.

» 70, Zeile 14 lies Analogon statt Anaolgon.

» 70, Zeile 23 ist zwischen (16) und auftretenden einzufügen: mit $\dfrac{\nu}{\pi}$ multipliziert.

» 72, Zeile 3 v. u. fehlt Komma vor und.

» 82, Zeile 4 ist Komma vor nach zu streichen.

» 93, Zeile 14 lies der statt des.

» 97, Fussnote 112, Zeile 1 fehlt Komma vor so.

» 124, Zeile 16 lies unterhalb statt unterhab.

» 140, Zeile 7 v. u. lies älteren statt ältern.

» 149, Zeile 8 fehlt Komma vor später, Zeile 2 der Fussnote 216 lies *los* statt *os*.

» 214, Namenregister lies ALEMBERT, J. statt T.

» 215, Namenregister lies LIOUVILLE statt LIONVILLE.

» 216, Namenregister lies PFAFF, J. FR. statt T. FR.

Berichtigungen zu den Bänden III und X,1 der Werke.

Zu Band III:

S. 130 Gl. (4) und (11) fehlt im letzten Gliede der Faktor x, und in (11) hat dieses Glied das Vorzeichen — statt +.

133 Gl. (23) steht $\alpha - 1$ statt α und $\beta - 1$ statt β.

369 2. Textzeile steht sint statt sive.

372 Zeile 10 v. u. ist simulacque zu streichen.

373 Zeile 9 und 8 v. u. steht $\dfrac{x - x'}{x}$ statt $\dfrac{x - x'}{x'}$.

377 Zeile 5 steht $\log 2 \dfrac{n_a}{n_b}$ statt $\log 4 \dfrac{n_a}{n_b}$.

380 Zeile 1 steht $\dfrac{1}{2^\pi}$ statt $\dfrac{1}{2^n}$.

386 Zeile 10 v. u. steht h statt $\dfrac{1}{h}$.

405 Zeile 11 im Nenner steht $1 + 2ss + s^4$ statt $1 + 2ss - s^4$.

420 Zeile 5 im Nenner von A steht $2^{\frac{7}{2}}$ statt $2^{\frac{7}{4}}$.

423 Zeile 8 v. u. im Nenner steht $\cos \varphi$ statt $\sin \varphi$.

433 Letzte Formel im Zähler steht $9e^{-4\frac{\varpi'}{\varpi}\pi}$ statt $9e^{-9\frac{\varpi'}{\varpi}\pi}$.

437 Zeile 11 steht $-i \sin (2k + 2\omega)\omega'\pi$ statt $+i \sin (2k + 2\omega)\omega'\pi$.

Zeile 13 steht $-3e\ldots$ statt $-e\ldots$

462 Zeile 10 v. u. steht $at(1 + y^{n-4})$ statt $at^2(1 + y^{n-4})$.

478 Zeile 1 steht $\dfrac{m}{n}$ statt $\dfrac{n}{m}$.

489 Zeile 7 v. u. steht $\dfrac{G}{G''} \cos \varphi$ statt $\dfrac{G}{G'} \cos \varphi$.

490 Zeile 7 v. u. steht $1 - hk \sin \varphi^2$ statt $1 - kk \sin \varphi^2$.

Zeile 5 v. u. 4. Spalte lies proportional.

Zu Band X, 1:

S. 16 muss die Reihe für a^∞ lauten

$$a^\infty = a + \frac{2}{3}(a' - a) - \frac{2}{3 \cdot 15}\frac{(a' - a)^2}{a} + \frac{14}{9 \cdot 45}\frac{(a' - a)^3}{a^2} - \cdots$$

150 Gleichung (3) steht $\dfrac{\pi}{2}$ statt $\dfrac{\pi}{4}$.

Zeile 6 und 7 sind die Worte klein, gross zu vertauschen.

Fussnote *) steht 412 statt 413.

165 muss in der Reihe für M der Koeffizient von x^5 lauten $-\dfrac{1}{60}$.

186 Zeile 7 steht 36384 statt 16384.

S. 188 steht die Gleichungsnummer [24] einmal statt [23],

vorletzte Zeile steht 8024 statt 1024.

192 letzte Zeile steht $(\frac{1}{2})^2$ statt $(\frac{1}{2})^3$.

196 Gl. [17] steht $\dfrac{\sqrt{2\cos v \cdot M\cos v}}{\sqrt[4]{\sin v}}$ statt $\dfrac{\sqrt{\cos v \cdot M\cos v}}{\sqrt{2}\,\sqrt[4]{\sin v}}$

und das zweite Mal sin φ statt sin 5φ.

202 letzte Zeile lies $R = -z^4 Q,\ S = -z^6 R$.

205 in dem Ausdruck für $Qn\varpi$ steht sin $n\pi$ statt sin $n\pi^2$.

Zeile 3 v. u. im Nenner steht $+\dfrac{2}{x^3}$ statt $-\dfrac{2}{x^8}$.

208 Zeile 5 in der Klammer fehlt hinter 2 der Faktor $\dfrac{x'}{x''}$ und hinter 4 der Faktor $\dfrac{x'}{x'''}$.

210 Zeile 5 v. u. steht z statt 2.

211 Zeile 8 v. u. steht B' statt zB'.

214 Gl. 4 steht $\dfrac{ch\ldots}{4x}$ statt $\dfrac{4x^2h\ldots}{c}$.

223 2. Spalte, Zeile 3 steht $e^{-\frac{uu}{4\pi t}}$ statt $e^{-\frac{\pi uu}{t}}$.

224 letzte Zeile steht M statt Mi.

225 Zeile 7 v. u. steht z^h statt ε^{-h}.

227 Zeile 8 steht sin $2T''$, cos $2T''$ statt sin $4T''$, cos $4T''$.

253 Zeile 12 steht $\lim\limits_{n\to\infty}\dfrac{b_{-n}}{2^n}$ statt $\lim\limits_{n\to\infty}\dfrac{c_{-n}}{2^n}$.

254 Zeile 6 ist linker Hand das — zu streichen.

Gl. (19) statt des zweiten k^2 lies k^4.

261 Zeile 11 steht III statt IV.

273 Zeile 18 steht 1798 statt 1799.

282 Zeile 18 v. u. lies γit statt γt.

292 in der ersten Zeile des Systems [2′] steht $[xx]^2$ statt $[xx]^3$.

293 Zeile 6 steht $[x^3]$ statt $[x]^3$.

298 Zeile 9 steht $\left(1 - \dfrac{x^{19}}{y}\right)$ statt $\left(1 + \dfrac{x^{19}}{y}\right)$.

301 Zeile 9 v. u. steht $+x^{24}$ statt $-x^{24}$.

308 Zeile 11 v. u. steht x^4 statt x^8.

309 Zeile 2 steht $\frac{9}{2}$ statt $\frac{9}{4}$.

Zeile 4 v. u. steht $ab' + ba'$ statt $ab' - ba'$.

322 Zeile 2 v. u. steht 415 statt 445.

330 Fussnote letzte Zeile lies: Werke X, 2, Abh. 1, S. 62.

394 Zeile 6 steht kleiner statt grösser.

Zeile 7 steht kleinsten statt grössten.

444 vorletzte Textzeile und

445 erste Zeile der Fussnote steht 27 statt 24.

Inhaltsübersicht.

ÜBER DEN ERSTEN UND VIERTEN GAUSSSCHEN BEWEIS DES FUNDAMENTAL-SATZES DER ALGEBRA

VON

ALEXANDER OSTROWSKI

Neubearbeitung des 1920 als Anhang zum Heft VIII der *Materialien für eine wissenschaftliche Biographie von Gauss* (S. 50—58) erschienenen Aufsatzes.
Nachrichten der K. Gesellschaft der Wissenschaften zu Göttingen. Mathem.-physik. Klasse. 1920 Beiheft.

Einleitung.

Während die im ersten Teil der GAUSSschen *Dissertation* (1799, Werke III, S. 1) enthaltene Besprechung der früheren Beweisversuche des Fundamentalsatzes der Algebra sich durch ganz ausserordentliche Sorgfalt auszeichnet, fällt daneben der im zweiten Teil entwickelte Beweis dieses Satzes etwas ab. Nicht etwa, weil dieser Beweis in geometrischer Einkleidung vorgetragen wird, sondern, weil bei ihm Eigenschaften der algebraischen Kurven verwendet werden, die weder in der *Dissertation* selbst, noch in der vorgaussschen Literatur bewiesen sind.

In den folgenden Ausführungen soll nun versucht werden, für den ersten und vierten GAUSSschen Beweis des Fundamentalsatzes der Algebra eine vollständig strenge Darstellung zu geben.

Selbstverständlich darf ein Beweis eines analytischen Satzes, der geometrische Begriffe benutzt, deshalb allein noch nicht als unstreng bezeichnet werden. Solange die geometrische Anschauung nur dazu dient, den Überblick über die benutzten Voraussetzungen und den Gedankengang des Beweises zu erleichtern — oder auch dazu, direkte Anwendung und Formulierung der Grundeigenschaften der Zahlenreihe und der stetigen Funktionen aus darstellungstechnischen Gründen zu umgehen — werden wir heute einen solchen Beweis als korrekt bezeichnen, da man sich eben auf den Standpunkt stellen kann, dass die inzwischen erfolgte sorgfältige Grundlegung der Analysis das an sich etwas schwankende Fundament aller solchen Beweise mit einem Schlage gesichert hat.

Man könnte sich natürlich auch auf den intransigenten Standpunkt stellen, dass, solange keine Klarheit über den Begriff der Irrationalzahl bestand, ein strenger Beweis eines derartigen Existenzsatzes überhaupt unmöglich war. Doch dürfte es wohl richtiger sein, einen Beweis der »vorkritischen« Periode unserer

Wissenschaft als streng anzusehen, wenn er sich an Hand der inzwischen aufgestellten Definitionen und einfachsten Elementarsätze ohne weiteres ergänzen
lässt. In diesem Sinne darf der zweite Gausssche Beweis (Werke III, S. 31)
als absolut streng bezeichnet werden.

Anders ist es, wenn die geometrische Einkleidung dazu dient, die wirklichen Schwierigkeiten zu verhüllen und in die Daten des Problems neue,
nicht ausdrücklich formulierte Voraussetzungen hineinzutragen. In diesem
Falle darf man durchaus von einer wesentlichen Lücke sprechen. —

In dem Gaussschen Beweise handelt es sich im wesentlichen um folgendes:
Es wird ein Polynom

$$f(z) = z^n + A z^{n-1} + \cdots + C$$

mit reellen Koeffizienten betrachtet, und es werden die beiden Kurven

$$\text{(I)} \quad \Re f(z) = 0, \qquad \text{(II)} \quad \Im f(z) = 0$$

untersucht. Es gibt dann ein R derart, dass auf jedem der Kreise $|z| = r$,
$r \geqq R$ genau $2n$ Punkte der Kurve (I) und ebensoviele Punkte der Kurve (II)
liegen, wobei die beiden Punktsysteme einander trennen. Benutzt man Polarkoordinaten r, φ, so lassen sich die Punkte von (I) und (II) für $r \geqq R$ zu je
$2n$ Kurvenzügen

$$\varphi = A_\mu(r), \quad \varphi = B_\mu(r), \qquad (\mu = 1, 2, \ldots, 2n)$$

zusammenfügen, wobei, wie Gauss im Art. 20 bemerkt, sich leicht beweisen
lässt, dass die Funktionen A_μ, B_μ in r stetig sind. Die zugehörigen Kurven-
züge erstrecken sich von der Kreislinie $|z| = R$ ausgehend ins Unendliche,
und zwar so, dass zwischen je zwei aufeinanderfolgenden Zweigen der Kurve (I)
je ein Zweig der Kurve (II) liegt und umgekehrt. Überdies ergibt sich
aus dem Beweise der obigen Tatsachen, dass $\Re f(z)$ beim Überschreiten der
Kurve (I) jedesmal sein Vorzeichen wechselt, während in den zwischen je zwei
aufeinanderfolgenden Zweigen der Kurve (I) gelegenen Bereichen und auf den
entsprechenden Bogen von $|z| = R$ das Vorzeichen von $\Re f(z)$ jedesmal un-
verändert bleibt. Das Analoge gilt für die Kurve (II) und $\Im f(z)$. — Für die
Beweise dieser Tatsachen vergl. die Nummern 1 und 2 der folgenden Darstellung. — Es handelt sich nunmehr um den Verlauf der Kurven (I), (II) im
Innern von $|z| = R$, und die Gausssche Betrachtung beruht in erster Linie

auf der Tatsache, dass sich die ausserhalb von $|z| = R$ verlaufenden Zweige
von (I) (und ebenso auch diejenigen von (II)) so zu Paaren zusammenfassen
lassen, dass, wenn man längs des einen Zweiges $\varphi = A_\mu(r)$ eines solchen
Paares ins Innere von $|z| = R$ hineingeht, man die ganze Kreisfläche durch-
quert und schliesslich längs des anderen Zweiges $\varphi = A_\nu(r)$ dieses Paares aus
dem Kreise heraustritt. Im Nachweis dieser Tatsache liegt die Hauptschwierigkeit; die weiteren Schlüsse der GAUSSSchen *Dissertation* folgen dann in durchaus einwandfreier Weise.

Zur Begründung der genannten Tatsache sagt nun GAUSS, es sei aus der
höheren Geometrie bekannt, dass, wenn ein Zweig einer algebraischen Kurve
in einen begrenzten Raum eintritt, er notwendig wieder aus demselben heraus-
treten müsse, und er bemerkt zur Erläuterung in einer Fussnote (Werke III,
S. 27), dass eine algebraische Kurve »weder plötzlich abbricht, noch sich nach
unendlich vielen Umläufen gewissermassen in einem Punkt verlieren kann«.
Er fügt dann hinzu: ». . . und soviel ich weiss, hat noch Niemand hiergegen
einen Zweifel vorgebracht. Doch werde ich, wenn es jemand fordert, bei
anderer Gelegenheit unternehmen, einen keinem Zweifel unterworfenen Beweis
zu liefern.« Weiter sagt GAUSS, dass im vorliegenden Falle das Nichtab-
brechen der hier vorkommenden Kurven auch schon daraus hervorgeht, dass
sie Gebiete verschiedenen Vorzeichens von $\Re f(z)$ bezw. $\Im f(z)$ voneinander
trennen.

Hierzu ist nun zu bemerken, dass die genaue Durchführung der zuletzt
angegebenen Überlegung einer sorgfältigen topologischen Ausführung bedarf.
Vor allem wäre aber auch der Beweis, dass ein solches Verhalten unmöglich
ist, insofern nicht genügend, als daraus die Möglichkeit des »Fortschreitens«
längs der im Innern von $|z| = R$ liegenden Zweige unserer Kurven, d. h. die
Existenz einer Parameterdarstellung, noch nicht folgt, wie denn überhaupt
der Beweis für die Existenz einer Parameterdarstellung *durch die Fortsetzung
im Kleinen* unter Umständen auf grosse Schwierigkeiten stossen kann, falls
man als einen solchen Parameter nicht eine der Koordinaten oder die Bogenlänge der Kurve benutzen kann. Und die Tatsache, dass es sich bei den
Zweigen einer algebraischen Kurve um einfache Linien handelt, die sich also
etwa aus endlich vielen regulären Bogen zusammensetzen, darf selbstverständ-

lich nicht den Erfahrungen entnommen werden, die man bei der Untersuchung von Kurven etwa der ersten sechs Ordnungen gesammelt hat.

Demnach hat man zur Ergänzung des ersten GAUSSschen Beweises zu zeigen, dass man jede algebraische Kurve — oder auch nur die im GAUSSschen Beweis vorkommenden Kurven — in endlich viele reguläre Bogen zerlegen kann, die sich durch eine Gleichung von einer der beiden Formen

$$y = g(x), \quad x = g(y)$$

darstellen lassen, wobei die Funktion g im Innern des betrachteten Intervalls stetig und beschränkt differenzierbar ist.

Wir führen nun in der weiter unten folgenden Darstellung den Beweis für die GAUSSschen Kurven (I), (II), obgleich er, wie wir bemerken möchten, auch für beliebige algebraische und sogar für nur analytische Kurven ausreicht. Die Überlegungen, die dabei zu benutzen sind, sind zunächst algebraischer Natur. Es ist nämlich für die Durchführung unseres Beweises sehr wertvoll, dass man von vornherein die endlich vielen Punkte angeben kann, in denen ein regulärer Teilbogen der betrachteten Kurve enden könnte. Hierzu braucht man offenbar in erster Linie nur die singulären Punkte und die Berührungspunkte der zur x- und y-Achse parallelen Tangenten der betrachteten Kurve aufzusuchen. Es ist daher wichtig, die Gleichung der Kurve so einzurichten, dass solche Punkte nur in endlicher Anzahl vorkommen. Trifft dies aber in einem Falle nicht zu, so folgt daraus, geometrisch gesprochen, dass unsere Kurve ein mehrfaches Stück enthält, und es ist wesentlich, derartige, mehrfach auftretende Stücke durch algebraische Operationen entfernen zu können. Dies wird möglich, wenn man die folgende algebraische Tatsache benutzt:

Hat ein Polynom in zwei Veränderlichen unendlich viele gemeinsame Nullstellen mit seiner Ableitung nach einer von diesen Veränderlichen, so besitzt es einen mehrfachen Faktor.

Diese Tatsache ist leicht zu beweisen, z. B. mit Hilfe des EUKLIDischen Algorithmus, wobei dann allerdings die folgende für alle Sätze über die Teilbarkeit von Polynomen fundamentale Erweiterung des GAUSSschen Satzes über die Teiler ganzzahliger Polynome (*Disqu. arithm.* Art. 42, Werke I, S. 34) heranzuziehen ist:

Multipliziert man zwei Polynome

$$F(x, y) = A_0(x)y^m + A_1(x)y^{m-1} + \cdots + A_m(x),$$
$$G(x, y) = B_0(x)y^n + B_1(x)y^{n-1} + \cdots + B_n(x),$$

wo $A_0, \ldots, A_m$; $B_0, \ldots, B_n$ Polynome in x sind und sowohl der grösste gemeinsame Teiler von $A_0, \ldots, A_m$ als auch der grösste gemeinsame Teiler von $B_0, \ldots, B_n$ gleich 1 ist, so ist im Produkt

$$FG = C_0(x)y^{m+n} + C_1(x)y^{m+n-1} + \cdots + C_{m+n}(x)$$

der grösste gemeinsame Teiler der Polynome $C_0, \ldots, C_{m+n}$ auch gleich 1.

Es ist von Interesse zu bemerken, dass GAUSS den erwähnten arithmetisch-algebraischen Satz am 22. Juli 1797 gefunden hat, also einige Monate vor der Entdeckung der Prinzipien des ersten Beweises des Fundamentalsatzes. Daher ist es durchaus gerechtfertigt, anzunehmen, dass die zur Durchführung einer Diskussion des Verlaufes einer algebraischen Kurve im Grossen erforderlichen Hilfsmittel GAUSS bei der Abfassung seiner *Dissertation* zur Verfügung standen.

Was den Verlauf eines einzelnen Teilbogens der Kurve zwischen den auf der Kurve markierten Punkten anbetrifft, so kann man hier die Fortsetzbarkeit eines solchen Bogens ohne weiteres durch eine Überlegung beweisen, wie sie offenbar GAUSS im Art. 20 der *Dissertation* zum Beweise der Stetigkeit der dort betrachteten Kurvenzweige vorgeschwebt hat. Um allerdings solche »infinitesimale« Schritte zu einem vollständigen Teilbogen zusammenzufügen, muss man wohl von der gleichmässigen Stetigkeit eines Polynoms in zwei Variabeln Gebrauch machen. Die gleichmässige Stetigkeit lässt sich aber im Falle von Polynomen sehr einfach beweisen, da man die Differenz zweier Polynomwerte ohne weiteres abschätzen kann.

Insofern sind die Hilfsmittel, die wir im Folgenden benutzen, alle der Art, dass sie auch GAUSS im Prinzip bekannt gewesen sein mögen. Gerade in der Algebra und in der Analysis situs lässt sich aber sehr oft ein an sich einfacher Gedanke nur mit grosser Umständlichkeit durchführen, und wenn man bedenkt, dass GAUSS sich bei einer solchen Durchführung nirgends an irgendwelche Vorbilder hätte halten können, so wird man verstehen, warum er sich für eine, für unsere Begriffe reichlich summarische Darstellung entschlossen hat. Denn schliesslich muss man auch bei einer solchen Untersuchung irgendwo anfangen, und eine vollständige Neubegründung der Elemente aus einer derartigen Veranlassung zu geben, dürfte wohl GAUSS fern gelegen haben. Andererseits ist er auf die oben gekennzeichnete Lücke auch später nie zurückgekommen.

In der fünfzig Jahre später entstandenen Neufassung des Beweises von 1799 (in der sogenannten *Jubiläumsschrift* von 1849, Werke III, S. 71) hat er vielmehr den Ansatz etwas zu modifizieren versucht, anscheinend, um jener Schwierigkeit aus dem Wege zu gehen. Er betrachtet jetzt nicht mehr die einzelnen Zweige der Kurven $\Re f(z) = 0$, $\Im f(z) = 0$, sondern die zwischen diesen Zweigen liegenden zusammenhängenden Gebiete, in denen die Funktionen $\Re f(z)$, $\Im f(z)$ konstante Vorzeichen haben. Allerdings gelingt es ihm auch so nicht, die Betrachtung der im Innern von $|z| = R$ liegenden Zweige der Kurven (I), (II) zu vermeiden, er betrachtet vielmehr auch in der Neufassung seines Beweises Umläufe längs dieser Linien, wozu wiederum eine vorherige Diskussion des geometrischen Charakters dieser Linien erforderlich wäre. Der einzige Gewinn scheint darin zu bestehen, dass man sich nunmehr auf die Betrachtung nur einer der beiden Kurven (I), (II) beschränken kann und einen besseren Überblick über die Gesamtheit der Nullstellen von $f(z)$ hat.

Andererseits erweist sich der Gedanke, anstatt der Linien $\Re f(z) = 0$, $\Im f(z) = 0$ die Gebiete $\Re f(z) \gtrless 0$, $\Im f(z) \gtrless 0$ zu betrachten, von wesentlich grösserer Tragweite, als man danach hätte annehmen können. Wir erinnern daran, dass in der Theorie der konformen Abbildung und in den neueren Untersuchungen der mengentheoretischen Topologie der Gedanke, anstatt einer Jordankurve die von ihr begrenzten Gebiete zu betrachten, sich als sehr fruchtbar erwiesen und z. B. zu einer wesentlichen Vereinfachung des Beweises des JORDANschen Kurvensatzes geführt hat. Es ist daher sicher von Interesse, dass man, von der Betrachtung der GAUSSschen Flächenstücke ausgehend, den Beweis des Fundamentalsatzes so zu Ende führen kann, dass dabei ein weiteres Eingehen auf die Gestalt der im Innern von $|z| \leq R$ liegenden Teile der Kurven (I), (II) vollständig überflüssig wird. Man hat dabei nur mit dem Begriff eines Kontinuums zu arbeiten und die verschiedenen Randkontinua der GAUSSschen Flächenstücke zu untersuchen. Dies erscheint umso bemerkenswerter, als dabei von den speziellen Eigenschaften der stetigen Funktionen $\Re f(z)$, $\Im f(z)$ im Innern des Kreises $|z| = R$ kein Gebrauch gemacht und so der folgende äusserst allgemeine Satz gewonnen wird:

Haben zwei im Innern und auf dem Rande von $|z| = R$ stetige reelle Funktionen F, G auf der Kreislinie $|z| = R$ die gleiche Anzahl von einander trennenden Vorzeichenwechseln, und verschwinden sie sonst auf der Kreislinie nicht, so haben sie im Innern des Kreises wenigstens eine gemeinsame Nullstelle. — Hierin liegt eine wohl unerwartet direkte Bestätigung der Bemerkungen am Schlusse des Art. 5 der *Jubiläumsschrift*: »Im Grunde gehört aber der eigentliche Inhalt der ganzen Argumentation einem höheren von Räumlichem unabhängigen Gebiete der allgemeinen abstrakten Grössenlehre an, dessen Gegenstand die nach der Stetigkeit zusammenhängenden Grössenkombinationen sind, einem Gebiete, welches zur Zeit noch wenig angebauet ist, und in welchem man sich auch nicht bewegen kann, ohne eine von räumlichen Bildern entlehnte Sprache.«

Wir werden nun im Folgenden in den Nummern 1 und 2 zunächst die Tatsachen beweisen, die sich auf den Verlauf der Kurven $\Re f(z) = 0$, $\Im f(z) = 0$ ausserhalb des Kreises $|z| = R$ beziehen. Es werden dabei im Wesentlichen nur die Überlegungen der betreffenden Teile der beiden GAUSSschen Abhandlungen in modernerer Weise ausgeführt. In den Nummern 3 bis 6 beweisen wir sodann die hier in Betracht kommenden Tatsachen über den Gesamtverlauf der Kurven $\Re f(z) = 0$, $\Im f(z) = 0$ auch im Innern des Kreises $|z| = R$ und schliessen daran den Beweis der Wurzelexistenz im Sinne der GAUSSschen Methode an. Dabei werden zugleich einige von GAUSS ohne Beweis angegebene Tatsachen über die Kurven $\Re f(z) = 0$, $\Im f(z) = 0$ hergeleitet. Der Beweis des oben zuletzt angegebenen Satzes wird an anderer Stelle[1]) veröffentlicht werden.

1. **Nullstellen von U und T ausserhalb (R).** Es sei

$$f(z) \equiv z^n + A z^{n-1} + \cdots + C = T(r, \varphi) + i U(r, \varphi) = 0, \quad z = x + iy,$$

die vorgegebene algebraische Gleichung, wo r, φ Polarkoordinaten, x, y kartesische Koordinaten sind. Um zu beweisen, dass die Kurven $T = 0$, $U = 0$ sich schneiden, ist es nötig, den Verlauf dieser Kurven zu untersuchen. Wir benutzen dabei zuerst Polarkoordinaten.

---

1) Im CRELLEschen Journal f. d. r. u. a. M. Bd. 170.

Es sei $\omega = \frac{\pi}{4n}$ Teilen wir durch $4n$ Halbstrahlen $\varphi = -\omega$, $\varphi = \omega$, $\varphi = 3\omega$ usw. die ganze Ebene in $4n$ Winkelräume und bezeichnen sie in der entsprechenden Reihenfolge durch (1), (2), ..., ($4n$), so gibt es, wie wir jetzt beweisen werden, eine Zahl R mit den folgenden Eigenschaften:

1) $f(z)$ hat keine Wurzel vom absoluten Betrage $\geq R$.

2) Man beschreibe um den Nullpunkt eine Kreislinie $(\overline{R})$ mit dem Halbmesser $\overline{R} \geq R$ und betrachte T und U auf dieser Kreislinie. Dann sind in den φ-Intervallen $(4n+1)$ T und $\frac{\partial U}{\partial \varphi}$ positiv, U ist hingegen zuerst < 0, dann > 0, hat also eine Wurzel innerhalb jedes φ-Intervalls $(4n+1)$ auf jedem Kreise $(\overline{R})$ und zwar nur eine, wegen $\frac{\partial U}{\partial \varphi} > 0$. In den φ-Intervallen $(4n+2)$ ist $U > 0$, $\frac{\partial T}{\partial \varphi} < 0$, T zuerst > 0, dann < 0, also innerhalb jedes solchen Intervalls $(4n+2)$ einmal und nur einmal $= 0$. In den φ-Intervallen $(4n+3)$ ist $T < 0$, $\frac{\partial U}{\partial \varphi} < 0$, U wechselt je einmal das Vorzeichen. In den φ-Intervallen $(4n)$ endlich ist $U < 0$, $\frac{\partial T}{\partial \varphi} > 0$, T wechselt je einmal das Vorzeichen.

Um ein solches R zu finden, bezeichnen wir die absoluten Beträge der Koeffizienten $A, ..., C$ von $f(z)$ mit $a, ..., c$ und die Summe dieser absoluten Beträge mit S. Dann besitzt $R = \sqrt{2}\,S + 1$ die geforderte Eigenschaft. In der Tat gilt mit diesem Wert von R für $\overline{R} \geq R$:

$$|T - \overline{R}^n \cos n\varphi| \leqq a\overline{R}^{n-1} + \cdots + c \leqq \overline{R}^{n-1}S < \sqrt{\tfrac{1}{2}}\,(\overline{R})^n,$$
$$\left|\frac{\partial U}{\partial \varphi} - n\overline{R}^n \cos n\varphi\right| \leqq (n-1)a\overline{R}^{n-1} + \cdots < n\overline{R}^{n-1}S < n\sqrt{\tfrac{1}{2}}\,(\overline{R})^n.$$

Daher haben dann für jedes φ, für das $|\cos n\varphi| \geqq \sqrt{\tfrac{1}{2}}$ ist, T und $\frac{\partial U}{\partial \varphi}$ das Vorzeichen von $\cos n\varphi$. Dies findet also für alle φ statt, die für ganze k zwischen $(8k-1)\omega$ und $(8k+1)\omega$, oder zwischen $(8k+3)\omega$ und $(8k+5)\omega$ liegen, d. h. in den Intervallen (1), (3), (5).... Und zwar sind in (1), (5), ... T und $\frac{\partial U}{\partial \varphi}$ positiv, in (3), (7), ... negativ. Ganz analog sehen wir, dass, sobald $|\sin n\varphi| \geqq \sqrt{\tfrac{1}{2}}$ ist, U für $\overline{R} \geq R$ das Vorzeichen von $\sin n\varphi$ und $\frac{\partial T}{\partial \varphi}$ das Vorzeichen von $-\sin n\varphi$ hat. Dies findet also für alle φ statt, die für ganze k zwischen $(8k+1)\omega$ und $(8k+3)\omega$ oder zwischen $(8k+5)\omega$ und $(8k+7)\omega$ liegen, d. h. in (2), (4), (6), ... Und zwar ist in (2), (6), ... U positiv, $\frac{\partial T}{\partial \varphi}$ negativ, in (4), (8), ... aber U negativ, $\frac{\partial T}{\partial \varphi}$ positiv. — Daraus ergiebt sich 1) und 2) sofort.

2. **Verlauf von $U = 0$ und $T = 0$ ausserhalb (R).** Danach ist es leicht, den Verlauf etwa der Kurve $U = 0$ für $r \geq R$ zu beschreiben. Sie zerfällt ausserhalb der Kreislinie (R) mit dem Halbmesser R in $2n$ Zweige, die in den Intervallen (1), (3), ... getrennt verlaufen. Fassen wir etwa die Nullstellen von U ausserhalb (R) in (1) ins Auge, so liegt auf jedem Kreise $r = \overline{R}(\overline{R} \geq R)$ genau eine. Alle diese Nullstellen bilden aber eine stetige Kurve. Um dies zu beweisen, brauchen wir nur Folgendes zu zeigen:

Ist $w \geq R$ und (w, ϑ) die Nullstelle von U, die in (1) auf dem Kreise $r = w$ liegt, so kann man jedem ε ein solches δ zuordnen, dass, wenn $w' \geq R$, $w - \delta < w' < w + \delta$ ist und die auf dem Kreise $r = w'$ in (1) liegende Wurzel mit $(w', \vartheta(w'))$ bezeichnet wird, $|\vartheta - \vartheta(w')| < \varepsilon$ bleibt.

Da aber U in (w, ϑ) auf dem Kreise $r = w$ von negativen zu positiven Werten übergeht, so ist für ein hinreichend kleines $\varepsilon' < \varepsilon$

$$U(w, \vartheta - \varepsilon') < 0, \quad U(w, \vartheta + \varepsilon') > 0,$$

und sowohl $(w, \vartheta - \varepsilon')$ als auch $(w, \vartheta + \varepsilon')$ bleiben innerhalb (1). Da U stetig in den Variabeln r, φ ist, so hat man für ein hinreichend kleines δ

$$U(w', \vartheta - \varepsilon') < 0, \quad U(w', \vartheta + \varepsilon') > 0,$$

solange $w - \delta < w' < w + \delta$ bleibt. Daher befindet sich auf dem Kreise $r = w'$ in (1) eine Nullstelle von U, deren Argument zwischen $\vartheta - \varepsilon'$ und $\vartheta + \varepsilon'$ liegt, für die also $|\vartheta(w') - \vartheta| < \varepsilon$ ist.

Und genau analog schliesst man für die übrigen Intervalle (3), (5), ..., sowie für die Kurve $T = 0$.

3. **Wurzeln von $U = 0$ für feste x.** Um den Verlauf von $U = 0$ innerhalb des Kreises (R) zu studieren, benutzen wir kartesische Koordinaten x, y, behalten aber die Funktionalbezeichnung U bei. Enthält U mehrfache Faktoren, so dividiere man sie sukzessive aus U heraus, bis man zu einem Polynom $U^{(1)}$ ohne mehrfache Faktoren gelangt, für das die Kurve $U^{(1)} = 0$ aus den gleichen Punkten besteht wie $U = 0$. Sonst sei $U^{(1)} = U$. Enthält sodann $U^{(1)}$ Faktoren von der Form $x - x'$, so dividieren wir sie aus $U^{(1)}$ heraus und erhalten dadurch $U^{(0)}$. Andernfalls sei $U^{(0)} = U^{(1)}$. Die Gleichung $U^{(0)} = 0$ hat für kein x mehr als n Wurzeln in y. Wir notieren nun alle Werte von x, falls es solche gibt, für die zugleich $U^{(0)}$ und

$\frac{\partial U^{(0)}}{\partial y}$, oder $U^{(0)}$ und $\frac{\partial U^{(0)}}{\partial x}$ verschwinden kann. Gäbe es deren unendlich viele, so müsste $U^{(0)}$ mehrfache Faktoren besitzen[2]). Ferner notieren wir die Werte von x, für die $U^{(0)} = 0$ den Kreis (R) schneidet, sowie die Werte x', für die $U^{(1)}$ durch $x - x'$ teilbar ist.

Sind die so notierten Werte $x_1 < x_2 < \cdots < x_k$, so legen wir die Schar der Parallelen $x = x_1$, $x = x_2$, ..., durch die das Innere des Kreises in endlich viele Streifen eingeteilt wird. Wir betrachten das Innere eines solchen Streifens, etwa zwischen $x = x_1$ und $x = x_2$. Es habe nun $U^{(0)}(x, y)$ für irgend ein $\bar{x}$ mit $x_1 < \bar{x} < x_2$ genau m Nullstellen $\eta_1 < \eta_2 < \cdots < \eta_m$. Dann hat U, behaupten wir, für *jedes* solche x mit $x_1 < x < x_2$ genau m Nullstellen. Zum Beweise bemerken wir vor allem, dass $U^{(0)}$ auf der Geraden $x = \bar{x}$ beim Durchgang durch eine Nullstelle η das Vorzeichen ändert, da auf dieser Geraden $\frac{\partial U^{(0)}}{\partial y} \neq 0$ ist.

Zuerst zeigen wir nun, dass jedem hinreichend kleinen $\varepsilon > 0$ ein solches δ entspricht, dass es für jedes x zwischen $\bar{x} - \delta$ und $\bar{x} + \delta$ m Nullstellen von U gibt, die bezw. innerhalb der mit dem Halbmesser 2ε um $\eta_1, \eta_2, \ldots \eta_m$ beschriebenen Kreise liegen. Es sei für ein hinreichend kleines $\bar{\delta} < \varepsilon$ etwa

$$U^{(0)}(\bar{x}, \eta_1 - \bar{\delta}) < 0, \quad U^{(0)}(\bar{x}, \eta_1 + \bar{\delta}) > 0,$$
$$U^{(0)}(\bar{x}, \eta_2 - \bar{\delta}) > 0, \quad U^{(0)}(\bar{x}, \eta_2 + \bar{\delta}) < 0$$

usw. Da $U^{(0)}$ stetig in x ist, gibt es ein solches $\delta < \varepsilon$ (für das überdies $x_1 < \bar{x} - \delta < \bar{x} + \delta < x_2$ bleibt), dass

$$U^{(0)}(x, \eta_1 - \bar{\delta}) < 0, \quad U^{(0)}(x, \eta_1 + \bar{\delta}) > 0,$$
$$U^{(0)}(x, \eta_2 - \bar{\delta}) > 0, \quad U^{(0)}(x, \eta_2 + \bar{\delta}) < 0$$

usw. für $\bar{x} - \delta < x < \bar{x} + \delta$ ist. Dann liegt für jedes solche x wenigstens eine Nullstelle von $U^{(0)}$ zwischen $\eta_1 - \bar{\delta}$ und $\eta_1 + \bar{\delta}$, ihre Entfernung von $(\bar{x}, \eta_1)$ ist also $< \delta + \bar{\delta} < 2\varepsilon$, und das Analoge gilt auch für $\eta_2, \eta_3, \ldots \eta_m$.

Es seien t' und t'' ($t' < t''$) die Ordinaten der Punkte, in denen die Gerade $x = \bar{x}$ den Kreis (R) schneidet. Da $\frac{\partial U^{(0)}}{\partial y}$ in $\eta_1, \ldots, \eta_m$ von 0 verschieden ist, so kann man ε wegen der Stetigkeit von $\frac{\partial U^{(0)}}{\partial y}$ so klein gewählt denken,

---

2) Es ist übrigens leicht zu zeigen, dass U keine mehrfachen Faktoren haben kann. Denn entfernt man einen solchen Faktor, so wird der Grad von U verkleinert, und U kann dann nicht auf jedem Kreise von hinreichend grossem Halbmesser $2n$ verschiedene Nullpunkte haben.

dass $\dfrac{\partial U^{(0)}}{\partial y}$ in jedem der obigen um $\eta_1, \eta_2, \ldots, \eta_m$ beschriebenen Kreise $\neq 0$ bleibt. Dann kann nach dem ROLLESCHEN Satze in jedem dieser Kreise für jedes x zwischen $\overline{x} - \delta$ und $\overline{x} + \delta$ nur eine Nullstelle von $U^{(0)}$ liegen. Es sei $2M$ die untere Grenze von $U^{(0)}$ in den auf der Geraden $x = \overline{x}$ gelegenen Intervallen

$$ t' \leqq y \leqq \eta_1 - \varepsilon, \quad \eta_1 + \varepsilon \leqq y \leqq \eta_2 - \varepsilon, \quad \ldots, \quad \eta_m + \varepsilon \leqq y \leqq t''. $$

Wegen der gleichmässigen Stetigkeit von $U^{(0)}$ als Funktion der Variabeln x und des Parameters y kann man δ so klein wählen, dass die Änderung von $U^{(0)}$, wenn x sich zwischen $\overline{x} - \delta$ und $\overline{x} + \delta$ bewegt, y aber in den obigen Intervallen bleibt, nicht grösser als M ist, und $U^{(0)}$ selbst daher von 0 verschieden bleibt.

Es sei ferner ε so klein, dass in den Kreisen um $(\overline{x}, t')$, $(\overline{x}, t'')$ mit dem Halbmesser ε keine Nullstellen von $U^{(0)}$ liegen. Wählen wir dann δ so klein, dass die Schnittpunkte der Geraden $x = \overline{x} + \delta$ und $x = \overline{x} - \delta$ mit dem Kreise (R) von den entsprechenden Punkten $(\overline{x}, t')$, $(\overline{x}, t'')$ um weniger als ε entfernt sind, so sind wir sicher, dass für kein x zwischen $\overline{x} - \delta$ und $\overline{x} + \delta$ die Funktion $U^{(0)}$ Nullstellen ausserhalb der um $\eta_1, \eta_2, \ldots \eta_m$ mit dem Halbmesser ε beschriebenen Kreise besitzt, d. h., dass $U^{(0)}$ für diese x genau m Wurzeln hat, die in beliebige Nähe bezw. von $\eta_1, \eta_2, \ldots \eta_m$ gebracht werden können, wenn man δ hinreichend klein wählt. Gibt es nun zwischen x_1 und x_2 solche x, für die die Anzahl der Wurzeln der Funktion $U^{(0)}$ von m verschieden ist, und gibt es solche x insbesondere auch zwischen x_1 und $\overline{x}$, so sei $\overline{\overline{x}}$ die obere Grenze aller der letzten Bedingung genügenden x. Ist die Anzahl der Wurzeln von $U^{(0)}$ für $\overline{\overline{x}}$ gleich m_1, so gilt nach dem oben Bewiesenen dasselbe auch in einer gewissen Umgebung von $\overline{\overline{x}}$ nach rechts. Da aber $\overline{\overline{x}}$ die obere Grenze aller x zwischen x_1 und $\overline{x}$ ist, für die die Anzahl der Wurzeln von m verschieden ist, so muss $m_1 = m$ sein. Dann ist aber nach dem oben Bewiesenen auch in einer gewissen Umgebung von $\overline{\overline{x}}$ nach links die Anzahl der Wurzeln von $U^{(0)}$ gleich m, und dies widerspricht der Annahme, dass $\overline{\overline{x}}$ die obere Grenze der x ist, denen eine von m verschiedene Anzahl der Wurzeln von $U^{(0)}$ entspricht. Folglich gibt es keine solchen x zwischen x_1 und $\overline{x}$. Und ebenso beweist man, dass es keine solchen x zwischen $\overline{x}$ und x_2 gibt. Damit ist unsere Behauptung vollständig bewiesen.

4. **Zusammenfassung der Punkte von** $U = 0$ **innerhalb** (R) **zu Elementarbogen.** Für ein x mit $x_1 < x < x_2$ bezeichnen wir die innerhalb (R) liegende Wurzel von $U^{(0)}$ mit der kleinsten Ordinate durch $W_1(x)$, diejenige mit der zweitkleinsten Ordinate durch $W_2(x)$ usw. So erhalten wir m eindeutige Funktionen $W_1(x)$, $W_2(x)$, ..., $W_m(x)$, von denen nun aber sofort folgt, dass sie für $x_1 < x < x_2$ stetig sind. Um dies etwa für $W_i(x)$ zu beweisen, brauchen wir nur zu zeigen, dass für jedes $\bar{x}$ zwischen x_1 und x_2 sich jedem hinreichend klein vorgegebenen $\varepsilon > 0$ ein solches δ zuordnen lässt, dass die der Grösse nach i-te Wurzel von $U^{(0)}$ innerhalb (R), die x entspricht, sich von $W_i(\bar{x})$ um weniger als ε unterscheidet, solange $\bar{x} - \delta < x < \bar{x} + \delta$ bleibt. Dies haben wir aber in Nr. 3 nachgewiesen. Jetzt folgt weiter aus dem bekannten Satz der Differentialrechnung, dass $W_i(x)$ differenzierbar und dass

$$\frac{\partial W_i(x)}{\partial x} = - \frac{\dfrac{\partial U^{(0)}}{\partial x}}{\dfrac{\partial U^{(0)}}{\partial y}}$$

ist, also zwischen x_1 und x_2 dasselbe Vorzeichen behält. Folglich sind die W_i monoton. Nähert sich x etwa dem Werte x_1, so strebt $W_i(x)$ einem ganz bestimmten Grenzwerte zu, da ja $|W_i(x)| \leq R$ gilt. —

Genau die gleichen Überlegungen gelten auch für jedes der Intervalle (x_2, x_3), ... (x_{k-1}, x_k) und ebenso auch für die beiden Kreissegmente, die ev. nach links von x_1, bezw. nach rechts von x_k liegen. Damit ist die ganze Kurve $U^{(0)} = 0$ innerhalb von (R) in eine endliche Anzahl regulärer Kurvenbogen zerlegt (wir werden sie gelegentlich als Elementarbogen bezeichnen), zu denen noch isolierte Punkte auf den Geraden $x = x_1$, $x = x_2$, ... in endlicher Anzahl (höchstens n auf jeder) hinzukommen können. (Man kann zwar zeigen, dass solche isolierte Punkte nicht vorkommen, doch dies ist für uns unwesentlich.) — Unser Resultat gilt in dieser Formulierung auch für $U = 0$ (sowie für $U^{(1)} = 0$), da die eventuell hinzukommenden Geraden $x = x'$ durch ihre Schnittpunkte mit den W_i-Kurven in je endlich viele Elementarbogen zerlegt werden. —

Innerhalb des von den Parallelen $x = x_1$, $x = x_2$ und den Elementarbogen $y = W_i(x)$, $y = W_{i+1}(x)$ begrenzten Bereiches (in einigen Fällen muss einer oder beide Bogen durch die Bogen des Kreises (R) ersetzt werden) hat $U^{(0)}$

stets dasselbe Vorzeichen, und dieses Vorzeichen wechselt längs eines Bogens $y = W_i(x)$, da auf ihm $\frac{\partial U^{(0)}}{\partial x} \neq 0$ ist.

Daraus folgt ferner, dass auch $U^{(1)}$ sein Vorzeichen längs der Elementarbogen wechselt, in die die Kurve $U = 0$ innerhalb (R) zerfällt.

Es sei nun (x_1, w) ein Punkt auf der Geraden $x = x_1$, der nicht auf dem Kreise (R) liegt und in dem von links und von rechts mehrere Elementarbogen zusammenkommen, etwa

$$y = W_i(x), \ \ldots, \ y = W_{i+k}(x)$$

von rechts und

$$y = \overline{W}_{i'}(x), \ y = \overline{W}_{i'+1}(x), \ \ldots, \ y = \overline{W}_{i'+\varkappa}(x)$$

von links. Wir grenzen auf $x = x_1$ um (x_1, w) zwei Intervalle $J_+ (w + \varepsilon > y > w)$ und $J_- (w - \varepsilon < y < w)$ ab, in denen keine weitere Wurzel von U liegt. Dann grenzt längst J_+ das Gebiet zwischen $y = W_{i+k}(x)$ und $y = W_{i+k+1}(x)$ an das Gebiet zwischen $y = \overline{W}_{i'+\varkappa}(x)$ und $y = \overline{W}_{i'+\varkappa+1}(x)$, und das Vorzeichen von $U^{(0)}$ ist in den beiden Gebieten dasselbe, wie in J_+. Diese beiden Gebiete bilden daher ein Gebiet konstanten Vorzeichens von $U^{(0)}$. Dasselbe gilt auch für die Gebiete, die längst J_- aneinander grenzen. Da daher $U^{(0)}$ in den an den Punkt (x_1, w) anstossenden Gebieten abwechselndes Vorzeichen hat, so ist die Anzahl dieser Gebiete gerade. Daher ist auch die Anzahl der in diesem Punkt zusammenkommenden Bogen gerade. Und diese Anzahl bleibt auch dann gerade, wenn man nachträglich die durch (x_1, w) gehende Gerade $x = x_1$ hinzufügen muss, d. h. für $U = 0$. Was aber die auf dem Kreise (R) liegenden Punkte von $U^{(1)} = 0$ betrifft, so können wir annehmen, dass sich in ihnen an jeden ausserhalb des Kreises verlaufenden Zweig von $U = 0$ genau ein Elementarbogen anschliesst. Denn dies ist nach dem eingangs über diese Zweige Bewiesenen stets zu erreichen, indem man R etwas grösser annimmt.

5. Existenzbeweis für Schnittpunkte von $U = 0$ und $T = 0$. Um nun die Existenz von Schnittpunkten von $U = 0$ und $T = 0$ zu beweisen, definieren wir auf jedem Elementarbogen von $U = 0$ eine Fortschreitungsrichtung durch die Festsetzung, dass beim Fortschreiten längs eines solchen Bogens das Gebiet mit $U^{(1)} > 0$ zur rechten Hand bleiben soll. — Dies ist möglich, da ja jeder Elementarbogen von $U = 0$ ein Gebiet mit $U^{(1)} > 0$

von einem Gebiet mit $U^{(1)} < 0$ trennt. Gelangen wir aber so zu einem Punkte, in dem mehrere Elementarbogen zusammentreffen, so sei festgesetzt, dass wir von jedem Elementarbogen auf den nächsten von rechts hinübergehen. Dabei hat man stets ein Gebiet mit $U^{(1)} > 0$ zur rechten Hand. Treten wir nun in irgend einem Intervall $(4k+1)$ längs der Kurve $U = 0$ in den Kreis (R) ein, so werden wir nach unserer Festsetzung des Fortschreitungssinnes keinen Elementarbogen zweimal durchlaufen können und werden daher in irgend einem Intervall $(4k+3)$ aus dem Kreise austreten. Wir erhalten daher im ganzen n sich ins Unendliche erstreckende Zweige der Kurve $U = 0$, die in den Intervallen $(4k+1)$ in den Kreis eintreten und in den Intervallen $(4k+3)$ aus ihm austreten. Wir wollen einen Zweig, der im Intervalle $(4k+1)$ in den Kreis eintritt, durch $[k]$ bezeichnen. Nach unseren Festsetzungen über den Fortschreitungssinn können zwei von diesen Zweigen nie einen Elementarbogen gemeinsam haben, sondern höchstens einzelne Punkte. (Aber auch in solchen Punkten durchsetzen sich, wie aus unseren Festsetzungen folgt, solche Zweige nie, sondern stossen nur aneinander an.)

Durch das Vorhergehende ist es noch nicht ausgeschlossen, dass es Elementarbogen gibt, die keinem der sich ins Unendliche erstreckenden Zweige angehören, Wir werden bald zeigen, dass es solche Bogen nicht geben kann. Für unseren Zweck ist dies aber sogar unnötig. Denn in dem Punkte im Intervall $(4k+1)$, in dem ein Zweig $[k]$ in den Kreis eintritt, ist das Vorzeichen von T positiv, im Austrittspunkte in einem Intervalle $(4k'+3)$ aber negativ. Daher verschwindet T auf dem Zweige $[k]$ von $U = 0$ in wenigstens einem Punkte, und damit ist gezeigt, dass auf jedem der n Zweige $[k]$ wenigstens eine Wurzel von $f(z) = 0$ liegt. Es ist sogar die Existenz von n Wurzeln von $f(z)$ nachgewiesen, allerdings unter der Annahme, dass die n Zweige $[k]$ keinen Punkt gemeinsam haben. Um auch für den Fall, dass gewisse Zweige $[k]$ aneinander stossen, die Existenz von genau n Wurzeln von $f(z)$ nachzuweisen, hat man nur zu zeigen, dass, wenn in einem Punkte, in dem l Zweige von $U = 0$ aneinander stossen, wenigstens eine Wurzel von $f(z)$ liegt, in ihm genau l Wurzeln von $f(z)$ liegen. Doch wollen wir darauf nicht näher eingehen[3]).

---

3) Vergl. Werke III, S. 83—84.

6. **Weitere Eigenschaften der Kurve** $U = 0$. Wir wollen noch der Vollständigkeit wegen zeigen, dass jeder Elementarbogen von $U = 0$ zu einem der Zweige $[k]$ gehört. Denn gehörte ein Elementarbogen E keinem der n Zweige $[k]$ an, so könnten wir eine solche reelle Konstante j finden, dass $f(z) + j$ auf E eine Nullstelle hätte, dagegen in keinem der Punkte, in denen die Zweige $[k]$ von $U = 0$ eventuell aneinander stossen, verschwände. Da die U-Kurve von $f(z) + j$ mit der von $f(z)$ übereinstimmt, so hätte $f(z) + j$ auf jedem der n Zweige $[k]$ eine Wurzel, also im ganzen n Wurzeln, ausserdem aber noch eine Wurzel auf E, also im ganzen wenigstens $n + 1$ Wurzeln, $f(z)$ ist aber vom Grade n.

Aus der damit bewiesenen Tatsache können wir in einfacher Weise eine weitere Tatsache folgern, die den Verlauf der Kurve $U = 0$ im Sinne der Analysis Situs charakterisiert. Es ist nämlich unmöglich, aus den Elementarbogen von $U = 0$ einen geschlossenen Zug zu bilden. Die Kurve $U = 0$ zerfällt also, topologisch gesprochen, in eine Anzahl von Bäumen, die miteinander keinen Punkt gemeinsam haben. Dies lässt sich sofort aus der Potentialeigenschaft von U erschliessen, da eine reguläre Potentialfunktion, die auf der ganzen Berandung eines ganz im Endlichen liegenden abgeschlossenen Bereiches gleich 0 ist, in der ganzen Ebene verschwinden muss. Es lässt sich dies aber auch elementar wie folgt zeigen:

Wäre es möglich, aus den Elementarbogen von $U = 0$ einen geschlossenen Zug zu bilden, so könnte man, wie man leicht einsieht, auch einen solchen doppelpunktlosen geschlossenen Zug $E_1 E_2 \ldots E_s$ bilden, in dessen Innerem kein Elementarbogen von $U = 0$ verläuft. Wir wollen annehmen, dass beim Durchlaufen von $E_1 E_2 \ldots E_s$ dessen Inneres zur rechten Hand bleibt, was durch Umnumerieren der Bogen $E_1 \ldots E_s$ jedenfalls zu erreichen ist. Ist nun im Inneren von $E_1 \ldots E_s$ $U^{(1)} \geqq 0$, und schreiten wir längs eines Bogens E_1 gemäss dem früher festgesetzten Fortschreitungssinne fort, so werden wir nach diesen Festsetzungen stets auf dem Zuge $E_1 \ldots E_s$ bleiben, so dass E_1 keinem der n Züge $[k]$ angehört. Dies widerspricht aber der oben bewiesenen Tatsache. — Ist aber im Innern von $E_1 \ldots E_s$ $U^{(1)} \leqq 0$, so ändern wir unsere Festsetzung des Fortschreitungssinnes in 5. dahin ab, dass beim Fortschreiten $U^{(1)}$ zur rechten Hand negativ sein soll. Dann bleibt unsere Überlegung mutatis mutandis in Kraft. —

Wir haben oben anstatt $U^{(1)} > 0$, $U^{(1)} < 0$ geschrieben $U^{(1)} \geqq 0$, $U^{(1)} \leqq 0$, um dem Vorkommen von isolierten Nullstellen von $U^{(1)}$ Rechnung zu tragen. Es ist aber leicht nach derselben Methode zu zeigen, dass es isolierte Nullstellen von U nicht gibt. Denn wäre (x_0, y_0) eine solche, so gäbe es eine reelle Konstante j der Art, dass $f(z) + j$ in (x_0, y_0) eine Wurzel hätte. Ändern wir die reelle Konstante j beliebig wenig ab, so folgte aus der Stetigkeit der Wurzeln als Funktionen der Koeffizienten, dass die Nullstelle (x_0, y_0) in eine andere übergeht, die von (x_0, y_0) beliebig wenig entfernt bliebe. Daher müsste U in beliebiger Nähe von (x_0, y_0) Nullstellen haben, so dass (x_0, y_0) nicht isoliert sein kann.

Berichtigungen zu der Abh. 3 (Gauss' Werke Bd. X, 2).

Seite 6, Zeile 8 v. u. ist nach Veränderlichen einzufügen: »keinen von nur einer Veränderlichen abhängigen Faktor und«

»   11, Zeile 4 v. u. ist nach $x - x'$ einzufügen: »oder $y - y'$«

»   14, Zeile 6 v. u. ist nach $x = x'$ einzufügen: »und $y = y'$«

»   15, Zeile 12 v. u. ist nach $x = x_1$ einzufügen: »oder $y = w$«

Göttingen, Druck der Dieterichschen Universitäts-Buchdruckerei (W. Fr. Kaestner).

GAUSS ALS GEOMETER

VON

PAUL STÄCKEL

Abdruck aus Heft 5 der *Materialien für eine wissenschaftliche Biographie von Gauss*
gesammelt von F. KLEIN, M. BRENDEL und L. SCHLESINGER.
Nachrichten der K. Gesellschaft der Wissenschaften zu Göttingen. Mathem.-physik. Klasse. 1917.
Vorgelegt in der Sitzung vom 26. Oktober 1917.

1.

Einleitung[1]).

GAUSS gehört zu den grossen Mathematikern, deren eigentümliche Begabung schon in der ersten Jugend durch ungewöhnliche Leistungen im Zahlenrechnen hervortrat. Auch während er das Collegium Carolinum zu Braunschweig besuchte (1792—1795), hat er viel gerechnet; schon im Jahre 1794 erfand er die Methode der kleinsten Quadrate. Auf umfangreiches numerisches Beobachtungsmaterial gründen sich auch die 1775 beginnenden Untersuchungen in der höheren Arithmetik, die 1801 in den *Disquisitiones arithmeticae* einen ersten Abschluss erhalten. Neben die zahlentheoretischen Untersuchungen treten in diesen Jahren höchster Schaffenskraft die Ent-

---

1) **Verzeichnis der Abkürzungen.**

W. für C. F. GAUSS, Werke I—XI.

T. für das Wissenschaftliche Tagebuch, W. X 1, S. 488—572.

Br. G.-SCH. für Briefwechsel zwischen GAUSS und SCHUMACHER I—VI, Altona 1860—1865.

Br. G.-O. für Briefwechsel zwischen GAUSS und OLBERS, in W. OLBERS, Sein Leben und seine Werke II 1 und II 2, Berlin 1900 und 1909.

Br. G.-BESSEL für Briefwechsel zwischen GAUSS und BESSEL, Leipzig 1880.

Br. G.-BOLYAI für Briefwechsel zwischen GAUSS und W. BOLYAI, Leipzig 1899.

P. Th. für P. STÄCKEL und F. ENGEL, Die Theorie der Parallellinien von EUKLID bis auf GAUSS, eine Urkundensammlung zur Vorgeschichte der nichteuklidischen Geometrie, Leipzig 1895.

BOL. für W. und J. BOLYAI, Geometrische Untersuchungen herausgegeben von P. STÄCKEL; I. Leben und Schriften der beiden BOLYAI, II. Stücke aus den Schriften der beiden BOLYAI, Leipzig 1913.

LOB. für N. Iw. LOBATSCHEFSKIJ, zwei geometrische Abhandlungen, aus dem Russischen übersetzt, mit Anmerkungen und mit einer Biographie des Verfassers von F. ENGEL, Leipzig 1898—99.

SARTORIUS für W. SARTORIUS v. WALTERSHAUSEN, Gauss zum Gedächtniss, Leipzig 1856.

BACHMANN für P. BACHMANN, Über GAUSS' zahlentheoretische Arbeiten, Materialien für eine wissenschaftliche Biographie von GAUSS, Heft I, 1911; W. X 2, Abh. I.

SCHLESINGER für L. SCHLESINGER, Über GAUSS' Arbeiten zur Funktionentheorie, Materialien usw., Heft III, 1912; W. X 2, Abh. II.

deckungen auf dem Gebiete der elliptischen Funktionen, und auch die Algebra gehört, wie das *Tagebuch*[1]) zeigt und die Dissertation (1799) bestätigt,
zu den mathematischen Gegenständen, denen sich der junge GAUSS zuwendet.
Im Vergleich zur Analysis steht die Geometrie im Hintergrunde; doch lässt
eine Aufzeichnung im *Tagebuch* vom September 1799 (T. Nr. 99) schon die
grosse Frage nach den Gründen der Geometrie anklingen.

Die nun einsetzende astronomische Periode, die sich bis etwa 1816 erstreckt, bringt nach Aussen hin keine wesentliche Änderung, denn unter den
Veröffentlichungen kommen nur Beiträge zur elementaren Geometrie in Betracht. Nachlass und Briefwechsel zeigen jedoch, dass die Forschungen über
die Grundlagen der Geometrie nicht geruht haben, und gerade in der Zeit
zwischen 1810 und 1816 ist GAUSS zu den grundlegenden Begriffen und Sätzen
aus der Lehre von den krummen Flächen gelangt.

Mit dem Jahre 1816 beginnt die Zeit der Geodäsie. Vorbereitet durch
theoretische Arbeiten über die kürzesten Linien auf dem Sphäroide, betätigt
sich GAUSS 1821 bis 1825 bei den Messungen im Felde. Den Weg zu
Grösserem bahnend, verfasst er 1822 die Kopenhagener Preisschrift über die
konforme Abbildung krummer Flächen, und 1828 erscheinen, als reife Frucht
langer Mühen, die *Disquisitiones generales circa superficies curvas*, in denen aus
den Anwendungen heraus ein neuer Zweig der reinen Mathematik selbständiges
Leben gewinnt.

Noch zu einer zweiten Reihe von Untersuchungen hat die geodätische
Tätigkeit den Anstoss gegeben, zu sehr eingehenden Forschungen über die
Grundlagen der Geometrie. Hier ist GAUSS nicht dazu gelangt, seine Gedanken
ausführlich niederzuschreiben, und wir sind auf spärliche Notizen und einzelne
Stellen in Briefen angewiesen.

Es folgt die Periode der mathematischen Physik. Als diese etwa 1841
geendet hat, kommt es zu einer Nachblüte der geometrischen Forschung. Es
entstehen die beiden Abhandlungen über Gegenstände der höheren Geodäsie
(1843 und 1846); die Grundlagen der Geometrie werden wieder aufgenommen
und erweiterte Auffassungen gewonnen, geometrische Aufgaben verschiedener
Art werden behandelt, und GAUSS kehrt auch zu zwei Gebieten zurück, die

---

1) Das von GAUSS während der Jahre 1799 bis 1815 geführte wissenschaftliche Tagebuch oder Notizenjournal ist abgedruckt W. X 1, S. 488—572; es wird im Folgenden mit T. angeführt.

ihn von jeher angezogen hatten und denen er hohe Bedeutung beimass: zur Geometria situs und zur geometrischen Versinnlichung der komplexen Grössen.

Wie SARTORIUS[1]) berichtet (S. 80), hat GAUSS sich dahin geäussert, »in seiner frühesten Jugend habe ihm die Geometrie wenig Interesse eingeflösst, welches sich erst später bei ihm in hohem Masse entwickelt habe«. Die Arithmetik war und blieb ihm die »Königin der Mathematik«, deren Hofstaat die andern Zweige der Analysis angehörten. Gewiss war ihm das geometrisch-anschauliche Denken nicht fremd, aber bei seinen geometrischen Untersuchungen hat er fast überall die analytischen Methoden bevorzugt. »Es ist nicht zu leugnen«, heisst es in der Besprechung der *Géométrie descriptive* von MONGE (W. IV, S. 359), »dass die Vorzüge der analytischen Behandlung vor der geometrischen, ihre Kürze, Einfachheit, ihr gleichförmiger Gang, und besonders ihre Allgemeinheit, sich gewöhnlich um so entschiedener zeigen, je schwieriger und verwickelter die Untersuchungen sind«. Er war sich jedoch dessen wohl bewusst, dass »die logischen Hilfsmittel für sich nichts zu leisten vermögen und nur taube Blüten treiben, wenn nicht die befruchtende, lebendige Anschauung des Gegenstandes überall waltet« (W. IV, S. 366). Die Pflege der rein geometrischen Methoden hielt er für »unentbehrlich beim frühern jugendlichen Studium, um Einseitigkeit zu verhüten, den Sinn für Strenge und Klarheit zu schärfen und den Einsichten eine Lebendigkeit und Unmittelbarkeit zu geben, welche durch die analytischen Methoden weit weniger befördert, mitunter eher gefährdet werden« (W. IV, S. 360), und er wünschte, »dass auch die rein geometrischen Behandlungen fortwährend kultiviert werden und dass die Geometrie wenigstens einen Teil der neuen Felder, die die Analyse erobert, sich aneigne« (W. II, S. 186).

---

1) SARTORIUS VON WALTERSHAUSEN, *Gauss zum Gedächtnis*, Leipzig 1856; im Folgenden mit SARTORIUS angeführt.

Abschnitt I.
Die Grundlagen der Geometrie.

2.
Allgemeines über die Arbeitsweise von GAUSS.

Bei den Grundlagen der Geometrie zeigt sich in hohem Masse eine Erscheinung, der wir bei GAUSS wiederholt begegnen: der Reichtum der Gedanken, die ihm, besonders in der Jugend, in solcher Fülle zuströmten, dass er ihrer kaum Herr werden konnte (SARTORIUS, S. 78), steht in Gegensatz zu dem geringen Umfang dessen, was er aufgezeichnet, ausgearbeitet und veröffentlicht hat. Wenn daher auch der folgende Bericht über die Arbeitsweise von GAUSS mehr in eine (noch fehlende) Schilderung seiner gesamten wissenschaftlichen Persönlichkeit als in eine Darlegung seiner Arbeiten auf einem Teilgebiet der Mathematik zu gehören scheint, so dürfte er doch als Grundlage für das Verständnis der folgenden Ausführungen nützlich sein, zumal dabei der Zusammenhang mit den Grundlagen der Geometrie nicht aus dem Auge verloren wird.

Ein erster Grund für die Erscheinung, auf die wir hingewiesen haben, liegt darin, dass die Grösse des mathematischen Genies, das sich in GAUSS offenbarte, in der Vereinigung schöpferischer und kritischer Kraft wurzelt. Diese Eigentümlichkeit erkennt man schon in der Dissertation, und sie zeigt sich nicht weniger in den *Disquisitiones arithmeticae*. In den späteren Veröffentlichungen tritt die Kritik an den Leistungen anderer zurück, aber es bleibt als auszeichnendes Merkmal die »GAUSSsche Strenge«.

Die GAUSSsche Strenge erkennen wir schon äusserlich in der Form der Darstellung. »Es war zu aller Zeit GAUSS' Streben, seinen Untersuchungen die Form vollendeter Kunstwerke zu geben; eher ruhete er nicht, und er hat daher nie eine Arbeit veröffentlicht, bevor sie diese von ihm gewünschte, durchaus vollendete Form erhalten hatte. Man dürfe einem Bauwerke, pflegte er zu sagen, nach seiner Vollendung nicht mehr das Gerüste ansehen« (SARTORIUS, S. 82). Dieser Grundsatz spricht sich auch in dem Siegel aus, das GAUSS benutzte; es zeigt einen Baum mit wenigen Früchten und der Umschrift: Pauca, sed matura.

In Briefen an SCHUMACHER, ENCKE und BESSEL hat GAUSS sich darüber geäussert, warum er von dieser klassischen Darstellungsart nicht abgehen wollte und konnte.

Als er nach Abschluss der geodätischen Messungen im Felde im Winter 1825/26 seine theoretischen Arbeiten wieder aufnimmt, klagt er am 21. November 1825 SCHUMACHER gegenüber: »Der Wunsch, den ich immer bei meinen Arbeiten gehabt habe, ihnen eine solche Vollendung zu geben, ut nihil amplius desiderari possit [1]), erschwert sie mir freilich ausserordentlich« (W. VIII, S. 400). SCHUMACHER antwortet am 2. Dezember 1825: »In Bezug auf Ihre Arbeiten und den Grundsatz, ut nihil amplius desiderari possit, möchte ich fast wünschen, und zum Besten der Wissenschaft wünschen, Sie hielten nicht so strenge daran. Von dem unendlichen Reichtum Ihrer Ideen würde dann mehr uns werden als jetzt, und mir scheint die Materie wichtiger als die möglich vollendetste Form, deren die Materie fähig ist. Doch schreibe ich meine Meinung mit Scheu hin, da Sie gewiss längst das pro und contra möglichst erwogen haben« (Br. G.-SCH. II, S. 41). GAUSS erwiedert am 12. Februar 1826: »Ich war etwas verwundert über Ihre Äusserung, als ob mein Fehler darin bestehe, die Materie zu sehr der vollendeten Form hintanzusetzen. Ich habe während meines ganzen wissenschaftlichen Lebens immer das Gefühl gerade vom Gegenteil gehabt, d. i. ich fühle, dass oft die Form vollendeter hätte sein können und dass darin Nachlässigkeiten zurückgeblieben sind. Denn so werden Sie es doch nicht verstehen, als ob ich mehr für die Wissenschaft leisten würde, wenn ich mich damit begnügte, einzelne Mauersteine, Ziegel etc. zu liefern, anstatt eines Gebäudes, sei es nun ein Tempel oder eine Hütte, da gewissermassen das Gebäude auch nur Form der Backsteine ist. Aber ungern stelle ich ein Gebäude auf, worin Hauptteile fehlen, wenngleich ich wenig auf den äusseren Aufputz gebe. Auf keinen Fall aber, wenn Sie sonst mit Ihrem Vorwurf auch Recht hätten, passt er auf meine Klagen über die gegenwärtigen Arbeiten, wo es nur das gilt, was ich Materie nenne; und ebenso kann ich Ihnen bestimmt versichern, dass, wenn ich gern auch eine gefällige Form gebe, diese vergleichungsweise nur sehr wenig Zeit und Kraft in Anspruch nimmt oder bei früheren Arbeiten genommen hat« (Br. G.-SCH. II, S. 46).

---

1) Diese Wendung findet sich bei EULER, siehe z. B. Nova acta acad. sc. Petrop. 4 (1786), 1789, S. 73.

Als Gauss bald darauf an Schumacher eine kleine Abhandlung über den Heliotropen für die Astronomischen Nachrichten sendet (W. IX, S. 472), fügt er hinzu: »Diesmal habe ich gewiss den Vorwurf nicht verdient, als ob ich der Form auf Kosten der Materie zuviel eingeräumt hätte, sondern eher das Gegenteil« (Brief vom 28. November 1826, Br. G.-Sch. II, S. 81), und Schumacher sieht sich jetzt veranlasst, seine Meinung ausführlich auseinanderzusetzen. Am Schluss heisst es: »Ich glaubte, dies Ausfeilen könne ebenso gut ein anderer tun, und darin kann ich mich geirrt haben; worin ich mich aber nicht geirrt habe, ist die Behauptung, dass Sie das Erfinden nicht einem andern übertragen können. Jedes Jahr Ihres Lebens mehrt die Ihnen nur verständlichen Andeutungen neuer Ideen. Soll alles dieses verloren sein?« (Brief vom 2. Dezember 1826, Br. G.-Sch. II, S. 83).

Gauss verhielt sich solchen Anregungen gegenüber durchaus ablehnend.

»Ich weiss«, schreibt er am 18. August 1832 an Encke, »dass einige meiner Freunde wünschen, dass ich weniger in diesem Geiste arbeiten möchte: das wird aber nie geschehen; ich kann einmal an Lückenhaftem keine rechte Freude haben, und eine Arbeit, an der ich keine Freude habe, ist mir nur eine Qual. Möge auch jeder in dem Geiste arbeiten, der ihm am meisten zusagt« (W. XI 1, S. 84).

Am 15. Januar 1827 berichtet er seinem Freunde Schumacher, er sei mit der Ausarbeitung der Abhandlung über die krummen Flächen ein gut Stück vorgerückt. »Ich finde dabei viele Schwierigkeiten, allein das, was man Ausfeilen oder Form mit Recht nennen könnte, ist doch keineswegs, was erheblich aufhält (wenn ich die Sprödigkeit der lateinischen Sprache ausnehme), vielmehr ist es die innige Verkettung der Wahrheiten in ihrem Zusammenhange, und eine solche Arbeit ist erst dann gelungen, wenn der Leser die grosse Mühe, die bei der Ausführung stattgefunden hat, gar nicht mehr erkennt. Ich kann daher nicht leugnen, dass ich keinen recht klaren Begriff davon habe, wie ich meine Arbeiten solcher Art anders, als ich gewohnt bin, ausführen könnte, ohne, wie ich mich schon einmal ausgedrückt habe, Mauersteine anstatt eines Gebäudes zu liefern. Ich habe wohl zuweilen versucht, über diesen oder jenen Gegenstand bloss Andeutungen ins Publikum zu bringen; entweder aber sind sie von Niemand beachtet oder wie z. B. einige Äusserungen in einer Rezension G. G. Anz. 1816, p. 619 [W. IV, S. 364,

VIII, S. 170], es ist mit Kot darnach geworfen. Also, insofern von wichtigen Gegenständen die Rede ist, etwas im Wesen Vollendetes oder gar nichts« (Br. G.-Sch. II, S. 93). Solche Andeutungen finden sich zahlreich in den Jugendwerken, sie fehlen aber auch nicht in den späteren Schriften. Wie sorgfältig Gauss dabei verfuhr, zeigt der Brief an Encke vom 18. August 1832, wo es heisst: »Es ist von jeher mein gewissenhaft befolgter Grundsatz gewesen, solche Andeutungen, die aufmerksame Leser in jeder meiner Schriften in grosser Menge finden (sehen Sie z. B. meine *Disquis. arithmet.* pag. 593 [art. 335]) stets dann erst zu machen, wenn ich den Gegenstand für mich selbst ganz abgemacht habe« (W. XI₁, S. 84). Hiernach wird man im besonderen die vorher erwähnten Andeutungen in den Göttinger Anzeigen vom Jahre 1816 zu bewerten haben, die sich auf die Unbeweisbarkeit des Parallelenaxioms beziehen.

Es ist ein merkwürdiger Zufall, dass Gauss bald, nachdem er sich bei Schumacher über die Erfolglosigkeit seiner Andeutungen beklagt hatte, am 24. Juli und 14. August 1827 (Br. G.-Sch. II, S. 105, 111) durch seinen Freund die beiden Briefe Jacobis erhielt, mit denen dessen Untersuchungen über die elliptischen Funktionen beginnen (Jacobi, Werke I, S. 29), und dass er nicht lange danach Abels *Recherches* kennen lernte, die ihm von seinen eigenen Untersuchungen »wohl ein Drittel vorwegnahmen« (Brief vom 30. Mai 1828, Br. G.-Sch. II, S. 177). Der ausschlaggebende Einfluss, den die berühmte Stelle im art. 335 der *Disquisitiones arithmeticae* (W. I, S. 412) auf Abel und Jacobi geübt hat, ist anerkannt. Hier hat ein von Gauss ausgestreutes Samenkorn hunderfältige Frucht getragen, und auch andere Andeutungen sind nicht auf steinigen Boden gefallen.

Fast ein Vierteljahrhundert später ist derselbe Streitpunkt zwischen den beiden Freunden noch einmal aufgetaucht, als nämlich Schumacher in den Astronomischen Nachrichten Jacobis Bearbeitung der Carlinischen Abhandlung über die Keplersche Gleichung abdruckte und Gauss jenem mitteilte (Brief vom 4. Dezember 1849, Br. G.-Sch. VI, S. 51), er habe die Aufgabe schon vor langer Zeit »auf eine ohne allen Vergleich kurzere Art aufgelöst« (W. XI₁, S. 420—428). »Wenn ich nicht wüsste«, hatte Schumacher geantwortet, »wieviel Zeit Ihnen die letzte Feile Ihrer Arbeiten kostet, so würde ich um Ihre Abhandlung bitten« (Brief vom 5. Dezember 1849, Br. G.-Sch. VI, S. 52). Gauss erwidert, er sei nicht abgeneigt, eine ihm zu Teil werdende Musse zur Ausarbeitung einer Abhandlung über den Gegenstand zu verwenden; es werde aber erhebliche Zeit erfordert werden, um die ganze Theorie in einer ihm selbst genügenden Gestalt auszuführen. »Sie sind ganz im Irrtum, wenn Sie glauben, dass ich darunter nur die letzte Politur in Beziehung auf Sprache und Eleganz der Darstellung verstehe. Diese kosten vergleichungsweise nur unbedeutenden Zeitaufwand; was ich meine, ist die innere Vollkommenheit. In manchen meiner Arbeiten sind solche Inzidenzpunkte, die mich jahrelanges Nachdenken gekostet haben, und deren in kleinem Raum konzentrierte Darstellung nachher niemand die Schwierigkeit anmerkt, die erst überwunden werden muss[te]« (Brief vom 5. Februar 1850, Br. G.-Sch. VI, S. 58).

Ähnliche Äusserungen finden sich in dem Briefe an BESSEL vom 28. Februar 1839 (Br. G.-BESSEL, S. 524); ihnen gegenüber vertritt BESSEL in dem Briefe vom 28. Juni 1839 (Br. G.-BESSEL, S. 526) mit grosser Wärme den Standpunkt, den SCHUMACHER in dem Briefe vom 2. Dez. 1826 eingenommen hatte.

Die vollendete Darstellung, bei der ARCHIMEDES und NEWTON für GAUSS die Vorbilder waren, sollte nur das äussere Zeichen der inneren Vollkommenheit sein, und hier erst gewinnt das Wort von der GAUSSschen Strenge seine wahre Bedeutung. Von den Geometern des 18. Jahrhunderts war in der Freude über die Fülle neuer Entdeckungen, zu denen die Infinitesimalrechnung die Mittel bot, die Sicherung der Grundlagen ausser Acht gelassen worden. Sehr stark tritt das bei EULER hervor, bei dem gerade die grundlegenden Betrachtungen viel zu wünschen übrig lassen[1]). Dagegen finden sich schon bei D'ALEMBERT Ansätze zu einer kritischen oder besser skeptischen Auffassung, und LAGRANGE hat in der *Théorie des fonctions analytiques* geradezu das Ziel erstrebt, den Beweisen den Charakter einleuchtender Gewissheit und Strenge zu geben, der die Lösungen der Alten auszeichnet[2]). Der »rigor apud veteres consuetus« ist es, den der junge GAUSS im bewussten Gegensatz· zu den Gepflogenheiten des 18. Jahrhunderts auf seine Fahne geschrieben hat[3]). Im hohen Alter hat er SCHUMACHER gegenüber seine Überzeugung mit folgenden

---

1) Vgl. etwa L. SCHLESINGER und F. ENGEL in der Vorrede zu EULERS *Institutiones calculi integralis*, Opera omnia, ser. I, vol. 11, Leipzig 1913, S. XIII.

2) J. L. LAGRANGE, *Théorie des fonctions analytiques*, Paris 1797; Oeuvres, t. 9, S. 184.

3) C. F. GAUSS, *Disquisitiones arithmeticae*, Lipsiae 1801, Praefatio; W. I, S. 5.

Worten ausgesprochen: »Es ist der Charakter der Mathematik der neueren Zeit (im Gegensatz gegen das Altertum), dass durch unsere Zeichensprache und Namengebungen wir einen Hebel besitzen, wodurch die verwickeltsten Argumentationen auf einen gewissen Mechanismus reduziert werden. An Reichtum hat dadurch die Wissenschaft unendlich gewonnen, an Schönheit und Solidität aber, wie das Geschäft gewöhnlich betrieben wird, eben so sehr verloren. Wie oft wird jener Hebel eben nur mechanisch angewandt, obgleich die Befugnis dazu in den meisten Fällen gewisse stillschweigende Voraussetzungen impliziert. Ich fordere, man soll bei allem Gebrauch des Kalküls, bei allen Begriffsverwendungen sich immer der ursprünglichen Bedingungen bewusst bleiben, und alle Produkte des Mechanismus niemals über die klare Befugnis hinaus als Eigentum betrachten. Der gewöhnliche Gang ist aber der, dass man für die Analysis einen Charakter der Allgemeinheit in Anspruch nimmt und dem Andern, der so herausgebrachte Resultate noch nicht für bewiesen anerkennt, zumutet, er solle das Gegenteil nachweisen. Die Zumutung darf man aber nur an den stellen, der seinerseits behauptet, ein Resultat sei falsch, nicht aber dem, der ein Resultat nicht für bewiesen anerkennt, welches auf einem Mechanismus beruhet, dessen ursprüngliche, wesentliche Bedingungen in dem vorliegenden Fall gar nicht zutreffen« (Brief an SCHUMACHER vom 1. September 1850, W. X 1, S. 434).

Ein zweiter Grund für das Missverhältnis zwischen dem Reichtum an Gedanken, die »bei der unglaublichen Produktivität in dem mächtigen Gehirn auftauchten« (SARTORIUS, S. 79), und dem verhältnismässig geringen Umfang der rein mathematischen Veröffentlichungen von GAUSS liegt in Hemmungen innerer und äusserer Art, die bei seiner Art des Arbeitens dem Druckfertigmachen entgegenstanden.

In dem schon erwähnten Briefe an BESSEL vom 28. Februar 1839 hatte GAUSS mit einer bei ihm ungewöhnlichen Heftigkeit des Tones hervorgehoben, er brauche zum Ausarbeiten »Zeit, viel Zeit, viel mehr Zeit, als Sie sich wohl vorstellen mögen. Und meine Zeit ist vielfach beschränkt, sehr beschränkt«. Solche Klagen über Mangel an Zeit für die theoretischen Untersuchungen wiederholen sich beständig in den Briefen. Die glücklichste Zeit seines Lebens sind wohl jene neun Jahre von 1799 bis 1807 gewesen, die er als Schützling des »edlen Fürsten, dem er alles, was er war, verdankte« (Brief an OLBERS

2*

vom 23. Februar 1802, Br. G.-O. 1, S. 14) in Braunschweig zugebracht hat. Noch im Alter hat er dieser Jahre mit Rührung und Dankbarkeit gedacht. So schreibt er am 15 Februar 1845 an ENCKE über EISENSTEIN, der damals mit Unterstützung des Königs von Preussen in freier Musse seinen mathematischen Forschungen nachging: »Er lebt noch in der glücklichen Zeit, wo er sich ganz seiner Begabung hingeben kann, ohne dass er nötig hätte, sich durch irgend etwas Fremdartiges stören zu lassen. Ich werde lebhaft an die — längst verflossenen — Jahre erinnert, wo ich in ähnlichen Verhältnissen lebte. Von der andern Seite erfordern auch gerade die rein mathematischen Spekulationen eine unverkümmerte und unzerstückelte Zeit« (Brief im GAUSS-Archiv).

Die Pflichten der Professur haben schwer auf GAUSS gelastet, zunächst sein Amt als Leiter der Göttinger Sternwarte. »So sehr ich die Astronomie liebe«, schreibt er am 28. Juni 1820 an BESSEL (Br. G.-BESSEL, S. 353), »fühle ich doch das Beschwerliche des Lebens eines praktischen Astronomen, ohne Hilfe, oft nur zu sehr, am peinlichsten aber darin, dass ich darüber fast gar nicht zu irgend einer zusammenhängenden grösseren theoretischen Arbeit kommen kann«.

Hierzu traten seit 1821 die geodätischen Messungen, und wenn auch die mühsamen und zeitraubenden Arbeiten im Felde für GAUSS selbst mit dem Jahre 1825 beendet waren, so behielt er doch die Oberaufsicht über die Triangulationen und führte die abschliessenden Rechnungen. »Mehr als zwanzig Jahre hindurch«, sagt GAEDE[1]), »hat GAUSS unter der ermüdenden Last dieses Geschäftes gelebt und gelitten, welches, wenn einmal in Gang gebracht und in zweckmässiger Weise schematisch organisiert, von jedem andern ebenso gut hätte besorgt werden können, während GAUSS durch die massenhafte, und sobald die Methode feststand, im Wesentlichen nur noch mechanische Rechenarbeit der Musse verlustig ging, deren er für seine schöpferische Tätigkeit auf spekulativem Gebiet, nach seinem eigenen Zeugnis, in hohem Masse bedurfte«.

Dazu kam die Verpflichtung, Vorlesungen zu halten. »Für eine mathematische Lehrstelle hat er eine ganz entschiedene Abneigung«, hatte OLBERS

---

1) GAEDE, *Beiträge zur Kenntnis von Gauss' praktisch-geodätischen Arbeiten*, Zeitschrift für Vermessungswesen, Bd. 14, 1885; auch als selbständiges Werk, Karlsruhe 1885, erschienen, S. 68.

am 3. November 1802 an HEEREN in Göttingen geschrieben, als es sich um eine Berufung von GAUSS an die dortige Universität handelte, »sein Lieblingswunsch ist, Astronom bei irgend einer Sternwarte zu werden, um seine ganze Zeit zwischen Beobachtungen und feinen, tiefsinnigen Untersuchungen zur Erweiterung der Wissenschaft teilen zu können« (SARTORIUS, S. 31). Allein seine Stellung an der Universität brachte es mit sich, dass er »das Handwerk eines Professors« (SARTORIUS, S. 96) ausüben musste. Er hat es mit der ihm eigenen Gewissenhaftigkeit getan, aber schon in dem Briefe an BESSEL vom 27. Januar 1816 (Br. G.-BESSEL, S. 232) nennt er das Kollegienlesen »ein sehr lästiges, undankbares Geschäft«, und ganz besonders bitter werden seine Klagen, als die Last der geodätischen Messungen hinzukommt. Die in Aussicht stehende Berufung nach Berlin veranlasst ihn 1824 zu dem Ausruf: »Ich bin ja hier so weit davon entfernt, Herr meiner Zeit zu sein. Ich muss sie teilen zwischen Kollegia lesen (wogegen ich von jeher einen Widerwillen gehabt habe, der, wenn auch nicht entstanden, doch vergrössert ist durch das Gefühl, welches mich immer dabei begleitet, meine Zeit wegzuwerfen) und praktisch astronomische Arbeiten. ... Was bleibt mir also für solche Arbeiten, auf die ich selbst einen höhern Wert legen könnte, als flüchtige Nebenstunden? Ein anderer Charakter als der meinige, weniger empfindlich für unangenehme Eindrücke, oder ich selbst, wenn manches andere anders wäre, als es ist, würde vielleicht auch solchen Nebenstunden noch mehr abgewinnen, als ich es im allgemeinen kann« (Brief an BESSEL vom 14. März 1824, Br. G.-BESSEL, S. 428). Es liessen sich den Briefen an die vertrauten Freunde noch zahlreiche Klagen dieser Art entnehmen. Hier möge nur noch eine Stelle aus dem Briefe an OLBERS vom 19. Februar 1826 (Br. G.-O. 2, S. 438) angeführt werden: »Unabhängigkeit, das ist das grosse Losungswort für die Geistesarbeiten in die Tiefe. Aber wenn ich meinen Kopf voll von in der Luft schwebenden geistigen Bildern habe, die Stunde heranrückt, wo ich Kollegien lesen muss, so kann ich Ihnen nicht beschreiben, wie angreifend das Abspringen, das Anfrischen heterogener Ideen für mich ist, und wie schwer mir oft Dinge werden, die ich unter andern Umständen für eine erbärmliche ABC-Arbeit halten würde. ... Inzwischen, lieber OLBERS, will ich Sie nicht mit Klagen über Dinge [er]müden, die nicht zu ändern sind; meine ganze Stellung

im Leben müsste eine andere sein, wenn dergleichen Widerwärtigkeiten nicht
öfter eintreffen sollten«.

Aus den vorstehenden Äusserungen klingt heraus, dass es nicht nur Mangel
an Musse war, der den Fortgang der theoretischen Forschungen hemmte, sondern dass in der Gemütsverfassung von GAUSS Hinderungen lagen. »Es ist
wahr«, schreibt er am 20. April 1848 an seinen Jugendfreund BOLYAI (Br. G.-
BOLYAI, S. 132), »mein Leben ist mit Vielem geschmückt gewesen, was die
Welt für beneidenswert hält. Aber glaube mir, lieber BOLYAI, die herben
Seiten des Lebens, wenigstens des meinigen, die sich wie der rote Faden dadurch ziehen und denen man im höheren Alter immer wehrloser gegenüber-
steht, werden nicht zum hundertsten Teil aufgewogen von dem Erfreulichen.
Ich will gern zugeben, dass dieselben Schicksale, die zu tragen mir so schwer
geworden ist und noch ist, manchem andern viel leichter gewesen wären, aber
die Gemütsverfassung gehört zu unserm Ich, der Schöpfer unserer Existenz
hat sie uns mitgegeben, und wir vermögen wenig daran zu ändern«. Es ist
hier nicht der Ort, von dem Leid zu sprechen, das GAUSS mehr als einmal
in seinem Hause betroffen hat. Es hat »die Heiterkeit des Geistes«, die er
zur wissenschaftlichen Arbeit nötig hatte, »nur zu sehr und zu vielfach getrübt«
(Brief an BESSEL vom 28 Februar 1839, Br. G.-BESSEL, S. 524).

Die Empfindlichkeit für unangenehme Eindrücke, von der GAUSS in dem
Brief an BESSEL vom 14. März 1824 spricht, hat sicherlich dazu beigetragen,
dass er es vermied, in seinen Veröffentlichungen Gegenstände zu berühren,
die zu Streitigkeiten Anlass geben konnten. Wie behutsam geht er in seiner
Dissertation mit den imaginären Grössen um, und gar ihre geometrische Deutung, die er nach seinem Zeugnis schon vor 1799 besass, hat er damals unterdrückt und erst 1831 bekannt gemacht. Ebenso hat er seine antieuklidische
Geometrie nicht zur Veröffentlichung ausgearbeitet. »Vielleicht wird dies auch
bei meinen Lebzeiten nie geschehen, da ich das Geschrei der Böoter scheue,
wenn ich meine Ansicht ganz aussprechen wollte« Brief an BESSEL vom
27. Januar 1829, W. VIII, S. 200).

Diese Scheu war verstärkt worden durch böse Erfahrungen, die GAUSS
machen musste, als er 1816 in der Besprechung der Parallelentheorien von
SCHWAB und METTERNICH (W. IV, S. 364, VIII, S. 170) Andeutungen über die
Unbeweisbarkeit des elften EUKLIDIschen Axioms gewagt hatte: »Es ist mit

Kot darnach geworfen«, schreibt er am 15. Januar 1827 an Schumacher (Br. G.-Sch. II, S, 94)[1]). Solche Angriffe hatte Gauss wohl im Auge, wenn er am 25. August 1818 an Gerling schrieb: »Ich freue mich, dass Sie den Mut haben, sich [in Ihrem Lehrbuch] so auszudrücken, als wenn Sie die Möglichkeit, dass unsere Parallelentheorie, mithin unsere ganze Geometrie, falsch wäre, anerkennten. Aber die Wespen, deren Nest Sie aufstören, werden Ihnen um den Kopf fliegen« (W. VIII, S. 179).

Dazu kam die geringe Meinung, die Gauss von der grossen Mehrzahl der Mathematiker hatte. Bereits am 16. Dezember 1799 schreibt er an Wolfgang Bolyai, der ihm einen Versuch, das Parallelenaxiom zu beweisen, übersandt hatte: »Mach' doch ja Deine Arbeit bald bekannt; gewiss wirst Du dafür den Dank zwar nicht des grossen Publikums (worunter auch mancher gehört, der für einen geschickten Mathematiker gehalten wird) einernten, denn ich überzeuge mich immer mehr, dass die Zahl der wahren Geometer äusserst gering ist, und die meisten die Schwierigkeiten bei solchen Arbeiten weder beurteilen noch selbst einmal sie verstehen können — aber gewiss den Dank aller derer, deren Urteil Dir allein wirklich schätzbar sein kann« (W. VIII, S. 159). Als Wolfgang Bolyai dann im Jahre 1832 seinem Jugendfreunde die *Scientia spatii absolute vera* seines Sohnes Johann übersandt hatte, in der das Rätsel der Parallelenfrage gelöst war, antwortete dieser am 6 März 1832: »Die meisten Menschen haben gar nicht den rechten Sinn für das, worauf es dabei ankommt, und ieh habe nur wenige Menschen gefunden, die das, was ich ihnen mitteilte, mit besonderem Interesse aufnahmen. Um das zu können, muss man erst recht lebendig gefühlt haben, was eigentlich fehlt, und darüber sind die meisten Menschen ganz unklar« (W. VIII, S. 221). Noch schärfer äussert sich Gauss in einem Briefe an Gerling vom 25. Juni 1815: »Mir däucht, es ist in mehr als einer Rücksicht wichtig, bei den Schülern den Sinn für Rigor wach zu erhalten, da die meisten Menschen nur gar zu geneigt sind, zu einer laxen Observanz überzugehen. Selbst unsere grössten Mathematiker haben meistenteils in dieser Rücksicht etwas stumpfe Fühlhörner« (Brief im Gauss-Archiv). Ein gut Teil Menschenverachtung aber steckt in dem Rat, den Gauss am 29. September 1837 seinem jüngeren Freunde Möbius erteilt: »Man

---

1) Von wem der bösartige Angriff ausgegangen ist, hat sich noch nicht ermitteln lassen.

muss immer bedenken, dass, wo die Leser, für welche man schreibt, keinen Anstoss nehmen, es vielleicht gar nicht wohlgetan wäre, tiefer einzudringen, als ihnen frommt« (W. XI 1, S. 19).

Gauss hat bei seinen Klagen über mangelndes Verständnis wohl auch an die Briefe gedacht, die er im Jahre 1831 mit Schumacher gewechselt hatte, als dieser glaubte, das Parallelenaxiom bewiesen zu haben (W. VIII, S. 210—219). Schumacher liess sich von der Unzulänglichkeit seines Verfahrens nicht überzeugen und sandte den ausführlichen Brief Gaussens vom 12. Juli 1831 an Bessel. »Eine tolle Geschichte«, antwortete dieser am 1. Aug. 1831, »ist doch die im Gaussschen (hier zurückfolgenden) Briefe vorkommende, dass die Peripherien zweier Kreise von den Halbmessern r und r' nicht im Verhältnis $r : r'$ stehen sollen. Ich bezweifele dieses nicht, weil Gauss es sagt; allein diese Ungleichheit ist mir so wenig anschaulich, dass ich mir, nach dem alten Kulenkampschen Ausdruck[1]) kein Denkbild davon machen kann« (Abschrift des Briefes im Gauss-Archiv).

Die Zurückhaltung, die Gauss übte, brachte die Gefahr mit sich, dass andere ihm zuvorkamen, und das ist auch wiederholt geschehen. Aber in diesem Punkte war Gauss unempfindlich. Am 30. Januar 1812 schreibt er an Laplace: »J'ai dans mes papiers beaucoup de choses dont peut-être je pourrai perdre la priorité de la publication, mais soit, j'aime mieux, faire mûrir les choses« (W. X 1, S. 374), und als Abel seine *Recherches* veröffentlicht hatte, begnügt er sich damit festzustellen, dass der Norweger ihn in Bezug anf etwa ein Drittel der Sachen der Mühe überhoben habe, sie auszuarbeiten, »zumal da er alle Entwickelungen mit vieler Eleganz und Konzision gemacht« habe (Brief an Bessel vom 30. März 1828, Br. G.-Bessel, S. 477). Bei Johann Bolyais *Scientia spatii* fand er es sogar höchst erfreulich, dass gerade der Sohn seines alten Freundes ihm auf eine so merkwürdige Art zuvorgekommen sei (Brief vom 6. März 1832, W. VIII, S. 221).

---

1) Andreas Gottlieb Kulenkamp hiess der Inhaber des Handelshauses in Bremen, bei dem Bessel von 1799 bis 1806 tätig gewesen war.

A. Von den Anfängen der nichteuklidischen Geometrie bis zur Entdeckung der transzendenten Trigonometrie (1792—1817).

3.
Einleitendes. Die Jugendzeit (1792—1795).

Als Jacobi am 5. August 1827, auf Grund eines Briefes, den Schumacher an ihn gerichtet hatte, Legendre mitteilte, Gauss habe schon 1808 einen Teil der von Jacobi in den Astronomischen Nachrichten veröffentlichten Sätze besessen (Jacobi, Werke I, S. 394), antwortete Legendre am 30. November: »Comment se fait-il que M. Gauss ait osé vous faire dire que la plupart de vos théorèmes lui étaient connus et qu'il en avait fait la découverte dès 1808? Cet excès d'impudence n'est pas croyable de la part d'un homme qui a assez de mérite personel pour n'avoir pas besoin de s'approprier les découvertes des autres« (S. 398), und am 14. April 1828 setzt er hinzu: »Il y a des gens comme M. Gauss, qui ne se feraient pas scrupule de vous ravir, s'ils le pouvaient, le fruit de vos recherches, et de prétendre qu'elles sont depuis longtemps en leur possession. Prétention bien absurde assurément: car si M. Gauss était tombé sur de pareilles découvertes qui surpassent, à mes yeux, tout ce qui a été fait jusqu'ici en analyse, bien sûrement il se serait empressé de les publier« (S. 418).

Der Nachlass von Gauss hat demgegenüber gezeigt, dass dieser bereits im Jahre 1797 begonnen hatte, die lemniskatischen Funktionen zu untersuchen, dass er bis zum Jahre 1800 die wesentlichen Eigenschaften der allgemeinen elliptischen Funktionen erkannt hatte und dass er im Jahre 1808 diese Untersuchungen wieder aufgenommen und sich dem Problem der Teilung zugewandt hatte, auf das sich jene von Jacobi entdeckten Sätze beziehen.

Ebenso sind in anderen Fällen die Angaben, die Gauss über seine mathematischen Entdeckungen gemacht hat, durch Aufzeichnungen im Nachlass oder durch Briefe bis in die Einzelheiten hinein bestätigt worden. Wie konnte es auch anders sein bei einem Manne von so grosser Wahrheitsliebe und Gewissenhaftigkeit? Dazu wurde Gauss durch ein ungewöhnlich treues Gedächtnis unterstützt. Auch hat er häufig die Aufzeichnungen aus den Jahren 1796 bis 1815 benutzt, die er sich in einem Notizenjournal oder *Tagebuch* gemacht hatte (W. X 1, S 488—572); in der späteren Zeit pflegte er umgekehrt in Hand-

bücher kurze Bemerkungen über mathematische Sätze einzutragen, die er in
Briefen erwähnt hatte.   Gewiss kommen gelegentlich Angaben vor, die einander zu widersprechen scheinen, allein in den allermeisten Fällen haben sie
sich bei sorgfältiger Deutung in Übereinstimmung bringen lassen, und so wird
man den Äusserungen von GAUSS über die Entstehung seiner Gedanken volles
Vertrauen entgegenbringen dürfen.

Hiernach sind auch die Äusserungen zu beurteilen, die GAUSS über die
Anfänge seiner Beschäftigung mit den Grundlagen der Geometrie gemacht hat.

Am 28. November 1846 schreibt GAUSS an SCHUMACHER, er habe schon
im Jahre 1792, also mit 15 Jahren, an eine Geometrie gedacht, »die stattfinden müsste und strenge konsequent stattfinden könnte, wenn die EUKLIDISCHE
Geometrie nicht die wahre ist«, das heisst, wenn das elfte Axiom nicht gilt
(W. VIII, S. 238).   Hiermit ist jedenfalls nur das erste Aufblitzen des Gedankens gemeint. Denn unmittelbar vorher, am 2. Oktober 1846, hatte GAUSS
zu GERLING geäussert, der Satz, dass in jeder vom Parallelenaxiom unabhängigen Geometrie der Flächeninhalt eines Vielecks der Abweichung der
Summe der Aussenwinkel von 360° proportional ist, sei »der erste, gleichsam
an der Schwelle liegende Satz der Theorie, den ich schon im Jahr 1794 als
notwendig erkannte« (W. VIII, S. 266).   Wir werden sehen, dass diese Beziehung zwischen dem Inhalt und der Winkelsumme eines Vielecks einen
Angelpunkt der GAUSSschen Theorie gebildet hat, und dürfen daher annehmen,
dass der Zeitpunkt, wo er zu einer solchen grundlegenden Einsicht gelangt
war, sich ihm fest eingeprägt hatte.

Als WOLFGANG BOLYAI seinem Jugendfreunde die *Scientia spatü absolute vera* seines Sohnes JOHANN übersandt hatte, bemerkte GAUSS am 6. März
1832, der ganze Inhalt der Schrift komme fast durchgehends überein »mit
seinen eigenen, zum Teile schon seit 30 bis 35 Jahren angestellten Meditationen« (W. VIII, S. 221). Man wird damit bis auf die Jahre von 1797 bis
1802 zurückgeführt.   Zu dieser Zeit hat GAUSS also angefangen, in weiterem
Umfange die Folgen zu entwickeln, die sich ergeben, wenn man die Wahrheit des elften EUKLIDISCHEN Axioms leugnet. In der Tat bringt das *Tagebuch*
unter dem September 1799 (T. Nr. 99) die Eintragung: »In principiis geometriae egregios progressus fecimus«. Worin diese ausgezeichneten Fortschritte
bestanden haben, wird noch zu erörtern sein.

Gehen wir in der Reihe der Zeugnisse weiter. Kurz vorher, am 17. Mai 1831, hatte Gauss an Schumacher berichtet, er habe »angefangen, einiges von seinen Meditationen über die Parallellinien aufzuschreiben, die zum Teil schon gegen 40 Jahr alt sind« (W. VIII, S. 213). Er geht also hier bis auf die keimhaften Ursprünge zurück, für die er die Jahre 1792 und 1794 genannt hatte. Dieselbe Datierung findet sich in dem Briefe an Taurinus vom 8. November 1824: »Ich vermute, dass Sie sich noch nicht lange mit diesem Gegenstande [der Parallelentheorie] beschäftigt haben. Bei mir ist es über 30 Jahr, und ich glaube nicht, dass jemand sich eben mit diesem zweiten Teil [wo die Winkelsumme des Dreiecks kleiner als zwei Rechte ist] mehr beschäftigt haben könne als ich, obgleich ich niemals darüber etwas bekannt gemacht habe« (W. VIII, S. 186).

4.
Fortschritte in den Grundlagen der Geometrie (1795—1799).

Als Gauss im Oktober 1795 seine Studien in Göttingen begann, hatte er bereits, wie wir bemerkten, die schwache Stelle des Euklidischen Lehrgebäudes erkannt und war wenigstens bei dem Inhalt der Vielecke den Folgerungen nachgegangen, die sich aus der Verwerfung des Parallelenaxioms ergeben.

Untersuchungen über die Grundlagen der Geometrie haben gegen das Ende des achtzehnten Jahrhunderts die Mathematiker und darüber hinaus weite Kreise der Gebildeten lebhaft beschäftigt. Von zwei Seiten waren Anregungen dazu gekommen.

Seit dem Ende des 17. Jahrhunderts hatten, um nur einige wichtige Namen zu nennen, Hume, Leibniz, d'Alembert die Frage nach dem Wesen der mathematischen Erkenntnis aufgeworfen, und durch Kants *Kritik der reinen Vernunft* (1781, 1787) war diese Frage geradezu in den Mittelpunkt der philosophischen Erörterungen gestellt worden. Dabei war es besonders die Parallelentheorie, an der sich Berufene und Unberufene versuchten, denn dem elften Euklidischen Axiom fehlte jenes Merkmal der einleuchtenden Gewissheit, die dem Apriorischen eigen sein sollte[1]); es ist deutlich zu erkennen,

---

1) I. Kant, *Kritik der reinen Vernunft*, 1. Aufl. 1781, S. 25, 2. Aufl. 1777, S. 39: »So werden auch alle geometrischen Grundsätze ... niemals aus allgemeinen Begriffen ..., sondern aus der Anschauung, und zwar a priori mit apodiktischer Gewissheit hergeleitet«.

wie mit dem Jahre 1781 die Flut der Veröffentlichungen anschwillt, die sich auf die Parallelenfrage beziehen[1].

Noch von einer anderen Seite kamen Einwirkungen. Der französische Umsturz führte zur Gründung neuer Hochschulen in Paris, der École polytechnique und der École normale, an die die bedeutendsten Mathematiker des Landes berufen wurden. Dies veranlasste sie, zu den Elementen ihrer Wissenschaft zurückzukehren. LAGRANGE verschmähte es nicht, Vorlesungen über die Elemente der Arithmetik und Algebra zu halten[2], und LEGENDRE liess 1794 seine Elemente der Geometrie erscheinen, die einen ungewöhnlichen Erfolg hatten und 1823 ihre zwölfte Auflage erlebten[3]. In der Parallelentheorie war LEGENDRE bemüht gewesen, die bei EUKLID vorhandenen Mängel zu beseitigen, aber die beständigen Änderungen bei den auf einander folgenden Auflagen zeigen, dass er auf schwankendem Boden stand; wie seine letzte, zusammenfassende Veröffentlichung vom Jahre 1833 erkennen lässt[4], hat er sich niemals zu dem Gedanken der Unbeweisbarkeit des elften Axioms erheben können[5].

---

1) Vgl. das Literaturverzeichnis bei P. STÄCKEL und F. ENGEL, *die Theorie der Parallellinien von Euklid bis auf Gauss*, Leipzig 1895; im Folgenden angeführt mit P. Th.

2) J. L. LAGRANGE, *Leçons élémentaires sur les mathématiques, données à l'École normale en 1795*, Oeuvres t. 7, S. 183.

3) A. M. LEGENDRE, *Eléments de géométrie*, Paris 1794; 12. éd., Paris 1823.

4) A. M. LEGENDRE, *Réflexions sur les différentes manières de démontrer la théorie des parallèles*, Mém. de l'Acad., t. 12, année 1828, Paris 1833, S. 367.

5) In dem Briefe an OLBERS vom 30. Juli 1806 (W. VIII, S. 139, 165) bemerkt GAUSS, es scheine sein Schicksal zu sein, in fast allen seinen theoretischen Arbeiten mit LEGENDRE zu konkurrieren, und führt dafür an: die höhere Arithmetik, die transzendenten Funktionen, welche mit der Rektifikation der Ellipse zusammenhängen, die ersten Gründe der Geometrie und die Methode der kleinsten Quadrate.

Für die höhere Arithmetik kommt in Betracht LEGENDRES *Essay sur la théorie des nombres*, Paris 1798, dessen Verhältnis zu den *Disquisitiones arithmeticae* TSCHEBYSCHEFF in seiner *Theorie der Kongruenzen* (deutsch von SCHAPIRA, Berlin 1889) gut gekennzeichnet hat; im Besonderen ist noch das Reziprozitätsgesetz der quadratischen Reste zu nennen; vgl. BACHMANN, W. X2, Abh. I, S. 14. Die elliptischen Integrale hat LEGENDRE in dem grundlegenden *Mémoire sur les transcendantes elliptiques*, Paris 1794 behandelt und ihnen dann zwei umfangreiche Werke gewidmet: *Exercices de calcul intégral*, 3 Bände, Paris 1811—1816; *Traité des fonctions elliptiques*, 3 Bände, Paris 1825—1832. Die Methode der kleinsten Quadrate entwickelt LEGENDRE in den *Nouvelles méthodes pour la détermination des orbites des comètes*, Paris 1805, während die *Theoria motus corporum coelestium* von GAUSS erst 1809 erschienen ist (vgl. auch W. VIII, S. 136—141 und X1, S. 373 und 380).

Hinzuzufügen wäre noch, dass GAUSS und LEGENDRE sich mit der Theorie und Praxis der Geodäsie beschäftigt haben und dass LEGENDRES Satz über die Zurückführung eines kleinen sphärischen Dreiecks

Die Universität Göttingen nahm lebhaften Anteil an der Bewegung, deren Hervortreten soeben geschildert wurde. Professor der Mathematik war damals KAESTNER (1719—1800). Er hat die Literatur über die Parallelentheorie eifrig gesammelt und eine noch heute wertvolle Dissertation, KLÜGELS *Recensio conatuum praecipuorum theoriam parallelarum demonstrandi* vom Jahre 1763, veranlasst. In dem Nachwort meint KAESTNER, ein Beweis des Parallelenaxioms sei nur zu erhoffen durch eine genauere Ausbildung der Geometrie der Lage, die mit LEIBNIZ untergegangen sei. Gegenwärtig bleibe nur übrig, offen die Forderung EUKLIDS als solche auszusprechen; niemand, der bei gesunden Sinnen sei, werde sie bestreiten wollen. In seinen späteren Vorlesungen hat KAESTNER »an der Möglichkeit der Lösung verzweifelnd mit unbegreiflicher Resignation, anstatt nach der wahren Demonstration zu forschen, ein blindes Annehmen angeraten« (P. Th. S. 139—141). Ähnlich wie KAESTNER dachte auch sein Kollege an der Nachbar-Universität Helmstedt, JOH. FRIEDR. PFAFF (1765—1825), der meinte, alles was sich tun liesse sei, das Parallelenaxiom durch ein einfacheres zu ersetzen, es zu simplifizieren (P. Th. S. 215).

Als GAUSS nach Göttingen kam, habilitierte sich gerade für Mathematik J. WILDT (1770—1844) mit einer Probeschrift über die Parallelentheorie[1]. Ein Liebhaber auf diesem Gebiete war auch der ausserordentliche Professor der Astronomie CARL FELIX SEYFFER (1762—1822). Im Jahre 1801 hat er zwei Besprechungen von Versuchen, das Parallelenaxiom zu beweisen, in den Göttinger Gelehrten Anzeigen veröffentlicht; sie zeigen, dass er die Schriften mit Verständnis und Urteil gelesen hatte; ja SEYFFER war zu der Einsicht

---

auf ein ebenes Dreieck mit ebenso langen Seiten auf die Untersuchungen von GAUSS zur allgemeinen Lehre von den krummen Flächen anregend gewirkt hat. Auch bei der Anziehung der homogenen Ellipsoide sind beide zusammengetroffen; für LEGENDRE sind hier zu nennen die Abhandlungen in den Mémoires des savants étrangers, t. 10, Paris 1785 und in den Mémoires de l'Institut, année 1810, 2. partie, Paris 1814. Endlich sind noch die Arbeiten über das von GAUSS mit Π, von LEGENDRE mit Γ bezeichnete EULERsche Integral zu erwähnen (*Exercices*, t. I, S. 222—307).

Die Vergleichung der Leistungen zeigt, dass LEGENDRE mit scharfem Blick die Stellen erkannt hatte, an denen die mathematische Forschung mit Erfolg einsetzen konnte. Seinem unermüdlichen Fleiss und analytischen Geschick ist eine Reihe schöner Erfolge zu Teil geworden, jedoch blieb er überall auf einer Stufe stehen, die zu überschreiten erst dem Genie von GAUSS vergönnt war. Mit besonderer Deutlichkeit tritt dies bei den Grundlagen der Geometrie hervor.

1) J. WILDT, *Theses quae de lineis parallelis respondent*, Göttingen 1795. WILDT hat in den Göttinger Gelehrten Anzeigen, Jahrgang 1800, S. 1769—1772 drei »auf reiner Anschauung beruhende Beweise« des elften Axioms veröffentlicht.

gekommen, dass »es mehr als zweifelhaft scheine, ob es überhaupt möglich sei, das elfte Axiom zu beweisen, ohne ein neues Axiom zu Hilfe zu nehmen« (P. Th. S. 214).

Während GAUSS zu KAESTNER und WILDT in kein näheres Verhältnis getreten ist, hat er mit SEYFFER verkehrt und ist mit ihm bis zu dessen Tode im Briefwechsel geblieben. Ihre Unterhaltungen haben auch die Parallelentheorie betroffen, denn am 26. Juni 1801 schreibt SEYFFER an GAUSS: »Vielleicht ist es Ihnen nicht uninteressant, dass die Rezension in der hiesigen Zeitung [den Gött. Gel. Anzeigen] über die Theorie der Parallelen von SCHWAB von mir war. Ich wünschte, dass Sie mir Ihre lehrreichen Ideen hierüber gelegentlich sagten« (Brief im GAUSS-Archiv).

Im Hause SEYFFERS hat GAUSS seinen besten Jugendfreund, den Ungarn WOLFGANG BOLYAI kennen gelernt. »Als WOLFGANG nach Göttingen kam«, erzählt sein Sohn JOHANN, »traf er mit GAUSS zufällig bei dem Professor [SEYFFER] zusammen und äusserte sich da freimütig und entschieden über die Leichtfertigkeit der Behandlung der Mathematik; kurz darauf begegnete er GAUSS am Walle beim Spazierengehen; sie näherten sich einander. Mein Vater sprach unter anderem von seinen Gedanken behufs Erklärung der geraden Linie und der etwaigen Wege zum Beweise des elften Axioms, und der damals schon zum Koloss in den höheren Regionen der Wissenschaft, besonders der Zahlenlehre, emporgewachsene GAUSS brach ergötzt, überrascht in die lakonischen Worte aus: Sie sind ein Genie; Sie sind mein Freund!, worauf sogleich das Band der Brüderschaft erfolgte«[1]. Über den Verkehr zwischen den beiden Freunden berichtet WOLFGANG: »Er war sehr bescheiden und zeigte wenig; nicht drei Tage, wie mit Plato, jahrelang konnte man mit ihm zusammen sein, ohne seine Grösse zu erkennen. Schade, dass ich dieses titellose, schweigsame Buch nicht aufzumachen und zu lesen verstand. Ich wusste nicht, wie viel er weiss, und er hielt, nachdem er meine Art sah, viel von mir, ohne zu wissen, wie wenig ich bin. Uns verband die wahre (nicht oberflächliche) Leidenschaft für die Mathematik und unsere sittliche Übereinstimmung, so dass wir oft, mit einander wandernd, mit den eigenen Gedanken beschäftigt stundenlang wortlos waren« (BOL. S. 9).

---

1) WOLFGANG und JOHANN BOLYAI, *Geometrische Untersuchungen*, herausgegeben von P. STÄCKEL, Leipzig 1913, 1. Teil: Leben und Schriften der beiden BOLYAI, S. 8; im Folgenden angeführt mit BOL.

Was BOLYAI und GAUSS über das Parallelenaxiom mit einander verhandelt haben, wissen wir nicht. Wohl aber wissen wir, dass WOLFGANG, nachdem sein Freund im Herbst 1798 nach Braunschweig zurückgekehrt war, sich angestrengt bemüht hat, das Axiom zu beweisen und dass er im Mai 1799 sein Ziel erreicht zu haben glaubte. BOLYAI ist nämlich, ehe er Deutschland verliess, noch einmal mit GAUSS zusammengetroffen. Am 24. Mai 1799 haben die beiden zu Klausthal im Harz von einander Abschied genommen, und bei dieser Zusammenkunft hat WOLFGANG von seiner »Göttinger Parallelentheorie« erzählt. Hierauf bezieht sich eine Stelle des Briefes von GAUSS an WOLFGANG vom 16. Dezember 1799: »Es tut mir sehr leid, dass ich unsere ehemalige grössere Nähe nicht benutzt habe, um mehr von Deinen Arbeiten über die ersten Gründe der Geometrie zu erfahren; ich würde mir gewiss dadurch manche vergebliche Mühe erspart haben und ruhiger geworden sein, als jemand wie ich es sein kann, so lange bei einem solchen Gegenstande noch so viel zu desiderieren ist. Ich selbst bin in meinen Arbeiten darüber weit vorgerückt (wiewohl mir meine andern ganz heterogenen Geschäfte wenig Zeit dazu lassen); allein der Weg, den ich eingeschlagen habe, führt nicht so wohl zu dem Ziele, das man wünscht und welches Du erreicht zu haben versicherst, als vielmehr dahin, die Wahrheit der Geometrie zweifelhaft zu machen« (W. VIII, S. 159).

Die Ergebnisse, zu denen GAUSS, wie das *Tagebuch* (T. Nr. 99) zeigt, im September 1799 gelangt war, hat er in dem Briefe nur angedeutet Er fährt fort: »Zwar bin ich auf manches gekommen, was den meisten schon für einen Beweis gelten würde, aber was in meinen Augen so gut wie Nichts beweist, z. B. wenn man beweisen könnte, dass ein geradliniges Dreieck möglich sei, dessen Inhalt grösser wäre als jede gegebene Fläche, so bin ich im Stande die ganze Geometrie völlig strenge zu beweisen. Die meisten würden nun wohl jenes als ein Axiom gelten lassen; ich nicht; es wäre ja wohl möglich, dass, so entfernt man auch die drei Eckpunkte des Dreiecks im Raume von einander annähme, doch der Inhalt immer unter (infra) einer gegebenen Grenze wäre. Dergleichen Sätze habe ich mehrere, aber in keinem finde ich etwas Befriedigendes« (W. VIII, S. 159).

Aufzeichnungen über die Untersuchungen, von denen GAUSS spricht, sind uns nicht erhalten. Es ist jedoch sehr wahrscheinlich, dass der Brief an

Bolyai vom 6. März 1832 (W. VIII, S. 220) einen Teil dieser Untersuchungen wiedergibt. In diesem wiederholt angeführten Briefe sagt Gauss, dass er schon vor 30 bis 35 Jahren Meditationen über die Grundlagen der Geometrie angestellt habe und dass zu seiner Überraschung die Ergebnisse der *Scientia spatii* Johann Bolyais fast durchgehends damit übereinstimmten. In manchem Teile habe er etwas andere Wege eingeschlagen und als ein Specimen füge er in den Hauptzügen einen rein geometrischen Beweis des Lehrsatzes bei, dass in der antieuklidischen Geometrie die Differenz der Winkelsumme eines Dreiecks von 180° dem Flächeninhalte proportional sei. Der Beweis beginnt mit dem Satze, dass das asymptotische Dreieck, bei dem die drei Ecken im Unendlichen liegen, eine bestimmte endliche Area habe. Eine Herleitung wird nicht angegeben[1]). Für den Inhalt eines Dreiecks, bei dem eine Ecke im Endlichen liegt, während die Gegenseite zu den beiden anderen Seiten asymptotisch ist, ergibt sich dann eine Funktionalgleichung, die im Gebiete der stetigen Funktionen leicht gelöst werden kann. Nun entsteht ein ganz im Endlichen liegendes Dreieck aus einem asymptotischen Dreieck durch Wegnahme von solchen Dreiecken, bei denen eine Ecke im Endlichen liegt, und so folgt schliesslich die zu beweisende Behauptung.

Wie immer auch Gauss im Jahre 1799 vorgegangen sein mag, so zeigt sein Brief von 16. Dezember 1799 auf jeden Fall, dass er sich damals auf dem Wege befand, den vor ihm Saccheri (1733) und Lambert (1766) eingeschlagen hatten, nämlich planmässig die Folgerungen zu entwickeln, die sich aus der Annahme ergeben, das Euklidische Parallelenaxiom sei nicht erfüllt. Da Gauss hierbei auf keinen Widerspruch kam, wurde ihm die Wahrheit der Euklidischen Geometrie zweifelhaft. Den Gedanken. dass die nichteuklidische Geometrie »wahr« sein könne, hatte übrigens schon Lambert offen ausgesprochen (P. Th. S. 200).

Hierbei erheben sich die Fragen, ob Gauss jene Arbeiten gekannt und wann er sie möglicher Weise kennen gelernt hat. Gewiss sind sie ihm in der Göttinger Universitätsbibliothek, die er als Student fleissig benutzt hat,

---

1) Man kann durch eine einfache, nur die allerersten Eigenschaften asymptotischer Geraden benutzende Zeichnung ein solches Dreieck in ein inhaltgleiches, ganz im Endlichen liegendes Viereck verwandeln. Vgl. H. Liebmann, *Zur nichteuklidischen Geometrie*, Leipziger Berichte, Bd. 58, 1906, S. 560; *Nichteuklidische Geometrie*, 2. Aufl., Leipzig 1912, S. 53.

zugänglich gewesen. Allein man muss bedenken, dass diese Schriften WOLF-
GANG BOLYAI unbekannt geblieben sind; dies geht mit voller Sicherheit aus
den Äusserungen seines Sohnes hervor (BOL. S. 221—223).

Dass andererseits später in den Kreisen der Schüler von GAUSS von LAM-
BERTS Theorie der Parallellinien gesprochen wurde, zeigen Briefe von BESSEL
an ENCKE vom 9. Juli 1821 und von ENCKE an BESSEL vom 13. Oktober 1821
(Abschriften im GAUSS-Archiv). Auch wird LAMBERT in dem Briefe BESSELS
an GAUSS vom 10. Februar 1829 erwähnt (W. VIII, S. 201). Endlich besass
GAUSS die *Mathematischen Abhandlungen* von J. W. H. LEHMANN, Zerbst 1829,
in denen SACCHERI und LAMBERT angeführt werden; Randbemerkungen und
Spuren des Gebrauches lassen darauf schliessen, dass GAUSS darin gelesen und
die auf die Parallelentheorie bezüglichen Stellen beachtet hat[1]).

Entscheidend für die Beurteilung der Leistung von GAUSS ist der Umstand,
dass weder SACCHERI noch LAMBERT bis zur nichteuklidischen ebenen Trigonometrie vorgedrungen sind, wenn ihr auch LAMBERT durch den Gedanken, »die
dritte Hypothese komme bei einer imaginären Kugelfläche vor« (P. Th. S. 203)
nahe gekommen war; denn erst die Trigonometrie sichert für die Ebene die
Widerspruchslosigkeit der absoluten Geometrie und führt damit zu der Überzeugung, dass alle Versuche, das Parallelenaxiom durch Konstruktionen in
der Ebene zu beweisen, vergeblich sein müssen.

5.
Schwanken und Zweifel (1799—1805).

Wir kehren zu den Beziehungen zwischen GAUSS und BOLYAI zurück. Im
Sommer 1799 nach Siebenbürgen zurückgekehrt, war WOLFGANG zunächst
durch andere Geschäfte in Anspruch genommen worden und hatte die Mathe-
matik liegen lassen. Erst nachdem er im Frühjahr 1804 die Professur für
Mathematik und Physik am evangelisch-reformierten Kollegium zu Maros-
Vásárhely angetreten hatte, nahm er die »Göttingische Parallelentheorie« wieder
vor, feilte sie aus und sandte den Entwurf am 16. September 1804 an GAUSS.
»Ich kann den Fehler nicht entdecken, prüfe Du der Wahrheit getreu und

---

1) Vgl. den Aufsatz von P. STÄCKEL: *F. A. Taurinus*, Abhandlungen zur Geschichte der Mathematik,
Heft 9, Leipzig 1899, S. 427.

schreibe mir so bald als nur möglich. . . . Wenn Du dieses Werkchen davor wert hieltest (ich setze den Fall), so schicke es einer würdigen Akademie hin, dass es beurteilt werde« (Br. G.-Bolyai, S. 65).

Wie stellte sich Gauss zu den Bemühungen seines Freundes, das Parallelenaxiom zu beweisen? Anders, als man es nach seinem Briefe vom 16. Dezember 1799 erwarten durfte. Er schreibt am 25. November 1804: »Ich habe Deinen Aufsatz mit grossem Interesse und Aufmerksamkeit durchgelesen und mich recht an dem echten gründlichen Scharfsinne ergötzt. Du willst aber nicht mein leeres Lob, das auch gewissermassen schon darum parteiisch scheinen könnte, weil Dein Ideengang sehr viel mit dem meinigen Ähnliches hat, worauf ich ehemals die Lösung dieses Gordischen Knotens versuchte und vergebens bis jetzt versuchte. Du willst nur mein aufrichtiges, unverhohlenes Urteil. Und dies ist, dass Dein Verfahren mir noch nicht Genüge leistet. Ich will versuchen, den Stein des Anstosses, den ich noch darin finde (und der auch wieder zu derselben Gruppe von Klippen gehört, woran meine Versuche bis jetzt scheiterten) mit so vieler Klarheit, als mir möglich ist, ans Licht zu ziehen. Ich habe zwar noch immer die Hoffnung, dass jene Klippen einst, und noch vor meinem Ende eine Durchfahrt erlauben werden. Indess habe ich jetzt so manche andere Beschäftigungen vor der Hand, dass ich gegenwärtig daran nicht denken kann, und glaube mir, es soll mich herzlich freuen, wenn Du mir zuvorkommst und es Dir gelingt, alle Hindernisse zu übersteigen. Ich würde dann mit der innigsten Freude alles tun, um Dein Verdienst gelten zu machen und ins Licht zu stellen, so viel in meinen Kräften steht« (W. VIII, S. 160).

Bolyai hat diese Äusserungen als eine Ermunterung aufgefasst, sich weiter um den Beweis zu bemühen, und mit Recht. »Meine Ideen gefielen ihm überhaupt gar sehr, und er machte mich [in dem Brief vom 25. November 1804] darauf aufwerksam, welch hochwichtige Sache die Materie der Parallelen sei, obwohl er davon [von der Göttingischen Parallelentheorie] doch keineswegs befriedigt war« (Bol. S. 90). Am 27. Dezember 1808 sandte er an Gauss einen Nachtrag (Br. G.-Bolyai, S. 96, vgl. Bol. S. 223). Als dieser keine Antwort gab, ist der Briefwechsel bis zum Jahre 1816 unterbrochen worden. Etwa bis zu diesem Jahre hat Wolfgang hart mit dem zweitausendjährigen Problem gerungen, und hat schliesslich nichts davon getragen, als die Ein-

sicht, dass er alle seine Mühe verschwendet habe. »Schauderhafte, riesige
Arbeiten habe ich vollbracht, habe bei Weitem Besseres geleistet, als bisher
[geleistet wurde], aber keine vollkommene Befriedigung habe ich je gefunden;
hier aber gilt es: si paullum a summo discessit, vergit ad imum« (Bol. S. 77).

Als JOHANN BOLYAI von Wien aus, wo er seit 1818 Schüler der militäri-
schen Ingenieur-Akademie war, im Frühjahr 1820 dem Vater mitteilte, dass
er versuche, das elfte Axiom zu beweisen, war dieser aufs äusserste erschrocken
und beschwor ihn mit den beweglichsten Worten, die Lehre von den Parallelen in Frieden zu lassen. »Verliere keine Stunde damit. Keinen Lohn
bringt es, und es vergiftet das ganze Leben. Selbst durch das Jahrhunderte
dauernde Kopfzerbrechen von hundert grossen Geometern ist es schlechter-
dings unmöglich, [das elfte] ohne ein neues Axiom zu beweisen. Ich glaube
doch alle erdenklichen Ideen diesfalls erschöpft zu haben. Hätte GAUSS auch
fernerhin seine Zeit mit Grübeleien über dem elften Axiom zugebracht, so
wären seine Lehren von den Vielecken, seine *Theoria motus corporum coelestium* und alle seine sonstigen Arbeiten nicht zum Vorschein gekommen, und
er ganz zurückgeblieben. Ich kann es schriftlich nachweisen, dass er seinen
Kopf über die Parallelen zerbrach. Er äusserte mündlich und schriftlich, dass
er fruchtlos darüber nachgedacht habe« (BOL. S. 90).

Durch die nachdrücklichen Warnungen seines Vaters wurde JOHANN nicht
abgeschreckt, im Gegenteil, seine Begierde, um jeden Preis durchzudringen,
wuchs auf das heftigste (BOL. S. 79). Gegen Ende des Jahres 1823 gelang es
ihm, den Gordischen Knoten zu durchhauen. Die unerwartete Lösung, die
er fand, war damals bereits im Besitz von GAUSS, der, wie wir sehen werden,
nach langen Zweifeln um das Jahr 1816 zur Gewissheit gekommen war.

Am Eingang des Briefes vom 25. November 1804 hatte GAUSS angedeutet,
dass sein Ideengang Ähnlichkeit mit dem WOLFGANGS habe. Dieser hatte die
Linie betrachtet, die entsteht, wenn man in gleichweit von einander ab-
stehenden Punkten einer Geraden nach derselben Seite Lote derselben Länge
errichtet und die auf einander folgenden Endpunkte durch Gerade verbindet.
Während man in der euklidischen Geometrie auf solche Art eine Parallele
zur Grundlinie erhält, ergibt sich in der nichteuklidischen Geometrie ein gebrochener Linienzug, der aus gleich langen, unter gleichen Winkeln an einander stossenden Strecken besteht. BOLYAI hatte zu zeigen versucht, dass ein

Linienzug der angegebenen Art, wenn man weit genug auf ihm fortgehe, die Grundlinie schneiden müsse; damit wäre nachgewiesen, dass die Annahme, das elfte Axiom gelte nicht, auf einen Widerspruch führt. Dass GAUSS sich nach derselben Richtung hin versucht hat, wird durch eine Bemerkung bezeugt, die sich auf der letzten Seite des Handbuches »*Mathematische Brouillons*« findet (W. VIII, S. 163); allerdings beginnen die Aufzeichnungen des Handbuches erst mit dem Oktober 1805.

In der Zeit zwischen 1799 und 1804 hatte GAUSS aber noch auf einem anderen Wege vorzudringen versucht. Notizen aus dem Jahre 1803 (W. X 1, S. 451) geben mehrere Ansätze, mittels geometrischer Konstruktionen und daraus abgeleiteter Funktionalgleichungen, also durch dasselbe Verfahren, das GAUSS auch bei dem Dreiecksinhalt angewandt hat (siehe S. 45), die zwischen den Stücken eines Dreiecks geltenden Beziehungen herzuleiten. Damals sind seine Anstrengungen vergeblich gewesen; vielleicht liegt hierin der Grund, warum er gegenüber dem 1799 geäusserten Zweifel an der Wahrheit der Geometrie im Jahre 1804 von der Hoffnung spricht, nach vor seinem Ende eine Durchfahrt nach dem Hafen des Beweises für das Parallelenaxiom zu finden.

6.
Die Entdeckung der transzendenten Trigonometrie (1805—1817).

SCHUMACHER ist im Wintersemester 1808/9 in Göttingen gewesen, um sich bei GAUSS zum Astronomen auszubilden; während dieser Zeit hat er Aufzeichnungen über seine Gespräche mit GAUSS gemacht. Diese »*Gaussiana*« bringen unter dem November 1808 die Bemerkung: »GAUSS hat die Theorie der Parallellinien darauf zurückgebracht, dass wenn die angenommene Theorie nicht wahr wäre, es eine konstante, a priori der Länge nach gegebene Linie geben müsste, welches absurd ist. Doch hält er selbst diese Arbeit noch nicht für hinreichend« (W. VIII, S. 165). Hieraus geht hervor, dass GAUSS auch im Jahre 1808 noch schwankte. »Auf die Worte: 'welches absurd ist' wollen wir dabei noch nicht einmal das geringste Gewicht legen, denn es ist höchst wahrscheinlich, dass SCHUMACHER sie aus seinem Eigenen hinzugefügt hat, wohl aber legen wir Gewicht auf den nachfolgenden Satz. Wenn GAUSS selber seine Untersuchungen noch nicht für abgeschlossen hielt, so muss er noch immer halb und halb an EUKLID geglaubt haben; auf alle Fälle war er auch damals noch nicht vollständig von der Unbeweisbarkeit des Parallelenaxioms überzeugt«[1]).

Dass in der nichteuklidischen Geometrie, in der, ebenso wie in der Sphärik, die Ähnlichkeit von Figuren aufhört, eine a priori gegebene Einheit der Länge vorhanden ist, hatte schon 1766 LAMBERT erkannt (P. Th. S. 200), und LEGENDRE hatte 1794 auf die angebliche Widersinnigkeit eines solchen absoluten Masses einen Beweis des Parallelenaxioms gegründet.

Auch eine Bemerkung von GAUSS aus dem Jahre 1813 ist wohl in demselben Sinne aufzufassen: »In der Theorie der Parallellinien sind wir jetzt noch nicht weiter als EUKLID war. Dies ist die partie honteuse der Mathematik, die früh oder spät eine ganz andere Gestalt bekommen muss« (W. VIII, S. 166). Man wird dabei an den Ausspruch D'ALEMBERTS vom Jahre 1759 erinnert: »Die Erklärung und die Eigenschaften der geraden Linie sowie der parallelen Geraden sind die Klippe und sozusagen das Ärgernis (le scandale) der Elementargeometrie«[2]).

Ein anderer Ton wird in der Besprechung von zwei Beweisversuchen angeschlagen, die GAUSS in den Göttinger Gelehrten Anzeigen vom 20. April 1816 veröffentlicht hat (W. IV, S. 364, VIII, S. 170). Hier spricht er von dem »eitelen Bemühen, die Lücke, die man nicht ausfüllen kann, durch ein unhaltbares Gewebe von Scheinbeweisen zu verbergen«. Dass GAUSS damit auf seine Überzeugung von der Unbeweisbarkeit des elften Axioms hindeuten wollte, wird durch den S. 8, 9 angeführten Brief an SCHUMACHER vom 15. Januar 1827 bestätigt. Ein weiteres Zeugnis dafür, dass er jetzt zur Gewissheit durchgedrungen war, ist der Brief an GERLING vom 11. April 1816, also gerade aus der Zeit, in der er jene Besprechung verfasst hatte (W. VIII, S. 168) GAUSS äussert sich hier, auf GERLINGS Wunsch, zu dem vorher erwähnten Beweisversuch LEGENDRES und sagt: »Es scheint etwas paradox, dass eine konstante Linie gleichsam a priori möglich sein könne; ich finde aber darin nichts Widersprechendes. Es wäre sogar wünschenswert, dass die Geometrie EUKLIDS

1) F. ENGEL, *Lobatschefskijs Leben und Schriften,* in dem Werke: *N. I. Lobatschefskij, zwei geometrische Abhandlungen,* herausgegeben von F. ENGEL, Leipzig 1898—99, S. 380; im Folgenden angeführt mit LOB.

2) J. D'ALEMBERT, *Mélanges de littérature, d'histoire et de philosophie,* t. V., 4. éd. Amsterdam 1767, S. 200.

nicht wahr wäre, weil wir dann ein allgemeines Mass a priori hätten, z. B. könnte man als Raumeinheit die Seite desjenigen gleichseitigen Dreiecks annehmen, dessen Winkel $= 59^0\, 59'\, 59'',99999$«.

Gauss durfte sich mit solcher Entschiedenheit äussern, denn er war jetzt im Besitz der Trigonometrie, die in der nichteuklidischen Geometrie gilt. Wir wissen dies nicht aus Aufzeichnungen oder Briefen von Gauss, sondern durch einen glücklichen Zufall. Ebenfalls im April 1816 hatte Gauss den Besuch seines Schülers Wachter erhalten, der auf der Reise nach Danzig, wo er Professor am Gymnasium illustre geworden war, Göttingen berührte[1]). Wachter hatte kurz vorher in der Zeitschrift für Astronomie und verwandte Wissenschaften eine Besprechung derselben Parallelentheorie von Metternich veröffentlicht, mit der Gauss sich in den Göttinger Nachrichten vom 20. April 1816 beschäftigt hat, und so ist es erklärlich, dass die Unterhaltung sich auch den Grundlagen der Geometrie zuwandte. Hierauf bezieht sich ein Brief von Wachter an Gauss vom 12. Dezember 1816, in dem jener über Untersuchungen berichtet, die er, angeregt durch das Gespräch, über die »antieuklidische Geometrie« angestellt hatte (W. VIII, S. 175). Wir erfahren hieraus, dass Gauss ihm von seiner transzendenten Trigonometrie gesprochen hatte; Wachter hatte sich vergeblich bemüht, einen Eingang in diese zu finden. Man wird daher annehmen dürfen, dass Gauss damals, wie er in einem bald darauf, am 16. März 1819, an Gerling geschriebenen Briefe sagt, die nichteuklidische Geometrie »so weit ausgebildet hatte, dass er alle Aufgaben vollständig lösen konnte, sobald die Konstante $= C$ gegeben wird« (W. VIII, S. 182).

Die jetzt gewonnene feste Stellung gibt sich kund in dem Briefe an Olbers vom 28. April 1817: »Ich komme immer mehr zu der Überzeugung, dass die Notwendigkeit unserer Geometrie nicht bewiesen werden kann, wenigstens nicht vom menschlichen Verstande noch für den menschlichen Verstand. Vielleicht kommen wir in einem andern Leben zu andern Einsichten in das Wesen des Raums, die uns jetzt unerreichbar sind. Bis dahin müsste man die Geometrie nicht mit der Arithmetik, die rein a priori steht, sondern etwa mit der Mechanik in gleichen Rang setzen« (W. VIII, S. 177).

---

1) Vgl. hierfür wie für die folgenden Angaben den Aufsatz von P. Stäckel: *F. L. Wachter,* Math. Annalen, Bd. 54, 1901, S. 49—85.

Auf welchem Wege GAUSS zur nichteuklidischen Trigonometrie gelangt ist, lässt sich nicht mit Sicherheit sagen. Im Nachlass findet sich eine Herleitung der Formeln, die wahrscheinlich im Jahre 1846 niedergeschrieben ist (W. VIII, S. 255). In ihr wird das Verfahren der geometrischen Konstruktionen und daraus hergeleiteten Funktionalgleichungen angewandt, das GAUSS, wie wir gesehen haben, schon im Jahre 1803, freilich ohne Erfolg, benutzt hatte, und es liegt daher nahe anzunehmen, dass er in der Zeit zwischen 1813 und 1816 auf diesem Wege vorgegangen ist; allein man darf hierin nicht mehr als eine Vermutung erblicken.

B. Der Ausbau der nichteuklidischen Geometrie (seit 1817).

7.

Die Zeit der Geodäsie und die Flächentheorie; SCHWEIKART und TAURINUS (1817—1831).

Die Andeutungen über die Unbeweisbarkeit des Parallelenaxioms in der Anzeige vom Jahre 1816 hatten nicht den von GAUSS erwarteten Erfolg gehabt, und er hatte, das Geschrei der Böoter scheuend, sich entschlossen, bei Lebzeiten nichts über seine Ansichten bekannt zu machen. Um so mehr sehen wir ihn überrascht und erfreut, wenn er auf seinem einsamen Wege Gleichstrebende antrifft. Das ereignete sich mit SCHWEIKART und TAURINUS.

Der Rechtsgelehrte SCHWEIKART (1780—1859) hatte 1807 eine Schrift zur Parallelentheorie veröffentlicht[1]), in der er beanstandete, dass man bei der üblichen Erklärung der Parallelen als einander nicht schneidender Geraden das Unendliche hereinziehe, und forderte, man solle beim Aufbau der Geometrie von der Existenz der Quadrate ausgehen[2]). Später, zwischen 1812 und 1816, hatte er »ohne Hilfe des elften EUKLIDischen Axioms eine Geometrie, die er Astralgeometrie nannte, entwickelt« (Brief von GERLING an W. BOLYAI vom 31. Oktober 1854, P. Th. S. 243) und, nachdem er 1816 aus Charkow an die

---

1) F. C. SCHWEIKART, *Die Theorie der Parallellinien, nebst dem Vorschlage ihrer Verbannung aus der Geometrie*, Jena und Leipzig 1807. Vgl. P. Th. S. 243—246.

2) In ähnlicher Weise war CLAIRAUT, *Éléments de Géométrie*, Paris 1741, davon ausgegangen, dass das Vorhandensein von Rechtecken durch die Anschauung gegeben sei, und hatte daraus mit grosser Klarheit die Sätze des ersten Buches der EUKLIDischen Element abgeleitet.

Universität Marburg berufen worden war, 1818 mit seinem Kollegen GERLING darüber gesprochen. »Ich erzählte ihm darauf, wie Sie vor einigen Jahren [1816] öffentlich geäussert hätten, dass man seit EUKLIDS Zeiten im Grunde hiermit nicht weiter gekommen sei; ja dass Sie gegen mich mehrmals geäussert hätten, wie Sie durch vielfältige Beschäftigung mit diesem Gegenstand auch nicht zum Beweis von der Absurdität einer solchen Annahme [einer nichteuklidischen Geometrie] gekommen seien« (Brief von GERLING an GAUSS vom 25. Januar 1819, W. VIII, S. 180). SCHWEIKART bat darauf GERLING, er möge eine kurze Aufzeichnung über seine »Astralische Grössenlehre« (W. VIII, S. 180) an GAUSS weitergeben und diesen ersuchen, ihn gelegentlich sein Urteil wissen zu lassen. In seiner Antwort erklärt GAUSS, es sei ihm fast alles aus der Seele geschrieben (Brief vom 16. März 1819, W. VIII, S. 181). Er fand hier die Auffassung wieder, die er in dem Brief an OLBERS vom 28. April 1817 ausgesprochen hatte, und die er in dem Brief an BESSEL vom 9. April 1830 (W. VIII, S. 201) noch stärker betont hat, dass der Raum eine ausserhalb von uns vorhandene Wirklichkeit sei, der wir ihre Gesetze nicht vollständig vorschreiben können, deren Eigenschaften vielmehr nur auf Grund der Erfahrung vollständig festzustellen sind[1]).

Das von SCHWEIKART gewählte Beiwort »astralisch« sollte ausdrücken, dass erst bei Abmessungen der Grössen, wie sie in der Sternenwelt vorkommen, Abweichungen von der EUKLIDischen Geometrie beobachtet werden könnten. Es scheint GAUSS gefallen zu haben, denn er hat es in späteren Aufzeichnungen angewendet (W. VIII, S. 232).

Ein Neffe von SCHWEIKART, ebenfalls ein Rechtsgelehrter, TAURINUS (1794 bis 1874) hatte sich als junger Mann, angeregt durch die Schrift seines Onkels, mit der Parallelentheorie beschäftigt und im Oktober 1824 einen Beweisversuch an GAUSS gesandt[2]); dass dieser sich mit den Grundlagen der Geometrie beschäftige, wusste er seit 1821 durch seinen Onkel. GAUSS, der in TAURINUS »einen denkenden mathematischen Kopf« erkannt hatte, antwortete in einem längeren Schreiben vom 8. November 1824; er hat darin seine Ansichten über das Parallelenaxiom ausführlich dargelegt, aber zugleich dem

---

1) Vgl. auch die gegen KANT gerichteten Bemerkungen W. II, S. 177 und W. VIII, S. 224.

2) Für die folgende Darstellung vgl. P. Th. S. 246—252 und den Aufsatz von P. STÄCKEL: *F. A. Taurinus*, Abhandlungen der Geschichte der Mathematik, Heft 9, Leipzig 1899, S. 397.

Empfänger des Briefes zur Pflicht gemacht, von dieser »Privat-Mitteilung auf keine Weise einen öffentlichen oder zur Öffentlichkeit führen könnenden Gebrauch zu machen« (W. VIII, S. 186—188).

Es muss hier genügen, aus dem Briefe die Hauptstellen anzuführen. »Die Annahme, dass die Summe der drei Winkel [des Dreiecks] kleiner sei als 180⁰, führt auf eine eigene, von der unsrigen (euklidischen) ganz verschiedene Geometrie, die in sich selbst durchaus konsequent ist und die ich für mich selbst ganz befriedigend ausgebildet habe, so dass ich jede Aufgabe in derselben auflösen kann mit Ausnahme der Bestimmung einer Konstante, die sich a priori nicht ausmitteln lässt. Je grösser man diese Konstante annimmt, desto mehr nähert man sich der euklidischen Geometrie und ein unendlich grosser Wert macht beide zusammenfallen. ... Wäre die nichteuklidische Geometrie die wahre, und jene Konstante in einigem Verhältnisse zu solchen Grössen, die im Bereich unserer Messungen auf der Erde oder am Himmel liegen, so liesse sie sich a posteriori ausmitteln«.

Die freundliche Antwort, die der erste Mathematiker der Zeit ihm zukommen liess, hat TAURINUS gewiss angespornt, seine Untersuchungen mit erhöhtem Eifer fortzusetzen. In seiner 1825 veröffentlichten *Theorie der Parallellinien* ist er zwar von der unbedingten Giltigkeit des Parallelenaxioms überzeugt, aber er beginnt die Folgen zu entwickeln, die sich aus dessen Verwerfung ergeben, und gelangt so seinerseits zu jener Konstanten, die einer nichteuklidischen Geometrie eigen sein müsste; in der gleichzeitigen Möglichkeit unendlich vieler solcher Geometrien, die jede für sich genommen widerspruchslos sind, sieht er jedoch einen ausreichenden Grund, sie alle abzuweisen.

GAUSS, dem die Schrift zugesandt wurde, hat sich eben so wenig dazu geäussert wie zu einer zweiten, den 1826 veröffentlichten *Geometriae prima elementa*[1]). Hier ist TAURINUS auf die »neue Geometrie« genauer eingegangen und hat die Formeln der zugehörigen Trigonometrie sozusagen mit einem Schlage gewonnen, indem er in den entsprechenden Formeln der sphärischen Trigonometrie den Halbmesser der Kugel imaginär setzte. Aber noch mehr, er hat diese Formeln sogleich zur Lösung einer Reihe von Aufgaben ange-

1) Dies geht aus dem Briefe von TAURINUS an GAUSS vom 29. Dezember 1829 hervor (Brief im GAUSS-Archiv). Vermutlich hatte GAUSS daran Anstoss genommen, dass er von TAURINUS in der Vorrede zur *Theorie der Parallellinien* (S. XIII) und in der Vorrede der *Elementa* (S. V—VI) erwähnt worden war.

wandt und zum Beispiel den Umfang und den Inhalt des Kreises, die Oberfläche und das Volumen der Kugel richtig berechnet.

Die Gedanken von TAURINUS sind unbeachtet geblieben. »Der Erfolg
bewies mir«, schreibt er am 29. Dezember 1829 an GAUSS, »dass Ihre Autorität dazu gehört, ihnen Anerkennung zu verschaffen, und dieser erste schrift-
stellerische Versuch ist, anstatt, wie ich gehofft hatte, mich zu empfehlen, für
mich eine reiche Quelle von Unzufriedenheit geworden« (Brief im GAUSS-Archiv).

Im fünften Abschnitt dieses Aufsatzes wird ausführlich über die Untersuchungen berichtet werden, die GAUSS in der Zeit von 1816 bis 1827 über
die allgemeine Lehre von den krummen Flächen angestellt hat. Erst dort
soll auf die Zusammenhänge mit den Grundlagen der Geometrie eingegangen
und im Besonderen die Frage erörtert werden, ob GAUSS die Beziehung zwischen der absoluten Geometrie und der Geometrie auf den Flächen konstanten
Krümmungsmasses gekannt hat. Auch die Ansichten von GAUSS über mehr-
dimensionale Mannigfaltigkeiten werden dann zur Sprache kommen.

Bald nach der Vollendung der *Disquisitiones generales circa superficies curvas*
(Oktober 1827), die, wie GAUSS am 11. Dezember 1825 an HANSEN schrieb,
»tief in vieles Andere, ich möchte sogar sagen, in die Metaphysik der Raumlehre eingreifen« (Brief im GAUSS-Archiv), hat sich GAUSS erneut den Grundlagen der Geometrie zugewandt. Am 27. Januar 1829 berichtet er an BESSEL:
»Auch über ein anderes Thema, das bei mir fast schon 40 Jahr alt ist, habe
ich zuweilen in einzelnen freien Stunden wieder nachgedacht, ich meine die
ersten Gründe der Geometrie. ... Inzwischen werde ich wohl noch lange
nicht dazu kommen, meine s e h r a u s g e d e h n t en Untersuchungen darüber
zur öffentlichen Bekanntmachung auszuarbeiten, und vielleicht wird dies auch
bei meinen Lebzeiten nie geschehen, da ich das Geschrei der Böoter scheue,
wenn ich meine Ansicht g a n z aussprechen wollte« (W. VIII, S. 200).

Von den Untersuchungen, auf die GAUSS hindeutet, ist uns nur eine kurze
Notiz vom November 1828 erhalten, in der unabhängig vom elften Axiom
bewiesen wird, dass die Winkelsumme des Dreiecks nicht grösser sein kann,
als zwei Rechte (W. VIII, S. 190)[1]. Aber im April 1831 hat er begonnen,
einiges von seinen Meditationen aufzuschreiben. »Ich wünschte doch, dass es

---

[1] Dasselbe Verfahren hatte schon LEGENDRE in der zweiten Auflage der *Éléments de géométrie* (1798)
angewandt.

nicht mit mir unterginge« (Brief an SCHUMACHER vom 17. Mai 1831, W. VIII, S. 213).

Als diese Niederschriften darf man drei Zettel ansprechen, die aus dem Nachlass W. VIII, S. 202—209 abgedruckt sind. In der Notiz [3], die wohl die früheste ist, und von der [1] und [2] nur genauere Ausführungen sind[1]), werden die grundlegenden Eigenschaften der parallelen oder, nach JOHANN BOLYAI, asymptotischen Geraden hergeleitet, und in der letzten Nummer gelangt GAUSS zu dem Parazykel, der Kurve, in die der Kreis übergeht, wenn der Halbmesser unendlich wird. Er nennt sie Trope, also Wendekreis (cercle tropique), ein deutliches Zeichen, dass er den Parazykel als den Übergang von den eigentlichen Kreisen zu den Hyperzykeln aufgefasst hat. Der Gang der Entwicklung hat grosse Ähnlichkeit mit dem von JOHANN BOLYAI in der *Scientia spatii*.

Ein Ersatz für weitere Aufzeichnungen, freilich ein spärlicher, ist der Brief an SCHUMACHER vom 12. Juli 1831, in dem GAUSS die Folgen bespricht, die das Aufhören der Ähnlichkeit in der nichteuklidischen Geometrie nach sich zieht, und die dort geltende Formel für den Umfang des Kreises angibt (W. VIII, S. 215). Es ist leider nur wenig, was wir von jenen sehr ausgedehnten Untersuchungen wissen, und auch aus den folgenden Jahren wird nur wenig hinzukommen.

8.

Die weitere Entwicklung bei GAUSS; JOHANN BOLYAI und LOBATSCHEFSKIJ (1831—1846).

Am 3. November 1823 hatte JOHANN BOLYAI aus Temesvar, wo er als Pionierleutnant stand, seinem Vater mitgeteilt, er habe »aus Nichts eine neue, andere Welt geschaffen«. Im Februar 1825 konnte er ihm den ersten Entwurf seiner absoluten Raumlehre vorlegen. WOLFGANG war jedoch damit nicht einverstanden; besonders nahm er Anstoss an dem Auftreten der an sich unbestimmten Konstanten und der dadurch bedingten Vielheit der möglichen hypothetischen Systeme (BOL. S. 87). Vater und Sohn konnten sich nicht

---

1) Nach einer brieflichen Mitteilung von H. S. CARSLAW (Sydney) ist in Nr. 4 der Notiz [3] der Fall übersehen, dass die Geraden *cb* und 1 einander nicht schneiden; diese Lücke ist in der Notiz [1], Nr. 4, Fall II ausgefüllt.

einigen, und schliesslich kam man überein, JOHANN möge das Wesen der Sache in lateinischer Sprache darstellen, die kleine Abhandlung solle dem von WOLFGANG geplanten *Tentamen*[1]) beigegeben und einer der herzustellenden Abzüge an GAUSS gesandt werden; seinem Urteil über Wert oder Unwert wollten sich beide unterwerfen.

Im Juni 1831 wurden die Sonderabzüge des *Appendix scientiam spatii absolute veram exhibens* fertig, und am 20. Juni wurde einer davon an GAUSS abgesandt. Jedoch gelangte »der fatalen Choleraumstände wegen« nur der gleichzeitig abgegangene Brief an GAUSS in dessen Hände, an dessen Schluss WOLFGANG, wie er an JOHANN schrieb, »eine kleine, klare Idee der Arbeit gab, damit er nicht im voraus sich grause vor der Materie«. Der Sonderabzug selbst kam nach längerer Zeit an WOLFGANG zurück und ist Anfang Februar 1832 durch einen Bekannten der BOLYAIS, den in Göttingen studierenden Baron v. ZEYK, GAUSS übergeben worden (BOL. S. 91—92).

Unter dem ersten Eindruck, den die Schrift auf ihn machte, schrieb GAUSS am 14. Februar 1832 an GERLING: »Noch bemerke ich, dass ich dieser Tage eine kleine Schrift aus Ungarn über die nichteuklidische Geometrie erhalten habe, worin ich alle meine eigenen Ideen und Resultate wiederfinde, mit grosser Eleganz entwickelt, obwohl in einer für jemand, dem die Sache fremd ist, wegen der Konzentrierung etwas schwer zu folgenden Form. Der Verfasser ist ein sehr junger österreichischer Offizier, Sohn eines Jugendfreundes von mir, mit dem ich 1798 mich oft über die Sache unterhalten hatte, wiewohl damals meine Ideen noch viel weiter von der Ausbildung und Reife entfernt waren, die sie durch das eigene Nachdenken dieses jungen Mannes erhalten haben. Ich halte diesen jungen Geometer v. BOLYAI für ein Genie erster Grösse« (W. VIII, S. 220).

Am 6. März folgte der wiederholt angeführte Brief an WOLFGANG, in dem GAUSS seine Überraschung über das Zusammentreffen mit JOHANN ausdrückt und bittet, diesen herzlich von ihm zu grüssen und ihm seine besondere Hochachtung zu versichern (W. VIII, S 220—224). »GAUSSENS Antwort hinsichtlich Deines Werkes«, schrieb WOLFGANG an den Sohn, »ist sehr schön und gereicht unserem Vaterlande und unserer Nation zur Ehre. Ein guter Freund sagt,

---

1) W. BOLYAI, *Tentamen iuventutem studiosam in elementa matheseos ... introducendi*, t. I, Maros Vásárhely 1832, ed. secunda, Budapest 1897.

es wäre eine grosse Satisfaktion« (BOL, S. 72). JOHANN selbst hat es als eine grosse Enttäuschung und Kränkung empfunden, dass GAUSS den *Appendix* keiner öffentlichen Anerkennung würdigte und das Vorrecht der ersten Entdeckung für sich in Anspruch nahm (BOL. S. 95—97).

Wie schon erwähnt wurde, gibt GAUSS in dem Briefe als Probe ihm eigentümlicher Untersuchungen einen einfachen Beweis für den Satz, dass in der nichteuklidischen Geometrie der Inhalt des Dreiecks der Abweichung der Winkelsumme von zwei Rechten proportional ist; der Umstand, dass damals die Erinnerungen an den Verkehr mit WOLFGANG in ihm wiederauftauchten, macht es wahrscheinlich, dass er dabei an seine Untersuchungen vom September 1799 angeknüpft hatte. Er schliesst daran die Aufforderung, JOHANN möge sich mit der entsprechenden Aufgabe für den Raum beschäftigen, nämlich »den Kubikinhalt des Tetraeders (von vier Ebenen begrenzten Raumes) zu bestimmen«. JOHANN hatte, wie sein Vater am 20. April 1835 an GAUSS schreibt (Br. G.-BOLYAI, S. 115), die Auflösung der Aufgabe bereits ein Jahr vor der Herausgabe des *Appendix* gefunden. Der Nachlass JOHANNS enthält in der Tat sogar mehrere Verfahren, die zur Lösung dienen können (BOL. S. 109—118), darunter auch genau die Methode, die GAUSS im Auge hatte und die er, seiner oben (S. 17, 18) erwähnten Gewohnheit gemäss, bei der Absendung des Briefes an WOLFGANG vom 6. März 1832 in einem seiner Handbücher angedeutet hat (W. VIII, S. 228).

Auf das Volumen des Tetraeders bezieht sich noch eine zweite Aufzeichnung von GAUSS, die etwa aus dem Jahre 1841 stammt. Sie steht auf einem Zettel, der sich in dem Sonderabdruck der Abhandlung LOBATSCHEFSKIJS vom Jahre 1836 über die Anwendung der imaginären Geometrie auf einige Integrale gefunden hat; unter imaginärer Geometrie versteht der russische Mathematiker die nichteuklidische Geometrie.

LOBATSCHEFSKIJ (1793—1856) hatte in den Vorlesungen über Geometrie, die er 1815/16 an der Universität Kasan hielt, noch ganz auf dem Boden der euklidischen Geometrie gestanden und darin verschiedene Versuche zum Beweise des Parallelenaxioms gemacht (LOB. S. 262, 378). Verraten schon diese Vorlesungen eine eingehende Beschäftigung mit LEGENDRES *Elementen der Geometrie* (LOB. S. 454), so lassen die späteren Schriften LOBATSCHEFSKIJS erkennen. dass er sich in den folgenden Jahren in tief eindringender Kritik mit LEGENDRE

auseinandergesetzt und, indem er es wagte, Folgerungen aus der Annahme
des Nichtbestehens des Parallelenaxioms zu ziehen, sich allmählich mit dem
Gedanken von dessen Unbeweisbarkeit vertraut gemacht hat. Diesen Standpunkt
vertritt er in einem ungedruckt gebliebenen Lehrbuch der Geometrie vom
Jahre 1823 (Lob. S. 369). In den folgenden Jahren gelangte er zu der Erkenntnis, dass es eine in sich widerspruchsfreie Geometrie gibt, die des Parallelenaxioms nicht bedarf. Er entwickelte diese Geometrie soweit, dass er alle
ihre Aufgaben rein analytisch behandeln konnte; auch gab er allgemeine
Regeln zur Berechnung der Bogenlängen, Flächenräume und Rauminhalte.
Die Ergebnisse dieser Untersuchungen wurden am 12. Februar 1826 der Kasaner Gelehrten Gesellschaft vorgelegt; veröffentlicht sind sie jedoch erst 1829
und 1830 im Kasaner Boten (Lob. S. 371). Ihnen folgte eine Reihe weiterer,
in russischer Sprache geschriebener Abhandlungen (1835—1838).

Um seinen Gedanken Verbreitung im westlichen Europa zu verschaffen,
hatte Lobatschefskij 1837 in Crelles Journal eine kurze Darstellung seiner
imaginären Geometrie gegeben, die freilich zur Einführung in den Gegenstand
wenig geeignet war. Gauss scheint sie nicht beachtet zu haben, er ist vielmehr wohl erst im Jahre 1840 auf Lobatschefskij aufmerksam geworden, als
dessen vortrefflich geschriebene deutsche Schrift: *Geometrische Untersuchungen
zur Theorie der Parallellinien*, in Gersdorfs Repertorium abfällig besprochen
wurde (Brief an Encke vom 1. Febr. 1841, W. VIII, S. 232). Durch einen
merkwürdigen Zufall erhielt er um dieselbe Zeit durch den mit Lobatschefskij
befreundeten Physiker der Kasaner Universität Knorr, der ihn 1840 in Göttingen besucht hatte, die schon erwähnte Abhandlung vom Jahre 1836. Später
hat ihm der Astronom W. Struve in Pulkowa die anderen, in den Kasaner
Gelehrten Schriften erschienenen Abhandlungen verschafft (W. VIII, S. 239);
woher Gauss die Abhandlung im Kasaner Boten vom Jahre 1829/30 bekommen
hat, ist unaufgeklärt (Lob. S. 435),.

Ein weiterer glücklicher Umstand war es, dass Gauss die in russischer
Sprache geschriebenen Schriften lesen konnte. »Die Aneignung irgend einer
neuen Fertigkeit als eine Art Verjüngung betrachtend« (Brief an Schumacher
vom 17. August 1839, Br. G.-Sch. III, S. 242) hatte er, nachdem er dem
Sanskrit keinen Geschmack abgewinnen konnte, im Frühjahr 1839 angefangen,
die russische Sprache zu erlernen. »Es dauerte kaum zwei Jahre, dass er ohne

alle fremde Hilfe dieselbe so vollständig in seine Gewalt bekam, dass er nicht nur alle Bücher in Prosa und Poesie mit Geläufigkeit lesen konnte, sondern dass er sogar seine Korrespondenzen nach St. Petersburg mitunter in russischer Sprache besorgte« (SARTORIUS, S. 91).

Über die russischen Abhandlungen urteilt GAUSS in dem Brief an GERLING vom 8. Februar 1844, dass sie »mehr einem verworrenen Walde gleichen, durch den es, ohne alle Bäume erst einzeln kennen gelernt zu haben, schwer ist, einen Durchgang und Übersicht zu finden« (W. VIII, S. 237). Dagegen lobt er die Konzinnität und Präzision der *Geometrischen Untersuchungen* und wiederholt dieses Lob in dem Brief an SCHUMACHER vom 28. November 1846: »Materiell für mich Neues habe ich .... nicht gefunden, aber die Entwicklung ist auf anderm Wege gemacht, als ich selbst eingeschlagen habe, und zwar von LOBATSCHEFSKIJ auf eine meisterhafte Art in echt geometrischem Geiste. Ich glaube Sie auf das Buch aufmerksam machen zu müssen, welches Ihnen gewiss ganz exquisiten Genuss gewähren wird« (W. VIII, S. 238).

Auf einem Zettel, der sich in einem der beiden GAUSS gehörenden Abdrücke der *Geometrischen Untersuchungen* vorgefunden hat, ist in gedrängter Darstellung die bereits erwähnte (S. 31) Herleitung der Formeln der nichteuklidischen Trigonometrie enthalten (W. VIII, S. 255—257); vermutlich ist sie verfasst worden, als GAUSS im Jahre 1846 »Veranlassung hatte, das Werkchen wieder durchzusehen« (W. VIII, S. 238). Wenn dort (S. 31) bemerkt wurde, dass die Aufzeichnung wohl den Gedankengang wiedergebe, den GAUSS im Jahre 1816 eingeschlagen hat, so muss hier hervorgehoben werden, dass darin auch eine Auffassung zu Tage tritt, die GAUSS erst später gewonnen hat. Als Endergebnis werden nämlich Formeln erhalten, die mit den Gleichungen der sphärischen Trigonometrie, bezogen auf eine Kugel vom Halbmesser $1/k$, identisch sind; die entsprechenden Gleichungen der nichteuklidischen Trigonometrie folgen daraus, wenn der Konstanten k ein rein imaginärer Wert erteilt wird. Dass diese Beziehung stattfindet, hatte LOBATSCHEFSKIJ am Schluss der geometrischen Untersuchungen (S. 60) angemerkt. Sie erscheint bei ihm als ein sonderbarer Zufall. Hat GAUSS tiefer geschaut? Hat er durch den Buchstaben k andeuten wollen, dass die beiden Geometrien dem allgemeineren Begriff der Geometrie einer Mannigfaltigkeit konstanten Krümmungsmasses untergeordnet werden können? Wie im fünften Abschnitt dieses Aufsatzes dargelegt werden wird, spricht vieles dafür, die Frage zu bejahen. Dann aber würde ein Licht fallen auf eine dunkle Stelle in dem vorher angeführten Brief an SCHUMACHER vom 28. November 1846: »Sie wissen, dass ich schon seit 54 Jahren (seit 1792) dieselbe Überzeugung habe (mit einer gewissen spätern Erweiterung, deren ich hier nicht erwähnen will)« (W. VIII, S. 238). Darf man noch weiter gehen? Hat GAUSS seine ursprüngliche Überzeugung später dahin erweitert, dass er den Geometrien, die sich je nach dem Vorzeichen des Krümmungsmasses ergeben, volle Gleichberechtigung zubilligte, hat er den Gedanken RIEMANNS vorausgenommen, man brauche den Raum nur als unbegrenzte, nicht als unendliche Mannigfaltigkeit aufzufassen? Die vorliegenden Anhaltspunkte gestatten es nur, Vermutungen auszusprechen.

Als JOHANN BOLYAI am 3. November 1823 dem Vater von seinen neuen Entdeckungen berichtet hatte (BOL. S. 85), ermahnte ihn dieser, sich mit der Bekanntmachung zu beeilen, weil »manche Dinge gleichsam eine Epoche haben, wo sie dann an mehreren Orten aufgefunden werden, gleichwie im Frühjahr die Veilchen mehrwärts ans Licht kommen« (BOL. S. 86). Die Namen GAUSS, SCHWEIKART, TAURINUS, LOBATSCHEFSKIJ sind ein Beweis dafür, wie richtig WOLFGANG geurteilt hatte.

Man hat allerdings dieses Zusammentreffen dadurch seiner Merkwürdigkeit zu entkleiden versucht, dass man vermutete, BOLYAI und LOBATSCHEFSKIJ verdankten GAUSS, der ohne Zweifel als Erster sich von den Fesseln der Überlieferung frei gemacht hat, die Fragestellung ihrer Untersuchungen (LOB. S. 428, 442). Dass SCHWEIKART von GAUSS unabhängig gewesen ist, unterliegt keinem Zweifel; dagegen sind bei TAURINUS Anregungen durch SCHWEIKART und GAUSS wirksam gewesen, ohne dass ihm damit die Selbständigkeit in der Entdeckung der nichteuklidischen Trigonometrie abgesprochen werden darf.

Nachdem die hinterlassenen Schriften von GAUSS und den beiden BOLYAI zugänglich geworden sind, können die Beziehungen zwischen ihnen als völlig geklärt gelten; man beachte vor allem die beiden Tatsachen, dass WOLFGANG, als GAUSS im Herbst 1798 Göttingen verlassen hatte, das Parallelenaxiom zu beweisen bemüht war, und dass, wie die S. 48 wiedergegebene Stelle aus einem Briefe WOLFGANGS beweist, JOHANN erst, nachdem er seine Untersuchungen bereits begonnen hatte, von seinem Vater die Mitteilung erhielt, GAUSS habe fruchtlos über die Parallelen nachgedacht, eine Warnung eher, denn eine Anregung.

Bei LOBATSCHEFSKIJ hat man an eine Vermittlung durch BARTELS (1769—1836) gedacht, der 1807 bis 1821 an der Universität Kasan gelehrt hat. BARTELS ist nämlich Hilfslehrer an der Schule gewesen, an der GAUSS seinen ersten Unterricht empfing und hat sich des Knaben hilfreich angenommen; später, 1805 bis 1807, wo er als ein Schützling des Herzogs, wie GAUSS, in Braunschweig lebte, hat er mit diesem freundschaftlich verkehrt. Wenn aber schon die ganze Entwicklung der Gedanken, wie sie vorher dargestellt worden ist, für die volle Selbständigkeit LOBATSCHEFSKIJS spricht, so kommt noch dazu, dass BARTELS, nach dem Zeugnis seines Schwiegersohnes O. STRUVE, in der imaginären Geometrie mehr eine geistreiche Spekulation als ein die Wissenschaft förderndes Werk gesehen hat; auch erinnert sich STRUVE nicht, dass BARTELS jemals von anklingenden Ideen bei GAUSS gesprochen habe LOB. S. 378—382).

9.
Nachwirkung der GAUSSschen Gedanken.

Bei der Zurückhaltung, die sich GAUSS zur Regel gemacht hatte, haben während seines Lebens nur wenige Bevorzugte etwas von seinen Ansichten über die Grundlagen der Geometrie erfahren, und die Eingeweihten haben ihr Wissen für sich behalten. Zum Beispiel hat DIRICHLET, mit dem GAUSS bei dessen Besuch im März 1827 von der nichteuklidischen Geometrie gesprochen hatte (W. VIII, S. 188), untersucht, wie sich die Potentialtheorie im nichteuklidischen Raume gestalte, aber nichts darüber veröffentlicht (LOB. S. 444). In weiteren Kreisen wurde erst etwas davon bekannt, als SARTORIUS 1856 in seiner Schrift *Gauss zum Gedächtniss* berichtete, GAUSS habe eine selbständige Geometrie ausgebildet, die gelte, wenn man das Parallelenaxiom nicht zugebe (W. VIII, S. 267—268). Diese Andeutung wurde bald darauf bestätigt durch den 1860 herausgekommenen zweiten Band des Briefwechsels zwischen GAUSS und SCHUMACHER (Briefe vom Jahre 1831, W. VIII, S. 210—219), und 1865 erschien der fünfte Band mit dem Briefe vom 28. November 1846 (W. VIII, S. 238), durch den die Aufmerksamkeit auf LOBATSCHEFSKIJ gelenkt wurde. Nachdem jetzt, um mit HOÜEL zu reden, die imposante Autorität GAUSSens

gesprochen hatte, fand der Hinweis auf J. Bolyai und Lobatschefskij Beachtung, den Baltzer 1867 in der zweiten Auflage seiner *Elemente der
Mathematik* gab; durch ihn angeregt veröffentlichte Hoüel französische Übersetzungen der *Geometrischen Untersuchungen* und der *Scientia spatii absolute vera*
und machte so diese verschollenen Schriften allgemein zugänglich. Damit
war der Boden vorbereitet für eine verständnisvolle Aufnahme der zu derselben Zeit aus Riemanns Nachlass herausgegebenen Habilitationsrede vom
Jahre 1854: *Über die Hypothesen, welche der Geometrie zu Grunde liegen;*
dazu kamen 1868 die Aufsätze von Helmholtz. Während man bis dahin die
Beschäftigung mit dem elften Axiom als ein Vorrecht unklarer Köpfe angesehen und mit den Bemühungen um die Quadratur des Kreises und das Per-
petuum mobile auf eine Stufe gestellt hatte, erregten jetzt die Untersuchungen
über die Grundlagen der Geometrie allgemeine Teilnahme, und als später
noch die Kritik der Arithmetik hinzukam, entstand ein neuer Zweig der
Mathematik, der als Axiomatik bezeichnet wird.

C. Sonstige Beiträge zur Axiomatik.

10.

Weitere Untersuchungen über die Grundlagen der Geometrie.

Wenn von den Untersuchungen die Rede ist, die Gauss über die Grundlagen der Geometrie angestellt hat, so denkt man dabei vor allem an die
Entdeckung der nichteuklidischen Geometrie. Gauss hat sich jedoch keineswegs auf das Parallelenaxiom beschränkt, er hat sich vielmehr noch mit einer
Reihe anderer Fragen beschäftigt, die man heute ebenfalls der Axiomatik zu-
weisen würde. Hierüber soll zum Schluss dieses Abschnittes berichtet werden.

Es kann nicht Wunder nehmen, dass die üblichen Darstellungen der
euklidischen Geometrie einen Mann, der an die Schärfe der Begriffsbestimmungen
und die Strenge der Ableitungen hohe Forderungen stellte, in mehr als einem
Punkte nicht befriedigten. Sein tiefdringender Blick erkannte hier Lücken,
die zum Teil erst nach Jahrzehnten von anderen Geometern aufgedeckt worden
sind. Zum Beispiel spricht Gauss in dem Brief an Bolyai vom 6. März 1832
von dem »Teil des Planums, der zwischen drei Geraden liegt« und macht dazu
die Anmerkung: »Bei einer vollständigen Durchführung müssen solche Worte

wie zwischen auch erst auf klare Begriffe gebracht werden, was sehr gut angeht, was ich aber nirgends geleistet finde« (W. VIII, S. 222).

Die Erklärung der geraden Linie war Gegenstand des Gespräches gewesen, das GAUSS und WOLFGANG BOLYAI bei ihrem ersten gemeinsamen Spaziergange im Herbst 1796 geführt hatten. Wie JOHANN BOLYAI erzählt, erwiderte GAUSS auf die Äusserungen WOLFGANGS: »Ja wahrlich, die Gerade wird schändlich behandelt; sie ist in der Tat die Linie, welche sich in sich selbst dreht« (BOL. S. 197). Dieselbe Erklärung hat GAUSS in einer Vorlesung über praktische Astronomie gegeben, die LÜBSEN im Jahre 1830 bei ihm gehört hat (W. VIII, S. 196); auch die weitere Bemerkung bei LÜBSEN, das angegebene Merkmal sei praktisch wichtig, z. B. bei der Justierung eines Fernrohres, bei der richtigen Bohrung eines Zylinders usw., ist wohl GAUSS-schen Ursprungs.

Im *Tagebuch* steht unter dem 28. Juli 1798 die Eintragung: »Plani possibilitatem demonstravi« (T. Nr. 72). Was GAUSS hiermit meinte, zeigt eine Stelle in dem Briefe an BESSEL vom 27. Januar 1829, die Erklärung der Ebene als einer Fläche, in der die irgend zwei Punkte verbindende gerade Linie ganz liegt, enthalte mehr, als zur Bestimmung der Fläche nötig ist, und involviere tacite ein Theorem, das erst bewiesen werden müsse (W. VIII, S. 200); in ähnlicher Weise äussert sich GAUSS auch in einer wohl aus der gleichen Zeit stammenden Aufzeichnung (W. VIII, S. 194). Auch in dem Brief an W. BOLYAI vom 6. März 1832 erklärt es GAUSS für unerlässlich, »die Möglichkeit eines Planums zu erweisen« (W. VIII, S. 224). Ein solcher Beweis steht im Handbuch 19 Be, S. 153 (W. VIII, S. 194); durch die unmittelbar vorhergehenden Notizen, die den Dreiecks-Inhalt und das Tetraeder-Volumen in der nichteuklidischen Geometrie betreffen (W. VIII, S. 226—228), ist als Zeit der Niederschrift der März 1832 gesichert. Die Ebene denkt sich GAUSS erzeugt durch die Drehung des einen Schenkels eines rechten Winkels um den anderen, festgehaltenen Schenkel. Auf Anregungen von GAUSS gehen wohl auch die Abhandlungen von DEAHNA (1837) und GERLING (1840) über die Erklärung der Ebene zurück[1]).

---

1) DEAHNA, *Demonstratio theorematis esse superficiem planam*, Marburg 1837; CHR. L. GERLING, *Fragment über die Begründung des Begriffs der Ebene*, CRELLES Journal, Bd. 20, 1840, S. 332. BALTZER bemerkt in der zweiten Auflage seiner *Elemente*, Bd. II, 1867, § 4, GAUSS sei der Meinung gewesen, DEAHNAS

Bei der Lehre von den Vielecken pflegt man stillschweigend oder ausdrücklich voraussetzen, dass der Umfang sich selbst nicht schneidet. GAUSS
hat schon früh die Frage ins Auge gefasst, was man unter dem Inhalt eines
beliebigen Vielecks zu verstehen habe: in Nr. 24 dieses Aufsatzes wird man
hierüber Genaueres finden. Bei seinen Untersuchungen über die allgemeine
Lehre von den krummen Flächen ist er auf den Gegenstand zurückgekommen
und hat beliebige Figuren betrachtet, deren Umfang sich selbst schneidet
(Brief an OLBERS vom 20. Oktober 1825, Br. G.-O. 2, S. 431, W. VIII, S. 399;
vgl. auch W. IV, S. 227). Auch die Zerlegung der Vielecke in Dreiecke hat
er untersucht (W. VIII, S. 280); sein Verfahren führt zu einer Herleitung der
Winkelsumme des n-Ecks, die dem üblichen, unzulänglichen Induktionsbeweise
vorzuziehen ist.

Eine Anfrage GERLINGS vom 20. Juni 1846 über die Unterscheidung rechts-
und linksgewundener Schrauben (W. VIII, S. 247) veranlasste GAUSS zu Ausführungen über die Begriffe rechts und links, die er »ein Kernstück eines viel
ausgedehntern Systems« nennt (Brief vom 23. Juni 1846, W. VIII, S. 249).
Er war bereits in der Selbstanzeige der zweiten Abhandlung über die biquadratischen Reste vom 15. April 1831 (W. II, S. 177), in der er seine geometrische Versinnlichung der komplexen Grössen darlegt, auf den Unterschied
von rechts und links eingegangen und hatte bemerkt, dieser Unterschied sei
sobald man vorwärts und rückwärts in der Ebene und oben und unten in
Beziehung auf die beiden Seiten der Ebene einmal (nach Gefallen) festgesetzt
hat, in sich völlig bestimmt, wenn wir gleich unsere Anschauung dieses
Unterschiedes andern nur durch Nachweisung an wirklich vorhandenen materiellen Dingen mitteilen können«. In einer Fussnote hatte er hinzugefügt:
»Beide Bemerkungen hat schon KANT gemacht, aber man begreift nicht, wie
dieser scharfsinnige Philosoph in der ersteren einen Beweis für seine Meinung,
dass der Raum nur Form unserer äusseren Anschauung sei, zu finden glauben
konnte, da die zweite so klar das Gegenteil und dass der Raum unabhängig
von unserer Anschauungsart eine reelle Bedeutung haben muss, beweiset«
(vgl. auch W. X1, S. 409): eine ähnliche Bemerkung enthält der Brief an

---

Darstellung lasse sich von einigen Mängeln, die in ihr anzutreffen seien, befreien; vgl. auch W. KILLING,
Einführung in die Grundlagen der Geometrie, Bd. II, Paderborn 1898, S. 183.

SCHUMACHER vom 8. Februar 1846 (W. VIII, S. 247)[1]. Einen zweiten Grund gegen KANTS Meinung hat GAUSS in dem Brief an W. BOLYAI vom 6. März 1832 vorgebracht. »Gerade in der Unmöglichkeit zwischen Σ [Euklidischer Geometrie] und S [nichteuklidischer Geometrie] a priori zu entscheiden, liegt der klarste Beweis, dass KANT Unrecht hatte zu behaupten, der Raum sei nur Form unserer Anschauung« (W. VIII, S. 224).

In dasselbe Kapitel wie die Erörterungen über die Begriffe von Rechts und Links gehören die Einführung der gerichteten geraden Linien (W. VIII, S. 408), die Unterscheidung zwischen den beiden zu einem grössten Kreise der Kugel gehörenden Polen (W. VII, S. 177, IV, S. 221) und die Sätze, dass symmetrische sphärische Dreiecke flächengleich, symmetrische Raumstücke volumengleich sind. GERLING hatte den ersten Satz durch Zerlegung in Teil-Dreiecke bewiesen, die paarweise kongruent sind (Brief an GAUSS vom 25. März 1813, W. VIII, S. 240). Als er am 26. Februar 1844 darauf zurückkam, forderte ihn GAUSS auf, den zweiten zu beweisen (Brief vom 8. April 1844, W. VIII, S. 241). GERLING konnte auch hier zeigen, dass die Gebilde sich in Pyramiden zerlegen lassen, die paarweise kongruent sind (Brief vom 15. April 1844, W. VIII, S. 242)[2]. Nunmehr warf GAUSS die Frage auf, ob man in ähnlicher Weise, unabhängig von der Exhaustionsmethode, zeigen könne, dass Pyramiden von gleicher Grundfläche und gleicher Höhe gleichen Rauminhalt haben (Brief vom 17. April 1844, W. VIII, S. 244)[3], aber hier gelangte GERLING nicht zum Ziele (Brief vom 7. Juli 1844, W. VIII, S. 245). Durch die Herausgabe der bis dahin unbekannten Briefe von GAUSS und GERLING im achten Bande der Werke (1900) wurde die Aufmerksamkeit auf die Frage der Volumengleichheit der Polyeder gelenkt, und so könnte man letzten Endes

---

[1] Vgl. noch E. STUDY, *Die Begriffe Links, Rechts, Windungssinn und Drehungssinn*, Archiv der Mathematik und Physik, 3. Reihe, Bd. 21, 1913, S. 193; hier wird auf den Briefwechsel zwischen GAUSS und GERLING ausführlich Bezug genommen.

[2] GERLINGs Beweis ist von HESSEL vereinfacht worden: *Einige neue Beweise von Lehrsätzen aus der Elementar-Stereometrie*, Archiv der Mathematik und Physik, 1. Reihe, Bd. 7, 1846, S. 284; HESSEL bemerkt, dass GERLING durch GAUSS zu seinen Untersuchungen veranlasst worden sei.

[3] Es ist nicht ausgeschlossen, dass GAUSS diese Fragestellung dem *Tentamen* WOLFGANG BOLYAIS verdankte; dieser hatte die Frage von der »endlichen Gleichheit« bei Flächenstücken ausführlich untersucht und dazu bemerkt, ob eine beliebige dreiseitige Pyramide durch endliche Gleichheit auf ein Prisma zurückgeführt werden könne oder nicht, sei noch nicht klargestellt (*Tentamen*, t. II, S. 175, ed. secunda, Budapest 1904, S. 241; vgl. BOL. S. 40 und 188).

den Beweis DEHNS, dass die Exhaustionsmethode bei der Volumenbestimmung unentbehrlich ist[1]), auf eine Anregung von GAUSS zurückführen.

Abschnitt II.
Geometria situs.

11.
Allgemeines über die Geometria situs bei GAUSS.

Von den Schriften, die GAUSS veröffentlicht hat, bezieht sich keine unmittelbar auf die Geometria situs, und doch hat dieser Gegenstand ihn sein ganzes Leben hindurch beschäftigt. Aus Gesprächen mit GAUSS, die in dessen letzte Lebensjahre, 1847 bis 1855, fallen, berichtet SARTORIUS v. WALTERSHAUSEN: »Eine ausserordentliche Hoffnung setzte er auf die Ausbildung der Geometria situs, in der weite, gänzlich unangebaute Felder sich befänden, die durch unseren gegenwärtigen Kalkül noch so gut wie garnicht beherrscht werden könnten« (SARTORIUS, S. 88). Eine ganz ähnliche Äusserung hatte er aber etwa 50 Jahre früher getan. Am 12. Oktober 1802 schrieb er an OLBERS: ». . . auch werde nächstens ein Werk von CARNOT, *Géométrie de position*[2]) herauskommen, worauf ich überaus begierig hin. Dieser bisher fast ganz brachliegende Gegenstand, über den wir nur einige Fragmente von EULER und einem von mir sehr hochgeschätzten Geometer VANDERMONDE haben, muss ein ganz neues Feld eröffnen und einen ganz eigenen, höchst interessanten Zweig der erhabenen Grössenlehre bilden« (Br. G.-O. 1, S. 103).

---

1) M. DEHN, *Über raumgleiche Polyeder*, Göttinger Nachrichten 1900, S. 345; *Über den Rauminhalt*, Math. Annalen, Bd. 55, 1901, S. 465; vgl. jedoch schon R. BRICARD, *Sur une question de géométrie rélative aux polyèdres*, Nouv. ann. de math., série 3, t. 15, 1896, S. 331 und G. SFORZA, *Un' osservazione sull' equivalenza dei poliedri per congruenza delle parti*, Periodico di mat., t. 12, 1897, S. 105.

2) L. CARNOT, *Géométrie de position*, Paris 1803; ins Deutsche übersetzt von H. C. SCHUMACHER, 2 Bände, Altona 1810. Unter Géométrie de position versteht jedoch CARNOT etwas anderes als die Geometria situs, nämlich Untersuchungen, die sich auf die Anwendung negativer Zahlen in der Geometrie beziehen. Später hat man vielfach auch die projektive Geometrie als Geometrie der Lage bezeichnet und ihr die Geometrie des Masses gegenübergestellt, was ebenfalls mit der Geometria situs im Sinne von GAUSS nichts zu tun hat.

In der Tat hatte EULER die Frage behandelt, ob es möglich sei, die sieben Brücken, die in Königsberg i. Pr. über die Pregelarme führen, hinter einander und jede nur einmal zu überschreiten[1]. Er hatte ferner die grundlegende Beziehung zwischen den Anzahlen der Ecken, Kanten und Seitenflächen eines konvexen Polyeders entdeckt und bewiesen[2]. Endlich hatte er sich mit den Rösselsprüngen auf dem Schachbrett befasst[3]. An ihn anknüpfend hatte VANDERMONDE die mathematische Behandlung des Rösselsprunges gefördert und sein Verfahren auf die analytische Darstellung von Geweben ausgedehnt[4].

Es seien noch zwei Äusserungen von GAUSS angeführt, die aus der Mitte seiner Lebensbahn überliefert sind.

Am 30. Oktober 1825 berichtet GAUSS seinem Freunde SCHUMACHER, dass er in den Untersuchungen über die allgemeine Lehre von den krummen Flächen Fortschritte gemacht habe, und sagt: »Man muss den Baum zu allen seinen Wurzelfäden verfolgen, und manches davon kostet mir wochenlanges angestrengtes Nachdenken. Vieles davon gehört sogar in die Geometria situs, ein fast noch ganz unbearbeitetes Feld« (W. VIII, S. 400).

In einer Aufzeichnung im *Handbuch* 19 Be, die vom 22. Januar 1833 datiert ist, heisst es: »Von der Geometria Situs, die LEIBNIZ ahnte, und in die nur einem paar Geometern (EULER und VANDERMONDE) einen schwachen Blick zu tun vergönnt war, wissen und haben wir nach anderthalbhundert Jahren noch nicht viel mehr wie nichts. Eine Hauptaufgabe aus dem Grenz-

---

1) L. EULER, *Solutio problematis ad geometriam situs pertinentis*, Comment. acad. sc. Petrop. 8 (1736), 1741, S. 128 (vorgelegt den 26. August 1735); vgl. den Artikel *Situation* von D'ALEMBERT, *Encyclopédie méthodique*, Abteilung Math., Bd. III, Paris 1789, S. 53.

2) L. EULER, *Elementa doctrinae solidorum*, Novi Comment. acad. sc. Petrop. 4 (1752/3), 1758, S. 109 (gelesen Berlin, den 26. Nov. 1750); *Demonstratio nonnullarum proprietatum, quibus solida hedris planis inclusa sunt praedita*, ebenda, S. 140 (vorgelegt den 6. April 1752); vgl. A. L. F. MEISTER, *Commentatio de solidis geometricis*, Comment. Soc. sc. Gotting. Vol. 7 (1784/85) 1786, Comm. Math. S. 1.

3) L. EULER, *Solution d'une question curieuse qui ne paroit soumise à aucune analyse*, Hist. de l'Acad., année 1759, Berlin 1766, Mémoires, S. 310.

4) CH. A. VANDERMONDE, *Remarques sur les problèmes de situation*, Hist. de l'Acad. année 1771, Paris 1774, S. 566. V. sagt: »LEIBNIZ promit un calcul de situation et mourut sans rien publier. C'est un sujet où tout reste à faire et qui mériterait bien qu'on s'en occupât«. — Zu nennen wären ferner noch die Abhandlungen: N. FERGOLA, *Nuovo metodo da risolvere alcuni problemi di sito e posizione*, Atti dell' Acad., Napoli 1787, S. 119; *Nuove ricerche sulle risoluzioni dei problemi di sito*, ebenda, S. 157 und A. N. GIORDANO, *Nuovo metodo da risolvere alcuni problemi di sito e posizione*, ebenda, S. 139.

gebiet der Geometria Situs und der Geometria Magnitudinis wird
die sein, die Umschlingungen zweier geschlossener oder unendlicher Linien
zu zählen« (W. V., S. 605).

Bei den vorstehenden Worten hat GAUSS wohl an den Brief gedacht, den
LEIBNIZ am 8. September 1679 an HUYGENS gerichtet hatte und der damals
von UYLENBROEK veröffentlicht worden war[1]). LEIBNIZ schreibt dort: »Je crois
qu'il nous faut encore une autre Analyse proprement géométrique ou linéaire
qui nous exprime directement situm, comme l'Algèbre exprime magnitu-
dinem«.

Die Göttinger Gelehrten Anzeigen vom Jahre 1834 enthalten eine ausführliche Besprechung der UYLENBROEKschen Veröffentlichung von M. STERN
(seit 1829 Privatdozent der Mathematik in Göttingen), den der Essay von
LEIBNIZ um so mehr interessiert hatte, »als er sich erinnert, von dem grössten
Mathematiker unserer Zeit einige Ideen über Geometrie gehört zu haben, die
mit einigen hier vorkommenden durchaus übereinstimmen« (S. 1940). Hierzu
ist jedoch zu bemerken, dass LEIBNIZ weniger an die Geometria situs im Sinne
von GAUSS »als an einen geometrischen Algorithmus denkt, der für einzelne
geometrische Probleme eher eine genuine Lösungsmethode liefert, als die Methode der gewöhnlichen analytischen Geometrie«[2]).

Bei der Geometria situs besitzen wir in den wenigen uns erhaltenen Aufzeichnungen und überlieferten gelegentlichen Äusserungen nur die Spuren
ausgedehnter Untersuchungen, die GAUSS angestellt hatte. Dies geht auch
daraus hervor, dass er wiederholt geplant hat, darüber etwas durch den Druck
bekannt zu machen. So schreibt MÖBIUS am 2. Februar 1847 an GAUSS: »Wie
ich von W. WEBER gehört habe, haben Sie schon vor einigen Jahren beabsichtigt, als Einleitung oder Vorbereitung der Theorie der elektrischen oder

---

1) J. UYLENBROEK, *Chr. Hugenii aliorumque seculi XVII. virorum celebrium exercitationes mathematicae et philosophicae*, Haag 1833, Heft 1, S. 9; im Heft 2, S. 6 ist der dem Briefe beigelegte Versuch einer geometrischen Charakteristik abgedruckt. Beides findet man wieder in LEIBNIZens *Mathematischen Schriften*, herausgegeben von C. J. GERHARDT, 1. Abt., Bd. 2, Berlin 1850, S. 19, 20, ferner in GRASS-
MANNS *Gesammelten mathematischen und physikalischen Werken*, Bd. I, Teil 1, Leipzig 1894, S. 417, in den
Oeuvres complètes von CHR. HUYGENS, Bd. 8, Haag 1899, S. 216, 219 und endlich bei C. J. GERHARDT,
Der Briefwechsel von Leibniz mit Mathematikern, Bd. I, Berlin 1899, S. 568, 570.

2) M. DEHN und P. HEEGAARD, *Analysis situs*, Encyklopädie der mathematischen Wissenschaften,
Bd. III, Teil 1, S. 154.

magnetischen Strömungen eine Abhandlung über alle möglichen Umschlingungen eines Fadens zu schreiben. Steht es nicht zu hoffen, dass diese Abhandlung bald erscheinen wird? Die Erfüllung dieser Hoffnung würde mir und gewiss auch vielen Andern sehr erwünscht sein« (Brief im GAUSS-Archiv). GAUSS scheint dem Gedanken einer solchen Veröffentlichung näher getreten zu sein, hat jedoch schliesslich davon Abstand genommen. Dies ergibt sich aus einem Briefe an MÖBIUS vom 13. August 1849, in dem er diesem zunächst für die Übersendung einer Abhandlung über die Gestalten der Kurven dritter Ordnung dankt und ihn auffordert, in entsprechender Weise die gestaltlichen Verhältnisse der algebraischen Kurven zu untersuchen, die in GAUSSENS Dissertation (1799) auftreten, und dann fortfährt: »Anderes damit Verwandtes hat mich vielfach beschäftigt, und ich wollte erst in meiner neulich [16. Juli 1849] in der Sozietät gehaltenen Vorlesung [*Beiträge zur Theorie der algebraischen Gleichungen*] die Darstellung der Hauptmomente jener Untersuchung als dritten Teil bestimmen; aber ich würde zur Ausarbeitung dieser Darstellung einer viel grösseren Musse bedurft haben, als sie mir zu Gebote gestanden hat« (W. X1, S. 109). Eine Andeutung dieser Absicht ist wohl die Stelle in Art. 3 der *Beiträge*, wo GAUSS bemerkt, die von ihm vorzutragende Beweisführung für den Fundamentalsatz der Algebra »gehöre im Grunde einem höhern, von Räumlichem unabhängigen Gebiete der allgemeinen abstrakten Grössenlehre an, deren Gegenstand die nach der Stetigkeit zusammenhängenden Grössenkombinationen sind, einem Gebiete, welches zur Zeit noch wenig angebauet ist, und in welchem man sich auch nicht bewegen kann ohne eine von räumlichen Bildern entlehnte Sprache« (W. III, S. 79). Vielleicht enthält das Bruchstück einer Abhandlung über die Konvergenz der Reihen (W. X1, S. 407—410) einen Teil jener Untersuchungen (vgl. S. 55).

Im Folgenden wird zunächst berichtet werden, was sich unmittelbar auf Grund der nachgelassenen Aufzeichnungen und mittelbar an der Hand von Veröffentlichungen über andere Gegenstände über die Geometria situs bei GAUSS sagen lässt. Alsdann soll versucht werden, dem Einfluss nachzugehen, den mündliche Andeutungen von GAUSS auf die Entwicklung dieses Zweiges der Grössenlehre gehabt haben.

12.

Verknotungen und Verkettungen von Kurven.

Eine der ältesten Aufzeichnungen von GAUSS, die uns überhaupt im Nachlass erhalten sind, ist ein Blatt mit der Jahreszahl 1794. Es trägt die Überschrift: A collection of knots und enthält 13 sauber gezeichnete Ansichten von Knoten mit daneben geschriebenen englischen Namen; man darf wohl annehmen, dass es sich um einen Auszug aus einem englischen Buche über Knoten handelt. Dabei liegen zwei weitere Zettel mit Zeichnungen von Knoten: der eine ist datiert 1819, der andere stammt wohl aus noch späterer Zeit, denn GAUSS hat darauf vermerkt: »RIEDL, *Beiträge zur Theorie des Sehnenwinkels*, Wien 1827«.

Auf die Verknotungen geschlossener Kurven beziehen sich die Bemerkungen, die aus dem Nachlass W. VIII, S. 271—285 abgedruckt sind. Im Besonderen hat GAUSS in einer aus dem Dezember 1844 stammenden Notiz die zahlreichen Formen ermittelt, die geschlossene Kurven mit vier Knoten aufweisen können.

Die Verkettung von zwei Kurven im Raume betrifft die schon erwähnte Bemerkung vom 22. Januar 1833 (W. V, S. 605), in der am Schluss die bekannte Integralformel für die Anzahl der Umschlingungen mitgeteilt wird. »Es war damit der erste Anfang gemacht worden zu der später vor allem durch die von W. DYCK benutzte KRONECKERsche Charakteristikentheorie erfolgreichen Anwendung der höheren Analysis auf die Geometria situs«[1].

Die Bestimmung der gegenseitigen Lage von Kurven in der Ebene ist das Mittel, dessen sich GAUSS in seiner Dissertation (1799) bei der Herleitung des Fundamentalsatzes der Algebra bedient hatte[2]. Noch stärker tritt dieser Gesichtspunkt bei der neuen Darstellung vom Jahre 1849 hervor: »Ich werde die Beweisführung in einer der Geometrie der Lage entnommenen Einkleidung darstellen, weil jene dadurch die grösste Anschaulichkeit und Einfachheit ge-

---

1) M. DEHN und P. HEEGAARD, a. a. O., S. 155. Man findet hier auch ausführliche Angaben über die anschliessenden Arbeiten. Hinzuzufügen ist, dass FR. ZÖLLNER, *Naturwissenschaft und christliche Offenbarung,* Leipzig 1881, S. 100 berichtet, ein gewisser SCHÜRLEIN, ein Schüler von GAUSS, habe sich sehr eingehend und unter stetiger Teilnahme von GAUSS mit diesem Gegenstande beschäftigt; leider ist es nicht möglich gewesen, Näheres hierüber zu ermitteln.

2) In der Fussnote zum art. 21 der Dissertation sagt GAUSS ausdrücklich, Beweise, die sich auf die Geometria situs stützten, seien nicht weniger schlüssig als solche, bei denen man sich der Prinzipien der Geometria magnitudinis bediene.

winnt« (W. III, S. 79). Es folgt die vorher (S. 49) angeführte Bemerkung über die nach der Stetigkeit zusammenhängenden Grössenkombinationen. Hierin liegt jedoch keine Einschränkung, weil »zwar die räumliche Anschauung der beste Führer in der Entdeckung neuer Sätze [der Geometria situs] und ihrer Beweise ist, man aber in jedem einzelnen dieser Fälle sehen kann, dass die in Betracht kommenden Schlüsse auch allein mit Hilfe abstrakter Entwicklungen gemacht werden können« [1]).

Endlich sind noch die Untersuchungen zu nennen, die GAUSS über die möglichen Verteilungsarten der geozentrischen Örter eines Planeten auf dem Zodiakus angestellt hat (W. VI, S. 106), und die hierbei erwähnten Fälle eines kettenartigen Ineinandergreifens zweier Planetenbahnen, wie es bei den Asteroiden mehrfach verwirklicht ist.

13.
MÖBIUS, LISTING, RIEMANN.

Mit der Frage, welchen Einfluss GAUSS auf die weitere Entwicklung der Geometria situs gehabt hat, kommen wir auf ein schwieriges Gebiet, denn ein solcher Einfluss war im Wesentlichen nur möglich durch mündliche Äusserungen, von denen manche, wie es scheint, gar erst durch Mittelsleute an die Stelle gekommen sind, wo sie gewirkt haben; es waren Funken, die nur da zündeten, wo schlummernde Energien zu wecken waren, und es heisst daher nicht, hervorragende Männer wie MÖBIUS, LISTING, RIEMANN verkleinern, wenn man glaubt, GAUSS einen gewissen Einfluss auf ihre Entdeckungen zuschreiben zu müssen.

MÖBIUS (1790—1868) ist nach Abschluss seiner Leipziger Studien im Herbst 1813 als Dreiundzwanzigjähriger nach Göttingen gekommen und hat dort etwa ein Semester lang unter Leitung von GAUSS auf der Sternwarte gearbeitet (Brief von GAUSS an OLBERS vom 23. April 1814, Br. G.-O. 1, S. 543). Es war die Zeit, wo man in der Astronomie von einer GAUSSschen Schule sprechen konnte, aus der ENCKE, GERLING, NICOLAI, SCHUMACHER, SEEBER, STRUVE, WACHTER hervorgegangen sind. Dass der junge Sachse damals in nähere Beziehungen zu GAUSS gekommen ist, zeigt der freundschaftliche Ton der Briefe,

---

1) M. DEHN und P. HEEGAARD, a. a. O., S. 170.

die lange Jahre hindurch zwischen ihnen gewechselt worden sind. Es bestand zwischen GAUSS und MÖBIUS, als dieser in Göttingen weilte, jenes Verhältnis, das GAUSS am förderlichsten schien. »Meiner Einsicht nach ist [ein förmlicher Unterricht] bei solchen Köpfen, die nicht etwa nur eine Masse von Kenntnissen einsammeln wollen, sondern denen es hauptsächlich daran liegt, ihre eigenen Kräfte zu üben, sehr unzweckmässig; einen solchen muss man nicht bei der Hand fassen und zum Ziele führen, sondern nur von Zeit zu Zeit ihm Winke geben, um sich selbst auf dem kürzesten Wege hinzufinden« (Brief an SCHUMACHER vom 2. Oktober 1808, Br. G.-SCH. I, S. 6). Wie weit die zahlreichen Berührungspunkte zwischen den Untersuchungen von MÖBIUS und den Gedanken von GAUSS auf Gespräche oder auch, wie LISTING einmal sagt, auf »hingeworfene Äusserungen« zurückzuführen sind, vielleicht zum Teil in unbewusster Nachwirkung, entzieht sich unserer Kenntnis. In einem Falle freilich hat sich MÖBIUS ausdrücklich auf eine mündliche Mitteilung von GAUSS bezogen, nämlich in Aufzeichnungen aus den Jahren 1858 und 1859 über die Topologie der krummen Flächen und im Besonderen der Polyeder, Aufzeichnungen, die erst 1886 durch REINHARDT aus dem Nachlass herausgegeben worden sind[1]). In dem Abschnitt über Flächen und Polyeder höherer Klasse [mehrfachen Zusammenhanges] werden auch die Eigenschaften eines Doppelringes betrachtet, und es heisst: »Man kann sich einen solchen Doppelring leicht zur Anschauung bringen, wenn man ein Blatt Papier in Form eines

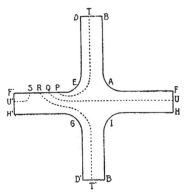

Kreuzes ausschneidet und hierauf die Enden FH und $F'H'$ (siehe die Figur) des einen Paares einander gegenüberliegender Arme etwa oberhalb der anfänglichen Ebene des Kreuzes und die Enden BD und $B'D'$ des anderen Paares unterhalb dieser Ebene mit einander vereinigt. Es besitzt diese nur von einer Linie $A\overline{BB'I}\overline{HH'G}\overline{D'DE}\overline{F'FA}$ begrenzte Fläche noch die merkwürdige Eigenschaft (nach einer mündlichen Mitteilung von GAUSS;

---

1) A. F. MÖBIUS, Gesammelte Werke II, Leipzig 1886, S. 518—559. Einen Teil der darin enthaltenen Ergebnisse hat MÖBIUS veröffentlicht: *Theorie der elementaren Verwandtschaft*, Leipziger Berichte 1863, S. 18, Werke II, S. 433; *Über die Bestimmung des Inhalts eines Polyeders*, ebenda 1865, S. 31, Werke II, S. 473.

wodurch G. zur Betrachtung der Fläche geführt worden ist, ist mir unbekannt), dass man von irgend vier auf ihrem Perimeter auf einander folgenden Punkten P, Q, R, S den ersten mit dem dritten und den zweiten mit dem vierten durch zwei Linien $P\overline{TT'}R$ und $Q\overline{UU'}S$ verbinden kann, welche in der Fläche selbst liegen und dennoch einander nicht schneiden, — wie dies doch immer geschehen würde, wenn die Fläche eine Grundform der ersten Klasse [einfach zusammenhängend] wäre« (S. 541).

Als die Fürstlich JABLONOWSKISCHE Gesellschaft der Wissenschaften zu Leipzig im Jahre 1844 die Preisaufgabe gestellt und, nachdem keine Lösung eingelaufen war, 1845 wiederholt hatte: »Es soll nach den vorhandenen Bruchstücken die von LEIBNIZ geplante geometrische Charakteristik wiederhergestellt und weiter ausgebildet werden«, hat MÖBIUS GRASSMANN darauf hingewiesen, und dessen Abhandlung: *Geometrische Analyse* hat am 1. Juli 1846 auf den eingehend begründeten Antrag von DROBISCH und MÖBIUS den Preis erhalten[1]). MÖBIUS hat am 2. Februar 1847 einen Abdruck der Preisarbeit an GAUSS gesandt[2]), sicherlich in der Annahme, dass dieser an dem Gegenstande Anteil nehme.

Weiteres über Beziehungen zwischen Gedanken von GAUSS und von MÖBIUS findet man im vierten Abschnitt dieses Aufsatzes.

LISTING (1806—1882) hatte in Göttingen Mathematik und Naturwissenschaften studiert und war dort 1834 unter dem Dekanat von GAUSS mit einer Abhandlung über die Flächen zweiter Ordnung promoviert worden. Noch in demselben Jahre schloss er sich SARTORIUS V. WALTERSHAUSEN auf einer Reise nach Sizilien an und wurde sein Gehilfe bei den geologischen Untersuchungen am Aetna. Nach Deutschland zurückgekehrt ist er seit 1837 als Lehrer der Maschinenkunde am Polytechnikum zu Hannover und seit 1839 als Professor der Physik an der Universität Göttingen tätig gewesen.

Der Nachlass LISTINGS[3]) zeigt, dass er sich schon früh mit dem »Knotenwesen« und seinen Beziehungen zur Praxis der Seeleute und der Pioniere

---

1) Vgl. *Grassmanns Leben* von F. ENGEL, GRASSMANNS Werke III, Teil 2, Leipzig 1911, S. 108—118. Die Abhandlung ist abgedruckt in den Werken Bd. I, Teil 1, S. 321—399.

2) GRASSMANNS Werke III, Teil 2, S. 117.

3) Die betreffenden Aufzeichnungen besitzt teils die Universitätsbibliothek in Göttingen, teils der Verfasser dieses Aufsatzes.

befasst hat. In einem Briefe an einen gewissen MÜLLER in Göttingen, datiert Catania, den 1. April 1836, schreibt er: »Die erste Idee, mich in der Sache [der Geometria situs] zu versuchen, ist mir durch allerlei Vorkommnisse bei den praktischen Arbeiten auf der Sternwarte in Göttingen und durch hingeworfene Äusserungen von GAUSS beigekommen«. Dass GAUSS in den Vorlesungen über praktische Astronomie die Geometria situs berührt hat, bezeugt die *Theorie des Vortrags von Lehren, die Raumverhältnisse betreffen,* W. VIII, S. 196—199.

In demselben Sinne schreibt LISTING in einer 1856 verfassten kurzen Lebensbeschreibung: »Einen andern Gegenstand meiner Beschäftigung bildet seit langer Zeit die Untersuchung der modalen (nichtquantitativen) Raumverhältnisse, zu der schon LEIBNIZ die Idee gefasst hatte. Ich habe zu dieser fast noch ganz unausgebauten quasi-mathematischen Disziplin, zum Teil durch GAUSS aufgemuntert, in den *Vorstudien zur Topologie,* Göttingen 1847, einen ersten Versuch veröffentlicht, dem ich künftig noch andere hoffe folgen lassen zu können«.

Nach seinen Aufzeichnungen hat LISTING schon während des Aufenthalts in Italien, seit 1835, begonnen, sich mit der Topologie zu beschäftigen; so wollte er die Lehre von den »qualitativen Gesetzen der örtlichen Verhältnisse« genannt wissen, weil der Name Geometrie der Lage schon in anderer Bedeutung verwendet werde. Der lange Brief an MÜLLER vom 1. April 1836 beweist, dass er bereits damals im Wesentlichen zu den Ergebnissen gelangt war, die er 1847 in der Zeitschrift »Göttinger Studien« als Abhandlung und dann 1848 als besondere Schrift veröffentlicht hat. Dass er im Jahre 1845 seine Beschäftigung mit der Topologie wieder aufnahm und nunmehr zu einem ersten Abschluss kam, ist wohl auf eine Anregung von GAUSS zurückzuführen, denn in den tagebuchartigen Notizen, den »Diarien«, die LISTING geführt hat, ist unter dem 2. Januar 1845 verzeichnet; »Bei GAUSS, Geometria situs«.

Mit dem Jahre 1858 beginnt eine neue Reihe topologischer Untersuchungen, die zu der grossen, 1862 erschienenen Abhandlung über den *Census räumlicher Complexe* geführt haben. Das Ziel LISTINGS war, dem EULERSCHEN Satze über die Beziehung zwischen den Anzahlen der Ecken, Kanten und Flächen eines Vielflachs, der nur unter einschränkenden Voraussetzungen richtig ist, eine allgemein gültige Form zu geben. Merkwürdigerweise hat in demselben

Jahre 1858 auch Möbius begonnen, sich mit der Geometria situs der Polyeder zu beschäftigen[1]), und beide, Listing und Möbius, sind fast gleichzeitig und unabhängig von einander zur Entdeckung der einseitigen Flächen gelangt[2]).

Den Schlüssel zur Verallgemeinerung des Eulerschen Satzes bildet der Begriff des Zusammenhangs oder, wie Listing mit einem nicht üblich gewordenen Worte sagt, der Cyklose, die einem irgendwie beranderen Flächenstücke zukommt. Dass Gauss den Begriff des Zusammenhanges und seine Bedeutung für die Lehre von den Funktionen einer komplexen Veränderlichen erkannt hat, zeigt das aus dem Nachlass herausgegebene Bruchstück über die Konvergenz der Entwicklungen periodischer Funktionen (W. X 1, S. 410—412), das um das Jahr 1850 entstanden ist. Auch die bereits erwähnte mündliche Mitteilung an Möbius über den Doppelring und die darauf liegenden Kurven gehört hierher. Ob Listing durch Äusserungen von Gauss auch zur Fortsetzung seiner Untersuchungen über die Topologie angeregt worden ist, muss dahingestellt bleiben. Ebenso ist das Verhältnis, in dem die Arbeiten von Riemann über die Analysis situs[3]) zu den topologischen Untersuchungen von Listing stehen, noch ungeklärt.

Während bei Möbius und Listing eigene Zeugnisse vorliegen, dass sie durch Gauss zur Beschäftigung mit der Geometria situs angeregt worden seien, obwohl nicht festgestellt werden kann, in welchem Umfange das geschehen sein mag, sind wir bei Riemann (1826—1866) lediglich auf Vermutungen angewiesen. Ein unmittelbarer Verkehr mit Gauss kommt kaum in Betracht, wohl aber darf man an eine Vermittlung Gaussscher Gedanken durch A. Ritter (1826—1908) und W. Weber (1804—1891) denken. Ritter hat während seiner Göttinger Studienzeit, 1850 bis 1853, in engen Beziehungen zu Riemann gestanden, die sich später fortsetzten; es ist anzunehmen, dass Riemann durch ihn Kenntnis erhalten hat zum Beispiel von den Ausführungen, die Gauss in der Vorlesung über die Methode der kleinsten Quadrate im Wintersemester 1850/51 über n-dimensionale Mannigfaltigkeiten gemacht hat (W. X 1,

---

1) Vgl. die Bemerkung Reinhardts, Möbius Werke II, S. 519.

2) Vgl. P. Stäckel, *Die Entdeckung der einseitigen Flächen*, Math. Annalen, Bd. 52, 1899, S. 598.

3) B. Riemann, *Grundlagen für eine allgemeine Theorie der Functionen einer veränderlichen complexen Grösse*, Dissertation, Göttingen 1851, art. 6; Werke, 1. Aufl., S. 9—12; *Theorie der Abelschen Functionen*, zweiter Abschnitt, Crelles Journal, Bd. 54, 1857, Werke, 1. Aufl., S. 84—89.

S. 473—482). Mit WEBER aber stand RIEMANN seit 1850 als Teilnehmer, seit 1853 als Assistent an dessen mathematisch-physikalischem Seminar in engem Verkehr [1]), und wir haben aus dem Briefe von MÖBIUS an GAUSS vom 2. Februar 1847 erfahren, dass dieser mit WEBER über die Umschlingungen zweier Kurven im Raume gesprochen hatte. Wie dem aber auch sei, so gibt es kein Anzeichen, dass GAUSS den Begriff der mehrblättrigen Fläche, die zur Darstellung des Verlaufs einer mehrdeutigen Funktion einer komplexen Veränderlichen dient, gekannt habe, und hier liegt also sicher eine durchaus ursprüngliche Schöpfung RIEMANNS vor.

Abschnitt III.
Die komplexen Grössen in ihrer Beziehung zur Geometrie.

14.
Kreisteilung.

Die »Darstellung der imaginären Grössen in den Relationen der Punkte in plano« (Brief an DROBISCH vom 14. August 1834, W. X 1, S. 106) hat nicht nur für die arithmetischen und funktionentheoretischen, sondern auch für die geometrischen Untersuchungen von GAUSS eine so grosse Bedeutung, dass den Beziehungen der komplexen Grössen zur Raumlehre ein besonderer Abschnitt dieses Aufsatzes gewidmet werden soll; in ihm sollen die Ausführungen, die in den Aufsätzen über GAUSS' Arbeiten zur Zahlentheorie, Funktionentheorie und Algebra enthalten sind, wieder aufgenommen und ergänzt werden.

Schon sehr früh hat GAUSS versucht, um einen von ihm gern gebrauchten Ausdruck anzuwenden, in die Metaphysik der imaginären Grössen einzudringen. In der Selbstanzeige der zweiten Abhandlung *über die biquadratischen Reste* vom Jahre 1831 sagt er, dass er »diesen hochwichtigen Teil der Mathematik seit vielen Jahren betrachtet habe« (W. II, S. 175), und in dem Briefe an DROBISCH vom 14. August 1834 freut er sich, dass dieser »auf seine schon fast

---

1) Vgl. die Bemerkungen DEDEKINDS in RIEMANNS Lebenslauf, Werke, 1. Aufl., S. 512—515.

seit 40 Jahren gehegten Grundansichten über die imaginären Grössen eingegangen sei« (W. X 1, S. 106). Als solche Grundansichten wird man wohl
erstens die Erkenntnis zu bezeichnen haben, dass »den komplexen Grössen
das völlig gleiche Bürgerrecht mit den reellen Grössen eingeräumt werden
müsse« (W. II, S. 171), und zweitens, dass diese Grössen »ebenso gut wie die
negativen ihre reale gegenständliche Bedeutung haben« (W. X 1, S. 405), die
sich in ihrer »Versinnlichung durch die Punkte einer unbegrenzten Ebene«
(W. X 1, S. 407) kund gibt.

Wird man durch die vorstehenden Angaben von GAUSS etwa auf die
Jahre 1795 und 1796 zurückgeführt, so kann als Bestätigung eine Stelle der
Disquisitiones arithmeticae dienen, und zwar aus dem dritten Abschnitt, der nach
BACHMANN (W. X 2, Abh. 1, S. 6) im Wesentlichen bereits 1796 entstanden und
1797 niedergeschrieben worden ist (der Druck der *Disquisitiones* begann im
April 1798 und hat mit verschiedenen Unterbrechungen bis 1801 gedauert).
Dort sagt GAUSS, er wolle auf die Lehre von den imaginären Indizes, zu denen
man bei Moduln ohne primitive Wurzeln seine Zuflucht nehmen muss, bei
einer anderen Gelegenheit eingehen, »wenn wir es vielleicht unternehmen
werden, die Lehre von den imaginären Grössen, die wenigstens nach unserem
Urteil bis jetzt von Niemandem auf klare Begriffe zurückgeführt ist, ausführlicher zu behandeln« (W I, S. 71).

Im *Tagebuch,* das mit dem März 1796 beginnt, findet sich keine Aufzeichnung, die man mit einer solchen Absicht in Verbindung bringen könnte.
Wohl aber zeigt gerade die erste Eintragung, dass GAUSS in der vorhergehenden Zeit mit imaginären Grössen zu tun gehabt hatte, denn er ver-
kündet hier, dass er die geometrische Siebzehnteilung des Kreisumfanges entdeckt habe, das heisst, wie wir aus dem Briefe an GERLING vom 6. Januar
1819 (W. X 1, S. 125) wissen, die Auflösung der zugehörigen Kreisteilungsgleichung mittels wiederholter Ausziehung von Quadratwurzeln, und zwar hatte
GAUSS, nach den Angaben in demselben Briefe, schon während seines ersten
Semesters in Göttingen, das Oktober 1795 begann, die Kreisteilungsgleichungen
für einen beliebigen Primzahlgrad untersucht.

Dass die Teilung des Kreisumfanges in n gleiche Stücke mittels imaginärer Grössen auf die Lösung der Gleichung $x^n - 1 = 0$ zurückgeführt werden

kann, ist eine Einsicht, die man COTES[1]) und MOIVRE[2]) verdankt, die aber erst durch EULER geklärt und sichergestellt worden ist[3]). Später hat sich VANDERMONDE mit der Auflösung solcher Gleichungen mittels Wurzelziehens befasst. Es ist sehr wahrscheinlich, dass GAUSS bei der Abfassung der *Disquisitiones arithmeticae* dessen Abhandlung gekannt hat, denn in dem Briefe an OLBERS vom 12. Oktober 1802 sagt er, dass wir über die Geometria situs »nur einige Fragmente von EULER und einem von mir sehr hochgeschätzten Geometer VANDERMONDE haben« (Br. G.-O., 1, S. 103). Die Abhandlung über Geometria situs steht aber in demselben Bande der Pariser Denkschriften für das Jahr 1771 wie die Abhandlung über die Auflösung der algebraischen Gleichungen[4]).

Nachdem GAUSS im Art. 337 der *Disquisitiones arithmeticae* (W. I, S. 414) bemerkt hat, die trigonometrischen Funktionen der Bögen

$$2 k \pi / n \qquad (k = 0, 1, 2, \ldots, n-1)$$

seien die Wurzeln von Gleichungen n-ten Grades, fährt er fort: »Jedoch ist keine dieser Gleichungen so leicht zu behandeln und für unseren Zweck so geeignet, wie diese: $x^n - 1 = 0$, deren Wurzeln bekanntlich mit den Wurzeln jener aufs engste verbunden sind. Wenn man nämlich der Kürze halber i für die imaginäre Grösse $\sqrt{-1}$ schreibt, so werden die Wurzeln der Gleichung $x^n - 1 = 0$ durch

$$\cos 2 k \pi / n + i \sin 2 k \pi / n$$

dargestellt, wo für k alle Zahlen $0, 1, 2, \ldots, n-1$ zu nehmen sind«.

---

1) R. COTES, *Harmonia mensurarum, sive analysis et synthesis per rationum et angulorum mensuras promota*, Cambridge 1722.

2) A. DE MOIVRE, *Miscellanea analytica*, London 1730.

3) L. EULER, *Introductio in analysin*, Lausanne und Genf 1748, siehe besonders t. I, cap. 8: *De quantitatibus transcendentibus ex circulo ortis.*

4) CH. A. VANDERMONDE, *Remarques sur les problèmes de situation*, Histoire de l'Acad., année 1771, Paris 1774, Mémoires, S. 566; *Sur la résolution des équations;* ebenda, S. 365; die letztere Abhandlung ist in deutscher Sprache herausgegeben von C. ITZIGSOHN, VANDERMONDE, *Abhandlungen aus der reinen Mathematik,* Berlin 1887. Auf S. 375 behauptet VANDERMONDE, die Gleichung $x^n - 1 = 0$ sei für jeden Grad n durch Wurzelziehen lösbar und führt die Rechnungen für einige Fälle durch, im Besonderen für $n = 11$. Für die Exponenten $n \leq 10$ hatte schon EULER, *De extractione radicum ex quantitatibus irrationalibus*, Comment. acad. sc. Petrop. 13 (1741/3) 1751, § 39 bis 48, Opera omnia, ser. I, vol. 6, S. 31, die Wurzeln mittels blosser Wurzelziehungen dargestellt; dagegen, meint er, führe der Fall $n = 11$ auf eine Gleichung fünften Grades, deren Lösung noch verborgen sei.

Auf diese Art werden den Eckpunkten des regelmässigen n-Ecks, das dem Kreise vom Halbmesser Eins eingeschrieben ist, die soeben angegebenen komplexen Grössen zugeordnet. Die dabei auftretenden Grössen $\cos 2k\pi/n$ und $\sin 2k\pi/n$ sind die rechtwinkligen kartesischen Koordinaten der betreffenden Eckpunkte, wenn der Mittelpunkt des Kreises zum Anfangspunkt gewählt und die Abszissenachse durch den Eckpunkt gelegt wird, für den $k = 0$ ist. Mithin gelangt man in diesem Falle ganz unmittelbar zu der Gaussschen Versinnlichung der komplexen Grössen durch die Punkte einer Ebene.

Dass die Betrachtung der Eckpunkte des n-Ecks Gauss geläufig war, zeigt auch die Ausdrucksweise, ganze Zahlen seien »kongruent modulo n«, wenn sie sich um Vielfache einer ganzen Zahl n unterscheiden: beim Durchlaufen des Kreisumfangs entsprechen nämlich den Werten von k, die mod. n kongruent sind, dieselben Eckpunkte des n-Ecks, und so hat die Bezeichnung »kongruent« ihre gute geometrische Bedeutung.

Ob die geometrische Versinnlichung der komplexen Grössen den Untersuchungen über die Kreisteilung entsprungen ist, lässt sich freilich nicht mit Sicherheit entscheiden. Man könnte dagegen einwenden, dass auch bei Euler Grössen der Form $\cos \varphi + i \sin \varphi$ an mehr als einer Stelle in einer Weise auftreten, die ihre geometrische Bedeutung nahe zu legen scheint, ohne dass es dazu gekommen ist, und die Hauptsache liegt in dem Entschluss, die imaginären Grössen als den reellen gleichberechtigt anzuerkennen. Vielleicht hat Gauss diese Anerkennung durch die bereits erwähnte Einführung des Zeichens i im art. 337 der *Disq. arith.* andeuten wollen [1]). Dass er sich in den Disquisitiones wie in der Dissertation (1799) mit Andeutungen begnügte, ist wohl teils aus seiner Scheu, strittige Dinge zu berühren, teils aus dem Umstande zu erklären, dass er selbst, wenn auch seine »Grundansicht« feststand, die neue Lehre noch nicht für reif hielt. In der Tat ist er erst nach einer langen und harten Arbeit zu einer ihn befriedigenden Auffassung der imaginären

---

1) Das Zeichen i für $\sqrt{-1}$ findet sich gelegentlich schon bei Euler, nämlich in der am 5. Mai 1777 der Petersburger Akademie vorgelegten Abhandlung: *De formulis differentialibus angularibus maxime irrationalibus, quas tamen per logarithmos et arcus circulares integrare licet*, die 1794 aus dem Nachlass im vierten Bande der *Institutiones calculi integralis* abgedruckt ist, ed. tertia, Petersburg 1845, S. 184. Gauss hat das Zeichen i seit dem Jahre 1801 beständig angewandt und seinem Beispiel sind die Mathematiker gefolgt.

Grössen gelangt. So schreibt er am 11. Dezember 1825 an HANSEN, seine Untersuchungen über die allgemeine Lehre von den krummen Flächen griffen tief ein in die Metaphysik der Raumlehre, »und nur mit Mühe kann ich mich von solchen daraus entspringenden Folgen. wie z. B. die wahre Metaphysik der imaginären Grössen ist, losreissen. Der wahre Sinn des $\sqrt{-1}$ steht mir dabei mit grosser Lebendigkeit vor der Seele, aber es wird schwer sein, ihn in Worte zu fassen, die immer nur ein vages, in der Luft schwebendes Bild geben können« (Brief im GAUSS-Archiv). In einer wahrscheinlich im Anschluss an diesen Brief niedergeschriebenen Aufzeichnung *Fragen zur Metaphysik der Mathematik* (W. X 1, S. 396) hat er versucht, seine Gedanken auszugestalten, und man erkennt hier die Anfänge der Darstellung, die er in der Selbstanzeige vom Jahre 1831 gegeben hat.

15.
Elliptische, im besonderen lemniskatische Funktionen.

Ein zweiter Anlass, sich mit den imaginären Grössen zu beschäftigen, eröffnete sich für GAUSS in der doppelten Periodizität der lemniskatischen Funktionen. Im Januar 1797 hat er diese Funktionen zu betrachten begonnen (T. Nr. 51) und ist spätestens im März zur Entdeckung der zweiten, imaginären Periode gelangt. Somit ergab sich »die Notwendigkeit, das Gebiet einer veränderlichen Grösse dadurch zu erweitern, dass dieser Grösse auch komplexe Werte beigelegt werden« (SCHLESINGER, S. 12). Die darin liegenden Schwierigkeiten kamen sogleich zum Vorschein, als GAUSS, die lemniskatischen Funktionen mit dem arithmetisch-geometrischen Mittel verknüpfend, Ende 1797 zu dem allgemeinen elliptischen Integral erster Gattung überging. Die Realitätsverhältnisse der Perioden sind ihm erst allmählich klar geworden. Bezeichnend hierfür ist eine Aufzeichnung, die, wie es scheint, aus dem Anfang des Jahres 1800 stammt: »Der Radikalfehler, woran meine bisherigen Bestrebungen, den Geist der elliptischen Funktion zu verkörpern, gescheitert sind, scheint der zu sein, dass ich dem Integral

$$\int \frac{d\varphi}{\sqrt{(1-e^2 \sin \varphi^2)}}$$

die Bedeutung als Ausdruck eines endlichen Teils der Kugelfläche habe unterlegen wollen, während es wahrscheinlich nur einen unendlich schmalen Kugelsektor ausdrückt« (W. X 1, S. 546) Offenbar bedeutet, wie Schlesinger dazu bemerkt, Kugelfläche den Ort der komplexen Veränderlichen, der endliche Teil, dessen Ausdruck das Integral sein sollte, das Bild des Periodenparallelogramms, während man zu einem unendlich schmalen Kugelsektor gelangen würde, wenn das Verhältnis der Perioden reell ausfiele; vgl. Werke X 1, S. 515.

In das Jahr 1800 fallen auch Untersuchungen über das arithmetisch-geometrische Mittel (T. Nr. 109). Gauss hat damals die wesentlichen Eigenschaften der elliptischen Modulfunktion aufgefunden; das aber war nur möglich, wenn er den Bereich der Veränderlichen auf das komplexe Gebiet ausdehnte. Man wird daher behaupten dürfen, dass die Auffassungen, die er in dem Briefe an Bessel vom 18. Dezember 1811 (W. VIII, S. 90, X 1, S. 366) ausgesprochen hat, bis in die Zeit um 1800 zurückreichen. Er verlangt hier, dass man bei der Einführung einer neuen Funktion in die Analysis erkläre, ob man sich auf reelle Werte der Veränderlichen beschränke oder seinem Grundsatze beitrete, »dass man in dem Reiche der Grössen die imaginären $a + ib$ als gleiche Rechte mit den reellen geniessend ansehen müsse«. Es folgen Auseinandersetzungen über den Sinn des Integrals bei Funktionen einer komplexen Veränderlichen. Dabei, sagt Gauss, man könne »das ganze Reich aller Grössen, reeller und imaginärer Grössen, sich durch eine unendliche Ebene sinnlich machen, worin jeder Punkt, durch Abszisse $= a$, Ordinate $= b$ bestimmt, die Grösse $a + ib$ gleichsam repräsentiert«. Dies ist die erste uns bekannte Stelle, wo er die geometrische Versinnlichung der komplexen Grössen schriftlich festgelegt hat.

In dem Entwurf einer Abhandlung über die Konvergenz der Reihen, der aus der Zeit um das Jahr 1851 stammt, hat Gauss seine Ansichten folgendermassen zusammengefasst: »Die vollständige Erkenntnis der Natur einer analytischen Funktion muss auch die Einsicht in ihr Verhalten bei den imaginären Werten des Arguments in sich schliessen, und oft ist sogar letztere unentbehrlich zu einer richtigen Beurteilung der Gebahrung der Funktionen im Gebiete der reellen Argumente. Unerlässlich ist es daher auch, dass die ursprüngliche Festsetzung des Begriffes der Funktion sich mit gleicher Bündigkeit über das ganze Grössengebiet erstrecke, welches die reellen und die imaginären Grössen unter dem gemeinschaftlichen Namen der komplexen Grössen in sich begreift« (W. X 1, S. 405).

In einem zweiten Entwurfe hat GAUSS seine Ansichten genauer darzulegen begonnen (W. X 1, S. 407—416). Wir werden darauf in Nr. 19 eingehen und fahren fort in der Schilderung der Frühzeit.

16.
Existenz der Wurzeln algebraischer Gleichungen.

Das Jahr 1797 brachte nicht nur die Entdeckungen über die lemniskatischen Funktionen, damals ist auch der Beweis für die Existenz der Wurzeln algebraischer Gleichungen entstanden, den GAUSS in der Dissertation 1799 veröffentlicht hat (T. Nr. 80). Allerdings hat er es dort vermieden, imaginäre Grössen zu benutzen. Schon im Titel hat er den zu beweisenden Satz in der Form ausgesprochen, jede algebraische rationale ganze Funktion einer Veränderlichen [mit reellen Koeffizienten] könne in reelle Faktoren ersten oder zweiten Grades zerlegt werden, und im Art. 3 äussert er sich über die imaginären Grössen in sehr vorsichtiger und zurückhaltender Weise. »Sollen die imaginären Grössen überhaupt in der Analysis beibehalten werden, was aus mehreren Gründen, die freilich hinreichend sichergestellt werden müssen, richtiger scheint, als sie zu verwerfen, dann müssen sie notwendig für ebenso möglich gelten wie die reellen . . . . Doch will ich mir die Rechtfertigung der imaginären Grössen sowie eine eingehende Auseinandersetzung dieses ganzen Gegenstandes für eine andere Gelegenheit vorbehalten« (W. III, S. 6).

Dass GAUSS damals schon im Besitze der geometrischen Versinnlichung war, zeigt der Art. 16 (W. III, S. 22), denn die ganze Betrachtung läuft darauf hinaus, dass die Funktion $f(x+iy)$ in den reellen und den rein imaginären Teil zerlegt wird und die Kurven in der xy-Ebene untersucht werden, in denen je einer der beiden Teile verschwindet. Das sind die Spuren, die, wie GAUSS in der Selbstanzeige vom Jahre 1831 bemerkt hat, der aufmerksame Leser in der Dissertation wiederfinden wird (W. II, S. 175). Hierzu ist freilich zu bemerken, dass diese Andeutungen an und für sich nicht dazu ausreichen würden, um den Schluss zu rechtfertigen, dass GAUSS damals die geometrische Versinnlichung der imaginären Grössen besessen habe, denn auch D'ALEMBERT hat in seinem Beweise für die Wurzelexistenz[1]), den GAUSS im

---

1) J. D'ALEMBERT, *Recherches sur le calcul intégral*, 1. partie, Histoire de l'Acad. Année 1746, Berlin

Art. 5 wiedergibt und im Art. 6 beurteilt (W. III, S. 7—11), dasselbe Verfahren benutzt, ohne dass ihm doch deshalb die geometrische Versinnlichung der komplexen Grössen zuzuschreiben wäre.

17.
Biquadratische Reste.

Als GAUSS im Jahre 1805 von den quadratischen Resten zu den kubischen und biquadratischen fortschritt, fand er sogleich durch Induktion eine Reihe einfacher Lehrsätze, die mit den für die quadratischen Reste gefundenen Ergebnissen überraschende Ähnlichkeit hatten, jedoch ist es ihm erst nach vielen, durch eine Reihe von Jahren fortgesetzten Versuchen gelungen, befriedigende Beweise dafür aufzufinden. Zu diesem Zwecke musste er neue Wege einschlagen, nämlich »das Feld der höhern Arithmetik, welches man sonst nur auf die reellen ganzen Zahlen ausdehnte, auch über die imaginären erstrecken und diesen das völlig gleiche Bürgerrecht mit jenen einräumen« (W. II, S. 171). Wie es scheint ist diese »erlösende Eingebung« in das Jahr 1807 zu setzen (BACHMANN, W. X 2, Abh. 1, S. 55). Vollständig durchgedrungen ist GAUSS freilich erst 1813 (T. Nr. 144) und veröffentlicht hat er seine Untersuchungen erst 1831 in der Abhandlung über die biquadratischen Reste (W. II, S. 93), die er durch die wiederholt erwähnte Selbstanzeige noch ergänzte (W. II, S. 169). »Wie einfach jetzt auch eine solche Einführung der komplexen Zahlen als Moduln erscheinen mag«, hat JACOBI[1]) geurteilt, »so gehört sie nichtsdestoweniger zu den tiefsten Gedanken der Wissenschaft; ja ich glaube nicht, dass zu einem so verborgenen Gedanken die Arithmetik allein geführt hat, sondern dass er aus dem Studium der elliptischen Transzendenten geschöpft ist, und zwar aus der besonderen Gattung derselben, welche die Rektifikation von Bogen der Lemniscata gibt. In der Theorie der Vervielfachung und Teilung von Bogen der Lemniscata spielen nämlich die komplexen Zahlen von der Form $a + bi$ genau die Rolle gewöhnlicher Zahlen. . . . So wie man einen Kreisbogen, wenn man ihn in 15 Teile teilen soll, in 3 und in 5 Teile teilt und aus beiden

---

1748, Mémoires, S. 182—191; vgl. P. STÄCKEL, *Integration durch imaginäres Gebiet*, Bibliotheca math. (3) 1 (1900), S. 124.

　1) C. G. J. JACOBI, *Über die complexen Primzahlen*, CRELLES Journal, Bd. 19, 1839, S. 314, Werke VI, S. 275.

Teilungen die gesuchte findet, so hat man einen Bogen der Lemniscata, um ihn in 17 Teile zu teilen, in $1 + 4i$ und $1 - 4i$ Teile zu teilen, und setzt die Teilung in 17 Teile aus beiden zusammen«.

Ebenso wichtig wie diese Erweiterung des Zahlengebietes, mit der die Lehre von den algebraischen Zahlen ins Leben gerufen wurde, ist für die Fortschritte der höheren Arithmetik die Darstellung der ganzen komplexen Zahlen vermöge der Gitterpunkte der Ebene geworden. Hieran schliesst sich bei der Untersuchung der ternären quadratischen Form die Heranziehung der Gitterpunkte im Raume (W. II, S. 188). Es ist sogar wahrscheinlich, dass GAUSS bereits Zahlengitter im Raume von n Dimensionen betrachtet hat, denn die Andeutung nach dieser Richtung, die EISENSTEIN 1844 gemacht hat, geht wohl auf seinen Aufenthalt in Göttingen während des Sommers dieses Jahres zurück[1]). So muss GAUSS auch als der Begründer der Geometrie der Zahlen gelten.

Die Bedeutung der beiden Veröffentlichungen vom Jahre 1831 geht jedoch über die Zahlentheorie hinaus. Wenn GAUSS in der neuen Darstellung des Beweises für den Fundamentalsatz der Algebra, den er 1849 gab, sagt: »gegenwärtig, wo der Begriff der komplexen Grössen jedermann geläufig ist« (W. III, S. 74), so hat die Analysis ihm diesen Fortschritt zu verdanken. Gewiss hatten schon WESSEL (1799), ARGAND (1806) und andere nach ihnen die selbständige Berechtigung und die geometrische Darstellung der komplexen Grössen erkannt und wichtige Anwendungen davon zu machen gewusst, allein die Kenntnis und Würdigung ihrer Untersuchungen ist auf enge Kreise beschränkt geblieben. Es bedurfte eines GAUSS, um die Hemmungen zu beseitigen und die neuen Anschauungen zum Siege zu führen.

18.

Benutzung der komplexen Grössen für geometrische Untersuchungen.

Es ist eine merkwürdige Tatsache, dass GAUSS fast überall, wo er mit seinen Forschungen einsetzte, auf die komplexen Grössen stiess. Gilt das, wie wir gesehen haben, für die Algebra, die Funktionentheorie und die Arithmetik, so ist es nicht minder richtig für die Geometrie selbst.

---

1) EISENSTEIN, *Geometrischer Beweis des Fundamentaltheorems für die quadratischen Reste*, CRELLES Journal, Bd. 28, 1844, S. 248.

Die unmittelbare Anwendung der geometrischen Versinnlichung der komplexen Grössen auf das Dreieck, das Viereck, den Kreis, die Kegelschnitte, die Kugel ist ein Gegenstand, mit dem sich GAUSS sein ganzes Leben lang immer wieder beschäftigt hat; ja er hat diese Art der Behandlung geometrischer Probleme als »eine ihm eigentümliche Methode« bezeichnet (Brief an SCHUMACHER vom 12. Mai 1843, W. VIII, S. 295). Die betreffenden Untersuchungen werden im vierten Abschnitt dieses Aufsatzes im Zusammenhang mit den Arbeiten zur elementaren und analytischen Geometrie ausführlich dargestellt werden.

Ausserdem ist die konforme Abbildung krummer Flächen zu erwähnen. Allerdings hat GAUSS in der Kopenhagener Preisschrift vom Jahre 1822 sich bezüglich der geometrischen Versinnlichung auf Andeutungen beschränkt, die kaum über das hinausgehen, was man in seiner Dissertation lesen kann. Im übrigen sei auf die Darstellung im fünften Abschnitt dieses Aufsatzes verwiesen.

19.
Weiterentwicklung der Lehre von den komplexen Grössen.

GAUSS schliesst in der Selbstanzeige vom Jahre 1831 seine Auseinandersetzungen über die imaginären Grössen mit den Worten: »Hier ist also die Nachweisbarkeit einer anschaulichen Bedeutung von $\sqrt{-1}$ vollkommen gerechtfertigt und mehr bedarf es nicht, um diese Grösse in das Gebiet der Gegenstände der Arithmetik zuzulassen« (W. II, S. 177). In ähnlicher Weise hat er sich später (um 1850) in dem schon erwähnten Entwurf einer Abhandlung über die Konvergenz der Reihen ausgesprochen: »Die imaginären Grössen sind, solange ihre Grundlage immer nur in einer Fiktion bestand, in der Mathematik nicht sowohl wie eingebürgert, als vielmehr nur wie geduldet betrachtet, und weit davon entfernt geblieben, mit den reellen Grössen auf gleiche Linie gestellt zu werden. Zu einer solchen Zurücksetzung ist aber jetzt kein Grund mehr, nachdem die Metaphysik der imaginären Grössen in ihr wahres Licht gesetzt und nachgewiesen ist, dass diese, ebenso gut wie die negativen, ihre reale gegenständliche Bedeutung haben« (W. X1, S. 404).

JOHANN BOLYAI hat in einer 1837 verfassten, aber erst 1899 aus seinem Nachlass veröffentlichten Schrift (BOL. II, S. 233) gegen die Ausführungen von GAUSS in der Selbstanzeige vom Jahre 1831 eine Reihe Einwendungen erhoben, darunter auch die, dass GAUSS »sich auf die Betrachtung des Raumes stütze, die man in der Arithmetik vermeiden soll«, und er hatte selbst eine rein arithmetische Einführung der komplexen Grössen gegeben, die im Wesentlichen mit HAMILTONS[1]) gleichzeitiger Begründung durch das Rechnen mit Grössenpaaren übereinstimmt. Verschiedene Äusserungen von GAUSS gestatten den Schluss, dass auch er, eine 1831 im Keime vorhandene Auffassung weiter entwickelnd, später zu einer von räumlichen Betrachtungen unabhängigen Auffassung der komplexen Grössen übergegangen ist.

In der Selbstanzeige vom Jahre 1831 wird ausgeführt, dass die komplexen Grössen zur Darstellung der Relationen dienen können, die zwischen den Elementen einer Mannigfaltigkeit von zwei Dimensionen stattfinden, und es heisst dann, dass sich diese Verhältnisse nur durch eine Darstellung in der Ebene zur Anschauung bringen liessen (W. II, S. 176). Noch entschiedener sagt GAUSS in dem zweiten Entwurf einer Abhandlung über die Konvergenz der Reihen (um 1850): »Zuvörderst ist die bekannte Versinnlichung der komplexen Grössen in Erinnerung zu bringen. ... Es wird damit nur bezweckt, die Bewegung in dem an sich vom Räumlichen unabhängigen Felde der abstrakten komplexen Grössen zu erleichtern und eine Sprache für dasselbe zu vermitteln« (W. X1, S. 407).

Diese Sprache für die Lehre von den »abstrakten« komplexen Grössen hat GAUSS in ihren Anfängen geformt. Eine nach der Stetigkeit fortschreitende Reihe komplexer Grössen bildet einen Zug; jede der dem Zuge angehörigen Grössen ist eine Stelle des Zuges. Ist der Zug geschlossen, so fügen sich die nach der Stetigkeit zusammenhängenden komplexen Grössen, die in dem Zuge ihre Begrenzung finden, zu einer Schicht zusammen. Man erkennt, dass die geometrischen Namen Linie, Punkt, Fläche vermieden werden. In einer Fussnote wird noch hervorgehoben, dass »die abstrakte allgemeine Lehre von den komplexen Grössen mit der Wechselbeziehung zwischen vorwärts-rückwärts und rechts-links nichts zu schaffen hat« (W. X1, S. 408).

Was man vermisst, ist eine Erklärung, in welchem Sinne die formalen Bildungen $x+iy$ als Grössen bezeichnet werden dürfen. GAUSS dürfte auch hierüber seine Gedanken gehabt haben, denn in dem bereits angeführten Briefe

1) R. W. HAMILTON, *Theory of conjugate functions, or algebraic couples*, Transactions of the Royal Irish Academy, Vol. 17, Dublin 1837, S. 393.

an BESSEL vom 21. November 1811, in dem er von den Funktionen einer komplexen Veränderlichen spricht, sagt er: »Man sollte überhaupt nie vergessen, dass die Funktionen, wie alle mathematischen Begriffszusammensetzungen, nur unsere eigenen Geschöpfe sind und dass, wo die Definition, von der man ausging, aufhört, einen Sinn zu haben, man eigentlich nicht fragen soll: Was ist? sondern was konveniert anzunehmen? damit ich immer konsequent bleiben kann. So z. B. das Produkt aus —.—« (W. X 1, S. 363). Wenn man die Äusserungen über die allgemeine Arithmetik in der Selbstanzeige vom Jahre 1831 hinzunimmt, wo das Gebiet der Zahlen stufenweise erweitert wird (W. II, S. 175), so ergibt sich, wie nahe GAUSS dem Prinzip der Permanenz gekommen ist.

20.
Komplexe Grössen mit mehr als zwei Einheiten.

In dem Brief an GRASSMANN vom 14. Dezember 1844 sagt GAUSS, auf dessen ihm übersandte Ausdehnungslehre Bezug nehmend, »dass die Tendenzen derselben teilweise denjenigen Wegen begegnen, auf denen ich selbst nun fast seit einem halben Jahrhundert gewandelt bin und wovon freilich nur ein kleiner Teil 1831 in den Comment. der Göttingischen Societät und noch mehr in den Göttingischen Gelehrten Anzeigen (1831, Stück 64) gleichsam im Vorbeigehen erwähnt ist; nämlich die konzentrierte Metaphysik der komplexen Grössen, während von der unendlichen Fruchtbarkeit dieses Prinzips für Untersuchungen räumliche Verhältnisse betreffend zwar vielfältig in meinen Vorlesungen gehandelt [1)], aber Proben davon nur hin und wieder, und als solche nur dem aufmerksamern Auge erkennbar, bei andern Veranlassungen mitgeteilt sind« (W. X 1, S. 436). Solche Proben finden sich in der Dissertation, in der Kopenhagener Preisschrift und in verschiedenen kleineren Aufsätzen zur elementaren Mathematik, über die im vierten Abschnitt berichtet werden wird.

Von der Selbstanzeige in den Göttingischen Anzeigen kommt hier besonders der Schluss in Betracht. »Der Verfasser hat sich vorbehalten, den Gegenstand [der komplexen Grössen], welcher in der vorliegenden Abhandlung

---

1) Zum Beispiel hat GAUSS vom Dezember 1839 bis Ostern 1740 eine Vorlesung *über die Theorie der imaginären Grössen* gehalten, von der zwei Stücke in den Werken abgedruckt sind (W. VIII, S. 331— 334 und S. 346—347).

eigentlich nur gelegentlich berührt ist, künftig vollständiger zu bearbeiten, wo dann auch die Frage, warum die Relationen zwischen Dingen, die eine Mannigfaltigkeit von mehr als zwei Dimensionen darbieten, nicht noch andere in der allgemeinen Arithmetik zulässige Grössen liefern können, ihre Beantwortung finden wird« (W. II, S. 178).

Leider ist GAUSS nicht dazu gekommen, das hier gegebene Versprechen einzulösen, und auch die wenigen im Nachlass vorhandenen Aufzeichnungen, die man damit in Beziehung bringen kann, reichen nicht aus, um festzustellen, was er mit seinen Andeutungen gemeint hatte.

Ebenso wie den Punkten der Ebene aus den Einheiten 1 und i gebildete bikomplexe Grössen (W. VIII, S. 354) zugeordnet werden, kann man für die Punkte des Raumes trikomplexe Grössen benutzen (W. VIII, S. 353, 354). Gelegentlich hat GAUSS geradezu den drei kartesischen Koordinaten x, y, z die drei Einheiten 1, i, k zugesellt und zum Beispiel die Ecken eines Ikosaeders und eines Dodekaeders durch trikomplexe Grössen $x + iy + kz$ dargestellt (Handbuch 16 Bb, S. 166). Es entsteht dann die Frage, wie man mit solchen Grössen rechnen und im besonderen, wie man für sie das Produkt definieren soll. GAUSS hat, den Kern des Problems erfassend, schon 1819 viergliedrige komplexe Grössen betrachtet, die er Mutationsskalen nennt (W. VIII, S. 357—362). Ihre geometrische Bedeutung besteht darin, dass sie die Drehung eines Raumes in einem andern Raume verbunden mit einer Vergrösserung oder Verkleinerung ausdrücken, und GAUSS ist dazu gelangt, die Multiplikation zweier solcher Grössen so zu erklären, dass das Produkt das geometrische Ergebnis zweier hintereinander ausgeführter Mutationen darstellt. Auf diese Art ist er zu einem Multiplikationsgesetz gelangt, das mit dem der HAMILTONschen Quaternionen übereinstimmt.

Weitere Ausführungen über die mehrdimensionalen Mannigfaltigkeiten bei GAUSS findet man in Nr. 33 dieses Aufsatzes.

Abschnitt IV.

Elementare und analytische Geometrie.

21.

Allgemeines.

Im ersten Abschnitt (Nr. 10) ist über verschiedene Untersuchungen von GAUSS berichtet worden, die entweder unmittelbar zur elementaren Geometrie gehören oder doch eng damit zusammenhängen, bei denen aber das Axiomatische überwiegt. Auf andere Untersuchungen wurde im dritten Abschnitt hingewiesen, weil bei ihnen die Anwendung komplexer Grössen mitspielt. Für deren Gebrauch hatte GAUSS eine gewisse Vorliebe, und seine Ausdehnung erstreckt sich weiter, als man zunächst glauben möchte; GAUSS hat sich nämlich lange Zeit gescheut, mit seiner geometrischen Versinnlichung des Imaginären öffentlich hervorzutreten, und hat deshalb seine Lösungen in einer davon befreiten Form dargestellt. Wie gern er mit dem »i« arbeitet, zeigt übrigens auch sein Ansatz für das Problem der acht Königinnen, bei dem die Felder des Schachbrettes mit den Zahlen $a + ib$ ($a, b = 1, 2, \ldots, 8$) bezeichnet werden (Brief an SCHUMACHER vom 27. September 1850, Br. G.-SCH. VI, S. 120).

GAUSS hat es erlebt, dass den ursprünglichen, rein geometrischen Überlegungen und dem später hinzugekommenen Rechnen mit Koordinaten andere Verfahren zur Lösung geometrischer Aufgaben an die Seite traten, wie der *Barycentrische Calcul* von MÖBIUS und GRASSMANNS *Ausdehnungslehre*. Über den Wert und die Wirksamkeit solcher Methoden hat er sich in dem Brief an SCHUMACHER vom 15. Mai 1843 mit grosser Klarheit ausgesprochen. »Überhaupt verhält es sich mit allen solchen Kalküls so, dass man durch sie nichts leisten kann, was nicht auch ohne sie zu leisten wäre; der Vorteil ist aber der, dass, wenn ein solcher Kalkül dem innersten Wesen vielfach vorkommender Bedürfnisse korrespondiert, jeder, der sich ihn ganz angeeignet hat, auch ohne die gleichsam unbewussten Inspirationen des Genies, die niemand erzwingen kann, die dahin gehörigen Aufgaben lösen, ja selbst in so verwickelten Fällen gleichsam mechanisch lösen kann, wo ohne eine solche Hilfe auch das Genie ohnmächtig wird. So ist es mit der Erfindung der Buchstabenrechnung überhaupt: so mit der Differentialrechnung gewesen: so ist es auch (wenn auch in partielleren Sphären) mit LAGRANGES Variationsrechnung, mit meiner Kongruenzrechnung und mit MÖBIUS' Kalkül. Es werden durch solche Konzeptionen unzählige Aufgaben, die sonst vereinzelt stehen und jedesmal neue Efforts (kleinere oder grössere) des Erfindungsgeistes erfordern, gleichsam zu einem organischen Reiche« (W. VIII, S. 298).

Die Arbeiten von GAUSS, über die hier berichtet werden soll, betreffen fast den ganzen Umkreis der elementaren Geometrie, die Anfänge der analytischen Geometrie eingeschlossen. Eine erste Reihe bezieht sich auf die Eigenschaften des Dreiecks, des Vierecks und der Vielecke, eine zweite auf den Kreis und die Kugel, die Kegelschnitte und die Flächen zweiter Ordnung. Dazu kommen endlich die Beiträge zur sphärischen Trigonometrie, die in einer Schlussnummer zusammengefasst sind.

Man könnte diesen Teil des Werkes von GAUSS übergehen, ohne dass sein Ruhm geschmälert würde. Allein es gilt dafür das Wort seines Schülers und Freundes SCHUMACHER: »Deutlich genug ist des Meisters Stempel auch seinen Erholungen aufgedrückt«[1]).

22.
Das Dreieck.

Rein geometrisch ist der in die Lehrbücher der Elementargeometrie übergegangene klassische Beweis für den Satz, dass die drei Höhen des Dreiecks sich in einem Punkte schneiden (W. IV, S 396); er ist 1810 in den Zusätzen veröffentlicht worden, die GAUSS zu SCHUMACHERS Übersetzung der *Géométrie de position* von CARNOT beigesteuert hat (Teil 2, Zusatz II. S. 363) Auf einem verwandten Gedanken beruht der weniger bekannte Beweis von NAUDÉ; dieser zeigt, dass das Dreieck der Höhenfusspunkte die Höhen zu Winkelhalbierenden hat[2]).

In denselben Zusätzen (Zusatz I, S. 359) hat GAUSS mittels der Methoden der analytischen Geometrie einen merkwürdigen Punkt des Dreiecks nach-

---

1) L. CARNOT, *Geometrie der Stellung*, übersetzt von H. C. SCHUMACHER, 2. Teil, Altona 1810, Vorrede, S. II.

2) PH. NAUDÉ, *Trigonoscopiae cuiusdam novae conspectus*, Miscellanea Berolinensia, t. V, 1737, S. 10; siehe besonders S. 17.

gewiesen, von dem die Durchschnittspunkte der Höhen, der Mittelsenkrechten und der Schwerlinien besondere Fälle sind (W. IV, S. 393).

Eine handschriftliche Bemerkung zum Zusatz II lehrt, wie die genannten Durchschnittspunkte mit den komplexen Zahlen zusammenhängen, die den Ecken des Dreiecks zugeordnet sind (W. IV, S. 396). Mittels komplexer Grössen ist sicherlich auch die Lösung der Aufgabe gewonnen worden, die Lage eines Punktes aus den Verhältnissen seiner Abstände von drei der Lage nach bekannten Punkten zu finden (W. VIII, S. 303).

Endlich ist noch ein Beweis des Pythagoreischen Lehrsatzes aus dem Jahre 1797 (T. Nr. 81) zu nennen. der auf der Ähnlichkeit von Dreiecken beruht[1]).

23.
Das Viereck.

Als Gauss die Zusätze zu Schumachers Übersetzung des Carnotschen Werkes verfasste, löste er auch eine Aufgabe, die Schumacher im Oktober 1809 gestellt hatte, als Gauss, Bessel und er selbst ihren gemeinsamen Freund Olbers in Bremen besuchten, die Aufgabe nämlich, in einem Viereck diejenige Ellipse zu beschreiben, die den grössten möglichen Flächenraum umfasst. Schumacher hatte sie den durch Montucla erneuerten *Récréations mathématiques et physiques* von Ozanam (Paris 1778) entnommen. Im Dezember 1809 wurde Gauss von Bessel an die Aufgabe erinnert (Br. G.-Bessel S. 104). »Es ist ein merkwürdiges Beispiel«, antwortet dieser am 7. Januar 1810, »wieviel bisweilen von der Wahl der unbekannten Grössen abhängt. Ich setzte mich gleich daran und kam, da ich zufällig hierin eine glückliche Wahl getroffen hatte, sofort darauf, dass das ganze Problem bloss auf eine Gleichung zweiten Grades sich reduziert« (Br. G.-Bessel S. 107). Die »glückliche Wahl« kam darauf hinaus, dass er komplexe Grössen verwandte; in der Darstellung der Lösung, die Gauss Schumacher mitteilte, ist dieser Ursprung zwar verhüllt worden, aber doch noch deutlich genug sichtbar geblieben.

Nachdem Gauss am 10. Februar 1810 an Schumacher geschrieben hatte,

---

1) Ber Beweis von Gauss ist den 96 Beweisen hinzuzufügen, die J. Versluys gesammelt hat: *Zes en negentig bewijzen voor het theorema van Pythagoras*, Amsterdam 1914; von den dort mitgeteilten Beweisen kommt dem Gaussschen am nächsten der von Brand, *Une nouvelle démonstration de Pythagore*, Journal de mathématiques élémentaires, série 5, t. 21, 1897, S. 36.

er habe eine sehr artige Auflösung gefunden und sei nicht abgeneigt, sie bekannt zu machen (Br. G.-Sch. I, S. 26), wurde die Aufgabe, wohl auf Schumachers Veranlassung, im Maiheft der Monatlichen Correspondenz[1]) den Mathematikern vorgelegt, und das Augustheft brachte (S. 112—121) die Lösung von
Gauss (W. IV, S. 385). Im Besonderen wird darin der Lehrsatz bewiesen,
dass der geometrische Ort der Mittelpunkte der Ellipsen, die die vier Seiten
des Vierecks berühren, eine Gerade ist; daraus folgt als Zusatz, dass die
Mitten der drei Diagonalen eines Vierseits auf einer Geraden liegen.

Das Septemberheft der Correspondenz enthält zwei weitere Lösungen, die
von J. Fr. Pfaff und Mollweide herrühren[2]); eine vierte, von Buzengeiger
eingesandte konnte wegen Mangel an Raum nicht abgedruckt werden[3]). Pfaff
bemerkt, dass jener geometrische Ort schon bei Newton[4]) und Euler[5]) zu
finden sei. Endlich gab Schumacher im Novemberheft[6]) eine Ergänzung,
indem er zeigte, dass unter Umständen eine innerhalb des Vierecks liegende
Ellipse, die nur drei Seiten berührt, den grössten Inhalt liefert. Die Aufgabe
ist später wiederholt bearbeitet worden; Plücker, Schläfli und Steiner haben
sich um sie bemüht[7]).

In die Zeit um 1810 gehört auch wohl eine Aufzeichnung, die sich auf
der letzten Seite des Gaussschen Exemplares des ersten Teiles der Schumacherschen Übersetzung befindet. Carnot hatte in einer 1806 erschienenen Abhandlung, die Schumacher in seine Ausgabe aufgenommen hat, die zwischen
den Seiten und den Diagonalen eines Vierecks bestehende Gleichung her-

1) Monatliche Correspondenz zur Beförderung der Erd- und Himmelskunde, herausgegeben von v. Zach,
Bd. 21, 1810, S. 462.

2) Monatliche Correspondenz, Bd. 22, 1810, S. 223 und 227.

3) A. a. O., S. 513.

4) I. Newton, *Philosophiae naturalis principia mathematica*, London 1687, Liber I, Lemma 25; im
Corollarium 3 wird auch der Satz ausgesprochen, dass die Mitten der Diagonalen eines Vierseits auf einer
Geraden liegen.

5) L. Euler, *Introductio in analysin*, T. II, Lausanne 1748, § 123.

6) Monatliche Correspondenz, Bd. 22, 1810, S. 505.

7) J. Plücker, *Analytisch-geometrische Entwicklungen*, Band II, Essen 1831, S. 208; L. Schläfli,
Anwendungen des barycentrischen Calculs, Archiv der Mathematik und Physik, Bd. 12, 1849, S. 99; J. Steiner,
Teoremi relativi alle coniche inscritte e circoscritte, Giornale arcadico, t. 99, S. 147, Crelles Journal, Bd. 30,
1845, S. 17, Gesammelte Werke, Bd. II, S. 334. Euler hat die duale Aufgabe behandelt, um ein gegebenes
Viereck die kleinste Ellipse zu beschreiben, Nova acta acad. sc. Petrop. 9 (1791), 1795, S. 132; vorgelegt
den 4. Sept. 1777.

geleitet (2. Teil, S. 258). und GAUSS gibt einen einfachen Beweis dieser für die Ausgleichungsrechnungen der Geodäsie wichtigen Beziehung (W. IX, S. 248).

Mit den geodätischen Messungen, die GAUSS von 1821 bis 1825 anstellte, hängt es auch zusammen, dass er sich eingehend mit einer Aufgabe beschäftigt hat, die nach einem Mathematiker, der weder ihr Urheber noch ihr erster Löser ist, der sich aber Verdienste um sie erworben hat, häufig als POTHENOT-sches Problem bezeichnet wird [1]. Es handelt sich darum, bei einer trigonometrischen Aufnahme die Lage eines Punktes dadurch festzulegen, dass die Winkel gemessen werden, welche die von ihm nach drei bekannten Punkten (Netzpunkten) gehenden Richtungen miteinander bilden (Rückwärtseinschneiden). Die im Nachlass von GAUSS befindlichen umfangreichen Aufzeichnungen über das POTHENOTsche Problem aus den Jahren 1832 bis 1852 werden ergänzt durch Briefe an GERLING und SCHUMACHER aus den Jahren 1830 bis 1842 und durch die Ausarbeitung einer im Jahre 1840 gehaltenen Vorlesung *über die Theorie der imaginären Grössen* (W. VIII, S. 307—334).

Die Heranziehung der komplexen Grössen erweist sich hier als besonders nützlich. Indem GAUSS den Ecken a_0, a_1, a_2, a_3 des Vierecks, das aus dem festzulegenden Punkt und den drei Netzpunkten besteht, das Dreieck zuordnet, dessen Ecken durch die aus der Lehre von den biquadratischen Gleichungen wohlbekannten Verbindungen

$$a_0 a_1 + a_2 a_3, \quad a_0 a_2 + a_3 a_1, \quad a_0 a_3 + a_1 a_2$$

bestimmt werden, gelangt er zu seiner »zierlichen Auflösung«; zu demselben Dreieck war übrigens schon COLLINS durch einen geometrischen Kunstgriff gelangt [2].

GAUSS eigentümlich ist die Frage nach der »physischen Möglichkeit der Daten in POTHENOTS Aufgabe«. Wenn nämlich beim Rückwärtseinschneiden der Punkt gesucht wird, von dem aus zwei gegebene, aneinander stossende Strecken unter gemessenen Winkeln erscheinen, so ist man sicher, dass die

---

[1] L. POTHENOT, *Problème de Géométrie pratique*, Mém. de l'Acad. depuis 1666 jusqu'à 1699, t. 10, Paris 1730, S. 150 (vorgelegt 1692). Für das Geschichtliche vgl. die Dissertation von R. WAGNER, *Über das Pothenotsche Problem*, Göttingen 1852 und die Angaben in J. C. POGGENDORFFs Biographisch-literarischem Handwörterbuch, II, Leipzig 1863, Spalte 509.

[2] J. COLLINS, *A solution of a chorographical problem*, Philosophical transactions, Vol. 6, Nr. 69, London, März 1671.

Aufgabe, sobald nur der gefährliche Kreis vermieden wird, eine bestimmte Lösung hat. Anders steht es, wenn jene Winkel willkürlich angenommen werden. Dann braucht es keine Lösung zu geben, und es entsteht die Frage nach einem Kennzeichen für die Lösbarkeit; GAUSS hat darauf eine überraschend einfache Antwort gegeben.

Warum, wird man fragen, hat GAUSS auf einen so elementaren Gegenstand so viel Zeit und Mühe verwendet? Aufschluss hierüber gibt der Brief an GERLING vom 14. Januar 1842. Nachdem er diesem das Kennzeichen mitgeteilt hat, bittet er ihn, es für sich zu behalten, »weil ich das Theorem, womit es zusammenhängt, selbst einmal bei schicklicher Gelegenheit zu behandeln mir vorbehalte, weniger wegen der Eleganz des Theorems an sich, als wegen der Eleganz, welche die Anwendung der komplexen Grössen dabei darbietet, also namentlich bei einer Gelegenheit, wo ich mehr von dem Gebrauch der komplexen Grössen sagen kann« (W. VIII, S. 315)[1].

24.
Die Vielecke.

Durch eine Anfrage von SCHUMACHER vom 19. März 1836 veranlasst (W. X1, S. 459) hat sich GAUSS mit der Frage nach dem »kürzesten Verbindungssystem« von beliebig vielen, im Besonderen von vier Punkten beschäftigt (W. X1, S. 461—467), einer glücklichen Verallgemeinerung der Summe der Entfernungen eines Punktes von gewissen gegebenen Punkten, die noch heute eingehendere Erforschung verdiente[2].

Die Lösung der Aufgabe, in einen gegebenen Kreis ein Vieleck zu beschreiben, dessen Seiten durch je einen gegebenen Punkt gehen, ist wieder der Verwendung komplexer Grössen entsprungen (W. IV, S. 398, Zusatz V, S. 369).

Im ersten Abschnitt (Nr. 10) ist bemerkt worden, dass GAUSS die Frage aufgeworfen hat, was man unter dem Inhalt eines beliebigen Vielecks zu ver-

---

1) Für die Behandlung geometrischer Aufgaben mittels komplexer Grössen vgl. noch die Dissertation von H. ZUR NEDDEN, *Applicatio numeri complexi ad demonstranda nonnulla geometriae theoremata*, Göttingen 1840.

2) Vgl. auch die Dissertation von K. BOPP, *Das kürzeste Verbindungssystem von vier Punkten*, Göttingen 1879.

stehen habe. Auf den Inhalt eines Vielecks bezieht sich die folgende Stelle in dem Zusatz I zu SCHUMACHERS Übersetzung der *Géométrie de position* von CARNOT[1]) (S. 362):

Anmerkung des Herausgebers [SCHUMACHER]. »Es ist, nach einem schönen Theorem des Herrn Professor GAUSS, der Inhalt eines Vielecks von n Seiten, wenn die Koordinaten der Winkelpunkte nach der Reihe in einer Richtung gezählt:

$$x, y;\ x', y';\ \ldots\ x^{(n-1)}, y^{(n-1)}$$

sind,

$$= \tfrac{1}{2}\left\{ x\,(y' - y^{(n-1)}) + x'\,(y'' - y) + x''\,(y''' - y') + \cdots + x^{(n-1)}(y - y^{(n-2)}) \right\},$$

worüber Er selbst vielleicht, bey einer andern Gelegenheit, uns eine vollständigere Abhandlung schenken wird«.

Die Ankündigung einer vollständigeren Abhandlung macht es wahrscheinlich, dass GAUSS schon damals die Verallgemeinerung auf beliebige Vielecke im Auge hatte, bei denen also der Umfang sich selbst durchsetzen kann, wie er sie in dem Brief an OLBERS vom 30. Oktober 1825 andeutet (W. VIII, S. 398)[2]). In einer aus dem Nachlass 1866 herausgegebenen Abhandlung hat JACOBI eine Regel für die Bestimmung des Inhalts gegeben[3]).

In der Behaftung von Inhalten mit Vorzeichen ist MÖBIUS mit GAUSS zusammengetroffen, zuerst im *Barycentrischen Calcul* (1827)[4]), dann in der Abhandlung *über den Inhalt der Polyeder* (1865)[5]). Wenn die Mathematiker des 20. Jahrhunderts diese Dinge als selbstverständlich ansehen, so hat doch

---

1) Werke XI 1.

2) In dem Brief an OLBERS vom 30. Oktober 1825 bemerkt GAUSS, er habe »erst vor kurzem eine Abhandlung von MEISTER im ersten Bande der Novi Commentarii Gotting. kennen gelernt, worin die Sache fast ganz auf gleiche Art betrachtet und sehr schön entwickelt wird«; gemeint ist die Abhandlung von A. L. F. MEISTER, *Generalia de genesi figurarum planarum et inde pendentibus earum affectionibus*, Novi Commentarii acad. Gotting., vol. I ad annos 1769/70, 1771, S. 144.

3) C. G. J. JACOBI, *Regel zur Bestimmung des Inhalts der Sternpolygone*, Journal für die r. u. a. Mathematik Bd. 65, 1866, S. 173, Werke VII, S. 40; vgl. auch W. VELTMANN, *Berechnung des Inhalts eines Vielecks aus den Coordinaten der Eckpunkte*, Zeitschrift für Mathematik und Physik, Bd. 32, 1887, S. 339. Nach L. KÖNIGSBERGER, *C. G. J. Jacobi*, Leipzig 1904, S. 155 hat JACOBI seine Regel im Sommer 1833 gefunden.

4) A. F. MÖBIUS, *Der barycentrische Calcul*, Leipzig 1827, Kap. II, § 17 und 18; Werke I, S. 39—41.

5) A. F. MÖBIUS, *Über die Bestimmung des Inhaltes eines Polyeders*, Leipziger Berichte, Bd. 17, 1865, S. 31, Werke II, S. 485—491.

BALTZER, in den Erinnerungen an die GAUSSschen Zeiten wurzelnd, mit Recht hervorgehoben, dass die Bestimmung des Zeichens einer Strecke nach der voraus bestimmten positiven Richtung einer Geraden, einer Dreiecksfläche nach dem voraus bestimmten positiven Sinn ihrer Ebene und eines Tetraederinhalts nach einem voraus bestimmten Schraubungssinn beim Erscheinen des *Barycentrischen Calculs* »neu und fast befremdend« erschienen seien[1].

GAUSS hat auch eine von MÖBIUS gestellte Aufgabe[2] gelöst, die besagt, man solle den Inhalt eines Fünfecks aus den Inhalten der fünf Dreiecke bestimmen, die von den Verbindungsstrecken der fünf Eckpunkte gebildet werden (W. IV, S. 406).

25.
Der Kreis und die Kugel.

Das *Tagebuch* von GAUSS beginnt mit der Eintragung vom 30. März 1796: »Principia quibus innititur sectio circuli, ac divisibilitas eiusdem geometrica in septemdecim partes etc«. Nach dem Briefe an GERLING vom 6. Januar 1819 hatte er die Entdeckung am Morgen des 29. März 1796 gemacht (W. X 1, S. 125). »Sie ist es vornehmlich gewesen, welche seinem Leben eine bestimmte Richtung gab, denn von jenem Tage an war er fest entschlossen, nur der Mathematik sein Leben zu widmen« (SARTORIUS, S. 16). Die Konstruktion des regelmässigen Siebzehnecks ist geometrisch ausführbar, insofern sie sich allein durch Lineal und Zirkel bewerkstelligen lässt, jedoch beruht der Beweis bei all' den verschiedenen Durchführungen auf der algebraischen Grundlage der Kreisteilungsgleichung[3]. GAUSS hat in den Göttinger Anzeigen vom 19. Dezember 1825 eine Konstruktion von ERCHINGER mitgeteilt. Für diese Konstruktion habe ERCHINGER eine rein geometrische Begründung gegeben, »mit musterhafter, mühsamer Sorgfalt, alles nicht rein Elementarische zu vermeiden« (W. II, S. 187). Sie ist uns leider verloren gegangen, da ERCHINGERS Abhandlung nicht gedruckt wurde[4].

---

1) R. BALTZER, *Vorrede über Möbius*, MÖBIUS' Werke I, S. VIII.

2) A, F. MÖBIUS, *Beobachtungen auf der Sternwarte zu Leipzig usw.*, Leipzig 1823, S. 57; Werke I, S. 394.

3) Vgl. R. GOLDENRING, *Die elementargeometrischen Konstruktionen des regelmässigen Siebzehnecks*, Dissertation, Jena 1915. Die zeitlich älteste Konstruktion ist die dort noch nicht erwähnte von PFLEIDERER, die erst 1917 (Werke X 1, S. 120) veröffentlicht worden ist.

4) Die Abhandlung ERCHINGERS hatte GAUSS von einem Braunschweiger Bekannten, dem Juristen

In dem Zusatz VI zu CARNOTS *Geometrie der Stellung* (2. Teil, S. 371, W. IV, S. 399) wird eine analytische Lösung der Aufgabe gegeben, einen Kreis zu beschreiben, der drei der Grösse und Lage nach gegebene Kreise berührt, »vielleicht die einfachste Konstruktion des Apollonischen Problems«, wie SIMON sagt[1]); sie ist wiederum der Benutzung komplexer Grössen zu verdanken.

Um das Jahr 1840 hat GAUSS den Begriff der harmonischen Punktepaare auf einer Geraden verallgemeinert, indem er die vier Abszissen als komplexe Grössen auffasst, denen Punkte einer Ebene zugeordnet sind (W. VIII, S. 336—337). Hierin liegt ein fruchtbares Übertragungsprinzip, das MÖBIUS, hier wiederum mit GAUSS zusammentreffend, ausgebaut hat[2]). Später ist MÖBIUS zum allgemeinen Doppelverhältnis übergegangen und zu seiner Lehre von der Kreisverwandtschaft gelangt, bei der zwischen zwei Ebenen durch eine bilineare Gleichung in den lagebestimmenden komplexen Grössen eine Beziehung hergestellt wird[3]).

Auch den Punkten einer Kugelfläche hat GAUSS schon sehr früh komplexe Grössen zugeordnet, vermutlich mittels der stereographischen Projektion; dies zeigt die schon angeführte Bemerkung über das elliptische Integral erster Gattung aus dem Jahre 1800 (W. X1, S. 546). In einer späteren Aufzeich-

---

E. SCHRADER in Tübingen, am 1. Sept. 1825 zugesandt erhalten. Hiernach war ERCHINGER, der sonst ganz unbekannt ist, ein mathematischer Autodidakt, der etwa seit 1813 in Tübingen lebte. Er hatte einen Beitrag geliefert zu der Abhandlung SCHRADERs: *Commentatio de summatione seriei*

$$\frac{a}{b\,(b+d)} + \frac{a}{(b+2\,d)\,(b+3\,d)} + \frac{a}{(b+4\,d)\,(b+5\,d)} + \cdots,$$

Weimar 1818, die einen Preis der Kopenhagener Gesellschaft der Wissenschaften erhalten hatte. Nach SCHRADERs Brief an GAUSS vom 20. April 1831 war ERCHINGER inzwischen gestorben (Briefe im GAUSS-Archiv). Vgl. auch KLÜGELs *Mathematisches Wörterbuch*, IV. Teil, Leipzig 1823, S. 652 (Artikel Summierung der Reihen).

1) M. SIMON, *Über die Entwicklung der Elementargeometrie im XIX. Jahrhundert*, I. Ergänzungsband des Jahresberichtes der Deutschen Mathematiker-Vereinigung, Leipzig 1906, S. 98; man findet hier (S. 97—105) eine Zusammenstellung der umfangreichen Literatur über das Apollonische Taktionsproblem.

2) A. F. MÖBIUS, *Über eine Methode, um von Relationen, welche der Longimetrie angehören, zu den entsprechenden Sätzen der Planimetrie zu gelangen*, Leipziger Berichte, Bd. 4, 1852, S. 41, Werke II, S. 189.

3) A. F. MÖBIUS, *Über eine neue Verwandtschaft zwischen ebenen Figuren*, Leipziger Berichte, Bd. 5, 1853, S. 14, Werke II, S. 205; später hat MÖBIUS die Kreisverwandtschaft rein geometrisch begründet: *Die Theorie der Kreisverwandtschaft in rein geometrischer Darstellung*, Leipziger Abhandlungen, Bd. 4, 1855, S. 529; Werke II, S. 243.

nung, die vor 1819 niedergeschrieben ist, hat er den durch die stereographische Projektion vermittelten Zusammenhang zwischen Ebene und Kugel genauer untersucht und dabei erkannt, dass die »Drehungen der Kugelfläche in sich selbst« durch gewisse lineare, gebrochene Substitutionen der lagebestimmenden komplexen Grösse dargestellt werden können (W. VIII, S. 854—356); man kennt die Bedeutung, die diese Substitutionen später gewonnen haben[1]).

26.
Kegelschnitte und Flächen zweiter Ordnung.

Auf die Lehre von den Kegelschnitten ist GAUSS als Astronom immer wieder geführt worden. Besonders eifrig hat er sich damit im Frühjahr 1843 beschäftigt. In dem Briefe an SCHUMACHER vom 12, Mai 1843 erzählt er, dass er »anfangs durch zufällige Umstände« seit vier bis sechs Wochen in einige mathematische Spekulationen hineingezogen worden sei, »wo ich immer wieder durch neue Aussichten in andere Richtungen gelenkt wurde und vieles erreicht, vieles verfehlt habe. ... Jene Spekulationen betrafen grossenteils weniger neue Sachen als Durchführung mir eigentümlicher Methoden: zuletzt u. a. mehreres sich auf die Kegelschnitte Beziehendes. Mir ist dabei wiederholt in Erinnerung gekommen, wie ich vor einem halben Jahrhundert, als ich zuerst NEWTONS *Principia* las[2]), mehreres unbefriedigend fand, namentlich seine an sich herrlichen Sätze die Kegelschnitte betreffend. Aber ich las immer mit dem Gefühl, dass ich durch das Erlernte nicht Herr der Sache wurde; besonders quälte mich die gerade Linie, mit deren Hilfe ein Kegelschnitt beschrieben werden kann[3]). ... Herr des Gegenstandes ist man doch erst dann, wenn man alle andern, diese magische gerade Linie betreffenden Fragen beantworten kann; namentlich will man wissen, welche Relationen diese gerade

---

1) Vgl. für die von RIEMANN benutzte Verwendung der Kugel zur Darstellung komplexer Grössen C. NEUMANN, *Vorlesungen über Riemanns Theorie der Abelschen Integrale*, Leipzig 1865, für die linearen Substitutionen F. KLEIN, *Vorlesungen über das Ikosaeder*, Leipzig 1884, erster Abschnitt, Kapitel II.

2) GAUSS hat sein Exemplar der *Principia* im Jahre 1794 erworben.

3) Es handelt sich um die Konstruktion eines Kegelschnitts mittels zweier um ihre Scheitelpunkte drehbarer Winkel, deren eines Schenkelpaar sich auf einer Geraden schneidet, während der Durchschnittspunkt des anderen Schenkelpaares den Kegelschnitt beschreibt, I. NEWTON, *Philosophiae naturalis principia mathematica*, London 1687, Liber I, sectio 5, Lemma 21. Vgl. auch C. MACLAURIN, *Geometria organica, sive descriptio linearum curvarum universalis*, London 1720, erster Abschnitt.

Linie zu den Elementen des Kegelschnittes habe, ob man diese Elemente selbst mit Leichtigkeit aus der Lage jener geraden Linie und der [gegebenen Punkte des Kegelschnittes] ableiten könne. Verschiedenes dieser Art kann ich jetzt recht artig ausrichten, ich weiss aber nicht, ob ich selbst das Ganze durchführen kann, da andere Geschäfte mich nötigen abzubrechen« (W. VIII, S. 295).

Was GAUSS damals über seine Spekulationen niedergeschrieben hat, ist aus dem Nachlass W. VIII, S. 341—344 abgedruckt. Die ihm eigentümliche Methode war wieder die Benutzung komplexer Grössen; mittels dieses Verfahrens hatte er schon etwa seit 1831 begonnen, die Kegelschnitte zu behandeln (W. VIII, S. 339—340).

GAUSS hat die abgebrochene Arbeit nicht wieder aufgenommen, nicht aus Mangel an Zeit, sondern weil ihm zufällig ein Buch in die Hände fiel, worin, wie er am 15. Mai 1843 an SCHUMACHER schreibt, »die Quintessenz der Lehre von den Kegelschnitten in nucem gebracht ist«. Es war der schon 1827 erschienene *Barycentrische Calcul* von MÖBIUS, ein Buch, das er, als es ihm 1828 vom Verfasser zugegangen war, »ohne viele Erwartung davon zu haben, zunächst auf die Seite gelegt und später völlig vergessen hatte«, das aber, wie er jetzt »mit grossem Vergnügen« fand, »auf dem leichtesten Wege zur Auflösung aller dahin gehörigen Aufgaben führt« (W. VIII, S. 297)[1]).

Dass GAUSS sich in das Buch von MÖBIUS vertieft hat, bezeugen auch die aus dem Nachlass abgedruckten Notizen über das Pentagramma mirificum (Fragment [11], W. VIII, S. 109—111) und über den Resultantencalcul (W. VIII, S. 298).

Wenn GAUSS im *Barycentrischen Calcul* die Quintessenz der Lehre von den Kegelschnitten erblickt hat, so wird man daraus schliessen dürfen, dass ihm die Untersuchungen PONCELETS, STEINERS und PLÜCKERS fremd geblieben waren. Um seine Stellung zur neueren Geometrie zu bezeichnen, genügt es daher nicht zu sagen, er habe die analytischen Methoden bevorzugt, man muss vielmehr hinzufügen, dass er kein inneres Verhältnis zu den Auffassungen gewonnen hat, die der projektiven Geometrie eigentümlich sind.

Ebenfalls in das Jahr 1843 sind Auszüge zu setzen, die sich GAUSS aus zwei in den Pariser Comptes rendus vom 24. April 1843 erschienenen Noten

---

1) Vgl. auch den Brief an SCHUMACHER vom 19. Mai 1843, Br. G.-SCH. IV, S. 151.

Cauchys gemacht hat. Sie stehen teils auf einer Notiztafel, die Gauss im April 1840 von Schumacher zum Geschenk erhalten hatte (Br. G.-Sch. III, S. 369) und die sich gegenwärtig im Besitz seines Enkels, Herrn C. Gauss in Hameln, befindet, teils in dem Handbuch 19 Be, S. 254—257; auch die Notiz über die Kreisschnitte, ebenda S. 253, hängt damit zusammen. Diese Auszüge verdienen um so mehr Beachtung, als die im Nachlass vorhandenen Notizen über Abhandlungen, die Gauss gelesen hatte, lediglich aus der Göttinger Studienzeit (1795—1798) stammen; aus der späteren Zeit sind uns jedenfalls keine Aufzeichnungen dieser Art erhalten, und auch in den Handbüchern fehlen sie, abgesehen von dem soeben erwähnten Ausnahmefall. Gauss muss also in den Sätzen von Cauchy etwas Besonderes gefunden haben. vielleicht Berührungspunkte mit eigenen Untersuchungen.

In der ersten Note[1]) betrachtet Cauchy eine ganze rationale Funktion der rechtwinkligen Koordinaten eines Punktes der Ebene und zeigt, dass man ihren Werten eine einfache geometrische Bedeutung beilegen kann; hiervon werden Anwendungen auf die Kegelschnitte gemacht.

Die zweite Note[2]) enthält eine analytische Lösung der Aufgabe von Amyot, eine Fläche zweiter Ordnung als geometrischen Ort der Punkte darzustellen bei denen das Produkt der Entfernungen von zwei festen Ebenen zu dem Quadrat der Entfernung von einem festen Punkte in einem gegebenen Verhältnis steht[3]). Cauchy zeigt, dass die Aufgabe, abgesehen von der Ausziehung gewisser Quadratwurzeln, auf eine Gleichung dritten Grades führt, die mit der bekannten Gleichung für die reziproken Quadrate der Hauptachsen übereinstimmt, ein Ergebnis, das man bei Heranziehung der Kreisschnitte leicht bestätigen wird.

Zu der Gleichung dritten Grades bemerkt Gauss: »Dies Resultat ist ganz identisch mit meinem eigenen, vor 24 Jahren publizierten, was auch auf einem

---

1) A. L. Cauchy, *Mémoire sur la synthèse algébrique*, Comptes rendus, t. 16, Paris 1843, S. 867, Oeuvres, 1. série, t. 7, Paris 1892, S. 382.

2) A. L. Cauchy, *Notes annexées au Rapport sur le Mémoire de M. Amyot*, Comptes rendus, ebenda, S. 885, Oeuvres, ebenda, S. 377.

3) Ein ausführlicher Bericht über die der Pariser Akademie eingereichte Abhandlung Amyots: *Nouvelle méthode de génération et de discussion des surfaces du second ordre* von Cauchy steht Comptes rendus ebenda, S. 783, Oeuvres, ebenda, S. 325; die Abhandlung Amyots ist abgedruckt in Liouvilles Journal, 2. série, t. 8, 1843, S. 163.

besonderen Blatte steht«, und fügt die Buchstabenvertauschung hinzu, die
CAUCHYS Gleichung in die seinige überführe. Die Abhandlung, auf die er
sich bezieht, ist die 1818 erschienene *Determinatio attractionis, quam . . . exer-
ceret planeta . . .*, und zwar handelt es sich um die Formel [3] (W. III, S. 341).
Das besondere Blatt ist die Seite 114 des Handbuchs 19 Be; es enthält die
kubische Gleichung für die reziproken Quadrate der Hauptachsen genau in
der von GAUSS angegebenen Bezeichnung. Damit stimmt, dass eine Notiz auf
S. 103 des Handbuchs das Datum des 20. Februar 1817 trägt. In anderer
Bezeichnungsweise findet sich die kubische Gleichung auf S. 166 desselben
Handbuches; diese etwa aus dem Jahre 1831 stammende Notiz ist W. II,
S. 307 abgedruckt. In geschichtlicher Beziehung sei noch bemerkt, dass die
kubische Gleichung schon 1812 von HACHETTE und PETIT[1]) angegeben war
und dass CAUCHY sie 1826 abgeleitet hatte[2]).

27.
Sphärische Trigonometrie.

DE GUA[3]) und LAGRANGE[4]) hatten gezeigt, dass die Kosinusformel zum
Aufbau der ganzen sphärischen Trigonometrie ausreicht; ihre Ableitungen
gelten indessen nur für Bogen, die nicht grösser als 90^0 sind. In dem Zusatz
VII (1810) zu CARNOTS *Geometrie der Stellung* (2. Teil, S. 373, W. IV, S. 401)
hat GAUSS diese Lücke ausgefüllt und Bogen bis zu 180^0 zugelassen, wie sie
in der Praxis tatsächlich vorkommen[5]). Aber schon in der *Theoria motus corporum coelestium*, die 1809 erschienen war, hatte er im Art. 54 auf die allgemeinste Auffassung des sphärischen Dreiecks hingewiesen, bei der weder Seiten
noch Winkel irgend welchen Beschränkungen unterworfen seien; die ausführ-
lichere Darstellung, die er in Aussicht stellte, ist aber weder veröffentlicht

---

1) HACHETTE und PETIT, *De l'équation qui a pour racines les carrés des demiaxes principaux d'une
surface du second ordre*, Correspondance sur l'école polytechnique, t. 2, 1812, S. 324, 327.

2) A. L. CAUCHY, *Lecons sur les applications du calcul infinitésimal à la géométrie*, t. I, Paris 1826,
S. 240; Oeuvres, 2. série, t. 5, S. 250.

3) J. P. DE GUA, *Trigonométrie sphérique*, Mém. de l'Acad., année 1783, Paris 1786, S. 291.

4) J. L. LAGRANGE, *Solution de quelques problèmes relatifs aux triangles sphériques*, Journal de
l'école polytechnique, cahier 6. 1798, S. 279, Oeuvres, t. 7, S. 329.

5) Für die rechtwinkligen Dreiecke hatte schon KLÜGEL diese Erweiterung vorgenommen, *Analytische
Trigonometrie*, Braunschweig 1770.

worden, noch hat sich im Nachlass etwas darüber gefunden. Später hat MÖBIUS, auch hier in den Spuren von GAUSS wandelnd, die Untersuchung für Bogen und Winkel durchgeführt, die bis 360⁰ reichen[1]), zur vollen Allgemeinheit ist aber erst STUDY (1893) gelangt[2]).

Die vier Fundamentalformeln der sphärischen Trigonometrie lauten in der Gestalt, die GAUSS sich zu seinem Gebrauch aufgezeichnet hatte und die er für die angemessenste hielt (Brief an SCHUMACHER vom 26. September 1844, Br. G.-SCH., IV, S. 310):

$$\cos a = \cos b \cos c + \sin b \sin c \cos A,$$
$$\sin a \sin B = \sin b \sin A,$$
$$\cos A \cos c = \operatorname{cotang} b \sin c - \operatorname{cotang} B \sin A,$$
$$\cos A = -\cos B \cos C + \sin B \sin C \cos a.$$

Sie sind nebst den zugehörigen, ebenfalls von GAUSS angegebenen Differentialformeln in die Sammlung von Hülfstafeln aufgenommen worden, die WARNSTORFF 1845 als neue Ausgabe der von SCHUMACHER 1822 veröffentlichten Tafeln herausgegeben hat[3]). Man findet hier auch eine Anweisung, die dritte Formel dem Gedächtnis einzuprägen, die GAUSS, wie WITTSTEIN berichtet[4]), seinen Zuhörern mitzuteilen pflegte.

Im Art. 54 der *Theoria motus* (1809) hatte GAUSS ohne Beweis vier Gleichungen zwischen den sechs Stücken eines sphärischen Dreiecks angegeben, die er als nützlich für die Auflösung eines solchen Dreiecks bezeichnete, wenn eine Seite und die anliegenden Winkel gegeben sind. Gefunden hatte er diese Gleichungen, wie es scheint, auf dem Umwege von Betrachtungen über die Frage, wie man die Gleichungen zwischen den Stücken eines sphärischen Dreiecks auf Gleichungen zwischen den Stücken eines ebenen Dreiecks zurück-

---

1) A. F. MÖBIUS, *Über eine neue Behandlungsweise der analytischen Sphärik*, Abhandlungen bei Begründung der Königl. Sächs. Gesellschaft der Wissenschaften, herausgegeben von der JABLONOWSKIschen Gesellschaft d. W., Leipzig 1846, S. 45, Werke II, S. 1.

2) E. STUDY, *Sphärische Trigonometrie, orthogonale Substitutionen und elliptische Funktionen*, Leipziger Abhandlungen, Bd. 21, 1893.

3) G. H. L. WARNSTORFF, *Sammlung von Hülfstafeln*, Altona 1845, S. 132. Die Formeln werden dort nicht ausdrücklich als von GAUSS herrührend bezeichnet, während das bei den anderen Beiträgen von GAUSS geschehen ist, z. B. bei den Tafeln für barometrisches Höhenmessen; vgl. W. IX, S. 456.

4) TH. WITTSTEIN, *Lehrbuch der Elementar-Mathematik*, 2. Band, 2. Abteilung, Hannover 1862, S. 146: die betreffende Stelle ist abgedruckt W. X 1, S. 457.

führen könne (W. IV, S. 404). Später hat er in dem Brief an GERLING vom 18. Februar 1815 eine einfache Herleitung gegeben (W. VIII, S. 289); dabei findet man zugleich die richtigen Vorzeichen der linken Seiten, die, wie GAUSS bereits in der *Theoria motus* bemerkt hatte, bei Ausdehnung der Stücke über 180⁰ besonders bestimmt werden müssen.

DELAMBRE hat in der ausführlichen Besprechung der *Theoria motus*, die er in der *Connaissance des temps pour l'an* 1812, Paris, juillet 1810, veröffentlicht hat, darauf hingewiesen (S. 451), dass er jene Formeln schon im Jahre 1807 bekannt gemacht habe[1]). Er fügt hinzu: »Quand j'eus trouvé ces formules, j'en cherchai des applications qui pouvaient être vraiment utiles; n'en voyant aucune je les donnai simplement comme curieuses«, und wiederholt dreimal, dass er ihnen die NEPERschen Analogien vorziehe (S. 364, 370, 385). Eine Erfahrung von mehr als hundert Jahren hat gezeigt, dass die »DELAMBREschen Gleichungen« für die Auflösung der sphärischen Dreiecke wahrhaft nützlich sind[2]); im Besonderen werden sie in der Geodäsie bei der Berechnung der SOLDNERschen (rechtwinklig-sphärischen) Koordinaten angewandt[3]).

Für den LEGENDREschen Satz von der Zurückführung eines kleinen sphärischen Dreiecks auf ein ebenes Dreieck mit eben so langen Seiten sei auf den fünften Abschnitt dieses Aufsatzes (Nr. 30) verwiesen. Hier möge nur noch die zierliche Lösung der Aufgabe erwähnt werden, den Ort der Spitze eines sphärischen Dreiecks auf gegebener Grundseite und mit gegebenem Inhalt zu finden, die GAUSS in dem Briefe an SCHUMACHER vom 6. Januar 1842 entwickelt hat (W. VIII, S. 293). Sie gehört in die Zeit der »geometrischen Nachblüte«, aus der die Mehrzahl der Untersuchungen herrührt, über die in diesem Abschnitt berichtet worden ist.

---

1) *Connaissance des temps pour l'an* 1809, Paris avril 1807, S. 445. Auch DELAMBRE hat die Formeln ohne Beweis mitgeteilt. Ein Beweis ist zuerst von K. B. MOLLWEIDE gegeben worden, der die Formeln selbständig gefunden hat, *Zusätze zur ebenen und sphärischen Trigonometrie*, Monatliche Correspondenz, Bd. 18, 1808, S. 394.

2) Vgl. E. HAMMER, *Lehr- und Handbuch der ebenen und sphärischen Trigonometrie*, 4. Aufl., Stuttgart 1916, S. 479, 481.

3) Vgl. W. JORDAN, *Handbuch der Vermessungskunde*, Bd. III, 4. Aufl., Stuttgart 1896, S. 259.

Abschnitt V.

Die allgemeine Lehre von den krummen Flächen.

28.

Entwicklung der Grundgedanken bis zum Jahre 1816.

Ähnlich wie im 17. Jahrhundert aus den Bedürfnissen der Mechanik die Infinitesimalrechnung hervorgegangen ist, verdankt im 19. Jahrhundert die allgemeine Lehre von den krummen Flächen ihre Entstehung der Geodäsie. In beiden Fällen hat sich aus der angewandten Mathematik ein neuer, lebensfähiger Zweig der reinen Mathematik losgelöst, hat ein selbständiges Dasein gewonnen und sich zu einem ausgedehnten, reich gegliederten Inbegriff theoretischer Untersuchungen ausgestaltet.

Die Frage nach der Gestalt und der Grösse der Erde hatte die Astronomen, Physiker und Mathematiker während des 18. Jahrhunderts lebhaft beschäftigt, ja die grossen Gradmessungen in Lappland (1736—1737) und Peru (1735—1741) hatten die Aufmerksamkeit aller Gebildeten erregt. Handelte es sich hier um einen rein wissenschaftlichen Gegenstand, so gewann die Geodäsie bald auch praktische Wichtigkeit. Die Einführung des metrischen Systems veranlasste die Gradmessung von MÉCHAIN und DELAMBRE zwischen Dünkirchen und Barcelona (1792—1798). Dazu kamen die Anforderungen der Heeresführung und der Steuerverwaltung, die eine planmässige Triangulierung der Staaten nötig machten. Hand in Hand mit der Ausdehnung der geodätischen Messungen ging die Ausbildung und Verfeinerung der mathematischen Hilfsmittel.

Im Jahre 1816 hatte SCHUMACHER, seit 1815 Leiter der Sternwarte zu Altona, vom König Friedrich VI. von Dänemark den Auftrag erhalten, Gradmessungen im Meridian von Skagen bis Lauenburg und im Parallel von Kopenhagen bis zur Westküste Jütlands als Grundlage für eine spätere Triangulierung auszuführen. Als SCHUMACHER sogleich bei GAUSS anfragte, ob es sich ermöglichen liesse, den Meridianbogen durch das Königreich Hannover fortzusetzen und so den Anschluss an die Dreiecke des preussischen Generalstabs zu gewinnen, antwortete dieser am 5. Juli 1816 mit einer bei ihm unge-wöhnlichen Wärme des Tones:

»Vor allen Dingen meinen herzlichen Glückwunsch zu der herrlichen, grossen Unternehmung, die Sie mir in Ihrem letzten Briefe ankündigen. Diese Gradmessung in den k. dänischen Staaten wird uns, an sich schon, über die Gestalt der Erde schöne Aufschlüsse geben. Ich zweifle indessen gar nicht, dass es in Zukunft möglich zu machen sein wird, Ihre Messungen durch das Königreich Hannover südlich fortzusetzen. . . . Über die Art, die gemessenen Dreiecke im Kalkül zu behandeln, habe ich mir eine Methode entworfen, die aber für einen Brief viel zu weitläufig würde. In Zukunft . . . werde ich mit Ihnen darüber ausführlich konferieren: ja ich erbiete mich, die Berechnung der Hauptdreiecke selbst auf mich zu nehmen« (W. IX, S. 345).

GAUSS Freude an geodätischen Messungen und Rechnungen hatte, lässt Dass bis in die Frühzeit hinein verfolgen. Zum Beispiel beteiligte er sich im August und September 1803 an den Beobachtungen der Pulversignale, die v. ZACH auf dem Brocken veranstaltete, und lieferte um dieselbe Zeit Berechnungen für die von dem preussischen Generalmajor v. LECOQ vorge-nommene trigonometrische Aufnahme Westfalens[1]).

Als GAUSS im September 1812 v. ZACH auf der Sternwarte Seeberg bei Gotha besuchte, fand er (T. Nr. 142) seine Auflösung der Aufgabe, die An-ziehung eines elliptischen Sphäroids zu bestimmen, die er 1813 veröffentlicht hat (W. V, S. 1). In der Selbstanzeige sagt er, die Auflösung sei so aus-führlich dargestellt, um sie »auch weniger geübten Lesern verständlich zu machen, denen diese für die Gestalt der Erde so interessanten Untersuchungen bisher ganz unzugänglich waren« (W V, S. 217).

Dass GAUSS sich in der Zeit zwischen 1812 und 1816 mit der Lehre von den kürzesten Linien auf dem elliptischen Sphäroid beschäftigt hat, zeigt schon der vorhin angeführte Brief an SCHUMACHER vom 5. Juli 1816. Dazu kommen die Briefe an OLBERS vom 13. Januar 1821 (W. IX, S. 367) und an BESSEL vom 11. März 1821 und 15. November 1822 (Br. G.-BESSEL, S. 380 und 410), in denen er bemerkt, er habe seine Theorie der Behandlung der Messungen

---

1) Näheres hierüber findet man in dem Aufsatz von A. GALLE über die geodätischen Arbeiten von GAUSS, Werke XI 2, Abh. 3.

auf der Oberfläche der Erde schon seit geraumer Zeit entwickelt; seine Andeutungen lassen erkennen, dass er damit das in den artt. 11 und 16 der
Untersuchungen über Gegenstände der höheren Geodäsie (W. IV, S. 274 und
286) dargelegte Verfahren meinte.   Auch erklärt er in der Selbstanzeige der
zweiten Abhandlung über Gegenstände der höheren Geodäsie vom 28. September 1846: »Der Verfasser, welcher alle diese Untersuchungen schon vor
mehr als dreissig Jahren zu seinem Privatgebrauch durchgeführt und nur bisher
zur Veröffentlichung noch keine Veranlassung gefunden hatte ...« (W. IV, S. 353).

Gauss hat jedoch damals noch mehr besessen.   Er kannte zunächst die
in dem Brief an Schumacher vom 21. November 1825 (W. VIII, S. 401) erwähnte Verallgemeinerung des Legendreschen Lehrsatzes von der Zurückführung eines kleinen sphärischen Dreiecks auf ein ebenes Dreieck mit eben
so langen Seiten.   Ferner wird schon in § 10 der *Theoria attractionis corporum
sphaeroidicorum ellipticorum* (1813) auf die Lehre von der Abbildung der krummen Flächen hingewiesen (W. V, S. 14).   Im Frühjahr 1816 hatte Gauss als
Preisaufgabe für die neue, von v. Lindenau und Bohnenberger begründete
»Zeitschrift für Astronomie und verwandte Wissenschaften« die Aufgabe vorgeschlagen, zwei krumme Flächen mit Erhaltung der Ähnlichkeit in den kleinsten
Teilen auf einander abzubilden[1]).   Der Brief an Schumacher vom 5. Juli 1816
(W. VIII, S. 370) beweist, dass er ihre Lösung besass; übrigens hat er diese
in einer gleichzeitig niedergeschriebenen Aufzeichnung angegeben (W. VIII,
S. 371).   Unmittelbar darauf folgt (Handbuch 16 Bb, S. 71) das »schöne Theorem«, dass einander entsprechende Stücke von Biegungsflächen, wenn sie auf
die Himmelskugel mittels paralleler Normalen abgebildet werden, auf der
Kugel Flächenstücke gleichen Inhalts ergeben (W. VIII, S. 372).   Hierin liegt
die Erhaltung der Gesamtkrümmung eines Flächenstückes gegenüber Biegungen.
Aber auch der Begriff, freilich nicht der Name, des Krümmungsmasses lässt
sich bis in die Zeit zwischen 1813 und 1816 zurückverfolgen, denn eine Notiz
aus dieser Zeit bringt den Satz, dass bei jener Abbildung auf die Kugel vom
Halbmesser Eins das Verhältnis des Bildes eines Flächenelementes zu diesem
selbst gleich dem Produkte der Hauptkrümmungen ist (W. VIII, S. 367).

---

1) Hierauf beziehen sich die Briefe von v. LINDENAU an GAUSS vom 18. und 28. Juni 1816 (Briefe im
GAUSS-Archiv); die Briefe von GAUSS an v. LINDENAU scheinen vernichtet worden zu sein, vgl. Br. G.-
BOLYAI, S. 156 (Brief von SARTORIUS V. WALTERSHAUSEN an W. BOLYAI vom 12. August 1856).

Zusammenfassend und in einigen Punkten ergänzend kann man die Ergebnisse aus der allgemeinen Lehre von den krummen Flächen, zu denen GAUSS bis zum Jahre 1816 gelangt war, etwa folgendermassen darstellen:

1. Auffassung der kartesischen Koordinaten eines Punktes einer krummen Fläche als Funktionen von zwei Hilfsgrössen (*Theoria attractionis*, § 10, W. V, S. 14), Abbildung krummer Flächen (ebenda), Abbildung mittels paralleler Normalen auf die Kugel vom Halbmesser Eins (W. VIII, S. 367)[1]), konforme Abbildung zweier krummer Flächen auf einander (W. VIII, S. 370).

2. Abwicklung oder Biegung krummer Flächen als besonderer Fall der Abbildung; Begriff der Gesamtkrümmung eines Flächenstücks, Begriff des einem Punkte der Fläche zugeordneten Krümmungsmasses, Erhaltung des Krümmungsmasses gegenüber Biegungen (W. VIII, S. 376, 372).

3. Die Haupteigenschaften der kürzesten Linien auf krummen Flächen, genauere Untersuchung für das elliptische Sphäroid (W. IX, S. 72—77), Verallgemeinerung des LEGENDRESchen Theorems auf beliebige Flächen (W. VIII, S. 401).

Man erkennt, dass bereits in der Zeit zwischen 1812 und 1816 die Fundamente für das Gebäude der *Disquisitiones generales* gelegt worden sind. Diese Leistung tritt jedoch erst in das rechte Licht, wenn man sich die gesamte Tätigkeit von GAUSS während jenes Zeitraumes vergegenwärtigt.

In der reinen Mathematik hatte das Jahr 1812 mit der Veröffentlichung des ersten Teiles der Untersuchungen über die hypergeometrische Reihe begonnen (W. III, S. 123). Im Dezember 1815 und im Januar 1816 wurden der Göttinger Gesellschaft die beiden neuen Beweise für den Fundamentalsatz der Algebra vorgelegt (W. III, S. 31 und 57). Für die Zahlentheorie ist die im Februar 1817 vorgelegte Abhandlung über die quadratischen Reste zu nennen, die den fünften und den sechsten Beweis für das Reziprozitätsgesetz enthält (W. II, S. 47); auch die Lehre von den biquadratischen Resten ist damals gefördert worden, wie aus den Briefen an BESSEL vom 23. Dezember 1816 (W. X 1, S. 76) und an DIRICHLET vom 30. Mai 1828 (W. II, S. 516) hervorgeht. Aus der Geometrie sind die Untersuchungen zur Flächentheorie bereits erwähnt worden. Dazu kommen aus dem Jahre 1816 zwei Be-

---

1) Die Beziehung der Richtungen im Raume auf die Punkte der Einheitskugel findet sich schon in der Scheda Ac, Varia, begonnen Nov. 1799, S. 3.

sprechungen von Versuchen, das Parallelenaxiom zu beweisen (W. IV, S. 363,
VIII, S. 170). Wie wir gesehen haben, wusste Gauss hier mehr, als er öffent-
lich auszusprechen für gut fand; er war gerade damals zur nichteuklidischen
Trigonometrie durchgedrungen (W. VIII, S. 176).

Die Abhandlung über die mechanische Quadratur vom 16. September
1814 bildet den Übergang zur angewandten Mathematik (W. III, S. 163). In
diese selbst gehört die Bestimmung der Anziehung der homogenen elliptischen
Sphäroide vom 18. März 1813 (W. V, S. 1). Im Anschluss an die Beobachtungen des Kometen vom Jahre 1813 wurde die *Theoria motus* nach der
Seite der parabolischen Bahnen ergänzt; die betreffende Abhandlung ist vorgelegt am 10. September 1813 (W. VI, S. 25). Ferner sind anzuführen zahlreiche, meistens in den Göttinger Anzeigen veröffentlichte astronomische Rechnungen und Beobachtungen (W. VI, S. 354—392). Die Untersuchungen aber,
denen Gauss während der Zeit von 1810 bis 1818 wohl den grössten Teil
seiner Zeit und Kraft gewidmet hat, die Störungen der Pallas, sind nicht abgeschlossen worden; erst im Jahre 1906 hat Brendel die Bruchstücke herausgegeben (W. VII, S. 439—600).

»In jener Zeit« schreibt Sartorius von Waltershausen (S. 50), »schien
ihm keine Anstrengung des Geistes und des Körpers zu gross, um eine Reihe
von Arbeiten durchzuführen, dazu bestimmt, die Wissenschaft des 19. Jahrhunderts zu reformieren und ihr Fundamente zu unterbreiten, deren Festigkeit
erst von künftigen Geschlechtern anerkannt und gewürdigt werden wird«.

29.

Die Kopenhagener Preisschrift (1822).

So lebhaft der Anteil war, den Gauss an den Gradmessungen nahm, so
warm er die Nachricht von Schumachers Unternehmen begrüsst hatte, so hat
er sich doch über den Vorschlag, den Meridian durch Hannover fortzusetzen,
zurückhaltend geäussert. »In diesem Augenblick«, schreibt er am 5. Juli 1816,
»kann ich zwar solchen Wunsch in Hannover noch nicht in Anregung bringen,
da erst die Astronomie selbst noch so grosser Unterstützung bedarf: allein ich
bin überzeugt, dass demnächst unsere Regierung, die auch die Wissenschaften
gern unterstützt, dem glorreichen Beispiel Ihres trefflichen Königs folgen
werde« (W. IX, S. 345). In der Tat näherte sich zu dieser Zeit der lange

hingezogene Neubau der Göttinger Sternwarte der Vollendung, und GAUSS war im April und Mai 1816 in München gewesen, um mit REICHENBACH und STEIN-HEIL wegen der neu zu beschaffenden Messwerkzeuge zu verhandeln. Im Herbst des Jahres hat er dann seinen Einzug in die Räume gehalten, die er fast 40 Jahre innehaben sollte.

GAEDE hat auf Grund der Akten dargelegt, wie der »welterfahrene und geschäftsgewandte« SCHUMACHER (Br. G.-SCH. I, S. 190) in jahrelangen Verhandlungen die Schwierigkeiten überwand, die sich seinem zum »Sollizitieren« wenig geneigten und geeigneten Freunde (Br. G.-SCH. I, S. 142) entgegenstellten, bis dieser endlich durch die Kabinettsordre Georgs IV., Königs von England und Hannover, vom 9. Mai 1820 den Auftrag zur Ausführung der Gradmessung erhielt[1]). Die Messungen im Felde haben fünf Arbeitsjahre, 1821 bis 1825, erfordert, und im Frühjahr 1827 folgte noch die astronomische Bestimmung des Breitenunterschiedes der Sternwarten zu Göttingen und zu Altona. Nunmehr wurde durch die Kabinettsordre vom 25. März 1828 die Triangulation des ganzen Königreichs Hannover befohlen, und GAUSS am 14. April vom Ministerium mit der Leitung beauftragt. Wenn er auch an den Aufnahmen im Feld nicht mehr teilnahm, so erwuchs ihm doch aus den Messungsergebnissen eine grosse und öde Rechenarbeit, die erst mit dem Jahre 1848 zum Abschluss gekommen ist. Wiederholt hat GAUSS beklagt, wie sehr er dadurch in seinen wissenschaftlichen Untersuchungen gehemmt werde. »Gewiss ist, dass wenn meine Lage immer die nämliche bleibt, ich den grössern Teil meiner früheren theoretischen Arbeiten, denen noch, der einen mehr, der andern weniger an der Vollendung fehlt, und die von solcher Art sind, dass Vollendung sich nicht erzwingen lässt, wenn man eben will, mit ins Grab nehmen werde. Denn etwas Unvollendetes kann und mag ich einmal nicht geben« (Brief an BESSEL vom 15. November 1822, Br. G.-BESSEL S. 410). Nur wer sich in eine solche Lage und Stimmung zu versetzen vermag, wird verstehen, wie es gekommen ist, dass GAUSS nur einen Teil seiner umfangreichen Untersuchungen über die allgemeine Lehre von den krummen Flächen ausgearbeitet und bekanntgegeben hat.

Wir verdanken es wiederum SCHUMACHER, dass GAUSS mit der Veröffent-

---

1) Vgl. GAEDE, *Beiträge zur Kenntnis von Gauss' praktisch-geodätischen Arbeiten*, Zeitschrift für Vermessungswesen, Bd. 14, 1885; auch als besondere Schrift, Karlsruhe 1885 erschienen.

lichung seiner Entdeckungen einen Anfang machte. Wie schon erwähnt
wurde, hatte Gauss in dem Briefe vom 5. Juli 1816 von einer Preisfrage erzählt, die er für die neue astronomische Zeitschrift vorgeschlagen hatte, die
aber nicht gewählt worden war. »Mir war eine interessante Aufgabe eingefallen«, schreibt er, »nämlich: allgemein eine gegebene Fläche so auf einer
andern (gegebenen) zu projizieren (abzubilden), dass das Bild dem Original in
den kleinsten Teilen ähnlich werde. Ein spezieller Fall ist, wenn die erste
Fläche eine Kugel, die zweite eine Ebene ist. Hier sind die stereographische
und die merkatorische Projektionen partikuläre Auflösungen. Man will aber
die allgemeine Auflösung, worunter alle partikulären begriffen sind, für
jede Arten von Flächen. Es soll darüber in dem Journal philomathique bereits von Monge und Poinsot gearbeitet sein (wie Burckhardt an Lindenau
geschrieben hat), allein da ich nicht genau weiss wo, so habe ich noch nicht
nachsuchen können und weiss daher nicht, ob jener Herren Auflösungen ganz
meiner Idee entsprechen und die Sache erschöpfen« (W. VIII, S. 370)[1].

Schumacher benutzte die erste sich ihm darbietende Gelegenheit und
veranlasste, dass die Kopenhagener Sozietät der Wissenschaften im Jahre 1820
für 1821 die Preisaufgabe stellte, »generaliter superficiem datam in alia superficie ita exprimere, ut partes minimae imaginis archetypo fiant similes«. Nachdem keine Abhandlung eingelaufen war, wurde die Aufgabe für 1822 erneuert.
Als Schumacher am 4. Juni 1822 Gauss davon benachrichtigte (Br. G.-Sch. I,
S. 267), antwortete dieser am 10. Juni: »Es tut mir leid, die Wiederholung
Ihrer Preisfrage erst jetzt zu erfahren ... aber so lange die praktischen
Messungsarbeiten dieses Jahres dauern, kann ich natürlich an eine subtile
theoretische Ausarbeitung gar nicht denken« (Br. G.-Sch. I, S. 270). Am
25. November d. J. fragte er bei seinem Freunde an, bis wann die Preisarbeit
eingesendet werden müsse (Br. G.-Sch. I, S. 293), und nachdem dieser erwiedert
hatte, bis Ende des Jahres, schickte ihm Gauss am 11. Dezember 1825 seine
Ausarbeitung (Br. G.-Sch. I, S. 297). Am 23. Juli 1823 konnte Gauss melden,

---

1) Weder in dem Bulletin de la société philomathique noch in den sonstigen Veröffentlichungen von
Monge und Poinsot hat sich eine auf die konforme Abbildung bezügliche Stelle finden lassen. Vielleicht
hat Burckhardt an Poissons Note: *Sur les surfaces élastiques* gedacht, die im Bulletin, année 1814,
S. 47 steht und in deren erstem Teil biegsame, unausdehnbare Flächen betrachtet werden. Die Note ist
ein Auszug aus einer Abhandlung, die Poisson am 1. August 1814 gelesen hatte und die in dem zweiten
Teil der Mémoires de l'Institut, année 1812, Paris 1816, S. 167 erschienen ist.

dass er den Preis erhalten habe (Br. G.-Sch. I, S. 317). Da die Kopenhagener Gesellschaft sich mit dem Druck der gekrönten Arbeiten nicht befasste, ist die Abhandlung erst 1825 im dritten und letzten Hefte der von Schumacher herausgegebenen Astronomischen Abhandlungen erschienen (W. IV, S. 189; vgl. auch Br. G.-Sch. II, S. 5—7, 17, 22).

Der Begriff der Abbildung steht im Mittelpunkt der Gaussschen Lehre von den krummen Flächen. »Sie haben ganz Recht«, schreibt Gauss am 11. Dezember 1825 an Hansen, »dass bei allen Kartenprojektionen die Ähnlichkeit der kleinsten Teile die wesentliche Bedingung ist, die man nur in ganz speziellen Fällen und Bedürfnissen hintansetzen darf. Es wäre wohl zweckmässig, den Darstellungen, die jener Bedingung Genüge leisten, einen eigenen Namen zu geben. Inzwischen, allgemein betrachtet, ist sie doch nur eine Unterabteilung des Generalbegriffs von Darstellung einer Fläche auf einer andern, die in der Tat gar nichts weiter enthält, als dass jedem Punkt der einen nach irgend einem stetigen Gesetz ein Punkt der andern korrespondieren soll. Es mag wohl etwas Anstrengung kosten, sich zu diesem allgemeinen Begriff zu erheben; dann aber fühlt man sich auch wirklich auf einem höhern Standpunkt, wo alles in vergrösserter Klarheit erscheint. . . . Man kann leicht zeigen, dass, wie allgemein dieser Begriff sei, doch allemal jeder unendlich kleine Teil (mit Ausnahme der Stellen an singulären Punkten oder Linien) wahrhaft perspektivisch dargestellt wird, entweder mit völliger Ähnlichkeit, so wie perspektivische Darstellung auf paralleler Tafel, oder mit halber Ähnlichkeit, in der in einem Sinn eine Verkürzung statt hat« (Brief im Gauss-Archiv).

Für die Abbildungen, bei denen völlige Ähnlichkeit stattfindet, hat Gauss im Jahre 1843 das Beiwort konform vorgeschlagen (W. IV, S. 262); für den besonderen Fall der Abbildung des Erdsphäroids auf die Ebene hatte schon Schubert (1789) von einer projectio conformis gesprochen[1]). Den Satz, dass eine beliebige stetige Abbildung, von singulären Stellen abgesehen, im Unendlichkleinen projektiv ist, hat wohl Tissot (1859) zuerst bekannt gemacht[2]).

Die konforme Abbildung hat eine Vorgeschichte. Schon die Griechen

---

1) F. Th. Schubert, *De projectione sphaeroidis ellipticae geographica*, Nova acta acad. sc. Petrop., t. 5 ad annum 1787, Petersburg 1789, S. 130.

2) A. Tissot, *Sur les cartes géographiques*, C. R. t. 49, Paris 1859, S. 673.

kannten und benutzten die stereographische Projektion der Kugel auf die Ebene, und GERHARD MERCATOR (1512—1594) hatte die nach ihm benannte Abbildung hinzugefügt. LAMBERT (1772) war dann zu dem allgemeinen Begriff solcher Abbildungen der Kugel auf eine Ebene gelangt, bei denen die Ähnlichkeit in den kleinsten Teilen erhalten bleibt, und hatte verschiedene neue Projektionen dieser Art angegeben, die noch heute bei der Herstellung geographischer Karten verwendet werden [1].

LAMBERT hat in seiner Abhandlung auch die Formeln für die allgemeine konforme Abbildung einer Kugel auf eine Ebene mitgeteilt, die er LAGRANGE verdankte. Dieser geht aus von der bekannten Form für das Quadrat des Linienelementes der Kugel

$$(1) \qquad ds^2 = dp^2 + \cos^2 p \; d\lambda^2,$$

die er durch die Substitution

$$(2) \qquad \mu = \log \operatorname{tang} (45^0 + \tfrac{1}{2} p)$$

auf die Form

$$(3) \qquad ds^2 = \cos^2 p \, (d\lambda^2 + d\mu^2)$$

bringt. Die Forderung, dass die Kugel konform auf die xy-Ebene abgebildet werden soll, führt nunmehr zu der Gleichung

$$(4) \qquad dx^2 + dy^2 = \varphi \, (\lambda, \mu) \, (d\lambda^2 + d\mu^2),$$

die, wie die von LAGRANGE bei Untersuchungen aus der Zahlentheorie häufig benutzte Identität

$$(5) \qquad (A^2 + B^2)(C^2 + D^2) = (AD - BC)^2 + (AC + BD)^2$$

zeigt, erfüllt ist, wenn man

$$(6) \qquad dx = nd\lambda - md\mu, \quad dy = md\lambda + nd\mu$$

setzt, und es ist daher, wie das D'ALEMBERTsche Verfahren der linearen Verbindungen [2] erkennen lässt, $x + \sqrt{-1} \cdot y$ eine Funktion von $\lambda + \sqrt{-1} \cdot \mu$ und

1) J. H. LAMBERT, *Anmerkungen und Zusätze zur Entwerfung der Land- und Himmelscharten*, erschienen in den *Beyträgen zum Gebrauch der Mathematik*, 3. Teil, Berlin 1772, S. 195—199.

2) Vgl. P. STÄCKEL, *Beiträge zur Geschichte der Funktionentheorie im 18. Jahrhundert*, Bibliotheca mathem. (3), 2, 1901, S. 113 und 119.

gleichzeitig $x - \sqrt{-1} . y$ eine Funktion von $\lambda - \sqrt{-1} . \mu$. Hieraus ergeben sich endlich x und y als Funktionen von λ und μ, die der Gleichung (4) genügen.

Bald darauf hat EULER in einer am 4. September 1775 der Petersburger Akademie vorgelegten, 1778 veröffentlichten Abhandlung denselben Gegenstand behandelt[1]). Er vermeidet den Kunstgriff, die Identität (5) heranzuziehen, und gewinnt die Gleichungen (6) oder doch mit ihnen gleichbedeutende Gleichungen unmittelbar aus der Forderung der Ähnlichkeit in den kleinsten Teilen. Damit ist zugleich bewiesen, dass das Bestehen der Gleichungen (6) nicht nur, wie bei LAGRANGE, hinreichend, sondern auch notwendig ist. Während ferner LAMBERT aus den Formeln von LAGRANGE keinen Nutzen gezogen hatte, gelingt es EULER, mit ihrer Hilfe besondere Lösungen der Aufgabe herzuleiten.

Ein Blick auf die vorstehenden Formeln lässt erkennen, dass das Verfahren von LAGRANGE und EULER sich ohne weiteres auf den allgemeineren Fall übertragen lässt, wo das Quadrat des Linienelementes der krummen Fläche, die konform auf die Ebene abgebildet werden soll, auf die Gestalt

$$(7) \qquad ds^2 = \psi(\lambda, \mu)(d\lambda^2 + d\mu^2)$$

gebracht werden kann. Für die Drehflächen, bei denen vermöge der Meridiane und Parallelkreise

$$(8) \qquad ds^2 = dp^2 + G(p) d\lambda^2$$

ist, gelingt das sofort durch die Substitution

$$(9) \qquad \mu = \int \frac{dp}{\sqrt{G(p)}}.$$

Auf diese Weise ist LAGRANGE 1781 zu den allgemeinen Formeln für die konforme Abbildung einer Drehfläche auf eine Ebene gelangt; er hat davon schöne Anwendungen gemacht[2]).

Der Fortschritt, den GAUSS in der Preisschrift vom Jahre 1822 gemacht hat, liegt darin, dass er zeigte, wie man bei einer beliebigen (reellen) krummen Fläche, bei der das Quadrat des Linienelements in der allgemeinen

1) L. EULER, *De repraesentatione superficiei sphaericae super plano*, Acta acad. sc. Petrop. t. 1 pro anno 1777; I, 1778, S. 107.

2) J. L. LAGRANGE, *Sur la construction des cartes géographiques*, Nouv. Mém. de l'Acad., année 1779, Berlin 1781, S. 161, 186; Oeuvres, t. 4, S. 635.

Form

(10) $$ds^2 = E\,dp^2 + 2\,F\,dp\,dq + G\,dq^2$$

gegeben ist, die besondere Form

(11) $$ds^2 = \psi(\lambda, \mu)(d\lambda^2 + d\mu^2)$$

herstellen kann. Dies geschieht, indem die Gleichung

(12) $$ds^2 = 0$$

integriert wird, oder was auf dasselbe hinauskommt, indem für zwei konjugiert komplexe lineare Differentialformen, deren Produkt ds^2 ist, die ebenfalls konjugiert komplexen EULERschen Multiplikatoren ermittelt werden. Damit aber erhält man zugleich die allgemeine konforme Abbildung der gegebenen krummen Fläche auf die Ebene, sodass es des Verfahrens von LAGRANGE gar nicht mehr bedarf, und während bei LAGRANGE das Imaginäre nur formal als Mittel zur Integration der Gleichungen (6) auftrat, ist jetzt durch die Gleichung $ds^2 = 0$ der wahre Grund für das Auftreten von Funktionen komplexer Grössen aufgedeckt.

Wer sich der hier dargelegten Auffassung anschliesst, wird dem Urteil JACOBIS nicht beipflichten können, dass »der LAGRANGEschen Arbeit nur wenig hinzuzusetzen war«[1]. JACOBI hat auch beanstandet, dass GAUSS diese Arbeit nicht erwähnt habe; allein GAUSS ist überhaupt nicht auf die Geschichte der konformen Abbildung eingegangen, ebenso wie sich auch EULER aller Anführungen enthalten hatte.

30.
Vorarbeiten zu den Allgemeinen Untersuchungen über die krummen Flächen (1822—1825).

GAUSS hatte der Kopenhagener Preisschrift als Kennwort den Ausspruch NEWTONS mitgegeben: Ab his via sternitur ad maiora; diese Worte bilden den Schluss der 1704 als Anhang zur Optik veröffentlichten Abhandlung *De quadratura curvarum*, in der NEWTON ältere Untersuchungen bekannt gab, die ihn zur Fluxionsrechnung geführt hatten[2].

---

1) C. G. JACOBI, *Vorlesungen über Dynamik*, gehalten im W.-S. 1842/43, 2. Ausgabe, Berlin 1884, S. 215; vgl. auch Br. G.-SCH., III, S. 173, der beim Abdruck unterdrückte Name ist v. LITTROW.

2) J. NEWTON, *Opuscula mathematica*, rec. I. Castillioneus, vol. 1, Lausanne und Genf 1744, S. 244; es heisst wörtlich: »Et his principiis via ad maiora sternitur«.

Was waren die grösseren Dinge, zu denen die konforme Abbildung den Weg bahnte? Eine Andeutung findet man im Art. 4 der Preisschrift: »Wenn überdies [das Vergrösserungsverhältnis bei der Abbildung] $m = 1$ ist, wird eine vollkommene Gleichheit [der einander entsprechenden Linienelemente] stattfinden, und die eine Fläche sich auf die andere abwickeln lassen« (W. IV, S. 195). Dass die Lehre von der Abwicklung oder Biegung der krummen Flächen gemeint war, beweist eine Aufzeichnung, die GAUSS am 13. Dezember 1822, zwei Tage, nachdem er die Beantwortung der Preisfrage an SCHUMACHER abgesandt hatte, begonnen und am 15. Dezember beendet hat (W. VIII, S. 374—384). Sie führt den Titel: Stand meiner Untersuchung über die Umformung der Flächen und zeigt, dass er damals für den besonderen Fall, wo das Quadrat des Linienelementes vermöge der konformen Abbildung auf die Form

$$(1) \qquad ds^2 = m(dp^2 + dq^2)$$

gebracht ist, die Rechnungen durchgeführt hat, die sich für den allgemeinen Fall, wo

$$(2) \qquad ds^2 = E\,dp^2 + 2\,F\,dp\,dq + G\,dq^2$$

ist, in den Artt. 9 und 10 der *Disq. gen.* finden. Das Endergebnis besteht in dem Lehrsatz, dass das Krümmungsmass der Fläche allein durch die Funktion $m(p, q)$ und deren erste und zweite partielle Ableitungen nach p und q ausgedrückt werden kann. Hieraus folgt sogleich, dass das Krümmungsmass bei den Biegungen einer Fläche erhalten bleibt.

Wir haben gesehen, dass GAUSS das »schöne Theorem« von der Erhaltung des Krümmungsmasses oder genauer von der Erhaltung der Gesamtkrümmung solcher Flächenstücke, die durch Biegung aus einander hervorgehen, bereits im Jahre 1816 besass. Wenn man annimmt, dass er den vorstehenden aus der konformen Abbildung fliessenden Beweis, der in der Aufzeichnung vom Dezember 1822 als Ziel der Untersuchung erscheint, in der Zeit zwischen 1816 und 1822 gefunden hat, so entsteht die Frage, welches die ursprüngliche Quelle für das Theorem gewesen ist. Aufzeichnungen aus der Zeit vor 1816, die sich darauf beziehen, sind nicht vorhanden, es lässt sich jedoch sehr wahrscheinlich machen, dass die Lehre von den kürzesten Linien auf krummen Flächen den Zugang eröffnet hat.

Die stärksten Gründe für diese Behauptung ergeben sich aus einem ersten Entwurfe der *Disq. gen.*, der den Titel führt: »*Neue allgemeine Untersuchungen über die krummen Flächen*« und der aus den letzten Monaten des Jahres 1825 stammt (W. VIII, S. 408—442). Es empfiehlt sich daher, zunächst die Entstehung dieses Entwurfs zu schildern und jene Frage im Zusammenhang mit dem Bericht über dessen Inhalt zu erörtern.

Schon am 28. Juli 1823 hatte GAUSS, an die kürzlich erfolgte Erteilung des Kopenhagener Preises anknüpfend, zu OLBERS bemerkt: »Sollte ich in diesem Leben noch einmal in eine dem Arbeiten günstigere Lage kommen, so werde ich diese Abhandlung [die Preisschrift] mit als Teil einer viel ausgedehnteren Untersuchung verarbeiten« (Br. G.-O., 2, S. 252). Er meinte damit ein grösseres, die Theorie und die Praxis der höheren Geodäsie behandelndes Werk. Ein solcher Plan wird ausdrücklich in dem Brief an OLBERS vom 9. Oktober 1825 erwähnt. »Ich habe dieser Tage angefangen, in Beziehung auf mein künftiges Werk über Höhere Geodäsie einen (sehr) kleinen Teil dessen, was die krummen Flächen betrifft, in Gedanken etwas zu ordnen. Allein ich überzeuge mich, dass ich bei der Eigentümlichkeit meiner ganzen Behandlung des Zusammenhanges wegen gezwungen bin, sehr weit auszuholen, sodass ich sogar meine Ansicht über die Krümmungshalbmesser bei planen Kurven vorausschicken muss. Ich bin darüber fast zweifelhaft geworden, ob es nicht geratener sein wird, einen Teil dieser Lehren, der ganz rein geometrisch (in analytischer Form) ist und Neues mit Bekanntem gemischt in neuer Form enthält, erst besonders auszuarbeiten, es vielleicht von dem Werke abzutrennen und als eine oder zwei Abhandlungen in unsere Commentationen einzurücken. Indessen kann ich noch vorerst die Form der Bekanntmachung auf sich beruhen lassen und werde einstweilen in dem zu Papier bringen fortfahren« (W. VIII, S. 397, IX, S. 376)[1].

Die Briefe an SCHUMACHER vom 21. November 1825 (W. VIII, S. 400) und an HANSEN vom 11. Dezember 1825 (Brief im GAUSS-Archiv) zeigen, dass GAUSS bis gegen Ende des Jahres an dem Entwurf gearbeitet hat. Mit der Darstellung des Krümmungsmasses bei geodätischen Polarkoordinaten, für die

$$(3) \qquad\qquad ds^2 = dp^2 + G\, dq^2$$

---

[1] Vgl. auch den Brief an PFAFF vom 21. März 1825: »Nach Beendigung der Messungen werde ich darüber ein eigenes Werk, vermutlich von bedeutender Ausdehnung, ausarbeiten« (W. X 1, S. 250)

wird, hat er abgebrochen, augenscheinlich, weil er jetzt erkannte, dass es möglich sei, eine entsprechende Formel für die allgemeine Form (2) des Quadrats des Linienelementes aufzustellen. Bei der wirklichen Durchführung dieses Gedankens, an die er sogleich ging, ist Gauss auf grosse Schwierigkeiten gestossen. Er hat sie erst im Herbst 1826 überwunden. Hierüber wird in der nächsten Nummer berichtet werden, in dieser Nummer wenden wir uns zu den *Neuen allgemeinen Untersuchungen*.

Wie Gauss in dem Brief an Olbers vom 9. Oktober 1825 angekündigt hatte, beginnen die *Neuen allgemeinen Untersuchungen über die krummen Flächen* mit den ihm eigentümlichen Ansichten über die Krümmung ebener Kurven (artt. 1—6). Zwei Punkte sind dabei wesentlich, erstens dass er gerichtete Gerade einführt und so die Frage der Vorzeichen klärt, zweitens, dass die Krümmung der Kurven mittels derjenigen Abbildung auf den Kreis vom Halbmesser Eins eingeführt wird, bei der Punkte mit parallelen Normalen einander entsprechen.

Zum Raume übergehend bringt Gauss zunächst (artt. 7—8) sieben einleitende Sätze, die später in die artt. 1, 2 und 4 der *Disq. gen.* aufgenommen worden sind; sie dienen dazu, die Abbildung der krummen Fläche auf die Kugel vom Halbmesser Eins mittels paralleler Normalen vorzubereiten. Das vorletzte Theorem ist neu; es findet sich auch im Handbuch 19 Be, S. 78 und stammt aus der Zeit um 1810.

Es folgt (artt. 9—11) die Untersuchung des Verhaltens einer krummen Fläche in der Umgebung eines regulären Punktes. Gauss benutzt hier nicht wie in den *Disq. gen.* (art. 8) das Verfahren der Reihenentwicklung, sondern betrachtet die Schnittkurven der Fläche mit dem Büschel der durch den betrachteten Punkt gehenden Ebenen; er gelangt daher hier auch zu dem Satze von Meusnier, der in den *Disq. gen.* nicht vorkommt.

Am Schluss des art. 11 wird die Abbildung der krummen Fläche auf die Einheitskugel mittels paralleler Normalen gelehrt. Von hier aus gelangt man, in Verallgemeinerung der bei den ebenen Kurven angestellten Überlegungen, zu den Begriffen der Gesamtkrümmung eines Flächenstückes und des Krümmungsmasses, das einem Flächenpunkte zugeordnet ist. Die einem Flächenstück entsprechende Area auf der Einheitskugel wird hier noch nicht als deren Gesamtkrümmung bezeichnet. Dieser Name ist also wohl erst später entstanden. In dem Brief an OLBERS vom 20. Oktober 1825 sagt GAUSS, seine Untersuchungen bezögen sich auf eine Menge von Gegenständen, die er nicht anführen könne, »weil die Begriffe davon nicht gangbar sind und selbst noch keine Namen dafür existieren« (Br. G.-O. 2, S. 431, W. VIII, S. 398). Endlich wird der Zusammenhang zwischen dem Krümmungsmass und den beiden Hauptkrümmungen entwickelt.

Im Unterschied gegen die *Disq. gen.* wendet sich GAUSS nunmehr sogleich zu den kürzesten Linien, die auf der betrachteten krummen Fläche liegen, und geht hier auch auf ganz andere Art vor als dort.

Die Aufgabe, zwei gegebene Punkte einer krummen Fläche durch die kürzeste Linie zu verbinden, war 1697 von JOHANN BERNOULLI den Geometern gestellt worden[1], aber erst 1732 hatte EULER eine Lösung veröffentlicht[2]; BERNOULLI gab sein Verfahren 1742 bekannt[3]. Im Laufe des 18. Jahrhunderts wurden besonders die kürzesten Linien auf dem elliptischen Sphäroide untersucht, weil sie für die Geodäsie wichtig waren. Diese Kurven wurden daher als geodätische Linien bezeichnet; erst seit der Mitte des 19. Jahrhunderts ist es üblich geworden, bei beliebigen krummen Flächen von geodätischen Linien zu sprechen[4].

GAUSS war, wie wir gesehen haben (S. 85), schon vor 1816 damit beschäftigt gewesen, die Lehre von den kürzesten Linien des Sphäroides für die Zwecke der Geodäsie auszubauen. Er hat sich aber damals auch schon mit den kürzesten Linien auf beliebigen krummen Flächen beschäftigt, denn in dem Briefe an SCHUMACHER vom 21. November 1825 schreibt er, seine allgemeinen Untersuchungen über die krummen Flächen seien durch manchen glücklichen Fund belohnt worden. »So habe ich zum Beispiel die Generalisierung des LEGENDREschen Theorems, dass auf der Kugel die Seiten [eines kleinen sphärischen Dreiecks] proxime den Sinus der um ⅓ des sphärischen Exzesses verminderten Winkel proportional sind, auf krumme Flächen jeder

---

1) JOH. BERNOULLI, Journal des savants, année 1697, S. 394, Opera omnia, Lausanne 1742, t. I, S. 204.

2) L. EULER, *De linea brevissima in superficie quacunque duo quaelibet puncta iungente*, Comment. acad. sc. Petrop. t. 3 (1728), 1732, S. 110.

3) JOH. BERNOULLI, *In superficie quacunque curva ducere lineam inter duo puncta brevissimam*, Opera omnia, Lausanne 1742, t. IV, S. 108.

4) Vgl. P. STÄCKEL, *Bemerkungen zur Geschichte der geodätischen Linien*, Leipziger Berichte, 1893, S. 444.

Art (wo die Verteilung ungleich geschehen muss), welche ich der Materie nach schon seit vielen Jahren besessen, aber noch nicht zu möglicher Mitteilung an andere entwickelt hatte, jetzt auf eine überaus elegante Gestalt gebracht« (W. VIII, S. 400; vgl. auch den Brief an OLBERS vom 20. Oktober 1825, Br. G.-O. 2, S. 431, W. VIII, S. 399). In einer gleichzeitig niedergeschriebenen Aufzeichnung hat GAUSS sein Verfahren angedeutet (W. VIII, S. 401—405); jene ungleiche Verteilung wird danach bedingt durch die Werte, die dem Krümmungsmass der Fläche in den Eckpunkten des Dreiecks zukommen.

LEGENDRE hatte sein Theorem von der Zurückführung eines kleinen sphärischen Dreiecks auf ein ebenes Dreieck mit Seiten derselben Länge 1789 ohne Beweis bekanntgemacht[1]) und den Beweis 1798 nachgeholt[2]).

Bei einer Verallgemeinerung auf geodätische Dreiecke beliebiger krummer Flächen musste der erste Schritt sein, die Winkelsumme eines solchen Dreiecks zu ermitteln, und nun sehen wir, dass GAUSS in den *Neuen allgemeinen Untersuchungen,* zu denen wir hiermit zurückkehren, nachdem er bewiesen hat, dass für jeden Punkt einer kürzesten Linie die Schmiegungsebene die betreffende Flächennormale in sich enthält (art. 12), sogleich zu dem Satze übergeht, dass die Summe der Winkel eines geodätischen Dreiecks von zwei Rechten um einen Betrag abweicht, der durch den Inhalt des entsprechenden Dreiecks auf der Einheitskugel gegeben wird, wenn man deren Oberfläche gleich acht Rechten setzt.

GAUSS schreibt am 21. November 1825, er habe die Generalisierung des LEGENDRESCHEN Theorems schon seit vielen Jahren besessen. Man wird daher annehmen dürfen, dass er die ersten Schritte dazu schon vor 1816 gemacht hatte, dass er also schon damals den Satz von der Winkelsumme eines geo-

---

1) A. M. LEGENDRE, *Mémoire sur les opérations trigonométriques dont les résultats dépendent de la figure de la terre,* Histoire de l'Acad., année 1787, Paris 1789, Mémoires, S. 358.

2) A. M. LEGENDRE, *Résolution des triangles sphériques dont les cotés sont très-petits, pour la détermination d'un arc de méridien,* Note III des Werkes von DELAMBRE, *Méthodes analytiques pour la détermination d'un arc de méridien,* Paris, an VIII; kurz darauf erschien im Journal de l'école polytechnique ein Beweis von LAGRANGE, *Solutions de quelques problèmes relatifs aux triangles sphériques,* t. II, cah. 6, Paris 1798, S. 270; Oeuvres, t. 7, S. 329. Der Merkwürdigkeit wegen sei hier auf die anmassende Kritik hingewiesen, die KAESTNER in seinen *Geometrischen Abhandlungen,* 2. Sammlung, Göttingen 1791, S. 456—458 an dem LEGENDRESCHEN Theorem geübt hat, vielleicht hat sie zu dem geringschätzigen Urteil beigetragen, das GAUSS über KAESTNER als Mathematiker gefällt hat.

dätischen Dreiecks besass, zu dessen Herleitung die Kenntnis der einfachsten Eigenschaften der kürzesten Linien genügt, sobald man den genialen Gedanken der Abbildung mittels paralleler Normalen gefasst hat; die Beziehung der Richtungen im Raume auf die Einheitskugel hat GAUSS aber schon im Jahre 1799 besessen, das zeigt die bereits S. 87 erwähnte Aufzeichnung vom November 1799. Wir wissen ferner, dass er schon vor 1816 die Biegung krummer Flächen betrachtet und nach Kennzeichen dafür gefragt hatte, dass zwei gegebene Flächen durch Biegung aus einander hervorgehen (W. VIII, S. 372). Bei der Biegung entsteht aber aus einem geodätischen Dreieck wieder ein geodätisches Dreieck mit denselben Winkeln, es bleibt also die Winkelsumme erhalten und damit auch die Grösse der Area, die dem geodätischen Dreieck auf der Einheitskugel bei der Abbildung mittels paralleler Normalen entspricht. Denkt man sich also ein beliebiges Flächenstück in geodätische Elementardreiecke (Triangulation) zerlegt, so folgt, dass bei der Biegung irgend welchen einander entsprechenden Flächenstücken gleich grosse Flächenstücke auf der Einheitskugel zugeordnet werden, und das ist genau das »schöne Theorem«. Wird schliesslich, damit man zu einer Funktion des Ortes auf der Fläche gelangt, in naturgemässer Verallgemeinerung des Begriffes der Krümmung bei Kurven das Krümmungsmass bei Flächen als der Grenzwert erklärt, dem das Verhältnis der Area auf der Einheitskugel zu dem entsprechenden Flächenstück zustrebt, wenn dieses auf den betrachteten Punkt zusammenschrumpft, so ergibt sich »der wichtige Lehrsatz, dass bei der Übertragung der Flächen durch Abwicklung das Krümmungsmass an jeder Stelle unverändert bleibt«, und das ist das Endergebnis der Entwicklungen in den artt. 13—16 der *Neuen allgemeinen Untersuchungen*. Die hier gegebene Herleitung wird man mithin als die ursprüngliche, vor 1816 gefundene, dagegen die Herleitung aus der Form (1) des Quadrates des Linienelements als die spätere, zwischen 1816 und 1825 entstandene anzusehen haben.

Es folgt der Beweis des Satzes, dass der Ort der Punkte gleicher geodätischer Entfernung von einem Punkte der Fläche eine Kurve ist, die alle von dem Punkte ausgehenden geodätischen Linien unter rechtem Winkel schneidet (art. 17), und den Schluss des Entwurfes bildet der Satz, dass bei Einführung geodätischer Polarkoordinaten, die dem Quadrate des Linienelements die Gestalt (3) verleihen, das Krümmungsmass allein durch die

Funktion $G(p, q)$ und deren erste und zweite partielle Ableitungen nach p und q ausgedrückt werden kann (art. 18).

Damit war ein dritter Beweis für die Erhaltung des Krümmungsmasses gegenüber Biegungen gefunden. Was aber bei den beiden besonderen Formen (1) und (3) des Linienelementes gelungen war, musste auch für die allgemeine Form (2) gelten, das heisst, es musste möglich sein, das Krümmungsmass allein durch die Funktionen $E(p, q)$, $F(p, q)$, $G(p, q)$ und deren erste und zweite partielle Ableitungen auszudrücken. So lange das nicht geleistet war, hatte die Lehre vom Krümmungsmass keine befriedigende Gestalt gewonnen, und daher hat GAUSS Ende 1825 den Entwurf beiseite gelegt, »nil fecisse putans, si quid superesset agendum«.

31.
Die Entstehunng der Disquisitiones generales circa superficies curvas (1826—1827).

Nur nach langem, hartem Ringen hat GAUSS das Ziel erreicht, das er sich Ende 1825 gestellt hatte, die Lehre von den krummen Flächen in voller Allgemeinheit zu begründen. Am 19. Februar 1826 schreibt er an OLBERS: »Ich wüsste kaum eine Periode meines Lebens, wo ich bei so angestrengter Arbeit wie in diesem Winter doch verhältnismässig so wenig reinen Gewinn geerntet hätte. Ich habe viel, viel Schönes herausgebracht, aber dagegen sind meine Bemühungen über anderes oft Monate lang fruchtlos gewesen (Br. G.-O. 2, S. 438). Und am 2. April 1826: »Meine theoretischen Arbeiten lassen bei ihrem so sehr grossen Umfange leider noch viele Lücken; am leichtesten wäre mir geholfen, wenn ich mir erlaubte, mit der Bekanntmachung meiner Messungen zwar alle meine Rechnungseinrichtungen zu verbinden, aber deren Ableitungen aus ihren höhern Gründen für ein ganz getrenntes Werk für glücklichere zukünftige Zeiten aufsparte. Dann wäre nirgends ein Anstoss. Vors erste werde ich die scharfe Ausgleichung meiner 32 Punkte, die 51 Dreiecke und 146 Richtungen liefern, vornehmen« (W. IX, S. 376). Es sei hierzu bemerkt, dass die Arbeiten im Felde im August 1825 beendet waren, und es sich lediglich um den Abschluss der Rechnungen handelte, sodass GAUSS für seine theoretischen Arbeiten Zeit gewann.

Im Herbst 1826 scheint GAUSS durchgedrungen zu sein. Er berichtet am 20. November an BESSEL: »Die Verarbeitung der Materialien zu dem beabsichtigten Werke über meine Messungen kostet mich viele Zeit. Meine Hauptdreiecke, 33 Punkte befassend, sind zwar längst fertig berechnet, aber die Berechnung der vielen geschnittenen Nebenpunkte . . . macht viel Arbeit. . . . Noch viel mehr Verlegenheit macht mir der weit ausgedehntere theoretische Teil, der so vielfach in andere Teile der Mathematik eingreift. Ich sehe hier kein anderes Mittel, als mehrere grosse Hauptpartien von dem Werke abzutrennen, damit sie selbständig und in gehöriger Ausführlichkeit entwickelt werden können. Gewissermassen habe ich damit schon in meiner Schrift über die Abbildung der Flächen unter Erhaltung der Ähnlichkeit der kleinsten Teile den Anfang gemacht; eine zweite Abhandlung, die ich vor ein paar Monaten der Königlichen Sozietät übergeben habe und die hoffentlich bald gedruckt werden wird, enthält die Grundsätze und Methoden zur Ausgleichung der Messungen[1]). . . . Vielleicht werde ich zunächst erst noch eine dritte Abhandlung ausarbeiten, die mancherlei neue Lehrsätze über krumme Flächen, kürzeste Linien, Darstellung krummer Flächen in der Ebene usw. entwickeln wird. Hätten alle diese Gegenstände in mein projektiertes Werk aufgenommen werden sollen, so hätte ich entweder manches ungründlich abfertigen oder dem Werk ein sehr buntscheckiges Ansehen geben müssen« (W. IX, S. 362).

Mit der Ausarbeitung der dritten Abhandlung hat GAUSS bald darauf begonnen. Nach dem Briefe an OLBERS vom 14. Januar 1827 (Br. G.-O. 2, S. 467) war er damals »schon ziemlich damit vorgerückt«, und am 1. März 1827 schreibt er jenem, die Abhandlung sei vollendet, er werde sie jedoch der Sozietät noch nicht übergeben, da doch auf die Ostermesse kein Band der Denkschriften herauskomme (W. IX, S. 377). In der Tat sind die *Disquisitiones generales circa superficies curvas* der Göttinger Gesellschaft der Wissenschaften erst am 8. Oktober 1827 vorgelegt und in den Band VI der Commentationes recentiores vom Jahre 1828 aufgenommen worden (W. IV, S. 217). Vorher war in den Göttinger Gelehrten Anzeigen vom 5. November 1827 eine ausführliche Selbstanzeige erschienen (W. IV, S. 341—347).

---

1) C. F. GAUSS, *Supplementum theoriae combinationis observationum erroribus minimis obnoxiae*, vorgelegt den 16. September 1826, W. IV, S. 55.

Von den Neuen allgemeinen Untersuchungen unterscheiden sich die *Disquisitiones generales* hauptsächlich in zwei Punkten: sie enthalten erstens den Ausdruck für das Krümmungsmass bei beliebiger Wahl der bestimmenden Veränderlichen p, q und zweitens die Verallgemeinerung des LEGENDRESCHEN Theorems von der Kugel auf beliebige Flächen.

Die allgemeine Formel für das Krümmungsmass hat sich GAUSS, wie schon angedeutet wurde, im Laufe des Jahres 1826 erarbeitet. Die im Nachlass befindlichen Aufzeichnungen gestatten es hier, einmal einen vollständigen Einblick in die Entstehung seiner Gedanken zu gewinnen. Da GAUSS dabei an schon vorliegende Untersuchungen über die Abwicklung krummer Flächen anknüpft, wird es angebracht sein, einen kurzen geschichtlichen Überblick vorauszuschicken[1]).

Die Abwicklung von Zylindern und Kegeln auf die Ebene war im 18. Jahrhundert wiederholt betrachtet und zur Lösung von Aufgaben benutzt worden. EULER hatte dann (1770) nach den krummen Flächen gefragt, die sich überhaupt auf eine Ebene abwickeln lassen, und war, indem er der Anschauung entnahm, dass die gesuchten Flächen gradlinig sein müssen, zu ihrer allgemeinen Darstellung gelangt[2]). Wie eine erst im Jahre 1862, also nach dem Tode von GAUSS aus EULERS Nachlass abgedruckte Notiz[3]) zeigt, ist dieser um dieselbe Zeit zu dem Problem gelangt, »invenire duas superficies, quarum alteram in alteram transformare licet, ita ut in utraque singula puncta homologa easdem inter se teneant distantias«, und er hat dafür genau die Gleichungen angesetzt, die man im art. 12 der *Disq. gen.* findet. Es ist ihm auch gelungen, ihre Integration für die Biegung von Kegeln in Kegel durchzuführen, und er hat zum Schluss die Frage nach den Biegungen von Stücken einer Kugelfläche aufgeworfen.

Unabhängig von EULER hatte MONGE Untersuchungen über die auf die Ebene abwickelbaren Flächen angestellt. Er hat sie, durch EULERS Abhandlung vom Jahre 1771 veranlasst, in einer zweiten Arbeit weiter geführt; in

---

1) Ausführliche Angaben findet man bei P. STÄCKEL, *Bemerkungen zur Geschichte der geodätischen Linien*, Leipziger Berichte, 1893, S. 452—455.

2) L. EULER, *De solidis, quorum superficiem in planum explicare licet*, Novi Comment. Petrop. 16 (1771), 1772, S. 3; vorgelegt am 5. März 1770.

3) L. EULER, *Opera postuma*, St. Petersburg 1862, t. I, S. 494—496.

dieser findet sich auch die bekannte partielle Differentialgleichung zweiter Ordnung für die auf die Ebene abwickelbaren Flächen[1].

Wie GAUSS zu dem allgemeinen Begriff der Biegung krummer Flächen gelangt ist, wissen wir nicht. Es ist nicht wahrscheinlich, dass die bereits erwähnten Arbeiten über die Gestalt clastischer Flächen, an denen sich ausser POISSON (1814) auch LAGRANGE (1811) und SOPHIE GERMAIN (1815) beteiligt hatten[2], auf ihn Einfluss gehabt haben. Dagegen sind ihm die schon früher veröffentlichten Abhandlungen von EULER und MONGE bekannt gewesen. Die auf die Ebene »abwicklungsfähigen Flächen« hat er bereits in der Aufzeichnung vom Dezember 1822 (W. VIII, S. 382—384) nach der Seite des Krümmungs-masses betrachtet, und in den *Neuen allgemeinen Untersuchungen* (art. 16) be-merkt er, aus dem Satze von der Erhaltung des Krümmungsmasses folge der wichtige, aber bis jetzt nicht mit der wünschenswerten Evidenz abgeleitete Lehrsatz, dass bei jenen Flächen das Krümmungsmass verschwindet, und damit sei erst bewiesen, dass sie der bekannten Differentialgleichung genügen (vgl. auch W. VIII, S. 437 und 444).

Wie wir sahen, hatte GAUSS bei zwei besonderen Formen des Linien-elementes das Krümmungsmass durch den darin auftretenden Koeffizienten und dessen erste und zweite partielle Ableitungen ausdrücken können. Er wusste, dass das Krümmungsmass bei den Biegungen erhalten bleibt, folglich musste bei der allgemeinen Form des Linienelementes das Krümmungsmass ebenfalls durch die darin auftretenden Koeffizienten und deren partielle Ab-leitungen darstellbar sein. Allein die Rechnungen, die dort zum Ziel geführt hatten, liessen sich nicht ohne Weiteres auf den Fall beliebiger bestimmender Grössen übertragen; hierauf beziehen sich wohl die Klagen über die Un-

---

1) G. MONGE, *Sur les développées, les rayons de courbure et les différents genres d'inflexions des courbes à double courbure*, Mém. sav. étr. t. 10, Paris 1785, S. 511 (eingereicht 1771); *Sur les propriétés de plusieurs genres de surfaces courbes, particulièrement sur celles des surfaces développables, avec une application à la théorie des ombres et pénombres*, Mém. sav. étr. t. 9, Paris 1780, S. 382 (eingereicht 1775); vgl. auch J. MEUSNIER, *Sur la courbure des surfaces*, Mém. sav. étr. t. 10, Paris 1785, S. 509 (vorgelegt 1776).

2) J. L. LAGRANGE, *Mécanique analytique*, 2. éd., t. I, Paris 1812, Statique, sect. V, Chap. 3, § II; *De l'équilibre d'un fil ou d'une surface flexible et au même temps extensible et contractible*, Oeuves, t. 11, S. 156; S. GERMAIN, *Recherches sur la théorie des surfaces élastiques*, Paris 1820 (verfasst 1815). Diese Untersuchungen waren veranlasst durch CHLADNIS Entdeckungen über die Klangfiguren (*Akustik* Leipzig 1802).

fruchtbarkeit langer Bemühungen in dem schon angeführten Briefe an OLBERS vom 19. Februar 1826.

Im Sommer oder Herbst des Jahres kam GAUSS auf den Gedanken, die auf die Ebene abwickelbaren Flächen heranzuziehen. Diese sind einerseits dadurch gekennzeichnet, dass das Krümmungsmass verschwindet, andererseits aber dadurch, dass für sie

$$E\,dp^2 + 2\,F\,dp\,dq + G\,dq^2 = dt^2 + du^2,$$

das heisst gleich dem Produkt der beiden vollständigen Differentiale $d\lambda = dt + i\,du$ und $d\mu = dt + i\,du$ ist. GAUSS verschaffte sich jetzt (W. VIII, S. 446, Handbuch 16 Bb, S. 114) die Bedingungsgleichung dafür, dass

$$E\,dp^2 + 2\,F\,dp\,dq + G\,dq^2 = d\lambda\,d\mu$$

wird. Es ergab sich als linke Seite ein Ausdruck, der aus den Koeffizienten E, F, G und deren ersten und zweiten partiellen Ableitungen nach p und q zusammengesetzt ist, und man durfte vermuten, dass er sich vom Krümmungsmass nur um einen unwesentlichen Faktor unterscheidet.

Damit war GAUSS in den Besitz des Zählers gelangt, der bei dem allgemeinen Ausdruck für das Krümmungsmass auftritt, und nachdem er so das Ergebnis kannte, glückte es ihm auch, die unmittelbare Ableitung der Formel zu finden, die im art. 11 der *Disq. gen.* angegeben wird. In der Tat stehen die Rechnungen über das »Krümmungsmass der Flächen bei allgemeinem Ausdruck derselben« im Handbuch 16 Bb, S. 128—131, also einige Seiten hinter der vorher erwähnten Aufzeichnung über die auf die Ebene abwickelbaren Flächen.

Von dem höheren Standpunkte aus betrachtet, den GAUSS jetzt gewonnen hatte, verlor der ursprüngliche Beweis für die Erhaltung des Krümmungsmasses in seinen Augen an Wert, ja noch mehr, der Satz von der Winkelsumme des geodätischen Dreiecks, der dafür den Ausgangspunkt gebildet hatte, bekam jetzt seine Stelle als eine Folgerung aus dem Hauptsatze von dem Krümmungsmass, wenn man ihn nämlich auf geodätische Polarkoordinaten anwandte (*Disq. gen.* art. 20).

Die Verallgemeinerung des LEGENDRESCHEN Theorems, zu der wir uns nunmehr wenden, hätte GAUSS schon in die *Neuen allgemeinen Untersuchungen* aufnehmen können, denn es war ihm im November 1825 gelungen, sie auf die elegante Gestalt zu bringen, die er in den artt. 25 bis 28 der *Disq. gen.* mitteilt, und er würde es sicherlich getan haben, wenn er nicht Ende 1826 die Arbeit an dem Entwurf abgebrochen hätte. Bei jener Verallgemeinerung wird die Lehre von den kürzesten Linien mit der Lehre vom Krümmungsmass verbunden, auf die sich die beiden Hauptabschnitte jener Abhandlung beziehen, und so erscheint der Satz von der Zurückführung kleiner geodätischer Dreiecke auf ebene Dreiecke als die Krönung des Gebäudes der allgemeinen Lehre von den krummen Flächen. Zugleich aber bildet er in echt GAUSSscher Art den Übergang zu den Anwendungen. GAUSS hat sich hierüber in dem Briefe an OLBERS vom 1. März 1827 folgendermassen ausgesprochen: »Jene Abhandlung enthält zur unmittelbaren Benutzung in meinem künftigen Werk über die Messung eigentlich nur ein paar Sätze, nämlich:

1) was zur Berechnung des Exzesses der Summe der 3 Winkel über 180^0 in einem Dreiecke auf einer nicht sphärischen Fläche, wo die Seiten kürzeste Linien sind, erforderlich ist,

2) wie in diesem Fall der Exzess ungleich verteilt werden muss, damit die Sinus den Seiten gegenüber proportional werden.

In praktischer Rücksicht ist dies zwar ganz unwichtig, weil in der Tat bei den grössten Dreiecken, die sich auf der Erde messen lassen, die Ungleichheit in der Verteilung unmerklich wird; aber die Würde der Wissenschaft erfordert doch, dass man die Natur dieser Ungleichheit klar begreife. Und so kann man allerdings hier, wie öfters, ausrufen: Tantae molis erat! um dahin zu gelangen. — Wichtiger aber als die Auflösung dieser 2 Aufgaben ist es, dass die Abhandlung mehrere allgemeine Prinzipien begründet, aus denen künftig, in einer speziellern Untersuchung. die Auflösung von einer Menge wichtiger Aufgaben abgeleitet werden kann« (W. IX, S. 378).

32.
Weitere Untersuchungen über krumme Flächen.

In der Selbstanzeige der *Disq. gen.* sagt GAUSS, der Zweck der Abhandlung sei, neue Gesichtspunkte für die Lehre von den krummen Flächen zu eröffnen und einen Teil der neuen Wahrheiten, die dadurch zugänglich werden, zu entwickeln (W. IV, S. 341). Dass dort nur ein Teil der Ergebnisse, zu denen er gelangt war, dargestellt ist, wird auch in den Briefen an BESSEL, OLBERS und SCHUMACHER ausgesprochen, die in der vorhergehenden Nummer angeführt sind, ja es wird einmal geradezu eine zweite Abhandlung über die krummen Flächen in Aussicht gestellt (Brief an OLBERS vom 1. März 1827, W. IX, S. 377).

Auch in den *Disq. gen.* finden sich Andeutungen über weitergehende Untersuchungen. So werden im art. 6 Erörterungen über die allgemeinste Auffassung des Inhalts von Figuren auf eine andere Gelegenheit verschoben. Ferner unterscheidet GAUSS im art. 13 zwischen den Eigenschaften einer krummen Fläche, die von ihrer gerade angenommenen Form abhängen, und jenen, die erhalten bleiben, in welche Form die Fläche auch gebogen wird. Hierfür nennt er das Krümmungsmass, die Lehre von den kürzesten Linien und einiges andere, dessen Behandlung er sich vorbehalte.

Zu den Gegenständen, die im art. 13 gemeint sind, gehört vor allem die »Seitenkrümmung« von Kurven auf krummen Flächen, die GAUSS schon in der Zeit zwischen 1822 und 1825 eingehend untersucht hatte (W. VIII, S. 386—395). Eine solche Kurve besitzt zunächst eine absolute Krümmung, die durch den reziproken Wert des auf die übliche Art erklärten Krümmungshalbmessers gegeben wird. Wenn man aber den Krümmungshalbmesser in zwei Komponenten, nach der Flächennormale und senkrecht dazu, zerlegt, so werden in deren reziproken Werten die Masse der Normalkrümmung und der Seitenkrümmung gewonnen. Die kürzesten Linien auf der Fläche haben die Eigenschaft, dass ihr Krümmungshalbmesser in die zugehörige Flächennormale fällt, und ihnen kommt daher die Seitenkrümmung Null zu. Sie entsprechen auch in dieser Hinsicht den geraden Linien der Ebene, und in einer Geometrie der auf einer krummen Fläche liegenden Figuren, bei der an die Stelle der Geraden die Kürzesten treten, ist bei einer Kurve die relative Krümmung, das heisst das Verhältnis des geodätischen Kontingenzwinkels zum Linienelement der Kurve, gleich der Seitenkrümmung zu setzen. Bald nach dem Erscheinen der *Disq. gen.* hat übrigens MINDING ähnliche Auffassungen veröffentlicht[1]).

Im Laufe der Untersuchung überträgt GAUSS den Namen der Seiten-

---

1) F. MINDING, *Über die Kurven kürzesten Perimeters auf krummen Flächen*, CRELLES Journal, Bd. 5, 1830, S. 297.

krümmung auf das über die Kurve erstreckte Integral der ursprünglichen
Seitenkrümmung. Er hatte dabei wohl die Verallgemeinerung des Satzes von
der Winkelsumme des geodätischen Dreiecks im Auge, die später von BONNET
angegeben worden ist[1]. Hiernach ist die Gesamtkrümmung eines beliebigen
auf einer krummen Fläche liegenden Dreiecks gleich dem Unterschiede der
Winkelsumme gegen zwei Rechte, vermindert um das über die Begrenzung
erstreckte Integral der Seitenkrümmung (im ursprünglichen Sinne des Wortes).

Die Erklärung der kürzesten Linien als der Kurven von der Seitenkrümmung Null ist auch insofern wichtig, als die Rechnungen, die GAUSS
daran anschliesst, einen Einblick in die Kunstgriffe gewähren, die ihn zu den
eleganten Formeln im art. 22 der *Disq. gen.* geführt haben.

Ob GAUSS die Geometrie der Figuren auf einer krummen Fläche noch
weiter ausgebaut, ob er im besonderen den Zusammenhang zwischen der Geometrie auf den Flächen konstanten Krümmungsmasses und der nichteuklidischen
Geometrie der Ebene erkannt hat, ist nicht mit Sicherheit zu entscheiden.
Nahe genug musste er für jemand liegen, der schon 1794 wusste, dass dort
das Verhältnis des Dreiecksinhaltes zu der Abweichung der Winkelsumme von
zwei Rechten eine Konstante ist (W. VIII, S. 266). Auch die Bemerkungen,
dass die Untersuchungen über die krummen Flächen so vielfach in andere Teile
der Mathematik eingriffen (Brief an BESSEL vom 20. November 1826, W. IX,
S. 362), dass sie tief in die Metaphysik der Raumlehre eingriffen (Brief an HANSEN
vom 11. Dezember 1825, GAUSS-Archiv) in Verbindung mit der Tatsache, dass
GAUSS bald nach Vollendung der *Disq. gen.* die Untersuchungen über die
Grundlagen der Geometrie wieder aufgenommen hat (Brief an BESSEL vom
27. Januar 1829, W. VIII, S. 200), lassen sich zu Gunsten einer solchen Annahme geltend machen. Ferner wird in einer Aufzeichnung aus dem Jahre
1846 (W. VIII, S. 257) die einer nichteuklidischen Geometrie eigentümliche
absolute Konstante mit k bezeichnet, wo k die Quadratwurzel aus dem Krümmungsmass bedeuten würde. Bemerkenswert ist auch eine Wendung in einem
aus demselben Jahre 1846 stammenden Briefe an GERLING: »Der Satz, den
Ihnen Herr SCHWEIKART erwähnt hat, dass in jeder Geometrie die Summe
aller äussern Polygonwinkel von 360^0 um eine Grösse verschieden ist (nämlich

---

1) O. BONNET, *Mémoires sur la théorie générale des surfaces*, Journal de l'école polytechnique, t. 19,
cah. 32, 1848, S. 131.

grösser als 360⁰ in der Astralgeometrie, wie SCHWEIKART sie aufgefasst hat),
welche dem Flächeninhalt proportional ist, ist der erste, gleichsam an der
Schwelle liegende Satz der Theorie, den ich schon im Jahr 1794 als notwendig erkannte« (Brief vom 2. Oktober 1846, W. VIII, S. 266); GAUSS unterscheidet also die Auffassung SCHWEIKARTS von der seinigen, bei der in jedem
Falle die Winkelsumme des Dreiecks von 180⁰ verschieden ist, sodass bei ihm
neben die Geometrie, bei der die Winkelsumme kleiner als 180⁰ ist, noch
eine zweite tritt, bei der die Winkelsumme grösser als 180⁰ wird. Wenn
man beachtet, wie vorsichtig GAUSS bei solchen Andeutungen zu Werk ging
(vgl. S. 9), so wird man auch auf diese Stelle Gewicht zu legen haben.

Schliesslich verdient erwähnt zu werden, dass in einer spätestens 1827
niedergeschriebenen Aufzeichnung die durch Drehung der Traktrix entstehende
krumme Fläche negativen konstanten Krümmungsmasses (Pseudosphäre) als
das »Gegenstück der Kugel« bezeichnet wird (W. VIII, S. 265). GAUSS erwähnt die Pseudosphäre im Zusammenhang mit der Verbiegung von Drehflächen in Drehflächen. Aber noch mehr, die von ihm aufgestellten Formeln
führen zu dem Satz, dass bei der Pseudosphäre (und nur bei ihr) alle diese
Drehflächen einander kongruent sind, und hierin liegt, dass man ein geodätisches Dreieck, unter Bewahrung dieser Eigenschaft, auf der Pseudosphäre
ebenso verschieben kann wie ein sphärisches Dreieck auf der Kugel. Hat
GAUSS deshalb den Namen »Gegenstück der Kugel« gewählt? Jedenfalls hat
er den krummen Flächen von negativem konstanten Krümmungsmass seine
Aufmerksamkeit zugewendet. In den schönen Untersuchungen, die MINDING,
angeregt durch die *Disq. gen.*, angestellt hat, sind auch diese Ergebnisse über
die Biegung der Drehflächen und über die Pseudosphäre enthalten[1].

Auf die Biegung krummer Flächen bezieht sich auch eine wahrscheinlich
Ende 1826 niedergeschriebene kurze Bemerkung, in der GAUSS die Beziehung,
die bei zwei Biegungsflächen zwischen den sphärischen Abbildungen mittels
paralleler Normalen besteht, zu einem Ansatz für die Lösung des allgemeinen
Problems der Abwicklung krummer Flächen auf einander benutzt, der erst
im Jahre 1900 aus dem Nachlass im achten Bande der Werke (S. 447—448)

---

1) F. MINDING, *Über die Biegung gewisser Flächen*, CRELLES Journal, Bd. 18, 1838, S. 367; *Wie
sich entscheiden lässt, ob zwei gegebene krumme Flächen auf einander abwickelbar seien oder nicht*, ebenda,
Bd. 19, 1839, S. 378; *Über die kürzesten Linien krummer Flächen*, ebenda, Bd. 20, 1840, S. 324.

veröffentlicht worden ist. Es wäre zu wünschen, dass dieser Gedanke, der GAUSS eigentümlich ist, vollständig durchgeführt würde.

Zum Schluss sei noch berichtet, dass die philosophische Fakultät der Universität Göttingen im Jahre 1830 auf Veranlassung von GAUSS die Preisfrage stellte: Determinetur inter lineas duo puncta jungentes ea, quae circa datum axem revoluta gignat superficiem minimam. Sie wurde von seinem Landsmann, Schüler und späteren Mitarbeiter auf der Sternwarte, GOLDSCHMIDT, beantwortet, dem auch der Preis zugefallen ist[1]).

33.

Bedeutung und Wirkung der Disquisitiones generales.

In den *Disquisitiones generales* wird nur ein Geometer mit Namen erwähnt: EULER. Fast alles, was dieser über die Krümmung der Oberflächen gelehrt habe, sagt GAUSS im art. 8 der *Disq.*, sei in den von ihm gegebenen Sätzen I bis IV enthalten; augenscheinlich sind EULERS 1763 verfasste *Recherches sur la courbure des surfaces*[2]) gemeint. Die Untersuchungen von GAUSS berühren sich aber noch in einer Reihe anderer Punkte mit denen EULERS, und wenn es auch unentschieden bleiben muss, ob GAUSS die betreffenden Abhandlungen gekannt hat oder nicht, so scheint es doch um so mehr angebracht, die Berührungspunkte festzustellen, als dadurch die Fortschritte, die wir GAUSS verdanken, in ein helleres Licht treten.

Es möge zunächst an die in den vorangehenden Nummern erwähnten Arbeiten EULERS zur konformen Abbildung, über die kürzesten Linien und über die Abwicklung krummer Flächen auf die Ebene erinnert werden. Für die kürzesten Linien kommen ausser der grundlegenden Abhandlung vom Jahre 1729 noch zwei Veröffentlichungen in Betracht. In der einen vom Jahre 1755 hatte EULER die Anfänge einer sphäroidischen Trigonometrie entwickelt, einer Lehre von den Dreiecken, deren Seiten kürzeste Linien eines Drehellipsoides sind; auch hatte er vorgeschlagen, dass man solche Dreiecke in der Geodäsie benutzen solle[3]). In der zweiten, erst 1806 gedruckten Ab-

---

1) B. GOLDSCHMIDT, *Determinatio superficiei minimae rotatione curvae data duo puncta jungentis circa datum axem ortae*, Göttingen 1831.

2) Histoire de l'Acad., année 1760, Berlin 1767, Mémoires S. 119.

3) L. EULER, *Éléments de la trigonométrie sphéroidique tirés de la méthode des plus grands et plus petits*, Histoire de l'Acad., année 1753, Berlin 1755, Mémoires S. 258.

handlung, die am 25. Januar 1779 der Petersburger Akademie vorgelegt worden war, kommt er auf die allgemeine Lehre von den kürzesten Linien zurück und stellt deren Differentialgleichungen für den Fall auf, dass die krumme Fläche durch irgend eine Gleichung zwischen den kartesischen Koordinaten gegeben wird, während man früher immer vorausgesetzt hatte, dass die Gleichung nach einer Koordinate aufgelöst sei.

Die Einsicht, dass die drei kartesischen Koordinaten gleichberechtigt sind, kommt bei EULER aber auch dadurch zum Ausdruck, dass er bei den Untersuchungen über die Abwicklung krummer Flächen die drei Koordinaten sogleich als Funktionen zweier Hilfsgrössen ansetzt. Wie KOMMERELL mit Recht bemerkt[1]), liegt hierin der erste Schritt zu der Auffassung der krummen Flächen als selbständiger Gebilde, die erst GAUSS mit vollem Bewusstsein ihrer Bedeutung durchgeführt hat. Ebenso hat GAUSS, geleitet von dem allgemeinen Begriff der Abbildung, jene Parameterdarstellung zur Grundlage seiner allgemeinen Untersuchungen über die krummen Flächen gemacht.

Endlich ist eine 1775 verfasste, 1786 gedruckte Arbeit über Raumkurven[2]) zu erwähnen, in der EULER die Eigenschaften solcher Kurven in der Umgebung eines Punktes untersucht, indem er durch den Mittelpunkt der Einheitskugel Parallelen zu den Tangenten zieht, ganz ähnlich wie GAUSS im art. 2 der Neuen allgemeinen Untersuchungen bei ebenen Kurven den Einheitskreis verwendet. Bei GAUSS findet sich, wie schon erwähnt wurde, die Beziehung der Richtungen im Raume auf die Punkte der Einheitskugel schon in einer auf das Ende des Jahres 1799 zu setzenden Notiz (Scheda Ac, Varia, begonnen Nov. 1799, S. 3). In der Selbstanzeige der *Disq. gen.* sagt GAUSS: »Dies Verfahren kommt im Grunde mit demjenigen überein, welches in der Astronomie in stetem Gebrauch ist, wo man alle Richtungen auf eine fingierte Himmelskugel von unendlich grossem Halbmesser bezieht« (W. IV, S. 342); man darf daher annehmen, dass der Gedanke der Abbildung auf die Einheitskugel (Himmelskugel) der Astronomie seinen Ursprung verdankt.

Die Abbildung einer krummen Fläche auf die Einheitskugel mittels

---

1) M. CANTOR, *Vorlesungen über Geschichte der Mathematik*, Bd. IV, Leipzig 1908, Abschnitt XXIV: KOMMERELL, *Analytische Geometrie des Raumes und der Ebene*, S. 529.

2) L. EULER, *Methodus facilis omnia symptomata linearum curvarum non in eodem plano sitarum investigandi*, Acta Petrop., t. 6 pro anno 1782: I, 1786, S. 19, 37.

paralleler Normalen ist schon vor GAUSS betrachtet und mit der Lehre von
den Doppelintegralen in Zusammenhang gebracht worden, und zwar von O. RO-
DRIGUES in einer 1815 veröffentlichten Abhandlung[1]), ganz ähnlich wie es GAUSS
selbst in einer Notiz über die Oberfläche des dreiachsigen Ellipsoides tut,
die wohl bald nach 1813 verfasst ist (W. VIII, S. 367). RODRIGUES hat auch
schon erkannt und genau auf dieselbe Weise wie GAUSS im art. 7 der *Disq.
gen.* bewiesen, dass das Verhältnis der Abbildung eines Flächenelementes auf
die Einheitskugel zu dem Flächenelement gleich dem Produkte der zugehörigen
Hauptkrümmungen ist. Er folgert daraus, dass das Doppelintegral, das GAUSS
als Gesamtkrümmung eines Flächenstückes bezeichnet hat, den Inhalt der
Area auf der Kugelfläche angibt, die durch jene Abbildung erhalten wird, und
da einer geschlossenen Fläche die ganze, einfach oder mehrfach bedeckte
Oberfläche der Kugel entspricht, so ergibt sich der Wert des zugehörigen
Doppelintegrales gleich einem positiven oder negativen Vielfachen von 2π.

Auf einen zweiten Geometer wird in den *Neuen allgemeinen Untersuchungen* und in den *Disq. gen.* hingedeutet. Auf MONGE bezieht sich nämlich die Bemerkung, dass die partielle Differentialgleichung zweiter Ordnung
für die auf die Ebene abwickelbaren Flächen »bisher nicht mit der erforderlichen Strenge bewiesen war« (W. IV, S. 344; vgl. W. IV, S. 237 und VIII,
S. 437). Dass es sich um MONGE handelt, ergibt sich aus dem Briefe an
OLBERS vom Juli 1828 (W VIII, S. 444)[2]); GAUSS sagt hier mit Recht, dass
bei MONGE das Vorhandensein gerader Linien, nach denen die Fläche gebrochen
wird, erschlichen sei. Im übrigen haben die Untersuchungen des französischen
Geometers, die mehr die Untersuchung besonderer Flächenklassen betreffen,
auf GAUSS keinen Einfluss gehabt, und dasselbe gilt auch für dessen Dar-
stellende Geometrie, die GAUSS 1813 mit anerkennenden Worten besprochen
hat (W. IV, S. 359).

Wenn man noch die Anregung hinzunimmt, dass GAUSS durch das LE-
GENDRESCHE Theorem über die Zurückführung der kleinen sphärischen Dreiecke

---

[1] O. RODRIGUES, *Sur quelques propriétés des intégrales doubles et des rayons de courbure des surfaces*, Correspondance sur l'école polytechnique, t. 2, 1815, S. 162; abgedruckt im Bulletin de la société
philomatique, année 1815, S. 34; vgl. P. STÄCKEL, *Bemerkungen zur Geschichte der geodätischen Linien*,
Leipziger Berichte 1893, S. 456.

[2] Der darin erwähnte, »ungezogene Ausfall« von FAYOLLE steht im Philosophical Magazine, new
series, vol. 4, London 1828, S. 436; er ist abgedruckt im Briefwechsel G.-O., 2, S. 508.

auf ebene Dreiecke erfahren hat, so ist alles erschöpft, was sich aus der Zeit vor 1827 mit seinen Forschungen über die allgemeine Lehre von den krummen Flächen in Zusammenhang bringen lässt, teils auf deren Gang einwirkend, teils nur im Strom der Entwicklung auftauchend und wieder untergehend.

Wie gross der Eindruck war, den die *Disq. gen.* sogleich bei ihrem Erscheinen machten, geht aus den Briefen von BESSEL und SCHUMACHER hervor. Mit den daran anknüpfenden, bedeutenden Arbeiten MINDINGS beginnt eine lange Reihe von Arbeiten, deren Ausgangspunkt die Untersuchungen von GAUSS bilden. Es muss jedoch hier genügen, einige noch nicht erwähnte Abhandlungen herauszugreifen, die in besonders engen Beziehungen zu den *Disq. gen.* stehen, und die Wirkung der Grundgedanken auf die weitere Entwicklung in aller Kürze zu schildern; dabei soll die Geodäsie ganz aus dem Spiele bleiben und für sie auf den schon erwähnten Aufsatz von GALLE verwiesen werden.

Schon EULER hatte in seiner Abhandlung über die Krümmung der Flächen nach einem passenden Masse (juste mesure) für die Krümmung solcher Gebilde gefragt, einem Masse, das sich der Krümmung der Kurven an die Seite stellen lasse, und unter Hinweis auf die Sattelflächen erklärt, dass es auf diese Frage keine einfache Antwort gebe; man müsse vielmehr die Gesamtheit der Krümmungen in Betracht ziehen, die den zu einem Punkte gehörigen Normalschnitten zukommen [1]. Später war bei Untersuchungen über biegsame Flächen, besonders über die Gestalt von Flüssigkeitshäutchen, das arithmetische Mittel der beiden Hauptkrümmungen aufgetreten, das schon in der von LAGRANGE (1765) begründeten Lehre von den Minimalflächen eine Rolle spielte. SOPHIE GERMAIN hat dafür 1831 den Ausdruck mittlere Krümmung vorgeschlagen [2]; in einem Briefe an GAUSS vom 28. März 1829 bemerkt sie, dieser verfahre geometrisch, sie selbst mechanisch, denn die elastische Kraft, welche die Fläche

---

1) Diese richtige Einsicht hat EULER nicht davor bewahrt, bald darauf, 1769, in der *Dioptrica* (Lib. I, § 4, Opera omnia, ser. 3, vol. 3, S. 8) zu behaupten, ein Flächenelement lasse sich stets als sphärisch ansehen, und damit in einen Fehler zurückzufallen, den schon LEIBNIZ begangen hatte (Brief an JOH. BERNOULLI vom 29. Juli 1698, *Commercium epistolicum*, Lausanne und Genf 1745, t. 1, S. 387, LEIBNIZens *Mathematische Schriften*, herausgegeben von C. J. GERHARDT, 1. Abt., Bd. 3, Halle 1855, S. 526). Auch D'ALEMBERT hat sich dieses Fehlers schuldig gemacht (Artikel *Surfaces courbes* in der Encyclopédie méthodique, Abteilung Mathematik, Bd. II, Paris 1784, S. 464).

2) S. GERMAIN, *Mémoire sur la courbure des surfaces*, CRELLES Journal, Bd. 7, 1831, S. 1.

in ihre ursprüngliche Gestalt zurücktreibt, sei der mittleren Krümmung proportional (Brief im Gauss-Archiv). Nach Sturm[1]) lässt sich die mittlere Krümmung auf eine ähnliche Art wie das Gausssche Krümmungsmass erklären; beschreibt man nämlich um einen Flächenpunkt eine Kugel und bildet die in die Fläche eingeschnittene Kurve mittels paralleler Normalen auf die Einheitskugel ab, so ist der Grenzwert des Verhältsnisses der Umfänge beider Kurven gleich der mittleren Krümmung. Später hat Casorati[2]) das Wort »Krümmung« beanstandet, weil man auch den Flächen vom Gaussschen Krümmungsmasse Null eine gewisse Krummheit zuschreiben müsse, und als ein der Anschauung besser entsprechendes Mass das arithmetische Mittel der Quadrate der Hauptkrümmungen vorgeschlagen. »Demgegenüber ist zu bemerken, dass es für eine Fläche überhaupt keinen Ausdruck geben kann, der dem für die Krümmung einer Kurve völlig entsprechend und zugleich erschöpfend wäre. Es lassen sich vielmehr von verschiedenen Gesichtspunkten aus für die Flächenkrümmung mehr oder minder kennzeichnende Ausdrücke aufstellen, die ebenfalls als Grenzwerte anzusehen sind«[3]). Jedenfalls hat sich unter ihnen der Gausssche Ausdruck durch die Fruchtbarkeit seiner Anwendungen ausgezeichnet.

Im Laufe der Zeit hat sich immer klarer die Wichtigkeit der Formeln im art. 11 der *Disq. gen.* herausgestellt, vermöge deren die zweiten Ableitungen der kartesischen Koordinaten eines Punktes der Fläche als lineare homogene Funktionen der ersten Ableitungen und der Richtungscosinus der Normalen dargestellt werden. Weingarten hat gezeigt, wie man aus ihnen fast unmittelbar die bei dem Biegungsproblem auftretende partielle Differentialgleichung zweiter Ordnung für eine der kartesischen Koordinaten ableiten kann[4]). Auf dem von Gauss gebahnten Wege weitergehend, haben Mainardi[5]) und Codazzi[6])

1) R. Sturm, *Ein Analogon zu Gauss' Satz von der Krümmung der Flächen*, Mathemat. Annalen, Bd. 21, 1883, S. 379.

2) F. Casorati, *Mesure de la courbure des surfaces suivant l'idée commune*, Acta math. 14, 1890, S. 95; vgl. auch R. v. Lilienthal, *Zur Theorie des Krümmungsmasses der Flächen*, ebenda, 16, 1892, S. 143.

3) R. v. Lilienthal, *Die auf einer Fläche gezogenen Kurven*, Encyklopädie der mathematischen Wissenschaften, Bd. III, Teil 3, S. 172 (1902).

4) J. Weingarten, *Über die Theorie der auf einander abwickelbaren Oberflächen*, Festschrift der Technischen Hochschule zu Berlin, 1884.

5) Mainardi, *Su la teoria generale delle superficie*, Giornale dell'Istituto lombardo, t. 9, 1857, S. 394.

6) D. Codazzi, *Sulle coordinate curvilinee d'una superficie e dello spazio*, Ann. di mat. (2), 1, 1867, S. 293; 2, 1868, S. 101, 269; *Mémoire relatif à l'application des surfaces les unes sur les autres*, Mém. prés. par divers sav., 2. série, t. 27, Paris 1883 (vorgelegt 1859).

der Gaussschen Gleichung zwischen den Fundamentalgrössen erster und zweiter Ordnung zwei Gleichungen hinzugefügt, in denen auch noch die ersten partiellen Ableitungen der Fundamentalgrössen zweiter Ordnung auftreten, und Bonnet[1]) hat bewiesen, dass umgekehrt durch solche Fundamentalgrössen erster und zweiter Ordnung, die den drei Fundamentalgleichungen genügen, die Fläche, abgesehen von ihrer Lage im Raume und einer Spiegelung, vollständig bestimmt wird.

Schliesslich mögen noch Untersuchungen erwähnt werden, die bei Lebzeiten von Gauss angestellt worden sind und eine Verallgemeinerung seines Lehrsatzes über die Winkelsumme eines geodätischen Dreiecks bezweckten. Jacobi[2]) hat im Jahre 1836 den Satz auf Dreiecke ausgedehnt, die von beliebigen Raumkurven gebildet werden, wobei nur vorausgesetzt werden muss, dass in den Ecken die beiden sich schneidenden Kurven dieselbe Hauptnormale haben; die Abbildung auf die Einheitskugel erfolgt mittels der Hauptnormalen der Kurven, die ja bei den geodätischen Linien mit den Normalen der Fläche zusammenfallen. Er hat dafür einen von dem Gaussschen Lehrsatze unabhängigen, einwandfreien Beweis gegeben. Bedenklich war jedoch eine Bemerkung, die er dem Beweis vorausschickte, dass nämlich die Verallgemeinerung des Gaussschen Lehrsatzes sich ohne Mühe (sine negotio) ergebe, wenn man beachte, dass jede Raumkurve als geodätische Linie einer gewissen Fläche angesehen werden dürfe. Dies stimmt zwar für eine einzelne Raumkurve, allein es ist, wie Clausen[3]) zeigte, im Allgemeinen bereits unmöglich, eine krumme Fläche zu bestimmen, die zwei sich in einem Punkte schneidende und dort dieselbe Hauptnormale besitzende Raumkurven als geodätische Linien in sich fasst[4]). In seiner Erwiderung[5]) gibt Jacobi, »um einige unbegründeten

---

1) O. Bonnet, *Mémoire sur la théorie des surfaces applicables sur une surface donnée*, Journal de l'école polytechnique, t. 25, cah. 42, 1867, S. 31.

2) C. G. J. Jacobi, *Demonstratio et amplificatio nova theorematis Gaussiani de curvatura integra trianguli in data superficie e lineis brevissimis formati*, Crelles Journal, Bd. 16, 1837, S. 344; Werke, Bd. 7, S. 26.

3) Th. Clausen, *Berichtigung eines von Jacobi aufgestellten Theorems*, Astron. Nachrichten, Bd. 20, Nr. 457 vom 29. Sept. 1842.

4) Vgl. auch die Briefe von Schumacher an Gauss vom 1. Sept., 9. Nov. und 4. Dez. 1842 und dessen Antwort vom 3. Sept. 1842, Br. G.-Sch. IV, S. 82, 92, 101, 83.

5) C. G. J. Jacobi, *Über einige merkwürdige Curventheoreme*, Astron. Nachrichten, Bd. 20, Nr. 463 vom 15. Dez. 1842; Werke, Bd. 7, S. 34.

Zweifel über die Richtigkeit des Theorems zu beseitigen«, einen vereinfachten Beweis und bemerkt nebenbei, aus den Darlegungen von Clausen folge, dass sein Theorem allgemeiner als das Gausssche sei, womit er stillschweigend jene Bemerkung (sine negotio) preisgibt.

Wir wenden uns nunmehr zu den Wirkungen, die die *Disquisitiones generales circa superficies curvas* vom Jahre 1828 im Lauf des neunzehnten Jahrhunderts ausgeübt haben. Wenn man die gesamte Entwicklung der mathematischen Wissenschaften während dieses Zeitraums ins Auge fasst. so sind es zwei Punkte. in denen die Untersuchungen von Gauss zur Flächentheorie entscheidend eingegriffen haben. Erstens ist Gauss, während man bis dahin in der Geometrie nur endliche Gruppen von Transformationen betrachtet hatte, dazu übergegangen, eine unendliche Gruppe (im Sinne von S. Lie) zu Grunde zu legen, zweitens hat er die Lehre von den krummen Flächen als die Geometrie einer zweifach ausgedehnten Mannigfaltigkeit in einer Weise behandelt, die der allgemeinen Lehre von den mehrfach ausgedehnten Mannigfaltigkeiten den Weg bahnte.

F. Klein[1]) hat das allgemeine Problem der geometrischen Forschung mit den Worten formuliert: »Es ist eine Mannigfaltigkeit und in ihr eine Transformationsgruppe gegeben. Man entwickle die auf die Gruppe bezügliche Invariantentheorie.« Nachdem die Gruppe der Bewegungen und Spiegelungen den Ausgangspunkt der geometrischen Forschung gebildet hatte, war man zu den Gruppen linearer Transformationen übergegangen, die der projektiven Geometrie eigentümlich sind, und hatte auch andere endliche Gruppen, wie die der Transformationen durch reziproke Radien, herangezogen. Ein Ansatz zur Betrachtung unendlicher Gruppen war allerdings schon in der Geometria Situs gemacht worden, aber die Fragestellung war hier zu allgemein, als dass man Anhaltspunkte für weitere Untersuchungen hätte gewinnen können; ergeben sich doch als Invarianten lediglich ganze Zahlen. Dagegen haben die Transformationen der binären quadratischen Differentialformen zu einer reichgegliederten Invariantentheorie geführt. Das Gausssche Krümmungsmass ist das erste Glied in der Kette solcher Invarianten. Ihm gesellt sich sogleich, als Beispiel kovarianter Bildungen, die Seitenkrümmung hinzu. Auch findet

---

1) F. Klein, *Vergleichende Betrachtungen über neuere geometrische Forschuugen*, Programm, Erlangen 1872, Math. Annalen, Bd. 43, 1893, S. 67, Gesammelte Mathem. Abhandlungen I, 1921, S. 460.

sich im art. 21 der *Disq. gen.* bei der Lehre von den geodätischen Linien schon der Differentialparameter erster Ordnung. Für die Weiterführung nach der Seite der Flächentheorie ist besonders MINDING zu nennen[1]). Untersuchungen aus der theoretischen Physik veranlassten LAMÉ[2]) bei krummlinigen Koordinaten für Punkte des EUKLIDischen Raumes die Differentialparameter erster und zweiter Ordnung aufzustellen, und nachdem im Jahre 1867 RIEMANNS Habilitationsvortrag vom 10. Juni 1854: *Über die Hypothesen, welche der Geometrie zu Grunde liegen,* veröffentlicht worden war, hat BELTRAMI[3]) die allgemeine Lehre von den Differentialparametern quadratischer Differentialformen mit beliebig vielen Veränderlichen entwickelt. Gleichzeitig damit sind die Untersuchungen von CHRISTOFFEL[4]) und LIPSCHITZ[5]) über die Transformation solcher Differentialformen. Damit wurde der Forschung ein Feld erschlossen, das noch heute nicht abgeerntet ist.

Mit der Verallgemeinerung auf beliebig viele Veränderliche kommen wir zu dem Gesichtspunkt der mehrfach ausgedehnten Mannigfaltigkeiten.

Für GAUSS hatten die mehrdimensionalen Räume eine metaphysische Bedeutung. Es handelt sich hier um Spekulationen, die im 18. Jahrhundert weit verbreitet waren und die auch ins 19. hinüberreichen[6]). »GAUSS, nach seiner öfters ausgesprochenen innersten Ansicht, betrachtete die drei Dimensionen des Raumes als eine spezifische Eigentümlichkeit der menschlichen Seele; Leute, welche dieses nicht einsehen könnten, bezeichnete er einmal in seiner humoristischen Laune mit dem Namen Böoter. Wir können uns, sagte er, etwa in Wesen hineindenken, die sich nur zweier Dimensionen bewusst

---

1) F. MINDING, *Wie sich entscheiden lässt, ob zwei gegebene krumme Flächen auf einander abwickelbar seien oder nicht,* CRELLES Journal, Bd. 19, 1893, S. 370.

2) G. LAMÉ, *Leçons sur les fonctions transcendantes et sur les surfaces isothermes,* Paris 1857.

3) E. BELTRAMI, *Sulla teorica generale dei parametri differenziali,* Memorie dell'Acc. di Bologna, zweite Reihe, Bd. 8, 1869, S. 551, Opere matematiche II, S. 74.

4) E. B. CHRISTOFFEL, *Über die Transformation der homogenen Differentialausdrücke zweiten Grades,* Journal f. r. u. a. Math., Bd. 70, 1869, S. 46; Gesammelte mathematische Abhandlungen, Bd. I, S. 352.

5) R. LIPSCHITZ, *Untersuchungen in Betreff der ganzen homogenen Funktionen von n Differentialen,* Journal f. r. u. a. Mathematik, Bd. 70, 1869, S. 71, Bd. 71, 1870, S. 274, 288, Bd. 72, 1870, S. 1; *Bemerkungen zu dem Prinzip des kleinsten Zwanges,* ebenda, Bd. 82, 1877, S. 316 (im Anschluss an RIEMANNS 1876 veröffentlichte Pariser Preisarbeit vom Jahre 1861).

6) Man vgl. etwa F. ZÖLLNER, *Naturwissenschaft und christliche Offenbarung,* Leipzig 1881, sowie die zahlreichen Veröffentlichungen von H. SCHEFFLER in Braunschweig.

sind; höher über uns stehende würden vielleicht in ähnlicher Weise auf uns herabblicken, und er habe, fuhr er scherzend fort, gewisse Probleme hier bei Seite gelegt, die er in einem höhern Zustande später geometrisch zu behandeln gedächte« (SARTORIUS, S. 81). Solche Gedanken reichen wohl bis in die Jugend zurück, denn in dem Briefe an GRASSMANN vom 14. Dezember 1844 (W. X 1, S 436) sagt GAUSS, dessen Tendenzen in der Ausdehnungslehre begegneten teilweise den Wegen, auf denen er selbst nun seit fast einem halben Jahrhundert gewandelt sei; dabei beruft er sich auf die Selbstanzeige vom Jahre 1831, an deren Schluss von »Mannigfaltigkeiten von mehr als zwei Dimensionen« gesprochen wird (W. II, S. 178). Auch zeigt der Brief WACHTERS an GAUSS vom 12. Dezember 1816 (W. X 1, S. 481), dass bei dessen Besuch im April 1816 von Räumen mit beliebig vielen Abmessungen die Rede gewesen war.

Die Äusserung von GAUSS, über die SARTORIUS berichtet hat, fällt in die Zeit zwischen 1847 und 1855. Dass GAUSS sich gerade in den letzten Jahren seines Lebens eingehend mit mehrfach ausgedehnten Mannigfaltigkeiten beschäftigt hat, lässt auch eine Stelle in den Beiträgen zur Theorie der algebraischen Gleichungen vom Jahre 1849 erkennen: »Im Grunde gehört der eigentliche Inhalt der ganzen Argumentation [beim Beweise der Wurzelexistenz] einem höhern, von Räumlichem unabhängigen Gebiete der allgemeinen abstrakten Grössenlehre an, dessen Gegenstand die nach der Stetigkeit zusammenhängenden Grössenkombinationen sind, einem Gebiet, welches zur Zeit noch wenig angebaut ist und in welchem man sich auch nicht bewegen kann ohne eine von räumlichen Bildern entlehnte Sprache« (W. III, S. 79). In einer bald darauf, im Wintersemester 1850/51, gehaltenen Vorlesung über die Methode der kleinsten Quadrate hat GAUSS Gelegenheit genommen, seinen Zuhörern einige Gedanken über solche »Mannigfaltigkeiten von mehreren Dimensionen«, allerdings unter Beschränkung auf die verallgemeinerte Massbestimmung des Euklidischen Raumes, mitzuteilen (W. X 1, S. 473—481)[1].

Die von GAUSS begehrte Lehre von den nach der Stetigkeit zusammenhängenden Grössenkombinationen hat bekanntlich RIEMANN in seinem Habilitationsvortrage vom 10. Juni 1854 begründet; er hat sich dabei für die Konstruktion des Begriffes einer *n*-fach ausgedehnten Mannigfaltigkeit ausdrücklich

---

[1] Vgl. P. STÄCKEL, *Eine von Gauss gestellte Aufgabe des Minimums*, Heidelberger Berichte, Jahrgang 1917, 11. Abhandlung.

auf die vorher genannten Veröffentlichungen von GAUSS (*Selbstanzeige* vom Jahre 1831, *Beiträge zur Theorie der algebraischen Gleichungen* vom Jahre 1849) berufen und bei der weiteren Untersuchung über die in den Mannigfaltigkeiten waltenden Massverhältnisse als Grundlage die *Disquisitiones generales circa superficies curvas* bezeichnet. Durch RIEMANN haben also die Gedanken, deren Keime sich in der GAUSSschen Abhandlung finden, ihre volle Entfaltung erfahren. In den folgenden Jahrzehnten hat sich die Bedeutung dieser Gedanken in immer höherem Masse herausgestellt, nicht allein für die Mathematik, sondern auch für die analytische Mechanik und schliesslich für die Grundlagen der theoretischen Physik.

34.
Bibliographischer Anhang.

Die von GAUSS Ende 1822 an die Kopenhagener Societät der Wissenschaften eingesandte Abhandlung über die Abbildung krummer Flächen hatte zwar den Preis erhalten, allein die Gesellschaft überliess es den Preisträgern, für die Veröffentlichung zu sorgen, und so ist die Preisschrift erst 1825 im dritten und letzten Heft der von SCHUMACHER als Ergänzung der Astronomischen Nachrichten herausgegebenen Astronomischen Abhandlungen erschienen. Sie ist abgedruckt in den Werken, Bd. IV, 1873, 2. Abdruck 1880, S. 189—216. Eine Übersetzung ins Englische, wahrscheinlich von FRANCIS BAILY (1764—1844), ist 1828 erschienen:

General solution of the problem: to represent the parts of a given surface on another given surface, so that the smallest parts of the representation shall be similar to the corresponding parts of the surface represented. By C. F. GAUSS. Answer to the Prize Question proposed by the Royal Society of sciences at Copenhagen. The philosophical magazine, new series, vol. 4, London 1828, S. 104—113, 206—215.

Im Jahre 1894 ist die Abhandlung von A. WANGERIN neu herausgegeben worden; sie findet sich im Hefte 55 von OSTWALDS Klassikern der exakten Wissenschaften: Über Kartenprojection, Abhandlungen von LAGRANGE (1779) und GAUSS (1822), Leipzig 1894, S. 57—81.

Die Abhandlung über die allgemeine Lehre von den krummen Flächen hat GAUSS am 8. Oktober 1827 der Göttinger Societät vorgelegt. Eine von GAUSS selbst verfasste Anzeige erschien am 5. November 1827 in den Göttingischen Gelehrten Anzeigen, Stück 177, S. 1761—1768; sie ist abgedruckt in den Werken, Bd. IV, S. 341—347. Eine Übersetzung der Selbstanzeige ist schon 1829 von FRANCIS BAILY herausgegeben worden:

Account of a paper by Prof. GAUSS, intitled: Disquisitiones generales circa superficies curvas, communicated to the Royal Society of Göttingen on the 8th of october 1827, The philosophical magazine, new series, vol. 3, London 1828, S. 331—336.

Man vgl. hierzu den Brief von OLBERS an GAUSS vom 2. Juli 1828 und dessen Antwort Ende Juli 1828 (Br. G.-O. 2, S. 508, 511, zum Teil abgedruckt W. VIII, S. 444—445).

Die Abhandlung selbst ist 1828 in den Denkschriften der Göttinger Societät erschienen:

(1) Disquisitiones generales circa superficies curvas, auctore CAROLO FRIDERICO GAUSS, Societati regiae oblatae d. 8. Octob. 1827. Commentationes societatis regiae scientiarum Gottingensis recentiores, Commentationes classis mathematicae. T. VI (ad annos 1823—1827), Gottingae 1828, S. 99—146.

Es gibt Sonderabzüge mit den Seitenzahlen 1 bis 50 und einer besonderen Titelseite, die den Vermerk: Gottingae, Typis Dieterichianis, 1828 trägt.

Der lateinische Text wurde in der fünften, von Liouville besorgten Ausgabe des Werkes: G. Monge, Application de l'analyse à la géometrie, Paris 1850, S. 505—546 abgedruckt unter dem Titel:

(2)   Recherches sur la théorie générale des surfaces courbes, par M. C. F. Gauss.

Es folgen zwei Übersetzungen ins Französische:

(3)   Recherches générales sur les surfaces courbes par M. Gauss. Traduit du latin par M. T[iburce] A[badie], ancien élève de l'École polytechnique, Nouvelles annales de mathématiques, t. 11, Paris 1852, S. 195—258.

(4)   Recherches générales sur les surfaces courbes, par M. C. F. Gauss, traduites en français, suivies de notes et d'études sur divers points de la théorie des surfaces et sur certaines classes de courbes, par M. E. Roger, Paris 1855.

Nach H. D. Thompson (siehe Nr. 9) ist von (4) eine weitere Ausgabe Grenoble 1870, Paris 1871 erschienen.

(5)   Die Werke von Carl Friedrich Gauss, herausgegeben von der Königlichen Gesellschaft der Wissenschaften in Göttingen bringen die Disq. gen. im vierten Bande, Göttingen 1873, S. 217—258; ein zweiter, unveränderter Abdruck ist 1880 herausgekommen.

Es gibt zwei Übersetzungen ins Deutsche. Die erste ist ein Teil des Werkes: O. Böklen, Analytische Geometrie des Raumes, zweite Auflage, Stuttgart 1884, dessen zweiter Teil den Doppeltitel führt:

(6)   Disquisitiones generales circa superficies curvas von C. F. Gauss, ins Deutsche übertragen, mit Anwendungen und Zusätzen. Die Fresnelsche Wellenfläche.

Die Übersetzung steht S. 197—232. Die erste Auflage, Stuttgart 1861, enthält die Übersetzung der Disq. gen. noch nicht.

Zweitens ist zu nennen:

(7)   Allgemeine Flächentheorie (Disquisitiones generales circa superficies curvas) von Carl Friedrich Gauss (1827). Deutsch herausgegeben von A. Wangerin. Heft 5 von Ostwalds Klassikern der exakten Wissenschaften, Leipzig 1889, 62 S.; zweite revidierte Auflage, Leipzig 1900, 64 S.

In den Budapester Mathematisch-physikalischen Blättern hat Nikolaus Szíjártó eine Übersetzung ins Magyarische veröffentlicht:

(8)   A felületek általános elmélete. Irta Gauss Károly Frigyes. Forditotta Szíjártó Miklós. Mathematikai és physikai lapok, Band 6, Budapest 1897, S. 45—114.

Eine Übersetzung ins Englische enthält das Buch:

(9)   Karl Friedrich Gauss, General investigations of curved surfaces of 1827 and 1825. Translated with notes and a bibliography by J. C. Morehead and A. M. Hiltebeitel. The Princeton University Library, 1902.

Die Einleitung von H. D. Thompson gibt bibliographische Notizen. Es folgt S. 1—44 die Übersetzung der Disq. gen. Beigegeben sind Übersetzungen der Selbstanzeige und der 1900 im achten Bande der Werke aus dem Nachlass herausgegebenen Neuen allgemeinen Untersuchungen über die krummen Flächen.

SCHLUSSBEMERKUNG.

Kurze Zeit nach dem Abdruck der vorstehenden Abhandlung in den *Materialien für eine wissenschaftliche Biographie von Gauss*, wurde der Verfasser PAUL STÄCKEL aus voller Schaffenskraft durch einen jähen Tod der Wissenschaft entrissen. — Seine grossen Verdienste um die Weiterführung der GAUSSausgabe vom VIII. Bande an und um die würdige Schilderung der Leistungen von GAUSS auf den verschiedenen Gebieten der Mathematik erfahren mit dem hier wiedergegebenen Aufsatz ihre Krönung. — Als es sich nun darum handelte, STÄCKELs Abhandlung über *Gauss als Geometer* in den Band X 2 der Werke einzufügen, konnte nur ein in allem Wesentlichen unveränderter Wiederabdruck aus den *Materialien* in Frage kommen. Der Unterzeichnete hat im Vereine mit FRIEDRICH ENGEL eine sorgfältige Durchsicht der Arbeit des dahingegangenen Freundes vorgenommen, wobei sich nur an einigen Stellen geringfügige Änderungen als erforderlich erwiesen haben. Es ist uns aber bekannt, dass STÄCKEL selbst die Absicht hatte, beim Wiederabdruck seines Aufsatzes in den Werken einen Punkt näher zu erörtern, den völlig aufzuklären ihm bei der Abfassung noch nicht gelungen war. Es handelt sich nämlich darum, welche Bedeutung GAUSS der Ausmessung des Dreiecks Brocken, Hohenhagen, Inselsberg in bezug auf die Frage beigelegt hat, ob man die Euklidische oder eine nichteuklidische Geometrie als theoretische Grundlage für die Messungen auf der Erde und am Himmel anzunehmen habe. — Da sich im Nachlasse STÄCKELs keine Aufzeichnung über diese Frage gefunden hat, so müssen wir uns damit begnügen, diejenigen Stellen aus SARTORIUS VON WALTERSHAUSENs Schrift *Gauss zum Gedächtnis* hier wiederzugeben, die sich darauf beziehen.

SARTORIUS, S. 53.

»... Das Heliotrop fand sogleich bei der Hannöverschen Triangulation seine volle Anwendung und das grosse Dreieck, vielleicht das grösste, welches gemessen worden ist, nämlich zwischen dem Brocken, dem Inselsberg und dem Hohenhagen, wurde mit Hilfe desselben so genau gemessen, dass die Summe der drei Winkel nur um etwa zwei Zehnteile einer Sekunde sich von zwei Rechten entfernt.«

SARTORIUS, S. 81.

»... Die Geometrie betrachtete GAUSS nur als ein konsequentes Gebäude, nachdem die Parallelentheorie als Axiom an der Spitze zugegeben sei; er sei indes zur Überzeugung gelangt, dass dieser Satz nicht bewiesen werden könne, doch wisse man aus der Erfahrung, z. B. aus den Winkeln des Dreiecks Brocken, Hohenhagen, Inselsberg, dass er näherungsweise richtig sei. Wolle man dagegen das genannte Axiom nicht zugeben, so folge daraus eine selbständige Geometrie, die er gelegentlich ein Mal verfolgt und mit dem Namen Antieuklidische Geometrie bezeichnet habe.«

Hierzu ist noch die oben S. 33 abgedruckte Stelle aus GAUSS' Brief an TAURINUS vom 8. November 1824 zu vergleichen. SCHLESINGER.

Inhaltsverzeichnis.

GAUSS UND DIE VARIATIONSRECHNUNG

VON

OSKAR BOLZA

Die Beziehungen von GAUSS zur Variationsrechnung finden sich im wesentlichen in den beiden Arbeiten: »*Principia generalia theoriae figurae fluidorum in statu aequilibrii*«[1]) und »*Disquisitiones generales circa superficies curvas*«[2]). In der ersten Arbeit hat GAUSS unmittelbar an einer wichtigen Stelle in die Entwicklung der Variationsrechnung eingegriffen; in der zweiten spielt die Variationsrechnung zwar unmittelbar nur eine untergeordnete Rolle, aber um so grösser ist ihre mittelbare Wirkung auf die Variationsrechnung gewesen, insofern die GAUSSschen Untersuchungen über geodätische Linien aufs engste mit den fundamentalsten Fragestellungen der neueren Variationsrechnung in Zusammenhang stehen und dazu vielfach den Anstoss gegeben haben. Ferner findet sich eine wichtige Anwendung der Variationsrechnung in der Arbeit: »*Allgemeine Lehrsätze in Beziehung auf die im verkehrten Verhältnisse des Quadrats der Entfernung wirkenden Anziehungs- und Abstossungskräfte*«[3]), in der GAUSS ein Existenztheorem der Potentialtheorie nach einer Methode beweist, deren Grundgedanke mit dem DIRICHLETschen Prinzip identisch ist. Mit diesen drei Arbeiten beschäftigen sich der Reihe nach die drei ersten Teile der folgenden Darstellung. Daran schliesst sich dann noch ein vierter Teil, in dem verschiedene vereinzelte kürzere Anwendungen besprochen werden, die GAUSS gelegentlich von der Variationsrechnung gemacht hat, und die sich in seinem Nachlass gefunden haben.

---

1) Werke, Bd. V, S. 29.
2) Werke, Bd. IV, S. 217.
3) Werke, Bd. V, S. 195.

I. Teil: Die Principia generalia theoriae figurae fluidorum in statu aequilibrii.

In der Arbeit: *Principia generalia theoriae figurae fluidorum in statu aequilibrii* werden zum ersten Mal in der Geschichte der Variationsrechnung für ein zweidimensionales Variationsproblem mit variablem Integrationsbereich die aus dem Verschwinden der ersten Variation folgenden Bedingungen vollständig aufgestellt, also nicht nur die partielle Differentialgleichung des Problems, sondern insbesondere auch die auf die Begrenzung bezügliche Randbedingung.

Um daher die Bedeutung dieser Arbeit für die Variationsrechnung würdigen zu können, wird es nötig sein, einen Überblick über die Geschichte der Extrema von Doppelintegralen vor GAUSS vorauszuschicken.

I. Abschnitt: Überblick über die Geschichte der Extrema von Doppelintegralen vor GAUSS.

1. Schon in seiner ersten grundlegenden Arbeit vom Jahre 1760/1 hatte LAGRANGE[1]) seine neue Variationsmethode auf das Problem der Fläche kleinsten Inhalts bei gegebener Begrenzung angewandt und die Aufgabe bis zur Aufstellung der partiellen Differentialgleichung der Minimalflächen geführt.

In Verallgemeinerung dieser LAGRANGEschen Untersuchungen hat dann EULER[2]) 1770 den ersten Versuch einer allgemeinen Theorie der Extrema von Doppelintegralen gemacht. Er betrachtet ein Doppelintegral von der Form

$$(1) \qquad J = \iint V(x, y, z, p, q, \ldots)\, dx\, dy$$

wo z eine Funktion der unabhängigen Variabeln x, y ist und

$$p = \frac{\partial z}{\partial x}, \quad q = \frac{\partial z}{\partial y}, \quad \ldots,$$

zwar nicht bei fester Begrenzung des gesuchten Flächenstücks, aber doch bei festem Integrationsbereich.

---

1) *Essai d'une nouvelle méthode pour déterminer les maxima et les minima des formules intégrales indéfinies*, Miscell. Taurin., Bd. II, 1760—1761, und Oeuvres de LAGRANGE, Bd. I, S. 353—356.

2) Institutiones calculi integralis, Bd. III, Appendix de calculo variationum (1770), Art. 159—174, Opera, Ser. I, vol. 13 (1914), S. 458—469.

Da hier nur die Funktion z variiert zu werden braucht, während sowohl die Grenzen wie die unabhängigen Variabeln unvariiert bleiben, so bietet die Aufstellung der ersten Variation von J keine Schwierigkeiten. Der in bekannter Weise erhaltene Ausdruck für δJ wird dann nach dem Vorgang von LAGRANGE mittels der der partiellen Integration zugrunde liegenden Formeln

$$(2) \qquad u\frac{\partial v}{\partial x} = \frac{\partial(uv)}{\partial x} - v\frac{\partial u}{\partial x}, \qquad u\frac{\partial v}{\partial y} = \frac{\partial(uv)}{\partial y} - v\frac{\partial u}{\partial y}$$

auf die Form gebracht

$$(3) \qquad \delta J = \iint \Omega\,\omega\,dx\,dy + \iint \left(\frac{\partial A}{\partial x} + \frac{\partial B}{\partial y}\right) dx\,dy.$$

Darin ist ω der unendlichkleine Zuwachs von z und

$$(4) \qquad \begin{cases} \Omega = N - \dfrac{\partial P}{\partial x} - \dfrac{\partial Q}{\partial y}\cdots, \\ A = P\omega + \cdots, \qquad B = Q\omega + \cdots, \end{cases}$$

wenn die partiellen Ableitungen von V nach $z, p, q, \ldots$ beziehungsweise mit $N, P, Q, \ldots$ bezeichnet werden.

Durch Ausführung je einer Integration in dem zweiten Doppelintegral wird dann gefolgert

$$(5) \qquad \iint \left(\frac{\partial A}{\partial x} + \frac{\partial B}{\partial y}\right) dx\,dy = \int A\,dy + \int B\,dx.$$

Aus dem Verschwinden von δJ wird nun geschlossen, dass das in δJ übrig bleibende Doppelintegral bei beliebiger Wahl von ω verschwinden muss, was zunächst auf die partielle Differentialgleichung des Problems

$$(6) \qquad \Omega = 0$$

und weiterhin auf die Grenzgleichung

$$(7) \qquad \int A\,dy + \int B\,dx = 0$$

führt.

Weitere Schlüsse aus dieser Gleichung (7) zu ziehen ist EULER nicht gelungen; er sagt darüber[3]:

---

[3] *Methodus nova et facilis calculum variationum tractandi*, Novi Comment. Petropol. Bd. XVI (1771, 1772, S. 53); abgedruckt in Institutiones calculi integralis, Bd. IV, 3. Aufl. (1845), S. 605.

»Verum quid haec singula membra (nämlich der Gleichung (7)) proprie significent et ad quemnam usum adhiberi queant, neutiquam adhuc perspicere licet, unde hoc argumentum cujus prima fundamenta etiamnunc vix jacta sunt censenda, omnem geometrarum attentionem atque multo accuratiorem investigationem postulare videtur, quod negotium vix ante suscipere licet, quam casus nonnulli particulares omni studio et diligentia fuerint evoluti«.

Und ein anderer guter Kenner der Variationsrechnung, BRUNACCI, bricht noch vierzig Jahre später, nachdem er in seinem *Corso di matematica sublime*[4] die EULERschen Untersuchungen reproduziert hat, an derselben Stelle in die Klage aus:

»Siamo sopra una spiaggia da cui si scopre una mar senza fine, e non ci è dato per anche d'inoltrarvis', onde fare delle scoperte«.

In der Tat stehen wir hier vor einer der Hauptschwierigkeiten der Theorie der Extrema von Doppelintegralen, die fast sechzig Jahre lang den Fortschritt der Variationsrechnung nach dieser Richtung aufgehalten hat, und die erst durch GAUSS vollständig überwunden worden ist[5].

2. Während bei mehrdimensionalen Variationsproblemen mit festem Integrationsbereich die Aufstellung der ersten Variation keinerlei Schwierigkeiten bietet, diese sich vielmehr erst bei der Umformung der ersten Variation durch partielle Integration einstellen, treten bei Problemen mit variablem Integrationsbereich, oder, was dasselbe ist, bei variabeln Grenzen, schon sofort bei der Aufstellung der ersten Variation erhebliche Schwierigkeiten auf. Zu ihrer Überwindung sind von Anfang an zwei wesentlich von einander verschiedene Methoden angewandt worden, die sich auch in ihrer weiteren Entwicklung scharf von einander getrennt gehalten haben: die Methode der Variation der Grenzen und die Methode der Variation der unabhängigen Variabeln.

Die Methode der Variation der Grenzen ist dadurch charakterisiert, dass bei ihr von vornherein das mehrfache Integral als Aufeinanderfolge ein-

---

4) Bd. IV, Florenz 1808, S. 248.

5) Auf eine zweite, mit der partiellen Integration verbundene Schwierigkeit, auf die ebenfalls bereits EULER gestossen ist, und die erst durch POISSON ihre Erledigung gefunden hat, gehen wir hier nicht ein, da sie erst eintritt, wenn unter dem Integral auch die zweiten Ableitungen von z vorkommen, was bei dem GAUSSschen Problem nicht der Fall ist. Vgl. hierüber TODHUNTER, *A history of the progress of the calculus of variations during the nineteenth century*, Cambridge 1861, Art. 27—29.

facher Integrale mit fester Integrationsordnung aufgefasst wird, und dass die unbekannten Funktionen und die Grenzen, nicht aber die unabhängigen Variabeln variiert werden. Demgegenüber liegt der Methode der Variation der unabhängigen Variabeln bewusst oder unbewusst die Auffassung des mehrfachen Integrals als Grenze einer Summe zugrunde, und es werden die unbekannten Funktionen und die unabhängigen Variabeln, nicht aber die Grenzen variiert. Die Methode der Variation der Grenzen ist die nächstliegende, begrifflich einfachere; sie hat rein analytischen Charakter und ist schon frühzeitig mit Klarheit und Präzision und fehlerfrei durchgeführt worden. Die Methode der Variation der unabhängigen Variabeln dagegen hat sich in näherem Zusammenhang mit der Anschauung gehalten; sie ist jedoch von ihrem ersten Auftreten bei LAGRANGE an mit Unklarheiten und Missverständnissen belastet gewesen, die vielfach zu direkten Fehlern geführt haben. Diesen Nachteilen stehen aber auch entscheidende Vorteile gegenüber: Die Methode der Variation der unabhängigen Variabeln ist nicht nur für die Behandlung geometrischer Aufgaben die geeignetere, sondern man kann geradezu sagen, dass die Methode der Variation der Grenzen, wenigstens in der Form, in der sie sich geschichtlich weiterentwickelt hat, für eine befriedigende Lösung geometrischer Aufgaben untauglich ist (siehe unten Nr. 5).

3. Obwohl GAUSS sich der Methode der Variation der unabhängigen Variabeln bedient, so ist es der Vollständigkeit halber doch erforderlich, einiges über die Methode der Variation der Grenzen vorauszuschicken.

Der Grundgedanke der Methode kommt schon bei LAGRANGE[6]) vor in einem Brief an EULER vom 20. November 1755 und zwar bei der Lösung des Problems der Brachistochrone von einem gegebenen Punkt nach einer gegebenen Kurve.

Aber erst siebzig Jahre später (1825) ist die Methode von OHM[7]) systematisch durchgeführt und auch auf Doppelintegrale angewandt worden. Dabei ist zunächst die Sorgfalt hervorzuheben, die OHM im Gegensatz zu seinen Vorgängern auf die Bezeichnung verwendet. So hat er bereits — siebzehn Jahre vor SARRUS — ein einfaches und ein doppeltes Substitutionszeichen, und die Grenzen der bestimmten Integrale werden stets angegeben, ebenso die

6) Oeuvres de LAGRANGE, Bd. XIV, S. 147—149.

7) MARTIN OHM, *Die Lehre vom Grössten und Kleinsten*, Berlin 1825.

Integrationsordnung bei Doppelintegralen. Dieser sorgfältigen Bezeichnung ist es nun auch zum grossen Teil zuzuschreiben, dass OHM bei der Variation der Doppelintegrale ganz wesentlich über seine Vorgänger EULER und LAGRANGE hinausgekommen ist.

OHM legt seinen Untersuchungen die EULERsche Auffassung der Variation als Differentiation nach einem Parameter zugrunde. Dem entsprechend werden in dem zu variierenden Doppelintegral

$$(8) \qquad J = \int_{x_0}^{x_1} \left(\int_{y_0(x)}^{y_1(x)} V\left(x, y, z, \frac{\partial z}{\partial x}, \frac{\partial z}{\partial y}, \ldots\right) dy \right) dx$$

die Grössen:

$$z(x, y), \quad y_0(x), \quad y_1(x), \quad x_0, \quad x_1$$

durch Funktionen eines Parameters $\varkappa$:

$$\bar{z}(x, y, \varkappa), \quad \bar{y}_0(x, \varkappa), \quad \bar{y}_1(x, \varkappa), \quad \bar{x}_0(\varkappa), \quad \bar{x}_1(\varkappa)$$

ersetzt, die sich für $\varkappa = 0$ auf die vorigen reduzieren. Das so entstehende Integral $\bar{J}$ wird dann nach $\varkappa$ differentiiert und dann $\varkappa = 0$ gesetzt. Durch zweimalige Anwendung der Regel für die Differentiation eines bestimmten Integrals nach einem Parameter ergibt sich die folgende **erste Fundamental-formel von OHM**[8]):

$$(9) \qquad \begin{aligned} \delta J &= \int_{x_0}^{x_1} \int_{y_0}^{y_1} \delta V \, dy \, dx + \int_{x_0}^{x_1} \delta y_1 \Big|^{y_1} V \, dx - \int_{x_0}^{x_1} \delta y_0 \Big|^{y_0} V \, dx \\ &\quad + \delta x_1 \Big|^{x_1} \int_{y_0}^{y_1} V \, dy - \delta x_0 \Big|^{x_0} \int_{y_0}^{y_1} V \, dy. \end{aligned}$$

Dabei haben wir von dem einfachen Substitutionssymbol in der aus dem LINDELÖF-MOIGNOschen Lehrbuch[8a]) bekannten Form Gebrauch gemacht, und das Symbol δ bedeutet allgemein die Operation

$$\delta \varphi = \left(\frac{\partial \bar{\varphi}}{\partial \varkappa} \right)_{\varkappa = 0}.$$

---

8) OHM, loc. cit. 7), S. 121, 122. OHM selbst leitet die Formel (9) durch zweimalige Anwendung der von ihm vorher bewiesenen entsprechenden Formel für einfache Integrale ab.

8a) F. MOIGNO, L. LINDELÖF, *Leçons sur le calcul différentiel et intégral*, IV, Calcul des Variations, Paris 1861.

Mit der Formel (9) war die Aufgabe der Aufstellung der ersten Variation für Doppelintegrale mit variablen Grenzen gelöst.

4. Von fast noch grösserer Wichtigkeit ist die Umformung, die nunmehr OHM mit dem in der Formel (9) auftretenden Doppelintegral vornimmt, nachdem er dasselbe zunächst auf die Form (3) gebracht hat. — Die Schwierigkeit, aus der Gleichung (7) weitere Folgerungen zu ziehen, hatte im wesentlichen darin bestanden, dass in den beiden einfachen Integralen auf der linken Seite nach verschiedenen Variabeln und zwischen verschiedenen Grenzen integriert wird. Um diesem Übelstand abzuhelfen, macht OHM von der folgenden Formel Gebrauch, die sich unmittelbar aus der Regel für die Differentiation eines bestimmten Integrals nach einem Parameter ergibt,

$$(10) \quad \int_{y_0}^{y_1} \frac{\partial A(x,y)}{\partial x} \, dy = \frac{d}{dx} \int_{y_0}^{y_1} A(x,y)\,dy - A(x,y_1)\frac{dy_1}{dx} + A(x,y_0)\frac{dy_0}{dx}$$

Hiernach erhält man an Stelle der EULERSchen Formel (5) die folgende

$$(11) \quad \int_{x_0}^{x_1} \int_{y_0}^{y_1} \left(\frac{\partial A}{\partial x} + \frac{\partial B}{\partial y}\right) dy\, dx = \Big|_{x_0}^{x_1} \int_{y_0}^{y_1} A\,dy + \int_{x_0}^{x_1} \Big|_{y_0}^{y_1} \left(B - A\frac{dy}{dx}\right) dx,$$

wobei wir zur Abkürzung ausser von dem CAUCHYSchen Doppel-Substitutionszeichen noch von der LINDELÖFSchen Bezeichnung

$$(12) \quad \Big|_{y_0}^{y_1} A\frac{dy}{dx} = \frac{dy_1}{dx}\Big|^{y_1} A - \frac{dy_0}{dx}\Big|^{y_0} A$$

Gebrauch gemacht haben.

Die Anwendung der Formel (11) auf das in (9) vorkommende Doppelintegral liefert für den einfachsten Fall, wo in dem Integral J keine höheren als die ersten Ableitungen der Funktion z vorkommen, die folgende **zweite Fundamentalformel von OHM**[9]):

$$(13) \quad \int_{x_0}^{x_1} \int_{y_0}^{y_1} \delta V \, dy\, dx = \int_{x_0}^{x_1} \int_{y_0}^{y_1} \left(N - \frac{\partial P}{\partial x} - \frac{\partial Q}{\partial y}\right) \omega\, dy\, dx$$
$$+ \Big|_{x_0}^{x_1} \int_{y_0}^{y_1} P\omega\,dy + \int_{x_0}^{x_1} \Big|_{y_0}^{y_1} \left(Q - P\frac{dy}{dx}\right)\omega\,dx.$$

---

9) OHM, loc. cit. 7), S. 306; bereits TODHUNTER hat auf die Formel (13) von OHM aufmerksam gemacht, loc. cit. 5), S. 32.

X 2 Abh. 5.　　　　　　　　　　　　　　　　　　　　2

Der Ausdruck, der sich nunmehr durch Kombination von (9) und (13) für δJ ergibt, hat die folgenden beiden Eigenschaften:

1) Die Integrationen und Substitutionen werden in allen Gliedern von δJ in derselben festen Reihenfolge ausgeführt.

2) In keinem Glied kommt unter einem Integralzeichen eine nach der Integrationsvariabeln genommene partielle Ableitung von ω vor.

Das sind aber gerade die beiden charakteristischen Eigenschaften der Normalform, auf die SARRUS in seiner Preisarbeit[10]) die erste Variation eines beliebigen n-fachen Integrals gebracht hat. OHM hat also mit den beiden Formeln (9) und (13) für den einfachsten Typus von Doppelintegralen die SARRUSschen Resultate bereits vorweggenommen.

Damit war OHM sehr nahe an die Ableitung der »Randbedingungen« herangekommen; den letzten Schritt jedoch, die Aufstellung eines »Fundamentallemmas«, das ihm gestattet hätte, alle Folgerungen aus dem Verschwinden der ersten Variation zu ziehen, hat er nicht gemacht. Er hat zwar auch nach dieser Richtung Untersuchungen angestellt; dieselben haben aber zu keinem befriedigenden Ergebnis geführt[11]). — In seiner grossen Preisarbeit (1842) hat dann SARRUS dieselbe Methode der Variation der Grenzen systematisch und mit grösster Konsequenz auf beliebige vielfache Integrale ausgedehnt und die ganze Theorie durch sein »allgemeines Fundamentallemma«[12]) erst zum vollen Abschluss gebracht. Auch die gleichzeitige Preisarbeit von DELAUNAY[13]) bedient sich der Methode der Variation der Grenzen und ebenso die beiden wichtigsten Lehrbücher der Variationsrechnung des neunzehnten Jahrhunderts, JELLETT[13a]) und LINDELÖF-MOIGNO[8a]), die sich bezw. an DELAUNAY und SARRUS anlehnen.

5. Die Methode der Variation der Grenzen, wie sie von OHM und SARRUS ausgebildet worden ist, lässt an Klarheit und Einfachheit nichts zu wünschen

10) *Recherches sur le calcul des variations*, eingereicht 1842, jedoch erst 1848 veröffentlicht in den Mémoires présentés par divers savants à l'Académie des Sciences (Paris), Bd. X, S. 1—128.

11) OHM, loc. cit. 7), S. 75—80; der allgemeine Satz auf S. 79 ist unrichtig.

12) SARRUS, loc. cit. 10), S. 55—84.

13) *Mémoire sur le calcul des variations*, eingereicht 1842, veröffentlicht 1843 im Journal de l'École Polytechnique, Cahier 29, S. 37—120.

13a) J. H. JELLETT, *An elementary treatise on the calculus of variations,* Dublin 1850; deutsch von C. H. SCHNUSE, Braunschweig 1860.

übrig. Sie leidet aber an einer Schwäche, auf die wir schon oben angespielt haben (Nr. 2), und die zu Tage tritt, sobald man die Methode auf geometrische Aufgaben anwenden will. Man sehe sich z. B. die geradezu ungeheuerlichen Formeln an, die SARRUS[14]) nötig hat, um das einfache Problem des Körpers von grösstem Volumen bei gegebener Oberfläche zu behandeln.

Der Grund dieser Schwäche scheint mir darin zu liegen, dass die Aufgabe, die durch die OHM-SARRUSsche Methode gelöst wird, im allgemeinen für die Geometrie kein Interesse hat, während umgekehrt die Aufgaben, die für die Geometrie Interesse haben, nicht unter die OHM-SARRUSsche Theorie fallen. Denn der Integrationsbereich des Integrals (8) ist der durch die Geraden AB: $x = x_0$, CD: $x = x_1$ einerseits und die beiden Kurven AC: $y = y_0(x)$, BD: $y = y_1(x)$ andererseits eingeschlossene Bereich der x, y-Ebene, wobei $x_0 < x_1$ und $y_0(x) \lessgtr y_1(x)$ für $x_0 \lessgtr x \lessgtr x_1$ vorausgesetzt wird. Einen solchen Bereich wollen wir der Kürze halber einen »Elementarbereich« nennen.

Dann ist auch für das variierte Integral J der Integrationsbereich ein Elementarbereich $\overline{A}\overline{C}\overline{D}\overline{B}$ und die Aufgabe, mit deren Lösung sich die Methode der Variation der Grenzen beschäftigt, lautet in geometrischer Fassung (für den Fall des Doppelintegrals):

Unter allen Flächenstücken: $z = z(x, y)$, deren Projektionen auf die x, y-Ebene Elementarbereiche sind, dasjenige zu bestimmen, das ein Extremum für das Doppelintegral J liefert.

Diese Beschränkung auf Elementarbereiche erscheint aber vom geometrischen Standpunkt aus durchaus unnatürlich und gekünstelt, und wird wohl nur in den seltensten Fällen einmal bei einer aus der Geometrie selbst entsprungenen Aufgabe auftauchen.

Man kann nun versuchen, diesem Mangel dadurch abzuhelfen, dass man dem Elementarbereich die Bedingung auferlegt, dass die Punkte A und B, C und D zusammenfallen sollen, und dass überdies die beiden Kurven $y = y_0(x)$ und $y = y_1(x)$ die Ordinaten $x = x_0$ und $x = x_1$ in den Punkten $A = B$, bezw $C = D$ berühren, und analog für die variierten Kurven.

Dann tritt aber der Übelstand ein, dass die Ableitungen dy_0/dx und dy_1/dx für die Werte $x = x_0$ und $x = x_1$ unendlich werden. Das macht sich zwar

---

14) SARRUS, loc. cit. 10), S. 102—114.

bei der Ableitung der Formel (9) noch nicht geltend, macht aber die Umformung der ersten Variation durch partielle Integration, — wenigstens in
der Form, wie sie von OHM, SARRUS und DELAUNAY gehandhabt worden
ist —, hinfällig. Das ist ein Einwand, der auch die sonst so vortrefflichen
Lehrbücher von JELLETT und LINDELÖF-MOIGNO unbefriedigend erscheinen lässt,
soweit es sich um geometrische Anwendungen der Variationsrechnung handelt.

Die Lösung der hier vorliegenden Schwierigkeit wird einerseits durch
Einführung des Begriffs des Linienintegrals, andererseits durch die Methode
der Variation der unabhängigen Variabeln geliefert, zu deren Betrachtung
wir nunmehr übergehen.

6. Die Methode der Variation der unabhängigen Variabeln knüpft
unmittelbar an die Definition des δ-Algorithmus an, die LAGRANGE[15]) in seiner
ersten Veröffentlichung (1760/1) über Variationsrechnung zunächt für einfache
Integrale gegeben hat:

Unter Z wird eine beliebige Funktion der Variabeln x, y, z und einer
Anzahl ihrer Differentiale verstanden und dann δZ definiert als das Differential dieser Funktion Z in Bezug auf die als unabhängige Variable betrachteten Grössen $x, y, z, dx, dy, dz, d^2x, d^2y, d^2z, \ldots$ Dazu kommen dann
die Gleichungen

$$\delta \int Z = \int \delta Z,$$
$$\delta dx = d \delta x, \quad \delta d^2 x = d^2 \delta x, \quad \ldots$$

Es unterliegt keinem Zweifel, dass LAGRANGE sich dabei die Variabeln
x, y, z als Funktionen einer unbestimmt gelassenen unabhängigen Hilfsvariabeln,
die wir t nennen wollen, gedacht hat, obgleich er dies nirgends ausdrücklich
ausgesprochen hat. Daher kann man bei LAGRANGE streng genommen noch
nicht von einer Variation der unabhängigen Variabeln sprechen, insofern
bei ihm x, y, z gleichberechtigt auftreten und die wahre unabhängige Variable
t nicht variiert wird.

Etwas anders liegen die Dinge bereits bei EULER[16]), der in den *Institutiones
calculi integralis* (1770) eine ausführliche und systematische Darstellung und

15) LAGRANGE, loc. cit. 1), S. 336. Es verdient jedoch hervorgehoben zu werden, dass LAGRANGE in
seinen ersten brieflichen Mitteilungen über seine Entdeckung an EULER vom Jahre 1755 die Variable x
noch nicht variiert, vgl. LAGRANGE, loc. cit. 6), S. 140, 148.

16) EULER, loc. cit. 2), Art. 1—174.

Weiterführung der LAGRANGEschen Variationsmethode gegeben hat. Da er im Gegensatz zu LAGRANGE das zu variierende Integral im einfachsten Fall in der Form

$$U = \int V(x, y, p, q, \ldots) \, dx,$$
$$p = \frac{dy}{dx}, \quad q = \frac{dp}{dx}, \quad \ldots$$

annimmt, so erscheint die Variable x so ausgesprochen in der Rolle der unabhängigen Variabeln, dass man bei EULER füglich von einer Variation der unabhängigen Variabeln reden kann, wenn er selbst sich auch x und y als Funktionen einer Hilfsvariabeln gedacht haben mag, wofür mancherlei Anzeichen sprechen.

Nun hat zwar einerseits EULER durch geometrische Deutung des Variationsprozesses dem LAGRANGEschen Algorithmus einen mehr konkreten Inhalt zu geben gesucht, andererseits hat er aber doch auch zu einer rein mechanischen Anwendung des δ-Prozesses beigetragen; so, wenn er z. B. ohne jede weitere Begründung schreibt

$$\delta U = \int \delta (V dx) = \int (\delta V dx + V \delta dx),$$

oder wenn er die Gleichung

$$\delta \left(\frac{dy}{dx} \right) = \frac{dx \, \delta dy - dy \, \delta dx}{dx^2} = \frac{d\delta y}{dx} - \frac{dy}{dx} \frac{d\delta x}{dx}$$

mit den Worten begründet[17]): »Variatio quaesita δp per notas differentiationis regulas reperitur, dummodo loco signi differentiationis ∂ scribatur signum variationis δ«. Ganz unverhüllt ist dann später diese wörtliche, rein mechanische Anwendung der LAGRANGEschen Definition des δ-Algorithmus, — für die wir in der Folge die Bezeichnung »*formale Variation*« gebrauchen werden — bei der die Bedeutung der Operation vollständig hinter dem Algorithmus zurückgetreten ist, und bei der keinerlei Bezugnahme auf eine Hilfsvariable mehr erkennbar ist, bei LACROIX[18]) aufgetreten und hat von da aus den unheilvollsten Einfluss auf die Weiterentwicklung der Variationsrechnung ausgeübt. Denn diese wörtliche Anwendung der LAGRANGEschen Definition des o-Algorithmus

---

17) EULER, loc. cit. 2), Art. 45.

18) *Traité du calcul différentiel et du calcul intégral,* Bd. II, 2. Aufl., Paris 1814. Vgl. insbesondere Art. 845, 861, 862.

bei gleichzeitiger Variation der unabhängigen Variabeln ist falsch, wie schon die direkte Anwendung auf die zweite Ableitung d^2y/dx^2 zeigt, und sie musste, konsequent durchgeführt, früher oder später zu falschen Resultaten führen, wie dies denn auch bei der Variation der Doppelintegrale tatsächlich eingetreten ist.

7. Der erste Versuch, die Methode der Variation der unabhängigen Variabeln auf zweidimensionale Probleme anzuwenden, rührt von EULER[19] (1770) her. Er deutet den Variationsprozess geometrisch: den Variabeln x, y, z, die als rechtwinklige Koordinaten eines Punktes einer Fläche $z = z(x, y)$ aufgefasst werden, werden unendlich kleine Zuwächse $\delta x, \delta y, \delta z$ erteilt, die Funktionen der beiden unabhängigen Variabeln x, y sind. Dadurch entsteht eine der ersten unendlich benachbarte Fläche, wobei zugleich dem Punkt x, y, z der ursprünglichen Fläche der Punkt $x + \delta x$, $y + \delta y$, $z + \delta z$ der zweiten Fläche zugeordnet ist.

Es kommt nun zunächst auf die Berechnung der Variation der partiellen Ableitungen

$$p = \frac{\partial z}{\partial x}, \quad q = \frac{\partial z}{\partial y}$$

an. EULER schliesst aus der Bedeutung von δp, dass

$$\delta p = \frac{\partial (z + \delta z)}{\partial (x + \delta x)} - \frac{\partial z}{\partial x} = \frac{\partial z + \partial \delta z}{\partial x + \partial \delta x} - \frac{\partial z}{\partial x}$$

und erhält daraus durch Vernachlässigung unendlich kleiner Grössen höherer Ordnung

(14) $$\delta p = \frac{\partial \delta z}{\partial x} - p \frac{\partial \delta x}{\partial x}$$

und die analoge Formel für δq.

Das ist dasselbe Resultat, dass sich auch durch rein mechanische Anwendung des δ-Algorithmus nach der Formel

$$\delta \left(\frac{\partial z}{\partial x} \right) = \frac{\partial x \, \delta \partial z - \partial z \, \delta \partial x}{\partial x^2}$$

unter Benutzung der Gleichungen $\delta \partial x = \partial \delta x$, $\delta \partial z = \partial \delta z$ ergeben haben würde,

---

19) EULER, loc. cit. 2), Art. 141—149.

und in der Tat haben später LAGRANGE[20]) und LACROIX[21]) die Formel (14) auf diese Weise abgeleitet.

Aus den Formeln für δp, δq leitet dann EULER die Variationen der zweiten partiellen Ableitungen her, indem er diese schreibt

$$r = \frac{\partial p}{\partial x}, \quad s = \frac{\partial p}{\partial y} = \frac{\partial q}{\partial x}, \quad t = \frac{\partial q}{\partial y}$$

Die Variation von δs kann man dabei auf zwei verschiedenen Wegen erhalten, die jedoch zu verschiedenen Resultaten führen. Um den Widerspruch aufzuklären, sucht nun EULER nachzuweisen, dass δx nur von x, δy nur von y abhängen dürfen. Bei dieser spezialisierenden Annahme fallen dann die beiden verschiedenen Werte von δs zusammen.

Aber EULER traut der Sache selbst nicht recht; er schreibt: »Omnibus autem dubiis in hac investigatione felicissime occurremus, si soli quantitati z variationes tribuamus, binis reliquis x et y plane invariatis relictis, ita ut sit tam $\delta x = 0$ quam $\delta y = 0$«. Er gibt daher, um sicher zu gehen, bei der weiteren Behandlung der Doppelintegrale, über die wir bereits in Nr. 1 berichtet haben, die Variation der unabhängigen Variabeln x, y auf und variiert nur die Funktion z; und dabei ist er auch in seiner späteren Arbeit[22]) vom Jahr 1771 geblieben. Damit hat er sich freilich, da er auch die Grenzen nicht variiert, den Zugang zu Problemen mit variablem Integrationsbereich versperrt, für die übrigens die Zeit ohnehin nicht reif war.

Die Überlegungen, durch die EULER zu beweisen sucht, dass man δx als nur von x, δy nur von y abhängig annehmen müsse, sind nicht stichhaltig, und der wahre Grund des Widerspruchs der beiden Ausdrücke für δs liegt darin, dass schon die EULERschen Formeln für δp, δq falsch sind. Den Fehler in EULERS Schlussweise hat erst M OSTROGRADSKY[23]) (1834) aufgedeckt.

Zugleich bestätigt sich hier, dass die oben als »formale Variation« bezeichnete rein mechanische Anwendung des δ-Algorithmus bei gleichzeitiger Variation der unabhängigen Variabeln, unter Umständen zu direkt falschen

---

20) Oeuvres de LAGRANGE, Bd. XI, S. 105: »On aura, en différentiant« (nämlich mit dem Symbol δ).

21) LACROIX, loc. cit. 18), Art. 861: »différentiant ces fractions à la manière ordinaire, et changeant un d en δ«.

22) EULER, loc. cit. 3).

23) *Mémoire sur le calcul des variatións des intégrales multiples*, Journal für r. u. a. Math., Bd. 15 (1836), S. 334.

Resultaten führen kann, und daher eine ohne genaue Feststellung der Grenzen ihrer Anwendbarkeit unzulassige Operation ist.

8. Nach diesem ersten missglückten Versuch von EULER ist erst vierzig Jahre später das Problem der Variation von Doppelintegralen bei variablem Integrationsbereich wieder aufgenommen worden und zwar von LAGRANGE[24] selbst in einem kurzen Exkurs über Variationsrechnung in der zweiten Auflage der *Mécanique analytique* (1811).

Es handelt sich darum, die erste Variation des Doppelintegrals

$$J = \iint V(x, y, z, p, q, \ldots)\, dx\, dy$$

bei gleichzeitiger Variation von x, y, z zu berechnen. Dabei macht LAGRANGE dieselbe spezialisierende Annahme wie EULER, dass δx nur von x, δy nur von y abhängt, dass somit

$$(15) \qquad \frac{\partial \delta x}{\partial y} = 0, \qquad \frac{\partial \delta y}{\partial x} = 0,$$

ohne jedoch zu behaupten, dass diese Einschränkung notwendig sei, sondern nur »um die Rechnung zu vereinfachen«. Es kommt nun vor allem wieder auf die Berechnung von δp, δq an. Nachdem LAGRANGE, wie bereits oben erwähnt, die EULERsche Formel (14) für δp durch »formale Variation« abgeleitet hat, formt er dieselbe dadurch um, dass er das unter der speziellen Voraussetzung (15) verschwindende Glied

$$-q \frac{\partial \delta y}{\partial x}$$

hinzufügt. So erhält er für δp, δq die Ausdrücke

$$(16) \qquad \begin{cases} \delta p = \dfrac{\partial \omega}{\partial x} + \dfrac{\partial p}{\partial x} \delta x + \dfrac{\partial q}{\partial x} \delta y, \\[2mm] \delta q = \dfrac{\partial \omega}{\partial y} + \dfrac{\partial p}{\partial y} \delta x + \dfrac{\partial q}{\partial y} \delta y, \end{cases}$$

wo nunmehr

$$(17) \qquad \omega = \delta z - p\,\delta x - q\,\delta y.$$

Aus den Formeln für δp, δq leitet er dann sehr einfache und übersichtliche Ausdrücke für die Variationen der höheren Ableitungen von z her, mit deren

---

24) Oeuvres de LAGRANGE, Bd. XI, S. 103—110.

Hilfe er nunmehr δV auf die einfache Form bringen kann

$$(18) \qquad \delta V = \frac{\partial V}{\partial x}\delta x + \frac{\partial V}{\partial y}\delta y + N\omega + P\frac{\partial \omega}{\partial x} + Q\frac{\partial \omega}{\partial y} + \cdots.$$

Weiter gibt LAGRANGE ohne weitere Erläuterung, also doch wohl auf Grund »formaler Variation«, für die Variation des Integrals J den Ausdruck

$$(19) \qquad \delta J = \int\!\!\int \delta (V\,dx\,dy) = \int\!\!\int (dx\,dy\,\delta V + V\,\delta(dx\,dy)).$$

Die nächste Schwierigkeit ist die Berechnung von $\delta(dx\,dy)$. Hier geht LAGRANGE auf die geometrische Bedeutung von $dx\,dy$ als Flächeninhalt des Rechtecks mit den Eckenkoordinaten

$$x,\ y;\quad x+dx,\ y;\quad x,\ y+dy;\quad x+dx,\ y+dy$$

zurück und erhält

$$(20) \qquad \delta(dx\,dy) = \left(\frac{\partial \delta x}{\partial x} + \frac{\partial \delta y}{\partial y}\right) dx\,dy.$$

Die Formel (19) geht nunmehr über in

$$(21) \qquad \delta J = \int\!\!\int \left(\delta V - \frac{\partial V}{\partial x}\delta x - \frac{\partial V}{\partial y}\delta y\right) dx\,dy + \int\!\!\int \left(\frac{\partial(V\delta x)}{\partial x} + \frac{\partial(V\delta y)}{\partial y}\right) dx\,dy;$$

dabei sind, — ebenso wie auch schon in (18) —, vor Ausführung der Differentiationen nach x und y die Grössen $z, p, q, \ldots$ als Funktionen von x, y in V eingesetzt zu denken.

Diese Formel ist für die Methode der Variation der unabhängigen Variabeln das Gegenstück zu der Fundamentalformel (9) von OHM; wir werden sie die LAGRANGEsche Fundamentalformel nennen. Sie ist später von OSTROGRADSKY[25]) (1834) und G. M. PAGANI[26]) (1834) auf n-fache Integrale verallgemeinert worden.

Das Einsetzen des Wertes (18) von δV liefert nun unter Benutzung der Formeln (2) für δJ das Schlussresultat[27]):

$$(22) \qquad \delta J = \int\!\!\int \Omega\omega\,dx\,dy + \int\!\!\int \left(\frac{\partial(A+V\delta x)}{\partial x} + \frac{\partial(B+V\delta y)}{\partial y}\right) dx\,dy,$$

25) OSTROGRADSKY, loc. cit. 23), S. 339, 340.

26) *Résolution d'un problème relatif au calcul des variations,* Journal für r. u. a. Mathematik, Bd. 15 (1836), S. 84 ff., insbes. S. 92.

27) LAGRANGE schreibt übrigens dieses Schlussresultat gar nicht explizite hin, ebensowenig wie die explizite Formel (21); er begnügt sich, den Gang der dazu führenden Rechnung angegeben zu haben.

wobei die Grössen Ω, A, B, ω durch die Gleichungen (4) und (17) definiert sind.

Die Formel (22) ist das genaue Analogon einer entsprechenden, von EULER[28] für einfache Integrale bewiesenen Formel, die vermutlich LAGRANGE bei seiner Untersuchung, insbesondere bei seiner Ableitung der Formeln (16) als Wegweiser gedient hat.

Auf die weitere Behandlung des zweiten Doppelintegrals in (22) ist LAGRANGE nicht eingegangen; es genügt ihm, festzustellen, dass dieses bei fester Begrenzung verschwindet, da es ihm bei der ganzen Ableitung lediglich darauf ankommt zu beweisen, dass man bei gleichzeitiger Variation von x, y, z zu derselben partiellen Differentialgleichung kommt, wie bei alleiniger Variation von z.

9. LAGRANGE hatte die Formel (16) für δp, δq und damit auch das Schlussresultat (22) nur unter der dem Problem selbst durchaus fernliegenden beschränkenden Voraussetzung (15) abgeleitet, und überdies hat er dabei die fragwürdige Operation der »formalen Variation« angewandt.

Die hier noch vorliegende Lücke wurde bald darauf (1816) von POISSON[29] ausgefüllt Er leitet zunächst mit LAGRANGE die Formel (19) mittels »formaler Variation« ab. Dann aber führt er an Stelle von x, y zwei Hilfsvariable u, v als unabhängige Variable ein. Dadurch gehen dann auch z und die partiellen Ableitungen

$$p = \frac{\partial z}{\partial x}, \quad q = \frac{\partial z}{\partial y}$$

in Funktionen von u, v über. Jetzt werden die Funktionen x, y, z von u, v variiert, während u, v unvariiert bleiben. Dann ergeben sich die Variationen von δp, δq zunächst als Funktionen von u, v und weiterhin, indem man von den Variabeln u, v zu den alten Variabeln x, y zurückkehrt, als Funktionen von x, y. Am einfachsten geschieht dies, indem man direkt $x = u$, $y = v$ setzt, was keine Beschränkung der Allgemeinheit ist.

Als Resultat erhält POISSON die LAGRANGEschen Ausdrücke (16) für δp, δq,

---

28) EULER, loc. cit. 2), Art. 86.

29) *Sur le calcul des variations, relativement aux intégrales multiples*, Bulletin des Sciences, par la Société Philomatique de Paris, Année 1816, S. 82—86; wiedergegeben in LACROIX, *Traité etc.*, Bd. III (1819), S. 717—721.

von denen nunmehr bewiesen ist, dass sie nicht nur unter der beschränkenden Voraussetzung (15), sondern ganz allgemein giltig sind.

Zugleich ergab sich eine Bestätigung der von LAGRANGE durch eine geometrische Infinitesimalbetrachtung erhaltenen Formel (20) für die Variation des Flächenelementes, das jetzt die Form

$$dx\,dy = \left(\frac{\partial x}{\partial u}\frac{\partial y}{\partial v} - \frac{\partial x}{\partial v}\frac{\partial y}{\partial u}\right)du\,dv$$

annimmt.

Aber die grundsätzliche Bedeutung der Arbeit von POISSON reicht weit über die angeführten Verbesserungen der Untersuchungen von LAGRANGE hinaus, insofern sie die Mittel liefert, die Berechnung der Variation des Doppelintegrals von der anfechtbaren Operation der »formalen Variation« ganz frei zu machen. Zwar hat POISSON in dieser ersten Arbeit bei Ableitung der Gleichung (19) noch keinen Gebrauch davon gemacht. Aber vorgreifend wollen wir doch schon hier erwähnen, dass er in seiner spätern grossen Arbeit »*Mémoire sur le calcul des variations*«[30]) (1831) auch diesen letzten Rest der »formalen Variation« beseitigt hat, indem er die unabhängigen Variabeln u, v gleich in das Integral J einführt. Dasselbe geht dann über in

$$(24) \qquad J = \iint V \left(\frac{\partial x}{\partial u}\frac{\partial y}{\partial v} - \frac{\partial x}{\partial v}\frac{\partial y}{\partial u}\right)du\,dv,$$

erstreckt über einen gewissen Bereich im Gebiet der Variabeln u, v. Nunmehr werden x, y, z durch $x + \delta x$, $y + \delta y$, $z + \delta z$ ersetzt, wobei δx, δy, δz willkürliche unendlich kleine Funktionen von u, v sind, während u, v auf denselben Bereich beschränkt werden wie im Integral J. Auf diese Weise kann man von einem gegebenen Flächenstück zu einem beliebigen benachbarten übergehen, ohne den Integrationsbereich zu ändern. Bei der Variation von J hat man daher jetzt weder die Grenzen noch die unabhängigen Variabeln zu variieren, sondern einzig die Funktionen x, y, z, was keinerlei begriffliche Schwierigkeiten mehr bietet.

Damit waren endlich die mit der Variation der unabhängigen Variabeln verbundenen Schwierigkeiten und Unklarheiten aus dem Wege geräumt, frei-

---

30) Mémoires de l'Académie royale des Sciences de l'Institut de France, Bd. XII (1833), S. 287—293. Datiert ist die Arbeit vom 10. November 1831.

lich nur dadurch, dass überhaupt der ganze Begriff der Variation der unabhängigen Variabeln beseitigt wurde.

Auf die mit der partiellen Integration verbundenen Schwierigkeiten ist auch POISSON in seiner Arbeit von 1816 nicht eingegangen. Er begnügt sich mit der EULERschen Gleichung (5) und das Problem der Randbedingung blieb ungelöst.

Ein schlagendes Licht auf die hier noch vorliegende Lücke wirft die Diskussion, die sich an die von GERGONNE in demselben Jahr 1816 gestellte Aufgabe geknüpft hat [31]: Einen Würfel in der Art in zwei Teile zu schneiden, dass die Schnittfläche durch zwei nicht parallele Diagonalen zweier gegenüberliegender Würfelflächen geht und einen möglichst kleinen Flächeninhalt besitzt. Als Lösung gab TÉDÉNAT [31a] eine Schraubenfläche an. GERGONNE äussert Bedenken gegen die Richtigkeit dieser Lösung. Aber zum direkten Nachweis ihrer Unrichtigkeit fehlten ihm noch die Hilfsmittel, da ihm selbst für dieses denkbar einfachste Beispiel, das sich ohne Variation der Grenzen erledigen liess [32], die Randbedingung unbekannt war, die hier darin besteht, dass die gesuchte Fläche in den nicht vorgegebenen Teilen ihrer Begrenzung die Wände des Würfels senkrecht schneiden muss.

II. Abschnitt: Die »Principia generalia theoriae figurae fluidorum in statu aequilibrii«.

10. Die beiden Fundamentalformeln (9) und (13) von OHM einerseits und die von POISSON bewiesene LAGRANGEsche Formel (22) andererseits bezeichnen die äussersten Punkte, welche die Theorie der Variation mehrfacher Integrale erreicht hatte, als GAUSS mit seiner Arbeit *Principia generalia theoriae figurae fluidorum in statu aequilibrii* [33] in die Variationsrechnung eingriff. In dieser Arbeit leitet GAUSS aus dem Prinzip der virtuellen Verrückungen für das Gleich-

---

31) Annales de Mathématiques pures et appliquées, Bd. VII (1816/7), S. 99, 148—155, 283—287, 284/5 Fussnote.

31a) Ebenda, S. 283.

32) Vgl. die Bemerkungen von H. A. SCHWARZ zur GERGONNEschen Aufgabe, Monatsberichte der Berliner Akademie, 1872, S. 3 ff., Gesammelte Abhandlungen, Bd. I, S. 126—129.

33) Der Göttinger Gesellschaft der Wissenschaften vorgelegt am 28. September 1829, veröffentlicht als Sonderausgabe 1830 und in den Commentationes societatis regiae scientiarum Gottingensis recentiores, Vol. VII (1832), Class. math. S. 39—88; Werke, Bd. V, S. 29—77.

gewicht einer homogenen, inkompressibeln Flüssigkeit, deren Bewegungsfreiheit durch einen unbeweglichen starren Körper (Gefäss) beschränkt ist, und auf deren Teilchen, ausser der Schwerkraft, einerseits die gegenseitige Anziehung der Flüssigkeitsteilchen, andererseits die Anziehung der Teilchen des Gefässes wirken, die folgende Bedingung ab:

Es bezeichne s das Volumen der Flüssigkeit, T den Inhalt desjenigen Teiles der Oberfläche der Flüssigkeit, der das Gefäss berührt, U den Inhalt des andern (freien) Teiles der Oberfläche der Flüssigkeit, z den vertikalen Abstand eines Punktes der Flüssigkeit über einer festen horizontalen Ebene, endlich α, β zwei positive physikalische Konstanten. Alsdann muss im Zustand des Gleichgewichts der Ausdruck

$$(25) \qquad W = \int z\, ds + (\alpha^2 - 2\beta^2)\, T + \alpha^2 U$$

ein Minimum sein in Beziehung auf die Gesamtheit aller mit der Gestalt des Gefässes vereinbaren unendlich kleinen Formveränderungen der Flüssigkeit, bei denen ihr Volumen unverändert bleibt.

Nimmt man mit GAUSS an, dass die freie Oberfläche der Flüssigkeit, die ebenso wie ihr Inhalt mit U bezeichnet wird, sich in rechtwinkligen Koordinaten in der Form $z = z(x, y)$ darstellen lässt, und macht man dieselbe Annahme für die Gefässwand und schreibt ihre Gleichung: $z = g(x, y)$, so lässt sich W durch die folgende Summe von Doppelintegralen ausdrücken

$$(26) \qquad \begin{aligned} W = {} & \tfrac{1}{2} \iint [z^2 - g^2(x, y)]\, dx\, dy \\ & + (\alpha^2 - 2\beta^2) \iint \sqrt{1 + g_x^2 + g_y^2}\, dx\, dy \\ & + \alpha^2 \iint \sqrt{1 + p^2 + q^2}\, dx\, dy, \end{aligned}$$

während das vorgegebene Volumen ausgedrückt wird durch

$$(27) \qquad s = \iint [z - g(x, y)]\, dx\, dy.$$

Der Integrationsbereich ist dabei die Projektion $\mathfrak{A}$ der freien Oberfläche U auf die x, y-Ebene.

Es handelt sich also um ein zweidimensionales isoperimetrisches Problem mit variablem Integrationsbereich, und GAUSS hätte, wenn er von den Resultaten seiner Vorgänger hätte Gebrauch machen wollen, (vorausgesetzt dass er dieselben gekannt hat), für die Berechnung von δW und δs

von den fertig vorliegenden Formeln (9) und (13) von OHM oder von der Formel (22) von LAGRANGE ausgehen können.

GAUSS hat diesen Weg jedoch nicht eingeschlagen. Die Untersuchungen von OHM scheinen ihm nicht bekannt gewesen zu sein, wie man wohl aus dem folgenden Satz (Art. 20) schliessen kann: »Sed quum calculus variationum integralium duplicium pro casu, ubi etiam limites tamquam variabiles spectari debent, hactenus parum excultus sit, hanc disquisitionem subtilem paullo profundius petere oportet«, sowie auch aus dem folgenden Passus, in dem GAUSS der Methode der Variation der unabhängigen Variabeln vor der Methode der Variation der Grenzen den Vorzug gibt (Art. 21): »Si sufficeret, tales tantummodo mutationes considerare, pro quibus limes P semper invariatus, vel saltem in eadem superficie verticali maneret, manifesto soli coordinatae tertiae z variationem inducere oporteret, quo pacto problema longe facilius evaderet; sed quum problema maxima generalitate nobis ventilandum sit, in tali investigationis modo consideratio variabilitatis limitum in ambages incommodas concinnitatemque turbantes perduceret; quamobrem praestabit, statim ab initio omnes tres coordinatas variationi subiicere«.

Aber auch von den LAGRANGEschen Formeln (21) und (22) macht GAUSS keinen Gebrauch. Vielmehr hat er es vorgezogen, unabhängig von allen vorangegangenen Untersuchungen über die Variation von Doppelintegralen und unter Beiseitesetzung des ganzen Apparates des δ-Algorithmus unmittelbar aus der geometrischen Bedeutung der Integrale U, T, s, $\int z\,ds$ die Variation dieser Grössen zu berechnen.

Sehen wir nun zu, wie GAUSS im einzelnen das von ihm gestellte Variationsproblem löst. Entsprechend den Hauptschwierigkeiten, denen wir in der Geschichte der Extrema von Doppelintegralen vor GAUSS begegnet sind, werden wir dabei drei Etappen unterscheiden:

A) Die Aufstellung der ersten Variation,
B) Die Umformung der ersten Variation mittels partieller Integration,
C) Die Ableitung der partiellen Differentialgleichung und der Randbedingung.

Wir bemerken noch, dass GAUSS auf eine Untersuchung der zweiten Variation nicht eingegangen ist[34]), dieselbe überhaupt nicht erwähnt.

34) Mit einer einzigen Ausnahme In Art. 19 behandelt GAUSS, ehe er das allgemeine Problem in Angriff nimmt, den speziellen Fall von kommunizierenden Röhren mit vertikalen zylindrischen Schenkeln.

A) Aufstellung der ersten Variation.

11. Für die Variationsrechnung weitaus am wichtigsten ist derjenige Teil der GAUSSschen Untersuchung, der sich mit der Berechnung der Variation des Flächeninhalts U beschäftigt.

Die in der Form

$$(28) \qquad\qquad z = z(x, y)$$

angenommene freie Oberfläche U wird in der Weise variiert, dass jeder Punkt x, y, z der Fläche durch einen benachbarten Punkt[35])

$$(29) \qquad \bar{x} = x + \delta x, \quad \bar{y} = y + \delta y, \quad \bar{z} = z + \delta z$$

ersetzt wird, wobei δx, δy, δz »unbestimmte, aber unendlich kleine Funktionen von x und y« sind, deren erste partielle Ableitungen stillschweigend ebenfalls als unendlich klein vorausgesetzt werden.

Die so entstehende variierte Fläche, ebenso wie ihr Inhalt, möge mit $\overline{U}$ bezeichnet werden. Beide Flächenstücke U und $\overline{U}$ werden erhalten, wenn die unabhängigen Variabeln x, y ein und denselben Bereich der x, y-Ebene überstreichen, nämlich die Projektion $\mathfrak{A}$ des Flächenstücks U auf die x, y-Ebene.

Die Variation, — worunter immer die erste Variation verstanden wird — δU ist dann der Zuwachs $\overline{U} - U$ bei Vernachlässigung unendlich kleiner Grössen höherer Ordnung. Bei der Berechnung von δU geht nun GAUSS in dem Bestreben, möglichst wenig bei seiner Ableitung vorauszusetzen und den Beweis von den allereinfachsten Elementen aus aufzubauen, so weit, dass er nicht einmal den allgemeinen Ausdruck für den Inhalt eines Flächenstücks als bekannt voraussetzt. Vielmehr berechnet er direkt den Inhalt eines Elementes der ursprünglichen Fläche U und den des entsprechenden Elementes der variierten Fläche $\overline{U}$. Daraus erhält er zunächst die Variation des Flächenelementes und erst weiterhin durch Integration die Variation des Gesamtflächeninhaltes U. Im einzelnen verfährt GAUSS folgendermassen (Art. 21):

Durch Betrachtung einer speziellen Art von Variationen, bei denen die freien Oberflächenstücke der Flüssigkeit zu sich selbst parallel in vertikaler Richtung verschoben werden, leitet er in sehr einfacher Weise das Gesetz für die Steighöhen ab. Hierbei geht er auch auf die Glieder zweiter Ordnung ein.

35) Die Bezeichnungen $\bar{x}$, $\bar{y}$, $\bar{z}$, $\overline{U}$, $\mathfrak{A}$ finden sich bei GAUSS nicht; ebensowenig weiter unten die Bezeichnungen M, M_1, M_2, u. s. w.

Sind M, M_1, M_2 die Punkte der Fläche U bezw. mit den Abszissen

$$(x, y), \quad (x+dx, y+dy), \quad (x+d'x, y+d'y)$$

und N_1, N_2 diejenigen Punkte des Raumes, die aus M_1, M_2 hervorgehen, wenn man in deren z-Koordinaten die vollständigen Inkremente von z durch die entsprechenden Differentiale ersetzt, also

$$z(x+dx, y+dy) \quad \text{durch} \quad z(x,y)+p\,dx+q\,dy,$$

bezw.

$$z(x+d'x, y+d'y) \quad \text{durch} \quad z(x,y)+p\,d'x+q\,d'y,$$

so nimmt Gauss das Dreieck MN_1N_2 als Element der ursprünglichen Fläche und berechnet dessen Inhalt dU nach der bekannten Formel für den Flächeninhalt eines Dreiecks. Den drei Punkten M, M_1, M_2 der Fläche U entsprechen nun mittels der Zuordnung (29) auf der variierten Fläche $\overline{U}$ drei Punkte $\overline{M}$, $\overline{M_1}$, $\overline{M_2}$; mit $\overline{N_1}$, $\overline{N_2}$ mögen diejenigen Punkte bezeichnet werden, die aus $\overline{M_1}$, $\overline{M_2}$ hervorgehen, wenn man in den Ausdrücken der Koordinaten wieder die vollständigen Inkremente von z, δx, δy, δz durch die Differentiale ersetzt. Dann betrachtet Gauss als Element der variierten Fläche das Dreieck $\overline{M}\,\overline{N_1}\,\overline{N_2}$ und berechnet dessen Inhalt wieder nach der allgemeinen Formel für den Inhalt eines Dreiecks. Nunmehr werden die höheren Potenzen von δx, δy, δz und ihren partiellen Ableitungen vernachlässigt; das so erhaltene Resultat möge mit $d\overline{U}$ bezeichnet werden. Dann ist

$$d\overline{U} - dU = \delta dU.$$

Daraus ergibt sich schliesslich δU durch Integration über die Fläche U.

Dabei führt Gauss an Stelle der partiellen Ableitungen p, q die Richtungskosinus ξ, η, ζ der in Beziehung auf die Flüssigkeit äusseren Normale der Fläche U im Punkt x, y, z ein und erhält so schliesslich das Resultat in der Form

$$(30) \qquad \delta U = \int dU \left((\eta^2 + \zeta^2) \frac{\partial \delta x}{\partial x} - \xi\eta \frac{\partial \delta y}{\partial x} - \xi\zeta \frac{\partial \delta z}{\partial x} \right)$$
$$+ \int dU \left(-\xi\eta \frac{\partial \delta x}{\partial y} + (\xi^2 + \zeta^2) \frac{\partial \delta y}{\partial y} - \eta\zeta \frac{\partial \delta z}{\partial y} \right).$$

Wir bemerken, dass sich dasselbe Resultat ergibt, wenn man in der Lagrangeschen Fundamentalformel (21) $V = \sqrt{1+p^2+q^2}$ setzt.

12. Um zu erkennen, was das eben geschilderte GAUSSSCHE Verfahren, bei dem die Schwierigkeiten der Berechnung des Inhalts einer krummen Fläche in eigentümlicher Weise mit denjenigen der Variation der Doppelintegrale verwoben sind, für die allgemeine Variationsrechnung bedeutet, hat man zunächst die beiden Arten von Schwierigkeiten von einander zu trennen, indem man die allgemeine Formel für den Inhalt einer in Parameterdarstellung gegebenen Fläche, die GAUSS[36]) schon im Jahr 1813 angegeben hatte, als bekannt und für die beiden Flächenstücke U und $\overline{U}$ als gültig voraussetzt. Berechnet man nach dieser Formel den Inhalt einerseits der durch die Gleichung (28) dargestellten Fläche U, andererseits der durch die Gleichungen (29) in Parameterdarstellung mit x, y als Parametern dargestellten Fläche $\overline{U}$, wobei in beiden Integralen die unabhängigen Variabeln auf denselben Bereich $\mathfrak{A}$ zu beschränken sind, und bildet die Differenz $\overline{U} - U$, so erhält man nach Vernachlässigung der Glieder höherer Ordnung in δx, δy, δz und ihren partiellen Ableitungen den GAUSSSCHEN Ausdruck (30) für δU Das ist sozusagen der der Variationsrechnung angehörige Bestandteil des GAUSSSCHEN Gedankengangs.

Wir versuchen jetzt, denselben Gedankengang auf das allgemeine Integral

$$J = \iint\limits_{\mathfrak{A}} V(x, y, z, p, q)\, dx\, dy$$

mit variablem Integrationsbereich zu übertragen. Wir haben dann zunächst dasselbe Integral J für die Fläche $\overline{U}$ zu bilden, d. h. wenn wir alle auf die Fläche $\overline{U}$ bezüglichen Grössen durch Überstreichen auszeichnen,

$$\overline{J} = \iint\limits_{\mathfrak{A}} V(\overline{x}, \overline{y}, \overline{z}, \overline{p}, \overline{q})\, d\overline{x}\, d\overline{y}.$$

Dabei ist die Fläche $\overline{U}$ in der aus den Gleichungen (29) durch Elimination von x, y sich ergebenden Form

(31) $$\overline{z} = \overline{z}(\overline{x}, \overline{y})$$

gedacht, $\overline{p}, \overline{q}$ sind die Ableitungen von $\overline{z}$ nach $\overline{x}$ und $\overline{y}$, und $\mathfrak{A}$ ist die Projektion von $\overline{U}$ auf die x, y-Ebene.

Kehrt man jetzt von der Darstellung (31) der Fläche $\overline{U}$ zur Parameter-

---

[36] *Theoria attractionis corporum sphaeroidicorum etc.*, Comm. Soc. Reg. sc. Gotting. rec. vol. II, 1813, Art. 10; Werke, Bd. V, S. 15.

darstellung (29) zurück, so bedeutet das, dass man in dem Doppelintegral $\bar{J}$ durch die Substitution

$$\bar{x} = x + \delta x, \quad \bar{y} = y + \delta y$$

x, y als unabhängige Variable einführt. Das gibt aber

$$\bar{J} = \iint\limits_{\mathfrak{A}} V(\bar{x}, \bar{y}, \bar{z}, \bar{p}, \bar{q}) \left(\frac{\partial \bar{x}}{\partial x} \frac{\partial \bar{y}}{\partial y} - \frac{\partial \bar{x}}{\partial y} \frac{\partial \bar{y}}{\partial x} \right) dx\, dy,$$

wobei nunmehr der Integrationsbereich für $\bar{J}$ derselbe ist wie für J.

Durch die Zurückführung des Integrationsbereichs des Integrals $\bar{J}$ auf den Integrationsbereich von J sind nun aber die mit der Variation des Integrationsbereichs verbundenen grundsätzlichen Schwierigkeiten überwunden, und die Berechnung von δJ bietet keine Schwierigkeiten mehr. Das Resultat ist die LAGRANGEsche Formel (21) mit den früher angegebenen Werten (18), (16) für δV, δp, δq. Diese Verallgemeinerung des GAUSSschen Verfahrens ist zwar im Grunde mit der POISSONschen Methode der Parameterdarstellung aufs engste verwandt, verdient aber doch als besondere Methode der Behandlung der Doppelintegrale aufgeführt zu werden; wir werden sie die Substitutionsmethode nennen. Sie findet sich zuerst klar ausgesprochen und durchgeführt in der (trotz einiger Fehler) vortrefflichen Darstellung der Variationsrechnung, die BORDONI[37] im Anschluss an die Darstellung von LAGRANGE[37a] und diese nach den verschiedensten Richtungen weiterführend gegeben hat, und die in der Literatur der Variationsrechnung viel zu wenig Beachtung gefunden hat.

Die Entwicklungen von BORDONI sind allem Anschein nach unbeeinflusst durch GAUSS und vermutlich ohne Kenntnis der GAUSSschen Arbeit geschrieben.

Später ist dieselbe Methode, verallgemeinert, von SABININE[38] zum Beweis der beim n-fachen Integral der LAGRANGEschen Fundamentalformel entsprechenden Formel von OSTROGRADSKY und PAGANI benutzt worden. Auch C. JORDAN legt diese Methode seiner Darstellung der Variation mehrfacher Integrale[39] zugrunde.

37) A. M. BORDONI, *Lezioni di calcolo sublime*, Mailand 1831, Bd. II, Art. 398.

37a) J. L. LAGRANGE, *Leçons sur le calcul des fonctions*, Journal de l'École Polyt., cah. 12, 1804, nouvelle édition 1806, Oeuvres t. X.

38) *Démonstration d'une formule de M. Ostrogradsky relative au calcul des variations des intégrales multiples*, Journal für r. u. a. Mathematik, Bd. 59 (1861), S. 185—189.

39) C. JORDAN, *Cours d'Analyse de l'École Polyt.*, Bd III (1896), Nr. 396.

13. Indem wir die Besprechung der weiteren Umformung von δU auf später verschieben, gehen wir zur Berechnung der Variationen der Integrale

$$(32) \qquad s, \int z \, ds, \quad T$$

über.

Hier ist die von GAUSS benutzte Methode (Art. 27) in noch höherem Grade als bei der Berechnung von δU auf das spezielle vorliegende Problem zugeschnitten. Der Zuwachs, den das Volumen s beim Übergang von der Fläche U zur variierten Fläche $\overline{U}$ erfährt, ist das Volumen des zwischen den beiden Flächen U, $\overline{U}$ einerseits und der Gefässwand andererseits eingeschlossenen Raumes, vorausgesetzt, dass die verschiedenen Teile desselben mit geeignetem Vorzeichen in die Rechnung eingestellt werden. Dieser Raum wird nun folgendermassen in Elemente zerlegt: Entsprechende Punkte der Seiten der beiden in Nr. 11 eingeführten Dreiecke $M N_1 N_2$ und $\overline{M} \overline{N_1} \overline{N_2}$ werden durch Gerade verbunden. Der so entstehende Körper kann dann angenähert durch ein Prisma ersetzt werden, dessen mit richtigem Vorzeichen genommenes Volumen durch das Produkt aus der Basis dU und der Projektion des Variationsvektors $M\overline{M}$ auf die äussere Normale der Fläche U im Punkt M ausgedrückt wird. Dieses Prisma wird als Element des fraglichen Volumens gewählt, woraus sich für δs der Wert

$$(33) \qquad \delta s = \int dU . \delta e . \cos (4, 5)$$

ergibt, wo

$$\delta e = \sqrt{(\delta x)^2 + (\delta y)^2 + (\delta z)^2} = |M\overline{M}|,$$

und in der GAUSSschen Bezeichnung 4 die Richtung der äusseren Normale an die Fläche U im Punkt M, 5 die Richtung $M\overline{M}$ bedeutet.

Dieselbe Zerlegung liefert

$$(34) \qquad \delta \int z \, ds = \int z \, dU . \delta e . \cos (4, 5).$$

In ähnlicher Weise wird die Variation der Fläche T direkt berechnet. Bezeichnet P die gemeinsame Begrenzungskurve der beiden Flächen T und U, so muss nach der Natur der Aufgabe die Begrenzungskurve $\overline{P}$ der Fläche $\overline{U}$ ebenfalls auf der Gefässwand liegen. Ein Element dP der Kurve P, das ihm mittels (29) zugeordnete Element $d\overline{P}$ der Kurve $\overline{P}$ und die beiden, ent-

sprechende Endpunkte der beiden Elemente verbindenden Geraden bilden
dann ein annähernd als Parallelogramm zu betrachtendes Element des Zu-
wachses, den die Fläche T bei der Variation erfährt. Bezeichnet daher 8 diejenige vom Ausgangspunkt des Elementes dP ausgehende Richtung, die auf
diesem Element senkrecht steht, in der Tangentialebene an die Gefässwand
gelegen und in Beziehung auf den Raum s nach aussen gerichtet ist, so ergibt
sich für die Variation von T

$$(35) \qquad \delta T = \int dP . \delta e . \cos (5, 8).$$

Diese GAUSSsche Methode der Berechnung der Variationen der drei Integrale (32) ist an Eleganz und Einfachheit wohl kaum zu übertreffen. Allein
die Schwierigkeiten der Integralrechnung einerseits und der Variationsrechnung
andererseits sind hier so unauflöslich verflochten, dass es schwer sein dürfte,
einen den heutigen Anforderungen an Strenge entsprechenden Beweis darauf
zu gründen, und die Methode ist so ausschliesslich dem speziellen Problem
angepasst, dass es nicht leicht scheint, daraus Folgerungen allgemeiner Natur
für die Variationsrechnung abzuleiten.

Abschliessend können wir die GAUSSsche Methode der Berechnung der
ersten Variation eines Doppelintegrals als eine energische Reaktion gegen den
alles überwuchernden Formalismus des δ-Algorithmus, als eine Rückkehr vom
»formalen« zum »gegenständlichen« Denken charakterisieren. Wohl hatte die
Einführung des Variationsprozesses durch LAGRANGE gegenüber den mühsamen
Infinitesimalbetrachtungen von EULER und seinen Vorgängern einen ganz ungeheuern Fortschritt bedeutet; aber in der rein mechanischen Anwendung dieses
Prozesses bei gleichzeitiger Variation der unabhängigen Variabeln lag eine
Überschreitung der Grenzen seiner Gültigkeit, die zu Unklarheiten und Fehlern
geführt hatte. POISSON hatte zwar durch die Methode der Parameterdarstellung
die Schwierigkeiten beseitigt, aber nur indem er die Variation der unabhängigen Variabeln überhaupt über Bord warf. Im Gegensatz dazu hat GAUSS
die Methode der Variation der unabhängigen Variabeln wieder zu Ehren gebracht, indem er die »formale Variation« durch eine sinngemässe, auf die Bedeutung der dem Formalismus zugrunde liegenden Operation aufgebaute Methode ersetzte [39a].

39a) Vgl. hierzu die folgende Stelle aus einem Brief von GAUSS an SCHUMACHER vom 29. Januar 1829:

B) Umformung der ersten Variation durch partielle Integration.

14. Wir kehren jetzt zum Flächenintegral (30) zurück, durch das die Variation δU dargestellt worden war. Zum Zweck der Umformung desselben mittels partieller Integration zerlegt GAUSS (Art. 22, 23) die Fläche U, im Gegensatz zu der in Nr. 11 benutzten Zerlegungsart, auf eine zweite Art in Elemente, nämlich durch zwei Systeme von Ebenen, das erste senkrecht zur y-Axe, das zweite senkrecht zur x-Axe. Dieser Zerlegung entsprechend wird der Ausdruck für das Flächenelement

$$(36) \qquad dU = \frac{dx\,dy}{\zeta},$$

wenn dx, dy als positiv angenommen werden und überdies vorausgesetzt wird, dass auch ζ auf der ganzen Fläche positiv ist.

Das nach Einführung dieses Ausdrucks für dU in (30) sich ergebende Doppelintegral für δU kann nunmehr mittels der der partiellen Integration zugrunde liegenden Formeln (2) auf die Form gebracht werden [40]

$$(37) \qquad \delta U = \iint \left(\frac{\partial A}{\partial x} + \frac{\partial B}{\partial y} \right) dx\,dy + \iint C\,dx\,dy$$

worin A, B, C gewisse homogene lineare Funktionen von δx, δy, δz sind.

Hier nimmt nun vor allem die weitere Umformung des ersten Integrals

$$(38) \qquad \iint \left(\frac{\partial A}{\partial x} + \frac{\partial B}{\partial y} \right) dx\,dy$$

unser Interesse in Anspruch. Wir haben früher (Nr. 1) gesehen, wie schon EULER (1770) an dieser Stelle stecken geblieben war, da aus der Form

$$\int A\,dy + \int B\,dx,$$

in die er das Doppelintegral brachte, für die Randbedingung nichts zu schliessen war, und wie auch LAGRANGE (1811) und POISSON (1816) hierüber nicht hinausgekommen waren.

Wir haben dann weiter gesehen (Nr. 4), wie OHM (1825) eine erste Lösung

---

»LAGRANGE, wie fast alle Analysten der neueren Zeit, trifft zuweilen der Vorwurf, beim Spiel der Zeichen nicht immer die Sache lebendig gegenwärtig zu haben«, *Briefwechsel zwischen C. F. Gauss und H. C. Schumacher*, Bd. II, S. 200.

40) Die Grössen A, B entsprechen hier den Grössen $A + V\delta x$, $B + V\delta y$ von Gleichung (22).

der hier vorliegenden Schwierigkeit in der Formel (11) gefunden hatte, sahen aber gleichzeitig, dass diese Lösung gerade für die bei geometrischen Aufgaben fast einzig in Betracht kommende Gestalt des Integrationsbereichs illusorisch wird.

Nunmehr finden wir endlich bei GAUSS die endgültige Lösung, die darin besteht, dass er das Doppelintegral (38) in ein Linienintegral verwandelt, zwar nicht in ein Linienintegral über die Begrenzung des Integrationsbereichs $\mathfrak{A}$, wie wir es heutzutage mittels der GREENschen Formel zu tun gewohnt sind, vielmehr in ein Linienintegral, genommen über die Begrenzung P des Flächenstücks U Im einzelnen verfährt dabei GAUSS folgendermassen: In dem Integral

$$\iint \frac{\partial A}{\partial x}\, dx\, dy$$

wird zuerst nach x integriert, also die Summation über diejenigen Elemente der Fläche vorgenommen, welche zwischen zwei Ebenen y und $y+dy$ des ersten der oben erwähnten Ebenensysteme enthalten sind. Die x-Koordinaten der in gerader Anzahl vorhandenen Schnittpunkte der Kurve P mit der Ebene y seien der Reihe nach $x^0, x', x'', \ldots$ Dann ist das Resultat dieser Summation

$$[A(x',y) - A(x^0,y) + A(x''',y) - A(x'',y) \ldots]\, dy.$$

Sind nun $dP^0, dP', dP'', \ldots$ die Elemente der Kurve P, die zwischen den beiden Ebenen y und $y+dy$ gelegen sind, und sind X, Y, Z die Richtungskosinus der positiven Tangente an die Kurve P in einem allgemeinen Punkte derselben, so ist bei der von GAUSS gewählten Festsetzung über die positive Umlaufrichtung der Kurve P

(39) $$dy = -Y^0 dP^0 = +Y' dP' = -Y'' dP'' \ldots$$

Die obige Summe lässt sich also schreiben

$$A(x_0,y) Y^0 dP^0 + A(x',y) Y' dP' + A(x'',y) Y'' dP'' + \cdots,$$

und wenn nunmehr auch nach y summiert wird, so erhält man das Resultat

$$\iint \frac{\partial A}{\partial x}\, dx\, dy = \int AY\, dP,$$

wo das Linienintegral rechts über die ganze Begrenzungskurve P in positivem

Sinn zu erstrecken ist. Das analoge Verfahren, bei dem nunmehr zuerst nach y integriert wird, ergibt

$$\iint \frac{\partial B}{\partial y}\, dx\, dy = -\int BX\, dP,$$

da hier in entsprechender Bezeichnung

$$(40) \qquad dx = +X^0\, dP^0 = -X'\, dP' = +X''\, dP'' \cdots,$$

und die Verbindung beider Resultate liefert den Satz

$$(41) \qquad \iint \left(\frac{\partial A}{\partial x} + \frac{\partial B}{\partial y}\right) dx\, dy = \int (AY - BX)\, dP,$$

wenn P irgend eine geschlossene Raumkurve ist, deren Projektion auf die x, y-Ebene die einmal in positivem Sinn durchlaufene Begrenzungskurve des Integrationsbereichs $\mathfrak{A}$ des Doppelintegrals ist.

Gauss spricht das zwar nicht als allgemeinen Satz aus mit beliebigen Funktionen A, B, sondern nur für die speziellen Funktionen A, B, die bei der Berechnung von δU auftreten. Trotzdem können wir den Satz mit Fug und Recht als die Gausssche Form der Greenschen Formel bezeichnen, denn die Greensche Formel für die Ebene ist in (41) als spezieller Fall enthalten, wenn nämlich die Kurve P eben ist und in der x, y-Ebene liegt.

15. Es wirft sich hier die Frage auf, ob Gauss nur das Verdienst zukommt, zum ersten Mal einen bereits bekannten Satz (die »Greensche Formel«) in etwas modifizierter Form auf die Umformung der ersten Variation des Doppelintegrals angewandt zu haben, oder ob man ihm auch die Greensche Formel selbst zuschreiben darf.

Da ist denn zu sagen, dass — soweit ich habe in Erfahrung bringen können —, die Greensche Formel für die Ebene hier überhaupt zum ersten Mal vorkommt (als Spezialfall der Formel (41)), wenn man von der Ohmschen Formel (11) absieht, die eben doch nur als Vorläufer zu betrachten ist, insofern bei ihr gerade das Charakteristische, der Begriff des Linienintegrals, fehlt. Dagegen war der analoge Satz, durch den ein Raumintegral in ein Oberflächenintegral verwandelt wird, bereits in zwei [41] vorausgegangenen Arbeiten vorge-

41) In der *Encyklopädie der Mathematischen Wissenschaften*, Bd. II 1, S. 477, Fussnote 78) wird in diesem Zusammenhang auch auf eine Arbeit von Lagrange verwiesen. Dabei handelt es sich aber nur

kommen: Erstens hatte Gauss selbst schon 1813 in der bereits oben zitierten Arbeit *Theoria attractionis etc.*[42]) den Satz

$$(42) \qquad \int \frac{\partial W(x,y,z)}{\partial x} d\tau = \int W(x,y,z) \cos(n,x) d\sigma$$

und die beiden entsprechenden für y und z für die speziellen Fälle: $W = x$ und

$$W = F(r), \quad r = \sqrt{(x-a)^2 + (y-b)^2 + (z-c)^2}$$

bewiesen; dabei bedeutet $d\tau$ ein Volumenelement, $d\sigma$ ein Oberflächenelement und n die äussere Flächennormale. Zweitens hatte Green in einer vom 29. März 1828 datierten Arbeit[43]) denselben Satz (42) und die beiden entsprechenden mit $W = V \frac{\partial U}{\partial x}$ bewiesen und daraus den nach ihm benannten Satz über die Umformung des Integrals

$$\int \left(\frac{\partial U}{\partial x} \frac{\partial V}{\partial x} + \frac{\partial U}{\partial y} \frac{\partial V}{\partial y} + \frac{\partial U}{\partial z} \frac{\partial V}{\partial z} \right) d\tau$$

abgeleitet. Der gewöhnlich als Greensche Formel bezeichnete Satz in der Ebene kommt bei Green gar nicht vor.

Hiernach dürfte die oben aufgeworfene Frage wohl dahin zu beantworten sein, dass man Gauss nicht nur die Anwendung der Greenschen Formel, sondern auch diese selbst zuschreiben darf.

16. Wir erwähnen gleich hier zwei weitere Autoren, die sich nur wenig später als Gauss ebenfalls mit der Greenschen Formel beschäftigt, und sie zur Umformung der ersten Variation des allgemeinen Doppelintegrals (1) benutzt haben, Bordoni und Poisson. — Bordoni hat (1831) in seinem bereits früher erwähnten *Calcolo sublime*[44]) dieselbe Formel (41) wie Gauss ab-

---

um Formeln wie

$$\iiint L \frac{\partial u}{\partial x} dx\, dy\, dz = \iint Lu\, dy\, dz - \iiint u \frac{\partial L}{\partial x} dx\, dy\, dz,$$

bei denen gerade das Charakteristische, die Umformung des Doppelintegrals in ein Oberflächenintegral, fehlt; daher kommt diese Arbeit hier für uns ebensowenig in Betracht wie die Formel (5) von Euler. Aus demselben Grund scheidet auch die ebendort, Fussnote 79) zitierte Arbeit von Lamé vom 8. 5. 1829 aus.

42) Gauss, loc. cit. 36), Art. 3—5.

43) *An essay on the application of mathematical analysis to the theories of electricity and magnetism*, Nottingham 1828, abgedruckt im Journal für r. u. a. Mathematik, Bd. 39 (1850), 44 (1852), 47 (1854). Der uns hier interessierende Satz findet sich in Bd. 44, S. 360—362.

44) Bordoni, loc. cit. 37), Bd. II, Art. 424.

geleitet, allerdings mit einem Zeichenfehler (rechts $+B$ statt $-B$). Er schreibt zunächst in ungenauer Bezeichnung

(43)
$$\iint \frac{\partial A}{\partial x}\, dx\, dy = \int [A(x_1, y) - A(x_0, y)]\, dy,$$
$$\iint \frac{\partial B}{\partial y}\, dx\, dy = \int [B(x, y_1) - B(x, y_0)]\, dx$$

und fährt dann fort: Die beiden Integrale

$$\int A y'(t)\, dt, \quad \int B x'(t)\, dt,$$

erstreckt über die ganze Begrenzungslinie P (auf der die Bogenlänge t gemessen ist), sind offenbar den beiden einfachen Integralen auf der rechten Seite von (43) gleich. Über die Umlaufsrichtung wird nichts gesagt, und eine Folge dieser Nichtbeachtung derselben ist das falsche Vorzeichen in einer der beiden so erhaltenen Gleichungen. BORDONI erwähnt GAUSS nicht, und in der Tat ist gerade dieses falsche Vorzeichen wohl der beste Beweis dafür, dass die BORDONISCHEN Entwicklungen ohne Kenntnis der GAUSSSCHEN Arbeit geschrieben sind, wofür auch sonst alle Anzeichen sprechen.

Im Gegensatz zu GAUSS und BORDONI hat POISSON[45] in seiner Arbeit vom Jahre 1831 die GREENSCHE Formel in der Ebene in der folgenden Form abgeleitet

(44)
$$\iint \left(\frac{\partial A}{\partial x} + \frac{\partial B}{\partial y} \right) dx\, dy = \int (A \cos a + B \cos \beta)\, ds,$$

erstreckt über die Begrenzung des Integrationsbereichs des Doppelintegrals in der x, y-Ebene, mit ds als Bogenelement, während a, β die Winkel der äusseren Normale an die Kurve mit der positiven x- bezw. y-Axe bedeuten. POISSONS Beweis beruht auf den den GAUSSSCHEN Formeln (39) und (40) analogen Gleichungen

$$dx = -\cos \beta^0 ds^0 = +\cos \beta' ds' \ldots$$
$$dy = -\cos a^0 ds^0 = +\cos a' ds' \ldots$$

Die Arbeit von POISSON scheint die früheste Stelle zu sein, an der die GREENSCHE Formel in der Ebene in der uns heute geläufigen Form auftritt. Auf die Frage, ob POISSON bei Aufstellung der Formel (44) von der GAUSSSCHEN Arbeit beeinflusst war, werden wir weiter unten (Nr. 23) eingehen.

---

45) POISSON, loc. cit. 30), S. 300.

17. Nach dieser Abschweifung kehren wir zu dem Ausdruck (37) für δU zurück, in dem nunmehr das erste Doppelintegral durch das Linienintegral der Gl. (41) zu ersetzen ist. Setzt man für A, B, C ihre Werte ein und verwandelt das in (37) übrig bleibende Doppelintegral mittels der Gleichung (36) wieder rückwärts in ein über die Fläche U genommenes Oberflächenintegral, so ergibt sich schliesslich der folgende Ausdruck [46]) für die erste Variation des Flächeninhalts U

$$(45) \qquad \delta U = -\int \delta e . \cos (5, 7) . dP + \int \delta e . \cos (4, 5) \cdot \left(\frac{1}{R} + \frac{1}{R'} \right) dU;$$

darin bedeutet 7 eine Richtung, die senkrecht zum Element dP ist, die Fläche U berührt und in der Richtung nach der Fläche U zu gerichtet ist, während R, R' die beiden Hauptkrümmungsradien in dem betrachteten Punkt der Fläche bedeuten mit einer der heute üblichen entgegengesetzten Vorzeichenbestimmung.

Aus den Gleichungen (34), (35) und (45) ergibt sich nunmehr nach (25) der Wert von δW Dabei tritt eine Vereinfachung ein, wenn man den »Randwinkel« (7, 8) $= i$ einführt und beachtet, dass

$$(46) \qquad\qquad \cos (5, 7) = \cos (5, 8) \cos i.$$

So erhält GAUSS das Schlussresultat

$$(47) \qquad\qquad \delta W = \int dU . \delta e . \cos (4, 5) . \left[z + \alpha^2 \left(\frac{1}{R} + \frac{1}{R'} \right) \right]$$
$$- \int dP . \delta e . \cos (5, 8) . (\alpha^2 \cos i - \alpha^2 + 2 \beta^2)$$

Wir heben daran besonders den invarianten Charakter der Formel hervor, invariant in Beziehung auf Koordinatentransformation [47]) sowohl, als auch in Beziehung auf die Darstellungsform der Flächen U und T. Alle in der Formel vorkommenden Grössen haben eine unmittelbar mit dem vorgelegten Problem zusammenhängende geometrische Bedeutung. Das wird erreicht durch die auf den ersten Blick etwas überraschende Darstellung der Doppelintegrale als Oberflächenintegrale über die Fläche U, der Linienintegrale als Linienintegrale über die Begrenzung P der Fläche U, nicht über deren Projektion auf die x, y-Ebene. Der GAUSSsche Beweis der Formeln für δU, δs und δW

---

[46]) Vgl. auch unten Nr. 24 und 25, Eingang.

[47]) z ist hier nicht als Koordinate aufzufassen, vielmehr als senkrechter Abstand über einer horizontalen Ebene.

ist zwar später nach der Richtung grösserer Einfachheit, Allgemeinheit und Strenge mehrfach verbessert worden; aber die Resultate selbst sind an Einfachheit und Eleganz unübertroffen geblieben: sie tragen den Stempel des absolut vollendeten an sich.

C) Die partielle Differentialgleichung für die Flüssigkeitsoberfläche und die Randbedingung.

18. Nachdem so die erste Variation von W und s auf ihre einfachste Form gebracht war, handelte es sich nunmehr darum, daraus die Bedingungen erster Ordnung für ein Minimum des Ausdrucks W bei gegebenem Werte von s abzuleiten. Hier hätte nun GAUSS von der EULERschen Regel Gebrauch machen können. Diese Regel war zwar von EULER [48]) und LAGRANGE [49]) nur für einfache Integrale abgeleitet, aber doch auch schon auf Doppelintegrale angewandt worden, und zwar beim Problem des Körpers von kleinster Oberfläche bei gegebenem Volumen. Aber GAUSS hat es auch hier vorgezogen, ganz unabhängig von seinen Vorgängern seinen eigenen Weg zu gehen: Bei der prinzipiellen Bedeutung der hier vorliegenden Schlüsse verlohnt es sich, ihm dabei ins einzelne zu folgen.

GAUSS schliesst so (Art. 28): Soll die Fläche U den Ausdruck W bei gegebenem Werte von s zu einem Minimum machen, so darf W für keine unendlich kleine Formänderung der Fläche, bei der die Begrenzungskurve auf der Gefässwand verbleibt, und bei der das Volumen s ungeändert bleibt, »d. h. für die $\delta s = 0$«, einen negativen Zuwachs erfahren. Daher muss in jedem Punkt der Fläche das Element des Doppelintegrals in dem Ausdruck für W, nämlich

$$dU.\delta n.\left[z + a^2\left(\frac{1}{R} + \frac{1}{R'}\right)\right]$$

— wo wir zur Abkürzung

$$(48) \qquad\qquad \delta e.\cos(4, 5) = \delta n$$

gesetzt haben —, dem entsprechenden Element von δs, nämlich $dU.\delta n$ pro-

---

48) EULER, Institutiones calculi integralis, Bd. III (1770), Appendix de calc. var., art. 90, Opera, Ser. I, vol. 13, S. 409.

49) LAGRANGE, Misc. Taurinensia 1760/61, III. Abteilung, S. 173 ff., Oeuvres, Bd. I, S. 356.

portional sein, d. h. die freie Flüssigkeitsoberfläche muss der partiellen Differentialgleichung

$$(49) \qquad z + \alpha^2 \left(\frac{1}{R} + \frac{1}{R'} \right) = \text{Const.}$$

genügen. »Denn wenn diese Proportionalität nicht stattfände, so könnte man
offenbar den Wert von W durch eine geeignete Veränderung der Form der
Oberfläche bei unverändert bleibender Begrenzung verkleinern«. Leider führt
GAUSS diesen Schluss nicht näher aus. Gemeint ist wohl folgendes [50]): Angenommen, die Funktion

$$M = z + \alpha^2 \left(\frac{1}{R} + \frac{1}{R'} \right),$$

(die stillschweigend als stetig vorausgesetzt wird), wäre nicht konstant auf der
Fläche U, so seien 1 und 2 zwei nicht auf der Begrenzung P liegende Punkte
von U, in denen M verschiedene Werte M_1 und M_2 annimmt. Dann ersetze
man die bestimmten Integrale durch die endlichen Summen, deren Grenzen
sie sind, und variiere nun nur zwei Elemente dU_1 und dU_2 der Fläche U, die
die beiden Punkte 1 bezw. 2 enthalten, aber so, dass $\delta s = 0$, und lasse die
ganze übrige Fläche, insbesondere auch die Begrenzung ungeändert. Für eine
solche Variation der Fläche ist dann

$$\delta s = \delta n_1 . dU_1 + \delta n_2 . dU_2 = 0, \quad \delta W = M_1 \delta n_1 . dU_1 + M_2 \delta n_2 . dU_2,$$

wenn δn_1, δn_2 die Werte von δn in den Punkten 1 und 2 bezeichnen. Hieraus
folgt

$$\delta W = (M_1 - M_2) \delta n_1 . dU_1,$$

und diese Grösse kann durch passende Wahl des Vorzeichens der willkürlich
bleibenden Grösse δn_1 negativ gemacht werden. Es muss also die Annahme
$M_1 \neq M_2$ falsch sein, d. h. M muss auf der ganzen Fläche U konstant sein.

Verbindet man den Grundgedanken dieses Beweises mit dem Mittelwertsatz
für Doppelintegrale, so erhält man leicht einen auch heutigen Anforderungen

---

50) Fast genau in dieser Weise ist der Schluss durchgeführt in der Dissertation von R. REIFF, *Über
den Einfluss der Capillarkräfte auf die Form der Oberfläche einer bewegten Flüssigkeit*, Tübingen 1879,
S. 8. Dass GAUSS etwa diesen Gedankengang im Sinn hatte, wird auch durch den Beweis in Art. 31 der
Arbeit »*Allgemeine Lehrsätze in Beziehung auf die im verkehrten Verhältnisse des Quadrats der Entfernung
wirkenden ... Kräfte*« (1840), Werke, Bd. V, S. 233 wahrscheinlich gemacht; vgl. unten III. Teil, Nr. 2.

an Strenge genügenden Beweis. Hiermit nahe verwandt ist der Beweis, den H. WEBER[51]) in den Anmerkungen zur deutschen Ausgabe der GAUSSSCHEN Arbeit gegeben hat; dabei wird durch einen Kunstgriff die Anwendung des Mittelwertsatzes umgangen.

Derselbe Gedanke liegt auch den beiden Beweisen für das Fundamentallemma für isoperimetrische Probleme zugrunde, die J. BERTRAND (1842) und P. DU BOIS REYMOND (1879) gegeben haben[52]), sowie dem Beweis der EULERschen Regel bei Doppelintegralen, den A. KNESER in § 64 seines *Lehrbuchs der Variationsrechnung* (Braunschweig 1900) gegeben hat.

19. Es wird jetzt vorausgesetzt (Art. 29), dass die Fläche U die als notwendig nachgewiesene partielle Differentialgleichung (49) erfüllt. Dann reduziert sich die Variation von W auf

$$(50) \qquad \delta W = -\int dP.\delta\nu.(\alpha^2 \cos i - \alpha^2 + 2\beta^2),$$

wo wir zur Abkürzung: $\delta e.\cos(5,8) = \delta\nu$ gesetzt haben. Falls $\beta^2 \gtrless \alpha^2$, geht der Ausdruck für δW durch Einführung des durch die Bedingungen

$$(51) \qquad \sin\frac{A}{2} = \frac{\beta}{\alpha}, \qquad 0 < A < \pi$$

definierten Winkels A über in

$$\delta W = \alpha^2 \int dP.\delta\nu.(\cos A - \cos i).$$

Nun ist nach der Bedeutung der Richtungen 5 und 8 die Funktion $\delta\nu$ an einer Stelle der Begrenzung P positiv oder negativ, jenachdem bei der betrachteten virtuellen Bewegung die Flüssigkeit an der betreffenden Stelle über die Begrenzung P hinaustritt oder von ihr zurückweicht. Hieraus schliesst GAUSS, dass entlang der ganzen Begrenzungskurve P die Randbedingung

$$(52) \qquad i = A$$

erfüllt sein muss. Denn wäre in einem Stück L der Begrenzung $i < A$ (bezw. $i > A$), so könnte man durch eine virtuelle Bewegung der Flüssigkeit,

---

51) OSTWALDS Klassiker der exakten Wissenschaften, Nr. 135, S. 70, 71.

52) Vgl. *Encyklopädie der mathematischen Wissenschaften*, Bd. II 1 (KNESER), S. 581. Es handelt sich um den ersten Beweis von DU BOIS REYMOND, dessen Grundgedanken DU BOIS REYMOND selbst auf die oben genannte Dissertation von REIFF zurückführt, sodass hier eine mittelbare Einwirkung von GAUSS festzustellen sein dürfte.

welche die ganze Begrenzungskurve P mit Ausnahme des Stückes L ungeändert lässt, für dieses Stück aber von der ersten (bezw. von der zweiten) Art
ist, δW negativ machen.

Es ist interessant, dass GAUSS auch hier sich nicht mit dem landläufigen
Schluss: δW muss verschwinden, also muss wegen der Willkürlichkeit von $\delta \nu$
der Faktor von $\delta \nu$ identisch verschwinden, begnügt, sondern einen Beweis für
notwendig hält, und zwar ist der Grundgedanke dieses Beweises derselbe, der
dem DU BOIS REYMONDSchen Beweis[53]) des Fundamentallemmas für einfache
Integrale zugrunde liegt.

Wenn $\beta^2 > \alpha^2$, so ist der Faktor von $\delta \nu$ unter dem Integral (50) stets
positiv und daher kann δW stets durch eine virtuelle Bewegung erster Art
negativ gemacht werden. In diesem Fall kann also ein Minimum des Integrals W nicht stattfinden.

Mit der Gleichung $i = A$ war zum ersten Mal in der Geschichte der Variationsrechnung für ein zweidimensionales Variationsproblem die Randbedingung bewiesen. Zugleich dürfen wir
als ein Nebenresultat feststellen, dass GAUSS die Beweise für das Fundamentallemma der Variationsrechnung und für die EULERsche Regel auf eine höhere
Stufe der Strenge gebracht hat, als vor ihm erreicht worden war. —

20. Mit der Herleitung der Randbedingung für das spezielle GAUSSsche
Variationsproblem war im wesentlichen zugleich auch die allgemeine Aufgabe
gelöst, für das Extremum eines Doppelintegrals von der Form

$$(53) \qquad\qquad J = \iint V(x, y, z, p, q)\, dx\, dy$$

die Randbedingung aufzustellen, wenn die Begrenzungskurven der zulässigen
Flächen auf einer gegebenen Fläche

$$(54) \qquad\qquad z = g(x, y)$$

liegen sollen. Denn die Verbindung der LAGRANGEschen Formel (22) mit dem
GAUSSschen Fundamentalsatz (41) liefert, wenn die LAGRANGEsche partielle
Differentialgleichung erfüllt ist, die »Grenzgleichung«

$$(55) \qquad \int [(Py' - Qx')(\delta z - p\,\delta x - q\,\delta y) + V(y'\,\delta x - x'\,\delta y)]\, dt = 0,$$

---

53) Mathematische Annalen, Bd. XV (1879), S. 297, 300.

wobei das Linienintegral über die Begrenzungskurve P des gesuchten Flächenstücks zu erstrecken ist, und die Variable t und die Ableitungen x', y' dieselbe Bedeutung haben wie in Nr. 16. Es blieb also nur noch übrig, aus der
Gleichung (55) die letzten Folgerungen zu ziehen. Hierüber soll noch kurz
berichtet werden.

Die Gleichung (55) findet sich zuerst (1831) bei Bordoni[54]), allerdings in
Folge des in Nr. 16 erwähnten Vorzeichenfehlers mit verkehrtem Vorzeichen
vor den mit x' multiplizierten Gliedern. Um von hier aus zur Randbedingung
zu kommen, drückt Bordoni mittels der aus (54) durch Variation folgenden
Gleichung

$$(56) \qquad \delta z = g_x \delta x + g_y \delta y$$

δz durch δx und δy aus und schliesst dann, dass die Koeffizienten der willkürlich bleibenden Variationen δx und δy verschwinden müssen. Das ergibt
die beiden Gleichungen

$$(57) \qquad \begin{cases} \mp (g_x - p) Q x' + ((g_x - p) P + V) y' = 0, \\ \mp ((g_y - q) Q + V) x' + (g_y - q) P y' = 0. \end{cases}$$

Darin ist das obere Zeichen das richtige, das untere das Bordonische. Hieraus
folgert Bordoni durch Elimination von x', y' die Gleichung

$$(58) \qquad (g_x - p) P + (g_y - q) Q + V = 0.$$

Dies ist in der Tat die richtige Randbedingung, und Bordoni gebührt
das Verdienst, sie zum ersten Mal aufgestellt zu haben; auch hat er sie
zuerst auf den speziellen Fall der Minimalflächen angewandt. Aber er hat
dieses Resultat nur dadurch erreicht, dass er zu dem ersten Fehler noch einen
zweiten hinzufügt: Die Eliminante zwischen den beiden Gleichungen (57) lautet
nämlich sowohl bei den richtigen wie bei den falschen Vorzeichen

$$V[(g_x - p) P + (g_y - q) Q + V] = 0,$$

und Bordoni setzt ganz willkürlich den zweiten Faktor gleich null, während
er, wie wir sehen werden, den ersten hätte gleich null setzen müssen.

Zu den beiden Gleichungen (57) tritt nämlich noch eine dritte hinzu.

54) Bordoni, loc. cit. 37), Art. 424.

Denn aus der entlang der Begrenzung P geltenden Gleichung $z(x, y) = g(x, y)$ folgt durch Differentiation nach t die folgende zuerst von POISSON[55] herangezogene Gleichung

$$(59) \qquad (g_x - p) x' + (g_y - q) y' = 0.$$

Durch Elimination von x', y' aus den drei Gleichungen (57) und (59) folgen aber bei den BORDONISCHEN Vorzeichen im Allgemeinen zwei von einander unabhängige Randbedingungen, nämlich

$$V = 0, \quad (g_x - p) P - (g_y - q) Q = 0,$$

also ein falsches Resultat, wie es bei dem falschen Ausgangspunkt zu erwarten war Dagegen ergibt dieselbe Elimination bei den richtigen Vorzeichen nur die eine Bedingung (58). Es ist jedoch einfacher, wie dies POISSON tatsächlich tut, die Gleichung (59) unmittelbar zur Umformung des Linienintegrals (55) zu benützen, nachdem man darin δz durch δx und δy ausgedrückt hat. Man erhält so

$$\int [P(g_x - p) + Q(g_y - q) + V] (y' \delta x - x' \delta y) \, dt = 0,$$

woraus unmittelbar die Gleichung (58) folgt. In der Tat hat POISSON die allgemeine Randbedingung (58) zuerst richtig bewiesen[56].

21. Fragen wir schliesslich noch, welche Einwände sich etwa vom Standpunkt der modernen kritischen Variationsrechnung aus gegen die GAUSSsche Schlussweise erheben lassen, so ist zunächst hervorzuheben, dass GAUSS von der EULERSCHEN Auffassung des Variationsprozesses als Differentiation nach einem Parameter keinen Gebrauch macht; und doch hat erst diese Auffassung die Variationsrechnung auf eine feste Grundlage gestellt. Denn erst die Betrachtung von ein- (oder mehr-) parametrigen Scharen von zulässigen Variationen ermöglicht es, aus dem Vorzeichen der ersten Variation einen strengen Schluss auf das Vorzeichen der vollständigen Variation zu machen und so die

---

55) POISSON, loc. cit. 30), S. 314.

56) Allerdings steht die Randbedingung (58) in dieser Form nicht bei POISSON, vielmehr ist sie als spezieller Fall in dem entsprechenden Resultat für den allgemeineren, von POISSON behandelten Fall enthalten, wo unter dem Doppelintegral auch die zweiten Ableitungen r, s, t von z vorkommen, und die auf diesen allgemeinen Fall bezüglichen Formeln von POISSON enthalten einen schon von E. G. BJÖRLING bemerkten und verbesserten Rechenfehler (*Calculi variationum integralium duplicium exercitationes*, Upsala 1842); die richtigen Formeln gibt auch TODHUNTER, loc. cit. 5), S. 85, 86.

Notwendigkeit des Verschwindens der ersten Variation zu beweisen. In der Tat hat denn auch LAGRANGE in seinen späteren didaktischen Schriften über Variationsrechnung [57]) diese EULERsche Methode seinen Entwicklungen zugrunde gelegt. Statt dessen geht GAUSS auf den Standpunkt von LAGRANGE und EULER vor der grundlegenden Arbeit von EULER [58]) vom Jahr 1771 zurück.

Damit hängt auch die Tatsache zusammen, dass GAUSS nicht ausdrücklich zwischen vollständiger Variation und erster Variation unterscheidet. Die Variationen δx, δy, δz sind ihm willkürliche »unendlich kleine« Funktionen von x, y, und die Grössen δW, δs, die tatsächlich erste Variationen sind, werden so behandelt, als ob sie vollständige Variationen wären. So schliesst er: Für ein Minimum muss $\delta W \gtreqless 0$ sein für alle unendlichkleinen mit der Gestalt des Gefässes vereinbaren Formveränderungen der Flüssigkeit, für die $\delta s = 0$. Das ist ohne weiteres klar für die vollständigen Variationen, nicht aber für die ersten Variationen. Hier liegt in der Tat eine fundamentale Lücke vor, die sich durch die ganze vorWEIERSTRASSsche Variationsrechnung hindurchzieht. Geht man nämlich von der Betrachtung einer Schar zulässiger Flächen

$$(60) \qquad \bar{x} = X(x, y, \varepsilon), \quad \bar{y} = Y(x, y, \varepsilon), \quad \bar{z} = Z(x, y, \varepsilon)$$

aus und definiert

$$(61) \qquad \delta x = \varepsilon X_\varepsilon(x, y, 0), \quad \delta y = \varepsilon Y_\varepsilon(x, y, 0), \quad \delta z = \varepsilon Z_\varepsilon(x, y, 0),$$

so genügen die Funktionen δx, δy, δz der Gleichung

$$\delta s = 0$$

(62) und überdies entlang der Begrenzung der Gleichung

$$\delta z = g_x \delta x + g_y \delta y.$$

Der Schluss, dass

$$\delta W \gtreqless 0$$

sein muss für alle Funktionen δx, δy, δz, die den Gleichungen (62) genügen,

---

[57]) LAGRANGE, *Théorie des fonctions analytiques*, Oeuvres, Bd. IX, S. 298; *Leçons sur le calcul des fonctions*, Oeuvres, Bd. X, S. 400.

[58]) EULER, loc. cit. 3).

ist aber erst berechtigt, nachdem gezeigt ist, dass man zu jedem Funktionensystem δx, δy, δz, das den Gleichungen (62) genügt, eine Schar zulässiger Flächen (60) konstruieren kann, für welche die Gleichungen (61) bestehen.

Die Erkenntnis, dass die Betrachtung der ersten Variationen nicht ausreicht, dass es vielmehr nötig ist, von den ersten Variationen zu den vollständigen Variationen aufzusteigen, verdankt man WEIERSTRASS, und seitdem bildet die Herstellung von Scharen zulässiger Variationen bei allen strengen Beweisen, die sich auf Variationsprobleme mit Nebenbedingungen (Grenzbedingungen einbegriffen) beziehen, einen wesentlichen Teil der Untersuchung. Von alledem findet sich bei GAUSS noch nichts.

III. Abschnitt: Wirkungen der GAUSSschen Arbeit.

22. Bald nach der Veröffentlichung der GAUSSschen Arbeit (1830)[59] setzten eine Reihe von umfangreichen und wichtigen Arbeiten über die allgemeine Theorie der Extrema von Doppel- und mehrfachen Integralen ein, die wir zum grössten Teil bereits im Vorhergehenden kurz erwähnt haben: BORDONI (1831), POISSON (1833; datiert 10. November 1831), PAGANI (1835; datiert 15. Dezember 1834), OSTROGRADSKY (1836; datiert 24. Januar 1834), DELAUNAY (1843; eingereicht vor 1. April 1842), CAUCHY[60] (1844), SARRUS (1848; eingereicht vor 1. April 1842), LINDELÖF[61] (1856).

Da drängt sich von selbst die Vermutung auf, dass die GAUSSsche Arbeit den Anstoss zu dieser ganzen Entwicklungsreihe gegeben hat. Demgegenüber ist jedoch zunächst festzustellen, dass keine dieser Arbeiten GAUSS erwähnt, mit Ausnahme derjenigen von PAGANI. Bei der damals üblichen Laxheit im Zitieren von Vorgängern beweist das allerdings nicht viel.

Im einzelnen ist zu sagen, dass bei BORDONI innere Gründe, die wir bereits oben (Nr. 16) angeführt haben, gegen die Annahme sprechen, dass er die GAUSSsche Arbeit gekannt habe. Auch dürfte die Abfassungszeit seiner Arbeit

---

59) Am 18. April 1830 schreibt GAUSS an SCHUMACHER: »Hierneben erhalten Sie einen der soeben mir zugegangenen Abdrücke meiner Principia generalia …«, *Briefwechsel zwischen C. F. Gauss und H. C. Schumacher*, Bd. II, S. 230.

60) *Mémoires sur le calcul des variations*, Exercices d'analyse et de physique mathématique, T. III (1844), S. 50—130.

61) *Variationskalkylens theori och dess använding*, Helsingfors 1856.

kaum viel später als die Veröffentlichung der Gaussschen Arbeit fallen. Anders liegen die Dinge bei Poisson. Zwischen dem Erscheinen der Gaussschen Arbeit und der Datierung der Poissonschen liegen mehr als anderthalb Jahre. Da wäre es immerhin möglich, dass Poisson, der sich schon 1816 erfolgreich mit der Variation von Doppelintegralen beschäftigt hatte, ohne jedoch über die Schwierigkeiten der partiellen Integration hinauszukommen, bei Gauss die Lösung dieser Schwierigkeiten gefunden hätte und dadurch zur erneuten Inangriffnahme der Theorie der Extrema von Doppelintegralen veranlasst worden wäre. Eine gewisse Bestätigung erhält diese Vermutung dadurch, dass Poisson in der Vorrede zu seinem im Jahr 1831 erschienenen Buch *Nouvelle théorie de l'action capillaire* die Arbeit von Gauss zitiert[62]. Aber so lange das Datum dieser Vorrede und der Zeitpunkt, in dem Poisson seine grosse Arbeit über Variationsrechnung begonnen hat, unbekannt sind (und diese Daten werden jetzt wohl kaum mehr festzustellen sein), muss die Frage nach der Richtigkeit der obigen Vermutung unentschieden bleiben.

Pagani knüpft direkt an die Arbeit von Gauss an. Er stellt sich die Aufgabe, die Gaussschen Resultate aus der allgemeinen Theorie der Variation der mehrfachen Integrale herzuleiten, eine Theorie, die er in mehreren Punkten über Poisson hinaus weitergeführt hat. Er verallgemeinert zunächst die Lagrangesche Fundamentalformel (21) auf mehrfache Integrale, gibt dann weiter für zweifache und dreifache Integrale die Umformung der ersten Variation mittels partieller Integration auf Grund der Gaussschen Formeln (41) und (42) und wendet schliesslich seine allgemeinen Resultate auf das Gausssche Problem an, worüber wir noch weiter unten berichten werden. Hier liegt also eine unzweifelhafte, direkte Einwirkung von Gauss vor. Leider ist aber die Arbeit von Pagani in der Geschichte der Variationsrechnung kaum beachtet worden,

---

62) loc. cit. S. 7: »Depuis que cet ouvrage est écrit, j'ai eu connaissance d'un Mémoire de M. Gauss, qui paraît en ce moment sous le titre de Principia generalia theoriae figurae fluidorum in statu aequilibrii (Gottingue 1830)«. Poisson gibt dann eine gedrängte Inhaltsangabe der Gaussschen Arbeit, die mit den Worten schliesst: »Par les règles connues du calcul des variations, on détermine la surface inconnue du liquide qui rend cette somme [nämlich die von Gauss mit *W* bezeichnete Summe] un minimum, et, comme on sait, on trouve à la fois l'équation générale de cette surface et l'équation particulière de son contour, ce qui est l'avantage caractéristique de la méthode que M. Gauss a suivie«. Hier sind die Worte »comme on sait« unverständlich, da man ja vor Gauss gerade nicht wusste, wie man die Randbedingungen erhalten sollte. Schon Todhunter hat seine Verwunderung darüber ausgesprochen, dass Poisson in seiner Variationsarbeit Gauss nicht erwähnt, wohl aber in der Kapillaritätsarbeit, vgl. Todhunter, loc. cit. 5), S. 54.

obgleich sie einen beträchtlichen Teil der Resultate von Ostrogradsky der Zeit der Veröffentlichung nach antizipiert hat. Im Gegensatz dazu zeigen die Arbeit von Ostrogradsky und die übrigen oben angeführten Arbeiten keine direkte Einwirkung von Gauss; wohl aber sind sie ohne Zweifel direkt oder indirekt durch die Arbeit von Poisson angeregt worden.

Nach alledem hängt die Frage nach dem Umfang der Wirkung der Gaussschen Arbeit auf die allgemeine Theorie der Extrema von mehrfachen Integralen ganz davon ab, ob die Poissonsche Arbeit durch Gauss beeinflusst worden ist oder nicht. Im ersteren Fall hat Gauss tatsächlich einen nachhaltigen Einfluss ausgeübt, indem er durch Vermittlung von Poisson den Anstoss zu der ganzen Reihe der oben genannten Arbeiten über Extrema von Doppelintegralen gegeben hat. Im entgegengesetzten Fall muss man aber sagen, dass die Gausssche Arbeit fast ohne allen Einfluss auf die Entwicklung der allgemeinen Theorie geblieben ist. Das muss man dann wohl dem Umstand zuschreiben, dass Gauss selbst die Arbeiten seiner Vorgänger ganz unberücksichtigt gelassen hat, und dass seine Methoden allzusehr auf das spezielle in der Kapillaritätstheorie auftretende Variationsproblem zugeschnitten waren.

23. Die vorangegangenen Ausführungen bezogen sich auf die Wirkung der Gaussschen Arbeit auf die allgemeine Theorie der Extrema von Doppelintegralen. Es bleibt uns nun noch übrig, über diejenigen Arbeiten zu berichten, die sich mit dem speziellen Gaussschen Variationsproblem beschäftigen. Es handelt sich bei denselben im wesentlichen teils um Vereinfachungen, teils um Verallgemeinerungen der Gaussschen Beweise.

Hier sind zunächst einige Arbeiten zu nennen, in denen die allgemeine Theorie der Variation der Doppelintegrale auf das Gausssche Variationsproblem angewandt wird, so Pagani[63] in der schon mehrfach erwähnten Arbeit und Mainardi (1851) in einem Abschnitt einer grösseren Arbeit *Ricerche sul calcolo delle variazioni*[64]. Beide machen dabei keinen Gebrauch von der fertigen Formel (58)

---

63) Pagani, loc. cit. 26), S. 96—99.

64) Annali di scienze matematiche e fisiche (Tortolini), Bd. III (1852), S. 187—190. Mainardi macht dabei in der Greenschen Formel denselben Vorzeichenfehler wie Bordoni (Nr. 16) und erhält das richtige Endresultat nur dadurch, dass er diesen ersten Fehler durch einen zweiten in der Gleichung (59) (oben, S. 40) kompensiert.

von BORDONI und POISSON, sondern leiten die Randbedingung durch besondere Überlegungen her.

Demgegenüber erhält JELLETT[65]) (1850) die Randbedingung zwar nicht für das GAUSSsche Problem, das er merkwürdiger Weise nicht erwähnt, wohl aber für das allgemeinere Problem des Extremums des Doppelintegrals

$$\iint [\mu(x, y, z) \sqrt{1 + p^2 + q^2} + \mu'(x, y, z)]\, dx\, dy$$

unmittelbar durch Anwendung der Formel (58), wobei sich die Randbedingung mit einem Minimum von Rechnung in der Form

$$\frac{1 + p g_x + q g_y}{\sqrt{1 + p^2 + q^2}\,\sqrt{1 + g_x^2 + g_y^2}} = \text{Const.}$$

ergibt.

24. Am Schluss seiner Berechnung von δU (Art. 26) macht GAUSS die Bemerkung, dass der Wert von δU leichter durch geometrische Betrachtungen hätte erhalten werden können. Eine solche mehr geometrische Lösung des GAUSSschen Variationsproblems hat J. BERTRAND (1848) geliefert[66]). Er denkt sich den Übergang von der Fläche U zur variierten Fläche $\overline{U}$ dadurch bewerkstelligt, dass jeder Punkt von U auf der durch ihn gehenden Normale um ein unendlich kleines Stück δn verschoben wird. Dadurch erhält man die Fläche $\overline{U}$ bis auf eine unendlich schmale Zone zwischen der Gefässwand und der von den Normalen entlang der Begrenzungskurve P gebildeten geradlinigen Fläche. Der Inhalt dieser Zone sei $\delta_2 U$, der übrige Teil von $\overline{U}$ sei $\overline{U}_1$. Um nun zunächst den Zuwachs $\delta_1 U = \overline{U}_1 - U$ zu berechnen, zerlegt BERTRAND die Fläche U durch die beiden Scharen ihrer Krümmungslinien in Elemente, und folgert dann aus den Eigenschaften der Krümmungslinien die Proportion

$$(63) \qquad \frac{d\overline{U}}{dU} = \frac{(R + \delta n)(R' + \delta n)}{R R'},$$

woraus sich

$$(64) \qquad \delta_1 U = \int dU \cdot \delta n \cdot \left(\frac{1}{R} + \frac{1}{R'}\right)$$

ergibt. Zur Berechnung von $\delta_2 U$ wird die oben näher definierte Zone der

65) loc. cit. 13a), S. 280.

66) *Mémoire sur la théorie des phénomènes capillaires*, Journal de Mathématiques, Bd. 13 (1848), S. 196—198; vgl. auch J. BERTRAND, *Sur les surfaces isothermes orthogonales*, ebenda, Bd. 9 (1844), S. 119.

Fläche $\overline{U}$ durch Ebenen senkrecht zur Begrenzungskurve P in Elemente zerlegt. Eine einfache geometrische Infinitesimalbetrachtung liefert dann

$$\delta_2 U = -\int dP . \delta n . \cotg i.$$

Man erhält so zugleich eine geometrische Deutung für jedes der beiden Integrale, aus denen sich der GAUSSsche Ausdruck (45) für δU zusammensetzt. Durch dieselben Zerlegungen werden auch die Variationen der übrigen Glieder von δW und δs berechnet.

Eine etwas andere Ableitung der Gleichung (64) gibt E. LAMARLE [67]) (1863). Auch er verschiebt jeden Flächenpunkt entlang der Normale, aber er zerlegt das Flächenstück nicht durch die beiden Scharen seiner Krümmungslinien, sondern durch irgend zwei zu einander orthogonale Kurvenscharen in Elemente und berechnet die Variation des Flächeninhalts eines Elementes mit den Seiten $d\sigma$, $d\sigma'$ aus der Formel

$$\delta dU = d\sigma . \delta d\sigma' + d\sigma' . \delta d\sigma,$$

indem er auf $\delta d\sigma$ und $\delta d\sigma'$ die allgemeine Formel für die Variation eines Kurvenelementes bei normaler Verschiebung anwendet. — Nahe verwandt mit diesen Betrachtungen von BERTRAND und LAMARLE ist die Ableitung der GAUSSschen Formel für δU, die H. WEBER [68]) (1903) in den Anmerkungen zur deutschen Ausgabe der GAUSSschen Arbeit gegeben hat. Er weicht von BERTRAND hauptsächlich darin ab, dass er die Fläche U nicht durch die beiden Scharen ihrer Krümmungslinien oder sonst auf eine spezielle Art zerlegt, sondern die Proportion (63) aus der Beziehung zwischen einem Flächenelement dU und dessen sphärischem Bild $d\omega$ ableitet: $dU = RR' d\omega$.

25. Am Schluss seiner Berechnung von δU (Art. 26) hebt GAUSS ferner hervor, dass bei der ganzen Ableitung stillschweigend vorausgesetzt worden war, dass auf der ganzen Fläche U die Ordinate z eine eindeutige Funktion von x, y ist, und dass ζ beständig positiv ist. Er zeigt, wie man sich durch geeignete Zerlegung der Fläche von dieser beschränkenden Annahme befreien

---

67) *Exposé géométrique du calcul différentiel et intégral*, Mémoires couronnés et autres memoires publiés par l'Académie de Belgique, Bd. XV (1863), S. 572—573. LAMARLE erwähnt die GAUSSsche Formel (45) nicht.

68) WEBER, loc. cit. 51), S. 69—70.

kann, und fügt hinzu, dass man denselben Grad der Allgemeinheit gleich von vornherein hätte erreichen können, wenn man eine etwas andere Methode angewandt hätte, womit er, wie schon H. WEBER bemerkt, ohne Zweifel die Behandlung des ganzen Problems in Parameterdarstellung gemeint hat. Für diese Form der Darstellung hat H. WEBER (1903) in den Anmerkungen zur deutschen Ausgabe der GAUSSschen Arbeit[69]) die Berechnung von δU durchgeführt. Aber schon vorher (1900) hatte KNESER in seinem *Lehrbuch der Variationsrechnung* (§§ 64, 65) die allgemeine Theorie der Extrema von Doppelintegralen in Parameterdarstellung auf das GAUSSsche Variationsproblem angewandt und damit wohl die an Allgemeinheit, Eleganz und Strenge vollendetste Lösung des Problems gegeben.

Bei dieser, wie es scheint, zuerst von WEIERSTRASS in seinen Vorlesungen angewandten Behandlungsweise werden die zulässigen Flächen in Parameterdarstellung angenommen, wie dies schon POISSON getan hatte. Aber im Gegensatz zu POISSON, dem die Parameterdarstellung nur ein vorübergehendes Hilfsmittel gewesen war, dessen er sich so bald als möglich wieder entledigte, wird hier an der Parameterdarstellung von Anfang bis zu Ende festgehalten. Dementsprechend wird das zu untersuchende Doppelintegral von vornherein in der Form

$$J = \iint \Phi\left(x, y, z;\ x_u, y_u, z_u;\ x_v, y_v, z_v\right) du\, dv$$

angenommen, wobei die Funktion Φ eine gewisse, zuerst von G. KOBB[70]) (1892) aufgestellte Bedingung erfüllen· muss, damit der Wert des Integrals nur von der Fläche, nicht aber von der zufälligen Wahl des Parameters abhängt. Variiert werden nur die Funktionen x, y, z, nicht aber die unabhängigen Variabeln u, v.

Bei dem Integral U ist dann $\Phi = \sqrt{EG - F^2}$ zu setzen, woraus sich ohne Schwierigkeiten die GAUSSsche Formel (45) für δU ergibt. Dieselbe Formel wendet KNESER dann mutatis mutandis auch zur Berechnung von δT an, wie dies auch schon PAGANI getan hatte. Dabei ist nur zu beachten, dass hier $\cos(4, 5) = 0$, und dass an Stelle der Richtung 7 jetzt die der Richtung 8 entgegengesetzte Richtung tritt. Die dreifachen Integrale s und $\int z\, ds$ führt

---

[69]) WEBER, loc. cit. 51), S. 63—69.

[70]) *Sur les maxima et les minima des intégrales doubles*, Acta Mathematica, Bd. 16 (1892), S. 68.

KNESER mittels der GAUSSschen Formel (42) auf Oberflächenintegrale zurück, die über die gesamte Oberfläche der Flüssigkeit, also über U und T zu erstrecken sind. So erhält er, wenn $d\sigma$ ein Element dieser Gesamtoberfläche ist, für s die im wesentlichen schon von GAUSS gegebene Formel

$$s = \tfrac{1}{3}\int[x\cos(n,x)+y\cos(n,y)+z\cos(n,z)]\,d\sigma$$

und weiter

$$\int z\,ds = \int \frac{z^2}{2}\cos(n,z)\,d\sigma.$$

Für die schliessliche Ableitung der Randbedingung bedient sich KNESER eines der LAGRANGEschen Multiplikatorenmethode nachgebildeten Verfahrens, das auch schon PAGANI zu demselben Zweck angewandt hatte.

26. Wir haben in diesem Zusammenhang noch eine eigenartige und elegante Methode zu erwähnen, die H. MINKOWSKI (1907) in seinem Encyklopädieartikel[71]) über Kapillarität zur Berechnung von δU angewandt hat.

Der EULERschen Auffassung des Variationsprozesses entsprechend wird die Fläche U als Individuum einer Schar von Flächenstücken mit den Flächenparametern u, v und dem Scharparameter ε aufgefasst, wobei alle Flächenstücke demselben Bereich in der u, v-Ebene entsprechen. Als Parameterkurven werden nun auf allen Flächen der Schar die beiden Scharen von Krümmungskurven gewählt. Die Variabeln u, v, ε lassen sich dann auch als krummlinige Raumkoordinaten auffassen; für diese lässt sich das Quadrat des Linienelements auf die Form bringen

$$(65) \qquad dx^2+dy^2+dz^2 = L_1^2(du-l_1\,d\varepsilon)^2+L_2^2(dv-l_2\,d\varepsilon)^2+N^2\,d\varepsilon^2.$$

Für irgend eine Fläche der Schar lautet dann der Ausdruck für den Flächeninhalt

$$U(\varepsilon) = \iint L_1 L_2\,du\,dv,$$

und daher ist

$$(66) \qquad \frac{dU(\varepsilon)}{d\varepsilon} = \iint\left(L_1\frac{\partial L_2}{\partial\varepsilon}+L_2\frac{\partial L_1}{\partial\varepsilon}\right)du\,dv.$$

Zur Umformung des Integranden wird nunmehr durch eine geometrische Infinitesimalbetrachtung, bei der von der charakteristischen Eigenschaft der Krümmungslinien Gebrauch gemacht wird, und in deren Mittelpunkt die

---

71) *Encyklopädie der Mathematischen Wissenschaften*, Bd. V 1, S. 561—563.

Bertrandsche Proportionalität (63) steht, für die Hauptkrümmungsradien die Relation abgeleitet

$$\frac{N}{R} = \frac{1}{L_1}\left(\frac{\partial L_1}{\partial u}l_1 + \frac{\partial L_2}{\partial v}l_2 + \frac{\partial L_1}{\partial \varepsilon} + L_1\frac{\partial l_1}{\partial \varepsilon}\right)$$

und eine analoge für R'. Aus beiden zusammen ergibt sich dann der folgende Ausdruck für die mittlere Krümmung

$$(67) \quad L_1 L_2 N\left(\frac{1}{R}+\frac{1}{R'}\right) = L_1\frac{\partial L_2}{\partial \varepsilon} + L_2\frac{\partial L_1}{\partial \varepsilon} + \frac{\partial(L_1 L_2 l_1)}{\partial u} + \frac{\partial(L_1 L_2 l_2)}{\partial v}.$$

Setzt man jetzt in (66) für den Integranden den aus dieser Gleichung sich ergebenden Wert ein und macht von der Greenschen Formel Gebrauch, so erhält man nach leichter Rechnung die Gausssche Formel (45) für δU.

Übrigens hatte bereits H. A. Schwarz [72] unter etwas anderen spezialisierenden Voraussetzungen über die krummlinigen Koordinaten u, v, ε die der Minkowskischen Formel (67) entsprechende Formel rein analytisch abgeleitet. Er setzt allgemein

$$(68) \quad dx^2 + dy^2 + dz^2 = E\,du^2 + 2F\,du\,dv + G\,dv^2 + 2H\,du\,d\varepsilon + 2I\,dv\,d\varepsilon + K\,d\varepsilon^2$$

und macht dann die spezialisierende Annahme, dass $H = 0$, $I = 0$. Unter dieser Voraussetzung beweist er die Gleichung

$$(69) \quad \sqrt{EG-F^2}\,\sqrt{K}\left(\frac{1}{R}+\frac{1}{R'}\right) = \frac{\partial\sqrt{EG-F^2}}{\partial \varepsilon}.$$

Sowohl die Minkowskische Formel (67) als die Schwarzsche Formel (69) sind übrigens als spezielle Fälle in der folgenden allgemeinen Formel enthalten, die für beliebige Flächenscharen ohne jede spezialisierende Voraussetzung unter Annahme des Quadrats des Linienelementes in der Form (68) gilt:

$$(70) \quad J\left(\frac{1}{R}+\frac{1}{R'}\right) = \frac{\partial}{\partial \varepsilon}\sqrt{EG-F^2} - \frac{\partial}{\partial u}\left(\frac{GH-FI}{\sqrt{EG-F^2}}\right) - \frac{\partial}{\partial v}\left(\frac{EI-FH}{\sqrt{EG-F^2}}\right).$$

Dabei bedeutet J die Funktionaldeterminante

$$J = \frac{\partial(x,y,z)}{\partial(u,v,\varepsilon)}.$$

---

[72] *Ueber ein die Flächen kleinsten Flächeninhalts betreffendes Problem der Variationsrechnung* (1885), Gesammelte mathematische Abhandlungen, Bd. I, S. 229—233; vgl. auch unten Nr. 27.

27. Während es sich bei den Untersuchungen, über die wir in den vorangehenden Nummern berichtet haben, darum handelte, die Gaussschen Beweise zu vereinfachen oder zu verallgemeinern, haben wir nun zum Schluss noch einige Anwendungen zu besprechen, die von der Gaussschen Formel für die Variation des Flächeninhalts auf Scharen von Minimalflächen gemacht worden sind.

Da ist zunächst der folgende Satz zu erwähnen, den Lamarle[73]) (1863) aus der Formel (64) abgeleitet hat: »Es sei eine einparametrige Schar A von Minimalflächen gegeben; auf einer derselben ziehe man eine geschlossene Kurve und lege durch sie eine Fläche B, die sämtliche Flächen der Schar orthogonal schneidet. Alsdann haben die Flächenstücke, die durch die röhrenförmige Fläche B aus den verschiedenen Flächen der Schar A ausgeschnitten werden, alle denselben Flächeninhalt«.

Noch wichtiger für die Variationsrechnung ist ein hiermit nahe verwandter Satz von H. A. Schwarz[74]) (1885). Schwarz geht von der Bemerkung aus, dass der Ausdruck (45) für δU in dem besonderen Fall, wo U eine Minimalfläche ist, sich auf das Linienintegral reduziert und sich daher unter Benutzung von (46) schreiben lässt

$$(71) \qquad\qquad \delta U = -\int \delta p \cdot \cos i \cdot dP,$$

wenn man mit δp die Projektion des Variationsvektors auf die Richtung 8 bezeichnet. Schwarz betrachtet nun eine einparametrige Schar von Minimalflächenstücken $U(\varepsilon)$, deren Begrenzungskurven $P(\varepsilon)$ sämtlich auf der Gefässwand liegen sollen. Ferner wird angenommen, dass keine zwei Minimalflächenstücke einen gemeinsamen Punkt haben sollen, wenn ε auf ein bestimmtes Intervall, etwa $(0, 1)$ beschränkt wird. Den Werten $\varepsilon = 0$ und $\varepsilon = 1$ mögen die Flächen U_0 und U entsprechen. Während ε von 0 bis 1 wächst, überdeckt die Schar der Begrenzungskurven $P(\varepsilon)$ einen gürtelförmigen Streifen F der Gefässwand T. Es wird jetzt der aufsteigenden Reihe

$$\varepsilon = 0, \ \varepsilon', \ \varepsilon'', \ \ldots, \ \varepsilon^{(n)}, \ 1$$

entsprechend eine Reihe von Minimalflächenstücken

---

73) Lamarle, loc. cit. 67), S. 576.

74) Schwarz, loc. cit. 72), S. 224—227. Wir haben uns in der Bezeichnung möglichst nahe an die Bezeichnung von Gauss angeschlossen.

$$(72) \qquad U_0,\ U',\ U'',\ \dots\ U^{(n)},\ U$$

aus der Schar herausgegriffen. Für die Differenz der Flächeninhalte zweier aufeinanderfolgender Flächenstücke der Reihe gilt dann angenähert die Formel (71). Gleichzeitig wird durch die Begrenzungskurven der Flächenstücke (72) zusammen mit einer Anzahl von orthogonalen Trajektorien der Schar $P(\varepsilon)$ der Flächenstreifen F in Elemente geteilt; der Flächeninhalt dF eines solchen Elementes ist gegeben durch

$$dF = \delta p \,.\, dP.$$

Daraus folgt durch Summation und Grenzübergang

$$(73) \qquad U - U_0 = -\int \cos i(\varepsilon)\, dF,$$

wobei das Oberflächenintegral über den Streifen F zu erstrecken ist, und $i(\varepsilon)$ den »Randwinkel» für die durch den Ort des Elementes dF gehenden Minimalfläche $U(\varepsilon)$ bedeutet.

Wenn insbesondere die Fläche U_0 auf einen Punkt zusammenschrumpft und dementsprechend der Streifen F in die Fläche T übergeht, so geht die Gleichung (73) über in

$$U = -\int \cos i(\varepsilon)\, dT,$$

erstreckt über die Fläche T; daraus folgt aber, wenn man noch: $\omega = \pi - i(\varepsilon)$ setzt, der SCHWARZsche Fundamentalsatz

$$T - U = \int (1 - \cos \omega)\, dT.$$

Dieser Satz entspricht für das Problem der Minimalflächen dem WEIERSTRASSschen Fundamentalsatz über die Darstellung der vollständigen Variation eines bestimmten Integrals durch die E-Funktion. SCHWARZ hat auch einen rein analytischen Beweis seines Satzes gegeben, der auf der in der vorigen Nummer erwähnten Formel (69) beruht.

II. Teil: Die Disquisitiones generales circa superficies curvas.

1. Die Beziehungen der *Disquisitiones generales circa superficies curvas* zur Variationsrechnung werden sämtlich durch die Theorie der geodätischen Linien vermittelt. Es kommen dabei in Betracht

    1) die Ableitung der Differentialgleichung der geodätischen Linien (Art. 14, 18),

    2) die Sätze über geodätische Polar- und Parallelkoordinaten (Art. 15, 16, 19, 22),

    3) der Satz über die Totalkrümmung eines geodätischen Dreiecks (Art. 20).

A. Die Differentialgleichung der geodätischen Linien.

2. Die Geschichte der geodätischen Linien vor GAUSS ist von STÄCKEL[1], ausführlich dargestellt worden; wir können uns daher darauf beschränken, diejenigen Stellen hervorzuheben, an denen GAUSS über seine Vorgänger hinausgegangen ist.

GAUSS hat die Differentialgleichung der geodätischen Linien auf zwei verschiedene Arten abgeleitet, indem er die Fläche das eine Mal durch eine Gleichung zwischen den Koordinaten gegeben sein lässt (Art. 14), das andere Mal in Parameterdarstellung annimmt (Art. 19).

a) Die Fläche ist durch eine Gleichung gegeben.

3. Hier schliesst sich GAUSS an LAGRANGE an. LAGRANGE hatte in den *Leçons sur le calcul des fonctions* (Ausgabe von 1806)[2] die Differentialgleichung der geodätischen Linien aus dem Variationsproblem

$$\int \sqrt{1 + \left(\frac{dy}{dx}\right)^2 + \left(\frac{dz}{dx}\right)^2}\, dx = \text{Minimum}$$

---

1) P. STÄCKEL, *Bemerkungen zur Geschichte der geodätischen Linien*, Leipziger Berichte, Bd. 45 (1893), S. 444; vgl. auch G. ENESTRÖM, *Sur la découverte de l'équation générale des lignes géodesiques*, Bibliotheca mathematica (2), Bd. 13 (1899), S. 19 und P. STÄCKEL, *Gauss als Geometer*, Materialien für eine wissenschaftl. Biographie von Gauss, Heft 5, 1918 und Werke X 2, Abh. IV, Nr. 30; am Schluss der letztgenannten Arbeit befindet sich auch eine Bibliographie der GAUSSschen *Disquisitiones*.

2) Oeuvres de LAGRANGE, Bd. X, S. 435.

mit der Nebenbedingung

(1)
$$F(x, y, z) = 0$$

in der Form erhalten

$$R \frac{d}{dx}\left(\frac{dy}{ds}\right) - Q \frac{d}{dx}\left(\frac{dz}{ds}\right) = 0,$$

wo

$$P = \frac{\partial F}{\partial x}, \quad Q = \frac{\partial F}{\partial y}, \quad R = \frac{\partial F}{\partial z},$$

und daraus dann die Fundamentaleigenschaft der geodätischen Linien abgeleitet, dass die Schmiegungsebene der Kurve auf der Tangentialebene der Fläche senkrecht steht.

GAUSS weicht hiervon nur darin ab, dass er die zulässigen Kurven in Parameterdarstellung annimmt und daher das Längenintegral in der Form ansetzt

$$\int \sqrt{\left(\frac{dx}{dw}\right)^2 + \left(\frac{dy}{dw}\right)^2 + \left(\frac{dz}{dw}\right)^2}\, dw.$$

Das hat den Vorteil, dass er die Differentialgleichung der geodätischen Linien in der **symmetrischen Form**

(2)
$$\frac{d^2 x}{ds^2} : \frac{d^2 y}{ds^2} : \frac{d^2 z}{ds^2} = P : Q : R$$

erhält, die unmittelbar die charakteristische Eigenschaft der geodätischen Linien ausdrückt.

Was die Strenge des Variationsschlusses anbetrifft, so geht GAUSS nicht über LAGRANGE hinaus. Aus dem Verschwinden der ersten Variation in der Form

$$\int \left(\delta x\, d\left(\frac{dx}{ds}\right) + \delta y\, d\left(\frac{dy}{ds}\right) + \delta z\, d\left(\frac{dz}{ds}\right) \right) = 0$$

schliesst er mit einem »constat«, das sich offenbar auf LAGRANGE bezieht,

$$\delta x\, d\left(\frac{dx}{ds}\right) + \delta y\, d\left(\frac{dy}{ds}\right) + \delta z\, d\left(\frac{dz}{ds}\right) = 0.$$

Diese Gleichung führt dann mit der aus (1) folgenden Gleichung

$$P\delta x + Q\delta y + R\delta z = 0$$

auf die Proportion (2).

b) Die Fläche ist in Parameterdarstellung gegeben.

4. Bei der zweiten Herleitung der Differentialgleichung der geodätischen Linien, die GAUSS in Art. 19 gibt, wird die Fläche in Parameterdarstellung vorausgesetzt, und es handelt sich um ein Variationsproblem vom einfachsten Typus ohne Nebenbedingungen

$$(4) \qquad \int \sqrt{E\,dp^2 + 2\,F\,dp\,dq + G\,dq^2} = \text{Minimum}.$$

GAUSS wählt q als unabhängige Variable und erhält so die folgende Differentialgleichung für p als Funktion von q

$$(5) \qquad \frac{\partial E}{\partial p}\,dp^2 + 2\,\frac{\partial F}{\partial p}\,dp\,dq + \frac{\partial G}{\partial p}\,dq^2 = 2\,ds.\,d\,\frac{E\,dp + F\,dq}{ds},$$

die er nach Ausführung der Differentiation und Einführung des Winkels θ, den die geodätische Linie mit der p Richtung bildet, auf die Form bringt

$$(6) \qquad \sqrt{EG - F^2}\,d\theta = \tfrac{1}{2}\,\frac{F}{E}\,dE + \tfrac{1}{2}\,\frac{\partial E}{\partial q}\,dp - \frac{\partial F}{\partial p}\,dp - \tfrac{1}{2}\,\frac{\partial G}{\partial p}\,dq.$$

Ganz ohne Vorgänger ist GAUSS allerdings auch hier nicht gewesen. Vielmehr hatte EULER[3]) nicht nur bereits 1744 für den speziellen Fall, dass die Fläche in der Form

$$z = f(x, y)$$

gegeben ist, die der Gleichung (5) entsprechende Differentialgleichung aus dem Variationsproblem

$$\int \sqrt{dx^2 + dy^2 + (T\,dx + V\,dy)^2} = \text{Minimum},$$

wo

$$dz = T\,dx + V\,dy$$

gesetzt ist, abgeleitet, sondern er hatte überdies in einer späteren Arbeit[4]) (1779) die Differentialgleichung auf die merkwürdige Form gebracht

$$(7) \qquad \frac{ds}{1 + s^2} = \frac{dk}{(1 + k^2)\,\sqrt{1 + h^2}},$$

---

3) L. EULER, *Methodus inveniendi lineas curvas maximi minimive proprietate gaudentes*, Lausanne 1744, S. 138.

4) L. EULER, *Accuratior evolutio problematis de linea brevissima in superficie quacunque ducenda*, Nova Acta Acad. Petropol., Bd. 15 (1799—1802), 1806, S. 46 (vorgelegt am 25. Jan. 1779).

wo

$$k = \frac{V}{T}, \quad h^2 = T^2 + V^2, \quad s\sqrt{1+h^2} = \frac{V\,dx - T\,dy}{T\,dx + V\,dy}.$$

Nun hat schon M. Cantor[5] darauf aufmerksam gemacht, dass $s = \operatorname{cotg} w$ ist, wenn w den Winkel der geodätischen Linie mit der durch den betrachteten Punkt gehenden Kurve der Schar $z = $ const. bedeutet. Und in der Tat wird die Gausssche Formel (6) für den speziellen Fall einer Parameterdarstellung, bei der $z = q$ ist, mit der Eulerschen Formel (7) identisch.

B. Die Sätze über geodätische Polar- und Parallelkoordinaten.

5. Die angeführten Stellen sind die einzigen, an denen Gauss selbst unmittelbar die Variationsrechnung anwendet. Damit ist aber nur der allerkleinste Teil der Beziehungen zwischen den *Disquisitiones* und der Variationsrechnung angegeben.

Denn da das Problem der geodätischen Linien in der Form (4) als spezieller Fall in dem allgemeineren Variationsproblem enthalten ist, das Integral

$$(8) \qquad J = \int F(x, y, x', y')\,dt,$$
$$x' = \frac{dx}{dt}, \quad y' = \frac{dy}{dt},$$

(wo die Funktion F in Bezug auf die Variabeln x', y' positiv-homogen von der ersten Dimension ist), durch eine Kurve

$$x = x(t), \quad y = y(t)$$

zu einem Extremum zu machen, so lassen sich alle Sätze über geodätische Linien in zwei Klassen einteilen:

1) solche, die spezielle Fälle von entsprechenden allgemeinen Sätzen über das genannte Variationsproblem sind, und

2) solche, bei denen dies nicht der Fall ist.

Nun gehören eine Reihe von Gaussschen Sätzen über geodätische Linien in die erste Kategorie, und diese haben dann befruchtend auf die Variations-rechnung eingewirkt, insofern sie von späteren Autoren als spezielle Fälle von

---

[5] M. Cantor, *Vorlesungen über Geschichte der Mathematik*, Bd. 4, Leipzig 1908, S. 539. Cantor schreibt tg w statt cotg w.

allgemeinen Variationssätzen erkannt worden sind. Daran schliessen sich dann
weiter solche Sätze, die, ohne direkt Verallgemeinerungen von Gaussschen
Sätzen zu sein, als »verwandte« Sätze zu bezeichnen sind, insofern sie mit
jenen zusammen als spezielle Fälle unter ein und demselben allgemeineren
Variationssatz enthalten sind.

1) Der Transversalensatz.

a) Der Gausssche Satz für geodätische Linien.

6. In erster Linie haben wir hier den Gaussschen Satz über geodätische
Polarkoordinaten (Art. 15) anzuführen: »Zieht man auf einer Fläche von demselben Ausgangspunkt aus nach allen Richtungen geodätische Linien von
gleicher Länge, so schneidet die Verbindungskurve ihrer Endpunkte die sämtlichen geodätischen Linien senkrecht«, und den analogen Satz über geodätische
Parallelkoordinaten (Art. 16): »Zieht man von den Punkten einer auf einer
Fläche gegebenen Kurve unter rechtem Winkel und nach derselben Seite hin
geodätische Linien von gleicher Länge, so schneidet die Verbindungskurve
ihrer Endpunkte die sämtlichen geodätischen Linien senkrecht«. Wie schon
Gauss bemerkt hat, kann man den ersten Satz als Spezialfall des zweiten
auffassen, indem man die gegebene Kurve auf einen Punkt (unendlich kleinen
Kreis) zusammenschrumpfen lässt.

Gauss' Beweis[6]) der beiden Sätze kommt darauf hinaus, dass er auf der
Fläche geodätische Polar-, bezw. Parallelkoordinaten, r, φ einführt und dann
zeigt, dass für ein solches System von krummlinigen Koordinaten die (sonst
von Gauss mit F bezeichnete) Grösse

$$(9) \qquad S(r, \varphi) = \frac{\partial x}{\partial r}\frac{\partial x}{\partial \varphi} + \frac{\partial y}{\partial r}\frac{\partial y}{\partial \varphi} + \frac{\partial z}{\partial r}\frac{\partial z}{\partial \varphi}$$

verschwindet. Denn die partielle Ableitung

$$\frac{\partial S}{\partial r} = \frac{\partial^2 x}{\partial r^2}\frac{\partial x}{\partial \varphi} + \frac{\partial^2 y}{\partial r^2}\frac{\partial y}{\partial \varphi} + \frac{\partial^2 z}{\partial r^2}\frac{\partial z}{\partial \varphi} + \frac{1}{2}\frac{\partial}{\partial \varphi}\left(\left(\frac{\partial x}{\partial r}\right)^2 + \left(\frac{\partial y}{\partial r}\right)^2 + \left(\frac{\partial z}{\partial r}\right)^2\right)$$

verschwindet, weil nach der geometrischen Bedeutung von r als Bogenlänge
einer geodätischen Linie einerseits

---

6) Dieser Beweis findet sich bereits in dem ersten Entwurf zu den *Disquisitiones* von Jahre 1825,
Neue allgemeine Untersuchungen über die krummen Flächen, Art. 17, Gauss' Werke, Bd. VIII, S. 437.

$$(10) \qquad \left(\frac{\partial x}{\partial r}\right)^2 + \left(\frac{\partial y}{\partial r}\right)^2 + \left(\frac{\partial z}{\partial r}\right)^2 = 1$$

und andererseits auf Grund der Fundamentaleigenschaft (2) der geodätischen Linien auch die erste Summe verschwindet. Daher ist

$$(11) \qquad S(r, \varphi) = S(0, \varphi),$$

und die letztere Grösse ist null, wie sich für den zweiten Satz aus der Konstruktion, für den ersten aus dem oben angedeuteten Grenzübergang ergibt.

b) Der KNESERsche Transversalensatz.

7. Bei dem Versuch, diese Sätze auf das allgemeine Integral (8) auszudehnen, kommt nun alles darauf an, was man als Verallgemeinerung des senkrechten Schnittes einer geodätischen Linie durch eine schneidende Kurve aufzufassen hat. KNESER[7] hat als solche den transversalen Schnitt der Extremale durch eine schneidende Kurve erkannt und dementsprechend als Verallgemeinerung des zweiten GAUSSschen Satzes den Transversalensatz erhalten: »Schneidet man auf den verschiedenen Extremalen einer Extremalenschar von ihren Schnittpunkten mit einer Transversale $\mathfrak{C}_0$ aus in positiver Richtung Bogen ab, die für das Integral J denselben konstanten Wert liefern, so ist die Verbindungskurve der Endpunkte dieser Bogen wieder eine Transversale der Schar«, und einen entsprechenden Satz für den speziellen Fall, wo die Ausgangskurve $\mathfrak{C}_0$ auf einen Punkt zusammenschrumpft. KNESER geht beim Beweis dieses Satzes von der Betrachtung eines Extremalenfeldes aus und leitet den Satz aus den weiter unten zu besprechenden HAMILTONschen Formeln (24) für die partiellen Ableitungen des Feldintegrals ab. Der Satz ist jedoch von der Voraussetzung, dass die betrachtete Extremalenschar ein Feld bildet, unabhängig und lässt sich ohne Benutzung der Formeln (24) durch eine unmittelbare Verallgemeinerung der GAUSSschen Schlussweise beweisen.

Es sei in der Tat eine Extremalenschar mit dem Parameter v gegeben und eine Kurve $\mathfrak{C}_0$, die jede Extremale der Schar in einem Punkt schneidet. Wenn dann die Funktion F entlang den Extremalen der Schar positiv ist, so kann man auf der Extremale v von ihrem Schnittpunkt Q mit der Kurve $\mathfrak{C}_0$ aus nach der positiven Seite hin einen Bogen QP abgrenzen, für den das Integral J einen vorgeschriebenen positiven Wert u annimmt. Die Koordinaten x, y

---

[7] A. KNESER, *Lehrbuch der Variationsrechnung*, Braunschweig 1900, § 15.

des Punktes P sind dann eindeutige Funktionen von u und v

$$(12) \qquad x = X(u, v), \quad y = Y(u, v),$$

und nach der Bedeutung von u ist, der Gleichung (10) entsprechend,

$$(13) \qquad F(X, Y, X_u, Y_u) = 1.$$

Jetzt bilde man den Ausdruck

$$(14) \qquad S(u, v) = F_{x'}(X, Y, X_u, Y_u) X_v + F_{y'}(X, Y, X_u, Y_u) Y_v,$$

dessen Verschwinden ausdrückt, dass die durch den Punkt P gehende Kurve $u = \text{const.}$ im Punkte P die Extremale QP transversal schneidet. Dann ist

$$(15) \qquad \frac{\partial S}{\partial u} = \frac{\partial F}{\partial v} - \left[X_v \left(F_x - \frac{\partial}{\partial u} F_{x'} \right) + Y_v \left(F_y - \frac{\partial}{\partial u} F_{y'} \right) \right].$$

Da die Kurve QP Extremale ist, ist dann

$$(16) \qquad \frac{\partial S}{\partial u} = \frac{\partial F}{\partial v},$$

also wegen (13): $\frac{\partial S}{\partial u} = 0$ und daher

$$(17) \qquad S(u, v) = S(0, v).$$

Wenn nun insbesondere die Kurve $\mathfrak{C}_0$ eine Transversale der Extremalenschar ist, so ist $S(0, v) = 0$ und daher allgemein $S(u, v) = 0$, womit der Satz bewiesen ist.

c) Verwandte Sätze und weitere Verallgemeinerungen.

8. An den KNESERSCHEN Transversalensatz, der als eine unmittelbare Verallgemeinerung des GAUSSschen Satzes erscheint, schliessen sich als »verwandte« Sätze in dem oben definierten Sinn der Satz über Parallelflächen an, der sich auf das Extremum des Integrals

$$(18) \qquad \int \sqrt{x'^2 + y'^2 + z'^2}\, dt$$

bezieht, sowie der Satz von THOMSON und TAIT[8]) über Oberflächen gleicher

---

8) W. THOMSON und P. G. TAIT, *Treatise on Natural Philosophy,* Oxford 1867. Bd. 1, S. 244; deutsche Übersetzung von HELMHOLTZ und WERTHEIM unter dem Titel: *Handbuch der theoretischen Physik,* Bd. I, Teil I, Braunschweig 1871, S. 272.

Wirkung und der Satz von MALUS[9]) für krummlinige Lichtstrahlen in einem Medium von stetig veränderlichem Brechungsindex, bei denen das vorige Integral durch das etwas allgemeinere

$$\int n(x,y,z)\sqrt{x'^2+y'^2+z'^2}\,dt$$

ersetzt ist.

Diese Sätze sind mit dem GAUSSschen Satz zusammen als Spezialfälle in dem Transversalensatz für das Integral

$$(19) \qquad J = \int F(x_1, x_2, \ldots, x_n, x_1', x_2', \ldots, x_n')\,dt \equiv \int F(x, x')\,dt$$

enthalten, wo wieder F positiv-homogen von der ersten Dimension in $x_1', x_2', \ldots, x_n'$ ist. Hier handelt es sich dann im allgemeinsten Fall um eine m-parametrige Extremalenschar dieses Integrals ($1 \leqq m \leqq n-1$) mit Parametern $v_1, v_2, \ldots, v_m$ und um eine m-dimensionale Mannigfaltigkeit

$$\mathfrak{C}_0 : x_k = \xi_k(v_1, v_2, \ldots, v_m), \qquad k = 1, 2, \ldots, n,$$

welche die Extremalenschar transversal schneidet, d. h. für die im Schnittpunkt mit der Extremale $v_1, v_2, \ldots, v_m$ die m Gleichungen erfüllt sind

$$\sum_{i=1}^n F_{x_i'}(x, x')\frac{\partial \xi_i}{\partial v_h} = 0, \qquad h = 1, 2, \ldots, m.$$

Dementsprechend treten jetzt an Stelle der einen Funktion $S(u,v)$ die m Funktionen

$$(20) \qquad S_h(u, v_1, v_2, \ldots, v_m) = \sum_{i=1}^n F_{x_i'}(X, X')\frac{\partial X_i}{\partial v_h}, \qquad h = 1, 2, \ldots, m,$$

wenn die gegebene Extremalenschar durch die Gleichungen

$$x_k = X_k(u, v_1, v_2, \ldots, v_m), \qquad k = 1, 2, \ldots, n$$

dargestellt ist und u die analoge Bedeutung hat wie oben, sodass also:

$$F(X, X') = 1.$$

Auch hier gilt dann die GAUSSsche Fundamentalgleichung

$$(21) \qquad \frac{\partial S_h}{\partial u} = 0, \qquad h = 1, 2, \ldots, m,$$

woraus der Transversalensatz genau so folgt wie im Fall $n = 2$.

9) Zuerst von W. R. HAMILTON ausgesprochen, *Theory of systems of rays*, Transactions of the Royal Irish Academy, Bd. 15 (1828), Einleitung Nr. 106. Vgl. auch H. WEBER, *Ueber den Satz von Malus für krummlinige Lichtstrahlen*, Rendiconti del Circolo Matematico di Palermo, Bd. 29 (1910), S. 404.

8*

Ein weiterer »verwandter« Satz ist der Satz von MALUS und DUPIN [10]) über reflektierte und gebrochene geradlinige Strahlensysteme mit dem Zusatz von HAMILTON [11]), dass für den Fall von Reflexionen die Länge $\Sigma\rho$ des polygonalen Weges eines Lichtstrahls zwischen irgend zwei Orthogonalflächen konstant ist, während für den Fall von Brechungen $\Sigma\rho$ durch $\Sigma n\rho$ zu ersetzen ist, wenn n den Brechungsindex des betreffenden Mediums bedeutet.

2) Beziehungen zum Unabhängigkeitssatz.

9. Noch tiefer in den eigentlichen Kern der modernen Variationsrechnung führen uns die GAUSSschen Untersuchungen von Art. 21 und 22.

Ist ein Extremalenfeld für das Integral

$$(8) \qquad J = \int F(x, y, x', y')\, dt$$

gegeben und eine Transversale $\mathfrak{C}_0$ desselben, bezeichnen ferner $p(x, y)$, $q(x, y)$ die Richtungskosinus der durch den Punkt x, y gehenden Extremale des Feldes im Punkt x, y und $V(x, y)$ das Feldintegral [12]) bezogen auf die Ausgangskurve $\mathfrak{C}_0$, so gelten für die partiellen Ableitungen der Funktion V die »HAMILTONschen Formeln« [13])

$$(24) \qquad \frac{\partial V}{\partial x} = F_{x'}(x, y, p, q), \quad \frac{\partial V}{\partial y} = F_{y'}(x, y, p, q),$$

woraus sich einerseits die Integrabilitätsbedingung

$$(25) \qquad \frac{\partial F_{x'}(x, y, p, q)}{\partial y} = \frac{\partial F_{y'}(x, y, p, q)}{\partial x},$$

andererseits durch Elimination von p, q die »JACOBI-HAMILTONsche partielle Differentialgleichung«

$$(26) \qquad \Phi\left(x, y, \frac{\partial V}{\partial x}, \frac{\partial V}{\partial y}\right) = 0$$

für die Funktion V ergibt. Von hier aus gelangt man dann unmittelbar zum

---

10) Über die Geschichte des Satzes vergleiche G. DARBOUX, *Leçons sur la théorie générale des surfaces*, Bd. II (Paris 1889), S. 280. Die erste Arbeit von MALUS stammt darnach aus dem Jahr 1808.

11) loc. cit. 9), Art. 13.

12) d. h. den Wert des Integrals J genommen entlang der durch den Punkt x, y gehenden Feldextremale von ihrem Schnittpunkt mit der Kurve $\mathfrak{C}_0$ aus bis zum Punkt x, y.

13) Als Spezialfall in den allgemeineren HAMILTONschen Formeln (35) enthalten, siehe HAMILTON, loc. cit. 9), First supplement, Bd. 16, Art. 3; vgl. auch KNESER, *Lehrbuch* (1900), §§ 15, 19.

Hinlänglichkeitsbeweis für ein Extremum des Integrals J, sei es mittels der WEIERSTRASSSchen Konstruktion, sei es mittels des HILBERTSchen invarianten Integrals

$$(27) \qquad J^* = \int [F_{x'}(x, y, p, q)\, dx + F_{y'}(x, y, p, q)\, dy].$$

Die ersten Keime dieser Theorie finden sich bereits bei GAUSS (Art. 22) sowie in der schon oben genannten, fast gleichzeitig mit den *Disquisitiones* erschienenen Arbeit von HAMILTON.

a) Die GAUSSschen Formeln.

10. GAUSS beweist in Art. 22 auf Grund seiner allgemeinen Resultate über den Übergang von einem System krummliniger Koordinaten p, q zu einem zweiten System p', q' für den speziellen Fall der geodätischen Parallelkoordinaten r, φ die Formeln

$$(28) \qquad \frac{\partial r}{\partial p} = \sqrt{E}\, \cos(\omega - \psi), \qquad \frac{\partial r}{\partial q} = \sqrt{G}\, \cos \psi,$$

$$(29) \qquad E\left(\frac{\partial r}{\partial q}\right)^2 - 2F\frac{\partial r}{\partial p}\frac{\partial r}{\partial q} + G\left(\frac{\partial r}{\partial p}\right)^2 = EG - F^2.$$

Dabei ist r der senkrechte geodätische Abstand von einer festen Ausgangskurve $\mathfrak{C}_0$, also mit dem Feldintegral für das geodätische Integral (4) identisch; ψ ist der Winkel, welchen die durch den Punkt p, q gehende geodätische Linie der zu $\mathfrak{C}_0$ orthogonalen Schar im Punkte p, q mit der q-Richtung bildet, während ω den Winkel zwischen der p-Richtung und der q-Richtung im Punkt p, q bedeutet. Daraus geht hervor, dass die GAUSSsche Formel (29) mit der JACOBI-HAMILTONSchen partiellen Differentialgleichung (26) für das Integral (4) identisch ist, wie schon F. MINDING erkannt hat[13a]), während die Formeln (28) die HAMILTONSchen Formeln (24) in unentwickelter Form darstellen. Um die vollständige Übereinstimmung zwischen beiden herzustellen, braucht man nur mit Hilfe der von GAUSS in Art. 17 gegebenen Formeln in (28) die trigonometrischen Funktionen von ω und ψ durch die drei Fundamentalgrössen E, F, G und die Differentiale dp, dq entlang der geodätischen Linie durch den Punkt p, q auszudrücken. Man erhält so in Übereinstimmung mit (24)

$$(30) \qquad \frac{\partial r}{\partial p} = \frac{E\,dp + F\,dq}{ds}, \qquad \frac{\partial r}{\partial q} = \frac{F\,dp + G\,dq}{ds}.$$

13a) F. MINDING, *De formae, in quam geometra britannicus Hamilton integralia mechanices analyticae redegit, origine genuina*, Dorpat 1864, wieder abgedruckt Mathematische Annalen, Bd. 55 (1902), S. 119—135; vgl. insbesondere S. 122 und S. 131.

Explizite findet sich diese Formel (30) übrigens bei GAUSS nicht.

Bei der ganzen Untersuchung ist stillschweigend vorausgesetzt, dass man sich auf ein solches Stück der Fläche beschränkt, dass durch jeden Punkt dieses Stücks nur eine geodätische Linie senkrecht zur Ausgangskurve $\mathfrak{C}_0$ gezogen werden kann, sodass also die betrachtete Schar von geodätischen Linien ein Feld bildet.

b) Die Untersuchungen von BELTRAMI und HILBERT.

11. Die Formeln (30) wurden explizite zuerst von BELTRAMI [14] in einer Arbeit aus dem Jahr 1868 angegeben und zusammen mit der partiellen Differentialgleichung (29) als spezielle Fälle allgemeiner Variationssätze erkannt und aus letzteren abgeleitet. BELTRAMI beweist [15] zuerst die partielle Differentialgleichung (25) und schliesst daraus auf die Existenz einer Funktion $V(x, y)$, für welche die Gleichungen (24) und die partielle Differentialgleichung (26) bestehen. Diese Funktion V schreibt er in der Form des Linienintegrals (27); ihre geometrische Bedeutung als Feldintegral bleibt ihm jedoch für den allgemeinen Fall verborgen, da ihm der Begriff der Transversale noch fehlt. Diese allgemeinen Resultate wendet er dann auf den Fall der geodätischen Linien an. Er erhält so die Gleichungen (29) und (30) und zeigt nun für diesen speziellen Fall, dass hier die der Funktion V entsprechende Funktion die Bedeutung des senkrechten geodätischen Abstandes von einer orthogonalen Trajektorie der betrachteten Schar von geodätischen Linien besitzt.

Diese Arbeit von BELTRAMI scheint von Seiten der Variationsrechnung gänzlich unbeachtet geblieben zu sein. Erst mehr als dreissig Jahre später hat HILBERT [16] dieselben Resultate aufs neue entdeckt und darauf seinen be-

14) E. BELTRAMI, *Sulla teoria delle linee geodetiche*, Rendiconti del Reale Istituto Lombardo (II), Bd. I (1868), S. 708; auch Opere matematiche, Bd. I, S. 366.

15) BELTRAMI und ebenso später HILBERT nehmen das Integral J nicht in der Parameterform (8) an, sondern mit x als unabhängiger Variabeln

$$J = \int f(x, y, y')\,dx, \quad y' = \frac{dy}{dx},$$

wo dann in den Formeln (24) bis (27) die Funktionen $F_{x'}$, $F_{y'}$ bezw. durch

$$f(x, y, p) - p f_{y'}(x, y, p), \quad f_{y'}(x, y, p)$$

zu ersetzen sind, wobei nunmehr p die Gefällfunktion des Feldes bedeutet.

16) D. HILBERT, *Mathematische Probleme*, Göttinger Nachrichten 1900, S. 292 und Archiv der Mathematik und Physik (3), Bd. 1 (1901), S. 231—236.

kannten Hinlänglichkeitsbeweis für ein Extremum des Integrals J gegründet. Aus der Darstellung von BELTRAMI geht nicht unzweideutig hervor, ob er den Anstoss zu seiner Untersuchung von GAUSS erhalten hat; doch darf man dies wohl als wahrscheinlich annehmen, und in diesem Fall würde sich nicht nur ein innerer logischer, sondern auch ein äusserer historischer Zusammenhang zwischen den GAUSSschen Untersuchungen und den Fundamentalsätzen der modernen Variationsrechnung ergeben.

c) Verwandte Untersuchungen von HAMILTON und weitere Verallgemeinerungen.

12. Mit den hier besprochenen Sätzen »verwandt« sind Untersuchungen über Strahlensysteme, die HAMILTON [17]) fast gleichzeitig mit den GAUSSschen *Disquisitiones* veröffentlicht hat, und die sich auf das spezielle Variationsproblem

$$\int \sqrt{x'^2 + y'^2 + z'^2}\, dt = \text{Minimum}$$

beziehen. Eine gegenseitige Beeinflussung zwischen GAUSS und HAMILTON ist dabei ausgeschlossen, da die Arbeit von HAMILTON vom 3. Dezember 1824, die GAUSSsche vom 8. Oktober 1827 datiert ist und beide Arbeiten im Laufe des Jahres 1828 erschienen sind.

HAMILTON betrachtet ein Strahlensystem, von dem stillschweigend vorausgesetzt wird, dass es ein Feld bildet, und bezeichnet mit $\alpha(x, y, z)$, $\beta(x, y, z)$, $\gamma(x, y, z)$ die Richtungskosinus des Feldes, d. h. die Richtungskosinus des durch den Punkt x, y, z gehenden Strahls. Er beweist dann den Fundamentalsatz: »Soll das betrachtete Strahlensystem ein Normalensystem bilden, so muss der Differentialausdruck $\alpha(x, y, z)\, dx + \beta(x, y, z)\, dy + \gamma(x, y, z)\, dz$ das vollständige Differential einer Funktion $V(x, y, z)$ sein, die HAMILTON die charakteristische Funktion des Normalensystems nennt, sodass also

$$(31) \qquad \alpha = \frac{\partial V}{\partial x}, \quad \beta = \frac{\partial V}{\partial y}, \quad \gamma = \frac{\partial V}{\partial z}.$$

Ist diese Bedingung erfüllt, so schneiden die Flächen $V = \text{const.}$ die Strahlen des Systems senkrecht. Die Funktion V ist nichts anderes als der senkrechte Abstand ρ des Punktes x, y, z von der Fläche $V = 0$ dieser Schar. Endlich genügt die Funktion V der partiellen Differentialgleichung

---

17) W. R. HAMILTON, loc. cit. 9), Art. 8, 9, 19, 20.

$$(32) \qquad \left(\frac{\partial V}{\partial x}\right)^2 + \left(\frac{\partial V}{\partial y}\right)^2 + \left(\frac{\partial V}{\partial z}\right)^2 = 1.$$

Weiter beweist HAMILTON folgende partielle Differentialgleichungen für die Funktionen α, β, γ

$$(33) \quad \begin{cases} \qquad\qquad \beta\left(\frac{\partial\alpha}{\partial y}-\frac{\partial\beta}{\partial x}\right)+\gamma\left(\frac{\partial\alpha}{\partial z}-\frac{\partial\gamma}{\partial x}\right)=0, \\ \alpha\left(\frac{\partial\beta}{\partial x}-\frac{\partial\alpha}{\partial y}\right) \qquad\qquad +\gamma\left(\frac{\partial\beta}{\partial z}-\frac{\partial\gamma}{\partial y}\right)=0, \\ \alpha\left(\frac{\partial\gamma}{\partial x}-\frac{\partial\alpha}{\partial z}\right)+\beta\left(\frac{\partial\gamma}{\partial y}-\frac{\partial\beta}{\partial z}\right) \qquad\qquad =0, \end{cases}$$

aus denen sich ein zweiter Beweis des Fundamentalsatzes ergibt.

In den späteren Teilen seiner grossen Arbeit über Strahlensysteme hat HAMILTON[18] seine Untersuchungen auf den weit allgemeineren Fall des Extremums des Integrals

$$\int n\left(x, y, z, \frac{dx}{ds}, \frac{dy}{ds}, \frac{dz}{ds}\right)ds$$

ausgedehnt[19], d. h. des Integrals (19) für $n=3$.

13. Diese Sätze von HAMILTON sind mit den oben angeführten Sätzen von GAUSS, BELTRAMI, HILBERT und KNESER zusammen als Spezialfälle in den folgenden allgemeinen Sätzen[20] über die Extremalen des Integrals

---

18) loc. cit. 9), First supplement, Bd. 16, Part I (1830); Second supplement, Bd. 16, Part II (1831), datiert 1830); Third supplement, Bd. 17 (1837, datiert 1832).

19) Hierauf macht G. PRANGE aufmerksam in seiner Habilitationsrede, W. R. HAMILTONS *Bedeutung für die geometrische Optik*, Jahresbericht der Deutschen Mathematikervereinigung, Bd. 30 (1921), S. 72. Vgl. dazu auch die Arbeit von G. PRANGE, *W. R. Hamiltons Arbeiten zur Optik und Mechanik. Ihre Bedeutung und ihr Einfluss auf die Entwicklung dieser Wissenschaften*, die demnächst in den Acta der Leopoldinisch-Carolinischen Akademie der Naturforscher erscheinen wird.

20) Für $n=3$ bereits bei HAMILTON, loc. cit. 18); wegen der Verallgemeinerung der Theorie auf das LAGRANGEsche Problem vgl.: A. MAYER, *Ueber den Hilbertschen Unabhängigkeitssatz in der Theorie der Maxima und Minima der einfachen Integrale*, Leipziger Berichte, Bd. 55 (1903), S. 131—145 und Bd. 57 (1905), S. 49—67, 313—314; D. HILBERT, *Zur Variationsrechnung*, Göttinger Nachrichten 1905, S. 159—180; H. HAHN, *Ueber den Zusammenhang zwischen den Theorien der zweiten Variation und der Weierstrassschen Theorie der Variationsrechnung*, Rendiconti del Circolo Matematico di Palermo, Bd. 29 (1910), S. 49—78; O. BOLZA, *Ueber den Hilbertschen Unabhängigkeitssatz beim Lagrangeschen Variationsproblem*, Rendiconti del Circolo Matematico di Palermo, Bd. 31 (1911), S. 257—272; J. RADON, *Zur Theorie der Mayerschen Felder beim Lagrangeschen Variationsproblem*, Wiener Berichte, Bd. 120 (1911), S. 1337—1360. Vergl. auch die Darstellung im ersten Teil der Dissertation von G. PRANGE, *Die Hamilton-Jacobische Theorie für Doppelintegrale (mit einer Uebersicht der Theorie für einfache Integrale)*, Göttingen 1915.

(19) $$\int F(x_1, x_2, \ldots, x_n,\; x_1', x_2', \ldots, x_n')\, dt \equiv \int F(x, x')\, dt$$

enthalten: Damit eine $(n-1)$-parametrige Extremalenschar des Integrals (19), die ein Feld bildet, eine Transversalhyperfläche besitzt, muss der Differential-ausdruck

(34) $$\sum_{i=1}^{n} F_{x_i'}(x, p)\, dx_i,$$

in dem $p_1, p_2, \ldots, p_n$ die »Richtungskosinus« der durch den Punkt $x_1, x_2, \ldots, x_n$ gehenden Feldextremale sind, das vollständige Differential einer Funktion $V(x_1, x_2, \ldots, x_n)$ sein, sodass also

(35) $$F_{x_k'}(x, p) = \frac{\partial V}{\partial x_k}, \qquad k = 1, 2, \ldots, n.$$

Ist diese Bedingung erfüllt, in welchem Fall das Feld ein MAYERsches genannt wird, so schneiden die sämtlichen Hyperflächen $V(x_1, x_2, \ldots, x_n) = $ const. die Extremalenschar transversal. Die Funktion V ist mit dem Feldintegral gerechnet von der Hyperfläche $V = 0$ identisch. Die Richtungskosinus des Feldes $p_1, p_2, \ldots, p_n$ genügen den die Gleichungen (25) und (33) als Spezial-fälle enthaltenden partiellen Differentialgleichungen

(36) $$\sum_{i=1}^{n} p_i \left(\frac{\partial F_{x_k'}(x, p)}{\partial x_i} - \frac{\partial F_{x_i'}(x, p)}{\partial x_k} \right) = 0.$$

Die den partiellen Differentialgleichungen (26), (29), (32) entsprechende partielle Differentialgleichung ergibt sich durch Elimination von $p_1, p_2, \ldots, p_n$ aus den n Gleichungen (35) zusammen mit der Relation: $p_1^2 + p_2^2 + \cdots + p_n^2 = 1$.

Die angeführten Sätze sind als Spezialfälle in entsprechenden allgemeineren über das sogenannte LAGRANGEsche Problem enthalten, auf das sich die in Fussnote 20) zitierten Arbeiten beziehen. Eine noch weitergehende Verall-gemeinerung auf das sogenannte MAYERsche Problem hat neuerdings KNESER[20a] gegeben.

20a) A. KNESER, *Beiträge zur Theorie der Variationsrechnung: Die Methode von Weierstrass im Zusammenhang mit der Jacobi-Hamiltonschen und einer Integrationstheorie von Cauchy*, Archiv der Mathematik und Physik (3), Bd. 24 (1915), S. 26—57. Nach G. PRANGE (Habilitationsrede, loc. cit. 19), S. 72) hat sogar schon HAMILTON seine allgemeine Methode auf ein MAYERsches Variationsproblem angewandt in der Arbeit *Calculus of principal relations*, Reports of the British Association for the advanc. of science 5 (1836, pt. 2), S. 41—44.

3) Der Darboux-Knesersche Hinlänglichkeitsbeweis.

14. Einen weiteren wichtigen Anstoss hat die Variationsrechnung von der Gaussschen Normalform für das Linienelement (Art. 19, 22) bei Zugrundelegung von geodätischen Polar- oder Parallelkoordinaten erhalten. Auf diese Normalform hat nämlich Darboux[21] einen einfachen Hinlänglichkeitsbeweis für die geodätische Linie als kürzeste Linie zwischen zwei Punkten auf einer Fläche gegründet: Ist AB ein Bogen einer geodätischen Linie von der Länge r_1, so mache man den Punkt A zum Anfangspunkt eines Systems geodätischer Polarkoordinaten r, φ. Zieht man dann auf der Fläche von A nach B irgend eine zweite Kurve, so ist deren Länge nach Gauss gegeben durch das Integral

$$\int_0^{r_1} \sqrt{dr^2 + m^2\, d\varphi^2}$$

und dieses Integral ist sicher grösser als die Länge

$$r_1 = \int_0^{r_1} dr$$

des geodätischen Bogens AB. Der Beweis setzt voraus, dass die zu vergleichenden Kurven im Innern eines Bereichs liegen, in dem keine zwei der von A ausgehenden geodätischen Linien sich zum zweiten Mal schneiden, eine Voraussetzung, die mit der Jacobischen Bedingung äquivalent ist. Denselben Schluss hat Darboux[22] auch noch auf das Aktionsintegral

$$\int \sqrt{2(U+h)}\, ds$$

für die ebene Bewegung eines materiellen Punktes angewandt.

15. Diesen Darbouxschen Gedanken hat dann später Kneser[23] zu einem Hinlänglichkeitsbeweis für das Extremum des allgemeinen Integrals

$$(8) \qquad\qquad J = \int F(x, y, x', y')\, dt$$

weiter entwickelt und zwar nicht nur für den Fall fester Endpunkte, sondern

---

21) G. Darboux, *Leçons sur la théorie générale des surfaces*, Bd. 2, (Paris 1889), Nr. 521. Der Grundgedanke der Methode findet sich übrigens schon bei F. Minding (1864) in der in Fussnote 13a) zitierten Arbeit; vgl. darüber Fussnote 23b).

22) G. Darboux, loc. cit. 21), Nr. 545.

23) Kneser, *Lehrbuch*, § 16.

auch für den Fall, wo einer der beiden Endpunkte fest, der andere auf einer gegebenen Kurve beweglich ist. KNESER führt dazu in das Integral J statt der rechtwinkligen Koordinaten x, y krummlinige Koordinaten u, v ein durch eine Transformation

(12) $$x = X(u, v), \quad y = Y(u, v),$$

bei der die Kurven $v = $ const. eine ein Feld bildende Extremalenschar des Integrals J sind, die Kurven $u = $ const. dagegen die Transversalen dieser Schar. Dadurch geht das Integral J in ein neues Integral

$$J' = \int G(u, v, u', v')\, dt$$

von demselben Typus über, wobei wegen des speziellen Charakters der Transformation (12) die Funktion G — entsprechend den Relationen $E = 1$, $F = 0$ im Fall der geodätischen Linien — den folgenden Relationen genügt

(38) $$G(u, v, u', 0) = u', \quad G_{v'}(u, v, u', 0) = 0.$$

Betrachtet man jetzt in der x, y-Ebene einen Extremalenbogen AB, definiert durch $u_0 \lessgtr u \lessgtr u_1$, $v = v_0$, und eine beliebige zweite Kurve CB, die von irgend einem Punkte C der durch den Punkt A gehenden Transversale $u = u_0$ nach demselben Endpunkt B führt und ganz im Felde verläuft, und sind $A'B'$, bezw. $C'B'$ die Bilder der beiden Kurven in der u, v-Ebene, so ist der Zuwachs ΔJ, den das Integral J beim Übergang von AB zu CB erfährt, gleich dem Zuwachs $\Delta J'$, den das Integral J' beim Übergang von $A'B'$ zu $C'B'$ erfährt. Nun ist aber

$$\Delta J' = \int_{t_0}^{t_1} G(u, v, u', v')\, dt - (u_1 - u_0),$$

das Integral genommen entlang der Kurve $C'B'$, und da wegen der Lage der Endpunkte des Bogens CB: $u(t_0) = u_0$, $u(t_1) = u_1$ ist, kann man schreiben

$$u_1 - u_0 = \int_{t_0}^{t_1} u'\, dt$$

und so die totale Variation $\Delta J'$ in ein über die Kurve $C'B'$ genommenes Integral verwandeln

(39) $$\Delta J' = \int_{t_0}^{t_1} [G(u, v, u', v') - u']\, dt.$$

Aus den Eigenschaften (38) der Funktion G lassen sich nun aber Schlüsse auf das Vorzeichen des Integranden ziehen, die zu hinreichenden Bedingungen für ein Extremum des Integrals J' und damit zugleich des Integrals J führen. Übrigens folgt aus den Relationen (38) zugleich, dass die Gleichung (39) nichts anderes ist als der WEIERSTRASSSsche Ausdruck der vollständigen Variation durch die E-Funktion, angewandt auf das Integral J'.

Neuerdings hat KNESER seine hier kurz skizzierte Verallgemeinerung der GAUSSschen Theorie der geodätischen Linien auf das sogenannte MAYERsche Problem ausgedehnt [23a]). Da in dieser Arbeit eine unmittelbare und starke Einwirkung von GAUSS vorliegt, so mag hier noch kurz darüber berichtet werden, jedoch unter Beschränkung auf den einfachsten Fall des MAYERschen Problems mit zwei unbekannten Funktionen y, z von x, zwischen denen eine Differentialgleichung besteht. Die Anfangswerte x_0, y_0, z_0 sind gegeben, ebenso die Endwerte x_1, y_1; der Endwert z_1 soll zu einem Extremum gemacht werden.

Indem x, y, z als Funktionen eines Parameters t gedacht werden, wird die gegebene Differentialgleichung in der Form angenommen

$$z' = F(x, y, z, x', y'),$$

wobei F homogen von der ersten Dimension in x', y' ist.

KNESER betrachtet nun eine einparametrige Extremalenschar

$$(12') \qquad x = X(t, a), \quad y = Y(t, a), \quad z = Z(t, a),$$

und bildet, der GAUSSchen Funktion S entsprechend, den Ausdruck

$$(14') \qquad S(t, a) = \Omega_{x'} X_a + \Omega_{y'} Y_a + \Omega_{z'} Z_a,$$

wobei

$$\Omega = \lambda(z' - F(x, y, z, x', y'))$$

und die Argumente der Ableitungen von Ω sich auf die Extremalenschar $(12')$ beziehen. Er beweist dann, der Gleichung (15) entsprechend, die Gleichung

$$(15') \qquad \frac{\partial S}{\partial t} = 0$$

und daraus den Satz: Wenn die Extremalenschar $(12')$ von einer Kurve trans-

---

23a) *Die Gausssche Theorie der geodätischen Linie übertragen auf das Mayersche Problem der Variationsrechnung*, Journal für r. u. a. Math., Bd. 146 (1915), S. 116.

versal geschnitten wird, so wird sie von jeder sie überhaupt schneidenden Kurve transversal geschnitten. Dabei ist »transversal« so zu verstehen, dass eine Kurve

$$x = X(\tau(a), a) \equiv \tilde{x}(a), \quad y = Y(\tau(a), a) \equiv \tilde{y}(a), \quad Z(\tau(a), a) \equiv \tilde{z}(a)$$

die Extremalenschar (12′) transversal schneidet, wenn

$$\Omega_{x'}\, \tilde{x}_a + \Omega_{y'}\, \tilde{y}_a + \Omega_{z'}\, \tilde{z}_a \big|^{t\,=\,\tau(a)} = 0.$$

Den Gaussschen geodätischen Parallelkoordinaten entsprechend führt nun Kneser auf folgende Weise in der x, y-Ebene krummlinige Koordinaten u, v ein: Er nimmt in der x, y-Ebene eine beliebige Kurve $\mathfrak{K}$ an und errichtet in ihren Punkten Senkrechte $z = z_0$, deren Endpunkte eine Raumkurve $\mathfrak{K}'$ bilden. Dann kann man stets eine einparametrige Extremalenschar (12′) bestimmen, die von dieser Raumkurve transversal geschnitten wird. Alsdann schneiden nach dem obigen Satz die sämtlichen Schnittkurven der Ebenenschar $z = $ const. mit der Extremalenschar die letztere ebenfalls transversal. Die Projektionen einerseits der Extremalen, andererseits dieser Schnittkurven auf die x, y-Ebene liefern dann das die krummlinigen Koordinaten u, v bestimmende Kurvensystem $u = $ const., $v = $ const. in der x, y-Ebene.

Nach Einführung von u, v an Stelle von x, y nimmt die Differential-gleichung für z die Form an:

$$z' = G(u, v, z, u'. v'),$$

wobei G wieder homogen von der ersten Dimension in u', v' ist und, den Gleichungen (38) entsprechend, die beiden charakteristischen Eigenschaften besitzt

(38′) $G(u, v, u, 1, 0) = 1, \quad G_{v'}(u, v, u, 1, 0) = 0,$

aus denen dann Kneser für die vollständige Variation des Endwertes z_1, der Gleichung (39) entsprechend, einen Ausdruck herleitet, aus dem auf das Vorzeichen dieser vollständigen Variation geschlossen werden kann, und zwar nicht nur für den Fall gegebener Anfangswerte x_0, y_0, z_0, sondern auch für den Fall, wo der Punkt x_0, y_0 sich frei auf der Kurve $\mathfrak{K}$ bewegen kann.

In einer andern Richtung hat F. Minding [23b]) die Gausssche Normalform für das Quadrat des Linienelementes verallgemeinert, indem er die Aufgabe löst, eine positive quadratische Differentialform von n Variabeln $p_1, p_2, \ldots, p_n$ in eine Summe von n Quadraten von linearen Differentialformen zu verwandeln, von denen eine ein vollständiges Differential ist:

$$\Omega\, dt^2 \equiv \sum_{i,k} E_{ik}\, dp_i\, dp_k = (dV)^2 + (L_1^2 + L_2^2 + \cdots + L_{n-1}^2)\, dt^2,$$

wobei

$$L_i = C_{ii}\, dp_i + C_{i,i+1}\, dp_{i+1} + \cdots + C_{in}\, dp_n,$$

während die Grössen E_{ik} gegebene, die Grössen V, C_{ik} gesuchte Funktionen von $p_1, p_2, \ldots, p_n$ sind.

Von seinen Resultaten macht er dann eine Anwendung auf das Variationsproblem, das Integral

$$(19')\qquad\qquad\qquad \int \sqrt{\Omega}\, dt$$

zu einem Minimum zu machen. Er beschränkt sich zwar dabei auf eine kurze Andeutung; aus derselben geht jedoch hervor, dass ihm bereits im Jahre 1864 der Grundgedanke des späteren Darboux-Kneserschen Hinlänglichkeitsbeweises geläufig war.

C. Die geodätische Krümmung und der Satz über die Totalkrümmung.

1. Die geodätische Krümmung und ihre Verallgemeinerung.

16. Die geodätische Krümmung kommt zwar in den *Disquisitiones generales circa superficies curvas* nicht vor, wohl aber in einer früheren, vermutlich aus der Zeit zwischen 1822 und 1825 stammenden Arbeit, die als Vorarbeit

---

23b) loc. cit. 13a); die auf das Minimum des Integrals (19') bezügliche Stelle findet sich auf S. 131 und lautet mit einigen Auslassungen: »Verum fundamentum huius doctrinae manifesto positum est in discreptione aggregati $\Omega\, dt^2$ in plura quadrata, quarum unum radicem habet per se integrabilem. Quae discreptio non solum aequationes differentiales minimi, quae nostris in signis erunt $L_1 = 0$, $L_2 = 0$, ..., $L_{p-1} = 0$, ipsumque minimum $\int dV$, verum etiam terminos, ultra quos integrationem extendere, nisi cessante minimo, non licet, non indicare nequit«.

In demselben Zusammenhang ist auch zu erwähnen R. Lipschitz, *Untersuchung eines Problems der Variationsrechnung, in welchem das Problem der Mechanik enthalten ist,* Journal für die r. u. a. Mathematik, Bd. 74 (1872), S. 116—149, besonders S. 119 und 129.

zu den *Disquisitiones* zu betrachten ist, und die sich in GAUSS' Nachlass gefunden hat[24]). GAUSS definiert darin die geodätische Krümmung — oder, wie
er sagt, die »Seitenkrümmung« — einer auf einer Fläche gelegenen Kurve als
das Produkt der absoluten Krümmung der Kurve in dem betrachteten Punkt
in den Sinus des Winkels ψ zwischen der Richtung der Hauptnormale der
Kurve und der (negativen) Flächennormale

$$K_g = \frac{\sin \psi}{r}$$

Er berechnet ihren Wert für den Fall, dass die Fläche durch zwei Parameter p, q dargestellt und die Kurve auf der Fläche dadurch gegeben ist, dass
p und q als Funktionen einer unabhängigen Variabeln t angenommen werden[25]).
Als Resultat erhält er den bekannten, später zuerst von MINDING[26]) veröffentlichten Ausdruck für die geodätische Krümmung, in dem ausser den ersten und
zweiten Ableitungen von p und q nach t nur die Fundamentalgrössen erster
Ordnung E, F, G und ihre ersten Ableitungen nach p und q vorkommen.

Die Beziehungen zwischen der geodätischen Krümmung und der Variationsrechnung ergeben sich nun, wenn man die WEIERSTRASSSche Formel für die
erste Variation des allgemeinen Integrals (8)

$$(8) \qquad J = \int_{t_0}^{t_1} F(x, y, x', y')\, dt,$$

nämlich

$$\delta J = [F_{x'}\, \delta x + F_{y'}\, \delta y]_{t_0}^{t_1} + \int_{t_0}^{t_1} T(y'\, \delta x - x'\, \delta y)\, dt,$$

worin

$$T = F_{xy'} - F_{yx'} + F_1(x'y'' - y'x''),$$
$$F_1 = \frac{F_{x'x'}}{y'^2} = -\frac{F_{x'y'}}{x'y'} = \frac{F_{y'y'}}{x'^2},$$

auf das Längenintegral (4)

$$(4) \qquad s = \int_{t_0}^{t_1} \sqrt{Ep'^2 + 2Fp'q' + Gq'^2}\, dt$$

24) C. F. GAUSS, Werke, Bd. VIII, S. 386—395. Wegen der Datierung vergleiche die Bemerkung
von STÄCKEL, ebenda S. 395.

25) GAUSS schreibt t, θ; u; P, Q, R; χ statt p, q; t; E, F, G; θ.

26) F. MINDING, *Bemerkungen über die Abwickelung krummer Linien auf Flächen*, Journal für r. u. a.
Mathematik, Bd. 6 (1830), S. 160.

anwendet. Man erhält dann [27])

$$T = \sqrt{EG - F^2}\, K_g$$

und daraus für die erste Variation des Bogens [28]):

$$(41) \qquad \delta s = [\cos\varphi\,\delta e]_0^1 - \int_{s_0}^{s_1} K_g \sin\varphi.\delta e.ds,$$

wo φ den Winkel zwischen der Kurventangente und dem Variationsvektor $(\delta x, \delta y, \delta z)$ bedeutet und

$$\delta e = \sqrt{(\delta x)^2 + (\delta y)^2 + (\delta z)^2}.$$

Für den speziellen Fall

$$\varphi = -\frac{\pi}{2}, \quad \delta e = 1$$

vereinfacht sich der Ausdruck (41) zu der Formel

$$(42) \qquad \delta s = \int_{s_0}^{s_1} K_g\, ds,$$

auf die LANDSBERG [29]) seine »innere« Definition der geodätischen Krümmung gründet.

Als Verallgemeinerung der geodätischen Krümmung beim Übergang von dem Längenintegral (4) zu dem allgemeinen Integral (8) erscheint daher der Ausdruck

$$(43) \qquad K_e = \frac{T}{F_1^{\frac{1}{2}} F^{\frac{3}{2}}},$$

den LANDSBERG deshalb die »extremale Krümmung« der betrachteten Kurve im Punkt x, y nennt. Sie ist eine absolute Invariante [30]) sowohl gegenüber allen Punkttransformationen der x, y-Ebene und ihren Erweiterungen als auch gegenüber allen Parametertransformationen des Kurvenparameters t, worin die

---

27) Vgl. O. BOLZA, *Lectures on the Calculus of Variations*, Chicago 1904, S. 129.

28) T. J. I'A. BROMWICH, Bulletin of the American Mathematical Society, Bd. 9 (1905), S. 547.

29) G. LANDSBERG, *Ueber die Krümmung in der Variationsrechnung*, Mathematische Annalen, Bd. 65 (1908), S. 316.

30) G. LANDSBERG, loc. cit. 29), S. 329 und A. L. UNDERHILL, *Invariants of the Function F (x, y, x', y')* *in the Calculus of Variations*, Transactions of the American Mathematical Society, Bd. 9 (1908), S. 332, 337. Vgl. ferner P. FUNK, Mathematische Zeitschrift, Bd. 3 (1919), S. 87.

entsprechenden Invarianteneigenschaften der geodätischen Krümmung als Spezialfall enthalten sind.

2. Der Gausssche Satz über die Totalkrümmung und seine von Bonnet gegebene Verallgemeinerung.

17. Im letzten Abschnitt[31]) der in der vorigen Nummer genannten nachgelassenen Arbeit gibt Gauss eine merkwürdige Umformung des von ihm für die geodätische Krümmung gefundenen Ausdrucks, die den eigentlichen Kern nicht nur des Gaussschen Satzes über die Totalkrümmung, sondern auch seiner später von Bonnet[32]) gegebenen Verallgemeinerung enthält. Der ursprünglich von Gauss für die geodätische Krümmung abgeleitete Ausdruck hat die folgende Gestalt

$$(44) \quad K_g\, ds = \frac{\sqrt{EG-F^2}\,(p'\,dq' - q'\,dp')}{Ep'^2 + 2Fp'q' + Gq'^2} + \frac{\Phi\,(p, q, p', q')\,dt}{(Ep'^2 + 2Fp'q' + Gq'^2)\sqrt{EG-F^2}},$$

wobei Φ eine kubische Form der Variabeln p', q' ist, deren Koeffizienten rationale Funktionen von E, F, G und ihren ersten Ableitungen nach p und q sind. Nun macht Gauss die wichtige Bemerkung, dass für das Differential des Winkels θ zwischen der positiven p-Richtung und der positiven Tangente der Kurve in dem betrachteten Punkt ein genau analoger Ausdruck gilt, der sich von dem obigen nur dadurch unterscheidet, dass darin die Funktion Φ durch eine andere kubische Form von p', q' ersetzt ist, sodass also bei Subtraktion beider Ausdrücke das erste, die zweiten Ableitungen von p und q enthaltende Glied herausfällt und man ein Resultat der folgenden Form erhält

$$(45) \quad K_g\, ds - d\theta = \frac{\Psi\,(p, q, p', q')\,dt}{(Ep'^2 + 2Fp'q' + Gq'^2)\sqrt{EG-F^2}},$$

wo Ψ eine neue kubische Form von p', q' bedeutet.

Darüber hinaus konstatiert nun Gauss die überraschende Tatsache, dass die kubische Form Ψ durch $Ep'^2 + 2Fp'q' + Gq'^2$ teilbar ist, sodass das Resultat schliesslich die Form annimmt

$$(46) \qquad K_g\, ds - d\theta = P\,dp + Q\,dq,$$

---

31) Gauss, loc. cit. 24), S. 394—395.

32) O. Bonnet, *Mémoire sur la théorie générale des surfaces*, Journal de l'École Polytechnique Cahier 32 (1848), S. 131.

wo P, Q die folgenden Funktionen von p, q sind

$$P = \frac{EF_p - \frac{1}{2}EE_q - \frac{1}{2}FE_p}{E\sqrt{EG - F^2}}, \quad Q = \frac{\frac{1}{2}EG_p - \frac{1}{2}FE_q}{E\sqrt{EG - F^2}}.$$

In dieser Formel (46) ist aber in der Tat der GAUSSsche Satz über die Totalkrümmung, und zwar gleich in der BONNETschen Verallgemeinerung enthalten. Denn für den speziellen Fall eines Systems von geodätischen Parallel- oder Polarkoordinaten, für das $ds^2 = dp^2 + m^2 dq^2$ ist, nimmt (46) die einfache Form an

$$d\theta - K_g\,ds = -\frac{\partial m}{\partial p}\,dq.$$

Integriert man diese Gleichung in positivem Sinn um die Begrenzung $\mathfrak{C}$ eines einfach zusammenhängenden Stückes σ der gegebenen Fläche herum, so erhält man den Satz von der Totalkrümmung in der BONNETschen Verallgemeinernng

$$(47) \qquad \int K\,d\sigma = \int_{\mathfrak{C}} d\theta - \int_{\mathfrak{C}} K_g\,ds,$$

unter K das Krümmungsmass der Fläche verstanden[33]). Es ist kaum anzunehmen, dass GAUSS dieser naheliegende Zusammenhang entgangen sein sollte, und so darf man wohl annehmen, dass GAUSS die BONNETsche Verallgemeinerung seines Satzes bereits gekannt hat, wie dies auch schon R. v. LILIENTHAL[34]) und P. STÄCKEL[35]) aus dem Umstand geschlossen haben, dass GAUSS den Ausdruck $K_g\,ds$ als Differential df schreibt, und als »Differential der Seitenkrümmung« bezeichnet.

3. Die LANDSBERGsche Verallgemeinerung des GAUSS-BONNETschen Satzes.

18. Der GAUSS-BONNETsche Satz über die Totalkrümmung ist nun selbst wieder in einem allgemeineren Satz der Variationsrechnung enthalten, wie

---

33) Auch ohne Benutzung eines speziellen Koordinatensystems p, q erhält man direkt aus (46) durch den angegebenen Integrationsprozess die Gleichung (47), wenn man von dem bei L. BIANCHI, *Vorlesungen über Differentialgeometrie* (2. Aufl. 1910), S. 67, Gleichung (17) gegebenen Ausdruck für das Krümmungsmass Gebrauch macht.

34) *Encyklopädie der Mathematischen Wissenschaften*, Bd. III, D 3, S. 134.

35) P. STÄCKEL, *Gauss als Geometer* (1918), Werke X 2, Abh. IV, Nr. 32, Materialien für eine wiss. Biogr. von Gauss, Heft V, S. 126.

zuerst LANDSBERG [36]) nachgewiesen hat. Freilich handelt es sich hier nicht um eine Ausdehnung des Satzes auf das allgemeine Integral

$$J = \int_{t_0}^{t_1} F(x, y, x', y')\, dt,$$

wie bei den früher betrachteten Verallgemeinerungen von Sätzen über geodätische Linien, vielmehr muss die Funktion F sehr starken Einschränkungen unterworfen werden. Bei der gesuchten Verallgemeinerung entspricht zunächst, wie bereits oben im Absatz 1, der geodätischen Krümmung die durch (43) definierte »extremale Krümmung«, dem Längenintegral s das Integral J und daher dem Differential ds der Integrand $F\,dt$, sodass an Stelle der Gleichung (44) die folgende tritt

$$K_e F\, dt = \sqrt{\frac{F_1}{F}}\,(x'\,dy' - y'\,dx') + \frac{(F_{xy'} - F_{yx'})\,dt}{F_1^{\frac{1}{2}}\,F^{\frac{1}{2}}}.$$

Die Verallgemeinerung des GAUSSschen Winkels θ wird dann eine Funktion $\theta(x, y, x', y')$ sein, deren Differential in seinen auf x', y' bezüglichen Gliedern mit dem ersten Glied des eben hingeschriebenen Ausdrucks übereinstimmt; d. h. θ muss den beiden Bedingungen genügen

$$\frac{\partial \theta}{\partial x'} = -y'\sqrt{\frac{F_1}{F}}, \quad \frac{\partial \theta}{\partial y'} = x'\sqrt{\frac{F_1}{F}}.$$

Da die Integrabilitätsbedingung erfüllt ist, so ist hierdurch θ bis auf eine additive, willkürlich bleibende Funktion von x, y bestimmt. Man erhält jetzt also als Verallgemeinerung der Gleichung (45)

(48) $$K_e F\, dt - d\theta = S(x, y, x', y')\, dt,$$

wo

$$S(x, y, x', y') = \frac{F_{xy'} - F_{yx'}}{F_1^{\frac{1}{2}}\,F^{\frac{1}{2}}} - \frac{\partial \theta}{\partial x}\,x' - \frac{\partial \theta}{\partial y}\,y'.$$

Hier versagt nun aber der Versuch, die Analogie bei voller Allgemeinheit der Funktion F weiter zu treiben, da im allgemeinen die Funktion $S(x, y, x', y')$ nicht homogen und linear in x', y' ist, wie es bei dem speziellen Problem der geodätischen Linien der Fall war.

---

[36]) G. LANDSBERG, loc. cit. 29), S. 330—333. Vgl. dazu ferner P. FUNK und L. BERWALD, Lotos, Prag 67/68 (1920), S. 45.

In dem speziellen Fall jedoch, wo $S(x, y, x', y')$ homogen und linear in x', y' ist, gilt in der Tat eine Verallgemeinerung des Satzes (47), wie LANDSBERG im einzelnen nachweist. Integriert man nämlich die Gleichung (48) in positivem Sinn um die Begrenzung $\mathfrak{C}$ eines einfach zusammenhängenden Bereiches $\mathfrak{R}$ der x, y-Ebene, so ergibt sich

$$(49) \qquad \iint\limits_{\mathfrak{R}} (P_y - Q_x)\, dx\, dy = \int\limits_{\mathfrak{C}} d\theta - \int\limits_{\mathfrak{C}} K_s\, F\, dt.$$

Die drei hier auftretenden Integrale sind, ebenso wie dies entsprechend in der Formel (47) der Fall war, absolute Invarianten der Funktion F in Bezug auf die Gesamtheit aller Punkttransformationen der x, y-Ebene und ihrer Erweiterungen. Ebenso ist das Krümmungsmass K eine absolute Invariante; dagegen ist die Differenz $P_y - Q_x$ keine absolute, sondern nur eine Invariante vom Index [37] 1. Wenn daher eine zweite Invariante $\mathfrak{J}$ von F vom Index 1 existiert, so lässt sich eine vollständige Analogie mit dem Fall der geodätischen Linien herstellen, indem man den Quotienten

$$(50) \qquad K = \frac{P_y - Q_x}{\mathfrak{J}},$$

der nunmehr ebenfalls eine absolute Invariante ist, als Verallgemeinerung des Krümmungsmasses und gleichzeitig das Produkt $\mathfrak{J}\, dx\, dy$ als Verallgemeinerung des Flächenelementes $d\sigma$ auffasst. Die Gleichung (49) erscheint dann in der Tat als eine naturgemässe Verallgemeinerung des GAUSS-BONNETschen Satzes (47).

---

[37] Wegen der Terminologie vergleiche A. L. UNDERHILL, loc. cit. 30), S. 320.

III. Teil: Die Arbeit »Allgemeine Lehrsätze in Beziehung auf die im verkehrten Verhältnisse des Quadrats der Entfernung wirkenden Anziehungs- und Abstossungskräfte«[1]).

1. In der in der Überschrift genannten, im Jahr 1840 erschienenen Arbeit beweist GAUSS in Art. 29—34 ein fundamentales Existenztheorem der Potentialtheorie nach einer eigenartigen Methode, die für die Variationsrechnung nach verschiedenen Richtungen hin von Bedeutung ist. Es handelt sich um den Satz, dass die Dichtigkeit m einer stetigen Massenbelegung einer gegebenen Fläche s stets und nur auf eine Weise so gewählt werden kann, dass das Potential

$$V = \int \frac{m\,ds}{r}$$

derselben auf der Fläche einer vorgegebenen stetigen Funktion U der Koordinaten eines Punktes der Fläche gleich wird, wobei r den Abstand eines Punktes des Flächenelementes ds von dem angezogenen Punkt bedeutet und das Integral über die ganze Fläche zu erstrecken ist.

Zum Beweis dieses Satzes geht GAUSS von dem folgenden Variationsproblem aus: Unter allen stetigen und gleichartigen Verteilungen (d. h. solchen, für welche die Dichtigkeit m ihr Vorzeichen auf der Fläche nicht wechselt) einer gegebenen positiven Masse M, für die also

$$(1) \qquad m \gtrless 0, \quad \int m\,ds = M,$$

diejenige zu bestimmen, für die das Integral

$$\Omega = \int (V - 2U)\,m\,ds,$$

erstreckt über die ganze Fläche s, seinen kleinsten Wert annimmt.

2. Es wird nun zunächst in Art. 30, 31 gezeigt, dass infolge der Voraussetzung $m \gtrless 0$ der Wert des Integrals Ω für alle zulässigen Verteilungen eine positive untere Grenze besitzt. Daraus wird dann als selbstverständlich geschlossen, dass das Integral für mindestens eine dieser Verteilungen einen Minimumswert annehmen muss. Sodann werden mit Hilfe der Variations-

---

1) GAUSS' Werke, Bd. V, S. 197.

rechnung die Eigenschaften einer das Minimum liefernden Verteilung abgeleitet, und daraus wird schliesslich die Existenz einer diese Eigenschaften be-
sitzenden Verteilung geschlossen.

Wir finden also bei GAUSS schon im Jahr 1840 dieselbe Schlussweise
ausgebildet, die später von W. THOMSON[2]) (1847), DIRICHLET[3]) und RIEMANN[4])
(1851) zum Beweis verwandter Existenztheoreme benutzt worden ist, und die
von RIEMANN als »DIRICHLETsches Prinzip«, von den Engländern als »THOMSON-
sches Prinzip« bezeichnet worden ist, aber richtiger den Namen »GAUSSsches
Prinzip« führen würde, wie denn auch schon RIEMANN[3]) vermutet hat, dass
DIRICHLET zu seinem Prinzip »durch einen ähnlichen Gedanken von GAUSS
veranlasst worden ist«. Bekanntlich ist der Schluss von der Existenz einer
unteren Grenze auf die Existenz eines Minimums nicht statthaft, und zwar ist
ja merkwürdiger Weise GAUSS selbst der erste gewesen, der bei einer andern
Gelegenheit Bedenken gegen diese Schlussweise ausgesprochen hat, nämlich
in seiner Dissertation[4a]) bei der Kritik des D'ALEMBERTschen Existenzbeweises
für die Wurzeln einer algebraischen Gleichung. WEIERSTRASS[5]) hat später
(1870) diese Lücke im DIRICHLETschen Prinzip besonders nachdrücklich hervorgehoben und durch ein anschauliches Beispiel erläutert. Damit wird dem GAUSS-
schen und den übrigen angeführten Existenzbeweisen die Grundlage entzogen.

Ebenso bekannt ist, dass in neuerer Zeit HILBERT[6]) (1899) Methoden

---

2) *Sur une équation aux différences partielles qui se présente dans plusieurs questions de physique mathématique*, Journal de mathématique, Bd. 12 (1847), S. 496.

3) In Vorlesungen; RIEMANN sagt darüber im Jahre 1857: »DIRICHLET pflegt dieses Prinzip seit einer Reihe von Jahren in seinen Vorlesungen zu geben«, RIEMANNs Werke, 2. Aufl., 1892, S. 97.

4) RIEMANNs Werke, 1892, S. 30 und 97 ff.

4a) GAUSS' Werke, Bd. III, S. 10. Die betreffende Stelle lautet: »Ex suppositione, *X* obtinere posse valorem *S* neque vero valorem *U*, nondum sequitur, inter *S* et *U* necessario valorem *T* jacere, quem *X* attingere sed non superare possit. Superest adhuc alius casus: scilicet fieri posset, ut inter *S* et *U* limes situs sit, ad quem accedere quidem quam prope velis possit *X*, ipsum vero nihilominus numquam attingere«. Mit demselben Einwand beschäftigt sich auch der letzte Absatz von Art. 24 der Dissertation (a. a. O. S. 30) und ein Brief an SCHUMACHER vom 20. Juni 1840 (Werke, Bd. X 1, S. 108); vgl. die Anmerkung von L. SCHLE-SINGER, ebenda, S. 110 und A. FRÄNKEL, *Zahlbegriff und Algebra bei Gauss* (1920), Materialien für eine wiss. Biogr. von GAUSS, Heft VIII, S. 12.

5) K. WEIERSTRASS, »*Ueber das sogenannte Dirichletsche Prinzip*«, Werke, Bd. II, S. 49. Vgl. zur Geschichte des DIRICHLETschen Prinzips auch *Encyklopädie der Mathematischen Wissenschaften*, II A 7 b, Nr. 17, 23—25.

6) D. HILBERT, *Über das Dirichletsche Prinzip*, Jahresbericht der Deutschen Mathematikervereinigung, Bd. 8 (1899), S. 184.

angegeben hat, diese Lücke wieder auszufüllen, indem er gezeigt hat, wie unter gewissen Voraussetzungen die Existenz einer Lösung eines Variationsproblems a priori bewiesen werden kann.

3. Um nun das eigentliche Variationsproblem zu lösen, ersetzt GAUSS die als gefunden angenommene, das Minimum liefernde Massenverteilung m durch eine benachbarte $m+\mu$, wo μ eine auf der Fläche stetige Funktion ist, die wegen (1) den Bedingungen

(2) $$m+\mu \gtrless 0,$$
(3) $$\int \mu\, ds = 0$$

unterworfen ist. Die entsprechende erste Variation von V ist dann

$$\delta V = \int \frac{\mu\, ds}{r}.$$

Dieses Integral ist selbst wieder ein Potential, nämlich dasjenige der Massenverteilung μ auf der Fläche s, und daher gilt nach einem von GAUSS in Art. 19 seiner Arbeit bewiesenen Satz der Potentialtheorie die Gleichung

$$\int \delta V . m\, ds = \int V \mu\, ds,$$

unter deren Berücksichtigung die erste Variation des Integrals Ω die Form annimmt

$$\delta \Omega = 2 \int W \mu\, ds,$$

wenn zur Abkürzung: $W = V - U$ gesetzt wird. Für ein Minimum ist nun erforderlich, dass $\delta\Omega \gtrless 0$ für alle dem absoluten Wert nach hinreichend kleinen stetigen Funktionen μ, die den beiden Bedingungen (2) und (3) genügen. Beschränken wir uns zunächst auf solche Teile der Fläche, in denen $m > 0$ ist, so kann μ sowohl positive wie negative Werte annehmen; daraus folgt, dass $W = $ Const. sein muss in allen Punkten der Fläche, in denen $m > 0$. GAUSS leitet dieses Resultat durch folgende Überlegung her: Angenommen W wäre nicht konstant in den mit Masse belegten Teilen der Fläche. Dann sei A eine zwischen dem grössten und kleinsten Wert von W gelegene Konstante; alsdann lassen sich stets zwei mit Masse belegte Stücke p und q der Fläche von gleichem Flächeninhalt angeben, so dass $W - A > 0$ in p und $W - A < 0$ in q. Nun wähle man, unter ν eine positive Konstante verstanden, $\mu = -\nu$ in p, dagegen $\mu = \nu$ in q und $\mu = 0$ in allen übrigen Teilen

der Fläche; für diese Wahl von μ, die der Bedingung (3) genügt, würde
dann $\delta\Omega < 0$ werden, da wegen (3) $\delta\Omega$ in der Form

$$(4) \qquad \delta\Omega = 2\int (W-A)\,\mu\,ds$$

geschrieben werden kann.

Damit ist implizite zugleich das folgende allgemeine Lemma der Variationsrechnung bewiesen: Wenn die Funktion $N(x)$ stetig ist im Intervall $(x_0 x_1)$ und

$$\int_{x_0}^{x_1} N(x)\,\zeta(x)\,dx = 0$$

für alle Funktionen $\zeta(x)$, die in $(x_0 x_1)$ stetig sind und der Bedingung

$$\int_{x_0}^{x_1} \zeta(x)\,dx = 0$$

genügen, so ist stets $N(x) =$ Const. in $(x_0 x_1)$. Dieser Satz, ein Spezialfall
des Fundamentallemmas für isoperimetrische Probleme, ist mit dem sogenannten DU BOIS-REYMONDschen Lemma äquivalent; er ist auf anderem Wege
von P. DU BOIS-REYMOND[7]) bei Gelegenheit seiner Modifikation des Beweises
der EULERschen Differentialgleichung bewiesen worden und später von HILBERT[8])
nach einer Methode, deren Grundgedanke mit dem des GAUSSschen Beweises
übereinstimmt.

Freilich ist gegen den GAUSSschen Beweis einzuwenden, dass die von
GAUSS benutzte Funktion μ nicht stetig ist auf der Fläche. Der Beweis lässt
sich aber leicht so abändern, dass auch der Stetigkeitsbedingung genügt wird.
Man wähle die Flächenstücke p, q so wie oben, nur dass sie nicht notwendig
von gleichem Flächeninhalt zu sein brauchen; dann setze man $\mu = -\varepsilon\varphi$ in
p, wo ε eine kleine positive Konstante und φ auf der Begrenzung von p gleich
Null, sonst aber in p positiv und stetig ist; ferner sei $\mu = \varepsilon'\psi$ in q, wo ε'
und ψ für q entsprechend definiert sind wie ε und φ für p; überall sonst sei
$\mu = 0$. Dann drücke man ε' mittels der Gleichung (3) durch ε aus. Die so

7) P. DU BOIS-REYMOND, *Erläuterungen zu den Anfangsgründen der Variationsrechnung*, Mathematische Annalen, Bd. 15 (1879), S. 313.

8) In Vorlesungen, vgl. z. B. BOLZA, *Vorlesungen über Variationsrechnung*, S. 28. Vgl. auch die Verallgemeinerung des Satzes von E. ZERMELO, *Über die Herleitung der Differentialgleichung bei Variationsproblemen*, Mathematische Annalen, Bd. 58 (1904), S. 558.

definierte Funktion μ genügt dann bei hinreichend kleinem ε allen Bedingungen und macht $\delta\Omega < 0$.

4. Nachdem so gezeigt ist, dass in den belegten Teilen der Fläche die Funktion W konstant sein muss, etwa

$$(5) \qquad\qquad W = A,$$

bleiben noch die etwa vorhandenen unbelegten Teile der Fläche zu betrachten. In diesen Teilen kommt wegen (2) zu den bisherigen Bedingungen für μ noch die weitere hinzu, dass $\mu \gtreqless 0$ sein muss. Hieraus erhält Gauss das Resultat, dass in den nicht belegten Teilen der Fläche

$$(6) \qquad\qquad W \gtreqless A$$

sein muss. Den Beweis hierfür überlässt er dem Leser; ein solcher ergibt sich in der Tat auch ohne weiteres durch eine leichte Modifikation der früheren Schlussweise. Wäre nämlich in einem noch so kleinen nicht belegten Teil q der Fläche $W < A$, so sei p eines der sicher vorhandenen belegten Stücke; alsdann wähle man mit dieser neuen Bedeutung von p und q die Funktion μ genau so wie im vorigen Fall. Dann führt die Formel (4) zusammen mit der in den belegten Teilen geltenden Gleichung (5) zu einem negativen Wert von $\delta\Omega$, womit die Behauptung (6) bewiesen ist.

Für die Variationsrechnung ist gerade dieser zweite Teil des Gaussschen Resultates besonders interessant, weil hier wohl das erste Beispiel eines Variationsproblems mit einer Ungleichung als Nebenbedingung vorliegt, eine Klasse von Aufgaben, die später von Weierstrass[9] in seinen Vorlesungen behandelt worden ist.

Weierstrass hat auch, und zwar aus der Betrachtung der ersten Variation, die Bedingungen abgeleitet, die an den Übergangsstellen, in denen das Gleichheitszeichen in das Ungleichheitszeichen übergeht, erfüllt sein müssen, und die zur Bestimmung dieser Stellen dienen. Man könnte versucht sein, durch ein dem Weierstrassschen analoges Verfahren die Ausdehnung des nicht belegten Teiles der Fläche bestimmen zu wollen. Dass man aber auf diese Weise nicht zum Ziele kommen würde, geht a priori daraus hervor, dass aus den Be-

---

9) Vgl. Kneser, *Lehrbuch der Variationsrechnung*, § 44; Bolza, *Vorlesungen über Variationsrechnung*, § 52 und Hadamard, *Leçons sur le calcul des variations*, Nr. 161—164, 213 bis.

dingungen (5) und (6) auch umgekehrt folgt, dass $\delta\Omega \gtreqless 0$ für alle zulässigen Funktionen μ, sodass also aus der ersten Variation keine weiteren Folgerungen zu ziehen sind. Dagegen hat GAUSS für den speziellen Fall $U = 0$, der für seine weiteren Schlüsse besonders wichtig ist, mit Hilfe eines in einem vorangehenden Artikel (Art. 28) von ihm bewiesenen Satzes der Potentialtheorie gezeigt, dass hier bei der das Minimum liefernden Verteilung überhaupt keine unbelegten Stücke der Fläche vorkommen können, sodass also in diesem Fall die Gleichung $V = A$ in der ganzen Fläche ohne Ausnahme gilt.

5. Auf die sinnreichen Schlüsse, durch die GAUSS von diesen Resultaten aus zum Beweis des im Eingang genannten Existenztheorems der Potentialtheorie gelangt, wollen wir hier nicht eingehen, da sie nicht der Variationsrechnung, sondern ausschliesslich der Potentialtheorie angehören. Dagegen wollen wir noch auf eine Seite des GAUSSschen Variationsproblems hinweisen, die für die Variationsrechnung von besonderer Bedeutung ist: Die sonst in der Variationsrechnung behandelten Probleme pflegen auf Differentialgleichungen als erste notwendige Bedingung des Extremums zu führen. Hier haben wir es dagegen mit einem Variationsproblem zu tun, das auf eine Integralgleichung führt, nämlich auf die Gleichung (5), die ausgeschrieben lautet

$$\int \frac{m\,ds}{r} = U + A.$$

In der Tat lässt sich das GAUSSsche Variationsproblem keinem der üblichen Typen von Variationsproblemen unterordnen, sondern ist ein Beispiel eines eigenartigen neuen Typus[10]). Denkt man sich nämlich die Koordinaten eines Punktes der Fläche durch zwei unabhängige Parameter u, v ausgedrückt, die einen bestimmten Bereich $\mathfrak{A}$ überstreichen, so sieht man, dass das GAUSSsche Problem dem folgenden Typus angehört: Unter allen stetigen, nicht

---

10) Ein ähnliches Problem behandelt D. HILBERT in seinen *Grundzügen einer allgemeinen Theorie der linearen Differentialgleichungen* (Göttinger Nachrichten 1904, S. 78, 232, 257; 1906, S. 460; 1910, S. 9, 22), und zwar unter dem Namen GAUSS'sches Variationsproblem, nämlich die Aufgabe, das Integral

$$\int_a^b \int_a^b K(s, t)\, u(s)\, u(t)\, ds\, dt$$

zu einem Maximum zu machen mit der Nebenbedingung

$$\int_a^b (u(s))^2\, ds = 1.$$

negativen Funktionen $m(u, v)$, die einer isoperimetrischen Bedingung von der Form

$$\iint G(u, v)\, m(u, v)\, du\, dv = M$$

genügen, diejenige zu bestimmen, die ein vierfaches Integral von der Form

$$\Omega = \iiiint F(u, v;\, u', v')\, m(u, v)\, m(u', v')\, du\, dv\, du'\, dv'$$

zu einem Minimum macht, wobei der Integrationsbereich für u, v sowohl wie für u', v' derselbe Bereich $\mathfrak{A}$ ist. Auch für dieses allgemeinere Problem lässt sich das Gausssche Verfahren durchführen. Für die erste Variation erhält man

$$\delta\Omega = \iiiint F(u, v;\, u', v')\, [m(u', v')\, \mu(u, v) + m(u, v)\, \mu(u', v')]\, du\, dv\, du'\, dv'.$$

Durch Vertauschung der Bezeichnungen der beiden Reihen von Integrationsvariabeln und gleichzeitige Vertauschung der Integrationsordnungen im zweiten Summanden rechts, — was der Anwendung des Satzes von Art. 19 beim Gaussschen Problem entspricht —, lässt sich dieser Ausdruck auf die Form bringen

$$\delta\Omega = \iiiint K(u, v;\, u', v')\, m(u', v')\, \mu(u, v)\, du\, dv\, du'\, dv',$$

wenn man zur Abkürzung

$$F(u, v;\, u', v') + F(u', v';\, u, v) = K(u, v;\, u', v')$$

setzt.

Eine der Gaussschen Schlussweise ganz analoge Betrachtung führt dann auf folgende Integralgleichung erster Art als erste notwendige Bedingung des Minimums, wobei λ die isoperimetrische Konstante bedeutet,

$$\iint K(u, v;\, u', v')\, m(u', v')\, du'\, dv' = \lambda G(u, v),$$

die in denjenigen Teilen der Fläche erfüllt sein muss, wo $m > 0$, während das Gleichheitszeichen durch $\gtreqless$ zu ersetzen ist in denjenigen Teilen, wo $m = 0$.

6. Zusammenfassend können wir also sagen, dass in der Gaussschen Arbeit die folgenden Punkte für die Variationsrechnung von besonderer Wichtigkeit sind:

1) dass hier bereits die später mit dem Namen Dirichletsches Prinzip bezeichnete Schlussweise angewandt wird;

11*

2) dass hier ein eigenartiger Typus von Variationsproblemen behandelt wird, der nicht auf eine Differentialgleichung, sondern auf eine Integralgleichung erster Art als erste notwendige Bedingung eines Extremums führt;

3) dass hier wohl zum ersten Mal ein Variationsproblem mit einer Ungleichung als Nebenbedingung vorkommt;

4) der Beweis des sogenannten DU BOIS-REYMONDschen Lemmas.

Es scheint jedoch nicht, dass die GAUSSsche Arbeit, so nachhaltig auch ihr Einfluss auf die Entwicklung der Potentialtheorie gewesen ist, eine nennenswerte Wirkung auf die Variationsrechnung ausgeübt hat.

IV. Teil: Vereinzelte kürzere Anwendungen der Variationsrechnung.

1. Fragment: Über das Extremum des Integrals $\int n(x,y)\,ds$.

(Handbuch 21, S. 48. Werke, Bd. XI, 1.)

GAUSS leitet in diesem Fragment die EULERsche Differentialgleichung für das ebene Variationsproblem

$$\int n(x,y)\,ds = \text{Min.}, \quad ds = \sqrt{dx^2 + dy^2}$$

ab. Er betrachtet x als die unabhängige Variable, sodass das Integral lautet

$$\int n(x,y)\sqrt{1+p^2}\,dx, \quad p = \frac{dy}{dx}.$$

Als Resultat erhält er nach Einführung des Tangentenwinkels φ die Differentialgleichung in der Form

$$(1) \qquad \frac{\partial n}{\partial y}\cos\varphi - \frac{\partial n}{\partial x}\sin\varphi = n\frac{d\varphi}{ds},$$

d. h. also

$$(2) \qquad \frac{\partial n}{\partial y}\cos\varphi - \frac{\partial n}{\partial x}\sin\varphi = \frac{n}{r},$$

wo $\frac{1}{r}$ die Krümmung bedeutet.

Eigentümlich ist bei der Ableitung einmal, dass GAUSS nicht von der fertig vorliegenden EULERschen Differentialgleichung für den allgemeinen Typus

$\int f(x, y, p)\, dx$ Gebrauch macht, sondern sie für den besonderen Fall durch Variation des Integrals und Anwendung der LAGRANGEschen partiellen Integration selbst ableitet, und andererseits die Einführung des Tangentenwinkels φ.

Auf die Differentialgleichung (2) wird man auch unmittelbar geführt, wenn man das Problem in Parameterdarstellung ansetzt und dafür die WEIERSTRASSsche Form der EULERschen Differentialgleichung hinschreibt.

Die Differentialgleichung (2) findet sich in etwas veränderter Form bei JELLETT[1]) wieder, der statt des Tangentenwinkels die Winkel der Kurvennormale mit den beiden Koordinatenachsen einführt. Das Resultat von JELLETT hat dann schliesslich W. THOMSON[2]) in die einfache Form setzt:

$$\frac{1}{r} = \frac{\partial \log n}{\partial \nu},$$

wo ν diejenige Richtung der Kurvennormale bedeutet, die aus der positiven Tangentenrichtung durch eine positive Drehung um $\frac{\pi}{2}$ hervorgeht.

Wie aus der Wahl des Buchstabens n hervorgeht, hat GAUSS ohne Zweifel die Anwendung des Problems auf die Bestimmung der Bahn des Lichtes in einem durchsichtigen Medium mit stetig veränderlichem Brechungsindex n im Auge gehabt.

2. Über die elastische Kurve.
(Einzelner Zettel, Werke, Bd. XI 1.)

DANIEL BERNOULLI hatte zuerst das Prinzip aufgestellt und EULER[3]) mitgeteilt, dass die elastische Kurve als Gleichgewichtslage einer elastischen Lamelle die potentielle Energie (»vis potentialis«) der Lamelle, d. h. das Integral

$$(3) \qquad\qquad \int \frac{ds}{\rho^2}$$

zu einem Minimum machen muss, wobei ρ den Krümmungsradius, ds das

---

1) *An elementary Treatise on the Calculus of Variations*, Dublin 1850, S. 140.

2) *Isoperimetrical Problems*, Nature 1894, S. 517; vgl. auch v. SCHRUTKA, *Die ökonomischste Trassenführung für den Fall, dass die Kosten für den laufenden Kilometer mit dem Orte wechseln*, Österreichische Wochenschrift für den öffentlichen Baudienst, Heft 37 (1911), S. 1—8.

3) EULER, *Methodus inveniendi etc*, Lausanne 1744, S. 246: »Cum DANIEL BERNOULLI mihi indicasset se universam vim, quae in lamina elastica incurvata insit, una quadam formula quam vim potentialem appellat, complecti posse; hancque expressionem in curva elastica minimam esse oportere; ...«.

Bogenelement der Kurve bedeutet. Hieran anknüpfend hatte dann EULER im Anhang zu seiner *Methodus inveniendi lineas curvas maximi minimive proprietate gaudentes* (S. 245—310) seine allgemeinen Methoden auf das Variationsproblem angewandt: Unter allen (ebenen) Kurven derselben Länge, die nicht nur durch zwei gegebene Punkte A und B hindurchgehen, sondern auch in diesen Punkten von gegebenen Geraden berührt werden, diejenige zu bestimmen, die das Integral (3) zu einem Minimum macht. In rechtwinkligen Koordinaten x, y mit x als unabhängiger Variabeln nimmt die Aufgabe die Form an: Das Integral

$$\int \frac{q^2\,dx}{(1+p^2)^{\frac{5}{2}}}, \quad p = \frac{dy}{dx}, \quad q = \frac{d^2y}{dx^2},$$

zu einem Minimum zu machen mit der isoperimetrischen Nebenbedingung

$$\int \sqrt{1+p^2}\,dx = S.$$

Da x und y nicht unter dem Integralzeichen vorkommen, so lassen sich zwei Integrale der EULERschen Differentialgleichung nach einer allgemeinen, von EULER herrührenden Bemerkung unmittelbar angeben; eine weitere Integration führt EULER auf die Gleichung

$$(4) \qquad \frac{2\sqrt{\alpha\sqrt{1+p^2}+\beta p+\gamma}}{(1+p^2)^{\frac{1}{4}}} = \beta x - \gamma y + \delta,$$

worin α die isoperimetrische Konstante, β, γ und δ Integrationskonstanten sind. Diese Gleichung vereinfacht er dadurch, dass er durch passende Wahl des Koordinatensystems γ und δ zum Verschwinden bringt. Die Auflösung der so vereinfachten Gleichung (4) nach p gibt dann das Resultat in der bekannten Form

$$dy = \frac{(x^2+b)\,dx}{\sqrt{a^4-(x^2+b)^2}}.$$

Hieraus leitet EULER die Gestalt der elastischen Kurve ab, wobei er im ganzen neun verschiedene Fälle unterscheidet. Lässt man die Grenzfälle bei Seite, so subsummieren sich alle unter zwei Hauptfälle, die elastische Kurve mit Wendepunkten und diejenige ohne Wendepunkte.

In dem vorliegenden Fragment gibt nun GAUSS eine Lösung desselben Variationsproblems, die an Eleganz wohl nicht zu übertreffen ist. Indem er einerseits die Bogenlänge s als unabhängige Variable und andererseits den Tangentenwinkel φ als unbekannte Funktion einführt[4]), gelingt es ihm, das Problem auf ein isoperimetrisches Problem vom einfachsten Typus mit zwei isoperimetrischen Bedingungen zurückzuführen, bei denen unter dem Integralzeichen nur eine unbekannte Funktion und ihre erste Ableitung vorkommen. Das gegebene Problem geht nämlich dadurch in die Aufgabe über, φ als Funktion von s so zu bestimmen, dass das Integral

$$\int_0^S \left(\frac{d\varphi}{ds}\right)^2 ds$$

ein Minimum wird mit den beiden isoperimetrischen Bedingungen

$$\int_0^S \cos\varphi\, ds = x_1 - x_0, \qquad \int_0^S \sin\varphi\, ds = y_1 - y_0.$$

und der Anfangsbedingung:

$$\varphi(0) = \varphi_0, \quad \varphi(S) = \varphi_1,$$

wobei x_0, y_0 und x_1, y_1 die Koordinaten der gegebenen Punkte und φ_0 und φ_1 die gegebenen Anfangs-, bezw. Endrichtungen bedeuten. Hieraus folgt die Differentialgleichung

$$\frac{d^2\varphi}{ds^2} + A\cos\varphi + B\sin\varphi = 0,$$

wobei A und B die beiden isoperimetrischen Konstanten sind. Eine erste Integration liefert die Gleichung

$$\frac{1}{\rho} = -Ax - By - C,$$

in der durch passende Wahl des Koordinatensystems bewirkt werden kann, dass

$$A = 0, \quad C = 0, \quad B > 0.$$

Eine zweite Integration liefert dann die Gleichung

$$(5) \qquad \cos\varphi = \frac{B}{2}y^2 + D,$$

---

4) Denselben Kunstgriff hat M. BORN in seiner Dissertation »*Untersuchungen über die Stabilität der elastischen Linie in Ebene und Raum*« (Göttingen 1906) S. 15, angewandt. Vgl. auch die Behandlung des Problems bei KNESER, *Lehrbuch der Variationsrechnung* (1900), S. 223—226.

die mit der in der oben angegebenen Weise vereinfachten EULERschen Gleichung (4) bei passendem Wechsel der Bezeichnung identisch wird.

Hier wäre nun eine Fallunterscheidung nötig gewesen, je nachdem die Integrationskonstante D, die stets $\overline{\overline{<}}\,1$ ist, grösser-gleich oder kleiner als -1 ist. Indem GAUSS $D = \cos 2\theta$ ansetzt, beschränkt er sich auf den ersten der beiden Fälle, den er dann auf elliptische Integrale zurückführt. Setzt man in den GAUSSschen Formeln

$$u = \frac{\pi}{2} - \psi, \quad \sin\theta = k,$$

so gehen sie in die übliche Darstellung der Elastica mit Wendepunkten über.

Für die Untersuchung des von GAUSS bei Seite gelassenen zweiten Falles $D < -1$ setze man in der Gleichung (5) $\frac{\varphi}{2} = \psi$, $\frac{2}{1-D} = k^2$; dann liefert ein dem von GAUSS für den ersten Fall angewandten analoges Verfahren die üblichen Formeln für die Elastica ohne Wendepunkte.

3. Über den homogenen Körper grösster Attraktion bei gegebener Masse.

(Handbuch 16, Bb, S. 107, Werke, Bd. XI 1.)

GAUSS gibt hier in gedrängter Kürze mit nur wenig Beweisandeutungen die Lösungen der folgenden vier Aufgaben:

1) Bestimmung des homogenen Körpers von gegebener Masse und grösster Anziehung auf einen gegebenen Punkt in gegebener Richtung unter Voraussetzung des NEWTONschen Anziehungsgesetzes;

2) Vergleichung der Anziehung dieses Körpers mit derjenigen einer Kugel von gleicher Masse;

3) Bestimmung des Sphäroids von gegebener Masse und grösster Anziehung auf einen seiner Pole;

4) Vergleichung der Anziehung dieses Sphäroids mit derjenigen einer Kugel von der gleichen Masse.

Am Schluss bemerkt GAUSS: »Eine ähnliche Untersuchung soll von Herrn PLAYFAIR im VI. Band der Transactions of the Royal Society of Edinburgh angestellt sein (1812)«. Diese Bemerkung stützt sich auf einen ganz kurzen Bericht über die Arbeit von J. PLAYFAIR in den Göttinger Gelehrten Anzeigen

für 1818, S, 860, aus dem wenig mehr zu ersehen war, als was der Titel der
PLAYFAIRschen Arbeit, (die übrigens schon im Jahr 1807 vor der Gesellschaft
gelesen worden war), besagte: *Of the Solids of Greatest Attraction, or those
which, among all the Solids that have certain Properties, attract with the greatest
Force in a given Direction.* GAUSS' Vermutung war richtig: PLAYFAIR beschäftigt
sich in der Tat in der angegebenen Arbeit unter anderem mit den drei ersten
der oben aufgeführten Aufgaben und löst sie, wie wir sehen werden, — mit
einer Ausnahme — richtig. —

Die erste Aufgabe erledigt GAUSS durch die lakonische Bemerkung:
»Man überzeugt sich leicht, dass jedes Teilchen an der Oberfläche des Körpers
grösster Anziehung gleich starke Anziehung beitragen muss. Daher entsteht
der Körper durch Umdrehung einer Kurve, deren Gleichung ist

$$(6) \qquad\qquad \frac{\cos u}{rr} = A \,^{5)}«.$$

Dabei sind r, u Polarkoordinaten mit dem gegebenen Punkt als Pol und der
gegebenen Richtung als Achse.

Gemeint ist hier ohne Zweifel dieselbe Überlegung, durch die bereits
R. J. BOSCOVICH [6]) (1743) die Aufgabe zunächst unter Beschränkung auf Rotationskörper in etwas modifizierter Formulierung und unter Annahme einer
beliebigen, nur von der Entfernung abhängigen Anziehungskraft gelöst hatte:
Angenommen die Anziehungskomponente in der Richtung der Achse wäre in

---

5) Um Übereinstimmung mit den bei GAUSS weiter folgenden Formeln für die Masse und die Anziehung dieses Körpers herzustellen, müsste hier $\frac{1}{A^2}$ statt A geschrieben werden.

6) *Problema mecanicum de solido maximae attractionis*, Memorie sopra la fisica e istoria naturale di
diversi valentuomini, T. I, Lucca 1743, S. 63—88 (auf der Landesbibliothek in Stuttgart vorhanden). Die
Aufgabe war BOSCOVICH zwei Jahre vorher von DE MONTIGNI gestellt worden, und zwar in folgender
Fassung: »Data quantitate materiae puncti attrahentis, in quacunque lege distantiarum invenire solidum
ipsam continens, quod maxime omnium attrahat ipsum punctum positum in axe solidi producto ad datam
distantiam ab ipsius solidi vertice propiore». BOSCOVICH gibt an, dass er die im Text geschilderte »geometrische« Lösung ohne Mühe gefunden habe, dass ihm dagegen die Lösung derselben Aufgabe mittels
Integralrechnung grosse Schwierigkeiten bereitet habe. Auch diese zweite »analytische« Lösung, die auf
JAKOB BERNOULLIS Methode der Variation zweier benachbarter Ordinaten der Meridiankurve gegründet ist,
zeichnet sich durch grosse Einfachheit und Eleganz aus und zeigt deutlich den inneren Zusammenhang
zwischen der geometrischen und der analytischen Lösung. Am Schluss seiner Arbeit hebt BOSCOVICH als
Vorzug der geometrischen Methode vor der analytischen hervor, dass die erstere auch auf den Fall anwendbar sei, wo die zur Vergleichung herangezogenen Körper nicht auf Rotationskörper beschränkt werden.

zwei Punkten der Oberfläche des Körpers grösster Anziehung verschieden, so
schneide man aus dem Körper ein kleines Stück in der Umgebung des Punktes
geringerer Anziehung heraus und lege es in der Umgebung des Punktes grösserer
Anziehung von aussen an den Körper an, so würde man einen Körper gleicher
Masse, aber grösserer Anziehung erhalten. Boscovich knüpft hieran zugleich
einen Hinlänglichkeitsbeweis, indem er bemerkt, dass im Falle, wo die Anziehungskraft mit abnehmender Entfernung zunimmt, die Anziehung auf den
gegebenen Punkt in der Richtung der Achse für Punkte im Innern des gefundenen Körpers grösser, für diejenigen ausserhalb kleiner ist als für Punkte
auf der Oberfläche, woraus folgt, dass jede Veränderung des Körpers bei gleich
bleibender Masse die Anziehung vermindert.

Für den speziellen Fall des Newtonschen Anziehungsgesetzes findet sich
der erste Teil dieses Schlusses wieder bei Saint Jacques de Silvabelle[7] (1745),
die beiden Teile bei J. Playfair (1807), der zweite Teil bei K. H. Schellbach[8] (1851). Alle diese Autoren, Gauss inbegriffen, scheinen unabhängig
von einander auf diese Lösung des Problems ohne Variationskalkül gekommen
zu sein.

Schliesslich hat neuerdings Spijker[9] denselben Gedanken verwertet, um
allgemeiner ohne Benutzung der Variationsrechnung zu beweisen, dass die
Begrenzung desjenigen Körpers, der, als Integrationsbereich genommen, das
Integral $\iiint F_1(x, y, z)\, dx\, dy\, dz$ zu einem Extremum macht, während gleichzeitig das Integral $\iiint F_2(x, y, z)\, dx\, dy\, dz$ einen gegebenen Wert haben soll,
der Gleichung genügen muss

$$F_1(x, y, z) - k\,F_2(x, y, z) = 0,$$

wo k eine Konstante ist.

Nachdem die Meridiankurve des Körpers grösster Anziehung gefunden
ist, bietet die zweite Aufgabe, die Berechnung des Verhältnisses der An-

---

7) *Problème: Supposant la loi d'attraction en raison inverse du carré de la distance, trouver la nature
du solide de la plus grande attraction*, Mémoires de Mathématiques et de Physiques, presentés à l'Académie
Royale des Sciences par divers Scavans, Tome I, Paris 1750, S. XVII und 175/176. Die Arbeit ist datiert
7. Juli 1745.

8) *Probleme der Variationsrechnung*, Journal für die reine und angewandte Mathematik, Bd. 41 (1851),
S. 343—345.

9) *Der Körper grösster Anziehung eines Ellipsoides*, Dissertation, Zürich 1904.

ziehung dieses Körpers auf den gegebenen Punkt zur Anziehung einer Kugel von gleicher Masse auf einen Punkt ihrer Oberfläche, keine Schwierigkeiten. Gauss findet für das Verhältnis den Wert $3 : \sqrt[3]{25} = 1{,}025985$. Dasselbe Resultat gibt er auch in einer Fussnote zur Einleitung seiner *Principia generalia theoriae figurae fluidorum in statu aequilibrii*[10]) (1829), und zwar ausdrücklich als ein bekanntes Resultat, aber ohne Literaturnachweisung. Das bezieht sich ohne Zweifel darauf, dass PLAYFAIR[11]) in der oben zitierten Arbeit, die wohl inzwischen Gauss zu Gesicht gekommen war, dasselbe Resultat abgeleitet hatte. Später ist derselbe Satz nochmals von SCHELLBACH[12]) bewiesen worden und ist dann in die Lehrbücher übergegangen[13]). —

Um die dritte Aufgabe zu lösen, die Bestimmung des Sphäroids von gegebener Masse und grösster Anziehung im Pol, bezeichnet Gauss das Verhältnis der kleinen Achse des Sphäroids zur grossen Achse mit $\cos \varphi$ und berechnet dann das Verhältnis der Anziehung des Sphäroids im Pol zur Anziehung einer Kugel von gleicher Masse auf einen Punkt ihrer Oberfläche; er findet dafür den Wert

$$(7) \qquad \frac{3 \cos \varphi^{\frac{5}{3}}}{\sin \varphi^3} (\operatorname{tg} \varphi - \varphi).$$

»Dieser Ausdruck wird ein Maximum für

$$(8) \qquad \varphi = \frac{9 \operatorname{tg} \varphi + 2 \operatorname{tg} \varphi^3}{9 + 5 \operatorname{tg} \varphi^2},$$

also für $\varphi = 43^0\,59'\,2''$.« Hieraus berechnet dann Gauss noch das Verhältnis der beiden Anziehungen zu 1,02204 (vierte Aufgabe).

Mit derselben Aufgabe hatte sich auch bereits PLAYFAIR[14]) beschäftigt: Er führt ebenfalls den Winkel φ ein, berechnet dann die Anziehung des Sphäroids von der gegebenen Masse $\frac{4\pi n^3}{3}$ auf einen der Pole, die sich von dem Gaussschen Ausdruck (7), wie a priori klar ist, nur um den konstanten Faktor $\frac{4\pi n}{3}$ unterscheidet, und wird so zu derselben Gleichung (8) für φ geführt wie

---

10) Werke, Bd. V, S. 31.

11) loc. cit., S. 198.

12) loc. cit. 8), S. 345.

13) MOIGNO-LINDELÖF, *Calcul des variations*, Paris 1861, S. 247.

14) loc. cit., S. 220—225.

12*

GAUSS. Hier begnügt er sich nun aber, ohne zu untersuchen, ob die Gleichung noch weitere Wurzeln besitzt, mit der auf der Hand liegenden Lösung $\varphi = 0$, von der er, ohne auf eine Untersuchung der zweiten Ableitung einzugehen, behauptet, dass sie das Maximum liefert. So gelangt er im Gegensatz zu GAUSS zu dem Resultat, dass die Kugel unter allen Sphäroiden von gleicher Masse die grösste Anziehung auf einen Punkt im Pol ausübt.

Mit Rücksicht auf diesen Widerspruch mag hier eine Diskussion der Maximalaufgabe Platz finden. Führt man mit PLAYFAIR statt des Winkels φ die Grösse $t = \operatorname{tg} \varphi$ ein, so geht der Ausdruck für die Anziehung des Sphäroids von der Masse $\frac{4\pi n^3}{3}$ in einem seiner Pole über in

$$F(t) = \frac{4\pi n (1 + t^2)^{\frac{2}{3}} (t - \operatorname{Arc\,tg} t)}{t^3}.$$

Für die Ableitung ergibt sich hieraus

$$F'(t) = \frac{4\pi n}{3} \frac{(9 + 5t^2) \operatorname{Arc\,tg} t - (9t + 2t^3)}{t^4 (1 + t^2)^{\frac{1}{3}}}$$

und daraus als Bedingung für ein Extremum

$$f(t) \equiv \operatorname{Arc\,tg} t - \frac{9t + 2t^3}{9 + 5t^2} = 0$$

in Übereinstimmung mit der Gleichung (8) von GAUSS und PLAYFAIR. Da nun

$$f'(t) = \frac{2t^4 (3 - 5t^2)}{(1 + t^2)(9 + 5t^2)^2},$$

so schliesst man, dass während t von 0 bis ∞ wächst, die Funktion $f(t)$ von 0 anfangend bis zu einem positiven, für $t = \sqrt{\frac{3}{5}}$ erreichten Maximalwert zunimmt und von da an bis $-\infty$ beständig abnimmt, also noch einmal verschwinden muss für einen Wert t_0, der etwas kleiner als 1 sein muss, da $f(1) = -0,0003$. Hieraus folgt dann, dass die Funktion $F(t)$ für $t = 0$ ein (relatives) Minimum, für $t = t_0$ das (absolute) Maximum besitzt, in Übereinstimmung mit GAUSS, während sich das Resultat von PLAYFAIR als unrichtig erweist.

Ganz analoge Formeln gelten für das verlängerte Rotationsellipsoid. Setzt man hier das Verhältnis der Polarachse zur Äquatorialachse gleich $\cosh \varphi$, so erhält man für die Anziehung des verlängerten Rotationsellipsoids von der

Masse $\frac{4\pi n^3}{3}$ im Pol den Ausdruck

$$F = \frac{4\pi n \cosh \varphi^{\frac{5}{8}} (\varphi - \tanh \varphi)}{\sinh \varphi^3},$$

aus dem bei ganz analoger Behandlung folgt, dass die Anziehung beständig abnimmt, während φ von 0 bis ∞ wächst, ein Resultat, das PLAYFAIR am Schluss seiner Untersuchung als Vermutung ausspricht.

SCHLUSSBEMERKUNG.

Bei der Abfassung des vorstehenden Aufsatzes habe ich mich in weitgehendem Masse der Unterstützung von F. KLEIN, A. KNESER, G. PRANGE, L. SCHLESINGER und P. STÄCKEL (†) zu erfreuen gehabt, die teils durch Mitlesen der Korrekturen, teils durch wertvolle Literaturnachweise und kritische Bemerkungen die Arbeit wesentlich gefördert haben. Allen diesen Herren sei auch an dieser Stelle mein herzlichster Dank ausgesprochen.   BOLZA.

Inhaltsangabe.

GAUSS ALS ZAHLENRECHNER

VON

PHILIPP MAENNCHEN

Umgearbeiteter Abdruck des Aufsatzes: *Die Wechselwirkung zwischen Zahlenrechnen und Zahlentheorie bei C. F. Gauss, Materialien für eine wissenschaftliche Biographie von Gauss*, gesammelt von F. KLEIN, M. BRENDEL und L. SCHLESINGER, Heft VII, 1918; Nachrichten von der Königl. Gesellschaft der Wissenschaften zu Göttingen, Mathematisch-physikalische Klasse, 1918. Vorgelegt in der Sitzung vom 8. Februar 1918.

Einleitendes.

Wenn man die Lebensarbeit des princeps mathematicorum überblickt, so fällt neben der ausserordentlichen Vielseitigkeit und Tiefe wohl am meisten die Tatsache auf, dass sich sehr viele Ergebnisse vorfinden, die durch zahlenmässiges Rechnen — und dazu häufig durch peinlich genaues Rechnen — gewonnen worden sind. Und zwar sind es nicht nur Beispiele, die gewissermassen als Erläuterungen zu den von Gauss entdeckten allgemeinen Sätzen dienen, sondern wir finden ganze Tafeln, deren Herstellung allein die Lebensarbeit manches Rechners vom gewöhnlichen Schlage ausfüllen würde. Dazu kommt, dass diese Rechnungen und Tafeln auf Stellenzahlen ausgeführt sind, die das in der Praxis erforderliche Mass weit übersteigen. Wir erwähnen vorerst nur die Herstellung von Logarithmentafeln, die vollständige Dezimalbruchentwicklung der reziproken Werte aller Primzahlen und Primzahlpotenzen innerhalb des ersten Tausenders[1]), die Tafel der arithmetisch-geometrischen Mittel[2]), die Tabellen zur Cyklotechnie[3]) und das Bruchstück: *Quadratorum Myrias prima*[4]).

Wie kommt es nun, dass Gauss nicht nur alle diese anscheinend so mühseligen und geisttötenden Rechnungen auszuführen vermochte, sondern dass er auch noch Zeit übrig behielt zu seinen tiefdringenden Untersuchungen, zu seiner praktischen Betätigung als Astronom, Geodät und Physiker, ja, dass er sich sogar noch mit dem Versicherungswesen beschäftigen konnte, alles Gegenstände, die wiederum einen ungeheuern Aufwand von Zahlenrechnung nötig machten? Die Erklärung kann nur die folgende sein: Die Rechnungen

---

1) Werke II, S. 411—434.
2) Werke III, S. 403.
3) Werke II, S. 477—495.
4) Werke II, S. 504—505.

waren für ihn weder mühselig, noch geisttötend, sondern Gauss benutzte, wo
es irgend anging, Vorteile, »artificia«, die sich ihm namentlich bei der Aufstellung von Tafeln sehr bald darboten und ihm die Fortführung der betreffenden Tabelle bedeutend erleichterten. Diese Vorteile erwiesen sich sehr
bald selbst wieder als Sonderfälle neuer zahlentheoretischer Sätze, und so gewann er beständig neues Material zu seinen Forschungen in der niederen und
höheren Zahlentheorie und zugleich immer wieder neue Mittel, um Zahlenrechnungen einfach und eigenartig zu erledigen.

Der Zweck der vorliegenden Arbeit ist, den Gedankengängen nachzu-
spüren, die sich bei der Rechenarbeit des Zahlengewaltigen abspielten, die
Rechenvorteile aufzudecken und zu begründen, die ihm ermöglichten, das
spielend zu bewältigen, was anderen Rechnern nur Mühe und Arbeit, aber
gewiss keine Freude gemacht hätte. Da nun häufig die Spuren der ursprünglichen Gedankengänge umsomehr verschwinden, je druckreifer eine Arbeit
wird, so mussten die Belege an der Urquelle gesucht werden, im handschriftlichen Nachlass. Dabei bestand zugleich die Absicht, die Entwicklungsstufen
festzustellen, die Gauss' Rechenfertigkeit nach und nach durchlaufen hat.
Allein dieser Plan konnte nicht streng durchgeführt werden und zwar aus
zwei Gründen. Einmal zeigt Gauss als echtes Genie vieles Sprunghafte in
seiner Entwicklung, und dann wird die Sichtung des handschriftlichen Nachlasses nach entwicklungsgeschichtlichen Gesichtspunkten dadurch erschwert,
dass viele Blätter zweifellos in verschiedenen Lebensabschnitten des Meisters
immer wieder von neuem beschrieben worden sind, so dass die zeitliche Ein-
ordnung in vielen Fällen nicht gelingt. Immerhin war es möglich, auch nach
dieser Richtung hin einige Klarheit zu schaffen.

I.
Stufe der Empirie.

Dass Gauss sich zu Beginn seiner Forschertätigkeit mit umfangreichen
Zahlenrechnungen beschäftigte, ist nicht verwunderlich. Die Mathematiker
der damaligen Zeit waren vielfach Empiriker; sie ermittelten neue Sätze und
Eigenschaften von Zahlen und Funktionen vorwiegend durch Induktion, und
in einem gewissen naiven Entwicklungszustand betrachtete man einen Satz

schon als sichergestellt, wenn die gewählten Beispiele auf eine grössere Anzahl von Dezimalstellen stimmten.

Dass auch GAUSS diesen Weg beschritt, lehrt uns z. B. das Bruchstück
einer Jugendübung, die er auf dem Deckblatt seines Exemplars von LEISTE[1])
Algebra aufgezeichnet hat:

$$[1] \quad 1 + \frac{1}{4} + \frac{1}{9} + \frac{1}{16} + \cdots = \frac{\pi^2}{6} \text{[2])}$$

$$[2] \quad 1 + \frac{1}{9} + \frac{1}{25} + \frac{1}{49} + \cdots = \frac{\pi^2}{8} \text{[3])}$$

$$[3] \quad \frac{1}{4} + \frac{1}{16} + \frac{1}{36} + \frac{1}{64} + \cdots = \frac{\pi^2}{24}$$

$$[4] \quad 1 + \frac{1}{16} + \frac{1}{49} + \frac{1}{100} + \cdots$$

$$[5] \quad \frac{1}{4} + \frac{1}{25} + \frac{1}{64} + \frac{1}{121} + \cdots$$

$$[6] \quad \frac{1}{9} + \frac{1}{36} + \frac{1}{81} + \frac{1}{144} + \cdots = \frac{\pi^2}{54}$$

$$[7] \quad 1 + \frac{1}{25} + \frac{1}{81} + \frac{1}{169} + \cdots = 1,074\,833 \text{[4])}$$

$$[8] \quad \frac{1}{8} + \frac{1}{36} + \frac{1}{100} + \frac{1}{196} + \cdots = \frac{1}{32}\pi^2$$

$$[9] \quad \frac{1}{9} + \frac{1}{49} + \frac{1}{121} + \frac{1}{225} + \cdots = 0,15\,886$$

$$[10] \quad \frac{1}{16} + \frac{1}{64} + \frac{1}{144} + \frac{1}{256} + \cdots = \frac{1}{96}\pi^2.$$

Diese Jugendübung gehört noch der empirischen Epoche an; Formel [1]
nimmt GAUSS zum Ausgangspunkt für die Herleitung neuer Formeln. Und
zwar gelingt dies bei den Formeln [2], [3], [6], [8] und [10] durch Verglei-

---

1) CHR. LEISTE, *Die Arithmetik und Algebra*, Wolfenbüttel 1790; im folgenden kurz als LEISTE
zitiert. Dieses Buch sollte ihm wohl ursprünglich als Vademecum dienen; er hat es sich daher auch mit
Schreibpapier durchschiessen lassen. Sein Geist eilte jedoch so rasch über den Horizont dieses Buches
hinaus, dass auf den Schreibseiten zumeist Dinge stehen, die mit dem gedruckten Text daneben keinerlei
Beziehung haben.

2) Vergl. EULER, *Introductio in analysin infinitorum*, 1748, t. 1, Cap. 10; LEONHARDI EULERI, Opera
omnia, ser. I, vol. VIII, S. 181.

3) Bei EULER a. a. O. bewiesen.

4) Der Wert 1,074 833 wurde von uns durch eine gut konvergierende Reihenentwicklung geprüft und
hat sich als richtig erwiesen. GAUSS hat also damals schon mit der Behandlung schwach konvergierender
Reihen Bescheid gewusst.

chung mit der Ausgangsformel; dagegen nicht bei den übrigen. Darum ermittelt er bei [7] und [9] die Zahlenwerte auf einige Dezimalstellen und wird
jetzt vermutlich probiert haben, ob ein solcher Wert mit einem aliquoten
Teil einer Potenz von π in Übereinstimmung zu bringen ist. — Das Problem
ist unerledigt geblieben, obgleich die Reihe der reziproken Quadrate in der
Abhandlung von 1812[1]) in der Theorie der Π-Funktion auftaucht; aber man
erkennt hier schon deutlich GAUSS' Geschicklichkeit in der übersichtlichen
Anordnung, die alle seine Arbeiten kennzeichnet.

Diese Gabe der übersichtlichen Darstellung offenbart sich auch in einer
andern Jugendübung (LEISTE, S. 47):

$\sqrt[3]{1,024} =$

$\begin{array}{ll} +\,1{,}0000\,00000 & \qquad\qquad -\,0{,}0000\,6\,40000 \\ \quad\;\; 80\,00000 & \qquad\qquad\qquad\quad 13\,53 \\ \qquad\;\; 8533\,33 & \qquad\qquad\qquad\qquad\;\; 44 \\ \qquad\qquad 2\,40295\,3 & \\ \hline 1{,}00800\,0853\,73 & \\ \qquad\;\; 64\,0136\,57 & \\ \hline 1{,}00793\,68399\,2 & \end{array}$

also

$\sqrt[3]{2} = 1{,}25992\,10499.$

Die Erklärung ist einfach:

$$\sqrt[3]{2} = \sqrt[3]{\frac{2 \cdot 8^3}{8^3}} = \sqrt[3]{\frac{1024}{8^3}} = \frac{10}{8}(1{,}024)^{\frac{1}{3}}.$$

Die Rechenvorteile, um mit Hilfe der Binomialreihe Quadrat- und Kubik-
wurzeln aus ganzen Zahlen auszuziehen, sind wohl vor GAUSS gang und gäbe
gewesen; namentlich hat ja in dieser Hinsicht EULER[1]) ein grosses Geschick
entfaltet. Aber die praktische Art der Darstellung verdient Bewunderung, da
alles so übersichtlich angeordnet ist und die Zahl der Dezimalstellen ohne
Mühe nach Belieben vermehrt werden kann.

---

1) Werke III, S. 153.

2) L. EULER, *De inventione quotcunque mediarum proportionalium citra radicum extractionem*, Novi
Comment. acad. Petrop. 14 (1769): I, 1770, S. 188—214; *Comment. arithm.* 1, 1849, S. 401—413; LEON-
HARDI EULERI, Opera omnia, ser. I, vol. VI, S. 240.

Um andere uns erhaltene Jugendübungen richtig zu würdigen, sei noch folgendes vorausgeschickt:

GAUSS hat schon in früher Jugend mit zwei Problemen gleichsam gespielt, die ihn sein ganzes Leben hindurch beschäftigt haben und für seine Entwicklung bedeutungsvoll geworden sind. Diese Probleme sind das arithmetisch-geometrische Mittel und das Fortschreitungs- bezw. Verteilungsgesetz der Primzahlen. Bei der rechnerischen Beschäftigung mit beiden Problemen spielten die Logarithmen eine wichtige Rolle. Nun waren dem 14 jährigen GAUSS 1791 von Gönnern einige mathematische Bücher geschenkt worden, darunter die Logarithmentafel von SCHULZE[1]), in der die dekadischen Logarithmen auf 7 Stellen und die natürlichen (hyperbolischen) Logarithmen der Primzahlen bis 10 000 durch die unermüdliche Arbeit des Artillerieoffiziers WOLFRAM auf 48 Dezimalstellen berechnet waren. Dies war die erste Logarithmentafel, die GAUSS in die Hände bekam; vorher hat er sich vermutlich ohne Logarithmen oder mit selbstentworfenen Tabellen beholfen. Entwürfe zu Logarithmentabellen beschäftigen ihn auch später, und es wurde ja schon in der Einleitung auf seine selbstbearbeiteten Logarithmentafeln hingewiesen. Bei der Bearbeitung solcher Logarithmentabellen geht er auch äusserst praktische Wege, wenn auch schon ganz ähnliche Überlegungen von HUYGENS vorausgingen, die GAUSS aber damals noch unbekannt waren. Ein Stück der Tabelle, die sich Werke II, S. 502 findet, soll als Probe hier wiedergegeben werden:

$$a, \quad \frac{81}{8} \quad \frac{81}{80}\left(\frac{3^4}{2^4 \cdot 5}\right)$$

$$b, \quad \frac{41}{4} \quad \frac{6561}{6560}\left(\frac{3^8}{2^5 \cdot 5 \cdot 41}\right)$$

$$c, \quad 2 \quad \frac{1025}{1024}\left(\frac{5^2 \cdot 41}{2^{10}}\right)$$

. . . .

Das Wesentliche ist, wie man sieht, dass Zähler und Nenner um 1 verschieden sind, so dass die Logarithmenreihe stark konvergiert. Dabei sind solche Zahlen gewählt, dass jeder neue Bruch höchstens einen neuen Primfaktor liefert. In dem obigen Stück der Tabelle liefert c sogar überhaupt keinen neuen Primfaktor. Bildet man $\frac{a^2}{bc}$, so ergibt sich:

---

1) J. C. SCHULZE, *Neue und erweiterte Sammlung logarithmischer . . . . . . Tafeln*, I, II, Berlin 1778.

$$\frac{a^2}{bc} = \frac{3^8}{2^8 \cdot 5^2} \cdot \frac{2^5 \cdot 5 \cdot 41}{3^8} \cdot \frac{2^{10}}{5^2 \cdot 41} = \frac{2^{10}}{10^3}.$$

Nun kann man bequem den dekadischen Logarithmus von 2 bestimmen:

$$10 \cdot \log 2 - 3 = 2 \log a - \log b - \log c,$$

also

$$\log 2 = \frac{1}{10} \left\{ 3 + M \left[2 \left(\frac{1}{81} - \frac{1}{2 \cdot 81^2} + \frac{1}{3 \cdot 81^3} - \cdots \right) - \right.\right.$$
$$\left.\left. - \left(\frac{1}{6560} - \frac{1}{2 \cdot 6560^2} + \cdots \right) - \left(\frac{1}{1024} - \frac{1}{2 \cdot 1024^2} + \cdots \right) \right] \right\},$$

wo M den Modul des dekadischen Logarithmensystems bedeutet.

Hat man erst einmal den Logarithmus von 2, so kann man der Reihe nach alle folgenden berechnen.

Nachdem Gauss im Besitz der Wolframschen Logarithmentabelle war, konnte er sich an mancherlei weitere Aufgaben wagen, die übrigens auch noch dem Geist seiner Zeit gemäss sind. Es handelt sich darum, die Logarithmen von Grössen zu bestimmen, die sich bei der zahlenmässigen Berechnung von Reihen ergeben haben. Da solche Grössen auf viele Dezimalstellen ermittelt waren, so stand der Numerus natürlich nicht vollständig in der Tafel.

Gauss verfuhr nun in der ersten Zeit ganz nach der Anleitung, die er in Lamberts *Zusätzen zu den logarithmischen etc. Tabellen*, Berlin 1770, S. 53 bis 65 vorfand. Zur Erläuterung diene das Beispiel, das sich auf dem Deckblatt von Gauss' Exemplar der Lambertschen *Tabellen* von Gauss' Hand aufgezeichnet findet:

$$\pi = \frac{22}{7} \cdot \frac{2484}{2485} \cdot \frac{12\,983\,008}{12\,983\,009}.$$

Gauss hat die Rechnung, an dieser Stelle wenigstens, nicht weiter geführt. Die Fortsetzung hat man sich offenbar so zu denken, dass man setzt:

$$\ln \pi = \ln 22 + \ln 2484 - \ln 7 - \ln 2485$$
$$- \left(\frac{1}{12\,983\,0008} - \frac{1}{2 \cdot 1298308^2} + - \cdots \right),$$

wobei man mit den zwei ersten Gliedern der eingeklammerten Reihe schon einen hohen Grad von Genauigkeit erzielt.

Gauss ist zu diesem Ausdruck für π in der Weise gekommen, dass er von dem bekannten Näherungswert $\frac{22}{7}$ ausgeht und mit diesem zunächst in 3,14 159 265 ... dividiert. Den Quotienten subtrahiert er von 1 und verwandelt den Rest in einen Bruch mit dem Zähler 1. Der Nenner ist rund 2485. Nun verfährt er in gleicher Weise mit $\frac{22}{7} \cdot \frac{2484}{2485}$.

II.
Das Gausssche Divisionsverfahren.

Warum Gauss hier abgebrochen hat? Die Division durch 12 983 008 hat ihn vermutlich wenig gereizt. Damit kommen wir auf eine weitere Eigentümlichkeit des Gaussschen Zahlenrechnens. Das Rechnen mit Vorteil kann man definieren als die Kunst, unangenehme Rechnungen nach Möglichkeit zu vermeiden. Zu diesen unangenehmen Rechnungen gehört in erster Linie das Dividieren durch grosse Zahlen. Dieser Unannehmlichkeit ist Gauss in genialer Weise ausgewichen.

Hat Gauss einen Bruch $\frac{a}{p_1 p_2}$, wo p_1 und p_2 verschiedene Primzahlen bedeuten, so weiss er diesen Bruch leicht in zwei Teilbrüche $\frac{u_1}{p_1} + \frac{u_2}{p_2}$ zu zerlegen. Das ist ja an sich nichts Ungewöhnliches, denn die Aufgabe gehört zu den Diophantischen Aufgaben und ihre Lösung ist schon sehr alt[1]). Gauss kennt jedoch Verfahren, die äusserst rasch zum Ziele führen, so dass die Rechnungen bei ein- und zweistelligen Werten sofort im Kopf ausführbar werden. Er gibt zwar in seinen *Disquisitiones*, Sectio Sexta[2]), allgemeine Anleitungen dazu, allein in der Praxis hat er Kunstgriffe angewandt, die in seinem Werke nicht verzeichnet sind. In dem schon oben erwähnten Leiste findet sich bei S. 79 folgende Aufzeichnung:

$$\frac{2}{31831} = \frac{a}{139} + \frac{b}{229} \qquad \frac{2}{90} = \frac{28}{9} = \frac{34}{1}$$

$$\frac{2}{-90} = \frac{46}{-9} = \frac{-56}{1}.$$

Die Deutung ergibt sich so:

Aus der Gleichung

$$229 a + 139 b = 2$$

---

1) Vergl. G. Loria, *Studi intorno alla logistica greco-egiziana.* Giornale di matematiche, **32** (1894), S. 28.

2) Werke I, S. 381.

folgt

(1)
$$a \equiv \frac{2}{229} \equiv \frac{2}{229-139} \pmod{139} \; ^1).$$

Aus derselben Gleichung folgt ebenso

(2)
$$b \equiv \frac{2}{139} \equiv \frac{2}{139-229} \pmod{229}.$$

Aus (1) ergibt sich

$$\frac{2}{90} \equiv \frac{280}{90} \equiv \frac{28}{9} \pmod{139},$$

und weiter

$$\frac{28}{9} \equiv \frac{306}{9} \equiv \frac{34}{1} \pmod{139}.$$

In gleicher Weise ergibt sich aus (2)

$$\frac{2}{-90} \equiv \frac{460}{-90} \equiv \frac{46}{-9} \pmod{229},$$

und weiter

$$\frac{46}{-9} \equiv \frac{1557}{9} \equiv \frac{173}{1} \equiv \frac{-56}{1} \pmod{229}.$$

In diesem Beispiel treten bereits verhältnismässig grosse Nenner auf; und doch scheint es, als ob GAUSS mit diesem Algorithmus auch Beispiele mit noch grösseren Zahlen spielend bewältigt habe.

Nun kommt die weitere Rechnung für $\frac{u_1}{p_1} + \frac{u_2}{p_2}$. Um sie auszuführen, hat GAUSS zunächst die *Tafel zur Verwandlung gemeiner Brüche mit Nennern aus dem ersten Tausend in Dezimalbrüche*[1]) angelegt. In dieser Tabelle findet sich die Dezimalbruchperiode der reziproken Werte einer jeden Primzahl und Primzahlpotenz zwischen 1 und 200; später hat er die Tabelle bis 1000 fortgeführt. $\frac{u_1}{p_1}$ braucht nun nicht durch Multiplikation mit u_1 ermittelt zu werden; denn sobald man weiss, welche Potenz von 10 kongruent $u_1 \pmod{p_1}$ ist, so braucht man nur $\frac{1}{p_1}$ mit dieser Potenz von 10 zu multiplizieren, dann folgt nach dem Komma die Dezimalbruchperiode von $\frac{u_1}{p_1}$. Zur Erleichterung dieser Rechnung hat GAUSS auch hierfür eine besondere Tabelle aufgestellt.

Aber, so wird man fragen, wie hat er die Riesenarbeit bewältigt, die

---

1) $\frac{a}{b} \equiv \frac{c}{d}$ soll hier bedeuten $a \equiv \lambda c \pmod{n}$ und $b \equiv \lambda d \pmod{n}$.

2) Werke II, S. 411 ff.

Tafel zur Verwandlung der gemeinen Brüche aufzustellen? Da muss doch reichlich dividiert werden und zwar zum Teil auf Hunderte von Dezimalstellen, um die vollständige Periode zu erhalten. Dass er Kunstgriffe angewandt hat, um diese Tabelle »quam citissime« zu konstruieren, gibt er selbst zu[1]), die Kunstgriffe selbst verschweigt er und verweist auf ROBERTSON[2]) und BERNOULLI, die vor ihm schon ähnliche Vorteile angewandt hätten. Bei BERNOULLI[3]) wird auf folgende Vorteile hingewiesen:

1) Wenn für den reziproken Wert der Primzahl p die Periode die grösste Stellenzahl $p-1$ hat, so ergänzt jede Ziffer der 1. Hälfte der Periode die entsprechende der 2. Hälfte zu 9. Demnach braucht man nur die eine Hälfte zu berechnen.

2) Hat man für $\frac{10^m+1}{p}$ den Quotienten q, so ist für $\frac{10^{2m}-1}{p}$ der Quotient $(10^m-1)q$, und folglich genügt es, q von $10^m \cdot q$ abzuziehen, um die Periode von $\frac{1}{p}$ zu erhalten. Denn da $\frac{10^{2m}-1}{p} = 10^m \cdot q - q$ ist, so ist $\frac{1}{p} = \frac{10^m \cdot q - q}{10^{2m}-1}$. Beispiel:

$$\frac{10^3+1}{13} = 77; \quad 77\,000 - 77 = 76\,923; \quad \frac{1}{13} = 0,\overline{076\,923}.$$

3) Sobald sich ein Rest ergibt, der $\frac{1}{2}$, $\frac{1}{3}$, $\frac{1}{4}$ usw. eines bereits aufgetretenen Restes ist, so ist der nun folgende Teil der Periode $\frac{1}{2}$, $\frac{1}{3}$, $\frac{1}{4}$ usw. der Periode vom ursprünglichen Rest ab. Z. B.

$$\frac{1}{71} = 0,0{,}14'0845{,}07'04\,225\,352\,112\,676\,056\,338\,028\,169|01\,408.$$

Zu der ersten Stelle nach dem Komma gehört der Rest 10, zu der 7. Stelle der Rest 5; also folgt von der 8. Stelle ab die Hälfte der Periode von der 2. Stelle ab. Nach der 9. Stelle folgt aus dem gleichen Grunde die Hälfte der nach der 3. Stelle folgenden Periode. Nach der 4. Stelle ist der Rest 60, nach der 30. Stelle der Rest 20; also folgt von hier ab der 3. Teil der Periode nach der 4. Stelle, usw. Auf diese Weise lässt sich die Arbeit auf eine bequeme Division mit einstelligem Divisor zurückführen.

Es gibt noch weitere Vorteile ähnlicher Art, auf die wir aber hier nicht

---

1) Werke I, S. 388.

2) ROBERTSON, *Theory of circulating fractions*. Philos. Transact. 1768, S. 207.

3) JOHANN III. BERNOULLI, *Sur les fractions décimales périodiques*. Nouv. Mémoires de l'Acad., Berlin 1771 (1773), S. 273. Vergl. auch LAMBERT, Acta Eruditorum 1769, S. 107—128.

2*

eingehen, zumal es sich kaum feststellen lässt, welche von diesen Kunstgriffen
Gauss angewandt haben mag. Jedenfalls geht der Arbeitsaufwand zur Herstellung einer Dezimalbruchperiodentabelle bei der Anwendung derartiger Verfahren auf ein bescheidenes Mass zurück.

Hatte nun Gauss eine Divisionsaufgabe $\dfrac{a}{p_1 \cdot p_2 \cdot p_3 \cdot p_4}$, so bildete er daraus
rasch die Aufgabe $\dfrac{\alpha_1}{p_1} + \dfrac{\alpha_2}{p_2} + \dfrac{\alpha_3}{p_3} + \dfrac{\alpha_4}{p_4}$, suchte in der Periodentafel die Dezimal-
bruchwerte dieser 4 Glieder, schrieb sie untereinander und addierte. Wir be-
greifen nun auch, dass es ihm da auf 10 Stellen mehr oder weniger nicht
anzukommen brauchte.

Dass die ganze Rechnung bei ihm mit grosser Schnelligkeit erledigt wurde,
geht daraus hervor, dass er in seinen *Disquisitiones*[1]) darüber sagt: »Quando
enim paucae [figurae decimales] sufficiunt, divisio vulgaris sive logarithmi
a e q u e   e x p e d i t e plerumque adhiberi poterunt«.

Die Schnelligkeit, mit der er sein Verfahren handhabe, war wohl eine
Folge der grossen Übung, die er sich durch die beständige Anwendung erworben hat. Zu den Anfangsübungen darf man wohl auch die folgende
rechnen:

LEISTE, S. 54.

$$[0,]1\,415\,926\,535 \quad [= \alpha]^2)$$
$$353\,981\,633 \quad [\tfrac{1}{4}\alpha]$$
$$2\,831\,853 \quad \left[\tfrac{1}{500}\alpha\right]$$
$$356\,813\,486 \quad [0{,}252\,\alpha]$$
$$35\,681\,348_6 \quad [0{,}0252\,\alpha]$$
$$392\,494\,835 \quad [0{,}2772\,\alpha]$$
$$[0{,}0]392\,5 \,[:5]$$
$$[0{,}00]785 \qquad [0{,}05\,544\,\alpha]$$
$$\pi = 3\,\tfrac{785}{5544} = 1 + \tfrac{1}{7} + \tfrac{5}{8} + \tfrac{5}{9} + \tfrac{9}{11}.$$

Das Bemerkenswerteste an diesem Beispiel ist das eigenartige Rechenver-
verfahren, um zu dem Näherungswert $\dfrac{785}{5544}$ zu gelangen. Er wendet hier die
beim kaufmännischen Rechnen übliche »welsche Praktik« an[3]). Wir werden

---

1) Werke I, S. 387.

2) Die Bemerkungen in den eckigen Klammern sind von uns hinzugefügt.

3) »Solche Zurückführungen gesuchter Ergebnisse auf schon Ermitteltes durch Addition oder Sub-

später noch an einem andern Beispiel sehen, mit welchem ungewöhnlichen Geschick er diese Praktik handhabe. Die Aufzeichnung fällt möglicherweise in eine Zeit, wo ihm die Kettenbrüche noch nicht geläufig waren, sonst hätte er wohl $\frac{355}{113}$ vorgezogen. Noch wahrscheinlicher ist aber, dass die ganze Notiz lediglich den Charakter einer Übungsaufgabe hat.

III.
Übung des Divisionsverfahrens an Kettenbrüchen.

Eine andere Anfangsübung ist die Bestimmung von $\sqrt{5}$ [1]):

$$\sqrt{5} = 3 - \frac{1}{4} - \frac{6}{13} + \frac{6}{29} + \frac{34}{211} - \frac{177}{421} = \frac{299\,537\,289}{133\,957\,148}.$$

Hier benutzt er bereits die Kettenbruchentwicklung für $\sqrt{5}$, und zwar den 12. Näherungsbruch, zerlegt den Nenner in die Faktoren $4.13.29.211.421$, macht dann in der oben geschilderten Weise die Partialbruchzerlegung und erhält so das rechts von $\sqrt{5}$ stehende Aggregat. Auch den 8. Näherungswert derselben Kettenbruchentwicklung gibt er darunter an:

$$\sqrt{5} = \frac{930\,249}{416\,020} \qquad 416\,020 = 4.5.11.31.61.$$

---

traktion einfacher Bruchteile des Ermittelten übten nach ursprünglich altägyptischem Muster vorzugsweise italienische Kaufleute, durch welche das Verfahren spätestens im 15. Jahrh. in ganz Europa bekannt wurde.« (M. CANTOR, *Politische Arithmetik*, 2. Aufl., Leipzig 1903, S. 7.)

Ein einfaches Beispiel aus der kaufmännischen Praxis möge hier angeführt werden: 200 Pfd. kosten 8,40 Mk., was kosten 162 Pfd.?

200 Pfd. . . .	8,40 Mk.	
20 » . . .	0,84 »	
180 » . . .	7,56 »	
18 » . . .	0,76 »	
162 » . . .	6,80 » .	

Die Anregung zum Gebrauch der welschen Praktik erhielt GAUSS jedenfalls aus REMER, *Arithmetica Theoretico-Practica*, Braunschweig 1737. GAUSS besass dieses Buch bereits im Alter von 8 Jahren und hat wohl schon frühzeitig die Anleitungen zum *Rechnen mit Vorteil* durchstudiert. Besonders geschickt durchgeführte Multiplikationsbeispiele finden sich in Caput IV dieses Rechenbuchs, S. 120 u. ff.

Über »welsche Praktik« vergl. J. TROPFKE, *Geschichte der Elementarmathematik* I, 1921, S. 122 und 154 oder M. CANTOR, *Geschichte der Mathematik* II, 1900, S. 226.

1) Nachlass, Kapsel 44.

Eine vollständig durchgeführte Übungsaufgabe dieser Art finden wir LEISTE, S. 50. Es handelt sich um $\sqrt{17} = 4 + \frac{1}{8} + \frac{1}{8} + \cdots$ in inf.

Man beachte wieder die praktische Anordnung.

1	2	3	4	5	6	7	8	9
4	33	268	2177	17684	143649	1166876	9478657	
1	8	65	528	4289	34840	283009	2298912	65.287297
				pr.		pr.		

$$\frac{9478657}{2298912} = \frac{5}{7} + \frac{2}{3} + \frac{4}{11} + \frac{1}{32} + \frac{730}{311}$$

$$\frac{730}{311} = 2,34726688102893890675241157\,5562$$

$$\frac{1}{32} = 3125$$

$$\text{Cetera} = \frac{1,744587445887445887445887\,44588}{4,12310562561768349549}\ {}^{1)}.$$

Man sieht, dass der 5. Näherungswert bereits auf seine Brauchbarkeit untersucht worden ist; allein der Nenner erwies sich als Primzahl (pr.). Ebenso war es mit dem Nenner des 7. Näherungswertes. Der 6. war zwar brauchbar; denn der Nenner ist 40.13.67; aber er wurde wohl einstweilen zurückgestellt. Ein Näherungswert für eine Quadratwurzel scheint unbrauchbar zu sein, wenn der Nenner nicht in Primfaktoren unter 1000 zerlegbar ist, da in diesem Falle die Dezimalbruchtabelle nicht benutzt werden kann. Man kann aber, wenn der Zähler in dieser Weise zerlegbar ist,

$$\frac{1}{N} \approx \frac{1}{\sqrt{17}} = \frac{1}{17}\sqrt{17}$$

berechnen und dann mit 17, oder allgemein mit dem Radikanden multiplizieren. Solche Versuche, den Zähler zu zerlegen, finden sich gelegentlich bei GAUSS.

Über diese Stufe erhebt sich nun GAUSS durch die Versuche, die Genauigkeit zu verschärfen. In Kapsel 44 des Nachlasses findet sich ein Blatt mit dem folgenden Beispiel:

$$\sqrt{2} = \frac{275807^2 + 2.195025^2}{2.195025.275807} = \frac{152139002499}{107578520350} \quad \text{quam proxime}$$

$$= \frac{7}{50} + \frac{1}{7} + \frac{2}{29} + \frac{37}{41} + \frac{134}{269} + \frac{636}{961} - 1.$$

---

1) Er addiert zunächst $\frac{2}{3} + \frac{1}{11} = 1 + \frac{1}{33} = 1,030303$, und dieses Ergebnis zählt er zu $\frac{5}{7} = 0,714285714285$ in der Dezimalbruchtabelle.

Der Gedankengang ist vermutlich der folgende gewesen: Für

$$\sqrt{2} = 1 + \frac{1}{2} + \frac{1}{2} + \cdots \text{ in inf.}$$

ist der 14. Näherungswert $\frac{275807}{195025}$. Nun sei $\frac{u}{v}$ ein Näherungswert für $\sqrt{n}$ und zwar $\frac{u}{v} > \sqrt{n}$; dann ist $\frac{u}{v\sqrt{n}} > 1$ und $\frac{v\sqrt{n}}{u} < 1$. Alsdann ist mit noch viel geringerer Abweichung die Gleichung erfüllt:

$$\frac{u}{v\sqrt{n}} + \frac{v\sqrt{n}}{u} = 2,$$

woraus folgt:

$$\frac{u}{v} + \frac{nv}{u} = 2\sqrt{n},$$

und hieraus:

$$\frac{u^2 + nv^2}{2uv} = \sqrt{n},$$

Noch wahrscheinlicher ist allerdings der folgende Gedankengang, der ein besseres Urteil über den Grad der erreichten Genauigkeit ermöglicht:

$$\sqrt{n} \approx \frac{u}{v}; \quad v^2 . n = u^2 \pm \varepsilon$$

$$n = \frac{u^2 \pm \varepsilon}{v^2} = \frac{u^2}{v^2}\left(1 \pm \frac{\varepsilon}{u^2}\right)$$

$$\sqrt{n} = \frac{u}{v}\left(1 \pm \frac{\varepsilon}{u^2}\right)^{\frac{1}{2}} = \frac{u}{v}\left(1 \pm \frac{\varepsilon}{2u^2} + \cdots\right) = \frac{u}{v} \pm \frac{\varepsilon}{2uv}$$

$$\sqrt{n} = \frac{2u^2 \pm \varepsilon}{2uv},$$

und da $u^2 \pm \varepsilon = v^2 . n$ ist,

$$\sqrt{n} = \frac{u^2 + nv^2}{2uv}.$$

Auf der nächsten Stufe zeigt GAUSS bereits eine Rechengewandtheit, der nur schwer zu folgen ist. Die Kettenbruchentwicklung liefert ihm für $\sqrt{15}$:

1) $\sqrt{15}$ quam proxime $= \frac{457470751}{118118440} = 4 + \frac{3}{8} + \frac{2}{5} - \frac{2}{11} - \frac{9}{19} - \frac{20}{71} + \frac{7}{199}$

2) $\sqrt{15}$ quam proxime $= \frac{28355806081}{7321437648} = 5 + \frac{5}{16} - \frac{1}{7} + \frac{1}{9} - \frac{9}{23} - \frac{11}{31} - \frac{21}{61} - \frac{53}{167}.$

Nun schreibt er Ergebnis und Interpolationen:

zu 1) 3,872983 346207 416894 432401 917939 315825 708500 721817 8635 etc.

— 9 253136 518156 916248 036269 795441 7885 etc.

416885 179265 399782 399577 672230 926376 0750 etc.

+ 33 160690 778915 5160 etc.

399610 832921 705291 5910

zu 2)   3,872983 346207 416885 181673 816530 193032 929862 629624 3505 etc.

—   2408 416747 793422 096943 170845 6075 etc.

179265 399782 399610 832919 458778 7430 etc.

$+$ 2 246512 8480 etc.

832921 705291 5910 etc.

Man sieht: Der erste Näherungswert liefert $\sqrt{15}$ auf 16 Dezimalstellen; der zweite auf 19 Stellen; die zweimalige Interpolation auf mehr als 50 Stellen! Eine Andeutung der Methode war nirgends zu finden, wir wollen daher versuchen, den Weg aufzudecken, den GAUSS gegangen sein könnte.

Bezeichnet man den von GAUSS unter 1) angegebenen, aus der Kettenbruchentwicklung

$$\sqrt{15} = 4 - \frac{1}{8} - \frac{1}{8} - \text{ in inf.}$$

gewonnenen Wert mit $\frac{Z}{N}$, so besteht auf Grund dieser Entwicklung die Gleichung

$$15 N^2 = Z^2 - 1,$$

also

$$15 = \frac{Z^2 - 1}{N^2} = \frac{Z^2}{N^2}\left(1 - \frac{1}{Z^2}\right);$$

$$\sqrt{15} = \frac{Z}{N}\left(1 - \frac{1}{Z^2}\right)^{\frac{1}{2}}.$$

Berücksichtigt man nur die drei ersten Glieder der Binomialreihe, so entsteht die Gleichung:

$$\sqrt{15} = \frac{Z}{N}\left(1 - \frac{1}{2} \cdot \frac{1}{Z^2} - \frac{1}{8} \cdot \frac{1}{Z^4}\right).$$

Diese Entwicklung war GAUSS naturgemäss nicht »zierlich« genug. Denn die Division durch Z^2, also hier durch 457470751^2, war unvermeidlich, und wir sehen ja, dass er bereits der Division durch N, also durch 118 118 440 aus dem Wege gegangen ist, indem er $\frac{Z}{N}$ in Teilbrüche zerlegt hat, die er mit Hilfe seiner Tafel der reziproken Werte der Primzahlen leicht auf beliebig viele Stellen hinschreiben konnte. Zu diesem Zweck hatte er 118 118 440 in seine Primfaktoren zerlegt; und nun müsste er in gleicher Weise 457 470 751 zerlegen. Das wäre erstens umständlich, und zweitens wäre der Erfolg zweifelhaft.

Dagegen ist die Division durch Z^2-1 aussichtsreich; denn diese Zahl ist nach unserer ersten Formel gleich $15\,N^2$, und N ist ja bereits in Faktoren zerlegt. Statt der Division durch $457\,470\,751^2$ wird daher die durch

$$457\,470\,751^2 - 1 = 15.(8.5.11.19.71.199)^2$$

gewählt.

Nun ist

$$\frac{1}{Z^2-1} = \frac{\frac{1}{Z^2}}{1-\frac{1}{Z^2}} = \frac{1}{Z^2}\left(1+\frac{1}{Z^2}+\frac{1}{Z^4}+\cdots\right); \quad \text{also}\quad \frac{1}{Z^2} = \frac{1}{Z^2-1}-\frac{1}{Z^4}-\cdots$$

$$\sqrt{15} = \frac{Z}{N} - \frac{1}{2}\cdot\frac{Z}{N}\left(\frac{1}{Z^2}+\frac{1}{4}\cdot\frac{1}{Z^4}\right) = \frac{Z}{N} - \frac{1}{2}\cdot\frac{Z}{N}\cdot\frac{1}{Z^2}\left(1+\frac{1}{4}\cdot\frac{1}{Z^2}\right)$$

$$= \frac{Z}{N} - \frac{1}{2}\cdot\frac{Z}{N}\cdot\frac{1}{Z^2-1}\left(1-\frac{3}{4}\cdot\frac{1}{Z^2}\right).$$

In dem Klammerausdruck setzt man für $\frac{1}{Z^2}$ den Wert $\frac{1}{Z^2-1}$, ohne die oben abgegrenzte Genauigkeit zu beeinträchtigen. Es ergibt sich also:

$$\sqrt{15} = \frac{Z}{N} - \left(\frac{Z}{N}\right)\cdot\frac{1}{2}\cdot\frac{1}{Z^2-1} + \left(\frac{Z}{N}\cdot\frac{1}{2}\cdot\frac{1}{Z^2-1}\right)\cdot\frac{3}{4}\cdot\frac{1}{Z^2-1}.$$

Mit dem Einklammern soll angedeutet werden, dass etwas bereits Berechnetes zur weiteren Rechnung benutzt wird, also zuerst der Näherungswert $\frac{Z}{N}$, dann die erste Interpolationsgrösse.

Nach dieser theoretischen Auseinandersetzung soll nun die ganze Rechnung durchgeführt werden.

$\frac{Z}{N}=$ 3,872983 346207 416894 432401 917939 315825 708500 721817 8635

[: 40] 0,096824 583655 185422 360810 047948 482895 642712 518045 4465

[: 40] 0,002420 614591 379635 559020 251198 712072 391067 812951 1361

[: 11] 0,000220 055871 943603 232638 204654 428370 217369 801177 3760

[: 11] 0,000020 005079 267600 293876 200423 129851 837942 709197 9432

[: 19] 0,000001 052898 908821 068098 747390 691044 833575 932063 0496

[: 19] 0,000000 055415 732043 214110 460388 983739 201767 154319 1078

[: 71] 0,000000 000780 503268 214283 245920 971601 960588 269779 1423

[: 71] 0,000000 000010 993003 777665 961210 154529 605078 708025 0583

[:199] 0,000000 000000 055241 225013 396790 000776 530678 787477 5128

[:199] 0,000000 000000 000277 594095 544707 487441 088093 863253 6558

[: 30] 0,000000 000000 000009 253136 518156 916248 036269 795441 7885.

Damit ist der erste Interpolationswert

$$J_1 = \frac{Z}{N} \cdot \frac{1}{2} \cdot \frac{1}{Z^2-1} = \frac{Z}{N} \cdot \frac{1}{2} \cdot \frac{1}{15} \cdot \frac{1}{(8.5.11.19.71.199)^2}$$

berechnet. Hieraus gewinnt man den zweiten, indem man den ersten mit $\frac{3}{4} \cdot \frac{1}{15} \cdot \frac{1}{(8.5.11.19.71.199)^2}$ multipliziert. Wir wollen auch diese Rechnung ausführen und dabei, wie es auch Gauss vielfach zu tun pflegte, auf die vorausgehenden Nullen keine Rücksicht nehmen.

$J_1 = $ . . .	9 253 136 518 156 916 248 036 269 795 441 7885
[: 40] . . .	231 328 412 953 922 906 200 906 744 886 0447
[: 40]	5 783 210 323 848 072 655 022 668 622 1511
[: 11]	525 746 393 077 097 514 092 969 874 7410
[: 11]	47 795 126 643 372 501 281 179 079 5219
[: 19]	2 515 532 981 230 131 646 377 847 3432
[: 19]	132 396 472 696 322 718 440 939 3338
[: 71]	1 864 739 052 060 883 358 323 0892
[: 71]	26 263 930 310 716 667 018 6350
[: 199]	131 979 549 300 083 753 8624
[: 199]	663 213 815 578 310 3209
[: 20]	33 160 690 778 915 5160.

Damit haben wir den zweiten Interpolationswert J_2, der mit dem von Gauss berechneten genau übereinstimmt. Wer ein besonders klares Bild von der Gewandtheit, Sicherheit und Ausdauer des 16- bis 17 jährigen Gauss erhalten will, der möge das obige Beispiel einmal selbst vollständig durchrechnen. Bezüglich der rechnerischen Durchführung seien noch einige Bemerkungen angebracht.

Die Darstellung ist auch hier wieder, wie bei anderen in dieser Arbeit behandelten Beispielen, so, dass die Stellenzahl beliebig vergrössert werden kann, ohne dass früher ausgeführte Rechnungen wiederholt werden müssen. Denn wie man zu einer beliebigen Stelle eines Divisionsergebnisses unter Benutzung der vorhergehenden und der nachfolgenden den zu der betreffenden Stelle gehörigen Rest ermittelt, das braucht wohl nicht besonders ausgeführt zu werden. Der junge Gauss beherrschte dieses Verfahren sicherlich, und es

kam ihm zweifellos u. a. bei der Anwendung seiner Dezimalbruchtabelle[1]) sehr
zustatten. Die Reste der Divisionen durch 40, 11, 19, 71, 199 hat GAUSS
höchst wahrscheinlich »im Sinne behalten«, wenn es auch nicht ausgeschlossen
ist, dass er hie und da, um eine Ruhepause zu machen, den einen oder den
andern Rest auf einem Täfelchen notierte. Nun sind allerdings die bei unserm
Beispiel auftretenden Primzahlen hierzu ganz gut geeignet. Für 11 und 19
braucht dies keinen besonderen Nachweis; die Vielfachen von 71 sind leicht
zu bilden, und $199 = 200 - 1$ gibt die Möglichkeit, die Divisionsreste leicht
im Kopf zu berechnen. Die Durchführung ist also im GAUSSschen Sinne
»zierlich«, wenn auch die Rechenfreudigkeit eines GAUSS dazu gehört, bis auf
52 Dezimalstellen zu gehen.

Bei dem von GAUSS unter 2) angegebenen Näherungswert

$$\frac{Z'}{N'} = \frac{28\,355\,806\,081}{7\,321\,437\,648} = 5 + \frac{5}{16} - \frac{1}{7} + \frac{1}{9} - \frac{9}{23} - \frac{11}{31} - \frac{21}{61} - \frac{53}{167}$$

gelten für Z', N', J_1' und J_2' die gleichen Beziehungen wie für Z, N, J_1, J_2.
Die Durchführung gestaltet sich scheinbar weniger angenehm, da die Division
durch 23 und noch mehr die durch 167 abschrecken.

Wir dürfen jedoch sicher sein, dass GAUSS auch dieser Unannehmlichkeit
ausgewichen ist. So kann man z. B. die Ergebnisse

$$3 \cdot 23 = 70 - 1$$

und

$$3 \cdot 167 = 500 + 1$$

benutzen, um weit bequemer zu dividieren. Ob GAUSS gerade diese Beziehungen benutzte, oder ob er andere aufgespürt hat, das lässt sich freilich
nicht feststellen; jedenfalls gehen bei Benutzung der beiden erwähnten Beziehungen die Rechenschwierigkeiten wieder auf ein bescheidenes Mass zurück.

Warum hat GAUSS die Aufgabe zweimal gelöst? War es die Freude am
Rechnen, war es die Absicht, die Rechenfertigkeit durch Übung zu steigern,
diente die eine Rechnung als Kontrolle der andern, wollte er den Grad der
Genauigkeit rechnerisch ergründen? Vermutlich haben damals noch alle diese
Gründe mitgespielt. Und dann ist möglicherweise noch eine andere Ursache
dazugekommen. Von den beiden Werten $\frac{Z}{N}$ und $\frac{Z'}{N'}$ ist der zweite als späterer
Näherungswert in der Kettenbruchentwicklung der genauere, und die Frage

---

1) Werke II, S. 411 ff.

liegt nahe, wie man mit Hilfe dieser beiden Näherungswerte dem wahren Werte möglichst nahe kommen kann. Diese Frage in allgemeinerer Fassung hat ihn bekanntlich intensiv beschäftigt und in der berühmten Methode der kleinsten Quadrate ihren Abschluss gefunden.

IV.
Rechnungen mit Logarithmen.

Wir kehren wieder zur ersten Stufe zurück, um Gauss' Logarithmenberechnung noch etwas näher in Augenschein zu nehmen. Es wurde schon erwähnt, dass Wolfram die natürlichen Logarithmen in Schulzes Tabellen auf 48 Stellen berechnet hat und zwar bis 2200 für alle Zahlen und bis 10 009 für die Prim- und einige ausgewählte zusammengesetzte Zahlen. Gauss scheint, als er in den Besitz der schönen Logarithmentafel kam, versucht zu haben, die Tabelle noch zu erweitern. Eine Rechnung ist zum grossen Teil durchgeführt und soll hier besprochen werden. Es handelt sich um $\ln 10\,037$. Wir finden (Leiste, S. 110 und 109):

$$10\,037 . 97 . 691 + 1 = 672\,750\,000 = 225 . 10\,000 . 299,$$
$$\ln 10\,037 = \ln 10\,000 + \ln 225 + \ln 299 - \ln 97 - \ln 691$$
$$-\frac{1}{a} = \frac{1}{1\,000\,000}\left(\frac{2}{9} + \frac{9}{13} + \frac{2}{23} - 1\right)^{1)}.$$

Dieses Beispiel erscheint ganz besonders lehrreich. Gauss hat die Absicht, $\ln 10\,037$ möglichst »zierlich« zu berechnen — diesen Ausdruck gebraucht er mit Vorliebe — und sucht daher nach einem Faktor, der ein Produkt liefert, das möglichst nahe bei einer Zahl mit mehreren Nullen am Ende liegt. Zweifellos kommt ihm zunächst blitzschnell der Gedanke: $37 . 27 = 999$; der Faktor muss also auf 027 endigen; er habe nun a Tausender. Dann entstehen im Produkt $7\,a$ Tausender; das sollen wieder 9 sein; daher $a = 7$. Der gesuchte Faktor muss also auf 7027 endigen. Er wählt $67\,027$; denn das ist $(700 - 9)(100 - 3) = 691 . 97$. Das Glück ist ihm nun noch besonders günstig, da er in die Nähe von $672\,750\,000$, d. i. $\frac{1}{4} . 2691\,000\,000$, kommt. Daher bei der Korrektion:

$$-\frac{1}{a} = \frac{1}{1\,000\,000} . \frac{4}{2692} = \frac{1}{1\,000\,000} . \frac{4}{9 . 13 . 23} = \frac{1}{1\,000\,000}\left(\frac{2}{9} + \frac{9}{13} + \frac{2}{23} - 1\right).$$

---

1) Das Ergebnis hat Gauss in sein Exemplar von Lamberts Logarithmentafel S. 258 unten eingetragen.

Dass er sich mit dieser Berechnung lediglich in ein ·neues Verfahren ein-arbeiten wollte, liegt auf der Hand; denn nur einem ganz unpraktischen Rechner kann es entgehen, dass $10\,000\left(1+\frac{37}{10\,000}\right)$ viel bequemer und schneller zum Ziele führt. Er wollte gerüstet sein für den Fall, dass eine Zahl, deren Logarithmus er bestimmen wollte, nicht in der Nähe einer andern Zahl lag, die in Primfaktoren unter 1000 zerlegbar war. Da sich sonst kein Beispiel im Nachlass fand, so wollen wir selbst ein solches bilden, um noch einige Erläuterungen daran knüpfen zu können.

Wir wählen die Zahl $13\,553$, die bei einem weiter unten zu erörternden GAUSSschen Beispiel vorkommt. Die Überlegungen sind dieselben, wie vor-hin, nur wird jetzt schriftlich gerechnet:

$$
\begin{array}{r}
13\,553 \\
783 \\
\hline
40\,659 \\
1\,084\,24 \\
9\,487\,1 \\
\hline
10\,611\,999
\end{array}
$$

Man sieht zunächst, dass der Multiplikator eine 3 am Ende haben muss. Zu den 5 Zehnern von $13\,553.3$ müssen noch 4 Zehner kommen; also muss der gesuchte Multiplikator 8 Zehner haben. $13\,553.83$ hat $6+2=8$ Hun-derter, hierzu muss noch 1 Hunderter kommen; also muss der Multiplikator 7 Hunderter haben. Hier brechen wir ab; denn 783 ist $3.3.3.29$ und

$$10\,611\,999 = 1000.4.7.379 - 1.$$

Demnach ist

$$\ln 13\,553 = \ln 1000 + \ln 4 + \ln 7 + \ln 379 - 3\ln 3 - \ln 29 - \frac{1}{1000.4.7.379} - \cdots$$

$$= \ln 1000 + \ln 4 + \ln 7 + \ln 379 - 3\ln 3 - \ln 29 - \left(\frac{173}{379} - \frac{683}{4000} - \frac{2}{7}\right).$$

Es gilt hier, an geeigneter Stelle abzubrechen, derart, dass der Multi-plikator in nicht allzu grosse Primfaktoren zerlegbar wird, und das um 1 ver-mehrte Resultat ebenfalls. Geht es nicht, so probiert man in gleicher Weise, an eine auf $\ldots 0001$ endigende Zahl heranzukommen. Zweifellos haben solche Rechnungen einen gewissen Reiz, da sie durch den beständigen Anlass, Multiplikator und Ergebnis auf ihre Zerlegbarkeit zu prüfen, vor ödem Mechanismus bewahren[1]).

Die Zahl 13 553 in unserm eben behandelten Beispiel tritt bei GAUSS in folgendem Beispiel auf[2]:

Quaeritur logarithmus hyperbolicus ipsius

$$\tfrac{1}{2}+\tfrac{1}{2}\sqrt{2} = 1{,}207\,106\,781\,186\,547\ \ldots.$$

Nun hat wohl GAUSS zunächst die aus den 6 ersten Ziffern dieser Zahl A gebildete Zahl auf ihre Zerlegbarkeit geprüft. Da der Erfolg nicht befriedigend ausfiel, probierte er das gleiche mit dem reziproken Wert, den er ohne weiteres hinschrieb:

$$\frac{1}{A} = 0{,}82\,842\,712\,474\,619\ ^{3})$$

$$\begin{array}{ll}
6\,627\,17 & [\text{Mult. mit } 8] \\[2pt]
22\,091\,39 = 3.1209^2 + 115.17^2 & \left.\begin{array}{l} \\ \\ \end{array}\right\} \begin{array}{l}[\text{gibt das Doppelte der} \\ \text{links stehenden Zahl}].\end{array} \\
 = 3.\ \ 401^2 + 115.185^2 & \\[4pt]
\quad 120\,9 & \\
\quad\ \ 96\,72 & [1209.185] \\
\quad\ \ \ \ 6\,045 & \\ \hline
\quad\ 223\,665 & \\
\quad\ \ \ \ 6\,817 & [401.17] \\ \hline
\quad\ 216\,848 & [\text{Div. durch } 16] \\
\quad\ \ \ 13\,553 & \\ \hline
[2\,209\,139] = 163.13\,553. & \\
\end{array}$$

---

1) Ein umfangreicheres Beispiel findet sich LEISTE, S. 79:

$$15\,856\,829\,73.10\,037 = 15\,915\,500\,000\,001$$

$$\begin{array}{rl}
81) & 195\,763\,33 \\
49) & 399\,517 \qquad\qquad 31\,831 = 139.229. \\
17) & 23\,501 \\
71) & 331 \\
\end{array}$$

Es handelt sich hier vermutlich, wie in dem auf Seite 20 und 21 erläuterten Beispiel, um die genauere Berechnung des Logarithmus von 10 037. Der geeignete Faktor ergab die Zerlegung in 81.49.17.71.331. Das Produkt ist um 1 grösser als $5.31\,831.10^8$. Daran schliesst sich nun die auf S. 9 und 10 erläuterte Zerlegung von $\dfrac{2}{31\,831}$.

2) Zettel in Abt. E, Kapsel 44.

3) Es ist nämlich

$$\frac{1}{A} = \frac{1}{\tfrac{1}{2}+\tfrac{1}{2}\sqrt{2}} = 2\sqrt{2} - 2 = 4A - 4.$$

Hier bricht die Rechnung ab und unser vorhin durchgeführtes Beispiel wäre als Fortsetzung denkbar. Freilich ist auch dann erst ein roher Näherungswert erreicht, und die weitere Interpolation ist jetzt noch zu besprechen. Wir wählen aber zu diesem Zweck ein Beispiel, das GAUSS auf einem im Nachlass befindlichen Zettel[1]) ausgerechnet hat. Dabei handelt es sich allerdings um die umgekehrte Aufgabe, zu einem vielstelligen Logarithmus den Numerus zu ermitteln:

$$\sqrt[4]{2} \text{ obiter } 1,189\,207\,115$$
$$118\,920\,711 = 3\,.\,7\,.\,13\,.\,435\,607$$
$$435\,607 = 7 + 660^2$$
$$= 7\,.\,249^2 + 40^2$$
$$= 53\,.\,8219.$$

Damit ist die Zerlegung in solche Faktoren erreicht, deren Logarithmen in der WOLFRAMschen Tabelle stehen. Nun kommt die Interpolation zwischen diesem Logarithmus und $\frac{1}{4} \cdot \ln 2$, und darauf gestützt die Bestimmung von $\sqrt[4]{2}$ selbst. Man beachte die äusserst geschickte Verwendung der welschen Praktik.

log 8219 = 9,0142038261 4850001243 42426

log 159 = 5,0689042022 2023152553 97144

log   91 = 4,5108595065 1685004115 88402

Compl. 9 log 10 = 1,5793192560 4763452785 60684 [d. h. log 10 — 9 log log 10 = — 8 log 10]

0,1732867909 3321610698 8656 [log A]

0,1732867951 3998632735 43080 [d. i. $\frac{1}{4}$ log 2 = log $(A + \varepsilon)$]

42 0677022036 54424 $\left[= \delta, \text{ d. i. } \log(A+\varepsilon) - \log A = \frac{\varepsilon}{A} - \frac{1}{2}\frac{\varepsilon^2}{A^2} \right]$

88 484582 $\left[= \frac{\delta^2}{2}, \text{ die letzte Ziffer um 3 Einh. zu gross} \right]$

42 0677022921 39006 $\left[\text{d. i. } \delta + \frac{\delta^2}{2} = \frac{\varepsilon}{A} \right]$

4 2067702292 13900₆

46 2744725213 52906₆ $\left[= \frac{\varepsilon}{A} \cdot 1,1 \right]$

3 7019578017 08232₅ $\left[= \frac{\varepsilon}{A} \cdot 1,1 \cdot 0,08 \right]$

504812427 50566₈ $\left[= \frac{\varepsilon}{A} \cdot 0,0012 \right]$

50 0269115665 811705₉ $\left[= \frac{\varepsilon}{A} \cdot 1,1892 \right]$

1) Abt. E d, Kapsel 44.

$$2\,944\,739\,16\,044_9 \left[= \frac{\varepsilon}{A}\cdot 0,000\,007\right]$$

$$4\,6274\,47\,252_1 \left[= \frac{\varepsilon}{A}\cdot 0,00\,000\,011\right]$$

$$\sqrt[4]{2} = 1,18920711500272106671\,(75002_9) \left[= A + \frac{\varepsilon}{A}\cdot A\right]$$

$$74\,999\,705\,685.$$

Die Addition ist zwar richtig ausgeführt; dennoch hat Gauss die 6 letzten (hier in Klammern gesetzten) Stellen durchgestrichen und eine auf 5 Stellen weiter gehende Verbesserung angebracht. Diese Eigentümlichkeit wird später besprochen werden. Solche geschickt ausgeführte Multiplikationen, wie hier die mit 1,18920711 unter Anwendung der welschen Praktik, findet man noch öfter im Gaussschen Nachlass; einige besonders glänzende Beispiele sind in der *Sammlung von Rechnungen*[1]) abgedruckt. Das erste a. a. O. behandelte Beispiel hat überdies eine gewisse Ähnlichkeit mit dem eben vorgeführten, nur ist es sowohl inbezug auf den Aufbau als auch inbezug auf das gesteckte Ziel noch weit grosszügiger als das von uns gebotene, das es ausserdem noch um 25 Dezimalstellen übertrifft. Freilich liegt auch ein Zeitraum von mehr als 10 Jahren zwischen der Bearbeitung der beiden Aufgaben.

V.
Berechnung von reziproken Werten.

In dem zuletzt vorgeführten Beispiel hat die Zahl selbst — oder vielmehr ein 6stelliges Stück derselben — sich zur Faktorenzerlegung geeignet; beim vorhergehenden Beispiel musste Gauss den reziproken Wert nehmen, der allerdings in diesem Falle leicht zu finden war. Ob er es andernfalls auch getan hätte? Nun, wir finden Beispiele, wo er auch unter erschwerenden Umständen reziproke Werte berechnete. Auch hierin hatte er sich eine bedeutende Gewandtheit erworben, und wiederum war es der Einfluss der Empirie, der eine solche Übung notwendig machte. Wenn eine wirklich oder vermeintlich wichtige Konstante ermittelt war, so war es möglich, dass ihr Quadrat, ihre Quadratwurzel, ihr Logarithmus, ihr reziproker Wert oder dergleichen mit andern bereits ermittelten Konstanten einen erkennbaren Zu-

---

1) Werke III, S. 426 ff.

sammenhang hatte. Das konnte dann zu neuen Sätzen und Untersuchungen führen.

Bei GAUSS kam nun noch eine ganz besondere Veranlassung hinzu. Seine Studien über das arithmetisch-geometrische Mittel führten ihn u. a. auch zu dem Versuch, das zu bestimmende Mittel durch eine Reihenentwicklung zu gewinnen. Es gelang ihm auch, $M(1 + x, 1 - x)$ als eine Potenzreihe von x darzustellen, allein die Koeffizienten von x in dieser Entwicklung befolgten kein leicht erkennbares Gesetz. Erst als er auf den Gedanken kam, den reziproken Wert, also $\frac{1}{M(1 + x,\, 1 - x)}$ in eine Reihe zu entwickeln, gelangte er zu dem schönen Ergebnis:

$$\frac{1}{M(1 + x,\, 1 - x)} = 1 + \frac{1}{4} x^2 + \frac{9}{64} x^4 + \frac{25}{256} x^6 + \frac{1225}{16384} x^8 + \cdots$$

Die Koeffizienten der aufeinanderfolgenden Glieder sind nun die Quadrate von $\frac{1}{2}$, $\frac{1}{2} \cdot \frac{3}{4}$, $\frac{1}{2} \cdot \frac{3}{4} \cdot \frac{5}{6}$, $\frac{1}{2} \cdot \frac{3}{4} \cdot \frac{5}{6} \cdot \frac{7}{8}$ usw.[1]).

Dieses Bildungsgesetz hat er wieder zunächst induktiv erschlossen; aber er bleibt nicht dabei stehen, sondern er führt sofort den strengen Beweis für seine Gültigkeit. Andererseits macht er aber auch Übungen in der zahlenmässigen Bestimmung von arithmetisch-geometrischen Mitteln nach dem neugefundenen Verfahren, und, um sie mit dem entsprechenden, nach dem seitherigen Verfahren ermittelten Wert vergleichen zu können, muss er von einem der beiden Ergebnisse den reziproken Wert bestimmen.

Auf einem Blatte des Nachlasses[2]) findet sich ein vollständig durchgeführtes Beispiel:

$$M\sqrt{0{,}96}\ ^{3)}$$

1,00000 00000	0,00000 00000
0,97979 58971	9,99113 56165
0,98984 64001	9,99559 04242[4])
0,98989 79485	9,99556 78082
0,98987 21743	9,99557 91162.

1) Werke III, S. 366 u. ff.

2) In Kapsel 50, Elliptische Funktionen, Fi, Nr. 5.

3) $M\sqrt{0{,}96}$ bedeutet $M(1, \sqrt{0{,}96})$, und dies ist entstanden aus $M(1 + \frac{1}{5}, 1 - \frac{1}{5})$; die Variable x hat also hier den Wert $\frac{1}{5}$.

4) In der Handschrift hatte GAUSS die Logarithmen der zweiten und dritten Zahl mit einander vertauscht und das durch ein Zeichen angedeutet.

Calculus posterior confirmatur adjumento seriei

$$M \cos \varphi = \cfrac{1}{1 + \cfrac{1}{4} xx + \cfrac{1.9}{4.16} \cdot x^4 + \text{etc.}}$$

$$
\begin{aligned}
&1,00000\,00000.00 \\
&0,01000\,00000.00 \\
&\ldots 22\,50000.00 \\
&\ldots\ldots 62500.00 \\
&\ldots\ldots 1914.06 \\
&\ldots 62.02 \\
&\ldots 2.08 \\
&.\,7 \\
\hline
&1,01023\,14478.23 \times 0,99 \\
&\quad 1010\,23144\ \ 78 \\
\hline
&1,00012\,91333\ \ 45 \times 0,9999 \\
&\quad\quad 10\,00129\ \ 13 \\
\hline
&1,00002\,91204\ \ 32 \text{ Rec.} \\
&0,99997\,08804\ \ 16 \left[\frac{1}{1+\varepsilon} = 1 - \varepsilon + \varepsilon^2 - + \cdots\right] \\
&\quad\quad 9\,99970\ \ 88 \;[\times 0,99 \text{ wie oben}] \\
\hline
&0,99987\,08833\ \ 28 \;[\times 0,9999 \text{ wie oben}] \\
&\quad\quad 999\,87088\ \ 33 \\
\hline
&0,98987\,21744.95.
\end{aligned}
$$

Dies ist nun der gesuchte reziproke Wert, der mit dem nach der ersten Methode gefundenen auf 9 Stellen übereinstimmt. Man sieht, es wird zunächst durch geeignete Multiplikation, und zwar wieder unter geschickter Verwendung der welschen Praktik, eine Zahl hergestellt, die nur um einen sehr kleinen Betrag ε grösser ist als 1. Dann ist der reziproke Wert sehr nahe gleich $1 - \varepsilon + \varepsilon^2$, während die folgenden Glieder der unendlichen Reihe vernachlässigt werden können. Mit der sich ergebenden Zahl $1 - \varepsilon + \varepsilon^2$ werden nun die gleichen Multiplikationen vorgenommen wie mit der ursprünglichen Zahl, und so erhält man alsdann den gesuchten reziproken Wert.

Eine andere Rechnung dieser Art, dazu mit grösserem Kraftaufwand, aber ohne jede erläuternde Bemerkung, findet sich auf einem Zettel des Nachlasses[1] Die Bemerkungen zum vorigen Beispiel erleichtern das Verständnis dieser Rechnung, die ein Torso geblieben ist.

$$
\begin{array}{lll}
603[,]5533905\,9327376220\,042218105 & [= x] \\
1207\quad 1067811\,8654752440\,084436211 & [= 2\,x] \\
18\quad 1066017\,1779821286\,601266543 & [= 0{,}03\,x] \\
1189\quad 0001794\,6874931153\,483169668 & [= 1{,}97\,x = 2\,x - 0{,}03\,x] \\
41\quad 0000061\,8857756246\,671833436\,83 & [: 29] \\
1{,}\,0000001\,5094091615\,772483742\,3617 & [: 41] \\
1\,5000002264\,113742365\,8725 & [\times 15 . 10^{-8}] \\
\hline
1{,}\,0000000\,0094089351\,658741376\,4892.
\end{array}
$$

Es würde zu sehr das Eingehen auf Einzelheiten erfordern, wenn wir bei den interessanten Gedankengängen verweilen wollten, die dieser Rechnung zugrunde liegen; es kann daher unter nochmaligem Hinweis auf das vorhergehende Beispiel dem Leser überlassen werden[2]. GAUSS hat hier abgebrochen, wahrscheinlich, weil er sich bei der Multiplikation $15 . 10^{-8}$ verrechnet hat (statt $1\,500\,000\,226\ldots$ steht nämlich in der Handschrift $150\,000\,225\,141\,137\,423\,658\ldots$). Durch irgend eine Kontrollrechnung scheint er den Fehler bemerkt zu haben, und so unterliess er es, den reziproken Wert zu ermitteln.

VI.
GAUSS' Methoden, die Faktoren grosser Zahlen zu finden.

In den meisten der bisher behandelten Beispiele beginnt die Rechnung mit einer Faktorenzerlegung, und damit kommen wir an eine der bemerkenswertesten Stellen in GAUSS' rechnerischer Betätigung, an die Stelle, wo Zahlentheorie und Zahlenrechnen vielleicht am vollkommensten ineinandergreifen. Die Hauptergebnisse auf diesem Gebiet sind in den *Disquisitiones arithmeticae* auseinandergesetzt und längst Gemeingut aller Zahlentheoretiker; wir können uns daher, ohne auf allgemeine Entwicklungen einzugehen, auf die besonderen Vorteile beschränken, die er von Fall zu Fall angewandt hat.

---

[1] Arithmetik a 5, Kapsel 40.

[2] Auf $29 . 41 = 1189$ kommen wir an einer späteren Stelle noch einmal zu sprechen. Man beachte, dass GAUSS hier durch 29 und 41 dividiert, ohne Reste aufzuschreiben.

Bei der Berechnung von $\sqrt[4]{2}$ (S. 23) tritt die Zahl 435607 auf, und es gilt zu untersuchen, ob sie in Faktoren zerlegbar ist. Zunächst findet GAUSS, und das kostet ihn sicherlich nur wenige Sekunden,

$$435607 = 7 + 660^2.$$

Dann sucht er 435607 auf eine zweite Art in $7\alpha^2 + 1.\beta^2$ zu zerlegen. Die Überlegung wird sich wohl nicht streng nach der in den *Disquisitiones* gegebenen Methode der Exkludenten[1]) abgespielt haben, sondern vielleicht folgendermassen:

$$7\alpha^2 + 1.\beta^2 = 7.1^2 + 1.660^2$$
$$7(\alpha^2 - 1) = 660^2 - \beta^2 = (660 + \beta)(660 - \beta).$$

Einer der beiden Faktoren auf der rechten Seite muss nun durch 7 teilbar sein. Man wähle den ersten. Der kleinste Wert für β ist 5, allgemein $5 + 7k$; denn es ist: $665 = 95.7$. Man führe die Division durch 7 aus und erhält:

$$\alpha^2 - 1 = \frac{660 + \beta}{7}(660 - \beta)$$

oder

$$\alpha^2 = \frac{660 + \beta}{7}(660 - \beta) + 1.$$

Für $\beta = 5$ kommt $95.655 + 1$; diese Zahl kann keine Quadratzahl sein, da sie den Viererrest 2, also einen quadratischen Nichtrest hat. Wir bleiben zunächst bei Fünferzahlen, müssen also $k = 5$ setzen. Dann erhalten wir $660 + 40 = 700$. Also:

$$\alpha^2 = 100.620 + 1 = 62001 = \frac{1000}{4} \cdot 248 + 1 = 249^2.$$

Somit ergibt sich:

$$435607 = 7.249^2 + 1.40^2.$$

Aus dem Gleichungssystem

$$7. \quad 1^2 + 1.660^2 = 435607$$
$$7.249^2 + 1. \quad 40^2 = 435607$$

folgt: Wenn 435607 in Primfaktoren zerlegt werden kann, so müssen diese auch in $(249.660 + 40)(249.660 - 40)$ enthalten sein. Der erste Faktor ist

$$\tfrac{1}{4} \cdot 660000 - 660 + 40 = 164380 = 20.8219.$$

---

1) Werke I, S. 391 ff. Diese Methode hat GAUSS anscheinend nur dann vorschriftsmässig angewandt, wenn es galt, nachzuweisen, dass die zu untersuchende Zahl Primzahl war.

Die Faktoren 2 und 5 können nicht in Betracht kommen, also probieren wir die Division durch 8219. Diese Division geht in der Tat auf, und damit haben wir die Zerlegung auf S. 23[1]).

Die Begründung ist ja einfach:

$$a \cdot \alpha_1^2 + b \cdot \beta_1^2 = n$$
$$a \cdot \alpha_2^2 + b \cdot \beta_2^2 = n$$
$$\overline{a(\alpha_1^2 \beta_2^2 - \alpha_2^2 \beta_1^2) = n(\beta_2^2 - \beta_1^2).}$$

Ist a mit n teilerfremd, so müssen alle Faktoren von n in dem Klammerausdruck auf der linken Seite enthalten sein, w. z. b. w.

Aus der Beweisführung erkennt man sofort, dass man statt n auch irgend ein Vielfaches von n in die Form $a\alpha_1^2 + b\beta_1^2$ setzen kann. In dem andern Beispiel auf S. 22 hat Gauss statt der Zahl 2 209 139 das Doppelte dieser Zahl in $3 \cdot 1209^2 + 115 \cdot 17^2$ zerlegt. Nun erhalten wir wieder:

$$3(1209^2 - \alpha^2) = 115(\beta^2 - 17^2)$$
$$3 \cdot \frac{1209 + \alpha}{115}(1209 - \alpha) + 17^2 = \beta^2.$$

α hat die Form $56 + x \cdot 115$, und für $x = 0, 1, 2, 3$ hat man:

$$\alpha = 56, 171, 286, 401 \ldots \text{ und } \frac{1209 + \alpha}{15} = 11, 12, 13, 14 \ldots$$

1) $x = 0$ $3 \cdot 11 \cdot (\ldots 3) + 17^2$ endigt auf 8, kann also kein Quadrat sein.

2) $x = 1$ $3 \cdot 12 \cdot (\ldots 8) + 17^2$ » » 7, » » » » »

3) $x = 2$ $3 \cdot 13 \cdot (\ldots 23) + 17^2$ » » 86, » » » » »

4) $x = 3$ $3 \cdot 14 \cdot 808 + 17^2 = 202 \cdot 168 + 17^2 = (185 + 17)(185 - 17) + 17^2 = 185^2.$

Die übrige Rechnung ist auf S. 22 ausgeführt.

Diese Faktorenzerlegung spielt auch aus einem andern Grunde bei Gauss eine wichtige Rolle. Es wurde schon darauf aufmerksam gemacht, dass Gauss seit früher Jugend nach einem Verteilungsgesetz der Primzahlen geforscht hat, und dass ihm daher die Primzahlen innerhalb eines möglichst grossen Zahlengebiets bekannt sein mussten. Zu Beginn seiner Laufbahn war dieses

---

1) Das Verfahren stammt von EULER, *Quomodo numeri praemagni sint explorandi, utrum sint primi nec ne*, Novi Comment. Acad. Petropol. 13 (1768), 1769, S. 67, LEONHARDI EULERI, Opera Omnia, ser. I, vol. III, S. 112; da jedoch die Mehrzahl der von uns hier wiedergegebenen Jugendübungen v o r 1795 datiert werden muss, also vor den bedeutsamen Zeitpunkt, wo Gauss in Göttingen EULERs Werke kennen lernte, so folgt mit grosser Wahrscheinlichkeit, dass Gauss sich auch diesen Weg selbständig erschlossen hat

Gebiet noch klein; später wurde es, namentlich durch den Einfluss von EULERS Schriften, immer weiter erstreckt. Es galt also in seiner ersten Zeit, das Gebiet zu erweitern, und später war es nützlich, Stichproben auf ausgearbeitete Primzahltabellen zu machen. Dazu kam, dass er grosse Zahlen, die ihm bei seinen Forschungen begegneten, auf ihre Zerlegbarkeit in Faktoren zu untersuchen pflegte, und so erklärt es sich wohl auch, dass die so vielseitig untersuchten Zahlen sich seinem von Natur schon gewaltigen Gedächtnis derart einprägten, dass er stets darüber verfügen konnte. Daher ist auch das schriftliche Verzeichnis der von ihm untersuchten Zahlen nicht allzu reichhaltig. Auf einem im Nachlass befindlichen Zettel[1] findet sich ein solches, das hier wiedergegeben werden soll:

Numeri quorum divisores per methodos nostras experti sumus[2].

1) $2\,969\,257\left(\text{pr. pr. } e^{\frac{-25\pi}{4}} : 10\ldots\right) = 1657^2 + 11^2.1848$ adeoque primus.

2) $556\,027 = 33.87^2 + 10.175^2$ primus.

3) $119\,443 = 11.29^2 + 35.81^2.$

$\left.\begin{aligned}&= [\tfrac{1}{2}].11.29^2 + 35.81^2\\&= \phantom{[\tfrac{1}{2}].}11.69^2 + 35.73^3\end{aligned}\right\}\ 31.3853.$

4) $274\,691 = 521^2 + 130.5^2 = 311^2 + 130.37^2 = 31.8861.$

5) $317\,827 = 3.81^2 + 22^2.616$ primus.

6) $270\,071.$

7) $208\,321 =$

8) $241\,403 = \dfrac{29692569}{123} = 491^2 + 322 = 475^2 + 322.49 = 163.1481.$

Bei dieser Gelegenheit hat GAUSS vermutlich Material zu seinen *Disquisitiones* gesammelt. Denn das Charakteristische ist auch hier wieder, dass die Sätze induktiv gefunden wurden, um dann von umfassenden Gesichtspunkten aus deduktiv erschlossen zu werden.

Eine ältere Sammlung induktiv ermittelten Materials hat sich im Nachlass nicht vorgefunden; nur das folgende Beispiel ist vorhanden[1], vielleicht

---

1) Arithmetik a 5, Kapsel 40.

2) Vergl. *Calculus numerico-exponentialis*, Werke III, S. 426 ff. und X, 1, S. 551. Die Zahl 5), also 317 827, geht, wie GOLDSCHEIDER bemerkt hat, aus 12 071 067 811 865 durch Division mit 2.9.211 hervor; dabei ist 1,2 071 067 811 865 der um seine beiden letzten Dezimalstellen verkürzte Näherungswert von $\tfrac{1}{2} + \tfrac{1}{4}\sqrt{2}$, den wir auf S. 22 besprochen haben.

ein Überbleibsel einer ehemals reicheren Sammlung, die wohl nach ihrer deduktiven Erledigung vernichtet worden ist:

Propositio quae demonstrationem exspectat. Si datur Quadratum, quod per z divisum residuum r efficit — datur item Quadratum, quod per $4r+z$ divisum dat idem residuum: siquidem $4r+z$ sit numerus primus.

Auf dem Zettel stand erst noch ein Zusatz, der anscheinend die Möglichkeit offen liess, dass die Zahl $4r+z$ auch Potenz einer Primzahl sein könne; dieser Zusatz ist gestrichen.

In der Handschrift ist es ungewiss, ob es heisst »datur idem quadratum« oder »item quadratum«. Wahrscheinlich schrieb GAUSS erst idem und hat dann das d in t verbessert. Bei dieser Annahme erhält man einen Satz, der sich mit Hilfe des Reziprozitätsgesetzes leicht beweisen lässt. Er lautet: Wenn r quadratischer Rest mod z ist, so ist r auch quadratischer Rest mod $4r+z$, falls $4r+z$ eine Primzahl ist. Zum Beweis haben wir vier Fälle zu unterscheiden:

a) r ist von der Form $4n+1$, z ebenfalls, und demnach auch $4r+z$. Da nach Voraussetzung r quadratischer Rest mod z ist, so ist nach dem Reziprozitätsgesetz z quadratischer Rest mod r, daher auch $4r+z$ quadratischer Rest mod r, und daher auch wieder umgekehrt r quadratischer Rest mod $4r+z$, falls $4r+z$ Primzahl ist.

b) r ist von der Form $4n+1$, z von der Form $4n+3$, $4r+z$ von der Form $4n+3$; r qu. R. mod z, z qu. R. mod r, $4r+z$ qu. R. mod r, r qu. R. mod $4r+z$.

c) r ist von der Form $4n+3$, z von der Form $4n+1$, $4r+z$ von der Form $4n+1$; r qu. R. mod z, z qu. R. mod r, $4r+z$ qu. R. mod r, r qu. R. mod $4r+z$.

d) r ist von der Form $4n+3$, z ebenfalls; daher auch $4r+z$; r qu. R. mod z, z Nichtrest mod r, $4r+z$ Nichtrest mod r, r qu. R. mod $4r+z$, q. e. d. Man erkennt leicht, dass sich der Beweis auch für jeden Primzahlmodul von der Form $4k+z$ führen liesse.

Als GAUSS die »propositio« aufschrieb, kannte er das Reziprozitätsgesetz noch nicht; das beweist der Zusatz »quae demonstrationem exspectat«. Sie ist also empirisch gefunden und diente ihm möglicherweise zur Kontrolle seiner Tafel des quadratischen Charakters der Primzahlen, von der jetzt die Rede sein wird.

VII.

Die Tafel des quadratischen Charakters der Primzahlen.

Bei dem Bestreben, grosse Zahlen in Faktoren zu zerlegen, ist der im vorigen Abschnitt gekennzeichnete Weg nicht der erste und nicht der einzige gewesen. Die frühesten Versuche bestanden wohl darin, dass er Zahlengruppen von der Form a^2+1, a^2+2, a^2+3, a^2+4, a^2+5, a^2+7, a^2+9, a^2+11, allgemein a^2+p bezw. a^2+p^2 aufstellte und alle Zahlen dieser Gruppen in ihre Primfaktoren zerlegte. Die Beobachtungen, die er bei dieser Gelegenheit machte, führten ihn sowohl zu der jetzt zu besprechenden Theorie der quadratischen Reste, als auch zu der *Tafel zur Cyklotechnie*, von der im nächsten Abschnitt die Rede sein wird.

Die Beobachtungen über quadratische Reste und Nichtreste waren zwar schon vor GAUSS von FERMAT, EULER und LEGENDRE gemacht worden, aber dem jugendlichen Forscher stand zu jener Zeit noch keine Literatur zur Verfügung[1]).

GAUSS bemerkte wohl bald, dass zu jeder Zahl bestimmte Reste und Nichtreste gehören, dass das Produkt zweier Reste, sowie auch das zweier Nichtreste ein Rest, dagegen das Produkt eines Restes und eines Nichtrestes ein Nichtrest ist, dass ferner die Untersuchung für eine zusammengesetzte Zahl als Modul dieselben Reste und Nichtreste liefert, wie die für ihren kleinsten Primteiler. Um nun einerseits diese Beobachtungen praktisch zu verwerten und andererseits möglicher Weise noch tiefer in das neue Gebiet hineinschauen zu können, unternahm er eine Arbeit, die wieder höchst charakteristisch für seine Gewandtheit und Ausdauer ist. Er stellte eine Tabelle auf, die die Primzahlen von 2 bis 997 als Reste in bezug auf die Primzahlen von 3 bis

---

1) EULERs wichtigste Arbeiten auf diesem Gebiet:

1. *Theoremata circa divisores numerorum in hac forma p a a + q b b contentorum.* Comm. acad. Petrop. **14** (1744/6), 1757, S. 151—181; LEONHARDI EULERI, Opera omnia, series I, vol. II, S. 194—222.

2. *De numeris qui sunt aggregata duorum quadratorum.* Novi comm. acad. Petrop. **4** (1752/3), 1758, S. 3 bis 40; Opera, ibid., S. 295—327.

3. *Specimen de usu observationum in mathesi pura.* Novi comm. acad. Petrop. **6** (1756/7), 1761, S. 185 bis 230; Opera, ibid., S. 459—492.

4. *Observationes circa divisionem quadratorum per numeros primos.* Opuscula analytica I, 1783, S. 64—84; Opera, series I, vol. III, S. 497.

503 als Teiler enthält. Um einen Begriff von der Grösse dieses Unternehmens zu geben, wollen wir nur durch einfache Abzählung feststellen, dass 16 320 mal untersucht werden musste, ob eine Zahl quadratischer Rest oder Nichtrest war. Entspricht nun der erzielte Gewinn dieser gewaltigen Arbeit? Wir dürfen diese Frage wohl bejahen. Denn abgesehen von der erreichten Gewandtheit in der Gewinnung von quadratischen Resten war GAUSS nun in der Lage, seine Methode der Exkludenten sehr weittragend auszugestalten, und wir wollen nachher an einem Beispiel zeigen, wie eine Faktorenzerlegung mit Hülfe dieser Tafel vor sich geht. Ausserdem aber wurde seine Mühe glänzend belohnt durch den erzielten zahlentheoretischen Gewinn, nämlich durch die Erkenntnis des berühmten Satzes, den er »Theorema fundamentale in doctrina de residuis quadraticis« nannte. Dieses Gesetz, das Reziprozitätsgesetz der quadratischen Reste nach LEGENDRE, von diesem und vor ihm auch von EULER durch Induktion gefunden, wurde nun von GAUSS zum ersten Male bewiesen. GAUSS gibt im ganzen acht verschiedene Beweise für diesen Satz, woraus wir schliessen dürfen, welche grosse Bedeutung er ihm beimisst[1]).

Doch nun zu der praktischen Verwendung für die Zahlenzerlegung! Wir wählen das Beispiel, das GAUSS in seinen *Disquisitiones* wiederholt benutzt, 997 331, d. i. 314 159 265 : (9 . 5 . 7). Für diese Zahl ermittelt er die quadratischen Reste − 6, + 13, − 14, + 17, + 37, − 53. Auf Grund der Tafel findet er, dass von allen Primzahlen bis 997 nur 127 die für 997 331 gefundenen quadratischen Reste hat, dass also keine andere dieser Primzahlen als 127 in 997 331 ohne Rest enthalten sein kann.

In einem Brief an ZIMMERMANN[2]) spricht GAUSS über dieses Verfahren und bemerkt dabei »dies ist nämlich nur Eine einzelne Anwendung der Tafel«. Er hat also anscheinend noch mancherlei andere Anwendungen im Auge gehabt; allein im Nachlass hat sich nichts darüber gefunden. Doch gehen wir wohl nicht fehl, wenn wir annehmen, dass er mit Hilfe dieser Tafel seine Methode der Exkludenten zu höchster Leistungsfähigkeit zu steigern vermochte, so dass er sich dieses Hilfsmittels bedienen konnte bei der Lösung der Aufgabe

---

1) Vergl. P. BACHMANN, *Über Gauss' zahlentheoretische Arbeiten*, Abhandlung 1 dieses Bandes, S. 14 ff. und 45 ff.

2) Werke X, 1, S. 20.

$n = ax^2 + by^2$, bei der PELLschen Gleichung, sowie bei einer Aufgabe, die uns im nächsten Abschnitt entgegentreten wird. Die Tafel vermag auch oft sehr einfach darüber Aufschluss zu geben, dass eine Zahl zusammengesetzt ist. Z. B. 997331 hat den quadratischen Rest — 53, also müsste nach dem Reziprozitätsgesetz — 997331 ein Rest mod 53 sein. — 997331 hat mod 53 den Rest — 30, — 30 müsste daher quadratischer Rest mod 53, also 53 — 30 = 23 quadratischer Rest mod 53 sein. Die Tafel zeigt aber 23 als Nichtrest, folglich kann 997331 keine Primzahl sein.

In dem zitierten Briefe an ZIMMERMANN spricht GAUSS auch davon, dass man die quadratischen Reste auf Stäbchen anbringen könne, wodurch die praktische Verwendbarkeit noch erhöht würde. Auch in den *Disquisitiones*[1]) äussert er sich darüber: »Ad summum autem commoditatis fastigium usus talis tabulae evehetur, si singulae columellae verticales, e quibus constat, exsecantur lamellisque aut baculis (NEPERIANIS similibus) agglutinantur, ita ut eae, quae in quovis casu sunt necessariae, i. e. quae numeris r, r', r'' etc. residuis numeri propositi in factores resolvendi, respondent, separate examinari possint..«. GAUSS ist nun nicht bei der theoretischen Erörterung stehen geblieben, sondern er hat den Gedanken in die Tat umgesetzt und sich einen solchen Apparat selbst hergestellt, der sich jetzt im GAUSSarchiv befindet. Wir sind daher in der Lage, ihn auf Grund eigener Anschauung beschreiben zu können.

Von den 13 gleichlangen, schmalen, mit Papier überklebten Holzstäbchen ist das erste äusserst sorgfältig in gleiche Teile eingeteilt, so dass die Primzahlen von 7 bis 553 in gleichen Abständen darauf angebracht werden konnten. Auf den übrigen 12 sind Streifen, wo ein quadratischer Rest ist, und leere Stellen da, wo ein Nichtrest ist.

Merkwürdiger Weise sind es aber nicht Stäbchen für die aufeinanderfolgenden Primzahlen, sondern für — 1, 2, — 2, 3, — 3, 5, — 5, — 6, 7, 11, 13, 17. Es scheint daraus hervorzugehen, dass GAUSS einen Kunstgriff besass, um einige von diesen Resten besonders bequem zu erhalten. Äusserungen über einen derartigen Kunstgriff liessen sich nicht ermitteln, doch ist es höchst wahrscheinlich, dass er die Fertigkeit besass, gegebene grosse Zahlen sehr

---

1) Werke I, S. 404, 405.

rasch in die Form $a^2 + b^2$, sowie $a^2 \pm x b^2$ ($x = 2, 3, 5, 7, 11, 13, 17$) und endlich in die Form $2a^2 + 3b^2$ zu bringen. Fand er z. B. $n = a^2 + 5b^2$, so multiplizierte er mit 5 und erhielt $5n = 5a^2 + 25b^2$, $5n - 5a^2 = (5b)^2$, also ist $-5a^2$, mithin auch -5 quadratischer Rest. Diese Vermutung gewinnt dadurch an Wahrscheinlichkeit, dass Gauss dem allgemeinen Problem (*Disqu. Arithm.*, art. 146[1]): »Propositis duobus numeris quibuscunque P, Q, invenire, utrum alter Q, alterius P residuum sit an non residuum« die Betrachtung von Einzelfällen vorausschickt, und zwar: Residuum -1 (S. 82), Residua $+2$ et -2 (S. 84), Residua $+3$ et -3 (S. 88), Residua $+5$ et -5 (S. 90), De ± 7 (S. 93).

Die Anfertigung der Stäbchen ist mit der wunderbaren Sorgfalt ausgeführt, die auch Gauss' übrige Arbeiten kennzeichnet; die Striche und Punktierungen sind mit solcher Genauigkeit gemalt, dass man sie auf den ersten Anblick für gedruckt halten möchte.

Auch die ausführliche Tafel, die Schering unter dem Titel *Tafel des quadratischen Charakters der Primzahlen*[2]) veröffentlicht hat (in der Handschrift lautet der Titel: *Quadratorum numeris primis divisorum residua lateralia*), ist peinlich sorgfältig ausgeführt. Schering hat in der Gaussschen Tafel 190 Fehler gefunden, die er bei der Drucklegung berichtigte. Unsere Hoffnung, aus der Verteilung dieser Fehler einen Schluss auf die bei der Berechnung der Tafel angewandten Methoden ziehen zu können, hat sich nicht erfüllt, nur eine bemerkenswerte Tatsache hat sich ergeben, nämlich die, dass Gauss das Reziprozitätsgesetz nicht zur Kontrolle benutzt hat.

Es ist daher nicht unwahrscheinlich, dass er dies Gesetz noch nicht kannte, als er die Tabelle anfertigte, und dass er es erst während der Herstellung derselben induktiv fand. Allerdings ist auch die Möglichkeit nicht abzuweisen, dass er hier überhaupt keine Kontrollrechnung vorgenommen hat. Diese Frage wird uns noch in einem späteren Abschnitt beschäftigen.

---

1) Werke I, S. 111.
2) Werke II, S. 399.

VIII.
Zur Cyklotechnie.

Wir kommen nun zu den merkwürdigsten Tabellen, die GAUSS aufgestellt
hat, und die sowohl in bezug auf ihren eigentlichen Zweck, als auch in bezug
auf die bei der Aufstellung angewandte Methode bisher ein Rätsel geblieben
sind. Es sind dies die *Tafeln zur Cyklotechnie*[1]).

Der ursprüngliche Zweck dieser Tafeln war wohl, wie schon der Name
andeutet, die Erleichterung, die sie für die genaue Berechnung der Bögen
gewähren, deren Cotangenten gegebene rationale Zahlen sind. Aber SCHERING
schreibt schon in seinen Bemerkungen zu diesen Tafeln[2]):

»Die hierauf hinzielenden Entwicklungen, die sich in dem handschriftlichen Nachlass finden, sind wenig ausgedehnt.«

Daraus lässt sich vermuten, dass sie GAUSS zu dem erwähnten Zweck
wenig benutzt hat. Halten wir aber die Tatsache daneben, dass die ersten
Rechnungen für die Tafeln der Zeit der Ausarbeitung der *Disquisitiones Arithmeticae* angehören, und dass in den Jahren 1846 und 1847 noch an der Sichtung, Ordnung und Vervollständigung derselben gearbeitet wurde, so ist der
Schluss wohl berechtigt, dass GAUSS mit diesen Tafeln andere Pläne verfolgte.
Es wird jedoch zweckmässig sein, zunächst der Herstellung dieser Tafeln nachzugehen und erst dann Vermutungen über den Zweck zu äussern.

Bei der Herstellung der Tafeln hat GAUSS, wie SCHERING bereits richtig
vermutet hat, besondere Kunstgriffe angewandt. SCHERING vermochte indessen
aus dem handschriftlichen Nachlass nur eine Regel aufzufinden, die aus drei
Zahlen der Tafel eine vierte zu finden lehrt, während es sich doch hauptsächlich darum handelt, aus zwei Zahlen eine dritte zu ermitteln. Wir wollen
nun versuchen, zu zeigen, in welcher Weise die Tafeln vermutlich entstanden
sind.

Die erste Tafel enthält die zerlegbaren $a^2 + 1$. Zerlegbar nennt GAUSS
diejenigen Zahlen von der Form $a^2 + 1$, die nur Primteiler unter 200 haben.
Links stehen die Zahlen a, rechts die Primfaktoren von $a^2 + 1$, wobei noch
zu beachten ist, dass der Primfaktor 2 überall weggelassen wurde.

---

1) Werke II, S. 477.
2) Ebenda, S. 499 und 500.

2	5	19	181	46	29 . 73	93	5 . 5 . 173
3	5	21	17 . 13	47	5 . 3 . 17	98	5 . 17 . 113
4	17	22	5 . 97	50	41 . 61	99	13 . 13 . 29
5	13	23	5 . 53	55	17 . 89	100	37 . 137
6	37	27	5 . 73	57	5 . 5 . 5 . 13	105	37 . 149
7	5 . 5	28	5 . 157	68	5 . 5 . 5 . 37	111	61 . 101
8	5 . 13	30	17 . 53	70	$13^2 . 29$	112	5 . 13 . 193
9	41	31	13 . 37	72	5 . 17 . 61	117	5 . 37 . 37
10	101	32	5 . 5 . 41	73	5 . 13 . 41	119	73 . 97
11	61	33	5 . 109	75	29 . 97	123	5 . 17 . 89
12	5 . 29	34	13 . 89	76	53 . 109	128	5 . 29 . 113
13	5 . 17	37	5 . 137	80	37 . 173	129	53 . 157
14	197	38	5 . 17 . 17	81	17 . 193	132	5 . 5 . 17 . 41
15	113	41	29 . 29	83	5 . 13 . 53	133	5 . 29 . 61
17	5 . 29	43	5 . 5 . 37	91	41 . 101	142	5 . 37 . 109
18	5 . 5 . 13	44	13 . 149				

Die Zahlen a, für die $a^2 + 1$ nicht zerlegbar ist, hat GAUSS weggelassen. — Im ersten Hunderter für a empfiehlt sich ein Verfahren, das sicherlich GAUSS nicht entgangen ist, und das er bei einer andern Gelegenheit[1]) warm empfohlen hat, nämlich die Anwendung eines Zahlensiebs. Man sieht nämlich leicht, dass zu 2, 7, 12, 17, 22 usw., also zu allen Zahlen von der Form $5n + 2$ der Faktor 5 gehört; ebenso gehört er zu allen Zahlen von der Form $5n - 2$. Der Faktor 13 findet sich zuerst bei 5; man darf ihn mit Sicherheit erwarten bei $13n + 5$ und bei $13n - 5$. Der Faktor 17 findet sich zuerst bei 4, folglich bei allen Zahlen von der Form $17n + 4$ und $17n - 4$[2]).

Der Beweis ist einfach. Wenn $a^2 + 1$ den Primteiler p hat, so hat, da $(a \pm p)^2 + 1 - (a^2 + 1)$ zweifellos immer durch p teilbar ist, der Minuend $(a \pm p)^2 + 1$ auch den Primteiler p, also gehört zu allen $np + a$ und $np - a$ der Teiler p. Weitere interessante Eigenschaften offenbaren sich auch bereits auf dem obigen kleinen Anfangsstückchen der ersten Tabelle.

---

1) Besprechung von BURCKHARDT, *Tables des Diviseurs*, 1814, Werke II, S. 183.

2) Nach diesem Verfahren hat EULER sämtliche $a^2 + 1$ bis $a = 1500$ in Primfaktoren zerlegt: *De numeris primis valde magnis*. Nov. Comm. 9 (1762/3). LEONHARDI EULERI, Opera omnia, ser. I, vol. IV, S. 1—45. Es darf als sicher angenommen werden, dass GAUSS diese Arbeit gekannt hat und durch sie beeinflusst worden ist.

So wird man vor allen Dingen leicht entdecken, dass zu 7 dieselben Faktoren gehören, wie zu 2 und 3; zu 13 dieselben, wie zu 3 und 4; zu 21 dieselben, wie zu 4 und 5; ... zu 111 dieselben, wie zu 10 und 11. Allgemein liefern $a^2 + 1$ und $(a+1)^2 + 1$ die Faktoren für $[a(a+1)+1]^2 + 1$. Denn es ist

$$[a(a+1)+1]^2 + 1 = a^2(a+1)^2 + 2a(a+1) + 2,$$
$$(a^2 + 1) \cdot [(a+1)^2 + 1] = a^2(a+1)^2 + a^2 + a^2 + 2a + 1 + 1$$
$$= a^2(a+1)^2 + 2a(a+1) + 2,$$

also

$$[a(a+1)+1]^2 + 1 = (a^2 + 1) \cdot [(a+1)^2 + 1].$$

Ebenso wird man leicht finden:

$a = 3$ und $a = 5$ liefern die Faktoren für $a = 8$; 5 und 7 für 18; 7 und 9 für 32; 9 und 11 für 50, usw. Allgemein: a (ungerade) und $a+2$ für $\dfrac{a(a+2)+1}{2}$ Denn

$$(a^2 + 1)[(a+2)^2 + 1] = 4\left[\left(\frac{a(a+2)+1}{2}\right)^2 + 1\right].$$

Eine Beobachtung ähnlicher Art ist die folgende:

7 und 12 liefern die Faktoren für $\dfrac{7 \cdot 12 + 1}{5} = 17$, nur muss der Faktor 5 zweimal unterdrückt werden. Ebenso 8 und 13 für 21 mit derselben Forderung für den Faktor 5; 12 und 17 für $\dfrac{12 \cdot 17 + 1}{5} = 41$; allgemein: a (nicht durch 5 teilbar) und $a + 5$ für $\dfrac{a(a+5)+1}{5}$. Denn es ist:

$$(a^2 + 1)[(a+5)^2 + 1] = 25\left[\left(\frac{a(a+5)+1}{5}\right)^2 + 1\right].$$

Alle diese Sätze sind Sonderfälle der folgenden umfassenderen Formel:

$$(a^2 + 1)[(a+p)^2 + 1] = [a(a+p)+1]^2 + p^2.$$

Wenn $a(a+p)+1$ durch p teilbar ist (und dies ist der Fall, sobald zu a der Faktor p gehört), dann ist die rechte Seite durch p^2 teilbar, und man erhält:

$$(a^2 + 1)[(a+p)^2 + 1] = p^2\left[\left(\frac{a(a+p)+1}{p}\right)^2 + 1\right],$$

eine Formel, in der sämtliche bisher besprochene Eigenschaften enthalten sind. Ist dagegen $a(a+p)+1$ nicht durch p teilbar, dann gehören die zu a und $a+p$ gehörigen Faktoren in der Tabelle für $a^2 + 1$ zu der Zahl $a(a+p)+1$

in der Tafel der $a^2 + p^2$. Z. B. zu 9 gehört 41, zu 12 gehört 5.29, zu $9.12 + 1 = 109$ gehört 5.29.41 in der Tafel der zerlegbaren $a^2 + 3^2$.

Die bis jetzt gewonnenen Ergebnisse kann man zu mancherlei Rechenvorteilen benutzen, von denen hier nur einer angegeben werden soll: Haben zwei Zahlen, die zu a_1 und a_2 der zerlegbaren $a^2 + 1$ gehören, den Fakter ρ gemeinsam, so lässt $a_1 a_2 + 1$, durch ρ geteilt, entweder den Rest 0 oder den Rest 2, und zwar den Rest 0, wenn $a_1 - a_2$, den Rest 2, wenn $a_1 + a_2$ durch ρ teilbar ist. Z. B. $233.1568 + 1$ muss durch 89 teilbar sein; denn $1568 - 233 = 1335 = 15.89$. $743.8307 + 1$ lässt, durch 181 geteilt, den Rest 2; denn $8307 + 743 = 9050 = 50.181$. Dass dies auch mancherlei praktische Verwendbarkeit haben kann, liegt auf der Hand[1]).

Wir wollen aber den Aufbau der Tafeln weiter fortführen. Wir haben gesehen, dass man je nach der Wahl des Abstandes sowie des gemeinschaftlichen Faktors entweder in Tafel I (zerlegbare $a^2 + 1$) bleiben oder zu einer anderen Tafel gelangen kann. Demnach kann man mit Tafel I bestimmte Teile der übrigen Tafeln zusammenstellen. Aber auch umgekehrt kann man von einer der folgenden Tafeln zur Tafel I zurückkommen. Ich führe zunächst ein Beispiel an:

Zu 63 in Tafel II gehört 29.137; $63 : 2 = 31$, Rest 1; zu 31 gehört 13.37 in Tafel I; nun berechne ich $63.31 + 2 = 1955$, und hierzu gehört in Tafel I 13.29.37.137.

Ein anderes Beispiel:

Zu 96 in Tafel VII gehört 5.17.109; $96 : 7 = 13$, Rest 5; zu 13 gehört 5.17 in Tafel I; $13.96 = 1248$; $1248 + 7 = 1255$; $1255 : 5 = 251$; zu 251 gehört 17.17.109 in Tafel I.

Damit kommen wir nun zu Verfahren, die GAUSS sicher angewandt hat, während dies bei den oben genannten Vorteilen nur höchst wahrscheinlich ist. Im GAUSSschen Nachlass befindet sich ein Blatt, das ganz mit flüchtigen Zahlenrechnungen bedeckt ist, die auf den ersten Anblick wie einfache Divisionen aussehen. So kam es wohl, dass dieses Blatt bisher nicht genügend beachtet worden ist.

---

1) Beweis: Haben $a_1^2 + 1$ und $a_2^2 + 1$ den Faktor ρ gemeinsam, dann ist entweder $a_2 = n\rho + a_1$ oder $a_2 = n\rho - a_1$. Im ersten Fall ist $a_1 a_2 + 1 = a_1 (n\rho + a_1) + 1 = a_1 n\rho + (a_1^2 + 1)$; im zweiten Fall ist $a_1 a_2 - 1 = a_1 (n\rho - a_1) - 1 = a_1 n\rho - (a_1^2 + 1)$.

Wir wählen zunächst das Beispiel, das GAUSS mit 5) bezeichnet hat.

5) 8273 : 9   5.29.53.61.73   [d. h. $8273^2 + 9^2$ hat die Faktoren
                                          5.29.53.61.73]

   919$\frac{2}{9}$ [37.101.113 in Tab. I];   [919$\frac{2}{9}$ ist das Resultat von 8273:9,
                                          daher sieht das ganze Blatt aus, wie
                                          ein Chaos von Divisionsaufgaben].

   8273
    919
   74457   [man beachte hier wieder die Anwendung der welschen Praktik]
  148914
    8273
  ─────────
  7602896 [: 2]
  3801448   5.29.37.53.61.73.101.113.

Vor der Angabe weiterer Beispiele schicken wir den allgemeinen Satz voraus, der sich aus der flüchtig hingeworfenen Darstellung dieser Hilfsrechnungen herauslesen lässt.

Zwei Zahlen a und b mögen die Eigenschaft haben, dass b durch a geteilt den Rest r lässt; dann ist $b = an + r$. Ferner möge b in der Tafel der $a^2 + n^2$ und a in der Tafel der $a^2 + 1$ auftreten. Dann müssen, falls r eine Primzahl ist, entweder zu $ab + n$ in der Tafel für $a^2 + r^2$ dieselben Faktoren gehören, wie zu a und b in den oben angegebenen Tafeln, oder, wenn $ab + n$ durch r teilbar ist, so müssen zu $\frac{ab+n}{r}$ in Tafel I dieselben Faktoren gehören, wobei r^2 allerdings zu streichen ist, falls der Faktor r zu a und b gehört. Der Beweis steckt in der leicht beweisbaren Identität:

$$(a^2 + 1) \cdot [(na + r)^2 + n^2] = [a(an + r) + n]^2 + r^2.$$

Nun noch einige Beispiele:

		Darstellung bei GAUSS:
96 : 7 = 13, Rest 5, zu 96 Taf. VII: 5.17.109		$\overset{5}{\underset{\smile}{}}$
zu 13 in Taf. I: 5.17		96 : 7 5.17.109
13.96 + 7 = 1255		13 : 1 5.17
1255 : 5 = 251		1248 + 7 = 1255
zu 251 in Taf. I: 17.17.109		251 17.17.109

Wenn r keine Primzahl ist, dann ist es auch noch möglich, dass zwar $ab + n$ nicht durch r teilbar ist, wohl aber durch einen Teiler t von r. Sei nun $r = t.r'$, so finden wir alsdann die Zahl $\frac{ab+n}{t} + r'$ in der Tafel der $a^2 + r'^2$, und zwar gehören wieder zu dieser Zahl dieselben Faktoren wie zu a und b in ihren Tafeln, wobei wieder t^2 oder das Quadrat eines Faktors von t zu streichen ist, falls t oder dieser Faktor zu a und b gehört.

Zur Erläuterung diene ein komplizierteres Beispiel, dessen einzelne Bruchstücke auf dem GAUSSschen Zettel erst zusammengesucht werden müssen. Zwischen diesen Bruchstücken stehen Ansätze zu Berechnungen, die anscheinend zu keinem brauchbaren Ergebnis geführt haben.

		Erklärung:
229		
34		$229 : 7 = 34$, Rest -9;
687		229 in Taf. VII: 5.29.181
916		34 » » I: 13.89
7793 : 9	5.13.29.89.181	$229.34 + 7 = 7793$
$\vdots$		7793 in Taf. IX: 5.13.29.89.181
58		
7793 : 9	5.13.[29].89.181	$7793 : 9 = 853$, Rest 2.58
853	5.13.[29].193	853 in Taf. I: 5.13.29.193
62344		
38965		$7793.853 + 9 = 6647438$
23379		$6647438 : (2.58) = 6647438 : (29.2.2)$
6647438		$6647438 : 29 = 229222$
$\vdots$		
229222		$229222 : 2 = 114611$
114611 : 2 iam adest		114611 in Taf. II: 5.5.13.13.89.181.193.

Auf einem andern Blatt finden sich folgende Formeln:

$$(2n) - (3n) - (6n) = (36n^3 + 7n)$$
$$\left(\frac{2n}{3}\right) - (n) - (2n) = \frac{(4n^3 + 7)n}{3}$$
$$(n) - (3n) - \left(\frac{3n}{2}\right) = \frac{9n^3 + 7n}{2},$$

z. B. $n = 33$

$$\frac{9808.33}{2} = 161832 = 5^2.13^2.29.37.53.109$$

$$[9808 = 9.33^2 + 7].$$

Die zu $\left(\frac{9n^3+7n}{2}\right)$ gehörigen Primfaktoren setzen sich also aus den zu (33), (99) und $\left(\frac{99}{2}\right)$ gehörigen zusammen. Dieses Verfahren wird GAUSS wohl auch, wie die vorhin geschilderten, angewandt haben, um Lücken zu ermitteln und auszufüllen.

Denn es war für GAUSS von besonderer Wichtigkeit, die sämtlichen Tafeln lückenlos herzustellen, d. h. es durfte keine zerlegbare Zahl $a^2 + n^2$ (a und n teilerfremd) fehlen. Und zwar aus zwei Gründen, die wir jetzt besprechen wollen. Zunächst war die Lückenlosigkeit notwendig wegen der praktischen Verwendung. Wir haben schon auf S. 36 die Vermutung ausgesprochen, dass GAUSS mit den *Tafeln zur Cyklotechnie* andere Pläne verfolgte, als der Name zunächst annehmen lässt. Wenn GAUSS durch eine grosse Zahl dividieren oder den Logarithmus dieser Zahl ermitteln wollte, so musste er sie doch, wie oben ausgeführt wurde, in Faktoren zerlegen. Zu diesem Zweck wurde sie in die Form $a\alpha^2 + b\beta^2$ gebracht, und zwar wurde wahrscheinlich zuerst versucht, $a = b = 1$ und $\beta \leq 9$ zu erhalten. Es handelte sich also um die Lösung der Aufgabe:

$$u \cdot n = x^2 + y^2 \qquad\qquad (y \leq 9).$$

Bei der Lösung dieser Aufgabe war jedenfalls die im vorigen Abschnitt beschriebene Tafel der quadratischen Reste vorzüglich geeignet zum Exkludieren. Gelang nun dieser Versuch, so brauchte man nur in der Tafel $a^2 + y^2$ die Zahl x zu suchen. Stand sie dort, so hatte man ohne weiteres ihre vollständige Faktorenzerlegung; stand sie nicht dort, so war dies ein Zeichen, dass Primfaktoren über 200 darin steckten. Dieser Schluss wäre jedoch bei einer lückenhaften Tafel nicht stichhaltig gewesen.

Der andere Grund hat im Gegensatz zum ersten ein durchaus wissenschaftliches Gepräge. Der Mann, der vom zarten Jünglingsalter bis zum hohen Greisenalter immer und immer wieder über das Verteilungsgesetz der Primzahlen nachgegrübelt hat, wird sich sicher auch bei der Herstellung der *Tafeln zur Cyklotechnie* gefragt haben: Wieviel zerlegbare $a^2 + 1$, $a^2 + 4$ usw. gibt es von $a = 1$ bis $a \leq 100$, oder wieviel im 1. Tausender, in der 1. Million? Gibt es eine Formel, um diese Zahl zu berechnen? Gibt es ein Kennzeichen, um eine Lücke zu entdecken?

Wir haben im Nachlass keine Aufzeichnung finden können, die mit Bestimmtheit auf eine derartige Formel oder ein derartiges Kennzeichen hinweist; wohl aber finden sich an sehr vielen Stellen des Nachlasses Zusammenstellungen von systematisch vorgenommenen Zählungen. Auch die Hilfstafeln, die SCHERING abgedruckt hat, und von denen er vermutet[1]), dass sie zur leichteren Übersicht beim Gebrauche dienen, sind von GAUSS lediglich aufgestellt, um Zählungen vorzunehmen. Und zwar treten hier noch speziellere Fragen auf: Wieviel zerlegbare $a^2 + 1$ gibt es innerhalb der ersten Million, die 17 als grössten Primteiler haben? und ähnliche[2]).

Vielleicht sollte also wieder, wie in den Tagen seiner Jugend, das vermutete zahlentheoretische Gesetz auf induktivem Wege ermittelt werden. Wie weit GAUSS hier mit seinem empirischen Verfahren gekommen ist, das brauchen wir nicht zu untersuchen; denn wir haben durch Zufall gefunden, dass die Tafeln nicht lückenlos sind, trotzdem sie GAUSS augenscheinlich dafür gehalten hat.

Um dies zu zeigen, führen wir folgende Rechnung aus:

$$
\begin{array}{l}
\underset{\smile}{5} \\
98 : 9 \quad [5 . 13 . 149] \\
31 : 3 \quad [5 . 97] \\
98 \\
294 \\
3038 \\
27 \\
3065 : 5 \\
613 : 3 \quad [13 . 97 . 149].
\end{array}
$$

---

1) Werke II, S. 499.

2) Es hat den Anschein, dass GAUSS gerade über diese Frage viel nachgedacht hat. Die zerlegbaren $a^2 + 1$, die eine gegebene Primzahl als höchsten Primteiler haben, sind immer nur in endlicher Anzahl vorhanden. Den Beweis hierfür hat STÖRMER geliefert: *Quelques théorèmes sur l'équation de Pell*, Videnskabsselskabets Skrifter I. Mathem.-naturvid. Klasse 1897, Nr. 2. Für die übrigen $a^2 + p^2$ beweist PÓLYA, Math. Zeitschr. 1, 1918, S. 143, die gleiche Eigenschaft. Während aber diese Autoren nur zeigen, dass für die Anzahl der zerlegbaren $a^2 + 1$ mit dem höchsten Primfaktor n eine obere Grenze vorhanden ist, suchte GAUSS anscheinend diese Zahl als eine Funktion derjenigen Zahl darzustellen, die angibt, die wievielte Primzahl dieser höchste Primfaktor ist. Wenn man die vorhin geschilderten Rechnungsverfahren in geeigneter Weise modifiziert, so kann man erreichen, dass man nur zu solchen $a^2 + 1$ kommt, die n als höchsten Primteiler haben. Man bleibt also in einem C y k l u s , und möglicherweise hat sich GAUSS gerade mit Rücksicht auf diese Cyklen entschlossen, den Namen Cyklotechnie beizubehalten, obgleich die ursprüngliche Bedeutung (Verfahren zur Berechnung cyklometrischer Funktionen) längst in den Hintergrund getreten war.

Diese Zahl 613 findet sich in der GAUSSschen Tafel für $a^2 + 9$ nicht, gleichwohl gehört sie hinein; denn $613^2 + 9$ hat ausser dem Primfaktor 2 keine anderen Faktoren als die oben angegebenen[1]).

Wir sehen also: GAUSS hat seine *Tafeln zur Cyklotechnie* zu praktischen, wie zu wissenschaftlichen Zwecken benutzt. Wenn er auch das oben (Seite 43) gekennzeichnete Ziel nicht, oder wenigstens nicht in allen Tabellen erreicht hat, so hat er doch ohne Zweifel eine Fülle von zahlentheoretischen und praktisch verwertbaren Ergebnissen mit Hülfe dieser Tafeln gefunden; ja, es hat sogar den Anschein, als wären diese Tafeln für ihn ein Riesenbassin gewesen, aus dem er von Zeit zu Zeit zahlentheoretische Sätze herausfischte. Und da $a^2 + n^2$ auch den absoluten Betrag einer jeden komplexen ganzen Zahl darstellt, so spielten wohl die Tafeln auch eine hervorragende Rolle bei seinen Untersuchungen über komplexe ganze Zahlen und biquadratische Reste. So würde es sich denn auch ohne Schwierigkeit erklären, dass GAUSS mehr als vier Jahrzehnte hindurch an diesen Tabellen gearbeitet hat.

Die *Tafeln zur Cyklotechnie* können auch als eine grosszügige Erweiterung der S. 8 erwähnten Tabelle zur Berechnung der Logarithmen angesehen werden. Zur Erläuterung brauchen wir nur eine Berechnung, mit der GAUSS ein anderes Ziel verfolgt hat, ein wenig umzuformen. Wir entnehmen aus Tafel I:

$$
\begin{array}{r|l}
5\,257 & 2.5^2.13.17.41.61 \\
9\,466 & 29.37^3.61 \\
12\,943 & 2.5^4.13^3.61 \\
34\,208 & 5.13^2.17.29.53^2 \\
44\,179 & 2.13^3.17^2.29.53 \\
85\,353 & 2.5.13.17.37.41^2.53 \\
114\,669 & 2.17.37.53^2.61^2 \\
330\,182 & 5^5.13.29.37.41.61 \\
485\,298 & 5.13^4.29^2.37.53.
\end{array}
$$

Die 9 Zahlen a haben die Eigenschaft, dass die zugehörigen $a^2 + 1$ nur die 9 Primfaktoren 2, 5, 13, 17, 29, 37, 41, 53, 61 enthalten. Kennt man

---

[1]) Ein anderes Beispiel ist 6853 in Tafel III [13.53.173.197]. Ein drittes: 160754 in Tafel III [5.5.29.29.73.113.149]. Dagegen haben sich in Tafel I noch keine Lücken finden lassen. GOLDSCHEIDER hat vor einigen Jahren noch folgende Lücken ergänzt: $46^2 + 9^2 = 13^5$; $524^2 + 7^2 = 65^3$; $285^2 + 8^2 = 13^3.37$.

also die Logarithmen dieser 9 Primzahlen, so kann man die der 9 Zahlen a mit Hilfe von gut konvergierenden Reihen bestimmen.

Das gewählte Beispiel stammt aus einer Zusammenstellung, die GAUSS gemacht hat, um die Werte von arc cotg für die 9 Primfaktoren zu bestimmen. Er bezeichnet arc cotg $(a^2 + \varepsilon^2)$ mit $(a^2 + \varepsilon^2)$ oder auch mit $\left[\frac{a}{\varepsilon}\right]$. Aus

$$18^2 + 1 = 5^2 . 13$$
$$57^2 + 1 = 2 . 5^3 . 13$$
$$239^2 + 1 = 2 . 13^4$$

ermittelt er (durch Zerlegung von $18 + i$, $57 + i$, $239 + i$ in ihre komplexen Primfaktoren):

$$(18) = \ \ 2\,[2] - 2\,[5] - [13]$$
$$(57) = -[2] + 3\,[5] - [13]$$
$$(239) = \ \ 3\,[2] \qquad\ \ - 4\,[13].$$

Hieraus ermittelt er [2], [5] und [13] und erhält

$$[2] = 12\,(18) + 8\,(57) - 5\,(239)$$
$$\text{usw.}$$

Da nun nach dem Obigen für [2] auch $[1^2 + 1]$ oder (1) gesetzt werden kann, so ist

$$(1) = \frac{\pi}{4} = 12\,(18) + 8\,(57) - 5\,(239).$$

Durch weitere Zerlegung und Elimination erhält er auch:

$$(1) = \frac{\pi}{4} = 12\,(38) + 20\,(57) + 7\,(239) + 24\,(268).$$

Damit hat GAUSS zwei neue Reihenentwicklungen zur Berechnung von π gewonnen, ein Ergebnis, das allerdings nur theoretische Bedeutung hat. Denn praktisch wird es durch die Reihe von MACHIN:

$$(1) = 4\,(5) - (239)$$

übertroffen, während die Reihen von EULER

$$(1) = \ \ (2) + (3)$$

und die von VEGA

$$(1) = 2\,(3) + (7)$$

zwar einfacher sind, aber schlecht konvergieren.

Es hat auch nicht den Anschein, als ob GAUSS nur die Absicht gehabt habe, die Zahl der Reihen zur Berechnung von π zu vergrössern, sondern es ist viel wahrscheinlicher, dass auch hier wieder zahlentheoretische Sätze mit im Spiel sind. So spielt z. B. die Zahlentheorie bereits eine Rolle bei der Zerlegung von $\text{arc cotg}\,\frac{a}{b}$ in eine algebraische Summe von arc cotg.

Wenn nämlich

I) $$a + bi = (\alpha_1 \pm \beta_1 i)(\alpha_2 \pm \beta_2 i)(\alpha_3 \pm \beta_3 i)\,\ldots$$

ist, so ist

II) $$a^2 + b^2 = (\alpha_1^2 + \beta_1^2)(\alpha_2^2 + \beta_2^2)(\alpha_3^2 + \beta_3^3)\,\ldots$$

und

III) $$\text{arc cotg}\,\frac{a}{b} = \pm\,\text{arc cotg}\,\frac{\alpha_1}{\beta_1} \pm \text{arc cotg}\,\frac{\alpha_2}{\beta_2} \pm \text{arc cotg}\,\frac{\alpha_3}{\beta_3}\cdots.$$

Die S. 41 wiedergegebenen Notizen finden hierdurch ihre einfache Erklärung.

Inwieweit GAUSS das Verfahren, nach dem EULER, VEGA und MACHIN ihre Reihen für π gefunden haben, für seine Zwecke benutzt hat, das lässt sich wohl schwerlich feststellen. Es handelt sich um die wiederholte Anwendung der Formel

$$\text{arc cotg}\,u \pm \text{arc cotg}\,v = \text{arc cotg}\,\frac{uv \mp 1}{v \pm u},$$

die auch benutzt werden kann, um aus zwei Zahlen eine dritte zu ermitteln. Z. B.

$$(v) = (\tfrac{6}{7})\,|\,5\,.\,17\,; \quad (u) = (\tfrac{4}{5})\,|\,41\,;$$
$$\frac{\tfrac{4}{5}\cdot\tfrac{6}{7}+1}{\tfrac{6}{7}-\tfrac{4}{5}} = \left|\left(\frac{59}{2}\right)\,;\quad \left(\frac{59}{2}\right)\right|\,5\,.\,17\,.\,41\,.$$

IX.

Wie GAUSS die Zahlen individualisierte.

Was bei den zahlentheoretischen Untersuchungen fürs Zahlenrechnen abfiel, ist für uns hier von besonderem Interesse. GAUSS hat gelegentlich[1]) geäussert, dass viele Zahlenrelationen ihm durch seine Beschäftigung mit der Zahlentheorie so geläufig wären, dass sie ihm stets zur Verfügung stünden. Bei dieser Gelegenheit führt er zwei Beispiele an: $13\,.\,29 = 377$ und $19\,.\,53 = 1007$,

---

1) Brief an SCHUMACHER vom 6. Januar 1842, Werke XII, S. 37.

sowie die Relationen, die sich aus diesen wieder ableiten lassen. Das ist wohl so zu verstehen, dass diese Ergebnisse durch die besondere Art, auf die er zu ihnen gelangte, oder durch die Häufigkeit, mit der sie ihm entgegentraten, oder endlich durch den praktischen Nutzen, den sie ihm verschafften, sich seinem Gedächtnis dauernd einprägten. Bei dem ersten Beispiel $13.29 = 377$ hat es sich vermutlich so verhalten: Diese Beziehung trat ihm wohl zum ersten Male entgegen, als er Studien zur Berechnung der gemeinen Logarithmen machte. Wir haben auf S. 7 schon von diesen Studien gesprochen und brauchen daher jetzt nur auf den Bruch

$$\frac{377}{376} = \frac{13.29}{2.2.2.47}$$

aufmerksam zu machen. In den *Tafeln zur Cyklotechnie* trat ihm dieselbe Relation noch viel drastischer entgegen:

$$13 = 3^2 + 4; \quad 29 = 5^2 + 4;$$

also

$$13.29 = (3.5 + 4)^2 + 16 = 361 + 16 = 377.$$

Vielleicht war es das erste Beispiel oder wenigstens eines der ersten, die er induktiv fand, so dass es ihm besonders leicht vor Augen trat, vielleicht hat er es auch bei der Abfassung des erwähnten Briefes aufs Geratewohl aus seinem unerschöpflichen Vorrat herausgegriffen. Zur praktischen Verwendung erscheint diese Relation weniger geeignet, immerhin kann man Aufgaben, wie 77.377 mit Vorteil lösen, wenn man sich der Faktorenzerlegung von 377 bedient. Denn $77.377 = 7.11.13.29 = 1001.29 = 29029$. Also kann man man auch leicht 377^2 bilden. Denn $377^2 = 300.377 + 77.377 = 111000 + 2100 + 29029 = 142129$.

Das zweite Beispiel, $19.53 = 1007$, hat GAUSS zweifellos wegen seines praktischen Nutzens im Gedächtnis behalten, den es bei vielen Gelegenheiten bringt. Denn nun kann man sofort Aufgaben lösen, wie $57.212 = 3.4.1007 = 12084$ und andere. Auch diese Relation ist ihm vermutlich zuerst bei den gemeinen Logarithmen entgegengetreten, nämlich bei der Betrachtung des Bruches $\frac{1008}{1007} = \frac{2^4.3^2.7}{19.53}$. Ein anderer Ausgangspunkt für diese Relation mag die folgende Überlegung gewesen sein[1]):

$$57.53 = 50.60 + 21 = 3021,$$

also

$$19.53 = 1007.$$

Wie wir auf S. 27 sahen, war ihm auch $29.41 = 1189$ geläufig. Auch diese Relation trat ihm bei verschiedenen Gelegenheiten entgegen: $(30 - 1)(40 + 1)$ $= 1200 - 20 + 9$ oder $29.41 = 35^2 - 6^2$, oder endlich in der Cyklotechnie als Sonderfall der Formel

$$(a^2 + b^2)(c^2 + d^2) = (ac + bd)^2 + (ad - bc)^2.$$

Danach ergibt sich

$$29.41 = (5^2 + 2^2)(5^2 + 4^2) = 33^2 + 10^2 = 30^2 + 17^2 = 1189.$$

Dieses Individualisieren, in Verbindung mit der welschen Praktik, kam ihm auch bei vielen Aufgaben des schriftlichen Rechnens, namentlich bei Multiplikationsaufgaben, zustatten. Hätte er etwa die Aufgabe zu lösen gehabt (vergl. REMER, a. a. O., S. 120 ff.):

$$423\,219.272\,673,$$

so würde er, sofort erkennend, dass $2673 = 2700 - 27 = 27.99$ ist, so gerechnet haben:

$423\,219.27$	$(27 = 9.3)$
$3\,808\,971$	
$11\,426\,913\,0000$	$[x.270\,000]$
$1\,142\,691\,300$	$[x.2700]$
$11\,541\,182\,1300$	$[x.272\,700]$
$11\,426\,913$	$[-x.27]$
$11\,540\,039\,4387.$	

---

[1]) Wahrscheinlich ist ihm eine ganze Gruppe von Multiplikationsresultaten bekannt gewesen, die in der Nähe von 1000 liegen. $42.48 = 2016$; also $21.48 = 42.24 = 12.84 = 36.28 = 1008$; $44.46 = 2024$; also $22.46 = 44.23 = 1012$. Ferner $51.59 = 3009$; $17.59 = 1003$. Die übrigen zusammengesetzten Zahlen in der Nähe von 1000 müssen eben planmässig zerlegt werden, falls nicht wiederum besondere Kunstgriffe möglich sind. — Auch in der Nähe der Million hat GAUSS solche Zerlegungen gesucht, wie eine auf dem Deckblatt von LAMBERTS Tafeln befindliche Aufzeichnung: *Analysis numerorum supra millionem* zeigt.

Man vergleiche damit die gewöhnliche Ausführung:

$$
\begin{array}{r}
423\,219.272\,673 \\
\hline
846\,438 \\
296\,253\,3 \\
8\,464\,38 \\
2\,539\,314 \\
296\,253\,3 \\
1\,269\,657 \\
\hline
1\,154\,003\,943\,87.
\end{array}
$$

Dieses Beispiel wird uns später noch einmal beschäftigen.

Wie schon wiederholt bemerkt wurde, haben sich viele der von GAUSS untersuchten Zahlen (Summen von Reihen, Logarithmen, Wurzeln, reziproke Werte, arithmetisch-geometrische Mittel) infolge der allseitigen Behandlung vieler Zahlen, Zahlengruppen und Zahlenrelationen seinem schon von Natur ungewöhnlichen Gedächtnis dauernd eingeprägt. Und wenn er bei der Auswertung einer Konstanten auf eine schon bekannte Zahl stiess, so bemerkte er das wahrscheinlich schon, ohne eine Tabelle nachzusehen. Das berühmteste Beispiel ist wohl das arithmetisch-geometrische Mittel von 1 und $\sqrt{2}$, dessen Wert sich[1] als gleich erwies dem Wert $\frac{\pi}{\tilde{\omega}}$, wo $\tilde{\omega}$ die Konstante ist, die bei den lemniskatischen Funktionen die entsprechende Rolle spielt, wie π bei den Kreisfunktionen.

X.
Chronologische Arbeiten.

In der Augustnummer 1800 der Monatlichen Correspondenz zur Beförderung der Erd- und Himmelskunde, herausgegeben vom Frhrn. v. ZACH, findet sich eine Veröffentlichung von GAUSS über eine Methode zur Berechnung des Osterfestes[2]. Die Entdeckung fand wenige Monate vorher statt; dies zeigt die Notiz Nr. 107 im *Tagebuch*[3]:

»Iisdem diebus circa (Mai. 16. [1800]) problema chronologicum de festo paschali eleganter resolvimus.«

---

1) *Tagebuch* Nr. 98, Werke X, 1, S. 542.
2) Werke VI, S. 73.
3) Werke X, 1, S. 547.

Wie man aus der Einleitung zu dem genannten Aufsatz ersieht, handelt es sich bei dem chronologischen Problem nicht um eine astronomische, sondern um eine zahlentheoretische Aufgabe. GAUSS schreibt: »Die Absicht dieses Aufsatzes ist nicht, das gewöhnliche Verfahren zur Bestimmung des Osterfestes zu erörtern, das man in jeder Anweisung zur mathematischen Chronologie findet, und das auch an sich leicht genug ist, wenn man einmal die Bedeutung und den Gebrauch der dabei üblichen Kunstwörter, güldene Zahl, Epakte, Ostergrenze, Sonnenzirkel und Sonntagsbuchstabe weiss und die nötigen Hilfstafeln vor sich hat: sondern von dieser Aufgabe eine von jenen Hilfsbegriffen unabhängige und bloss auf den einfachsten Rechnungsoperationen beruhende rein analytische Auflösung zu geben.« Die Frage liegt nahe, welche äussere Veranlassung ihn auf diese Aufgabe gebracht haben mag.

Fand er das Problem in der Literatur? Die Möglichkeit liegt vor, da bereits JOH. H. LAMBERT eine solche analytische Auflösung versucht hatte. Diese Lösung findet sich im Astronomischen Jahrbuch für das Jahr 1778 unter dem Titel: *Einige Anmerkungen über die Kirchenrechnung*. LAMBERT berechnet der Reihe nach die güldene Zahl, daraus die Epakte, daraus die Ostergrenze, ganz nach den kirchlichen Vorschriften in voller Umständlichkeit. Daran schliesst sich eine Rechenvorschrift, um von der Ostergrenze zum nächsten Sonntag zu gelangen. Auch diese Vorschrift ist zwar, sobald sie erläutert ist, rein analytisch, aber sie ist nicht praktisch, und vor allem führt von ihr aus kein gangbarer Weg zur gregorianischen Reform. Das hat LAMBERT selbst eingesehen; denn er sagt in der genannten Arbeit im Hinblick auf den gregorianischen Kalender folgendes:

»Eine allgemeine Formel ist teils an sich zu weitläufig, teils hört sie insofern auf, allgemein zu sein, als CLAVIUS, der den gregorianischen Kalender eingerichtet hat, von den dabei zu Grunde gelegten allgemeinen Regeln selbst einige Male abgewichen.«

Es ist nicht ausgeschlossen, dass GAUSS diese Arbeit gelesen hat und dadurch angeregt wurde, etwas Besseres zu schaffen. Aber viel wahrscheinlicher ist eine Vermutung, die BRENDEL[1]) aufstellt: GAUSS wünschte das genaue

---

1) Mündliche Mitteilung.

Datum seiner Geburt zu ermitteln, über das wohl im Elternhause nichts Urkundliches vorhanden war[1]), und seine Mutter konnte ihm nur angeben, er sei 1777 am Mittwoch vor Rogate geboren. Es hat viel Wahrscheinlichkeit für sich, dass GAUSS die ihm zugänglichen Anweisungen und Hilfstafeln benutzte, und dass ihm bei dieser Gelegenheit der Gedanke kam, diese Hilfsmittel durch eine auf zahlentheoretischem Wege abzuleitende Formel entbehrlich zu machen.

Auf die Begründung seiner Osterformel hat GAUSS verzichtet. Die Unterdrückung des Beweises entschuldigt er mit den Worten[2]): »Die Analyse, vermittelst welcher obige Formel gefunden wird, beruhet eigentlich auf Gründen der höheren Arithmetik, in Rücksicht auf welche ich mich gegenwärtig noch auf keine Schrift beziehen kann, und lässt sich daher freilich in ihrer ganzen Einfachheit hier nicht darstellen . . . .«

Will man den Spuren seiner Gedankengänge nachgehen, so sind zwei Wege denkbar: 1) Zahlentheoretischer Anschluss an die chronologischen Festsetzungen bei den Bestimmungen des Konzils von Nicäa, bezw. bei der gregorianischen Reform dieser Bestimmungen. 2) Aufstellung einer Formel durch Beobachtung der vorliegenden Tabellen für die Osterdaten und Ostergrenzen[3]).

Es ist sehr wahrscheinlich, dass GAUSS zunächst den zweiten Weg eingeschlagen hat, und dass er nur hie und da nachträglich den ersten wählte, um seine Folgerungen beweiskräftig zu gestalten. Wir wollen jetzt versuchen, einen solchen Weg zu rekonstruieren.

Zunächst soll eine Formel für den julianischen Kalender hergeleitet

---

[1]) Die auf die Geburt von GAUSS bezügliche Eintragung in dem Kirchenbuch von St. Katharinen zu Braunschweig ist in H. MACKs Schrift *C. F. Gauss und die Seinen* (Braunschweig 1927) im Faksimile wiedergegeben; sie lautet:

»Mstr. GEBHARD DITERICH GAUSS, Bürger und Gassenschlächter hat mit seiner Ehefrau DOROTHEA geb. BENZEN einen Sohn gezeuget (den 30 sten April) dessen Gevattern sind 1) CHRISTINE MARGARETHA FRIDERICA SIEVERSEN 2) H. JOHANN GOTTLIEB WAGENKNECHT 3) Mons. GEORG CARL RITTER. Das Kind heisst:

JOHANN FRIDERICH CARL«

Das hier in (Klammern) gesetzte Datum ist in der Handschrift mit kleinerer Schrift über den eigentlichen Text geschrieben; MACK sagt darüber (a. a. O. S. X), der damalige Kirchenbuchführer habe anfänglich den Geburtstag anzugeben vergessen und ihn, wenn auch noch selber, allem Anschein nach erst nach einiger Zeit nachgetragen.

[2]) Werke VI, S. 75.

[3]) Mit dem Ausdruck »Ostergrenze« bezeichnet man in der Chronologie das Datum des Frühlingsvollmonds.

werden, die alsdann für den gregorianischen Kalender passend umgearbeitet wird. Als Beobachtungsmaterial dienen Tabellen für Osterdaten und Oster- grenzen, die zweifellos GAUSS zugänglich waren.

Ein flüchtiger Überblick über eine Ostertabelle liefert leicht die Beob- achtung, dass alle Osterdaten des Julianischen Kalenders nach 532 Jahren in der gleichen Reihenfolge wiederkehren. Daraus ergibt sich, dass das Oster- datum einzig und allein von den Resten der Jahreszahl (mod 19), (mod 4) und (mod 7) abhängig ist.

Bezeichnet man diese Reste der Reihe nach mit a, b, c, so muss sich das Osterdatum als eine Funktion von a, b und c ergeben.

Ganz besonders einfach ist die Tabelle der Ostergrenzen. Diese Daten kehren bereits nach 19 Jahren in der gleichen Reihenfolge wieder und be- folgen ein unmittelbar erkennbares Gesetz, nämlich:

Beginnen wir den 19 jährigen Zyklus mit einem Jahr, das durch 19 ge- teilt den Rest Null lässt, so ist für dieses Jahr die Ostergrenze am 5. April, den ich im folgenden als 36. März bezeichnen will. Für jedes folgende Jahr sind entweder 19 Tage zu addieren, oder 11 Tage zu subtrahieren (da eine obere und eine untere Grenze für den Frühlingsvollmond festgesetzt ist), um die Ostergrenze für das betreffende folgende Jahr zu erhalten. Die Tabelle für einen solchen Zyklus, den man als den Metonischen Zyklus bezeichnet, lautet also:

Rest (mod 19)	Ostergrenze	d	Rest (mod 19)	Ostergrenze	d
0	36	15	10	46	25
1	25	4	11	35	14
2	44	23	12	24	3
3	33	12	13	43	22
4	22	1	14	32	11
5	41	20	15	21	0
6	30	9	16	40	19
7	49	28	17	29	8
8	38	17	18	48	27
9	27	6			

Beim Übergang zum neuen Zyklus werden 12 Tage subtrahiert (statt 11), damit man wieder zum Anfangsdatum zurückkommt. Die Einrichtung beruht darauf, dass 19 Jahre nahezu ein ganzzahliges Vielfaches des synodischen Monats sind. Ostern fällt nach den Beschlüssen des Konzils von Nicäa auf den ersten Sonntag nach dem Frühlingsvollmond. Demgemäss setzt Gauss das Osterdatum O zusammen aus der Ostergrenze, die er mit $d+21$ bezeichnet, und der Anzahl der Tage bis zum nächsten Sonntag, $e+1$. Somit erhält er:

$$O = 22 + d + e.$$

Durch diese Bezeichnungsweise wird erreicht, dass $d < 30$ und $e < 7$ ist. Für $d = 0$ erhält man den 21. März als Ostergrenze, und diese findet man in der obigen Tabelle bei $a = 15$ als niedrigste. Für $d = 29$ würde man den 50. März erhalten; unsere Tabelle zeigt jedoch, dass der 49. März (für $a = 7$) die äusserste Ostergrenze ist. $e+1$ wurde gewählt, da man für den Fall, dass die Ostergrenze auf einen Sonntag fällt, 7 Tage addieren muss, während e nur bis 6 anwachsen kann.

Wir haben in der Tabelle (S. 52) neben die Spalte für die Ostergrenzen noch eine Spalte für die zugehörigen Werte von d gesetzt. Man erkennt leicht, dass diese Werte auch unabhängig von denen der Ostergrenze aus dem ersten Wert $d = 15$ abgeleitet werden können, indem man jedesmal 19 addiert und von dem Ergebnis den Rest (mod 30) nimmt. Daher ist

$$d \equiv 19\,a + k \pmod{30},$$

und aus $d = 15$ für $a = 0$ erkennt man, dass $k \equiv 15$ sein muss. Daher die Formel:

$$d \equiv 19\,a + 15 \pmod{30}.$$

Wir untersuchen nun die Abhängigkeit der Grösse e von den übrigen eingeführten Grössen a, b, c, d. Von den Grössen a und d können wir eine ausschalten, da durch die obige Formel die eine mit der anderen verknüpft ist. Wir schalten a aus; denn wir können die endgültige Osterformel:

$$O = 22 + d + e$$

dazu benutzen, um die Abhängigkeit von d und e zu ermitteln. Wir gehen zu diesem Zweck von der Tatsache aus, dass in dem Jahre $J+28$ jedes Datum wieder auf denselben Wochentag fällt, wie in dem Jahre J. Folglich muss die Kongruenz bestehen:

$$O_J \equiv O_{J+28} \pmod{7}.$$

Da $28 = 4.7$ ist, so haben b und c für J die gleichen Werte, wie für $J + 28$ und natürlich auch für $J + \lambda.28$ ($\lambda = 1, 2, 3, \ldots$).

Für die Jahre $J + \lambda.28$ ist also der Siebenerrest von $O_{J + \lambda.28}$ eine von a und d unabhängige Grösse, sobald man den Siebenerrest von O_J, den wir mit ν bezeichnen wollen, festgestellt hat. Man hat also:

$$22 + d + e \equiv \nu \pmod 7,$$

woraus sich ergibt:

$$e \equiv \nu - 22 - d \pmod 7$$

oder

$$e \equiv \nu + 6 + 6d \pmod 7.$$

Hierbei ist e nur von den Werten von b und c für das Jahr J abhängig und sicher von d unabhängig. Es zeigt sich also:

e ist eine lineare Funktion von d.

Nun wollen wir eine Gruppe von 28 aufeinanderfolgenden Jahren zusammenstellen, einen sogenannten Sonnenzyklus. Und zwar beginnen wir mit einem Jahre, für das $b = 0$ ist. Neben jedes Jahr schreiben wir die Wochentagsnummer irgend eines Tages; die Wochentagsnummern der Tabelle beziehen sich dann natürlich alle auf den nämlichen Tag.

	Wochentags-Nummer		Wochentags-Nummer		Wochentags-Nummer		Wochentags-Nummer
$J + 0$	n	$J + 8$	$n + 3$	$J + 16$	$n + 6$	$J + 23$	n
$J + 1$	$n + 1$	$J + 9$	$n + 4$	$J + 17$	n	$J + 24$	$n + 2$
$J + 2$	$n + 2$	$J + 10$	$n + 5$	$J + 18$	$n + 1$	$J + 25$	$n + 3$
$J + 3$	$n + 3$	$J + 11$	$n + 6$	$J + 19$	$n + 2$	$J + 26$	$n + 4$
$J + 4$	$n + 5$	$J + 12$	$n + 1$	$J + 20$	$n + 4$	$J + 27$	$n + 5$
$J + 5$	$n + 6$	$J + 13$	$n + 2$	$J + 21$	$n + 5$		
$J + 6$	n	$J + 14$	$n + 3$	$J + 22$	$n + 6$		
$J + 7$	$n + 1$	$J + 15$	$n + 4$				

Man erkennt, dass die Wochentagsnummer um 1 wächst, wenn der ganzzahlige Bestandteil des 4. Teils der neuen Jahreszahl unverändert bleibt, dagegen um 2, wenn dieser Bestandteil um 1 wächst. Die Wochentagsnummer des Jahres $J + \lambda$ gestaltet sich daher für $\lambda = 4k + \nu$ ($\nu = 0, 1, 2, 3$) folgendermassen:

$$n_{J + \lambda} \equiv n_J + \lambda + k \pmod 7.$$

Wir stellen jetzt die folgende Gruppe auf:

$$
\left.\begin{array}{l}
J \\
J+133 \\
J+266 \\
J+399
\end{array}\right\}
\begin{array}{l}
\text{Für diese Jahre haben} \\
a \text{ und } c \text{ die gleichen} \\
\text{Werte. Auch } d \text{ hat} \\
\text{den gleichen Wert.}
\end{array}
$$

Da $133 \equiv 21 \ (\text{mod } 28)$ ist, so folgt:

$$n_{J+133} \equiv n_{J+21} \equiv n_J + 21 + 5 \equiv n_J + 5 \ (\text{mod } 7).$$

Dabei ist allerdings noch vorausgesetzt, dass $b_J = 0$ ist.

Da d innerhalb der gewählten Gruppe konstant ist, so ist

$$d_{J+133} = d_J.$$

Nun ist

$$n_{J+133} \equiv n_J + 5,$$

daher

$$e_{J+133} \equiv e_J - 5 \equiv e_J + 2 \ (\text{mod } 7).$$

D. h.: Wächst b von 0 auf 1 (da $133 \equiv 1 \ (\text{mod } 4)$ ist), während a, c, d unverändert bleiben, so wächst e um 2. Wir wollen die Gruppe weiter verfolgen:

$$n_{J+266} \equiv n_{J+42} \equiv n_{J+14} \equiv n_J + 14 + 3 \equiv n_J + 3 \ (\text{mod } 7)$$
$$e_{J+266} \equiv e_J - 3 \equiv e_J + 4 \ (\text{mod } 7)$$

und

$$n_{J+399} \equiv n_{J+63} \equiv n_{J+7} \equiv n_J + 7 + 1 = n_J + 1 \ (\text{mod } 7)$$
$$e_{J+399} \equiv e_J - 1 \equiv e_J + 6 \ (\text{mod } 7).$$

Ergebnis: e ist eine lineare Funktion von b, und zwar ist

$$e \equiv 2b + \rho \ (\text{mod } 7),$$

wobei ρ von b unabhängig ist. Für $J+532$ treten bekanntlich die gleichen Werte ein, wie für J, also ist auch $e_{J+532} = e_J$. b ist um 3 zurückgegangen, e um 6, ganz im Sinne des eben aufgestellten Ergebnisses.

Endlich wählen wir die Gruppe:

$$
\left.\begin{array}{l}
J \\
J+76 \\
J+152 \\
J+228 \\
J+304 \\
J+380 \\
J+456
\end{array}\right\}
$$

Auch hier hat d für alle Jahreszahlen der Gruppe den gleichen Wert. Der Siebenerrest c nimmt jedesmal um 6 zu, oder, was dasselbe heisst, um 1 ab. Nun ist

$$n_{J+76} \equiv n_{J+20} \equiv n_J + 20 + 5 \equiv n_J + 4 \ (\text{mod } 7),$$

also

$$e_{J+76} \equiv e_J - 4 \ (\text{mod } 7).$$

Nimmt also c um 1 ab, so nimmt e um 4 ab. Das gleiche zeigt sich bei der weiteren Behandlung der Gruppe:

$$n_{J+152} \equiv n_{J+40} \equiv n_{J+12} \equiv n_J + 12 + 3 \equiv n_J + 1 \pmod 7$$

$$e_{J+152} \equiv e_J - 1 \equiv e_J - 8 \pmod 7 \text{ usw.}$$

Ergebnis: e ist eine lineare Funktion von c, und zwar ist

$$e \equiv 4\,c + \sigma \pmod 7,$$

wobei σ von c unabhängig ist.

Fassen wir die drei Ergebnisse zusammen, so folgt:
e ist eine lineare Funktion von b, c, d, und zwar ist

$$e \equiv 2\,b + 4\,c + 6\,d + \tau \pmod 7,$$

wo τ eine Konstante ist. Diese Konstante kann man nun leicht bestimmen, indem man entweder für irgend ein Jahr den Wochentag des Frühlingsvollmonds berechnet, oder indem man in einer Ostertabelle für irgend ein Jahr den Ostertermin abliest und in die obigen Formeln einsetzt. Für das Jahr 980 z. B. hat man $b = 0$, $c = 0$, $d = 14$, $O = 42$, also $e = 6$, somit

$$6 \equiv 0 + 0 + 84 + \tau \pmod 7.$$

Also ist $\tau \equiv 6$, und die Formel lautet endgültig:

$$e \equiv 2\,b + 4\,c + 6\,d + 6 \pmod 7,$$

Damit ist eine Berechnungsmethode für das julianische Osterfest gewonnen, genau in der Form, wie sie Gauss geprägt hat. Sie hat der Lambertschen Formel gegenüber den bedeutsamen Vorteil, dass sie geeignet ist, sich sowohl den veränderten Verhältnissen des gregorianischen Kalenders, als auch sogar den sonderbaren Ausnahmebestimmungen für das gregorianische Osterfest anzupassen.

Bei dieser Anpassung werden nur die Formeln für d und e etwas abgeändert, alles übrige bleibt. Wir erhalten nach Gauss:

$$d \equiv 19\,a + M \pmod{30}$$

und
$$e \equiv 2\,b + 4\,c + 6\,d + N \pmod 7.$$

Die Werte M und N sind im Laufe eines Jahrhunderts konstant; sie sind nur beim Übergang von einem Jahrhundert in das andere gewissen Veränderungen unterworfen. Die Veränderung von N ist bedingt durch die bei der gregorianischen Reform neu eingeführte sogenannte Sonnengleichung der Epakte. Diese bewirkt, dass infolge des Ausfalls des Schalttags in den Jahren 1700, 1800, 1900, 2100, ... die Epakte um 1 kleiner wird (Epaktensprung), und somit das Datum des Frühlingsvollmonds um einen Tag vorrückt. Die Veränderung von M ist ebenfalls durch diese Sonnengleichung beeinflusst, aber ausserdem auch durch die Mondgleichung. Diese Grösse entsteht dadurch, dass der 19jährige Metonische Zyklus nicht genau ein ganzzahliges Vielfaches des synodischen Monats beträgt, sondern dass nach Ablauf eines solchen Zyklus die Epakte um 0,0609 Tage zu klein geworden ist, d. h. dass der wirkliche Neumond nun um 0,0609 Tage früher eintritt, als der berechnete ekklesiastische Neumond. Nach Verlauf von 16,42 solcher Zyklen würde dieser Fehler zu einem vollen Tage angewachsen sein, und man hätte daher nach $16,42.19 = 312$ Jahren die Epakte um 1 erhöhen müssen, um wieder Übereinstimmung zu erhalten. Dies geschieht erst seit der gregorianischen Reform, und zwar derart, dass man alle 300 Jahre die Epakte um 1 erhöht. Man wählt diejenigen Jahrhundertanfänge, deren Hunderter durch 3 teilbar sind, also 1800, 2100 usw. Diese Erhöhung der Epakte infolge der Mondgleichung bedingt einen Rückgang der Ostergrenze um einen Tag, während der Rückgang der Epakte infolge der Sonnengleichung eine Erhöhung der Ostergrenze um einen Tag zur Folge hat. Das sind die chronologischen Daten, die der Bestimmung von M und N zugrunde liegen.

Wir wollen mit GAUSS die Anzahl der Hunderter eines gegebenen Jahrhunderts mit k bezeichnen und die in der Osterformel auftretende Zahl M aus den Summanden k und ν zusammensetzen. Ferner wollen wir die Werte von k von 15 bis 24 untereinanderschreiben und neben jedes k den zugehörigen Wert von M setzen unter Berücksichtigung von Sonnen- und Mondgleichung. In die folgende Spalte schreiben wir die zugehörigen Werte von ν, und neben diese noch die Werte p und q, welche die ganzzahligen Bestandteile von $\frac{k}{4}$ und $\frac{k}{3}$ darstellen. Denn diese ganzzahligen Bestandteile erfahren alle 4 bezw. 3 Jahre eine Veränderung; der

k	M		ν	p	q
15	22	$= 22$	7	3	5
16	$22 + 0 - 0$	$= 22$	6	4	5
17	$22 + 1 - 0$	$= 23$	6	4	5
18	$23 + 1 - 1$	$= 23$	5	4	6
19	$23 + 1 - 0$	$= 24$	5	4	6
20	$24 + 0 - 0$	$= 24$	4	5	6
21	$24 + 1 - 1$	$= 24$	3	5	7
22	$24 + 1 - 0$	$= 25$	3	5	7
23	$25 + 1 - 0$	$= 26$	3	5	7
24	$26 + 0 - 1$	$= 25$	1	6	8

Einfluss der Sonnengleichung bedingt alle 4 Jahre keine Veränderung, der der Mondgleichung alle 3 Jahre eine Veränderung. Man erkennt auf den ersten Blick, dass $\nu + p + q = 15$ ist, und somit die Richtigkeit der Gaussschen Formel

$$M = k + 15 - p - q.$$

Der Wert $M = 22$ für $k = 15$ ergibt sich leicht, wenn man für $k = 15$ eine Jahreszahl sucht, für die der früheste Ostertermin (22. März) eintrat. Das war 1598. In diesem Fall musste $d = e = 0$ sein, und so ergibt sich leicht $M = 22$ und $N = 2$.

Für N erhalten wir folgende Tabelle

k	N	p
15	2	3
16	$2 + 0 = 2$	4
17	$2 + 1 = 3$	4
18	$3 + 1 = 4$	4
19	$4 + 1 = 5$	4
20	$5 + 0 = 5$	5
21	$5 + 1 = 6$	5
22	$6 + 1 = 7$	5
23	$7 + 1 = 8$	5
24	$8 + 0 = 8$	6

Hier sieht man sofort:

$$k - N - p = 10$$
$$N = k - p - 10,$$

oder, da wir nur den Rest von $N \pmod 7$ brauchen:

$$N \equiv k - p + 4 \pmod 7.$$

Damit ist nun die allgemeine Regel entwickelt, und es wäre höchstens noch dazu zu bemerken, dass Gauss sich dabei zunächst an eine genauere Festsetzung nicht gekehrt hat. Da nämlich die Mondgleichung alle 300 Jahre berücksichtigt wird statt alle 312 Jahre, so würde schon nach 2400 Jahren die Korrektur 8 mal angebracht sein, während diese Korrektur nahezu für 2500 Jahre ausreicht. Von Français (1813) und von Tittel (1816) darauf aufmerksam gemacht, berichtigte er die ursprüngliche Fassung in der folgenden Weise:

»p wird bestimmt als Quotient bei der Division von $8k + 13$ mit 25«[1]. Warum hat wohl Gauss nicht von vornherein die genauere Bestimmung von p gewählt? Es liegen zwei Möglichkeiten vor, dies zu erklären. Die eine Möglichkeit ist die, dass er bei der Aufstellung seiner Formel sich gar nicht, oder möglichst wenig, um die Regeln der Epaktenrechnung kümmerte, sondern dass er auch hier die Formel aus den Tabellen herauslas. Die andere, wahrscheinlichere, ist wohl die, dass ihm die fernliegenden Jahrhunderte gleich-

---

1) Werke VI, S. 73, am Schluss.

gültig waren, da er überzeugt war, dass auch die gregorianische Reform nicht für alle Zeiten bleiben würde. Diesem Gedanken gibt er auch Ausdruck am Schluss des Aufsatzes: *Noch etwas über die Bestimmung des Osterfestes* (Werke VI, S. 82 ff., Braunschw. Magazin 1807, Sept. 12).

Jetzt muss noch den beiden eigentümlichen Ausnahmebestimmungen Rechnung getragen werden, und es mag für GAUSS besonders reizvoll gewesen sein, die beiden willkürlichen Festsetzungen über die Lage des Osterfestes zahlentheoretisch zu erfassen.

Die eine Bestimmung kann kurz so ausgesprochen werden: Der 25. April ist der äusserte Ostertermin. Diese Bestimmung ist für das julianische Osterfest automatisch erfüllt, da der 49. März die äusserste Ostergrenze ist. Bei der Formel für den gregorianischen Kalender ist sie dagegen nicht automatisch erfüllt, da ja M nicht mehr konstant ist. Man braucht aber nur folgende Fassung zu wählen, die GAUSS[1]) vorgeschlagen hat: »Ergibt sich nach der Rechnung der 26. April als Ostertermin, so fällt Ostern tatsächlich auf den 19. April«, ein Fall, der im Jahre 1609 eintrat und 1981[2]) wieder stattfinden wird.

Komplizierter ist die zweite willkürliche Bestimmung: Der Frühlingsvollmond darf in einem Metonischen Zyklus nicht zweimal auf denselben Tag fallen. Vielleicht geschah diese Bestimmung auch in Anlehnung an die Tatsache, dass im julianischen Kalender diese Eigenschaft automatisch erfüllt war, während in den meisten Zyklen Doubletten von Osterterminen zu finden sind. Unter Metonischen Zyklen im gregorianischen Kalender muss man freilich nur solche verstehen, die keinen Übergang in ein neues Jahrhundert enthalten, bei dem ν von Null verschieden ist; andernfalls wären nämlich Doubletten nicht zu vermeiden. Wir wollen einen solchen Zyklus in allgemeiner Form hinschreiben. Zu jedem a setzen wir den entsprechenden Wert von d, und da $d+21$ die Ostergrenze darstellt, so entspricht einer Doublette für die Ostergrenze auch eine solche für d.

a	d
0	d_0
1	$d_0 + 19$
2	$d_0 + 8$
3	$d_0 + 27$
4	$d_0 + 16$
5	$d_0 + 5$
6	$d_0 + 24$
7	$d_0 + 13$
8	$d_0 + 2$
9	$d_0 + 21$
10	$d_0 + 10$
11	$d_0 + 29$
12	$d_0 + 18$
13	$d_0 + 7$
14	$d_0 + 26$
15	$d_0 + 15$
16	$d_0 + 4$
17	$d_0 + 23$
18	$d_0 + 12$

---

1) Werke VI, S. 79.

2) Werke VI, S. 79, Zeile 11 heisst es statt 1981 irrtümlich 1989; die richtige Zahl findet sich z. B. ebenda S. 85, Zeile 15 v. u.

Man erkennt, dass

$$d_{11} = d_0 - 1$$
$$d_{12} = d_1 - 1$$
$$\cdots\cdots$$
$$d_{18} = d_7 - 1$$

allgemein $d_{\nu+11} = d_\nu - 1$ ist.

Daraus ergibt sich, dass $d = 18$, der einzige Wert, der zweimal auftreten kann (einmal normaler Weise, und das andere Mal durch den um 1 heruntergedrückten Wert 19), nur für $a > 10$ auftreten darf, damit das um 11 Nummern zurückliegende d den Wert 19 hat und somit auf 18 herabgedrückt werden müsste[1]).

Wir kommen somit zu der arithmetischen Festsetzung: Ergibt die Rechnung den 25. April als Osterdatum, und ist dabei $a > 10$ und $d = 28$ (also $e = 6$), so wird der 18. April genommen.

Gauss gab dieser Festsetzung eine etwas andere Prägung. Wir finden sie bereits in seiner ersten Veröffentlichung, und dort (Werke VI, S. 79) lautet sie folgendermassen:

»Gibt die Rechnung $d = 28$, $e = 6$, und kommt noch die Bedingung hinzu, dass $11 M + 11$ mit 30 dividiert einen Rest gibt, der kleiner als 19 ist, so fällt Ostern nicht, wie aus der Rechnung folgt, auf den 25., sondern auf den 18. April.«

Warum wählt Gauss diese eigentümliche Fassung, während doch die oben entwickelte erstens viel näher liegt und zweitens auch praktischer in der Anwendung ist? Es scheint, dass Gauss damit beabsichtigte, die Jahrhunderte auszusieben, für die der zweite Ausnahmefall überhaupt nicht in die Erscheinung tritt. An der vorhin zitierten Stelle heisst es nämlich weiter: »Man überzeugt sich leicht, dass dieser Fall nur in denjenigen Jahrhunderten eintreten könne, da M einen von folgenden acht Werten hat:

$$2, \quad 5, \quad 10, \quad 13, \quad 16, \quad 21, \quad 24, \quad 29.«$$

Wir wollen zunächst noch zeigen, dass $d = 28$ und $a > 10$ identisch ist mit $d = 28$ und $11 M + 11 < 19 \pmod{30}$.

---

1) Die erste Ausnahme heisst nämlich nach den gregorianischen Bestimmungen: Der Frühlingsvollmond darf höchstens auf den 18. April fallen. Führt daher die Rechnung auf den 19. April, so muss man um einen Tag zurückdatieren.

Nach Definition ist

$$d \equiv 19\,a + M \pmod{30},$$

und da $d = 28$ sein soll, so ist

$$28 \equiv 19\,a + M \pmod{30}$$

oder

$$M \equiv 28 - 19\,a \equiv 28 + 11\,a \pmod{30}.$$

Daraus folgt:

$$11\,M + 11 \equiv 19 + a \pmod{30}.$$

Durchläuft nun a die Werte von 0 bis 10, so durchläuft der 30er-Rest von $11\,M + 11$ die Werte von 19 bis 29. Für alle übrigen Werte von a ist dieser Rest also kleiner als 19, und damit ist der Zusammenhang bewiesen.

Die zu

$$a = 11,\ 12,\ 13,\ 14,\ 15,\ 16,\ 17,\ 18$$

gehörigen Werte von M sind

$$M = 29,\ 10,\ 21,\ 2,\ 13,\ 24,\ 5,\ 16,$$

und diese hat GAUSS in der obigen Darstellung nach der Grösse geordnet. Mit Hilfe der Formel

$$M \equiv 15 + k - p - q \pmod{30}$$

kann man nun leicht das oben angedeutete Aussieben vornehmen. Es ergibt sich, dass der zweite Ausnahmefall für $k = 19, 20, 21$ eintreten kann, dann erst wieder für 31, 32, 33; dagegen nicht für $k = 16, 17, 18$ und auch nicht für $k = 22, \ldots, 30$.

Während GAUSS bei seiner ersten Veröffentlichung die beiden Ausnahmefälle durchaus richtig darstellt, hat er merkwürdigerweise in einer späteren Darstellung[1]) den zweiten Fall zwar auf eine einfachere, aber nicht auf die richtige Form gebracht. Er sagt:

Wenn im gregorianischen Kalender die Rechnung Ostern am 25. April gibt, setzt man allemal den 18[2]).

Der Fall, dass Ostern auf den 25. April fällt, ereignet sich im XIX. Jahrhundert nur einmal, im Jahre 1886, und im XX. auch nur einmal, 1943.

---

[1]) Astron. Jahrb. f. d. J. 1814, Berlin 1811, S. 273, Werke XI, 1, S. 199.

[2]) Denselben Fehler macht auch DELAMBRE, vergl. die *Bemerkung* von A. LOEWY Werke XI, 1, S. 200.

Es ist möglich, dass GAUSS eine flüchtige Rechnung anstellte und in diesen beiden Jahrhunderten kein Jahr fand, in dem Ostern auf den 25. April fiel, so dass er die einfachere Regel aufzustellen wagte, zumal er in dem erwähnten Artikel »eine leichte Methode« geben wollte, »das Osterdatum zu bestimmen«.

Nachdem GAUSS dieses chronologische Problem »elegant« gelöst hatte, reizte ihn ein ganz ähnliches, nämlich die rein zahlentheoretische Bestimmung des Datums für das jüdische Passahfest. Die Lösung gelang ihm etwa ein Jahr später. Wir finden darüber die Tagebuchnotiz (No. 117) vom 1. April 1801[1]).

»Iisdem diebus Pascha Iudaeorum per methodum novam determinare docuimus.«

Diese Passahformel veröffentlichte er ebenfalls in der Monatlichen Correspondenz, und zwar in der Mainummer 1802[2]). Auch in bezug auf diese bemerkt er ausdrücklich[3]), dass damit

»eine rein arithmetische Regel für die Berechnung des jüdischen Osterfestes gegeben ist, deren Anwendung von aller weiteren Bekanntschaft mit der Einrichtung des jüdischen Kalenders unabhängig ist.«

Über die Berechnung des Passahdatums findet sich im Nachlass nichts, wohl aber enthält dieser[4]) kurze Angaben über die chronologisch wichtigere Berechnung des »Neumonds Tišri« für jedes jüdische Jahr A, und dieses Datum ist zugleich die Grundlage für das vorausgehende Passahdatum.

Die erwähnten Angaben lassen erkennen, dass GAUSS vom »Molad Tohu«, d. h. vom Neumond Tišri des Jahres 1 der jüdischen Zeitrechnung ausging und die Anzahl der seit diesem Zeitpunkt bis zum Neumond Tišri des Jahres A verflossenen Tage bestimmte. Dabei ist die einzige zahlentheoretisch interessante Frage die nach der Anzahl der in diesen A Jahren enthaltenen Schaltmonate. Bei der Bestimmung dieser Anzahl geht GAUSS von der Beobachtung eines Verteilungsgesetzes der 7 Schaltmonate auf die 19 Jahre eines Metonischen Zyklus aus. Er findet, dass in den 19 aufeinanderfolgenden Gruppen von je 8 Jahren (1 bis 8; 9 bis 16; 17 bis 5; 6 bis 13; 13 bis 1; 2 bis 9 u. s. f.)

---

1) Werke X, 1, S. 560.
2) Werke VI, S. 80.
3) Werke VI, S. 86.
4) Werke XI, 1, S. 215.

nur eine Gruppe (9—16) 2 Schaltjahre enthält, alle übrigen aber 3 Schaltjahre. Wie er daraus vermutlich die gesuchte Anzahl hergeleitet hat, darüber
belehren uns die Bemerkungen von LOEWY zu den nachgelassenen Bruchstücken
der Berechnung[1]).

XI.
Schlussbetrachtung.

Bei den ausgedehnten Zahlenrechnungen, die GAUSS von früher Jugend
an bis ins hohe Alter ausführte, und zwar meist ohne fremde Hülfe, konnte
es nicht ohne Fehler abgehen, und wir haben bereits an verschiedenen Stellen
angemerkt, dass GAUSS sich verrechnet hat, oder dass er ein Ergebnis teilweise
durchgestrichen und umgeändert hat. Bei der Betrachtung, die wir über diese
Rechenfehler anstellen wollen, müssen wir zwei Abschnitte unterscheiden;
der eine umspannt GAUSS' Jugendzeit, der andere seine späteren Lebensjahre.

In seiner Jugendentwickelung, wo er, wie wir gesehen haben, den Problemen meist rechnerisch zu Leibe ging, wo er sich durch rechnerische Betätigung das Rüstzeug schuf für tiefere Studien sowohl, als auch für die Praxis,
fällt uns seine erstaunliche Sicherheit im Zahlenrechnen auf, die es bewirkt,
dass die Zahl der Fehler, gemessen an der Fülle des bewältigten Materials,
auffallend gering ist. Man könnte daher vermuten, dass er zu jener Zeit sich
durch Kontrollrechnungen gesichert habe.

Eine Rechnung aus der Zeit seiner Jugendentwickelung, die man als
Kontrollrechnung ansprechen könnte, haben wir auf S. 15 ff. vorgeführt; doch
bereits bei diesem Beispiel zeigt sich, dass die Kontrolle höchst wahrscheinlich nicht der Hauptzweck der Arbeit war. Wir sahen auch bereits, dass
er z. B. bei seinen Tafeln der quadratischen Reste keine Kontrollrechnungen
ausgeführt hat, auch keine, oder wenigstens keine ausreichenden, in den Tafeln
zur Cyklotechnie, und da er, wie wir noch sehen werden, auch in späteren
Jahren den Kontrollrechnungen aus dem Wege ging[2]), so ist anzunehmen,
dass er sie auch in seiner Jugendzeit nicht besonders bevorzugte.

---

1) Werke XI, 1, S. 216 ff.

2) Es darf nicht unerwähnt bleiben, dass er sowohl die speziellen, als auch die allgemeinen Störungen
der Pallas doppelt gerechnet hat, wohl weniger, um die zweite Rechnung mit genaueren Elementen durch-

Dass er, wenn es darauf ankam, eine bewunderungswürdige Geschicklichkeit besass, Kontrollrechnungen im grössten Stil auszuführen, zeigt seine denkwürdige Kritik von VEGAS *Thesaurus Logarithmorum*, wo er in scharfsinniger Weise feststellt, dass in diesem Werke unter den 68 038 Logarithmen nicht weniger als 47 746 ungenaue zu erwarten sind[1]). Auch bei dem schon erwähnten *Calculus numerico-exponentialis*, sowie bei der Aufsuchung des arithmetisch-geometrischen Mittels treten vereinzelt Kontrollrechnungen auf, die aber gewöhnlich den Hauptzweck haben, verschiedene Methoden bezüglich ihrer Tragweite und praktischen Brauchbarkeit gegen einander abzuwägen. Dass er sie im allgemeinen nicht anwandte, zeigt sich deutlich darin, dass gerade hier von F. GOLDSCHEIDER eine Reihe von fehlerhaften Ergebnissen nachgewiesen worden ist[2]).

Im grossen und ganzen hat er auch schon in seiner Jugend auf genaue Kontrollen verzichtet, dagegen meistert er die Überschlagsrechnung in ungeahnter Vollendung, wobei ihm ein angeborenes Gefühl für die Wahl der Abrundung der auftretenden Zahlen und seine hochgesteigerte Fähigkeit, die Zahlen zu individualisieren, in gleicher Weise zu Hilfe kommen.

Es darf auch nicht unerwähnt bleiben, dass er durch gewisse Eigenarten weit mehr vor Fehlern geschützt war als einer, der nach dem Schema rechnet. Sehr viele Rechenfehler werden beim Addieren einer grösseren Anzahl von Summanden gemacht, und zwar wohl deshalb, weil während des Addierens einer Stellenkolonne keine Ruhepause möglich ist. GAUSS verstand es, durch geeignete Zerlegung und Anordnung die Durchführung so zu gestalten, dass er nur selten mehr als zwei Zahlen zu addieren hatte. Das zeigen viele der von uns aus dem Nachlass wiedergegebenen Rechenbeispiele; man vergleiche auch das oben S. 48 durchgeführte Multiplikationsbeispiel.

Dass er eine derartige Addition, sowie auch alle Subtraktionen, von links nach rechts ausführt, ist eine Eigentümlichkeit. über die er sich gelegentlich

---

zuführen, als vielmehr, um die Richtigkeit zu prüfen. Es wäre offenbar einfacher gewesen, die Rechnung einmal unter Prüfung auf Rechenfehler zu machen. Eine solche Prüfung hat er indessen nirgends angestellt.

1) Werke III, S. 257—264.

2) GOLDSCHEIDER hat zur Kontrolle jede Rechnung nach mehreren Methoden ausgeführt.

in einem Brief an SCHUMACHER[1]) ausführlich äussert, und die ihn durch die grössere Bequemlichkeit beim Anschreiben auch vor Rechenfehlern schützt.

Dass ihm endlich seine riesigen Tafeln mancherlei Möglichkeiten an die Hand gaben, um Rechenergebnisse rasch zu kontrollieren, darf wohl als sicher angenommen werden.

Dagegen haben sich in seinen späteren Arbeiten, besonders in den geodätischen und ganz besonders in den astronomischen, sehr viele Rechenfehler eingeschlichen.

Man findet[2]) die Abweichungen in den Zahlenrechnungen der *Theoria motus*, Werke VII, S. 281 ff. ausführlich von BRENDEL angegeben, ebenso sind Werke IX von KRÜGER überall in den Bemerkungen die Abweichungen aufgeführt und in den Rentenrechnungen Werke IV, S. 188 sind Unrichtigkeiten von SCHERING bemerkt worden. Auch in der *Bestimmung des Breitenunterschiedes* (Werke IX, S. 1 ff.) sind bereits zu GAUSS' Lebzeiten einige Versehen entdeckt worden[3]).

Zur Erklärung möge zunächst der Umstand herangezogen werden, dass GAUSS ungewöhnlich rasch rechnete. Dies erhellt[4]) am besten aus seinem *Journal über die Rechnungen an den Pallasstörungen* (Werke VII, S. 605 ff.). Die ersten Elemente der Vesta erhielt er, nach der Entdeckung dieses Planeten, durch nur 10 stündige Arbeit (Werke VI, S. 288).

Ein weiterer Grund ist seine Überhäufung mit Berufsgeschäften und der Umstand, dass er die Untersuchungen so gross anlegte, dass sie die Leistungsfähigkeit eines Einzelnen, selbst eines GAUSS, bei weitem überstiegen. In den

---

1) Vom 3. Oktober 1844, Werke XII, S. 38; vergl. den Aufsatz von A. GALLE, *Gauss als Zahlenrechner*, Materialien für eine wissenschaftliche Biographie von GAUSS, Heft IV, 1918, S. 10, 11.

2) Vergl. GALLE, a. a. O., S. 13.

3) Vergl. dazu die folgenden Briefstellen: GAUSS an SCHUMACHER, 4. Mai 1829. »... Er [Dr. SCHMIDT] brachte mir darauf Zahlen, die anders waren, wie die meinigen, setzte aber zur Erläuterung hinzu, die Zahlen, die in der *Best. des Br. Untersch.* gedruckt sind, seien durch einen kleinen Rechnungsfehler etwas entstellt. ...«

GAUSS an SCHUMACHER, 30. April 1830. »... Um Ihr Vertrauen zu SCHMIDTS Rechnung zu vergrössern, bemerke ich, dass er die zwei Hauptelemente der Erddimensionen viermal berechnet hat; aber nur Einmal hat er wegen Rechnungsfehler von neuem gerechnet. Nämlich

1. Zahlen in meiner *Breitenbestimmung etc.*

Diese hatten einen Rechnungsfehler enthalten, den er später verbesserte, ...«

4) Vergl. GALLE, a. a. O., S. 9.

weiter unten, im Anhang wiedergegebenen Auszügen aus seinem Briefwechsel finden wir charakteristische Belege dazu[1].

Neben diesen bisher besprochenen Fehlern fällt eine Eigentümlichkeit auf, die man bei einem theoretisch und praktisch so überragenden Manne, der noch dazu mit Arbeit überhäuft ist, für unmöglich halten sollte.

Er rechnet nämlich mit überflüssigen Dezimalen. Insbesondere gibt er bei kleinen Zahlen im Logarithmus ebenso viele Stellen hinter dem Komma an wie bei grossen Zahlen, wobei dann allerdings die Fehler in den letzten Dezimalen nichts ausmachen. Freilich sind hier die Dezimalen nicht immer bloss in den letzten, sondern auch manchmal in den wichtigen vorderen Stellen falsch.

Die Werte für die Pallasstörungen (Werke VII, S. 543 und sonst[2]) hat GAUSS bis zum Betrage von $0''{,}1$ berücksichtigt und auf $0''{,}01$ angegeben. Diese Genauigkeit ist auch illusorisch, weil die nicht berücksichtigten Störungen höherer Ordnung wohl bis an die Bogenminute heranreichen können.

Die *Tabulae novae motus parabolici* (Werke VII, S. 357 ff.[3]) hat GAUSS auf 5 Dezimalstellen der Bogensekunde berechnet, obwohl 3 genügt hätten, damit die Interpolation auf 2 Dezimalstellen richtig wird. Hierbei ist allerdings zu berücksichtigen, dass, wenn die 3. Dezimale eine 5 ist, zur Entscheidung für die Abrundung eine weitere Rechnung nötig sein kann. Überhaupt aber hätte es genügt, die Tafel auf ganze Bogensekunden zu geben.

Auffallend ist auch, dass GAUSS die genannte Tafel, ebenso wie eine Reihe anderer Tafeln, in verhältnismässig weitem Intervall berechnet hat, so dass dann die Interpolation eigentlich die Hauptarbeit ist. Die eben besprochene Tafel (Werke VII, S. 357) hat er im Intervall des Arguments von 200 berechnet und wollte sie bis auf $1/1000$[4] abdrucken. Welch fürchterliche Interpolation!

In seinen geodätischen Arbeiten sind ähnliche Beobachtungen gemacht worden. FRISCHAUF äussert sich in einem Briefe an BRENDEL folgendermassen: »Die Zahlenrechnungen von GAUSS sind nicht sehr sicher, trotz seiner be-

---

1) Briefe BESSEL an GAUSS vom 8. u. 19. September 1805 und GAUSS an BESSEL vom 7. Oktober 1805, *Briefwechsel Gauss-Bessel*, 1880, S. 17—21.

2) Vergl. die Briefe von NICOLAI an GAUSS, Werke VII, S. 579—586.

3) Vergl. die Bemerkungen von BRENDEL ebenda, S. 374.

4) Vergl. die Bemerkungen a. a. O.

rühmten Rechenkünste. Was den Ansatz überflüssiger Stellen anlangt, so war mir Gauss hierin immer ein Rätsel. Das Unglaublichste hatte er in der Geodäsie dabei geleistet. So z. B. setzt er[1]) log (7) und log 3 (7) auf 10 Stellen an, wo 2 genügen würden. Ferner setzt er[2]) den Koeffizienten des Gliedes mit $\left(\frac{q}{100}\right)^5$ auf 6 Dezimalstellen der Sekunde, dessen grösster Wert für $q = 6$ nur 0,"00039 beträgt, also um 7 Stellen zu viel.«

In den *Elementen der Theorie des Erdmagnetismus* (Werke V, S. 150 ff.) äussert sich[3]) Gauss zu der gerade bei dieser Arbeit angewandten übertriebenen Schärfe: »Für jeden Rechnungskundigen ist die Bemerkung überflüssig, dass diese Bruchteile an sich keinen Wert haben, da wir noch weit davon entfernt sind, nur die ganzen Einer mit Zuverlässigkeit ausmitteln zu können: allein es ist von Wichtigkeit, dass die Beobachtungen mit einem und demselben bestimmten System von Elementen scharf verglichen werden, und da war kein Grund vorhanden, an dem, was die Rechnung ergeben hatte, etwas zu verändern, weil durch Weglassung der Dezimalbrüche für die Bequemlichkeit der Vergleichsrechnungen garnichts gewonnen sein würde.«

Es ist klar, dass durch solche Umständlichkeit seine ohnehin knapp bemessene Zeit noch mehr in Anspruch genommen wurde, wenn er dies auch gelegentlich bestreitet[4]).

Wir haben noch[5]) der Hülfen zu gedenken, die ihm bei seiner umfangreichen Rechenarbeit zu teil geworden sind. Bei den Störungsrechnungen (zu Störungstafeln der Pallas hielt Gauss 6 bis 8 Rechner für nötig) und bei den Hülfstafeln zur Berechnung der magnetischen Kräfte hat er die Mitarbeit verschiedener Astronomen (Westphal, Encke, Nicolai, Goldschmidt) in Anspruch genommen[6]). Auch die Hülfe, die Bessel[7]) durch Berechnung von Sonnenörtern und der Koeffizienten in der Entwickelung des reziproken Wertes der Entfernung zweier Himmelskörper lieh, kann hier erwähnt werden.

---

1) Werke IV, S. 330, Ostw. Klass. 177, S. 67.

2) Werke IV, S. 272, Ostw. Klass. 177, S. 15.

3) Vergl. Galle, a. a. O., S. 13.

4) Er behauptet, bei seiner Art, zu rechnen, mache es wenig aus, eine Reihe von Stellen mehr auszuführen. Er spielt dabei vermutlich auf seine Divisionsmethode an, die wir oben S. 9 f. auseinandergesetzt haben.

5) Vergl. A. Galle, a. a. O., S. 4, 7.

6) Vergl. Werke VII, S. 602 und V, S. 152, 177.

7) Vergl. die Briefe vom 21. und 29. Dezember 1804, *Briefwechsel Gauss-Bessel*, 1880, S. 1—3.

Wie Gauss sich zu dem Gebrauch mechanischer Hilfsmittel gestellt haben würde, lässt sich aus dem wohlwollenden Zeugnis, das er dem Erfinder des Modells einer Rechenmaschine, Professor Schiereck, ausgestellt hat (Werke X, 1, S. 6), nicht mit Deutlichkeit entnehmen.

Als ihm die Hülfe des Rechenkünstlers Dase angeboten wurde, lehnte er entschieden ab: er könne sich bei den vielen und grossen Rechnungen, die er in seinem Leben ausgeführt habe, kaum eines Falles erinnern, wo die Hülfe von jemand, der bloss mechanische Rechnungsfertigkeit gehabt hätte, ihm von irgend einem Nutzen hätte sein können. Auf weiteres Drängen hin verwies er Dase auf ein Gebiet, wo ausdauernde rechnerische Betätigung noch eine bemerkenswerte Lücke ausfüllen konnte, nämlich die damals noch nicht geleistete Feststellung der Primzahlen in der 7., 8. und 9. Million[1]).

Auch an den graphischen Methoden ist er nicht achtlos vorbei-gegangen. In einem Brief an Gerling, vom 29. Mai 1851, erwähnt er bei der Beurteilung des bei ihm als Assistenten eingetretenen Klinkerfues eine elegante graphische Konstruktion der Lösung der Hauptgleichung bei der Be-rechnung einer Planetenbahn, die die Form hat

$$a \cdot \sin^4 z = \sin (z + b).$$

Zusammenfassend können wir sagen, dass Gauss vermutlich, überhäuft durch Arbeiten als beobachtender Astronom und als messender Geodät, Ar-beiten, die ihm leider nicht von geschulten Hilfskräften abgenommen wurden, verhindert war, seine gross angelegten Rechnungen mit der nötigen Ruhe durchzuführen und zu prüfen. Gauss klagt auch öfter darüber, und noch mehr über den Umstand, dass ihm diese Dinge, sowie auch seine Lehrtätig-keit die beste Zeit und Stimmung zu zusammenhängenden Arbeiten rauben[2]). — Denn gerade in dem Gebiet, in dem er durch seine *Disquisitiones arith-meticae* neue Bahnen eröffnet hat, trug er sich mit gewaltigen Plänen, über die er in seinem Briefwechsel hie und da Andeutungen machte. So äusserte er[3]) gelegentlich der Aufforderung von Olbers, sich an die Lösung des grossen Fermatschen Problems zu machen, er hoffe, eine Theorie zu entwickeln, aus

---

1) Vergl. die Werke XII, S. 39—48 abgedruckten Briefe sowie den weiter unten im Anhang [4.] wiedergegebenen Brief von Gauss an Encke.

2) Gauss an Olbers, 13. Februar 1821, Auszug im Anhang [5.].

3) Siehe Werke X, 1, S. 75.

der der FERMATSche Satz als ein höchst unwesentliches Korollar hervorgehen würde. Aber, wie er selbst in dem erwähnten Briefe an OLBERS (Anhang [5.]) ahnungsvoll prophezeit, so ist es gekommen: Manche seiner zahlentheoretischen Arbeiten sind für uns verloren, und damit ist uns auch die Möglichkeit genommen, zu untersuchen, inwieweit ihre Ergebnisse seine Methoden beim Zahlenrechnen beeinflusst haben.

Nach dem bisher Dargestellten dürfen wir, um noch einmal kurz zusammenzufassen, folgenden Entwickelungsgang des Zahlenrechners GAUSS vermuten:

In früher Jugend das Spiel mit dem arithmetisch-geometrischen Mittel, sowie die Versuche, das Verteilungsgesetz der Primzahlen zu ermitteln. Erfolg: Bedeutende Fertigkeit im Addieren[1]), Multiplizieren, Wurzelziehen, Zerlegen grosser Zahlen in Summen von Quadraten und damit auch in Primfaktoren.

Dann folgt die Verwertung der gewonnenen Gewandtheit zur Aufstellung von Tabellen: Quadratzahlen, Dezimalbruchtabelle, Logarithmen, Anfänge der Cyklotechnie u. a. m. Erfolg: Noch viel mehr gesteigerte Fertigkeit im Zahlenrechnen, in der Auswertung unendlicher Reihen (Wurzeln, Logarithmen u. a. m.), Faktorenzerlegung grosser Zahlen, bezw. deren Erkennung als Primzahl; eine Fülle von zahlentheoretischen Eigenschaften, die Grundlage der *Disquisitiones*.

Die unvergleichliche Fülle von Anregungen, die ihm seit 1795 das Studium von LAGRANGE, LEGENDRE und vor allem von EULER bietet, erhöht seine zahlentheoretische Einsicht und seine Rechenfertigkeit in gleicher Weise.

Die hoch gesteigerte Fertigkeit im numerischen Rechnen wird nun auf die empirische Ermittelung von mathematischen Gesetzen auf den verschiedensten Gebieten mit wunderbarem Erfolg angewandt, daneben aber auch auf die Praxis als Astronom, Physiker, Geodät.

Die induktiv gefundenen rein mathematischen Ergebnisse werden in harter Arbeit bewiesen, aber zu dieser Arbeit gehört Zeit, die ihm nach der Übernahme der allzuviel Zeit absorbierenden Ämter nur in beschränktem Masse zur Verfügung steht.

---

1) Er kann nach seiner eigenen Aussage (Brief an OLBERS vom 7. Januar 1815, zitiert bei GALLE, a. a. O. S. 12) mit der Summe zweier gegebener Zahlen, ohne diese Summe selbst vor sich zu haben, sogleich in eine Tafel eingehen. Ein einfaches Beispiel haben wir auf S. 14, in der Fussnote angegeben.

Die Spuren des Gewaltigen im Reiche der Zahlen verlieren sich darum von hier an immer mehr, und es wird schwer halten, sie weiter zu verfolgen. Soviel aber darf sicher behauptet werden: Die Wechselwirkung, die seine Jugendentwickelung bereits kennzeichnet (Beobachtungen beim Zahlenrechnen, Erforschung der Gründe für die beobachteten Erscheinungen, Gewinnung zahlentheoretischer Sätze, Anwendung dieser Sätze zur Vereinfachung des Zahlenrechnens, darauf gestützt wieder neue Beobachtungen u. s. f.), bestand auch weiter bis in sein hohes Alter[1]); nicht nur der Beruf, sondern auch die angeborene Neigung haben ihn stets wieder zum reinen Zahlenrechnen zurückgeführt, von dem er einst ausgegangen war, und dem er so viele seiner schönsten Entdeckungen verdankte. So hat er immer wieder den Boden berührt und durch diese Berührung immer wieder neue Kräfte gewonnen.

Anhang.

[1.]

Bessel an Gauss. Bremen, 8. Sept. 1805.

. . . »Ich habe schon einen kleinen Anfang bei den Rechnungen gemacht. Die Logarithmen der Brüche, die Sie mir mitteilen, sind einige Mal fehlerhaft:

$$\log \frac{1}{528} \text{ muss sein } 7,2\,773\,661 \text{ statt } 7,3\,151\,546$$

$$\log \frac{121}{120} \text{ muss sein } 0,0\,036\,041 \text{ statt } 0,0\,036\,042$$

$$\log \frac{49}{48} \text{ muss sein } 0,0\,089\,548 \text{ statt } 0,0\,089\,549$$

$$\log \frac{9}{8} \text{ muss sein } 0,0\,511\,525 \text{ statt } 0,0\,511\,225.$$

---

1) Dass Gauss auch noch im hohen Alter die Rechenfreudigkeit besass, die schon den Knaben und Jüngling auszeichnete, erkennen wir aus einem erst vor kurzem aufgefundenen Stück aus seinem Nachlass (Werke XII, S. 10). Gauss hatte sich 1852 gelegentlich einmal mit einem Rätsel beschäftigt, dessen Lösung zu einer Gleichung 5. Grades führte; doch waren nur die positiven ganzzahligen Lösungen brauchbar. Zwei Lösungen waren leicht erkennbar, und nach Beseitigung der entsprechenden Wurzelfaktoren blieb die folgende kubische Gleichung

$$x^3 + 180\,x^2 + 366\,x + 182 = 0.$$

Obwohl diese Gleichung augenscheinlich keine positiven Wurzeln mehr haben kann, hat sie Gauss dennoch — und zwar auf ungemein geschickte Art — gelöst und die Wurzeln auf 7 Dezimalstellen bestimmt.

Der letzte Logarithmus ist nur verschrieben; das mir mitgeteilte Exempel enthält ihn schon richtig. Ich zeige Ihnen diese Differenzen an, weil sie auf die Rechnungen, die Sie sich selbst vorbehalten, vielleicht Einfluss haben könnten; augenscheinlich haben Sie statt log 528 log 484 angenommen.« ...

[2.]
Bessel an Gauss. Bremen, 19. September 1805.

Einliegend erhalten Sie, mein hochgeschätztester Freund, eine Tafel, die die Koeffizienten enthält, deren Berechnung Sie mir übertrugen. Ich füge nur die Bemerkung hinzu, dass die zweite Columne ganz nach Ihrer Rechnung beibehalten wurde, und dass die rot geschriebenen Zahlen nach der meinigen angesetzt sind; nur einmal (bei $30^0\,12'$) nahm ich das Mittel aus Ihrer und meiner Rechnung, denn nur da zeigte sich ein Unterschied in der letzten Dezimalstelle von 2 oder fast $2\frac{1}{2}$; wenn es Ihnen auf eine oder zwei Einheiten der letzten Ziffer ankommt, so schlage ich Ihnen die Revision Ihrer Rechnung für diesen Wert von W vor. Ich halte übrigens die Koeffizienten für richtig, welches jedoch nur in so fern wahr sein kann, in so fern man die Anhäufung kleiner Fehler in den Logarithmen von $\frac{1}{1+f^2}$ oder $2\log\cos W$, welche sich auf die höheren Koeffizienten äussern muss, vernachlässigt. Wenn Sie, verehrungswürdiger Freund, nun einmal wieder eine Rechnung auszuführen haben, der Sie gern überhoben wären, so sprechen Sie nur immer damit bei mir vor; für die kleine Mühe finde ich reichlichen Ersatz in dem Gedanken, für Sie zu arbeiten, und dann auch in dem Briefe, den Sie mir dabei schreiben werden, wäre er auch nur halb so lehrreich als der letzte. ...

[Eine Anlage enthält die Tafel der Koeffizienten zur Entwickelung von $(a^2+a'^2-2aa'\cos\varphi)^{-\frac{1}{2}}$ in eine unendliche Reihe.]

[3.]
Gauss an Bessel. Braunschweig, den 7. Oktober 1805.

Ich bin Ihnen, mein teuerer Freund, noch den allerverbindlichsten Dank schuldig für die gütige Übernehmung der beschwerlichen Rechnung. Ich würde

Ihnen diesen schon weit früher dargebracht haben, wenn nicht eine jetzt vorgehende Veränderung meiner häuslichen Lage[1])] mich in so mancherlei Zerstreuungen verwickelt hätte, dass ich an das Ordnen verschiedener Bemerkungen, womit ich meinen Dank gern begleiten wollte, nicht habe denken können. Auch jetzt kann ich dies noch nicht; um aber doch nicht gar zu lange zu schweigen, will ich mit Vorbehalt einer künftigen ausführlicheren Unterhaltung, namentlich über die Art, wie ich die beiden ersten Koeffizienten berechne, nur ein Paar Anmerkungen hinzusetzen.

Zuerst danke ich Ihnen verbindlichst dafür, dass Sie mich auf die fehlerhaften Logarithmen aufmerksam gemacht haben. Bei $\log \frac{1}{528}$ war wirklich ein Versehen begangen, das wahrscheinlich mir einige unnütze Arbeit verursacht hätte, wenn ich nicht glücklicherweise bei Empfang Ihrer Warnung mit jener Rechnung noch keinen Anfang gemacht hätte. Bei $\frac{121}{120}$ und $\frac{49}{48}$ wird aber der Unterschied wohl nur daher rühren, dass ich diese Logarithmen aus grösseren Tafeln genommen habe (gewiss kann ich's nicht sagen, weil in diesem Augenblicke der *Thesaurus* von VEGA noch eingepackt liegt), dieser Unterschied ist übrigens von gar keiner Bedeutung. Ebenso würde auch der Unterschied bei $30^0\,12'$, wo ich in meiner wieder nachgesehenen Rechnung keinen Fehler finde, gleich um eine Einheit kleiner werden, wenn der doppelte Logarithmus des Cosinus aus grösseren Tafeln abgeleitet wäre.

Ich bin übrigens in meinem Anteile an der Arbeit nun auch so weit gekommen, dass ich sowohl die Rechnung für $\log B''$, B''' etc. für die übrigen Werte von W ganz vollendet habe, als auch schon das ganze Interpolationsgeschäft für $\log B^0$, B', B'' und B'''. Bei dieser freilich auch beschwerlichen Arbeit kann ich indess um so weniger von fremder Hilfe Gebrauch machen, da nicht viel mehr dabei zu tun ist, als das blosse Schreiben. Ich bediene mich dabei der Formel

$$\varphi(x) = \frac{9}{16}\left\{\varphi(x+\Delta) + \varphi(x-\Delta\right\} - \frac{1}{16}\left\{\varphi(x+3\,\Delta) + \varphi(x-3\,\Delta)\right\}$$

der ich folgende Form gebe, die ohne weitere Erklärung verständlich sein wird:

---

[1] Am 9. Oktober 1805 fand GAUSS' Vermählung mit JOHANNA OSTHOFF statt.]

zu interpolierende Reihe

$*$

a

$*$ $\qquad$ $b + c = A$

b

$*$ $\qquad$ $a + d = A \mp B$

c

$*$ $\qquad$ Glied zwischen b und $c = \dfrac{A \pm \frac{1}{8}B}{2}$

d

$*$

etc.

Hierbei werden nur die vierten Differenzen vernachlässigt, welches hier völlig erlaubt ist.

Bei diesem Interpolationsgeschäfte müssen dann auch etwaige Fehler, wenn sie anders mehr als ein Paar Einheiten betragen, sich von selbst zeigen. Auf diese Art fand ich, dass bei Ihrer Rechnung für $22^0 12'$ ein Versehen vorgefallen sein müsse, und indem ich für diesen Winkel die Rechnung selbst wiederholte, erhielt ich die Logarithmen von B''' an um 21 Unitäten grösser. Gelegentlich sehen Sie wohl Ihre Rechnung dafür einmal nach. . . .

[4.]
Gauss an Encke. Göttingen, den 11. März 1851.

. . . Der junge Dase, dessen ich in dem andern Brief erwähne, war im vorigen Herbst hier, hat aber meiner Erwartung keineswegs entsprochen. Seine Fertigkeit des schnellen Zählens, z. B. von Linsen u. dgl. ist ein sehr merkwürdiges Talent, aber in keiner seiner das Rechnen betreffenden Leistungen finde ich etwas wunderbar. Sein Bravourstück, das Multiplizieren zweier vielziffriger Zahlen im Kopfe ist gar nicht wunderbar, weil es in der Tat gar kein Rechnen im Kopfe ist. Er muss notwendig fortwährend die beiden Faktoren vor sich stehen haben. Allerdings wenn man hört, er multipliziere eine 100 ziffrige Zahl mit einer eben so langen andern im Kopfe (in $8^h 45'$ in München, wie er jedem erzählt) und meint, er habe sämtliche Operationen bloss in seiner Phantasie vor sich, ohne die Faktoren länger als ein paar

Sekunden gesehen zu haben, so erscheint dies miraculös.   Aber die Sache ist
ja gar nicht so.   Da die Faktoren ihm fortwährend vor Augen stehen, z. B.

$$\ldots \ldots c\ b\ a$$
$$\ldots \ldots \gamma\ \beta\ \alpha$$

so rechnet er aa, schreibt die letzte Ziffer hin und addiert die erste mit $a\beta$
und ba zusammen, schreibt von der Summe wieder nur die letzte Ziffer hin
und addiert die erste successive mit $a\gamma$, $b\beta$, ca zusammen u. s. w. [1]].   Man
braucht also jedesmal nur sehr wenige Ziffern auf ganz kurze Zeit im Gedächtnis zu behalten und jedes Kind, welches das Einmaleins kann,   lernt es
bald ebenso gut, wenn auch nicht ebenso schnell ausführen.   Seine Rechenfertigkeit beschränkt sich auf die mechanische Ausübung der vier Spezies.   Bei
einer (an sich ganz leichten) Aufgabe, wo wiederholt Rechnung mit ander-
weitiger Überlegung abwechselt, wird er leicht konfus und gibt wohl ganz
unrichtige Resultate.

Übrigens dies Urteil nur unter uns.   Ich fürchte, dass die vielen unge-
schickten Lobhudler in seinem Album ihm nur einen schlechten Dienst geleistet haben, indem sie ihm eine ganz törichte Meinung von der Bedeutung
seiner Fertigkeiten beigebracht und befestigt haben. . . .

[5.]
GAUSS an OLBERS.   13. Februar 1821.

. . . Aber auch nachher habe ich mich nur auf die Kometenbeobach-
tungen und die Durchgänge von ein paar Sternen beschränkt, indem ich die
zufällige Unterbrechung einer meiner Vorlesungen benutzt habe, wieder eine
theoretische Arbeit vorzunehmen, die ich schon 1818 angefangen, aber bei
meiner zerstückelten Zeit und so mannigfaltigen zum Teil widerwärtigen und
nicht immer die zu solchen Arbeiten nötige freie Heiterkeit des Geistes
lassenden Beschäftigungen oft auf lange Zeit wieder weggelegt hatte.   Es ist
die neue Begründung der sogenannten Methode der kleinsten Quadrate oder
vielmehr eine ziemlich ausgedehnte allgemeinere Untersuchung, wovon diese

---

[1) Man erkennt hier, dass GAUSS auch die sogenannte symmetrische Multiplikation bekannt und
geläufig war.   Den praktischen Wert dieses Verfahrens scheint er nicht hoch eingeschätzt zu haben.]

nur Ein Teil ist. Jetzt ist die erste Hälfte ganz vollendet, die ich in kurzem der Sozietät zu übergeben denke; die zweite, welche auch bis auf einiges noch zu überarbeitende fertig ist, wird vermutlich auch noch vor Ostern mitgedruckt werden können. Sie werden manche artige Sachen darin finden. Mit Betrübnis fühle ich, wie wenig ich in meiner Lage mit allen ihren Missverhältnissen von dem leisten kann, was ich vielleicht unter glücklicheren Umständen hätte leisten können, und dass wohl selbst der grössere Teil meiner früheren Lukubrationen mit mir untergehen wird. — Verzeihen Sie, teuerster OLBERS, den Ausdruck eines Gefühls, welches gerade jetzt beim Empfang eines mit jugendlichem Feuer geschriebenen Briefes von einem 18 jährigen Florentiner, namens LIBRI, der mir eine kleine vielversprechende Abhandlung über höhere Arithmetik zuschickte, wieder recht lebendig bei mir geworden ist. . . .

Inhaltsübersicht.

ÜBER GAUSS' ARBEITEN
ZUR MECHANIK UND POTENTIALTHEORIE

VON

HARALD GEPPERT

I. Nachweis der Erdrotation.

1. Fallversuche und ihre Theorie vor Gauss.

Newton war der erste, der den Gedanken aussprach, man könne die Erdrotation experimentell dadurch nachweisen, dass man Kugeln von einer beträchtlichen Höhe herabfallen lässt, die dann um ein Weniges östlich von
der Lotlinie des Ausgangspunktes auf der Erde ankommen müssen; Newton
teilte diesen Gedanken im Nov. 1679 Hooke, dem damaligen Sekretär der
Royal Society of London, mit und schlug vor, Versuche in dieser Richtung
durchzuführen. Der Gedanke ward von der Akademie zwar mit grossem Beifall aufgegriffen, aber Hooke antwortete zunächst ausweichend, und als er
gedrängt wurde, seiner Pflicht nachzukommen, stellte er seine Versuche nur
bei einer Fallhöhe von 27 Fuss an, bei der selbst für die heutigen Mittel
die östliche Abweichung nicht zu konstatieren ist; in den Akademieberichten
findet sich nichts weiter von derartigen Versuchen, woraus man schliessen
muss, dass sie negativ ausfielen. Obgleich dieser Newtonsche Gedanke auch
in der Folgezeit lebendig blieb, waren die experimentellen Schwierigkeiten
so gross, dass erst 113 Jahre später (1792) der junge Abbé Guglielmini in
Bologna es unternahm, Fallversuche in der Torre degli Asinelli anzustellen[1]).
Guglielmini hatte damals noch mit grossen Schwierigkeiten zu kämpfen; einerseits
weist der verwandte Turm viele Löcher auf, durch die ein die fallenden Kugeln
ablenkender Luftzug entstand, zweitens müssen die Kugeln vor dem Ablassen
vollkommen ruhig hängen, und dürfen beim Loslassen keine Geschwindigkeit
mitbekommen, was Guglielmini durch eine zangenartige Vorrichtung erreichte,
bei deren Öffnen der die Kugel haltende Faden losgelassen wurde; schliesslich

---

1) Joh. Baptista Guglielmini, *De diurno terrae motu experimentis physico-mathematicis confirmato
opusculum.* Bononiae 1792. Das Buch erschien mit Approbation der obersten Kirchenbehörde, zeigt also,
dass diese schon damals die Erdrotation als mit dem Dogma vereinbar ansah.

1*

mass GUGLIELMINI nicht die Höhe, sondern die Zeit des Falles, deren Bestimmung damals noch besonders schwierig war. Schwere Metallkugeln durchfielen eine Strecke von 240 par. Fuss = 77,96 m und schlugen unten ihre Eindrücke in eine Wachsplatte; es wurden bei Nacht und ruhiger Luft 16 Versuche angestellt, aus denen GUGLIELMINI die östliche Abweichung des Einschlagspunktes vom scheinbaren Lote zu 8,375 Pariser Linien = 18,89 ± 2,5 mm (bei Weglassung eines fehlerhaften Versuches ergibt sich 16,69 mm) bestimmte; ausserdem fand sich jedoch eine südliche Abweichung von 5,272 Linien = 11,89 ± 1,1 mm. Leider sind diese mit soviel Mühe angestellten Versuche nicht beweiskräftig, denn sie enthalten, wie BENZENBERG zuerst bemerkte, einen systematischen Fehler; GUGLIELMINI bestimmte nämlich ungünstiger Witterungsverhältnisse wegen die Lage des scheinbaren Lotes erst ein halbes Jahr nach seinen Fallversuchen, und es ist die Annahme jedenfalls nicht von der Hand zu weisen, dass der an sich schiefe Turm in Folge der veränderten Temperatur und Sonnenstrahlung in dieser Zeit eine Veränderung der Krümmung erfahren habe. Trotz der grossen Vorsichtsmassregeln sind die GUGLIELMINIschen Versuche unbefriedigend, da der Unterschied zwischen den extremen Abweichungen sich auf die Grösse von ca. 14 mm beläuft.

GUGLIELMINI hatte seine Resultate u. a. an LAPLACE geschickt, und dies mag letzterem Veranlassung gewesen sein, die theoretische Seite dieser Fallversuche zu untersuchen. Er entwickelte im Jahre 1803 die Theorie der Bewegung eines fallenden Körpers auf der rotierenden Erde[2]), und seine schwer zugängliche Abhandlung wurde zwei Jahre später in etwas veränderter Fassung in seine Mécanique céleste aufgenommen[3]). LAPLACE besass diese Theorie schon etwas früher und teilte ihre Resultate GUGLIELMINI mit, der seinerseits eine der später zu besprechenden OLBERSschen ähnliche Überlegung entwickelt hatte. Werfen wir einen kurzen Blick auf die LAPLACEsche Theorie. Der Ausgangspunkt der Fallbewegung wird auf zwei verschiedene Koordinatensysteme bezogen, erstens auf ein mit der Erde mitrotierendes rechtwinkliges System x, y, z, dessen Anfangspunkt mit dem Erdmittelpunkt, dessen x-Achse mit

2) LAPLACE, *Mémoire sur le mouvement d'un corps, qui tombe d'une grande hauteur.* Bull. de Science par la Société Philomath., Prairial an 11 (1803).

3) LAPLACE, *Mécanique céleste*, 4, livre X, chap. 5, 1805, vergl. Oeuvres 4, 1880, S. 295—306. Auch abgedruckt in BENZENBERG a. a. O. [5]) S. 388—400.

der Rotationsachse der Erde zusammenfällt, zweitens auf ein festes Polarkoordinatensystem r, θ, ϖ, worin θ das Komplement der geographischen Breite bedeutet. Die Anwendung des D'ALEMBERTschen Prinzips ergibt dann drei Differentialgleichungen 2. Ordnung in r, θ, ϖ. Während des Falles mögen diese drei Grössen die Veränderungen δr, $\delta \theta$, $\delta \varpi + nt$ erleiden, worin n die Winkelgeschwindigkeit der Erdrotation und t die Fallzeit bezeichnet. Da n sehr klein ist, integriert LAPLACE nicht die exakten, sondern die bis auf Grössen 2. Ordnung gekürzten Bewegungsgleichungen:

$$(1) \qquad \frac{d^2 \delta r}{dt^2} + S \frac{d \delta r}{dt} + g = 0, \qquad \frac{d^2 \delta \theta}{dt^2} + S \frac{d \delta \theta}{dt} - g \frac{\partial y}{\partial \theta} = 0,$$

$$\frac{d^2 \delta \varpi}{dt^2} \sin \theta + 2n \sin \theta \frac{d \delta r}{dt} + S \sin \theta \frac{d \delta \varpi}{dt} - \frac{g}{\sin \theta} \frac{\partial y}{\partial \varpi} = 0.$$

Hierin ist auch die Luftreibung in Ansatz gebracht, indem S eine von r, δr abhängende Reibungsfunktion bedeutet. Unter Berücksichtigung der Anfangsbedingungen ergibt die zweite Gleichung sofort die Lösung

$$(2) \qquad \delta \theta = - \delta r \frac{\partial y}{\partial \theta},$$

was physikalisch bedeutet, dass der fallende Körper von dem scheinbaren Lote keine merkliche Abweichung nach Süden aufweist. Setzt man die Reibung proportional dem Quadrat der Geschwindigkeit, und bedeutet m den entsprechenden Reibungsfaktor, so lässt sich die erste Gleichung (1) exakt in geschlossener Form integrieren; die Reihenentwicklung der Lösung lautet

$$(3) \qquad \delta r = - \frac{g}{2} t^2 + m \frac{g^2}{12} t^4 - m^2 \frac{g^3}{45} t^6 + \cdots$$

Damit ergibt schliesslich die Integration der dritten Gleichung (1) die Abweichung des fallenden Körpers vom scheinbaren Lote in der Ostrichtung zu:

$$(4) \qquad \tfrac{1}{3} ng t^3 \sin \theta \left(1 - \frac{mg}{4} t^2 + \frac{61}{840} m^2 g^2 t^4 - \cdots \right).$$

Ist h die Fallhöhe, so beträgt die östliche Abweichung des Aufschlagspunktes vom scheinbaren Lote des Ausgangspunktes

$$(5) \qquad \tfrac{2}{3} n h \sqrt{\frac{2h}{g}} \sin \theta,$$

unter Vernachlässigung der quadratischen Glieder von m und n. Dagegen ist die südliche Abweichung des Aufschlagspunktes unmerklich.

Wendet man die LAPLACEsche Formel (5) auf die GUGLIELMINIschen Resultate an, so ergibt sich der theoretische Wert der östlichen Abweichung zu 10,78 mm, sodass also der experimentelle Wert gegenüber dem theoretischen zu gross ausfällt; die von GUGLIELMINI gefundene südliche Abweichung ist mit der Theorie unvereinbar[4]).

Die Dissonanz zwischen Experiment und Theorie veranlasste BENZENBERG im Jahre 1802, die Fallversuche wieder aufzunehmen[5]). Die Versuche wurden im grossen Michaelisturm in Hamburg bei einer Fallhöhe von 235 Fuss = 76,34 m angestellt; dieser Turm eignete sich zu den Fallversuchen insbesondere deshalb, weil er eine grosse Fallhöhe gestattet und überdies geschlossen ist, sodass störender Luftzug verhältnismässig abgeschwächt ist. BENZENBERG verwendet wesentlich die GUGLIELMINIsche Apparatur und ist bestrebt, die Fehlerquellen seines Vorgängers sorgfältig zu vermeiden. Die verwendeten kleinen Bleikugeln schlugen ihre Eindrücke in ein mit Kreide überzogenes Hartholzbrett. Es wurden 16 brauchbare Versuche angestellt, aus denen sich die östliche Abweichung zu $9 \pm 3,6$ mm und eine südliche Abweichung von $3,4 \pm 2,5$ mm errechnete. Trotz aller Mühe sind die BENZENBERGschen Versuche schlechter als die seines Vorgängers und kaum beweiskräftig; schwanken doch die Abweichungen zwischen 47 mm nach Osten und 31,5 mm nach Westen, und von den Abweichungen im Meridian fielen $\frac{5}{8}$ nach Norden; auch gestatteten die Verhältnisse nicht einmal die Anwendung eines Mikroskops, um die absolute Ruhe im Ausgangspunkte sicherzustellen. Die von BENZENBERG bestimmte östliche Abweichung harmoniert gut mit dem von der LAPLACEschen Formel (5) geforderten Wert von 8,7 mm, dagegen steht die südliche Abweichung wie bei GUGLIELMINI im Widerspruch zur Theorie.

BENZENBERG sandte seine Versuche im Herbst 1802 an OLBERS nach Bremen, damit er sie mit der Theorie vergliche. OLBERS kannte zwar die LAPLACEsche Abhandlung dem Namen nach, muss sie aber nicht gegenwärtig gehabt haben, denn er entwickelte von sich aus eine neue Theorie, die andere Werte

---

4) LAPLACE führt in seiner Note weiterhin die Theorie einer von der Erde aus senkrecht nach oben geschossenen Kanonenkugel durch und zeigt, dass diese mit einer westlichen Abweichung vom Ausgangspunkte einschlägt, wohingegen auch hier die südliche Abweichung verschwindend gering ist. Wegen experimenteller Schwierigkeiten ist dieses Ergebnis praktisch nie bestätigt worden. Auch Fallversuche wurden in Paris nicht unternommen.

5) J. FR. BENZENBERG, *Versuche über die Umdrehung der Erde*, Dortmund 1804.

als die LAPLACEsche liefert und sich später als falsch erwies. Er errechnete
für die BENZENBERGschen Versuche eine östliche Abweichung von 13,5 mm
und eine südliche von 3,5 mm und geriet damit in Unstimmigkeit einerseits
gegenüber den Versuchsresultaten, andererseits gegenüber den LAPLACEschen
Ergebnissen; dies war für OLBERS die Veranlassung, die ganze Frage in einem
Briefe vom 12. November 1802 GAUSS vorzulegen[6]). OLBERS behauptete darin
eine südliche Abweichung jedes fallenden Körpers in Folge des Widerstandes
der Luft, und bestimmte deren Grösse zu

$$(6) \qquad \frac{n^2}{4} r \sin 2\varphi \left(t^2 - \frac{2h}{g} \right),$$

worin r den Erdradius, φ die geographische Breite und t die Fallzeit bedeutet. Da im widerstehenden Mittel $t^2 > \frac{2h}{g}$ ist, ergab sich nach OLBERS
eine durch den Widerstand erzeugte südliche Abweichung der Grössenordnung
n, also durchaus beobachtbar. GAUSS widersprach zwar in seinem Briefe vom
18. Nov. 1802 sofort den OLBERSschen Überlegungen, aber seine flüchtigen
Einwürfe waren nicht stichhaltig. Erst ein Brief, den BENZENBERG kurz darauf an GAUSS richtete, bewog letzteren, sich mit der Frage gründlich auseinanderzusetzen und die Fundamentalgleichungen für die Bewegung schwerer
Körper auf der rotierenden Erde neu zu entwickeln; GAUSS fasste seine Ergebnisse in einer kleinen Abhandlung zusammen, die in BENZENBERGS Buche
(S. 363—371) veröffentlicht wurde[7]). Im Briefe vom 1. März 1803 teilt GAUSS
seine endgültigen Resultate OLBERS mit.

2. Die GAUSSsche Arbeit.

Die GAUSSsche Behandlungsweise unterscheidet sich von der LAPLACEschen
insbesondere durch die geschickte Wahl der Bezugssysteme und die elegantere,
suggestivere Durchführung; GAUSS selbst scheint dabei die LAPLACEsche Abhandlung nicht gekannt zu haben. GAUSS führt zwei Koordinatensysteme ein:
1. ein festes System X, Y, Z, bei dem die Ebene $Z = 0$ parallel zum Äquator
durch den Ausgangspunkt des fallenden Körpers geht, während die Ebene
$Y = 0$ mit der Meridianebene dieses Punktes übereinstimmt, und der Anfangs-

---

6) Briefwechsel zwischen OLBERS und GAUSS. *Wilh. Olbers Leben und Werke* II, 1, Berlin 1900,
S. 107 ff.

7) Abgedruckt Werke V, S. 498—503.

punkt O der entsprechende Punkt der Erdachse ist; 2. ein mit der Erde mitrotierendes System x, y, z, dessen Anfangspunkt mit dem der Fallbewegung
übereinstimmt, und bei dem die Ebene $y = 0$ senkrecht auf der Richtung der
scheinbaren Schwere steht, sodass die drei Achsen bezw. nach Süden, Osten
und dem scheinbaren Zenith weisen. Die Formeln für die Transformation
des einen Systems in das andere sind leicht zu entwickeln; in sie geht naturgemäss die Zeit t des Falles (und damit der Erdrotation) ein. GAUSS entwickelt
sofort die Bewegungsgleichungen des fallenden Körpers bezüglich des festen
Systems unter der Annahme eines zum Geschwindigkeitsquadrat proportionalen
Luftwiderstandes und gewinnt daraus die Gleichungen im bewegten System.
Letztere zeigen nun, dass auf den ruhenden Körper nur die von der Zentri-
fugalkraft affizierte Schwerkraft wirkt, die die bekannte Lotabweichung zur
Folge hat, dass hingegen für den bewegten Körper noch eine Kraft (CORIOLIS-
kraft) hinzutritt, die allein es ermöglicht, die Rotation der Erde sichtbar
zu machen. GAUSS ist somit wohl der erste, der dieser zusätzlichen CORIOLIS-
kraft (die erst viel später in die allgemeine Theorie einging) die fügliche Beachtung schenkte. Unter dem Vorbehalt eines im Verhältnis zum Erdradius
kleinen Fallraumes, wie er bei Versuchen tatsächlich vorliegt, ist die scheinbare Schwere g während der Bewegung der Grösse und Richtung nach konstant, und daher gewinnen die Bewegungsgleichungen die einfache Form

$$(7) \quad \begin{aligned} &\ddot{x} - 2n \sin \varphi \dot{y} + M u \dot{x} = 0, \\ &\ddot{y} + 2n \sin \varphi \dot{x} + 2n \cos \varphi \dot{z} + M u \dot{y} = 0, \\ &\ddot{z} - 2n \cos \varphi \dot{y} + M u \dot{z} + g = 0, \end{aligned}$$

worin φ die geographische Breite des Beobachtungsortes, $n = \frac{1}{13713}$ die Winkelgeschwindigkeit der Erdrotation, M einen konstanten Reibungsfaktor und
$u = \sqrt{\dot{x}^2 + \dot{y}^2 + \dot{z}^2}$ die totale Relativgeschwindigkeit des Körpers bedeuten. Diese
linearen Differentialgleichungen sind unter den vorgegebenen Anfangsbedin-
gungen leicht zu integrieren; entwickelt man die Lösungen nach Potenzen
der kleinen Grössen n und M, so finden sich schliesslich die folgenden Ausdrücke:

$$(8) \begin{cases} x = \text{südl. Abweichung vom scheinbaren Lote} = \tfrac{1}{6} g \sin \varphi \cos \varphi . n^2 t^4, \\ y = \text{östl. Abweichung vom scheinbaren Lote} \\ \qquad\qquad = \tfrac{1}{3} g \cos \varphi . n t^3 - \tfrac{1}{12} g^2 \cos \varphi . M n t^5, \\ z = \text{Fallstrecke in Richtung des scheinbaren Lotes} \\ \qquad\qquad = \tfrac{1}{2} g t^2 - \tfrac{1}{12} M g^2 t^4. \end{cases}$$

Man sieht, dass der Wert von y mit der LAPLACEschen Formel (4) (worin θ mit $\tfrac{\pi}{2} - \varphi$, m mit M zu identifizieren ist) übereinstimmt; auch GAUSS findet, wie LAPLACE, eine völlig unterhalb der Beobachtungsgrenze liegende südliche Abweichung.

GAUSS selbst machte sogleich die Anwendung seiner Theorie auf die BENZENBERGschen Versuche und fand den oben angegebenen theoretischen Wert der östlichen Abweichung von 8,7 mm. Den besprochenen Aufsatz hat GAUSS im August 1803 auf Wunsch von BENZENBERG neu durchgearbeitet, damit er in dessen Buche veröffentlicht würde. Während des ganzen Monats März 1803 dreht sich die Korrespondenz zwischen GAUSS und OLBERS um die Entscheidung, welche ihrer beiden Falltheorien die richtige sei. Die OLBERSschen Überlegungen, die zum grossen Teil mit den schon von GUGLIELMINI in seinem Buche angestellten Betrachtungen übereinstimmen, sind wegen ihrer elementaren Natur besonders interessant. OLBERS machte jedoch zwei Annahmen, die sich beide als irrig erweisen: erstens, dass die Schwererichtungen in allen Punkten der Fallbewegung im absoluten Raume parallel seien, und zweitens, dass der fallende Körper in der Ebene bleibe, die durch Ausgangspunkt und Erdmittelpunkt geht und auf dem anfänglichen Meridian senkrecht steht. Die erste Annahme hat zur Folge, dass die östliche Abweichung sich als das Anderthalbfache ihres wahren Wertes errechnet, die zweite, zunächst sehr nahe-liegende Annahme widerlegt sich aus den GAUSSschen Grundgleichungen (7); denn infolge der Reibung wird der fallende Körper aus der genannten Ebene mit der Kraft $Muny \sin \varphi$ nach Norden abgedrängt, wodurch gerade die von OLBERS errechnete südliche Abweichung kompensiert wird. Nachdem GAUSS diese Fehler OLBERS einzeln nachgewiesen und ihn überzeugt hatte, gab OLBERS eine berichtigte Zusammenfassung seiner elementaren Theorie in BENZENBERGS Buch (S. 372—383); auch GUGLIELMINI hat seine ursprüngliche Theorie nach den LAPLACEschen Angaben berichtigt[8].

---

[8] Vergl. GUGLIELMINIs Brief an BENZENBERG vom 23. März 1803; BENZENBERG a. a. O., S. 384—387.

3. Weitere Versuche.

War damit die Theorie der Fallversuche abgeschlossen, so blieb es noch Sache des Experimentes, sie zu bestätigen, bezw. die bisher gefundene südliche Abweichung durch exaktere Versuche als nicht vorhanden nachzuweisen. Zu diesem Zwecke unternahm BENZENBERG im folgenden Jahre 1804 eine Reihe von Versuchen in einem verlassenen Kohlenschachte, der Alten Rosskunst bei Schlebusch in der Mark; der Schacht wurde gewählt, um die störenden atmosphärischen Einflüsse auszuschalten, dafür wurden die Versuche aber durch Feuchtigkeit sehr beeinträchtigt. Die Fallhöhe betrug 85,1 m, und aus 29 sehr sorgfältig angeordneten Versuchen ergab sich eine östliche Abweichung von 11,5 ± 2,9 mm, während die Theorie dafür den Wert von 10,4 mm erfordert, und eine nördliche Abweichung von 1,6 ± 3,8 mm. Schon die letzte Angabe zeigt, dass den Versuchen trotz aller Vorsicht noch eine grosse Ungenauigkeit anhaftete, und in der Tat fielen die Kugeln zwischen 43 mm nach Norden und 34 mm nach Süden, zwischen 45 mm nach Osten und 22,5 mm nach Westen, und der Gesamteindruck der Versuche ist schlechter als der der Hamburger Experimente. Jedenfalls war aber die vorher gefundene südliche Abweichung dadurch noch mehr in Frage gestellt[9]).

Mit mehr Geschick und Ausdauer ging 25 Jahre später REICH an diese Frage heran[10]). Er stellte seine Versuche im Dreibrüderschachte zu Freiberg bei einer Fallhöhe von 158,54 m an, und aus 106 sehr präzisen Versuchen ergab sich eine östliche Abweichung von 28,6 mm (theoretischer Wert 27,5 mm) und wiederum eine südliche Abweichung von 2,87 mm. REICH selbst hat seine Versuche falsch berechnet, die richtigen Werte gibt erst GAUSS in einem Briefe an GERLING vom 30. 12. 1852 an[11]); GAUSS errechnet daselbst auch den wahrscheinlichen Fehler dieser Abweichungen zu 3,5 bezw. 3,4 mm, sodass auch hier die südliche Abweichung durchaus nicht als erwiesen angesehen werden kann. Die Abweichungen zwischen den einzelnen Versuchs-

---

9) Auch diese Versuche veröffentlichte BENZENBERG in dem oben zitierten Buche.

10) F. REICH, *Fallversuche über die Umdrehung der Erde*, Freiberg 1832. Vergl. POGGENDORFFs Ann. d. Phys. 29, 1833, S. 494—501.

11) Vergl. Werke XI, 1, S. 39—42. Briefwechsel zwischen C. F. GAUSS und CH. L. GERLING, herausgegeben von CL. SCHAEFER, Berlin 1927, S. 790—793.

ergebnissen sind sehr stark, die Kugeln fielen mit beträchtlichen Lotabweichungen nach allen Himmelsrichtungen. Man kann nach allen diesen Versuchen GAUSS nur Recht geben, wenn er sagt, »dass die Fallversuche eigentlich wenig geeignet sind die Drehungsbewegungen der Erde erkennbar zu machen, da sie nach den kostspieligsten Zurüstungen doch immer nur höchst rohe Resultate geben können«[12]· In neuerer Zeit griff HALL[13]) im Jahre 1902 diese Versuche wieder auf; aus 948 Versuchen bei einer Fallhöhe von 23 m ergab sich eine östliche Abweichung von 1,5 ± 0,2 mm (theoretisch 1,8 mm) und eine südliche Abweichung von 0,05 ± 0,04 mm; man sieht, dass auch mit den besten Mitteln diese Versuche nicht restlos befriedigend ausfallen. Jedenfalls kann man das Ergebnis aller dieser Versuche dahin zusammenfassen, dass die östliche Abweichung sichergestellt ist, während innerhalb der Fehlergrenzen keine südliche Abweichung nachgewiesen ist. Die südliche Abweichung der fallenden Körper ist also niemals experimentell gesichert worden, trotzdem dies auch heutigen Tages noch häufig behauptet wird. Die Suche nach ihrer Erklärung löste in der Mitte des 19. Jahrhunderts auf Betreiben von OERSTED[14]) eine lebhafte Diskussion aus, die jedoch, ebenso wie die hieran anschliessenden Versuche, wertlos ist. Hingegen verdient ein anderer Punkt bei den vorangehenden Experimenten Beachtung. Alle Beobachter konstatierten, dass selbst unter grösster Vorsicht beim Ablassen die Kugeln während des Falles eine Rotation erleiden, und zwar eine verhältnismässig grosse um eine horizontale Achse und eine geringere Drehung um die vertikale Achse. Dieses Phänomen, das im übrigen keinen Einfluss auf die Versuche gehabt zu haben scheint, wurde von den genannten Beobachtern nicht erklärt, und erst 1928 von DENIZOT[15]) theoretisch zu begründen versucht; die Rotation der fallenden Kugeln findet nur auf der rotierenden Erde statt und scheint also in gleicher Weise ein Beweis für deren Achsendrehung zu sein, wie es die östliche Abweichung bei den angestellten Versuchen sein sollte.

---

12) Werke XI, 1, S. 39.

13) E. H. HALL, *Do falling bodies move south?* Physical Review, 17, 1903, S. 179—190, 245—254. PH. FURTWÄNGLER, Enc. d. math. Wiss. IV, 7, S. 50 ff.

14) Vergl. Correspondance de H. C. OERSTED II, Copenhague, 1920, Brief an HERSCHEL vom 14. 9. 1846, S. 398 ff. Zur Geschichte der weiteren Versuche vergl. FERD. ROSENBERGER, *Die Geschichte der Physik.* Braunschweig 1887—1890, 3, S. 432—437; P. STÄCKEL, Enc. d. math. Wiss. IV, 6, S. 485.

15) A. DENIZOT, *Sur un phénomène observé par Guglielmini à Bologne en 1791.* Atti del Congresso internaz. dei Matematici a Bologna 1928, 6, S. 475—482.

4. Gauss' Wiederholung des Foucaultschen Versuches.

Benzenbergs Buch und die darin enthaltene Gausssche Abhandlung fanden starke Beachtung, und man gewöhnte sich daran, die Fundamentalgleichungen auf der rotierenden Erde als die Gaussschen Gleichungen zu bezeichnen. Während Gauss diese Beziehungen nur für die Theorie der Fallversuche herangezogen hatte, wandte sie Poisson 1837 auf andere Erscheinungen, hauptsächlich zur Erklärung der Deviation der Geschosse, an [16]). Zwar behandelte Poisson schon die Bewegung eines ebenen Pendels, es entging ihm jedoch der Effekt, durch den sein Landsmann Foucault 1851 den schlagendsten Beweis für die Erdrotation erbrachte. Nach jahrelangen Bemühungen glückte es Foucault am 8. Januar 1851, die Azimutalbewegung der Pendelebene nachzuweisen, und am 5. Februar 1851 teilte er seine Resultate der Pariser Akademie mit [17]), wodurch eine wahre Flut von weiteren praktischen und theoretischen Arbeiten zum Nachweise der Erdrotation ausgelöst wurde. Der Grundgedanke des Foucaultschen Experimentes beruht darauf, dass die an sich kleinen Kräfte, die durch die Erdrotation bedingt werden, durch Beobachtung über einen genügend langen Zeitraum zu beobachtbaren Effekten integriert werden, und dies ist auch der Vorzug gegenüber den vorangegangenen Fallversuchen. Foucault formulierte ohne Beweis den Satz, dass unter der geographischen Breite φ sich die Pendelebene in einem Tage um $2\pi \sin \varphi$ dreht, und Binet [18]) bewies diesen Satz aus den Gaussschen Grundgleichungen. Foucault selbst hatte seine Experimente erst mit einem 11 m, dann mit einem 67 m langen Pendel durchgeführt. Clausen [19]) und Hansen [20]) lösten die schwere

---

16) Poisson, *Sur le mouvement des projectiles dans l'air, en ayant égard à la rotation de la terre.* Journal de l'Ec. pol., 16, cah. 26, 1838, S. 1—176.

17) L. Foucault, *Démonstration physique du mouvement de rotation de la terre au moyen du pendule.* Comptes rendus, 32, 1851, S. 135—138.

18) Binet, *Note sur le mouvement du pendule simple en ayant égard à l'influence de la rotation diurne de la terre.* Comptes rendus, 32, 1851, S. 157—159; 197—205. Gauss selbst bevorzugte den exakteren und feineren, aber schwierigeren Beweis von Jean Plana, *Note sur l'expérience communiquée par M. L. Foucault,* Memorie d. R. Acc. di Torino, 13 (2), 1853, S. 1—18.

19) Clausen, *Über den Einfluss der Umdrehung und der Gestalt der Erde auf die scheinbaren Bewegungen an der Oberfläche derselben.* Bull. de la Cl. Phys.-Math. de l'Acad. de St. Pétersbourg, 10, 1852, S. 17—32.

20) P. A. Hansen, *Theorie der Pendelbewegung mit Rücksicht auf die Gestalt und Bewegung der Erde;* Neueste Schriften d. Naturf.-Ges. in Danzig, 5, 1853, S. 1—96.

Aufgabe, die Theorie des ebenen Pendels bei Berücksichtigung aller störenden Einflüsse zu entwickeln. CLAUSENS Resultat ist dies, dass die von der Erdgestalt und dem Luftwiderstand herrührenden Störungen keinen merklichen Einfluss auf die Azimutalbewegung haben, dass dagegen jede seitliche Anfangsgeschwindigkeit des Pendels im Laufe der Zeit zu einer grossen Störung anwächst; HANSEN betrachtet gleich das physische Pendel, das eine Symmetrieachse besitzt, sodass von den drei Hauptträgheitsmomenten A, B, C zwei (etwa A, B) zusammenfallen, und findet, dass bereits eine kleine Umdrehungsgeschwindigkeit des physischen Pendels um seine Achse die Azimutaldrehung von FOUCAULT vernichten kann, und zwar ist diese Störung umso grösser, je grösser das Verhältnis von Pendelkugelradius zur Pendellänge ist. Überdies zeigt sich, dass bei verschwindender seitlicher Anfangsgeschwindigkeit sich die Pendelkugel um ihre eigene Achse mit der gleichen Geschwindigkeit dreht, wie die Pendelebene um das scheinbare Lot (also ähnlich, wie der Mond um die Erde); daher muss bei ungeeigneter Aufhängung die Torsion des Aufhängedrahtes ins Spiel kommen. Danach kann das FOUCAULTsche Experiment bei der üblichen Anordnung nur gelingen, wenn das Pendel möglichst lang, die Kugel sehr schwer und von kleinem Durchmesser ist, und die Aufhängung das Pendel nach allen Richtungen ohne Torsion des Aufhängedrahtes gleichmässig schwingen lässt; überdies darf die Kugel sich nicht drehen und keine seitliche Geschwindigkeit mitbekommen.

Allen diesen Forderungen gerecht zu werden, war eine sehr schwierige Aufgabe. GERLING hatte sich angelegentlich mit diesen Versuchen beschäftigt und GAUSS davon Mitteilung gemacht. GAUSS übersah sofort die ganze Schwierigkeit der Versuche; am 17. Januar 1852 schreibt er an GERLING[21]): »Es wollte mir scheinen, dass jede theoretische Behandlung durchaus unbefriedigend sein müsse, wo nicht der Hergang an der Aufhängungsstelle mit berücksichtigt wird, was nicht leicht sein möchte, ausgenommen den einfachsten Fall, wo das Pendel oben mit einer konischen Spitze auf einer harten Unterlage aufsitzt.«

HANSEN hatte schon vorgeschlagen, das Pendel in der Weise zu konstruieren, dass ein dicker torsionsfreier Draht die Kugel trägt, der oben einen

---

21) Werke XI, 1, S. 33—45, GAUSS-GERLING-Briefwechsel, S. 776 ff.

symmetrisch geöffneten Arm mit einem stählernen Kugelsegment trägt, das ohne zu gleiten auf einer horizontalen Platte rollt. GARTHE[22]) verwandte zum erstenmal eine cardanische Aufhängung bei den Versuchen, die er 1852 im Kölner Dom mit einem 45,50 m langen Pendel anstellte. GAUSS konzentrierte seine Bemühungen sowohl auf die Aufhängevorrichtung, als auch auf eine Methode, die mittels Spiegelablesung an einem kurzen Pendel den FOUCAULT-schen Effekt in geringer Zeit sichtbar machen sollte. Zu diesem Zwecke nahm er vorerst eine Pendelstange, die an einem kurzen, eingeklemmten Draht aufgehängt ist und in Höhe des Aufhängepunktes an einem Arm einen Plan-spiegel trägt, der in der anfänglichen Schwingungsebene liegt und eine vertikale Skala in ein festes Fernrohr reflektiert; sobald die Pendelebene sich zu drehen anfängt, geht das Skalenbild im Fernrohr auf und nieder, während es bei Schwingung in der Ausgangsebene ruhig bleibt[23]). W. WEBER hat mit diesem Apparat einige rohe Versuche unternommen, die bereits nach einer Minute die Azimutaldrehung der Pendelebene erkennen liessen. Die Folgezeit verwandte GAUSS auf die Konstruktion eines im Prinzip mit dem genannten über-einstimmenden Pendelapparates mit besserer Aufhängung. Am 10. Mai 1853 berichtet er endlich an A. v. HUMBOLDT[24]), dass der Apparat im wesentlichen fertig sei und sein Vorzug erstens in einer verhältnismässig kurzen Pendel-länge bestehe — seine Vorgänger hatten meistens Längen von 30—60 m benötigt — und zweitens darin, dass der FOUCAULTsche Effekt schon nach wenigen Zeitsekunden sichtbar werde. Dieses Pendel wurde nach GAUSS' An-gaben von Dr. MEYERSTEIN[25]) ausgeführt und befindet sich heute in der Samm-lung des geophysikalischen Institutes in Göttingen. Es sei im folgenden kurz beschrieben.

Das Pendel hat eine Gesamtlänge von 1,50 m und zerfällt in einen oberen, 62 cm langen, und einen unteren, 88 cm langen Teil. Es besteht aus einer Eisenstange, die unten eine verschraubbare, sehr schwere Gewichtslinse trägt, oberhalb derer ein verstellbarer Planspiegel angebracht ist; der obere Teil trägt eine kleinere, ebenfalls verschraubbare Gewichtslinse und eine Quer-

22) C. GARTHE, *Foucaults Versuch als direkter Beweis der Achsendrehung der Erde.* Köln 1852. Die GARTHEschen Experimente gehören zu den exaktesten, die angestellt worden sind.

23) Brief an GERLING vom 28. Febr. 1852, Werke XI, 1, S. 37—38. GAUSS-GERLING-Briefwechsel, S. 783—785.

24) Briefe zwischen A. v. HUMBOLDT und GAUSS, Leipzig 1877, S. 66. Werke XI, 1, S. 44—45.

25) MEYERSTEIN hat viele Apparate für GAUSS konstruiert, vgl. den GAUSS-SCHUMACHER-Briefwechsel.

stange mit verschiebbaren Gewichten, die die Lage des Schwerpunktes so regulieren sollen, dass dieser unmittelbar unter den fiktiven Aufhängepunkt fällt. Die Aufhängevorrichtung ist eine leicht spielende cardanische Schneidenkreuzaufhängung: durch die Pendelstange geht rechtwinklig ein Stahlkeil, dessen Schneide auf einem Ring ruht; dieser wiederum liegt mit zwei zur ersten rechtwinkligen Schneiden auf einer festen Unterlage. Diese Aufhängung ermöglicht die zwanglose Drehung der Pendelebene nach allen Seiten. Das Pendel schwingt über einer festen, gekrümmten Vertikalskala, was auf die beabsichtigte Messung grosser Ausschläge hindeutet; die Skala sitzt auf einem Horizontalkreis, an dem das Azimut der Pendelebene abgelesen werden kann. Da das Pendel gleichzeitig zur Messung der Ausschlagsamplituden eingerichtet ist. kann man schliessen, dass GAUSS wahrscheinlich auch die absolute Grösse der Schwerkraft messen wollte. Die Beobachtung des FOUCAULTschen Effektes geschieht, wie GAUSS angibt, durch Ablesung einer am Spiegel reflektierten vertikalen Skala im Fernrohr. Der ganze

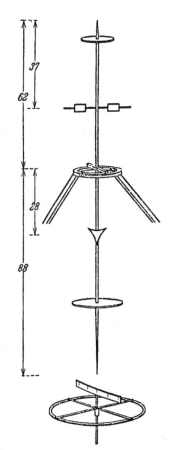

Apparat ruht in einem hölzernen Gestell von 2,50 m Höhe; eine eingravierte Inschrift bezeichnet 1853, also kurz vor GAUSS' Tode, als das Konstruktionsjahr.

Ob GAUSS noch mit diesem Instrument gearbeitet hat, ist nicht bekannt, doch deuten manche Unvollkommenheiten darauf hin, dass es nicht geschehen ist. Die Idee dieses Pendels ist aber weitergeführt worden; zunächst entwickelten SAMTER[26]) und LORENTZEN[27]) seine Theorie, deren Hauptschwierigkeit in der Behandlung der cardanischen Schneidenaufhängung besteht. Die Fehlerquellen sind folgende: 1. die untere Schneide wird nicht genau horizontal liegen, 2. die beiden Schneiden werden sich nicht genau rechtwinklig kreuzen und 3. nicht in der gleichen Ebene liegen. Der erste Fehler bedingt eine zur Zeit pro-

26) HEINRICH SAMTER, *Theorie des Gaussschen Pendels mit Rücksicht auf die Rotation der Erde.* Diss. Leipzig 1886.

27) G. LORENTZEN, *Theorie des Gaussschen Pendels.* Astron. Nachr. 114, 1886, S. 241—284

portionale Störung der Azimutalbewegung, der zweite äussert sich in einer Bevorzugung gewisser Azimute, und der dritte bedingt solche Störungen, dass der FOUCAULTsche Versuch mit dem GAUSSschen Pendel nur dann gelingen kann, wenn der Abstand der beiden Schneiden höchstens einige Mikron beträgt. Somit gelingen diese Versuche nur bei Anwendung äusserster Vorsicht. KAMERLINGH-ONNES [28]) hat auf dieser Grundlage ein neues Pendel konstruiert, indem er von dem GAUSSschen Pendel die Idee der cardanischen Aufhängung, der kurzen Pendellänge und der Spiegelablesung übernahm; eine geniale Abänderung der Schneidenaufhängung gestattete ihm, den Abstand der Schneiden zu Null zu machen; überdies schwingt sein Pendel im luftleeren Raum. Zwei der Hauptträgheitsmomente (A und B) waren nicht gleich, sondern um eine Grösse 1. Ordnung verschieden, wodurch sich andere als die FOUCAULTschen Bahnen ergaben. Den Einfluss der Reibung und der endlichen Ausschläge kann man dadurch beseitigen, dass man je zwei Versuche in zueinander senkrechten Azimuten mittelt. Der KAMERLINGH-ONNESsche Apparat ergibt sehr präzise, mit der Theorie übereinstimmende Resultate.

II. Das Prinzip des kleinsten Zwanges.

1. Historisches.

Das Prinzip des kleinsten Zwanges ist ebenso wie das Prinzip der kleinsten Quadrate bei GAUSS in seiner philosophisch-ethischen Weltanschauung begründet. SARTORIUS VON WALTERSHAUSEN [29]) schildert GAUSS als eine in ihrem geistigen, wie in ihrem Gemütsleben durchaus wahre Natur und fährt fort: »Dieser Durst nach Wahrheit verbunden mit einem heiligen Drang nach Gerechtigkeit bezeichneten vornehmlich GAUSS' erhabenen Charakter. Beide Gefühle schlummerten von jeher in der Tiefe seines Wesens, sie hingen auf das Innigste mit seinen philosophischen und mit seinen religiösen Betrachtungen zusammen und sind ohne Frage durch seine erhabene Naturbetrachtung noch weiter ausgebildet und bekräftigt worden. Das Prinzip des kleinsten Zwanges war gleichsam die mathematische Verkörperung jenes ethischen Grundgedankens,

---

28) H. KAMERLINGH-ONNES, *Nieuwe Bewijzen voor de Aswenteling der Aarde*. Diss. Groningen, 1879.

29) W. SARTORIUS VON WALTERSHAUSEN, *Gauss zum Gedächtnis*. Leipzig 1856. S. 97.

den er für das Universum als bindend erkannte.« Mit dieser Darstellung stimmt es überein, wenn GAUSS selbst am Schlusse seiner Abhandlung[30]), in der er sein Prinzip formulierte, es als merkwürdig bezeichnet, dass die Natur die freien Bewegungen eines mechanischen Systems unter dem Druck von Bedingungen ebenso modifiziert, wie der rechnende Mathematiker Erfahrungen über untereinander abhängige Grössen ausgleicht; denn letzterer verfährt ja eben nach einem »Prinzip der Gerechtigkeit«.

Neben diese ethische Auffassung des GAUSSschen Prinzips tritt die erkenntnistheoretische. Für GAUSS handelt es sich in erster Linie um ein Ökonomieprinzip im MACHschen Sinne: er selbst nennt als den Hauptvorzug des neuen Prinzips, dass es in gleicher Weise Statik und Dynamik in denkbar grösster Allgemeinheit umfasse, die Trennung zwischen dem d'ALEMBERTschen Prinzip und dem der virtuellen Verrückungen überflüssig mache, und von höherem Standpunkte aus die Quintessenz aller mechanischen Erfahrungen bilde. Dabei hat GAUSS zu jener Zeit die Tragweite seines Prinzips geringer eingeschätzt, als sie wirklich ist; nach unserer heutigen Auffassung ist es das umfassendste aller mechanischen Prinzipien. GAUSS selbst hat, wie er ausdrücklich sagt, zunächst im Auge, einen einleuchtenderen, das Creditiv gewissermassen in sich selbst tragenden Grundsatz zu gestalten, der die beiden oben genannten Prinzipien in sich schliesst, ohne ihnen von vornherein etwas Neues hinzufügen zu wollen. Die Form seines Gesetzes erklärt sich einerseits daraus, dass GAUSS sich schon seit 1794 intensiv mit der Methode der kleinsten Quadrate beschäftigte und wohl eine methodisch analoge Form der Naturgesetze suchte — wie ja denn auch diese Analogie in der GAUSSschen Formulierung eine entscheidende Rolle spielt[31]), — andererseits daraus, dass die Tatsache eines Minimumprinzips der an sich zwar überwundenen, aber in den Grundlagen der Mechanik noch nachschwingenden teleologischen Naturauffassung Rechnung trägt.

Bei LEIBNIZ und EULER ist die Teleologie geradezu bestimmend, und man ist im 16. und 17. Jahrhundert immer geneigt, in den physikalischen Ge-

---

30) *Über ein neues allgemeines Grundgesetz der Mechanik.* Journal für reine u. angew. Mathematik, 4, 1829, S. 232; Werke V, 1867, S. 23—28. Übersetzt und herausgeg. in OSTWALDs Klassiker, Bd. 167, 1908, von PHILIP E. B. JOURDAIN.

31) Vgl. Brief an OLBERS vom 31. I. 1829, Werke XI, 1, 1927, S. 22, und die von GAUSS beeinflusste Dissertation: A. RITTER, *Über das Prinzip des kleinsten Zwanges.* Göttingen 1853, S. 23 ff.

setzen besonders weise Anordnungen eines denkenden Schöpfers zu erblicken; EULER spricht es in seiner Methodus inveniendi von 1741 ganz offen aus, man könne die physikalischen Phänomene nicht nur aus ihren Ursachen, sondern auch aus ihrem Zweck erklären, indem man nichts in der Welt anträfe, woraus nicht irgendeine Maximums- oder Minimumseigenschaft hervorleuchte[32]). Ihren Höhepunkt erreichte die teleologische Auffassung in dem von MAUPERTUIS ausgesprochenen Prinzip der kleinsten Aktion, das wegen seiner unsauberen Formulierung unklaren metaphysischen Spekulationen Tür und Tor öffnete. LAGRANGE war es, der diesen unwissenschaftlichen Überlegungen ein Ende setzte; er sieht den Wert der Prinzipien nach seiner, unserer heutigen nahestehenden Auffassung in der Ökonomie des Denkens und der Kondensation aller mechanischen Erfahrung in eine Regel, wobei er ausdrücklich erklärt, er wolle von allen, doch sehr prekären theologischen und metaphysischen Überlegungen absehen. Gleichzeitig entkleidete er das Prinzip der kleinsten Aktion seines metaphysischen Beigeschmacks, indem er es in eine exakte Form brachte und unter der Annahme skleronomer Bedingungsgleichungen aus den anderen Grundgesetzen bewies. Bei LAGRANGE selbst erhielt dadurch das MAUPERTUISsche Prinzip eine untergeordnete Rolle, und die teleologische Spekulation war damit für die Folgezeit erledigt. Aber die geschichtliche Entwicklung der Mechanik im 18. Jahrhundert spiegelt sich in der Folgezeit, wie noch heute in der Behandlung der Elemente, so damals in der Fassung ihrer Hauptsätze wieder. Und so ist es auch für GAUSS ein Gewinn an Einsicht, wenn er seinem Prinzip den Stempel eines Minimumsatzes aufprägt: »Die Natur verhält sich so, dass sie alle Bewegungen unter möglichst kleinem Zwange ablaufen lässt.« In Wahrheit kann es sich bei dieser Form garnicht um ein teleologisches Prinzip im eigentlichen Sinne handeln, da die wirklich stattfindende Bewegung des mechanischen Systems nur gegenüber fingierten, eigentlich unmöglichen Bewegungen, aber nicht gegenüber anderen ebenfalls möglichen Zuständen ausgezeichnet wird[33]). Schliesslich ist beim GAUSSschen Prinzip zu beachten, dass es sich nicht, wie bei dem der kleinsten Aktion, um ein Variationsprinzip handelt, sondern nur um eine Minimumseigenschaft der jeweils augenblicklichen Beschleunigungen.

---

32) Vergl. E. MACH, *Die Mechanik in ihrer Entwicklung.* Leipzig 1883, S. 428. E. DÜHRING, *Kritische Geschichte der allgemeinen Prinzipien der Mechanik.* Berlin 1873, S. 292—296.

33) Vergl. A. VOSS, *Die Prinzipien der rationellen Mechanik.* Encykl. d. math. Wiss. IV, 1, S. 19 ff.

Ist so die Auffindung des Prinzips vom kleinsten Zwange für die Beurteilung von GAUSS' Persönlichkeit in hohem Grade charakteristisch, so ist sie andererseits in der Arbeit seiner grossen Vorgänger EULER, D'ALEMBERT, LAGRANGE verwurzelt. Nach der damaligen allgemeinen Auffassung spaltet sich die Mechanik in die beiden, noch völlig getrennten Disziplinen der Statik und Dynamik auf, deren erste durch das Prinzip der virtuellen Verrückungen, deren zweite durch das D'ALEMBERTsche Prinzip beherrscht wird.

Das Prinzip der virtuellen Verrückungen war in Spezialfällen schon von STEVIN, GALILEI und TORRICELLI bemerkt worden, die die Beobachtung machten, dass das Gleichgewicht bei den einfachen Maschinen auf allgemeinen Sätzen beruhe; aber erst JOH. BERNOULLI gestaltet hieraus in genialer Induktion das eigentliche Prinzip der virtuellen Geschwindigkeiten[34]. LAGRANGE machte in der 1. Auflage seines Hauptwerkes (1788)[35] aus diesem Satz das Grundprinzip der Statik, und zwar auf dem Wege axiomatischer Einführung, die er später in der 2. Auflage (1811) durch einen Beweisversuch ersetzte, der die an einfachen Maschinen (Flaschenzügen) gewonnenen Anschauungen für die allgemeinen mechanischen Systeme nutzbar machte.

Das genannte Prinzip können wir folgendermassen fassen. Es sei Σ ein mechanisches System von n Massenpunkten, deren kartesische Koordinaten wir uns durchgezählt denken und im folgenden mit x_i $(i = 1, \ldots, 3n)$ bezeichnen, sodass x_1, x_2, x_3 die Koordinaten des ersten, $\ldots x_{3n-2}, x_{3n-1}, x_{3n}$ die des n-ten Massenpunktes bedeuten. Auf die n Punkte mögen ebensoviele Kräfte wirken, deren Komponenten in entsprechender Weise mit X_i $(i = 1, \ldots 3n)$ bezeichnet seien. Ferner möge das System gewissen m Bedingungsgleichungen unterworfen sein, die wir in allgemeinster differentieller, etwa rheonomer Form schreiben können:

$$(1) \qquad \sum_{i=1}^{3n} (a_{\varkappa i} dx_i + a_\varkappa dt) = 0, \qquad (\varkappa = 1 \ldots m).$$

Das Prinzip der virtuellen Verrückungen besagt dann: Notwendig und hinreichend dafür, dass Σ sich im Gleichgewicht befindet, ist das Bestehen der

---

34) In einem Briefe an VARIGNON vom 26. Januar 1717, vergl. P. VARIGNON, *Nouvelle Mécanique* 2 vol. Paris 1725. Wegen der ausführlichen Zitate hier und im folgenden vergl. VOSS a. a. O., MACH a. a. O.

35) J. L. LAGRANGE, *Mécanique analytique.* Paris 1788; Oeuvres complètes, vol. 11, p. 23.

Gleichung

$$(2) \qquad \sum_{i=1}^{3n} X_i \delta x_i = 0,$$

worin δx_i die Komponenten von virtuellen, d. h. durch die Bedingungsgleichungen gestatteten infinitesimalen Verschiebungen der Massenpunkte sind,
nämlich von solchen, die den Gleichungen

$$(3) \qquad \sum_{i=1}^{3n} a_{\varkappa i} \delta x_i = 0, \qquad\qquad (\varkappa = 1 \dots m)$$

genügen[36]). Bei LAGRANGE sind nur Bedingungen berücksichtigt, die durch
Gleichungen zwischen den Punktkoordinaten realisiert werden; die dann möglichen Verschiebungen δx_i sind — und ebenso bei anholonomen Bedingungen
— von der Art, dass zu jeder auch die entgegengesetzte denkbar ist. Als
allgemeines Gleichgewichtskriterium schliesst das genannte Prinzip die ganze
Statik in sich.

Den tragenden Grundpfeiler der Dynamik bildet hingegen das Prinzip
von D'ALEMBERT[37]). Bezeichnen wir die Massen der betrachteten Punkte analog
wie die Koordinaten mit m_i ($i = 1, \dots 3n$), sodass man $m_1 = m_2 = m_3, \dots$
$m_{3n-2} = m_{3n-1} = m_{3n}$ zu setzen hat, und sind die X_i wieder die Komponenten
der auf die Massen m_i wirkenden Kräfte, so erleiden die Punkte unter dem Einfluss der genannten Kräfte einerseits und der von den Bedingungsgleichungen
herrührenden Zwangskräfte andererseits die Beschleunigungen $\ddot{x}_i$; dann sind die
sog. verlorenen Kräfte $X_i - m_i \ddot{x}_i$ mit den durch die Bindungen hervorgerufenen
Zwangskräften im Gleichgewicht. Dies ist der D'ALEMBERTsche Satz, den man
bis zu einem gewissen Grade als rein logische Überlegung ansprechen kann.
LAGRANGE tat nun in seiner Mécanique den naheliegenden Schritt, diesen Satz
mit dem Prinzip der virtuellen Verrückungen zu verbinden, sodass bei ihm
das D'ALEMBERTsche Prinzip die Gestalt erhält

$$(4) \qquad \sum_{i=1}^{3n} (X_i - m_i \ddot{x}_i) \delta x_i = 0,$$

---

36) Diese allgemeinste Fassung des Prinzips s. z. B. bei CL. SCHAEFER, *Die Prinzipe der Dynamik.*
Berlin 1919.

37) J. D'ALEMBERT, *Traité de Dynamique.* Paris 1743.

worin die δx_i ein System virtueller Verrückungen im obigen Sinne bezeichnen, die den Gleichungen (3) genügen. Der D'ALEMBERTsche Satz führt somit die Dynamik auf die Statik zurück und enthält letztere als Spezialfall, in dem $\ddot{x}_i = 0$ zu setzen ist. Er ist äquivalent mit den LAGRANGEschen Grundgleichungen der Mechanik.

2. Die GAUSSsche Arbeit über das Prinzip des kleinsten Zwanges.

GAUSS geht nun einen Schritt weiter auf dem von LAGRANGE eingeschlagenen Wege der Vereinheitlichung und Ökonomie, indem er den beiden letztgenannten Prinzipien ein einziges neues, das des kleinsten Zwanges, substituiert. Er empfindet es als Mangel, dass Statik und Dynamik gesondert behandelt werden, während doch von einem höheren Standpunkte aus erstere nur einen ganz speziellen Fall der Mechanik bilde. Diesen Mangel soll sein neues Prinzip beheben, es soll also das einzige Gesetz der Mechanik schlechthin sein.

Es seien $A_1 \ldots A_n$ die Positionen der n Massenpunkte mit den Koordinaten x_i im Zeitpunkte t, die einerseits den angreifenden Kräften mit den Komponenten X_i unterliegen, andererseits gewissen m Bedingungsgleichungen (1) genügen, deren Koeffizienten Funktionen der Koordinaten und der Zeit sind. Die Bedingungsgleichungen äussern sich im Auftreten von Zwangskräften, deren Zusammensetzung mit den angreifenden Kräften die wirklichen Kräfte ergibt. Letzteren verdanken die Punkte ihre wirkliche Bewegung, durch die sie im Zeitpunkte $t + \Delta t$ in die Stellungen $C_1 \ldots C_n$ gelangen, deren Koordinaten durch $x_i + \dot{x}_i \Delta t + \frac{1}{2}\ddot{x}_i(\Delta t)^2 + \cdots$ gegeben sind; würden in den Punkten $A_1 \ldots A_n$ nur die angreifenden Kräfte unter Ausschaltung der Zwangskräfte wirken, so hätten die Punkte im Momente $t + \Delta t$ die Positionen $B_1 \ldots B_n$ mit den Koordinaten $x_i + \dot{x}_i \Delta t + \frac{1}{2}\frac{X_i}{m_i}(\Delta t)^2 + \cdots$ angenommen. Die Vektoren $\overrightarrow{B_\nu C_\nu}$ $(\nu = 1 \ldots n)$ messen also durch ihre Länge die Abweichung der wirklichen von der freien, d. h. ohne Bindungen vor sich gehenden Bewegung nach Ablauf der infinitesimalen Zeit Δt. GAUSS bezeichnet dann $m_{3\nu}\,|B_\nu C_\nu|^2$ als den Zwang, den der ν-te Massenpunkt infolge der herrschenden Bedingungen im Zeitelement Δt erleidet, und somit

$$(5) \qquad Z = \sum_{\nu=1}^{n} m_{3\nu} |B_\nu C_\nu|^2 = \frac{(\Delta t)^4}{4} \sum_{i=1}^{3n} \frac{1}{m_i}(X_i - m_i \ddot{x}_i)^2$$

als den Zwang des ganzen Systems Σ. Die Vektoren $\overrightarrow{B_\nu C_\nu}$ sind andererseits proportional zu Kräften, die sich vermöge der Bedingungen das Gleichgewicht halten, d. h. infolge letzterer nicht wirksam werden. Wendet man also auf sie das Prinzip der virtuellen Verrückungen an, so folgt, dass

$$\sum_{i=1}^{3n} (X_i - m_i \ddot{x}_i)\, \delta x_i = 0$$

sein muss, womit sich das D'ALEMBERTsche Prinzip ergibt.

Gauss gibt aber diesem letzten Schluss eine andere Wendung. Fasst man nämlich Z nur als Funktion der $\ddot{x}_i$ auf und sucht diejenigen Werte dieser Variablen, die Z zum Extremum (und zwar offenbar zum Minimum) machen, so findet man die Bedingung

$$(6) \qquad \sum_{i=1}^{3n} (X_i - m_i \ddot{x}_i)\, \delta \ddot{x}_i = 0,$$

die formal mit der Gleichung des D'ALEMBERTschen Prinzips (4) übereinstimmt, wenn die $\delta \ddot{x}_i$ noch die den Beziehungen (3) entsprechenden Bedingungsgleichungen

$$(7) \qquad \sum_{i=1}^{3n} a_{\varkappa i}\, \delta \ddot{x}_i = 0 \qquad\qquad (\varkappa = 1 \dots m)$$

erfüllen. Diese letzten Gleichungen kann man aber folgendermassen deuten: aus (1) folgt, dass die wirklichen Beschleunigungskomponenten $\ddot{x}_i$ m Relationen der Form

$$(8) \qquad \sum_{i=1}^{3n} a_{\varkappa i}\, \ddot{x}_i + \Phi_\varkappa (x_i, \dot{x}_i, t) = 0 \qquad\qquad (\varkappa = 1 \dots m)$$

genügen müssen, worin die Funktionen $\Phi_\varkappa$ die $\ddot{x}_i$ nicht enthalten. Ordnen wir also der wirklichen Bahn eine variierte Bahn zu, bei der Koordinaten und Geschwindigkeiten im Zeitpunkte t unverändert bleiben:

$$\delta x_i = \delta \dot{x}_i = 0 \qquad\qquad (i = 1 \dots 3n),$$

und nur die Beschleunigungen um $\delta \ddot{x}_i$ variiert werden, und verlangen wir, dass diese variierte Bahn ebenfalls zulässig sei, also den vorgelegten Bedingungen (1) genüge, so muss neben (8) eben die Beziehung (7) für die Variationen gelten. Man bezeichnet die dargelegte Art der Variation als eine GAUSSsche

Variation. Somit bedeutet (6), dass bei einer GAUSSschen Variation der Bahn $\delta Z = 0$ ist, d. h. dass die wirkliche Bahn im Vergleich zu den nach GAUSS variierten Bahnen den Zwang zu einem Minimum macht. Dies ist das Prinzip des kleinsten Zwanges, und es ist aus seiner Ableitung evident, dass es mit dem Prinzip von D'ALEMBERT und dem der virtuellen Verrückungen — wenigstens solange die obige Ableitung ihre Geltung behält — völlig gleichwertig ist.

MACH[38]) hat darauf hingewiesen, dass dieses Prinzip mit folgender Aussage identisch ist: die Arbeit, durch die in einem Zeitelement die Abweichung der wirklichen, d. h. erzwungenen Bewegung von der freien hervorgebracht wird, also die sog. verlorene Arbeit, ist ein Minimum. Man kann aus dem GAUSSschen Prinzip eine Reihe weiterer Minimumsprinzipe ableiten, die alle mit ihm äquivalent sind[39]). In der letztgenannten Fassung erscheint das GAUSSsche Prinzip zugleich in neuer historischer Beleuchtung, denn schon CARNOT[40]) hatte beim Versuche einer sachlichen Erklärung der metaphysischen Gedankengänge, mit denen MAUPERTUIS sein Prinzip der kleinsten Aktion umrahmte, darauf hingewiesen, dass beim elastischen und unelastischen Stoss die verlorenen lebendigen Kräfte ein Minimum sein müssten; insofern erscheint das GAUSSsche Prinzip als der Abschluss einer mit dem MAUPERTUISschen Prinzip zusammenhängenden Entwicklung.

GAUSS selbst hat sein neues Prinzip zum ersten Male in dem oben zitierten Briefe an OLBERS 1829 ausgesprochen und im gleichen Jahre in seiner Abhandlung über diesen Gegenstand bekannt gemacht. In seinen späteren Arbeiten ist er nicht mehr darauf zurückgekommen, und dies mag es wohl z. T. erklären, dass sein Grundsatz erst erheblich später in seiner fundamentalen Bedeutung erkannt und angewandt wurde. Noch kurz vor seinem Tode entstand unter GAUSS' unmittelbarem Einfluss die Dissertation von A. RITTER, die neben einer ausführlichen Erläuterung Beispiele entwickelt und die elementaren Sätze der Statik aus dem GAUSSschen Prinzip ableitet. Das erste Lehrbuch, das das GAUSSsche Prinzip unter die dynamischen Grundgesetze einreihte, war das von EARNSHAW (*Dynamics*, Cambridge 1839). Die ersten Arbeiten über das GAUSSsche Prinzip befassen sich nur mit Erläuterungen

---

38) a. a. O. S. 338.

39) Die vollständige Literatur ist aufgezählt bei VOSS a. a. O. S. 84.

40) L. N. M. CARNOT, *Principes fondamentaux de l'équilibre et des mouvements.* Paris 1803, S. 157.

und direkten Anwendungen, so z. B. gibt REUSCHLE[41]) die Anwendung auf den Hebel und SCHEFFLER[42]) ausserdem die Behandlung der Pendelbewegung, des unelastischen Stosses und der Bewegung eines schweren Punktes auf einer Fläche. Diesen Beispielen hat MACH einige weitere aus der Statik und Dynamik hinzugefügt. Der erste, der das GAUSSsche Prinzip in seiner vollen Tragweite würdigte, war wohl HEINRICH HERTZ[43]), denn in seinem Buche ist dieses Prinzip zusammen mit dem GALILEIschen Trägheitsgesetz zum Grundpfeiler seiner kräftelosen Mechanik erhoben.

Der von GAUSS gegebene Beweis seines Prinzips, der sich nur in der geometrischen Einkleidung von den oben wiedergegebenen Überlegungen unterscheidet, impliziert eine Voraussetzung, die GAUSS selbst nicht beachtet, und auf die erst STÄCKEL[44]) aufmerksam gemacht hat, nämlich, dass alle auftretenden Bedingungsgleichungen (1) linear in den Differentialen seien. Betrachtet man die m-reihige Matrix

$$\begin{vmatrix} a_{11}, & a_{12}, & \ldots & a_{1,3n} \\ a_{21}, & a_{22}, & \ldots & a_{2,3n} \\ \cdot & \cdot & \cdot & \cdot \\ a_{m1}, & a_{m2}, & \ldots & a_{m,3n} \end{vmatrix},$$

die selbst Funktion des Ortes und der Zeit ist, so kann sie entweder den Rang m, oder einen Rang $r < m$ haben. Ist das Erstere der Fall, so nennen wir die Lage des Systems Σ regulär, ist hingegen $r < m$, so heisst die Lage singulär. Tritt letzteres ein, so hat dies zur Folge, dass eine der Gleichungen (1) durch eine Gleichung höheren Grades in den Differentialen zu ersetzen ist, wie man daraus erkennt, dass es sich in den Bedingungen (1) ja um die ersten Glieder von Taylorentwicklungen handelt. Nimmt man z. B. einen Punkt mit der Masse Eins, der auf dem Kegel

$$x_1^2 + x_2^2 - x_3^2 = 0$$

41) REUSCHLE, *Über das Prinzip des kleinsten Zwanges und die damit zusammenhängenden mechanischen Prinzipe.* Archiv d. Math. und Phys., 6, 1845, S. 238—270.

42) H. SCHEFFLER, *Über das Gausssche Grundgesetz der Mechanik.* Zeitschr. f. Math. und Phys., 3, 1858, S. 197—223, 261—274.

43) H. HERTZ, *Die Prinzipien der Mechanik.* Leipzig 1894. Ges. Werke III, vergl. S. 184 ff.

44) P. STÄCKEL, *Bemerkungen zum Prinzip des kleinsten Zwanges.* Sitzungsber. d. Heidelb. Akad. d. Wiss. Abt. A. Jahrg. 1919.

zu laufen gezwungen ist, so lautet die Bedingung (1) im allgemeinen

$$x_1\, dx_1 + x_2\, dx_2 - x_3\, dx_3 = 0.$$

Sie versagt jedoch in der Kegelspitze, dem Orte der singulären Lage, und statt ihrer müssen die Differentiale dort die Beziehung erfüllen

$$(dx_1)^2 + (dx_2)^2 - (dx_3)^2 = 0.$$

Für reguläre Lagen sind nun das D'ALEMBERTsche und das GAUSSsche Prinzip gleichwertig; beide bestimmen die Beschleunigungen eindeutig aus dem augenblicklichen Bewegungszustand, und auf solche Lagen bezog sich der obige Beweis. Anders verhält es sich für singuläre Lagen; die einfachsten Beispiele zeigen, dass in solchen Fällen das D'ALEMBERTsche Prinzip versagt und zu Widersprüchen führen kann; die Minimumsaufgabe des GAUSSschen Prinzips behält dagegen auch dann ihren Sinn, wenn die Variationen der Beschleunigungskomponenten, die von der wirklichen zu der nach GAUSS variierten Bahn führen, nicht durch lineare, sondern allgemeiner durch algebraische Gleichungen verknüpft sind. Ein Unterschied muss jedoch hervorgehoben werden: bei regulärer Lage liefert das GAUSSsche Prinzip ein einziges absolutes Minimum des Zwanges, legt also die Beschleunigungen vollkommen eindeutig fest; bei singulärer Lage kann es hingegen mehrere Minima des Zwanges geben, die die von dieser Lage aus möglichen Bewegungen charakterisieren; der sog. Eindeutigkeitssatz der Mechanik wird also für singuläre Lagen ungültig. Dass dem so ist, erkennt man leicht, wenn man die Grössen $\ddot{x}_i \sqrt{m_i}$ als Koordinaten eines $3n$-dimensionalen linearen Raumes R_{3n} deutet; ist dann die Lage regulär, führen also die Bedingungen (1) zu linearen Bindungen zwischen den $\ddot{x}_i$, so wird durch diese eine im R_{3n} eingebettete lineare Mannigfaltigkeit R_{3n-m} ausgesondert, und das GAUSSsche Prinzip erfordert, geometrisch gedeutet, die Bestimmung des kürzesten Abstandes des Punktes mit den Koordinaten $\dfrac{X_i}{\sqrt{m_i}}$ von diesem R_{3n-m}, ist die Lage singulär, bestehen also zwischen den $\ddot{x}_i$ nichtlineare algebraische Bedingungsgleichungen, so sondern diese aus dem R_{3n} eine algebraische nichtlineare Mannigfaltigkeit V_{3n-m} aus, und die Bestimmung des kürzesten Abstandes derselben von dem Punkte $\dfrac{X_i}{\sqrt{m_i}}$ kann dann zu mehreren Lösungen führen [45]).

---

[45]) Die Frage nach der physikalischen Möglichkeit oder Unmöglichkeit singulärer Lagen liegt ausserhalb des Rahmens unserer Aufgabe; sie hängt damit zusammen, dass den mechanischen Prinzipien eine unter Umständen physikalisch unzulässige Idealisierung zugrunde liegt.

Somit folgt, dass für singuläre Lagen das GAUSSsche Prinzip mehr leistet als das D'ALEMBERTsche und also aus diesem nicht abgeleitet werden kann. Man wird vielmehr das Prinzip des kleinsten Zwanges für singuläre Lagen als ein neues, weitertragendes Axiom aufzufassen haben.

3. Das FOURIERsche Ungleichungsprinzip.

Während LAGRANGE in seiner Mécanique nur Gleichungen zwischen den Koordinaten bezw. Geschwindigkeiten als Bedingungen für ein System zulässt, hat FOURIER[46] 1798 erstmalig in einer dem Beweise des Prinzips der virtuellen Geschwindigkeiten gewidmeten Abhandlung auf die Möglichkeit hingewiesen, dass die Koordinaten der betrachteten Massenpunkte auch Ungleichungsbedingungen unterliegen können. Handelt es sich z. B. um zwei durch einen masselosen, unausdehnbaren, biegsamen Faden von der Länge 1 verbundene Punkte. so können diese sich zwar einander beliebig nähern, aber niemals eine Entfernung, die grösser als 1 ist, annehmen; hat man eine feste, undurchdringliche Kugel, so kann zwar ein Massenpunkt auf ihr beliebig gleiten oder rollen, oder sich von ihrer Oberfläche entfernen, vermag aber nicht in sie einzudringen. Während für die LAGRANGEsche Form des Prinzips der virtuellen Verrückungen wesentlich ist, dass zu jeder Verrückung auch die entgegengesetzte möglich sei, sind die zuletzt betrachteten Bindungen einseitig, und es gibt virtuelle Verrückungen, die nicht umkehrbar sind. Das genannte Prinzip gilt dann in der Gleichungsform nicht mehr, vielmehr tritt an seine Stelle bei FOURIER die Bemerkung, dass das Moment der angreifenden Kräfte bei den erlaubten Verrückungen aus der Gleichgewichtslage nicht positiv werden darf, und es lautet demnach in diesem Falle die notwendige und hinreichende Gleichgewichtsbedingung dahin, dass bei den erlaubten virtuellen Verrückungen

$$(9) \qquad \sum_{i=1}^{3n} X_i \delta x_i \leq 0$$

sein muss[47].

---

46) FOURIER, *Mémoire sur la statique.* Journal de l'École Polytechnique 5, 1798, S. 20; Oeuvres II, 1890, S. 475—521, insbesondere S. 488.

47) Vergl. MACH, a. a. O. S. 60, wo der Beweis dieses Prinzips gleichzeitig mit dem der virtuellen Verrückungen entwickelt ist. L. BOLTZMANN, *Vorlesungen über die Prinzipien der Mechanik* Bd. I, 1897, S. 141, 216 ff.

GAUSS hat dieses allgemeine FOURIERsche Prinzip immer im Auge gehabt; er setzt es in der Fassung (9) an die Spitze seiner Abhandlung über die Gleichgewichtsfiguren der Flüssigkeiten[48]), und kommt in der eben besprochenen Abhandlung über das Prinzip des kleinsten Zwanges[49]) wieder darauf zurück. Die Einführung von Bedingungsungleichungen neben den von LAGRANGE allein betrachteten holonomen oder nichtholonomen Bedingungsgleichungen hat GAUSS stets sehr am Herzen gelegen; auch in dem Briefe an MÖBIUS[50]) vom 29. September 1837 kommt er darauf zu sprechen: »Ich habe ein Paarmahl Veranlassung genommen, das herrliche Prinzip in derjenigen Gestalt, wie ich es wohl bei mündlichen Vorträgen darzustellen pflege, auszusprechen, z. B. im ersten Artikel meiner *Theoria generalis figurae fluidorum*. Es scheint dies aber wenig beachtet zu sein, vermuthlich, weil es nur so beiläufig vorkommt, ohne das Unterscheidende besonders hervorzuheben oder umständlich zu motiviren. ... Wichtiger aber erscheint mir, dass alle Schriftsteller, auch LAGRANGE, das Prinzip enger gefasst haben als nöthig ist. Allen Schriftstellern sieht man die Fessel anhängen, die sie in den engern Raum festbannt, wo nur von solchen Fällen die Rede ist, die Einer analytischen Formel vollständig unterworfen sind. Dies aber ist nicht die Erschöpfung der Fälle der Natur. Diese bietet ebenso oft Fälle dar, wo die Eine analytische Formel nicht ausreicht.«

Die wiederholten Hinweise von GAUSS mögen mit Veranlassung dazu gewesen sein, dass die Frage der Ungleichheitsbedingungen in der Folgezeit eingehender untersucht wurde.

Zu den holonomen oder nichtholonomen Bedingungsgleichungen (1) mögen eine Reihe von Ungleichungen der Form

$$(10) \qquad f_\nu(x_1, \ldots x_{3n}, t) \geqq 0 \qquad (\nu = 1 \ldots l)$$

treten. Ist in dem zu untersuchenden Augenblick t für den Bewegungszustand von Σ eine der Funktionen f_ν positiv, so heisst die entsprechende Bedingung in diesem Augenblick unwirksam; denn dann sind auch alle hinreichend benachbarten Bewegungszustände, die den anderen Bedingungen genügen, möglich.

---

48) Werke V, S. 35.
49) Werke V, S. 27 Anm.
50) Vergl. Werke XI, 1, S. 17—20.

Verschwindet dagegen f_ν, so müssen die $\dot{x}_i$ der Bedingung genügen

$$(11) \qquad \sum_{i=1}^{3n} \frac{\partial f_\nu}{\partial x_i} \dot{x}_i + \frac{\partial f_\nu}{\partial t} \geq 0.$$

Ist hierin für den durch die x_i, $\dot{x}_i$ charakterisierten Bewegungszustand die linke Seite positiv, so ist auch diese Bedingung im Augenblick t unwirksam. Gilt dagegen in (11) das Gleichheitszeichen, so entsteht für die $\ddot{x}_i$ die Bedingung

$$(12) \qquad \sum_{i=1}^{3n} \frac{\partial f_\nu}{\partial x_i} \ddot{x}_i + \varphi_\nu(x_i, \dot{x}_i, t) \geq 0.$$

In der Form (11) denken wir uns auch nach passender Abänderung der Schreibweise die nichtholonomen Ungleichungen einbegriffen, die zu den holonomen Ungleichungen (10) noch hinzutreten können. Während die Kenntnis des Bewegungszustandes zu entscheiden gestattet, welche der Bedingungen (10) oder (11) augenblicklich wirksam ist, wissen wir a priori nicht, welche der Ungleichungen (12) bei der wirklich stattfindenden Bewegung wirksam sein wird.

Das FOURIERSche Prinzip, verbunden mit dem Satze von D'ALEMBERT, besagt dann, dass für die wirklich eintretende Bewegung

$$(13) \qquad \sum_{i=1}^{3n} (m_i \ddot{x}_i - X_i) \delta x_i \geq 0$$

sein muss, wenn die δx_i erlaubte Verrückungen bedeuten von der Art, dass auch die variierte Bahn den wirksamen Ungleichungen (10) und den Bedingungen (3) genügt. Von GIBBS[51]) und STÄCKEL[44]) rühren einfache Beispiele her, die zeigen, dass dieses erweiterte FOURIER-D'ALEMBERTsche Prinzip im allgemeinen nicht zur Bestimmung der Beschleunigungen, also zur eindeutigen Festlegung der Bewegung ausreicht. Vielmehr zeigt sich gerade in diesem Falle die grosse Überlegenheit des GAUSSschen Satzes.

Spricht man das GAUSSsche Prinzip auch hier in der Form aus, dass für die wirkliche Bahn im Vergleich zu den nach GAUSS variierten Bahnen der Zwang ein Minimum sei, so zeigt sich, dass dieses Prinzip eine wohlbestimmte Bewegung liefert. Voraussetzung dafür ist nur die Regularität des Systems, nämlich dass aus den Gleichungen (1) und denjenigen der Beziehungen (11), die

---

51) G. W. GIBBS, American Journal of Mathematics, 2, 1879, vgl. auch BOLTZMANN a. a. O., Bd. 1, S. 223—225.

den wirksamen Ungleichungen (12) entsprechen, sich ebenso viele Geschwindig-
keitskomponenten als Funktionen der anderen bestimmen lassen. Nachdem schon
OSTROGRADSKY[52]) sich 1834 mit dem FOURIERschen Prinzip befasst hatte, hat
wohl zuerst JACOBI in seinen im W.S. 1848/49 gehaltenen Vorlesungen über
Dynamik[53]) das Prinzip des kleinsten Zwanges auf Systeme mit Ungleichheitsbedingungen angewandt. Ihm folgt RITTER in seiner von GAUSS beeinflussten
Dissertation, in der das Prinzip des kleinsten Zwanges auf Systeme mit holonomen Ungleichungsbedingungen der Form (10) angewandt und die geometrische Deutung im $3n$-dimensionalen euklidischen Raume erörtert wird, ohne
die rechnerische Durchführung des Ansatzes zu erledigen. Diese mehrdimen-
sionale Deutung geht sicher auf GAUSS zurück, denn wir wissen aus Andeutungen und Veröffentlichungen, sowie aus dem Bericht von SARTORIUS VON
WALTERSHAUSEN, dass GAUSS sich mehrfach, insbesondere in seinen späteren
Jahren, mit mehrdimensionalen Mannigfaltigkeiten beschäftigt hat.

Fassen wir die $\ddot{x}_i \sqrt{m_i}$ wieder als Koordinaten eines R_{3n} auf, so bestimmen
die wirksamen Gleichungen der Gesamtzahl s bezw. Ungleichungen der
Form (12) einen Teil eines linearen Unterraumes R_{3n-s}, der unter der ge-
machten Voraussetzung der Regularität von Hyperebenen begrenzt wird. Die
GAUSSsche Aufgabe ist dann damit identisch, vom Punkte mit den Koordinaten
$\dfrac{X_i}{\sqrt{m_i}}$ nach dieser Mannigfaltigkeit den kürzesten Abstand zu ziehen. Der
R_{3n-s} ist überall konvex und einfach-zusammenhängend, wie man aus der
Linearität der Bedingungen (12) leicht ersieht. Daraus folgt, dass es nur ein
Minimum des Abstandes gibt, dass also bei regulärer Lage das GAUSSsche
Prinzip den Bewegungszustand eindeutig charakterisiert. Das GAUSSsche Prinzip
leistet also im Falle von Ungleichheitsbedingungen mehr als das D'ALEMBERT-
sche Prinzip, das es im Besonderen in sich schliesst. GAUSS hat daher die
Tragweite seines Grundgesetzes unterschätzt, als er erklärte, es sei mit dem
D'ALEMBERTschen Prinzip identisch. Vielmehr wird man auch hier das GAUSS-
sche Prinzip als ein neues Axiom auffassen müssen, das im Regularitätsfalle
die wirkliche Bestimmung der Bewegung ermöglicht. Dadurch gewinnt das
GAUSSsche Gesetz als einziges den Rang des wahren Grundgesetzes der ana-

---

52) PH. OSTROGRADSKY, *Considérations générales sur les momens des forces*. Mém. de l'Acad. Imp.
d. St. Pétersbourg (6) 1, 1834, S. 565.

53) Vergl. VOSS, a. a. O. S. 87, Zitat einer handschriftlichen Ausarbeitung von SCHEIBNER.

lytischen Mechanik. Der Grund dafür, dass der GAUSssche Satz sich als umfassender erweist als der D'ALEMBERTsche, liegt darin, dass der Bereich der zulässigen Variationen der $\ddot{x}_i$ im allgemeinen umfassender ist als der der Variationen der x_i.

Will man die angestellten Überlegungen rechnerisch durchführen, so hat man folgendes Problem zu lösen: es ist das Minimum des Ausdruckes $z_1^2 + \cdots + z_n^2$ zu suchen, wenn die z_i r linearen Ungleichungen der Form

$$(14) \qquad\qquad \varphi_\nu = \sum_{i=1}^{n} a_{\nu i} z_i \geq 0 \qquad\qquad (\nu = 1 \ldots r)$$

unterworfen sind. Gerade mit dieser Aufgabe hat sich GAUSS in einer Vorlesung über die Methode der kleinsten Quadrate im Wintersemester 1850/51 beschäftigt, die von RITTER ausgearbeitet und in seiner Dissertation verwertet wurde[54]). Der von GAUSS eingeschlagene Weg ist von STÄCKEL[55]) eingehend behandelt worden. Handelt es sich allgemeiner um die Aufgabe, eine Funktion $f(z_1 \ldots z_n)$ unter den vorgegebenen Bedingungen (14) zum Minimum zu machen, so deutet man zunächst wieder die $z_1 \ldots z_n$ als kartesische Koordinaten eines R_n, in dem durch (14) ein Raumstück Φ ausgesondert wird. Man bestimmt dann zunächst den Punkt z_i^0, der das absolute Minimum von f liefert; liegt er in Φ oder auf seiner Begrenzung, so sind die Bedingungen (14) unwirksam, und die Aufgabe ist durch z_i^0 gelöst. Liegt dieser Punkt ausserhalb Φ, so liegt der zu suchende Punkt des Minimums auf der Begrenzung von Φ. Um ihn zu finden, verfährt GAUSS folgendermassen. Er geht aus von einem Punkte ζ_i der Begrenzung von Φ, in dem n der Funktionen φ_ν Null, die übrigen $r - n$ positiv sind, und bestimmt nun die Richtung, in der man auf der Begrenzung fortschreiten muss, damit f am schnellsten abnimmt, d. h. damit eine gegebene infinitesimale Änderung von f durch Werte z_i erreicht wird, für die

$$\sum_{i=1}^{n} (z_i - \zeta_i)^2$$

ein Minimum ist. Man erhält so eine Kurve schnellster Abnahme auf der

---

54) Ein Teil der RITTERschen Ausarbeitung ist abgedruckt in Werke X, 1, S. 473—481: der interessierende Abschnitt aus seiner Dissertation ebendaselbst S. 469—472.

55) P. STÄCKEL, *Eine von Gauss gestellte Aufgabe des Minimums*. Sitzungsber. d. Heidelb. Akad. d. Wiss. Abt. A, 1917.

Begrenzung von Φ, bei deren Durchlaufen man entweder an einen Punkt gelangt, in dem das Abnehmen von f in Zunehmen übergeht — und dann ist das ein gesuchter Minimumspunkt, — oder man in eine andere Grenzmannigfaltigkeit übergeht, auf der man wieder die Kurve schnellster Abnahme aufzustellen hat. Durch Fortsetzung dieses Verfahrens findet man endlich die Stelle des Minimums, und diejenigen der Funktionen φ_ν, die an dieser Stelle verschwinden, geben die für das Minimum einzig wirksamen unter den Ungleichungen (14).

Man kann hiernach die Differentialgleichung der Kurven schnellster Abnahme aufstellen, auf denen man fortzuschreiten hat. Bei allgemeiner Wahl von f und φ_ν kann diese Differentialgleichung singuläre Stellen besitzen und dadurch zur Existenz mehrerer Minima führen, wie dies insbesondere beim Gaussschen Problem dann eintreten kann, wenn es sich um einen irregulären Bewegungszustand handelt. Daher bedarf nach Anwendung der Gaussschen Methode die wirkliche Minimumseigenschaft des ermittelten Punktes noch eines besonderen Nachweises.

Beim Problem des kleinsten Zwanges ist speziell $f \equiv z_1^2 + \cdots + z_n^2$ zu setzen, und die φ_ν sind, wie (14) zeigt, linear; dadurch eliminieren sich gerade die letztgenannten Schwierigkeiten. Stäckel hat gezeigt, dass das Gaussche Verfahren hier sogar nach endlich vielen Schritten zu der einzigen Stelle des Minimums führt, indem der zu durchlaufende Weg schnellster Abnahme jede Grenzmannigfaltigkeit von Φ nur endlich oft durchläuft. Die spezielle Wahl des Ausgangspunktes, die Gauss vornimmt, kann gegebenenfalls unmöglich sein; jedoch ist diese Wahl unwesentlich, wenn man nur auf der Berandung von Φ bleibt. Die unwirksamen Ungleichungen hätte man für die Bestimmung des Minimums ausscheiden können.

Die Frage, ob durch das Prinzip des kleinsten Zwanges auch im Falle von Ungleichungen die wirkliche Bewegung eindeutig ermittelt werden kann, blieb lange unbeantwortet. Auf Anregung von Study untersuchte sie A. Mayer[56] und skizzierte ein Verfahren, das vor allem gestattet, die für die wirkliche

---

56) A. Mayer, *Über die Aufstellung der Differentialgleichungen der Bewegung für reibungslose Punktsysteme, die Bedingungsungleichungen unterworfen sind.* Ber. d. Sächs. Akad. d. Wiss. zu Leipzig, Math.-phys. Classe, 51, 1899, S. 224—244; *Zur Regulierung der Stösse in reibungslosen Punktsystemen, die dem Zwange von Bedingungsungleichungen unterliegen,* ebenda, S. 245—264.

Bewegung wirksamen Bedingungen von den unwirksamen in einem gegebenen Zeitpunkte zu trennen; für den Fall von ein oder zwei wirksamen Bedingungen gelang ihm der direkte Nachweis der Eindeutigkeit der Lösung. Der oben von uns wiedergegebene Eindeutigkeitsbeweis, der hauptsächlich auf der Linearität der Ungleichungen und der Konvexität des Gebietes beruht, und der im Wesentlichen wohl auch GAUSS nicht entgangen sein dürfte, geht auf ZERMELO[57]) und STÄCKEL[55]) zurück. Ähnlich wie im LAGRANGEschen Falle der Bedingungsgleichungen lässt sich eine modifizierte Multiplikatorenmethode entwickeln, die in einer Reihe späterer Arbeiten[58]) ausgebaut und auf Beispiele angewandt worden ist.

III. Die Anziehung der Ellipsoide.

1. GAUSS' Vorgänger.

Das Anziehungsproblem einer kugelförmigen Masse hatte NEWTON bereits 1687 in seinen *Principia*[59]) erledigt. Von ihm rührt auch der Satz her, dass eine Kugelschale auf einen inneren Punkt gar keine Anziehung ausübt und auf einen äusseren eine solche, die proportional ist zu der Wirkung ihrer im Mittelpunkt konzentrierten Masse. (Die Gleichheit dieser Anziehungen wurde erst später von EULER und BERNOULLI bewiesen.) Die Astronomie erforderte weiter die Bestimmung der Anziehung eines homogenen Ellipsoids, vor allem des Rotationsellipsoids oder Sphäroids. Auch mit dieser, und zwar mit der Attraktion des Sphäroids auf die Punkte der verlängerten Achse, hat sich bereits NEWTON beschäftigt, und er fand auch den Satz, dass eine von konzentrischen, ähnlichen und ähnlich gelegenen Sphäroiden begrenzte Schale auf einen inneren Punkt des Hohlraumes keine Anziehung ausübt. Ein weiterer bedeutender Beitrag rührt von MAC-LAURIN[60]) her. Er ermittelte auf

---

57) E. ZERMELO, *Über die Bewegung eines Punktsystems bei Bedingungsungleichungen.* Göttinger Nachrichten, Math.-phys. Klasse 1899, S. 306—310.

58) Die vollständige Literatur ist wiedergegeben bei P. STÄCKEL, *Encykl. d. math. Wiss.* IV, 6, S. 460 und bei E. B. JOURDAIN, *Ostwalds Klassiker* Nr. 167, S. 60. Beispiele zur Multiplikatorenmethode entwickeln MAYER a. a. O. und HENNEBERG, Journal f. d. reine u. angew. Math. 113, 1894, S. 179—185.

59) J. NEWTON, *Philosophiae naturalis principia mathematica,* 1, 1687, sect. 12. 13.

60) C. MAC-LAURIN, *De causa physica fluxus et refluxus maris,* 1740. *Treatise of fluxions,* 1, 1742, cap. 14.

synthetischem Wege die Anziehung eines Sphäroids auf Punkte im Inneren und auf der eigenen Oberfläche und zeigte für solche, dass die senkrecht zur Rotations-achse gerichtete Komponente proportional dem Abstande des Aufpunktes von der Achse, und ebenso die senkrecht zur Äquatorebene gerichtete Komponente proportional dem Abstand des Aufpunktes vom Äquator ist. Für äussere, und zwar auf den Achsen liegende Punkte formulierte MAC-LAURIN den heute nach ihm benannten Satz, dass die Anziehungskräfte konfokaler Sphäroide auf einen äusseren Punkt sich wie deren Massen verhalten. In der Folge versuchten sich D'ALEMBERT und LAGRANGE[61]) am analytischen Beweis der MAC-LAURINschen Sätze; zwar gelang letzterem der analytische Beweis des MAC-LAURINschen Theorems für Sphäroide, aber nicht die Lösung des Anziehungs-problems für das allgemeine Ellipsoid. Die LAGRANGEsche Arbeit ist dadurch bedeutend, dass in ihr das allgemeine Attraktionsproblem eines beliebigen Körpers formuliert wird, wenn die Anziehung eine Funktion $f(r)$ des Abstandes r ist, und dadurch, dass zum erstenmal die Transformation der auftretenden mehrfachen Integrale auf die zweckmässigeren räumlichen Polarkoordinaten mit dem Aufpunkt als Pol vorgenommen wird, was auf eine Zerlegung des Raumes in Elementarkegel hinauskommt, wie sie schon MAC-LAURIN bei seinen synthetischen Betrachtungen verwandt hatte. In seiner zweiten Arbeit machte LAGRANGE die wichtige Bemerkung, dass die Komponenten der NEWTONschen Anziehung sich als partielle Ableitungen einer Funktion

$$V = \iiint \frac{dm}{r}$$

ausdrücken lassen; hier tritt also zum erstenmal die bei LAGRANGE noch namenlose, später so genannte Potentialfunktion auf.

Die vollständige Bestimmung der Anziehung eines Sphäroids auf beliebige äussere und innere Punkte gab erstmalig LEGENDRE[62]), während diejenige für das dreiachsige Ellipsoid von LAPLACE[63]) herrührt.

---

61) LAGRANGE, *Sur l'attraction des sphéroides elliptiques.* Nouveaux Mém. de l'Acad. des Sciences de Berlin, 1773, S. 121—148; 1775, S. 273—279; Oeuvres, 3, 1869, S. 619—658. *Remarques générales sur le mouvement de plusieurs corps qui s'attirent mutuellement en raison inverse des carrées des distances.* Ibidem 1777, S. 155—174; Oeuvres, 4, 1869, S. 401—418.

62) A. M. LEGENDRE, *Recherches sur l'attraction des sphéroides homogènes.* Mém. présentés par divers savants, vol. 10. Paris 1785, S. 411—434.

63) P. S. LAPLACE, *Théorie des attractions des sphéroides et de la figure des planètes.* Mém. de

Wir wollen kurz die LAPLACEsche Arbeit besprechen. Zunächst wird die LAGRANGEsche Transformation auf räumliche Polarkoordinaten und die Integration nach r ausgeführt, sodass es sich nur noch um die Auswertung von Doppelintegralen handelt. Nun tritt die in der Natur des Problems begründete Spaltung in die Fälle eines im Innern oder Äusseren gelegenen Aufpunktes ein   Hat das Ellipsoid die Gleichung $x^2 + my^2 + nz^2 = k^2$, so sind bei einem inneren Punkt die Attraktionskomponenten von k unabhängig, woraus der erweiterte NEWTONsche Satz für ellipsoidische Schalen folgt. Die Komponenten selbst werden durch elliptische Integrale 2. Gattung ausgedrückt, die sich im Falle des Sphäroids auf die von LEGENDRE gefundenen elementaren Funktionen reduzieren und auch noch gelten, wenn der Aufpunkt in die Ellipsoidfläche selbst fällt. Schwieriger ist die Ermittelung der Anziehung auf einen äusseren Punkt; dazu berechnet LAPLACE zunächst das Potential V im Aufpunkte a, b, c und findet für V als Funktion von a, b, c, m, n, k eine komplizierte Differentialgleichung, die in seiner Theorie als deus ex machina wirkt. Der Ausdruck $v = \dfrac{V}{M}$, worin M die Gesamtmasse ist, wird nun nach fallenden Potenzen von a, b, c unter Zusammenfassung der Glieder gleicher Dimension entwickelt:

$$v = U^{(0)} + U^{(1)} + U^{(2)} + \cdots$$

Die genannte Differentialgleichung vermittelt eine Rekursionsformel für die $U^{(i)}$, aus der sich alle $U^{(i)}$ und mithin auch v als von k unabhängig ergeben, womit der MAC-LAURINsche Satz auf dreiachsige Ellipsoide und beliebige äussere Aufpunkte erweitert ist. Nun kann das äussere Problem leicht auf das innere zurückgeführt werden, wozu nur die Ermittelung eines mit dem ursprünglichen konfokalen Ellipsoids, das durch den Aufpunkt geht, nötig ist, was wiederum die Auflösung einer kubischen Gleichung erfordert. LAPLACE erscheint in dieser Arbeit als der erste systematische Ausbeuter des Potentialbegriffs, und dies erklärt, dass man später oft ihm an Stelle von LAGRANGE die Einführung desselben zuschrieb. So elegant die LAPLACEsche Lösung ist, so benutzt sie doch vielfach feinsinnige Kunstgriffe, die die Systematik beeinträchtigen, wie die

l'Acad. Royale de Paris, 1782, S. 113—196; Oeuvres 10, S. 349 ff. Mécanique céleste, 2, livre 3, 1799, S. 3—22. OSTWALDs Klassiker, Band 19, 1890, wo auch die einschlägigen Arbeiten von IVORY, GAUSS, CHASLES und DIRICHLET wiedergegeben sind.

Differentialgleichung für V, die Zerlegung $V = Mv$ und die Reihenentwicklung für v, für die überdies der Beweis fehlt, dass sie bis an die Oberfläche heran konvergiert.

Den Wunsch nach einer anderen Lösungsmethode erfüllt die 1809 erschienene Arbeit von IVORY[64]). Dieser belässt die Attraktionskomponenten in rechtwinkligen Koordinaten und führt die eine Integration aus, was einer prismatischen Raumzerlegung an Stelle der von seinen Vorgängern verwandten Kegelzerlegung entspricht. Hat das Ellipsoid die Halbachsen k, k_1, k_2, so verwendet IVORY zur Darstellung seiner Oberfläche zum erstenmal eine Parameterdarstellung:

$$x = k \cos \varphi; \quad y = k_1 \sin \varphi \cos \psi; \quad z = k_2 \sin \varphi \sin \psi.$$

Sind h, h_1, h_2 die Halbachsen eines durch den Aufpunkt gehenden konfokalen Ellipsoids, ist also

$$P: \quad a = h \cos m, \quad b = h_1 \sin m \cos n, \quad c = h_2 \sin m \sin n,$$

und der Punkt

$$P': \quad a' = k \cos m, \quad b' = k_1 \sin m \cos n, \quad c' = k_2 \sin m \sin n$$

der mit dem Aufpunkt korrespondierende Punkt des ursprünglichen Ellipsoids, so findet IVORY den Satz, dass sich die senkrecht zu einem Hauptschnitt genommenen Komponenten der Anziehung, die das erste bezw. zweite Ellipsoid auf P bezw. P' ausübt, wie die Flächeninhalte der entsprechenden Hauptschnitte verhalten. Dieser Satz gestattet die Zurückführung eines äusseren Aufpunktes auf einen inneren, also nicht auf der Oberfläche gelegenen, und leistet mithin mehr als der MAC-LAURINsche Satz. Um das innere Problem zu lösen, entwickelt IVORY die erste Anziehungskomponente A nach steigenden Potenzen von a in der Form

$$A = A_1 a + A_3 a^3 + A_5 a^5 + \cdots,$$

worin sich die A_3, A_5, ... aus A_1 vermittels Rekursionsformeln ableiten lassen, die aus der Potentialgleichung entspringen. Da A_1 von b, c unabhängig ist, so findet sich $A_3 = A_5 = \cdots = 0$ und

$$A = a A_1 = a \iint \frac{2x\, dy\, dz}{(x^2 + y^2 + z^2)^{3/2}},$$

---

64) JAMES IVORY, *On the attractions of homogeneous ellipsoids.* Phil. Trans. of the Royal Soc. of London, 1809. Part II, S. 345—372. OSTWALDs Klassiker Band 19.

entsprechendes für die anderen Komponenten. Hierin ist das NEWTONsche Theorem enthalten. Die Einführung der Parameterdarstellung des Ellipsoids erlaubt die Zurückführung der letztgenannten Doppelintegrale auf einfache elliptische Integrale. Gegen diese Methode von IVORY ist der Einwand zu erheben, dass der Beweis der Konvergenz der benutzten Reihenentwicklung für A im ganzen Innern des Ellipsoids fehlt.

2. Die GAUSSsche Abhandlung.

Dies waren die Arbeiten, die über das Ellipsoidproblem vorlagen, bevor GAUSS es mit neuen Methoden in Angriff nahm. Bei dem etwa 14 tägigen Besuch auf Seeberg bei Gotha, den GAUSS im September 1812 LINDENAU abstattete, mag ein Gespräch über den Unterschied im Niveau des Roten und des Mittelländischen Meeres GAUSS den ersten Anstoss zur Bearbeitung des Attraktionsproblems der Sphäroide gegeben haben[65]). Am 26. Sept. 1812 macht GAUSS die Tagebucheintragung[66]): »Theoriam attractionis sphaeroidis elliptici in puncta extra solidum sita prorsus novam invenimus«; und gleich darauf am 15. Okt. 1812: »Etiam partes reliquas eiusdem theoriae per methodum novam mirae simplicitatis absolvimus«. Von diesen Arbeiten berichtet GAUSS alsbald an seine Freunde GERLING, OLBERS und SCHUMACHER[67]); letzterer machte ihn (vergl. die Briefe vom 23. Jan. 1813 und 8. Febr. 1813) auf die Arbeiten LEGENDRES, bezw. dessen Besprechungen des IVORYschen Aufsatzes aufmerksam. Am 5. Nov. 1812 berichtet GAUSS an LAPLACE über seine Resultate[68]) und schickt ihm einen Auszug, um ihn dem Institut vorlegen zu lassen; dieser, heute in der MITTAG-LEFFLER-Bibliothek befindliche Auszug ist Werke XII, S. 110—114 abgedruckt. GAUSS hatte bei seinen Arbeiten wohl die Untersuchungen von LAPLACE und seinen Vorgängern berücksichtigt, dagegen war ihm die Abhandlung von IVORY entgangen; LAPLACE machte ihn im Briefe vom 20. Nov. 1812[69]) auf diese Arbeit aufmerksam, und kurz darauf, nämlich

---

65) Vergl. GALLE, *Über die geodätischen Arbeiten von Gauss*. Werke XI, 2, S. 43.

66) Werke X, 1, S. 570.

67) Vergl. Brief an GERLING vom 15. Nov. 1812, GAUSS-GERLING-Briefwechsel, S. 7; Brief an OLBERS vom 8. April 1813, GAUSS-OLBERS-Briefwechsel I, S. 515; Brief an SCHUMACHER vom 31. Dez. 1812, GAUSS-SCHUMACHER-Briefwechsel 1, S. 95.

68) Werke X, 1, S. 378 f.

69) Werke X, 1, S. 380—381.

am 18. März 1813, legte Gauss seinen zusammenfassenden Bericht der Göttinger Gesellschaft der Wissenschaften vor[70]); im gleichen Jahre erschien die ausführliche Abhandlung *Theoria attractionis corporum sphaeroidicorum ellipticorum homogeneorum methodo nova tractata*[71]).

Die Gausssche Arbeit zerfällt in zwei Teile; der erste und wichtigere enthält eine Reihe allgemeiner Integralsätze und potentialtheoretischer Theoreme, die z. T. auf früheren funktionentheoretischen Untersuchungen von Gauss fussen, und deren letzte Ausbeutung er erst später in der Potentialtheorie unternommen hat; über die Entstehung dieser Sätze werden wir weiter unten berichten. Der zweite Teil der Abhandlung enthält dann die spezielle Anwendung auf das Ellipsoidproblem.

Der erste Teil enthält sechs Sätze, die in zwei völlig parallele Satzgruppen zerfallen. Die drei ersten Sätze beruhen auf dem Gedanken einer prismatischen Zerlegung des Raumes, während die folgenden drei sich auf eine Aufspaltung in Elementarkegel gründen. O bedeute im folgenden eine geschlossene reguläre Oberfläche, B den davon eingeschlossenen Körper. Die gedachten Sätze sind folgende:

Satz 1.
$$\iint_O F(y, z) \cos(n, x)\, dO = 0,$$

worin F eine rationale Funktion von y, z und n die äussere Normale von O bezeichnet.

Satz 2.
Volumen von $B = \iint_O x \cos(x, n)\, dO = \iint_O y \cos(y, n)\, dO = \iint_O z \cos(z, n)\, dO.$

Satz 3. Drückt $f(r)$ das Anziehungsgesetz aus, und ist $F(r) = \int f(r)\, dr$, so ist die x-Komponente der Anziehung des Körpers B auf einen Punkt
$$X = \iint_O F(r) \cos(n, x)\, dO.$$

Die zweite Satzgruppe beginnt mit dem wichtigen »Satze von der scheinbaren Grösse«.

70) Göttinger Gelehrte Anzeigen vom 5. April 1813; Werke V, S. 279—285.
71) Comment. soc. reg. scient. Gottingensis, 2, 1813; Werke V, S. 1—22.

Satz 4.   Ist M der Aufpunkt, P der variable Punkt auf O, und r der Abstand der beiden, so ist

$$- \iint\limits_{O} \frac{1}{r^2} \cos\,(PM, n)\, dO = 0,\ 2\pi,\ 4\pi,$$

jenachdem M ausserhalb, auf oder innerhalb O liegt, und dieses Integral bedeutet geometrisch die scheinbare Grösse von O von M aus gesehen.

Satz 5.   Volumen von $B = -\tfrac{1}{3} \iint\limits_{O} r \cos\,(PM, n)\, dO.$

wobei der Aufpunkt M beliebig liegen kann.

Satz 6.   Ist $\Phi(r) = \int r^2 f(r)\, dr$, so ist die x-Komponente der Anziehung des Körpers B auf M

$$X = \iint\limits_{O} \frac{\Phi(r)}{r^2} \cos\,(PM, n)\, \cos\,(PM, x)\, dO \begin{cases} + \pi \Phi(0) \cos\,(n, x) \\ + 0, \end{cases}$$

jenachdem M auf O liegt oder nicht.   Zwar ist beim NEWTONschen Anziehungsgesetz dieses letzte Zusatzglied unwichtig, aber wichtig erscheint es vom Standpunkte der Mechanik aus, entspricht es doch einer normal auf O wirkenden Kraft, die bei anderen Attraktionsgesetzen sogar unendlich gross werden kann.

Der zweite Teil der GAUSSschen Abhandlung gibt die Anwendung der gefundenen Sätze auf das Ellipsoidproblem. GAUSS verwendet hier wie IVORY eine Parameterdarstellung der Fläche:

$$x = A \cos p,\quad y = B \sin p \cos q,\quad z = C \sin p \sin q,$$

wobei die gleiche Bezeichnung der Parameter wie 1827 in seiner Flächentheorie auffällt.   Setzt man die erste Attraktionskomponente $X = ABC\xi$, so ergibt der Satz 3 den Ausdruck

(1) $$\xi = \iint\limits_{O} \frac{\sin p \cos p}{A\,r}\, dp\, dq.$$

Die Integration leistet GAUSS durch einen Kunstgriff, der auf der Kenntnis des MAC-LAURINschen Satzes beruht; er variiert nämlich die Halbachse $A = \alpha$ und die beiden andern Halbachsen β und γ so, dass die Ellipsoide konfokal, also $\alpha^2 - \beta^2$ und $\alpha^2 - \gamma^2$ konstant bleiben.   Die Differentiation des Ausdruckes

(1) nach α und die Anwendung des 4. und 6. Integralsatzes ergibt dann

(2) $\qquad \dfrac{d\xi}{d\alpha} = \begin{cases} \dfrac{-4\pi a}{\alpha^2 \beta \gamma} \\ 0 \end{cases}$, jenachdem M $\begin{array}{l} \text{innerhalb} \\ \text{ausserhalb} \end{array}$ des Ellipsoids liegt.

Daraus folgt im zweiten Falle die Konstanz von ξ, d. h. der Mac-Laurinsche Satz, der solange gilt, als M ausserhalb oder auf dem Ellipsoid liegt. Mithin reduziert sich die Berechnung von X auf zwei Aufgaben:

1. Bestimmung eines zum gegebenen konfokalen Ellipsoids durch den Aufpunkt M,

2. Bestimmung der Anziehung des Ellipsoids auf einen Punkt der Oberfläche.

Der erste Punkt erledigt sich durch Auflösung einer kubischen Gleichung mit nur einer reellen Wurzel. Der zweite Punkt erfordert die Integration des ersten Ausdruckes (2), wobei β und γ ebenfalls als Funktionen von α anzusehen sind; es resultieren für ξ, η, ζ elliptische Integrale 2. Gattung, die sich im Falle des Sphäroids auf elementare Funktionen zurückführen lassen. Der Newtonsche Satz ist sofort aus den Endformeln abzulesen.

In einer handschriftlichen Bemerkung, die Werke V, S. 285—286 wiedergegeben ist, berechnet Gauss nach den gleichen Methoden das Potential des Ellipsoids im Aufpunkte M

$$V = ABCw = -\tfrac{1}{2} \iint_O \cos\,(PM, n)\,dO.$$

Die gleiche Variation, die oben angewandt wurde, zeigt dann, dass, falls M ausserhalb liegt, $\dfrac{dw}{d\alpha} = 0$ ist, während für den Fall eines inneren Aufpunktes sich w als Summe von vier elliptischen Integralen darstellen lässt.

Was der Gaussschen Lösung des Ellipsoidproblems, verglichen mit der seiner Vorgänger, eigentümlich ist, ist erstens die grosse Eleganz, die durch die konsequente Anwendung seiner 6 Integralsätze erreicht wird, und zweitens die Vermeidung jeglicher Reihenentwicklungen und der damit verbundenen schwierigen Konvergenzuntersuchungen.

IV. Potentialtheorie.

1. Die »Allgemeinen Lehrsätze«.

Die in der *Theoria attractionis* entwickelten Methoden hat GAUSS in der Folgezeit hauptsächlich für die Potentialtheorie fruchtbar gemacht, die er im Anschluss an seine funktionentheoretischen und erdmagnetischen Arbeiten bearbeitete. Seine hierauf bezüglichen Untersuchungen hat er in der grossen Abhandlung *Allgemeine Lehrsätze in Beziehung auf die im verkehrten Verhältnisse des Quadrats der Entfernung wirkenden Anziehungs- und Abstossungs-Kräfte* niedergelegt, die in den »Resultaten aus den Beobachtungen des magnetischen Vereins« im Jahre 1839 erschien[72]. Wir wollen erst den Inhalt dieser Abhandlung, soweit er vom mechanischen und analytischen Gesichtspunkt aus interessiert, besprechen und dann auf die Entstehung der GAUSSschen Gedankengänge eingehen.

LAGRANGE hat, wie wir schon oben erwähnten, als erster die Zweckmässigkeit der Einführung des Potentials erkannt, und LAPLACE verwandte es bei der Behandlung des Ellipsoidproblems in seiner *Mécanique céleste*. Aber erst GAUSS hat das Potential zum eigentlichen Gegenstand einer weittragenden Theorie erhoben. Auch der Name »Potential«, der sich an die scholastische Unterscheidung von »potentia« und »actus« anlehnt[73], rührt von GAUSS her. Zwar geht zeitlich der GAUSSschen Abhandlung die von GREEN[74] voran, aber dessen Arbeiten wurden erst viel später bekannt, und die eigentliche Verbreitung des Potentialbegriffs ist nur der GAUSSschen Abhandlung zu danken. Die völlige Unabhängigkeit von GAUSS und GREEN ist sicher[75].

Die GAUSSsche Abhandlung besteht aus zwei Teilen; im ersten wird zum ersten Male eine exakte Theorie des Körper- und Flächenpotentials, seiner charakteristischen Eigenschaften und Wertverteilung gegeben; der zweite Teil

---

72) Werke V, S. 195—242. OSTWALDs Klassiker, Band 2, 1889.

73) Vergl. SCHAEFER, *Über Gauss' physikalische Arbeiten*, Werke XI, 2, S. 95.

74) GEORGE GREEN, *Essay on the application of mathematical analysis on the theories of electricity and magnetism.* Nottingham 1828; abgedruckt in CRELLES Journal f. d. reine u. angew. Mathematik 39, 44, 47, 1850—54. OSTWALDs Klassiker, Band 61, 1895.

75) SCHAEFER, a. a. O. S. 95—103.

enthält den Existenz- und Eindeutigkeitsbeweis des ersten Randwertproblems der Potentialtheorie.

Im ersten Abschnitt behandelt GAUSS das Punkt-, Körper- und Flächenpotential. Der Werteverlauf des Potentials wird anschaulich dargestellt durch die Niveauflächen $V = $ const. und deren orthogonale Trajektorien, die Kraftlinien. Ist $p(x, y, z)$ die resultierende Kraft und C eine beliebige Kurve der Bogenlänge s, so ist

$$(3) \qquad p \cos (p, s) = \frac{\partial V}{\partial s},$$

und daher das Linienintegral $\int_C p \cos (p, s) ds$ vom Wege unabhängig. Ist nur eine Masse im Punkte O vorhanden, und r der Abstand des variablen Kurvenpunktes von O, so nimmt der letzte Satz — auch beim logarithmischen Potential — die Form an

$$(4) \qquad \oint \frac{\cos (r, s)}{r^2} ds = 0,$$

und erscheint damit als unmittelbare Übertragung des Satzes von der scheinbaren Grösse aus der *Theoria attractionis*. Diese von der Elektrizitätslehre nahegelegten Begriffsbildungen kommen der Sache nach auch bei FARADAY vor (1831), sind aber, wie wir sehen werden, bei GAUSS viel früher, etwa auf 1814, zu datieren. Ausserhalb der anziehenden Massen existieren V und seine sämtlichen Ableitungen; schon LAPLACE hatte bemerkt, dass die zweiten Ableitungen ausserhalb der Punktmassen die Gleichung

$$(5) \qquad \Delta V = 0$$

erfüllen. 1782 war er bei der Behandlung des Ellipsoidproblems auf sie gestossen und hatte sie zuerst in Polarkoordinaten, dann 1789 in rechtwinkligen Koordinaten angegeben. GAUSS kannte die Potentialgleichung unzweifelhaft aus diesen Arbeiten, sie schlug ihm eine wesentliche Brücke zu seinen frühzeitigen Studien über Funktionentheorie. In seiner Abhandlung wendet sich nun GAUSS der Übertragung dieser Potentialgleichung auf die Körperpotentiale zu, die schon vor ihm POISSON untersucht hatte. Ist B der von der geschlossenen Oberfläche O begrenzte anziehende Körper, dessen Massendichte $f(\xi, \eta, \zeta)$ sei, so handelt es sich um die Untersuchung der Grösse

$$(6) \qquad V = \iiint_B \frac{f(\xi, \eta, \zeta)}{r} d\xi\, d\eta\, d\zeta.$$

Die Benutzung von Polarkoordinaten ergibt dann, dass V und seine ersten Ableitungen sich endlich und stetig verhalten, auch wenn der Aufpunkt x, y, z aus dem Äusseren ins Körperinnere übergeht. Dies gilt dagegen nicht mehr für die höheren Derivierten.

Um diese zu berechnen und die LAPLACEsche Gleichung auf das Innere von B zu übertragen, benutzt GAUSS eine ihm eigentümliche Methode, die wiederum auf der Anwendung von Integralsätzen beruht. Ist r der Abstand des Aufpunktes x, y, z vom variablen Punkte ξ, η, ζ, so gibt die direkte Bildung der zweiten Ableitung aus (6)

$$(7) \qquad \frac{\partial^2 V}{\partial x^2} = \iiint\limits_B \frac{\partial f}{\partial \xi} \frac{\partial r}{\partial \xi} \frac{1}{r^2} \, d\xi \, d\eta \, d\zeta - \iint\limits_O f(\xi, \eta, \zeta) \frac{\partial r}{\partial \xi} \frac{1}{r} \cos(n, \xi) \, dO,$$

somit

$$(8) \qquad \Delta V = \iiint\limits_B \frac{\partial f}{\partial r} \frac{1}{r^2} \, d\xi \, d\eta \, d\zeta - \iint\limits_O f(\xi, \eta, \zeta) \frac{1}{r^2} \cos(r, n) \, dO,$$

und diese Beziehung gilt immer, ausgenommen wenn der Aufpunkt in O fällt, in welchem Falle die zweiten Derivierten von V dort unstetig sind, also ΔV eines bestimmten Sinnes entbehrt. Nun folgt bei GAUSS der wichtige Satz, dass

$$(9) \qquad \iiint\limits_B \frac{\partial f}{\partial r} \frac{1}{r^2} \, d\xi \, d\eta \, d\zeta = \iint\limits_O \frac{f(\xi, \eta, \zeta) \cos(r, n)}{r^2} \, dO + \begin{cases} 0 \\ -4\pi f(x, y, z) \end{cases}$$

ist, jenachdem der Aufpunkt ausserhalb oder innerhalb B fällt, woraus sofort die LAPLACE-POISSONsche Gleichung

$$(10) \qquad \Delta V = \begin{cases} 0 \\ -4\pi f(x, y, z) \end{cases}$$

entspringt. Der Beweis von (9) wird durch Zerlegung in Elementarkegel mit der Spitze im Aufpunkt geführt, und überhaupt tritt dieser Satz den drei letzten Theoremen der *Theoria attractionis* an die Seite, aus denen er sich sofort ableiten lässt.

Durch diesen Beweis füllte GAUSS eine empfindliche Lücke aus, die POISSON, von dem die Gleichung (10) herrührt, gelassen hatte. POISSON[76] hatte

---

[76] POISSON, *Remarques sur une équation qui se présente dans la théorie des attractions des sphéroides.* Nouv. Bull. de la soc. philomatique 3, 1813, S. 388—392.

1813 bei Gelegenheit des Sphäroidproblems zuerst die allgemeine Gleichung (10) entdeckt, und für sie in der Folgezeit drei Beweise entwickelt, von denen der zweite (1823)[77]) dem GAUSSschen parallel läuft und sich ebenfalls auf die Integralsätze der *Theoria attractionis* stützt; aber POISSON, wie seine Nachahmer, verfallen in den Fehler, nur die rechte Seite von (8) zu untersuchen, und es fehlt der strenge Nachweis der Identität mit ΔV, sowie die Bemerkung, dass die letztere Grösse an einer Unstetigkeitsstelle von f keinen eindeutigen Sinn besitzt; es hat daher auch keinen Sinn, wenn POISSON im Falle des in O liegenden Aufpunktes die rechte Seite von (10) durch $-2\pi f(x, y, z)$ ersetzt.

Die heute klassischen Beweise der Gleichung (10) von DIRICHLET[78]) und RIEMANN[79]) stützen sich ebenfalls auf die GAUSSschen Sätze von 1813, und wenn GAUSS im Art. 1 der *Theoria attractionis* auf weitere Anwendungen seiner Integralsätze hinweist, so dürfte er in erster Linie diese potentialtheoretischen Folgerungen im Auge gehabt haben.

Nun wendet sich GAUSS der Analyse der charakteristischen Eigenschaften des Flächenpotentials zu. Dieser Begriff war durch die Arbeiten von COULOMB und POISSON zur Elektrizitätslehre begründet worden, erscheint aber erst bei GAUSS als Träger einer selbständigen Theorie. POISSON fasst das Flächenpotential immer als ein von sehr dünnen Massenschichten erzeugtes Körperpotential auf, während GAUSS ideale, nur flächenhaft ausgebreitete Massen einführt. POISSON[80]) hatte 1811 auf synthetischem Wege gezeigt, dass beim Überschreiten der anziehenden Fläche ein solches Potential der Beziehung genügt

$$(11) \qquad \frac{\partial V}{\partial n_+} - \frac{\partial V}{\partial n_-} = -4\pi f,$$

worin n die innere Normalenrichtung, f die Flächendichte bezeichnet; CAUCHY[81])

---

77) POISSON, *Mémoire sur la théorie du magnétisme en mouvement.* Mém. de l'Acad. de Paris 6, 1823, S. 455—463.

78) P. G. LEJEUNE-DIRICHLET, *Vorlesungen über die im umgekehrten Verhältnis des Quadrats der Entfernung wirkenden Kräfte,* 2. Aufl. Leipzig 1887, S. 18—28.

79) B. RIEMANN, *Schwere, Elektrizität und Magnetismus.* Herausg. von HATTENDORFF, Hannover 1876, S. 44 ff.

80) POISSON, *Mémoire sur la distribution de l'électricité à la surface des corps conducteurs.* Mém. de l'Institut, 12, Paris 1811.

81) A. L. CAUCHY, *De la différence entre les attractions...* Bull. de la soc. philomatique 1815, S. 53—56.

lieferte 1815 den ersten analytischen Beweis dieser Formel, jedoch bleibt GAUSS und GREEN das Verdienst einer ersten strengen und systematischen Untersuchung der Flächenpotentiale und ihrer Derivierten.

Das Flächenpotential V ist überall endlich und stetig, seine Derivierten dagegen nur bis auf die Punkte der Fläche selbst. Ist A ein Punkt der letzteren, t eine beliebige hindurchgehende Richtung und p_t^A die in A in dieser Richtung wirkende Kraftkomponente, so beweist GAUSS die folgende Formel:

$$(12) \qquad \frac{\partial V}{\partial t}\Big|_A = p_t^A \mp 2\pi f^A \cos (n, t),$$

jenachdem dt positiv oder negativ ist. Aus ihr folgt speziell die POISSONsche Formel (11), (12) geht aber insofern weiter, als sie erstens die Annäherung an A in beliebiger Richtung zulässt, und zweitens nicht nur die Werte des Potentials auf den beiden Seiten der Fläche mit einander, sondern diese wiederum mit der Kraft in der Fläche selbst verbindet. Es findet also beim Überschreiten der Fläche, wie GAUSS sich ausdrückt, ein doppelter Sprung statt. An den auf exakten Integralsätzen beruhenden GAUSSschen Beweis von (12) schliessen sich auch die späteren Beweise von DIRICHLET, RIEMANN u. a. an.

Mit dem Art. 19 beginnt die GAUSS eigentümliche Theorie, deren Grundlage die Reziprozität zwischen Attraktionszentrum und Aufpunkt bildet, d. h. die Bemerkung, dass, wenn in P_i die Massen M_i, in $p_\varkappa$ die Massen $m_\varkappa$ sitzen und die hervorgerufenen Potentiale V bezw. v sind, dann die Gleichung gilt

$$(13) \qquad \sum_i M_i v(P_i) = \sum_\varkappa m_\varkappa V(p_\varkappa),$$

die auch auf Körper- und Flächenpotentiale sinngemäss übertragen werden kann. Nimmt man etwa für v das Flächenpotential einer Kugelfläche O vom Radius R, so folgt aus (13) die GAUSSsche Fassung des Satzes vom arithmetischen Mittel:

$$(14) \quad \text{Mittelwert von } V \text{ über die Kugel} = \frac{1}{4\pi R^2} \iint V dO = V^0 + \frac{M^0}{R},$$

worin V^0 das Potential der ausserhalb O befindlichen Massen im Kugelmittelpunkt, M^0 die im Kugelinnern befindliche Gesamtmasse bezeichnen. Dieser Satz, der später von C. NEUMANN für eine beliebige geschlossene Fläche formuliert wurde, gestattet eine grosse Anzahl von Folgerungen, z. B. folgt aus ihm der Fundamentalsatz der analytischen Fortsetzung: In einem massenfreien, zusammenhängenden Raume ist das Potential konstant, sobald es in einem Teile dieses Raumes konstant ist.

Der Satz von der scheinbaren Grösse, d. h. der Satz 4 der *Theoria attractionis*, ergibt als direkte potentialtheoretische Folgerung die Formel

$$(15) \qquad \text{Kraftfluss durch } O = \iint_O p_n\, dO = 4\pi M + 2\pi M';$$

darin bedeutet O eine geschlossene Fläche, M die innerhalb, M' die auf O liegende Gesamtmasse und p_n die erzeugte Kraftkomponente in Richtung der inneren Normalen. Die Verbindung mit dem Diskontinuitätssatz (12) ergibt den sog. GAUSSschen Satz oder zweiten Mittelwertsatz

$$(16) \qquad \iint_O \frac{\partial V}{\partial n}\, dO = 4\pi M,$$

worin M die von O eingeschlossene Gesamtmasse ist, zu der M' hinzuzunehmen ist oder nicht, jenachdem man $\frac{\partial V}{\partial n_-}$ oder $\frac{\partial V}{\partial n_+}$ betrachtet. Die Auffindung der drei letztgenannten Sätze, die heutigentages aus der allgemeinen GREENschen Formel abgeleitet zu werden pflegen, reicht bei GAUSS sehr weit, jedenfalls in das erste Jahrzehnt des 19. Jahrhunderts zurück.

Nun wendet sich GAUSS den Wertverteilungssätzen für V zu. Den Ausgangspunkt bietet ihm die durch Prismenzerlegung des Raumes gewonnene Formel

$$(17) \qquad \iiint_B \left\{ \left(\frac{\partial V}{\partial x}\right)^2 + \left(\frac{\partial V}{\partial y}\right)^2 + \left(\frac{\partial V}{\partial z}\right)^2 \right\} dx\, dy\, dz + \iint_O V \frac{\partial V}{\partial n}\, dO = 0,$$

die ganz in der GREENschen Manier abgeleitet wird und gleichfalls ein Spezialfall des allgemeinen GREENschen Satzes ist. Vor allem ergibt sich aus ihr der Eindeutigkeitssatz der Potential- und Funktionentheorie: Liegen innerhalb und auf einer geschlossenen Niveaufläche von V keine Massen, so ist V im Innern derselben konstant. GAUSS hebt diesen Satz in seiner Selbstanzeige besonders hervor und präzisiert damit eine von POISSON gemachte Bemerkung[82]). Als weiterer Satz dieser Gruppe ist der folgende von Wichtigkeit: Ist O eine geschlossene Niveaufläche $V = A$, und sind die Massen nur innerhalb und auf O gelegen, so ist ausserhalb O: $|V| < |A|$ und sign $V = $ sign A, bezw. $V = 0$, wenn $A = 0$

---

82) SCHAEFER, a. a. O. S. 99.

ist, und diese Fälle treten ein, jenachdem $M \neq 0$ oder $M = 0$ ist. GAUSS überträgt diesen Satz auch auf nichtgeschlossene Flächen. Alle diese Wertverteilungssätze beruhen hauptsächlich auf dem ersten Mittelwertsatz; durch
systematische Anwendung dieses Hilfsmittels hat später C. NEUMANN[83]) die
Untersuchung über Extremwerte des Potentials zum Abschluss gebracht und
allgemeine Sätze erhalten, in denen die GAUSSschen Sätze als Spezialfälle enthalten sind.

An diese Sätze schliesst nun GAUSS die Lösung des Randwertproblems
an. Es sei O eine geschlossene Fläche; dann werden zunächst nur die zugehörigen Flächenpotentiale V der Gesamtmasse M betrachtet, die zu einer
gleichartigen Verteilung gehören, d. h. einer solchen, bei der die Massendichte
f überall einerlei Zeichen besitzt. Der erste Satz, auf den sich alles Folgende
stützt, ist der folgende: Ist U eine auf O stetig vorgegebene Funktion, so
nimmt das Integral

$$(18) \qquad \iint_O (V - 2U)f\,dO = \Omega$$

bei gleichartiger Verteilung $f \geq 0$ ein Minimum an, bei dem dort, wo $f > 0$
ist, $W = V - U$ konstant und dort, wo $f = 0$ ist, W nicht kleiner als diese
Konstante ist. Dass der Schluss auf die Existenz des betrachteten Minimums
nicht bindend ist, ist bekannt; zur Kritik vgl. den Essay von BOLZA[84]).

Aus dem genannten Satze folgert nun GAUSS, dass es eine und nur eine
gleichartige Belegung von O gibt, bei der $\iint_O V f\,dO$ zum Minimum wird, und
zwar ist dann V auf O konstant, und in keinem Teile von O ist $f = 0$.
Ein Kunstgriff vermittelt den Übergang zu ungleichartigen Verteilungen der
Gesamtmasse M; es folgt, dass es stets eine und nur eine gleich- oder un-
gleichartige Verteilung gibt, bei der auf O die Differenz $W = V - U$ konstant ist, und diese Konstante kann jeden Wert annehmen, indem man M
passend wählt. Dies ist der Existenz- und Eindeutigkeitssatz des ersten Randwertproblems. Er lässt mannigfache Anwendungen zu: Nimmt man für U das
Potential eines gegebenen Massensystems, z. B. von Massen, die O umschliesst, so

83) C. NEUMANN, *Untersuchungen über das Newtonsche und logarithmische Potential*, Leipzig 1877,
S. 27—52.

84) BOLZA, *Gauss und die Variationsrechnung*, Werke X, 2, S. 77—84.

kann man dessen Wirkung ausserhalb O durch die einer auf O verteilten Masse ersetzen; ist speziell O Niveaufläche des Potentials U, so lässt sich die neue Belegungsdichte auf O vermittels (11) bestimmen zu $f = \frac{p}{4\pi}$, wo p die von U auf O erzeugte Kraft ist. In seiner Anzeige macht GAUSS eine weitere Anwendung: Eine gegebene Masse M kann auf O stets so verteilt werden, und zwar auf eine und nur eine Art, dass im Innern von O sich die Anziehungskräfte zerstören; dieses Theorem ist eine Verallgemeinerung des MAC-LAURIN-schen Satzes bei Ellipsoiden.

Die genannten Sätze hat GAUSS schon 1832 besessen, denn er wandte sie in diesem Jahre in der *Intensitas vis magneticae*[85]) und ebenso 1838 in der *Allgemeinen Theorie des Erdmagnetismus* auf die Erscheinungen des Erdmagnetismus an. Es sei noch bemerkt, dass diese letzten GAUSSschen Fundamentalsätze allgemeiner sind als die entsprechenden der GREENschen Abhandlung; denn bei letzterem muss die Belegungsfunktion U Potentialfunktion sein, während sie bei GAUSS eine beliebige, stetige und endliche Funktion ist.

2. Die Entwicklung bei GAUSS.

Wir wenden uns nun zur historischen Entwicklung der Potentialtheorie bei GAUSS. Seine Arbeiten auf diesem Gebiete entspringen aus drei Quellen: 1. der Beschäftigung mit dem Attraktionsproblem der Ellipsoide; 2. den Studien über Funktionentheorie und konforme Abbildung; 3 den Arbeiten zur Theorie des Erdmagnetismus.

1. Die *Theoria attractionis* von 1813 enthält vor allem die sechs Integralsätze zur Reduktion dreifacher Integrale auf Oberflächenintegrale und die entsprechenden Verfahren der Zerlegung in prismatische und kegelförmige Elemente; diese Sätze sind spätestens 1812 entstanden. Im Anschluss an sie führt eine Werke XI, 1, S. 71 abgedruckte Nachlassnotiz aus Handbuch 21, Bg, die auf 1814 zu datieren ist, den Begriff der Kraftröhre und der dazu orthogonalen Niveauflächen, sowie der dadurch bedingten Intensitätsmessung ein, enthält also die gleichen Gegenstände, wie später der Art. 4 seiner *Allgemeinen Lehrsätze*. Anschliessend an diese Methoden müssen die entsprechenden Sätze der Potentialtheorie schon frühe gefunden worden sein;

---

85) Werke V, S. 87.

dies gilt insbesondere a) von der POISSONschen Differentialgleichung, b) dem ersten und zweiten Mittelwertsatz, c) der GREENschen Formel (17).

1816 veröffentlicht GAUSS die *Demonstratio tertia* des Fundamentalsatzes der Algebra, bei deren Analyse SCHLESINGER[86]) nachgewiesen hat, dass GAUSS die beiden Mittelwertsätze der Potentialtheorie in zwei Dimensionen verwandt hat, die zur Umformung des angesetzten ebenen Doppelintegrals führen. In der Tat beruht der zweite Mittelwertsatz ganz auf dem Satz von der scheinbaren Grösse der *Theoria attractionis*, dessen geometrische Einkleidung seine Übertragung auf alle Dimensionen gestattet.

Eine weitere Bestätigung unserer Annahmen gibt das Werke III, S. 479 —480 abgedruckte Nachlassstück, das auf etwa 1827 zu datieren ist und schon den Zusammenhang zwischen Potential- und Funktionentheorie erkennen lässt. Im ersten Stück [16] wird für zwei und drei Dimensionen die Konstanz einer regulären Potentialfunktion aus der Konstanz auf dem Rande gefolgert, womit ein erstes Ergebnis über die Wertverteilung gewonnen ist; als Hilfsmittel dient eine (GREENsche) Integralformel. Das zweite Stück [17] enthält zunächst die Bemerkung, dass von einer Niveaufläche aus nach aussen bezw. innen V monoton ab- bezw. zunimmt, den hieran naturgemäss anschliessenden GAUSSschen Satz (16) und schliesslich die Formel (17). Schon hier springt der völlige Parallelismus zwischen der Theorie in zwei und drei Dimensionen in die Augen[87]).

1829 schreibt GAUSS die *Theoria figurae fluidorum*[88]), in der wieder Integralsätze entwickelt werden, und zwar handelt es sich diesmal um die Umformung eines ebenen Doppelintegrals in ein Linienintegral, also um den GREENschen Satz der Ebene in der von der heutigen etwas abweichenden Form:

$$(19) \qquad \iint\limits_{B} \left\{ \frac{\partial A}{\partial x} + \frac{\partial B}{\partial y} \right\} dx\,dy = \int\limits_{R} (A\,Y - B\,X)\,ds,$$

worin R irgend eine geschlossene Raumkurve ist, deren Projektion die Berandung von B bildet, und X, Y, Z die Richtungskosinus der positiven Tan-

86) SCHLESINGER, *Über Gauss' Arbeiten zur Funktionentheorie*, Werke X, 2, S. 162—165.
87) SCHLESINGER a. a. O. S. 186—187.
88) Werke V, S. 29—77, OSTWALDs Klassiker, Band 135. Zur Kritik vergl. BOLZA, a. a. O. S. 20—50.

gente an R sind. Die Formel wird durch die übliche Streifenzerlegung gewonnen; sie umfasst bekanntlich den auch von Gauss frühzeitig erkannten Cauchyschen Integralsatz.

Das Interesse an solchen Integralsätzen war um jene Zeit sehr rege. Hatte auch die Greensche Abhandlung von 1828 keine sofortige Wirkung, so verwandten doch schon 1833, also vor Veröffentlichung der *Allgemeinen Lehrsätze*, Duhamel[89]) und Lamé[90]) beim Problem der Wärmeleitung die Greensche Formel für drei Dimensionen. Doch hat Gauss als erster die Integration durch Prismen- und Kegelzerlegung systematisch benutzt. Beltrami[91]) hat später gezeigt, wie in diesen beiden Methoden, deren erstere als Spezialfall der zweiten aufgefasst werden kann, die gesamten Formeln der Potentialtheorie, insbesondere die Greenschen Formeln, enthalten sind.

2. Die auf die konforme Abbildung und das logarithmische Potential bezüglichen Studien von Gauss knüpfen an die Potentialgleichung an; schon 1802 beschäftigt sich Gauss mit der Gleichung

$$\Delta u = \frac{\partial^2 u}{\partial x^2} + \frac{\partial^2 u}{\partial y^2} = 0,$$

deren Integral er zu $u = f(x+iy)+\varphi(x-iy)$ angibt[92]); hieran fügen sich unmittelbar die oben behandelten Nachlassstücke aus Werke III, S. 479—480. 1822 erkennt er den Zusammenhang mit der Theorie der konformen Abbildung[93]). Das Zwei- und Dreidimensionale läuft in den Gaussschen Gedankengängen parallel. Dies zeigt die Werke X, 1, S. 311 ff. abgedruckte, etwa auf 1834 zu datierende Notiz, in der er sich mit der dem Abstande umgekehrt proportionalen Anziehung in der Ebene beschäftigt, und die die vollständige Beherrschung der Theorie des logarithmischen Potentials erkennen lässt[94]). Dass beim Übergang von drei zu zwei Dimensionen im Ausdruck des Potentials $\frac{1}{r}$ durch $\log\frac{1}{r}$ zu ersetzen sei, hatte Gauss schon früher be-

---

89) J. M. C. Duhamel, *Mémoire sur la méthode générale* ... Journal de l'école polyt. 14, cah. 22, 1833, S. 20—77, bes. 68—69.

90) G. Lamé, *Mémoire sur la propagation de la chaleur* ..., ibidem S. 194—251, bes. S. 204.

91) E. Beltrami, *Intorno ad alcuni punti della teoria del potenziale.* Mem. dell'Accad. di Bologna 9 (3), 1878, S. 451—475.

92) Schlesinger, a. a. O. S. 156.

93) Schlesinger, a. a. O. S. 173.

94) Laplace hatte in seiner *Mécanique céleste*, 2, cap. 13 zuerst bei der Untersuchung des Potentials eines unbegrenzten Zylinders das logarithmische Potential eingeführt.

merkt; in der Tat verwendet ja sein erstes algebraisches Theorem[95]) wesentlich diese Tatsache, denn er formuliert diesen Satz so: Legt man in die Wurzeln von $f(x) = 0$ gleiche Massen, so findet in den Wurzeln von $f'(x) = 0$ Gleichgewicht statt. Da dieser Satz auf 1833—1836 zu datieren ist, hat sich GAUSS um jene Zeit offenbar sehr intensiv mit der Potentialtheorie beschäftigt, was nicht zuletzt seinen Grund in den eifrig betriebenen erdmagnetischen Untersuchungen findet.

Der Gipfelpunkt seiner Untersuchungen über das ebene Potential ist die konforme Abbildung der Ellipse auf den Einheitskreis, die 1834—1839 durchgeführt wurde und Werke X, 1, S. 311—320[96]) abgedruckt ist. Hier ist zunächst bemerkenswert, dass GAUSS die Existenz der Lösung des Randwertproblems, die er in den Art. 29—37 seiner *Allgemeinen Lehrsätze* entwickelt, kennt, und gleichzeitig ist dies ein wichtiges Beispiel, das in einem speziellen Falle die Methode der Lösung zeigt. Seine Methode ist geradezu die der GREENschen Funktion: Es wird die Masse $2\pi A$ in den Mittelpunkt der Ellipse gelegt, sie erzeuge das Potential V_1, sodann wird diese Gesamtmasse $2\pi A$ so auf die Peripherie der Ellipse verteilt, dass ihr Potential V_2 auf dieser Peripherie mit V_1 übereinstimmt. $V_2 - V_1$ ist dann die GREENsche Funktion; ergänzt man sie zu einer analytischen Funktion von $x + iy$, so vermittelt sie bekanntlich, als Exponent von e genommen, die konforme Abbildung der Ellipse auf den Einheitskreis. Dies zeigt, dass GAUSS erstens den Zusammenhang zwischen dem Randwertproblem in der Ebene und der konformen Abbildung erkannt hatte, sodann aber, dass er über das hinaus, was er in seiner Abhandlung niederlegte, nicht nur den Existenz- und Eindeutigkeitssatz des ersten Randwertproblems, sondern auch die Methode der Lösung mittels der GREENschen Funktion besass. Gleichzeitig erhellt, dass sich GAUSS des völligen Parallelismus der Theorie in zwei und drei Dimensionen bewusst war.

3. Über die Verbindung von Potentialtheorie und Erdmagnetismus bei GAUSS berichtet eingehend der Essay von SCHAEFER, Werke XI, 2, aus dem wir nur die wichtigsten Datierungen zusammenstellen wollen. Die Wertverteilungssätze der Art. 25—26 stammen spätestens aus dem Jahre 1831. Den Fundamentalsatz des Randwertproblems, insbesondere in der von ihm

---

95) Werke III, S. 112. SCHLESINGER, a. a. O. S. 189—191.
96) SCHLESINGER, a. a. O. S. 192—194.

verwandten Fassung, hat Gauss schon 1831 besessen, und offenbar auch den zugehörigen Beweisgang, über dessen Schwierigkeit er sich im Briefe an Encke vom 18. Aug. 1832[97]) ausspricht; vorher wird er diesen Satz nicht besessen haben, denn er enthält die Auflösung der begrifflichen Schwierigkeit, die in den magnetischen Polen eines Körpers steckt. Mehrere bei Schaefer, S. 93 angeführte Briefstellen bestärken unsere Vermutung, dass Gauss den wesentlichen Teil der Potentialtheorie schon in den ersten beiden Jahrzehnten des neunzehnten Jahrhunderts besessen habe.

Schliesslich sei noch einiges über die bei Gauss auftretende Entwicklung des Potentials nach Kugelfunktionen gesagt. Die Randwertaufgabe für den Kreis kann nach der Manier von Poisson[98]) dadurch gelöst werden, dass die Randbelegungsfunktion in eine trigonometrische Reihe entwickelt wird. Das dreidimensionale Analogon hiervon führt Gauss durch, indem er die Belegung einer Kugel nach Kugelfunktionen entwickelt, und damit die Entwicklung des Kugelpotentials nach steigenden oder fallenden Potenzen des Abstandes vom Kugelmittelpunkt gewinnt. Diese Methode hat Gauss in der *Allgemeinen Theorie des Erdmagnetismus* 1838[99]) durchgeführt; in den *Allgemeinen Lehrsätzen* geht er etwas weiter und löst im Art. 35 nach der gleichen Methode der Entwicklung nach Kugelfunktionen auch das Randwertproblem für einen wenig von der Kugel abweichenden Körper. Physikalisch können die einzelnen Terme einer solchen Entwicklung als Potentiale von Dipolen, Tetrapolen usw. gedeutet werden; auf diese Deutung bezieht sich ein Werke V, S. 631 abgedrucktes Nachlassstück, dessen allgemeine Idee, die Kugelfunktionen durch ihre Pole im Sinne der Potentialtheorie zu charakterisieren, erst später von Maxwell vollständig durchgeführt worden ist[100]).

Die Theorie der Kugelfunktionen gründet sich auf die vorausgegangenen Arbeiten von Laplace[101]) und Legendre[102]), die diese Funktionen zur Erledigung des Attraktionsproblems der Ellipsoide einführten. Gauss gab den genannten

---

97) Schaefer, a. a. O. S. 101.

98) Poisson, *Mémoire sur la distribution de la chaleur dans les corps solides*. Journal de l'école polyt. 12, cah. 19, 1823.

99) Werke V, S. 119—193.

100) E. W. Hobson, *The theory of spherical and ellipsoidal harmonics*. Cambridge 1931, S. 129—132.

101) Laplace, *Mécanique céleste*, 2, livre 3; 5, livre 11.

102) Legendre, *Exercices de calcul intégral*, 1817, S. 247—273.

Funktionen den Namen; er benutzte sie schon 1814 zur genäherten Quadratur. Auf die Entwicklung eines homogenen Polynoms n-ten Grades $f(x, y, z)$ auf der Einheitskugel nach Kugelfunktionen bezieht sich ein weiteres Gausssches Nachlassstück in Werke V, S. 630—631; die Koeffizienten errechnen sich leicht, wenn man von f sukzessive die LAPLACEsche Δ-Operation bildet, die nach $\left[\frac{n}{2}\right]$ Schritten abbricht.

V. Arbeiten zur praktischen Mechanik.

Die praktischen Arbeiten über den Erdmagnetismus und die Konstruktion der benötigten Apparate haben bei GAUSS auch einige in das Gebiet der praktischen Mechanik gehörige Untersuchungen ausgelöst; diese sind vor allem drei: 1. die genaue Bestimmung der Schwingungsdauer einer Magnetnadel, 2. die Ermittlung der Torsion eines Fadens, 3. die Bestimmung des Trägheitsmomentes einer Magnetnadel.

1. Schwingungsdauer einer Magnetnadel.

In der *Intensitas vis magneticae*, die GAUSS am 15. Dez. 1832 der Göttinger Sozietät vorlegte, hatte er sich die Aufgabe gestellt, die Intensität der erdmagnetischen Kraft zu ermitteln. Er führte dieselbe auf die Bestimmung der Schwingungsdauer einer gegebenen Magnetnadel zurück[103]), und im wesentlichen beruhen alle Methoden der *Intensitas* auf der genauen Bestimmung dieser Schwingungsdauer, auf die also grosse Präzision zu verwenden ist. Die Auffindung des magnetischen Meridians erfordert überdies die Bestimmung der Ruhelage der schwingenden Nadel. Mit diesen beiden Aufgaben befassen sich drei besondere Abhandlungen von GAUSS: a) *Das in den Beobachtungsterminen anzuwendende Verfahren*, 1836[104]), b) *Anleitung zur Bestimmung der Schwingungsdauer einer Magnetnadel*, 1837[105]), c) *Über ein Mittel, die Beobachtung von Ablenkungen zu erleichtern*, 1839[106]).

---

103) Vergl. hierzu den Essay von CL. SCHAEFER, *Über Gauss' physikalische Arbeiten*, Werke XI, 2.
104) Resultate aus den Beobb. des magnetischen Vereins, 1836, S. 34—50. Werke V, S. 541—556.
105) Resultate aus den Beobb. des magnetischen Vereins, 1837, S. 58—80. Werke V, S. 374—394.
106) Resultate aus den Beobb. des magnetischen Vereins, 1839, S. 52—62. Werke V, S. 395—403.

Die Bestimmung der Ruhelage einer schwingenden Nadel kann erfolgen entweder aus den abgelesenen aufeinanderfolgenden maximalen Elongationen $a, b, c, \ldots$ oder, nach Kenntnis der Schwingungsdauer, aus der Ablesung zweier um eine Schwingungsdauer unterschiedener Stellungen. Beide Verfahren entwickelt GAUSS in der Abhandlung a). Will man der durch die Dämpfung bedingten Abnahme des Schwingungsbogens Rechnung tragen, und ist $\theta = e^{-\lambda}$ der Dämpfungsfaktor, also λ das logarithmische Dekrement (dieser Name selbst rührt erst von GAUSS her), so wird die Ruhelage statt durch $\frac{a+b}{2}$ durch $\frac{1}{4}(a+2b+c)$ ausgedrückt; der dann begangene Fehler ist, wie GAUSS im Briefe vom 20. Okt. 1837 an SCHUMACHER[107]) errechnet, gleich $\frac{(a-c)^2}{4(a+2b+c)}$, also zu vernachlässigen. Will man genauer, was bei starken Deklinationsänderungen erforderlich ist, die Ruhelage in einem gegebenen Augenblicke t_0 bestimmen, so muss man vorher die Schwingungsdauer T der Nadel kennen und die Elongationen zu den Zeiten $t_0 - \frac{1}{2}T$ und $t_0 + \frac{1}{2}T$ messen; deren Mittel ergibt die gesuchte Ruhelage, solange es sich um eine reine Sinusschwingung handelt. Dieses Verfahren erlaubt insbesondere, die unexakte Messung an den Stellen grösster Elongation durch die viel genauere an der Stelle grösster Geschwindigkeit zu ersetzen, ein Prinzip, das GAUSS bereits 1829 besass[108]). Mit der vollständigen Untersuchung des Einflusses der Dämpfung auf Schwingungsdauer und Ruhelage beschäftigt sich GAUSS in der Abhandlung b). Die Aufgabe ist gleichbedeutend mit der Integration der Differentialgleichung

(1) $$\ddot{x} + 2\varepsilon\dot{x} + n^2(x-p) = 0,$$

wenn die Dämpfung proportional der Geschwindigkeit ist und p die Ruhelage bedeutet. Das allgemeine Integral

$$x = p + Ae^{-\varepsilon t}\sin\sqrt{n^2-\varepsilon^2}\,(t-B)$$

zeigt, dass Amplituden und Schwingungsdauer durch die Dämpfung affiziert werden. Setzt man $\frac{\varepsilon}{n} = \sin\varphi$, so gilt zwischen der gedämpften und der ungedämpften Schwingungsdauer T' bezw. T die Relation $T = T'\cos\varphi$, und der Dämpfungsfaktor der Amplituden wird:

$$\theta = e^{-\varepsilon T'} = e^{-\pi\,\mathrm{tang}\,\varphi},$$

107) GAUSS-SCHUMACHER-Briefwechsel, 3, S. 180—182.

108) Vergl. SCHAEFER, a. a. O. S. 7—8.

also das logarithmische Dekrement: $\lambda = \pi \, \mathrm{tang}\, \varphi$. Die Kenntnis von λ vermittelt somit die Reduktion des gemessenen T' auf T.

Um T' zu messen, beobachtet man die Durchgangszeiten an einem fixierten Skalenpunkte; bei ungedämpfter Bewegung ergäbe deren Mittel die Zeit der dazwischenliegenden maximalen Elongation; bei gedämpfter Bewegung hingegen ist hieran eine Korrektion δ anzubringen, die sich aus einer transzendenten Gleichung berechnet und bei Beobachtung in der Umgebung des Ruhepunktes gleich $-\frac{T'}{\pi}\varphi$ ist. Diese Korrektion verschiebt also alle Elongationszeiten um ein konstantes Stück, spielt somit für deren Unterschied, d. h. T', keine Rolle. Auch die Berechnung des Ruhepunktes p modifiziert sich infolge der Dämpfung: Sind x und x' die Nadelstellungen zu den Zeiten t und $t + T'$, so ist

$$(2) \qquad p = x + \frac{x' - x}{1 + \theta}.$$

Schliesslich gelten die entwickelten Formeln nur solange, als es sich um infinitesimale Schwingungsbogen handelt. Ist hingegen der Schwingungsbogen G endlich und die zugehörige Schwingungsdauer $\widetilde{T}$, so findet sich die zu unendlichkleinen Schwingungsbogen gehörende Schwingungsdauer aus der Näherungsformel

$$T = \widetilde{T}\left(1 - \frac{G^2}{64}\right),$$

die durch Entwicklung eines elliptischen Integrals entsteht. Auch diese Korrektionsformel ändert sich ab, wenn man es mit gedämpften Schwingungen zu tun hat.

Gauss geht noch einen Schritt weiter und untersucht die Schwingungen, die entstehen, wenn die sie hervorrufende Kraft, also im vorliegenden Falle die Deklination, sich während der Versuche beträchtlich ändert. Dies kommt auf die Lösung der Differentialgleichung

$$(3) \qquad \ddot{x} + 2\,\varepsilon\,\dot{x} + n^2\,(x - p - \alpha t) = 0$$

hinaus, deren Integral

$$x = p - \frac{2\,\alpha\,\varepsilon}{n^3} + \alpha t + A e^{-\varepsilon t} \sin \sqrt{n^2 - \varepsilon^2}\,(t - B)$$

zeigt, dass nur eine Verschiebung des Ruhepunktes eintritt. Diese kann man in der Weise kenntlich machen, dass der durch (2) bestimmte Ruhepunkt zu der Zeit $t + \frac{T'}{1 + \theta} - \frac{T'}{\pi}\sin 2\varphi$ gehört. Auf diese Korrektion bezieht sich das

Werke XI, 1, S. 67—68 abgedruckte Nachlassstück aus dem Handbuch 19, Be, das auf die Zeit zwischen 1834 und 1837 zu datieren ist[109]).

Die Gausssche Abhandlung b) setzt sich also das Ziel, die theoretischen Erkenntnisse über die Differentialgleichungen (1) und (3) in die Versuchspraxis umzusetzen; sie ist zugleich die erste Arbeit, die dies leistet. Poisson[110]) hatte sich 1833 mit der Gleichung (1) beschäftigt, den Charakter der Lösung untersucht und, ebenso wie Gauss, auf die zweifache Möglichkeit einer aperiodischen und quasiperiodischen Lösung hingewiesen, es aber dabei bewenden lassen. Zu dem auch heutigentags allgemein üblichen Gaussschen Verfahren sei ergänzend bemerkt, dass Gauss eine Korrektion nicht berücksichtigt hat, auf die Lamont[111]) aufmerksam machte, d. i. die Korrektion auf den luftleeren Raum, die nötig wird, weil die schwingende Nadel auch die umgebende Luft in Mitschwingung versetzt und infolgedessen ihre Schwingungsdauer vermindert. In gewöhnlichen Fällen beträgt diese Korrektion nach Lamont etwa $\frac{1}{8330} T$, um diesen Betrag ist T zu vergrössern.

Die dritte Gausssche Abhandlung c) gibt die zweckmässigste Bestimmung einer die Magnetnadel ablenkenden Kraft. Modifiziert letztere weder die Schwingungsdauer noch die Dämpfung, so verändert sie nur die Ruhelage der schwingenden Nadel. Gauss bestimmt letztere folgendermassen: Die Versuchszeit wird in vier Abschnitte eingeteilt, die Epoche a) vor dem Zeitpunkt t', b) zwischen t' und t'', c) zwischen t'' und t''', d) nach t'''. Während der Zeiträume a) und c) wirkt die zusätzliche Kraft nicht, dagegen lässt man sie während b) und d) voll einwirken. Dann ist die Aufgabe zu lösen, durch zweckmässige Wahl der Zeitintervalle zu erreichen, dass bis auf den veränderten Ruhepunkt die Schwingung in der Epoche d) genau die gleiche ist wie die in a). Ist T die ungedämpfte Schwingungsdauer, und setzt man $t'' - t' = qT$, $t''' - t'' = rT$, so erfordert diese Aufgabe die Lösung zweier transzendenter Gleichungen für q und r. Liegt keine Dämpfung vor, so findet sich $q = r = \frac{1}{3}$, also ein einfaches Drittelungsverfahren; liegt dagegen Dämpfung vor, so wird mit zunehmendem Dekrement q grösser und r kleiner. Gauss gibt die tabel-

109) Vergl. Schaefer a. a. O. S. 131.

110) S. D. Poisson, *Traité de mécanique*, 2. éd. 1833, vol. 1, p. 349 ff.

111) J. Lamont, *Reduction der Schwingungen eines Magneten auf den luftleeren Raum*. Poggendorfs Ann. d. Phys. 71, 1847, S. 124—128.

larische Lösung der transzendenten Gleichung an. Auf diese Methode bezieht sich auch ein Werke XI, 1, S. 62—63 abgedrucktes Nachlassstück aus dem Handbuch 15, Ba, vom Jahre 1838 [112]).

Ergänzend wollen wir noch bemerken, dass GAUSS 1835 sich theoretisch und praktisch auch mit der Theorie der erzwungenen Schwingungen und dem Phänomen der Resonanz beschäftigt hat, über die er in dem aufschlussreichen Briefe an OLBERS vom Februar 1835 [113]) berichtet.

2. Torsionsbestimmungen.

In der *Intensitas vis magneticae* [114]) beschäftigt sich GAUSS in den Art. 8—9 mit der Frage der Beeinflussung der Schwingungen einer Magnetnadel durch die Torsion des Aufhängefadens. Sind D, E ein unterer bezw. oberer Durchmesser dieses Fadens, die im ungedrillten Zustande einander parallel sind und nach der magnetischen Beeinflussung der Nadel mit dem magnetischen Meridian bezw. die Winkel u und v bilden, so ist das Torsionsmoment gleich $\theta(v-u)$, worin θ den noch zu bestimmenden Torsionsmodul des Fadens bezeichnet. Genauer gesagt, genügt es bei dieser Frage, den Quotienten

$$n = \frac{HM}{\theta}$$

zu ermitteln, worin H die Horizontalintensität der erdmagnetischen Kraft, M das magnetische Moment der Nadel bezeichnen. Die Werte für v können beliebig eingestellt werden, die von u sind immer sehr klein. Man findet n aus zwei Beobachtungen von korrespondierenden u, v-Werten nach der Formel

$$(4) \qquad n+1 = \frac{v_2 - v_1}{u_2 - u_1}.$$

Nun modifiziert aber die Torsion als Störungsglied auch die Schwingungsgleichung der Nadel, und GAUSS beweist aus deren Lösung, dass bei geringer Abweichung der Ruhelage vom magnetischen Meridian die modifizierte Schwingungsdauer T^* mit der idealen Schwingungsdauer T durch die Formel

$$T = T^* \sqrt{\frac{n+1}{n}}$$

---

112) Vergl. SCHAEFER, a. a. O. S. 133.

113) GAUSS-OLBERS-Briefwechsel, 2, S. 617—620.

114) Werke V, S. 79—118, bes. 93—100. OSTWALDs Klassiker, Band 53, 1894, bes. S. 19—27.

verknüpft ist, mittels derer man den Einfluss der Torsion eliminieren kann. Im Briefe an GERLING vom 15. Dez. 1835[115]) gibt GAUSS noch eine Anleitung zur praktischen Bestimmung von n. Man misst die Nadeleinstellung a auf gewöhnliche Art, die Stellung b, nachdem die Nadel um 360^0 rückwärts gedreht ist, wieder die gewöhnliche Stellung a', die Stellung c, nachdem die Nadel um 360^0 vorwärts gedreht ist, und schliesslich wieder die gewöhnliche Stellung a''. Dann ist also

$$n+1 = \frac{2\pi}{b-a} = \frac{2\pi}{b-a'} = \frac{2\pi}{a'-c} = \frac{2\pi}{a''-c},$$

und setzt man:
$$m = \tfrac{1}{4}(2b - 2c - a + a''),$$

so wird, da m gegen 2π sehr klein ist,

$$n \sim \frac{1296000''}{m''}$$

Diese Methode von GAUSS ist sowohl von seinen Schülern[116]), als auch von LAMONT[117]) stets in Anwendung gebracht worden.

3. Bestimmung von Trägheitsmomenten.

Ist K das Trägheitsmoment der Magnetnadel um ihren Aufhängepunkt, so gilt für ihre Schwingungsdauer die Relation

$$T = \pi \sqrt{\frac{K}{HM}},$$

und die Bestimmung von HM erfordert also die Kenntnis von K. An der gleichen Stelle, Art. 10—11, entwickelt GAUSS ein Verfahren zur Ermittlung von K. Es besteht darin, dass mit der Nadel ein hölzerner Querstab verbunden wird, an dem in zwei zur Aufhängung symmetrischen Punkten A, B mit dem Abstande $2r'$ zwei gleiche Gewichte p hängen; ist dann C das Trägheitsmoment des Stabes bezüglich der Aufhängeachse, vermehrt um die Trägheitsmomente der Gewichte p bezüglich der durch ihre Schwerpunkte und Aufhängelager gehenden Vertikalen, so ist das gesamte zu K hinzutretende Träg-

115) GAUSS-GERLING-Briefwechsel, S. 454—455.

116) GOLDSCHMIDT, *Über die Bestimmung der absoluten Intensität.* Resultate aus den Beobb. d. magn. Vereins 1840, S. 122—156, bes. 135—136.

117) J. LAMONT, *Handbuch des Magnetismus*, VOSS, Leipzig 1867. Erschienen in *Allgemeine Encyklopädie der Physik*, herausgegeb. von GUSTAV KARSTEN. Bes. S. 132—133.

heitsmoment $C + 2pr'^2$; ist T die Schwingungsdauer der unbelasteten, T_1 die der belasteten Nadel, so gilt

$$\pi^2 K = HMT^2; \quad \pi^2(K + C + 2pr'^2) = HMT_1^2.$$

Verändert man dann r' in r'', wobei T_1 in T_2 übergehen möge, so ist auch

$$\pi^2(K + C + 2pr''^2) = HMT_2^2,$$

und man hat also drei Gleichungen, die man nach den drei Unbekannten HM, K und C auflösen kann.

Diese Gausssche Methode geht auf Poisson zurück. Gauss verwandte bei seinen Versuchen Gewichte, die kleine Ösen mit feinen Stiften trugen, die auf den Träger an vorausbezeichneten Stellen aufgesetzt wurden. Diese Gausssche Methode ist in ihren praktischen Anwendungen eingehender entwickelt worden von Goldschmidt[118], der aber schon bemerkte, dass durch die drehende Bewegung der Gewichte die Nadelschwingungen gestört und ausserdem die Trägheitsmomente der Gewichte vergrössert werden. An dieser Ungenauigkeit leiden auch spätere Versuchsreihen von Hansteen und Sartorius von Waltershausen. Man umging diese Schwierigkeit nach dem Vorgange von W Weber durch Anbringung von Schneiden statt Stiften, oder dadurch, dass man als Gewichte durchbohrte Zylinder verwandte, die auf vertikale Schäfte aufgesetzt wurden. Trotz dieser Kritik hat sich die Gausssche Methode noch lange erhalten, z. B. auch bei Lamont[119]. E. Dorn[120] übernahm später die Webersche Methode und änderte sie in der Weise ab, dass nicht r', sondern p variiert wird, d. h. er setzt auf den Querstab, der zwei symmetrisch zur Achse liegende Zapfen trägt, verschiedene Gewichte auf, die die Form durchbohrter Zylinder haben. Kreichgauer[121] hat auf einen prinzipiellen Mangel der Gaussschen und Weberschen Methode aufmerksam gemacht, der auf den nicht zu vermeidenden elastischen Schwingungen des belasteten Systems beruht.

118) Vergl. a. a. O. S. 131 ff.

119) a. a. O. 15) S. 15.

120) E. Dorn, *Die Reduktion der Siemensschen Einheit auf absolutes Mass*. Wiedemanns Ann. d. Phys., 25, 1882, S. 773—816.

121) Kreichgauer, *Zur Bestimmung von Trägheitsmomenten durch Schwingungsversuch*. Wiedemanns Ann. d. Phys., 25, 1885, S. 273—308.

4. Zur Theorie der Wage.

Die Arbeiten an der Regulierung des Hannoverschen Masssystems, die GAUSS zusammen mit SCHUMACHER in den Jahren 1836 bis 1840 durchzuführen gezwungen war[122]), gaben GAUSS Veranlassung, sich mit einer Reihe praktischer Fragen aus der Theorie der Wägung zu befassen. Die damaligen Mittel erforderten bei Präzisionsmessungen ganz besondere Vorsichtsmassnahmen, und von den Schwierigkeiten dieser Messungen und den vielen zu berücksichtigenden Umständen gibt der Briefwechsel mit SCHUMACHER ein eindrucksvolles Bild. Zwei Fragen seien hier herausgegriffen, sie betreffen a) ein gegenüber der damals allgemein üblichen BORDASCHEN Tariermethode abweichendes Wägungsverfahren, b) die Berichtigung der Schneiden einer Wage.

a) Die auch heute am meisten gebräuchliche Wägungsmethode ist die auf BORDA zurückgehende Tariermethode, bei der eine feste Tara auf der einen Wagschale bleibt, während auf die andere die zu bestimmende Last bezw. ein Gewichtssatz gelegt werden, die mit der Tara zu vergleichen sind. GAUSS ersetzte sie durch die Methode der Doppelwägungen, bei der zwei Wägungen vorgenommen werden, in denen Gewicht und Last zu vertauschen sind[123]). GAUSS erkennt den Vorzug seiner Methode besonders bei oft wiederholten Wägungen; denn berücksichtigt man nur die zufälligen Beobachtungsfehler, so ist eine GAUSSsche Wägung ebenso genau wie vier BORDASCHE

b) Bei seinen wiederholten Wägungen entdeckte GAUSS als neue Fehlerquelle der Wage den mangelnden Parallelismus der Schneiden, an denen die Tragstücke aufsitzen, mit der mittleren Schneide, durch die der Wagebalken aufsitzt[124]). Sind nämlich die Schneiden nicht parallel, so wird nach dem Auslösen das Tragstück der Schalen sich nie wieder genau so wie vorher auf die Schneiden auflegen und daher ein abgeändertes Moment ergeben. Während bis zu jener Zeit die Schneiden im allgemeinen nur durch Visieren längs der Schneiden mit blossem Auge nach einem entfernten Objekte berichtigt wurden, beschäftigt sich nun GAUSS eingehender mit der Frage einer genauen Nach-

---

122) Vergl. die GAUSSschen amtlichen Berichte darüber in Werke XI, 1, S. 3—15. Ferner den GAUSS-SCHUMACHER-Briefwechsel aus den Jahren 1836—1839, Band 2 und 3.

123) Brief an SCHUMACHER vom 24. Juli 1836, GAUSS-SCHUMACHER-Briefwechsel 3, S. 100. Die GAUSSsche Methode war schon vorher von KARSTEN 1769 entwickelt worden.

124) GAUSS-SCHUMACHER-Briefwechsel, 3, S. 84, 87, 142.

prüfung dieses Schneidenparallelismus. SCHUMACHER bringt in seinen Briefen vom 7. und 8. Februar 1837 [125]) dafür zwei Methoden in Vorschlag; die erste besteht darin, dass an jede Schneide ein kleines Fernrohr angesetzt wird, mittels dessen nach einem entfernten Objekte visiert wird; sie ist wohl praktisch nie benutzt worden; die zweite wurde von REPSOLD verwandt und besteht darin, dass der Wagebalken, der die drei Schneiden trägt, zunächst senkrecht aufgestellt und dann an die drei nunmehr horizontalen Schneiden eine Libelle angepresst wird, die deren gegenseitige Neigung zu messen gestattet. Auch diese Methode hat nicht genügend scharfe Resultate gezeigt. Deshalb brachte GAUSS zur gleichen Zeit zwei andere Verfahren in Vorschlag; das erste erläutert er im Briefe vom 12. Februar 1837 an SCHUMACHER [126]). Es ist mit der heute meist HARTIG (1867) zugeschriebenen *Methode mittels Probiergehänge* identisch und benutzt ein mit zwei Ösen versehenes Tragstück, das verschiedene Anbringung der Wagschalen gestattet; sind die Schneiden nicht parallel, so liefern die Wägungen bei Benutzung verschiedener Ösen verschiedene Resultate Dieses Verfahren wird als das bequemste in etwas abgeänderter Form noch heute verwandt. Die zweite GAUSSsche Methode wurde in den Göttinger Gelehrten Anzeigen 1837 [127]) veröffentlicht; sie schliesst an einen ebenda erschienenen Aufsatz von W. WEBER [128]) an, in dem sich WEBER mit der Aufgabe beschäftigt hatte, die Schneiden und Pfannen der Wage zu beseitigen oder die durch sie bedingten Ungenauigkeiten möglichst gering zu gestalten. Das GAUSSsche Korrektionsverfahren besteht darin, dass an eine äussere Schneide senkrecht zu ihr ein Planspiegel angebracht wird, in dem durch ein Fernrohr das Bild einer Skala beobachtet wird. Ist die äussere Schneide mit der mittleren nicht parallel, aber in einer Ebene gelegen, so steigt und sinkt das Skalenbild im Spiegel, wenn der Wagebalken um die mittlere Schneide schwingt; sind die Schneiden sogar zu einander windschief, so erleidet das Bild während des Schwingens auch eine seitliche Verrückung. Gleichzeitig kann man den Ausschlägen die Grösse der anzubringenden Korrektion entnehmen. Dieses GAUSSsche Verfahren ist auch heute noch in Gebrauch.

125) GAUSS-SCHUMACHER-Briefwechsel, 3, S. 147—151.
126) GAUSS-SCHUMACHER-Briefwechsel, 3, S. 155.
127) 41. Stück vom 13. März 1837, S. 401—405. Werke V, S. 511—513.
128) W. WEBER, *De tribus novis librarum construendarum methodis*, ebenda, 22. Stück vom 9. Februar 1837, S. 209—222.

Inhaltsübersicht.

BEMERKUNGEN
ZUR ZWEITEN ABTEILUNG DES ZEHNTEN BANDES.

Im Jahre 1911 entwickelte F. KLEIN den Plan, der Gesamtausgabe der GAUSSschen Werke eine ausführliche wissenschaftliche Biographie von GAUSS anzufügen. (Vergl. die Angaben in den Bemerkungen zu Werke XI, 2.) Das dort über die in jenem Bande vereinigten drei Abhandlungen — »Essays« — Gesagte gilt mutatis mutandis auch von den sieben Abhandlungen des vorliegenden Bandes. Mit diesen zehn Essays erscheint das KLEINsche Programm der wissenschaftlichen Biographie von GAUSS durchgeführt. Da diese 10 Essays das wissenschaftliche Lebenswerk von GAUSS, im besonderen also auch die von GAUSS selbst nicht veröffentlichten Untersuchungen, soweit sie im Nachlass und im Briefwechsel niedergelegt sind, zusammenfassend darstellen und erläutern, dienen sie über ihre unmittelbare biographisch-historische Zielsetzung hinaus auch der Bearbeitung des Nachlasses, den sie vielfach ergänzen und vervollständigen. In bezug auf das letztere mag es genügen, darauf hinzuweisen, dass GAUSS' populärste Erfindung, der elektromagnetische Telegraph, in den 12 Bänden, die die eigentlichen gesammelten Werke von GAUSS enthalten, nicht ausführlich beschrieben ist: nur der auf diese Erfindung bezügliche Briefwechsel wird im Band XI, 1 wiedergegeben, während die eingehende Beschreibung des von GAUSS angegebenen und konstruierten Apparates, als nicht von GAUSS selbst herrührend, sich in dem physikalischen Essay von SCHAEFER (Werke XI, 2) befindet. — Ähnliche Einzelheiten liessen sich auch für andere Gebiete, so für die Astronomie und die reine Mathematik, anführen.

Erst mit den beiden Essay-Bänden ist also die Herausgabe von GAUSS' Gesammelten Werken zu dem befriedigenden Abschlusse gelangt, den KLEIN in dem ersten seiner (von 1898 bis 1920 in den Math. Ann. veröffentlichten) Berichte über den Stand der Herausgabe von GAUSS' Werken auch insofern als erstrebenswertes Ziel bezeichnet, als es sich um eine seit langer Zeit von der Göttinger Gesellschaft der Wissenschaften übernommene Aufgabe handelt. Im besonderen geben die Essays eine Bestätigung dafür, dass GAUSS' Tätigkeit, obwohl sie über ein halbes Jahrhundert zurückliegt, nicht einer vergangenen Periode der Wissenschaft angehört, sondern in unmittelbarer Beziehung zu den Aufgaben der Gegenwart steht.

M. BRENDEL. L. SCHLESINGER.

INHALT.

GAUSS WERKE BAND X2.

ABHANDLUNGEN
ÜBER GAUSS' WISSENSCHAFTLICHE TÄTIGKEIT AUF DEN GEBIETEN DER REINEN MATHEMATIK UND MECHANIK.

Printed in the United States
By Bookmasters